ASTRONOMIE

THÉORIQUE ET PRATIQUE.

ASTRONOMIE

THÉORIQUE ET PRATIQUE;

Par M. DELAMBRE,

Trésorier de l'Université de France, Secrétaire perpétuel de l'Institut pour les Sciences Mathématiques, Professeur d'Astronomie au Collége Royal de France, Membre du Bureau des Longitudes, des Sociétés Royales de Londres, d'Upsal et de Copenhague, des Académies de Saint-Pétersbourg, de Berlin et de Suède, de la Société Italienne, de l'Académie de Philadelphie, etc. Chevalier de la Légion-d'Honneur.

TOME SECOND.

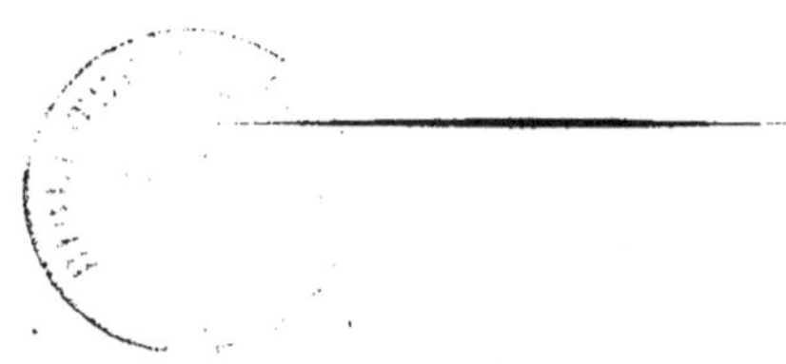

PARIS,

Mme Ve COURCIER, Imprimeur-Libraire pour les Mathématiques, quai des Augustins, n° 57.

1814.

ASTRONOMIE

THÉORIQUE ET PRATIQUE.

CHAPITRE VINGTIÈME.

Nous avons, dans notre premier volume, exposé les méthodes d'observation et de calcul qui ont conduit à la connaissance générale du système du monde. Nous n'avons employé pour le soleil même que les notions les plus élémentaires de la Géométrie ; nous avons déterminé le grand cercle de la sphère céleste qu'il paraît décrire chaque année ; nous avons expliqué tous les phénomènes du mouvement diurne, et résolu tous les problèmes accessibles à l'une ou l'autre trigonométrie. Ce second volume sera consacré spécialement au soleil et aux planètes dont nous chercherons en détail toutes les inégalités réelles ou apparentes. Nous les tirerons de même des observations les plus aisées et les plus familières, dont nous nous attacherons à déduire les conséquences les plus rigoureuses ; nous y appliquerons le calcul, en nous efforçant de tout ramener aux principes les plus simples, et nous tenant toujours à portée du plus grand nombre des lecteurs, sans pourtant rien sacrifier de la rigueur ou de la brièveté des méthodes.

1. On a vu (XVII. 21) qu'on détermine l'instant et le lieu de l'équinoxe, en observant deux distances au pôle, l'une plus grande et l'autre plus petite que 90°. Soit PA et PB (fig. 1) ces deux distances, nous aurons

$$\tan AC = \tan E \sin EC$$
$$\tan BD = \tan E \sin ED$$

2.

$$\tan AC : \tan BD :: \sin EC : \sin ED$$
$$\tan AC + \tan BD : \tan AC - \tan BD :: \sin EC + \sin ED : \sin EC - \sin ED$$
$$\sin (AC + BD) : \sin (AC - BD) :: \tan \tfrac{1}{2}(EC + ED) : \tan \tfrac{1}{2}(EC - ED)$$

$$\tan \tfrac{1}{2}(EC - ED) = \frac{\tan \tfrac{1}{2}(EC + ED)\,\sin (AC - BD)}{\sin (AC + BD)}$$
$$= \frac{\tan \tfrac{1}{2}CD\,\sin (PA - 90^\circ - 90^\circ + PB)}{\sin (PA - 90^\circ + 90^\circ - PB)}$$
$$= \frac{\tan \tfrac{1}{2}CD\,\sin (PA + PB - 180^\circ)}{\sin (PA - PB)}.$$

Or, on connaît CD, mouvement en ascension droite entre les deux observations; on connaît PA et PB, on aura donc tang $\tfrac{1}{2}$(EC — ED), par conséquent EC et ED; EC et ED sont les deux distances du soleil à l'équinoxe; et, comme le mouvement est uniforme pendant un jour, on dira

ED : 24$^\mathrm{h}$ solaires :: CE : tems qu'il faut ajouter à celui où le soleil étoit en A pour avoir celui où le soleil était en E au point équinoxial; si la pendule est réglée sur les fixes, on mettra 24$^\mathrm{h}$ + x, et l'on aura le tems sidéral de l'équinoxe.

Deux observations suffisent à la rigueur, mais on peut en faire plusieurs avant et plusieurs après, et l'on déterminera l'équinoxe par un milieu entre les résultats des observations.

2. Un an après, on répétera des observations pareilles, et la comparaison des deux équinoxes donnera la longueur de l'année, qui sera l'intervalle écoulé entre ces deux équinoxes. On cherchera la même chose par deux équinoxes observés à 50, 60, 100 ans d'intervalle, et l'on aura une détermination plus sûre; on peut même se servir des équinoxes observés par Hipparque ou Ptolémée, mais il y a moins à gagner qu'à perdre, à cause du peu d'exactitude des anciennes observations. Le résultat de tous ces calculs a donné 365$^\mathrm{j}$ 5$^\mathrm{h}$ 48′ 50″; les anciens avaient trouvé 365$^\mathrm{j}$ + $\tfrac{1}{4}$ — $\tfrac{1}{300}$.

3. On déterminerait le lieu et le jour du solstice par des observations analogues; on observera deux distances polaires égales PA et PB (fig. 2), l'observation donnera toujours une petite différence entre PA et PB, parce qu'on observe toujours le soleil au méridien, et il faudrait que le solstice fût arrivé à minuit bien juste, pour avoir exactement PA = PB par deux midis consécutifs. Mais nous avons donné

ci-dessus le moyen de trouver, par deux observations consécutives, l'instant où la distance polaire, après le solstice, aura été précisément égale à la distance PA qui précédait le solstice ; on peut de même multiplier les observations soit avant, soit après, et conclure plus exactement, par un milieu entre toutes, le moment du solstice qui est assez difficile à bien déterminer. On peut d'ailleurs trouver ce moment par les ascensions droites, car on sait qu'à l'instant du solstice, l'ascension droite est de 90°, et ce moyen est plus sûr, parce que le mouvement en une heure est toujours d'environ deux minutes et demie, au lieu que le mouvement vers les pôles est extrêmement lent; deux solstices comparés entre eux, donneraient aussi la longueur de l'année, mais ce moyen est beaucoup moins précis que celui qui emploie les équinoxes. Les anciens les employaient tous deux concurremment, mais les modernes se bornent aux équinoxes avec beaucoup de raison.

4. L'observation journalière des ascensions droites fait remarquer des inégalités sensibles et progressives dans le mouvement du soleil sur l'équateur; on a pu croire et l'on a cru d'abord, que cela venait de ce que le soleil se mouvant dans un cercle incliné à l'équateur, devait avoir un mouvement inégal en ascension droite, quand même il aurait un mouvement uniforme sur l'écliptique. En effet, soit AB (fig. 3) un arc de l'écliptique, menons PAC et PBD, nous aurons

$$EB - ED = \frac{\tan^2 \frac{1}{2}\omega \sin 2\,EB}{\sin 1''} - \frac{\tan^4 \frac{1}{2}\omega \sin 4\,EB}{\sin 2''} + \text{etc.} \quad (X.\ 216)$$

$$EA - EC = \frac{\tan^2 \frac{1}{2}\omega \sin 2\,EA}{\sin 1''} - \frac{\tan^4 \frac{1}{2}\omega \sin 4\,EA}{\sin 2''} + \text{etc.}$$

La différence de ces deux équations donne

$$AB - CD = \frac{\tan^2 \frac{1}{2}\omega}{\sin 1''} (\sin 2\,EB - \sin 2\,EA)$$

$$- \frac{\tan^4 \frac{1}{2}\omega}{\sin 2''} (\sin 4\,EB - \sin 4\,EA) + \text{etc.}$$

$$= 2 \sin (EB - EA) \cos (EB + EA) \frac{\tan^2 \frac{1}{2}\omega}{\sin 1''}$$

$$- 2 \sin 2 (EB - EA) \cos 2 (EB + EA) \frac{\tan^4 \frac{1}{2}\omega}{\sin 2''} + \text{etc.}$$

$$= 2 \sin AB \cos (2\,EA + AB) \frac{\tan^2 \frac{1}{2}\omega}{\sin 1''}$$

$$- 2 \sin 2\,AB \cos 2 (2\,EA + AB) \frac{\tan^4 \frac{1}{2}\omega}{\sin 2''} + \text{etc.},$$

et enfin

$$CD = AB - 2 \sin AB \cos (2\,EA + AB)\, \frac{\tang^2 \frac{1}{2} v}{\sin 1''}$$

$$+ 2 \sin 2\,AB \cos 2\,(2EA + AB)\, \frac{\tang^4 \frac{1}{2} v}{\sin 2''} - \text{etc}\ldots\,(a).$$

5. En supposant que le mouvement diurne AB sur l'écliptique soit uniforme, le mouvement correspondant CD sur l'équateur variera avec $\cos (2\,EA + AB)$, $\cos 2\,(2\,EA + AB)$, etc., et chacun de ces cosinus sera d'autant plus grand, que EA sera plus petit, et d'autant plus petit, que EA sera plus grand.

6. Supposons $2\,EA + AB = 90°$, c'est-à-dire EA voisin de $45°$, la formule (a) donnera $CD = AB - 2 \sin 2\,AB \frac{\tang^4 \frac{1}{2} \omega}{\sin 2''}$, et par conséquent $CD < AB$.

7. Supposons $2\,EA + AB > 90°$, le second terme de la formule deviendra positif, et par conséquent $CD > AB$.

8. Enfin CD sera au *maximum* le jour du solstice, ou quand $2EA + AB = 180°$, car la formule donne alors

$$CD = AB + \frac{2 \sin AB \,\tang^2 \frac{1}{2}\,\omega}{\sin 1''} + \frac{2 \sin 2AB \,\tang^4 \frac{1}{2}\,\omega}{\sin 2''},$$

il est au *minimum* à l'équinoxe, ou lorsque $2\,EA + AB = 0$, c'est-à-dire lorsque $EA = 0$, et alors la formule donne

$$CD = AB - 2 \sin AB \frac{\tang^2 \frac{1}{2} v}{\sin 1''} + 2 \sin 2\,AB \,\frac{\tang^4 \frac{1}{2} v}{\sin 2''}.$$

9. Voyons maintenant si du moins le mouvement sur l'écliptique est uniforme en observant chaque jour l'ascension droite du soleil et sa distance au pôle.

En nommant S la longitude AE, Æ l'ascension droite EC, Δ la distance au pôle AP, on aura $\cos S = \sin \Delta \cos \text{Æ}$. En comparant chaque jour les longitudes ainsi calculées, on s'apercevra que le mouvement de chaque jour sur l'écliptique est encore sensiblement différent.

10. Les anciens qui n'avaient pas de moyens aussi exacts que les

nôtres, ont déterminé cette inégalité d'une manière plus facile et mieux adaptée à leurs observations; imitons-les d'abord.

Si nous déterminons par les méthodes exposées ci-dessus les équinoxes et les solstices, d'après les observations modernes de Piazzi, La Caille ou Maskelyne, nous trouverons,

de l'équinoxe du printems au solstice d'été.... $92^j 21^h 36'$
du solstice d'été à l'équinoxe d'automne........ $93 . 13 . 44$
de l'équinoxe au solstice d'hiver............. $91 . 16 . 56$
du solstice d'hiver à l'équinoxe du printems.... $87 . 1 . 33$

Durée de l'année.... $\overline{365 . 5 . 49}$

L'inégalité de ces intervalles prouve évidemment celle du mouvement, car de l'équinoxe au solstice, comme du solstice à l'équinoxe, le mouvement vu de la terre est toujours de $90°$.

La révolution entière est de $360°$, que le soleil parcourt en $365^j 5^h 48' 50''$ environ, ou $365^j,24222$; divisez $360°$ par $365,24222$, vous aurez $0° 59' 8'' 33$; tel serait le mouvement diurne du soleil sur l'écliptique, si ce mouvement était uniforme.

11. Les anciens, prévenus d'idées chimériques d'une perfection qu'ils croyaient de l'essence des choses célestes, posèrent pour principe que le mouvement circulaire était le plus parfait de tous; ils en conclurent que le soleil devait décrire un cercle, et le parcourir d'un mouvement toujours égal. Ce grand cercle devait couper l'équateur, autre grand cercle, en deux parties égales, et en être coupé réciproquement en deux parties égales de $180°$ chacune; ainsi, d'un équinoxe à l'autre, on aurait dû compter.................... $182^j 14^h 54' 25''$
or nous trouvons du printems à l'automne........... $186 . 11 . 20$
de l'automne au printems........... $178 . 18 . 29$

la différence est de................. $\overline{7 . 16 . 51}$

Aux solstices, l'ascension droite du soleil est de $90°$ et $270°$; la longitude est la même que l'ascension droite, ainsi les équinoxes et les solstices devaient partager l'année en quatre parties égales, comme ils partagent le cercle en quatre parties de $90°$ chacune. Les anciens en conclurent que nous n'étions pas au centre du cercle décrit par le soleil.

12. Soit ABD (fig. 4) le cercle décrit par le soleil; si nous étions au

centre C, et que le diamètre fût l'intersection de l'équateur et de l'écliptique, A et D seraient les points équinoxiaux, B et H les deux points solsticiaux, les arcs AB, BD, DH et HA, seraient tous quatre de 90°.

Si la corde FE est l'intersection de l'équateur et de l'écliptique, et que la terre soit en K, les points F et E seront les points équinoxiaux, B et H les points solsticiaux ; les angles FKB, BKE, EKH, HKF, seront chacun de 90°, comme les mouvemens apparens du soleil, mais les arcs FB, BE, EH, HF du mouvement vrai, ne seront égaux que deux à deux, l'arc FBE décrit du printems à l'automne, sera plus grand que EHF décrit de l'automne au printems, ce qui ne suffit pas pour satisfaire aux observations.

13. Plaçons la terre quelque part en T sur la corde FE, et menons la perpendiculaire CTL, l'angle FTG du mouvement apparent de l'équinoxe au solstice, sera de 90°, mais l'arc FG sera différent de GE ; à l'angle de mouvement apparent $GTE = 90°$, répondra un arc GE plus grand que de 90°, LE sera plus petit que GE, et LF plus petit que LE. Ainsi les quatre angles du mouvement apparent seront égaux, les quatre arcs du mouvement vrai seront inégaux.

14. Or, à raison d'un mouvement égal et uniforme de $59'\ 8''33$ par jour,

les $92^{j}\ 21^{h}56'$ du printems donneront FG.......... $=\ \ 91°33'\ 20''$
les $93^{j}\ 13^{h}44'$ de l'été donneront GE............... $92.13.45$
dont la somme $FG + GE = FBE$................ $\overline{183.47.\ \ 5}$
la demi-somme ou $FB = BE = $.................... $91°53'\ 52''5$
et en retranchant $AB = 90°$, on aura $AF = DE = $ $1.53.32.5$
On a de plus $LH = BG = \frac{1}{2}(GE - GF) = $.......... $20.12.5$

Par les points C et T, menons le diamètre φCTX, nous aurons

$$\text{tang } CTK = \text{tang } \varphi\ CD = \frac{CK}{TK} = \frac{\sin AF}{\sin BG} = \frac{\sin 1°53'32'',5}{\sin 20'12''.5},$$

d'où l'on tire

$$CTK \quad \text{ou} \quad D\varphi = 79°54'25'', \quad \text{d'où} \quad B\varphi = BC\varphi = GT\varphi = 10°5'37'';$$

$$CT = \frac{TK}{\cos 79°54'25''} = \frac{CK}{\sin 79°54'25''} = 0.03354 = \frac{1}{30} \text{ environ.}$$

15. Il est aisé de voir que φ est le point du cercle le plus éloigné

de T, celui où le soleil étant le plus éloigné de la terre, doit paraître plus petit, et le point X celui où le soleil étant dans la plus grande proximité, doit paraître plus grand. Le soleil vu de X, doit paraître de $\frac{1}{30}$ plus grand que si on le voyait du centre C, et en φ, il doit être de $\frac{1}{30}$ plus petit, ce qui ne s'accorde pas avec les observations. Il est vrai seulement que dans l'été le soleil paraît plus petit qu'en hiver, mais la différence est moitié moindre que ne la donnerait cette hypothèse. Les anciens qui n'avaient pas de moyen pour mesurer les diamètres des astres, n'ont pas aperçu ce défaut de leur hypothèse; elle était plus heureuse pour expliquer les inégalités du mouvement du soleil.

16. En effet, soit S le lieu actuel du soleil, $\varphi S = \varphi CS$ sera le mouvement vrai depuis l'instant où il était à sa plus grande distance; on connaît cet instant, car $B\varphi = 10° 5' 57''$; en divisant cet arc par $59' 8'' 33$ mouvement diurne, on a le tems employé à parcourir $B\varphi$; on connaît $GB = 20' 12'' 5$, on a donc $C\varphi$ arc parcouru depuis le solstice, d'où $F\varphi$ arc parcouru depuis l'équinoxe; on sait donc que le soleil doit se trouver en φ, environ 11 jours après le solstice d'été; ainsi, en comptant les jours écoulés depuis le passage en φ, et les multipliant par $59' 8'' 33$, on aura l'arc $\varphi S = \varphi CS$.

17. Dans le triangle SCT, on connaîtra l'angle extérieur en C avec les côtés $CS = 1$ et $CT = 0.03354$ qui comprennent cet angle, et on aura

$$\frac{CS}{CT} = \frac{\sin SCT}{\sin S} = \frac{\sin (\varphi CS - S)}{\sin S} = \sin \varphi CS \operatorname{cotang} S - \cos \varphi CS,$$

et par conséquent

$$\operatorname{tang} S = \frac{\dfrac{CT}{CS} \sin \varphi CS}{1 + \dfrac{CT}{CS} \cos \varphi CS} = \frac{0.03354 \sin \varphi CS}{1 + 0.03354 \cos \varphi CS},$$

d'où l'on tire

$$S = \frac{0.03354 \sin \varphi CS}{\sin 1''} - \frac{(0.03354)^2}{\sin 2''} \sin 2 (\varphi CS) + \text{etc.},$$

ou en faisant

$\varphi CS = \psi$, on aura $\operatorname{tang} S = \dfrac{e \sin \psi}{1 + e \cos \psi}$, $S = e \sin \psi - \tfrac{1}{2} e^2 \sin 2 \psi + \text{etc.};$

ou

$$S = (1° 55' 18'',4) \sin \psi - (1' 56'') \sin 2 \psi + (2'',6) \sin 3 \psi - \text{etc.}$$

Suivant mes Tables du Soleil construites sur des principes tout différens, $S = 1° 55' 26'' \sin \downarrow - 1' 12'',7 \sin 2\,\downarrow + 1'',1 \sin 3\,\downarrow$. La différence est souvent très-peu de chose, et ne peut jamais aller à $1'$.

18. Le même triangle donne $\sin S = \dfrac{CT}{CS} \sin CTS = 0,05354 \sin(\downarrow - S)$, car l'angle entier $\downarrow = CTS + S$.

On a aussi

$$\sin(\downarrow - S) : CS :: \sin \downarrow : TS = \frac{CS \sin \downarrow}{\sin(\downarrow - S)} = \frac{\sin \downarrow}{\sin \downarrow \cos S - \cos \downarrow \sin S}$$

$$= \frac{\sec S}{1 - \cot \downarrow \, \text{tang}\, S},$$

et en mettant pour tang S sa valeur $\dfrac{e \sin \downarrow}{1 + e \cos \downarrow}$, et pour séc S, $\sqrt{(1 + \text{tang}^2 S)}$ $= \dfrac{\sqrt{(1 + e^2 + 2e \cos \downarrow)}}{1 + e \cos \downarrow}$, on aura $TS = \sqrt{(1 + e^2 + 2e \cos \downarrow)}$, ce que l'on pourrait déduire plus aisément des deux triangles SPT, CPT.

19. On peut développer ce radical, en regardant l'unité comme le premier terme, et en faisant le second $e^2 + 2e \cos \downarrow = ez$, et ordonner ensuite par rapport aux puissances de e, on aura ainsi

$$TS = 1 + \tfrac{1}{2} ez - \tfrac{1}{8} e^2 z^2 + \tfrac{1}{16} e^3 z^3 - \text{etc.}$$

et se bornant à la troisième puissance de e, on aura, après les substitutions, et en changeant les puissances des cosinus en cosinus d'arcs multiples

$$TS = 1 + \tfrac{1}{4} e^2 + (e + \tfrac{1}{8} e^3) \cos \downarrow - \tfrac{1}{4} e^2 \cos 2\,\downarrow + \tfrac{1}{8} e^3 \cos 3\,\downarrow,$$

suivant nos tables, où l'excentricité est moindre de moitié, on a

$$TS = 1 + \tfrac{1}{8} e^2 + (\tfrac{1}{2} e - \tfrac{3}{64} e^3) \cos \downarrow - \tfrac{1}{8} e^2 \cos 2\,\downarrow + \tfrac{3}{64} e^3 \cos 3\,\downarrow.$$

20. Si le diamètre du soleil dans la distance moyenne est δ, il sera en général $\dfrac{\delta}{1 + e \cos \downarrow} = \delta - e\,\delta \cos \downarrow + \text{etc.}$, qui deviendra...... $\delta + e\,\delta \cos \downarrow + \text{etc.}$, lorsque $\cos \downarrow$ sera négatif. Le diamètre pourra donc être augmenté, ou diminué de $\tfrac{1}{30}$, au lieu que d'après nos formules et l'observation, les variations du diamètre sont moitié moindres.

21.

21. De l'équation $\quad S = e \sin \downarrow - \tfrac{1}{2} e^2 \sin 2 \downarrow + \text{etc.}$,

on tire $\qquad\qquad dS = (e \cos \downarrow - e^2 \cos 2 \downarrow + \text{etc.})\, d\downarrow$.

Ces formules, comparées aux nôtres, donnent 4 à 5″ d'erreur en certains cas pour les mouvemens diurnes.

22. Cette hypothèse, qui a le mérite d'une grande simplicité, était plus exacte qu'il ne fallait pour les observations anciennes ; elle ne vaudrait rien maintenant, même pour le soleil, dont l'excentricité est fort médiocre ; elle serait bien sensiblement défectueuse pour les autres planètes, excepté Vénus dont l'excentricité n'est pas moitié de celle du soleil.

23. Les anciens avaient encore imaginé une autre hypothèse presque aussi simple que la première, et qui menait aux mêmes résultats sans la moindre différence.

Ils plaçaient la terre au centre de l'écliptique ; ils faisaient ensuite tourner le soleil, non pas dans l'écliptique même, mais dans un petit cercle qu'ils appelaient *épicycle*. Le soleil faisait en un an et d'un mouvement uniforme et rétrograde, le tour de l'épicycle, et le centre de l'épicycle faisait, dans le même tems, le tour de l'écliptique, d'un mouvement égal et direct.

Quand le centre de l'épicycle était 10° par-delà le solstice, le soleil était en φ (fig. 5) au haut de son épicycle, et par conséquent à la plus grande distance de la terre, c'est ce qu'on appelle *apogée*. La distance était $1 + e$ (e étant le rayon de l'épicycle, et 1 le rayon de l'écliptique), le lieu vrai et le lieu apparent étaient le même.

La même chose a lieu quand le rayon vecteur est devenu CD, mais le soleil est alors en π au *périgée*, et la distance est $1 - e$. Quelque tems après l'apogée, l'épicycle avait pris la position CBφ, le soleil était en S ; de manière que SB était parallèle à CA, l'angle SBφ $=$ ACB $=$ mouvement vrai dans l'intervalle, l'angle SCB était la différence du lieu vrai ou lieu moyen ; or le triangle SCB donne

$$\tang\, SCB = \frac{\dfrac{SB}{CB} \sin SB\varphi}{1 + \dfrac{SB}{CB} \cos SB\varphi} = \frac{e \sin \downarrow}{1 + e \cos \downarrow}\,,$$

comme dans l'hypothèse précédente.

Le même triangle donne encore

$$\sin S : \sin B :: CB : CS = \frac{\sin \psi}{\sin (\psi - e)},$$

ou plus directement

$$CS = (\sqrt{CB^2 + BS^2 - 2BC . BS \cos CBS}) = \sqrt{(1 + e^2 + 2\,e \cos \psi)},$$

tout absolument comme dans la première hypothèse. L'équation est ici l'angle à la terre ou au centre; dans l'autre hypothèse, c'était l'angle au soleil; le choix entre ces deux hypothèses est donc indifférent; mais pour la facilité du calcul, suivant les circonstances on peut préférer l'une à l'autre.

24. On pourrait, dans cette nouvelle hypothèse, trouver le rayon de l'épicycle, qui est la même chose que l'excentricité et la position de l'apogée, mais la construction serait moins simple.

En revanche l'épicycle nous donne la solution de ce problème plus général; trois observations quelconques étant données, trouver le rayon de l'épicycle et la position de l'apogée.

25. Soient A, B, C (fig. 6) les trois positions du soleil sur l'épicycle; menez les trois cordes AB, BC, AC. L'arc AB est le mouvement moyen du soleil entre les deux premières observations, BC est le mouvement entre la seconde et la troisième, AC est le reste du cercle.

L'angle ATB est la différence entre le mouvement vrai et le mouvement moyen dans le premier intervalle; l'angle BTC est la différence entre le mouvement moyen et le mouvement vrai dans le second intervalle; ATC est la somme des deux différences.

Prenons pour unité le rayon de l'épicycle, alors nous aurons corde $AB = 2 \sin \frac{1}{2} AB$, corde $BC = 2 \sin \frac{1}{2} BC$, corde $AC = 2 \sin \frac{1}{2} AC$; tout cela est connu par le mouvement moyen.

Les triangles BCT et BTA donnent

$$BC : BT :: \sin BTC : \sin BCT$$
$$BT : BA :: \sin BAT : \sin BTA,$$

d'où

$$BC : BA :: \sin BTC . \sin BAT : \sin BCT . \sin BTA, \quad \text{et} \quad \frac{BC}{BA} \frac{\sin BTA}{\sin BTC} = \frac{\sin BAT}{\sin BCT};$$

faisons le second membre $=$ tang x, x sera connu et nous aurons

$$\sin BCT : \sin BAT : 1 : \text{tang} \, x$$

ou $\sin BCT + \sin BAT : \sin BCT - \sin BAT : 1 + \text{tang} \, x : 1 - \text{tang} \, x,$

ou $\text{tang} \, \frac{1}{2} (BCT + BAT) : \text{tang} \, \frac{1}{2} (BCT - BAT)$

$$:: \text{tang} \, 45° + \text{tang} \, x \; : \; \text{tang} \, 45° - \text{tang} \, x$$
$$:: \sin (45° + x) \qquad : \sin (45° - x)$$
$$:: \sin (45° + x) \qquad : \cos (45° + x)$$
$$:: 1 \qquad\qquad\quad : \cot (45° + x) ,$$

donc $\text{tang} \, \frac{1}{2} (BCT - BAT) = \cot (45° + x) \, \text{tang} \, \frac{1}{2} (BCT + BAT) ;$

mais on a aussi

$$BCT + BAT + ABC + ATC = 360°,$$

donc

$$\tfrac{1}{2}(BCT + BAT) = 180° - \tfrac{1}{2}(ABC + ATC) = 180° - \tfrac{1}{2}(\text{arc} \, AC + ATC),$$

quantité connue. On connaîtra donc aussi $\frac{1}{2} (BCT - BAT)$, et par conséquent l'angle $BAT = \frac{1}{2}(BCT + BAT) - \frac{1}{2}(BCT - BAT)$; alors on aura dans le triangle BAT

$$\sin BTA : AB :: \sin BAT : BT = \frac{2 \sin \frac{1}{2} AB \sin BAT}{\sin BTA},$$

dans le triangle BTC

$$\sin BTC : BC :: \sin BCT : BT = \frac{2 \sin \frac{1}{2} BC \sin BCT}{\sin BTC},$$

dans le triangle ATC

$$\sin ATC : AC :: \sin TAC : TC = \frac{2 \sin \frac{1}{2} AC \sin TAC}{\sin ATC},$$

$$:: \sin TCA : TA = \frac{2 \sin \frac{1}{2} AC \sin TAC}{\sin ATC};$$

car connaissant BAT et BAC, on aura $TAC = BAT - BAC$, $TCA = BCT - BCA$, on aura donc les trois distances TA, TB, TC en fonction du rayon KA, KB, KC; après quoi, dans le triangle TAK, on aura AK, AT et $KAT = TAC + KAC = TAC + (90° - \frac{1}{2} AC)$, $KT^2 = AK^2 + AT^2 - 2AK \cdot AT \cos TAC = 1 + AT^2 - 2AT \cos TAC$.

Connaissant ainsi KT en parties de AK, $\frac{AK}{KT}$ sera le rayon en parties de la distance moyenne TK, prise à son tour pour unité; on dira $KT : AK : 1 : e = \frac{AK}{KT} = $ rayon de l'épicycle.

26. Maintenant prolongez en φ la distance TK, l'angle BKφ sera la distance du soleil moyenne à l'apogée, c'est l'angle ψ de la formule de l'équation. Vous calculerez la formule $S = e\sin\psi - \frac{1}{2}e^2\sin2\psi + \frac{1}{3}e^3\sin3\psi$, vous aurez la distance vraie du soleil à l'apogée ; vous connaîtrez le lieu du soleil à la seconde observation en B, vous aurez donc le lieu de l'apogée.

Le calcul est plus long, mais la solution est générale.

27. Ptolémée a donné de ce problème une solution bien plus longue à calculer, il l'emploie à trouver la prostaphérèse et l'apogée de la lune.

Ces méthodes soit de l'excentrique, soit de l'épicycle, inventées ou au moins employées par Hipparque, ont été en usage jusqu'au tems de Képler, mais on n'avait fait aucun changement dans la manière de les calculer ; on n'avait pas su les réduire en formules.

Nous avons déjà remarqué que ces hypothèses ne conviennent que dans le cas où l'excentricité était médiocre, et que même, dans ce cas, elles donnaient aux distances et aux diamètres apparens, des variations doubles de celles qu'on observe ; ainsi elles étaient par là même inadmissibles ; mais avant l'invention des lunettes, elles satisfaisaient aux observations du soleil ; Képler les trouva en défaut pour Mars, et c'est ce qui le conduisit à la belle découverte du mouvement elliptique.

28. Puisque le cercle était insuffisant pour représenter les mouvemens, il fallait bien chercher une autre courbe ; il fallait que cette courbe fût rentrante, puisque tous les ans les mêmes phénomènes reparaissent, la première courbe que l'on devait essayer était donc l'ellipse, puisque c'était la seule courbe algébrique rentrante dont on connût bien les propriétés. Képler imagina de placer le soleil au foyer, et de faire décrire le périmètre de l'ellipse à la terre.

Nous pouvons également mettre la terre au foyer, et le soleil au périmètre.

29. L'ellipse présentait une difficulté qui paraissait insurmontable, et dont Képler parvint à triompher de la manière la plus heureuse ; mais, après avoir trouvé le principe dont nous parlerons bientôt, il restait encore à trouver des moyens aisés de calculs.

30. Seth Ward et Cassini simplifièrent la méthode de Képler, en prenant pour centre des mouvemens uniformes le second foyer de

l'ellipse ; c'était défigurer la théorie de Képler, c'était faire un pas rétrograde ; mais, comme les calculs sont plus faciles, avant d'en venir à la véritable loi, nous allons exposer l'hypothèse approximative qui mérite d'être connue, et qui suffisait pour les observations du tems, surtout pour les planètes qui ne sont pas très-excentriques ; nous ferons, pour arriver à l'hypothèse elliptique simple, les mêmes raisonnemens à peu près que fit Képler pour établir la théorie véritable.

31. Nous avons vu (17) que pour représenter les mouvemens observés, il fallait employer l'équation $e \sin \psi - \frac{1}{2} e^2 \sin 2\psi + \frac{1}{3} e^3 \sin 3\psi$; tandis que pour les diamètres il fallait supposer les distances $1 + \frac{1}{2} e \cos \psi$, c'est-à-dire réduire à moitié l'excentricité trouvée par les mouvemens. Cette excentricité réduite à moitié, aurait donné pour prostaphérèse

$$\frac{1}{2} e \sin \psi - \frac{1}{2} \frac{1}{4} e^2 \sin^2 \psi + \frac{1}{3} \frac{1}{8} e^3 \sin^3 \psi.$$

32. On satisfaisait à tout à peu près, en plaçant le centre du mouvement apparent à l'un des foyers de l'ellipse, et le centre des mouvemens uniformes à l'autre foyer ; alors la prostaphérèse dépendait de l'excentricité double, c'est-à-dire de la distance des deux foyers, et les variations des distances et des diamètres ne dépendaient que de l'excentricité simple, c'est-à-dire de la distance du foyer au centre de l'ellipse.

33. En effet, soit AP (fig. 7), le grand axe de l'ellipse, C le centre ; T le foyer occupé par la terre, F le foyer supérieur, centre des mouvemens moyens, A le point de l'apogée, P le périgée ; S le soleil. AFS sera le mouvement moyen depuis l'apogée, ou l'angle proportionnel au tems écoulé depuis le passage par l'apogée ; il est toujours connu. On appelle cet angle *anomalie moyenne* ; la différence de ces deux angles sera la prostaphérèse $=$ TSF, ou l'équation du centre.

On voit que cet angle doit être fonction de FT double excentricité $=2e$, CA $=$ CP $= \frac{1}{2}$ grand axe $=1$, TA $=$ distance apogée $= 1 + e$, TP $=$ distance périgée $= 1 - e$.

Abaissons la perpendiculaire TE sur SF prolongée, et nous aurons

$$\operatorname{tang} SFT = \frac{TE}{SE} = \frac{FT \sin F}{FS + FT \cos F} = \frac{\dfrac{FT}{FS} \sin F}{1 + \dfrac{FT}{FS} \cos F}, \text{ ou } \operatorname{tang} S = \frac{\dfrac{2e}{r} \sin F}{1 + \dfrac{2e}{r} \cos F},$$

équation toute semblable à la prostaphérèse de l'excentrique (17) à la réserve qu'ici, FS est variable, au lieu que FS était constant dans l'excentrique.

Quant à CS, on a $CS = \dfrac{FS + GF}{\cos CFS} = \dfrac{FS + \frac{1}{2} T \cos F}{\cos \frac{1}{2} S}$ à peu près.

34. Prolongeons FS en L (fig. 8), de manière que $SL = ST$, menons TL, nous aurons $FL = AP = 2$ par la propriété de l'ellipse; le triangle TSL étant isoscèle, on aura $L = STL$; le triangle LFT donnera

$$LF + FT : LF - FT :: \operatorname{tang} \tfrac{1}{2} AFS : \operatorname{tang} \tfrac{1}{2}(FTL - L) = \operatorname{tang} \tfrac{1}{2} FTS,$$

donc

$$\operatorname{tang} \tfrac{1}{2} FTS = \frac{2 - 2e}{2 + 2e} \operatorname{tang} \tfrac{1}{2} AFS = \frac{1 - e}{1 + e} \operatorname{tang} \tfrac{1}{2} F.$$

On a aussi $(X.\ 216)$

$$\tfrac{1}{2}(F - FTS) = e \sin F - \tfrac{1}{2} e^2 \sin 2F + \tfrac{1}{3} e^3 \sin 3F - \text{etc.} ;$$

ainsi l'on connoîtra facilement la demi-anomalie vraie par la demi-anomalie moyenne, et réciproquement.

La première formule est bien simple, mais pour calculer une table de prostaphérèse, j'aimerais mieux la série qu'on peut démontrer comme il suit.

On a

$$\operatorname{tang} L = \operatorname{tang} \tfrac{1}{2} S = \frac{TE}{LE} = \frac{2 e \sin F}{2 + 2 e \cos F} = \frac{e \sin F}{1 + e \cos F},$$

ou

$$\tfrac{1}{2} S = \frac{e \sin F}{\sin 1''} - \frac{e^2 \sin 2F}{\sin 2''} + \frac{e^3 \sin 3F}{\sin 3''} - \text{etc.},$$

ou

$$S = \frac{2 e \sin F}{\sin 1''} - \frac{2 e^2 \sin 2F}{\sin 2''} + \frac{2 e^3 \sin 3F}{\sin 3''} - \text{etc.},$$

l'excentrique donnerait

$$S = \frac{2 e \sin F}{\sin 1''} - \frac{4 e^2 \sin 2F}{\sin 2''} + \frac{8 e^3 \sin 3F}{\sin 3''} - \text{etc.}$$

Le premier terme est le même, le second double, le troisième quadruple, etc.

35. Quant au rayon vecteur TS que nous désignerons par V, on a

$$\sin S : FT : \sin F : V = \frac{2\,e \sin F}{\sin S},$$

ou en exprimant sin S par la tangente de sa moitié, on aura

$$V = 2e \sin F \left(\frac{1 + \tan^2 \frac{1}{2} F}{2 \tan \frac{1}{2} S} \right) \qquad \text{ou} \quad = e \sin F \cdot \frac{\left[1 + \left(\frac{e \sin F}{1 + e \cos F} \right)^2 \right]}{\frac{e \sin F}{1 + e \cos F}}$$

$$= (1 + e \cos F) \left[1 + \left(\frac{e \sin F}{1 + e \cos F} \right)^2 \right],$$

et enfin

$$V = \frac{1 + e^2 + 2e \cos F}{1 + e \cos F} = (1 + e^2 + 2e \cos F)[1 - e \cos F + e^2 \cos F - e^3 \cos^3 F + \text{etc.}].$$

36. Le mot prostaphérèse, que nous avons employé dans ce chapitre, à l'imitation des anciens astronomes, signifie équation, c'est-à-dire, une correction tantôt additive et tantôt soustractive. προσθαφαίρεσις est formé des mots πρόσθεσις, addition, ἀφαίρεσις, soustraction.

37. Le mot anomalie, qui reviendra continuellement, signifie en grec inégalité. Les Grecs appelaient ὁμαλὴν κίνησιν, *mouvement égal*, ce que nous appelons *mouvement moyen*; ἀνώμαλον φαινομένην κίνησιν, *mouvement inégal apparent*, ce que nous appelons *mouvement vrai*. Ce que nous nommons *anomalie*, c'est-à-dire l'angle qui sert à calculer la prostaphérèse, les Grecs le désignaient par les mots de *nombre des mouvemens égaux*, ou *parties*, c'est-à-dire, *degrés d'anomalie*. Nous avons abrégé cette dernière expression, en disant anomalie pour désigner l'argument de la prostaphérèse. Les Grecs reconnaissaient dans les planètes une première et une seconde *anomalie*, c'est-à-dire, une première et une seconde *inégalité*.

38. Les astronomes du moyen en âge ont appelé *prostaphérèse* les formule $\sin A \cos B = \frac{1}{2}\{\sin(A + B) + \sin(A - B)\}$, et autres semblables, qui leur servaient à changer une multiplication en une addition ou une soustraction, avant l'invention des logarithmes.

39. Épicycle signifie *sur-cercle*, c'est-à-dire, cercle porté sur un autre cercle qui s'appelait le déférent.

CHAPITRE XXI.

Mouvement elliptique.

1. Quand on considérait le mouvement comme uniforme sur l'excentrique, on avait en tems égaux des arcs égaux sur la circonférence, des angles égaux au centre du mouvement, et enfin des secteurs égaux.

En renonçant à l'excentrique pour les raisons que nous avons dites, et en y substituant l'ellipse, on se privait des angles égaux; on ne voyait pas quel parti on aurait pu tirer des arcs égaux sur la courbe elliptique. Képler imagina de conserver les secteurs égaux, pour avoir au moins dans son ellipse une quantité proportionnelle au tems, et qu'on pût supposer toujours connue.

2. Supposons l'ellipse divisée en tems égaux par des lignes menées du foyer à la courbe, que ATB (fig. 9) soit le secteur de la première heure, BTC celui de la seconde, etc. Ces secteurs pourront être considérés comme des triangles ; à mesure que les côtés deviendront plus courts, il faudra que les angles compris soient plus ouverts, pour conserver l'égalité de surface ; ainsi le mouvement angulaire s'accélérera depuis l'apogée jusqu'au périgée, il retardera du périgée à l'apogée.

3. Képler entrevit donc une compensation, il entreprit de la vérifier par le calcul ; à l'apogée, l'aire était $\frac{1}{2}$ AT . AT sin ATB $= \frac{1}{2}(1+e)^2$ sin mouvem. apogée ; au périgée, l'aire était $\frac{1}{2}(1-e)^2$ sin mouvem. périgée ; dans les moyennes distances, l'aire était $\frac{1}{2}$ sin mouvement dans les moyennes distances.

4. Il connaissait les mouvemens par les observations, et l'excentricité elliptique moitié de l'excentricité dans l'hypothèse circulaire ; il pouvait trouver en effet que les trois aires sont égales.

Képler ne s'y prit pas d'une manière aussi simple ; ses calculs sont d'une longueur effrayante ; dans chaque secteur il calculait les rayons
vecteurs

vecteurs menés aux différens points du petit arc elliptique qui bornait le secteur ; il faisait la somme de ces rayons, et la trouvait toujours égale, parce que si les rayons étaient plus petits, l'arc était plus grand, et qu'il calculait un plus grand nombre de rayons.

5. Le fait vérifié, la cause restait à trouver. Képler la chercha dans une certaine force attractive qui résidait dans le soleil, et qui obligeait la planète à courber son mouvement, qui, sans cette force, devait être rectiligne, suivant la tangente. Il voulait calculer la loi de cette force, et voici comment il raisonna.

Cette force attractive réside dans le soleil ; elle agit de tous côtés, suivant des droites divergentes. Un certain nombre de ces droites forme un cône ; ce cône a pour base un cercle, les circonférences de ces cercles augmentent comme les distances ; la force distribuée sur toute cette circonférence doit donc diminuer à mesure que la distance augmente ; elle est donc en raison inverse de la distance.

6. On aperçoit le vice de ce raisonnement ; ce cône a pour base une calotte sphérique, la force se distribue également sur tous les points de cette surface ; la surface croît comme le carré des distances ; la force est donc en raison inverse du carré des distances. C'est la loi trouvée par Newton, et confirmée par son accord merveilleux avec les observations. Ainsi nous pouvons la prendre comme un fait et en déduire toutes les circonstances du mouvement elliptique.

C'est un fait que le soleil paraît décrire autour de la terre une courbe rentrante, puisque les mêmes distances à la terre reviennent tous les ans ; c'est ce qui est prouvé par l'observation des diamètres ; il est donc prouvé qu'il y a une cause régulière qui courbe la route du soleil ; or ce fait nous donne l'égalité des aires.

Soit T (fig. 10) la terre, ab le petit arc décrit par le soleil, et qui, par sa petitesse, peut passer pour une ligne droite décrite avec une certaine vitesse ; s'il n'y avait aucune force perturbatrice, pendant l'instant suivant la planète continuerait de se mouvoir sur la droite $bc = ba$; mais s'il y a en T une force capable de produire l'effet bu, le soleil sollicité par les forces bu et bc, décrira la diagonale bd du parallélogramme $bcdu$; il arrivera donc au point d, et son rayon vecteur décrira le secteur $bTd = bTc$, car la base bT est commune, et les deux sommets c, d des triangles cTb, dTb, sont dans une même droite cd

2.   3

parallèle à bT ; les deux triangles ont donc la même surface, d'où suit la démonstration de la seconde loi de Képler, c'est-à-dire que les aires sont proportionnelles au tems.

7. La première loi est que l'orbite est elliptique, ce qui est encore prouvé par l'accord constant de cette loi avec les observations.

8. La troisième loi n'est pas plus difficile à démontrer.

Soit une planète lancée de A en B (fig. 11) avec une vitesse capable de lui faire décrire la droite AB en un instant très-court dt ; que la direction soit perpendiculaire au rayon SA,

La planète s'écarterait du point S: en effet, du rayon SA décrivez l'arc AC, vous aurez $BC = SA\, \mathrm{tang}\, S\, \mathrm{tang}\, \frac{1}{2} S = r\, \mathrm{tang}\, S\, \mathrm{tang}\, \frac{1}{2} S = \frac{1}{2} r S^2$, à cause de la petitesse de l'angle S. Mais si le corps décrit un cercle, BC sera l'effet de l'attraction ; cet effet a pour mesure $\frac{a}{r^2}$, il décroît en raison du carré des distances ; on aura donc $\frac{a}{r^2} = \frac{1}{2} r S^2$ ou $S = \sqrt{\dfrac{2a}{r^3}}$.

Mais on a aussi $S : 360^\circ :: dt : t$ (par la 2e loi), donc $S^2 = \dfrac{(360^\circ dt)^2}{t^2}$, ou faisant $C = (360^\circ dt)^2$, on aura $S^2 = \dfrac{C}{t^2} = \dfrac{2a}{r^3}$, et par conséquent $\dfrac{r^3}{t^2} = \dfrac{2a}{C} = $ constante.

9. Pour une autre planète qui décrirait un autre cercle autour du même point S, on aura aussi $\dfrac{R^3}{T^2} = \dfrac{2a}{C}$, donc $t^2 : T^2 :: r^3 : R^3$. Donc les carrés des tems sont comme les cubes des distances dans les mouvemens circulaires.

10. En substituant au cercle une ellipse inscrite, on conserve le rayon du cercle qui devient le demi-grand axe de l'ellipse ; on conserve le tems de la révolution, on ne change donc rien au rapport $\frac{R}{T^2}$. Toute la différence est que dans l'ellipse on distribue le mouvement d'une manière inégale ; mais la planète regagne vers le périgée ce qu'elle a perdu vers l'apogée. Ainsi dans les ellipses, les carrés des tems sont comme les cubes des grands axes.

11. Or, c'est encore un fait que Képler a tiré des observations, et

que les observations de tous les astres découverts depuis Képler ont confirmé, que les carrés des tems sont comme les cubes des distances. C'est donc une chose démoutrée par le fait, que tous les corps qui circulent autour d'un autre, sont attirés vers lui par une force qui est en raison inverse des carrés des distances.

Ainsi, en supposant que le soleil tourne autour de la terre, il faudra que la terre ait une force d'attraction qui oblige le soleil de s'approcher d'elle, quand la force tangentielle le porterait à s'en écarter.

12. Mais nous avons vu (XV. 94) que la parallaxe du soleil n'est pas de 9″, et que son diamètre est de 16′ $= 960″$; le globe du soleil a donc un rayon au moins cent fois aussi grand que le rayon de la terre, la surface du soleil est donc 10,000 fois celle de la terre, et le volume est environ un million de fois celui de la terre. La terre attirerait donc un corps un million de fois plus gros qu'elle, ce qui serait une chose très-surprenante.

Il serait plus naturel que la terre tournât autour du soleil, on concevrait mieux que le corps, qui est un million de fois plus gros, attirât l'autre qui circulerait autour de lui; mais supposons encore pour le moment cette absurdité physique, et continuons de chercher les lois du mouvement elliptique, sans décider la question du mouvement ou du repos de la terre.

13. On peut démontrer d'une autre manière le rapport des tems aux distances. Soient deux corps A et P (fig. 12) circulant autour du même centre C. Si les révolutions étaient égales, P arriverait en S en même tems que A en B; mais le corps P, qui va plus lentement, n'arrivera qu'au point Q′, ou plutôt en S′; et on a

$$QS : BD : CP : CA :: R : r,$$

on a aussi $$QS' : QS \qquad :: \overline{PS'}^2 : \overline{PS}^2,$$

donc $$QS' : BD :: R . \overline{PS'}^2 : r . \overline{PS}^2;$$

mais $$QS' = \frac{\text{const.}}{R^2}, \quad BD = \frac{\text{const.}}{r^2},$$

donc $$\frac{1}{R^2} : \frac{1}{r^2} :: R . \overline{PS'}^2 : r . \overline{PS}^2, \quad \text{donc } r^3 \overline{PS}^2 = R^3 . \overline{PS'}^2,$$

donc

$$R^3 : r^3 :: \overline{PS}^2 : \overline{PS'}^2 :: (PCS)^2 : (PCS')^2 :: (ACB)^2 : (PCS')^2$$
$$:: \frac{1}{t^2} : \frac{1}{T'^2} :: T^2 : t^2,$$

car les vitesses angulaires ACB, PCS' des deux planètes, pour un même intervalle de tems, sont en raison inverse des tems des révolutions.

14. Voyons maintenant comme l'égalité des arcs en tems égaux nous donnera l'anomalie vraie correspondante à chaque anomalie moyenne et les rayons vecteurs.

Sur le grand axe AP (fig. 15), décrivons un cercle AKP circonscrit à l'ellipse sur laquelle l'astre circule, ASM sera l'anomalie vraie, c'est-à-dire la distance angulaire à l'apogée.

Soit X le lieu d'un astre qui décrirait le cercle AKP d'un mouvement uniforme dans le tems que l'astre emploie à décrire son ellipse, ACX sera l'anomalie moyenne ou la distance angulaire de l'astre au point A du contact du cercle avec l'ellipse. Menons l'ordonnée NMR, et nous aurons , par la loi des surfaces proportionnelles aux tems,

ACX : ASM :: surface du demi-cercle : surface de la demi-ellipse

$$:: CK : CD :: NR : MR :: ASN : ASM, \text{ donc } ACX.ASM = ASM.ASN,$$

donc

$$ACX = ASN = ACN + CSN, \text{ donc } \tfrac{1}{2}AX = \tfrac{1}{2}AN + \tfrac{1}{2}CS \cdot NR,$$

ou

$$AX = AN + CS \cdot NR, \quad \text{ou} \quad z = x + e \sin x \ldots\ldots\ldots\ldots \; (a).$$

Cette formule est de Képler, ainsi que la valeur de V (16).

Je désigne par z l'arc AX qui mesure l'anomalie moyenne, et par x l'arc AN du cercle circonscrit, coupé par le prolongement de l'ordonnée du point M; cet arc se nomme *l'anomalie excentrique*, $e = CS$, est l'excentricité.

15. x étant supposé connu, ainsi que l'excentricité, on aura facilement l'anomalie moyenne; mais l'anomalie moyenne étant connue, on ne peut en déduire l'anomalie de l'excentrique que par tâtonnement,

ou par des séries, parce que l'équation (a) est transcendante. Képler, en proposant ce problème aux géomètres, avait jugé qu'il était insoluble à cause de l'hétérogénéité de l'arc et du sinus : on voit en effet que $TS = e \sin x$, qui est une ligne droite, est égale à l'arc NX.

Ce problème connu sous le nom de Képler, n'a encore été résolu que par des voies indirectes.

16. Nommons encore le demi-grand axe (fig. 15) $CA = 1$, le demi-petit axe $CD = b$, le rayon vecteur $SM = V$, l'anomalie vraie $ASM = u$.

On aura par la propriété de l'ellipse, $SD = 1$; le triangle SCD donne

$b^2 = 1 - e^2$, le triangle SMR donne $V^2 = SR^2 + MR^2 = (e + \cos x)^2 + b^2 \sin^2 x$
$= e^2 + 2e \cos x + \cos^2 x + b^2 \sin^2 x = e^2 + 2e \cos x + \cos^2 x + \sin^2 x - e^2 \sin^2 x$
$= 1 + 2e \cos x + e^2 \cos^2 x = (1 + e \cos x)^2$, et par conséquent
$$V = 1 + e \cos x = CN + CT = NT,$$

le triangle rectangle STN donnera

$$\overline{SN}^2 = (e + \cos x)^2 + \sin^2 x = e^2 + 2e \cos x + \cos^2 x + \sin^2 x = 1 + e^2 + 2e \cos x.$$

17. Le triangle rectangle SRM donne aussi $MR = V \sin u = b \sin x$,

et
$$\tan u = \frac{MR}{SR} = \frac{b \sin x}{e + \cos x} = \frac{V \sin u}{e + \cos x},$$

et par conséquent

$$\cos u = \frac{e + \cos x}{V} = \frac{e + \cos x}{1 + e \cos x}; \text{ et } \sin u = \frac{(1 - e^2)^{\frac{1}{2}} \sin x}{1 + e \cos x};$$

mais on a
$$\tan^2 \tfrac{1}{2} u = \frac{1 - \cos u}{1 + \cos u}, \text{ en substituant il viendra}$$

$$\tan^2 \tfrac{1}{2} u = \frac{1 - \dfrac{e + \cos x}{1 + e \cos x}}{1 + \dfrac{e + \cos x}{1 + e \cos x}} = \frac{1 - e - (1 - e) \cos x}{(1 + e) + (1 + e) \cos x} = \frac{1 - e}{1 + e} \cdot \frac{1 - \cos x}{1 + \cos x}$$

$$= \left(\frac{1 - e}{1 + e}\right) \frac{2 \sin^2 \tfrac{1}{2} x}{2 \cos^2 \tfrac{1}{2} x},$$

et enfin

$$\tan \tfrac{1}{2} u = \tan \tfrac{1}{2} x \sqrt{\frac{1 - e}{1 + e}}. \text{ Cette formule paraît être de La Caille.}$$

18. Si l'on fait $\cos \varphi = \sqrt{\frac{1 - e}{1 + e}}$, on a $\tan \tfrac{1}{2} u = \cos \varphi \tan \tfrac{1}{2} x$, et on

aura (X. 216)

$$\tfrac{1}{2}(x-u)=\tan^2\tfrac{1}{2}\varphi\,\frac{\sin x}{\sin 1''}-\tfrac{1}{2}\tan^4\tfrac{1}{2}\varphi\,\frac{\sin 2x}{\sin 1''}+\tfrac{1}{3}\tan^6\tfrac{1}{2}\varphi\,\frac{\sin 3x}{\sin 1''}-\text{etc.}$$

$$=\tan^2\tfrac{1}{2}\varphi\,\frac{\sin u}{\sin 1''}+\tfrac{1}{2}\tan^4\tfrac{1}{2}\varphi\,\frac{\sin 2u}{\sin 1''}+\tfrac{1}{3}\tan^6\tfrac{1}{2}\varphi\cdot\frac{\sin 3u}{\sin 1''}+\text{etc.}$$

19. L'équation $\cos u=\dfrac{e+\cos x}{1+e\cos x}$ donne aussi

$$1-2\sin^2\tfrac{1}{2}u=-1+2\cos^2\tfrac{1}{2}u=\frac{e+\cos x}{1+e\cos x},$$

d'où l'on tire

$$\sin^2\tfrac{1}{2}u=\left(\frac{1-e}{2}\right)\left(\frac{1-\cos x}{1+e\cos x}\right),\quad \cos^2\tfrac{1}{2}u=\left(\frac{1+e}{2}\right)\left(\frac{1+\cos x}{1+e\cos x}\right).$$

On trouverait de la même manière

$$\sin^2\tfrac{1}{2}x=\left(\frac{1+e}{2}\right)\left(\frac{1-\cos u}{1-e\cos u}\right),$$

$$\cos^2\tfrac{1}{2}x=\left(\frac{1-e}{2}\right)\left(\frac{1+\cos u}{1-e\cos u}\right),$$

$$\tan^2\tfrac{1}{2}x=\left(\frac{1+e}{1-e}\right)\left(\frac{1-\cos u}{1+\cos u}\right)=\left(\frac{1+e}{1-e}\right)\tan^2\tfrac{1}{2}u.$$

20. La même équation donne $\cos x=\dfrac{\cos u-e}{1-\cos u}$, et par conséquent

$$\sin x=\sqrt{\left(1-\left(\frac{\cos u-e}{1-e\cos u}\right)^2\right)}=\frac{\sin u}{1-e\cos u}\sqrt{(1-e^2)},$$

par conséquent

$$\tan x=\frac{\sin u}{\cos u-e}\sqrt{(1-e^2)}=\frac{b\sin u}{\cos u-e}.$$

Et

$$V=\frac{b\sin x}{\sin u}=\frac{b}{\sin u}\cdot\frac{\sin u\sqrt{1-e^2}}{1-e\cos u}=\frac{b^2}{1-e\cos u}=\frac{1-e^2}{1-e\cos u}.$$

21. De toutes ces équations on n'emploie guères que les suivantes :

$$z=x+e\sin x$$

$$\tan\tfrac{1}{2}u=\tan\tfrac{1}{2}x\sqrt{\left(\frac{1-e}{1+e}\right)}$$

$$V=1+e\cos x=\frac{b^2}{1-e\cos u}=\frac{b\sin x}{\sin u}.$$

22. Mais tout ceci suppose x connu, et l'on ne connaît à l'ordinaire que z, rarement u et jamais x; cependant ces formules donnent un moyen facile, et même l'un des plus courts qu'on puisse imaginer pour trouver le rayon vecteur et la prostaphérèse ou équation du centre $(z-u)$; en voici un exemple pour une ellipse dont l'excentricité serait 0.25, c'est-à-dire un peu plus forte que celle d'aucune planète connue.

x	z	Δz	u	Δu	$E = z - u$	ΔE
0° 0'	0° 0' 0"000		0° 0' 0"000		0° 0' 0"000	
10	0.12.30,000	12'30"000	0. 7.44,758	7'44"758	0. 4.45,242	4'45"242
20	0.24.59,998	12.29,998	0.15.29,514	7.44,756	0. 9.30,484	4.45,242
30	0.37.29,994	12.29,996	0.23.14,277	7.44,763	0.14.15,717	4.45,233
40	0.49.59,986	12.29,992	0.30.59,038	7.44,761	0.19. 0,948	4.45,231
50	1. 2.29,973	12.29,987	0.38.43,810	7.44,772	0.23.46,163	4.45,215
1. 0	1.14.59,954	12.29,981	0.46.28,578	7.44,768	0.28.31,376	4.45,213

23. Je calcule d'abord $\frac{e \sin x}{\sin 1''}$, en donnant à x toutes les valeurs de 10 en 10 minutes jusqu'à 90°; elles reviennent les mêmes dans un ordre inverse de 90 à 180°. De cette manière je forme la seconde colonne, où l'on trouve $z = x + \frac{e \sin x}{\sin 1''}$ depuis 0° jusqu'à 180°, ce qui suffit, parce que l'équation E, pour une anomalie moyenne quelconque $360° - z$, est la même que celle de z, au signe près.

Je calcule ensuite $\tan g \frac{1}{2} u = \left(\frac{1-e}{1+e}\right)^{\frac{1}{2}} \tan g \frac{1}{2} x$ pour les 180° de x; j'en conclus u et $z - u = E$.

Je pourrais calculer $(x - u)$ par la série (18); ce moyen, s'il n'est pas plus court, serait du moins plus commode et donnerait plus de régularité dans les accroissemens de u. Ici j'ai déterminé $\frac{1}{2} u$ par sa tangente.

La table dont on voit un échantillon donnerait toujours trois des quantités x, z, u et E, par celle des quatre que l'on connaîtrait; mais le calcul des parties proportionnelles serait incommode, sauf le cas où x serait la quantité connue. On préfère avec raison les tables qui ont pour argument u et surtout z. Il est aisé de les déduire de la table précédente.

24. Pour avoir la table dont l'argument serait z de 10 en 10', soient z et z' deux nombres consécutifs de la table, z'' le nombre exact de dixaines de minutes pour lequel on cherche l'équation E''; E et E' les équations entre lesquelles E'' est comprise; $\Delta z = z' - z$; $\Delta E = E' - E$;

$$\Delta z : \Delta E :: z' - z : y = \frac{\Delta E}{\Delta z}(z' - z) = \frac{E' - E}{z' - z}(z'' - z), \quad \text{alors } E'' = E + y;$$

ainsi, pour commencer, on aura $z = 0$, $z' = 12'\,30''$, $z' - z = \Delta z = 12'\,30''$, $z'' - z = 10'$, $E = 0$, $E' = 4'\,45'',242 = E' - E$,

$$y = \left(\frac{4'\,45''242}{12.30,000}\right) 10'\,0'' = 3'\,48'',193, \quad E'' = 0°\,0'\,0'' + 3'\,48'',193 = 3'\,48'',193.$$

Pour avoir la table dont l'argument serait u, on aurait de même

$$\Delta u : \Delta E :: u' - u : y' = \frac{\Delta E}{\Delta u}(u'' - u) = \frac{E' - E}{u' - u}(u'' - u) \quad \text{et} \quad E'' = E + y'.$$

C'est ainsi que j'ai formé les deux petites tables qui suivent. J'y ai laissé les décimales telles que le calcul les a données, pour montrer quelle exactitude on peut attendre. Dans l'usage, on se contente des dixièmes de seconde.

z	E —	ΔE	u	E +	ΔE
0° 0′	0° 0′ 0″,000		0° 0′	0° 0′ 0″,000	
		3′ 48″,193			6′ 8″,247
10	0. 3.48,193		10	0. 6. 8,247	
		3.48,195			6. 8,239
20	0. 7.36,388		20	0.12.16,486	
		3.48,196			6. 8,229
30	0.11.24,584		30	0.18.24,715	
		3.48,182			6. 8,203
40	0.15.12,766		40	0.24.32,918	
		3.48,187			
50	0.19. 0,953		50		
		3.48,176			
1. 0	0.22.49,129		1. 0.		

On pourrait prendre d'abord u pour donnée, et calculer........

$$\tan\tfrac{1}{2}x = \left(\frac{1+e}{1-e}\right)^{\frac{1}{2}} \tan\tfrac{1}{2}u, \quad z = x + e\sin x, \quad E = z - u, \quad V = 1 + e\cos x,$$

et réduire ensuite le tout à l'argument z; mais on aurait un nombre double de x à calculer, et les calculs seraient moins commodes.

Quand

25. Quand on a les u, on calcule les rayons vecteurs V par la formule $V = \frac{1-e^2}{1-e\cos u}$, et en faisant $e = \sin \alpha$, on aura $V = \frac{\cos^2 \alpha}{1-\sin \alpha \cos u}$, et

$$\log V = 2\log \cos\alpha + K\left[\sin\alpha\cos u + \tfrac{1}{2}(\sin\alpha\cos u)^2 + \tfrac{1}{3}(\sin\alpha\cos u)^3 + \text{etc.}\right],$$

ou enfin par la formule (17) $V = \frac{b\sin x}{\sin u}$.

Nous avons supposé le demi-grand axe $= 1$; s'il était a, il faudrait multiplier tous les rayons vecteurs en nombres par la constante a, en ajoutant le logarithme de a à tous les logarithmes de V.

Voilà la manière la plus simple, la plus élémentaire, et peut-être aussi la plus courte, pour calculer les tables de prostaphérèse et celles des rayons vecteurs; personne ne l'a pourtant indiquée; il est vrai qu'elle exige une attention fatigante dans le calcul des parties proportionnelles.

Voici les moyens indiqués par divers astronomes, et d'abord celui de La Caille.

26. Le triangle CSX (fig. 14) donne, ainsi que nous avons vu dans l'hypothèse elliptique simple, $\operatorname{tang} \tfrac{1}{2}(S-x) = \frac{1-e}{1+e}\operatorname{tang} \tfrac{1}{2}z$, et on a à fort peu près $\tfrac{1}{2}z + \tfrac{1}{2}(S-x) = x$, il ne s'en faut tout au plus que de 5 ou 6′ pour Mercure; avec cette valeur approchée de x, calculez $z - \frac{e\sin x}{\sin 1''} = x$, si vous trouvez en effet x, le calcul est bon; si vous n'avez pas x bien exactement, vous en aurez une valeur fort approchée x'; calculez $z - \frac{e\sin x'}{\sin 1''} = x''$; si $x'' = x'$, x' sera bon; s'il ne l'est pas, calculez $z - \frac{e\sin x''}{\sin 1''} = x'''$, et ainsi de suite jusqu'à ce que vous ayez une valeur de x qui satisfasse à l'équation $x = z - \frac{e\sin x}{\sin 1''}$.

Dans les cas les plus défavorables, c'est-à-dire quand z passe 90°, vous n'aurez que six fois au plus à faire le tâtonnement, souvent beaucoup moins; mais on voit que pour une table, ce moyen serait bien plus long que celui qui est indiqué ci-dessus.

27. Simpson a donné une autre méthode qu'il démontre synthétiquement, mais longuement. *Essays on several*, etc., 1740, p. 41.

2.

En différentiant l'équation $z = x + e \sin x$, on a $dz = dx(1 + e \cos x)$, donc $dx = \dfrac{dz}{1 + e \cos x} = \dfrac{dz}{V}$;

Faites $x' = z - e \sin z$, vous aurez une valeur approchée de x; calculez $z' = x' + e \sin x'$, et $dx' = \dfrac{z - z'}{1 + e \cos x'}$;

Faites $x'' = x' + dx'$; calculez $z'' = x'' + e \sin x''$; $dx'' = \dfrac{z - z''}{1 + e \cos x''}$, et ainsi de suite, jusqu'à ce que vous retrouviez z bien exactement.

28. Si l'on connaissait x, on aurait z par l'équation $z = x + e \sin x$; faites $\operatorname{tang} y = \left(\dfrac{1 - e}{1 + e}\right) \operatorname{tang} \tfrac{1}{2} z$; $x' = (\tfrac{1}{2} z + y)$, et $z' = x' + e \sin x'$; vous aurez

$$(z - z') = (x - x') + e(\sin x - \sin x') = x - x' + 2e \sin \tfrac{1}{2}(x - x') \cos \tfrac{1}{2}(x + x')$$
$$\tfrac{1}{2}(z - z') = \tfrac{1}{2}(x - x') + e \sin \tfrac{1}{2}(x - x') \cos \tfrac{1}{2}(x + x')$$
$$\tfrac{1}{2}(z - z') = \tfrac{1}{2}(x - x')\left(1 + e \cos \tfrac{1}{2}(x + x')\right);$$

mais
$$\tfrac{1}{2}(x + x') = \left(x' + \dfrac{x - x'}{2}\right) = x' + \dfrac{\tfrac{1}{2}(z - z')}{1 + e \cos \tfrac{1}{2}(x + x')}$$
$$= x' + \tfrac{1}{2}(z - z') - \tfrac{1}{2} e(z - z') \cos\left(x' + \dfrac{z - z'}{2}\right).$$

Faites, pour abréger, $x'' = x' + \tfrac{1}{2}(z - z')$, substituez et développez, et vous réduirez le calcul aux formules suivantes:

$$\operatorname{tang} y = \left(\dfrac{1 - e}{1 + e}\right) \operatorname{tang} \tfrac{1}{2} z; \quad x' = \tfrac{1}{2} z + y; \quad z' = x' + e \sin x';$$
$$x'' = x' + \tfrac{1}{2}(z - z'); \quad (x - x') = \dfrac{z - z'}{1 + e \cos x'' + e^2 \sin \tfrac{1}{2}(z - z') \sin x'' \cos x''};$$
$$x = x' + (x - x') \quad \text{et vous calculerez enfin} \quad z = x + e \sin x,$$

pour servir de preuve.

Cette méthode est fondée sur celles de Cassini, La Caille, Simpson et Cagnoli; elle est plus directe et moins longue.

29. Suivant Cassini, le triangle CSX (fig. 14) donnera

$$CX + CS : CX - CS :: \operatorname{tang} \tfrac{1}{2}(CSX + CXS) : \operatorname{tang} \tfrac{1}{2}(CSX - CXS),$$
$$1 + e \; : \; 1 - e \; :: \qquad \operatorname{tang} \tfrac{1}{2} z \qquad : \qquad \operatorname{tang} \tfrac{1}{2} y;$$

alors on aura $\qquad CSX = \tfrac{1}{2}(z + y); \quad CXS = \tfrac{1}{2}(z - y);$

$$CX \; : \; SX \; :: \; \sin CSX \; : \; \sin SCX; \qquad \text{d'où} \qquad SX = \dfrac{\sin z}{\sin \tfrac{1}{2}(z + y)};$$

prolongez NC en T, et abaissez la perpendiculaire $ST = e \sin x$, vous aurez $TS = $ arc NX. Menez Xba perpendiculaire sur ST, et par conséquent parallèle à NT, vous aurez $CbX = ACN = x$; mais....

$$CbX = CSX + aXS = x = \tfrac{1}{2}z + \tfrac{1}{2}y + \text{arc}.\sin = \frac{aS}{SX}$$

$$= \tfrac{1}{2}(z+y) + \text{arc}\sin = \left(\frac{TS - aT}{SX} = \frac{NX - \sin NX}{SX} \right);$$

Cassini s'arrête à cette équation; mais on a

$$\frac{NX - \sin NX}{SX} = \frac{\dfrac{e \sin x - \sin(e \sin x)}{\sin z}}{\sin \tfrac{1}{2}(z+y)} = \left(\frac{e \sin x - \sin(e \sin x)}{\sin z} \right) \sin \tfrac{1}{2}(z+y) =$$

$$\frac{\sin \tfrac{1}{2}(z+y)}{\sin z} \left[e \sin x - e \sin x + \frac{e^3}{1.2.3} \sin^3 x - \frac{e^5}{1...5} \sin^5 x + \text{etc.} \right] =$$

$$\frac{\sin \tfrac{1}{2}(z+y)}{\sin z} \left[\frac{e^3}{1.2.3} \sin^3 x - \frac{e^5}{1...5} \sin^5 x + \text{etc.} \right]$$

Pour avoir l'arc dont cette expression est le sinus, il faudrait y ajouter le sixième du cube de cette expression, c'est-à-dire une quantité multipliée par e^9; on peut négliger cette quantité, et mettre $\sin \tfrac{1}{2}(z+y)$ pour $\sin x$; il n'en résultera aucune erreur sensible, si ce n'est quelquefois sur le terme $\dfrac{e^3 \sin^3 x \sin \tfrac{1}{2}(z+y)}{6 \sin z}$. La différentielle de ce terme

$$\frac{3 e^3 \sin^3 \tfrac{1}{2}(z+y) \cos \tfrac{1}{2}(z+y) d\tfrac{1}{2}(z+y)}{6 \sin z} = \frac{3 e^3 \sin^3 \tfrac{1}{2}(z+y)}{6 \sin z} \frac{e^3 \sin^4 \tfrac{1}{2}(z+y) \cos \tfrac{1}{2}(z+y)}{6 \sin z}$$

$$= 3 \left(\frac{e^3 \sin^4 \tfrac{1}{2}(z+y)}{6 \sin z \sin 1''} \right)^2 \cot \tfrac{1}{2}(z+y) \sin 1'',$$

on aura donc toujours sans erreur sensible

$$x = \tfrac{1}{2}(z+y) + \frac{e^3 \sin^4 \tfrac{1}{2}(z+y)}{\sin 6'' \sin z} + 3 \sin 1'' \left(\frac{e^3 \sin^4 \tfrac{1}{2}(z+y)}{\sin 6'' \sin z} \right)^2 \cot \tfrac{1}{2}(z+y)$$

$$- \frac{e^5 \sin^6 \tfrac{1}{2}(z+y)}{120 \sin z \sin 1''} + \frac{e^7 \sin^8 \tfrac{1}{2}(z+y)}{5040 \sin z \sin 1''} \cdots\cdots (\omega),$$

ce qui se réduit aux formules suivantes :

$$(1) \ \tang \tfrac{1}{2}y = \left(\frac{1-e}{1+e} \right) \tang \tfrac{1}{2}z; \qquad (2) \ x = \tfrac{1}{2}(z+y) + \text{etc.},$$

comme ci-dessus, formule (ω).

$$(3) \ \tang \tfrac{1}{2}u = \left(\frac{1-e}{1+e} \right) \tang \tfrac{1}{2}x.$$

50. **Exemple.** Soit $z = 135°$, $e = 0,25$, excentricité qui surpasse celle de toutes les planètes connues, on aura

$$\frac{1-e}{1+e} = \frac{0,75}{1.25} = \tfrac{3}{5} = 0,6 \quad \log\left(\frac{1-e}{1+e}\right) \ldots \ldots \quad 9.7781512$$

$$\log \text{tang} \tfrac{1}{2} z = \quad 67°30'\ 0'' \ldots \ldots \ldots \quad 0.3827757$$

$$\log \text{tang} \tfrac{1}{2} y = \quad 55.22.49.82 \ldots \ldots \quad 0.1609269$$

$$\sin \tfrac{1}{2}(z+y) = \quad 122.52.49.82 \ldots \ldots \quad 9.9241780$$

$$\text{triple} \ldots \ldots \quad 9.7725340$$

$$e^3 : \sin 6'' \ldots \ldots \quad 2.7500938$$

$$\text{C. log} \sin z \ldots \ldots \quad 0.1505149$$

$$a = + \quad 6.17.85 \ldots \ldots \quad 2.5773207$$

$$\sin^2 \tfrac{1}{2}(z+y) \ldots \ldots \quad 9.84836$$

$$- \tfrac{1}{20} e^2 \ldots \quad - 7.49485$$

$$b = - \quad 0''83 \ldots \quad - 9.92053$$

$$2 \log a \ldots \ldots \quad 5.15464$$

$$\sin 3'' \ldots \ldots \quad 5.16270$$

$$\cot \tfrac{1}{2}(z+y) \ldots \quad - 9.81053$$

$$c = - \quad 1''34 \ldots \ldots \quad 0.12787$$

$$b \sin^2 \tfrac{1}{2}(z+y) \ldots \quad + 9.76889$$

$$\frac{e^3}{42} \ldots \ldots \quad 7.17263$$

$$d + 0'',001 \ldots \ldots \quad 6.94152$$

On voit que le terme d est inutile, b et c fort petits; nous aurons donc

$$\tfrac{1}{2}(z+y) = \quad 122°52'\ 49''82$$

$$a = + \quad 6.17.85$$

$$b = - \quad 0.83$$

$$c = - \quad 1.34$$

$$x = \quad 122.59.\ 5.50$$

$$\tfrac{1}{2} x = \quad 61.29.32.75$$

$$\tfrac{1}{2}\log\left(\tfrac{1-e}{1+e}\right)\ldots\ldots\ 9.8890756$$

$$\text{tang }\tfrac{1}{2}x\ldots\ldots\ 0.2650988$$

$$\text{tang }\tfrac{1}{2}u = 54°\,57'\,46''\,36\ldots\ 0.1541744$$

$$u = 109.55.32.72$$

$$z = 135$$

$$\text{E} = z - u = 25.\,4.27.28$$

$$e\,\text{sin }1''\ldots\ldots\ 4.7123651$$

$$\text{sin }x\ldots\ldots\ 9.9236659$$

$$e\,\text{sin }12°\,0'\,54''\,47\ldots\ 4.6360310$$

$$x\quad 122.59.\ 5.50$$

$$z = 134.59.59.97$$

$$z\ \text{vrai} = 135.\ 0.\ 0.00$$

La différence est $\quad$ 0. 0. 0.03

31. Autre exemple où l'équation du centre est encore plus grande

$$z = 96°,\ \tfrac{1}{2}z = 48°\quad \log\left(\tfrac{1-e}{1+e}\right)\ldots\ 9.7781512$$

$$\text{tang }\tfrac{1}{2}z = 48°\,0'\,0''\,00\ldots\ 0.0455626$$

$$\text{tang }33.40.41.51\ldots\ 9.8257158$$

$$\text{sin }\tfrac{1}{2}(z+y)\ 81.40.41.51\ldots\ 9.9954050$$

$$\text{triple}\ldots\ 9.9862090$$

$$e^3 : \text{sin }6''\ldots\ 2.7500958$$

$$\text{C. sin }z\ldots\ 0.0023857$$

$$a = +\,8'\,37''\,71\ldots\ 2.7140915$$

$$\text{sin}^2\tfrac{1}{2}(z+y)\ldots\ 9.99081$$

$$-\left(\tfrac{e^2}{20}\right)\ldots\ -\,7.49485$$

$$b = -\,0.1''\,58\ldots\ 0.19975$$

$$2\log a\ldots\ 5.42818$$

$$\text{sin }5''\ \ldots\ 5.16270$$

$$\cot\tfrac{1}{2}(z+y)\ldots\ 9.16518$$

$$c = +\,0'\,0''\,57\ldots\ 9.75606$$

$$b \sin^2 \tfrac{1}{2} (z + y) \ldots\ldots\ 0.19056$$

$$\frac{e^2}{42} \ldots\ldots\ 7.17263$$

$$d = - 0'',002 \ldots\ldots\ 7.36319$$

$$\tfrac{1}{2}(z + y) = 81° 40' 41'' 51$$

$$(a) + \qquad 8.37.71$$

$$(b) - \qquad 1.58$$

$$c + \qquad 0.57$$

$$d - \qquad 0.002$$

$$x = 81.49.18.21$$

$$\tfrac{1}{2}x = 40.54.39.10$$

$$\left(\frac{1-e}{1+e}\right)^{\frac{1}{2}} \ldots\ldots\ 9.8890756$$

$$\tan \tfrac{1}{2} x \ldots\ldots\ 9.9377982$$

$$\tan \tfrac{1}{2} u = 33° 52' 15'' 28 \ldots\ 9.8268738$$

$$u = 67.44.30.56$$

$$z = 96$$

$$E = 28.15.29.44$$

$$e \sin 1'' \ldots\ldots\ 4.7123651$$

$$\sin x \ldots\ldots\ 9.9955607$$

$$14° 10' 41'' 77 \ldots\ 4.7079258$$

$$x = 81.49.18.21$$

$$z = 95.59.59.98$$

$$z = 96.\ 0.\ 0.00$$

$$\text{différence} - \quad 0.\ 0.\ 0.02$$

Ce procédé, le plus direct que je connaisse, est aussi le plus précis ; il n'est qu'approximatif, mais il est toujours exact au-delà des dixièmes de seconde pour toutes les planètes de notre système.

32. Connaissant x, on aura V par l'équation $V = \frac{b \sin x}{\sin u} = 1 + c \cos x$, et la solution est complète.

33. En reprenant la méthode que je substitue à celle de Cassini, nous

aurons vu ci-dessus (fig. 14) que $TS = NX$, $Ta = \sin NX$, d'où

$$Sa = NX - \sin NX = e \sin x - \sin(e \sin x) = \frac{e^3 \sin^3 x}{1.2.3} - \frac{e \sin^5 x}{1\ldots5} + \frac{e^7 \sin^7 x}{1\ldots7} - \text{etc.}$$

Mais
$$Sa = Sb \sin abS = Sb \sin ACN = Sb \sin x,$$
donc
$$Sb = \frac{Sa}{\sin x} = \frac{e^3 \sin^2 x}{1.2.3} - \frac{e^5 \sin^4 x}{1\ldots5} + \frac{e^7 \sin^6 x}{1\ldots7} - \text{etc.} ;$$

d'un autre côté, on a
$$\tang x = \tang ACN = \tang Qbx = \frac{QX}{Qb} = \frac{\sin z}{SQ - Sb} = \frac{\sin z}{e + \cos z - Sb};$$
donc
$$\tang x = \frac{\sin z}{e + \cos z - \dfrac{e^3 \sin^2 x}{1.2.3} + \dfrac{e^5 \sin^4 x}{1\ldots5} - \dfrac{e^7 \sin^6 x}{1\ldots7} + \text{etc.}},$$

ou bien
$$\tang x = \frac{\dfrac{\sin z}{e + \cos z}}{1 - \dfrac{e^3 \sin^2 x}{1.2.3\,(e + \cos z)} + \dfrac{e^5 \sin^4 x}{1\ldots5\,(e + \cos z)} - \dfrac{e^7 \sin^6 x}{1\ldots7\,(e + \cos z)}};$$

et en faisant
$$K = \frac{1}{\log.\ \text{hyp.}\ 10},$$

on aura
$$\log \tang x = \log \left(\frac{\sin z}{e + \cos z} \right) + K \left[\frac{e^3 \sin^2 x}{1.2.3\,(e + \cos z)} - \frac{e^5 \sin^4 x}{1\ldots5\,(e + \cos z)} \right.$$
$$\left. + \frac{1}{2} \left(\frac{e^3 \sin^2 x}{1.2.3\,(e + \cos z)} \right)^2 - \frac{e^7 \sin^6 x}{1\ldots7\,(e + \cos z)} + \frac{e^8 \sin^6 x}{1\ldots3.1\ldots5\,(e + \cos z)^2} \text{etc.} \right].$$

Les quatre premiers termes suffisent, car les e^7 sont insensibles ; nous aurions donc $\log \tang x$, si l'expression ne renfermait $\sin x$ dans les termes de la série ; mais comme ces termes sont fort petits, et que ACX, ASX ne diffèrent jamais de $9'$ même pour Mercure et Pallas, et qu'on a $\tang ASX = \dfrac{\sin z}{e + \cos z}$, il en résultera que le premier terme donnera déjà une valeur assez approchée de x, pour que l'on puisse sans erreur mettre cette valeur pour x dans les petits termes multipliés par K. Soit donc

$$\tang x' = \frac{\sin z}{e + \cos z} = \frac{\sin z}{2 \sin \left(\dfrac{90^\circ - z - e}{2} \right) \cos \left(\dfrac{90^\circ - z + e}{2} \right)},$$

alors

$$\log \tang x = \log \tang x' + \frac{K}{6}\frac{e^3 \sin^2 x'}{e + \cos z} - \frac{K}{120}\frac{e^5 \sin^4 x'}{e + \cos z} + \frac{K}{72}\frac{e^6 \sin^4 x'}{(e + \cos z)^3} - \text{etc.}$$

54. Nous avons ainsi une valeur très-approchée et toujours suffisamment exacte de log tang x ; la petite erreur vient de la substitution de x' au lieu de x dans les derniers termes.

Cette erreur ne sera sensible que sur le terme $\dfrac{K}{6}\dfrac{e^3 \sin^2 x'}{e + \cos z}$. Il doit être

$$\frac{K}{6} e^3 \frac{\sin^2 (x' + d x')}{e + \cos z} = \frac{K}{6}\left[\sin^2 x' \cos^2 dx' + 2 \sin x' \cos x' \cos dx' \sin dx' \right.$$
$$\left. + \cos^2 x \sin^2 dx'\right] \frac{e^3}{e + \cos z} =$$
$$\frac{Ke^3}{6(e + \cos z)}\left[\sin^2 x' + \sin 2x' \sin dx' \cos dx' + \cos^2 x' \sin^2 dx'\right]$$
$$= \frac{Ke^3}{6(e + \cos z)}\left[\sin^2 x' + \tfrac{1}{2}\sin 2 x' \sin 2 dx'\right],$$

en négligeant $\sin^2 dx$. De ces deux termes, nous n'avons que le premier, et il nous reste à ajouter le second $\dfrac{Ke^3 \sin x' \cos x' \sin 2 dx'}{6(e + \cos z)}$, ou $\dfrac{Ke^3 \sin^2 x'}{6(e + \cos z)}$ cotang x' $\sin 2\, dx'$.

35. Pour plus de facilité dans le calcul, je dispose ainsi l'opération :

1° $\log \tang x' = \log \dfrac{\sin z}{e + \cos z} = \log \sin z - \log(e + \cos z)$;

2° $\log \tang x'' = \log \tang x' + \left(\dfrac{Ke^3}{6}\right)\left(\dfrac{\sin^2 x'}{e + \cos z}\right) - \left(\dfrac{Ke^3 \sin^2 x'}{6(e + \cos z)}\right)\left(\dfrac{e^2 \sin^2 x'}{20}\right)$
$\quad + \left(\dfrac{Ke^3 \sin^2 x'}{6(e + \cos z)}\right)^2 \dfrac{1}{2K} - \left(\dfrac{Ke^3 \sin^2 x'}{6(e + \cos z)}\right)^3 \dfrac{1}{3K^2}$;

3° $\log \tang x = \log \tang x'' + \left(\dfrac{Ke^3 \sin^2 x'}{6(e + \cos z)}\right) 2 \,\text{cotang}\, x' \sin (x'' - x')$.

Par ce moyen, tous les termes se déduisent des autres ; on voit, par exemple, que $\left(\dfrac{Ke^3 \sin^2 x'}{6(e + \cos z)}\right)$ se trouve cinq fois dans l'opération, qu'à son logarithme, on ajoute d'abord $\left(\dfrac{e^2 \sin^2 x'}{20}\right)$, pour avoir le logarithme du second terme ; que pour avoir le logarithme du troisième, il suffit de doubler $\log \left(\dfrac{Ke^3 \sin^2 x'}{6(e + \cos z)}\right)$, et d'y ajouter le logarithme constant $\dfrac{1}{2K}$;

pour

pour le quatrième, s'il n'était pas insensible, il suffirait de tripler le log de $\left(\frac{Ke^3\sin^2 x'}{6\,(e+\cos z)}\right)$, et d'y ajouter $\log \frac{1}{3K^2}$; enfin pour le dernier terme de correction, il suffit d'ajouter $\log\left(\text{cotang } x' \sin 2(x''-x')\right)$ au log de $\left(\frac{Ke^3\sin^2 x'}{e+\cos z}\right)$.

Calculons par cette formule l'exemple de l'article 31.

$$\text{Cos} z = 96° = -\ 0.1045284$$
$$e = \quad 0.25$$

$$\text{Compl. } (e+\cos z) = +\ 0.1454716\ldots\ldots\ 0.8372219$$
$$\sin z \ldots\ldots\ldots\ 9.9976143$$

$$\text{tang } x' = \quad 81° 40' 41'',51 \ldots\ldots\ 0.8548362$$

$$\log \tfrac{1}{6} K \ldots\ldots\ldots\ 8.85963$$
$$\text{C. } (e+\cos z) \ldots\ldots\ldots\ 0.85722$$
$$9.69685$$
$$e \ldots\ldots\ 9.39794$$
$$e^2 \ldots\ldots\ 8.79588$$
$$\sin^2 x' \ldots\ldots\ 9.99081$$
$$\log a = 0.0076117 \ldots\ldots\ 7.88148$$
$$\text{C. } 20 \ldots\ldots\ 8.69897$$
$$\log b = 0.0000233 \ldots\ldots\ 5.36714$$

$$2 \log a \ldots\ldots\ 5.76296$$
$$\text{C. } \log 2K \ldots\ldots\ 0.06119$$
$$\log c = 0.0000667 \ldots\ldots\ 5.82415$$

$$3 \log a \ldots\ldots\ 3.64444$$
$$\text{C. } \log 3K^2 \ldots\ldots\ 0.24731$$
$$\log d = 0.0000007 \ldots\ldots\ 3.89175$$

$$
\begin{aligned}
\text{Log tang } x' &\ldots\ldots\ 0.8348362 \\
a &+\ 0.0076117 \\
b &-\ 0.0000233 \\
c &+\ 0.0000667 \\
d &+\ 0.0000007 \\
\hline
\text{tang } x'' = 81°\ 49'\ 18'' &\ldots\ldots\ 0.8424920 \\
x' = 81.40.42 & \\
\hline
\sin(x''-x') = \qquad 8.56 &\ldots\ldots\ 7.39822 \\
\log a &\ldots\ldots\ 7.88148 \\
2 &\ldots\ldots\ 0.50103 \\
\cot x' &\ldots\ldots\ 9.16516 \\
\log u = 0.0000056 & \qquad\overline{4.74589} \\
\log \text{tang } x'' = 0.8424920 & \\
\hline
\log \text{tang } x = 0.8424976 & \\
x = 81°\ 49'\ 18'',2, &
\end{aligned}
$$

comme par l'autre formule.

36. C'est ainsi que souvent on rend le calcul logarithmique plus facile et plus court, en compliquant en apparence l'expression ; l'on abrégerait encore en préparant les logarithmes constans qui servent pour toutes les planètes ; ce sont ceux de

$$
\frac{\text{K}}{6} = \ldots\ldots\ 8.8596331 \qquad 2 \ldots\ 0.50103
$$

$$
\frac{1}{2\,\text{K}} = \ldots\ldots\ 0.06119 \qquad \tfrac{1}{20} \ldots\ 8.69897
$$

$$
\frac{1}{3\,\text{K}^2} = \ldots\ldots\ 0.24731.
$$

On aura ensuite

$$
\text{tang}\,\tfrac{1}{2}\,u = \left(\frac{1-e}{1+e}\right)^{\frac{1}{2}} \text{tang}\,\tfrac{1}{2}\,x = \left(\frac{1-\sin\varepsilon}{1+\sin\varepsilon}\right)^{\frac{1}{2}} \text{tang}\,\tfrac{1}{2}\,x = \text{tang}(45°-\tfrac{1}{2}\varepsilon)\text{tang}\tfrac{1}{2}x,
$$

$$
z = x + e\sin x \quad \text{et} \quad \text{V} = 1 + e\cos x = \frac{(1+e)^{\frac{1}{2}}(1-e)^{\frac{1}{2}}\sin x}{\sin u}.
$$

Ces méthodes sont directes et les plus courtes que je connaisse pour calculer une anomalie vraie par une anomalie moyenne ; on a pour cet objet une série analytique de la valeur de $(z-u) =$ équation du centre ou prostaphérèse. Ces séries, fort utiles d'ailleurs, sont beaucoup plus longues à évaluer pour une anomalie isolée; avant de les exposer, tirons encore quelques conséquences de nos formules.

37. Nous avons trouvé (X. 215) que la formule $\tang A = \cos\omega\,\tang B$ donnerait les deux séries suivantes :

$$B - A = \tang^2 \tfrac{1}{2}\omega \sin 2B - \tfrac{1}{2}\tang^4 \tfrac{1}{2}\omega \sin 4B + \tfrac{1}{3}\tang^6 \tfrac{1}{2}\omega \sin 6B - \text{etc.}$$

$$B - A = \tang^2 \tfrac{1}{2}\omega \sin 2A + \tfrac{1}{2}\tang^4 \tfrac{1}{2}\omega \sin 4A + \tfrac{1}{3}\tang^6 \tfrac{1}{2}\omega \sin 6A + \text{etc.}$$

Si nous comparons terme à terme ces formules à la formule

$$\tang\tfrac{1}{2}u = \left(\frac{1-e}{1+e}\right)^{\frac{1}{2}}\tang\tfrac{1}{2}x,$$ nous aurons $A = \tfrac{1}{2}u$, ou $2nA = nu$, $B = \tfrac{1}{2}x$,

ou $2nB = nx$,

$$\cos\omega = \left(\frac{1-e}{1+e}\right)^{\frac{1}{2}} = \left(\frac{1-\sin\varepsilon}{1+\sin\varepsilon}\right)^{\frac{1}{2}} = \left(\frac{\sin 90° - \sin\varepsilon}{\sin 90° + \sin\varepsilon}\right)^{\frac{1}{2}} = \left[\frac{2\sin\tfrac{1}{2}(90° - \varepsilon)\cos\tfrac{1}{2}(90° + \varepsilon)}{2\sin\tfrac{1}{2}(90° + \varepsilon)\cos\tfrac{1}{2}(90° - \varepsilon)}\right]^{\frac{1}{2}}$$

$$= \left[\tang\left(45° - \tfrac{1}{2}\varepsilon\right)\cot\left(45° + \tfrac{1}{2}\varepsilon\right)\right]^{\frac{1}{2}} = \tang\left(45° - \tfrac{1}{2}\varepsilon\right) = \frac{1 - \tang\tfrac{1}{2}\varepsilon}{1 + \tang\tfrac{1}{2}\varepsilon};$$

mais on a aussi

$$\tang^2\tfrac{1}{2}\omega = \frac{1-\cos\omega}{1+\cos\omega},\quad \text{donc } \tang^2\tfrac{1}{2}\omega = \frac{1 - \dfrac{1 - \tang\tfrac{1}{2}\varepsilon}{1 + \tang\tfrac{1}{2}\varepsilon}}{1 + \dfrac{1 - \tang\tfrac{1}{2}\varepsilon}{1 + \tang\tfrac{1}{2}\varepsilon}}$$

$$= \frac{1 + \tang\tfrac{1}{2}\varepsilon - 1 + \tang\tfrac{1}{2}\varepsilon}{1 + \tang\tfrac{1}{2}\varepsilon + 1 - \tang\tfrac{1}{2}\varepsilon} = \tang\tfrac{1}{2}\varepsilon;$$

et en substituant ces deux valeurs dans les séries précédentes, on aura

$$\tfrac{1}{2}(x - u) = \tang\tfrac{1}{2}\varepsilon \sin u + \tfrac{1}{2}\tang^2\tfrac{1}{2}\varepsilon \sin 2u + \tfrac{1}{3}\tang^3\tfrac{1}{2}\varepsilon \sin 3u + \text{etc,}$$

$$\tfrac{1}{2}(x - u) = \tang\tfrac{1}{2}\varepsilon \sin x - \tfrac{1}{2}\tang^2\tfrac{1}{2}\varepsilon \sin 2x + \tfrac{1}{3}\tang^3\tfrac{1}{2}\varepsilon \sin 3x - \text{etc.};$$

équations identiques à celles de l'article (18); mais on a ensuite

$$\frac{z-x}{2} = \frac{e\sin x}{2} = \frac{\sin\varepsilon\cdot\sin x}{2}, \text{ donc}$$

$$\tfrac{1}{2}(z-u) = (\tfrac{1}{2}\sin\varepsilon + \tan\tfrac{1}{2}\varepsilon)\sin x - \tfrac{1}{2}\tan^2\tfrac{1}{2}\varepsilon\sin 2x + \tfrac{1}{3}\tan^3\tfrac{1}{2}\varepsilon\sin 3x - \text{etc.},$$

expression régulière et commode, si l'on connaissait x, car la série est très-convergente.

38. Nous avons (20 et 21),

$$z-x = e\sin x = \frac{eb\sin u}{1-e\cos u} = eb\sin u\,[1 + e\cos u + e^2\cos^2 u + \text{etc.}],$$

ou, changeant les puissances des cosinus en cosinus des arcs multiples (X. 524), $z-x = eb\sin u$ multiplié par la série suivante.

$$\begin{aligned}
\Big[\; & 1 + e\cos u + \frac{e^2}{2}(1+\cos 2u) + \frac{e^3}{2^2}(3\cos u + \cos 3u) + \frac{e^4}{2^3}(3 + 4\cos 2u + \cos 4u) \\[4pt]
& + \frac{e^5}{2^4}(10\cos u + 5\cos 3u + \cos 5u) + \frac{e^6}{2^5}(10 + 15\cos 2u + 6\cos 4u + \cos 6u) \\[4pt]
& + \frac{e^7}{2^6}(35\cos u + 21\cos 3u + 7\cos 5u + \cos 7u) \\[4pt]
& + \frac{e^8}{2^7}(35 + 56\cos 2u + 28\cos 4u + 8\cos 6u + \cos 8u) \\[4pt]
& + \frac{e^9}{2^8}(126\cos u + 84\cos 3u + 36\cos 5u + 9\cos 7u + \cos 9u) \\[4pt]
& + \frac{e^{10}}{2^9}(126 + 210\cos 2u + 120\cos 4u + 45\cos 6u + 10\cos 8u + \cos 10u) \\[4pt]
& + \frac{e^{11}}{2^{10}}(462\cos u + 330\cos 3u + 165\cos 5u + 55\cos 7u + 11\cos 9u + \cos 11u) \\[4pt]
& + \frac{e^{12}}{2^{11}}(462 + 792\cos 2u + 495\cos 4u + 220\cos 6u + 66\cos 8u + 12\cos 10u + \cos 12u) \\[4pt]
& + \text{etc.} \;\Big]
\end{aligned}$$

On pourrait continuer à l'infini, mais on voit que les termes deviennent toujours plus faibles, et cette approximation suffit pour toutes les planètes.

39. La même équation peut encore s'écrire ainsi,

(·) En supposant $e=1$, les différens termes de cette série formeront une table de valeurs de $\cos u$, $\cos^2 u$, $\cos^3 u$, etc., d'un arc quelconque.

$$z - x = e \sin x = \frac{eb \sin u}{1 - e \cos u} = \frac{\epsilon(1 - e^{2})^{\frac{1}{2}} \sin u}{1 - e \cos u} = \frac{\sin \cdot (1 - \sin^{2} \epsilon)^{\frac{1}{2}} \sin u}{1 - e \cos u} ,$$

$$= \frac{\sin \epsilon \cos \epsilon \sin u}{1 - \sin \epsilon \cos u} ;$$

de plus

$$x - u = 2 \tang \tfrac{1}{2} \epsilon \sin u + \tfrac{1}{2} \tang^{2} \tfrac{1}{2} \epsilon \sin 2u + \tfrac{2}{3} \tang^{3} \tfrac{1}{2} \epsilon \sin 3u + \text{etc.}$$

et

$$z - x + x - u = z - u = \left(\frac{\tfrac{1}{2} \sin 2 \epsilon}{1 - \sin \epsilon \cos u} + 2 \tang \tfrac{1}{2} \epsilon \right) \sin u + \tfrac{2}{3} \tang^{3} \tfrac{1}{2} \sin 2u + \text{etc.}$$

série nécessairement convergente ; on peut donc exprimer l'équation du centre par une série convergente, ordonnée suivant les sinus des multiples de u.

40. Il est bon de remarquer que la série (38) étant de la forme

$$A \sin u + A' \sin u \cos u + A'' \sin u \cos 2u + \dots A^{(n)} \sin u \cos n u \dots \dots \quad (a),$$

(n étant un nombre entier quelconque depuis $n = 0$), on pourra la transformer aisément en une autre série de la forme

$$\frac{z - x}{eb} = B' \sin u + B'' \sin 2u + B''' \sin 3 u + \dots B^{(n)} \sin n u \dots \dots \quad (b).$$

En effet $A^{(n)} \sin u \cos n u = \tfrac{1}{2} A^{(n)} \sin (n+1) u - \tfrac{1}{2} A^{(n)} \sin (n-1) u$, et en mettant d'abord $n + 1$ à la place de n, ensuite $n + 2$, $n + 3$, etc., on aura de même

$$A^{(n+1)} \sin u \cos (n+1) u = \tfrac{1}{2} A^{(n+1)} \sin (n+2) u - \tfrac{1}{2} A^{(n+1)} \sin n u$$

$$A^{(n+2)} \sin u \cos (n+2) u = \tfrac{1}{2} A^{(n+2)} \sin (n+3) u - \tfrac{1}{2} A^{(n+2)} \sin (n+1) u$$

$$A^{(n+3)} \sin u \cos (n+3) u = \tfrac{1}{2} A^{(n+3)} \sin (n+4) u - \tfrac{1}{2} A^{(n+3)} \sin (n+2) u, \text{ etc.}$$

En ordonnant la somme des termes qui multiplient le sinus d'un même angle, on aura

$$B^{(n+1)} = \tfrac{1}{2} \left(A^{(n)} - A^{(n+2)} \right) \quad \dots \dots \dots \dots \quad (1)$$

$$B^{(n+2)} = \tfrac{1}{2} \left(A^{(n+1)} - A^{(n+3)} \right)$$

$$B^{(n+3)} = \tfrac{1}{2} \left(A^{(n+2)} - A^{(n+4)} \right)$$

la somme de la première et de la troisième donne

$$B^{(n+1)} + B^{(n+3)} = \tfrac{1}{2} \left(A^{(n)} - A^{(n+4)} \right) \dots \dots \dots \quad (2).$$

Les équations (1) et (2) donnent le moyen très-simple d'avoir les coefficiens de la série (b); si l'on connaissait ceux de la série (a) et réciproquement, les uns et les autres sont des fonctions de e.

41. On trouverait par des moyens analogues la formule du rayon vecteur. En effet, on a

$$V = \frac{1-e^2}{1-e\cos u} = (1-e^2)\,[1+e\cos u+e^2\cos^2 u+e^3\cos^3 u+\text{etc.}]\,;$$

on développerait les cosinus u en cosinus des multiples de u, par les formules connues, et on aurait une équation de la forme

$$V = P + A\cos u + B\cos 2u + \text{etc.} \; (^*)\,,$$

dont les coefficiens sont connus; on supposerait ensuite

$$V = p + a\cos z + b\cos 2z + \text{etc.}$$

Nous aurions, pour déterminer p, a, b, etc., et pour transformer la série (38) en une série dépendante de z, divers moyens, et notamment celui que M. Cagnoli a démontré dans sa Trigonométrie, art. 950; mais nous suivrons l'idée que M. Bossut a donnée le premier, Prix de l'Académie, tome VIII.

42. L'aire d'un secteur elliptique décrit dans un instant très-court, donne l'équation $\frac{1}{2}V^2 du = \frac{1}{2}b\,dz$, ou $du = \frac{b\,dz}{V^2} = \frac{b\,dz}{b^4}\,(1-e\cos u)^2$, ou bien $\frac{du}{dz} = b^{-3}(1-2e\cos u+e^2\cos^2 u) = b^{-3}(1-2e\cos u+\frac{1}{2}e^2+\frac{1}{2}e^2\cos 2u)$, et en mettant $\sin\varepsilon = e$, on aura $b = \cos\varepsilon$; donc

$$\frac{du}{dz} = \frac{1+\frac{1}{2}\sin^2\varepsilon - 2\sin\varepsilon\cos u + \frac{1}{2}\sin^2\varepsilon\cos u}{\cos^3\varepsilon}.$$

On se sert de ces diverses formules dans la pratique de l'Astronomie, pour calculer le mouvement horaire vrai d'une planète.

43. De l'équation $dz = \frac{b^3 du}{(1-e\cos u)^2} = (1-e^2)^{\frac{3}{2}}du(1-e\cos u)^{-2}$, on

---

(*) Comme on a $V = b\sin u$, les coefficiens P, A, B, etc. sont ceux de la série (a) multipliés par e.

peut tirer une série de la forme $dz = du(1 + a\cos u + b\cos 2u + c\cos 3u + \text{etc.})$, d'où, par l'intégration il viendra, $z = u + a\sin u + \frac{1}{2}b\sin 2u + \frac{1}{3}c\sin 3u$, ou $z - u = a\sin u + \frac{1}{2}b\sin 2u + \frac{1}{3}c\sin 3u +$ etc.

Cette équation a été calculée par M. Cagnoli jusqu'aux e^9, et c'est plus qu'il n'en faut pour l'usage que nous ferons de cette série, que les astronomes ont employée bien rarement.

$$z - u = 2e\sin u + \left(\frac{3}{4}e^2 + \frac{1}{8}e^4 + \frac{3}{64}e^6 + \frac{3}{128}e^8\right)\sin 2u$$
$$+ \left(\frac{1}{3}e^3 + \frac{1}{8}e^5 + \frac{1}{16}e^7 + \frac{7}{192}e^9\right)\sin 3u$$
$$+ \left(\frac{5}{32}e^4 + \frac{3}{32}e^6 + \frac{15}{256}e^8\right)\sin 4u.$$
$$+ \left(\frac{3}{40}e^5 + \frac{1}{16}e^7 + \frac{3}{64}e^9\right)\sin 5u$$
$$+ \left(\frac{7}{192}e^6 + \frac{5}{128}e^8\right)\sin 6u$$
$$+ \left(\frac{1}{56}e^7 + \frac{3}{128}e^9\right)\sin 7u$$
$$+ \left(\frac{9}{1024}e^8\right)\sin 8u$$
$$+ \left(\frac{5}{1152}e^9\right)\sin 9u.$$

Ces formules se rapportent à l'apside supérieure. Pour les rapporter à l'apside inférieure, lisez $u - z = 2e\sin u -$ etc., en mettant le signe moins à tous les termes pairs.

44. En supposant connus les coefficiens de cette série, supposons qu'on veuille déterminer les coefficiens inconnus de la série $z - u = \text{A}\sin z + \text{B}\sin 2z + \text{C}\sin 3z +$ etc., ou bien étant donnés a, b, c, d, etc., déterminer A, B, C, D, etc., au moyen de l'équation

$$a\sin u + b\sin 2u + c\sin 3u + \text{etc.} = \text{A}\sin z + \text{B}\sin 2z + \text{C}\sin 3z + \text{etc} \ldots (1);$$

en différentiant vous aurez

$$(a\cos u + 2b\cos 2u + 3c\sin 3u + \text{etc.})\frac{du}{dz} = \text{A}\cos z + 3\text{B}\cos 2z + 3\text{C}\sin 3z + \text{etc.}$$

Substituant pour $\frac{du}{dz}$ sa valeur donnée ci-dessus, vous aurez, après les réductions, une autre équation

$$a'\cos u + b'\cos 2u + c'\cos 3u + \text{etc.} = A\cos z + 2B\cos 2z + 3C\cos 3z + \text{etc.} \dots (2).$$

Si vous faites successivement dans la formule (2) $u = 0$, $u = 180°$, ce qui donne en même tems $z = 0$, $z = 180°$, vous aurez les deux équations suivantes, dont vous prendrez la demi-somme et la demi-différence.

$$
\begin{aligned}
a' + b' + c' + d' \dots &= A + 2B + 5C + 4C + \dots \\
-a' + b' - c' + d' - \dots &= -A + 2B - 3C + 4D - \\
\hline
b' + d' + f' + \dots &= \quad\quad 2B + 4D + 6F \quad\quad = \text{la demi somme} \\
a' + c' + e' + g' + \dots &= A + 3C + 5E + 7G + \quad = \text{la demi-différence.}
\end{aligned}
$$

Différentiez de nouveau et deux fois de suite l'équation (2), en y substituant à chaque fois la valeur de $\frac{du}{dz}$, et vous aurez, après les réductions convenables, une équation de la forme

$$a''\cos u + b''\cos 2u + c''\cos 3u + \dots = A\cos z + 2^3 B\cos 2z + 3^3 C\cos 3z + 4^3 D\cos 4z + \dots (3);$$

faites successivement dans cette équation z et $u = 0$, $= 180°$, et vous aurez, comme ci-dessus, deux autres équations entre les coefficiens du premier et du second membre. En vous bornant à la détermination d'un certain nombre de coefficiens A, B, C, D, etc., vous pouvez, en continuant le même procédé, obtenir un nombre suffisant d'équations pour les déterminer; ainsi, par exemple, en différentiant quatorze fois, vous aurez quatorze équations, et vous pourrez déterminer les quatorze premiers coefficiens A, B, C, D, etc.

45. Vous remarquerez, dans le cours de l'opération, que l'addition et la soustraction font disparaître alternativement les puissances paires et impaires dans le premier membre, et que par conséquent le second ne peut être exprimé qu'en fonctions rationnelles de puissances paires ou impaires, selon les cas, et qu'ainsi les coefficiens impairs A, C, E, etc. ne renferment que des puissances impaires de e, et que les coefficiens pairs B, D, F, etc. ne renferment que des puissances paires.

46. M. Cagnoli avait supposé cette propriété par analogie et d'après
les

les calculs des différens géomètres qui s'étaient occupés de ces conver-
sions de séries. M. Laplace l'a démontrée (Méc. Cél., t. I, p. 181)
par un raisonnement fort simple; c'est que si l'on veut compter les
anomalies du périgée, au lieu de les compter de l'apogée, il y a deux
moyens qui doivent conduire au même résultat, c'est de faire e négatif, ce qui change le signe des puissances impaires seulement; ou bien
d'ajouter 180° aux z et aux u, ce qui change le signe des multiples impairs de u, sans changer celui des multiples pairs : or ces deux procédés
donneraient des résultats différens, si les puissances paires de e se
trouvaient dans les termes dépendans de sinus de multiples impairs, et
réciproquement; ce qui démontre notre remarque.

Cette démonstration est aussi simple qu'ingénieuse; mais dans notre
méthode, c'est un fait, un résultat de calcul qui n'a pas besoin d'être
démontré, parce que la manière dont il se passe est évidente.

47. Pour le rayon vecteur, la série

$$V = m + a\cos u + b\cos 2u + c\cos 3u \ldots = M + A\cos z + B\cos 2z + C\cos 3z \ldots$$

se convertira par les moyens analogues; onze différentiations donneront
douze termes, car la formule elle-même donne d'abord

$$m + a + b + c + \ldots = M + A + B + C + \ldots = 1 + e,$$
$$m - a + b - c + \ldots = M - A + B - C + \ldots = 1 - e.$$

Chaque double différentiation doit produire ensuite deux équations
nouvelles; ainsi après douze différentiations vous aurez quatorze coefficiens, ce qui se réduit pourtant aux e^{13}, parce qu'il y a un coefficient m qui n'est multiplié par aucun cosinus. Jeaurat a trouvé par une
méthode beaucoup plus pénible,

$$
\begin{aligned}
V = 1 &+ \tfrac{1}{2} e^2 + \left(e - \tfrac{3}{8} e^3 + \tfrac{5}{192} e^5 - \tfrac{7}{9216} e^7 \right) \cos u \\
&- \left(\tfrac{1}{2} e^2 - \tfrac{1}{3} e^4 + \tfrac{1}{16} e^6 - \tfrac{1}{180} e^8 \right) \cos 2u \\
&+ \left(\tfrac{3}{8} e^3 - \tfrac{45}{128} e^5 + \tfrac{567}{5120} e^7 \right) \cos 3u \\
&- \left(\tfrac{1}{3} e^4 - \tfrac{2}{5} e^6 + \tfrac{8}{45} e^8 \right) \cos 4u \\
&+ \left(\tfrac{125}{384} e^5 - \tfrac{4375}{9212} e^7 \right) \cos 5u \\
&- \left(\tfrac{27}{80} e^6 - \tfrac{81}{140} e^8 \right) \cos 6u \\
&+ \tfrac{16807}{46080} e^7 \cos 7u - \tfrac{128}{315} e^8 \cos 8u + \text{etc.}
\end{aligned}
$$

Cette expression suppose le demi-grand axe $= 1$; mais si on le suppose a, tous les termes de la série devront être multipliés par cette quantité.

48. La série $V = M + A\cos z + B\cos 2z + C\cos 3z + $ etc. peut se ramener à la série

$$V(*) = m + a\cos z + b\cos^2 z + \cos^3 z + \text{etc.} = m\left(1 + \frac{a}{m}\cos z + \frac{b}{m}\cos^2 z + \text{etc.}\right)$$

$$= m(1+y) \text{ et par conséquent } \log V = \log m + K\left(y - \tfrac{1}{2}y^2 + \tfrac{1}{3}y^3 - \text{etc.}\right)$$

$$= \log m + \alpha\cos z + \beta\cos^2 z + \gamma\cos^3 z + \text{etc.}$$

Dans les tables astronomiques, on ne donne guère que les logarithmes et non pas les rayons vecteurs en nombres, parce que ces nombres seraient moins commodes ; il était donc utile de donner la série du logarithme ; c'est ce que j'ai fait dans mes Tables du Soleil. On peut obtenir cette série directement.

On a
$$\frac{du}{dz} = (1 - e^2)^{-\frac{3}{2}}(1 - e\cos u)^2$$

$$= \left(1 + \frac{3}{2}e^2 + \frac{3}{2}\frac{5}{4}e^4 + \frac{3}{2}\frac{5}{4}\frac{7}{6}e^6 + \frac{3}{2}\frac{5}{4}\frac{7}{6}\frac{9}{8}e^8 + \text{etc.}\right) \times$$

$$\left(1 + \frac{1}{2}e^2 - 2e\cos u + \frac{1}{2}e^2\cos 2u\right)$$

$$= \left(1 + 2e^2 + \frac{21}{2^3}e^4 + \frac{25}{2^3}e^6 + \frac{458}{2^7}e^8 + \text{etc.}\right)$$

$$- \left(2e + 3e^3 + \frac{15}{2^3}e^5 + \frac{35}{2^3}e^7 + \frac{315}{2^6}e^9 + \text{etc.}\right)\cos u$$

$$+ \left(\frac{1}{2}e^2 + \frac{3}{4}e^4 + \frac{15}{2^4}e^6 + \frac{35}{2^5}e^8 + \text{etc.}\right)\cos 2u$$

$$= B' - B''\cos u + B'''\cos 2u.$$

De l'équation $V = \dfrac{1 - e^2}{1 - e\cos u}$, je tire

$$\log[(1-e)(1+e)] - \log(1 - e\cos u) = \log V = -K\left(e^2 + \tfrac{1}{2}e^4 + \tfrac{1}{3}e^6 + \tfrac{1}{4}e^8 + \text{etc.}\right)$$

$$+ K\left(e\cos u + \tfrac{1}{2}e^2\cos^2 u + \tfrac{1}{3}e^3\cos^3 u + \tfrac{1}{4}e^4\cos^4 u + \text{etc.}\right);$$

au lieu des puissances de $\cos u$, mettons leurs développemens en cosinus

---

(*) m doit être différent de M, puisqu'en supposant $z = 90°$ on trouve par la première équation, $V = M - B + D - F + $ etc., et la seconde donne $V = m$; ainsi, $m = M - B + D - F + $ etc.

d'arcs multiples, et nous aurons

$$\log V = -\left(\frac{3}{4}e^2 + \frac{13}{32}e^4 + \frac{9}{32}e^6 + \frac{221}{1024}e^8 + \text{etc.}\right)$$
$$+\left(e + \frac{1}{4}e^3 + \frac{1}{8}e^5 + \frac{5}{64}e^7 + \frac{7}{128}e^9 + \text{etc.}\right)\cos u$$
$$+\left(\frac{1}{4}e^2 + \frac{1}{8}e^4 + \frac{5}{64}e^6 + \frac{7}{128}e^8 + \text{etc.}\right)\cos 2u$$
$$+\left(\frac{1}{12}e^3 + \frac{1}{16}e^5 + \frac{3}{64}e^7 + \frac{7}{192}e^9 + \text{etc.}\right)\cos 3u$$
$$+\left(\frac{1}{32}e^4 + \frac{1}{32}e^6 + \frac{7}{256}e^8 + \text{etc.}\right)\cos 4u$$
$$+\left(\frac{1}{80}e^5 + \frac{1}{64}e^7 + \frac{1}{64}e^9 + \text{etc.}\right)\cos 5u$$
$$+\left(\frac{1}{192}e^6 + \frac{1}{128}e^8 + \text{etc.}\right)\cos 6u$$
$$+\left(\frac{1}{7.64}e^7 + \frac{1}{256}e^9 + \text{etc.}\right)\cos 7u$$
$$+\left(\frac{1}{8.128}e^8 + \text{etc.}\right)\cos 8u$$
$$+\left(\frac{1}{9.256}e^9 + \text{etc.}\right)\cos 9u.$$

49. Il est à remarquer que tous les coefficiens réunis de la puissance quelconque e^n forment une somme $= \mp\frac{1}{n}$, — si n est pair, $+$ si n est impair. C'est une conséquence immédiate de l'équation............
$\log V = \log(1 - e^2) - \log(1 - e\cos u)$, quand $u = 0$.

Soit donc

$$\log V = p + a\cos u + b\cos 2u + c\cos 3u + d\cos 4u + \text{etc.},$$

il s'agit de convertir cette expression en une autre

$$\log V = P + A\cos z + B\cos 2z + C\cos 3z + D\cos 4z + \text{etc.}$$

Faites $u = 0$, puis $u = 180°$ vous aurez $z = 0$, puis $z = 180°$; car u et z sont zéro ou $180°$ en même tems; notre équation devient

$$P + A + B + C + D + E + F + G + H + I \ldots$$
$$= p + a + b + c + d + e + f + g + h + i \ldots = \log(1 + e),$$
$$P - A + B - C + D - E + F - G + H - I \ldots$$
$$= p - a + b - c + d - e + f - g + h - i \ldots = \log(1 - e),$$

dont la demi-somme et la demi-différence donnent

$$P + B + D + F + H \ldots = p + b + d + f + h \ldots = \tfrac{1}{2}\log(1 - e^2),$$
$$A + C + E + G + I \ldots = a + c + e + g + i \ldots = \tfrac{1}{2}\log\left(\frac{1 + e}{1 - e}\right);$$

on pourrait continuer à l'infini les deux membres de chacune des deux équations.

50. Pour déterminer les dix coefficiens, il faudrait encore huit équations pareilles ; nous les obtiendrons de la manière la plus simple, en suivant avec quelques modications la méthode de M. Bossut, dont nous avons déjà parlé (41). Cette méthode est certainement la plus facile à comprendre , la plus simple dans sa marche et les principes qu'elle suppose, et celle que nous avons dû préférer en faveur de ceux qui ne sont pas familiarisés avec l'analyse transcendante.

Différentions la formule primitive, nous aurons

$$A\sin z + 2B\sin 2z + 3C\sin 3z + \text{etc.} = (a\sin u + 2b\sin 2u + 5e\sin 3u + \text{etc.})\,\tfrac{du}{dz}$$
$$= \left(e + \tfrac{3}{2}e^3 + \tfrac{15}{8}e^5 + \tfrac{35}{16}e^7 + \tfrac{315}{128}e^9\right)\sin u - \left(\tfrac{1}{2}e^2 + \tfrac{3}{4}e^4 + \tfrac{15}{16}e^6 + \tfrac{35}{32}e^8\right)\sin 2u;$$

car les coefficiens de $\sin 3u$, $\sin 4u$, etc. se réduisent à zéro.

51. Cette formule pourrait nous donner une troisième équation. En effet, soit $V = 1 = \dfrac{1 - e^2}{1 - e\cos u} = 1 + e\cos x$; donc $x = 90°$, et $\cos u = e$; donc $\sin u = (1 - e^2)^{\frac{1}{2}}$; $z = x + e\sin x = 90° + e$; donc $\cos z = -e$ et $\sin z = (1 - e)^{\frac{1}{2}}$. De ces valeurs de $\sin u$ et $\cos u$ on formerait celles de $\sin u$, $\sin 2u$, $\sin 3u$, $\sin 4u$, etc., $\cos u$, $\cos 2u$, $\cos 3u$, $\cos 4u$, etc. en fonctions de e, les valeurs de $\sin nx$ et $\cos nx$ seraient encore bien plus faciles à obtenir.

52. L'équation $z = 90° + e$ donnera l'anomalie moyenne qui répond au tems de l'une des deux moyennes distances; l'équation $z = 270° - e$ donne l'anomalie moyenne de la seconde.

53. Cette autre valeur de z, et la valeur $u = 270°$, donneraient une quatrième équation : j'avais essayé ce moyen, il m'a paru plus long.

En différentiant de nouveau, on a

$$\mathbf{A}\cos z + 2^2\mathbf{B}\cos 2z + 3^2\cos 3z + \text{etc.}$$

$$= -\left(e^2 + \frac{13}{4}e^4 + \frac{27}{4}e^6 + \frac{23}{2}e^8\right) + \left(e + \frac{19}{4}e^3 + \frac{45}{4}e^5 + \frac{41}{2}e^7 + \frac{65}{2}e^9\right)\cos u$$

$$- \left(2e^2 + \frac{13}{2}e^4 + \frac{27}{2}e^6 + 23e^8\right)\cos 2u + \left(\frac{3}{4}e^3 + \frac{15}{4}e^5 + \frac{15}{2}e^7 + \frac{25}{2}e^9\right)\cos 3u$$

$$- \left(\frac{1}{4}e^4 + \frac{3}{4}e^6 + \frac{3}{2}e^8\right)\cos 4u.$$

Ici nous nous trouvons bornés aux e^4; nous l'étions ci-dessus aux e^2; les termes ultérieurs se réduisent à zéro.

54. Supposons u et $z = 0$ et 180°, et l'équation précédente fournira les deux que voici :

$$2^2\mathbf{B} + 4^2\mathbf{D} + 6^2\mathbf{F} + 8^2\mathbf{H} + \text{etc.} = -(3e^2 + 10e^4 + 21e^6 + 36e^8 + \text{etc.}$$
$$\mathbf{A} + 3^2\mathbf{C} + 5^2\mathbf{E} + 7^2\mathbf{G} + \text{etc.} = e + 6e^3 + 15e^5 + 28e^7 + 45e^9 + \text{etc.}$$

Les coefficiens de A, B, C, etc. sont les carrés des nombres 1, 2, 3, etc.; les coefficiens de e sont les nombres triangulaires 1, 3, 6, 10, 15, etc.; dont les différences premières 2, 3, 4, 5, etc. croissent uniformément de l'unité; on pourrait donc continuer à l'infini ces deux équations, ainsi que les précédentes.

55. En différentiant de nouveau et substituant là valeur de $\frac{du}{dz}$, on trouve

$$\mathbf{A}\sin z + 2^3\mathbf{B}\sin 2z + 3^3\mathbf{C}\sin 3z + \text{etc.}$$

$$= \left(e + \frac{21}{2}e^3 + \frac{167}{4}e^5 + \frac{447}{4}e^7 + \frac{30789}{2^7}e^9\right)\sin u$$

$$- \left(5e^2 + 31e^4 + \frac{807}{8}e^6 + \frac{1941}{8}e^8 + \dots\right)\sin 2u$$

$$+ \left(8e^3 + \frac{645}{16}e^5 + \frac{3789}{32}e^7 + \frac{34287}{2^7}e^9\right)\sin 3u$$

$$- \left(\frac{23}{4}e^4 + \frac{213}{8}e^6 + \frac{2385}{32}e^8 + \dots\right)\sin 4u$$

$$+ \left(\frac{31}{16}e^5 + \frac{279}{32}e^7 + \frac{3069}{2^7}e^9\right)\sin 5u$$

$$- \left(\frac{1}{4}e^6 + \frac{9}{8}e^8 \dots\right)\sin 6u.$$

Ici nous sommes arrêtés aux sinus $6u$, ainsi nous avons deux termes de plus à chaque différentiation.

56. Dans la supposition de $\mathbf{V} = 1$, nous aurions encore deux équations; je les ai négligées pour les mêmes raisons que ci-dessus.

Une nouvelle différentiation donne

$$A \cos z + 2^4 B \cos 2z + 3^4 C \cos 3z + \text{etc.}$$

$$= -\left(e^2 + \frac{29}{2} e^4 + \frac{628}{8} e^6 + \frac{2197}{8} e^8 + \dots\dots\dots \right)$$

$$+ \left(e + \frac{91}{4} e^3 + \frac{1211}{2^3} e^5 + \frac{57985}{2^6} e^7 + \frac{55375}{2^5} e^9 + . \right) \cos u$$

$$- \left(11 e^2 + 118 e^4 + \frac{9185}{16} e^6 + \frac{15167}{8} e^8 + \dots\dots \right) \cos 2u$$

$$+ \left(\frac{137}{4} e^3 + \frac{4351}{16} e^5 + \frac{72439}{2^6} e^7 + \frac{108707}{2^6} e^9 \dots\dots \right) \cos 3u$$

$$- \left(\frac{99}{2} e^4 + \frac{2707}{2^3} e^6 + 1290\, e^8 \dots\dots\dots\dots \right) \cos 4u$$

$$+ \left(\frac{619}{2^4} e^5 + \frac{15661}{2^6} e^7 + \frac{28413}{2^5} e^9 \dots\dots\dots \right) \cos 5u$$

$$- \left(\frac{271}{2^1} e^6 + \frac{825}{2^3} e^8 \dots\dots\dots\dots\dots \right) \cos 6u$$

$$+ \left(\frac{251}{2^6} e^7 + \frac{753}{2^5} e^9 \right) \cos 7u - \left(\frac{3}{8} e^8 \dots\dots\dots \right) \cos 8u.$$

Nous sommes arrêtés ici aux e^8.

Soient u et $z = 0$, $= 180°$, on aura

$$2^4 B + 4^4 D + 6^4 F + 8^4 H + \text{etc.} = - 12 e^2 - 182 e^4 - 1008 e^6 - 3564 e^8$$

$$A + 3^4 C + 5^4 E + 7^4 G + 9^4 K + \text{etc.} = e + 57 e^3 + 462 e^5 + 1974 e^7 + 6039 e^9.$$

Les cinquièmes différences des coefficiens sont ici constantes et $= 7$.

57. On pourrait donc continuer à l'infini ces deux séries, en y ajoutant les puissances supérieures que j'ai négligées. Cette remarque curieuse, et la considération que cette série du logarithme n'avait encore été calculée par personne, sont les raisons qui m'ont engagé à présenter ce calcul avec tant de détail.

Si nous continuons de différentier, nous aurons encore

$$A \sin z + 2^5 B \sin 2z + 3^5 C \sin 3z + \text{etc.}$$

$$= \left(e + \frac{93}{2} e^3 + \frac{3905}{2^3} e^5 + \frac{21585}{2^3} e^7 + \frac{664365}{2^6} e^9 + \ldots \right) \sin u$$

$$- \left(23 e^2 + 407 e^4 + \frac{44155}{2^4} e^6 + \frac{51465}{2^2} e^8 + \ldots\ldots \right) \sin 2u$$

$$+ \left(125 e^3 + \frac{11955}{2^3} e^5 + \frac{8586}{1} e^7 + \frac{268847}{2^3} e^9 + \ldots\ldots \right) \sin 3u$$

$$- \left(\frac{1225}{2^2} e^4 + \frac{23841}{2^3} e^6 + \frac{120989}{2^3} e^8 \ldots\ldots\ldots\ldots\ldots\ldots \right) \sin 4u$$

$$+ \left(\frac{3377}{2^3} e^5 + \frac{3605}{1} e^7 + \frac{135495}{2^3} e^9 \ldots\ldots\ldots\ldots\ldots\ldots \right) \sin 5u$$

$$- \left(\frac{5513}{2^4} e^6 + \frac{11103}{2^2} e^8 \right) \sin 6u + \left(\frac{2839}{2^1} e^7 + \frac{25729}{2^8} e^9 \right) \sin 7u$$

$$- \left(\frac{3575}{2^6} e^8 \right) \sin 8u + \left(\frac{2525}{2^8} e^9 \ldots\ldots\ldots\ldots\ldots\ldots \right) \sin 9u,$$

série qui pourrait encore donner deux équations, en supposant $V = 1$. Nous aurons ensuite

$$A \cos z + 2^6 B \cos 2z + 3^6 \cos 3z + \text{etc.}$$

$$= - \left(e^2 + \frac{119}{2} e^4 + \frac{3122}{4} e^6 + \frac{169243}{2^5} e^8 \ldots\ldots\ldots\ldots\ldots\ldots \right)$$

$$+ \left(e + \frac{379}{4} e^3 + \frac{3145}{2} e^5 + \frac{392881}{2^5} e^7 + \frac{7986811}{2^7} e^9 \ldots\ldots\ldots \right) \cos u$$

$$- \left(47 e^2 + 2329 e^4 + \frac{53719}{2^2} e^6 + \frac{318787}{2^2} e^8 \ldots\ldots\ldots\ldots \right) \cos 2u$$

$$+ \left(\frac{1685}{4} e^2 + \frac{58825}{2^3} e^5 + \frac{1830547}{2^5} e^7 + \frac{18440163}{2^6} e^9 \ldots\ldots\ldots \right) \cos 3u$$

$$- \left(\frac{3223}{2} e^4 + \frac{43445}{2} e^6 + \frac{1153411}{2^2} e^8 + \ldots\ldots\ldots\ldots\ldots \right) \cos 4u$$

$$+ \left(\frac{27235}{2^3} e^5 + \frac{1257057}{2^5} e^7 + \frac{15055603}{2^6} e^9 \ldots\ldots\ldots\ldots\ldots \right) \cos 5u$$

$$- \left(\frac{17832}{2^2} e^6 + \frac{186497}{2^2} e^8 \right) \cos 6u + \left(\frac{1225587}{2^5} e^7 + \frac{9620507}{2^5} e^9 \right) \cos 7u$$

$$- \left(\frac{70585}{2^5} e^8 \right) \cos 8u + \left(\frac{216617}{2^6} e^9 \ldots\ldots\ldots\ldots\ldots\ldots \right) \cos 9u;$$

d'où

$$2^6 B + 4^6 D + 6^6 F + 8^6 H = - 48 e^2 - 3000 e^4 - 40592 e^6 - 277992 e^8$$
$$A + 3^6 C + 5^6 E + 7^6 G + 9^6 I = e + 516 e^3 + 12330 e^5 + 112596 e^7 + 624195 e^9.$$

Ici les différences huitièmes des coefficiens sont 160; les différences constantes ont monté de trois degrés, comme précédemment ; mais comme nous n'avons qu'une huitième différence, rien ne démontre réellement que cette huitième différence est constante, d'autant plus qu'on ne voit aucune loi entre ces différences constantes, qu'elles étaient de 1, puis de 7, puis de 160.

Rien ne nous assure donc que nous puissions prolonger ces deux équations, comme nous le pouvions pour les précédentes.

58. Deux nouvelles différentiations donnent

$$2^8 B + 4^8 D + 6^8 F + 8^8 H = -192e^2 - 48352e^4 - 1520064e^6 - 1966161 6e^8$$
$$A + 3^8 C + 5^8 E + 7^8 G + 9^8 I = e + 4647e^3 + 315267e^5 + 5921461e^7 + 5763240 6e^9,$$

ce qui complète nos dix équations.

59. En réunissant celles qui ne renferment que des puissances impaires ;

$$A +\ C +\ E +\ G +\ I = e + \tfrac{1}{3}e^3 \quad + \tfrac{1}{5}e^5 \quad + \tfrac{1}{7}e^7 \quad + \tfrac{1}{9}e^9$$
$$A + 3^2 C + 5^2 E + 7^2 G + 9^2 I = e + 6e^3 \quad + 15e^5 \quad + 28e^7 \quad + 45e^9$$
$$A + 3^4 C + 5^4 E + 7^4 G + 9^4 I = e + 57e^3 \quad + 462e^5 \quad + 1974e^7 \quad + 6039e^9$$
$$A + 3^6 C + 5^6 E + 7^6 G + 9^6 I = e + 516e^3 \quad + 12330e^5 \quad + 112596e^7 \quad + 624195e^9$$
$$A + 3^8 C + 5^8 E + 7^8 G + 9^8 I = e + 4647e^3 + 315267e^5 + 5921461e^7 + 57632406e^9 ;$$

d'où

$$I = \frac{16541017}{2^{15}.3^2.5.7} e^9 ; \quad G = \frac{355081}{2^{10}.3^2.5.7} e^3 - \frac{986099}{2^{15}.3.5} e^9,$$

$$E = \frac{523}{640} e^5 - \frac{10039}{2^{10}.3^2} e^7 + \frac{94739}{2^{13}.3.7} e^9,$$

$$C = \frac{17}{24} e^3 - \frac{77}{128} e^5 + \frac{743}{2^{10}.5} e^7 - \frac{3539}{2^{13}.3.5} e^9,$$

$$A = e - \frac{3}{8} e^3 - \frac{1}{64} e^5 - \frac{127}{2^{10}.3^2} e^7 - \frac{1741}{2^{14}.3.5} e^9.$$

Rassemblant de même les équations qui ne renferment que les puissances paires de e, nous aurons

$$P + B + \quad D + \quad F + \quad H = -\frac{1}{2}e^2 - \frac{1}{4}e^4 - \frac{1}{6}e^6 - \frac{1}{8}e^8,$$

$$B + \quad 4D + \quad 9F + \quad 16H = -\frac{3}{4}e^2 - \frac{5}{2}e^4 - \frac{21}{4}e^6 - 9\,e^8,$$

$$B + 16D + \quad 81F + \quad 256H = -\frac{3}{4}e^2 - \frac{91}{8}e^4 - 63\,e^6 - \frac{891}{4}e^8,$$

$$B + 64D + \quad 729F + \quad 4096H = -\frac{3}{4}e^2 - \frac{375}{8}e^4 - \frac{5049}{8}e^6 - \frac{34749}{8}e^8,$$

$$B + 256D + 6561F + 65536H = -\frac{3}{4}e^2 - \frac{1511}{8}e^4 - \frac{23751}{4}e^6 - \frac{1228851}{16}e^8.$$

60. Il est visible que P, B, D, F, etc. ne peuvent être que des fonctions de puissances paires de e; et A, C, E, etc. des fonctions de puissances impaires.

On en déduit, par l'élimination,

$$H = -\frac{47259}{2^{10}.5.7}e^8; \quad F = -\frac{899}{960}e^6 + \frac{6617}{2^7.5.7}e^8,$$

$$D = -\frac{71}{96}e^4 + \frac{129}{160}e^6 - \frac{387}{1280}e^8,$$

$$B = -\frac{3}{4}e^2 + \frac{11}{4}e^4 - \frac{3}{64}e^6 + \frac{9}{640}e^8,$$

$$P = +\frac{1}{4}e^2 + \frac{1}{32}e^4 + \frac{1}{56}e^6 + \frac{5}{2^{10}}e^8.$$

61. Dans tout ceci nous avons supposé le demi-grand axe $= 1$, et les logarithmes hyperboliques. Si la distance moyenne est M, il suffira d'ajouter à la série le logarithme hyperbolique de M. Mais pour l'usage il convient de donner l'expression du logarithme vulgaire. Soit donc

$$K = \frac{1}{\log.\,\mathrm{hyp}.\,10},$$

$$K = 0.45429\ 44819\ 03251\ 82765,\ \text{etc.},$$
$$\log K = 9.63778\ 43113\ 00536\ 77817,\ \text{etc.}$$

(Voyez ma Préface des Tables logarithmiques de Borda, page 43.) Nous aurons, en employant aussi le log. vulgaire de M,

$$
\log V = \log M + K \left\{
\begin{aligned}
&+ \tfrac{1}{4}e^2 + \tfrac{1}{32}e^4 + \tfrac{1}{96}e^6 + \tfrac{5}{1024}e^8 \\
&+ \left(e - \tfrac{3}{8}e^3 - \tfrac{1}{64}e^5 - \tfrac{127}{2^{10}.3^2}e^7 - \tfrac{1741}{2^{14}.3.5}e^9\right)\cos z \\
&- \left(\tfrac{3}{4}e^2 - \tfrac{11}{24}e^4 + \tfrac{3}{64}e^6 - \tfrac{9}{640}e^8\right)\cos 2z \\
&+ \left(\tfrac{17}{24}e^3 - \tfrac{77}{128}e^5 + \tfrac{743}{2^{10}.5}e^7 - \tfrac{3539}{2^{13}.3.5}e^9\right)\cos 3z \\
&- \left(\tfrac{71}{96}e^4 - \tfrac{129}{160}e^6 + \tfrac{387}{1280}e^8\right)\cos 4z \\
&+ \left(\tfrac{523}{640}e^5 - \tfrac{10039}{2^{10}.3^2}e^7 + \tfrac{94739}{2^{13}.3.7}e^9\right)\cos 5z \\
&- \left(\tfrac{899}{960}e^6 - \tfrac{6617}{2^7.5.7}e^8\right)\cos 6z \\
&+ \left(\tfrac{355081}{2^{10}.3^2.5^7}e^7 - \tfrac{986099}{2^{15}.3.5}e^9\right)\cos 7z \\
&- \left(\tfrac{47259}{2^{10}.5.7}e^8\right)\cos 8z \\
&+ \left(\tfrac{16541017}{2^{15}.3^2.5.7}e^9\right)\cos 9z.
\end{aligned}
\right.
$$

62. En comptant les z du périgée, tous les coefficiens totaux, à l'exception du premier, auraient le signe moins. On peut mettre les puissances de $\cos z$ en place des $\cos nz$; on aura de cette manière

$$
\log V = \log M + K \left\{
\begin{aligned}
&+ e^2 - \tfrac{7}{6}e^4 + \tfrac{9}{5}e^6 - \tfrac{87}{2^4.7}e^8 \\
&+ \left(e - \tfrac{5}{2}e^3 + \tfrac{47}{2^3}e^5 - \tfrac{9793}{2^4.3^2.5}e^7 + \tfrac{420659}{2^7.3.5.7}e^9\right)\cos z \\
&- \left(\tfrac{3}{2}e^2 - \tfrac{41}{2.3}e^4 + \tfrac{117}{5}e^6 - \tfrac{2493}{5.7}e^8\right)\cos^2 z \\
&+ \left(\tfrac{17}{2.3}e^3 - \tfrac{75}{2^2}e^5 + \tfrac{6721}{2^4.5}e^7 - \tfrac{353673}{2^5.5.7}e^9\right)\cos^3 z \\
&- \left(\tfrac{71}{2^4.3}e^4 - \tfrac{257}{5}e^6 + \tfrac{119403}{2^2.3.5.7}e^8\right)\cos^4 z \\
&+ \left(\tfrac{523}{2^7.5}e^5 - \tfrac{33773}{2^4.3.5}e^7 + \tfrac{2073779}{2^6.5.7}e^9\right)\cos^5 z \\
&- \left(\tfrac{899}{2.3.5}e^6 - \tfrac{13469}{5.7}e^8\right)\cos^6 z \\
&+ \left(\tfrac{355081}{2^4.3^2.5.7}e^7 - \tfrac{3532859}{2^5.3.5.7}e^9\right)\cos^7 z \\
&- \left(\tfrac{47259}{2^3.5.7}e^8\right)\cos^8 z + \left(\tfrac{16541017}{2^7.3^2.5.7}e^9\right)\cos^9 z.
\end{aligned}
\right.
$$

Cette série serait plus commode à calculer par logarithmes, parce que $\log \cos z$ donnerait, par de simples additions, toutes les puissances supérieures, ce qui serait beaucoup plus court que de chercher $\cos z$, $\cos 2z$, $\cos 3z$, etc. Mais les coefficiens des puissances de e sont beaucoup plus considérables; ensorte qu'on aurait quelques doutes sur la convergence de la série. Mais cette série est identique à l'autre et donne la même précision.

J'ai calculé ces expressions de $\log V$ par trois méthodes différentes qui se sont trouvées d'accord.

Si l'on suppose $z = 0$, on doit avoir $\log(1 + e)$, ou

$$\log(1 + e) = K\left(e - \tfrac{1}{2}e^2 + \tfrac{1}{3}e^3 - \tfrac{1}{4}e^4 + \ldots \pm \tfrac{1}{n}e^n\right);$$

en rassemblant donc en une somme tous les coefficiens d'une même puissance de e, on doit avoir la somme $= \mp \dfrac{e^n}{n}$, ce qui sert à vérifier la formule.

On vérifie d'une manière analogue l'expression du rayon vecteur en nombres calculée par M. Oriani.

$$
V = M \left\{
\begin{aligned}
&1 + \tfrac{1}{2}e^2 + \left(e - \frac{3}{2^3}e^3 + \frac{5}{2^6.3}e^5 - \frac{7}{2^{10}.3^4}e^7 + \frac{1}{2^{14}.5}e^9\right)\cos z \\
&- \left(\frac{1}{2}e^2 - \frac{1}{3}e^4 + \frac{1}{2^4}e^6 - \frac{1}{2^2.3^4.5}e^8 + \frac{1}{2^7.3^1}e^{10}\right)\cos 2z \\
&+ \left(\frac{3}{2^3}e^3 - \frac{5.3^2}{2^7}e^5 + \frac{7.3^4}{2^{10}.5}e^7 - \frac{3^5}{2^{13}.5}e^9\right)\cos 3z \\
&- \left(\frac{1}{3}e^4 - \frac{2}{5}e^6 + \frac{2^3}{3^2.5}e^8 - \frac{2^3}{3^5.7}e^{10}\right)\cos 4z \\
&+ \left(\frac{53}{2^7.3}e^5 - \frac{7.5^4}{2^{12}.3^4}e^7 + \frac{5^6}{2^{13}.7}e^9\right)\cos 5z \\
&- \left(\frac{3^5}{2^4.5}e^6 - \frac{3^4}{2^2.5.7}e^8 + \frac{3^6}{2^8.7}e^{10}\right)\cos 6z \\
&+ \left(\frac{7^5}{2^{10}.3^2.5}e^7 - \frac{7^6}{2^{15}.5}e^9\right)\cos 7z \\
&- \left(\frac{2^7}{3^2.5.7}e^8 - \frac{2^9}{3^4.7}e^{10}\right)\cos 8z \\
&+ \left(\frac{3^{12}}{2^{15}.5.7}e^9\right)\cos 9z \\
&- \left(\frac{5^7}{2^8.3^4.7}e^{10}\right)\cos 10z.
\end{aligned}
\right.
$$

Dans la supposition de $\cos z = 1$ ou de $z = 0$; la formule se réduit $1 + e$.

63. **M.** Oriani a donné, pour l'équation du centre, la série suivante ;
il a même donné l'expression analytique de chacun des coefficiens,
ensorte qu'on peut calculer et vérifier un coefficient quelconque indépendamment de tous les autres, ce qui est un avantage très-précieux.
Voyez les Éphémérides de Milan pour 1805.

$$
\begin{aligned}
E = {}& -\left(2e - \frac{1}{2^3}e^3 + \frac{5}{2^5.3}e^5 + \frac{107}{2^9.3^2}e^7 + \frac{6217}{2^{13}.3^2.5}e^9 + \frac{565879}{2^{16}.3^4.5^2}e^{11}\right)\sin z \\
& +\left(\frac{5}{2^3}e^2 - \frac{11}{2^3.3}e^4 + \frac{17}{2^6.3}e^6 + \frac{43}{2^7.3^2.5}e^8 + \frac{677}{2^4.3^3.5}e^{10} + \frac{7257}{2^{10}.3^3.5.7}e^{12}\right)\sin 2z \\
& -\left(\frac{13}{2^2.3}e^3 - \frac{43}{2^5}e^5 + \frac{95}{2^3}e^7 - \frac{973}{2^{14}.3.5}e^9 + \frac{19503}{2^{16}.5.7}e^{11}\right)\sin 3z \\
& +\left(\frac{103}{2^5.3}e^4 - \frac{451}{2^5.3.5}e^6 + \frac{4123}{2^8.3^2.5}e^8 - \frac{1367}{2^7.3^3.7}e^{10} + \frac{111929}{2^{13}.3^2.5.7}e^{12}\right)\sin 4z \\
& -\left(\frac{1097}{2^5.3.5}e^5 - \frac{5957}{2^9.3^2}e^7 + \frac{164921}{2^{12}.3^2.7}e^9 - \frac{3649663}{2^{17}.3^3.7}e^{11}\right)\sin 5z \\
& +\left(\frac{1223}{2^6.3.5}e^6 - \frac{7913}{2^7.5.7}e^8 + \frac{7751}{2^{10}.6}e^{10} - \frac{82021}{2^{11}.3.5.7}e^{12}\right)\sin 6z \\
& -\left(\frac{47273}{2^9.3^2.7}e^7 - \frac{1773271}{2^{14}.3^2.5}e^9 + \frac{93521303}{2^{17}.3^4.5}e^{11}\right)\sin 7z \\
& +\left(\frac{556403}{2^{13}.3^2.5.7}e^8 - \frac{4745483}{2^9.3^4.5.7}e^{10} + \frac{32431949}{2^{12}.3^4.5.7}e^{12}\right)\sin 8z \\
& -\left(\frac{10661993}{2^{14}.3^4.5.7}e^9 - \frac{101836961}{2^{17}.5^2.7}e^{11}\right)\sin 9z \\
& +\left(\frac{7281587}{2^{10}.3^4.5.7}e^{10} - \frac{76972457}{2^{11}.3^4.7.11}e^{12}\right)\sin 10z \\
& -\left(\frac{63039512101}{2^{17}.3^4.5^2.7.11}e^{11}\right)\sin 11z \\
& +\left(\frac{7218065}{2^{13}.3.7.11}e^{12}\right)\sin 12z.
\end{aligned}
$$

64. On diminue un peu l'extrême longueur de ces calculs, en préparant d'avance les logarithmes de tous les facteurs numériques qui
entrent dans ces formules, et nous les donnerons ci-après; mais l'opération est encore singulièrement longue; elle offre cependant un avantage, c'est qu'on peut s'en reposer sur un calculateur qui sache faire
des additions et chercher un logarithme dans les tables.

65. Mais on abrège bien davantage par les moyens que nous allons indiquer. Mettons des lettres à la place des coefficiens numériques, et nous aurons

$$E = a\sin z + b\sin 2z + c\sin 3z + d\sin 4z + \text{etc.};$$

de même

$$E' = a\sin z' + b\sin 2z' + c\sin 3z' + d\sin 4z' + \text{etc.},$$

et par conséquent $E' - E$, ou

$$\Delta E = 2a\sin\tfrac{1}{2}(z'-z)\cos\tfrac{1}{2}(z'+z) + 2b\sin\tfrac{2}{2}(z'-z)\cos\tfrac{2}{2}(z'+z)$$
$$+ 2c\sin\tfrac{3}{2}(z'-z)\cos\tfrac{3}{2}(z'+z) + \text{etc.},$$

ou bien

$$\Delta E = 2a\sin\tfrac{1}{2}\Delta z\cos(z+\tfrac{1}{2}\Delta z) + 2b\sin\tfrac{2}{2}\Delta z\cos 2(z+\tfrac{1}{2}\Delta z)$$
$$+ 2c\sin\tfrac{3}{2}\Delta z\cos 3(z+\tfrac{1}{2}\Delta z) + \text{etc.};$$

pareillement

$$\Delta E' = 2a\sin\tfrac{1}{2}\Delta z\cos(z'+\tfrac{1}{2}\Delta z) + 2b\sin\tfrac{2}{2}\Delta z\cos 2(z'+\tfrac{1}{2}\Delta z)$$
$$+ 2c\sin\tfrac{3}{2}\Delta z\cos 3(z'+\tfrac{1}{2}\Delta z) + \text{etc.},$$

et par conséquent

$$\Delta E - \Delta E' = \Delta^2 E = + 4a\sin^2\tfrac{1}{2}\Delta z\sin(z+\Delta z)$$
$$+ 4b\sin^2\tfrac{1}{2}\Delta z\sin 2(z+\Delta z) + \text{etc.};$$

on aura de même

$$\Delta^3 E = a(2\sin\tfrac{1}{2}\Delta z)^3\cos\tfrac{1}{2}(z+\tfrac{1}{2}\Delta z) + b(2\sin\tfrac{1}{2}\Delta z)^3\cos\tfrac{2}{2}(z+\tfrac{1}{2}\Delta z) + \text{etc.};$$

et ainsi à l'infini, en augmentant d'une unité les exposans de $2\sin\tfrac{1}{2}\Delta z$

66. Mais il suffit des premières et secondes différences; on calcule $\Delta^2 E$ de degré en degré, à commencer de $z=0$; pour les $\Delta' E$, on les calcule directement de 30 en 30°, ce qui n'est pas long, et et on remplit la colonne au moyen des secondes différences.

67. Quand $z=0$, $E=0$; quand $z=180°$, $E=0$; en partant de ces deux points, on arrive, par des chemins contraires, à la valeur de E pour 90°; on trouvera la même valeur si l'on a bien opéré, et toute la table sera vérifiée : je l'ai essayé sur Mercure, avec le plus grand succès.

68. Si l'on veut interpoler ensuite de 10 en 10′ de z, on le fera au moyen des formules $\Delta'E$ et $\Delta^2 E$, qui sont alors bien plus convergentes, parce que $\frac{1}{2}\Delta z$ sera de 5′ au lieu de 30′, et les termes décroîtront, comme les puissances, de $\frac{1}{6}$. On s'y prendra de même pour la table de V ou de $\log$ V, et on aura

$$\Delta'\log V = 2a\sin\tfrac{1}{2}\Delta z\sin(z+\tfrac{1}{2}\Delta z) + 2b\sin\tfrac{2}{2}\Delta z\sin 2(z+\tfrac{1}{2}\Delta z) + \text{etc.},$$

$$\Delta^2\log V = 4a\sin^2\tfrac{1}{2}\Delta z\cos(z+\Delta z) + 4b\sin^2\tfrac{2}{2}\Delta z\cos 2(z+\Delta z) + \text{etc.},$$

et ainsi à l'infini, en doublant les coefficiens, augmentant d'une unité les exposans, et mettant alternativement $\sin(z+\tfrac{1}{2}\Delta z)$, et $\cos(z+\Delta z)$.

Plus grande équation du centre.

69. $E = z - u$; donc $dE = dz - du$; en supposant $dE = 0$, on conclut $dz = du$; c'est le moment où le mouvement vrai étant devenu égal au mouvement moyen, va devenir plus grand, ce qui fera diminuer E; ainsi la plus grande équation a lieu quand $dz = du$; mais en général on a $\dfrac{du}{dz} = \dfrac{b}{V^2} = \dfrac{b(1-e\cos u)^2}{b^4} = \dfrac{(1-e\cos u)^2}{(1-e^2)^{\frac{3}{2}}}$; donc lorsque $\dfrac{du}{dz} = 1$, on

aura $\quad 1-e\cos u = (1-e^2)^{\frac{3}{4}}$; d'où l'on tire $\cos u = \dfrac{1-(1-e^2)^{\frac{3}{4}}}{e}$, ou bien, en développant en série

$$\cos u = \tfrac{3}{4}e + \tfrac{3}{4}\tfrac{1}{8}e^3 + \tfrac{3}{4}\tfrac{1}{8}\tfrac{5}{12}e^5 + \tfrac{3}{4}\tfrac{1}{8}\tfrac{5}{12}\tfrac{9}{16}e^7 + \tfrac{3}{4}\tfrac{1}{8}\tfrac{5}{12}\tfrac{9}{16}\tfrac{13}{20}e^9 + \text{etc.}$$

70. On a aussi $\dfrac{du}{dz} = \dfrac{b}{V^2} = \dfrac{b}{(1+e\cos x)^2} = 1$, et par conséquent

$b = (1+e\cos x)^2$, ou $1-e\cos x = (1-e^2)^{\frac{1}{4}}$; donc $\cos x = \dfrac{(1-e^2)^{\frac{1}{4}}-1}{e}$, et en développant le binome,

$$\cos x = -\tfrac{1}{4}e - \tfrac{1}{4}\tfrac{3}{8}e^3 - \tfrac{1}{4}\tfrac{3}{8}\tfrac{7}{12}e^5 - \tfrac{1}{4}\tfrac{3}{8}\tfrac{7}{12}\tfrac{11}{16}e^7 - \text{etc.}$$

Ainsi $\cos u$ étant une quantité positive, tandis que $\cos x$ est une quantité négative, il en résulte que $u < 90°$ et $x > 90°$, et par conséquent

$$x = 90° + \text{arc.}\sin = \tfrac{1}{4}e + \tfrac{1}{4}\tfrac{1}{8}e^3 + \tfrac{1}{4}\tfrac{1}{8}\tfrac{7}{12}e^5 + \text{etc.} = 90° + \text{arc}\sin = m,$$

$$u = 90° - \text{arc.}\sin = \tfrac{3}{4}e + \tfrac{3}{4}\tfrac{1}{8}e^3 + \tfrac{3}{4}\tfrac{1}{8}\tfrac{5}{12}e^5 + \text{etc.} = 90° - \text{arc}\sin = n.$$

71. Mettez pour ces deux arcs leurs valeurs en puissances de leurs

sinus, et vous aurez

$$x - u = m + \frac{m^3}{1.2.3} + \text{etc.} + n + \frac{n^3}{1.2.3} + \text{etc.} ;$$

on a d'ailleurs

$$z - x = e\sin x = e\sin(90° + \arcsin = m) = e\cos\arcsin = m = e(1 - m^2)^{\frac{1}{2}}.$$

En exécutant ces calculs et ordonnant par rapport aux puissances de e, on aura enfin

$$z - u = \mathrm{E} = 2e + \frac{11}{48} e^3 + \frac{599}{5120} e^5 + \frac{17219}{229376} e^7 + \text{etc.}$$

Mais avec u et x trouvés ci-dessus, on peut calculer $z = x + e\sin x$ et $z - u$; il suffit même de x, car $\tang\frac{1}{2}u = \left(\frac{1-e}{1+e}\right)^{\frac{1}{2}} \tang\frac{1}{2}x$, on a donc $\mathrm{E} = z - u$.

72. De l'équation E on tire, par le renversement de la série,

$$e = \frac{1}{2}\mathrm{E} - \frac{11}{2^4.3}\mathrm{E}^3 - \frac{587}{2^{16}.3.5}\mathrm{E}^5 - \frac{40583}{2^{23}.5.7.9}\mathrm{E}^7 - \text{etc.} ;$$

de

$$\mathrm{E} = z - u = 2e + \frac{11}{2^4.3} e^3 + \frac{599}{2^{10}.5} e^5 + \frac{17219}{2^{16}.7} e^7 + \text{etc.},$$

et de

$$u = 90° - \frac{3}{4} e - \frac{21}{2^7} e^3 - \frac{3409}{2^{13}.5} e^5 - \frac{97875}{2^{16}.7} e^7 - \text{etc.},$$

on tire

$$z = 90° + \frac{5}{4} e + \frac{25}{2^7.3} e^3 + \frac{1383}{2^{10}.5} e^5 + \frac{39877}{2^{18}.7} e^7 + \text{etc.}$$

C'est l'anomalie moyenne qui a lieu à la plus grande équation; mais on aurait plus d'exactitude en cherchant x par l'équation primitive $\cos x = -\frac{1}{4}e - \frac{1}{4}\frac{3}{8} e^3 - \frac{1}{4}\frac{3}{8}\frac{7}{12} e^5 + \text{etc.}$, qui peut se continuer à volonté; ensuite $\tang^2\frac{1}{2}x = \frac{1-\cos x}{1+\cos x}$; $\tang^2\frac{1}{2}u = \left(\frac{1-e}{1+e}\right) \tang^2\frac{1}{2}x$; $z = x + e\sin x$ et $\mathrm{E} = z - u$.

Les valeurs de $\cos u$ et de $\cos x$ (69 et 70) donneraient, en fonctions de e, les valeurs de $\sin^2\frac{1}{2}u$, $\cos^2\frac{1}{2}u$, $\tang^2\frac{1}{2}u$, $\sin^2\frac{1}{2}x$, $\cos^2\frac{1}{2}x$, $\tang^2\frac{1}{2}x$, desquelles on tirerait celles de u, x, z et E.

Ces formules peuvent être utiles quand on a trouvé par observation la plus grande équation E, comme nous allons bientôt l'exposer.

73.   EQUATION DU CENTRE PAR L'ANOMALIE VRAIE,

e	sin u.	Différences. —	sin 2u.	Différences 1res.	Diff. 2e.	sin 3u.	Differ. 1res.	Differ. 2e.
0.25	28°38'52"39	1°8'45"30	2°42'51"81	12'53"73		18'20"29	2' 8"68	
0.24	27.30. 7,09	1.8.45,30	2.29.58,08	12.20,91	32"82	16.11,61	1.58,02	10"66
0.23	26.21.21,79	1.8.45,29	2.17.37,17	11.48,24	32,67	14.13,59	1.47,87	10,15
0.22	25.12.36,50	1.8.45,29	2. 5.48,93	11.15,73	32,51	12.25,72	1.38,21	9,66
0.21	24. 3.51,21	1.8.45,30	1.54.33,20	10.43,37	32,36	10.47,51	1.29,05	9,16
0.20	22.55. 5,91	1.8.45,30	1.43.49,83	10.11,15	32,22	9.18,46	1.20,37	8,68
0.19	21.46.20,61	1.8.45,29	1.33.38,68	9.39,05	32,10	7.58,09	1.12,16	8,21
0.18	20.37.35,32	1.8.45,29	1.23.59,63	9. 7,07	31,98	6.45,93	1. 4,42	7,74
0.17	19.28.50,03	1.8.45,30	1.14.52,56	8.35,22	31,85	5.41,51	0.57,15	7,27
0.16	18.20. 4,73	1.8.45,29	1. 6.17,34	8. 3,46	31,76	4.44,36	0.50,33	6,82
0.15	17.11.19,44	1.8.45,30	0.58.13,88	7.31,81	31,65	3.54,03	0.43.97	6,36
0.14	16. 2.34,14	1.8.45,30	0.50.42,07	7. 0,25	31,56	3.10,06	0.38,04	5,93
0.13	14.53.48,84	1.8.45,30	0.43.41,82	6.28,79	31,46	2.32,02	0.32,57	5,47
0.12	13.45. 3,54	1.8.45,29	0.37.13,03	5.57,39	31,40	1.59,45	0.27,52	5,05
0.11	12.36.18,25	1.8.45,30	0.31.15,64	5.26,07	31,32	1.31,93	0.22,92	4,60
0.10	11.27.32,95	1.8.45,30	0.25.49,57	4.54,82	31,25	1. 9,01	0.18,74	4,18
0.09	10.18.47,65	1.8.45,29	0.20.54,75	4.23,62	31,20	0.50,27	0.14,98	3,76
0.08	9.10. 2,36	1.8.45,29	0.16.31,13	3.52,49	31,13	0.35,29	0.11,66	3,32
0.07	8. 1.17,07	1.8.45,30	0.12.38,64	3.21,39	31,10	0.23,63	0. 8,76	2,90
0.06	6.52.31,77	1.8.45,29	0. 9.17,25	2.50,34	31,05	0.14,87	0. 6,27	2,49
0.05	5.43.46,48	1.8.45,30	0. 6.26,91	2.19,33	31,01	0. 8,60	0. 4,20	2,07
0.04	4.35. 1,18	1.8.45,29	0. 4. 7,58	1.48,33	31,00	0. 4,40	0. 2,54	1,66
0.03	3.26.15,89	1.8.45,30	0. 2.19,25	1.17,37	30,96	0. 1,86	0. 1,31	1,23
0.02	2.17.30,59	1.8.45,30	0. 1. 1,88	0.46,41	30,96	0. 0,55	0. 0,48	0,83
0.01	1. 8.45,29	1.8.45,29	0. 0.15,47	0.15,47	30,94	0. 0,07	0. 0,07	0,41
0.00	0. 0. 0,00		0. 0. 0,00			0. 0,00		

UR DIFFÉRENTES EXCENTRICITÉS.

sin 4u.	Différ. 1ères.	Différ. 2e.	sin 5u.	Différ. 1ères.	Différ. 2e.	sin 6u.	Différ.	sin 7u.	sin 8u.
2′10″80			15″93			1″96		0″24	0″03
	20″04			3″00			0″43		
1.50,76		2″43	12,93		0″48	1,53		0,18	0,02
	17,61			2,52			0,35		
1.33,15		2,22	10,41		0,41	1,18		0,13	0,01
	15,39			2,11			0,28		
1.17,76		2,01	8,30		0,37	0,90		0,10	0,01
	13,38			1,74			0,23		
1. 4,38		1,84	6,56		0,30	0,67		0,07	0,01
	11,54			1,44			0,17		
0.52,84		1,63	5,12		0,27	0,50		0,05	0,01
	9,91			1,17			0,13		
0.42,93		1,48	3,95		0,22	0,37		0,03	0,00
	8,43			0,95			0,11		
0.34,50		1,32	3,00		0,20	0,26		0,02	
	7,11			0,75			0,07		
0.27,39		1,17	2,25		0,16	0,19		0,02	
	5,94			0,59			0,05		
0.21,45		1,03	1,66		0,13	0,14		0,01	
	4,91			0,46			0,05		
0.16,54		0,90	1,20		0,11	0,09		0,01	
	4,01			0,35			0,03		
0.12,53		0,78	0,85		0,08	0,06		0,00	
	3,23			0,27			0,02		
0. 9,30		0,67	0,58		0,08	0,04			
	2,56			0,19			0,02		
0. 6,74		0,58	0,39		0,05	0,02			
	1,98			0,14			0,01		
0. 4,76		0,46	0,25		0,05	0,01			
	1,52			0,09			0,00		
0. 3,24		0,40	0,16		0,02	0,01			
	1,12			0,07			0,01		
0. 2,12		0,32	0,09		0,03	0,00			
	0,80			0,04					
0. 1,32		0,26	0,05		0,02				
	0,54			0,02					
0. 0,78		0,18	0,03		0,00				
	0,36			0,02					
0. 0,42		0,14	0,01		0,01				
	0,22			0,01					
0. 0,20		0,10	0,00						
	0,12								
0. 0,08		0,07							
	0,05								
0. 0,03		0,02							
	0,03								
0. 0,00									
0. 0,00									
0. 0,00									

74. ÉQUATION DU CENTRE PAR L'ANOMALIE MOYENNE

e	sin z.	Différenc. 1eres. (−)	Diff. 2e. (+)	sin 2z.	Differ. 1eres. (−)	Diff. 2e. (−)	sin 3z.	Differ. 1eres. (−)	Diff. 2e. (−)	sin 4z.	Differ. 1eres. (−)
0.25	28°25′37″47	1°7′14″47		4°22′29″63	20′ 8″72		55′58″45	6′18″03		13′38″27	2′ 0″2
0.24	27.18.23,00	1.7.21,54	7″07	4. 2.20,91	19.23,49	45″23	49.40,42	5.49,56	28″47	11.38,01	1.46,8
0.23	26.11. 1,46	1.7.28,36	6,82	3.42.57,42	18.37,78	45,71	43.50,86	5.22,00	27,56	9.51,19	1.34,3
0.22	25. 3.33,10	1.7.34,96	6,60	3.24.19,64	17.51,58	46,20	38.28,86	4.55,37	26,63	8.16,85	1.22,8
0.21	23.55.58,14	1.7.41,26	6,30	3. 6.28,06	17. 4,91	46,67	33.33,49	4.29,72	25,65	6.54,05	1.12,1
0.20	22.48.16,88	1.7.47,26	6,00	2.49.23,15	16.17,79	47,12	29. 3,77	4. 5,08	24,64	5.41,87	1. 2,4
0.19	21.40.29,62	1.7.52,97	5,71	2.33. 5,36	15.30,25	47,54	24.58,69	3.41,46	23,62	4.39,41	0.53,6
0.18	20.32.36,65	1.7.58,42	5,45	2.17.35,11	14.42,31	47,94	21.17,23	3.18,92	22,54	3.45,81	0.45,6
0.17	19.24.38,23	1.8. 3,58	5,16	2. 2.52,80	13.53,98	48,33	17.58,31	2.57,47	21,45	3. 0,21	0.38,4
0.16	18.16.34,65	1.8. 8,42	4,84	1.48.58,82	13. 5,27	48,71	15. 0,84	2.37,14	20,33	2.21,81	0.31,9
0.15	17. 8.26,23	1.8.13,01	4,59	1.35.53,55	12.16,24	49,03	12.23,70	2.17,96	19,18	1.49,85	0.26,2
0.14	16. 0.13,22	1.8.17,27	4,26	1.23.37,31	11.26,88	49,36	10. 5,74	1.59,94	18,02	1.23,57	0.21,3
0.13	14.51.55,95	1.8.21,23	3,96	1.12.10,43	10.37,21	49,67	8. 5,80	1.43,11	16,83	1. 2,27	0.16,9
0.12	13.43.34,72	1.8.24,93	3,70	1. 1.33,22	9.47,28	49,93	6.22,69	1.27,50	15,61	0.45,31	0.13,2
0.11	12.35. 9,79	1.8.28,30	3,37	0.51.45,94	8.57,07	50,21	4.55,19	1.13,12	14,38	0.32,06	0.10,1
0.10	11.26.41,49	1.8.31,36	3,06	0.42.48,87	8. 6,63	50,44	3.42,07	0.59,99	13,13	0.21,94	0. 7,5
0.09	10.18.10,13	1.8.34,13	2,77	0.34.42,24	7.15,99	50,64	2.42,08	0.48,13	11,86	0.14,42	0. 5,4
0.08	9. 9.36,00	1.8.36,60	2,47	0.27.26,25	6.25,15	50,84	1.53,95	0.37,54	10,59	0. 9,01	0. 3,7
0.07	8. 0.59,40	1.8.38,76	2,16	0.21. 1,10	5.34,13	51,02	1.16,41	0.28,25	9,29	0. 5,29	0. 2,4
0.06	6.52.20,64	1.8.40,60	1,84	0.15.26,97	4.42,98	51,15	0.48,16	0.20,27	7,98	0. 2,86	0. 1,4
0.05	5.43.40,04	1.8.42,16	1,56	0.10.43,99	3.51,70	51,28	0.27,89	0.13,60	6,67	0. 1,38	0. 0,8
0.04	4.34.57,88	1.8.43,39	1,23	0. 6.52,29	3. 0,32	51,38	0.14,29	0. 8,26	5,34	0. 0,57	0. 0,3
0.03	3.26.14,49	1.8.44,31	0,92	0. 3.51,97	2. 8,85	51,47	0. 6,03	0. 4,24	4,02	0. 0,18	0. 0,1
0.02	2.17.30,18	1.8.44,93	0,62	0. 1.43,12	1.17,34	51,51	0. 1,79	0. 1,57	2,67	0. 0,04	0. 0,0
0.01	1. 8.45,25	1.8.45,25	0,32	0. 0.25,78	0.25,78	51,56	0. 0,22	0. 0,22	1,35	0. 0,00	0. 0,0
0.00	0. 0. 0,00			0. 0. 0,00			0. 0,00			0. 0,00	

POUR DIFFÉRENTES EXCENTRICITÉS.

sin 5z	Diff. 1res	Diff. 2e	sin 6z	Diff. 1res	Diff. 2e	sin 7z	Diff. 1res	Diff. 2e	sin 8z	Diff. 1res	sin 9z	Diff	sin 10z	sin 11z	sin 12z
34"40			58"84			16"69			4"82		1"41		0"42	0"15	0"05
	38"60			12"47			4"05			1"31		0"42			
55,80		5"66	46,37		2"25	12,64		0,86	3,51		0,99		0,28	0,10	0,03
	32,94			10,22			3,19			0,99		0,30			
22,86		5,06	36,15		1,93	9,45		0,72	2,52		0,69		0,19	0,06	0,02
	27,88			8,29			2,47			0,74		0,23			
54,98		4,46	27,86		1,63	6,98		0,56	1,78		0,46		0,12	0,04	0,01
	23,42			6,66			1,91			0,54		0,15			
31,56		3,93	21,20		1,37	5,07		0,47	1,24		0,31		0,08	0,02	0,01
	19,49			5,29			1,44			0,40		0,11			
12,07		3,44	15,91		1,14	3,63		0,36	0,84		0,20		0,05	0,01	0,00
	16,05			4,15			1,08			0,28		0,07			
56,02		2,96	11,76		0,93	2,55		0,29	0,56		0,13		0,03	0,01	
	13,09			3,22			0,79			0,19		0,05			
42,93		2,55	8,54		0,77	1,76		0,21	0,37		0,08		0,02	0,00	
	10,54			2,45			0,58			0,14		0,03			
32,39		2,16	6,09		0,62	1,18		0,18	0,23		0,05		0,01	0,00	
	8,38			1,83			0,40			0,08		0,02			
24,01		1,82	4,26		0,47	0,78		0,12	0,15		0,03		0,01	0,00	
	6,56			1,36			0,28			0,06		0,01			
17,45		1,51	2,90		0,38	0,50		0,09	0,09		0,02				
	5,05			0,98			0,19			0,04		0,01			
12,40		1,23	1,92		0,30	0,31		0,06	0,05		0,01				
	3,82			0,68			0,13			0,02		0,01			
8,58		1,01	1,24		0,21	0,18		0,05	0,03		0,00				
	2,81			0,47			0,08			0,01					
5,77		0,78	0,77		0,16	0,10		0,04	0,02						
	2,03			0,31			0,04			0,01					
3,74		0,62	0,46		0,11	0,06		0,01	0,01						
	1,41			0,20			0,03			0,01					
2,33		0,46	0,26		0,08	0,03		0,01	0,00						
	0,95			0,12			0,02								
1,38		0,34	0,14		0,05	0,01		0,01							
	0,61			0,07			0,01								
0,77		0,23	0,07		0,03	0,00		0,01							
	0,38			0,04			0,01								
0,39		0,17	0,03		0,02	0,00									
	0,21			0,02			0,00								
0,18		0,10	0,01		0,01										
	0,11			0,01											
0,07		0,06	0,00		0,01										
	0,05			0,00											
0,02		0,04	0,00												
	0,01														
0,01		0,00													
	0,01														
0,00		0,01													
	0,00														
0,00		0,00													
	0,00														
0,00															

TABLE D'INTERPOLATION.

	Δ^2	Δ^3	Δ^4
0.00	0.000	0.000	0.000
10	0.045	0.029	0.021
20	0.080	0.048	0.034
30	0.105	0.060	0.040
40	0.120	0.064	0.042
50	0.125	0 062	0.039
60	0.120	0.056	0.036
70	0.105	0.055	0.026
80	0.080	0.032	0.018
90	0.045	0.016	0.009
1.00	0.000	0.000	0.000

75.

LOGARITHMES DU RAYON VECTEU[R]

c	Const. +	Δ'	Δ''
0.25	68400.0	5402.3	
0.24	62997.7	5175.5	226.8
0.23	57822.2	4949.4	226.1
0.22	52872.8	4724.0	225.4
0.21	48148.8	4499.3	224.7
0.20	43649.5	4275.4	223.9
0.19	39374.1	4052.2	223.2
0.18	35321.9	3829.6	222.6
0.17	31492.3	3607.7	221.9
0.16	27884.6	3386.3	221.4
0.15	24498.3	3165.4	220.9
0.14	21352.9	2945.0	220.4
0.13	18587.9	2725.0	220.0
0.12	15662.9	2505.5	219.5
0.11	13157.4	2286.4	219.1
0.10	10871.0	2067.6	218.8
0.09	8803.4	1849.1	218.5
0.08	6954.3	1630.9	218.2
0.07	5323.4	1413.0	217.9
0.06	3910.4	1195.3	217.7
0.05	2715.1	977.7	217.6
0.04	1737.4	760.3	217.4
0.03	977.1	543.0	217.3
0.02	434.1	325.7	217.3
0.01	108.4	108.4	217.3
0.00	000.0		

c	cos z +	Δ'	Δ''	Δ'''
0.25	1060216.1	40481.3		
0.24	1019734.8	40718.8	237.5	10.3
0.23	979016.0	40946.0	227.2	10.3
0.22	938070.0	41162.9	216.9	10.0
0.21	896907.1	41369.6	205.7	10.2
0.20	855537.5	41566.1	196.5	10.0
0.19	813971.4	41752.6	186.5	9.8
0.18	772218.8	41929.3	176.7	9.8
0.17	730289.5	42096.2	166.9	9.9
0.16	688193.3	42253.2	157.0	9.9
0.15	645940.1	42400.3	147.1	9.9
0.14	603539.8	42537.5	137.2	9.9
0.13	561002.3	42664.8	127.3	9.8
0.12	518337.5	42782.3	117.5	9.8
0.11	475555.2	42890.0	107.7	9.8
0.10	432665.2	42987.9	97.9	9.9
0.09	389677.3	43075.9	88.0	9.8
0.08	346601.4	43154.1	78.2	9.8
0.07	303447.3	43222.5	68.4	9.8
0.06	260224.8	43281.1	58.6	9.7
0.05	216943.7	43330.0	48.9	9.7
0.04	173615.7	43369.2	39.2	9.8
0.03	130244.5	43398.6	29.4	9.9
0.02	86845.9	43418.1	19.5	9.8
0.01	43427.8	43427.8	9.7	9.7
0.00	00000.0			

c	cos 2z −	Δ'	Δ''	Δ'''
0.25	195848.8	14799.4		
0.24	181049.4	14283.7	515.7	11.0
0.23	166765.7	13757.0	526.7	10.5
0.22	153008.7	13219.8	537.2	10.0
0.21	139788.9	12672.6	547.2	9.6
0.20	127116.3	12115.8	556.8	9.2
0.19	115000.5	11549.8	566.0	8.7
0.18	103450.7	10975.1	574.7	8.2
0.17	92475.6	10392.2	582.9	7.7
0.16	82083.4	9801.6	590.6	7.3
0.15	72281.8	9203.7	597.9	6.9
0.14	63078.1	8598.9	604.8	6.5
0.13	54479.2	7987.6	611.3	5.9
0.12	46491.6	7370.4	617.2	5.3
0.11	39121.2	6747.9	622.5	5.0
0.10	32373.3	6120.4	627.5	4.7
0.09	26252.9	5488.2	632.2	4.0
0.08	20764.7	4852.0	636.2	3.4
0.07	15912.7	4212.4	639.6	3.1
0.06	11700.3	3569.7	642.7	2.7
0.05	8130.6	2924.3	645.4	2.3
0.04	5206.3	2276.6	647.7	1.7
0.03	2929.7	1627.2	649.4	1.1
0.02	1302.5	976.7	650.5	0.4
0.01	325.8	325.8	650.9	
0.00	000.0			

c	cos 3z +	Δ'	Δ''
0.25	45553.0	5078.7	
0.24	40474.3	4705.8	372.9
0.23	35768.5	4343.3	362.5
0.22	31425.2	3991.7	351.6
0.21	27433.5	3651.5	340.2
0.20	23782.0	3323.3	328.2
0.19	20458.7	3007.8	315.5
0.18	17450.9	2705.6	302.2
0.17	14745.3	2417.2	288.4
0.16	12328.1	2143.1	274.1
0.15	10185.0	1883.7	259.4
0.14	8301.3	1639.5	244.2
0.13	6661.8	1410.9	228.6
0.12	5250.9	1198.4	212.5
0.11	4052.5	1002.3	196.1
0.10	3050.2	823.0	179.3
0.09	2227.2	660.7	162.3
0.08	1566.5	515.7	145.0
0.07	1050.8	388.3	127.4
0.06	662.5	278.7	109.6
0.05	383.8	187.1	91.6
0.04	196.7	113.6	73.5
0.03	83.1	58.4	55.2
0.02	24.7	21.6	36.8
0.01	3.1	3.1	18.5
0.00	0.0		

cos 4z (−)

cos 4z	Δ'	Δ''	Δ'''
11.9			
	1710.1		
01.8		188.6	
	1521.5		13.0
80.3		175.6	
	1345.9		12.8
34.4		162.8	
	1183.1		12.6
51.3		150.2	
	1032.9		12.3
18.4		137.9	
	895.0		12.1
23.4		125.8	
	769.2		11.7
54.2		114.1	
	655.1		11.3
99.1		102.8	
	552.3		10.8
46.8		92.0	
	460.3		10.4
86.5		81.6	
	378.7		10.0
07.8		71.6	
	307.1		9.5
00.7		62.1	
	245.0		8.7
55.7		53.4	
	191.6		8.2
4.1		45.2	
	146.4		7.6
7.7		37.6	
	108.8		7.0
8.9		30.6	
	78.2		6.4
0.7		24.2	
	54.0		5.5
6.7		18.7	
	35.3		4.8
1.4		13.9	
	21.4		4.2
0.0		9.7	
	11.7		3.5
8.3		6.2	
	5 5		2.8
2.8		3.4	
	2.1		1.9
0.7		1.5	
	0.6		1.0
0.1		0.5	
	0.1		
0.0			

cos 5z (+)

cos 5z	Δ'	Δ''	Δ'''
3186.2			
	570.9		
2615.3		83.1	
	487.8		8.9
2127.5		74.2	
	413.6		8.4
1713.9		65.8	
	347.8		7.8
1366.1		58.0	
	289.8		7.3
1076.3		50.7	
	239.1		6.7
837.2		44.0	
	195.1		6.2
642.1		37.8	
	157.3		5.7
484.8		32.1	
	125.2		5.0
359.6		27.1	
	98.1		4.6
261.5		22.5	
	75.6		4.0
185.9		18.5	
	57.1		3.6
128.8		14.9	
	42.2		3.1
86.6		11.8	
	30.4		2.6
56.2		9.2	
	21.2		2.3
35.0		6.9	
	14.3		1.8
20.7		5.1	
	9.2		1.5
11 5		3.6	
	5.6		1.2
5.9		2.4	
	3.2		0.8
2.7		1.6	
	1.6		0.7
1.1		0.9	
	0.7		0.5
0.4		0.4	
	0.3		0.2
0.1		0.2	
	0.1		0.1
0.0			

cos 6z (−)

cos 6z	Δ'	Δ''	Δ'''
895.2			
	188.5		
706.7		33.6	
	154.9		4.7
551.8		28.9	
	126.0		4.3
425.8		24.6	
	101.4		3.9
324.4		20.7	
	80.7		3.4
243.7		17.3	
	63.4		3.0
180.3		14.3	
	49.1		2.7
131.2		11.6	
	37.5		2.3
93.7		9.3	
	28.2		1.9
65.5		7.4	
	20.8		1.6
44.7		5.8	
	15.0		1.4
29.7		4.4	
	10.6		1.0
19.1		3.4	
	7.2		1.0
11.9		2.4	
	4.8		0.7
7.1		1.7	
	3.1		0.5
4.0		1.2	
	1.9		0.4
2.1		0.8	
	1.1		0.3
1.0		0.5	
	0.6		0.1
0.4		0.4	
	0.2		0.3
0.2		0.1	
	0.1		0.1
0.1		0.0	
	0.1		0.0
0.0		0.1	
	0.0		0.1
0.0			
	0.0		
0.0			

cos 7z (+)

cos 7z	Δ'	Δ''
258.7		
	62.3	
196.4		13.0
	49.3	
147.1		10.9
	38.4	
108.7		8.9
	29.5	
79.2		7.1
	22.4	
56.8		5.6
	16.8	
40.0		4.4
	12.4	
27.6		3.4
	9.0	
18.6		2.6
	6.4	
12.2		2.0
	4.4	
7.8		1.4
	3.0	
4.8		1.0
	2.0	
2.8		0.7
	1.3	
1.5		0.5
	0.8	
0.7		0.4
	0.4	
0.3		0.3
	0.1	
0.2		0.0
	0.1	
0.1		0.0
	0.1	
0.0		

cos 8z (−)

cos 8z	Δ'	Δ''
87.5		
	24.3	
63.2		6.0
	18.3	
44.9		4.8
	13.5	
31.4		3.7
	9.8	
21.6		2.8
	7.0	
14.6		2.1
	4.9	
9.7		1.5
	3.4	
6.3		1.1
	2.3	
4.0		0.8
	1.5	
2.5		0.5
	1.0	
1.5		0.3
	0.7	
0.8		0.3
	0.4	
0.4		0.2
	0.2	
0.3		0.1
	0.1	
0.1		0.1
	0.0	
0.1		0.0
	0.1	
0.0		
0.0		

cos 9z (+)

cos 9z	Δ'
26.4	
	8.0
18.4	
	5.9
12.5	
	4.2
8.5	
	2.9
5.4	
	1.9
3.5	
	1.2
2.3	
	0.8
1.5	
	0.6
0.9	
	0.4
0.3	
	0.2
0.3	
	0.1
0.2	
	0.1
0.1	
	0.1
0.0	
	0.0
0.0	
0.0	

76.   *Logarithmes constans pour l'équation du centre.*

	Facteurs constans.	Logarithm.	Puiss.es de e.	
+	2	R″ 5.6154551.	1	
−	$\tfrac{1}{4}$	R″ 4.7123651.	3	
+	$\tfrac{5}{4}$	R″ 4.0311239.	5	sin z
+	$\tfrac{107}{\ldots}$	R″ 3.6802965.	7	
+	[illegible]	R″ 3.5414055.	9	
+	$\dfrac{\ldots}{2^{10}.3^3.5^2}$	R″ 3.4213650.	11	
+	$\tfrac{5}{4}$	R″ 3.4113351.	2	
−	$\tfrac{21}{\ldots}$	R″ 4.9756066.	4	
+	$\tfrac{17}{\ldots}$	R″ 4.2615728.	6	sin 2z
+	[illegible]	R″ 3.1874711.	8	
+	[illegible]	R″ 3.3054100.	10	
+	$\dfrac{\ldots}{2^{10}.3.5.7}$	R″ 3.1882520.	12	
+	$\tfrac{13}{14}$	R″ 5.3491872.	3	
−	$\tfrac{43}{\ldots}$	R″ 5.1417136.	5	
+	$\tfrac{64}{\ldots}$	R″ 4.5828787.	7	sin 3z
−	[illegible]	R″ 3.5140867.	9	
+	$\dfrac{\ldots}{2^{16}.5.7}$	R″ 3.2439785.	11	
+	$\tfrac{103}{90}$	R″ 5.3449911.	4	
−	$\tfrac{431}{\ldots}$	R″ 5.2873604.	6	
+	$\tfrac{4123}{\ldots}$	R″ 4.8681859.	8	sin 4z
−	[illegible]	R″ 4.0665218.	10	
+	$\dfrac{\ldots}{2^{13}.3^3.5.7}$	R″ 3.4745460.	12	

R″ est ici le rayon en secondes, dont le logarithme est celui de $\dfrac{1}{\sin 1''}$.

	Facteurs constans.	Logarithm.	Puiss.es de e.
+	$\tfrac{1097}{960}$	R″ 5.3723605.	5
+	$\tfrac{5957}{4608}$	R″ 5.4259402.	7
+	$\tfrac{164221}{\ldots}$	R″ 5.1200004.	9
−	$\dfrac{3649663}{2^{17}.3^3.7}$	R″ 4.4827062.	11
+	$\tfrac{1234}{960}$	R″ 5.4195804.	6
−	$\tfrac{7913}{4480}$	R″ 5.5614883.	8
+	$\tfrac{7751}{2^{11}.3}$	R″ 5.4153315.	10
−	$\dfrac{82011}{2^{11}.3.5.7}$	R″ 4.8958309.	12
+	$\tfrac{47273}{322560}$	R″ 5.4804278.	7
−	$\tfrac{177271}{2^{14}.3^2.5}$	R″ 5.6855748.	9
+	$\dfrac{9352730\ldots}{2^{17}.3^2.5}$	R″ 5.5603706.	11
. . . .			
+	$\tfrac{556403}{322560}$	R″ 5.5512040.	8
−	$\tfrac{4715483}{2^9.3^4.5.7}$	R″ 5.8288826.	10
+	$\dfrac{\ldots}{2^{13}.3^4.5.7}$	R″ 5.7604852.	12
+	$\tfrac{10661903}{\ldots}$	R″ 5.6295329.	9
−	$\dfrac{10183\ldots}{2^{17}.5^2.7}$	R″ 5.9617825.	11
+	$\dfrac{7281587}{2^{10}.3^4.5.7}$	R″ 5.7137982.	10
−	$\dfrac{76972437}{2^{11}.3^4.7.11}$	R″ 6.0944548.	12
+	$\dfrac{6303951\,2101}{2^{17}.3^4.5^2.7.11}$	R″ 5.8036123.	11
+	$\dfrac{7218065}{2^{13}.3.7.11}$	R″ 5.8958440.	12

Logarithmes constans pour les logarithmes du rayon vecteur.

Facteurs constans.	Logarithmes de ces facteurs.	Puiss.^{es} de e.		Facteurs constans.	Logarithmes de ces facteurs.	Puiss.^{es} de e.	
$\frac{1}{4}$ K	9.0357243.	2		+ K	9.6377843.	2	
$\frac{3}{32}$ K	8.1326343.	4		− $\frac{7}{6}$ K	9.7047311.	4	
$\frac{1}{96}$ K	7.6555131.	6		+ K	9.8930568.	6	
K	7.3264544.	8		− $\frac{27}{28}$ K	0.1301455.	8	
K	9.6377843.	1		+ K	9.6377843.	1	
$\frac{3}{8}$ K	9.2118156.	3	cos z	− $\frac{5}{4}$ K	0.0357243.	3	cos z
K	7.8316043.	5	cos z	+ $\frac{4}{8}$ K	0.4067922.	5	cos z
$\frac{7}{6}$ K	7.7770456.	7		− $\frac{97}{72}$ K	0.7713676.	7	
K	7.4880719.	9		+ $\frac{420659}{13440}$ K	2.1333088.	9	
$\frac{3}{4}$ K	9.5128456.	2		+ $\frac{3}{?}$ K	9.8138756.	2	
K	9.2989658.	4	cos 2z	− $\frac{41}{6}$ K	0.4724169.	4	cos² z
$\frac{5}{4}$ K	8.3087256.	6	cos 2z	+ $\frac{11}{6}$ K	1.0070001.	6	cos² z
K	7.7858468.	8		− $\frac{2183}{35}$ K	1.4904386.	8	
$\frac{7}{4}$ K	9.4880220.	3		+ $\frac{17}{6}$ K	0.0900820.	3	
$\frac{7}{28}$ K	9.4170651.	5	cos 3z	− $\frac{75}{?}$ K	0.9107856.	5	cos³ z
K	8.7995032.	7	cos 3z	+ $\frac{672\,4}{80}$ K	1.5621282.	7	cos³ z
$\frac{5}{?}$ K	8.0971837.	9		− $\frac{353673}{1120}$ K	2.1371684.	9	
K	9.5067714.	4		+ $\frac{7\,1}{12}$ K	0.4098614.	4	
K	9.5442540.	6	cos 4z	− $\frac{257}{5}$ K	1.3847474.	6	cos⁴ z
K	9.1182853.	8		+ $\frac{110463}{420}$ K	2.0915502.	8	
K	9.5501060.	5		+ $\frac{5\,23}{40}$ K	0.7542260.	5	
K	9.6749322.	7	cos 5z	− $\frac{3273}{?}$ K	1.7861433.	7	cos⁵ z
K	9.3787038.	9		+ $\frac{2073\,0}{2240}$ K	2.6042988.	9	
K	9.6092724.	6		+ $\frac{899}{35}$ K	1.1144227.5	6	
K	9.8071674.	8	cos 6z	− $\frac{13479}{35}$ K	2.2233740.	8	cos⁶ z
K	9.6795012.	7		+ $\frac{355681}{?}$ K	1.4836812.	7	
K	9.9401636.	9	cos 7z	− $\frac{353249}{10080}$ K	2.1824502.	9	cos⁷ z
K	9.7579008.	8	cos 8z	+ $\frac{47058}{?}$ K	1.7559663.	8	cos⁸ z
K	9.8425860.	9	cos 9z	+ $\frac{16511017}{45320}$ K	2.2508250.	9	cos⁹ z

78. La table 74 servira à trouver la série de l'équation du centre pour une planète quelconque dont l'excentricité ne passera pas 0,26 ; mais il sera nécessaire de tenir compte des secondes différences et même des troisièmes, si l'on voulait une précision plus grande que celle d'un dixième de seconde ; mais jamais on ne pourra tout-à-fait répondre des centièmes.

Supposons, par exemple, qu'on voulût l'équation du centre pour Mercure, en supposant l'excentricité 0,20551325 ; la table donnera pour 0,20, les quantités qui forment la première ligne du tableau suivant :

11° 48' 16"88	2° 40' 23"15	29' 3"77	5' 41"87	1' 12"47	15"91	3"63	0"84	0"20	0"05
+ 37.19,07	+ 9.25,06	+2.28,70	+ 39,79	+ 10,75	+ 2,92	+0,79	+0,20	+0,06	+0,02
+ 0. 0,78	— 0. 5,86	—0. 3,14	— 1,27	— 0,46	— 0,18	—0,05	—0,02	—0,01	—0,00
+ 0. 0,02	— 0. 0,03	+0. 0,06	+ 0,05	+ 0,02	+ 0,01	+0,01	0,00	0,00	0,00
23.25.36,75	2.58.42,32	31.29,39	6.20,44	1.22,38	18,66	4,38	1,04	0,25	0,07

79. Il ne reste plus qu'à trouver les parties proportionnelles ; et d'abord on cherchera la correction pour 0,00551325 ou 0,551325, en multipliant par ce facteur les premières différences de chacun des termes. On formera ainsi la seconde ligne du tableau. Ces premières différences sont toutes additives, parce que tous les termes croissent avec l'excentricité ; c'est le contraire pour les secondes différences, quand les différences premières vont en croissant. On abrège le calcul au moyen de la petite table d'interpolation de la page 59 ; avec la fraction 0,55, entrez dans la table, et vous y trouverez pour facteur des Δ^2 ou secondes différences 0,122 qui vaut $\frac{1}{8}$ à fort peu près ; ainsi, il faudra prendre $\frac{1}{8}$ de la seconde différence, et le retrancher si les différences premières vont en croissant.

Pour le   1ᵉʳ terme $\Delta^2 = - 6'20$ dont le huitième est $+ 0"78$.

Pour le   2ᵉ terme $\Delta^2 = + 49.86$ dont le $\frac{1}{8}$ est........ — 5.86.

Pour le   3ᵉ terme $\Delta^2 = + 25.15$ .... $\frac{1}{8}$ .... — 3.14.

Pour le   4ᵉ terme $\Delta^2 = + 10.17$ .... $\frac{1}{8}$ .... — 1.27.

Pour le   5ᵉ terme $\Delta^2 = + 3.68$ .... $\frac{1}{8}$ .... — 0.46.

Pour le   6ᵉ terme $\Delta^2 = + 1.26$ .... $\frac{1}{8}$ .... — 0.18.

Pour le   7ᵉ terme $\Delta^2 = + 0.42$ .... $\frac{1}{8}$ .... — 0.05.

Pour

Pour le ' 8ᵉ terme $\Delta^2 = +$ o.13 .... ⅛ .... — o.o2.

Pour le 9ᵉ terme $\Delta^2 = +$ o.o4 .... ⅛ .... — o.o1.

Pour le 10ᵉ terme $\Delta^2 =$ o.oo .... ⅛ .... o.oo.

80. Pour avoir égard aux troisièmes différences, on cherche dans la table, le facteur 0,059 ou environ 0,06 qui doit multiplier les troisièmes différences, et le produit est additif quand les secondes différences vont croissant.

Ainsi, pour le 1ᵉʳ terme, les Δ^2 croissent de 0,30 ; c'est la valeur de Δ^3 ; or 0,3 × 0,06 = 0,018 : j'ajoute le produit au premier terme, qui devient 23° 25′ 36″,75 sin z.

Pour le 2ᵉ terme, les secondes différences diminuent de 0,46 ; j'ai donc à retrancher 0,0286 = 0,03, et le second terme sera — 2° 58′ 42″,32 sin 2z.

Pour le 3ᵉ terme, les secondes différences augmentent de 1,00, c'est donc 0,06 à ajouter. Le troisième terme sera + 31′ 29″,39 sin 3z.

Pour le 4ᵉ terme, les Δ^2 augmentent de o″,9, c'est donc 0,054 à ajouter. Le quatrième terme sera — 6′ 20″,44 sin 4z.

Pour le 5ᵉ terme, les Δ^2 augmentent de o″,4 ; c'est 0,024 à ajouter. Le cinquième terme sera + 1′22″,38 sin 5z.

Pour le 6ᵉ terme, les Δ^2 augmentent de 0,24 ; c'est 0,014 à ajouter. Le 6ᵉ terme sera — 18″,66 sin 6z.

Pour le 7ᵉ, les Δ^2 croissent de 0,13 ; c'est 0,078. Le septième terme sera + 4″,38 sin 7z.

Pour le 8ᵉ, les Δ^2 croissent de 0,03 ; c'est 0,00. Le huitième terme sera — 1″,04 sin 8z.

Pour les 9 et 10ᵉ, les différences sont insensibles ; ces termes seront + o″,25 sin 9z et — o″,07 sin 10z. Rassemblant tous les termes, l'équation de Mercure sera

$$23°.25′.36″.75 \sin z — 2°.48′.52″.32 \sin 2z + 31′.29″.39 \sin 3z$$
$$— 6′.20″.44 \sin 4z + 1′.22″.38 \sin 5z — 18″.66 \sin 5z + 4″.38 \sin 7z$$
$$— 1″.04 \sin 8z + o″.25 \sin 9z — o″.07 \sin 10z.$$

Il n'est aucune planète connue dont on ne puisse ainsi trouver l'équation d'une manière plus abrégée que par aucune formule.

81. La même table peut servir à trouver la variation séculaire de l'équation, quand on connaît celle de l'excentricité. La plus forte de

ces variations est celle de l'excentricité de Saturne; elle ne va pas tout-à-fait à 0,000262, ou 0,0262. Nous chercherons les parties proportionnelles pour 0,0262; et comme l'excentricité est 0,056223, nous aurons à multiplier par — 0,026, les différences 1°.8'.40".98, 4'.42".98; 20".27, 1".48, 0'.11, 0'01 que fournit notre table entre 0,05 et 0,06; le facteur de Δ^2 sera 0,095, celui de Δ^3 0,055, mais on pourra négliger les Δ^3; en tout cas, on fera pour la variation donnée d'excentricité, les mêmes calculs que nous avons faits ci-dessus pour l'augmentation 0,055.

82. Le calcul serait tout semblable pour l'équation du centre qui a l'anomalie vraie pour argument.

Il est encore tout pareil pour le logarithme du rayon vecteur. La table (75) donnera d'abord pour l'excentricité 0,20, les quantités qu'on voit dans la première ligne du tableau suivant :

0.43649.5	0.0855537.5	127116.3	23782.0	4918.4	1076.3	243.7	56.8	14.6	3.5
+ 2480.6	+ 22681.3	+6986.7	+2013.1	+569.5	+159.8	+44.5	+12.3	+ 3.9	+1.0
— 24.0	+ 24.5	— 69.6	— 42.0	— 17.2	— 6.3	— 2.2	— 0.7	— 0.3	0.0
+ 0.0	+ 0.6	— 0.6	+ 0.8	+ 0.8	+ 0.4	+ 0.2	+ 0.0	+ 0.2	0.0
0.46106.1	0.0878243.9	134032.8	25753.9	5471.5	1230.2	286.2	68.4	18.4	4.5

Pour avoir la seconde ligne, on multipliera les Δ' par la fraction d'excentricité 0.551325; toutes ces corrections sont additives comme pour l'équation du centre.

Pour tenir compte des secondes différences, on prendra le $\frac{1}{8}$ de la seconde différence avec un signe contraire.

Pour tenir compte des troisièmes différences, on prendra les $\frac{6}{100}$ de ces différences, en leur conservant leur signe.

Ainsi le logarithme du rayon vecteur pour l'excentricité 0.0551325, sera

$$+ 0.46106.1 + 0.0878243.9 \cos z — 134032.8 \cos 2z + 25753.9 \cos 3z$$
$$— 5471.5 \cos 4z + 1230.2 \cos 5z — 286.2 \cos 6z + 68.4 \cos 7z$$
$$— 18.4 \cos 8z + 4.5 \cos 9z ;$$

et pour avoir le rayon vecteur de Mercure, il suffira d'ajouter au terme constant le logarithme 9.5878221 qui est celui de la distance moyenne.

Les tables (73, 74, 75) serviront à calculer directement l'équation du centre et le logarithme du rayon vecteur pour une excentricité quelconque qui ne passera pas 0.26.

Ces tables montrent encore quelles puissances de l'excentricité il est permis de négliger pour un degré donné de précision.

83. Dans les recherches précédentes, entreprises uniquement pour arriver aux calculs de la marche inégale du soleil dans son ellipse, nous avons pu sans aucun inconvénient, et pour plus de simplicité, supposer le demi-grand axe $=1$, et nous en ferons de même toutes les fois que nous parlerons du soleil : alors le demi-petit axe b et l'excentricité e étaient des fractions décimales du rayon du cercle circonscrit. Nous les avons exprimées par le cosinus et le sinus de l'inclinaison d'un cercle dont l'ellipse était la projection orthographique ; mais sans recourir à cette projection, nous pouvions trouver ce même angle dans la figure 13.

84. Par la propriété de l'ellipse, $SD = 1$. Le triangle rectangle DCS donne $CS = \sin CDS = \sin \varepsilon$; $CD = \cos CDS = \cos \varepsilon$. SD est aussi la distance moyenne de la planète à son foyer ; c'est la moyenne arithmétique entre toutes les valeurs possibles de rayon vecteur $V = 1 + e \cos x$. Quand $x = 90°$, $\cos x = 0$, $V = 1$, ce qui a lieu quand la planète est à l'un des sommets de son petit axe : or, dans ce cas, il est évident que CDS est l'angle dont le sinus est égal à l'excentricité, et que $e = \sin \varepsilon = \sin CDS$; CSD est l'anomalie vraie pour cet instant, et cette anomalie est $90° - \varepsilon$, ou $270° + \varepsilon$; elle est comptée du point A, qui est celui de la plus grande distance ; en effet, soit $x = 0$, $V = 1 + e$.

Soit $x = 180°$, on aura $V = 1 - e$, ce qui sera la plus courte distance ; elle a lieu au sommet P du grand axe.

85. Les deux intersections du grand axe avec la courbe s'appellent *apsides*.

Le mot αψὶς signifie *courbure*, voûte, circonférence d'une roue.

L'apside éloignée, ou supérieure de l'ellipse solaire, s'appelle *apogée* (ἀπὸ γῆς, loin de la terre.)

L'apside voisine, ou inférieure, s'appelle *périgée* (περί γῆς, près de la terre.) Dans une ellipse dont le soleil occuperait l'un des foyers, l'apside supérieure se nommerait *aphélie*, (ἀπο ἡλίου ou ἀφ' ἡλίου, loin du soleil.)

L'apside inférieure, *périhélie*, $\pi\epsilon\rho\acute{\iota}\ \acute{\eta}\lambda\acute{\iota}\sigma\upsilon$, près du soleil.

Pour les ellipses dont la planète Jupiter occupe le foyer, on a dit *apojove* et *périjove*; mais on a reproché à ces deux expressions d'être composées d'un mot latin et d'une préposition grecque. C'est aussi pour des raisons semblables que nous n'avons pas osé risquer *apozénit*, pour distance au zénit.

86. Supposons maintenant l'anomalie vraie, ou l'angle au foyer $=90°$. Le rayon vecteur $V = \dfrac{\cos^2 \epsilon}{1 - \sin \epsilon \cos u}$ devient $\cos^2 \epsilon$ à cause de $\cos u = 0$. Ce rayon vecteur SE est donc une troisième proportionnelle aux deux demi-axes, et l'on a

$$SD : CD :: CD : SE, \quad \text{ou} \quad 1 : \cos\epsilon :: \cos\epsilon : \cos^2\epsilon = SE;$$

SE est le demi-paramètre. Dans l'origine, le *diamètre* était la droite qui partage la courbe par le milieu. Le paramètre, $\acute{\eta}\ \pi\alpha\rho\grave{\alpha}\ \tau\grave{\eta}\nu\ \delta\acute{\iota}\alpha\mu\epsilon\tau\rho\sigma\nu$, une droite parallèle au diamètre. Ce que nous appelons *paramètre* s'appelait $\grave{\sigma}\rho\theta\acute{\iota}\alpha\ \delta\acute{\iota}\alpha\mu\epsilon\tau\rho\sigma\varsigma$, *latus rectum*, diamètre droit; il est égal à la double ordonnée qui passe par le foyer. Le foyer n'avait pas de nom chez les Grecs, qui n'y avaient pas fait grande attention.

Soit $2p$ le paramètre de l'ellipse. $p = \cos^2\epsilon$; l'ordonnée SF du cercle circonscrit sera $\dfrac{\cos^2\epsilon}{\cos\epsilon} = \cos\epsilon = \frac{1}{2}$ petit axe.

87. Quand il s'agit du soleil, il est indifférent de compter les anomalies de l'apside supérieure ou de l'apside inférieure; quand il s'agit des planètes, on trouve des raisons pour préférer l'apside inférieure. Il en résulte seulement un changement de signe dans e et $\sin\epsilon$, ou dans les sinus et les cosinus des anomalies de toute espèce; nous aurions

$$z = x - \sin\epsilon \sin x \quad \text{et} \quad V = 1 - \sin\epsilon \cos x = \frac{\cos^2\epsilon}{1 + \sin\epsilon \cos u}.$$

88. Si nous voulons comparer entre elles les ellipses de plusieurs planètes, il faut pour chacune donner au demi-grand axe sa valeur particulière a; le demi-petit axe devient $a\cos\epsilon$; le demi-paramètre $p = a\cos^2\epsilon$; l'excentricité $e = a\sin\epsilon$ et $\sin\epsilon = \dfrac{e}{a} = \dfrac{CS}{SD} = \sin CDS$.

89. Pour trouver l'anomalie moyenne dans une ellipse quelconque, nous aurons recours à la troisième loi de Kepler, en vertu de laquelle les cubes des demi-grands axes sont comme les carrés des tems des révolutions, c'est-à-dire, $a^3 : a'^3 :: T^2 : T'^2$, ou $a^{\frac{3}{2}} : a'^{\frac{3}{2}} :: T : T'$.

Soit pour le soleil $a' = 1$ et $T' = A = 365,2564$; à fort peu près $=$ tems que le soleil emploie à revenir au même point du ciel, nous aurons $a^{\frac{3}{2}} = \dfrac{T}{A}$ et $T = A \cdot a^{\frac{3}{2}}$.

T sera le tems de la révolution; soit m le mouvement diurne moyen de cette planète;

$$T : 1 :: 360° : m = \frac{360°}{T} = \frac{360°}{A \cdot a^{\frac{3}{2}}} = \frac{3548'',1676}{a^{\frac{3}{2}}}.$$

Soit t un nombre de jours quelconque, le mouvement moyen pour ce nombre de jours sera $\dfrac{3548'',1676 \cdot t}{a^{\frac{3}{2}}} = \dfrac{ct}{a^{\frac{3}{2}}}$, en nommant c la constante $3548'',1676$; ainsi nous aurons l'équation générale

$$z = x - e \sin x = x - \sin \varepsilon \sin x = \frac{ct}{a^{\frac{3}{2}}} \quad \text{ou} \quad \frac{c \sin 1'' \cdot t}{a^{\frac{3}{2}}},$$

pour avoir z et x en parties du rayon.

90. L'expression du rayon vecteur $= a(1 - \sin \varepsilon \cos x) = \dfrac{a \cos^2 \varepsilon}{1 + \sin \varepsilon \cos u} = \dfrac{p}{1 + \sin \varepsilon \cos u}$ peut recevoir des transformations utiles. On peut écrire

$$V = \frac{a \cos^2 \varepsilon}{1 + \sin \varepsilon - 2\sin \varepsilon \sin^2 \tfrac{1}{2} u} = \frac{a \cos^2 \varepsilon}{1 - \sin \varepsilon + 2\sin \varepsilon \cos^2 \tfrac{1}{2} u}$$

$$V = \frac{a \cos^2 \varepsilon}{\sin^2 \tfrac{1}{2} u + \cos^2 \tfrac{1}{2} u + \sin \varepsilon - \sin \varepsilon \sin^2 \tfrac{1}{2} u - \sin \varepsilon \sin^2 \tfrac{1}{2} u}$$

$$= \frac{a \cos^2 \varepsilon}{\sin^2 \tfrac{1}{2} u - \sin \varepsilon \sin^2 \tfrac{1}{2} u + \cos^2 \tfrac{1}{2} u + \sin \varepsilon \cos^2 \tfrac{1}{2} u}$$

$$= \frac{a \cos^2 \varepsilon}{(1 - \sin \varepsilon)\sin^2 \tfrac{1}{2} u + (1 + \sin \varepsilon)\cos^2 \tfrac{1}{2} u} = \frac{p}{(1 - \sin \varepsilon)\sin^2 \tfrac{1}{2} u + (1 + \sin \varepsilon)\cos^2 \tfrac{1}{2} u}$$

$$= \frac{p}{1 + \sin \varepsilon \cos u} = \frac{p}{1 + \sin \varepsilon \left(\dfrac{1 - \tan^2 \tfrac{1}{2} u}{1 + \tan^2 \tfrac{1}{2} u}\right)} = \frac{p(1 + \tan^2 \tfrac{1}{2} u)}{1 + \tan^2 \tfrac{1}{2} u + \sin \varepsilon - \sin \varepsilon \tan^2 \tfrac{1}{2} u}$$

$$= \frac{p(1 + \tan^2 \tfrac{1}{2} u)}{(1 + \sin \varepsilon) + (1 - \sin \varepsilon)\tan^2 \tfrac{1}{2} u} = \left(\frac{p}{1 + \sin \varepsilon}\right) \frac{1 + \tan^2 \tfrac{1}{2} u}{1 + \left(\dfrac{1 - \sin \varepsilon}{1 + \sin \varepsilon}\right)\tan^2 \tfrac{1}{2} u}$$

$$= \left(\frac{p}{1 + \sin \varepsilon}\right) \frac{1 + \tan^2 \tfrac{1}{2} u}{1 + \tan^2 \tfrac{1}{2} x} = \left(\frac{p}{1 + \sin \varepsilon}\right) \frac{\cos^2 \tfrac{1}{2} x}{\cos^2 \tfrac{1}{2} u} = \frac{p \cos^2 \tfrac{1}{2} x}{\cos^2 \tfrac{1}{2} u \, 2\cos^2(45° - \tfrac{1}{2}\varepsilon)};$$

d'où l'on tire

$$\frac{\cos^2 \tfrac{1}{2} u}{\cos^2 \tfrac{1}{2} x} = \frac{p}{\sqrt{(1 + \sin \varepsilon)}} = \frac{p}{2\sqrt{\cos(45 - \tfrac{1}{2}\varepsilon)}}.$$

91. $\quad V = \left(\dfrac{p}{1+\sin\varepsilon}\right)\cos^2\tfrac{1}{2}x\,(1+\tan^2\tfrac{1}{2}u) = \dfrac{p\cos^2\tfrac{1}{2}x}{1+\sin\varepsilon}\left(1+\dfrac{1+\sin\varepsilon}{1-\sin\varepsilon}\tan^2\tfrac{1}{2}x\right)$

$\qquad\qquad = \dfrac{p\cos^2\tfrac{1}{2}x}{1+\sin\varepsilon} + \dfrac{p\sin^2\tfrac{1}{2}x}{1-\sin\varepsilon}$

$\qquad\qquad = \dfrac{p\cos^2\tfrac{1}{2}x}{2\cos^2(45°-\tfrac{1}{2}\varepsilon)} + \dfrac{p\sin^2\tfrac{1}{2}x}{2\sin^2(45°-\tfrac{1}{2}\varepsilon)}.$

92. En général pour un angle quelconque ε, on a

$(1+\sin\varepsilon)^{\frac{1}{2}} = \cos(45°-\tfrac{1}{2}\varepsilon)\sqrt{2} = \dfrac{\cos(45°-\tfrac{1}{2}\varepsilon)}{\cos 45°} = \dfrac{\cos 45°\cos\tfrac{1}{2}\varepsilon + \sin 45°\sin\tfrac{1}{2}\varepsilon}{\cos 45°}$

$\qquad\qquad\qquad\qquad\qquad\qquad\qquad\qquad\qquad\qquad = \cos\tfrac{1}{2}\varepsilon + \sin\tfrac{1}{2}\varepsilon,$

$(1-\sin\varepsilon)^{\frac{1}{2}} = \sin(45°-\tfrac{1}{2}\varepsilon)\sqrt{2} = \dfrac{\sin(45°-\tfrac{1}{2}\varepsilon)}{\sin 45°} = \cos\tfrac{1}{2}\varepsilon - \sin\tfrac{1}{2}\varepsilon;$

d'où

$$= (1\pm\sin\varepsilon)^{\frac{1}{2}} = \cos\tfrac{1}{2}\varepsilon \pm \sin\tfrac{1}{2}\varepsilon.$$

C'est un théorème général de Trigonométrie rectiligne. M. Gauss en a fait l'application au mouvement elliptique.

93. Nous avons trouvé (42) pour l'aire double du secteur elliptique infiniment petit, $V^2 du = ab\,dz$; en intégrant

$$\int V^2 du = abz = \dfrac{abct}{a^{\frac{1}{2}}} = \dfrac{a^2\cos\varepsilon\,.\,ct}{a^{\frac{3}{2}}} = a^{\frac{1}{2}}\cos\varepsilon\,ct = ct\sqrt{p}.$$

Ce sont autant d'expressions de l'aire elliptique, comptées depuis l'une ou l'autre apside.

94. Nous avons trouvé ci-dessus (17) $V\cos u = a\,(\cos x + \sin\varepsilon)$, en comptant de l'apside supérieure. Changeons le signe de ε pour compter de l'apside inférieure.

$V\cos u = a(\cos x - \sin\varepsilon) = a[\cos x - \cos(90°-\varepsilon)]$

$\qquad\quad = 2a\sin\left(\dfrac{90°-\varepsilon-x}{2}\right)\sin\left(\dfrac{90°-\varepsilon+x}{2}\right)$

$\qquad\quad = 2a\sin\left(45° - \dfrac{\varepsilon+x}{2}\right)\cos\left(45° - \dfrac{\varepsilon-x}{2}\right)$

$\cos u = \dfrac{a}{V}(\cos x - \sin\varepsilon) = \dfrac{a(\cos x - \sin\varepsilon)}{a(1-\sin\varepsilon\cos x)} = \dfrac{\cos x - \sin\varepsilon}{1-\sin\varepsilon\cos x}$

$\cos u - \sin\varepsilon\cos x\cos u = \cos x - \sin\varepsilon\ldots\ldots\ldots\ldots\ldots\ldots(A)$

95. Mais
$$\cos^2 \tfrac{1}{2}u = \frac{1+\cos u}{2} = \tfrac{1}{2}\left(1 + \frac{\cos x - \sin \varepsilon}{1 - \sin \varepsilon \cos x}\right)$$
$$= \tfrac{1}{2}\left(\frac{1 - \sin \varepsilon \cos x + \cos x - \sin \varepsilon}{1 - \sin \varepsilon \cos x}\right) = \tfrac{1}{2}\left(\frac{2\cos^2 \tfrac{1}{2}x - 2\sin \varepsilon \cos^2 \tfrac{1}{2}x}{1 - \sin \varepsilon \cos x}\right)$$
$$= \frac{\cos^2 \tfrac{1}{2}x\,(1 - \sin \varepsilon)}{1 - \sin \varepsilon \cos x}$$
$$\cos \tfrac{1}{2}u = \cos \tfrac{1}{2}x \left(\frac{1 - \sin \varepsilon}{1 - \sin \varepsilon \cos x}\right)^{\frac{1}{2}} = \cos \tfrac{1}{2}x\,(1 - \sin \varepsilon)^{\frac{1}{2}} \left(\frac{a}{V}\right)^{\frac{1}{2}}$$
$$= \cos \tfrac{1}{2}x\, 2^{\frac{1}{2}} \sin\left(45° - \tfrac{1}{2}\varepsilon\right) \left(\frac{a}{V}\right)^{\frac{1}{2}} = \frac{\cos \tfrac{1}{2}x \sin\left(45° - \tfrac{1}{2}\varepsilon\right)}{\sin 45°} \left(\frac{a}{V}\right)^{\frac{1}{2}}.$$

96.
$$\operatorname{Sin}^2 \tfrac{1}{2}u = \left(\frac{1 - \cos u}{2}\right) = \tfrac{1}{2}\left(1 - \frac{\cos x - \sin \varepsilon}{1 - \sin \varepsilon \cos x}\right) = \tfrac{1}{2}\left(\frac{1 - \sin \varepsilon \cos x - \cos x + \sin \varepsilon}{1 - \sin \varepsilon \cos x}\right)$$
$$= \frac{\sin^2 \tfrac{1}{2}x + \sin \varepsilon \sin^2 \tfrac{1}{2}x}{1 - \sin \varepsilon \cos x},$$
$$\sin \tfrac{1}{2}u = \sin \tfrac{1}{2}x \left(\frac{1 + \sin \varepsilon}{1 - \sin \varepsilon \cos x}\right)^{\frac{1}{2}} = \sin \tfrac{1}{2}x\,(1 + \sin \varepsilon)^{\frac{1}{2}} \left(\frac{a}{V}\right)^{\frac{1}{2}}$$
$$= \sin \tfrac{1}{2}x \left(\frac{a}{V}\right)^{\frac{1}{2}} 2^{\frac{1}{2}} \cos\left(45° - \tfrac{1}{2}\varepsilon\right) = \sin \tfrac{1}{2}x \left(\frac{a}{V}\right)^{\frac{1}{2}} \frac{\cos\left(45° - \tfrac{1}{2}\varepsilon\right)}{\cos 45°},$$

97.
$$\operatorname{Tang} \tfrac{1}{2}u = \frac{\sin \tfrac{1}{2}u}{\cos \tfrac{1}{2}u} = \frac{\sin \tfrac{1}{2}x}{\cos \tfrac{1}{2}x} \left(\frac{1 + \sin \varepsilon}{1 - \sin \varepsilon}\right)^{\frac{1}{2}} = \left(\frac{1 + \sin \varepsilon}{1 - \sin \varepsilon}\right)^{\frac{1}{2}} \operatorname{tang} \tfrac{1}{2}x.$$

98.
$$\operatorname{Sin} u = 2\sin \tfrac{1}{2}u \cos \tfrac{1}{2}u = 2\sin \tfrac{1}{2}x \cos \tfrac{1}{2}x\,(1 - \sin \varepsilon)^{\frac{1}{2}}(1 + \sin \varepsilon)^{\frac{1}{2}} \left(\frac{a}{V}\right)$$
$$= \sin x\,(1 - \sin^2 \varepsilon)^{\frac{1}{2}} \frac{a}{V} = \frac{a \cos \varepsilon \sin x}{V};$$

d'où
$$V = \frac{a \cos \varepsilon \sin x}{\sin u}, \quad \text{comme ci-dessus.}$$

99.
$$\operatorname{Tang} u = \frac{\sin u}{\cos u} = \frac{\dfrac{a}{V} \cos \varepsilon \sin \varepsilon}{\dfrac{a}{V}(\cos x - \sin \varepsilon)} = \frac{\cos \varepsilon \sin \varepsilon}{\cos x - \sin \varepsilon}$$

et
$$\cot u = \frac{\cos x - \sin \varepsilon}{\cos \varepsilon \sin x} = \frac{\cot x}{\cos \varepsilon} - \frac{\operatorname{tang} \varepsilon}{\sin x}.$$

100. De l'équation A (94), on tire
$$\cos x + \sin \varepsilon \cos u \cos x = \cos u + \sin \varepsilon$$

et

$$\cos x = \frac{\cos u + \sin \varepsilon}{1 + \sin \varepsilon \cos u} = \frac{a(\cos u + \sin \varepsilon)}{a(1 + \sin \varepsilon \cos u)} = \frac{a \cos^2 \varepsilon (\cos u + \sin \varepsilon)}{a \cos^2 \varepsilon (1 + \sin \varepsilon \cos u)}$$

$$= \frac{p(\cos u + \sin \varepsilon)}{a \cos^2 \varepsilon (1 + \sin \varepsilon \cos u)} = \frac{V(\cos u + \sin \varepsilon)}{p}.$$

Cette expression ne diffère de celle de $\cos u$ que par le signe de $\sin \varepsilon$, et parce que les x sont changés en u, et réciproquement. Nous observerons la même correspondance dans les expressions suivantes.

101. Mais $\sin^2 \tfrac{1}{2} x = \tfrac{1}{2}(1 - \cos x) = \tfrac{1}{2}\left(1 - \dfrac{\cos u + \sin \varepsilon}{1 + \sin \varepsilon \cos u}\right)$

$$= \tfrac{1}{2}\left(\frac{1 + \sin \varepsilon \cos u - \cos u - \sin \varepsilon}{1 + \sin \varepsilon \cos u}\right) = \left(\frac{\sin^2 \tfrac{1}{2} u - \sin \varepsilon \sin^2 \tfrac{1}{2} u}{1 + \sin \varepsilon \cos u}\right)$$

$$\sin \tfrac{1}{2} x = \sin \tfrac{1}{2} u \left(\frac{1 - \sin \varepsilon}{1 + \sin \varepsilon \cos u}\right)^{\frac{1}{2}} = \sin \tfrac{1}{2} u \left((1 - \sin \varepsilon)\frac{V}{p}\right)^{\frac{1}{2}}$$

$$= \sin \tfrac{1}{2} u \left(\frac{V}{p}\right)^{\frac{1}{2}} (1 - \sin \varepsilon)^{\frac{1}{2}} \left(\frac{1 + \sin \varepsilon}{1 + \sin \varepsilon}\right)^{\frac{1}{2}}$$

$$= \sin \tfrac{1}{2} u \left(\frac{V}{p}\right)^{\frac{1}{2}} \left(\frac{1 - \sin^2 \tfrac{1}{2}\varepsilon}{1 + \sin \varepsilon}\right)^{\frac{1}{2}}$$

$$\sin \tfrac{1}{2} x = \sin \tfrac{1}{2} u \left(\frac{V}{p}\right)^{\frac{1}{2}} \left(\frac{\cos^2 \varepsilon}{2\cos^2(45° - \tfrac{1}{2}\varepsilon)}\right)^{\frac{1}{2}} = \sin \tfrac{1}{2} u \left(\frac{V}{p}\right)^{\frac{1}{2}} \frac{\cos \varepsilon \sin 45°}{\cos(45° - \tfrac{1}{2}\varepsilon)}$$

$$= \sin \tfrac{1}{2} u \left(\frac{V}{a}\right)^{\frac{1}{2}} \frac{\sin 45°}{\cos(45° - \tfrac{1}{2}\varepsilon)} = \sin \tfrac{1}{2} u \left(\frac{V}{a}\right)^{\frac{1}{2}} \left(\frac{1}{1 + \sin \varepsilon}\right)^{\frac{1}{2}}.$$

102. $\cos^2 \tfrac{1}{2} x = \tfrac{1}{2}(1 + \cos x) = \tfrac{1}{2}\left(\dfrac{1 + \sin \varepsilon \cos u + \cos u + \sin \varepsilon}{1 + \sin \varepsilon \cos u}\right)$

$$= \left(\frac{\cos^2 \tfrac{1}{2} u + \sin \varepsilon \cos^2 \tfrac{1}{2} u}{1 + \sin \varepsilon \cos u}\right) = \frac{\cos^2 \tfrac{1}{2} u (1 + \sin \varepsilon)}{1 + \sin \varepsilon \cos u}$$

$$\cos \tfrac{1}{2} x = \cos \tfrac{1}{2} u \left(\frac{1 + \sin \varepsilon}{1 + \sin \varepsilon \cos u}\right)^{\frac{1}{2}} \left(\frac{1 - \sin \varepsilon}{1 - \sin \varepsilon}\right)^{\frac{1}{2}} = \cos \tfrac{1}{2} u \left(\frac{1 - \sin^2 \varepsilon}{1 - \sin \varepsilon}\right)^{\frac{1}{2}} \left(\frac{V}{p}\right)^{\frac{1}{2}}$$

$$= \cos \tfrac{1}{2} u \left(\frac{V}{p}\right)^{\frac{1}{2}} \frac{\cos \varepsilon}{\sqrt{2}\,\sin(45° - \tfrac{1}{2}\varepsilon)} = \cos \tfrac{1}{2} u \left(\frac{V}{a}\right)^{\frac{1}{2}} \frac{\sin 45°}{\sin(45° - \tfrac{1}{2}\varepsilon)}.$$

103. $\operatorname{Tang} \tfrac{1}{2} x = \tang \tfrac{1}{2} u \, \tang(45° - \tfrac{1}{2}\varepsilon).$

104. $\sin x = 2 \sin \tfrac{1}{2} x \cos \tfrac{1}{2} x = \dfrac{2 \sin \tfrac{1}{2} u \cos \tfrac{1}{2} u \left(\frac{V}{a}\right) \sin^2 45°}{\sin(45° - \tfrac{1}{2}\varepsilon)\cos(45° - \tfrac{1}{2}\varepsilon)} = \dfrac{\sin u \left(\frac{V}{a}\right)}{\sin(90° - \varepsilon)}$

$$= \frac{\sin u}{\cos \varepsilon}\left(\frac{V}{a}\right) = \frac{V \sin u}{a \cos \varepsilon} = \frac{V \sin u \cos \varepsilon}{p},$$

d'où $\quad V = \dfrac{a \cos \varepsilon \sin x}{\sin u}.$

105.

$$105.\ \operatorname{Tang} x = \frac{\sin x}{\cos x} = \frac{V\sin u}{a\cos\varepsilon}\cdot\frac{1+\sin\varepsilon\cos u}{\cos u+\sin\varepsilon} = \frac{V\sin u}{a\cos\varepsilon}\cdot\frac{p}{V(\cos u+\sin\varepsilon)}$$

$$= \frac{p}{a\cos\varepsilon}\cdot\frac{\sin u}{\cos u+\sin\varepsilon} = \frac{\cos\varepsilon\sin u}{\cos u+\sin\varepsilon}.$$

$$\cot x = \frac{\cot u}{\cos\varepsilon} + \frac{\operatorname{tang}\varepsilon}{\sin u}.$$

Nous avons ainsi les expressions de $\sin x$, $\cos x$, $\operatorname{tang} x$, $\cot x$, $\sin\tfrac{1}{2}x$, $\cos\tfrac{1}{2}x$, $\operatorname{tang}\tfrac{1}{2}x$, $\sin u$, $\cos u$, $\operatorname{tang} u$, $\cot u$, $\sin\tfrac{1}{2}u$, $\cos\tfrac{1}{2}u$ et $\operatorname{tang}\tfrac{1}{2}u$. Je les avais formées il y a plus de 25 ans, pour mon usage, mais j'ai trouvé rarement l'occasion de les employer.

$$106.\ \operatorname{Tang}\tfrac{1}{2}x = \left(\frac{1-\sin\varepsilon}{1+\sin\varepsilon}\right)^{\frac{1}{2}}\operatorname{tang}\tfrac{1}{2}u;$$

$$\operatorname{tang}\tfrac{1}{2}u - \operatorname{tang}\tfrac{1}{2}x = \operatorname{tang}\tfrac{1}{2}u\left[1-\left(\frac{1-\sin\varepsilon}{1+\sin\varepsilon}\right)^{\frac{1}{2}}\right]$$

$$\frac{\sin\tfrac{1}{2}(u-x)}{\cos\tfrac{1}{2}u\cos\tfrac{1}{2}x} = \operatorname{tang}\tfrac{1}{2}u\left(\frac{(1+\sin\varepsilon)^{\frac{1}{2}}-(1-\sin\varepsilon)^{\frac{1}{2}}}{(1+\sin\varepsilon)^{\frac{1}{2}}}\right)$$

$$\sin\tfrac{1}{2}(u-x) = \sin\tfrac{1}{2}u\cos\tfrac{1}{2}x\left(\frac{\cos\tfrac{1}{2}\varepsilon+\sin\tfrac{1}{2}\varepsilon-\cos\tfrac{1}{2}\varepsilon+\sin\tfrac{1}{2}\varepsilon}{\cos\tfrac{1}{2}\varepsilon+\sin\tfrac{1}{2}\varepsilon}\right)\ (92\text{ et }102)$$

$$= \sin\tfrac{1}{2}u\cos\tfrac{1}{2}x\cdot\frac{2\sin\tfrac{1}{2}\varepsilon\cos 45^\circ}{\cos(45^\circ-\tfrac{1}{2}\varepsilon)}$$

$$= \frac{\sin\tfrac{1}{2}u\cos\tfrac{1}{2}x\sin\tfrac{1}{2}\varepsilon}{\sin 45^\circ\cos(45^\circ-\tfrac{1}{2}\varepsilon)} = \frac{\sin\tfrac{1}{2}u\cos\tfrac{1}{2}x\sin\tfrac{1}{2}\varepsilon}{\sin 45^\circ\sin(45^\circ+\tfrac{1}{2}\varepsilon)}$$

$$\sin\tfrac{1}{2}(u-x) = \frac{\cos\tfrac{1}{2}x\sin\tfrac{1}{2}\varepsilon}{\sin 45^\circ\cos(45^\circ-\tfrac{1}{2}\varepsilon)}\cdot\frac{\sin\tfrac{1}{2}x\cos(45^\circ-\tfrac{1}{2}\varepsilon)}{\sin 45^\circ}\left(\frac{a}{V}\right)^{\frac{1}{2}}\ (96)$$

$$= \sin x\sin\tfrac{1}{2}\varepsilon\left(\frac{a}{V}\right)^{\frac{1}{2}}$$

$$= \frac{\sin\tfrac{1}{2}u\sin\tfrac{1}{2}\varepsilon}{\sin 45^\circ\cos(45-\tfrac{1}{2}\varepsilon)}\cdot\frac{\cos\tfrac{1}{2}u\sin 45^\circ}{\cos(45^\circ-\tfrac{1}{2}\varepsilon)}\left(\frac{V}{a}\right)^{\frac{1}{2}}\ (102)$$

$$= \frac{\sin u\sin\tfrac{1}{2}\varepsilon}{\cos\varepsilon}\left(\frac{V}{a}\right)^{\frac{1}{2}} = \sin u\sin\tfrac{1}{2}\varepsilon\left(\frac{V}{p}\right)^{\frac{1}{2}}$$

$$= \frac{(\sin\tfrac{1}{2}\varepsilon\sin u)}{V\bar p}\left(\frac{b\sin x}{\sin u}\right)^{\frac{1}{2}} = \frac{\sin\tfrac{1}{2}\varepsilon\sqrt{a\cos\varepsilon\sin x\sin u}}{\sqrt{a\cos^2\varepsilon}}$$

$$= \frac{\sin\tfrac{1}{2}\varepsilon\sqrt{\sin x\sin u}}{\cos^{\frac{1}{2}}\varepsilon}.$$

107. Par des calculs semblables   (96 et 102),

$$\sin\tfrac{1}{2}(u+x) = \cos\tfrac{1}{2}\varepsilon\sin x\left(\frac{a}{V}\right)^{\frac{1}{2}} = \cos\tfrac{1}{2}\varepsilon\sin u\left(\frac{V}{p}\right)^{\frac{1}{2}} = \frac{\cos\tfrac{1}{2}\varepsilon}{(\cos\varepsilon)^{\frac{1}{2}}}\sqrt{\sin u\sin x}$$

et
$$\sin \tfrac{1}{2}(u - x) = \tang \tfrac{1}{2}\varepsilon \sin \tfrac{1}{2}(u + x).$$

108. $\tang \tfrac{1}{2}x = \left(\dfrac{1 - \sin \varepsilon}{1 + \sin \varepsilon}\right)^{\frac{1}{2}} \tang \tfrac{1}{2}u$

$$\tang \tfrac{1}{2}x' = \left(\dfrac{1 - \sin \varepsilon}{1 + \sin \varepsilon}\right)^{\frac{1}{2}} \tang \tfrac{1}{2}u',$$

d'où

$$\tang \tfrac{1}{2}x' - \tang \tfrac{1}{2}x = \left(\tang \tfrac{1}{2}u' - \tang \tfrac{1}{2}u\right)\left(\dfrac{1 - \sin \varepsilon}{1 + \sin \varepsilon}\right)^{\frac{1}{2}}$$

$$\frac{\sin \tfrac{1}{2}(x' - x)}{\cos \tfrac{1}{2}x' \cos \tfrac{1}{2}x} = \frac{\sin \tfrac{1}{2}(u' - u)}{\cos \tfrac{1}{2}u' \cos \tfrac{1}{2}u} \cdot \left(\frac{1 - \sin \varepsilon}{1 + \sin \varepsilon}\right)^{\frac{1}{2}} = \frac{\sin \tfrac{1}{2}(u' - u)}{\cos \tfrac{1}{2}u' \cos \tfrac{1}{2}u} \cdot \left(\frac{2\sin^2(45° - \tfrac{1}{2}\varepsilon)}{2\cos^2(45° - \tfrac{1}{2}\varepsilon)}\right)^{\frac{1}{2}}$$

$$= \frac{\sin \tfrac{1}{2}(u' - u)}{\cos \tfrac{1}{2}u' \cos \tfrac{1}{2}u} \tang\left(45° - \tfrac{1}{2}\varepsilon\right)$$

$$\frac{\sin \tfrac{1}{2}(x' - x)}{\sin \tfrac{1}{2}(u' - u)} = \frac{\cos \tfrac{1}{2}x' \cos \tfrac{1}{2}x}{\cos \tfrac{1}{2}u' \cos \tfrac{1}{2}u} \left(\frac{1 - \sin \varepsilon}{1 + \sin \varepsilon}\right)^{\frac{1}{2}}$$

$$= \left(\frac{V}{a}\right)^{\frac{1}{2}} \frac{\sin 45°}{\sin(45° - \tfrac{1}{2}\varepsilon)} \cdot \left(\frac{V'}{a}\right)^{\frac{1}{2}} \frac{\sin 45°}{\sin(45° - \tfrac{1}{2}\varepsilon)} \cdot \frac{\sin(45° - \tfrac{1}{2}\varepsilon)}{\cos(45° - \tfrac{1}{2}\varepsilon)}$$

$$= \left(\frac{VV'}{aa}\right)^{\frac{1}{2}} \frac{\tfrac{1}{2}}{\tfrac{1}{2}\sin(90° - \varepsilon)} = \frac{(VV')^{\frac{1}{2}}}{a \cos \varepsilon} = \frac{(VV')^{\frac{1}{2}}}{b} = \frac{(VV')^{\frac{1}{2}} \cos \varepsilon}{p}$$

109. En changeant les signes de x et de u, ou par un calcul tout semblable,

$$\frac{\sin \tfrac{1}{2}(x' + x)}{\sin \tfrac{1}{2}(u' + u)} = \frac{(VV')^{\frac{1}{2}}}{a \cos \varepsilon} = \frac{(VV')^{\frac{1}{2}}}{b} = \frac{(VV')^{\frac{1}{2}} \cos \varepsilon}{p}$$

d'où

$$\frac{\sin \tfrac{1}{2}(x' + x)}{\sin \tfrac{1}{2}(u' + u)} = \frac{\sin \tfrac{1}{2}(x' - x)}{\sin \tfrac{1}{2}(u' - u)} \quad \text{et} \quad \frac{\sin \tfrac{1}{2}(x' + x)}{\sin \tfrac{1}{2}(x' - x)} = \frac{\sin \tfrac{1}{2}(u' + u)}{\sin \tfrac{1}{2}(u' - u)}$$

et $\quad \sin \tfrac{1}{2}(x' - x) \sin \tfrac{1}{2}(x' + x) = \left(\dfrac{VV'}{bb}\right) \sin \tfrac{1}{2}(u' - u) \sin \tfrac{1}{2}(u' + u).$

110. $\Cos \tfrac{1}{2}(x' - x) = \cos \tfrac{1}{2}x' \cos \tfrac{1}{2}x + \sin \tfrac{1}{2}x' \sin \tfrac{1}{2}x$

$$= \left(\frac{V'}{p}\right)^{\frac{1}{2}} \cos \tfrac{1}{2}u'(1 + \sin \varepsilon)^{\frac{1}{2}}\left(\frac{V}{p}\right)^{\frac{1}{2}} \cos \tfrac{1}{2}u(1 + \sin \varepsilon)^{\frac{1}{2}}$$

$$+ \left(\frac{V'}{p}\right)^{\frac{1}{2}} \sin \tfrac{1}{2}u'(1 - \sin \varepsilon)^{\frac{1}{2}}\left(\frac{V}{p}\right)^{\frac{1}{2}} \sin \tfrac{1}{2}u(1 - \sin \varepsilon)^{\frac{1}{2}}$$

$$= \left(\frac{VV'}{pp}\right)^{\frac{1}{2}} \cos \tfrac{1}{2}u' \cos \tfrac{1}{2}u(1 + \sin \varepsilon)$$

$$+ \left(\frac{VV'}{pp}\right)^{\frac{1}{2}} \sin \tfrac{1}{2} u' \sin \tfrac{1}{2} u \, (1 - \sin \varepsilon)$$

$$= \left(\frac{VV'}{pp}\right)^{\frac{1}{2}} \left[\cos \tfrac{1}{2} u' \cos \tfrac{1}{2} u + \sin \tfrac{1}{2} u' \sin \tfrac{1}{2} u\right.$$

$$\left. + \sin \varepsilon \left(\cos \tfrac{1}{2} u' \cos \tfrac{1}{2} u - \sin \tfrac{1}{2} u' \sin \tfrac{1}{2} u\right)\right]$$

$$= \left(\frac{VV'}{pp}\right)^{\frac{1}{2}} \left[\cos \tfrac{1}{2}(u' - u) + \sin \varepsilon \cos \tfrac{1}{2}(u' + u)\right]$$

111. Par des calculs semblables, en changeant le signe de x et de u,

$$\cos \tfrac{1}{2}(x' + x) = \left(\frac{VV'}{pp}\right)^{\frac{1}{2}} \left[\cos \tfrac{1}{2}(u' + u) + \sin \varepsilon \cos \tfrac{1}{2}(u' - u)\right].$$

De ces deux équations, qui sont de M. Gauss, on tire

$$\frac{\cos \tfrac{1}{2}(x' - x)}{\cos \tfrac{1}{2}(x' + x)} = \frac{\cos \tfrac{1}{2}(u' - u) + \sin \varepsilon \cos \tfrac{1}{2}(u' + u)}{\cos \tfrac{1}{2}(u' + u) + \sin \varepsilon \cos \tfrac{1}{2}(u' - u)} = \frac{\dfrac{\cos \tfrac{1}{2}(u' - u)}{\cos \tfrac{1}{2}(u' + u)} + \sin \varepsilon}{1 + \sin \varepsilon \dfrac{\cos \tfrac{1}{2}(u' - u)}{\cos \tfrac{1}{2}(u' + u)}}.$$

112. $\operatorname{Sin} \tfrac{1}{2}(x' - x) = \sin \tfrac{1}{2} x' \cos \tfrac{1}{2} x - \cos \tfrac{1}{2} x' \sin \tfrac{1}{2} x$

$$= \left(\frac{V'}{p}\right)^{\frac{1}{2}} \sin \tfrac{1}{2} u' (1 - \sin \varepsilon)^{\frac{1}{2}} \left(\frac{V}{p}\right)^{\frac{1}{2}} \cos \tfrac{1}{2} u (1 + \sin \varepsilon)^{\frac{1}{2}}$$

$$- \left(\frac{V'}{p}\right)^{\frac{1}{2}} \cos \tfrac{1}{2} u' (1 + \sin \varepsilon)^{\frac{1}{2}} \left(\frac{V}{p}\right)^{\frac{1}{2}} \sin \tfrac{1}{2} u (1 - \sin \varepsilon)^{\frac{1}{2}}$$

$$= \left(\frac{VV'}{pp}\right)^{\frac{1}{2}} \left[\sin \tfrac{1}{2} u' \cos \tfrac{1}{2} u (1 - \sin^2 \varepsilon)^{\frac{1}{2}}\right.$$

$$\left. - \sin \tfrac{1}{2} u \cos \tfrac{1}{2} u' (1 - \sin^2 \varepsilon)^{\frac{1}{2}}\right]$$

$$= \left(\frac{VV'}{pp}\right)^{\frac{1}{2}} \left(\sin \tfrac{1}{2} u' \cos \tfrac{1}{2} u - \sin \tfrac{1}{2} u \cos \tfrac{1}{2} u'\right) \cos \varepsilon$$

$$= \left(\frac{VV'}{pp}\right)^{\frac{1}{2}} \cos \varepsilon \sin \tfrac{1}{2}(u' - u) = \left(\frac{VV'}{bb}\right)^{\frac{1}{2}} \sin \tfrac{1}{2}(u' - u)$$

113. Cette formule se trouve déjà (108); d'ailleurs (109) donne

$$\sin \tfrac{1}{2}(x' + x) = \left(\frac{VV'}{bb}\right)^{\frac{1}{2}} \sin \tfrac{1}{2}(u' + u) \quad \text{d'où} \quad \frac{\sin \tfrac{1}{2}(x' - x)}{\sin \tfrac{1}{2}(x' + x)} = \frac{\sin \tfrac{1}{2}(u' - u)}{\sin \tfrac{1}{2}(u' + u)},$$

comme ci-dessus (99) ; d'où

$$\sin\tfrac{1}{2}(x'-x)\sin\tfrac{1}{2}(x+x') = \frac{VV'}{bb}\sin\tfrac{1}{2}(u'-u)\sin\tfrac{1}{2}(u'+u)$$

$$= \frac{VV'}{aa\cos^2\varepsilon}\sin\tfrac{1}{2}(u'-u)\sin\tfrac{1}{2}(u'+u)$$

$$= \frac{VV'}{ap}\sin\tfrac{1}{2}(u'-u)\sin\tfrac{1}{2}(u'+u).$$

114. $\operatorname{Tang}\tfrac{1}{2}(x'-x) = \dfrac{\sin\tfrac{1}{2}(x'-x)}{\cos\tfrac{1}{2}(x'-x)} = \dfrac{\left(\dfrac{VV'}{pp}\right)^{\frac{1}{2}}\cos\varepsilon\sin\tfrac{1}{2}(u'-u)}{\left(\dfrac{VV'}{pp}\right)^{\frac{1}{2}}\left[\cos\tfrac{1}{2}(u'-u)+\sin\varepsilon\cos\tfrac{1}{2}(u'+u)\right]}$

$$= \frac{\cos\varepsilon\sin\tfrac{1}{2}(u'-u)}{\cos\tfrac{1}{2}(u'-u)+\sin\varepsilon\cos\tfrac{1}{2}(u'+u)} = \frac{\cos\varepsilon\tan\tfrac{1}{2}(u'-u)}{1+\dfrac{\sin\varepsilon\cos\tfrac{1}{2}(u'+u)}{\cos\tfrac{1}{2}(u'-u)}}$$

115. $\operatorname{Tang}\tfrac{1}{2}(x'+x) = \dfrac{\sin\tfrac{1}{2}(x'+x)}{\cos\tfrac{1}{2}(x'+x)} = \dfrac{\left(\dfrac{VV'}{pp}\right)^{\frac{1}{2}}\cos\varepsilon\sin\tfrac{1}{2}(u'+u)}{\left(\dfrac{VV'}{pp}\right)^{\frac{1}{2}}\left[\cos\tfrac{1}{2}(u'+u)+\sin\varepsilon\cos\tfrac{1}{2}(u'-u)\right]}$

$$= \frac{\cos\varepsilon\sin\tfrac{1}{2}(u'+u)}{\cos\tfrac{1}{2}(u'+u)+\sin\varepsilon\cos\tfrac{1}{2}(u'-u)} = \frac{\cos\varepsilon\tan\tfrac{1}{2}(u'+u)}{1+\dfrac{\sin\varepsilon\cos\tfrac{1}{2}(u'-u)}{\cos\tfrac{1}{2}(u'+u)}}.$$

116. $\operatorname{Cos}\tfrac{1}{2}(u'-u) = \cos\tfrac{1}{2}u'\cos\tfrac{1}{2}u + \sin\tfrac{1}{2}u'\sin\tfrac{1}{2}u$

$$= \left(\frac{a}{V'}\right)^{\frac{1}{2}}\cos\tfrac{1}{2}x'(1-\sin\varepsilon)^{\frac{1}{2}}\left(\frac{a}{V}\right)^{\frac{1}{2}}\cos\tfrac{1}{2}x(1-\sin\varepsilon)^{\frac{1}{2}}$$

$$+ \left(\frac{a}{V'}\right)^{\frac{1}{2}}\sin\tfrac{1}{2}x'(1+\sin\varepsilon)^{\frac{1}{2}}\left(\frac{a}{V}\right)^{\frac{1}{2}}\sin\tfrac{1}{2}x(1+\sin\varepsilon)^{\frac{1}{2}}$$

$$= \left(\frac{aa}{VV'}\right)^{\frac{1}{2}}\left[\cos\tfrac{1}{2}x'\cos\tfrac{1}{2}x(1-\sin\varepsilon)\right.$$

$$+ \sin\tfrac{1}{2}x'\sin\tfrac{1}{2}x(1+\sin\varepsilon)\Big]$$

$$= \left(\frac{aa}{VV'}\right)^{\frac{1}{2}}\left[\cos\tfrac{1}{2}(x'-x)-\sin\varepsilon\cos\tfrac{1}{2}(x'+x)\right]$$

117. $\cos\frac{1}{2}(u'+u) = \cos\frac{1}{2}u'\cos\frac{1}{2}u - \sin\frac{1}{2}u'\sin\frac{1}{2}u$

$$= \left(\frac{a}{V'}\right)^{\frac{1}{2}}\cos\frac{1}{2}x'(1-\sin\varepsilon)^{\frac{1}{2}}\left(\frac{a}{V}\right)^{\frac{1}{2}}\cos\frac{1}{2}x(1-\sin\varepsilon)^{\frac{1}{2}}$$

$$-\left(\frac{a}{V'}\right)^{\frac{1}{2}}\sin\frac{1}{2}x'(1+\sin\varepsilon)^{\frac{1}{2}}\left(\frac{a}{V}\right)^{\frac{1}{2}}\sin\frac{1}{2}x(1+\sin\varepsilon)^{\frac{1}{2}}$$

$$=\left(\frac{aa}{VV'}\right)^{\frac{1}{2}}\left[\cos\frac{1}{2}x'\cos\frac{1}{2}x(1-\sin\varepsilon)\right.$$
$$\left.-\sin x'\sin\frac{1}{2}x(1+\sin\varepsilon)\right]$$

$$=\left(\frac{aa}{VV'}\right)^{\frac{1}{2}}\left[\cos\frac{1}{2}(x'-x)-\sin\varepsilon\cos\frac{1}{2}(x'-x)\right]$$

et
$$\frac{\cos\frac{1}{2}(u'-u)}{\cos\frac{1}{2}(u'+u)} = \frac{\cos\frac{1}{2}(x'-x)-\sin\varepsilon\cos\frac{1}{2}(x'+x)}{\cos\frac{1}{2}(x'+x)-\sin\varepsilon\cos\frac{1}{2}(x'-x)}.$$

118. $\mathrm{Tang}\frac{1}{2}(u'-u) = \dfrac{\sin\frac{1}{2}(u'-u)}{\cos\frac{1}{2}(u'-u)} = \dfrac{\left(\dfrac{bb}{VV'}\right)^{\frac{1}{2}}\sin\frac{1}{2}(x'-x)}{\left(\dfrac{aa}{VV'}\right)^{\frac{1}{2}}\left[\cos\frac{1}{2}(x'-x)-\sin\varepsilon\cos\frac{1}{2}(x'-x)\right]}$

$$=\frac{\cos\varepsilon\sin\frac{1}{2}(x'-x)}{\cos\frac{1}{2}(x'-x)-\sin\varepsilon\cos\frac{1}{2}(x'+x)}=\frac{\cos\varepsilon\,\mathrm{tang}\frac{1}{2}(x'-x)}{1-\dfrac{\sin\varepsilon\cos\frac{1}{2}(x'+x)}{\cos\frac{1}{2}(x'-x)}}$$

119. $\mathrm{Tang}\frac{1}{2}(u'+u) = \dfrac{\sin\frac{1}{2}(u'+u)}{\cos\frac{1}{2}(u'+u)} = \dfrac{\left(\dfrac{bb}{VV'}\right)^{\frac{1}{2}}\sin\frac{1}{2}(x'+x)}{\left(\dfrac{aa}{VV'}\right)^{\frac{1}{2}}\left[\cos\frac{1}{2}(x'+x)-\sin\varepsilon\cos\frac{1}{2}(x'-x)\right]}$

$$=\frac{\cos\varepsilon\sin\frac{1}{2}(x'+x)}{\cos\frac{1}{2}(x'+x)-\sin\varepsilon\cos\frac{1}{2}(x'-x)}=\frac{\cos\varepsilon\,\mathrm{tang}\frac{1}{2}(x'+x)}{1-\dfrac{\sin\varepsilon\cos\frac{1}{2}(x'-x)}{\cos\frac{1}{2}(x'+x)}}.$$

120. $V'-V = a(1-\sin\varepsilon\cos x'-1+\sin\varepsilon\cos x) = a\sin\varepsilon(\cos x-\cos x')$
$$= 2a\sin\varepsilon\sin\frac{1}{2}(x'-x)\sin\frac{1}{2}(x'+x)$$

121. $V'+V = a(1-\sin\varepsilon\cos x'+1-\sin\varepsilon\cos x) = a[2-\sin\varepsilon(\cos x+\cos x')]$
$$= a[2-2\sin\varepsilon\cos\frac{1}{2}(x'-x)\cos\frac{1}{2}(x'+x)]$$
$$= 2a-2a\sin\varepsilon\cos\frac{1}{2}(x'-x)\cos\frac{1}{2}(x'+x)$$
$$= 2a\sin^2\frac{1}{2}(x'-x)+2a\cos^2\frac{1}{2}(x'-x)-2a\sin\varepsilon\cos\frac{1}{2}(x'-x)\cos\frac{1}{2}(x'+x)$$
$$= 2a\sin^2\frac{1}{2}(x'-x)+2a\cos^2\frac{1}{2}(x'-x)\left[\cos\frac{1}{2}(x'-x)-\sin\varepsilon\cos\frac{1}{2}(x'+x)\right]$$
$$= 2a\sin^2\frac{1}{2}(x'-x)+2a\cos\frac{1}{2}(x'-x)\cos\frac{1}{2}(u'-u)\left(\frac{VV'}{aa}\right)^{\frac{1}{2}} \quad (116)$$
$$= 2a\sin^2\frac{1}{2}(x'-x)+2\cos\frac{1}{2}(x'-x)\cos\frac{1}{2}(u'-u)(VV')^{\frac{1}{2}}.$$

$$122. \quad a = \frac{V'+V-2\cos\frac{1}{2}(x'-x)\cos\frac{1}{2}(u'-u)(VV')^{\frac{1}{2}}}{2\sin^2\frac{1}{2}(x'-x)}$$

$$= \frac{(V'+V)-2(VV')^{\frac{1}{2}}\cos\frac{1}{2}(u'-u)\cos\frac{1}{2}(x'-x)}{2\sin^2\frac{1}{2}(x'-x)}$$

$$= \frac{2(VV')^{\frac{1}{2}}\cos\frac{1}{2}(u'-u)}{2\sin^2\frac{1}{2}(x'-x)}\left(\frac{V'+V}{2(VV')^{\frac{1}{2}}\cos\frac{1}{2}(u'-u)}-\cos\frac{1}{2}(x'-x)\right)$$

$$= \frac{(VV')^{\frac{1}{2}}\cos\frac{1}{2}(u'-u)}{2\sin^2\frac{1}{2}(x'-x)}\left(\frac{\left(\frac{V'}{V}\right)^{\frac{1}{2}}+\left(\frac{V}{V'}\right)^{\frac{1}{2}}}{2\cos\frac{1}{2}(u'-u)}-\cos\frac{1}{2}(x'-x)\right)$$

123. De

$$V'-V = 2a\sin\varepsilon\sin\tfrac{1}{2}(x'-x)\sin\tfrac{1}{2}(x'+x)$$

et de

$$V'+V = 2a-2a\sin\varepsilon\cos\tfrac{1}{2}(x'-x)\cos\tfrac{1}{2}(x'+x),$$

on tire

$$\frac{V'-V}{V+V'} = \frac{\sin\varepsilon\sin\frac{1}{2}(x'-x)\sin\frac{1}{2}(x'+x)}{1-\sin\varepsilon\cos\frac{1}{2}(x'-x)\cos\frac{1}{2}(x'+x)},$$

$$(V'-V)-(V'-V)\sin\varepsilon\cos\tfrac{1}{2}(x'-x)\cos\tfrac{1}{2}(x'+x)$$
$$= (V'+V)\sin\varepsilon\sin\tfrac{1}{2}(x'-x)\sin\tfrac{1}{2}(x'+x),$$

$$(V'-V) = (V'-V)\sin\varepsilon\cos\tfrac{1}{2}(x'-x)\cos\tfrac{1}{2}(x'+x)$$
$$+ (V'+V)\sin\varepsilon\sin\tfrac{1}{2}(x'-x)\sin\tfrac{1}{2}(x'+x)$$
$$= (V'+V)\sin\varepsilon\sin\tfrac{1}{2}(x'-x)\left[\sin\tfrac{1}{2}(x'+x)\right.$$
$$\left.+ \frac{V'-V}{V'+V}\cot\tfrac{1}{2}(x'-x)\cos\tfrac{1}{2}(x'+x)\right]$$

ou bien en faisant $\tan\frac{1}{2}d = \left(\frac{V'-V}{V'+V}\right)\cot\frac{1}{2}(x'-x).$

$$(V'-V) = \frac{(V'+V)\sin\varepsilon\sin\frac{1}{2}(x'-x)}{\cos\frac{1}{2}d}\left[\sin\tfrac{1}{2}(x'+x)\cos\tfrac{1}{2}d+\cos\tfrac{1}{2}(x'+x)\sin\tfrac{1}{2}d\right]$$

$$(V'-V)\cos\tfrac{1}{2}d = (V'+V)\sin\varepsilon\sin\tfrac{1}{2}(x'-x)\sin\tfrac{1}{2}(x'+x+d),$$

$$\sin\tfrac{1}{2}(x'+x+d) = \frac{(V'-V)\cos\frac{1}{2}d}{(V'+V)\sin\varepsilon\sin\frac{1}{2}(x'-x)} = \frac{\frac{V'-V}{V'+V}\cot\frac{1}{2}(x'-x)\cos\frac{1}{2}d}{\sin\varepsilon\cos\frac{1}{2}(x'-x)}$$
$$= \frac{\tan\frac{1}{2}d\cos\frac{1}{2}d}{\sin\varepsilon\cos\frac{1}{2}(x'-x)}.$$

$$124. \quad a\sin\varepsilon\sin\tfrac{1}{2}(x'+x) = \frac{V'-V}{2\sin\frac{1}{2}(x'-x)} \quad (123),$$

$$a\sin\varepsilon\cos\tfrac{1}{2}(x'+x) = a\cos\tfrac{1}{2}(x'-x)-(VV')^{\frac{1}{2}}\cos\tfrac{1}{2}(u'-u)\,(117);$$

d'où

$$\tan\tfrac{1}{2}(x'+x) = \frac{V'-V}{2\sin\tfrac{1}{2}(x'-x)\left[a\cos\tfrac{1}{2}(x'-x)-(VV')^{\frac{1}{2}}\cos\tfrac{1}{2}(u'-u)\right]}$$

$$= \frac{(V'-V)\sin\tfrac{1}{2}(x'-x)}{2a\sin^2\tfrac{1}{2}(x'-x)\cos\tfrac{1}{2}(x'-x)-2(VV')^{\frac{1}{2}}\sin^2\tfrac{1}{2}(x'-x)\cos\tfrac{1}{2}(u'-u)},$$

mettez pour $2a\sin^2\tfrac{1}{2}(x'-x)$, sa valeur (121), alors $\tan\tfrac{1}{2}(x'+x)$

$$= \frac{(V'-V)\sin\tfrac{1}{2}(x'-x)}{\left[V'+V-2(VV')^{\frac{1}{2}}\cos\tfrac{1}{2}(x'-x)\cos\tfrac{1}{2}(u'-u)\right]\left[\cos\tfrac{1}{2}(x'-x)-2(VV')^{\frac{1}{2}}\sin\tfrac{1}{2}(x'-x)\cos\tfrac{1}{2}(x'-x)\right]}$$

$$= \frac{(V'-V)\sin\tfrac{1}{2}(x'-x)}{(V'+V)\cos\tfrac{1}{2}(x'-x)-2(VV')^{\frac{1}{2}}\cos^2\tfrac{1}{2}(x'-x)\cos\tfrac{1}{2}(u'-u)-2(VV')^{\frac{1}{2}}\sin\tfrac{1}{2}(x'-x)\cos\tfrac{1}{2}(u'-u)}$$

$$= \frac{(V'-V)\sin\tfrac{1}{2}(x'-x)}{(V'+V)\cos\tfrac{1}{2}(x'-x)-2(VV')^{\frac{1}{2}}\cos\tfrac{1}{2}(u'-u)} = \frac{\left(\dfrac{V'-V}{V'+V}\right)\tan\tfrac{1}{2}(x'-x)}{1-\dfrac{2(VV')^{\frac{1}{2}}\cos\tfrac{1}{2}(u'-u)}{(V'+V)\cos\tfrac{1}{2}(x'-x)}};$$

125. En changeant les x en u, et réciproquement, et changeant les signes du dénominateur, nous en déduirons tout aussitôt

$$\tan\tfrac{1}{2}(u'+u) = \frac{(V'-V)\sin\tfrac{1}{2}(u'-u)}{2(VV')^{\frac{1}{2}}\cos\tfrac{1}{2}(x'-x)-(V'+V)\cos\tfrac{1}{2}(u'-u)}$$

$$= \frac{\left(\dfrac{V'-V}{V'+V}\right)\tan\tfrac{1}{2}(u'-u)}{\dfrac{2(VV')^{\frac{1}{2}}}{V'+V}\dfrac{\cos\tfrac{1}{2}(x'-x)}{\cos\tfrac{1}{2}(u'-u)}-1}.$$

Mais malgré les relations constantes que nous trouvons en x et en u, cette formule, qui, comme les précédentes, appartient à M. Gauss, mérite d'être démontrée directement et d'une manière plus détaillée que n'a fait l'auteur.

De $V = \dfrac{p}{1+\sin\varepsilon\cos u}$ on tire $\dfrac{1}{V} = \dfrac{1}{p}+\left(\dfrac{\sin\varepsilon}{p}\right)\cos u,$

$$\frac{1}{V'} = \frac{1}{p}+\left(\frac{\sin\varepsilon}{p}\right)\cos u',$$

$$\frac{1}{V}-\frac{1}{V'} = \frac{V'-V}{VV'} = \left(\frac{\sin\varepsilon}{p}\right)(\cos u-\cos u') = \left(\frac{2\sin\varepsilon}{p}\right)\sin\tfrac{1}{2}(u'-u)\sin\tfrac{1}{2}(u'+u),$$

$$\frac{V'+V}{VV'}-\frac{2}{p} = \left(\frac{2\sin\varepsilon}{p}\right)\cos\tfrac{1}{2}(u'-u)\cos\tfrac{1}{2}(u'+u),$$

$$\frac{\left(\dfrac{V'-V}{VV'}\right)}{\dfrac{V'+V}{VV'}-\dfrac{2}{p}}=\operatorname{tang}\tfrac{1}{2}(u'-u)\,\operatorname{tang}\tfrac{1}{2}(u'+u)=\frac{V'-V}{(V'-V)-\dfrac{2VV'}{a\cos^2\varepsilon}},$$

$$\operatorname{tang}\tfrac{1}{2}(u'+u)\operatorname{tang}\tfrac{1}{2}(u'-u)=\frac{V'-V}{V'+V-\dfrac{2aVV'}{a\cos\varepsilon}}=\frac{V'-V}{V'+V-\dfrac{2a\sin^2\frac{1}{2}(x'-x)}{\sin^2\frac{1}{2}(u'-u)}}..(108)$$

$$\operatorname{tang}\tfrac{1}{2}(u'-u)=\frac{(V'-V)\sin\frac{1}{2}(u'-u)\cos\frac{1}{2}(u'-u)}{(V'+V)\sin^2\frac{1}{2}(u'-u)-2a\sin^2\frac{1}{2}(x'-x)},\ \text{ et par l'article 121}$$

$$=\frac{(V'-V)\sin\frac{1}{2}(u'-u)\cos\frac{1}{2}(u'-u)}{(V'+V)\sin^2\frac{1}{2}(u'-u)-[(V'+V)-2(VV')^{\frac{1}{2}}\cos\frac{1}{2}(u'-u)\cos\frac{1}{2}(x'-x)]}$$

$$=\frac{(V'-V)\sin\frac{1}{2}(u'-u)\cos\frac{1}{2}(u'-u)}{(V'+V)\sin^2\frac{1}{2}(u'-u)-(V'+V)+2(VV')^{\frac{1}{2}}\cos\frac{1}{2}(u'-u)\cos\frac{1}{2}(x'-x)}$$

$$=\frac{(V'-V)\sin\frac{1}{2}(u'-u)\cos\frac{1}{2}(u'-u)}{2(VV')^{\frac{1}{2}}\cos\frac{1}{2}(x'-x)\cos\frac{1}{2}(u'-u)-(V'+V)\cos^2\frac{1}{2}(u'-u)}$$

$$=\frac{(V'-V)\sin\frac{1}{2}(u'-u)}{2(VV')^{\frac{1}{2}}\cos\frac{1}{2}(x'-x)-(V'+V)\cos\frac{1}{2}(u'-u)},$$

ce qui est la formule de M. Gauss ; on pourrait écrire

$$\cot\tfrac{1}{2}(u'+u)=\frac{2(VV')^{\frac{1}{2}}\cos\frac{1}{2}(x'-x)}{(V'-V)\sin\frac{1}{2}(u'-u)}-\left(\frac{V'+V}{V'-V}\right)\cot\tfrac{1}{2}(u'-u).$$

126. Des formules de l'article (125), on pourrait tirer tout d'abord

$$\frac{\dfrac{V'-V}{VV'}}{\dfrac{V'+V}{VV'}}=\frac{V'-V}{V'+V}=\frac{2\sin\varepsilon\sin\frac{1}{2}(u'-u)\sin\frac{1}{2}(u'+u)}{2+2\sin\varepsilon\cos\frac{1}{2}(u'-u)\cos\frac{1}{2}(u'+u)}$$

$$=\frac{\sin\varepsilon\sin\frac{1}{2}(u'-u)\sin\frac{1}{2}(u'+u)}{1+\sin\varepsilon\cos\frac{1}{2}(u'-u)\cos\frac{1}{2}(u'+u)};$$

d'où

$$(V'-V)+(V'-V)\sin\varepsilon\cos\tfrac{1}{2}(u'-u)\cos\tfrac{1}{2}(u'+u)$$
$$=(V'+V)\sin\varepsilon\sin\tfrac{1}{2}(u'-u)\sin\tfrac{1}{2}(u'+u),$$

$$V'-V=(V'+V)\sin\varepsilon\sin\tfrac{1}{2}(u'-u)\sin\tfrac{1}{2}(u'+u)$$
$$-(V'-V)\sin\varepsilon\cos\tfrac{1}{2}(u'-u)\cos\tfrac{1}{2}(u'+u)$$
$$=(V'+V)\sin\varepsilon\sin\tfrac{1}{2}(u'-u)\times$$
$$\left[\sin\tfrac{1}{2}(u'+u)-\frac{V'-V}{V'+V}\cot\tfrac{1}{2}(u'-u)\cos\tfrac{1}{2}(u'+u)\right].$$

Suit

Soit $\tang\frac{1}{2}d = \left(\frac{V'-V}{V'+V}\right)\cot\frac{1}{2}(u'-u)$, on voit que d sera la différence des deux angles inconnus dans le triangle V, V', $(u'-u)$.

$$V'-V = (V'+V)\sin\varepsilon\sin\tfrac{1}{2}(u'-u)\left(\frac{\sin\frac{1}{2}(u'+u)\cos\frac{1}{2}d - \cos\frac{1}{2}(u'+u)\sin\frac{1}{2}d}{\cos\frac{1}{2}d}\right)$$

$$= + (V'+V)\frac{\sin\varepsilon\sin\frac{1}{2}(u'-u)\sin\frac{1}{2}(u'+u-d)}{\cos\frac{1}{2}d},$$

$$\sin\tfrac{1}{2}(u'+u-d) = \frac{(V'-V)\cos\frac{1}{2}d}{(V'+V)\sin\varepsilon\sin\frac{1}{2}(u'-u)} = \frac{\left(\frac{V'-V}{V'+V}\right)\cot\frac{1}{2}(u'-u)\cos\frac{1}{2}d}{\sin\varepsilon\cos\frac{1}{2}(u'-u)}$$

$$= \frac{\tang\frac{1}{2}d\cos\frac{1}{2}d}{\sin\varepsilon\cos\frac{1}{2}(u'-u)} = \frac{\sin\frac{1}{2}d}{\sin\varepsilon\cos\frac{1}{2}(u'-u)}.$$

Cette formule, qui met au dénominateur $\sin\varepsilon$, et qui donne l'arc par son sinus, ne promet pas toujours beaucoup de précision; d'ailleurs on peut être en doute sur l'espèce de l'angle.

127. Nous avons (113)

$$\sin\tfrac{1}{2}(u'+u) = \frac{\sin\frac{1}{2}(u'-u)\sin\frac{1}{2}(x'+x)}{\sin\frac{1}{2}(x'-x)},$$

et (117)

$$\cos\tfrac{1}{2}(u'+u) = \frac{\cos\frac{1}{2}(u'-u)\left[\cos\frac{1}{2}(x'+x)-\sin\varepsilon\cos\frac{1}{2}(x'-x)\right]}{\cos\frac{1}{2}(x'-x)-\sin\varepsilon\cos\frac{1}{2}(x'+x)};$$

d'où

$$\tang\tfrac{1}{2}(u'+u) = \tang\tfrac{1}{2}(u'-u)\frac{\sin\frac{1}{2}(x'+x)}{\sin\frac{1}{2}(x'-x)}\left(\frac{\cos\frac{1}{2}(x'-x)-\sin\varepsilon\cos\frac{1}{2}(x'+x)}{\cos\frac{1}{2}(x'+x)-\sin\varepsilon\cos\frac{1}{2}(x'-x)}\right)$$

$$= \tang\tfrac{1}{2}(u'-u)\left(\frac{\sin\frac{1}{2}(x'+x)\cos\frac{1}{2}(x'-x)-\sin\varepsilon\sin\frac{1}{2}(x'+x)\cos\frac{1}{2}(x'+x)}{\sin\frac{1}{2}(x'-x)\cos\frac{1}{2}(x'+x)-\sin\varepsilon\cos\frac{1}{2}(x'-x)\sin\frac{1}{2}(x'-x)}\right)$$

$$= \tang\tfrac{1}{2}(u'-u)\left(\frac{\tang\frac{1}{2}(x'+x)\cot\frac{1}{2}(x'-x)-\dfrac{\sin\varepsilon\sin\frac{1}{2}(x'+x)}{\sin\frac{1}{2}(x'-x)}}{1-\dfrac{\sin\varepsilon\cos\frac{1}{2}(x'-x)}{\cos\frac{1}{2}(x'+x)}}\right),$$

et par analogie, ou par des calculs semblables,

$$\tang\tfrac{1}{2}(x'+x) = \frac{\tang\frac{1}{2}(x'-x)}{1+\dfrac{\sin\varepsilon\cos\frac{1}{2}(u'-u)}{\cos\frac{1}{2}(u'+u)}}\left(\tang\tfrac{1}{2}(u'+u)\cot\tfrac{1}{2}(u'-u) + \frac{\sin\varepsilon\sin\frac{1}{2}(u'+u)}{\sin\frac{1}{2}(u'-u)}\right).$$

128. Ces formules pouvaient suffire. M. Gauss en ajoute encore d'autres qui exigeaient plus de combinaisons; il se contente d'indiquer d'une manière abrégée la démonstration de la première, et laisse au *calculateur exercé* le soin de démontrer les trois autres; mais comme

ces calculs paraîtraient sans doute assez difficiles à beaucoup de lecteurs, voici comment on peut trouver toutes ces formules et d'autres encore, en suivant une marche méthodique qui pourra servir de modèle dans les recherches du même genre.

Nous avons

$$\left(\frac{V}{a}\right)^{\frac{1}{2}} \sin \tfrac{1}{2}u = \frac{\cos (45° - \tfrac{1}{2}\varepsilon)}{\cos 45°} \sin \tfrac{1}{2}x \qquad (96)$$

et

$$\left(\frac{V}{a}\right)^{\frac{1}{2}} \cos \tfrac{1}{2}u = \frac{\sin (45° - \tfrac{1}{2}\varepsilon)}{\sin 45°} \cos \tfrac{1}{2}x. \qquad (95)$$

Pour essayer de nouvelles combinaisons qui puissent être utiles, on voit aisément qu'il faut recourir à des combinaisons de $(u'+u)$, $(u'-u)$; mais comme il est difficile de prévoir quelles seront les plus commodes entre ces combinaisons, laissons-les indéterminées et désignons-les en général par la lettre P; multiplions la première équation par $\sin$P et la seconde par $\cos$P, nous aurons

$$\left(\frac{V}{a}\right)^{\frac{1}{2}} \sin P \sin \tfrac{1}{2}u = \frac{\cos (45° - \tfrac{1}{2}\varepsilon)}{\cos 45°} \sin P \sin \tfrac{1}{2}x \, ,$$

$$\left(\frac{V}{a}\right)^{\frac{1}{2}} \cos P \cos \tfrac{1}{2}u = \frac{\sin (45° - \tfrac{1}{2}\varepsilon)}{\sin 45°} \cos P \cos \tfrac{1}{2}x.$$

129. La somme de ces deux équations

$$\left(\frac{V}{a}\right)^{\frac{1}{2}} (\cos P \cos \tfrac{1}{2}u + \sin P \sin \tfrac{1}{2}u) = \frac{\cos(45°-\tfrac{1}{2}\varepsilon)}{\cos 45°} \sin P \sin \tfrac{1}{2}x + \frac{\sin(45°-\tfrac{1}{2}\varepsilon)}{\sin 45°} \cos P \cos \tfrac{1}{2}x,$$

$$\left(\frac{V}{a}\right)^{\frac{1}{2}} \cos (P - \tfrac{1}{2}u) = \frac{\cos (45° - \tfrac{1}{2}\varepsilon)}{\cos 45°} \left[\tfrac{1}{2}\cos (P - \tfrac{1}{2}x) - \tfrac{1}{2} \cos (P + \tfrac{1}{2}x) \right]$$

$$+ \frac{\sin (45° - \tfrac{1}{2}\varepsilon)}{\sin 45°} \left[\tfrac{1}{2} \cos (P - \tfrac{1}{2}x) + \tfrac{1}{2} \cos (P + \tfrac{1}{2}x) \right]$$

$$= \cos 45° \cos (45° - \tfrac{1}{2}\varepsilon) \left[\cos(P - \tfrac{1}{2}x) - \cos(P + \tfrac{1}{2}x) \right]$$

$$+ \sin 45° \sin (45° - \tfrac{1}{2}\varepsilon) \left[\cos(P - \tfrac{1}{2}x) + \cos(P + \tfrac{1}{2}x) \right]$$

$$= \left[\cos 45° \cos (45° - \tfrac{1}{2}\varepsilon) + \sin 45° \sin (45° - \tfrac{1}{2}\varepsilon) \right] \cos(P - \tfrac{1}{2}x)$$

$$- \left[\cos 45° \cos (45° - \tfrac{1}{2}\varepsilon) - \sin 45° \sin (45° - \tfrac{1}{2}\varepsilon) \right] \cos(P + \tfrac{1}{2}x)$$

$$= \cos (45° - 45° + \tfrac{1}{2}\varepsilon) \cos (P - \tfrac{1}{2}x)$$

$$- \cos (45° + 45° - \tfrac{1}{2}\varepsilon) \cos (P + \tfrac{1}{2}x) \, ,$$

$$\left(\frac{V}{a}\right)^{\frac{1}{2}} \cos (P - \tfrac{1}{2}u) = \cos \tfrac{1}{2}\varepsilon \cos (P - \tfrac{1}{2}x) - \sin \tfrac{1}{2}\varepsilon \cos (P + \tfrac{1}{2}x);$$

on aura de même

$$\left(\frac{V'}{a}\right)^{\frac{1}{2}}\cos(Q-\tfrac{1}{2}u') = \cos\tfrac{1}{2}\epsilon\cos(Q-\tfrac{1}{2}x') - \sin\tfrac{1}{2}\epsilon\cos(Q+\tfrac{1}{2}x'),$$

Q étant, comme P, une quantité arbitraire dont nous pouvons faire tout ce qui nous plaira.

130. Il faut donner à ces arbitraires des valeurs qui simplifient les formules. Nous pouvons d'abord prendre la somme et la différence de nos deux équations; nous aurons ainsi

$$\left(\frac{V'}{a}\right)^{\frac{1}{2}}\cos(Q-\tfrac{1}{2}u') + \left(\frac{V}{a}\right)^{\frac{1}{2}}\cos(P-\tfrac{1}{2}u) = \cos\tfrac{1}{2}\epsilon[\cos(Q-\tfrac{1}{2}x')+\cos(P-\tfrac{1}{2}x)]$$
$$-\sin\tfrac{1}{2}\epsilon[\cos(Q+\tfrac{1}{2}x')+\cos(P+\tfrac{1}{2}x)],$$

$$\left(\frac{V'}{a}\right)^{\frac{1}{2}}\cos(Q-\tfrac{1}{2}u') - \left(\frac{V}{a}\right)^{\frac{1}{2}}\cos(P-\tfrac{1}{2}u) = \cos\tfrac{1}{2}\epsilon[\cos(Q-\tfrac{1}{2}x')-\cos(P-\tfrac{1}{2}x)]$$
$$-\sin\tfrac{1}{2}\epsilon[\cos(Q+\tfrac{1}{2}x')-\cos(P+\tfrac{1}{2}x)].$$

131. Pour simplifier ces deux équations et réduire le premier membre à un seul terme, nous pouvons faire dans l'une et l'autre $\cos(Q-\tfrac{1}{2}u') = \cos(P-\tfrac{1}{2}u)$, ce qui nous donnera

$$Q-\tfrac{1}{2}u' = P-\tfrac{1}{2}u \quad\text{et}\quad Q-P = \tfrac{1}{2}(u'-u)\dots\dots\dots\dots\dots\dots(A),$$

ou bien

$$Q-\tfrac{1}{2}u' = -P+\tfrac{1}{2}u \quad\text{et}\quad Q+P = \tfrac{1}{2}(u'+u), \text{ car } \cos A = \cos(-A)\dots(B).$$

Nos deux équations deviendront ainsi

$$\left[\left(\frac{V'}{a}\right)^{\frac{1}{2}}+\left(\frac{V}{a}\right)^{\frac{1}{2}}\right]\cos(P-\tfrac{1}{2}u) = \cos\tfrac{1}{2}\epsilon[\cos(Q-\tfrac{1}{2}x') + \cos(P-\tfrac{1}{2}x)]$$
$$-\sin\tfrac{1}{2}\epsilon[\cos(Q+\tfrac{1}{2}x') + \cos(P+\tfrac{1}{2}x)],$$

$$\left[\left(\frac{V'}{a}\right)^{\frac{1}{2}}-\left(\frac{V}{a}\right)^{\frac{1}{2}}\right]\cos(P-\tfrac{1}{2}u) = \cos\tfrac{1}{2}\epsilon[\cos(Q-\tfrac{1}{2}x') - \cos(P-\tfrac{1}{2}x)]$$
$$-\sin\tfrac{1}{2}\epsilon[\cos(Q+\tfrac{1}{2}x') - \cos(P+\tfrac{1}{2}x)].$$

132. Nous pouvons maintenant à volonté réduire à zéro l'un des termes des seconds membres. Ainsi pour faire évanouir le terme sin $\tfrac{1}{2}\epsilon$ dans la première équation, il faut faire $\cos(Q+\tfrac{1}{2}x')+\cos(P+\tfrac{1}{2}x)=0$,

ce qui donne

$$Q + \tfrac{1}{2}x' = 180° - P - \tfrac{1}{2}x, \qquad P + Q = 180° - \tfrac{1}{2}(x' + x)\ldots(C),$$

et

$$Q + \tfrac{1}{2}x' = + P + \tfrac{1}{2}x - 180°, \qquad P - Q = 180° + \tfrac{1}{2}(x' - x)\ldots(D).$$

Nous avons ci-dessus $\quad P + Q = \dfrac{u' + u}{2} \ldots\ldots\ldots\ldots (B),$

ici$\ldots\ldots \quad P - Q = \tfrac{1}{2}(x' - x) + 180° \ldots (D).$

$$2P = \frac{u' + u}{2} + \frac{x' - x}{2} + 180°$$

$$2Q = \frac{u' + u}{2} - \frac{x' - x}{2} - 180°$$

$$P = \frac{u' + u}{4} + \frac{x' - x}{4} + 90°$$

$$Q = \frac{u' + u}{4} - \frac{x' - x}{4} - 90°$$

$$P - \tfrac{1}{2}u = \frac{u' + u}{4} + \frac{x' - x}{4} - \tfrac{1}{2}u + 90°$$

$$= \frac{u' - u}{4} + \frac{x' - x}{4} + 90°$$

$$P - \tfrac{1}{2}x = \frac{u' + u}{4} + \frac{x' - x}{4} - \tfrac{1}{2}x + 90°$$

$$= \frac{u' + u}{4} - \frac{x' + x}{4} + \frac{x' - x}{2} + 90°$$

$$Q - \tfrac{1}{2}x' = \frac{u' + u}{4} - \frac{x' + x}{4} - \frac{x' - x}{2} - 90°.$$

La première équation deviendra

$$\left[\left(\frac{V'}{a}\right)^{\frac{1}{2}} + \left(\frac{V}{a}\right)\right]^{\frac{1}{2}}\cos\left(90° + \frac{u' - u}{4} + \frac{x' - x}{4}\right)$$

$$= \cos\tfrac{1}{2}\varepsilon\left[\cos\left(\frac{u' + u}{4} - \frac{x' + x}{4} - \frac{x' - x}{2} - 90°\right)\right.$$

$$\left. + \cos\left(90° + \frac{u' + u}{4} - \frac{x' + x}{4} + \frac{x' - x}{2}\right)\right]$$

$$- \left[\left(\frac{V'}{a}\right)^{\frac{1}{2}} + \left(\frac{V}{a}\right)^{\frac{1}{2}}\right]\sin\left(\frac{u' - u}{4} + \frac{x' - x}{4}\right) = \cos\tfrac{1}{2}\varepsilon\left[\sin\left(\frac{u' + u}{4} - \frac{x' + x}{4} - \frac{x' - x}{2}\right)\right.$$

$$\left. - \sin\left(\frac{u' + u}{4} - \frac{x' + x}{4} + \frac{x' - x}{2}\right)\right] = - 2\cos\tfrac{1}{2}\varepsilon\sin\left(\frac{x' - x}{2}\right)\cos\left(\frac{u' + u}{4} - \frac{x' + x}{4}\right)$$

$$+ \left[\left(\frac{V'}{a}\right)^{\frac{1}{2}} + \left(\frac{V}{a}\right)^{\frac{1}{2}}\right]\sin\left(\frac{u' - u}{4} + \frac{x' - x}{4}\right) = 2\cos\tfrac{1}{2}\varepsilon\sin\left(\frac{x' - x}{2}\right)\cos\left(\frac{u' + u}{4} - \frac{x' + x}{4}\right).$$

C'est la deuxième des équations de M. Gauss (n° 28, p. 105).

133. Nous pouvons combiner de même $Q - P = \dfrac{u' - u}{2}$ .... (A),

avec $Q + P = 180° - \dfrac{x' + x}{2}$ ...(C),

nous aurons .... $2Q = 180° + \dfrac{u' - u}{2} - \dfrac{x' + x}{2}$,

$$P - \tfrac{1}{4}u = 90° - \frac{u' + u}{4} - \frac{x' + x}{4} \qquad\qquad 2P = 180° - \frac{u' - u}{2} - \frac{x' + x}{2},$$

$$P - \tfrac{1}{2}x = 90° - \frac{u' - u}{4} + \frac{x' - x}{4} - \frac{x' + x}{2} \qquad Q = 90° + \frac{u' - u}{4} - \frac{x' + x}{4},$$

$$Q - \tfrac{1}{2}x' = 90° + \frac{u' - u}{4} - \frac{x' - x}{4} - \frac{x' + x}{2} \qquad P = 90° - \frac{u' - u}{2} - \frac{x' + x}{2},$$

et la première équation deviendra

$$\left[\left(\frac{V'}{a}\right)^{\tfrac{1}{2}} + \left(\frac{V}{a}\right)^{\tfrac{1}{2}}\right]\sin\left(\frac{u' + u}{4} + \frac{x' + x}{4}\right) = \cos\tfrac{1}{2}\epsilon\left[-\sin\left(\frac{u' - u}{4} - \frac{x' - x}{4} - \frac{x' + x}{2}\right)\right.$$

$$\left. + \sin\left(\frac{u' - u}{4} - \frac{x' - x}{4} + \frac{x' + x}{2}\right)\right]$$

$$= 2\cos\tfrac{1}{2}\epsilon\sin\left(\frac{x' + x}{2}\right)\cos\left(\frac{u' - u}{4} - \frac{x' - x}{4}\right),$$

équation qui ne diffère de la précédente que par les différences à la place des sommes, et réciproquement. M. Gauss ne l'a point donnée.

134. Maintenant, pour faire évanouir le terme $\cos\tfrac{1}{2}\epsilon$, au lieu du terme $\sin\tfrac{1}{2}\epsilon$, supposons $\cos(Q - \tfrac{1}{2}x') + \cos(P - \tfrac{1}{4}x) = 0$, ce qui donne

$$Q - \tfrac{1}{2}x' = 180° - P + \tfrac{1}{2}x,$$

ou $\qquad\qquad Q - \tfrac{1}{2}x' = 180° + P - \tfrac{1}{2}x;$

d'où $\qquad\qquad Q + P = 180° + \dfrac{x' + x}{2}$ .... (E);

$$Q - P = 180° + \frac{x' - x}{2} \text{ .... (F).}$$

Avec (F) combinons (B).... $Q + P = \dfrac{u' + u}{2}$.

$$2Q = \frac{u' + u}{2} + \frac{x' - x}{2} + 180°,$$

$$2P = \frac{u' + u}{2} - \frac{x' + x}{2} - 180°,$$

$$Q = \frac{u' + u}{4} + \frac{x' - x}{4} + 90°,$$

$$P = \frac{u' + u}{4} - \frac{x' - x}{4} - 90°,$$

$$P - \tfrac{1}{2}u = \frac{u'-u}{4} - \frac{x'-x}{4} - 90°,$$

$$P + \tfrac{1}{2}x = \frac{u'+u}{4} + \frac{x'+x}{4} - \frac{x'-x}{2} - 90°,$$

$$Q + \tfrac{1}{2}x' = \frac{u'+u}{4} + \frac{x'+x}{4} + \frac{x'-x}{2} + 90',$$

et la première équation devient

$$\left[\left(\frac{V'}{a}\right)^{\frac{1}{2}} + \left(\frac{V}{a}\right)^{\frac{1}{2}}\right]\sin\left(\frac{u'-u}{4} - \frac{x'-x}{4}\right) = -\sin\tfrac{1}{2}\varepsilon\left[-\sin\left(\frac{u'+u}{4} + \frac{x'+x}{4} + \frac{x'-x}{2}\right)\right.$$

$$\left. + \sin\left(\frac{u'+u}{4} + \frac{x'+x}{4} - \frac{x'-x}{2}\right)\right] = + 2\sin\tfrac{1}{2}\varepsilon\sin\left(\frac{x'-x}{2}\right)\cos\left(\frac{u'+u}{4} + \frac{x'+x}{4}\right).$$

C'est l'équation (30) de M. Gauss.

135. Mais combinons D . . . . $Q + P = 180° + \dfrac{x'+x}{2}$

$$Q - P = \frac{u'-u}{2},$$

avec A

$$P - \tfrac{1}{2}u = 90° - \frac{u'+u}{4} + \frac{x'+x}{4}$$

$$2Q = 180° + \frac{u'-u}{2} + \frac{x'+x}{2},$$

$$P + \tfrac{1}{2}x = 90° - \frac{u'-u}{4} - \frac{x'-x}{4} + \frac{x'+x}{2}$$

$$2P = 180° - \frac{u'-u}{2} + \frac{x'+x}{2},$$

$$Q + \tfrac{1}{2}x' = 90° + \frac{u'-u}{4} + \frac{x'-x}{4} + \frac{x'+x}{2}$$

$$Q = 90° + \frac{u'-u}{4} + \frac{x'+x}{4},$$

$$P = 90° - \frac{u'-u}{2} + \frac{x'+x}{4},$$

et la première équation devient

$$\left[\left(\frac{V'}{a}\right)^{\frac{1}{2}} + \left(\frac{V}{a}\right)^{\frac{1}{2}}\right]\sin\left(\frac{u'+u}{4} - \frac{x'+x}{4}\right) = -\sin\tfrac{1}{2}\varepsilon\left[-\sin\left(\frac{u'-u}{4} + \frac{x'-x}{4} + \frac{x'-x}{2}\right)\right.$$

$$\left. + \sin\left(\frac{u'-u}{4} + \frac{x'-x}{4} - \frac{x'+x}{2}\right)\right] = + 2\sin\tfrac{1}{2}\varepsilon\sin\left(\frac{x'+x}{2}\right)\cos\left(\frac{u'-u}{4} + \frac{x'-x}{4}\right),$$

équation qui ne diffère de la précédente que par les signes de u et x. M. Gauss ne l'a point donnée.

136. Par ces diverses combinaisons, nous avons tiré quatre équations de notre première équation générale; en traitant de même la seconde équation, nous tirerons pareillement quatre équations particulières, dont M. Gauss n'a donné que deux.

Ainsi, dans la seconde équation, soit $\cos(Q+\tfrac{1}{2}x')=\cos(P+\tfrac{1}{2}x)$, le second terme se réduit à zéro.

$$Q+\tfrac{1}{2}x'=P+\tfrac{1}{2}x \quad \text{ou} \quad P-Q=\frac{x'-x}{2}\ldots\ldots(\text{G}),$$

$$Q+\tfrac{1}{2}x=-P-\tfrac{1}{2}x\ldots\ldots P+Q=-\frac{x'+x}{2}\ldots\ldots(\text{H}),$$

Combinons (H) et (A). $\qquad Q-P=+\dfrac{u'-u}{2}\ldots\ldots(\text{A}),$

$$P-\tfrac{1}{2}u=-\frac{u'+u}{4}-\frac{x'+x}{4} \qquad\qquad Q=\frac{u'-u}{4}-\frac{x'+x}{4},$$

$$P-\tfrac{1}{2}x=-\frac{u'-u}{4}+\frac{x'-x}{4}-\frac{x'+x}{2} \qquad P=-\frac{u'-u}{2}-\frac{x'+x}{4},$$

$$Q-\tfrac{1}{2}x'=+\frac{u'-u}{4}-\frac{x'-x}{4}-\frac{x'+x}{2}.$$

La seconde équation devient

$$\left[\left(\frac{V'}{a}\right)^{\frac{1}{2}}-\left(\frac{V}{a}\right)^{\frac{1}{2}}\right]\cos\left(\frac{u'+u}{4}+\frac{x'+x}{4}\right)=\cos\tfrac{1}{2}\varepsilon\left[\cos\left(\frac{u'-u}{4}-\frac{x'-x}{4}-\frac{x'+x}{4}\right)\right.$$
$$\left.-\cos\left(\frac{u'-u}{4}-\frac{x'-x}{4}+\frac{x'+x}{2}\right)\right]=2\cos\tfrac{1}{2}\varepsilon\sin\left(\frac{x'+x}{2}\right)\sin\left(\frac{u'-u}{4}-\frac{x'-x}{4}\right).$$

M. Gauss ne l'a point donnée.

157. Combinons (G) avec (B)$\ldots\ldots$ $P-Q=\dfrac{x'+x}{2}\ldots\ldots$ (G),

$$P-\tfrac{1}{2}u=\frac{u'-u}{4}+\frac{x'-x}{4} \qquad\qquad Q+P=\frac{u'+u}{2}\ldots\ldots(\text{B}),$$

$$P-\tfrac{1}{2}x=\frac{u'+u}{4}-\frac{x'+x}{4}+\frac{x'-x}{2} \qquad P=\frac{u'+u}{4}+\frac{x'-x}{4},$$

$$Q-\tfrac{1}{2}x'=\frac{u'+u}{4}-\frac{x'+x}{4}-\frac{x'-x}{2} \qquad Q=\frac{u'+u}{2}-\frac{x'-x}{4}.$$

La seconde équation deviendra

$$\left[\left(\frac{V'}{a}\right)^{\frac{1}{2}}-\left(\frac{V}{a}\right)^{\frac{1}{2}}\right]\cos\left(\frac{u'-u}{4}+\frac{x'-x}{4}\right)=\cos\tfrac{1}{2}\varepsilon\left[\cos\left(\frac{u'+u}{4}-\frac{x'+x}{4}-\frac{x'-x}{2}\right)\right.$$
$$\left.-\cos\left(\frac{u'+u}{4}-\frac{x'+x}{4}+\frac{x'-x}{2}\right)\right]=2\cos\tfrac{1}{2}\varepsilon\sin\left(\frac{x'-x}{2}\right)\sin\left(\frac{u'+u}{4}-\frac{x'+x}{4}\right),$$

vingt-septième de M. Gauss.

158. Faisons maintenant évanouir le terme $\cos\tfrac{1}{2}\varepsilon$, en supposant

$$\cos\left(Q - \tfrac{1}{2}x'\right) = \cos\left(P - \tfrac{1}{2}x\right), \text{ ce qui donne}$$

$$Q - \tfrac{1}{4}x' = \quad P - \tfrac{1}{4}x, \quad \text{ou} \quad Q - P = \frac{x'-x}{2} \dots\dots\dots (I),$$

$$\text{ou} \quad Q - \tfrac{1}{2}x' = -P + \tfrac{1}{2}x, \qquad Q + P = \frac{x'+x}{2} \dots\dots\dots (L).$$

$$\text{Combinons I} \dots\dots\dots \text{ou} \quad Q - P = \frac{x'-x}{2}.$$

$$\text{avec B} \dots\dots\dots \text{ou} \quad Q + P = \frac{u'+u}{2},$$

$$Q = \frac{u'+u}{4} + \frac{x'-x}{4},$$

$$P = \frac{u'+u}{4} - \frac{x'-x}{4},$$

$$P - \tfrac{1}{2}u = \frac{u'-u}{4} - \frac{x'-x}{4},$$

$$P + \tfrac{1}{2}x = \frac{u'+u}{4} + \frac{x'+x}{4} - \frac{x'-x}{2},$$

$$Q + \tfrac{1}{2}x' = \frac{u'+u}{4} + \frac{x'+x}{4} + \frac{x'-x}{2},$$

et la deuxième équation deviendra

$$\left[\left(\frac{V'}{a}\right)^{\frac{1}{2}} - \left(\frac{V}{a}\right)^{\frac{1}{2}}\right]\cos\left(\frac{u'-u}{4} - \frac{x'-x}{4}\right) = -\sin\tfrac{1}{2}\varepsilon\left[\cos\left(\frac{u'+u}{4} + \frac{x'+x}{4} + \frac{x'-x}{2}\right)\right.$$

$$\left. -\cos\left(\frac{u'+u}{4} + \frac{x'+x}{4} - \frac{x'-x}{2}\right)\right] = +2\sin\tfrac{1}{2}\varepsilon\sin\left(\frac{x'-x}{2}\right)\sin\left(\frac{u'+u}{4} + \frac{x'+x}{4}\right),$$

vingt-neuvième de M. Gauss.

139. Combinons enfin (L) avec (A)
$$P + Q = \frac{x'+x}{2} \dots\dots (L),$$

$$P - Q = -\frac{u'-u}{2} \dots\dots (A),$$

$$P = -\frac{u'-u}{4} + \frac{x'+x}{4},$$

$$Q = +\frac{u'-u}{4} + \frac{x'+x}{4},$$

$$P - \tfrac{1}{2}u = -\frac{u'+u}{4} + \frac{x'+x}{4},$$

$$P + \tfrac{1}{2}x = -\frac{u'-u}{4} - \frac{x'-x}{4} + \frac{x'+x}{2},$$

$$Q + \tfrac{1}{2}x' = +\frac{u'-u}{4} + \frac{x'-x}{4} + \frac{x'+x}{2}.$$

$$\left[\left(\frac{V'}{a}\right)^{\frac{1}{2}} - \left(\frac{V}{a}\right)^{\frac{1}{2}}\right]\cos\left(\frac{u'+u}{4} - \frac{x'+x}{4}\right) = -\sin\tfrac{1}{2}\varepsilon\left[\cos\left(\frac{u'-u}{4} + \frac{x'-x}{4} + \frac{x'+x}{2}\right)\right.$$

$$\left. -\cos\left(\frac{u'-u}{4} + \frac{x'-x}{4} - \frac{x'+x}{2}\right)\right] = +2\sin\tfrac{1}{2}\varepsilon\sin\left(\frac{x'+x}{2}\right)\sin\left(\frac{u'-u}{4} + \frac{x'-x}{4}\right).$$

M. Gauss ne l'a point donnée.   140.

140. Réunissons nos huit équations, pour les mieux comparer.

$$\left[\left(\tfrac{V'}{a}\right)^{\frac12}+\left(\tfrac{V}{a}\right)^{\frac12}\right]\sin\left(\frac{u'-u}{4}+\frac{x'-x}{4}\right)=2\cos\tfrac12\varepsilon\sin\left(\frac{x'-x}{2}\right)\cos\left(\frac{u'+u}{4}-\frac{x'+x}{4}\right)\dots\dots(I)$$

$$\left[\left(\tfrac{V'}{a}\right)^{\frac12}+\left(\tfrac{V}{a}\right)^{\frac12}\right]\sin\left(\frac{u'+u}{4}+\frac{x'+x}{4}\right)=2\cos\tfrac12\varepsilon\sin\left(\frac{x'+x}{2}\right)\cos\left(\frac{u'-u}{4}-\frac{x'-x}{4}\right)\dots(II)$$

$$\left[\left(\tfrac{V'}{a}\right)^{\frac12}+\left(\tfrac{V}{a}\right)^{\frac12}\right]\sin\left(\frac{u'-u}{4}-\frac{x'-x}{4}\right)=2\sin\tfrac12\varepsilon\sin\left(\frac{x'-x}{2}\right)\cos\left(\frac{u'+u}{4}+\frac{x'+x}{4}\right)\dots(III)$$

$$\left[\left(\tfrac{V'}{a}\right)^{\frac12}+\left(\tfrac{V}{a}\right)^{\frac12}\right]\sin\left(\frac{u'+u}{4}-\frac{x'+x}{4}\right)=2\sin\tfrac12\varepsilon\sin\left(\frac{x'+x}{2}\right)\cos\left(\frac{u'-u}{4}+\frac{x'-x}{4}\right)\dots(IV)$$

$$\left[\left(\tfrac{V'}{a}\right)^{\frac12}-\left(\tfrac{V}{a}\right)^{\frac12}\right]\cos\left(\frac{u'-u}{4}+\frac{x'-x}{4}\right)=2\cos\tfrac12\varepsilon\sin\left(\frac{x'-x}{2}\right)\sin\left(\frac{u'+u}{4}-\frac{x'+x}{4}\right)\dots\dots(V)$$

$$\left[\left(\tfrac{V'}{a}\right)^{\frac12}-\left(\tfrac{V}{a}\right)^{\frac12}\right]\cos\left(\frac{u'+u}{4}+\frac{x'+x}{4}\right)=2\cos\tfrac12\varepsilon\sin\left(\frac{x'+x}{2}\right)\sin\left(\frac{u'-u}{4}-\frac{x'-x}{4}\right)\dots(VI)$$

$$\left[\left(\tfrac{V'}{a}\right)^{\frac12}-\left(\tfrac{V}{a}\right)^{\frac12}\right]\cos\left(\frac{u'-u}{4}-\frac{x'-x}{4}\right)=2\sin\tfrac12\varepsilon\sin\left(\frac{x'-x}{2}\right)\sin\left(\frac{u'+u}{4}+\frac{x'+x}{4}\right)\dots(VII)$$

$$\left[\left(\tfrac{V'}{a}\right)^{\frac12}-\left(\tfrac{V}{a}\right)^{\frac12}\right]\cos\left(\frac{u'+u}{4}-\frac{x'+x}{4}\right)=2\sin\tfrac12\varepsilon\sin\left(\frac{x'+x}{2}\right)\sin\left(\frac{u'-u}{4}+\frac{x'-x}{4}\right)\dots(VIII)$$

141. Avec ces équations on en peut former d'autres ; ainsi

$$\frac{(V)}{(I)}\qquad \frac{\left(\frac{V'}{a}\right)^{\frac12}-\left(\frac{V}{a}\right)^{\frac12}}{\left(\frac{V'}{a}\right)^{\frac12}+\left(\frac{V}{a}\right)^{\frac12}}\cot\left(\frac{u'-u}{4}+\frac{x'-x}{4}\right)=\tan\left(\frac{u'+u}{4}-\frac{x'+x}{4}\right)\quad(IX),$$

$$\frac{(VII)}{(III)}\qquad \frac{\left(\frac{V'}{a}\right)^{\frac12}-\left(\frac{V}{a}\right)^{\frac12}}{\left(\frac{V'}{a}\right)^{\frac12}+\left(\frac{V}{a}\right)^{\frac12}}\cot\left(\frac{u'-u}{4}-\frac{x'-x}{4}\right)=\tan\left(\frac{u'+u}{4}+\frac{x'+x}{4}\right)\quad(X).$$

On voit que dans ces formules on peut supprimer les a.

Ainsi quand on connaîtra $(u'-u)$ et $(x'-x)$ avec V' et V, on connaîtra $\left(\frac{u'+u}{4}-\frac{x'+x}{4}\right)$ et $\left(\frac{u'+u}{4}+\frac{x'+x}{4}\right)$ et par conséquent $\left(\frac{u'+u}{4}\right)$ et $\left(\frac{x'+x}{4}\right)$, et par suite u, u', x' et x.

$$\frac{\text{(VIII)}}{\text{(IV)}} \quad \left(\frac{V'^{\frac{1}{2}} - V^{\frac{1}{2}}}{V'^{\frac{1}{2}} + V^{\frac{1}{2}}}\right) \cot\left(\frac{u'+u}{4} - \frac{x'+x}{4}\right) = \tan\left(\frac{u'-u}{4} + \frac{x'-x}{4}\right),$$

$$\text{ou} \qquad \left(\frac{V'^{\frac{1}{2}} - V^{\frac{1}{2}}}{V'^{\frac{1}{2}} + V^{\frac{1}{2}}}\right) \cot\left(\frac{u'-u}{4} + \frac{x'-x}{4}\right) = \tan\left(\frac{u'+u}{4} - \frac{x'+x}{4}\right)$$

Cette transformation des deux tangentes nous ramène à la formule (IX).

$$\frac{\text{(VI)}}{\text{(II)}} \qquad \left(\frac{V'^{\frac{1}{2}} - V^{\frac{1}{2}}}{V'^{\frac{1}{2}} + V^{\frac{1}{2}}}\right) \cot\left(\frac{u'+u}{4} + \frac{x'+x}{4}\right) = \tan\left(\frac{u'-u}{4} - \frac{x'-x}{4}\right);$$

$$\left(\frac{V'^{\frac{1}{2}} - V^{\frac{1}{2}}}{V'^{\frac{1}{2}} + V^{\frac{1}{2}}}\right) \cot\left(\frac{u'-u}{4} - \frac{x'-x}{4}\right) = \tan\left(\frac{u'+u}{4} + \frac{x'+x}{4}\right);$$

La transformation des deux tangentes nous ramène à la formule (X).

Ainsi nos huit formules, combinées deux à deux, conduisent aux quatre formules de M. Gauss.

142. De ces huit formules on tire par division les quatre suivantes :

$$\frac{\text{(III)}}{\text{(I)}} \qquad \frac{\sin\left(\frac{u'-u}{4} - \frac{x'-x}{4}\right)}{\sin\left(\frac{u'-u}{4} + \frac{x'-x}{4}\right)} = \tan\tfrac{1}{2}\varepsilon \; \frac{\cos\left(\frac{u'+u}{4} + \frac{x'+x}{4}\right)}{\cos\left(\frac{u'+u}{4} - \frac{x'+x}{4}\right)} \qquad \text{(XI)},$$

$$\frac{\text{(IV)}}{\text{(II)}} \qquad \frac{\sin\left(\frac{u'+u}{4} - \frac{x'+x}{4}\right)}{\sin\left(\frac{u'+u}{4} + \frac{x'+x}{4}\right)} = \tan\tfrac{1}{2}\varepsilon \; \frac{\cos\left(\frac{u'-u}{4} + \frac{x'-x}{4}\right)}{\cos\left(\frac{u'-u}{4} - \frac{x'-x}{4}\right)} \qquad \text{(XII)},$$

$$\frac{\text{(VII)}}{\text{(V)}} \qquad \frac{\cos\left(\frac{u'-u}{4} - \frac{x'-x}{4}\right)}{\cos\left(\frac{u'-u}{4} + \frac{x'-x}{4}\right)} = \tan\tfrac{1}{2}\varepsilon \; \frac{\sin\left(\frac{u'+u}{4} + \frac{x'+x}{4}\right)}{\sin\left(\frac{u'+u}{4} - \frac{x'-x}{4}\right)} \qquad \text{(XIII)},$$

$$\frac{\text{(VIII)}}{\text{(VI)}} \qquad \frac{\cos\left(\frac{u'+u}{4} - \frac{x'+x}{4}\right)}{\cos\left(\frac{u'+u}{4} + \frac{x'+x}{4}\right)} = \tan\tfrac{1}{2}\varepsilon \; \frac{\sin\left(\frac{u'-u}{4} + \frac{x'-x}{4}\right)}{\sin\left(\frac{u'-u}{4} - \frac{x'-x}{4}\right)} \qquad \text{(XIV)},$$

$$\text{ou} \qquad \tan\tfrac{1}{2}\varepsilon = \frac{\sin\left(\frac{u'-u}{4} - \frac{x'-x}{4}\right)\cos\left(\frac{u'+u}{4} - \frac{x'+x}{4}\right)}{\sin\left(\frac{u'-u}{4} + \frac{x'-x}{4}\right)\cos\left(\frac{u'+u}{4} + \frac{x'+x}{4}\right)} \qquad \text{(XI)},$$

$$\operatorname{tang} \tfrac{1}{2}\varepsilon = \frac{\sin\left(\dfrac{u'+u}{4} - \dfrac{x'+x}{4}\right)\cos\left(\dfrac{u'-u}{4} - \dfrac{x'-x}{4}\right)}{\sin\left(\dfrac{u'+u}{4} + \dfrac{x'+x}{4}\right)\cos\left(\dfrac{u'-u}{4} + \dfrac{x'-x}{4}\right)} \quad \text{(XII)},$$

$$\operatorname{tang} \tfrac{1}{2}\varepsilon = \frac{\sin\left(\dfrac{u'+u}{4} - \dfrac{x'+x}{4}\right)\cos\left(\dfrac{u'-u}{4} - \dfrac{x'-x}{4}\right)}{\sin\left(\dfrac{u'+u}{4} + \dfrac{x'+x}{4}\right)\cos\left(\dfrac{u'-u}{4} + \dfrac{x'-x}{4}\right)} \quad \text{(XIII)};$$

$$\operatorname{tang} \tfrac{1}{2}\varepsilon = \frac{\sin\left(\dfrac{u'-u}{4} - \dfrac{x'-x}{4}\right)\cos\left(\dfrac{u'+u}{4} - \dfrac{x'+x}{4}\right)}{\sin\left(\dfrac{u'-u}{4} + \dfrac{x'-x}{4}\right)\cos\left(\dfrac{u'+u}{4} + \dfrac{x'+x}{4}\right)} \quad \text{(XIV)}.$$

143. Voilà donc, pour avoir $\operatorname{tang}\tfrac{1}{2}\varepsilon$ par les u et les x, quatre formules qui se réduisent à deux. Multiplions les deux à deux :

$$\text{(XI) (XIII)} \quad \frac{\sin\left(\dfrac{u'-u}{4} - \dfrac{x'-x}{4}\right)\cos\left(\dfrac{u'-u}{4} - \dfrac{x'-x}{4}\right)}{\sin\left(\dfrac{u'-u}{4} + \dfrac{x'-x}{4}\right)\cos\left(\dfrac{u'-u}{4} + \dfrac{x'-x}{4}\right)}$$

$$= \operatorname{tang}^2 \tfrac{1}{2}\varepsilon \; \frac{\sin\left(\dfrac{u'+u}{4} + \dfrac{x'+x}{4}\right)\cos\left(\dfrac{u'+u}{4} + \dfrac{x'+x}{4}\right)}{\cos\left(\dfrac{u'+u}{4} - \dfrac{x'+x}{4}\right)\sin\left(\dfrac{u'+u}{4} - \dfrac{x'+x}{4}\right)},$$

ou

$$\frac{\sin\left(\dfrac{u'-u}{2} - \dfrac{x'-x}{2}\right)}{\sin\left(\dfrac{u'-u}{2} + \dfrac{x'-x}{2}\right)} = \operatorname{tang}^2 \tfrac{1}{2}\varepsilon \; \frac{\sin\left(\dfrac{u'+u}{2} + \dfrac{x'+x}{2}\right)}{\sin\left(\dfrac{u'+u}{2} - \dfrac{x'+x}{2}\right)},$$

$$\operatorname{tang}^2 \tfrac{1}{2}\varepsilon = \frac{\sin\left(\dfrac{u'-u}{2} - \dfrac{x'-x}{2}\right)\sin\left(\dfrac{u'+u}{2} - \dfrac{x'+x}{2}\right)}{\sin\left(\dfrac{u'-u}{2} + \dfrac{x'-x}{2}\right)\sin\left(\dfrac{u'+u}{2} + \dfrac{x'+x}{2}\right)} \quad \text{(XV)}.$$

144. Nous aurons de même

$$\text{(XII) (XIV)} \quad \frac{\sin\left(\dfrac{u'+u}{4} - \dfrac{x'+x}{4}\right)\cos\left(\dfrac{u'+u}{4} - \dfrac{x'+x}{4}\right)}{\sin\left(\dfrac{u'+u}{4} + \dfrac{x'+x}{4}\right)\cos\left(\dfrac{u'+u}{4} + \dfrac{x'+x}{4}\right)}$$

$$= \operatorname{tang}^2 \tfrac{1}{2}\varepsilon \; \frac{\sin\left(\dfrac{u'-u}{4} + \dfrac{x'-x}{4}\right)\cos\left(\dfrac{u'-u}{4} + \dfrac{x'-x}{4}\right)}{\sin\left(\dfrac{u'-u}{4} - \dfrac{x'-x}{4}\right)\cos\left(\dfrac{u'-u}{4} - \dfrac{x'-x}{4}\right)},$$

ou

$$\frac{\sin\left(\dfrac{u'+u}{2}-\dfrac{x'+x}{2}\right)}{\sin\left(\dfrac{u'+u}{2}+\dfrac{x'+x}{2}\right)} = \tan^2\tfrac{1}{2}\varepsilon\ \frac{\sin\left(\dfrac{u'-u}{2}+\dfrac{x'-x}{2}\right)}{\sin\left(\dfrac{u'-u}{2}-\dfrac{x'-x}{2}\right)}$$

ou

$$\tan^2\tfrac{1}{2}\varepsilon = \frac{\sin\left(\dfrac{u'-u}{2}-\dfrac{x'-x}{2}\right)\sin\left(\dfrac{u'+u}{2}-\dfrac{x'+x}{2}\right)}{\sin\left(\dfrac{u'-u}{2}+\dfrac{x'-x}{2}\right)\sin\left(\dfrac{u'+u}{2}+\dfrac{x'+x}{2}\right)} \qquad (XV).$$

En tout trois manières de trouver $\tan\frac{1}{2}\varepsilon$ par les deux anomalies vraies, avec leurs deux anomalies excentriques, sans compter l'équation $\tan\frac{1}{2}x = \cot(45°-\frac{1}{2}\varepsilon)\tan\frac{1}{2}u$, ou $\tan(45°-\frac{1}{2}\varepsilon) = \tan\frac{1}{2}u\cot\frac{1}{2}x$, qui donne facilement $\frac{1}{2}\varepsilon$. Nous en donnerons une cinquième (169).

145. Pour faciliter le calcul de ces formules, M. Gauss cherche un arc subsidiaire qu'il appelle ω. Pour trouver cet arc, qui remplacera les V, au lieu de $\left(\dfrac{V'}{a}\right)^{\frac{1}{2}}+\left(\dfrac{V}{a}\right)^{\frac{1}{2}}$, on peut écrire :

$$\left(\frac{VV'}{aV'}\right)^{\frac{1}{2}}+\left(\frac{VV'}{aV'}\right)^{\frac{1}{2}} = \left(\frac{VV'}{aa}\right)^{\frac{1}{4}}\left(\frac{(VV')^{\frac{1}{4}}}{V^{\frac{1}{2}}}+\frac{(VV')^{\frac{1}{4}}}{V'^{\frac{1}{2}}}\right) = \left(\frac{VV'}{aa}\right)^{\frac{1}{4}}\left[\left(\frac{VV'}{VV}\right)^{\frac{1}{4}}+\left(\frac{VV'}{V'V'}\right)^{\frac{1}{4}}\right]$$

$$= \left(\frac{VV'}{aa}\right)^{\frac{1}{4}}\left[\left(\frac{V'}{V}\right)^{\frac{1}{4}}+\left(\frac{V}{V'}\right)^{\frac{1}{4}}\right] = \left(\frac{VV'}{aa}\right)^{\frac{1}{4}}(\cot A + \tan A)$$

$$= \left(\frac{VV'}{aa}\right)^{\frac{1}{4}}\left(\frac{\cos A}{\sin A}+\frac{\sin A}{\cos A}\right) = \left(\frac{VV'}{aa}\right)^{\frac{1}{4}}\left(\frac{\cos^2 A + \sin^2 A}{\sin A \cos A}\right)$$

$$= \left(\frac{VV'}{aa}\right)^{\frac{1}{4}}\left(\frac{1}{\frac{1}{2}\sin 2A}\right) = \left(\frac{VV'}{aa}\right)^{\frac{1}{4}}\frac{2}{\sin 2A};$$

donc $\left(\dfrac{VV'}{aa}\right)^{\frac{1}{4}} = \tfrac{1}{2}\left[\left(\dfrac{V'}{a}\right)^{\frac{1}{2}}+\left(\dfrac{V}{a}\right)^{\frac{1}{2}}\right]\sin 2A.$

On aura de même

$$\left(\frac{V'}{a}\right)^{\frac{1}{2}}-\left(\frac{V}{a}\right)^{\frac{1}{2}} = \left(\frac{VV'}{aa}\right)^{\frac{1}{4}}(\cot A - \tan A) = \left(\frac{VV'}{aa}\right)^{\frac{1}{4}}\left(\frac{\cos^2 A - \sin^2 A}{\sin A \cos A}\right)$$

$$= \left(\frac{VV'}{aa}\right)^{\frac{1}{4}}\left(\frac{1-2\sin^2 A}{\frac{1}{2}\sin 2A}\right) = \left(\frac{VV'}{aa}\right)^{\frac{1}{4}}\left(\frac{\cos 2A}{\frac{1}{2}\sin 2A}\right) = \left(\frac{VV'}{aa}\right)^{\frac{1}{4}}2\cot 2A,$$

et $\qquad \left(\dfrac{VV'}{aa}\right)^{\frac{1}{4}} = \tfrac{1}{2}\left[\left(\dfrac{V'}{a}\right)^{\frac{1}{2}}-\left(\dfrac{V}{a}\right)^{\frac{1}{2}}\right]\tan 2A,$

et $\qquad \dfrac{V'^{\frac{1}{2}}-V^{\frac{1}{2}}}{V'^{\frac{1}{2}}+V^{\frac{1}{2}}} = \cot 2A \sin 2A = \cos 2A.$

Au lieu de A, M. Gauss met $(45°—\omega)$, ce qui donne $2A = (90°—2\omega)$: $\cot 2A = \operatorname{tang} 2\omega$ et $\sin 2A = \cos 2\omega$; mais comme il emploie aussi dans un autre endroit un angle ω fort différent, je trouve plus commode de conserver A, qui se présente d'abord.

On aura l'arc A par la formule $\operatorname{tang} A = \left(\frac{V}{V'}\right)^{\frac14}$; cet arc différera peu de $45°$, $\cot 2A$ sera une petite fraction; l'arc A sera trouvé par une tangente qui varie peu, au contraire $\cot 2A$ et $\operatorname{coséc} 2A$ varient beaucoup; on pourrait douter que cet arc auxiliaire donnât plus de précision au calcul; quoi qu'il en soit, par cette substitution nos formules deviennent, en divisant tout par 2,

146.

$$\left(\frac{VV'}{aa}\right)^{\frac14} \operatorname{coséc} 2A \sin\left(\frac{u'-u}{4}+\frac{x'-x}{4}\right) = \cos\tfrac12\varepsilon \sin\left(\frac{x'-x}{2}\right) \cos\left(\frac{u'+u}{4}-\frac{x'+x}{4}\right) \qquad \text{(I)},$$

$$\left(\frac{VV'}{aa}\right)^{\frac14} \operatorname{coséc} 2A \sin\left(\frac{u'+u}{4}+\frac{x'+x}{4}\right) = \cos\tfrac12\varepsilon \sin\left(\frac{x'+x}{2}\right) \cos\left(\frac{u'-u}{4}-\frac{x'-x}{4}\right) \qquad \text{(II)},$$

$$\left(\frac{VV'}{aa}\right)^{\frac14} \operatorname{coséc} 2A \sin\left(\frac{u'-u}{4}-\frac{x'-x}{4}\right) = \sin\tfrac12\varepsilon \sin\left(\frac{x'-x}{2}\right) \cos\left(\frac{u'+u}{4}+\frac{x'+x}{4}\right) \qquad \text{(III)},$$

$$\left(\frac{VV'}{aa}\right)^{\frac14} \operatorname{coséc} 2A \sin\left(\frac{u'+u}{4}-\frac{x'+x}{4}\right) = \sin\tfrac12\varepsilon \sin\left(\frac{x'+x}{2}\right) \cos\left(\frac{u'-u}{4}+\frac{x'-x}{4}\right) \qquad \text{(IV)},$$

$$\left(\frac{VV'}{aa}\right)^{\frac14} \cot 2A \cos\left(\frac{u'-u}{4}+\frac{x'-x}{4}\right) = \cos\tfrac12\varepsilon \sin\left(\frac{x'-x}{2}\right) \sin\left(\frac{u'+u}{4}-\frac{x'+x}{4}\right) \qquad \text{(V)},$$

$$\left(\frac{VV'}{aa}\right)^{\frac14} \cot 2A \cos\left(\frac{u'+u}{4}-\frac{x'+x}{4}\right) = \cos\tfrac12\varepsilon \sin\left(\frac{x'+x}{2}\right) \sin\left(\frac{u'-u}{4}-\frac{x'-x}{4}\right) \qquad \text{(VI)},$$

$$\left(\frac{VV'}{aa}\right)^{\frac14} \cot 2A \cos\left(\frac{u'-u}{4}-\frac{x'-x}{4}\right) = \sin\tfrac12\varepsilon \sin\left(\frac{x'-x}{2}\right) \sin\left(\frac{u'+u}{4}+\frac{x'+x}{4}\right) \qquad \text{(VII)},$$

$$\left(\frac{VV'}{aa}\right)^{\frac14} \cot 2A \cos\left(\frac{u'+u}{4}-\frac{x'+x}{4}\right) = \sin\tfrac12\varepsilon \sin\left(\frac{x'+x}{2}\right) \sin\left(\frac{u'-u}{4}+\frac{x'-x}{4}\right) \qquad \text{(VIII)},$$

$$\frac{\cot 2A}{\sin 2A} \cot\left(\frac{u'-u}{4}+\frac{x'-x}{4}\right) = \operatorname{tang}\left(\frac{u'+u}{4}-\frac{x'+x}{4}\right) \dots\dots\dots\dots \qquad \text{(IX)},$$

$$\frac{\cot 2A}{\sin 2A} \cot\left(\frac{u'-u}{4}-\frac{x'-x}{4}\right) = \operatorname{tang}\left(\frac{u'+u}{4}+\frac{x'+x}{4}\right) \dots\dots\dots\dots \qquad \text{(X)},$$

d'où
$$\frac{\cot 2A}{\sin 2A} = \operatorname{tang}\left(\frac{u'-u}{4}-\frac{x'-x}{4}\right) \operatorname{tang}\left(\frac{u'+u}{4}+\frac{x'+x}{4}\right)$$

$$= \operatorname{tang}\left(\frac{u'+u}{4}-\frac{x'+x}{4}\right) \operatorname{tang}\left(\frac{u'-u}{4}+\frac{x'-x}{4}\right) \dots\dots\dots\dots \qquad \text{(XI)},$$

94

147. Les formules IX et X donneront x', x, u', u, quand on connaîtra $\left(\dfrac{u'-u}{4}\right)$, que donne l'observation, et $\left(\dfrac{x'-x}{4}\right)$ par la méthode de M. Gauss, que nous exposerons par la suite.

L'une de nos trois formules donnera ε; après quoi $b = \dfrac{(VV')^{\frac{1}{2}}\sin\left(\dfrac{u'-u}{2}\right)}{\sin\left(\dfrac{x'-x}{2}\right)}$,

(113), $a = \dfrac{b}{\cos \varepsilon}$, $p = b\cos\varepsilon = a\cos^2\varepsilon$.

148. A l'art. (120) nous avons trouvé $2\sin\varepsilon\sin\tfrac{1}{2}(x'-x)\sin\tfrac{1}{2}(x'+x)$

$$= \frac{V'-V}{a} = \left(\frac{VV'}{aa}\right)^{\frac{1}{2}}\left[\left(\frac{V'}{V}\right)^{\frac{1}{2}} - \left(\frac{V}{V'}\right)^{\frac{1}{2}}\right] = \left(\frac{VV'}{aa}\right)^{\frac{1}{2}}(\cot^2 A - \tang^2 A)$$

$$= \left(\frac{VV'}{aa}\right)^{\frac{1}{2}}\left(\frac{\cos^2 A}{\sin^2 A} - \frac{\sin^2 A}{\cos^2 A}\right) = \left(\frac{VV'}{aa}\right)^{\frac{1}{2}}\left(\frac{\cos^4 A - \sin^4 A}{\sin^2 A\cos^2 A}\right)$$

$$= \left(\frac{VV'}{aa}\right)^{\frac{1}{2}}\left(\frac{(\cos^2 A + \sin^2 A)(\cos^2 A - \sin^2 A)}{\tfrac{1}{4}\sin^2 2A}\right) = \left(\frac{VV'}{aa}\right)^{\frac{1}{2}}\left(\frac{\cos^2 A - \sin^2 A}{\tfrac{1}{4}\sin^2 2A}\right)$$

$$= \left(\frac{VV'}{aa}\right)^{\frac{1}{2}}\left(\frac{1 - 2\sin^2 A}{\tfrac{1}{4}\sin^2 2A}\right) = \left(\frac{VV'}{aa}\right)^{\frac{1}{2}}\left(\frac{\cos 2A}{\tfrac{1}{4}\sin^2 2A}\right) = \left(\frac{VV'}{aa}\right)^{\frac{1}{2}}\left(\frac{4\cos 2A}{\sin^2 2A}\right)$$

$$= \left(\frac{VV'}{aa}\right)^{\frac{1}{2}}\left(\frac{4\cot 2A}{\sin 2A}\right),$$

et

$$\sin\varepsilon\sin\tfrac{1}{2}(x'-x)\sin\tfrac{1}{2}(x'+x) = \left(\frac{2\cot 2A}{\sin 2A}\right)\left(\frac{VV'}{aa}\right)^{\frac{1}{2}}\ldots\ldots (M);$$

mais (113)

$$\sin\tfrac{1}{2}(x'-x)\sin\tfrac{1}{2}(x'+x) = \left(\frac{VV'}{aa}\right)^{\frac{1}{2}}\left(\frac{VV'}{pp}\right)^{\frac{1}{2}}\sin\tfrac{1}{2}(u'-u)\sin\tfrac{1}{2}(u'+u);$$

donc

$$\sin\varepsilon\left(\frac{VV'}{aa}\right)^{\frac{1}{2}}\left(\frac{VV'}{pp}\right)^{\frac{1}{2}}\sin\tfrac{1}{2}(u'-u)\sin\tfrac{1}{2}(u'+u) = \left(\frac{2\cot 2A}{\sin 2A}\right)\left(\frac{VV'}{aa}\right)^{\frac{1}{2}},$$

$$\sin\varepsilon\left(\frac{VV'}{pp}\right)^{\frac{1}{2}}\sin\tfrac{1}{2}(u'-u)\sin\tfrac{1}{2}(u'+u) = \left(\frac{2\cot 2A}{\sin 2A}\right),$$

$$\sin\varepsilon\sin\tfrac{1}{2}(u'-u)\sin\tfrac{1}{2}(u'+u) = \left(\frac{2\cot 2A}{\sin 2A}\right)\left(\frac{pp}{VV'}\right)^{\frac{1}{2}}.$$

149. Dans l'équation (M), mettons pour $\sin\tfrac{1}{2}(x'-x)$ sa valeur

$\left(\dfrac{VV'}{bb}\right)^{\frac{1}{2}} \sin \frac{1}{2}(u'-u)$ (113), nous aurons

$$\sin \varepsilon \left(\dfrac{VV'}{bb}\right)^{\frac{1}{2}} \sin \frac{1}{2}(u'-u) \sin \frac{1}{2}(x'+x) = \left(\dfrac{2 \cot 2A}{\sin 2A}\right)\left(\dfrac{VV'}{aa}\right)^{\frac{1}{2}};$$

donc

$$\sin \varepsilon \sin \frac{1}{2}(u'-u) \sin \frac{1}{2}(x'+x) = \left(\dfrac{2 \cot 2A}{\sin 2A}\right)\left(\dfrac{VV'}{aa}\right)^{\frac{1}{2}}\left(\dfrac{bb}{VV'}\right)^{\frac{1}{2}} = \left(\dfrac{2 \cot 2A}{\sin 2A}\right)\left(\dfrac{b}{a}\right)$$
$$= \left(\dfrac{2 \cot 2A}{\sin 2A}\right) \cos \varepsilon,$$

et

$$\tan \varepsilon \sin \frac{1}{2}(u'-u) \sin \frac{1}{2}(x'+x) = \left(\dfrac{2 \cot 2A}{\sin 2A}\right),$$

et enfin

$$\tan \varepsilon \sin \frac{1}{2}(u'+u) \sin \frac{1}{2}(x'-x) = \left(\dfrac{2 \cot 2A}{\sin 2A}\right) \dots (113).$$

150. Après avoir établi les formules qui pourront nous être utiles pour déterminer, suivant les circonstances, les ellipses des différentes planètes, il ne sera pas inutile de donner dès-à-présent quelques modèles de l'emploi de ces formules, et surtout de celles qui sont d'un usage plus fréquent.

Pour les mieux vérifier et voir plus clairement le degré de précision dont elles sont susceptibles, nous les essaierons sur une orbite connue. Nous prendrons dans les Tables de Mars, qui sont construites sur l'hypothèse elliptique, les données nécessaires pour calculer les formules; et comme ces données ne se trouvent pas à la simple inspection, dans les Tables, nous allons les en tirer par un calcul qui sera lui-même une des applications des principes établis ci-dessus.

151. Je choisis à volonté trois anomalies moyennes, $z = 20°$, $z' = 48°$, $z'' = 75°$; j'y ajoute les équations du centre, prises à vue dans la Table; la somme me donne les anomalies vraies u, u' et u''; les anomalies vraies sont les distances au périgée, c'est-à-dire, les longitudes de la planète, moins la longitude du périgée; j'ajoute à ces trois anomalies la longitude Π du périgée, prise dans la Table; j'ai les trois longitudes L, L' et L''.

Voici les calculs, qui sont bien faciles (Voyez les Tables de Lalande, Astronomie, 3ᵉ édition, c'est celle que je cite toujours).

$z =$	$0^s 20° \ 0' \ 0''$	$z' =$	$1^s 18° \ 0' \ 0''$	$z'' =$	$2^s 15° \ 0' \ 0''$
Equat. du cent. $+$	4. 5.26	Equat. du cent. $+$	8.33.42	Equat. du cent. $+$	13.33 46
$u = L - \Pi =$	0.24. 5.26	$u' = L' - \Pi =$	1.26.33.42	$u'' = L'' - \Pi =$	2.25.33.46
$\Pi =$	11. 2.24.14	$\Pi =$	11. 2.24.14	$\Pi =$	11. 2.24.14
$L =$	11.26.29.40	$L' =$	0.28.57.56	$L'' =$	1.27.58. 0
$L' =$	0.28.57.56	$L'' =$	1.27.58. 0	$L =$	11.26.29.40
$L' + L =$	0.25.27.36	$L'' + L' =$	2 26.55.56	$L'' + L =$	1.24.27.40
$L' - L =$	1. 2.28.16	$L'' - L' =$	0.29. 0. 4	$L'' - L =$	2. 1.28.20
$\frac{1}{2}(L' + L) =$	0.12.43.48	$\frac{1}{2}(L'' + L') =$	1.13.27.58	$\frac{1}{2}(L'' + L) =$	0.27.13.50
$\frac{1}{2}(L' - L) =$	0.15.14. 8	$\frac{1}{2}(L'' - L') =$	0.14.30. 2	$\frac{1}{2}(L'' - L) =$	1. 0.44.10
$u' =$	1.26.33.42	$u'' =$	2,25,33,46	$u'' =$	2.25.33.46
$u =$	0.24. 5.26	$u' =$	1.26.33.42	$u =$	0.24. 5.26
$u' + u =$	2.20.39. 8	$u'' + u' =$	4.22. 7.28	$u'' + u =$	3.19.39.12
$u' - u =$	1. 2.28.16	$u'' - u' =$	0.29. 0. 4	$u'' - u =$	2. 1.28.20
$\frac{1}{2}(u' + u) =$	1.10.19.34	$\frac{1}{2}(u'' + u') =$	2.11. 3.44	$\frac{1}{2}(u'' + u) =$	1.24.49.36
$\frac{1}{2}(u' - u) =$	0.16.14. 8	$\frac{1}{2}(u'' - u') =$	0.14.30. 2	$\frac{1}{2}(u'' - u) =$	1. 0.44.10

On voit que les $(u' - u)$ sont les mêmes que les $(L' - L)$, parce que dans les soustractions le périgée a disparu.

152. Avec les mêmes anomalies moyennes, la table des rayons vecteurs donne les logarithmes de V, V′, V″, telles qu'on les voit ici.

$$\begin{aligned}
\text{Log } V &= 0.1436950 & V' + V &= 2.828967 \\
\text{log } V' &= 0.1573930 & V'' + V' &= 2.936478 \\
\text{log } V'' &= 0.1760010 & V'' + V &= 2.891867 \\
V &= 1.392178 & \text{log } (V' + V) &= 0.4516278 \\
V' &= 1.436789 & \text{log } (V'' + V') &= 0.4678260 \\
V'' &= 1.499689 & \text{log } (V'' + V) &= 0.4611783 \\
V' - V &= 0.044611 & x &= 21.59.53 \\
V'' - V' &= 0.062900 & x' &= 52.12.55 \\
V'' - V &= 0.107511 & x'' &= 80.15.24. \\
\text{log } (V'' - V') &= 8.6494420 \\
\text{log } (V'' - V') &= 8.7986506 \\
\text{log } (V'' - V) &= 9.0514530
\end{aligned}$$

$$\begin{aligned}
\text{Log dist. aphélie} &= \log (a + a \sin \varepsilon) \ldots 0.2215520 \ldots z = 180° \\
\text{log dist. périhélie} &= \log (a - a \sin \varepsilon) \ldots 0.1404650 \ldots z = \ 0° \\
\log(a^2 - a^2 \sin^2 \varepsilon) &= 2 \log a \cos \varepsilon \ldots 0.3620150 \\
\log b &= \log a \cos \varepsilon \ldots 0.1810075
\end{aligned}$$

Les

Les nombres de ces logarithmes me donnent

$$a + a \sin \epsilon = 1.665521$$
$$a - a \sin \epsilon = 1.381851$$

$$2a = 3.047372$$
$$2a \sin \epsilon = 0.283670;$$

d'où

$$a = 1.523686$$
$$a \sin \epsilon = 0.141835$$

$$\log a \sin \epsilon = 9.1517835$$
$$\text{compl. } \log a \cos \epsilon \text{ ci-dessus} \quad 9.8189925$$

$$\log \tang \epsilon = 8.9707760$$
$$\epsilon = 5° 20' 28'',3 \qquad \tfrac{1}{2}\epsilon = 2° 40' 14''$$
$$\text{compl. } \log \cos \epsilon \dots \quad 0.0018899$$
$$\log a \cos \epsilon \dots \quad 0.1810075$$

$$\log a \dots \quad 0.1828974.$$
$$a = 1.523697$$
$$\text{ci-dessus} \quad a = 1.523686$$

$$\text{différence} \dots \quad 0.000011.$$

Mais les tables négligent les fractions de seconde, et les logarithmes n'ayant que six décimales, on ne peut s'attendre à retrouver les élémens avec la dernière précision; ce serait bien pis avec des observations réelles. La dernière valeur de a est la plus sûre, parce qu'elle n'emploie que les deux logarithmes pris dans les tables, et celui de $\cos \epsilon$ ne peut guère être en erreur que de peu de chose.

$$\text{Log } a \cos \epsilon \dots \quad 9.1810075$$
$$\log \cos \epsilon \dots \quad 9.9981101$$

$$\log a \cos^2 \epsilon = \log p \dots \quad 0.1791176$$
$$\tfrac{1}{2} \log p \dots \quad 0.0895588.$$

153. La première chose à trouver maintenant, ce sont les anomalies excentriques, par la formule $\tang \tfrac{1}{2} x = \tang(45° - \tfrac{1}{2}\epsilon) \tang \tfrac{1}{2} u$, et l'anomalie moyenne $z = x - \left(\frac{\sin \epsilon}{\sin 1''}\right) \sin x$ (87).

$$\text{Or} \qquad \tfrac{1}{2}\varepsilon = 2°\ 40'\ 14'' \qquad \log\text{tang}\,\varepsilon \ldots \ 8.9707760$$

$$45 \qquad\qquad \log\cos\varepsilon \ldots \ 9.9981101$$

$$\text{donc}\quad (45° - \tfrac{1}{2}\varepsilon) = 42.19.46 \qquad \sin\varepsilon \ldots \ 8.9688861$$

$$\text{C. }\sin 1'' \ldots \ 5.3144251$$

$$\log\left(\frac{\sin\varepsilon}{\sin 1''}\right) = 5°\ 20'\ 0'',44 \ldots \ 4.2833112.$$

Quand on a trouvé par le calcul la tangente d'un petit arc, on a fort exactement et fort aisément le cosinus de cet arc, parce qu'il varie fort peu; en ajoutant le logarithme de ce cosinus à celui de la tangente, on a le logarithme du sinus avec plus d'exactitude et de facilité qu'en le cherchant dans les tables. C'est ainsi que j'ai cherché log sin ε.

J'en retranche le logarithme de sin 1″ pour avoir sin ε exprimé en secondes. Ainsi l'excentricité en secondes sera 5° 20′ 0″,44; mais l'excentricité est en même tems le sinus de 5° 20′ 28″,4. Il y a donc entre cet arc et son sinus une différence de 28″, puisque l'excentricité est égale en même tems au sinus de 5° 20′ 28″,4 et à l'arc de 5° 20′ 0″,4.

$$\text{Log tang}\,(45° - \tfrac{1}{2}\varepsilon) = \tfrac{1}{2}\log\left(\frac{a - a\sin\varepsilon}{a + a\sin\varepsilon}\right) \ldots \ 9.9594555$$

$$\log\text{tang}\,\tfrac{1}{2}u = 12°\ 2'\ 43'' \ldots \ 9.3291591$$

$$\log\text{tang}\,\tfrac{1}{2}x = 10.59.57 \ldots \ 9.2886146$$

$$\sin x = 21.59.54 \ldots \ 9.5735441$$

$$\log\text{constant}\left(\frac{\sin\varepsilon}{\sin 1''}\right) \ldots \ 4.2833112$$

$$\left(\frac{\sin\varepsilon}{\sin 1''}\right)\sin x = 1°\ 59'\ 52'' \qquad 3.8568553$$

$$x = 21.59.54$$

$$z = x - \left(\frac{\sin\varepsilon}{\sin 1''}\right)\sin x = 20.\ 0.\ 2.$$

154. Nous aurions dû trouver $z = 20°\ 0'\ 0''$, en supposant les quantités prises dans les tables rigoureusement exactes, et le calcul fait ensuite avec la plus exacte précision; nous trouvons ici 2″ de trop, ce qui est peu important; et nos deux formules fondamentales n'en sont pas moins vérifiées. Il nous reste à trouver le rayon vecteur.

$$a\ldots\ldots\ 0.1828974$$
$$\sin \varepsilon\ldots\ldots\ 8.9688861$$

$$a\sin \varepsilon\ldots\ldots\ 9.1517835$$
$$\cos x = 21.59.54\ldots\ldots\ 9.9671710$$

$$a\sin \varepsilon\cos x = 0.131509 \qquad 9.1189545$$
$$a\ldots\ldots\ldots\ldots\ 1.523697$$

$a - a\sin \varepsilon \cos x = \mathrm{V} = 1.392188$. Les tables nous ont donné 1.392178.

Si x surpassait $180°$, le sinus et le cosinus de x seraient négatifs (X. 55); nous aurions pris les sommes des deux termes et non
leurs différences pour avoir z et V. On suivra la règle infaillible et
invariable des signes.

155. Par des calculs tout semblables, mais plus courts, parce que
toutes les préparations sont faites, j'ai trouvé $\frac{1}{2}\,x' = 26°\ 6'\ 28''$,
$x' = 52°\ 12'\ 56''$, $z = 48°\ 0'\ 2''$, au lieu de $48.0.0$; $\mathrm{V} = 1.436792$,
au lieu de 1.436789, différence dont on ne peut répondre.

J'ai trouvé de même $\frac{1}{2}\,x'' = 40°\ 7'\ 42''$, $x'' = 80°\ 15°\ 24''$, $z = 75°\ 0'\ 0''$
exactement, et $\mathrm{V} = 1.499690$, au lieu de 1.499689, différence insensible.

J'ajoute les x au registre des données tirées des tables; elles nous
serviront, avec les précédentes, à vérifier nos formules.

156. Nous pouvons encore calculer le rayon vecteur par la formule $\mathrm{V} = \frac{a\cos \varepsilon \sin x}{\sin u}$ (103).

$$b = a\cos \varepsilon\ldots\ldots\ 0.1810075$$
$$\sin x\ldots\ldots\ 9.5735441$$
$$\mathrm{C}.\ \sin u\ldots\ldots\ 0.3891483$$

$$\log \mathrm{V}\ldots\ldots\ 0.1436999$$
$$\text{les tables donnent}\ldots\ldots\ 0.143695\ldots$$

157. Nous avons encore la formule $\dfrac{a\cos^2\varepsilon}{1+\sin\varepsilon\cos u} = \dfrac{p}{1+\sin\varepsilon\cos u}$.

$$(90)$$

$$
\begin{aligned}
\sin\varepsilon &\ldots\ldots\ 8.9688861 \\
\cos u &\ldots\ldots\ 9.9604239 \\[4pt]
\sin\varepsilon\cos u = 0.08497868 &\ldots\ldots\ 8.9273100 \\[4pt]
\text{Compl. } (1+\sin\varepsilon\cos u) = 1.08497868 &\ldots\ldots\ 9.9645755 \\
\log a\cos^2\varepsilon = \log p &\ldots\ldots\ 0.1791176 \\[4pt]
\log V &\ldots\ldots\ 0.1436931.
\end{aligned}
$$

Si l'excentricité n'était pas si forte, nous aurions directement
$$\log V = \log p - \log(1+\sin\varepsilon\cos u)$$

$$= \log p - \mathrm{K}(\sin\varepsilon\cos u - \tfrac{1}{2}\sin^2\varepsilon\cos^2 u + \tfrac{1}{3}\sin^3\varepsilon\cos^3 u - \text{etc.}).$$

En voici le calcul, qui sera facile, mais un peu plus long.

$$
\begin{array}{ll}
\begin{aligned}
\text{Log } p &\ldots\ldots\ 0.1791196 \\
{}+{}&\ \ 9.9630942 \\[3pt]
{}+{}&\ \ 0.0015681 \\
{}+{}&\ \ 9.9999112 \\
{}+{}&\ \ 0.0000057 \\
{}+{}&\ \ 9.9999995 \\
{}+{}&\ \ 0.0000003 \\[3pt]
\log V &\ldots\ldots\ 0.1436986
\end{aligned}
&
\begin{aligned}
\mathrm{K} &\ldots\ 9.6377843 \\
\sin\varepsilon\cos u &\ldots\ 8.9293100 \\[3pt]
-\quad 0.0369058 \quad & 8.5670943 \\
+\tfrac{1}{2}\,(0.0031362) \quad & 7.4964043 \\
-\tfrac{1}{3}\,(0.0002665) \quad & 6.4257143 \\
+\tfrac{1}{4}\,(0.00002265) \quad & 5.3550243 \\
-\tfrac{1}{5}\,(0.00000193) \quad & 4.2845343 \\
+\tfrac{1}{6}\,(0.00000016) \quad & 3.2138443.
\end{aligned}
\end{array}
$$

Les différens termes du logarithme se calculent par de simples additions du $\log(\sin\varepsilon\cos u)$; on prend les complémens arithmétiques des quantités négatives, et l'on fait la somme quand on n'a plus que des décimales du septième ordre. Le terme suivant en donnerait du huitième.

158. On aurait de même (90)

$$\log V = \log a + \log(1-\sin\varepsilon\cos x) = \log a - \mathrm{K}(\sin\varepsilon\cos x + \tfrac{1}{2}\sin^2\varepsilon\cos^2 x + \text{etc.})$$

$$\begin{aligned}
\sin \varepsilon \ldots &\quad 8.9688861\\
\cos x \ldots &\quad 9.9671710\\
\hline
\sin \varepsilon \cos x \ldots &\quad 8.9360571\\
\log \mathrm{K} \ldots &\quad 9.6377843
\end{aligned}$$

$$\begin{array}{lll}
-\ 0.0374835 & & \\
-\ 0.0016176 & 0.0374836 & 8.5738414\\
-\ 0.0000950.8 & \tfrac{1}{2}\,(0.0052352) & 7.5098985\\
-\ 0.0000060.2 & \tfrac{1}{3}\,(0.0002792.3) & 6.4459556\\
-\ 0.0000004.2 & \tfrac{1}{4}\,(0.0000241.0) & 5.3820127\\
-\ 0.0000000.3 & \tfrac{1}{5}\,(0.0000020.8) & 4.3180698\\
\hline
0.0392006\cdot5 & \tfrac{1}{6}\,(0.0000001.8) & 3.2541269\\
0.1828974 & &
\end{array}$$

$$\log \mathrm{V} \ldots \ldots\ 0.1436967.$$

Cette manière de trouver le logarithme est ici la plus longue, mais elle est aussi la plus exacte.

Parmi les expressions du rayon vecteur, nous trouvons encore

$$\mathrm{V} = \frac{p\,\cos^2 \tfrac{1}{2}x}{2\cos^2(45° - \tfrac{1}{2}\varepsilon)\cos^2 \tfrac{1}{2}u} \quad (90).$$

$$\left.\begin{array}{rl}
\text{Compl.} \cos(45° - \tfrac{1}{2}\varepsilon) \ldots\ldots & 0.1311880\\
idem \ldots\ldots & 0.1311880\\
\text{C. } 2 \ldots\ldots & 9.6989700\\
p \ldots\ldots & 0.1791196
\end{array}\right\} \text{constantes}$$

$$\begin{array}{rl}
\cos^2 \tfrac{1}{2}x \ldots\ldots & 9.9838952\\
\text{C. } \cos^2 \tfrac{1}{2}u \ldots\ldots & 0.0193372\\
\hline
\log \mathrm{V} \ldots\ldots & 0.1436980.
\end{array}$$

159. Voyons maintenant le tems que la planète a dû employer à passer d'une de ces anomalies à l'autre; ce sera la dernière donnée que nous aurons empruntée des tables, ou, ce qui revient au même, de l'observation.

Nous avons (89) $z = \dfrac{3548'',1676.t}{a^{\frac{3}{2}}}$, $z' = \dfrac{3548'',1676.t'}{a^{\frac{3}{2}}}$;

d'où $z' - z = \dfrac{3548'',1676}{a^{\frac{3}{2}}}(t' - t)$ et $t' - t = \dfrac{(z'-z)a^{\frac{3}{2}}}{3548,1675}$;

nous avons trouvé par nos suppositions $z' - z = 28°$, $z'' - z' = 2°$.

$$
\left.
\begin{array}{l}
a \ldots\ldots\; 0.1828974 \\[2pt]
a^{\frac{3}{2}} \ldots\; 0.0914487 \\[2pt]
\text{C. } 3548.1676 \ldots\; 6.4499959
\end{array}
\right\} \ldots\ldots\ldots\ldots\ldots\ldots\ldots\; 6.7243420
$$

$$z'-z = 28° \ldots\; 5.0034605 \qquad z''-z' = 27° \ldots\; \underline{4.9876663}$$

$$t'-t = 53^{\text{i}},4322 \ldots\; \overline{1.7278025} \qquad t''-t' = 51^{\text{i}},5239 \qquad 1.7120083$$

$$t'-t = \underline{53,4322}$$

$$\text{intervalle total} \ldots\ldots\ldots\; \overline{104,9561},$$

$$\text{ou} \quad 104^{\text{j}}\ 22^{\text{h}}\ 56'\ 38'',4.$$

Pour changer les fractions de jour en heures, je les multiplie par 24 et j'ai au produit des heures et des décimales.

Je multiplie ces décimales d'heures par 60, j'ai des minutes et des décimales de minute.

Je multiplie par 60 les décimales de minute, et j'ai des secondes et des décimales de seconde.

Autrefois on convertissait les décimales de seconde en tierces; cet usage est presqu'entièrement abandonné.

160. Pour vérifier cette quantité par les tables, il faut chercher le mouvement moyen pour $104^{\text{j}}\ 22^{\text{h}}\ 56'\ 38'',4$. $z''-z = 28°+27° = 55°$.

$$
\begin{array}{l}
104^{\text{j}} \text{ y donnent } 54°30'\ 12'' \\
22^{\text{h}} \ldots\ldots\ldots\; 28.49 \\
56' \ldots\ldots\ldots\; 1.13 \\
38'' \ldots\ldots\ldots\; 0,5 \\
\hline
55.\ 0.14,5 - 14'',3.
\end{array}
$$

Les tables donnent ainsi $14'',5$ de plus que les $55°$; mais c'est qu'elles renferment un mouvement de précession de $50'',2$ par an, qui fait précisément $14'',3$ pour 105 jours.

161. $\operatorname{Cos} u = \dfrac{a(\cos x - \sin \varepsilon)}{a(1 - \sin \varepsilon \cos x)} = \left(\dfrac{a}{V}\right)(\cos x - \sin \varepsilon)\ (94)$; appliquons cette formule à notre troisième anomalie.

$$
\left.
\begin{array}{l}
\text{Log } a \ldots\ldots\; 0.1828974 \\
\text{C. log } V'' \ldots\ldots\; 9.8239990
\end{array}
\right\} \ldots\ldots\ldots\; 0.0068964
$$

$$\cos x'' \ldots\ldots\; 9.2284898 \qquad\qquad \sin \varepsilon \ldots\; 8.9688861$$

$$+\ 0.1710437 \qquad \overline{9.2353862} \qquad\qquad \overline{8.9757825}$$

$$-\ 0.0945763$$

$$\cos u'' = \overline{0.0775674} \ldots \log 8.8385581 \qquad u'' = 85°\ 53'\ 46''.$$

Cette formule est donc très-exacte, mais on voit qu'elle est incommode, c'est ce qui a fait chercher l'expression de la tangente de $\frac{1}{2}u$ par $\frac{1}{2}x$. J'en ignore le premier auteur; Nicollie est un des premiers qui se soit occupé de transformations de ce genre. Mém. acad., 1746.

Nous avons déjà éprouvé la formule $\sin u = \left(\frac{a}{V}\right)\cos\varepsilon\sin x$ (156).

162. $\mathrm{Cot}\, u = \dfrac{\cot x}{\cos\varepsilon} - \dfrac{\tan\varepsilon}{\sin x}$ (99),

$$
\begin{array}{llll}
\text{compl. } \cos\varepsilon\ldots\ldots & 0.0018899 & -\tan\varepsilon\ldots\ldots & 8.9707760 \\
\cot x''\ldots\ldots & 9.2347997 & \text{C. }\sin x''\ldots & 0.0063100 \\
+\ 0.1724605 & 9.3366896 & -\ 0.0948606 & 8.9770860 \\
-\ 0.0948606 & & & \\
\cot u'' = 0.0775999\ldots\log 8.8898611 & & u'' = 85°\ 33'\ 46''. &
\end{array}
$$

163. Parmi les valeurs de $\cos x$ choisissons $\left(\frac{V}{p}\right)(\cos u + \sin\varepsilon)$ (100),

$$
\begin{array}{llll}
\text{C. }\log p\ldots\ldots & 9.8208804 & & \\
V''\ldots\ldots & 0.1760010 & & \\
& 9.9968814\ldots\ldots & & 9.9968814 \\
\cos u''\ldots\ldots & 8.8885543 & \sin\varepsilon\ +\ & 8.9688861 \\
0.0768132 & 8.8854357 & 0.0924203 & 8.9657675 \\
0.0924203 & & & \\
\cos x'' = 0.1692335\ldots\ldots\log 9.2284864 & & x'' = 80°\ 15'\ 24''. &
\end{array}
$$

Nous avons déjà vérifié $\sin x$, qui n'est que le renversement de la formule $\sin u$ (161).

164. $\mathrm{Cot}\, x = \dfrac{\cot u}{\cos\varepsilon} + \dfrac{\tan\varepsilon}{\cos u}$ ...... (105).

$$
\begin{array}{llll}
\text{C. }\cos\varepsilon\ldots\ldots & 0.0018899 & \tan\varepsilon\ldots\ldots & 8.9707760 \\
\cot u''\ldots\ldots & 8.8898580 & \text{C. }\sin u''\ldots & 0.0015036 \\
0.077938 & 8.8917479 & & 8.9720796 \\
0.093773 & & & \\
\cot x'' = 0.171711\ldots\log 9.2347981 & & x'' = 80°\ 15'\ 24''. &
\end{array}
$$

165. $\operatorname{Sin} \frac{1}{2} u = \sin \frac{1}{2} x \cdot \left(\frac{a}{V}\right)^{\frac{1}{2}} \dfrac{\cos(45° - \frac{1}{2}\varepsilon)}{\cos 45°}$ (96), d'où

$$\left(\frac{V}{a}\right)^{\frac{1}{2}} = \frac{\sin \frac{1}{2} x}{\sin \frac{1}{2} u} \cdot \frac{\cos(45° - \frac{1}{2}\varepsilon)}{\cos 45°}.$$

On voit que cette formule peut servir à trouver l'une quelconque des quantités V, a, x ou u, quand on connaît toutes les autres.

$$
\begin{aligned}
\text{C. } \cos 45° \ldots\ldots\ldots &\quad 0.1505150 \\
\cos(45° - \tfrac{1}{2}\varepsilon) \ldots\ldots\ldots &\quad 9.8688120 \\
\tfrac{1}{2}\log a \ldots\ldots\ldots &\quad 0.0914487 \\
\text{C. } \tfrac{1}{2}\log V'' \ldots\ldots\ldots &\quad 9.9119995 \\
\sin \tfrac{1}{2} x'' \ldots\ldots\ldots &\quad \underline{9.8092241} \\
\sin \tfrac{1}{2} u'' = 42° 46' 53'' &\quad 9.8319993 \\
u'' = 85.33.46. &
\end{aligned}
$$

166. $\operatorname{Cos} \frac{1}{2} u = \cos \frac{1}{2} x \left(\frac{a}{V}\right)^{\frac{1}{2}} \dfrac{\sin(45° - \frac{1}{2}\varepsilon)}{\sin 45°}$, formule analogue à la précédente (95).

$$
\begin{aligned}
\text{C. } \sin 45° \ldots\ldots\ldots &\quad 0.1505150 \\
\sin(45° - \tfrac{1}{2}\varepsilon) \ldots\ldots\ldots &\quad 9.8282683 \\
\tfrac{1}{2}\log\left(\frac{a}{V''}\right) \ldots\ldots\ldots &\quad 0.0034482 \\
\cos \tfrac{1}{2} x'' \ldots\ldots\ldots &\quad \underline{9.8834359} \\
\cos \tfrac{1}{2} u'' = 42° 46' 52'',5 &\quad 9.8656674 \\
u'' = 85.33.45. &
\end{aligned}
$$

Pour trouver toujours la même seconde, il faudrait calculer les décimales de seconde.

De ces deux formules on tire $\tang \frac{1}{2} u = \tang \frac{1}{2} x \cot(45° - \frac{1}{2}\varepsilon)$, et $\tang \frac{1}{2} x = \tang \frac{1}{2} u \tang(45° - \frac{1}{2}\varepsilon)$, formule beaucoup plus élégante et déjà vérifiée. La formule de $\sin \frac{1}{2} x$ est le renversement de la formule de $\sin \frac{1}{2} u$; celle de $\cos \frac{1}{2} x$ est le renversement de celle de $\cos \frac{1}{2} u$. Nous n'avons pas besoin d'en donner les exemples.

167. $\operatorname{Sin} \frac{1}{2}(u - x) = \left(\frac{V}{p}\right)^{\frac{1}{2}} \sin \frac{1}{2}\varepsilon \sin u$ (106).

(V'')

$$(V'')^{\frac{1}{2}}\ldots\ldots\ 0.0880005 \qquad\qquad u'' = 85°\,33'\,46''$$
$$C.p^{\frac{1}{2}}\ldots\ldots\ 9.9104412 \qquad\qquad x'' = 80.15.24$$
$$\sin\tfrac{1}{2}\varepsilon\ldots\ldots\ 8.6683217 \qquad\quad u''-x'' = \overline{\ \ 5.18.22}$$
$$\sin u''\ldots\ldots\ 9.9986964 \qquad\quad \tfrac{1}{2}(u''-x'') = 2.39.11$$
$$\sin\tfrac{1}{2}(u''-x'')=2°\,39'\,11''\ldots\ldots\ \overline{8.6654598} \qquad u''+x'' = 165.49.10$$
$$\tfrac{1}{2}(u''+x'') = 82.54.35.$$

168. $\mathrm{Sin}\,\tfrac{1}{2}(u+x) = \left(\dfrac{V}{p}\right)^{\frac{1}{2}}\cos\tfrac{1}{2}\varepsilon\sin u.$ (107)

$$\left(\dfrac{V''}{p}\right)^{\frac{1}{2}}\ldots\ldots\ 9.9984417$$
$$\cos\tfrac{1}{2}\varepsilon\ldots\ldots\ 9.9995281$$
$$\sin u''\ldots\ldots\ 9.9986964$$
$$\sin\tfrac{1}{2}(u''+x'') = 82°\,54'\,37'' \qquad \overline{9.9966662}$$

au lieu de 82.54.35; mais ces grands sinus ne peuvent donner beaucoup d'exactitude.

$$C.\cos^{\frac{1}{2}}\varepsilon\ldots\ldots\ 0.0009450$$
$$\sin\tfrac{1}{2}\varepsilon\ldots\ldots\ 8.6683217$$
$$\sqrt{\sin u''\sin x''}\ldots\ldots\ \overline{9.9961952}$$
$$\sin\tfrac{1}{2}(u''-x'')\ldots\ldots\ 8.6654599.$$

Nous avons donné pour $(u-x)$ une série plus utile (18 et 37).

169. De ces deux expressions je conclus $\tan\tfrac{1}{2}\varepsilon = \dfrac{\sin\tfrac{1}{2}(u-x)}{\sin\tfrac{1}{2}(u+x)}$

$$\text{Compl. }\sin\tfrac{1}{2}(u''+x'') = 82°\,54'\,35''\ldots\ldots\ 0.0035339$$
$$\sin\tfrac{1}{2}(u''-x'') = 2.39.11\ldots\ldots\ \overline{8.6654685}$$
$$\mathrm{Tang}\tfrac{1}{2}\varepsilon = 2.40.14,2\ldots\ldots\ 8.6688024.$$

formule préférable à celles des articles 142, 143 et 144.

170. Jusqu'ici nous n'avons considéré qu'un seul lieu de la planète dans son ellipse; pour en comparer deux, nous choisirons les deux lieux les plus éloignés u et u'' avec x et x'', V et V''.

2.   1 í

Nous trouvons d'abord $\sin\frac{1}{2}(x'-x) = \left(\frac{VV'}{bb}\right)^{\frac{1}{2}}\sin\frac{1}{2}(u'-u)$.   (112)

$$
\begin{array}{rl}
V\ldots\ldots & 0.1436950 \\
V''\ldots\ldots & 0.1760010 \\
\hline
VV''\ldots\ldots & 0.3196960 \\
\hline
(VV'')^{\frac{1}{2}}\ldots\ldots & 0.1598480 \\
C.\,b\ldots\ldots & 9.8189925 \\
\sin\frac{1}{2}(u''-u)\ldots\ldots & 9.7084929 \\
\hline
\sin\frac{1}{2}(x''-x)=29^{\circ}\ 7'\ 45''\ldots\ldots & 9.6873334 \\
x''-x=58.15.30. &
\end{array}
$$

171. $\sin\frac{1}{2}(x'+x) = \left(\frac{VV'}{bb}\right)^{\frac{1}{2}}\sin\frac{1}{2}(u'+u)$.   (113)

$$
\begin{array}{rl}
\left(\frac{VV''}{bb}\right)^{\frac{1}{2}}\ldots\ldots & 9.9788405 \\
\sin\frac{1}{2}(u''+u)\ldots\ldots & 9.9124416 \\
\hline
\sin\frac{1}{2}(x''+x)=51^{\circ}7'38'' & 9.8912821,
\end{array}
$$

des formules 170 et 171 on tire $\dfrac{\sin\frac{1}{2}(x'+x)}{\sin\frac{1}{2}(x'-x)} = \dfrac{\sin\frac{1}{2}(u'+u)}{\sin\frac{1}{2}(u'-u)}$, formule commode pour les substitutions ; on en déduit encore (113)

$$\sin\frac{1}{2}(x'-x)\sin\frac{1}{2}(x'+x) = \left(\frac{VV'}{bb}\right)\sin\frac{1}{2}(u'-u)\sin\frac{1}{2}(u'+u),$$

$$
\begin{array}{rl}
\left(\frac{VV''}{bb}\right)\ldots\ldots & 9.9576810 \\
\sin\frac{1}{2}(u''-u)\ldots\ldots & 9.7084929 \\
\sin\frac{1}{2}(u''+u)\ldots\ldots & 9.9124416 \\
C.\ \sin\frac{1}{2}(x''+x)\ldots\ldots & 0.1087166 \\
\hline
\sin\frac{1}{2}(x''-x)=29^{\circ}7'\ 45''\ldots\ldots & 9.6873321.
\end{array}
$$

Les valeurs de $\cos\frac{1}{2}(x''-x)$ et $\cos\frac{1}{2}(x'+x)$ sont moins commodes, parce qu'elles sont des binomes (110 et 111).

172. $\mathrm{Cos}\frac{1}{2}(x'-x) = \left(\frac{VV'}{pp}\right)^{\frac{1}{2}}\left[\cos\frac{1}{2}(u'-u) + \sin\varepsilon\cos\frac{1}{2}(u'+u)\right].$

$(VV'')^{\frac{1}{2}}$.... 0.1598480

C. p.... 9.8208824

9.9807304 .... 9.9807304

$\cos\frac{1}{2}(u''-u)$.... 9.9342612 $\qquad$ $\sin\varepsilon$.... 8.9688861

0.822227.... 9.9149916 $\qquad$ $\cos\frac{1}{2}(u''+u)$.... 9.7604617

0.051295...... .... 8.7100782

0.873522.... 9.9412739 $\quad$ $\frac{1}{2}(x''-x) = 29°\ 7'\ 44''$

$\qquad\qquad\qquad\qquad\qquad (x''-x) = 58.15.28.$

173. $\mathrm{Cos}\frac{1}{2}(x'+x) = \left(\frac{VV'}{pp}\right)^{\frac{1}{2}}\left[\cos\frac{1}{2}(u'+u) + \sin\varepsilon\cos\frac{1}{2}(u'-u)\right].$

$\left(\frac{VV''}{pp}\right)^{\frac{1}{2}}$.... 9.9807304 .... 9.9807304

$\cos\frac{1}{2}(u''+u)$.... 9.7604617 $\qquad$ $\sin\varepsilon$.... 8.9688861

0.5510514.... 9.7411921 $\qquad$ $\cos\frac{1}{2}(u''-u)$.... 9.9342612

0.0765358.......................... 8.8838777

0.6275872.... 9.7976741 $\quad$ $\frac{1}{2}(x''+x) = 51°\ 7'\ 40''$

$\qquad\qquad\qquad\qquad\qquad (x''+x) = 102.15.20.$

$\mathrm{Sin}\frac{1}{2}(u'-u)$ et $\sin\frac{1}{2}(u'+u)$ se trouvent en renversant les formules qui donnent $\frac{1}{2}(x'-x)$ et $\frac{1}{2}(x'+x)$.

174. $\mathrm{Tang}\frac{1}{2}(x'-x) = \dfrac{\cos\varepsilon\,\mathrm{tang}\frac{1}{2}(u'-u)}{1 + \dfrac{\sin\varepsilon\,\cos\frac{1}{2}(u'+u)}{\cos\frac{1}{2}(u'-u)}},\ (114)$

et

$\mathrm{tang}\frac{1}{2}(x'+x) = \dfrac{\cos\varepsilon\,\mathrm{tang}\frac{1}{2}(u'+u)}{1 + \dfrac{\sin\varepsilon\cos\frac{1}{2}(u'-u)}{\cos\frac{1}{2}(u'+u)}},\ (115)$

en renversant la formule (114) on a

$$\cos\frac{1}{2}(u'+u) = \cot\varepsilon\sin\frac{1}{2}(u'-u)\cot\frac{1}{2}(x'-x) - \frac{\cos\frac{1}{2}(u'-u)}{\sin\varepsilon};$$

quand on a $(u'+u)$ par cette formule, on peut calculer $\frac{1}{2}(x'+x)$ par la formule (115).

$$\begin{array}{ll}
\sin\varepsilon\ldots\ 8.9688861 & \cos\varepsilon\ldots\ 9.9981101 \\
\cos\tfrac{1}{2}(u''+u)\ldots\ 9.7604617 & \tan g\tfrac{1}{2}(u''-u)\ldots\ 9.7742317 \\
C.\cos\tfrac{1}{2}(u''-u)\ldots\ 0.0657388 & C.\ 1.062386\ldots\ 9.9757185 \\
\hline
0.062386 \qquad 8.7950866 & \qquad\qquad 9.7460603 \\
1 & \tan g\tfrac{1}{2}(x''-x)=29°\ 7'\ 45'' \\
\hline
1.062386\ \text{dénominateur} & (x''-x)=58.15.30
\end{array}$$

$$\begin{array}{ll}
175.\quad \sin\varepsilon\ldots\ 8.9688861 & \cos\varepsilon\ldots\ 9.9981101 \\
\cos\tfrac{1}{2}(u''-u)\ldots\ 9.9342612 & \tan g\tfrac{1}{2}(u''+u)\ldots\ 0.1519799 \\
C.\cos\tfrac{1}{2}(u''+u)\ldots\ 0.2395383 & C.\ 1.1388946\ldots\ 9.9435163 \\
\hline
0.1388946 \quad 9.1426856 & \tan g\tfrac{1}{2}(u''+u)=51°\ 7'\ 39'' \qquad 0.0936065 \\
1 & \tfrac{1}{2}(x''-x)=29.\ 7.44 \\
\hline
1.1388946\ \text{dénominateur.} & x''=80.15.23 \\
 & x\ =21.59.55
\end{array}$$

$$\begin{array}{llll}
176.\quad C.\ (VV'')^{\frac{1}{2}}\ldots\ 9.8401520\ (116) & & & \\
a\ldots\ 0.1828974 & & -\sin\varepsilon\ldots\ 8.9688861 \\
\hline
 & 0.0230494\ldots\ldots\ldots\ 0.0230494 \\
\cos\tfrac{1}{2}(x''-x)\ldots\ 9.9412750 & \cos\tfrac{1}{2}(x''+x)\ldots\ 9.7976796 \\
\hline
0.9211372 \qquad 9.9643244 & 0.0616049 \qquad 8.7896151 \\
-\ 0.0616049 & \\
\hline
0.8595323 \qquad 9.9342621 & \cos\tfrac{1}{2}(u''-u)=39°\ 44'\ 9''.
\end{array}$$

$$\begin{array}{llll}
 & (117) & & -\sin\varepsilon\ldots\ 8.9688861 \\
177.\quad \left(\dfrac{VV''}{aa}\right)^{\frac{1}{2}}\ldots\ 0.0230494\ldots\ldots\ldots\ 0.0230494 \\
 & 9.7976796 & \cos\tfrac{1}{2}(x''-x)\ldots\ 9.9412750 \\
\hline
0.6618033 \qquad 9.8207290 & 0.085745 \qquad 8.9532105 \\
-\ 0.0857453 & \\
\hline
0.5760580 \qquad 9.7604662 & \cos\tfrac{1}{2}(u''+u)=54°\ 49'\ 34''.
\end{array}$$

$$\begin{array}{llll}
178.\ -\sin\varepsilon\ldots\ 8.9688861\ldots(118)\ldots\ldots\ldots\ldots\cos\varepsilon\ldots\ 9.9981101 \\
\cos\tfrac{1}{2}(x''+x)\ldots\ 9.7976796 & \tan g\tfrac{1}{2}(x''-x)\ldots\ 9.7460577 \\
C.\cos\tfrac{1}{2}(x''-x)\ldots\ 0.0587250 & C.\ \text{dénominateur}\ldots\ 0.0300620 \\
\hline
-0.0668791 \qquad 8.8252907 & \tan g\tfrac{1}{2}(u''-u)=30°\ 44'\ 10'' \qquad 9.7742298 \\
0.9351209 = \text{dénominateur.}
\end{array}$$

179. $-\sin\varepsilon\ldots$ 8.9688861$\ldots$(119)$\ldots\ldots\ldots\ldots\ldots\ldots\cos\varepsilon\ldots$ 9.9981101

$\cos\frac{1}{2}(x''-x)\ldots$ 9.9412750 $\qquad\qquad$ $\tan\frac{1}{2}(x''+x)\ldots$ 0.0936078

C.$\cos\frac{1}{2}(x''+x)\ldots$ 0.2023204 $\qquad\qquad$ C. dénominateur$\ldots$ 0.0602627

$-$0.129563 $\quad$ 9.1124815 $\quad$ $\tan\frac{1}{2}(u''+u)=54°\,49'\,36''$ $\quad$ 0.1519806

0.870457 $=$ dénominateur $\qquad$ $\frac{1}{2}(u''-u)=30.44.10$

$$u''=85.33.46$$
$$u=24.\,5.26.$$

180. Par l'article (120)

$$2\ldots\ldots\, 0.3010300$$
$$a\ldots\ldots\, 0.1828974$$
$$\sin\varepsilon\ldots\ldots\, 8.9688861$$
$$\sin\tfrac{1}{2}(x''-x)\ldots\ldots\, 9.6873528$$
$$\sin\tfrac{1}{2}(x''+x)\ldots\ldots\, 9.8912834$$
$$V''-V=0.1075051\ldots\ldots\, 9.0314297.$$

181. Par l'article (121)

$$2a\sin\varepsilon\ldots\ldots\, 9.4528135$$
$$\cos\tfrac{1}{2}(x''-x)\ldots\ldots\, 9.9412750$$
$$\cos\tfrac{1}{2}(x''+x)\ldots\ldots\, 9.7976796$$

$$-\,0.1555136 \qquad 9.1917681$$
$$2a=3.047386 \qquad \tfrac{1}{2}(V''+V)=1.445936$$
$$V''+V=2.891872 \qquad \tfrac{1}{2}(V''-V)=0.0557525$$
$$V''=1.4996885$$
$$V=1.3921835.$$

Par l'article (121)

$$2a\ldots\ldots\, 0.4839274$$
$$\sin^2\tfrac{1}{2}(x''-x)\ldots\ldots\, 9.3746656$$
$$0.722093\ldots\ldots\, 9.8585930$$

$$2(VV'')^{\frac{1}{2}}\ldots\ldots\, 0.4608780$$
$$\cos\tfrac{1}{2}(x''-x)\ldots\ldots\, 9.9412750$$
$$\cos\tfrac{1}{2}(u''-u)\ldots\ldots\, 9.9342612$$
$$2.169772 \qquad 0.3364142$$
$$V''+V=2.891865.$$

182. Par l'article (123)

$$
\begin{aligned}
(V''-V) &\ldots\ldots\ldots\ 9.0314530 \\
C.\ (V''+V) &\ldots\ldots\ 9.5388217 \\
\cot\left(\frac{x''-x}{2}\right) &\ldots\ldots\ 0.2539412 \\
\hline
\tang\tfrac{1}{2}d = 3°\,49'\,0'',5 &\ldots\ldots\ 8.8242159 \\
\cos\tfrac{1}{2}d &\ldots\ldots\ 9.9990356 \\
C.\ \sin\varepsilon &\ldots\ldots\ 1.0311139 \\
C.\ \cos\left(\frac{x''-x}{2}\right) &\ldots\ldots\ 0.0587250 \\
\hline
\sin\left(\frac{x''+x+d}{2}\right) = 54°\,56'\,54'' &\qquad 9.9130904 \\
\tfrac{1}{2}d = 3.49.\ 0 \\
\hline
\frac{x''+x}{2} = 51.\ 7.54.
\end{aligned}
$$

Cette formule ne paraît pas toujours susceptible d'une précision suffisante.

La suivante, qui a presque le même numérateur et un dénominateur souvent petit, ne promettrait pas plus d'exactitude, si elle ne donnait l'arc par sa tangente.

183. Par l'article (124)

$$
\begin{aligned}
2 &\ldots\ldots\ 0.3010300 & \frac{V''-V}{V''+V} &\ldots\ldots\ 8.5702747 \\
(VV'')^{\frac{1}{2}} &\ldots\ldots\ 0.1598480 & \tang\tfrac{1}{2}(x''-x) &\ldots\ldots\ 9.7460577 \\
C.\ (V'+V) &\ldots\ldots\ 9.5388217 & C.\ 0.0167 &\ldots\ldots\ 1.7772835 \\
\cos\tfrac{1}{2}(u''-u) &\ldots\ldots\ 9.9342612 & \tang\tfrac{1}{2}(x''+x) = &\quad 0.0936159 \\
\cos\left(\frac{x''-x}{2}\right) &\ldots\ldots\ 0.0587250 \\
\hline
0.98330 \qquad 9.9926859 & & \tfrac{1}{2}(x''+x) = 51°\,7'\,41'' \\
1.0 \\
\hline
0.0167.
\end{aligned}
$$

184. Par l'article (125)

$$\frac{2(VV'')^{\frac{1}{2}}}{V''+V} \ldots\ldots 9.9996997 \qquad \frac{V''-V}{V'+V} \ldots\ldots 8.5702747$$

$$\cos\frac{x''-x}{2} \ldots\ldots 9.9412750 \qquad \operatorname{tang}\left(\frac{u''-u}{2}\right) \ldots\ldots 9.7742517$$

$$\text{C. } \cos\tfrac{1}{2}(u''-u) \ldots\ldots 0.0657588 \qquad \text{C. } 0.015579 \ldots\ldots 1.8074604$$

$$\underline{\phantom{\text{C. }\cos}1.015579 \qquad 0.0067135} \qquad \underline{\phantom{\text{C. }0.0155790}0.1519668}$$

$$1$$

$$\overline{0.015579} \qquad\qquad \operatorname{tang}\tfrac{1}{2}(u''+u) = 54^\circ\,49'\,33''.$$

Cette formule ne suppose que le cosinus de $\left(\frac{x''-x}{2}\right)$ en outre des données V'', V, $u''-u$ de l'observation.

185. Par l'article (126)

$$\left(\frac{V''-V}{V''+V}\right) \ldots\ldots 8.5702747$$

$$\cot\left(\frac{u''-u}{2}\right) \ldots\ldots 0.2257683$$

$$\operatorname{tang}\tfrac{1}{2}d = 30^\circ\,34'\,40'' \qquad \overline{8.7960450}$$

$$\cos\tfrac{1}{2}d = \ldots\ldots 9.9991527$$

$$\text{C. } \sin\varepsilon \ldots\ldots 1.0311139$$

$$\text{C. } \cos\left(\frac{u''-u}{2}\right) \ldots\ldots 0.0657388$$

$$\sin\left(\frac{u''+u-d}{2}\right) = 51^\circ\,15'\,11'' \qquad \overline{9.8920484}$$

$$\tfrac{1}{2}d = \quad 3.34.40$$

$$\frac{u''+u}{2} = \overline{54.49.51.}$$

Cette formule, outre V'', V et $u''-u$, suppose $\sin\varepsilon$. Donnez une valeur à $\sin\varepsilon$, vous aurez une valeur hypothétique de $(u''+u)$, et par conséquent u' et u,

$$V = \frac{a\cos\varepsilon}{1+\sin\varepsilon\cos u}, \quad \text{ou} \quad a = \frac{V}{\cos^2\varepsilon}(1+\sin\varepsilon\cos u) = \frac{V''}{\cos^2\varepsilon}(1+\sin\varepsilon\cos u'').$$

Avec u'', u et ε vous aurez x'' et x, z'' et z, $z''-z$, et vous verrez si $(z''-z)$ s'accorde avec $\frac{ct}{a^{\frac{3}{2}}}$.

Après quelques suppositions, vous connaîtrez ε et tout le reste.

186. Par l'article (127)

$$
\begin{array}{ll}
- \sin\varepsilon \ldots\ldots & 8.9688861 \\
\text{C. } \cos\tfrac{1}{2}(x''{+}x) \ldots\ldots & 0.2023204 \\
\cos\tfrac{1}{2}(x''{-}x) \ldots\ldots & 9.9412750 \\
\hline
- 0.129563 \qquad 9.1124815 \\
\quad 1.0 \\
\hline
\quad 0.870437 \qquad 0.0602626 \\
\operatorname{tang}\tfrac{1}{2}(u''{-}u) \ldots\ldots 9.7742317 \\
\hline
\qquad\qquad 9.8344943
\end{array}
$$

$$
\begin{array}{ll}
\text{C.} \sin\tfrac{1}{2}(x''{-}x) \ldots\ldots & 0.3126672 \\
\sin\tfrac{1}{2}(x''{+}x) \ldots\ldots & 9.8912834 \\
- \sin\varepsilon \ldots\ldots & 8.9688861 \\
\hline
\ldots\ldots\ldots\ldots\ldots\ldots\ldots\ldots & 9.8344943
\end{array}
$$

$$
\begin{array}{lll}
\operatorname{tang}\tfrac{1}{2}(x''{+}x) \ldots\ldots 0.0936336 & - 0.101702 & 9.0073310 \\
\cot\tfrac{1}{2}(x''{-}x) \ldots\ldots 0.2539412 & + 1.520793 \\
\hline
1.520793 \qquad 0.1820711 & 1.419091
\end{array}
$$

$$\operatorname{tang}\tfrac{1}{2}(u''{+}u) = 54°\ 49'\ 40''.$$

Cette formule est trop compliquée pour être d'aucun usage, d'autant plus qu'elle suppose des données qui la rendraient superflue.

187. En changeant les u en x, et réciproquement, et changeant le signe de ε, on aurait

$$\operatorname{tang}\tfrac{1}{2}(x'{+}x) = \frac{\operatorname{tang}\tfrac{1}{2}(x'{-}x)}{1 + \dfrac{\sin\varepsilon\cos\tfrac{1}{2}(u'{-}u)}{\cos\tfrac{1}{2}(u'{+}u)}}\left(\operatorname{tang}\tfrac{1}{2}(u'{+}u)\cot\tfrac{1}{2}(u'{-}u) + \frac{\sin\varepsilon\sin\tfrac{1}{2}(u'{+}u)}{\sin\tfrac{1}{2}(u'{-}u)}\right).$$

Cette formule, conclue de la précédente par analogie, se trouve parfaitement juste; on la démontrerait de la même manière.

$$
\begin{array}{ll}
\sin\varepsilon \ldots\ldots & 8.9688861 \\
\text{C. } \cos\tfrac{1}{2}(u'{+}u) \ldots\ldots & 0.2395583 \\
\cos\tfrac{1}{2}(u''{-}u) \ldots\ldots & 9.9542612 \\
\hline
0.1588946 \ldots 9.1426856 \\
1.0 \\
\hline
1.1388946.
\end{array}
$$

C.

$$\text{C. } \sin\tfrac{1}{2}(u''-u)\dots\dots 0.2915071$$
$$\sin\tfrac{1}{2}(u''+u)\dots\dots 9.9124417$$

$$1.1388946\dots\dots 9.9435164$$
$$\tang\tfrac{1}{2}(x''-x)\dots\dots 9.7460588 \qquad \sin\varepsilon\dots\dots 8.9688881$$

$$9.6895752\dots\dots\dots\dots\dots\dots 9.6895752$$

$$\tang\tfrac{1}{2}(u''+u)\dots\dots 0.1519799 \qquad 0.0728471 \qquad 8.8624121$$
$$\cos\tfrac{1}{2}(u''-u)\dots\dots 0.2257683 \qquad 1.167674$$

$$0.0673234 \qquad 1.240521 \qquad 0.0936041$$

$$\tang\tfrac{1}{2}(x''+x) = 51°\,7'\,39''.$$

188. Pour les formules suivantes, on cherche

$$\tang A = \left(\frac{V}{V'}\right)^{\frac{1}{4}}, \quad \text{ou } \log \tang A = \tfrac{1}{4}(\log V - \log V' + 30),$$

c'est-à-dire qu'avant de prendre le $\tfrac{1}{4}$ on ajoute 30 à la caractéristique

$$V\dots\dots 0.1436950$$
$$\text{C. } V''\dots\dots 9.8239990$$

$$39.9676940$$
$$\tang A = 44°28'\,2''\dots\dots 9.9919235$$
$$\text{C. } \sin 2A = 88.56.4 \dots\dots 0.0000751$$
$$\log \cot 2A = \dots\dots\dots\dots 8.2695035$$

$$\log \frac{\cot 2A}{\sin 2A}\dots\dots 8.2695786.$$

$$\tfrac{1}{2}(u''-u) = 30°\,44'\,10''$$
$$\tfrac{1}{2}(x''-x) = 29.\,7.45$$

$$\tfrac{1}{2}(u''-u) + \tfrac{1}{2}(x''-x) = 59.51.55$$
$$\tfrac{1}{2}(u''-u) - \tfrac{1}{2}(x''-x) = 1.36.25$$

$$\tfrac{1}{4}(u''-u) + \tfrac{1}{4}(x''-x) = 29.55.57.5$$
$$\tfrac{1}{4}(u''-u) - \tfrac{1}{4}(x''-x) = 0.48.12.5$$

$$\tfrac{1}{2}(u''+u) = 54.49.56$$
$$\tfrac{1}{2}(x''+x) = 51.\,7.39$$

$$\tfrac{1}{2}(u''+u) + \tfrac{1}{2}(x''+x) = 105.57.15$$
$$\tfrac{1}{2}(u''+u) - \tfrac{1}{2}(x''+x) = 3.41.57$$

$$\tfrac{1}{4}(u''+u) + \tfrac{1}{4}(x''+x) = 52.58.37.5$$
$$\tfrac{1}{4}(u''+u) - \tfrac{1}{4}(x''+x) = 1.50.58.5.$$

189. (I)

$$(VV'')^{\frac{1}{2}} \dots 0.1598480$$
$$C.\ a \dots 9.8171025$$
$$\left(\frac{VV''}{aa}\right)^{\frac{1}{2}} \dots 19.9769505$$
$$\left(\frac{VV''}{aa}\right)^{\frac{1}{4}} \dots 9.9884752$$

$$C.\left(\frac{VV''}{aa}\right)^{\frac{1}{4}} \dots 0.0115248$$
$$\sin 2A \dots 9.9999249$$
$$\cos\tfrac{1}{2}\varepsilon \dots 9.9995281$$
$$\sin\tfrac{1}{2}(x''-x) \dots 9.6873328$$
$$\cos\left(\frac{u'+u}{4}-\frac{x'+x}{4}\right) \dots 9.9997737$$

$$\sin\left(\frac{u''-u}{4}+\frac{x''-x}{4}\right) = 29°\ 55'\ 57'',5 \dots 9.6980843$$

fort exactement, parce que sin 2A varie fort peu

190. (II)

$$\left(\frac{aa}{VV''}\right)^{\frac{1}{4}}\cos\tfrac{1}{2}\varepsilon\sin 2A \dots 0.0109778$$
$$\sin\tfrac{1}{2}(x''+x) \dots 9.8912834$$
$$\cos\left(\frac{u''-u}{4}-\frac{x''-x}{4}\right) \dots 9.9999573$$

$$\sin\left(\frac{u''+u}{4}+\frac{x''+x}{4}\right) = 52°\ 58'\ 37'' \dots 9.9022185$$

fort exactement encore, par la même raison.

191. (III)

$$\left(\frac{aa}{VV''}\right)^{\frac{1}{4}} \dots 0.0115248$$
$$\sin 2A \dots 9.9999249$$
$$\sin\tfrac{1}{2}\varepsilon \dots 8.6683217$$
$$\sin\tfrac{1}{2}(x''-x) \dots 9.6873328$$
$$\cos\left(\frac{u'+u}{4}+\frac{x''+x}{4}\right) \dots 9.7796955$$

$$\sin\left(\frac{u''-u}{4}-\frac{x''-x}{4}\right) = 0°\ 48'\ 12'',3 \qquad 8.1467977.$$

192. (IV)

$$\left(\frac{aa}{VV''}\right)^{\frac{1}{4}}\sin 2A\sin\tfrac{1}{2}\varepsilon \dots 8.6797714$$
$$\sin\left(\frac{x''+x}{2}\right) \dots 9.8912834$$
$$\cos\left(\frac{u''-u}{4}+\frac{x''-x}{4}\right) \dots 9.9378250$$

$$\sin\left(\frac{u''+u}{4}-\frac{x''+x}{4}\right) = 1°\ 50'\ 54'',5 \qquad 8.5088798.$$

Ici l'erreur est de 4''; elle deviendra plus forte dans les formules suivantes, parce qu'une partie d'erreur sur log tang A en produit 27 sur tang 2A.

193.
$$(VI)\quad \left(\frac{aa}{VV''}\right)^{\frac14}\ \ldots\ldots\ldots\ldots\ 0.0115248$$
$$\cos\tfrac12\varepsilon\ \ldots\ldots\ 9.9995281$$
$$\operatorname{tang}2A\ \ldots\ldots\ 1.7304965$$
$$\sin\tfrac12(x''+x)\ \ldots\ldots\ 9.8912834$$
$$\sin\left(\frac{u''-u}{4}-\frac{x''-x}{4}\right)\ \ldots\ldots\ 8.1468340$$
$$\cos\left(\frac{u''+u}{4}+\frac{x''+x}{4}\right)=52°\,56'\,47''\qquad 9.7796008.$$

194.
$$(V)\quad \left(\frac{aa}{VV''}\right)^{\frac14}\operatorname{tang}2A\cos\tfrac12\varepsilon\ \ldots\ldots\ 1.7415404$$
$$\sin\tfrac12(x''-x)\ \ldots\ldots\ 9.6955848$$
$$\sin\left(\frac{u''+u}{4}-\frac{x''+x}{4}\right)\ \ldots\ldots\ 8.3008758$$
$$\cos\left(\frac{u''-u}{4}+\frac{x''-x}{4}\right)=29°\,56'\,55''\qquad 9.9377580,$$
au lieu de   29.55.57.

195.
$$(VII)\quad \left(\frac{aa}{VV''}\right)^{\frac14}\operatorname{tang}2A\ \ldots\ldots\ldots\ 1.7420213$$
$$\sin\tfrac12\varepsilon\ \ldots\ldots\ 8.6083217$$
$$\sin\tfrac12(x''-x)\ \ldots\ldots\ 9.6875328$$
$$\left(\frac{u''+u}{4}+\frac{x''+x}{4}\right)\ \ldots\ldots\ 9.9022176$$
$$\cos\left(\frac{u''-u}{4}-\frac{x''-x}{4}\right)=1°\,16'\,10''\qquad 9.9998934,$$
au lieu de 0° 48' 12'',5, dont le cosinus est 9.9999574.

196.
$$(VIII)\quad \left(\frac{aa}{VV''}\right)^{\frac14}\operatorname{tang}2A\sin\tfrac12\varepsilon\ \ldots\ldots\ 0.4103430$$
$$\sin\tfrac12(x''+x)\ \ldots\ldots\ 9.8912834$$
$$\sin\left(\frac{u''-u}{4}+\frac{x''-x}{4}\right)\ \ldots\ldots\ 9.6980844$$
$$\cos\left(\frac{u''+u}{4}-\frac{x''+x}{4}\right)=2°\,5'\,34''\qquad 9.9997108$$
au lieu de 1° 50' 58'', dont le cosinus est 9.9997756.
$$\frac{\cot 2A}{\sin 2A}\ \ldots\ldots\ 8.2695786$$
$$(IX)\quad \cot\left(\frac{u''-u}{4}+\frac{x''-x}{4}\right)\ \ldots\ldots\ 0.2397406$$
$$\operatorname{tang}\left(\frac{u''+u}{4}-\frac{x''+x}{4}\right)=1°\,51'\,1''\qquad 8.5095192$$

$$(X) \qquad \cot 2A \,\csc 2A \ldots\ldots\; 8.2695786$$

$$\cot\left(\frac{u''-u}{4}-\frac{x''-x}{4}\right)\ldots\ldots\; 1.8531233$$

$$\tan\left(\frac{u''-u}{4}+\frac{x''-x}{4}\right)=52°\,49'\,9'' \qquad 0.1227019$$

De ces deux équations plus réellement utiles, on tire donc

$$(X) \qquad \left(\frac{u''+u}{4}+\frac{x''+x}{4}\right)=52°\,59'\,9''$$

$$(IX) \qquad \left(\frac{u''+u}{4}-\frac{x''+x}{4}\right)=\;1.51.\;1$$

$$(a) \qquad \frac{u''+u}{2}=54.50.10$$

$$(b) \qquad \frac{x''+x}{2}=51.\;8.\;8$$

$$(a) \qquad \frac{u''+u}{2}=54.50.10$$

$$\text{donnée}\ldots\ldots\frac{u''-u}{2}=30.44.10$$

$$u''=85.34.20\;+\;34''\text{ erreur}$$

$$u=24.\;6.\;0\;+\;34$$

$$(b) \qquad \frac{x''+x}{2}=51.\;8.\;8$$

$$\text{donnée}\ldots\ldots\frac{x''-x}{2}=29.\;7.45$$

$$x''=80.15.53\;+\;29\text{ erreur}$$

$$x=22.\;0.23\;+\;28.$$

Quoique les formules soient géométriquement rigoureuses, on voit pourtant qu'elles sont ici en erreur de $30''$ environ, parce qu'elles emploient de trop petits arcs. Les formules V, VI, VII et VIII, qui donnent l'inconnue par son cosinus, sont ici fort incertaines, et l'erreur irait à plusieurs minutes. On ne doit employer qu'avec précaution l'arc subsidiaire **A**, et choisir entre les diverses formules celles qui supposent moins de calculs précédens, ou qui n'emploient que les quantités les plus sûres et les moins variables.

197. (XI) et (XIV)

$$\sin\left(\frac{u''-u}{4}-\frac{x''-x}{4}\right) = 0°\,48'\,12''5\ldots \quad 8.1468340$$

$$\cos\left(\frac{u''+u}{4}-\frac{x''+x}{4}\right) = 1.50.58,5\ldots \quad 9.9997737$$

$$\text{C. }\sin\left(\frac{u''-u}{4}+\frac{x''-x}{4}\right) = 29.55.57,5\ldots \quad 0.3019155$$

$$\text{C. }\cos\left(\frac{u''+u}{4}+\frac{x''+x}{4}\right) = 51.58.37,5\ldots \quad 0.2203065$$

$$\text{tang }\tfrac{1}{2}\varepsilon = 2.40.15 \qquad 8.6688297$$

$$\varepsilon = 5.20.29.$$

198. (XII) et (XIII)

$$\sin\left(\frac{u''+u}{4}-\frac{x''+x}{4}\right)\ldots\ldots\ldots\ldots 8.5088758$$

$$\cos\left(\frac{u''-u}{4}-\frac{x''-x}{4}\right)\ldots\ldots\ldots\ldots 9.9999573$$

$$\text{C. }\sin\left(\frac{u''+u}{4}+\frac{x''+x}{4}\right)\ldots\ldots\ldots\ldots 0.0977826$$

$$\text{C. }\cos\left(\frac{u''-u}{4}+\frac{x''-x}{4}\right)\ldots\ldots\ldots\ldots 0.0621650$$

$$\text{tang }\tfrac{1}{2}\varepsilon = 2°\,40'\,13'' \qquad 8.6687807$$

$$\varepsilon = 5.20.26.$$

199. (XV) et (XVI)

$$\sin\left(\frac{u''-u}{2}-\frac{x''-x}{2}\right) = 1°\,36'\,25''\ldots 8.4478213$$

$$\sin\left(\frac{u''+u}{2}-\frac{x''+x}{2}\right) = 3.41.57\ldots 8.8096995$$

$$\text{C. }\sin\left(\frac{u''-u}{2}+\frac{x''-x}{2}\right) = 59.51.55\ldots 0.0630306$$

$$\text{C. }\sin\left(\frac{u''+u}{2}+\frac{x''+x}{2}\right) = 105.57.15\ldots 0.0170589$$

$$\text{tang}^2\,\tfrac{1}{2}\varepsilon\ldots\ldots\ldots\ldots\ldots 17.3376103$$

$$\text{tang }\tfrac{1}{2}\varepsilon = 2.40.14\ldots 8.6688051$$

Cette troisième formule paraît la plus sûre.

200. (139)

$$2\ldots\ldots 0.3010300$$

$$\cot 2\text{A}\cosec 2\text{A}\ldots\ldots 8.2695786$$

$$\text{C. }\sin\left(\frac{u''-u}{2}\right)\ldots\ldots 0.2915071$$

$$\text{C. }\sin\left(\frac{x''+x}{2}\right)\ldots\ldots 0.1087166$$

$$\text{tang }\varepsilon = 5°\,20'\,30'' \qquad 8.9708323$$

$$2\cot 2\mathrm{A}\ \operatorname{coséc} 2\mathrm{A}\ \ldots\ldots\ \ 8.5706086$$
$$\mathrm{C.}\sin\left(\frac{u''+u}{2}\right)\ldots\ldots\ 0.0875585$$
$$\mathrm{C.}\sin\left(\frac{x''-x}{2}\right)\ldots\ldots\ 0.3126672$$
$$\tan \varepsilon = 5°\ 20'\ 30''\ \ \overline{\ \ 8.9708341.\ }$$

Voilà donc cinq manières de trouver ε, qui paraissent toutes fort bonnes quand les données seront exactes.

Aussitôt après on a

$$p = (\mathrm{VV}')^{\frac{1}{2}}\, 2\sin 2\mathrm{A}\ \tan 2\mathrm{A}\ \sin\tfrac{1}{2}(u''-u)\ \sin\tfrac{1}{2}(u''+u),$$
$$b = \frac{p}{\cos \varepsilon}, \qquad a = \frac{b}{\cos \varepsilon};$$

avec $u'' = \mathrm{L}'' - \Pi$, on trouve $\Pi = \mathrm{L}'' - u'' = \mathrm{L} - u$.

Il ne faut donc que V'' et V avec $(u''-u)$ tirés de l'observation, et $\tfrac{1}{2}(x''-x)$ tiré du calcul, pour déterminer une orbite d'une manière assez simple, par cette méthode, qui est celle de **M. Gauss**.

201. Avec les mêmes données, sans employer les dernières formules de M. Gauss, on obtiendra $\tan\tfrac{1}{2}(u'+u)$ par la formule (125); $\tan\tfrac{1}{2}(x'+x)$ par la formule (124) avec x' et x, et $\sin\varepsilon$ par la formule (121), et le problème sera résolu.

Mais l'observation ne donne nullement $(x'-x)$; sans supposer cet angle, qu'on peut à la vérité trouver toujours par des essais, on ferait

$$\tan\tfrac{1}{2}d = \frac{\mathrm{V}'-\mathrm{V}}{\mathrm{V}'+\mathrm{V}}\cot\tfrac{1}{2}(u'-u), \quad \sin\tfrac{1}{2}(u'+u-d)=\frac{(\mathrm{V}'-\mathrm{V})\cos\tfrac{1}{2}d}{(\mathrm{V}'+\mathrm{V})\sin\tfrac{1}{2}(u'-u)\sin\varepsilon};$$

$\sin\varepsilon$ est ici inconnu; mais on lui donnerait une valeur hypothétique qui donnerait une valeur également hypothétique de $u'+u$, on aurait u' et u, x' et x, z' et z, et enfin l'on verrait si les valeurs satisfont à l'équation $z'-z = \dfrac{ct}{a^{\frac{3}{2}}}$; on recommencerait les calculs dans une autre supposition de $\sin\varepsilon$, et l'on arriverait nécessairement aux valeurs véritables, ou à fort peu près; mais le circuit est long. On va moins indirectement au but en faisant les essais sur $(x'-x)$.

Nous avons, dans nos types de calculs, supposé toutes les connues nécessaires; mais nous avons déjà vu qu'il n'existe pas de moyen direct pour avoir les x quand les u ou l'excentricité sont inconnus.

L'équation $\frac{ct}{a^{\frac{3}{2}}} = x - \sin \varepsilon \sin x$ est facile à calculer quand x est donné ; cependant si l'excentricité est considérable, et que x soit au contraire un angle médiocre, il sera possible que les tables logarithmiques à sept décimales, ne donnent point assez de précision. Dans ce cas, je mets pour $\sin x$ sa valeur $x - \frac{x^3}{1.2.3} +$ etc. , et l'équation devient

$$\frac{ct}{a^{\frac{3}{2}}} = x - \sin x + \sin x - e \sin x = (x - \sin x) + (1 - e) \sin x,$$

d'où

$$t = \frac{a^{\frac{3}{2}}}{c} \left[(1-e)\sin x + \frac{x^3}{1.2.3} - \frac{x^5}{1.2.3.4.5} + \frac{x^7}{1.2.3.4.5.6.7} - \text{etc.} \right].$$

De cette manière on aura toujours t par un calcul facile et suffisamment exact ; mais si l'on cherche x par le tems, alors je fais

$$\frac{ct}{a^{\frac{3}{2}}} = x - ex + e \left(\frac{x^3}{1.2.3} - \frac{x^5}{1....5} + \frac{x^7}{1....7} - \text{etc.} \right),$$

d'où

$$x = \frac{ct}{a^{\frac{3}{2}}(1-e)} - \frac{e}{2.3(1-e)} \left(x^3 - \frac{x^5}{4.5} + \frac{x^7}{4.5.6.7} - \text{etc.} \right),$$

équation facile, mais un peu longue à résoudre par tâtonnement. Pour en donner un exemple, je choisis la comète de 1759 dont l'ellipse était si alongée que l'excentricité était 0,96764567 ;

log $ca^{-\frac{3}{2}}$ était. 6.5520052
  On demande x pour $t = 63.54405$. 1.8030747
        C. log $(1 - e)$. 1.4900675
        log premier terme $= 0,4417203$. . . . $\overline{9.6451474}$

x est en parties du rayon. Ce premier terme est aussi le premier de la valeur x ; mais à cause du facteur $\left(\frac{e}{1-e} \right)$ qui est considérable, ce premier terme serait une valeur beaucoup trop forte. Pour calculer les termes suivans, je pourrais le diminuer de moitié et supposer $x = 0.22$; je pourrais le diminuer de $\frac{1}{3}$ et faire $x = 0.35$, et voir quelle supposition réussirait moins mal ; mais je préfère un procédé plus direct. Je suppose donc $x = 0.44172$, quoique cette valeur soit manifestement trop forte, et je m'en sers pour calculer le second terme. Je me contente, dans ces essais, de logarithmes à cinq décimales.

$$3 \log x \ldots \ldots \quad 8.93545$$

$$\log \frac{e}{2.3\,(1-e)} \ldots \ldots \quad 0.6976327$$

log deuxième terme $= - 0.4296 \qquad 9.63308$

d'où résulterait $x = \quad 0.0121$, valeur évidemment trop faible;
nous avons supposé $x = \quad 0.4417$, valeur évidemment trop forte.

Prenons la moyenne $x' = \quad 0.2269 \qquad 3 \log x \ldots \quad 8.06750$
$\qquad\qquad\qquad\qquad\qquad\qquad$ log constant$\ldots \quad 0.69763$

deuxième terme$\ldots \quad 0.05823 \qquad 8.76513$
premier terme$\ldots \ldots \quad 0.44172$

nous aurions $x \ldots \ldots \quad 0.38349$.

C'était une supposition trop faible que celle de $x' = 0.2269$
elle nous donne pour x une valeur trop forte $x = 0.3835$

$\qquad\qquad\qquad\qquad\qquad\qquad$ somme $= 0.6104$

Supposons x'' égale à la moyenne$\ldots \ldots \ldots \ldots \ldots \ldots 0.3052$

$$3 \log x'' \ldots \ldots \quad 8.45575$$
$$0.69763$$

2e terme $= - 0.14170 \ldots \ldots \quad 9.15138$
1er terme $= \quad 0.44172$

$x = \qquad 0.30002$
$x'' = \qquad 0.3052$

$\qquad\qquad 0.60522$
$3 \log x''' = \qquad 0.30261 \ldots \ldots \quad 8.44265$
1er terme $0.44172 \qquad 0.69763$
2e terme $0.13813 \ldots \ldots \quad 9.14028$
$x = \qquad 0.30359$
$x''' = \qquad 0.30261$
$x^{iv} = \qquad 0.30310$

$\qquad\qquad\qquad\qquad\qquad\qquad\qquad\qquad\qquad\qquad$ Nous

Nous approchons beaucoup ; il faut maintenant calculer aussi le troisième et le quatrième terme que nous avons pu négliger jusqu'ici , et calculer avec sept décimales.

$$
\begin{aligned}
\log x^{\text{iv}} &\ldots\ldots\ldots\ldots\ldots\; 9.4815859 \\
2 \log x^{\text{iv}} &\ldots\ldots\ldots\ldots\ldots\; 8.9631718 \\
\text{logarithme constant} &\ldots\; 0.6976327
\end{aligned}
$$

$$
\begin{array}{ll}
2^{\text{e}} \text{ terme} = -\; 0.1388003 & 9.1423904 \\[2pt]
1^{\text{er}} \qquad\qquad +\; 0.4417203 & \\[4pt]
\hline
\text{Somme} = 0.3029200 & \\[12pt]
\qquad\qquad \text{C} \log 20\ldots\; 8.6989700 \\
\qquad\qquad 2 \log x^{\text{iv}}\ldots\; 8.9631718 \\[2pt]
3^{\text{e}} \text{ terme} \quad +\; 0.0006376\ldots & 6.8045322 \\
\qquad\qquad \text{C} \log 42\ldots\ldots\; 8.37675 \\[4pt]
\hline
4^{\text{e}} \text{ terme} \quad -\; 0.0000014 & 4.14445 \\[4pt]
\hline
x = 0.3035562 & \\
x^{\text{iv}} = 0.30310 & \\[4pt]
\hline
x^{\text{v}} = 0.3033281\ldots & 9.4819126 \\
\qquad\qquad 2 \log x^{\text{v}}\ldots\ldots\; 8.9638252 \\
1^{\text{er}} \text{ terme}\ldots\; 0.4417203 & 0.6976327\ldots\text{log const.} \\
2^{\text{e}} \text{ terme}\ldots\; 0.1391139 & 9.1435705 \\[4pt]
\hline
\text{Somme}\; 0.3026064 & 8.6989700\ldots\text{log const.} \\
3^{\text{e}} \text{ terme}\ldots\; 6400 & 8.9638252\ldots 2 \log x^{\text{v}} \\
4^{\text{e}} \text{ terme}\ldots\; -14 & 6.8061657\ldots\log 3^{\text{e}} \text{ terme} \\[4pt]
\hline
x = 0.3032450 & 8.37675\ldots\ldots\text{C} \log 42 \\
x^{\text{v}} = 0.3033281 & 4.14674 \\[4pt]
\hline
x^{\text{vi}} = 0.3032865.
\end{array}
$$

Nous approchons beaucoup, nous voyons que le quatrième terme ne changera plus et sera — 0,0000014 , et que le suivant serait absolument insensible.

2.   16

$$\begin{aligned}
\log x^{\text{vi}} &\ldots\ldots\ 9.4818531 \\
2 \log x^{\text{vi}} &\ldots\ldots\ 8.9637062
\end{aligned}$$

0.4417203	0.6976327
0.1390567	9.1431920
0.3026636	8.6989700
+ 6396	8.9637062
— 14	6.8058682

$$x \ = 0.3033018$$
$$x^{\text{vi}} = 0.3032865$$

$$x^{\text{vii}} = 0.3032941 \qquad 9.4818640$$
$$8.9637280$$

$$1^{\text{er}}\text{ et }4^{\text{e}}\text{ terme} = 0.4417189 \qquad 0.6976327$$
$$2^{\text{e}} \qquad\qquad — 0.1390673 \qquad 9.1432247$$
$$3^{\text{e}} \qquad\qquad + 6396 \qquad 8.6989700$$
$$x \ = 0.3032912 \qquad 8.9637280$$
$$x^{\text{vii}} = 0.3032941 \qquad 6.8059227$$
$$x^{\text{viii}} = 0.3032926 \ldots\ldots\ 9.4818619$$
$$8.9637238$$

$$1^{\text{er}}\ 3^{\text{e}}\text{ et }4^{\text{e}}\text{ terme} = 0.4423585 \qquad 0.6976327$$
$$2^{\text{e}} \qquad\qquad = 0.1390652 \qquad 9.1432184$$
$$x \ = 0.3032933$$
$$x^{\text{viii}} = 0.3032926$$

$$x^{\text{ix}} = 0.3032929 \ldots\ldots\ 9.4818623$$
$$8.9637246$$

0.4423585	0.6976327
0.1390655	9.1432196

$$x \ = 0.3032930$$
$$x^{\text{ix}} = 0.3032929$$

Arrivés à ce degré d'approximation, les tables ne nous permettent plus d'aller plus loin.

Divisez les deux valeurs de x par sin 1″, vous aurez $x = 17°.22'.38'',64$

et 38″,66. La véritable valeur est 17°.22′.38″,64 qui avait servi à calculer le tems 365ʲ54403.

$$x = 0.3032929. \ldots .. \quad 9.4818623 \qquad 0.3032930. \ldots .. \quad 9.4818624$$
$$C \sin 1''. \ldots \ldots \ldots .. \quad 5.3144251 . \ldots \ldots \ldots \ldots \ldots .. \quad 5.3144251$$

$$\qquad 17°.22′38″,64 \qquad 4.7962874 \qquad 17°.22′38″,66 \qquad 4.7962875$$

On voit qu'on arrive avec beaucoup de facilité à une valeur très-approchée, et qu'ensuite on ne gagne presque plus rien ; mais il est bien rare aussi qu'on ait une pareille excentricité , et qu'on ait besoin de tant prolonger des essais au reste très-faciles.

Les astronomes ont fait tout ce qu'ils ont pu pour bannir toutes les méthodes indirectes ; mais il est encore trop de circonstances où ils ne peuvent les éviter, et c'est pour cela que nous avons donné cet exemple tout au long.

202. Les formules que nous avons réunies , facilitent la recherche des élémens elliptiques d'une planète. On appelle élémens les quantités qui distinguent une orbite de toute autre orbite ; ils sont au nombre de trois pour une ellipse : le demi-grand axe, l'excentricité et la position de l'apside ; le demi-grand axe et l'excentricité déterminent le petit axe et le paramètre, la position de l'apside détermine les lieux du ciel ou le mouvement de la planète est le plus ou le moins rapide.

203. De tous les élémens, le plus aisé à déterminer et le plus important de tous, c'est la révolution qui donne le grand axe et le mouvement moyen.

Quand on connaîtra le mouvement moyen , il suffira de trois observations pour déterminer le périhélie et l'excentricité.

En effet, soient z, z', z'' les trois anomalies moyennes inconnues ; u, $u - p$ et $u + q$ les trois anomalies vraies correspondantes, on aura, en comptant du périhélie ,

$$z = (u - p) - 2e \sin(u - p) + \omega ,$$

en nommant ω pour abréger les termes suivans de la série de l'équation du centre, on aura de même

$$z' = u - 2e \sin u + \omega'$$
$$z'' = (u+q) - 2e \sin (u+q) + \omega'';$$

on en conclura

$$z' - z = p - 2e \left[\sin u - \sin (u-p) \right] + (\omega' - \omega)$$
$$z'' - z' = q - 2e \left[\sin (u+q) - \sin u \right] + (\omega'' - \omega')$$

$$p - (z' - z) + (\omega' - \omega) = 4e \sin \tfrac{1}{2} p \cos (u + \tfrac{1}{2} p)$$
$$= 4e \sin \tfrac{1}{2} p \cos \tfrac{1}{2} p \cos u + 4e \sin^2 \tfrac{1}{2} p \sin u$$

$$q - (z'' - z') + (\omega'' - \omega') = 4e \sin \tfrac{1}{2} q \cos (u + \tfrac{1}{2} q)$$
$$= 4e \sin \tfrac{1}{2} q \cos \tfrac{1}{2} q \cos u - 4e \sin^2 \tfrac{1}{2} q \sin u$$

$$\left. \begin{aligned} \frac{p - (z' - z) + (\omega' - \omega)}{\sin p} &= 2e \cos u + 2e \tang \tfrac{1}{2} p \sin u \\ \frac{q - (z'' - z') + (\omega'' - \omega')}{\sin q} &= 2e \cos u - 2e \tang \tfrac{1}{2} q \sin u \end{aligned} \right\} \dots\dots (M).$$

Si l'on a trois longitudes L, L′, L″, de la planète, on aura $p = L' - L$, $q = L'' - L'$; on aura $z' - z = ca^{-\frac{3}{2}} (t' - t)$, $z'' - z' = ca^{-\frac{3}{2}} (t'' - t')$, t, t' et t'' étant les tems des trois observations. Dans une première approximation on négligera $(\omega' - \omega) (\omega'' - \omega)$,

$$\frac{p - (z' - z) + (\omega' - \omega)}{\sin p} - \frac{q - (z'' - z') + (\omega'' - \omega')}{\sin q} = 2e \sin u (\tang \tfrac{1}{2} p + \tang \tfrac{1}{2} q)$$

et pour abréger $\dots\dots\dots\dots (A - B) = \dfrac{2e \sin u \sin \tfrac{1}{2} (p+q)}{\cos \tfrac{1}{2} p \cos \tfrac{1}{2} q}$

$$\frac{(A - B) \cos \tfrac{1}{2} p \cos \tfrac{1}{2} q}{\sin \tfrac{1}{2} (p + q)} = 2e \sin u,$$

$2e \sin u$ connu de cette manière, ou calculera $2e \cos u$ par l'une des deux équations M ou toutes les deux, on aura $\dfrac{2e \sin u}{2e \cos u} = \tang u$, on aura u et $L - u = \Pi$; enfin

$$e = \frac{(2e \sin u)}{2 \sin u} = \frac{(2e \cos u)}{2 \cos u}.$$

Avec ces valeurs très-approchées, on calculera (Table 73) les termes négligés ω, ω', ω'', et l'on recommencera le calcul de $(2e \sin u)$, $(2e \cos u)$, u, e et Π; on aura une approximation meilleure.

On recommencera une seconde et même une troisième fois tous les calculs, et l'on aura toute l'exactitude que comporte l'observation.

Aucun astronome n'avait parlé de cette méthode, quand je l'expliquai pour la première fois au Collége de France. M. Bouvard l'a depuis trouvée de son côté. J'en ai fait l'essai sur Mars; nous aurons occasion de l'employer par la suite; pour le présent je me contenterai de dire que

La 1re approximation a donné $e = 0.09484 \quad u = 111°.50'.18''$

La 2e...................... $e = 0.09295 \quad u = 110.10.12$

La 3e...................... $e = 0.09332 \quad u = 110.37.14$

La 4e...................... $e = 0.093313 \quad u = 110.32.49$

Soit $b \sin 2u$ le second terme de l'équation du centre; en négligeant les termes suivans, nous aurons

$$\omega' - \omega = b(\sin 2u' - \sin 2u) = 2b \sin(u' - u)\cos(u' + u)$$
$$= 2b \sin p \cos(u' + u)$$
$$\omega'' - \omega' = b(\sin 2u'' - \sin 2u') = 2b \sin(u'' - u')\cos(u'' + u')$$
$$= 2b \sin q \cos(u'' + u')$$

Choisissez des observations telles que $u = 0$ et $u' = 90°$, $\cos(u' + u) = \cos 90° = 0$; ainsi le second terme de l'équation du centre doit disparaître; soit $u'' + u' = 180° + 90° = 270°$; $\cos(u'' + u')$ disparaît de même.

Ainsi pour avoir une approximation plus prompte, il faut prendre deux observations vers les apsides et l'autre vers la moyenne distance, ou deux vers la moyenne distance, et l'autre vers une des apsides.

Le lieu des apsides se reconnaît au mouvement diurne, qui est ou le plus grand ou le plus petit.

Le lieu de la distance moyenne se reconnaît au mouvement qui diffère peu du mouvement moyen.

204. Cette méthode ne demande que trois observations, mais alors elle exige que l'on connaisse le mouvement moyen. S'il est inconnu, il faudra quatre observations.

Soit dz le mouvement diurne moyen qui est inconnu, n, n', n'' les trois intervalles de tems entre les quatre observations

$$z' - z = ndz, \quad z'' - z' = n'dz, \quad z''' - z'' = n''dz.$$

Les quatre équations, en négligeant les ω, se réduiront à

$$ndz = 2 \sin p \, (e \cos u) + 2 \sin^2 \tfrac{1}{2} p \, (e \sin u)$$
$$n'dz = 2 \sin q \, (e \cos u) - 2 \sin^2 \tfrac{1}{2} q \, (e \sin u)$$
$$n''dz = 2 \sin r \, (e \cos u) - 2 \sin^2 \tfrac{1}{2} r \, (e \sin u).$$

Nous aurons trois équations et trois inconnues dz, $(e \cos u)$, $(e \sin u)$ que l'élimination fera connaître.

Nous verrons à l'article des planètes comment on se procure les longitudes que suppose cette méthode.

205. Ce procédé est le plus simple et le plus usuel, parce qu'il est bien plus aisé d'obtenir des longitudes que des rayons vecteurs; que les longitudes suffisent sans les rayons vecteurs, au lieu que les rayons vecteurs seraient inutiles sans les longitudes. Nous nous réservons d'en donner un exemple quand nous traiterons des planètes en particulier.

Soit p le demi-paramètre, ε l'angle dont le sinus est égal à l'excentricité, V le rayon vecteur, L la longitude, on aura

$$\frac{p}{V} = 1 + \sin \varepsilon \cos(L - \Pi) \ \text{ou} \ \left.\frac{1}{V} = \frac{1}{p} + \left(\frac{\sin \varepsilon}{p}\right) \cos (L - \Pi)\right\}$$

une seconde observation donnera $\left.\dfrac{1}{V'} = \dfrac{1}{p} + \left(\dfrac{\sin \varepsilon}{p}\right) \cos (L' - \Pi)\right\} \ldots (1);$

une troisième. . . . . $\left.\dfrac{1}{V''} = \dfrac{1}{p} + \left(\dfrac{\sin \varepsilon}{p}\right) \cos (L'' - \Pi)\right\}$

vous en déduirez

$$\left.\begin{aligned}\frac{1}{V} - \frac{1}{V'} &= \left(\frac{V' - V}{VV'}\right) = \left(\frac{\sin \varepsilon}{p}\right) \left[\cos (L - \Pi) - \cos (L' - \Pi)\right]\\ \frac{1}{V} - \frac{1}{V''} &= \left(\frac{V'' - V}{VV''}\right) = \left(\frac{\sin \varepsilon}{p}\right) \left[\cos (L - \Pi) - \cos (L'' - \Pi)\right]\end{aligned}\right\} \ldots (2)$$

et

$$\frac{V'' - V}{V' - V} \cdot \frac{VV'}{VV''} = \left(\frac{V'' - V}{V' - V}\right)\left(\frac{V'}{V''}\right) = \frac{\cos (L - \Pi) - \cos(L'' - \Pi)}{\cos (L - \Pi) - \cos (L' - \Pi)}$$
$$= \frac{2 \sin \tfrac{1}{2} (L'' - \Pi - L + \Pi) \sin \tfrac{1}{2} (L'' - \Pi + L - \Pi)}{2 \sin \tfrac{1}{2} (L' - \Pi - L + \Pi) \sin \tfrac{1}{2} (L' - \Pi + L - \Pi)} \, ,$$

et pour abréger,

$$m = \frac{\sin \tfrac{1}{2} (L'' - L) \sin \left(\frac{L' + L}{2} - \Pi\right)}{\sin \tfrac{1}{2} (L' - L) \sin \left(\frac{L' + L}{2} - \Pi\right)} \, , \ \text{en faisant} \ m = \left(\frac{V'' - V}{V' - V}\right)\frac{V'}{V''} .$$

$$m = \frac{\sin\frac{1}{2}(L''-L)\sin\frac{1}{2}(L''+L)\cos\Pi - \sin\frac{1}{2}(L''-L)\cos\frac{1}{2}(L''+L)\sin\Pi}{\sin\frac{1}{2}(L'-L)\sin\frac{1}{2}(L'+L)\cos\Pi - \sin\frac{1}{2}(L'-L)\cos\frac{1}{2}(L'+L)\sin\Pi},$$

$$m = \frac{\sin\frac{1}{2}(L''-L)\sin\frac{1}{2}(L''+L) - \sin\frac{1}{2}(L''-L)\cos\frac{1}{2}(L''+L)\,\mathrm{tang}\,\Pi}{\sin\frac{1}{2}(L'-L)\sin\frac{1}{2}(L'+L) - \sin\frac{1}{2}(L'-L)\cos\frac{1}{2}(L'+L)\,\mathrm{tang}\,\Pi},$$

$$m\sin\tfrac{1}{2}(L'-L)\sin\tfrac{1}{2}(L'+L) - m\sin\tfrac{1}{2}(L'-L)\cos\tfrac{1}{2}(L'+L)\,\mathrm{tang}\,\Pi$$
$$= \sin\tfrac{1}{2}(L''-L)\sin\tfrac{1}{2}(L''+L) - \sin\tfrac{1}{2}(L''-L)\cos\tfrac{1}{2}(L''+L)\,\mathrm{tang}\,\Pi$$

$$\sin\tfrac{1}{2}(L''-L)\cos\tfrac{1}{2}(L''+L)\,\mathrm{tang}\,\Pi - m\sin\tfrac{1}{2}(L'-L)\cos\tfrac{1}{2}(L'+L)\,\mathrm{tang}\,\Pi$$
$$= \sin\tfrac{1}{2}(L''-L)\sin\tfrac{1}{2}(L''+L) - m\sin\tfrac{1}{2}(L'-L)\sin\tfrac{1}{2}(L'+L)$$

$$\mathrm{tang}\,\Pi = \frac{\sin\frac{1}{2}(L''-L)\sin\frac{1}{2}(L''+L) - m\sin\frac{1}{2}(L'-L)\sin\frac{1}{2}(L'+L)}{\sin\frac{1}{2}(L''-L)\cos\frac{1}{2}(L''+L) - m\sin\frac{1}{2}(L'-L)\cos\frac{1}{2}(L'+L)}$$

$$= \frac{\mathrm{tang}\,\frac{1}{2}(L''+L) - \dfrac{m\sin\frac{1}{2}(L'-L)\sin\frac{1}{2}(L'+L)}{\sin\frac{1}{2}(L''-L)\cos\frac{1}{2}(L''+L)}}{1 - \dfrac{m\sin\frac{1}{2}(L'-L)\cos\frac{1}{2}(L'+L)}{\sin\frac{1}{2}(L''-L)\cos\frac{1}{2}(L''+L)}}$$

$$= \frac{\mathrm{tang}\,\frac{1}{2}(L''+L) - P}{1 - Q} = \frac{\mathrm{tang}\,\frac{1}{2}(L''+L) - P}{1 - P\cot\frac{1}{2}(L'+L)}, \quad \text{et} \quad \mathrm{tang}\left(\frac{L'+L}{2} - \Pi\right)$$

$$= \frac{\mathrm{tang}\,\frac{1}{2}(L''+L) - \mathrm{tang}\,\Pi}{1 + \mathrm{tang}\,\frac{1}{2}(L''+L)\,\mathrm{tang}\,\Pi} = \frac{\mathrm{tang}\,\frac{1}{2}(L''+L) - \dfrac{\mathrm{tang}\,\frac{1}{2}(L''+L) - P}{1 - Q}}{1 + \mathrm{tang}\,\frac{1}{2}(L''+L)\dfrac{\mathrm{tang}\,\frac{1}{2}(L''+L) - P}{1 - Q}}$$

$$= \frac{\mathrm{tang}\,\frac{1}{2}(L''+L) - Q\,\mathrm{tang}\,\frac{1}{2}(L''+L) - \mathrm{tang}\,\frac{1}{2}(L''+L) + P}{1 - Q + \mathrm{tang}^2\,\frac{1}{2}(L''+L) - P\,\mathrm{tang}\,\frac{1}{2}(L''+L)}$$

$$= \frac{P - Q\,\mathrm{tang}\,\frac{1}{2}(L''+L)}{\sec^2\frac{1}{2}(L''+L) - Q - P\,\mathrm{tang}\,\frac{1}{2}(L''+L)}$$

$$= \frac{P\cos^2\frac{1}{2}(L''+L) - Q\sin\frac{1}{2}(L''+L)\cos\frac{1}{2}(L''+L)}{1 - Q\cos^2\frac{1}{2}(L''+L) - P\sin\frac{1}{2}(L''+L)\cos\frac{1}{2}(L''+L)}$$

$$= \frac{\dfrac{m\sin\frac{1}{2}(L'-L)\sin\frac{1}{2}(L'+L)\cos\frac{1}{2}(L''+L)}{\sin\frac{1}{2}(L''-L)} - \dfrac{m\sin\frac{1}{2}(L'-L)\cos\frac{1}{2}(L'+L)\sin\frac{1}{2}(L''+L)}{\sin\frac{1}{2}(L''-L)}}{1 - \dfrac{m\sin\frac{1}{2}(L'-L)\cos\frac{1}{2}(L'+L)\cos\frac{1}{2}(L''+L)}{\sin\frac{1}{2}(L''-L)} \cdot \dfrac{m\sin\frac{1}{2}(L'-L)\sin\frac{1}{2}(L'+L)\sin\frac{1}{2}(L''+L)}{\sin\frac{1}{2}(L''-L)}}$$

$$= \frac{\dfrac{m\sin\frac{1}{2}(L'-L)}{\sin\frac{1}{2}(L''-L)}\left[\sin\frac{1}{2}(L'+L-L''-L)\right]}{1 - \dfrac{m\sin\frac{1}{2}(L'-L)}{\sin\frac{1}{2}(L''-L)}\left[\cos\frac{1}{2}(L'+L-L''-L)\right]} = \frac{\dfrac{m\sin\frac{1}{2}(L'-L)}{\sin\frac{1}{2}(L''-L)}\sin\frac{1}{2}(L'-L)}{1 - \dfrac{m\sin\frac{1}{2}(L'-L)}{\sin\frac{1}{2}(L''-L)}\cos\frac{1}{2}(L'-L'')}.$$

Par conséquent,

$$\mathrm{tang}\left(\frac{(L''+L)}{2}-\Pi\right)=\frac{\dfrac{-\,m\sin\frac12(L'-L)\sin\frac12(L'-L'')}{\sin\frac12(L''-L)}}{\dfrac{m\sin\frac12(L'-L)\cos\frac12(L'-L'')}{\sin\frac12(L''-L)}-1}$$

$$=\frac{\left(\dfrac{-\,m\sin\frac12(L'-L)\sin\frac12(L''-L')}{\sin\frac12(L''-L)}\right)}{\dfrac{m\sin\frac12(L'-L)\cos\frac12(L''-L')}{\sin\frac12(L''-L)}-1}$$

$$=\frac{m}{m\cot\frac12(L''-L')-\dfrac{\sin\frac12(L''-L)}{\sin\frac12(L'-L)\sin\frac12(L''-L')}}$$

$$=\frac{m}{m\cot\frac12(L''-L')-\dfrac{\sin\frac12(L''-L'+L'-L)}{\sin\frac12(L'-L)\sin\frac12(L''-L)}}$$

$$=\frac{m}{m\cot\frac12(L''-L')-\dfrac{\sin\frac12\big[(L''-L')+(L'-L)\big]}{\sin\frac12(L'-L)\sin\frac12(L''-L')}}$$

$$=\frac{m}{m\cot\frac12(L''-L')-\cot\frac12(L''-L')-\cot\frac12(L'-L)}$$

$$=\frac{m}{(m-1)\cot\frac12(L''-L')-\cot\frac12(L'-L)};$$

Π trouvé par l'une de ces formules, vous aurez $\left(\frac{\sin\varepsilon}{p}\right)$ par l'une des formules (2), et $\frac{1}{p}$ par l'une des formules (1); de là $\sin\varepsilon=\left(\frac{\sin\varepsilon}{p}\right)p$ et $a=\frac{p}{\cos^2\varepsilon}$; le problème sera donc complètement résolu. On pourrait faire d'autres combinaisons pour avoir $(L''+L+\Pi)$ ou Π; on peut trouver une autre expression de tang Π, par une voie qui se présente tout d'abord.

206.
$$\left.\begin{aligned}p&=V+eV\cos(L-\Pi)\\p&=V'+eV'\cos(L'-\Pi)\\p&=V''+eV''\cos(L''-\Pi)\end{aligned}\right\}\ldots\ldots\ldots(2),$$

$$\left.\begin{aligned}o&=V'-V+e\big[V'\cos(L'-\Pi)-V\cos(L-\Pi)\big]\\o&=V''-V+e\big[V''\cos(L''-\Pi)-V\cos(L-\Pi)\big]\end{aligned}\right\}\ldots\ldots(2);$$

$$\frac{V'-V}{V''-V}=\frac{V\cos(L-\Pi)-V'\cos(L'-\Pi)}{V\cos(L-\Pi)-V''\cos(L''-\Pi)}$$

$$=\frac{V\cos L\cos\Pi+V\sin L\sin\Pi-V'\cos L'\cos\Pi-V'\sin L'\sin\Pi}{V\cos L\cos\Pi+V\sin L\sin\Pi-V''\cos L''\cos\Pi-V''\sin L''\sin\Pi}$$

$$=\frac{(V\cos L-V'\cos L')+(V\sin L-V'\sin L')\,\mathrm{tang}\,\Pi}{(V\cos L-V''\cos L'')+(V\sin L-V''\sin L'')\,\mathrm{tang}\,\Pi},$$

$$(V'-V)$$

$$(V'-V)(V\cos L - V''\cos L'') + (V'-V)(V\sin L - V''\sin L'')\,\mathrm{tang}\,\Pi$$
$$= (V''-V)(V\cos L - V'\cos L') + (V''-V)(V\sin L - V'\sin L')\,\mathrm{tang}\,\Pi,$$

$$(V'-V)(V\sin L - V''\sin L'')\,\mathrm{tang}\,\Pi - (V''-V)(V\sin L - V'\sin L')\,\mathrm{tang}\,\Pi$$
$$= (V''-V)(V\cos L - V'\cos L') - (V'-V)(V\cos L - V''\cos L''),$$

$$\mathrm{tang}\,\Pi = \frac{(V''-V)(V\cos L - V'\cos L') - (V'-V)(V\cos L - V''\cos L'')}{(V'-V)(V\sin L - V''\sin L'') - (V''-V)(V\sin L - V'\sin L')}$$
$$= \frac{(V''-V)(V\cos L - V'\cos L') - (V'-V)(V\cos L - V''\cos L'')}{(V''-V)(V'\sin L' - V\sin L) - (V'-V)(V''\sin L'' - V\sin L)} = \frac{A}{B}\ldots(3).$$

Développant vous aurez, en changeant $\cos L - \cos L'$ en $2\sin\frac{1}{2}(L'-L)\sin\frac{1}{2}(L'+L)$, etc.,

$$\tfrac{1}{2}A = VV'\sin\tfrac{1}{2}(L'-L)\sin\tfrac{1}{2}(L'+L) + V'V''\sin\tfrac{1}{2}(L''-L')\sin\tfrac{1}{2}(L''+L')$$
$$- VV''\sin\tfrac{1}{2}(L''-L)\sin\tfrac{1}{2}(L''+L),$$
$$\tfrac{1}{2}B = VV'\sin\tfrac{1}{2}(L'-L)\cos\tfrac{1}{2}(L'+L) + V'V''\sin\tfrac{1}{2}(L''-L')\cos\tfrac{1}{2}(L''+L')$$
$$- VV''\sin\tfrac{1}{2}(L''-L)\cos\tfrac{1}{2}(L''+L),$$

et $\quad \mathrm{tang}\,\Pi = \dfrac{\frac{1}{2}A}{\frac{1}{2}B}.$

Π trouvé par l'une de ces formules, on aura e par l'une des équations (2), et p par l'une des équations (1).

Mais

$$a = \frac{p}{\cos^2 \varepsilon} = p + p\,\mathrm{tang}^2\varepsilon.$$

On aura donc a, et le problème sera complètement résolu, si l'on peut obtenir les trois longitudes et les trois rayons vecteurs, ce qui est assez difficile. Cependant quand les trois rayons vecteurs sont nécessaires, on les détermine au moyen d'une méthode fort ingénieuse de M. Gauss, que nous exposerons en son lieu.

207. Soient (fig. 15) ABC les trois lieux de la planète sur son orbite ; SA, SB, SC les trois rayons vecteurs, SOHIK la ligne d'où se comptent les longitudes, nous aurons OSP=Π=longitude du périhélie, OSA=L, OSB=L', OSC=L'', PSA=$(L-\Pi)$, PSB=$(L'-\Pi)$, PSC=$(L''-\Pi)$; abaissons les perpendiculaires Aa, Bb, Cc sur la ligne SO, nous aurons

$$Sa = V\cos L ; \quad ab = Sa - Sb = V\cos L - V'\cos L',$$
$$Sb = V'\cos L'; \quad ac = Sa - Sc = V\cos L - V''\cos L'',$$
$$Sc = V''\cos L''.$$

Menons AF parallèle à SO,

$$Aa = V \sin L , \quad BD = Ba - Aa = V' \sin L' - V \sin L ,$$
$$Bb = V' \sin L', \quad CF = Cc - Aa = V'' \sin L'' - V \sin L ,$$
$$Cc = V'' \sin L''.$$

208. Portons ces valeurs dans l'équation (3) , nous aurons (206)

$$\operatorname{tang} \Pi = \frac{(V''-V)\,(ab) - (V'-V)\,(ac)}{(V''-V)\,(BD) - (V'-V)\,(CF)} = \frac{\dfrac{ab}{BD} - \left(\dfrac{V'-V}{V''-V}\right)\dfrac{ac}{BD}}{1 - \left(\dfrac{V'-V}{V''-V}\right)\dfrac{CF}{BD}}$$

$$= \frac{\dfrac{AD}{BD} - \left(\dfrac{AF}{BD}\right)\left(\dfrac{V'-V}{V''-V}\right)}{1 - \left(\dfrac{CF}{BD}\right)\left(\dfrac{V'-V}{V''-V}\right)}$$

$$= \frac{\cot BAD - \left(\dfrac{V'-V}{V''-V}\right)\left(\dfrac{AC}{AB}\right)\left(\dfrac{\cos CAF}{\sin BAD}\right)}{1 - \left(\dfrac{V'-V}{V''-V}\right)\left(\dfrac{AC}{AB}\right)\left(\dfrac{\sin CAF}{\sin BAD}\right)}$$

$$= \frac{\cot BAD - \left(\dfrac{V'-V}{V''-V}\right)\left(\dfrac{\sin ABC}{\sin BCA}\right)\left(\dfrac{\cos CAF}{\sin BAD}\right)}{1 - \left(\dfrac{V'-V}{V''-V}\right)\left(\dfrac{\sin ABC}{\sin BCA}\right)\left(\dfrac{\sin CAF}{\sin BAD}\right)}.$$

Par cette construction, l'on voit que pour trouver Π, il faut connaître les cordes AC et BA, et les angles CAF et BAD, ou les angles ABC, BCA, CAF et BAD.

209. Or

$$BAD = BHS = 180° - BSH - SBA = 180° - L' - SBA.$$

Le triangle SBA donne

$$\operatorname{tang} \tfrac{1}{2}(BAS - ABS) = \left(\frac{SB-SA}{SB+SA}\right) \operatorname{tang}(90° - \tfrac{1}{2} BSA)$$

ou
$$\operatorname{tang} \tfrac{1}{2} d = \left(\frac{V'-V}{V'+V}\right) \cot \tfrac{1}{2}(L'-L) ,$$

$$ABS = 90° - \tfrac{1}{2} BSA - \tfrac{1}{2} d = 90° - \tfrac{1}{2}(L'-L) - \tfrac{1}{2} d ,$$
$$BAD = 180° - L' - 90° + \tfrac{1}{2}(L'-L) + \tfrac{1}{2} d = 90° - L' + \tfrac{1}{2} L' - \tfrac{1}{2} L + \tfrac{1}{2} d$$
$$= 90° - \tfrac{1}{2}(L'+L) + \tfrac{1}{2} d = 90° - \tfrac{1}{2}(L'+L-d) ,$$
$$CAF = CIS = 180° - CSI - SCI = 180° - L'' - SCI.$$

Mais le triangle SCA donne

$$\tang \tfrac{1}{2}(CAS - ACS) = \left(\frac{V''- V}{V''+ V}\right) \cot \tfrac{1}{2}(L''-L) = \tang \tfrac{1}{2} d',$$

$$SCI = SCA = 90° - \tfrac{1}{2}(L''-L) - \tfrac{1}{2} d',$$

$$CAF = 180° - L'' - 90° + \tfrac{1}{2}(L''-L) + \tfrac{1}{2}d' = 90° - L'' + \tfrac{1}{2}L'' - \tfrac{1}{2}L + \tfrac{1}{2}d'$$
$$= 90° - \tfrac{1}{2}(L'' + L - d').$$

Ainsi

$$\tang \Pi = \frac{\tang \tfrac{1}{2}(L'+L-d) - \left(\frac{V'-V}{V''-V}\right)\left(\frac{AC}{AB}\right)\frac{\sin \tfrac{1}{2}(L''+L-d')}{\cos \tfrac{1}{2}(L'+L-d)}}{1 - \left(\frac{V'-V}{V''-V}\right)\left(\frac{AC}{AB}\right)\frac{\cos \tfrac{1}{2}(L''+L-d')}{\cos \tfrac{1}{2}(L'+L-d)}}.$$

Mais

$$\sin SCA : SA :: \sin CSA : AC = \frac{V \sin (L''-L)}{\cos \tfrac{1}{2}(L''-L+d')}.$$

$$\sin SBA : SA :: \sin (L'-L) : AB = \frac{V \sin (L'-L)}{\cos \tfrac{1}{2}(L'-L+d)},$$

$$\frac{AC}{AB} = \frac{V \sin (L''-L) \cos \tfrac{1}{2}(L'-L+d)}{\cos \tfrac{1}{2}(L''-L+d') \, V \sin (L'-L)} = \frac{\sin (L''-L) \cos \tfrac{1}{2}(L'-L+d)}{\sin (L'-L) \cos \tfrac{1}{2}(L''-L+d')}$$

d'où
$$\tang \Pi = \frac{M}{N}.$$

En faisant

$$M = (V''-V) \sin (L'-L) \cos \tfrac{1}{2}(L''-L+d') \sin \tfrac{1}{2}(L'+L-d)$$
$$- (V'-V) \sin (L''-L) \cos \tfrac{1}{2}(L'-L+d) \sin \tfrac{1}{2}(L''+L-d'),$$
$$N = (V''-V) \sin (L'-L) \cos \tfrac{1}{2}(L''-L+d') \cos \tfrac{1}{2}(L'+L-d)$$
$$- (V'-V) \sin (L''-L) \cos \tfrac{1}{2}(L'-L+d) \cos \tfrac{1}{2}(L''+L-d'),$$

équation qui suppose toujours les trois rayons vecteurs et les trois longitudes, mais qui d'ailleurs ne renfermera plus aucune inconnue quand on aura calculé d et d'.

210. Nos trois équations peuvent s'écrire ainsi :

$$\left.\begin{aligned}
\left(\tfrac{p}{V} - 1\right) &= e \cos (L - \Pi) \\
\left(\tfrac{p}{V'} - 1\right) &= e \cos (L' - \Pi) \\
\left(\tfrac{p}{V''} - 1\right) &= e \cos (L'' - \Pi)
\end{aligned}\right\}\dots\dots(1).$$

Pour avoir les trois longitudes dans chaque équation, je multiplie

$$\text{la } 1^{re} \text{ par sin } (L'' - L'),$$
$$\text{la } 2^{e} \text{ par sin } (L'' - L),$$
$$\text{la } 3^{e} \text{ par sin } (L' - L),$$

$$\frac{p}{V} \sin(L''-L') - \sin(L''-L') = e \sin(L''-L') \cos(L-\Pi),$$

$$\frac{p}{V'} \sin(L''-L) - \sin(L''-L) = e \sin(L''-L) \cos(L'-\Pi),$$

$$\frac{p}{V''} \sin(L'-L) - \sin(L'-L) = e \sin(L'-L) \cos(L''-\Pi),$$

Je fais la somme de la première et de la troisième, et j'en retranche la seconde,

$$\frac{p}{V} \sin(L''-L') - \sin(L''-L') - \frac{p}{V'} \sin(L''-L) + \sin(L''-L)$$
$$+ \frac{p}{V''} \sin(L'-L) - \sin(L'-L)$$

$$= e \left[\sin(L''-L') \cos(L-\Pi) - \sin(L''-L) \cos(L'-\Pi) \right.$$
$$\left. + \sin(L'-L) \cos(L''-\Pi) \right]$$

$$= \tfrac{1}{2} e \left[\underset{(1)}{\sin(L''-L'+L-\Pi)} + \underset{(2)}{\sin(L''-L'-L+\Pi)} - \underset{(3)}{\sin(L''-L+L'-\Pi)} \right.$$
$$\underset{(4)}{- \sin(L''-L-L'+\Pi)} + \underset{(5)}{\sin(L'-L+L''-\Pi)}$$
$$\left. \underset{(6)}{+ \sin(L'-L-L''+\Pi)} \right]$$

$$= \tfrac{1}{2} e \, (0) = 0 \,;$$

car le sixième terme détruit le premier, le quatrième détruit le second, et le cinquième détruit le troisième. Remarquons en passant que le théorème est général, et qu'on a , quels que soient les angles L et Π ,

$$\sin(L''-L') \cos(L-\Pi) - \sin(L''-L) \cos(L'-\Pi)$$
$$+ \sin(L'-L) \cos(L''-\Pi) = 0 \ldots (X).$$

Nous aurons donc

$$\frac{p}{V} \sin(L''-L') - \frac{p}{V'} \sin(L''-L) + \frac{p}{V''} \sin(L'-L)$$

$$= \sin(L'-L) - \sin(L''-L) + \sin(L''-L')$$

$$= 2\sin\tfrac{1}{2}(L'-L-L''+L) \cos\tfrac{1}{2}(L'-L+L''-L) + \sin(L''-L')$$

$$= 2\sin\tfrac{1}{2}(L'-L'')\cos\left(\frac{L''+L'}{2}-L\right)+\sin(L''-L')$$

$$=\sin(L''-L')-2\sin\tfrac{1}{2}(L''-L')\cos\left(\frac{L''+L'}{2}-L\right)$$

$$=2\sin\tfrac{1}{2}(L''-L')\cos\tfrac{1}{2}(L''-L')-2\sin\tfrac{1}{2}(L''-L')\cos\left(\frac{L''+L'}{2}-L\right)$$

$$=2\sin\tfrac{1}{2}(L''-L')\left[\cos\tfrac{1}{2}(L''-L')-\cos\left(\frac{L''+L'}{2}-L\right)\right]$$

$$=4\sin\tfrac{1}{2}(L''-L')\sin\tfrac{1}{2}(\tfrac{1}{2}L''+\tfrac{1}{2}L'-L-\tfrac{1}{2}L''+\tfrac{1}{2}L')$$
$$\sin\tfrac{1}{2}(\tfrac{1}{2}L''+\tfrac{1}{2}L'-L+\tfrac{1}{2}L''-\tfrac{1}{2}L')$$

$$=4\sin\tfrac{1}{2}(L''-L')\sin\tfrac{1}{2}(L'-L)\sin\tfrac{1}{2}(L''-L).$$

Autre théorème très-remarquable : quels que soient les angles L, L', L'', on aura toujours

$$\sin(L'-L)+\sin(L''-L')-\sin(L''-L)$$
$$=4\sin\tfrac{1}{2}(L'-L)\sin\tfrac{1}{2}(L''-L')\sin\tfrac{1}{2}(L''-L)\ldots\ldots(Y).$$

Nous aurons donc en multipliant par $VV'V''$,

$$4VV'V''\sin\tfrac{1}{2}(L'-L)\sin\tfrac{1}{2}(L''-L')\sin\tfrac{1}{2}(L''-L)$$
$$=pV'V''\sin(L''-L')-pVV''\sin(L''-L)+pVV'\sin(L'-L)$$

et
$$p=\frac{4VV'V''\sin\tfrac{1}{2}(L'-L)\sin\tfrac{1}{2}(L''-L')\sin\tfrac{1}{2}(L''-L)}{VV'\sin(L'-L)-VV''\sin(L''-L)+V'V''\sin(L''-L')}$$
$$=\frac{4VV'V''\sin\tfrac{1}{2}(L'-L)\sin\tfrac{1}{2}(L''-L')\sin\tfrac{1}{2}(L''-L)}{2\text{ triangles ASB}+2\text{ triangles BSC}-2\text{ triangles CSA}}.$$

Cette formule élégante qui est de M. Gauss, ne suppose, comme on voit, que les différences de longitudes, et non les longitudes absolues; il ne faut pas que ces différences soient trop petites, car la différence des trois triangles rectilignes, ou, ce qui revient au même, l'aire du triangle ABC des trois cordes serait fort petite, et l'erreur des observations aurait une influence très-sensible sur la valeur de p. Ainsi

$$p=\frac{2VV'V''\sin\tfrac{1}{2}(L'-L)\sin\tfrac{1}{2}(L''-L')\sin\tfrac{1}{2}(L'-L)}{\text{aire du triangle entre les trois cordes}}.$$

211. Soit $A=\dfrac{p}{V}-1=\dfrac{p-V}{V}$, $B=\dfrac{p-V''}{V''}$, nous aurons

$$A=e\cos(L-\Pi)\quad\text{et}\quad B=e\cos(L''-\Pi),$$
$$A:B::\cos(L-\Pi):\cos(L''-\Pi),$$
$$\frac{A-B}{A+B}=\frac{\cos(L-\Pi)-\cos(L''-\Pi)}{\cos(L-\Pi)+\cos(L''-\Pi)}=\frac{2\sin\tfrac{1}{2}(L''-\Pi-L+\Pi)\sin\tfrac{1}{2}(L''-\Pi+L-\Pi)}{2\cos\tfrac{1}{2}(L''-\Pi+L-\Pi)\cos\tfrac{1}{2}(L''-\Pi-L+\Pi)}$$
$$=\tan\tfrac{1}{2}(L''-L)\tan\tfrac{1}{2}\left(\frac{L''+L}{2}-\Pi\right),$$

$$\text{et} \quad \tan\left(\frac{L''+L}{2}-\Pi\right)=\cot\tfrac{1}{2}(L''-L)\left(\frac{A-B}{A+B}\right)=\frac{\cot\tfrac{1}{2}(L''-L)\left(\frac{p}{V}-\frac{p}{V''}\right)}{\left(\frac{p}{V}+\frac{p}{V''}-2\right)}$$

$$=\frac{(pV''-pV)\cot\tfrac{1}{2}(L''-L)}{pV''+pV-2VV''}=\frac{p\,(V''-V)\cot\tfrac{1}{2}(L''-L)}{p\,(V''+V)-2VV''}=\frac{\frac{V''-V}{V''+V}\cot\tfrac{1}{2}(L''-L)}{1-\frac{2VV'}{p(V''+V)}},$$

$$\frac{L''+L}{2}-\Pi+\frac{L''-L}{2}=L''-\Pi,$$

$$\frac{L''+L}{2}-\Pi-\frac{L''-L}{2}=L-\Pi,$$

$$L-\Pi+(L'-L)=L'-\Pi\,;$$

ensuite

$$e=\sin\epsilon=\frac{p-V}{V\cos(L-\Pi)}=\frac{p-V'}{V'\cos(L'-\Pi)}=\frac{p-V''}{V''\cos(L''-\Pi)}.$$

Calcul des formules précédentes.

212. Pour essayer ces formules, continuons de prendre dans les tables de Mars les longitudes et les rayons vecteurs elliptiques, et servons-nous de ces quantités pour retrouver les élémens de l'ellipse sur lesquels les tables ont été construites, nous verrons mieux que par des observations réelles, ce qu'on peut attendre de nos formules.

$$\tan\Pi=\frac{\tan\tfrac{1}{2}(L''+L)-\left(\frac{V''-V}{V'-V}\right)\left(\frac{V'}{V''}\right)\frac{\sin\tfrac{1}{2}(L'-L)\sin\tfrac{1}{2}(L'+L)}{\sin\tfrac{1}{2}(L''-L)\cos\tfrac{1}{2}(L''+L)}}{1-\left(\frac{V''-V}{V'-V}\right)\left(\frac{V'}{V''}\right)\frac{\sin\tfrac{1}{2}(L'-L)\cos\tfrac{1}{2}(L'+L)}{\sin\tfrac{1}{2}(L''-L)\cos\tfrac{1}{2}(L''+L)}}\quad(198).$$

Log V′... 0.1573930		tang½(L″+L)... 9.7114736...10	
C.log V″... 9.8239990		nombre... 0.5146045...11	
(V″—V′)... 9.0314530...1		ôtez... 0.3130168	
C.(V′—V)... 1.3505580...2		numérateur = + 0.2015877...	
sin ½(L′—L)... 9.4465169...3			
C.sin ½(L″—L)... 0.2915071...4		log... 9.3044640...12	
sin ½(L′+L)... 9.3431268...5		C.dénominateur 0.4138821...13	
C.cos ½(L″+L)... 0.0510140...6		tang Π... 9.7183461...14	
0.3130168... 9.4955678...7		Π = — 27° 36′ 4″	
cot ½(L′+L)... 0.6460646...8		ou 11. 2.23.56 = Π	
1.385583... 0.1416324...9		11. 2.24.14, véritable valeur.	
— 0.385383		18″, erreur.	
dénominateur.			

213. La formule a donc toute l'exactitude qu'on peut desirer ; car $18''$ sur Π ne peuvent jamais produire que $3''$ sur la longitude. Cette méthode exige la recherche de 14 logarithmes, en comptant pour deux celui de $\tan\frac{1}{2}(L''+L)$ qu'il faut chercher parmi les tangentes et parmi les nombres.

Formule (198)

$$\cot\left(\frac{L''+L}{2}-\Pi\right)=\cot\tfrac{1}{2}(L''-L)-\left(\frac{V'-V}{V''-V}\right)\left(\frac{V'}{V''}\right)\frac{\sin\frac{1}{2}(L''-L)}{\sin\frac{1}{2}(L'-L)\,\sin\frac{1}{2}(L''-L')}.$$

$$
\begin{array}{lll}
V'' & \ldots\ldots & 0.1760010 \\
C.V' & \ldots\ldots & 9.8426070 \\
(V'-V) & \ldots\ldots & 8.6494420\ldots1 \\
C.(V''-V) & \ldots\ldots & 0.9685470\ldots2 \\
\sin\tfrac{1}{2}(L''-L) & \ldots\ldots & 9.7084929\ldots3 \\
C.\sin\tfrac{1}{2}(L'-L) & \ldots\ldots & 0.5534831\ldots4 \\
C.\sin\tfrac{1}{2}(L''-L') & \ldots\ldots & 0.6013841\ldots5 \\
\end{array}
$$

$$
\begin{array}{lll}
-\quad 3.161966 & \ldots\ldots\ldots\ldots & 0.4999571\ldots6 \\
+\quad 3.866559 & \ldots\ldots\ldots\ldots & 0.5873246.(7.8)\ \cot\tfrac{1}{2}(L''-L) \\
+\quad 0.704593 & \ldots\ldots\ldots\ldots & 9.8479384\ \tan\left(\frac{L''+L}{2}-\Pi\right)(9.10)
\end{array}
$$

$$
\begin{array}{ll}
54°49'54'' = & \left(\dfrac{L''+L}{2}-\Pi\right) \\
27.13.50 = & \left(\dfrac{L''+L}{2}\right) \\
-\ 27.36.\ 4 = & \Pi \\
11.\ 2.23.56 = & \Pi.
\end{array}
$$

Cette formule exige la recherche de 10 logarithmes, en comptant pour deux celui de $\cot\tfrac{1}{2}(L''-L')$, et pour deux autres celui de $\tan\left(\frac{L''+L}{2}-\Pi\right)$.

214. Formule (198)

$$\cot\left(\frac{L''+L}{2}-\Pi\right)=\left[1-\left(\frac{V'-V}{V''-V}\right)\left(\frac{V''}{V'}\right)\right]\cot\tfrac{1}{2}(L'-L')$$
$$-\left(\frac{V'-V}{V''-V}\right)\left(\frac{V''}{V'}\right)\cot\tfrac{1}{2}(L'-L).$$

$$
\begin{aligned}
(V'-V)\ldots\ldots & \quad 8.6494420 \\
C.(V''-V)\ldots\ldots & \quad 0.9685470 \\
V''\ldots\ldots & \quad 0.1760010 \\
C.V'\ldots\ldots & \quad 9.8426070 \\
\hline
\end{aligned}
$$

$$0.4331087 \qquad 9.6365970 \ldots\ldots\ldots\ldots\ldots - 9.6365970$$
$$\overline{0.5668913} \qquad\qquad\qquad \cot\tfrac{1}{2}(L'-L)\ldots\; 0.5358088$$
$$\cot\tfrac{1}{2}(L''-L') \quad 9.7534998 \qquad 1.487325 \quad \overline{0.1724058}$$
$$2.191919 \qquad 0.5873246$$
$$1.487325 \qquad \overline{0.3408244}$$
$$\overline{0.704594}$$
$$9.8479390\ldots\ldots \;\; \cot\left(\frac{L''+L}{2}-\Pi\right) = \quad 54^\circ\,49'\,54''$$
$$\frac{L''+L}{2} = \quad 27.13.50$$
$$\Pi\ldots\ldots = -\,27.36.\;4$$
$$\Pi\ldots\ldots = 11 \quad 2.23.56.$$

Cette formule exige 10 logarithmes, comme la précédente.

$$\cot\left(\frac{L''+L}{2}-\Pi\right) = \left(\frac{V''-V'}{V''-V}\right)\left(\frac{V}{V'}\right)\cot\tfrac{1}{2}(L''-L') - \left(\frac{V'-V}{V''-V}\right)\left(\frac{V''}{V'}\right)\cot\tfrac{1}{2}(L'-L).$$

$$
\begin{aligned}
(V''-V')\ldots\ldots & \quad 8.7986506 & \qquad (V'-V)\ldots\ldots & \quad 8.6494420 \\
C.(V''-V)\ldots\ldots & \quad 0.9685470 & \qquad C.(V''-V)\ldots\ldots & \quad 0.9685470 \\
V\ldots\ldots & \quad 0.1436950 & \qquad V''\ldots\ldots & \quad 0.1760010 \\
C.V'\ldots\ldots & \quad 9.8426070 & \qquad C.V'\ldots\ldots & \quad 9.8426070 \\
\cot\tfrac{1}{2}(L''-L')\ldots\ldots & \quad 0.5873246 & \qquad \cot\tfrac{1}{2}(L'-L)\ldots\ldots & \quad 0.5358088 \\
\hline
2.191919 \qquad 0.3408242 & & 1.487325 \qquad 0.1724058 &
\end{aligned}
$$

Le reste comme ci-dessus, les formules sont équivalentes; mais celle-ci exige la recherche de 9 logarithmes au lieu de 10.

215. M. Gauss a donné la formule

$$\tan\left(\frac{L''+L}{2}-\Pi\right) = \frac{\dfrac{V'}{V}-\dfrac{V'}{V''}}{\left(1-\dfrac{V'}{V''}\right)\cot\tfrac{1}{2}(L''-L') - \left(\dfrac{V'}{V}-1\right)\cot\tfrac{1}{2}(L'-L)}.$$

Elle est encore équivalente aux formules ci-dessus, mais elle exige la recherche de 11 logarithmes différens. Il y a une faute d'impression dans la formule

formule de M. Gauss qui porte

$$\cot \tfrac{1}{2}(L''-L), \quad \text{au lieu de} \quad \cot \tfrac{1}{2}(L''-L').$$

Je m'en tiens à la formule de 9 logarithmes dont l'expression est la plus simple ; elle demande cinq logarithmes de moins que celle qui donne Π directement ; on peut aussi trouver Π par une formule qui n'emploie que les V et non leurs différences ; mais elle est encore plus longue à calculer : c'est celle de l'article (206). En voici le calcul.

V.....	0.1436950		+	0.1232343
V'.....	0.1573930		+	0.3711515
$\sin\tfrac{1}{2}$(L'—L).....	9.4465169		+	0.4943858
$\sin\tfrac{1}{2}$(L'+L).....	9.3431268		—	0.4882570
0.1232343	9.0907317	numérateur...		0.0061288
$\cot\tfrac{1}{2}$(L'+L).....	0.6460646			
0.5455019	9.7367963		+	0.5455019
			+	0.3915756
V'.....	0.1573930		+	0.9370775
V''.....	0.1760010		—	0.9488004
$\sin\tfrac{1}{2}$(L''—L').....	9.3986159	dénominateur...	—	0.0117229
$\sin\tfrac{1}{2}$(L''+L').....	9.8375414			
0.3711515	9.5695513	numérateur...		7.7873754
$\cot\tfrac{1}{2}$(L''+L').....	0.0232644	dénominateur...	—	8.0690351
0.3915756	9.5928157	tang Π...	—	9.7183403
V.....	0.1436950		$\Pi = -$	27°.36'. 3"
V''.....	0.1760010		$\Pi =$	11. 2.23.57
$\sin\tfrac{1}{2}$(L''—L).....	9.7084929			11. 2.24.14
$\sin\tfrac{1}{2}$(L''+L).....	9.6604596	Erreur...	—	0. 0.17
0.4882570	9.6886485			
$\cot\tfrac{1}{2}$(L''—L).....	0.2885264		L =	11.26.29.40
0.9488004	9.9771749		— $\Pi = +$	27.36. 3
			L — Π =	0.24. 5.43

$$L' = 28°.57'.56'' \qquad\qquad L'' = 57°.58'.0''$$
$$-\Pi = 27.36.\ 3 \qquad\qquad -\Pi = 27.36.3$$
$$L'-\Pi = 56.33.59 \qquad\qquad L''-\Pi = 85.34.3$$

$$\tfrac{1}{2}(L'+L) = 12.43.48 \qquad \tfrac{1}{2}(L''+L') = 43.27.58$$
$$-\Pi = 27.36.\ 3 \qquad\qquad -\Pi = 27.36.\ 3$$
$$\left(\tfrac{L'-L}{2}-\Pi\right) = 40.19.51 \qquad \left(\tfrac{L''+L'}{2}-\Pi\right) = 71.\ 4.\ 1$$

$$\tfrac{1}{2}(L''+L) = 27.13.50$$
$$-\Pi = 27.36.\ 3$$
$$\left(\tfrac{L''+L}{2}-\Pi\right) = 54.49.53$$

216.
$$\frac{p}{\sin\varepsilon} = \left(\frac{2VV'}{V'-V}\right)\sin\tfrac{1}{2}(L'-L)\sin\left(\frac{L'+L}{2}-\Pi\right)$$
$$= \frac{2VV'}{V''-V}\sin\tfrac{1}{2}(L''-L)\sin\left(\frac{L''+L}{2}-\Pi\right)$$
$$= \frac{2V'V''}{V''-V'}\sin\tfrac{1}{2}(L''-L')\sin\left(\frac{L''+L'}{2}-\Pi\right).$$

Nous déterminerons $\frac{p}{\sin\varepsilon}$ par les trois formules, et nous prendrons un milieu entre les trois résultats ; nous pourrons alors calculer

$$\frac{1}{p} = \frac{1}{V}-\left(\frac{\sin\varepsilon}{p}\right)\cos(L-\Pi) = \frac{1}{V'}\left(\frac{\sin\varepsilon}{p}\right)\cos(L'-\Pi) = \frac{1}{V''}\left(\frac{\sin\varepsilon}{p}\right)\cos(L''-\Pi).$$

Nous aurons ensuite $\sin\varepsilon = p\left(\frac{\sin\varepsilon}{p}\right)$, et enfin $a = \frac{p}{\cos^2\varepsilon}$: en voici les calculs.

$$\text{C}.(V'-V)\ldots\ 1.3505580 \qquad\qquad \text{C}.(V''-V')\ldots\ 1.2013494$$
$$V\ldots\ 0.1436950 \qquad\qquad\qquad V'\ldots\ 0.1573930$$
$$V'\ldots\ 0.1573930 \qquad\qquad\qquad V''\ldots\ 0.1760010$$
$$2\ldots\ 0.3010300 \qquad\qquad\qquad 2\ldots\ 0.3010300$$
$$\sin(L'-L)\ldots\ 9.4465169 \qquad\quad \sin\tfrac{1}{2}(L''-L')\ldots\ 9.3986159$$
$$\sin\left(\frac{L'+L}{2}-\Pi\right)\ldots\ 9.8110386 \qquad \sin\tfrac{1}{2}\left(\frac{L''+L'}{2}-\Pi\right)\ldots\ 9.9758444$$
$$\frac{p}{\sin\varepsilon}\ldots\ 1.2102315 \ldots\ldots\ldots\ldots\ldots\ldots\ 1.2102337$$

$$1^{re}\text{ valeur}\ldots\quad 315$$
$$2^{e}\ldots\ldots\ldots\quad 327$$
$$\overline{79}$$

$$\text{C}.(V''-V)\ldots\ 0.9685470 \qquad\qquad \log\frac{p}{\sin\varepsilon}\ldots\ 1.2102326$$
$$V\ldots\ 0.1436950$$
$$V''\ldots\ 0.1760010 \qquad\qquad\qquad \log\frac{\sin\varepsilon}{p}\ldots\ 8.7897674$$
$$2\ldots\ 0.3010300$$
$$\sin\tfrac{1}{2}(L''-L)\ldots\ 9.7084929 \qquad\qquad \cos(L-\Pi)\ldots\ 9.9604079$$
$$\sin\left(\frac{L''+L}{2}-\Pi\right)\ldots\ 9.9124668 \qquad\qquad\qquad\qquad\ 8.7501753$$
$$\frac{p}{\sin\varepsilon}\ldots\ 1.2102327 \qquad\qquad \log\left(\frac{\sin\varepsilon}{p}\right)\ldots\ 8.7897674$$
$$\cos(L-\Pi)\ldots\ 9.9604079 \qquad\qquad\qquad \log p\qquad 0.1791040$$
$$0.056257\ldots\ 8.7501752 \qquad\quad \sin\varepsilon = 5°.20'.28''\qquad 8.9688714$$
$$0.718315$$
$$\tfrac{1}{p}=0.662058$$

$$\log p\qquad 0.1791040 = \text{compl. }\log\left(\tfrac{1}{p}\right)$$
$$p = 1.51442$$

$$\log p\ldots\ 0.1791040$$
$$\text{C.cos}\,\varepsilon\ldots\ 0.0018897$$
$$id\ldots\ 0.0018897$$
$$\log a = 1.523644\qquad 0.1828834$$
$$\left.\begin{array}{l} 1.523656 \\ 1.523697 \end{array}\right\}\ \text{ci-dessus.}$$

Ainsi au moyen de 18 logarithmes, on peut trouver Π, $\sin\varepsilon$, p et a, c'est-à-dire tous les élémens de l'ellipse ; on ne saurait desirer rien de plus facile. Voyons des méthodes qui méritent aussi d'être considérées, quoiqu'un peu moins expéditives.

217. Formules des articles 210 et 211.

$$V \dots\ 0.1436950 \qquad C\ 0.284224 \dots\ 0.5463393$$
$$V' \dots\ 0.1573930 \qquad\qquad 4 \dots\ 0.6020600$$
$$\sin(L'-L) \dots\ 9.7298726 \qquad VV'V'' \dots\ 0.4770890$$
$$\overline{} \qquad\qquad \sin\tfrac{1}{2}(L'-L) \dots\ 9.4465169$$
$$1.073892 \dots\ 0.0309606 \qquad \sin\tfrac{1}{2}(L''-L') \dots\ 9.3986159$$
$$\sin\tfrac{1}{2}(L''-L) \dots\ 9.7084929$$
$$V' \dots\ 0.1573930 \qquad \overline{}$$
$$V'' \dots\ 0.1760010 \qquad \log p\ 1.510477 \dots\ 0.1791140$$
$$\sin(L''-L') \dots\ 9.6855864$$

Cette manière d'obtenir p est commode et facile à retenir.

$$1.044673 \dots\ 0.0189804$$

$$V \dots\ 0.1436950 \qquad \log p \dots\ 0.1791140$$
$$V'' \dots\ 0.1760010 \qquad (V''+V) \dots\ 0.4611783$$
$$\sin(L''-L) \dots\ 9.9437841 \qquad \overline{}$$
$$\overline{} \qquad 4.568097 \dots\ 0.6402923$$
$$1.834341 \dots\ 0.2634801$$
$$2 \dots\ 0.3010300$$
$$2\,(\text{triangle ASB}) \dots\ 1.073892 \qquad VV'' \dots\ 0.3196960$$
$$2\,(\text{triangle BSC}) \dots\ 1.044673 \qquad \overline{}$$
$$\overline{} \qquad 4.175664 \dots\ 0.6207260$$
$$2.118565$$
$$2\,(\text{triangle CSA}) \dots\ 1.834341 \qquad C\ 0.192433 \qquad 0.7157204$$
$$\overline{} \qquad p \dots\ 0.1791140$$
$$2\,(\text{triangle de cordes}).\ 0.284224 \qquad V''-V \dots\ 9.0314530$$
$$\cot\tfrac{1}{2}(L''-L) \dots\ 0.2257683$$

$$\operatorname{tang}\left(\frac{L''+L}{2}-\Pi\right) = 54°.49'.53'' \dots\ 0.1520557$$
$$\frac{L''+L}{2} = 27.13.50$$
$$\overline{}$$
$$-\ 27.36.\ 3\ \Pi = 11^{s}.2°.23'.57''.$$

218. De cette manière, avec 18 logarithmes, on trouve p et Π. Il ne reste plus qu'à chercher $\sin \varepsilon$ par l'une des formules du même article 121. Mais nous pouvons remarquer que la valeur de p est ici plus forte de 0.000035 seulement que par les calculs précédens, et que la valeur de Π est la même ; ce qui vient de ce que les longitudes étaient assez différentes pour que la surface du triangle des cordes ne fût pas une fraction trop petite.

$$p = 1.51048$$
$$V = 1.39218$$

$$p.V = 0.11830 \qquad 9.0729847$$
$$\text{C.}V \ldots \quad 9.8563050$$
$$\text{C.cos}\,(L{-}\Pi) \ldots \quad 0.0395403$$

$$\sin \varepsilon = 5.20.26 \qquad 8.9688300$$

$$\text{C.cos}\,\varepsilon \ldots \quad 0.0018801$$
$$0.0018904$$
$$p \ldots \quad 0.1791240$$

$$a = 1.523682 \ldots \quad 0.1828945$$

$$L = 11.26.29.40$$
$$\Pi = 11.\ 2.25.57$$
$$L - \Pi = \quad 24.\ 3.43$$

ε est ici trop faible de $2''$.

Voyez pour a la page 139.

Cette méthode emploie en tout 24 logarithmes différens pour la solution complète du problème.

Pour le calcul des méthodes 208 et 209, il faut d'abord déterminer les angles inconnus dans les trois triangles rectilignes dont les côtés sont les trois rayons vecteurs et les trois cordes. Je suppose qu'on ait calculé $\tang \frac{1}{2} d = \dfrac{V'-V}{V'+V} \cot \frac{1}{2}(L'-L)$, $\tang \frac{1}{2} d' = \dfrac{V''-V}{V''+V} \cot \frac{1}{2}(L''-L)$, et qu'on en ait conclu les angles Π, I, les côtés AB, AC. tout cela est de la trigonométrie ordinaire.

Nous avons (208),

$$\tang \Pi = \frac{\cot H - \left(\dfrac{V'-V}{V''-V}\right)\left(\dfrac{AC}{AB}\right)\dfrac{\cos I}{\sin \Pi}}{1 - \left(\dfrac{V'-V}{V''-V}\right)\left(\dfrac{AC}{AB}\right)\dfrac{\sin I}{\sin H}} = \frac{\cot H - \left(\dfrac{V'-V}{V''-V}\right)\left(\dfrac{\sin ABC}{\sin BCA}\right)\left(\dfrac{\cos I}{\sin \Pi}\right)}{1 - \left(\dfrac{V'-V}{V''-V}\right)\left(\dfrac{\sin ABC}{\sin BCA}\right)\left(\dfrac{\sin I}{\sin H}\right)}$$

$$(V'-V) \ldots\ldots\ 8.6494420$$
$$\text{C.}\,(V''-V) \ldots\ldots\ 0.9685470$$
$$AC \ldots\ldots\ 0.1705178$$
$$\text{C.}AB \ldots\ldots\ 0.1012194$$
$$\cos I \ldots\ldots\ 9.6033533$$
$$\text{C.}\sin H \ldots\ldots\ 0.0061637$$
$$0.3156771 \qquad 9.4992432$$
$$\tang I \ldots\ldots\ 0.3585392$$
$$0.7207462 \qquad 9.8577824$$
$$1.$$
$$0.2792538 = \text{dénominateur}$$

$$\log \cot H \ldots\ 9.2296331$$

$$\cot H = + 0.1696809$$
$$- 0.3156771$$
$$\text{numérateur} - 0.1459962$$

$$\log - 9.1643216$$
$$\text{dénominateur}\ 9.4459991$$
$$\tang \Pi = - 9.7183225$$
$$\Pi = - 27° 36' 0''$$
$$11.\ 2.24.0.$$

Au rapport $\left(\frac{AC}{AB}\right)$ des deux cordes, on pourrait substituer le rapport $\left(\frac{\sin ABC}{\sin BCA}\right)$ des sinus des angles opposés; on aurait un même résultat. Mais sans connaître ni les côtés, ni les sinus on peut trouver Π directement par la formule (209), qui n'emploie que les demi-différences $\frac{1}{2}d$, $\frac{1}{2}d'$, que l'on peut combiner de différentes manières, dont nous n'avons donné qu'une seule.

219. La formule (209) n'est pas si longue à calculer qu'elle le paraît. Voici ce calcul : Je suppose qu'on a déjà calculé $\frac{1}{2}d$ et $\frac{1}{2}d'$

$$\frac{1}{2}(L''-L) = 30°\ 44'\ 10'' \qquad\qquad \frac{1}{2}(L''+L) = 27°\ 13'\ 50''$$
$$\frac{1}{2}d' = 3.34.40 \qquad\qquad\qquad \frac{1}{2}d' = 3.34.40$$
$$\frac{1}{2}(L''-L+d') = 34.18.50 \qquad\qquad \frac{1}{2}(L''+L-d') = 23.39.10$$
$$\frac{1}{2}(L'+L) = 12°\ 43'\ 48'' \qquad\qquad \frac{1}{2}(L'-L) = 16°\ 14'\ 8''$$
$$\frac{1}{2}d = 3.\ 5.59 \qquad\qquad\qquad \frac{1}{2}d = 3.\ 5.59$$
$$\frac{1}{2}(L'+L-d) = 9.37.49 \qquad\qquad \frac{1}{2}(L'-L+d) = 19.20.\ 7.$$

$$(V''-V)\ldots\ 9.0314530 \qquad\qquad (V'-V)\ldots\ 8.6494420$$
$$\sin(L'-L)\ldots\ 9.7298726 \qquad\qquad \sin(L''-L)\ldots\ 9.9437841$$
$$\cos\tfrac{1}{2}(L''-L+d')\ldots\ 9.9169599 \qquad \cos\tfrac{1}{2}(L'-L+d)\ldots\ 9.9747867$$
$$\sin\tfrac{1}{2}(L'+L-d)\ldots\ 9.2234694 \qquad \sin\tfrac{1}{2}(L''+L-d')\ldots\ 9.6033533$$
$$0.007975444\ldots\ 7.9017549 \qquad\qquad 0.01483768\ldots\ 8.1713661$$
$$\cot\tfrac{1}{2}(L'+L-d)\ldots\ 0.7703669 \qquad \cot\tfrac{1}{2}(L''+L-d')\ldots\ 0.3585391$$
$$0.04700259\ldots\ 8.6721218 \qquad\qquad -\ 0.03387702\ldots\ 8.5299052$$
$$\qquad\qquad\qquad\qquad\qquad\qquad\qquad +\ 0.04700259$$
$$\text{dénominateur}\ +\ 0.01312557\ldots\ 8.1181182$$
$$\text{numérateur}\ -\ 7.8364660$$
$$\tan\Pi = -\ 27°\ 36'\ 4''\ldots\ 9.7183478$$
$$\Pi = 11^s\ 2.23.56 \qquad\qquad\qquad 251$$
$$\qquad\qquad\qquad\qquad\qquad\qquad\qquad\qquad 227$$

$$+\ 0.007975444$$
$$-\ 0.01483768$$
$$-\ 0.00686224$$
$$\text{numérateur}$$

220. On voit par les formules précédentes, qu'avec trois rayons vecteurs et trois longitudes, on peut déterminer tous les élémens de l'orbite, le tems de la révolution entière et celui qui a dû s'écouler entre les différentes observations.

Si l'on suppose que le tems écoulé est une des données, et qu'on veuille les élémens par une méthode inverse, on y trouvera plus de difficulté, **parce** que l'équation sera transcendante. Elle ne pourra se résoudre que par tâtonnement et par des approximations successives. Nous avons indiqué ci-dessus (204) une méthode qui est générale et très-facile, quand a quatre longitudes observées. Nous comptions nous borner à cette solution, mais M. Gauss, dans sa Théorie des Planètes, vient de publier deux méthodes très-élégantes et très-ingénieuses ; nous croyons devoir en donner ici une idée.

221. Nous avons déjà vu que l'aire double du secteur elliptique, décrite pendant le tems t, a pour expression $VV du$. Quand du est un angle très-petit, cette valeur est suffisamment exacte ; mais si le secteur est un peu considérable, cette valeur devient trop incertaine : $VV du$ est véritablement une aire circulaire.

Soient (fig. 16) $SA = V$, $SC = V'$, $du = S$; l'aire SABC ne sera ni $V^2 du$, ni $V'^2 du$, la première valeur serait trop petite, la seconde trop grande ; on approchera beaucoup plus de la vraie valeur, en prenant la demi-somme $\frac{1}{2} du(V^2 + V'^2)$, ce sera une première approximation.

Pour l'approximation suivante, divisez le secteur en quatre parties par des lignes qui forment des angles égaux au foyer S.

Les quatre secteurs partiels auront pour angle commun $\frac{1}{4} du$.

Je fais $\qquad$ ASB $= \frac{1}{4} du . \overline{SA}^2 = \frac{1}{4} du V^2$ et il sera trop faible ;

mais je fais $\quad$ DSE $= \frac{1}{4} du . \overline{SE}^2 = \frac{1}{4} du V'^2$ et il sera trop fort.

Je fais $\qquad$ BSC $= \frac{1}{4} du . \overline{SC}^2 = \frac{1}{4} du R^2$ et il sera trop fort ;

enfin $\qquad$ CDS $= \frac{1}{4} du . \overline{SC}^2 = \frac{1}{4} du R^2$ et il sera trop faible ;

total, $\quad$ ASE $= \frac{1}{4}(du)(V^2 + 2R^2 + V'^2)$.

Partagez le secteur en six et faites (fig. 17).

$$ASB = \frac{1}{6} du . \overline{SA}^2 = \frac{1}{6} du V^2 \text{ trop faible,}$$
$$FSG = \frac{1}{6} du . \overline{SG}^2 = \frac{1}{6} du V'^2 \text{ trop fort,}$$
$$BSC = \frac{1}{6} du . SB . SC = \frac{1}{6} du SA . SD = \frac{1}{6} du V . R,$$
$$ESF = \frac{1}{6} du . EF . SF = \frac{1}{6} du SD . SG = \frac{1}{6} du R V',$$
$$CSD = \frac{1}{6} du . \overline{SD}^2 = \frac{1}{6} du R^2 \text{ trop faible,}$$
$$DSE = \frac{1}{6} du . \overline{SD}^2 = \frac{1}{6} du R^2 \text{ trop fort.}$$

Total $ASG = \frac{1}{6} du [V^2 + V'^2 + 2R^2 + R(V + V')]$
$\qquad\quad = \frac{1}{6} du (V^2 + V'^2 + 4R^2)$ à peu près.

222. On pourrait diviser de même le secteur en 8, 10, 12 parties, et tirer des expressions analogues; mais M. Gauss s'arrête aux deux approximations successives

$$\tfrac{1}{2}\,du(V^2+V'^2) \quad \text{et} \quad \tfrac{1}{6}\,du(V^2+4R^2+V'^2);$$

il les donne d'après Côtes, qui les a démontrées différemment.

223. Soit (93) $ct\sqrt{p} = \tfrac{1}{2}\,du(V^2+V'^2) = \tfrac{1}{2}(L'-L)(V^2+V'^2)$
$= \tfrac{1}{2}(L'-L)\,VV'\left(\dfrac{V}{V'}+\dfrac{V'}{V}\right) = \tfrac{1}{2}(L'-L)\,VV'(\cot x + \tang x)$
$= \tfrac{1}{2}(L'-L)\left(\dfrac{\cos x}{\sin x}+\dfrac{\sin x}{\cos x}\right) = \tfrac{1}{2}(L'-L)VV'\left(\dfrac{\cos^2 x+\sin^2 x}{\sin x\,\cos x}\right) = \dfrac{\tfrac{1}{2}(L'-L)\,VV'}{\tfrac{1}{2}\sin 2x}$
$= \dfrac{(L'-L)\,VV'}{\sin 2x}$; au lieu de x, M. Gauss écrit $(45^\circ+\omega)$, $\sin 2x$ devient $\sin 2(45^\circ+2\omega)=\sin(90^\circ+2\omega)=\sin(90^\circ-2\omega)=\cos 2\omega$;

$$\frac{V'}{V} = \tang(45^\circ+\omega) = \frac{\sin(45^\circ+\omega)}{\cos(45^\circ+\omega)};$$

d'où

$$V'\cos(45^\circ+\omega) = V\sin(45^\circ+\omega) \quad \text{et} \quad \frac{V}{V'} = \cot(45^\circ+\omega);$$

nous aurons donc $\sqrt{p} = \dfrac{(L'-L)\,VV'}{ct\sin 2x} = \dfrac{(L'-L)VV'}{ct\cos 2\omega} = 3a$, pour abréger.

224. La seconde expression sera

$$ct\sqrt{p} = \tfrac{1}{6}(L'-L)(V^2+4R^2+V'^2).$$

R est, comme on voit (fig. 17), le rayon vecteur correspondant à

$$\left(\frac{L'+L}{2}-\Pi\right) = \left(\frac{u'+u}{2}\right).$$

Or en général (211 et fig. 17)

$$p = \frac{4SA.SD.SG\sin\tfrac{1}{2}(ASD)\sin\tfrac{1}{2}(DSG)\sin\tfrac{1}{2}(ASG)}{VR\sin ASD + RV'\sin DSG - VV'\sin ASG}$$
$$= \frac{4VRV'\sin\tfrac{1}{4}(L'-L)\sin\tfrac{1}{4}(L'-L)\sin\tfrac{1}{2}(L'-L)}{VR\sin\tfrac{1}{2}(L'-L)+RV'\sin\tfrac{1}{2}(L'-L)-VV'\sin(L'-L)}$$
$$= \frac{4VRV'\sin^2\tfrac{1}{4}(L'-L)\sin\tfrac{1}{2}(L'-L)}{(V+V')R\sin\tfrac{1}{2}(L'-L)-VV'\sin(L'-L)}$$
$$= \frac{4VRV'\sin^2\tfrac{1}{4}(L'-L)\sin\tfrac{1}{2}(L'-L)}{(V+V')R\sin\tfrac{1}{2}(L'-L)-2VV'\sin\tfrac{1}{2}(L'-L)\cos\tfrac{1}{2}(L'-L)}$$
$$= \frac{4VRV'\sin^2\tfrac{1}{4}(L'-L)}{(V+V')R-2VV'\cos\tfrac{1}{2}(L'-L)};$$

d'où

d'où

$$pR(V+V') - 2pVV'\cos\tfrac{1}{2}(L'-L) = 4VRV'\sin^2\tfrac{1}{4}(L'-L),$$

$$2pVV'\cos\tfrac{1}{2}(L'-L) = pR(V+V') - 4VRV'\sin^2\tfrac{1}{4}(L'-L),$$

$$\frac{\cos\tfrac{1}{2}(L'-L)}{R} = \frac{p(V+V') - 4VV'\sin^2\tfrac{1}{4}(L'-L)}{2pVV'} = \tfrac{1}{2}\left(\frac{1}{V'}+\frac{1}{V}\right) - \frac{2\sin^2\tfrac{1}{4}(L'-L)}{p}.$$

Or

$$\frac{1}{V}+\frac{1}{V'} = \frac{V'+V}{VV'} = \left(\frac{\frac{V'}{V}+1}{V'}\right) = \frac{\tang(45°+\omega)+1}{V'} = \frac{\sin(45°+\omega+45°)}{V'\cos(45°+\omega)\cos 45°}$$

$$= \frac{\sin(90°+\omega)}{V'\cos(45°+\omega)\cos 45°} = \frac{\cos\omega}{V'\cos 45°\cos(45°+\omega)}$$

$$\left(\frac{1}{V}+\frac{1}{V'}\right)^2 = \frac{\cos^2\omega}{V'^2\cos^2 45°\cos^2(45°+\omega)} = \frac{2\cos^2\omega}{V'^2\cos^2(45°+\omega)} = \frac{\cos^2\omega}{V'^2\cos^2(45°+\omega)} + \frac{\cos^2\omega}{V'^2\sin^2(45°+\omega)}$$

$$= \frac{V^2\cos^2\omega\,\sin^2(45°+\omega) + V'^2\cos^2\omega\cos^2(45°+\omega)}{V^2V'^2\sin^2(45°+\omega)\cos^2(45°+\omega)}$$

$$= \frac{\frac{V}{V'}\cos^2\omega\sin^2(45°+\omega) + \frac{V'}{V}\cos^2\omega\cos^2(45°+\omega)}{\frac{1}{4}VV'\sin^2(90°+2\omega)}$$

$$= \frac{\cos^2\omega\cot(45°+\omega)\sin^2(45°+\omega) + \cos^2\omega\,\tang(45°+\omega)\cos^2(45°+\omega)}{\frac{1}{4}VV'\cos^2 2\omega}$$

$$= \frac{\cos^2\omega\sin(45°+\omega)\cos(45°+\omega) + \cos^2\omega\sin(45°+\omega)\cos(45°+\omega)}{\frac{1}{4}VV'\cos^2 2\omega}$$

$$= \frac{4\cos^2\omega\sin(90°+2\omega)}{VV'\cos^2 2\omega} = \frac{4\cos^2\omega\cos 2\omega}{VV'\cos^2 2\omega} = \frac{4\cos^2\omega}{VV'\cos 2\omega},$$

$$\left(\frac{1}{V}+\frac{1}{V'}\right) = \frac{2\cos\omega}{\sqrt{VV'\cos 2\omega}}, \qquad \tfrac{1}{2}\left(\frac{1}{V}+\frac{1}{V'}\right) = \frac{\cos\omega}{\sqrt{VV'\cos 2\omega}}.$$

225. M. Gauss a supprimé tous ces développemens, qui sont un peu longs; mais j'ai craint que quelque lecteur n'y fût arrêté.

De là

$$\frac{\cos\tfrac{1}{2}(L'-L)}{R} = \frac{\cos\omega}{(VV'\cos 2\omega)^{\frac{1}{2}}} - \frac{2\sin^2\tfrac{1}{4}(L'-L)}{p},$$

$$\frac{\cos\tfrac{1}{2}(L'-L)(VV'\cos 2\omega)^{\frac{1}{2}}}{R\cos\omega} = 1 - \frac{2\sin^2\tfrac{1}{4}(L'-L)(VV'\cos 2\omega)^{\frac{1}{2}}}{p\cos\omega} = 1 - \frac{\delta}{\mu};$$

en faisant

$$\delta = \frac{2\sin^2\tfrac{1}{4}(L'-L)(VV'\cos 2\omega)^{\frac{1}{2}}}{\cos\omega};$$

2.

on aura donc

$$R = \frac{\cos\frac{1}{2}(L'-L)\,(VV'\cos 2\omega)^{\frac{1}{2}}}{\cos\omega\left(1-\frac{\delta}{p}\right)},$$

$$R^2 = \frac{\cos^2\frac{1}{2}(L'-L)\,(VV'\cos 2\omega)}{\cos^2\omega\left(1-\frac{c}{p}\right)^2},$$

$$ct\sqrt{p} = \frac{1}{6}(L'-L)\left[V^2+V'^2+\frac{4\cos^2\frac{1}{2}(L'-L)(VV'\cos 2\omega)}{\cos^2\omega\left(1-\frac{\delta}{p}\right)^2}\right];$$

or

$$V^2+V'^2 = VV'\left(\frac{V}{V'}+\frac{V'}{V}\right) = VV'[\cot(45°+\omega)+\tang(45°+\omega)]$$
$$= VV'\left(\frac{2}{\cos 2\omega}\right);$$

donc

$$ct\sqrt{p} = \frac{1}{6}(L'-L)\left[\frac{2VV'}{\cos 2\omega}+\frac{4\cos^2\frac{1}{2}(L'-L)(VV'\cos 2\omega)}{\cos^2\omega\left(1-\frac{\delta}{p}\right)^2}\right],$$

$$\pi = \sqrt{p} = \frac{\frac{1}{6}(L'-L)\,2VV'}{ct\cos 2\omega}+\frac{\frac{2}{3}(L'-L)\cos^2\frac{1}{2}(L'-L)(VV'\cos 2\omega)}{ct\cos^2\omega\left(1-\frac{\delta}{p}\right)^2}$$

$$= \frac{\frac{1}{3}(L'-L)VV'}{ct\cos 2\omega}+\frac{\frac{2}{3}(L'-L)\cos^2\frac{1}{2}(L'-L)\,VV'\cos^2 2\omega}{ct\cos 2\omega\cos^2\omega\left(1-\frac{\delta}{p}\right)^2}$$

Soit pour abréger, $a = \dfrac{\frac{1}{3}(L'-L)\,VV'}{ct\cos 2\omega}$ et $\varepsilon = \dfrac{2a\cos^2 2\omega\cos^2\frac{1}{2}(L'-L)}{\cos^2\omega}$

$$\pi = a+\frac{2a\cos^2 2\omega\cos^2\frac{1}{2}(L'-L)}{\cos^2\omega\left(1-\frac{\delta}{p}\right)^2} = a+\frac{\varepsilon}{\left(1-\frac{\delta}{p}\right)^2},$$

$$(\pi-a)\left(1-\frac{\delta}{p}\right)^2 = \varepsilon = (\pi-a)\left(1-\frac{\delta}{\pi^2}\right)^2.$$

226. Soit $\pi = q+\mu$, $\pi-a = q-a+\mu$, q étant la valeur approchée de π, et μ une petite quantité, ensorte qu'on pourra négliger les μ^2.

$$\varepsilon = (q-a)\left(1-\frac{\delta}{q^2}\right)^2+\mu\left(1-\frac{\delta}{\pi^2}\right)^2$$

$$= (q-a)\left(1-\frac{\delta}{q^2+2q\mu}\right)^2+\mu\left(1-\frac{\delta}{q^2}\right)^2,\ \text{en négligeant les } \mu^2,$$

$$= (q-a)\left(1-\frac{\left(\frac{\delta}{q^2}\right)}{1+\frac{2\mu}{q}}\right)^2+\mu\left(1-\frac{\delta}{q^2}\right)^2$$

$$= (q-a)\left[1 - \frac{\delta}{q^2}\left(1 - \frac{2\mu}{q}\right)\right]^2 + \mu\left(1 - \frac{\delta}{q^2}\right)^2$$

$$= (q-a)\left(1 - \frac{\delta}{q^2} + \frac{2\mu\delta}{q^3}\right)^2 + \mu\left(1 - \frac{\delta}{q^2}\right)^2$$

$$= (q-a)\left[\left(1 - \frac{\delta}{q^2}\right)^2 + \frac{4\mu\delta}{q^3}\left(1 - \frac{\delta}{q^2}\right)\right] + \mu\left(1 - \frac{\delta}{q^2}\right)^2$$

$$= (q-a)\left(1 - \frac{\delta}{q^2}\right)^2 + (q-a)\frac{4\mu\delta}{q^3}\left(1 - \frac{\delta}{q^2}\right) + \mu\left(1 - \frac{\delta}{q^2}\right)^2,$$

$$\varepsilon = (q-a)\left(1 - \frac{\delta}{q^2}\right)^2 + (q-a)\frac{4\mu\delta}{q^3}\left(1 - \frac{\delta}{q^2}\right) + \mu\left(1 - \frac{\delta}{q^2}\right)^2$$

$$\mu = \frac{\varepsilon - (q-a)\left(1 - \frac{\delta}{q^2}\right)^2}{\left(1 - \frac{\delta}{q^2}\right)^2 + (q-a)\frac{4\delta}{q^3}\left(1 - \frac{\delta}{q^2}\right)}$$

$$= \frac{\varepsilon - (q-a)\frac{(q^2-\delta)^2}{q^4}}{\frac{(q^2-\delta)^2}{q^4} + (q-a)\frac{4\delta}{q^3}\frac{(q^2-\delta)}{q^2}} = \frac{\varepsilon q^5 - (q^2-aq)(q^2-\delta)^2}{(q^2-\delta)^2 q + (q-a)(4\delta)(q^2-\delta)}$$

$$= \frac{\varepsilon q^5 - (q^2-aq)(q^2-\delta)^2}{(q^2-\delta)[(q^2-\delta)q + (q-a)(4\delta)]} = \frac{\varepsilon q^5 - (q^2-aq)(q^2-\delta)^2}{(q^2-\delta)(q^3 - \delta q + 4\delta q - 4a\delta)}$$

$$= \frac{\varepsilon q^5 - (q^2-aq)(q^2-\delta)^2}{(q^2-\delta)(q^3 + 3\delta q - 4a\delta)}.$$

$$\pi = q + \mu; \quad \mu = \frac{\varepsilon q^5 - (q^2-aq)(q^2-\delta)^2}{(q^2-\delta)(q^3 + 3\delta q - 4a\delta)},$$

$$\pi = \frac{q(q^2-\delta)(q^3 + 3\delta q - 4a\delta) + \varepsilon q^5 - (q^2-aq)(q^2-\delta)^2}{(q^2-\delta)(q^3 + 3\delta q - 4a\delta)}$$

$$= \frac{\varepsilon q^5 + (q^2-\delta)q(q^3 + 3\delta q - 4a\delta) - (q^2-aq)(q^2-\delta)^2}{(q^2-\delta)(q^3 + 3\delta q - 4a\delta)}$$

$$= \frac{\varepsilon q^5 + (q^2-\delta)(q^4 + 3\delta q^2 - 4a\delta q - q^4 + aq^3 - aq\delta + \delta q^2)}{(q^2-\delta)(q^3 + 3\delta q - 4a\delta)}$$

$$= \frac{\varepsilon q^5 + (q^2-\delta)(aq^3 + 4\delta q^2 - 5a\delta q)}{(q^2-\delta)(q^3 + 3\delta q - 4a\delta)} = \frac{\varepsilon q^5 + (q^2-\delta)(aq^2 + 4\delta q - 5a\delta)q}{(q^2-\delta)(q^3 + 3\delta q^2 - 4a\delta)};$$

mais $q = 3a$ par approximation; donc

$$\pi = \frac{243a^5\varepsilon + (9a^2-\delta)(3a)(9a^3 + 12a\delta - 5a\delta)}{(9a^2-\delta)(27a^3 + 9a\delta - 4a\delta)} = \frac{243a^4\varepsilon + (27a^2-3\delta)(9a^3 + 7a\delta)}{(9a^2-\delta)(27a^2 + 5\delta)}$$

$$= \frac{9a^2\varepsilon + \left(1 - \frac{3\delta}{27a^2}\right)(9a^3 + 7a\delta)}{(9a^2-\delta)\left(1 + \frac{5\delta}{27a^2}\right)} = \frac{9a^2\varepsilon + (1 - 3\beta)a(9a^2 + 7\delta)}{(9a^2-\delta)(1 + 5\beta)}$$

$$= \frac{27a^2\varepsilon + (1 - 3\beta)a(27a^2 + 21\delta)}{(27a^2 - 3\delta)(1 + 5\beta)} = \frac{\varepsilon + (1 - 3\beta)a\left(1 + \frac{21\delta}{27a^2}\right)}{\left(1 - \frac{3\delta}{27a^2}\right)(1 + 5\beta)}$$

$$= \frac{\varepsilon + (1-3\beta)a(1+21\beta)}{(1-3\beta)(1+5\beta)} = \frac{\dfrac{a\varepsilon}{(1-3\beta)a} + a(1+21\beta)}{(1+5\beta)}$$

$$= \frac{a\gamma + a(1+21\beta)}{(1+5\beta)} = \frac{a(1+\gamma+21\beta)}{(1+5\beta)}$$

en faisant $\gamma = \dfrac{\varepsilon}{(1-3\beta)a}$.

227. Toutes les opérations se réduisent aux formules suivantes, qui sont simples et commodes, mais qui seront d'autant moins exactes que $(L'-L)$ sera plus considérable.

$$\text{I.} \ldots \ \frac{V'}{V} = \text{tang}\,(45°+\omega)\,; \qquad \text{II.} \ldots \ a = \tfrac{1}{3}q = \frac{(L'-L)VV'}{3\,ct\,\cos 2\omega}\,,$$

$$\text{III.} \ldots \ \beta = \frac{\delta}{27a^2} = \frac{2\sin^2\tfrac{1}{4}(L'-L)\sqrt{VV'\cos 2\omega}}{27a^2\cos\omega}\,,$$

$$\text{IV.} \ldots \ \gamma = \frac{2\cos^2 2\omega\,\cos^2\tfrac{1}{2}(L'-L)}{(1-3\beta)\cos^2\omega}\,, \qquad \text{V.} \ldots \ \sqrt{p} = \frac{a(1+\gamma+21\beta)}{(1+5\beta)}\,.$$

228. Voici une autre solution, qui est également de M. Gauss.

On a par l'article (122), a étant ici le demi-grand axe,

$$a = \frac{(VV')^{\frac{1}{2}}\cos\tfrac{1}{2}(u'-u)}{\sin^2\tfrac{1}{2}(x'-x)}\left(\frac{\left(\frac{V'}{V}\right)^{\frac{1}{2}}+\left(\frac{V}{V'}\right)^{\frac{1}{2}}}{2\cos\tfrac{1}{2}(u'-u)} - \cos\tfrac{1}{2}(x'-x)\right)$$

$$= \frac{(VV')^{\frac{1}{2}}\cos\tfrac{1}{2}(u'-u)}{\sin^2\tfrac{1}{2}(x'-x)}\left[1+2l-\cos\tfrac{1}{2}(x'-x)\right];$$

en faisant $\qquad 1+2l = \dfrac{\left(\frac{V'}{V}\right)^{\frac{1}{2}}+\left(\frac{V}{V'}\right)^{\frac{1}{2}}}{2\cos\tfrac{1}{2}(u'-u)}\,,$

$$a = \frac{(VV')^{\frac{1}{2}}\cos\tfrac{1}{2}(u'-u)}{\sin^2\tfrac{1}{2}(x'-x)}\left[2l+2\sin^2\tfrac{1}{4}(x'-x)\right]$$

$$= \frac{2(VV')^{\frac{1}{2}}\cos\tfrac{1}{2}(u'-u)}{\sin^2\tfrac{1}{2}(x'-x)}\left[l+\sin^2\tfrac{1}{4}(x'-x)\right],$$

$$\sqrt{a} = \frac{\sqrt{2(VV')^{\frac{1}{2}}\cos\tfrac{1}{2}(u'-u)\left[l+\sin^2\tfrac{1}{4}(x'-x)\right]}}{\sin\tfrac{1}{2}(x'-x)}.$$

229. $z' - z = \dfrac{ct}{a^{\frac{3}{2}}} = x' - \sin \varepsilon \sin x' - x + \sin \varepsilon \sin x$

$$= (x' - x) - \sin \varepsilon \, (\sin x' - \sin x)$$

$$= (x' - x) - 2 \sin \tfrac{1}{2} (x' - x) \, \sin \varepsilon \cos \tfrac{1}{2} (x' + x)$$

Mais (116)

$$\frac{(VV')^{\frac{1}{2}} \cos \tfrac{1}{2} (u' - u)}{a} = \cos \tfrac{1}{2} (x' - x) - \sin \varepsilon \cos \tfrac{1}{2} (x' + x),$$

d'où $\quad \sin \varepsilon \cos \tfrac{1}{2} (x' + x) = \cos \tfrac{1}{2} (x' - x) - \dfrac{(VV')^{\frac{1}{2}} \cos \tfrac{1}{2} (u' - u)}{a}$;

donc

$$\frac{ct}{a^{\frac{3}{2}}} = (x' - x) - 2 \sin \tfrac{1}{2} (x' - x) \cos \tfrac{1}{2} (x' - x)$$

$$+ \, 2 \sin \tfrac{1}{2} (x' - x) \frac{(VV')^{\frac{1}{2}} \cos \tfrac{1}{2} (u' - u)}{a} \, ;$$

$$= (x' - x) - \sin (x' - x) + \frac{2 \sin \tfrac{1}{2} (x' - x) \cos \tfrac{1}{2} (u' - u) \, (VV')^{\frac{1}{2}}}{a}$$

$$= (x' - x) - \sin (x' - x) + \frac{2 \sin \tfrac{1}{2} (x' - x) \cos \tfrac{1}{2} (u' - u) \, (VV')^{\frac{1}{2}}}{\dfrac{2 (VV')^{\frac{1}{2}} \cos \tfrac{1}{2} (u' - u) \left[l + \sin^2 \tfrac{1}{4} (x' - x) \right]}{\sin^2 \tfrac{1}{2} (x' - x)}},$$

$$\frac{ct}{a^{\frac{3}{2}}} = (x' - x) - \sin (x' - x) + \frac{\sin^3 \tfrac{1}{2} (x' - x)}{l + \sin^2 \tfrac{1}{4} (x' - x)} ;$$

mais $\quad \dfrac{ct}{a^{\frac{3}{2}}} = \dfrac{ct \sin^3 \tfrac{1}{2} (x' - x)}{2^{\frac{3}{2}} (VV')^{\frac{3}{4}} \cos^{\frac{3}{2}} \tfrac{1}{2} (u' - u) \left[l + \sin^2 \tfrac{1}{4} (x' - x) \right]^{\frac{3}{2}}}$

$$= \frac{ct}{2^{\frac{3}{2}} (VV')^{\frac{3}{4}} \cos^{\frac{3}{2}} \tfrac{1}{2} (u' - u)} \cdot \frac{\sin^3 \tfrac{1}{2} (x' - x)}{\left[l + \sin^2 \tfrac{1}{4} (x' - x) \right]^{\frac{3}{2}}} ,$$

Soit $\quad m = \dfrac{ct}{2^{\frac{3}{2}} (VV')^{\frac{3}{4}} \cos^{\frac{3}{2}} \tfrac{1}{2} (u' - u)}$, nous aurons

$$\frac{m \sin^3 \tfrac{1}{2} (x' - x)}{\left[l + \sin^2 \tfrac{1}{4} (x' - x) \right]^{\frac{3}{2}}} = (x' - x) - \sin (x' - x) + \frac{\sin^3 \tfrac{1}{2} (x' - x)}{l + \sin^2 \tfrac{1}{4} (x' - x)}$$

$$\pm m = \left[(x' - x) - \sin (x' - x) \right] \frac{\left[l + \sin^2 \tfrac{1}{4} (x' - x) \right]^{\frac{3}{2}}}{\sin^3 \tfrac{1}{2} (x' - x)} + \left[l + \sin^2 \tfrac{1}{4} (x' - x) \right]^{\frac{1}{2}}$$

$$= \left[(l + \sin^2 \tfrac{1}{4} (x' - x) \right]^{\frac{1}{2}} + \left[l + \sin^2 \tfrac{1}{4} (x' - x) \right]^{\frac{3}{2}} \frac{(x' - x) - \sin (x' - x)}{\sin^3 \tfrac{1}{2} (x' - x)} .$$

On prend le signe $+$ quand $\sin \tfrac{1}{2} (x' - x)$ est positif ; on prend le signe $-$ quand il est négatif.

Si $\cos \frac{1}{2}(u'-u)$ se trouvait négatif, M. Gauss prescrit de faire

$$\frac{\left(\frac{V'}{V}\right)^{\frac{1}{2}}+\left(\frac{V}{V'}\right)^{\frac{1}{2}}}{2\cos\frac{1}{2}(u'-u)} - 1 = -2L,$$

$$M = \frac{ct}{2^{\frac{1}{2}}\left[-\cos^{\frac{3}{2}}\frac{1}{2}(u'-u)(VV')^{\frac{1}{2}}\right]}, \quad a = \frac{-2\left[L-\sin^2\frac{1}{4}(x'-x)\right]\cos\frac{1}{2}(u'-u)(VV')^{\frac{1}{2}}}{\sin^2\frac{1}{2}(x'-x)}$$

$$\pm M = -\left[L-\sin^2\frac{1}{4}(x'-x)\right]^{\frac{1}{2}}+\left[L-\sin^2\frac{1}{4}(x'-x)\right]^{\frac{3}{2}}\left(\frac{(x'-x)-\sin(x'-x)}{\sin^3\frac{1}{2}(x'-x)}\right).$$

230. La valeur de m est transcendante, on ne peut la déterminer que par des essais successifs. Avant d'y procéder, M. Gauss cherche les moyens d'en rendre le calcul plus commode.

Soit $\tan(45°+\omega')=\left(\frac{V'}{V}\right)^{\frac{1}{4}}$; $\tan^2(45°+\omega')=\left(\frac{V'}{V}\right)^{\frac{1}{2}}$ et $\left(\frac{V}{V'}\right)^{\frac{1}{2}}=\cot^2(45°+\omega')$

$$\left(\frac{V'}{V}\right)^{\frac{1}{2}}+\left(\frac{V}{V'}\right)^{\frac{1}{2}} = \tan^2(45°+\omega')+\cot^2(45°+\omega')$$
$$= \tan\left[(45°+\omega')-\cot(45°+\omega')\right]^2$$
$$\qquad\qquad +2\tan(45°+\omega')\cot(45°+\omega')$$
$$= \left[\tan(45+\omega')-\cot(45'+\omega')\right]^2+2$$
$$= 2+\left(\frac{\sin(45°+\omega')}{\cos(45°+\omega')}-\frac{\cos(45°+\omega')}{\sin(45°+\omega')}\right)^2$$
$$= 2+\left(\frac{\sin^2(45°+\omega')-\cos^2(45°+\omega')}{\sin(45°+\omega')\cos(45°+\omega')}\right)^2 = 2+\left(\frac{2\sin^2(45°+\omega')-1}{\frac{1}{2}\sin 2(45°+\omega')}\right)^2$$
$$= 2+\left(\frac{\cos(90°+2\omega')}{\frac{1}{2}\sin(90°+2\omega')}\right)^2 = 2+\frac{\sin^2 2\omega'}{\frac{1}{4}\cos^2 2\omega'}$$
$$= 2+4\tan^2 2\omega' = (1+2l)\,2\cos\frac{1}{2}(u'-u)\ (228),$$

et $\quad 1+2l = \frac{1}{\cos\frac{1}{2}(u'-u)}+\frac{2\tan^2 2\omega'}{\cos\frac{1}{2}(u'-u)},$

$$2l = \frac{1}{\cos\frac{1}{2}(u'-u)}-1+\frac{2\tan^2 2\omega'}{\cos\frac{1}{2}(u'-u)} = \frac{1-\cos\frac{1}{2}(u'-u)}{\cos\frac{1}{2}(u'-u)}+\frac{2\tan^2 2\omega'}{\cos\frac{1}{2}(u'-u)}$$
$$= \frac{2\sin^2\frac{1}{4}(u'-u)}{\cos\frac{1}{2}(u'-u)}+\frac{2\tan^2 2\omega'}{\cos\frac{1}{2}(u'-u)},$$
$$l = \frac{\sin^2\frac{1}{4}(u'-u)}{\cos\frac{1}{2}(u'-u)}+\frac{\tan^2 2\omega'}{\cos\frac{1}{2}(u'-u)},$$

ou bien $\quad L = -\frac{\sin^2\frac{1}{4}(u'-u)}{\cos\frac{1}{2}(u'-u)}-\frac{\tan^2 2\omega'}{\cos\frac{1}{2}(u'-u)}.$

231. Dans le cas où $\dfrac{(x'-x) - \sin(x'-x)}{\sin^3 \frac{1}{2}(x'-x)}$ n'est pas considérable, M. Gauss le développe en une série ordonnée suivant les puissances de $\sin \frac{1}{4}(x'-x)$. Nous allons donner ces développemens qui ne sont qu'indiqués dans son ouvrage.

Mettez pour $x'-x$ sa valeur $x'-x = \sin(x'-x) + \dfrac{\sin^3(x'-x)}{2.3}$ $+ \dfrac{3\sin^5(x'-x)}{2.4.6} + \dfrac{3.5\sin^7(x'-x)}{2.4.6.7} +$ etc., changez chaque terme $\sin^n(x'-x)$ en $2^n \sin^n \frac{1}{2}(x'-x)\cos^n \frac{1}{2}(x'-x)$; changez ensuite $\cos^n \frac{1}{2}(x'-x)$ en $[1 - \sin^2 \frac{1}{2}(x'-x)]^{\frac{n}{2}}$; développez les radicaux jusqu'à la puissance que vous voudrez conserver, vous aurez le numérateur en une série ordonnée suivant les puissances de $\sin \frac{1}{2}(x'-x)$; par des opérations semblables, vous la changerez en une série ordonnée suivant les puissances de $\sin \frac{1}{4}(x'-x)$.

Transformez de même le dénominateur, et vous aurez

$$\frac{x'-x-\sin(x'-x)}{\sin^3 \frac{1}{2}(x'-x)} = \frac{\frac{32}{3}\sin^3 \frac{1}{4}(x'-x) - \frac{16}{5}\sin^5 \frac{1}{4}(x'-x) - \frac{4}{7}\sin^7 \frac{1}{4}(x'-x) - \text{etc.}}{8\sin^3 \frac{1}{4}(x'-x) - 12\sin^5 \frac{1}{4}(x'-x) + 3\sin^7 \frac{1}{4}(x'-x) - \text{etc.}}$$

$$= \frac{\frac{32}{3} - \frac{16}{5}\sin^2 \frac{1}{4}(x'-x) - \frac{4}{7}\sin^4 \frac{1}{4}(x'-x)}{8 - 12\sin^2 \frac{1}{4}(x'-x) + 3\sin^4 \frac{1}{4}(x'-x)} \quad \ldots\ldots (M).$$

Exécutez la division algébrique, vous aurez aisément

$$\frac{x'-x-\sin(x'-x)}{\sin^3 \frac{1}{2}(x'-x)} = \frac{4}{3} + \frac{8}{5}\sin^2 \frac{1}{4}(x'-x) + \frac{6}{3}\frac{4}{5}\sin^4 \frac{1}{4}(x'-x) + \text{etc.}$$

$$= \frac{4}{3} + \frac{4}{3}\cdot\frac{6}{5}\sin^2 \frac{1}{4}(x'-x) + \frac{4}{3}\cdot\frac{6}{5}\cdot\frac{8}{7}\sin^4 \frac{1}{4}(x'-x) + \text{etc.}$$

série dont la loi est évidente, que l'on peut continuer, et à laquelle M. Gauss parvient par des procédés plus savans; mais cette serie ne serait pas fort commode.

Divisez au contraire la fraction (M) par son numérateur, et vous aurez aussitôt

$$\frac{(x'-x) - \sin(x'-x)}{\sin^3 \frac{1}{2}(x'-x)} = \frac{1}{\frac{3}{4} - \frac{9}{10}\sin^2 \frac{1}{4}(x'-x) + \frac{9}{175}\sin^4 \frac{1}{4}(x'-x) - \text{etc.}}$$

$$= \frac{1}{\frac{3}{4} - \frac{9}{10}\left[\sin^2 \frac{1}{4}(x'-x) - \frac{12}{175}\sin^4 \frac{1}{4}(x'-x) + \text{etc.}\right]}$$

$$= \frac{1}{\frac{3}{4} - \frac{9}{10}\left[\sin^2 \frac{1}{4}(x'-x) - \xi\right]} \quad \ldots\ldots (\alpha),$$

en faisant $\xi =$ à la somme des termes ultérieurs; suivant mon calcul que j'ai borné aux quatrièmes puissances

$$\xi = \tfrac{10}{175}\, \sin^4 \tfrac{1}{4}\,(x'-x) = \tfrac{4}{70}\, \sin^4 \tfrac{1}{4}\,(x'-x)\,;$$

mais cette valeur est incomplète, il y manque les puissances paires supérieures à la quatrième. De l'équation (α) on déduit aisément

$$\xi = \frac{\sin^3 \tfrac{1}{4}\,(x'-x) - \tfrac{3}{4}\,[(x'-x) - \sin(x'-x)]\,[1 - \tfrac{6}{5}\,\sin^2 \tfrac{1}{4}\,(x'-x)]}{\tfrac{9}{10}\,[(x'-x) - \sin(x'-x)]}.$$

M. Gauss a transformé cette expression en une fraction continue, où il n'y a de variable que $\sin \tfrac{1}{4}\,(x'-x)$, et il en a fait une table que nous donnerons à la fin de ce chapitre.

252. Nous aurons donc

$$m = \big[\, l + \sin^2 \tfrac{1}{4}\,(x'-x)\,\big]^{\frac{1}{2}} + \frac{[\, l + \sin^2 \tfrac{1}{4}\,(x'-x)\,]^{\frac{1}{2}}}{\tfrac{3}{4} - \tfrac{9}{10}\,[\sin^2 \tfrac{1}{4}\,(x'-x) - \xi]}$$

et

$$\frac{m}{[\, l + \sin^2 \tfrac{1}{4}\,(x'-x)\,]^{\frac{1}{2}}} = 1 + \frac{l + \sin^2 \tfrac{1}{4}\,(x'-x)}{\tfrac{3}{4} - \tfrac{9}{10}\,[\sin^2 \tfrac{1}{4}\,(x'-x) - \xi]} = y\,;$$

d'où

$$\frac{m^2}{l + \sin^2 \tfrac{1}{4}\,(x'-x)} = y^2\,, \quad \sin^2 \tfrac{1}{4}\,(x'-x) = \frac{m^2}{y^2} - l\,,$$

$$y - 1 = \frac{l + \sin^2 \tfrac{1}{4}\,(x'-x)}{\tfrac{3}{4} - \tfrac{9}{10}\,[\sin^2 \tfrac{1}{4}\,(x'-x) - \xi]}\,,$$

$$y^2\,(y - 1) = \frac{m^2}{\tfrac{3}{4} - \tfrac{9}{10}\,[\sin^2 \tfrac{1}{4}\,(x'-x) - \xi]}\,,$$

$$y^2\,(y - 1) = \frac{m^2}{\tfrac{3}{4} - \tfrac{9}{10}\left(\dfrac{m^2}{y^2} - l - \xi\right)} = \frac{m^2}{\tfrac{3}{4} - \tfrac{9}{10}\,\dfrac{m^2}{y^2} + \tfrac{9}{10}\,l + \tfrac{9}{10}\,\xi}\,;$$

$$\tfrac{3}{4}\,y^2\,(y-1) - \tfrac{9}{10}\,(y-1)\,m^2 + \tfrac{9}{10}\,l.y^2\,(y-1) + \tfrac{9}{10}\,\xi\,y^2\,(y-1) = m^2,$$

$$y^2\,(y-1)\left(\tfrac{3}{4} + \tfrac{9}{10}\,l + \tfrac{9}{10}\,\xi\right) = m^2\left(1 + \tfrac{9}{10}\,y - \tfrac{9}{10}\right)$$

$$= m^2\left(\tfrac{1}{10} + \tfrac{9}{10}\,y\right) = \frac{m^2}{10}\,(1 + 9y),$$

$$\frac{y^2\,(y-1)}{9y + 1} = \frac{\tfrac{1}{10}\,m^2}{\tfrac{3}{4} + \tfrac{9}{10}\,l + \tfrac{9}{10}\,\xi} = \frac{\tfrac{1}{9}\,m^2}{\tfrac{30}{36} + l + \xi}\,,$$

$$\frac{9y^2\,(y-1)}{9y + 1} = \frac{m^2}{\tfrac{5}{6} + l + \xi} = h.$$

Nous arrivons ainsi, par un chemin facile et direct, aux formules de M. Gauss.

253.

233. Nous avons vu que ξ est une quantité du quatrième ordre par rapport à $\sin \frac{1}{4}(x'-x)$ qui sera un angle peu considérable ; négligeons ξ dans une première approximation, nous connaîtrons h à fort peu près. Nous en déduirons y en résolvant l'équation cubique $h = \frac{9y^2(y-1)}{9y+1}$: la valeur de y sera fort approchée. Nous en conclurons une valeur approximative de $\sin^2\frac{1}{4}(x'-x) = \frac{m^2}{y^2} - l$; avec cette valeur de $\sin^2\frac{1}{4}(x'-x)$, nous prendrons ξ dans la table de M. Gauss ; cette quantité variera peu, et nous l'aurons exactement ; avec ξ nous recommencerons le calcul de h, de y^2 et de $\sin^2\frac{1}{4}(x'-x)$; nous chercherons de nouveau ξ, et nous recommencerons encore une fois le calcul ; mais le plus souvent nous retrouverons ξ tel qu'il était d'abord, et alors nous n'aurons pas besoin de recommencer. Nous donnerons un exemple de ces calculs.

La table de yy s'étend jusqu'à $(x'-x) = 66°$; quand l'inconnue passe cette limite, on la trouve par des tâtonnemens qui ne sont pas difficiles. On fait pour $(x'-x)$ des suppositions que l'on porte dans l'équation $\pm m =$ etc. (229) ; le progrès des erreurs indique aisément la valeur véritable.

Si l'on prenait y pour argument, rien ne serait plus simple que le calcul de la table qui donnerait h. On pourra commencer par construire cette table, qu'on ramènera facilement à l'argument h par de simples parties proportionnelles, ainsi que nous avons fait (XXI. 22) pour la table de l'équation du centre.

y surpasse toujours l'unité ; dans la table il ne va pas tout à fait à 1,5.

234. Quand on connaîtra $\sin^2\frac{1}{2}(x'-x)$, on aura (228)

$$a = \frac{2\,(VV')\cos\frac{1}{2}(u'-u)}{\sin^2\frac{1}{2}(x'-x)}\left[l + \sin^2\frac{1}{4}(x'-x)\right] = \frac{2\,(VV')^{\frac{1}{2}}\cos\frac{1}{2}(u'-u)}{\sin^2\frac{1}{2}(x'-x)} \cdot \frac{m^2}{y^2}$$

$$= \frac{c^2 t^2}{4y^2\,(VV')\cos^2\frac{1}{2}(u'-u)\,\sin^2\frac{1}{2}(x'-x)},$$

en remettant pour m^2 sa valeur $\dfrac{c^2 t^2}{2^3.(VV')^{\frac{3}{2}}\cos^3\frac{1}{2}(u'-u)}$ (229).

235. Alors $b = a\cos\varepsilon = \dfrac{(VV')^{\frac{1}{2}}\sin\frac{1}{2}(u'-u)}{\sin\frac{1}{2}(x'-x)}$ (108).

$$236. \quad p = \frac{b^2}{a} = \frac{(VV')\sin^2\frac{1}{2}(u'-u)}{\sin^2\frac{1}{2}(x'-x)} \cdot \frac{4y^2(VV')\cos^2\frac{1}{2}(u'-u)\sin^2\frac{1}{2}(x'-x)}{c^2 t^2}$$

$$= \frac{4y^2(VV')^2\sin^2\frac{1}{2}(u'-u)\cos^2\frac{1}{2}(u'-u)}{c^2 t^2}$$

$$= \frac{y^2(VV')^2\sin^2(u'-u)}{c^2 t^2},$$

$$ct\sqrt{p} = y\,VV'\sin(u'-u),$$

$$y = \frac{ct\sqrt{p}}{VV'\sin(u'-u)} = \frac{\text{double secteur elliptique}}{\text{double triangle inscrit}};$$

y exprime donc le rapport entre le secteur elliptique et le triangle rectiligne formé par les deux rayons vecteurs et la corde de l'arc elliptique. Prenons la surface du triangle pour unité, y sera le secteur elliptique, et $y - 1$ le segment elliptique compris entre l'arc et la corde. On a vu (232) l'expression de y ; on a encore

$$237. \quad y = \frac{ct\sqrt{p}}{VV'\sin(u'-u)} = \frac{a^{\frac{1}{2}}\cos\varepsilon\,.\,ct}{\sin(u'-u)\dfrac{a\cos\varepsilon\sin x}{\sin u}\cdot\dfrac{a\cos\varepsilon\sin x'}{\sin u'}} \quad (98)$$

$$= \frac{a^{-\frac{3}{2}}ct\,\sin u\sin u'}{\cos\varepsilon\sin(u'-u)\sin x\sin x'} = \frac{a^{-\frac{3}{2}}ct}{\cos\varepsilon\sin x\sin x'(\cot u - \cot u')}$$

$$= \frac{a^{-\frac{3}{2}}ct}{\cos\varepsilon\sin x\sin x'\left(\dfrac{\cos x - \sin\varepsilon}{\cos\varepsilon\sin x} - \dfrac{\cos x' - \sin\varepsilon}{\cos\varepsilon\sin x'}\right)} \quad (99)$$

$$= \frac{a^{-\frac{3}{2}}ct}{(\cos x - \sin\varepsilon)\sin x' - (\cos x - \sin\varepsilon)\sin x}$$

$$= \frac{a^{-\frac{3}{2}}ct}{\sin x'\cos x - \cos x'\sin x - \sin\varepsilon(\sin x' - \sin x)}$$

$$= \frac{a^{-\frac{3}{2}}ct}{\sin(x'-x) - \sin\varepsilon\sin\frac{1}{2}(x'-x)\cos\frac{1}{2}(x'+x)}$$

$$= \frac{a^{-\frac{3}{2}}ct}{2\sin\frac{1}{2}(x'-x)\left[\cos\frac{1}{2}(x'-x) - \sin\varepsilon\cos\frac{1}{2}(x'+x)\right]}.$$

238. Il reste à trouver ε. Or

$$\cos\varepsilon = \frac{b}{a}, \quad \tan^2\tfrac{1}{2}\varepsilon = \frac{1-\cos\varepsilon}{1+\cos\varepsilon} = \frac{1-\dfrac{b}{a}}{1+\dfrac{b}{a}} = \frac{a-b}{a+b}.$$

Nous pourrions, à l'exemple de M. Gauss, mettre ici pour b et a leurs valeurs ci-dessus, et en déduire une valeur de $\cos \varepsilon$ et de $\tan g^2 \frac{1}{2} \varepsilon$ en fonction de $(x'-x)$, $(u'-u)$, de ω ou de V, mais ces formules me paraissent trop compliquées pour la pratique.

Ces tables et ces moyens subsidiaires, utiles quand $\frac{1}{2}(x'-x)$ n'est pas un angle bien considérable, cessent d'être praticables dans les cas contraires, alors on en revient à résoudre par approximation, l'équation

$$m=[l+\sin^2\tfrac{1}{2}(x'-x)]^{\frac{1}{2}}+[l+\sin^2\tfrac{1}{2}(x'-x)]^{\frac{3}{2}}\left(\frac{(x'-x)-\sin(x'-x)}{\sin^3\tfrac{1}{2}(x'-x)}\right).$$

en faisant pour $(x'-x)$ des suppositions qui ne s'éloignent pas ordinairement beaucoup de $(u'-u)$. Quand une fois $(x'-x)$ est connu par cette voie, on a tout le reste par les moyens exposés ci-dessus.

239. Il nous reste à donner des exemples des nouvelles méthodes de M. Gauss.

(152) $\quad$ V′.....	0.1573930	
V.....	0.1436950	
$\tan g(45°+\omega)$.......	0.0136980	
$45°+\omega=$	45° 54′ 12″4	
$\omega=$	0.54.12 4	
$2\omega=$	1.48.24 8	
$\frac{1}{2}(L'-L)=$	16.14. 8	
$\frac{1}{4}(L'-L)=$	8. 7. 4	
$\frac{1}{3}(L'-L)=$	10.49.25.33	
$3\beta=$	0.03703794	
$1-3\beta=$	0.96296206	
$5\beta=$	0.06172990	
$1+5\beta=$	1.06172990	
$20\beta=$	0.2469196	
$1\beta=$	0.01234598	
$1+21\beta=$	1.25926558	

VV′....	0.3010880
$\cos 2\omega$....	9.9997840
VV′ $\cos 2\omega$....	0.3008720
$(VV'\cos 2\omega)^{\frac{1}{2}}$...	0.1504360
$\dfrac{VV'}{\cos 2\omega}$....	0.3013040
$\frac{1}{3}(L'-L)$....	4.5906784
$C.c$....	6.4499959
$C.t$....	8.2721975
$\log a$....	9.6141758
$2\log a$....	9.2283516
$C.2\log a$....	0.7716484
$C.27$....	8.5686362
$C.\cos\omega$....	0.0000540
2....	0.3010300
$\sin^2\frac{1}{4}(L'-L)$....	8.2997211
$(VV'\cos 2\omega)^{\frac{1}{2}}$....	0.1504360
$\beta=0.01234598$....	8.0915257

$$2\ldots\ldots 0.3010300$$
$$C.\cos^2\omega\ldots\ldots 0.0001080$$
$$\cos^2 2\omega\ldots\ldots 9.9995680$$
$$C.(1-3\beta)\ldots\ldots 0.0163909$$
$$\cos^2\tfrac{1}{2}(L'-L)\ldots\ldots 9.9646466$$
$$\gamma=1.913125 \quad 0.2817435$$
$$1+2.16=1.259266$$
$$1+\gamma+21\beta=3.172391$$

$$\log a\ldots\ldots 9.6141758$$
$$1+\gamma+21\beta\ldots\ldots 0.5015865$$
$$C.(1+5\beta)\ldots\ldots 9.9739859$$
$$\tfrac{1}{2}\log p\ldots\ldots 0.0895482$$
$$\log p\ldots\ldots 0.1790964$$
$$p=1.51042$$
$$\text{véritable valeur } p=1.51049$$
$$0.00007$$

Pour un secteur de $32°\tfrac{1}{4}$, l'approximation est singulièrement exacte.

$$240.\quad \frac{V'}{V}\ldots\ldots\ldots 0.0136980 \qquad 45°+\omega'=45°\,13'\,33''$$

$$\left(\frac{V'}{V}\right)^{\frac{1}{4}}=\text{tang}\,(45°+\omega')\ldots 0.0034243 \qquad \omega'=0.13.33$$

$$2\omega'=0.27.\,6$$

$$\sin 1''\ldots 4.6855749 \qquad\qquad \text{tang}^2\,2\omega\ldots 5.7934086$$
$$\log c\ldots 3.5500041 \qquad\qquad C.\cos\tfrac{1}{2}(u'-u)\ldots 0.0176743$$
$$t\ldots 1.7278025 \qquad\qquad 0.00006.473\ldots 5.8110829$$
$$ct\sin 1''\ldots 9.9653815 \qquad\qquad C.\cos\tfrac{1}{2}(u'-u)\ldots 0.0176743$$
$$(ct\sin 1'')^2\ldots 9.9267630 \qquad\qquad \sin^2\tfrac{1}{4}(u'-u)\ldots 8.2997211$$
$$C.\log 2^3=8\ldots 9.0969100 \qquad\qquad 0.02076.803\ldots 8.5173954$$
$$C.\cos^3\tfrac{1}{2}(u'-u)\ldots 0.0530229 \qquad\qquad 0.02083.276=l$$
$$C.VV'\ldots 9.6989120 \qquad\qquad 0.83333.333=\tfrac{5}{6}$$
$$C.(VV')^{\frac{1}{2}}\ldots 9.8494560 \qquad\qquad 0.85416.609=\tfrac{5}{6}+l$$
$$m^2\ldots 8.6250639 \qquad\qquad 1.70=\xi$$
$$C.(\tfrac{5}{6}+l)\ldots 0.0684577 \qquad\qquad 0.85418.31=\tfrac{5}{6}+l+\xi$$
$$h=0.049576\ldots 8.6935216 \qquad\qquad m^2\ldots 8.6250639$$
$$\log y^2\,(\text{table I})\ldots 0.0439463 \qquad\qquad C.\tfrac{5}{6}+l+\xi\ldots 0.0684490$$
$$m^2\ldots 8.6250639 \qquad\qquad h\ldots 8.6935129$$
$$\frac{m^2}{y^2}=0.038117\ldots 8.5811176$$
$$l=0.020833$$
$$\sin^2\tfrac{1}{4}(x'-x)=0.017284$$

241. La seconde valeur de h étant la même que la première sensiblement, $\log y^2$ sera encore le même, et par conséquent $\sin^2 \tfrac{1}{4}(x'-x)$ restera... 0.017284

$$\log \sin^2 \tfrac{1}{4}(x'-x) = \dots\dots\dots\dots \quad 8.2376443$$
$$\log \sin \tfrac{1}{4}(x'-x) = \quad 7°33'16'' \quad\quad 9.1188221$$
$$\tfrac{1}{2}(x'-x) = \quad 15.\ 6.32$$
$$x'-x = \quad 30.13.\ 4$$

Véritable valeur $= 30.13.\ 2\ (152)$.

On ne peut desirer rien de plus commode ni de plus exact.

242.

$$(ct \sin 1'')^2 \dots \quad 9.9267630$$
$$C.4 \dots \quad 9.3979400$$
$$C.y^2 \dots \quad 9.9560537$$
$$C.VV' \dots \quad 9.6989120$$
$$C.\cos^2 \tfrac{1}{2}(u'-u) \dots \quad 0.0353486$$
$$C.\sin^2 \tfrac{1}{2}(x'-x) \dots \quad 1.1678702$$
$$a = 1.523658 \quad\quad 0.1828875$$

$$\left.\begin{array}{l} 1.523686 \\ 1.525697 \end{array}\right\} \text{Voyez page 97.}$$

$$(VV')^{\frac{1}{2}} \dots \quad 0.1505440$$
$$\sin \tfrac{1}{2}(u'-u) \quad\quad 9.4465169\ (108)$$
$$C.\sin \tfrac{1}{2}(x'-x) \quad\quad 0.5839351$$
$$b = 1.517036 \quad\quad 0.1809960$$
$$a = 1.523658$$

$$a - b = 0.006622 \dots \quad 7.8209892$$
$$a + b = 3.040694 \quad\quad 9.5170273$$

$$\tan^2 \tfrac{1}{2}\varepsilon \dots\dots\dots \quad 7.5380165$$
$$\tan \tfrac{1}{2}\varepsilon = 2°40'19'' \quad\quad 8.6690082$$
$$\varepsilon = 5.20.38$$

au lieu de $\varepsilon = 5.20.28$ **Voyez pag. 98.**

$$b \dots \quad 0.1809960$$
$$\cos \varepsilon \quad\quad 9.9981083$$
$$p = 1.510443 \quad\quad 0.1791043$$

On aura $\frac{1}{2}(u'+u)$ par la formule 125 ; avec $\frac{1}{2}(u'+u)$ et $\frac{1}{2}(u'-u)$, on aura u' et u, et $\Pi = L - u = L' - u'$, et tous les élémens seront connus.

243. Les méthodes employées jusqu'ici par les astronomes, étaient moins analytiques ; ils n'y faisaient guère entrer les rayons vecteurs, qu'il n'est pas aisé de connaître. On n'en a aucun besoin pour la théorie du soleil, et les méthodes sont d'une grande simplicité. Voici celle que La Caille employait pour trouver l'apogée et l'excentricité du soleil.

On a observé le soleil en B (fig. 18) ; son mouvement angulaire est alors fort uniforme, et si α est le mouvement angulaire pour un jour, le mouvement pour un petit nombre de jours x sera αx.

Soit donc x le tems qui doit s'écouler jusqu'au passage à l'apogée, T le tems de l'observation en B, $T+x$ sera le tems de l'apogée, et $B+\alpha x$ la longitude de l'apogée : tout cela est évident.

244. Vers le périgée, observez la longitude C sur le rayon TC. La longitude C déterminée par la comparaison avec une étoile, ne sera pas comptée du même équinoxe que la longitude B ; car dans l'intervalle entre les deux observations, l'équinoxe aura rétrogradé à raison de $50''$ pour un an ; ainsi pour le soleil entre l'apogée et le périgée, la longitude aurait augmenté de $25''$; et pour réduire l'observation de C au même équinoxe que B, il faudra retrancher $25''$ de la longitude C tirée de l'observation, ce qui ne changera rien à la position réelle du soleil, et nous donnera au contraire la vraie distance angulaire BTC entre les rayons vecteurs TB et TC ; la distance du périgée PTC sera donc $= \text{long. } P - (\text{long. } C - 25'')$.

Cet angle serait véritablement le mouvement angulaire entre la deuxième observation et le passage au périgée, si le périgée était immobile ; mais la ligne AP des apsides aura pris la position ap ; car en comparant les observations anciennes aux modernes, on trouve que le mouvement Aa de l'apogée ou Pp du périgée, est de $12''$ par an, ou de $6''$ en six mois.

CTp sera donc la distance angulaire au périgée, et CT$p =$CTP$+6''$; CT$p =$ longit. $p - $ (longit. C $- 25''$) $=$ longit. P $+ 6'' -$ longit. C $+ 25''$ $= $ P $-$ C $+ 31''$.

Soit π le mouvement diurne vers le périgée ; y le tems qui doit s'écouler jusqu'au passage par le périgée p ; T' le tems de l'observation en C ; $T'+y$

le tems du périgée

$$CTp = \pi y = P - C + 31'' \quad \text{et} \quad P = C - 31'' + \pi y.$$

Soit
$$\pi = \alpha + m\alpha; \quad P = C - 31'' + \alpha y + m\alpha y.$$

Mais (243)
$$A = B + \alpha x.$$

Donc
$$P - A = 180° = C - B - 31'' - m\alpha y - \alpha (y - x),$$
$$my = \frac{180° \, 0' \, 31'' + B - C}{\alpha} - (y - x).$$

Or le tems du périgée $= T' + y$
le tems de l'apogée $= T + x$

$$\text{Intervalle} = \overline{T' - T + y - x}$$
$$\tfrac{1}{2} \text{ révolution elliptique} = \tfrac{1}{2} R = T' - T + (y - x).$$

Donc
$$y - x = (\tfrac{1}{2} R + T - T')$$
$$y = \frac{180° \, 0' \, 31'' + B - C - \alpha (\tfrac{1}{2} R + T - T')}{m\alpha = \pi - \alpha}.$$

Nous connaissons π, α, B, C, T et T'; si nous connaissions R, il ne nous manquerait plus rien pour connaître y, $x = T' - T + y - \tfrac{1}{2} R$; αx, $A = B + \alpha x$; $P = C - 31'' + \pi y$; A et P sont les longitudes de l'apogée et du périgée au tems de la première observation.

En comparant le lieu et le tems de l'apogée à différentes époques, on a reconnu que ce lieu n'est pas fixe, et l'on a trouvé que celui du soleil, par exemple, a un mouvement de 12'' par an; les mêmes calculs ont donné la révolution anomalistique ou d'anomalie, qui est plus longue que la révolution sidérale du tems nécessaire au soleil pour parcourir ces 12'': la révolution sidérale est elle-même plus longue que la révolution tropique du tems qui répond à la précession, ou à 50''. Voyez le chapitre (XXIII).

245. Nous avons vu ci-dessus ($n° 93$), que $du = \frac{bdz}{V^2}$; cette expression devient $\frac{bdz}{(1+e)^2}$ dans l'apogée, et $\frac{bdz}{(1-e)^2}$ dans le périgée; nous aurons donc

$$\pi - \alpha = \frac{bdz}{(1-e)^2} - \frac{bdz}{(1+e)^2} = \frac{4bedz}{(1-e)^2(1+e)^2} = \frac{4bedz}{(1-e^2)^2} = \frac{4(1-e^2)^{\frac{1}{2}}edz}{(1-e)^3} = \frac{4edz}{(1-e^2)^{\frac{3}{2}}},$$

et par conséquent

$$\frac{\pi}{\pi - \alpha} = \frac{\dfrac{bdz}{(1-e)^2}}{\dfrac{4bedz}{(1-e^2)^2}} = \frac{(1-e^2)^2}{(1-e)^2 \, 4e} = \frac{(1+e)^2}{4e} \quad \text{et} \quad \frac{\alpha}{\pi - \alpha} = \frac{(1-e)^2}{4e}.$$

Cette méthode est au fond la même que celle de Manfredi, de La Caille, adoptée par Lalande, et dont on retrouve l'idée dans Képler ; mise en formule, elle devient plus facile à pratiquer et à retenir.

246. Pour le soleil en supposant $e = 0.017$, on trouve $\dfrac{\pi}{\pi - a} = 15,192$, ou 15,2 ; ainsi une seconde d'erreur dans l'observation donne $15'',2$ d'erreur sur le lieu de l'apogée. On ne peut donc compter, à $1'$ près, sur le lieu de l'apogée trouvé par cette méthode ; aucune méthode ne peut même être beaucoup meilleure ; car $1'$ sur l'apogée ne change que d'une minute l'anomalie moyenne, ce qui ne fait que très-peu d'effet sur l'équation du centre, et par conséquent sur la longitude.

247. D'après les formules précédentes, on a $\dfrac{a}{\pi} = \dfrac{\dfrac{bdz}{(1+e)^2}}{\dfrac{bdz}{(1-e)^2}} = \left(\dfrac{1-e}{1+e}\right)^2$,

donc $\sqrt{\dfrac{a}{\pi}} = \dfrac{1-e}{1+e}$; donc $e = \dfrac{1 - \sqrt{\dfrac{a}{\pi}}}{1 + \sqrt{\dfrac{a}{\pi}}} = \dfrac{\sqrt{\pi} - \sqrt{a}}{\sqrt{\pi} + \sqrt{a}}$. Les mouvemens

périgée et apogée donneraient donc une valeur approchée de l'excentricité, mais elle ne serait pas très-précise.

248. L'observation des diamètres donne encore un autre moyen pour déterminer l'excentricité ; car soit d le diamètre observé à l'apogée, D le diamètre observé dans le périgée, δ le diamètre réel du soleil, on aura $d = \dfrac{\delta}{1+e}$, $D = \dfrac{\delta}{1-e}$; donc $\dfrac{d}{D} = \dfrac{1-e}{1+e}$, et par conséquent $e = \dfrac{D-d}{D+d}$.

249. Les mêmes observations des diamètres peuvent ainsi faire trouver à peu près le lieu et le tems de l'apogée. En effet, à égales distances de l'apogée, les rayons vecteurs sont égaux, et les diamètres par conséquent. Il suffit donc d'avoir deux diamètres observés égaux, pour en conclure que le soleil, au milieu de l'intervalle, a dû se trouver apogée.

250. A égales distances de l'apogée, les mouvemens diurnes sont égaux ; il suffit donc d'avoir observé à un mois ou deux d'intervalle, des mouvemens diurnes égaux, pour en conclure le tems et le lieu de l'apogée.

On pourrait multiplier ces observations de mouvemens diurnes et de diamètres

diamètres égaux de part et d'autre de l'apogée, comme on multiplie les hauteurs correspondantes pour avoir le midi vrai.

251. On pourrait déterminer la plus grande équation par l'observation du lieu du soleil dans les deux saisons de l'année, où le mouvement diurne est de $59'8''53$ (69). La différence entre les deux longitudes donnerait le double de la plus grande équation. En effet, dans l'une des deux observations, on aurait

long. vraie = long. moy. — plus grande équation , $\quad V = M - E$;

dans l'autre ,

long. vraie = long. moy. + plus grande équation , $\quad V' = M' + E$,

et par conséquent ,

$$V' - V = M' - M + 2E, \quad \text{ou} \quad E = \tfrac{1}{2}(V' - V) - \tfrac{1}{2}(M' - M).$$

Il n'est pas fort aisé, j'en conviens, de déterminer avec précision le tems où le mouvement vrai est égal au mouvement moyen ; mais en prenant pour cet instant le milieu entre les deux jours où l'on aperçoit une petite différence dans le mouvement diurne, l'une en plus, l'autre en moins, on ne s'y trompera pas beaucoup, et d'ailleurs quand il y auroit une légère erreur, l'équation $E = \tfrac{1}{2}(V' - V) - \tfrac{1}{2}(M' - M)$ n'en serait pas beaucoup affectée ; car elle change peu d'un jour à l'autre.

252. En rassemblant plusieurs observations vers les deux points où le mouvement vrai est égal au mouvement moyen, et les combinant deux à deux pour former notre équation, celle qui donnera la plus grande valeur E sera la moins éloignée de la vérité ; on peut d'ailleurs corriger cette valeur comme il suit.

253. A l'instant de la plus grande équation , l'anomalie moyenne $z = 90° + \frac{5}{4}e + \frac{25}{2^7 . 3}e^3 +$ etc. (72). Donc entre les deux instants de la plus grande équation, $M' - M = 180° + \frac{5}{2}e + \frac{25}{2^5.3}e^3 +$ etc. , avec une valeur approchée de e, on aura une valeur très-approchée de $M' - M$; on connaîtra donc l'intervalle qui doit séparer les deux observations.

D'ailleurs nous connaissons par ce qui précède, et à quelques minutes près , le lieu de l'apogée ; nous connaissons donc $z = 90° + \frac{5}{4}e +$ etc.;

et en combinant tous ces moyens on arrivera à connaître la plus grande
équation, à une seconde près, et nous exposerons dans la suite les
moyens de corriger la petite erreur.

254. Si l'on a observé deux longitudes différentes de 180°, comme
A et P (fig. 19), l'intervalle sera égal à la demi-révolution ; car à l'apogée
comme au périgée, l'équation du centre est nulle, les différences d'anomalie vraie et d'anomalie moyenne sont toutes deux de 180°.

255. Mais si on a observé deux longitudes C et D (fig. 19) différentes
de 180°, mais qui ne soient pas dans les apsides, l'intervalle entre C
et D sera moindre que la demi-révolution, et le secteur CPDC qui
renfermera le périgée sera moindre que le secteur CADC qui renfermera l'apogée. En C, nous aurons

$$z = u + a \sin u + b \sin 2u + c \sin 3u + \text{etc.},$$

en D nous aurons

$$z' = u' + a \sin u' + b \sin 2u' + c \sin 3u' + \text{etc.}$$
$$= (180° + u) - a \sin u + b \sin 2u - c \sin 3u + \text{etc.}$$
$$z' - z = 180° - 2a \sin u - 2c \sin 3u - 2e \sin 5u - \text{etc.}$$

Alors si l'on néglige les petits termes $2c \sin 3u$ et $2e \sin 5u$ qui sont insensibles pour le soleil, on aura

$$2a \sin u = 180° - (z' - z) = 180° - \text{mouv. moyen dans l'intervalle.}$$

256. Si l'on a quatre observations qui soient deux à deux diamétralement opposées, on aura

$$180° - (z' - z) = 2a \sin u + 2c \sin 3u$$
$$180° - (\zeta' - \zeta) = 2a' \sin u' + 2c \sin 3u'$$
$$(z' - z) - (\zeta' - \zeta) = 2a (\sin u' - \sin u) + 2c (\sin 3u' - \sin 3u)$$
$$= 4a \sin \tfrac{1}{2}(u' - u)\cos \tfrac{1}{2}(u' + u) + 4c \sin \tfrac{3}{2}(u' - u) \cos \tfrac{3}{2}(u' + u).$$

257. La somme de nos deux équations est

$$360° - (z' - z) - (\zeta' - \zeta) = 2a(\sin u' + \sin u) + 2c(\sin 3u' + \sin 3u)$$
$$= 4a\sin\tfrac{1}{2}(u' + u)\cos\tfrac{1}{2}(u' - u) + 4c\sin\tfrac{3}{2}(u' + u)\cos\tfrac{3}{2}(u' - u)$$

Divisant cette équation par la précédente, on aura

$$\frac{360^\circ - (z'-z) - (\zeta'-\zeta)}{(z'-z) - (\zeta'-\zeta)} = \frac{4a \sin\frac{1}{2}(u'+u)\cos\frac{1}{2}(u'-u) + 4c \sin\frac{3}{2}(u'+u)\cos\frac{3}{2}(u'-u)}{4a \sin\frac{1}{2}(u'-u)\cos\frac{1}{2}(u'+u) + 4c \sin\frac{3}{2}(u'-u)\cos\frac{3}{2}(u'+u)}$$

$$= \frac{\tang\frac{1}{2}(u'+u)\cot\frac{1}{2}(u'-u) + \dfrac{\dfrac{c}{a}\sin\frac{3}{2}(u'+u)\cos\frac{3}{2}(u'-u)}{\sin\frac{1}{2}(u'-u)\cos\frac{1}{2}(u'+u)}}{1 + \dfrac{\dfrac{c}{a}\sin\frac{3}{2}(u'+u)\cos\frac{3}{2}(u'-u)}{\sin\frac{1}{2}(u'-u)\cos\frac{1}{2}(u'+u)}}$$

$$= \tang\tfrac{1}{2}(u'+u)\cot\tfrac{1}{2}(u'-u)\,;$$

car $\dfrac{c}{a}$ est insensible; donc

$$\tang\tfrac{1}{2}(u'+u) = \frac{360^\circ - (z'-z) - (\zeta'-\zeta)}{(z'-z) - (\zeta'-\zeta)}\,\tang\tfrac{1}{2}(u'-u).$$

C'est encore une manière de trouver les anomalies vraies et l'apogée; mais je ne crois pas qu'elle ait été jamais employée, ni même proposée.

258. Pour juger de la facilité et de l'exactitude de cette méthode, je suppose au hasard une ano-malie moyenne.......................... $z =$ 1.ˢ21.ᵉ10′ 3″8

Mes premières tables du soleil me donnent... $E =$ — 1.28.44.7

l'anomalie vraie sera.................. $u =$ 1.19.41.19.1

périgée.................. $\Pi =$ 9. 9.29. 3

Première longitude....... $L =$ 10.29.10.22.1

Je prends une seconde anomalie............ $z' =$ 7.18.14. 5.3

L'équation correspondante est....... $E =$ + 1.27.13.8

Le seconde anomalie.............. $u =$ 7.19.41.19.1

Périgée.............. $\Pi =$ 9. 9.29.34

Seconde longitude................ $L =$ 4.29.10.53.1

Le périgée s'est avancé de.......... 31

La seconde longitude corrigée est de   4.29.10.22.1

Elle diffère de la première de 180° bien exactement. On voit que pour avoir 6ˢ de différence dans l'ellipse, il faut corriger la seconde longi-tude du mouvement du périgée dans l'intervalle.

Nous pouvons supposer que ces deux longitudes ont été données par deux observations qui différaient de 180° 0′31″ (244).

La seconde longitude ne sera jamais aussi exactement opposée à la première, il s'en faudra d'une partie de degré ; mais au moyen du mouvement diurne observé, on trouvera toujours l'instant de la journée où l'opposition avait lieu ; l'intervalle des tems donnera le mouvement moyen qui, diminué du mouvement de l'apogée, à raison de $50'' + 12'' = 62''$ par an, sera le mouvement d'anomalie moyenne. Il se trouve ici de $5^s\ 27°\ 4'\ 1'',5 = z' - z$.

$$\text{Je choisis une troisième anomalie} \quad \zeta = 4^s\ 20°\ 0'\ 11''7$$
$$E = -\ 1.15.24.5$$
$$u' = 4.18.44.47.2$$
$$\Pi = 9.\ 9.29.18$$
$$\text{Troisième longitude}\ldots\ldots\ldots\ldots\ L' = 1.28.14.\ 5.2$$

$$\text{Une quatrième anomalie}\ldots\ldots\ \zeta' = 10.17.27.56.6$$
$$E = +\ 1.16.50.6$$
$$u' = 10.18.44.47.2$$
$$\Pi = 9.\ 9.26.49$$
$$\text{Quatrième longitude}\ldots\ldots\ldots\ldots\ L' = 7.28.14.36.2$$
$$\text{Mouvement du périgée}\ldots\ldots\ldots\ldots\quad 31$$

$$\text{La seconde longitude corrigée est de}\ldots\quad 7.28.14.\ 5.2$$

Voilà donc deux autres longitudes qui diffèrent comme les premières, de 180°, après la correction de 31″.

259. Cela posé, voici le calcul.

$$\text{Mouvement moyen dans l'ellipse}\ldots\ \zeta' - \zeta = 5^s\ 27°27'\ 44''9$$
$$z' - z = 5.27.\ 4.\ 1.5$$
$$(\zeta' - \zeta) + (z' - z) = 11.24.31.46.4$$
$$\text{Supplément à 360°}\ldots\ldots\ldots\ldots\ldots = 0.\ 5.28.13.6$$
$$(z' - z) - (\zeta' - \zeta) = -\quad 23.43.4$$
$$\tfrac{1}{2}(L' - L) = \tfrac{1}{2}(u' - u) = 1.14.31.44.0$$

$$
\begin{aligned}
\log \quad & 5° 28' 13''6 \ldots\ldots\ 4.2943252 \\
\text{C.} - \quad & 23.43.4 \qquad -\ 6.8466730 \\
\tan \tfrac{1}{2}(u'-u) = \quad & 1.14.31.44.0 \qquad 9.9928577 \\
\tan \tfrac{1}{2}(u'+u) = \quad & 3.\ 4.12.\ 8.0 \qquad -\ 1.1338559 \\
u' = \quad & 4.18.43.52.0 \ \text{trop faible de } 55''. \\
u = \quad & 1.19.40.24.0 \ \text{trop faible de } 55''. \\
L = \quad & 10.29.10.22 \\
\Pi = \quad & 9.\ 9.29.56
\end{aligned}
$$

Nous avons donc le périgée à $55''$ près par u ou par u'.

260. Les deux couples d'observation nous donnent ensuite

$$
a = \frac{180° - (z'-z)}{\sin u} = \frac{180° - (\zeta'-\zeta)}{\sin u'} \quad \text{et} \quad e = \frac{a \sin 1''}{2};
$$

$$
\begin{aligned}
180° - (z' - z) = \quad & 2° 55' 58''5 \ldots\ldots\ 4.0236024 \\
\text{C. } \log 2 \ldots\ldots\ & 9.6989700 \\
\text{C. } \sin u = 49° 40' 24'' \ldots\ldots\ & 0.1178358 \\
a = \quad 1° 55' 24''8 \ldots\ldots\ & 3.8404082 \\
\sin \tfrac{1}{2}'' \ldots\ldots\ & 4.3845449 \\
e = \quad 0.0167862 \ldots\ldots\ & 8.6249532
\end{aligned}
$$

$$
\begin{aligned}
180° - (\zeta' - \zeta) = \quad & 2° 52' 15''1 \ldots\ldots\ 5.9607133 \\
\text{C.} \log 2 \ldots\ldots\ & 9.6989700 \\
\text{C.} \sin u' = 41.16.8 \ldots\ldots\ & 0.1807257 \\
a = \quad 1.55.24.8 \ldots\ldots\ & 5.8404070 \\
\sin \tfrac{1}{2}'' \ldots\ldots\ & 4.3845449 \\
e = \quad 0.0167862 \ldots\ldots\ & 8.2249519
\end{aligned}
$$

Dans la réalité $a = 1° 55' 26''$; l'erreur n'est donc que d'une seconde. Ainsi la méthode a la plus grande exactitude ; elle n'emploie que neuf logarithmes, si l'on ne fait pas doubles les calculs de a et e. Elle a donc aussi toute la briéveté desirable, et rien n'est plus facile que de réunir ainsi les observations opposées deux à deux ; il suffit de les choisir à quelques distances des deux sommets du petit axe, à deux, trois ou quatre mois d'intervalle. Cette méthode remplace avec avantage, et dans l'ellipse, celle par laquelle les anciens déterminaient l'excentricité et l'apogée dans le cercle excentrique par deux équinoxes et deux solstices, c'est-à-dire par quatre longitudes qui deux à deux différaient de 180°.

Formules pour décomposer une Table.

261. Pour terminer tout ce qui regarde le mouvement elliptique et les tables destinées à le calculer, nous allons donner un moyen de trouver la formule numérique que suppose une table donnée dont on ne connaîtrait pas la construction. Nous supposons seulement que la table est composée dans l'hypothèse elliptique rigoureuse, comme elles le sont toutes actuellement, ou plus généralement, que la table a été calculée sur l'équation $E = a \sin z + b \sin 2z +$ etc. En prenant un nombre quelconque de valeurs de z, on aura autant de valeurs de E, et par conséquent autant d'équations entre les coefficiens a, b, c, etc.; d'où, par les procédés ordinaires de l'élimination, on obtiendra les valeurs numériques de a, b, c, etc. ; et en les comparant avec l'équation E du centre (n° 63), où chacune de ces valeurs est donnée en fonction de l'excentricité, on obtiendra des valeurs de l'excentricité qui seront d'autant plus exactes, qu'on l'aura déterminée au moyen d'un plus grand nombre des coefficiens a, b, c, etc. On facilitera beaucoup ce procédé en choisissant pour z des angles dont quelques multiples aient le même sinus en plus ou en moins.

Ainsi en prenant dans la table les valeurs de E correspondantes à $z=90°$; 30°, 150°; 60°, 120°; 45°, 135°; 15°, 165°, on formera les neuf équations

$$
\begin{aligned}
z \\
90° \quad & E &&= a-c+e-g+i-\text{etc.}, \\
30° \quad & E' &&= (\tfrac{1}{2}a+c+\tfrac{1}{2}e-\tfrac{1}{2}g-i)+(b+d-h)\sin 60° \\
150° \quad & E'' &&= (\tfrac{1}{2}a+c+\tfrac{1}{2}e-\tfrac{1}{2}g-i)-(b+d-h)\sin 60°, \\
60° \quad & E''' &&= (a+b-d-e+g+h)\sin 60°, \\
120° \quad & E^{\text{iv}} &&= (a-b+d-e+g-h)\sin 60°, \\
45° \quad & E^{\text{v}} &&= (a+c-e-g+i)\sin 45°+(b-f)\ldots\ldots \sin 45°=\tfrac{1}{2}\sqrt{2}, \\
135° \quad & E^{\text{vi}} &&= (a+c-e-g+i)\sin 45°-(b-f), \\
15° \quad & E^{\text{vii}} &&= a\sin 15°+(c+i)\sin 45°+(d+h)\sin 60°+(c+g)\cos 15°+\tfrac{1}{2}b+f \\
165° \quad & E^{\text{viii}} &&= a\sin 15°+(c+i)\sin 45°-(d+h)\sin 60°+(c+g)\cos 15°-\tfrac{1}{2}b-f
\end{aligned}
$$

262. De ces équations on tire

$$a = \frac{E'+E''+2E}{6} + \frac{E'-E''+E'''-E^{\text{iv}}}{2\sqrt{3}=2\tan 60^\circ}, \qquad b = \frac{(E'-E'')+(E'''-E^{\text{iv}})}{2\tan 60^\circ}$$

Ces deux premiers termes, les plus importans de tous, sont faciles à déterminer ; on aura ensuite

$$\tfrac{1}{2}(c+i) = \frac{E^{\text{v}}+E^{\text{vi}}}{4\sin 45^\circ \tan 60^\circ} + \frac{E^{\text{vii}}+E^{\text{viii}}}{2\tan 60^\circ \sin 75^\circ} - \frac{a}{4\sin 45^\circ \sin 75^\circ};$$

$$\tfrac{1}{2}(c-i) = \tfrac{1}{6}(E'+E''-E).$$

Avec ces deux dernières équations, on a les valeurs de c et de i.

$$\tfrac{1}{2}(d+h) = \frac{(E^{\text{v}}-E^{\text{vi}})+(E^{\text{vii}}-E^{\text{viii}})}{2\tan 60^\circ} - \frac{(E'-E'')+(E'''-E^{\text{iv}})}{4};$$

$$\tfrac{1}{2}(d-h) = \frac{(E'-E'')-(E'''-E^{\text{iv}})}{4\tan 60^\circ}.$$

Ces deux équations donnent les valeurs de d et de h.

$$\tfrac{1}{2}(e+g) = \tfrac{1}{2}a + \tfrac{1}{2}(c+i) - \frac{E^{\text{v}}+E^{\text{vi}}}{4\sin 45^\circ}$$

$$\tfrac{1}{2}(e-g) = \frac{E'+E''+2E}{12} - \frac{E'-E''+E'''-E^{\text{iv}}}{4\tan 60^\circ};$$

d'où l'on tire e et g. Enfin, on a

$$f = b - \frac{E^{\text{v}}-E^{\text{vi}}}{2} = \frac{(E'-E'')+(E'''-E^{\text{iv}})}{2\tan 60^\circ} - \tfrac{1}{2}(E^{\text{v}}-E^{\text{vi}}).$$

Ces équations m'ont réussi pour décomposer les tables de Mercure ; au lieu de tables, si l'on a l'excentricité e, et qu'on veuille calculer les coefficiens numériques de l'équation de la planète dont l'excentricité est e ; on calculera u au moyen de z par la formule que nous avons donnée ci-dessus, en donnant à z les neuf mêmes valeurs ; on connaîtra $(z-u)$ pour ces neuf valeurs, et l'on aura la formule numérique de l'équation du centre, mais elle ne pourra servir que pour cette planète.

On pourrait, par des moyens analogues, déterminer un plus grand nombre de coefficiens, en ajoutant les équations pour 54°, 126° et autres arcs d'anomalie moyenne, mais les opérations se compliqueraient ; elles se simplifieront, au contraire, si l'on se contente d'un moindre nombre de coefficiens, ce qui suffit en effet pour toutes les planètes, excepté Mercure et Pallas.

Ainsi négligez i, $(c-i)$ devient $c = \frac{1}{3}(E' + E'' - E)$

négligez h, $d-h$ devient $d = \dfrac{(E'-E'') - (E'''-E'')}{2 \tan g\, 60^\circ}$

négligez g, $c-g$ devient $c = \dfrac{E'+E''+2E}{6} - \dfrac{(E'-E'')+(E'''-E'')}{2 \tan g\, 60^\circ}$

négligez f, $b-f$ devient $b = \dfrac{E^v - E^{vi}}{2}$.

263. Prenez dans une table des déclinaisons du soleil, les neuf déclinaisons qui répondent aux angles ci-dessus, nommez-les E, E', etc., et les formules ci-dessus vous donneront la déclinaison par la série suivante :

$$D = 25°17'51'',62 \sin \odot - 9'56'',50 \sin 3\odot + 11'',52 \sin 5\odot$$
$$- 0'',52 \sin 7\odot + 0''04 \sin 9\odot.$$

Ici les déclinaisons étant les mêmes pour $\odot$ et $(180° - \odot)$, il en résulte

$$E' = E''; \quad E''' = E^{iv}; \quad E^v = E^{vi}; \quad E^{vii} = E^{viii}; \quad b = d = f = h = 0.$$

La table où j'ai pris les déclinaisons ne les donnait qu'en dixièmes de secondes ; les coefficiens ci-dessus ne sont donc exacts qu'à quelques centièmes près. Nous les trouverons plus loin par une voie toute différente (XXIV.7).

Si l'on voulait avoir la formule d'une table de rayons vecteurs, on trouverait facilement des formules analogues, mais on en déterminerait plus simplement l'excentricité, en retranchant la distance périgée de la distance apogée, car $e = \frac{1}{2}(1+e) - \frac{1}{2}(1-e)$, après quoi on aurait la formule analytique.

Remarques sur le mouvement elliptique.

264. On observe que pendant la moitié de son cours, le soleil se rapproche continuellement de la terre, et qu'il s'en éloigne continuellement dans l'autre moitié ; mais si c'est l'attraction qui fait rapprocher le soleil, comment se fait-il qu'à l'instant où la distance est la plus petite, quand l'attraction est la plus forte, quand le soleil devrait en conséquence se rapprocher plus que jamais, il commence précisément alors à s'éloigner ? Pour lever cette difficulté qu'on propose souvent, nous allons

la courbe doit, vers les extrémités du petit axe, être convexe du
allons faire quelques calculs fondés sur des raisonnemens fort simples et
des principes démontrés.

265. Rassemblons d'abord les données incontestables de l'observation.

1°. La révolution du soleil dans son ellipse est de $365^j\frac{1}{4}$; nous la
déterminerons plus exactement chapitre XXIII ; mais de cette connaissance approchée, il résulte déjà que le mouvement horaire est de
$147'',84$.

Ce mouvement serait celui du soleil, s'il décrivait un cercle autour
de la terre.

2°. La terre n'occupe pas le centre de la courbe décrite par le soleil ;
elle en est éloignée de $0,0168$, c'est ce qu'on appelle excentricité ;
ainsi la distance apogée sera de $1,0168$, et la distance périgée de
$0,9832$.

3°. Le mouvement apogée est de $142'',98$ par heure ; il va toujours
augmentant de là jusqu'au périgée.

4°. Le mouvement périgée est de $152'',92$ par heure, et il va toujours en
diminuant de là jusqu'à l'apogée ; la moyenne arithmétique entre ces deux
mouvemens extrêmes serait de $147'',95$ à peu près, comme dans le cercle.

5°. Les diamètres vont toujours augmentant de l'apogée au périgée ;
ce qui prouve que les distances diminuent continuellement ; ils vont toujours diminuant du périgée à l'apogée, ce qui prouve que dans cette
moitié de la révolution, les distances augmentent. Voilà des faits indé-
pendans de toute théorie.

266. Mais si la force centrale agit en raison inverse du carré de la
distance, nous avons prouvé (n° 10) que les carrés des tems des révolutions sont entre eux comme les cubes des distances, c'est-à-dire que

$$\left(\frac{R}{R'}\right)^3 = \left(\frac{T}{T'}\right)^2 = \left(\frac{v'}{v}\right)^2 \quad \text{ou} \quad v' = v\left(\frac{R}{R'}\right)^{\frac{3}{2}},$$

les v étant les vitesses dans un tems donné, car ces vitesses sont en raison
inverse des tems des révolutions.

267. Soit $R = 1$ et $v = 147'',84$ comme dans la distance moyenne,
nous aurons $v' = \dfrac{147'',84}{R'^{\frac{3}{2}}}$.

Soit $R' = 1{,}0168 = $ distance apogée, on aura $v' = \dfrac{147'',84}{(1{,}0168)^{\frac{3}{2}}} = 144'',19.$

Tel serait le mouvement apogée du soleil s'il décrivait un cercle dont le rayon fût $1{,}0168$; mais quand il est à cette distance, il ne parcourt que $142'',98$ par heure ; donc il ne va pas assez vîte pour décrire un cercle. La vitesse tangentielle n'est pas assez grande pour contrebalancer la force centrale ; celle-ci l'emporte, et le soleil doit s'approcher de la terre, s'il est attiré par une force centrale en raison inverse du carré des distances.

Soit $R' = 0{.}9832$ comme dans le périgée ; $v' = \dfrac{147'',84}{(0{,}9832)^{\frac{3}{2}}} = 151'',64 $; mais le mouvement observé est de $152'',92$; la force centrale est plus que compensée ; le soleil doit s'éloigner de la terre.

268. Pour le prouver, soit AB (fig. 12) l'arc de cercle décrit par le soleil ; cet arc ne peut être décrit qu'en vertu d'une force centrale qui attire le soleil vers C ; car si le soleil était abandonné à lui-même, il décrirait la tangente AD. L'effet de l'attraction qui le maintient dans le cercle, a pour mesure BD ou l'excès de la tangente sur le rayon. BD est la chute du soleil vers la terre. Or, vu la petitesse des angles,

$$ BD = AC \tan ACD \tan \tfrac{1}{2} ACD = R' \tan v' \tan \tfrac{1}{2} v' = \tfrac{1}{2} R' v'^2 \tan^2 1''. $$

Dans le cercle dont le rayon est 1 et le mouvement horaire $= 147'',84$, on a
$$ BD = 0{.}00000{.}02558{.}6 \dots\dots (\alpha). $$

A l'apogée, quand $R' = 1{.}0168$ et $v' = 142'',98$,
$$ BD = 0{.}00000{.}02443{.}2 \dots\dots (\beta). $$

Au périgée, quand $R' = 0{.}9832$ et $v' = 152'',92$,
$$ BD = 0{.}00000{.}02702{,}0 \dots\dots (\gamma). $$

269. L'effet de l'attraction décroissant en raison inverse du carré des distances, sera $\dfrac{a}{R'^2}$ (8), et dans le cercle dont le rayon $= 1$ et le mouvement $147'',84$, nous aurons $a = BD = 0{.}00000{.}02558{.}6$, car les deux effets sont égaux et se compensent

Mais à l'apogée $\dfrac{a}{(1.0168)^2} = \dfrac{0.00000.02558.6}{(1.0168)^2} = 0.00000.02484.5$

$$\text{et BD} = \underline{0.00000.02443.2...(\beta);}$$

l'attraction l'emportera de.............. $\qquad 0.00000.00041.3$

et le soleil s'approchera de la terre,

au périgée $\dfrac{a}{R'^2} = \dfrac{0.00000.02558.6}{(0.9832)^2} = 0.00000.02657.2$

$$\text{et BD} = \underline{0.00000.02702.0...(\gamma);}$$

l'attraction sera plus faible de...... $\qquad 0.00000.00044.8$

et le soleil s'éloignera d'autant de la terre, c'est-à-dire un peu plus qu'il ne s'en est approché en partant de l'apogée.

270. On voit que l'effet de l'attraction varie moins que celui de la vitesse tangentielle; ces deux effets presque égaux se surpassent alternativement. La théorie explique donc ce qu'on observe, et nous avons pleinement satisfait à la difficulté en ce qui concerne l'apogée et le périgée, où la tangente fait un angle droit avec le rayon vecteur.

Mais on pourrait présenter la difficulté d'une manière plus embarrassante en apparence, et qui demanderait une autre réponse.

271. Aux deux extrémités du petit axe (fig. 13) SD = 1 (48); c'est le point où le mouvement vrai est égal au mouvement moyen (69); ainsi de part et d'autre du petit axe, les distances sont les mêmes, l'attraction doit être la même, le mouvement angulaire est le même; et cependant dans l'un de ces points le soleil s'approche, et dans l'autre il s'éloigne; c'est que l'angle n'est plus droit; qu'il est aigu dans le premier cas, obtus dans le second.

Cet angle varie continuellement, il en faut chercher l'expression.

272. D'un point quelconque M (fig. 20), menons aux deux foyers de l'ellipse les droites MF et MT; que la ligne MN partage également l'angle FMT, nous aurons

$$\text{MT} : \text{MF} :: \text{TN} : \text{FN} :: \text{TC} + \text{CN} : \text{FC} - \text{CN} :: e + y : e - y,$$
$$\text{MT} + \text{MF} : \text{MT} - \text{MF} :: (e+y) + (e-y) : (e+y) - (e-y),$$
$$2 : (V-2+V) :: 2e : 2y,$$
$$y = \frac{e(2V-2)}{2} = e(V-1) = e(1+e\cos x-1) = e^2\cos x \ (16),$$
$$e + y = e + eV - e = eV = \text{TN} \quad \text{et} \quad \frac{\text{TN}}{\text{MT}} = \frac{eV}{V} = e.$$

273. De N abaissez la perpendiculaire NP sur MT,

$$\tan \mathrm{NMT} = \frac{\mathrm{NP}}{\mathrm{MP}} = \frac{\mathrm{TN}\sin\mathrm{NCM}}{\mathrm{MT}-\mathrm{TN}\cos\mathrm{NCM}} = \frac{\frac{\mathrm{TN}}{\mathrm{MT}}\sin u}{1 - \frac{\mathrm{TN}}{\mathrm{MT}}\cos u} = \frac{e\sin u}{1 - e\cos u},$$

$$\mathrm{NMT} = e\sin u + \tfrac{1}{2}e^2\sin 2u + \tfrac{1}{3}e^3\sin u + \text{etc.} \quad (\mathrm{X}.211).$$

274. Par le point M, menez Mt perpendiculaire à MN, Mt sera la tangente à l'ellipse ; donc

$$\mathrm{TM}t = 90° - e\sin u - \tfrac{1}{2}e^2\sin 2u - \text{etc.} ;$$

c'est-à-dire que l'angle de la tangente ou de la courbe avec le rayon vecteur, est aigu dans la première moitié de l'ellipse ; qu'il va diminuant jusque vers $u = 90°$; qu'il augmente ensuite jusqu'à $u = 180°$, c'est-à-dire jusqu'au périgée, où l'angle est droit ; il devient obtus quand $\sin u$ est négatif; il augmente jusque vers $u = 270°$, et diminue jusqu'à l'apogée, où il redevient droit, parce que $u = 0$.

275. Tant que TMt est aigu, le mouvement tangentiel diminue le rayon vecteur, indépendamment de l'attraction ; car il est évident que Tt est plus petit que TM.

$$\overline{\mathrm{T}t}^2 = \overline{\mathrm{TM}}^2 + \overline{\mathrm{M}t}^2 - 2\mathrm{TM}.\mathrm{M}t \cos \mathrm{TM}t$$

$$\overline{\mathrm{TM}}^2 - \overline{\mathrm{T}t}^2 = 2\mathrm{TM}.\mathrm{MT}\sin\mathrm{TMN} - \overline{\mathrm{M}t}^2$$

$$\mathrm{TM} - \mathrm{T}t = \frac{2\mathrm{TM}.\mathrm{M}t\sin\mathrm{TMN} - \overline{\mathrm{M}t}^2}{\mathrm{TM}+\mathrm{T}t} = \mathrm{M}t\left(\frac{2\mathrm{TM}\sin\mathrm{TMN} - \mathrm{M}t}{\mathrm{TM}+\mathrm{T}t}\right)$$

$$= \mathrm{M}t\sin\mathrm{TMN} \text{ à fort peu près}$$

$$= e\mathrm{M}t\sin u = e\sin u.\frac{\mathrm{T}t\sin du}{\sin\mathrm{TM}t} = \frac{e\sin du\sin u.\mathrm{T}t}{\sin\mathrm{TM}t}$$

$$= \frac{e\sin du\sin u.\mathrm{R}}{\sin(90°-e\sin u)} = \frac{e\mathrm{R}\sin du\sin u}{\cos(e\sin u)} = e\mathrm{V}\sin du\sin u$$

$$= 0.00001.2054\sin u, \text{ valeur moyenne.}$$

Or il est évident que cette variation du rayon vecteur est considérablement plus forte que celle qui peut provenir de l'attraction; il en résulte que les variations du rayon vecteur dépendent principalement de l'espèce de l'angle TMt, laquelle dépend du signe de $\sin u$.

276. Cette variation du rayon vecteur aurait lieu, quand même le mouvement serait rectiligne.

En effet, soit (fig. 21) T la terre, et la droite AI la route d'un astre. Abaissez la perpendiculaire TP ; et de part et d'autre du point P, qui sera le périgée, prenez des intervalles égaux PE, ED, DC, CA ; PF, FG, GH, HI, etc. ; de tous ces points, menez les rayons vecteurs TA, TC, etc. ;

Les triangles TAC, TCD, etc. seront tous égaux, l'astre décrira des aires égales en tems égaux, les rayons vecteurs iront diminuant de A en P, tant que l'angle de direction TAC sera aigu ; ils iront en augmentant de P en I et tant que l'angle de direction sera obtus.

Chacun des angles de direction, tel que TCD, sera égal au précédent augmenté du mouvement angulaire central ATC qui aura eu lieu dans l'intervalle.

L'angle PTF ira sans cesse en augmentant sans jamais pourtant atteindre $180°$; et si l'astre disparaît une fois à raison de son grand éloignement, il sera invisible à jamais.

Ce mouvement rectiligne est celui qu'on a pendant un tems attribué aux comètes, dont on ignorait encore la vraie théorie. On conçoit qu'un arc de peu d'étendue sur une ellipse très-alongée, pouvait se prendre pour une ligne droite, quand on ne mettait ni dans les observations, ni dans les calculs, la précision qu'on exige aujourd'hui.

277. L'angle supérieur de l'ellipse ou (fig. 19),

$$AFM = FTM + FMT = u + 2NMT$$
$$= u + 2e \sin u + \tfrac{1}{2} e^2 \sin 2u + \tfrac{2}{3} e^3 \sin 3u + \text{etc.}$$

Or
$$z = u + 2e \sin u + \tfrac{3}{4} e^2 \sin 2u + \tfrac{1}{2} e^3 \sin 3u + \text{etc. } (43)$$
$$AFM - z = \tfrac{1}{4} e^2 \sin 2u + \tfrac{1}{3} e^3 \sin 3u + \text{etc. :}$$

c'est l'erreur de l'hypothèse elliptique simple (XX. 30), du moins en négligeant les puissances supérieures à la troisième.

L'angle ANM de la normale MN avec le grand axe sera

$$ANM = u + e \sin u + \tfrac{1}{2} e^2 \sin 2u + \tfrac{1}{3} e^3 \sin 3u + \text{etc.}$$

La normale MN se trouvera par l'une des expressions suivantes,

$$MN = \frac{MP}{\cos NMT} = \frac{MT - TP}{\cos NMT} = \frac{V - TN \cos u}{\cos NMT} = \frac{V - eV \cos u}{\cos NMT} = \frac{V(1 - e \cos u)}{\cos NMT}$$
$$= \frac{(1 - e^2)(1 - e \cos u)}{(1 - e \cos u) \cos NMT} = \frac{1 - e^2}{\cos NMT}$$

$$= (\overline{MT}^2 + \overline{NT}^2 - 2MT.NT \cos u)^{\frac{1}{2}} = (V^2 + e^2 V^2 - 2cV^2 \cos u)^{\frac{1}{2}}$$

$$= V(1 + e^2 - 2e \cos u)^{\frac{1}{2}} = \frac{1-e^2}{1-e\cos u}(1 + e^2 - 2e + 4e \sin^2 \tfrac{1}{2}u)^{\frac{1}{2}}$$

$$= \frac{1-e^2}{1-e\cos u}[(1-c)^2 + 4e \sin^2 \tfrac{1}{2}u]^{\frac{1}{2}}$$

$$= \frac{(1+e)(1-e)(1-e)}{1-e\cos u}\left(1 + \frac{4e \sin^2 \tfrac{1}{2}u}{(1-e)^2}\right)^{\frac{1}{2}} = \frac{(1+e)(1-e)^2}{1-e+2e\sin^2 \tfrac{1}{2}u}\left(1 + \frac{4e \sin^2 \tfrac{1}{2}u}{(1-e)^2}\right)^{\frac{1}{2}}$$

$$= \frac{(1+e)(1-e)}{1 + \left(\frac{2e}{1-e}\right)\sin^2 \tfrac{1}{2}u}\left(1 + \frac{4e \sin^2 \tfrac{1}{2}u}{(1-e)^2}\right)^{\frac{1}{2}}.$$

Cassinoïde.

278. J.-D. Cassini proposa de substituer à l'ellipse de Képler une autre courbe dont la propriété est, que le produit des deux lignes menées d'un même point de la courbe aux deux foyers, est constamment égal au produit des distances aphélie et périhélie.

Soient R et r les deux rayons vecteurs, $1+e$ et $1-e$ les deux distances, l'équation de la courbe sera $Rr = 1 - e^2$.

Le triangle rectiligne donne en outre

$$r^2 = R^2 + 4e^2 - 4eR \cos u = \left(\frac{1-e^2}{R}\right)^2,$$
$$R^4 + 4e^2R^2 - 4eR^3 \cos u = 1 - 2e^2 + e^4;$$

ainsi l'équation est du quatrième degré.

279. Cassini suppose en outre, que le mouvement est uniforme autour du foyer supérieur, comme dans l'hypothèse elliptique simple; on aura donc

$$R^2 = r^2 + 4e^2 + 4er \cos z = \left(\frac{1-e^2}{r}\right)^2,$$

z étant l'anomalie moyenne, ou l'angle extérieur au triangle; donc

$$r^4 + 4e^2r^2 + 4er^3 \cos z = 1 - 2e^2 + e^4;$$

ainsi pour connaître r ou R d'après l'anomalie moyenne ou l'anomalie vraie, on aurait à résoudre une équation du quatrième degré.

280. Mais faites une supposition pour R, vous en déduirez $r = \frac{1-e^2}{R}$,

$$\sin^2 \tfrac{1}{2}u = \frac{\left(\frac{R+r+2e}{2}-R\right)\left(\frac{R+r+2e}{2}-2e\right)}{2eR}, \quad (X.145)$$

$$r : R :: \sin u : \sin z = \frac{R \sin u}{r} = \frac{2R \sin\frac{1}{2}u \cos\frac{1}{2}u}{r} = \frac{R \sin u}{1-e^2},$$

$$R : 2e :: \sin z : \sin E = \frac{2e \sin z}{R};$$

vous aurez donc facilement les trois angles, c'est-à-dire, les deux anomalies et l'équation du centre, pour laquelle vous avez encore

$$\sin^2 \tfrac{1}{2}E = \frac{\left(\frac{R+r+2e}{2}-R\right)\left(\frac{R+r+2e}{2}-r\right)}{Rr=(1-e^4)}.$$

281. Pour avoir le demi-petit axe, faites $R = r$ et

$$Rr = R^2 = 1 - e^2 = (1+e)(1-e);$$

cette valeur de R^2 est celle du carré du demi-petit axe dans l'ellipse ; le petit axe est moindre dans la Cassinoïde ; en effet, soit b le demi-petit axe,

$$b^2 = R^2 - e^2 = 1 - 2e^2 \qquad \text{et} \qquad b = (1-2e^2)^{\frac{1}{2}};$$

d'où il suit que $b=0$ si l'on a $1=2e^2$, ou $e^2=\tfrac{1}{2}$, $e = \sqrt{\tfrac{1}{2}} = \sin 45° = 0.7071$. Supposez $1 - 2e^2 = e^2$, ou $1 = 3e^2$, et $e = \sqrt{\tfrac{1}{3}} = 0.57734$, vous aurez $e = \tfrac{1}{2}$ petit axe ; mais si le petit axe est moindre que $2e$ ou $b < e$, alors la courbe, dans la partie de son cours qui avoisine le petit axe, tournera sa convexité vers le grand axe. C'est ce qu'on peut vérifier facilement, en calculant pour chaque valeur de R l'ordonnée $y = R \sin u$, qu'on trouvera plus grande que le demi-petit axe, dans une partie plus ou moins considérable de la courbe.

282. Si le demi-petit axe est moindre que l'excentricité, alors un cercle qui aurait pour centre le centre de la cassinoïde, et l'excentricité pour rayon, couperait nécessairement la courbe en quatre points. L'angle à la périphérie de la courbe entre les deux rayons R et r, serait en même tems un angle à la circonférence du cercle, et par conséquent un angle droit, puisqu'il serait appuyé sur le diamètre $2e$.

On aurait pour ces points $\left.\begin{array}{l} R = 2e \cos u \\ r = 2e \sin u \end{array}\right\}$, d'où

$$Rr = 4e^2 \sin u \cos u = 2e^2 \sin 2u;$$

mais généralement $\mathrm{R}r = 1 - e^2$; donc

$$\sin 2u = \frac{\mathrm{R}r}{2e^2} = \frac{1 - e^2}{2e^2}.$$

L'ordonnée est en général $\mathrm{R}\sin u$; elle sera, dans ce cas particulier, $2e\cos u \sin u = e\sin 2u$, ou

$$\mathrm{Y} = e.\frac{1 - e^2}{2e^2} = \frac{1 - e^2}{2e} = \frac{(1 + e)(1 - e)}{2e};$$

Y sera la plus grande ordonnée. En effet, la surface du triangle est en général

$$\tfrac{1}{2}\mathrm{R}r\sin\mathrm{E} = \tfrac{1}{2}(1 - e^2)\sin\mathrm{E};$$

la plus grande surface aura lieu avec $\sin\mathrm{E} = 1$ ou $\mathrm{E} = 90°$; c'est-à-dire aux quatre intersections de la courbe, avec le cercle construit sur le diamètre $= 2e$.

Mais la surface du triangle est encore $e\mathrm{R}\sin u = ey$; l'ordonnée $y = \mathrm{R}\sin u$ est la hauteur du triangle; la base $2e$ est constante, la plus grande hauteur aura donc lieu quand la surface sera la plus grande.

283. Supposez $u = 90°$; alors

$$r^2 = \mathrm{R}^2 + 4e^2 = \left(\frac{1 - e^2}{\mathrm{R}}\right)^2, \mathrm{R}^4 + 4e^2\mathrm{R}^2 = 1 - 2e^2 + e^4,$$
$$\mathrm{R}^4 + 4e^2\mathrm{R}^2 + 4e^4 = 1 - 2e^2 + e^4 + 4e^4 = 1 - 2e^2 + 5e^4,$$
$$\mathrm{R}^2 = -2e^2 \pm (1 - 2e^2 + 5e^4)^{\frac{1}{2}};$$

c'est l'ordonnée qui passe par le foyer.

Supposez $z = 90°$, $\mathrm{R}^2 = 4e^2 + r^2$, $\mathrm{R}^2 - 4e^2 = \left(\frac{1 - e^2}{\mathrm{R}}\right)^2$,

$$\mathrm{R}^4 - 4e^2\mathrm{R}^2 = 1 - 2e^2 + e^4, \quad \mathrm{R}^2 = 2e^2 \pm (1 - 2e^2 + 5e^4)^{\frac{1}{2}};$$

alors c'est r qui est l'ordonnée au foyer.

Supposons $b^2 = \mathrm{R}^2$,   ou $1 - 2e^2 = -2e^2 \pm (1 - 2e^2 + 5e^4)^{\frac{1}{2}}$,   ou

$$1 = (1 - 2e^2 + 5e^4)^{\frac{1}{2}}, \; 1 - 2e^2 + 5e^4 = 1, \; 5e^4 = 2e^2, \; 5e^2 = 2,$$
$$e^2 = \tfrac{2}{5} = 0,4; \; e = 0,63285;$$

alors l'ordonnée au foyer sera égale au demi-petit axe.

284. Pour exemple, supposez $e = 0,6$, $1 - e^2 = 1 - 0,36 = 0,64$, $1 - 2e^2 = 1 - 0,72 = 0,28$; le demi-petit axe sera $(0,28)^{\frac{1}{2}} = 0.52915 < e$;

la

côté du grand axe (274). La plus grande ordonnée sera

$$Y = \frac{(1+e)(1-e)}{2e} = \frac{1,6 \times 0,4}{1.2} = \frac{1.6}{3} = 0.533333 \text{ plus grande que le } \tfrac{1}{2} \text{ petit axe,}$$

$$\frac{Y}{e} = \sin 2u = \frac{0.53333}{0,6} = 0.888888 = \frac{8}{9},$$

$$R = 2e \cos u = 0.62462, \quad r = 2e \sin u = 1.024622.$$

Faites pour R différentes suppositions, vous trouverez pour l'ordonnée y les valeurs que présente le tableau ci-joint; ces valeurs prouveront qu'en effet la convexité sera tournée vers le grand axe.

R	r
0.80	0.529150 $\frac{1}{2}$ petit axe.
0.81	0.529157
0.82	0.529232
0.83	0.529330
1.00	0.533183
1.024622	0.5333333 *maximum.*
1.297465	0.493282 au foyer.

Cette courbe ne saurait donc convenir aux planètes dont l'excentricité passerait 0,707, puisque la courbe n'aurait plus de petit axe, ou plutôt qu'elle se changerait en deux courbes qui n'auraient de commun qu'un seul point, et que si l'excentricité augmentait encore, les deux courbes se sépareraient. D'ailleurs les deux suppositions fondamentales sont gratuites, rien ne les démontre et ne les lie. On a donc eu raison de ne point admettre la cassinoïde, et son auteur même ne l'a jamais proposée que pour le soleil.

Dans l'ellipse, le rayon mené au foyer supérieur

$$= 2 - (1 + e \cos x) = 1 - e \cos x.$$

Le produit des deux rayons vecteurs est donc

$$(1 + e \cos x)(1 - e \cos x) = 1 - e^2 \cos^2 x.$$

Dans la cassinoïde il est

$$(1+e)(1-e) = 1 - e^2.$$

La différence est $e^2(1 - \cos^2 x) = e^2 \sin^2 x.$

dont il est plus fort dans l'ellipse que dans la cassinoïde. Cette dernière est plus étroite et plus aplatie. (Voy. l'*Astronomie de Grégori*. Genève, 1726.)

TABLES DE M. GAUSS,
POUR LES ORBITES ELLIPTIQUES DES PLANÈTES,
TABLE I.

h	Log yy	h	Log yy	h	Log yy	h	Log yy	h	Log yy	h	Log yy
0.0000	0.0000000	0.0053	0.0050675	0.0106	0.0100425	0.0159	0.0149288	0.0212	0.0197299	0.0265	0.0244489
1	0965	54	51622	107	101356	160	150202	213	198197	266	245372
0.0002	0.0001930	0.0055	0.0052569	0.0108	0.0102286	0.0161	0.0151115	0.0214	0.0199094	0.0267	0.0246254
3	2894	56	53515	109	103215	162	152028	215	199992	268	247136
4	3858	57	54461	110	104144	163	152941	216	200889	269	248018
0.0005	0.0004821	0.0058	0.0055409	0.0111	0.0105073	0.0164	0.0153854	0.0217	0.0201785	0.0270	0.0248900
6	5784	59	56353	112	106001	165	154766	218	202682	271	249781
7	6747	60	57298	113	106929	166	155678	219	203578	272	250662
0.0008	0.0007710	0.0061	0.0058243	0.0114	0.0107857	0.0167	0.0156589	0.0220	0.0204474	0.0273	0.0251543
9	8672	62	59187	115	108785	168	157500	221	205369	274	252423
10	9634	63	60131	116	109712	169	158411	222	206264	275	253303
0.0011	0.0010595	0.0064	0.0061075	0.0117	0.0110639	0.0170	0.0159322	0.0223	0.0207159	0.0276	0.0254183
12	11557	65	62019	118	111565	171	160232	224	208054	277	255063
13	12517	66	62962	119	112491	172	161142	225	208949	278	255942
0.0014	0.0013478	0.0067	0.0063905	0.0120	0.0113417	0.0173	0.0162052	0.0226	0.0209843	0.0279	0.0256821
15	14438	68	64847	121	114343	174	162961	227	210736	280	257700
16	15398	69	65790	122	115268	175	163870	228	211630	281	258579
0.0017	0.0016357	0.0070	0.0066732	0.0123	0.0116193	0.0176	0.0164779	0.0229	0.0212523	0.0282	0.0259457
18	17316	71	67673	124	117118	177	165688	230	213416	283	260335
19	18275	72	68614	125	118043	178	166596	231	214309	284	261213
0.0020	0.0019234	0.0073	0.0069555	0.0126	0.0118967	0.0179	0.0167504	0.0232	0.0215201	0.0285	0.0262090
21	20192	74	70496	127	119890	180	168412	233	216093	286	262967
22	21150	75	71436	128	120814	181	169319	234	216985	287	263844
0.0023	0.0022107	0.0076	0.0072376	0.0129	0.0121737	0.0182	0.0170226	0.0235	0.0217876	0.0288	0.0264721
24	23064	77	73316	130	122660	183	171133	236	218768	289	265597
25	24021	78	74255	131	123582	184	172039	237	219659	290	266473
0.0026	0.0024977	0.0079	0.0075194	0.0132	0.0124505	0.0185	0.0172945	0.0238	0.0220549	0.0291	0.0267349
27	25933	80	76133	133	125427	186	173851	239	221440	292	268224
28	26889	81	77071	134	126348	187	174757	240	222330	293	269099
0.0029	0.0027845	0.0082	0.0078009	0.0135	0.0127269	0.0188	0.0175662	0.0241	0.0223220	0.0294	0.0269974
30	28800	83	78947	136	128190	189	176567	242	224109	295	270849
31	29755	84	79884	137	129111	190	177471	243	224998	296	271723
0.0032	0.0030709	0.0085	0.0080821	0.0138	0.0130032	0.0191	0.0178376	0.0244	0.0225887	0.0297	0.0272597
33	31663	86	81758	139	130952	192	179280	245	226776	298	273471
34	32617	87	82694	140	131871	193	180183	246	227664	299	274345
0.0035	0.0033570	0.0088	0.0083630	0.0141	0.0132791	0.0194	0.0181087	0.0247	0.0228552	0.0300	0.0275218
36	34523	89	84566	142	133710	195	181990	248	229440	301	276091
37	35476	90	85502	143	134629	196	182893	249	230328	302	276964
0.0038	0.0036428	0.0091	0.0086437	0.0144	0.0135547	0.0197	0.0183796	0.0250	0.0231215	0.0303	0.0277836
39	37381	92	87372	145	136466	198	184698	251	232102	304	278708
40	38333	93	88306	146	137383	199	185600	252	232988	305	279580
0.0041	0.0039284	0.0094	0.0089240	0.0147	0.0138301	0.0200	0.0186501	0.0253	0.0233875	0.0306	0.0280452
42	40235	95	90174	148	139218	201	187403	254	234761	307	281323
43	41186	96	91108	149	140135	202	188304	255	235647	308	282194
0.0044	0.0042136	0.0097	0.0092041	0.0150	0.0141052	0.0203	0.0189205	0.0256	0.0236532	0.0309	0.0283065
45	43086	98	92974	151	141968	204	190105	257	237417	310	283936
46	44036	99	93906	152	142884	205	191005	258	238302	311	284806
0.0047	0.0044985	0.0100	0.0094838	0.0153	0.0143800	0.0206	0.0191905	0.0259	0.0239187	0.0312	0.0285676
48	45934	101	95770	154	144716	207	192805	260	240071	313	286546
49	46883	102	96702	155	145631	208	193704	261	240955	314	287415
0.0050	0.0047832	0.0103	0.0097633	0.0156	0.0146546	0.0209	0.0194603	0.0262	0.0241839	0.0315	0.0288284
51	48781	104	98564	157	147460	210	195502	263	242723	316	289153
52	49728	105	99494	158	148374	211	196401	264	243606	317	290022
0.0053	0.0050675	0.0106	0.0100425	0.0159	0.0149288	0.0212	0.0197299	0.0265	0.0244489	0.0318	0.0290890

SUITE DE LA TABLE Ière.

h	Log yy	h	Log yy	h	Log yy	h	Log yy	h	Log yy	h	Log yy
0.0318	0.0290890	0.0371	0.0336531	0.064	0.0557397	0.117	0.0948223	0.170	0.1292994	0.223	0.1602204
319	291758	372	337385	65	565285	118	955114	171	1299131	224	1607547
0.0320	0.0292626	0.0373	0.0338239	0.066	0.0573150	0.119	0.0961990	0.172	0.1305255	0.225	0.1613279
321	293494	374	339092	67	580994	120	968849	173	1311367	226	1618802
322	294361	375	339946	68	588817	121	975693	174	1317406	227	1624315
0.0323	0.0295228	0.0376	0.0340799	0.069	0.0596618	0.122	0.0982520	0.175	0.1323553	0.228	0.1629817
324	296095	377	341651	70	604398	123	989331	176	1329628	229	1635310
325	296961	378	342504	71	612157	124	996127	177	1335690	230	1640799
0.0326	0.0297827	0.0379	0.0343356	0.072	0.0619895	0.125	0.1002907	0.178	0.1341740	0.231	0.1646267
327	298693	380	344208	73	627612	126	1009672	179	1347778	232	1651730
328	299559	381	345059	74	635308	127	1016421	180	1353804	233	1657184
0.0329	0.0300424	0.0382	0.0345911	0.075	0.0642984	0.128	0.1023154	0.181	0.1359818	0.234	0.1662628
330	301290	383	346762	76	650639	129	1029873	182	1365821	235	1668065
331	302154	384	347613	77	658274	130	1036576	183	1371811	236	1673488
0.0332	0.0303019	0.0385	0.0348464	0.078	0.0665888	0.131	0.1043264	0.184	0.1377789	0.237	0.1678903
333	303883	386	349314	79	673483	132	1049936	185	1383755	238	1684310
334	304747	387	350164	80	681057	133	1056594	186	1389710	239	1689705
0.0335	0.0305611	0.0388	0.0351014	0.081	0.0688612	0.134	0.1063237	0.187	0.1395653	0.240	0.1695092
336	306475	389	351864	82	696146	135	1069865	188	1401584	241	1700470
337	307338	390	352713	83	703661	136	1076478	189	1407504	242	1705838
0.0338	0.0308201	0.0391	0.0353562	0.084	0.0711157	0.137	0.1083076	0.190	0.1413412	0.243	0.1711197
339	309064	392	354411	85	718633	138	1089660	191	1419309	244	1716545
340	309926	393	355259	86	726090	139	1096229	192	1425194	245	1721885
0.0341	0.0310788	0.0394	0.0356108	0.087	0.0733527	0.140	0.1102783	0.193	0.1431068	0.246	0.1727215
342	311650	395	356956	88	740945	141	1109323	194	1436931	247	1732540
343	312512	396	357804	89	748345	142	1115849	195	1442782	248	1737853
0.0344	0.0313373	0.0397	0.0358651	0.090	0.0755725	0.143	0.1122360	0.196	0.1448622	0.249	0.1743156
345	314234	398	359499	91	763087	144	1128857	197	1454450	250	1748451
346	315095	399	360346	92	770430	145	1135340	198	1460268	251	1753735
0.0347	0.0315956	0.0400	0.0361192	0.093	0.0777754	0.146	0.1141809	0.199	0.1466074	0.252	0.1759013
348	316816	0.041	369646	94	785060	147	1148264	200	1471869	253	1764283
349	317676	42	378075	95	792348	148	1154704	201	1477653	254	1769543
0.0350	0.0318536	0.043	0.0386478	0.096	0.0799617	0.149	0.1161131	0.202	0.1483427	0.255	0.1774788
351	319396	44	394856	97	806868	150	1167544	203	1489189	256	1780029
352	320255	45	403209	98	814101	151	1173943	204	1494940	257	1785261
0.0353	0.0321114	0.046	0.0411537	0.099	0.0821316	0.152	0.1180329	0.205	0.1500881	0.258	0.1790484
354	321973	47	419841	0.100	828513	153	1186701	206	1506411	259	1795698
355	322831	48	428121	101	835693	154	1193059	207	1512130	260	1800903
0.0356	0.0323689	0.049	0.0436376	0.102	0.0842855	0.155	0.1199404	0.208	0.1517838	0.261	0.1806100
357	324547	50	444607	103	849999	156	1205735	209	1523535	262	1811288
358	325405	51	452814	104	857125	157	1212053	210	1529222	263	1816469
0.0359	0.0326262	0.052	0.0460998	0.105	0.0864235	0.158	0.1218357	0.211	0.1534899	0.264	0.1821638
360	327120	53	469158	106	871327	159	1224649	212	1540564	265	1826800
361	327976	54	477294	107	878401	160	1230928	213	1546220	266	1831953
0.0362	0.0328833	0.055	0.0485407	0.108	0.0885459	0.161	0.1237193	0.214	0.1551865	0.267	0.1837098
363	329689	56	493496	109	892500	162	1243444	215	1557499	268	1842235
364	330545	57	501563	110	899523	163	1249682	216	1563123	269	1847363
0.0365	0.0331401	0.058	0.0509607	0.111	0.0906530	0.164	0.1255908	0.217	9.1568737	0.270	0.1852483
366	332257	59	517628	112	913520	165	1262121	218	1574340	271	1857594
367	333112	60	525626	113	920494	166	1268321	219	1579953	272	1862696
0.0368	0.0333967	0.061	0.0533602	0.114	0.0927451	0.167	0.1274508	0.220	0.1585516	0.273	0.1867791
369	334822	62	541556	115	934391	168	1280683	221	1591089	274	1872877
370	335677	63	549488	116	941315	169	1286845	222	1596652	275	1877955
0.0371	0.0336531	0.064	0.0557397	0.117	0.0948223	0.170	0.1292994	0.223	0.1602204	0.276	0.1883024

SUITE DE LA TABLE Ière.

h	Log yy	h	Log yy	h	Log yy	h	Log yy	h	Log yy	h	Log yy
0.276	0.1883024	0.330	0.2145253	0.384	0.2387370	0.438	0.2612445	0.492	0.2822872	0.546	0.3020566
277	1888085	331	2149909	385	2391685	439	2616467	493	2826644	547	3024117
0.278	0.1893138	0.332	0.2154558	0.386	0.2395993	0.440	0.2620486	0.494	0.2830411	0.548	0.3027664
279	1898183	333	2159200	387	2400296	441	2624499	495	2834174	549	3031208
280	1903220	334	2163835	388	2404593	442	2628507	496	2837932	550	3034748
0.281	0.1908249	0.335	0.2168464	0.389	0.2408885	0.443	0.2632511	0.497	0.2841686	0.551	0.3038284
282	1913269	336	2173085	390	2413171	444	2636509	498	2845436	552	3041816
283	1918281	337	2177700	391	2417451	445	2640503	499	2849181	553	3045344
0.284	0.1923286	0.338	0.2182308	0.392	0.2421725	0.446	0.2644492	0.500	0.2852922	0.554	0.3048869
285	1928282	339	2186910	393	2425994	447	2648475	501	2856659	555	3052390
286	1933271	340	2191505	394	2430257	448	2652454	502	2860392	556	3055907
0.287	0.1938251	0.341	0.2196093	0.395	0.2434514	0.449	0.2656428	0.503	0.2864121	0.557	0.3059420
288	1943224	342	2200675	396	2438766	450	2660397	504	2867845	558	3062930
289	1948188	343	2205250	397	2443012	451	2664362	505	2871565	559	3066436
0.290	0.1953145	0.344	0.2209818	0.398	0.2447252	0.452	0.2668321	0.506	0.2875281	0.560	0.3069938
291	1958094	345	2214380	399	2451487	453	2672276	507	2878993	561	3073437
292	1963035	346	2218935	400	2455716	454	2676226	508	2882700	562	3076931
0.293	0.1967968	0.347	0.2223483	0.401	0.2459940	0.455	0.2680171	0.509	0.2886403	0.563	0.3080422
294	1972894	348	2228026	402	2464158	456	2684111	510	2890102	564	3083910
295	1977811	349	2232561	403	2468371	457	2688046	511	2893797	565	3087394
0.296	0.1982721	0.350	0.2237090	0.404	0.2472578	0.458	0.2691977	0.512	0.2897487	0.566	0.3090874
297	1987624	351	2241613	405	2476779	459	2695903	513	2901173	567	3094350
298	1992519	352	2246130	406	2480975	460	2699824	514	2904856	568	3097823
0.299	0.1997406	0.353	0.2250640	0.407	0.2485166	0.461	0.2703741	0.515	0.2908535	0.569	0.3101292
300	2002285	354	2255143	408	2489351	462	2707652	516	2912209	570	3104758
301	2007157	355	2259640	409	2493531	463	2711559	517	2915879	571	3108220
0.302	0.2012021	0.356	0.2264131	0.410	0.2497705	0.464	0.2715462	0.518	0.2919545	0.572	0.3111678
303	2016878	357	2268615	411	2501874	465	2719360	519	2923207	573	3115133
304	2021727	358	2273093	412	2506038	466	2723253	520	2926864	574	3118584
0.305	0.2026569	0.359	0.2277565	0.413	0.2510196	0.467	0.2727141	0.521	0.2930518	0.575	0.3122031
306	2031402	360	2282031	414	2514349	468	2731025	522	2934168	576	3125475
307	2036230	361	2286490	415	2518496	469	2734904	523	2937813	577	3128915
0.308	0.2041050	0.362	0.2290943	0.416	0.2522638	0.470	0.2738778	0.524	0.2941455	0.578	0.3132352
309	2045862	363	2295390	417	2526775	471	2742648	525	2945092	579	3135785
310	2050667	364	2299831	418	2530906	472	2746513	526	2948726	580	3139215
0.311	0.2055464	0.365	0.2304266	0.419	0.2535032	0.473	0.2750374	0.527	0.2952355	0.581	0.3142641
312	2060254	366	2308694	420	2539153	474	2754230	528	2955981	582	3146064
313	2065037	367	2313116	421	2543269	475	2758082	529	2959602	583	3149483
0.314	0.2069813	0.368	0.2317532	0.422	0.2547379	0.476	0.2761929	0.530	0.2963220	0.584	0.3152898
315	2074581	369	2321942	423	2551484	477	2765771	531	2966833	585	3156310
316	2079342	370	2326346	424	2555584	478	2769609	532	2970443	586	3159719
0.317	0.2084096	0.371	0.2330743	0.425	0.2559679	0.479	0.2773443	0.533	0.2974049	0.587	0.3163124
318	2088843	372	2335135	426	2563769	480	2777272	534	2977650	588	3166525
319	2093582	373	2339521	427	2567853	481	2781096	535	2981248	589	3169923
0.320	0.2098315	0.374	0.2343900	0.428	0.2571932	0.482	0.2784916	0.536	0.2984842	0.590	0.3173318
321	2103040	375	2348274	429	2576006	483	2788732	537	2988432	591	3176709
322	2107759	376	2352642	430	2580075	484	2792543	538	2992018	592	3180097
0.323	0.2112470	0.377	0.2357003	0.431	0.2584139	0.485	0.2796349	0.539	0.2995600	0.593	0.3183481
324	2117174	378	2361359	432	2588198	486	2800151	540	2999178	594	3186861
325	2121871	379	2365709	433	2592252	487	2803949	541	3002752	595	3190239
0.326	0.2126562	0.380	0.2370053	0.434	0.2596301	0.488	0.2807743	0.542	0.3006322	0.596	0.3193612
327	2131245	381	2374391	435	2600344	489	2811532	543	3009888	597	3196983
328	2135921	382	2378723	436	2604382	490	2815316	544	3013451	598	3200350
329	2140591	383	2383050	437	2608415	491	2819096	545	3017010	599	3203714
0.330	0.2145253	0.384	0.2387370	0.438	0.2612445	0.492	0.2822873	0.546	0.3020565	0.600	0.3207074

TABLE II.

x)	$\xi=0.000$	$\sin^2\frac{1}{4}(x'-x)$	$\xi=0.000$	$\sin^2\frac{1}{4}(x'-x)$	$\xi=.000$	$\sin^2\frac{1}{4}(x'-x)$	$\xi=0.00$	$\sin^2\frac{1}{4}(x'-x)$	$\xi=0.00$	$\sin^2\frac{1}{4}(x'-x)$	$\xi=0.00$
	0000	0.050	1471	0.100	6066	0.150	14087	0.200	25877	0.250	41835
	0001	51	1532	101	6192	151	14285	201	26154	251	42199
	0002	0.052	1594	0.102	6319	0.152	14484	0.202	26433	0.252	42566
	0005	53	1656	103	6448	153	14684	203	26713	253	42934
	0009	54	1720	104	6578	154	14886	204	26995	254	43305
	0014	0.055	1785	0.105	6709	0.155	15090	0.205	27278	0.255	43677
	0021	56	1852	106	6842	156	15295	206	27564	256	44051
	0028	57	1920	107	6976	157	15502	207	27851	257	44427
	0037	0.058	1989	0.108	7111	0.158	15710	0.208	28139	0.258	44804
	0047	59	2060	109	7248	159	15920	209	28429	259	45184
	0057	60	2131	110	7386	160	16131	210	28721	260	45566
	0070	0.061	2204	0.111	7526	0.161	16344	0.211	29015	0.261	45949
	0083	62	2278	112	7667	162	16559	212	29311	262	46334
	0097	63	2354	113	7809	163	16775	213	29608	263	46721
	0113	0.064	2431	0.114	7953	0.164	16992	0.214	29907	0.264	47111
	0130	65	2509	115	8098	165	17211	215	30207	265	47502
	0148	66	2588	116	8245	166	17432	216	30509	266	47894
	0167	00.67	2669	0.117	8393	0.167	17654	0.217	30813	0.267	48289
	0187	68	2751	118	8542	168	17878	218	31119	268	48686
	0209	69	2834	119	8693	169	18103	219	31427	269	49085
	0231	0.070	2918	0.120	8845	0.170	18330	0.220	31736	0.270	49485
	0255	71	3004	121	8999	171	18558	221	32047	271	49888
	0280	72	3091	122	9154	172	18788	222	32359	272	50293
	0306	0.073	3180	0.123	9311	0.173	19020	0.223	32674	0.273	50699
	0334	74	3269	124	9469	174	19253	224	32990	274	51107
	0362	75	3360	125	9628	175	19487	225	33308	275	51517
	0392	0.076	3453	0.126	9789	0.176	19723	0.226	33627	0.276	51930
	0423	77	3546	127	9951	177	19961	227	33948	277	52344
	0455	78	3641	128	10115	178	20201	228	34272	278	52760
	0489	0.079	3738	0.129	10280	0.179	20442	0.229	34597	0.279	53178
	0523	80	3835	130	10447	180	20685	230	34924	280	53598
	0559	81	3934	131	10615	181	20929	231	35253	281	54020
	0596	0.082	4034	0.132	10784	0.182	21175	0.232	35582	0.282	54444
	0634	83	4136	133	10955	183	21422	233	35914	283	54870
	0674	84	4239	134	11128	184	21671	234	36248	284	55298
	0714	0.085	4343	0.135	11303	185	21922	0.235	36584	0.685	55728
	0756	86	4448	136	11477	186	22174	236	36921	286	56160
	0799	87	4555	137	11654	187	22428	237	37260	287	56594
	0841	0.088	4663	0.138	11832	0.188	22683	0.238	37601	0.288	57030
	0889	89	4773	139	12012	189	22940	239	37944	289	57468
	0936	90	4884	140	12193	190	23199	240	38289	290	57908
	0984	0.091	4995	0.141	12376	0.191	23460	241	38635	0.291	58350
	1033	92	5109	142	12560	192	23722	242	38983	292	58795
	1084	93	5224	143	12745	193	23985	243	39333	293	59241
	1135	0.094	5341	0.144	12931	0.194	24251	0.244	39685	0.294	59689
	1188	95	5458	145	13121	195	24518	245	40039	295	60139
	1242	96	5577	146	13311	196	24786	246	40394	296	60591
	1298	0.097	5697	0.147	13503	0.197	25056	0.247	40752	0.297	61045
	1354	98	5819	148	13696	198	25328	248	41111	298	61502
	1412	99	5942	149	13791	199	25602	249	41472	299	61960
	1471	0.100	6066	0.150	14087	0.200	25877	0.250	41835	0.300	62421

CHAPITRE XXII.

Comparaison du système qui fait mouvoir le Soleil, à celui qui rendrait le Soleil immobile et ferait tourner la Terre.

1. Nous avons vu (XX. 28) que le soleil, dans le cours d'une année, paraît décrire une ellipse autour de la terre; nous avons en conséquence cherché les lois du mouvement elliptique; nous avons trouvé que ce mouvement, ainsi que le mouvement circulaire, supposait dans la terre une force attractive capable de courber à chaque instant la route du soleil, et de le ramener continuellement de la tangente à la périphérie de la courbe. Nous avons prouvé que cette hypothèse, exigée clairement par les observations, menait à la loi des aires proportionnelles au tems; nous avons conclu en même tems une autre loi qui découle du même principe, savoir, que si plusieurs corps circulaient en même tems autour de la terre, les carrés des tems de leurs révolutions seraient entre eux comme les cubes des distances ou des rayons des cercles concentriques dans lesquels ils feraient leurs révolutions.

2. Sur les diamètres de chacun de ces cercles, imaginons des ellipses dont la terre soit le foyer commun; chacune de ces ellipses sera décrite en même tems que le cercle correspondant (XXI. 10). Il est donc vrai que si différens astres décrivent des ellipses autour d'un même foyer, les carrés des tems seront comme les cubes des demi-grands axes.

Or nous verrons ci-après que cette loi ne s'accorderait pas avec les révolutions et les distances de la lune et des planètes, d'où il résultera évidemment que l'attraction, en raison inverse du carré des distances, n'explique pas les mouvemens célestes autour de la terre. Mais sans anticiper sur ces connaissances, dont nous n'avons pas encore les preuves, voyons ce qui résulte rigoureusement des recherches précédentes, en raisonnant dans l'hypothèse que la terre est le foyer des mouvemens solaires.

3. Nous avons dit que le volume du soleil est un million de fois celui de la terre. Ainsi la terre devrait avoir une force capable d'attirer vers elle un corps dont elle est au plus une millionième partie, ce qui est trop extraordinaire pour n'être pas suspect (XXI 12).

4. Il est donc peu naturel de penser que la terre possède un degré d'attraction ou de magnétisme assez fort pour attirer le soleil et lui faire décrire une ellipse autour d'elle. Les plus forts aimans n'attirent pas de masse de fer qui soit avec eux dans une disproportion si étrange. Nous concevrions bien plus aisément que le soleil, en repos, forçât la terre à circuler autour de lui, puisqu'elle n'est en comparaison qu'un atòme.

5. A mesure que nous avons observé les phénomènes, et que nous avons tâché de nous en rendre compte, nous avons toujours reconnu qu'il y avait deux manières de les expliquer: la première, de regarder les mouvemens observés comme des mouvemens réels dont la terre est le centre; la seconde est de faire mouvoir la terre et de considérer les mouvemens apparens des astres comme des illusions optiques du genre de celles qu'on éprouve tous les jours dans un carrosse qui va rapidement entre deux rangées d'arbres; quoique le spectateur ne doute nullement de son propre mouvement, il a peine à se défendre de l'illusion qui le lui fait attribuer aux arbres, qui lui semblent emportés par un mouvement contraire. Le même mouvement s'observe d'une manière bien plus marquée, si l'on est dans un bateau qui va rapidement entre deux rivages plantés d'arbres, ou dans un canot porté sur une mer houleuse; on voit, dans ce dernier cas, l'horizon et tous les objets terrestres dans une agitation apparente et continuelle : la remarque a été faite de tout tems par les anciens,

Provehimur portu, terræque, urbesque recedunt. VIRGILE.

6. L'illusion dont il est si difficile de se défendre dans un carrosse, ou dans un canot d'une étendue très-bornée, et qui vient de ce que les objets que nous touchons plus immédiatement restent toujours à la même distance de l'œil, tandis que les objets extérieurs changent à chaque instant de direction, qu'ils semblent s'approcher et bientôt après disparaître en restant derrière nous; cette illusion serait bien plus forte si le vaisseau était plus grand, et elle serait invincible, si ce

vaisseau était la terre qui nous emportât tous d'un mouvement commun et parfaitement doux; nous ne douterions pas de notre repos ni de celui de la terre, et les mouvemens des corps extérieurs, c'est-à-dire des astres, nous sembleraient réels quoiqu'ils ne fussent qu'apparens.

7. Ce raisonnement nous prouve clairement qu'il n'est pas impossible que la terre soit en effet pour nous comme un vaisseau qui nous emporterait dans l'espace, ou comme un ballon qui serait emporté dans l'air.

8. Tant que les anciens ont ignoré la vraie figure de la terre, ils ont pu se refuser à cette preuve, parce qu'ils supposaient la terre assise sur des fondemens qui s'étendaient au-dessous de nos pieds à l'infini : cependant le mouvement diurne des astres suffisait pour prouver que la terre n'a pas de fondemens, car les astres circulent librement au-dessous de la terre; la terre n'est pas même portée sur une colonne verticale, car un astre dont la déclinaison australe serait égale à la hauteur du pôle, serait arrêté au nadir par la colonne; la terre n'est pas enfilée par un axe qui aboutirait aux pôles célestes, car les étoiles seraient invisibles au méridien inférieur. Les voyageurs qui ont fait en différens sens le tour du monde, nous ont prouvé que la terre est ronde, au moins sensiblement; qu'elle n'est soutenue sur rien; qu'elle est comme le ballon qui nage dans l'atmosphère : elle n'a donc en elle-même aucun obstacle au mouvement; une force, sans être immense, pourrait facilement la détourner de sa route; c'est ainsi que le ballon cède au moindre souffle; indifférent en lui-même à se mouvoir dans tel ou tel sens, la moindre force lui donne une nouvelle direction.

9. On dira que le soleil peut céder à cette force médiocre; je le veux : mais la disproportion entre les deux volumes reste toujours la même. L'attraction, si elle existe, doit être en raison directe des masses attirantes, et en raison inverse des carrés des distances; la distance est commune, le corps qui a le plus de masse doit entraîner l'autre, ou, pour parler plus exactement, ils s'attireront mutuellement, et si la masse du soleil était comme son volume un million de fois celle de la terre, il ferait faire à la terre un chemin qui serait un million de fois plus grand que le chemin qu'elle ferait faire au soleil.

10.

10. On objectera encore que le soleil, quoiqu'un million de fois plus gros, pourrait bien n'être pas plus pesant; qu'il pourrait même l'être moins que la terre; qu'il paraît de feu; que le feu est entre tout ce que nous connaissons ce qu'il y a de plus léger.

Ce raisonnement perdra beaucoup de sa force, si l'on examine le soleil; qu'il soit de feu à la surface, il ne s'ensuit pas qu'il soit tout homogène, qu'il n'ait pas un noyau plus solide et plus dense; que ce noyau ne soit pas recouvert d'une mer lumineuse. Quelques astronomes l'ont même ainsi conjecturé, d'après les taches du soleil, qu'ils regardent comme des sommets de montagnes ou de rochers que le flux ou le reflux de la mer lumineuse laisse à découvert, pour les recouvrir ensuite pendant un tems beaucoup plus long. Nos mers ont des bas-fonds, des rochers qui ne sont pas toujours visibles, mais qui, étant placés à fleur d'eau, sont le plus souvent cachés.

11. Entre toutes ces conjectures, nous n'avons donc que les phénomènes qui puissent nous déterminer. Nous venons d'acquérir quelques présomptions en faveur du mouvement de la terre : examinons donc plus scrupuleusement si ce mouvement est d'accord avec tout ce que nous observons.

12. D'abord il est évident que si le soleil, S (fig. 22), est au centre, et la terre, T, sur la circonférence de la courbe, elle verra le soleil répondre au point A de la même courbe et vis-à-vis l'étoile E ou le point E de la voûte étoilée.

13. Que la terre prenne la place du centre ou du soleil, et que le soleil soit en A sur la courbe, la terre, T, verra le soleil répondre à la même étoile E. Ainsi les apparences du mouvement annuel seront les mêmes dans les deux suppositions, si on les rapporte à la voûte céleste. Il n'y a donc en cela aucune raison de préférence pour aucune des deux hypothèses.

14. Voyons si les phénomènes relatifs à la terre s'expliquent aussi bien; dans les deux suppositions, nous allons voir que l'immobilité du soleil et le mouvement de la terre satisfont à tout.

Le phénomène le plus frappant de la révolution annuelle est le changement des saisons; nous avons déjà vu que celui des jours et des

2.   24

nuits s'explique avec une simplicité merveilleuse , par un mouvement de rotation autour de l'axe de la terre. Un seul mouvement remplace des milliards de mouvemens infiniment plus considérables.

15. Soit PEP'Q (fig. 23) le méridien céleste ; P, P' les deux pôles ; ESQ l'équateur celeste ; nous avons observé (IV.40) que la route du soleil LL' est inclinée à l'équateur de 23° 28' ; si la terre est au centre , le soleil parcourt en un an ce cercle oblique. Voyons ce qui arrivera si le soleil étant en S au centre , la terre est en L' au point le plus éloigné du pôle.

16. Le soleil S lui semblera répondre au point L du méridien, et par conséquent 23° 28' au-dessus de l'équateur céleste ; car prolongez jusqu'au méridien céleste l'équateur terrestre $e'q'u'$, l'angle $LL'q' = LSQ = 23° 28'$.

Six mois après, quand la terre sera en L, le soleil lui paraîtra en L', 23° 28' au-dessous de l'équateur terrestre eLq. Il suffit de supposer que dans ce mouvement, l'équateur terrestre demeure parallèle à lui-même et au plan de l'équateur céleste EQ ; d'où il suivra que l'axe Lp demeurera toujours parallèle à l'axe du méridien ou à l'axe PP'.

17. Il suffit donc, pour expliquer l'été et l'hiver , que la terre, en décrivant son cercle oblique, conserve toujours son axe parallèle à lui-même ; ce parallélisme est d'ailleurs une suite du mouvement de rotation. Pour s'en convaincre, il suffit de voir tourner une toupie.

18. Copernic en expliquant le premier ce système dans tous ses détails, pour obtenir ce parallélisme, crut devoir donner à l'axe un mouvement particulier qui l'y ramenait sans cesse, comme s'il eût été nécessaire que cet axe eût été perpendiculaire au plan du cercle annuel. Ce qui est une preuve de plus qu'en tout genre les idées les plus simples et les plus naturelles se présentent souvent les dernières.

19. La terre montrera donc directement au soleil, en hiver et en été ; deux points différens : en été le point o' de la terre qui se trouvera sur le rayon vecteur L'S , sera de 23° 28' au-dessus de l'équateur $e'L'q'$; le point o' de la terre , à midi, verra le soleil au zénit ; ce point aura 23° 28' de latitude géographique boréale ; en hiver le point o où le rayon vecteur LS coupera la terre, aura 23° 28' de latitude australe , et il verra le soleil au zénit.

20. Dans l'intervalle entre les deux saisons opposées, la terre montrera successivement au soleil des points intermédiaires entre 23° 28′ de latitude boréale, et 23° 28′ de latitude australe ; le soleil répondra successivement au zénit de tous les cercles parallèles compris entre les deux tropiques.

21. Ainsi tous les phénomènes du cours annuel sont exactement les mêmes dans l'une et l'autre hypothèse. Cela se conçoit très-facilement, sans qu'il soit besoin de figure particulière. Pour plus de facilité, il faudrait que cette figure fût en relief, sans quoi la figure serait peut-être moins facile à comprendre que les changemens qu'elle serait destinée à expliquer. Essayons cependant :

22. Soit LEP′VP (fig. 24) le méridien, EQVQ′ l'équateur, LQCQ′ l'écliptique, T la terre en un point quelconque de son orbite, TS le rayon vecteur, Tp l'axe de la terre, p le pôle boréal.

L'angle pTS sera la distance du soleil au pôle p, PST sera la distance de la terre au pôle du soleil ; et à cause du parallélisme, ces deux angles seront toujours supplémens l'un de l'autre ; leur somme sera toujours de 180° : ainsi quand la distance polaire du Soleil, vue de la terre, sera 90° — x, la distance polaire de la terre, vue du soleil, sera 90°+ x ; x sera la déclinaison du soleil, vue de la terre, et la déclinaison de la terre, vue du soleil ; mais l'une de ces déclinaisons aura le signe —, quand l'autre aura le signe +,

23. Si la terre est au centre, la terre, le soleil et le lieu apparent seront en ligne droite ; si la terre est à la circonférence, la terre, le soleil et son lieu apparent seront encore dans une même ligne ; le lieu de la terre, vu du soleil et le lieu du soleil, vu de la terre, seront toujours diamétralement opposés.

24. Le rayon ST, pendant la révolution de la terre autour du soleil, prendra successivement par rapport à l'axe SP, toutes les inclinaisons possibles, depuis 90° — 23° 28′ jusqu'à 90° + 23° 28′ ; le rayon TS prendra successivement, avec l'axe Tp, toutes les inclinaisons possibles, depuis 90° + 23° 28′ jusqu'à 90° — 23° 28′ ; tout est donc égal pour l'observateur placé sur la terre immobile ou sur la terre en mouvement. Les saisons auront les mêmes vicissitudes, et les phénomènes du mouve-

ment annuel seront les mêmes, quelle que soit l'hypothèse que l'on préfère.

25. On peut dire plus ; dans la seconde, les explications acquerront une simplicité plus grande. Nous avons déjà vu qu'un mouvement fort médiocre de la terre autour de son axe, nous dispensait de donner aux étoiles innombrables qui garnissent la voûte céleste, des mouvemens énormes et cependant si bien ordonnés, que pour les rendre un peu vraisemblables, il faudrait supposer toutes ces étoiles attachées à une voûte sphérique qui tournerait autour d'un axe commun à la terre.

26. Supposons que la terre se meuve parallèlement à elle-même, dans un grand cercle oblique, autour du soleil, nous verrons les saisons se succéder dans l'ordre qu'on observe réellement ; ajoutons un petit mouvement conique fort lent à l'axe de la terre, et nous expliquerons d'un mot ces mouvemens de précession si variés qu'il n'y a pas deux étoiles qui aient précisément les mêmes.

Soit EC (fig. 25) l'écliptique ou le cercle oblique dans lequel la terre ferait sa révolution ; p le pôle de la terre, eq son équateur, TO une droite perpendiculaire au plan EC ; que l'axe Tp de la terre, au lieu de conserver invariablement le parallélisme dont nous avons parlé ci-dessus, ait un mouvement lent qui lui fasse décrire en 25,000 ans, la surface d'un cône autour de TO qui sera l'axe de ce cône droit ; le pôle de la révolution diurne nous paraîtra tourner en 25,000 ans autour du pôle de l'écliptique, et de là tous ces mouvemens de précession dont nous avons déterminé les formules et qui tiendront à un petit dérangement dans l'axe de la terre.

27. L'analyse mathématique a prouvé de nos jours que ce dérangement de l'axe est une suite nécessaire de la figure elliptique que les observations donnent à la terre ; ensorte que ce phénomène si étonnant de la précession ; ce phénomène inexplicable dans l'hypothèse de l'immobilité de la terre, découle très-naturellement et de sa figure et de son mouvement autour du soleil.

28. Tout paraît donc conspirer pour lever nos doutes et nous faire adopter le mouvement de la terre autour de son axe pour expliquer le jour et la nuit ; le mouvement de la terre dans l'écliptique pour rendre

compte des saisons ; et enfin le mouvement conique de l'axe de la terre pour expliquer la précession des étoiles.

29. Il ne faut pourtant pas dissimuler une objection. Abstraction faite de ce mouvement de précession qui n'est que de 50″ sur l'écliptique, et de 20″ dans la région du pôle, l'axe de la terre paraît, dans sa révolution annuelle, répondre toujours au même point du ciel, cependant il est certain que si la terre a un mouvement de translation dans l'espace, suivant un cercle dont le rayon nous paraît énorme, puisqu'il serait de 30 millions de lieues en adoptant une parallaxe de 9 à 10″; le pôle de la terre en décrivant ce cercle immense, devrait au bout de six mois répondre à un point du ciel éloigné de plus de 60 millions de lieues du point auquel il répondait d'abord.

Or quelle apparence qu'un déplacement de plus de 60 millions de lieues soit insensible à nos yeux ? Il faudrait en conclure que ce cercle annuel dont le diamètre est de 60 millions de lieues, ne serait qu'un point, pour ainsi dire mathématique, en comparaison du diamètre de la sphère céleste.

30. En effet, si la terre se meut dans le cercle TER (fig. 26) autour du soleil, son axe Tp, au bout de six mois, sera transporté en $T'p'$; il faudra donc que l'espace pp' ou l'angle pTp' soit insensible par sa petitesse, et que les points p, p' se confondent sensiblement avec le point P, position intermédiaire du pôle. Cette conséquence est rigoureusement exacte ; elle se tire nécessairement du mouvement de la terre. On voudrait en vain l'éluder, elle a d'abord révolté les astronomes, et ils ont fait à Copernic et à ses sectateurs, cette objection à laquelle ils ont donné beaucoup d'importance. Mais ils se sont insensiblement familiarisés avec cette conséquence qui, en effet, n'avait rien contre elle que sa nouveauté.

31. Il est certain d'abord que la terre n'est qu'un point imperceptible en comparaison de la distance des étoiles. Les anciens, Ptolémée lui-même, sont convenus de cette vérité qui nous est démontrée par le défaut de parallaxe diurne des étoiles. Le rayon de la terre est à la distance du soleil à la terre, environ comme le sinus de 9″ au rayon, ou comme 1 : 23000. Le diamètre de l'orbe annuel est donc 23000 fois le diamètre de la terre. Nous étions accoutumés à regarder la terre

comme un point à l'égard de la distance des étoiles ; nous regarderons
comme un point une ligne 23000 fois plus grande : ce n'est pas une idée
si difficile à adopter , nous y étions suffisamment préparés ; la première
de ces deux idées est démontrée, la seconde n'a rien qui soit difficile à
concevoir.

32. Cette première objection est donc nulle , les autres sont tout
aussi faciles à réfuter ; elles peuvent se réduire à deux genres principaux.

Le premier se tire de quelques passages de l'Ecriture qui paraissent
indiquer que le soleil se meut et que la terre est en repos. Le plus remarquable et le plus souvent cité , est celui qui dit que le soleil s'arrêta
à la voix de Josué ; mais ce passage prouve seulement que Josué voulait
que le jour se prolongeât pour lui donner le tems d'exterminer ses
ennemis : le jour fut prolongé , voilà le point essentiel ; Dieu l'entendit
et fit ce qu'il avait demandé , quoiqu'il eût mal exprimé son vœu. Josué
ignorait le véritable système du monde; il s'est exprimé comme le
vulgaire : et quand il aurait été plus savant , il aurait pu très-bien s'exprimer encore comme font aujourd'hui même les astronomes quand ils
disent le soleil se lève ou se couche , ou bien le soleil est de tant de
degrés au-dessus de l'horizon , au lieu de dire l'horizon s'abaisse ou
s'élève au-dessus du soleil : il en est de même de tous les autres passages ,
c'est aux théologiens à les interpréter; les astronomes doivent s'en tenir
aux démonstrations tirées des observations et des calculs.

33. L'autre genre se tire de quelques observations qu'on interprète
mal. Si du haut d'une tour vous laissez tomber un corps pesant, il suivra
dans sa chute une direction sensiblement parallèle au mur de la tour,
et le fait est vrai. Or, disait-on, puisque la pierre tombe au pied de la
tour AC (fig. 27) à la distance CD = AB à laquelle elle a été abandonnée
à elle-même, c'est une preuve que la terre n'a pas tourné pendant tout
tems de la chute ; car si elle tournait pendant les quatre ou cinq secondes
que la pierre emploie à tomber, le pied de la tour devrait s'éloigner
de plusieurs mètres ; la pierre devrait donc tomber à plusieurs mètres
de la tour , si on la laissait tomber à l'occident ; ou la tour viendrait
frapper la pierre pendant sa chute , si elle tombait à l'orient : elle ne
pourrait conserver le parallélisme que dans le cas où on l'aurait laissé
tomber au nord ou au sud,

34. Pour fortifier cet argument, on avait la maladresse d'ajouter que si du haut d'un mât on laissait tomber un corps pesant, on verrait infailliblement ce corps tomber à une distance du mât égale au chemin du vaisseau pendant sa chute : on invoquait l'expérience qu'on n'avait pas faite et l'on se croyait sûr du succès. Or cette expérience, bien souvent répétée depuis, n'a pas répondu à l'attente de ceux qui faisaient l'objection. Il n'est pourtant pas possible de nier le mouvement du vaisseau, et ce mouvement peut se mesurer. Cette objection contre le mouvement de la terre, tombe d'elle-même et ne prouve rien : la réponse qu'on donnera pour le mât servira de même pour la terre.

Soit AB (fig. 27) le mouvement du mât ou de la tour, AC la perpendiculaire que décrirait le corps grave si la tour était immobile ; le corps en tombant est animé de deux forces qui dans le même tems lui feraient décrire, l'une l'arc AB, et l'autre la perpendiculaire AC ; il doit donc décrire une espèce de diagonale AD, et tomber au pied de la tour.

35. Après avoir ainsi pleinement satisfait à l'objection, on a voulu trouver dans cette expérience même une preuve du mouvement de la terre, et voici comment on a raisonné.

Le sommet de la tour étant plus éloigné du centre de la terre que le pied, doit décrire un arc semblable, mais d'un cercle plus grand, CD (fig. 28) est donc plus petit que AB ; si donc le corps est animé d'une force capable de lui faire décrire AB pendant qu'il tomberait de A en C, il devra donc tomber en E, de manière que CE = AB. Si l'on connaît le rapport de AC à TC, on connaîtra celui de CE à CD,

$$TC : TA :: CD : AB = \mu = \frac{CD.TA}{TC} = \frac{m\,(r+h)}{r} = m + \frac{hm}{r},$$

$$DE = CE - CD = AB - CD = \mu - m = \frac{hm}{r}.$$

Connaissant h on aura le tems de la chute, et si l'on connaît aussi le rayon r de la terre, on connaîtra l'arc CD, que le pied de la tour aura décrit pendant la chute ; on aura donc DE. On verra si ce petit arc est du moins assez sensible pour être mesuré, alors on tentera l'expérience.

36. Un fil à plomb suspendu en A, viendra après quelques oscillations, se fixer en C ; le fil prendra la direction perpendiculaire à la surface. Le point C étant marqué sur le terrain, on ôtera le fil, et l'on fera tomber du point A une boule pesante qui marquera son empreinte dans une

couche de cire étendue autour de C. On mesurera la distance du point C au centre de l'enfoncement. Le point C aura cheminé avec le pied de la tour, ainsi que le plomb du fil AC; il aura pris la position D, et DE connu par l'observation, pourra se comparer avec la valeur tirée de la théorie.

37. Tout ceci n'est qu'un aperçu grossier; car AB est proportionnel au tems, AC croît comme le carré du tems; AD sera donc plutôt un arc parabolique qu'une ligne droite; mais il nous a paru assez inutile de donner la théorie rigoureuse d'une expérience presque impossible à bien faire.

38. Elle a été tentée cependant avec une sorte de succès. M. Guglielmini en a publié tous les détails dans son opuscule *de Motu Terræ diurno*, *Bononiæ*, 1792. Il n'a pas trouvé pour l'écart DE, des quantités bien parfaitement d'accord entre elles; la différence entre la moyenne arithmétique et les extrèmes, s'élève jusqu'à $0^{li},3$, sans parler d'une observation troublée par le vent, où l'écart était plus fort de 1^{li}. Il a trouvé DE $= 8^{li},375$, et toujours le poids est tombé à l'orient de la perpendiculaire: la chute verticale était de 241 pieds; l'expérience se faisait à la tour *degli asinelli*: elle a été répétée par M. Henzenberg, à Hambourg; la hauteur était 235 pieds. Il a trouvé la déviation de 4 lignes à l'est, et la déviation au sud de $4^{li}\frac{1}{2}$. M. de Guglielmini la trouvait de 6 lignes. On n'était pas d'accord sur cette dernière déviation que les uns trouvaient dans leur théorie, mais que d'autres niaient. M. Laplace en fit le calcul rigoureux; il trouva $3^{li},9$ dans le vide pour la déviation à l'est, et rien pour celle du sud. M. Flaugergues a fait aussi des observations de ce genre dont je ne puis rien dire, parce que je ne les retrouve pas pour le moment.

39. Ainsi malgré les incertitudes inévitables de l'expérience, le résultat a été constamment en faveur du mouvement diurne; il faut convenir pourtant que si nous n'avions pas de meilleures preuves du mouvement de la terre, nous serions moins fondés à soutenir que le soleil est le centre des mouvemens planétaires.

40. Le tems de la rotation de la terre est à fort peu près l'intervalle entre deux passages de la même étoile au méridien; c'est-à-dire de 24^h sidérales, ou de $23^h 56' 4''$ de tems moyen (voyez le chapitre suivant). Nous

Nous verrons au chapitre de *la grandeur et de la figure de la Terre* , que la circonférence de l'équateur terrestre est de 40059950 mètres ; divisez ce nombre par $23^h 56' 4''$, vous aurez pour le mouvement d'un point de l'équateur, en $1''$ de tems moyen, $464^m,93$; et pour un point dont la hauteur du pôle ou la distance à l'équateur est H , le mouvement sera $464^m,93 \cos H$. Ainsi pour Paris où $H = 48°50' 14''$, ce mouvement sera de $306^m,01$.

41. Si ce mouvement paraît considérable, quel serait donc celui d'une étoile située dans l'équateur? Sa parallaxe horizontale est certainement au-dessous de $1''$; elle aurait donc tout au moins un mouvement de

$$\frac{464^m,93}{\sin 1''} = 95898000 \text{ mètres.}$$

42. Le mouvement du centre de la terre autour du soleil, sera bien plus rapide encore que celui de rotation , mais il sera bien moindre que celui qu'il faudrait attribuer aux étoiles, si l'on voulait rendre la terre immobile.

En effet, soit r le rayon de la terre, π la circonférence dont le rayon $= 1$, E la circonférence de l'équateur ; $E = 2r\pi$ et $r = \dfrac{E}{2\pi} = \dfrac{40059950}{2\pi}$.

Soit $P = 8'',7 =$ parallaxe du soleil , la distance de la terre au soleil sera $\dfrac{r}{\sin P} = \dfrac{E}{2\pi \sin P}$.

Le cercle que la terre décrirait autour du soleil serait $\dfrac{2r\pi}{\sin P} = \dfrac{E}{\sin P}$.

Ce cercle est décrit en $365^j,2564$ environ. Le mouvement du centre de la terre $= \dfrac{E}{365,2564.86400''.8'',7 \sin 1''} = 50095^m,74$, ou trois myria-mètres par seconde.

43. Mais la terre décrit une ellipse inscrite à ce cercle ; et soit c la circonférence du cercle, e l'excentricité , le périmètre de l'ellipse sera $c \left(1 - \frac{1}{4} e^2 - \frac{3}{64} e^4 - \frac{5}{256} e^6 - \text{etc.} \right)$; or $e = 0.0168$; $\frac{1}{4} e^2$ ne donnerait à retrancher que $2^m,125$ du nombre ci-dessus. Nous pouvons donc nous en tenir aux trois myriamètres par seconde ; car il est bien inutile de chercher tant de précision dans des calculs de pure curiosité.

44. Si cette vitesse effraie l'imagination, on a la preuve qu'il en existe de plus grandes. Nous verrons que la planète Vénus est presque égale à la terre ; sa vitesse angulaire sera $\dfrac{v}{a^{\frac{3}{2}}}$, v étant celle de la terre, et a le

demi-grand axe de Vénus (XXI. 266); l'arc décrit par Vénus en $1''$ sera $\dfrac{a\nu}{a^{\frac{3}{2}}} = \dfrac{\nu}{a^{\frac{3}{2}}} = \dfrac{30096^m}{(0.72333)^{\frac{3}{2}}} = 35476$ mètres.

45. Appliquons la même formule à toutes les planètes, nous aurons les nombres qu'offre le tableau suivant pour les vitesses dans les orbites en $1''$ de tems.

Pour la lune, la formule est

$$\frac{E}{\text{mois lunaire . sin parallaxe}} = \frac{E}{2360585'' \, \sin 57} = 1023^m5.$$

Mouvement moyen des Planètes autour du Soleil en une seconde de tems moyen.

PLANETES.	Mètres.	Toises.
☿ Mercure.............	48384	24825
♀ Vénus.............	35476	18201
♁ La Terre...........	30096	15441
♂ Mars	24387	12512
⚳ ⚵ Cérès, Junon...		
⚴ ⚶ Pallas et Vesta...	18669	9583
♃ Jupiter	13198	6772
♄ Saturne...........	9745	5000
♅ Herschel-Uranus..	6882	3531
☾ La Lune.........	1024	526

46. Nous n'avons pas encore déterminé les demi-grands axes des ellipses planétaires, ni le mois lunaire que supposent ces calculs; si nous les plaçons ici avant le tems, c'est pour n'avoir plus à revenir sur ce point, qui n'a aucune influence sur ce qui doit suivre.

CHAPITRE XXIII.

Différentes espèces de tems, retours au méridien, levers et couchers des Planètes.

Avant de quitter le soleil, il faut expliquer ce qu'on entend en Astronomie par le tems sidéral, le tems moyen, et le tems solaire vrai.

1. Nos premières observations étant faites sur les étoiles, et les étoiles étant les points fixes auxquels on rapporte tous les mouvemens des planètes, nous avons réglé nos horloges sur les étoiles, et nous leur avons fait marquer $24^h.0'.0''$ entre deux passages de la même étoile au méridien.

2. Ensuite nous avons reconnu le mouvement de précession en ascension droite, qui change non-seulement le point de l'équateur auquel répond perpendiculairement une étoile donnée ; mais aussi le point de l'équateur d'où se comptent les ascensions droites. Par là nous avons réglé nos horloges sur le passage du point équinoxial d'Ariès au méridien ; c'est là proprement ce qu'on nomme aujourd'hui tems sidéral, quoique la dénomination ne soit pas de la plus grande justesse ; mais il en est ainsi de presque toutes les dénominations usitées en Astronomie, parce que les idées complètes ne sont venues que long-tems après le choix des expressions.

3. Mais nous avons vu que le soleil ne revient jamais au méridien en 24^h sidérales ; quand ces 24^h sont écoulées, le soleil est encore à une distance de quelques minutes du méridien.

Cela vient de ce que le soleil avance chaque jour plus ou moins le long de l'écliptique, et par conséquent qu'il répond chaque jour à un point différent de l'équateur quand il arrive au méridien ; mais comme c'est le soleil qui nous marque les jours par son retour au méridien, et les années par son retour aux points équinoxiaux ou solsticiaux; pour mesurer les jours et les nuits, il est plus commode dans les usages civils, que les horloges soient réglées sur le cours du soleil, et comptent 24^h entre deux passages consécutifs au méridien.

4. Malheureusement cela ne se peut guère que dans certaines limites; le soleil décrit l'écliptique en 365^j 5^h $48'$ $5o''$ à peu près; s'il allait toujours d'un mouvement égal, il décrirait par jour $59'.8''33$.

Si des arcs égaux de l'équateur répondaient toujours à des arcs égaux de l'écliptique, le soleil avancerait chaque jour de $59'.8''.33$ le long de l'équateur; son passage retarderait sur le tems sidéral de $3'.56''.33'''32$ $= 3'.56''.555$. Ainsi les 24^h solaires vaudraient $24^h.3'.56''.555$ de l'horloge sidérale. En abaissant convenablement la lentille d'une horloge, on peut faire qu'elle ne marque que 24^h justes, au lieu de $24^h.3'.56''555$.

5. Ces 24^h qui répondent à $24^h.3'.56''.555$ de tems sidéral, s'appellent jour moyen ou égal; mais ce jour n'est pas tout à fait le jour solaire vrai; quatre fois seulement dans chaque année, ces 24^h mesurent exactement, ou à fort peu près, l'intervalle entre deux passages du soleil au méridien; il faut chercher la cause de cette différence entre le tems moyen et le tems vrai.

6. Supposons que le soleil se soit trouvé à l'équinoxe du printems, à midi juste, ce qui arrive très-rarement pour un lieu donné, mais arrive nécessairement chaque année pour un des méridiens de la terre; au bout de quelque tems, quand il passera au méridien de ce même lieu, il se sera éloigné du point équinoxial d'un arc de l'écliptique, qu'on trouvera par les raisonnemens qui suivent.

Soit VA le mouvement moyen du soleil pendant l'intervalle écoulé; VA (fig. 29) sera ce qu'on appelle longitude moyenne. Soit $VA = M$; de cette longitude retranchez la longitude de l'apogée, le reste sera ce qu'on appelle l'anomalie moyenne du soleil; avec cette anomalie moyenne, vous chercherez l'équation du centre que j'appelle E. Soit $VB = VA + AB$ $= M + E =$ longitude corrigée.

7. Supposons de plus que le soleil soit encore avancé sur l'écliptique d'une quantité quelconque BC provenant des perturbations planétaires, ou de telle autre cause connue ou inconnue, et que $BC = P$, VC

sera enfin la longitude exacte et vraie du soleil, et nous aurons
$VC = M + E + P$.

Du point C abaissez l'arc CD perpendiculaire à l'équateur ; le point D sera donc le point de l'équateur qui passera au méridien avec le soleil. Nous avons vu que la réduction de l'écliptique à l'équateur, ou
$$R = VC - VD = + \operatorname{tang}^2 \tfrac{1}{2}\,\omega \cdot \sin 2VC - \tfrac{1}{2}\operatorname{tang}^4 \tfrac{1}{2}\,\omega \sin 4VC + \tfrac{1}{3}\operatorname{tang}^6 \tfrac{1}{2}\,\omega$$
$\sin 6VC -$ etc. Ainsi l'ascension droite vraie du soleil $= M + E + P - R$.

8. Mais soit $VF = VA$, VF sera le lieu qu'occuperait au même instant le soleil sur l'équateur, s'il se mouvait uniformément dans ce cercle ; car le soleil revenant en $365^j\ 5^h\ 48'\ 5o''$, au point équinoxial qui est commun à l'écliptique et à l'équateur, il répond donc en une année à tous les points de l'équateur successivement, et en supposant que cette marche rapportée à l'équateur fût uniforme, VF aussi bien que VA serait le mouvement moyen diurne $59'\ 8''\ 33$, multiplié par le nombre de jours écoulés dans l'intervalle. Ce soleil moyen passerait donc au méridien avec le point F, tandis que le soleil vrai et réel passe avec le point D : donc à l'instant du midi vrai, quand le soleil C et le point correspondant D de l'équateur sont au méridien, le soleil moyen en est déjà éloigné de l'arc $FD = M + E + P - R - M = (E + P - R)$: l'arc de l'équateur FD est la mesure de l'angle au pôle, entre le méridien et le cercle horaire qui arrive perpendiculairement au point D ; donc $FD =$ angle horaire du soleil moyen. Pour convertir cet angle en tems, nous dirons

$36o° : 24^h$ solaires moyennes $:: FD :$ tems moyen à midi vrai, donc
$$\text{tems moyen à midi vrai} = \frac{FD \times 24^h}{36o°} = \tfrac{1}{15}\,FD = \tfrac{4}{6o}(E + P - R).$$

9. Nous avons supposé l'ascension droite moyenne du soleil égale à sa longitude moyenne ; mais nous verrons dans le chapitre de la *Nutation,* qu'en vertu de la précession inégale des équinoxes, la longitude moyenne a besoin d'une équation de $18'' \sin (36o° - $ nœud de la lune$) = 18'' \sin N$; que l'ascension droite n'a besoin que de l'équation $18'' \cos \omega \sin N$.

La différence de ces équations est $18'' \sin N (1 - \cos \omega) = 56'' \sin^2 \tfrac{1}{2}\,\omega \sin N = 1'',4887 \sin N$, ou en tems, $0'',09925 \sin N$; on a long-tems négligé cette petite différence qui ne va pas à $0'',1$ de tems ; mais en y ayant égard on aura

$$\text{équation du tems} = dT = \tfrac{4}{6o}(E + P - R) + 0'',09925 \sin N.$$

Pour construire une table de l'équation du tems, il faut la prendre par parties.

Les termes $\frac{4P}{60}$ et $0'',09925$ dépendans d'argumens divers, ne peuvent se réunir aux autres; j'en ai donné des tables séparées. Voyez mes *Tables solaires*.

La réduction à l'écliptique a pour expression

$$R = \frac{\tang^2 \frac{1}{2} \omega \sin 2\odot}{\sin 1''} - \frac{\tang^4 \frac{1}{2} \omega \sin 4\odot}{\sin 2''} + \frac{\tang^6 \frac{1}{2} \omega \sin 6\odot}{\sin 3''} - \text{etc.}$$

la longitude vraie du soleil étant désignée par le symbole $\odot$. Mais soit L la longitude moyenne, et $t = \tang^2 \frac{1}{2} \omega$,

$$\frac{4}{60} R = -\left(\frac{t}{\sin 15''}\right) \sin (2L+2E) + \left(\frac{t^2}{\sin 30''}\right) \cos (4L+4E)$$
$$- \left(\frac{t^3}{\sin 45''}\right) \sin (6L+6E) - \text{etc.}$$
$$= -\left(\frac{t}{\sin 15''}\right) \cos 2E \sin 2L - \left(\frac{t}{\sin 15''}\right) \sin 2E \cos 2L$$
$$+ \left(\frac{t^2}{\sin 30''}\right) \cos 4E \sin 4L + \left(\frac{t^2}{\sin 30''}\right) \sin 4E \cos 4L$$
$$- \left(\frac{t^3}{\sin 45''}\right) \cos 6E \sin 6L - \left(\frac{t^3}{\sin 45''}\right) \sin 6E \cos 6L + \text{etc.}$$

Soit π la longitude du périgée, nous aurons

$$E = a \sin (L-\pi) + b \sin 2(L-\pi) + \cos 3 (L-\pi) + \text{etc.}$$

Nous avons donné (XX. 17) les valeurs numériques des coefficiens a, b, c, etc.

$$E = a \cos \pi \sin L - a \sin \pi \cos L + b \cos 2\pi \sin 2L - b \sin 2\pi \cos 2L$$
$$+ c \cos 3\pi \sin 3L - c \sin 3\pi \cos 3L.$$

Mettez pour $\sin 2E$, $\sin 4E$, $\sin 6E$ leurs valeurs analytiques déduites de la série; pour $\cos 2E$, $\cos 4E$, $\cos 6E$ leurs valeurs suffisamment approchées $1 - \frac{1}{2}(2E^2)$, $1 - \frac{1}{2}(4E^2)$, etc.; développez et réduisez, vous aurez

$$
\begin{aligned}
d\mathrm{T} =\; & -\left(\frac{t\sin^2 a}{\sin 30''}\right)\sin \pi + \left(\frac{bt}{15}\right)\sin 2\pi + \left(\frac{a}{15''}\right)(1+t)\cos \pi \sin \mathrm{L}. \\
& -\left(\frac{a}{15}\right)(1-t)\sin \pi \cos \mathrm{L} - \left(\frac{t\cos^2 a}{\sin 15''}\right)\sin 2\mathrm{L} + \left(\frac{t\sin^2 a}{\sin 60''}\right)\cos \pi \sin \mathrm{L} \\
& + \left(\frac{b}{15}\right)(1-t)\cos 2\pi \sin 2\mathrm{L} - \left(\frac{b}{15}\right)(1+t)\sin 2\pi \cos 2\mathrm{L} \\
& + \left(\frac{t^2\sin^2 a}{\sin 60''}\right)\sin 2\pi \cos 2\mathrm{L} - \left(\frac{at}{15}\right)(1+t)\cos \pi \sin 3\mathrm{L}) \\
& + \left(\frac{at}{15}\right)(1-t)\sin \pi \cos 3\mathrm{L} \\
& + \left(\frac{t^2\cos^2.2a}{\sin 30''}\right)\sin 4\mathrm{L} - \left(\frac{t^2\sin^2 a}{\sin 30''}\right)\cos 2\pi \sin 4\mathrm{L} \\
& + \left(\frac{t^2\sin^2.2a}{\sin 30''}\right)\sin 2\pi \cos 4\mathrm{L} + \left(\frac{bt}{15}\right)\sin 2\pi \cos 4\mathrm{L} - \left(\frac{bt}{15}\right)\cos 2\pi \sin 4\mathrm{L} \\
& + \left(\frac{at^2}{15}\right)\cos \pi \sin 5\mathrm{L} - \left(\frac{at^2}{15''}\right)\sin \pi \cos 5\mathrm{L} - \left(\frac{t^3\cos^2.3a}{\sin 45''}\right)\sin 6\mathrm{L} \\
& + \left(\frac{bt^2}{15}\right)\cos 2\pi \sin 6\mathrm{L} - \left(\frac{bt^2}{15}\right)\sin 2\pi \cos 6\mathrm{L} + 0''09925 \sin \mathrm{N} + \tfrac{1}{15}\mathrm{P} \\
& + 0''117 \sin (2\mathrm{L} + \mathrm{N} + 180°) + 0''013 \sin (2\mathrm{L} - \mathrm{N}).
\end{aligned}
$$

Ces deux derniers termes sont introduits pour avoir égard aux variations de l'obliquité, produites par la nutation; car la formule exigerait qu'on employât l'obliquité apparente de l'écliptique, et non l'obliquité moyenne. La variation ou la correction d'obliquité, pour la nutation, est $9''\cos \mathrm{N}$ et ne peut guère affecter que le terme $\left(\frac{t^2\cos 2a}{\sin 15''}\right)\sin 2\mathrm{L}$, dont la différentiation a produit les deux derniers termes dépendans de N.

10. En supposant $a = 1°.55'.27''$, $b = 72''7$, c insensible, mettant ensuite pour π les valeurs qu'il avait en 1810, ou qu'il aura en 1910, j'ai trouvé les valeurs suivantes.

1810.	1910.	Variat. sécul.	Argumens.
+ 0″04149	+ 0″04772	+ 0.00631	1.
+ 80.8285	+ 94.7577	+ 13.9777	sin L
− 596.7782	− 595.9051	+ 1.5971	sin 2 L
− 3.4849	− 4.0801	− 0.5971	sin 3 L
+ 12.9426	+ 12.8025	− 0.1385	sin 4 L
+ 0.1441	+ 0.1685	+ 0.0265	sin 5 L
− 0.3725	− 0.3609	+ 0.0116	sin 6 L
+ 435.6206	+ 432.1741	− 3.4539	cos L
+ 1.6681	+ 1.9513	+ 0.2823	cos 2 L
− 18.7880	− 18.6148	+ 0.1752	cos 3 L
− 0.8812	− 0.10275	− 0.01475	cos 4 L
+ 0.84684	+ 0.83772	− 0.00912	cos 5 L
+ 0.00298	+ 0.00330	+ 0.00052	cos 6 L

11. Ainsi les termes principaux de l'équation du tems sont ramenés à dépendre tous de la longitude moyenne du soleil, et c'est sur la formule précédente que j'ai calculé la table d'équation du tems qu'on trouvera à la fin de ce chapitre.

J'aurais pu de même ramener tout à la longitude vraie, la formule de réduction eût servi sans aucune modification; j'aurais employé pour l'équation du centre, la formule qui dépend de $u = (\odot - \pi)$.

12. Il suffirait d'exprimer en tems l'équation du centre qu'on trouve dans les tables du soleil, et la réduction à l'écliptique; on pourrait donner séparément les tables de ces deux parties; et c'est ce qu'avait fait La Caille; Mayer les a réunies en supposant une valeur à π, et il a ainsi composé trois tables pour trois époques différentes à cause du mouvement de π. Ma table a été plus difficile à calculer, mais elle est plus commode et plus exacte, au moyen de la colonne de variation séculaire.

13. On peut ramener l'équation à n'avoir d'autre argument que l'anomalie moyenne $(L - \pi)$, en mettant dans la formule de réduction, au lieu de $(L + E)$, sa valeur $(z + \pi + E)$, et c'est ce que j'ai fait dans mes Tables des Satellites de Jupiter.

14. Il arrivera la moitié du tems que $(E + P - R)$ sera une quantité positive

positive ; alors le tems moyen à midi vrai et l'équation du tems qui sert à convertir le tems vrai en tems moyen , seront la même chose.

Mais si (E+P—R) était une quantité négative, l'équation serait soustractive, et pour éviter le signe moins, on retrancherait cette équation de 12^h, le reste serait le tems moyen au midi vrai : dans ce cas le soleil moyen passerait au méridien après le soleil vrai.

L'équation du tems peut aller à 16′ ; c'est-à-dire que le soleil moyen arriverait au méridien, en certain cas, 16′ avant ou après le soleil vrai : dans la première supposition , on aurait 0^h,16′ pour le tems moyen au midi vrai ; dans le second , on aurait 16′ pour l'équation du tems, et 11^h 44′ pour le tems moyen à midi vrai. Cette équation peut varier de — 21″ et + 30″ d'un jour à l'autre ; ainsi la durée du jour vrai peut varier de 23^h 59′ 39″ à 24^h 0′ 30″ de tems moyen.

15. Ptolémée avait clairement expliqué les deux causes de la différence des jours vrais aux jours moyens ; les astronomes du moyen âge avaient différé entre eux sur la manière de la calculer, mais depuis Flamsteed , on est revenu aux vrais principes.

16. Cependant La Caille y commit, il y a près de 60 ans, une petite erreur qui fut adoptée pendant quelque tems par les astronomes de son école. Lalande et Maskelyne la dénoncèrent et la rectifièrent presque en même tems , c'est-à-dire vers 1764.

Cette erreur venait de l'usage où l'on était en France et partout ailleurs qu'à l'observatoire de Greenwich , de régler les pendules astronomiques sur le mouvement moyen du soleil.

Ces horloges marquaient donc 24^h pendant que 360° 59′ 8″,33 de l'équateur passaient au méridien. Il en résultait que pour trouver la différence d'ascension droite en degrés pour deux étoiles observées à cette horloge , on faisait cette analogie :

$$24^h : 360°59'8''33 :: d\mathrm{P} : d\mathcal{R} = \frac{d\mathrm{P}\ 360°\ 59'\ 8'',33}{24^h} = \frac{d\mathrm{P}}{1^h} (15^\bullet\ 2'27'',847).$$

C'est sur ce principe qu'on a calculé la table pour convertir en degrés le tems solaire moyen qui se trouve encore dans tous les volumes de la *Connaissance des Tems*.

17. Ainsi pour avoir les degrés qui répondent au tems moyen, il faut multiplier les heures par 15,04106. Les minutes de tems multipliées par

2. 26

ce même nombre, donnent des minutes de degrés; les secondes donnent des secondes, etc. Pour réduire les degrés en tems solaire moyen, on les divise par ce même nombre.

La Caille, en calculant pour ses tables solaires une table d'équation du tems, divisa par ce nombre l'équation en degrés ; c'est-à-dire la différence entre l'ascension droite vraie et la longitude moyenne du soleil, ou l'arc de l'équateur compris entre les cercles de déclinaison du soleil vrai et du soleil fictif qui avancerait uniformément le long de l'équateur. Il avait ainsi le tems que cet arc de l'équateur employait à traverser le méridien ; mais quand cet arc avait ainsi traversé, il ne marquait plus l'angle au pôle entre les deux soleils, puisque dans l'intervalle ils avaient avancé inégalement. La Caille avait donc une équation du tems trop faible, puisqu'il avait employé un diviseur trop fort; l'erreur pouvait être de 2 à 3″.

18. Il ne s'agit nullement de savoir combien cet arc de l'équateur emploie de tems à passer; cet arc n'est que la mesure de l'angle au pôle. Le rapport de cet angle à la révolution entière, est le nombre qui doit servir à le convertir en tems. La révolution est toujours de 360° ; elle est toujours de 24 heures, et le rapport de ces nombres est toujours 15, et non pas 15,04106. Les heures diffèrent par la durée, jamais par le nombre.

19. Personne jamais, ni La Caille lui-même, n'a songé à convertir les degrés de l'équateur terrestre en tems solaire moyen par le nombre 15,04106. Les degrés de l'équateur entre deux méridiens ou l'angle au pôle, indiquent la différence des angles horaires et la différence des heures que l'on compte dans les deux endroits. Supposons cet angle de 15°, deux astronomes auront au même instant une différence de 1ʰ sur l'horloge sidérale comme sur l'horloge du tems moyen, comme sur l'horloge du tems vrai, comme sur toute autre horloge, en supposant toutefois que les horloges des deux observateurs soient réglées de la même manière. Supposons que l'un des observateurs voie au méridien le soleil vrai, l'autre le verra à 15° de son méridien, puisque les deux méridiens diffèrent de cette quantité. Ces 15° vaudront $\frac{1}{24}$ de la révolution du soleil ou du jour solaire vrai.

20. Supposons que l'un voie à son méridien le point de l'équateur qui marque l'ascension droite moyenne du soleil, il sera midi moyen pour

cet observateur ; l'autre verra ce point à 15° de son propre méridien ; ces 15° seront $\frac{1}{24}$ du jour moyen.

21. Supposons que le premier voie une étoile au méridien, l'autre la verra à 15° de son méridien, et ces 15° seront $\frac{1}{24}$ du jour sidéral.

22. Supposons que l'un voie la lune au méridien, l'autre la verra à 15° du méridien, et ces 15° seront $\frac{1}{24}$ du jour lunaire, abstraction faite pourtant de l'inégalité un peu sensible du mouvement de la lune, au lieu que l'inégalité du soleil est absolument insensible.

Il en est de même pour tous les astres qui ont un mouvement propre.

23. L'angle horaire de 15° est toujours $\frac{1}{24}$ du jour ou de la révolution de l'astre qu'on observe ; la conversion des degrés en tems, et celle du tems en degrés, doit toujours se faire en divisant ou en multipliant par 15. Tout le monde convient aujourd'hui de la méprise de La Caille. Le P. Hell est le seul qui ait refusé jusqu'à sa mort de se rendre aux raisons données par Maskelyne et Lalande. Il est vrai que ces raisons étaient exposées d'une manière un peu obscure.

24. Tous les astronomes voulaient que les éclipses des satellites fussent données en tems vrai pour servir à trouver la différence des méridiens ; quand j'ai fait des tables des satellites, j'ai invité les astronomes à ne plus donner ces éclipses qu'en tems moyen, et cet usage a maintenant prévalu ; il est beaucoup plus simple, et il a la même exactitude ; car pour l'instant du phénomène, l'équation du tems, c'est-à-dire la différence entre le tems moyen et le tems vrai, la différence entre l'ascension droite vraie et l'ascension droite moyenne du soleil, est certainement la même pour tous les méridiens. L'un compte $(M+E)$, l'autre $(M'+E)$, la différence $(M'+E) - (M+E) = M'-M$.

25. La différence des méridiens en tems est toujours la différence du tems que l'on compte à un instant donné, soit que les observateurs emploient le tems vrai, le tems moyen ou le tems sidéral, pourvu que les deux observateurs emploient le même tems.

En effet, soit T le centre de la terre (fig. 3o), *amvbc* l'équateur terrestre, AMVBC l'équateur céleste, A le point équinoxial d'où se comptent les ascensions droites, M le soleil moyen, V le point qui marque l'ascension droite du soleil vrai.

Le point a de la terre comptera 0^h de tems sidéral, le point m aura midi moyen, le point v aura midi vrai.

Le point b verra à son méridien le point B de l'équateur céleste, AB mesurera pour lui le tems sidéral, MB le tems moyen, VB le tems vrai.

Au même instant le point c verra à son méridien le point C, AC mesurera pour lui le tems sidéral, MC le tems moyen, VC le tems vrai.

Or BC = différence des méridiens = VC — VB = MC — MB = AC — AB = différence des tems sidéraux = différence des tems moyens = différence des tems vrais.

26. Pour un même instant, les différences AM, AV, MV sont égales pour tous les habitans de l'équateur, c'est-à-dire qu'il y a même différence entre le tems sidéral et le tems moyen, entre le tems sidéral et le tems vrai, entre le tems moyen et le tems vrai.

Ce que nous avons dit de l'équateur terrestre, nous pouvons le dire d'un parallèle quelconque, et par conséquent de tous les habitans de la terre.

27. La table III ci-après, page 210, donne la correction qu'il faut appliquer au tems vrai pour le réduire au tems moyen. Le passage du soleil au méridien donne le tems vrai; mais ce tems étant inégal, on ne peut l'employer dans les calculs; on est obligé de le transformer en tems moyen qui est uniforme.

Pour cela on calcule la longitude moyenne du soleil pour l'instant de l'observation ou pour midi vrai. Supposons qu'on ait trouvé 0^s $0°$, la table donnera $+ 6'\ 59'',3$; ainsi à midi vrai il sera $0^h\ 6'\ 59'',3$ de tems moyen.

Si les hauteurs du soleil ont donné l'angle horaire vrai de 6^h, et que la longitude soit de 0^s, le tems moyen sera $6^h\ 6'\ 59'',3$.

Il est vrai que les tables ne donnent la longitude moyenne du soleil que pour le tems moyen, mais l'équation du tems ne passe jamais $16'$, le mouvement du soleil en $16'$ n'est que de $59''$, et pour $59''$ de changement dans la longitude moyenne, l'équation du tems ne peut varier que de $16'''$, puisqu'elle ne varie jamais que de $50''$ par jour. On pourrait donc négliger cette fraction de seconde; mais on verra dans l'exemple une manière fort simple d'y avoir égard.

28. D'un jour à l'autre au passage du soleil par le méridien, l'ascension droite ou la longitude moyenne sera plus forte de 59′ à fort peu près; l'équation du tems changera de $\frac{59}{60}$ de la différence qu'offre la table pour 1°. Ainsi les jours vrais ne sont pas égaux aux jours moyens; ils sont tantôt plus courts et tantôt plus longs. Ils leur sont cependant égaux quatre fois dans l'année. En effet à $1^s\,22°$ et $23°$ de longitude moyenne, l'équation du tems est $3′\,58″$, la même à $0″,1$ près. Ainsi deux fois de suite à midi vrai on aura en tems moyen $11^h\,56′\,2″$; les deux jours seront d'une égale durée. Vers $4^s\,4°$, l'équation du tems est de $6′\,6″$ deux jours de suite, il y aura encore égalité. A $7^s\,12°$, l'équation est deux jours de suite $-16′\,15″$. A $10^s\,21°$, elle est deux jours de suite $+14′\,37″$. De $10^s\,21°$ à $1^s\,22°$, les jours vrais sont plus courts que les jours moyens; de $1^s\,22°$ à $4^s\,4°$, ils sont plus longs; de $4^s\,4°$ à $7^s\,12°$, ils sont de nouveau plus courts; ils sont ensuite plus longs de $7^s\,12°$ à $10^s\,21°$, et ainsi de suite tous les ans avec fort peu de variation.

29. A 0^s de longitude moyenne, le jour vrai dure depuis $0^h\,6′\,59″,5$ jusqu'à $24^h\,6′\,40″,8$ de tems moyen, c'est-à-dire $23^h\,59′\,41″,4$. Le jour vrai est donc plus court de $18″,6$; cette plus grande différence en moins, arrive vers le 23 mars; cette différence diminue jusqu'à $1^s\,22°$, où elle se réduit à zéro, ce qui arrive vers le 15 mai. Les jours vrais deviennent alors plus longs, et l'excès va jusqu'à $13″$ le 23 juin environ. L'excès diminue et devient nul à $4^s\,4°$, le 27 juillet; les jours vrais deviennent plus courts, et la différence va jusqu'à $21″$ le 17 septembre; il y a égalité le 3 novembre : les jours vrais deviennent ensuite plus longs, et l'excès va jusqu'à $30″$ le 23 décembre, il diminue jusqu'au 12 février, où il y a encore égalité, après quoi les jours vrais redeviennent plus courts.

30. L'équation du tems $=$ ascension droite vraie $\odot$ $-$ ascension droite moyenne (8); donc ascension droite vraie $=$ ascension droite moyenne $+$ équation du tems. Ainsi convertissez en tems la longitude moyenne en la divisant par 15, ajoutez-y l'équation du tems, vous aurez l'ascension droite vraie du soleil.

31. Pour que le résultat soit rigoureusement vrai, il faut ajouter à l'équation du tems, prise dans la table, les petits termes dépendans des perturbations et de la nutation; la différence ne peut guère aller qu'à $2″$ qu'on peut souvent négliger, mais nous en avons tenu compte.

52. Les perturbations planétaires produisent dans l'équation du tems de petits termes qui dépendent des mouvemens de chaque planète combinés avec celui du soleil. Les argumens de ces termes ont des périodes assez courtes; ainsi pour l'équation lunaire, la période est le mois synodique qui est de $29\frac{1}{2}$ jours; il suffit donc de savoir l'âge de la lune pour trouver la partie de l'équation qui dépend de la lune.

L'équation qui dépend de Vénus revient la même tous les huit ans; il suffisait donc de la calculer pour huit ans; mais il ne suffisait pas de l'avoir pour le premier jour de l'année; je l'ai calculée de deux mois en deux mois.

Pour Mars, la période est de sept ans et demi à peu près; l'équation revient donc la même au bout de sept ans et demi et au bout de quinze ans; ainsi en ajoutant ou retranchant un multiple de quinze ans, on pourra toujours ramener l'année donnée, dans les limites de la table.

Pour Jupiter, l'équation a une période de douze ans; on ajoutera donc à l'année donnée le multiple de 12 qui la fera rentrer dans les limites de la table.

Pour éviter l'embarras des signes, j'ai rendu toutes les petites équations additives par l'addition de constantes dont la somme est de $2''$; ainsi quand on aura cherché les quatre petites équations dans leur table, on aura toujours une somme trop forte de $2''$; on retranchera donc invariablement $2''$ des quantités trouvées; et si la somme des perturbations était moindre que $2''$, par exemple $0'',8$, on aurait $+ 0'',8 - 2'',0 = -1'',2$.

J'ai négligé quelques petites équations qui se compenseront le plus souvent; mais dans les cas les plus défavorables, l'erreur de l'équation des tems, calculée par ces tables, n'atteindra jamais une seconde.

Nos tables donnent aussi l'ascension droite du soleil par un calcul fort simple; mais il n'y faut pas compter à $0°.01$ ou $0°.02$ près, c'est-à-dire à $4''$ de tems près, parce que la longitude moyenne n'est donnée qu'en centièmes de degrés par les trois premières tables. Mais cette exactitude, toujours suffisante pour avoir l'équation du tems, le sera aussi souvent pour l'ascension droite.

Exemple. On demande l'équation du centre pour le 10 novembre 1812, à 6^h, tems vrai, septième jour de la lune.

La table première donne pour le 10 novembre, à midi, 7^s 19° 40

Avec cette longitude il est aisé de voir dans la table III, que l'équation sera d'environ 16′ à retrancher du tems vrai. Les 6^h se réduisent donc à $5\frac{3}{4}$,

Pour $5^h \frac{3}{4}$, la table II donne.....................   0.24
L'an 1812 est bissextile ; après le 29 février on ajoute...   0.98
Pour 1812 la réduction, table II, est de............... —   0.90

La longitude moyenne du soleil sera................ 7^s 19° 72
La table III donne pour 7^s.19.0................... —15′.54″5
La diff. $+ 6″.5$ donne pour   0.7.................. $+$ 4.55
                      pour   0.02.................. $+$ 0.13
                                                                —15.49.82

La variation séculaire est $— 7″,2$ qu'il faut multiplier par
$\frac{1813—1810}{100} = 0.03$................................. —   0.22
                                                                —15.50.04

Les perturbations de la table IV sont Mars $+$ 0.1
                              Jupiter $+$ 0.5
                              Vénus $+$ 1.3 $+$ 0.90
La lune au septième jour..... $+$ 1.0
Constante..... — 2.0

                      Equation du tems..... —15′ 49″14
                      Tems vrai....... 6^h 0. 0.00
                      Tems moyen..... 5^h 44′ 10″86

La Connaissance des Tems qui n'a rien négligé, donne pour le même instant............................... —15′ 49″40
La différence est de $\frac{1}{4}$ de seconde...................   0″26

Longitude moyenne convertie en tems $15^h.18′,88.. = 15^h 18′ 52″18$
Équation du tems .... — 15.49. 1

Ascension droite vraie du soleil................ 15. 3. 3. 7
La Connaissance des Tems donne................ 15. 3. 2. 7
c'est qu'elle compte les ascensions droites de l'équinoxe apparent, et qu'en négligeant l'équation $18″ \cos \omega \sin N$ (9), nous les comptons de l'équinoxe moyen.

TABLE Ière.

TABLE de la longitude moyenne du Soleil à midi, pour tous les jours [de] l'année 1800.

Jours.	Janvier.	Février.	Mars.	Avril.	Mai.	Juin.	Juillet.	Août.	Septem.	Octobre.	Novemb.	Dé...
	S. D.	S. D.	S. D.	S. D.	S. D.	S. D.	S. D.	S. D.	S. D.	S. D.	S. D.	S.
1	9.10.89	10.11.45	11. 9.04	0. 9.60	1. 9.17	2. 9.72	3. 9.29	4. 9.85	5.10.40	6. 9.97	7.10.53	8.
2	9.11.88	10.12.43	11.10.03	0.10.58	1.10.15	2.10.71	3.10.28	4.10.83	5.11.39	6.10.96	7.11.51	8.
3	9.12.86	10.13.42	11.11.01	0.11.57	1.11.14	2.11.69	3.11.26	4.11.82	5.12.37	6.11.94	7.12.50	8.
4	9.13.85	10.14.40	11.12.00	0.12.56	1.12.12	2.12.68	3.12.25	4.12.80	5.13.36	6.12.93	7.13.48	8.
5	9.14.83	10.15.39	11.12.99	0.13.54	1.13.11	2.13.67	3.13.23	4.13.79	5.14.34	6.13.91	7.14.47	8.
6	9.15.82	10.16.37	11.13.97	0.14.53	1.14.10	2.14.66	3.14.22	4.14.78	5.15.33	6.14.90	7.15.45	8.
7	9.16.80	10.17.36	11.14.96	0.15.51	1.15.08	2.15.64	3.15.21	4.15.76	5.16.32	6.15.89	7.16.44	8.
8	9.17.79	10.18.34	11.15.94	0.16.50	1.16.07	2.16.62	3.16.19	4.16.75	5.17.30	6.16.87	7.17.43	8.
9	9.18.78	10.19.33	11.16.93	0.17.48	1.17.05	2.17.61	3.17.18	4.17.73	5.18.29	6.17.86	7.18.41	8.
10	9.19.76	10.20.32	11.17.91	0.18.47	1.18.04	2.18.59	3.18.16	4.18.72	5.19.27	6.18.84	7.19.40	8.
11	9.20.75	10.21.30	11.18.90	0.19.45	1.19.02	2.19.58	3.19.15	4.19.70	5.20.26	6.19.83	7.20.38	8.
12	9.21.73	10.22.29	11.19.89	0.20.44	1.20.01	2.20.56	3.20.13	4.20.69	5.21.24	6.20.81	7.21.37	8.
13	9.22.72	10.23.27	11.20.87	0.21.43	1.21.00	2.21.55	3.21.12	4.21.67	5.22.23	6.21.80	7.22.35	8.
14	9.23.70	10.24.26	11.21.86	0.22.41	1.21.98	2.22.54	3.22.11	4.22.66	5.23.22	6.22.79	7.23.34	8.
15	9.24.69	10.25.24	11.22.84	0.23.40	1.22.97	2.23.52	3.23.09	4.23.65	5.24.20	6.23.77	7.24.33	8.
16	9.25.67	10.26.23	11.23.83	0.24.38	1.23.95	2.24.51	3.24.08	4.24.63	5.25.19	6.24.76	7.25.31	8.
17	9.26.66	10.27.22	11.24.81	0.25.37	1.24.94	2.25.49	3.25.06	4.25.62	5.26.17	6.25.74	7.26.30	8.
18	9.27.65	10.28.20	11.25.80	0.26.35	1.25.93	2.26.48	3.26.05	4.26.60	5.27.16	6.26.73	7.27.28	8.
19	9.28.63	10.29.19	11.26.78	0.27.34	1.26.91	2.27.46	3.27.04	4.27.59	5.28.14	6.27.71	7.28.27	8.
20	9.29.62	11. 0.17	11.27.77	0.28.33	1.27.89	2.28.45	3.28.02	4.28.57	5.29.13	6.28.70	7.29.25	8.
21	10. 0.60	11. 1.16	11.28.76	0.29.31	1.28.88	2.29.44	3.29.01	4.29.56	6. 0.12	6.29.68	8. 0.24	8.
22	10. 1.59	11. 2.14	11.29.74	1. 0.30	1.29.87	3. 0.42	3.29.99	5. 0.55	6. 1.10	7. 0.67	8. 1.23	9.
23	10. 2.57	11. 3.13	0. 0.73	1. 1.28	2. 0.85	3. 1.41	4. 0.98	5. 1.53	6. 2.09	7. 1.66	8. 2.21	9.
24	10. 3.56	11. 4.11	0. 1.71	1. 2.27	2. 1.84	3. 2.39	4. 1.94	5. 2.52	6. 3.07	7. 2.64	8. 3.20	9.
25	10. 4.55	11. 5.10	0. 2.70	1. 3.25	2. 2.82	3. 3.38	4. 2.95	5. 3.50	6. 4.06	7. 3.63	8. 4.18	9.
26	10. 5.53	11. 6.09	0. 3.69	1. 4.24	2. 3.81	3. 4.36	4. 3.94	5. 4.49	6. 5.04	7. 4.61	8. 5.17	9.
27	10. 6.52	11. 7.07	0. 4.67	1. 5.23	2. 4.79	3. 5.35	4. 4.92	5. 5.17	6. 6.03	7. 5.60	8. 6.15	9.
28	10. 7.50	11. 8.06	0. 5.66	1. 6.21	2. 5.78	3. 6.34	4. 5.90	5. 6.46	6. 7.01	7. 6.58	8. 7.14	9.
29	10. 8.49	11. 9.04	0. 6.64	1. 7.20	2. 6.77	3. 7.32	4. 6.89	5. 7.45	6. 8.00	7. 7.57	8. 8.12	9.
30	10. 9.47	....	0. 7.63	1. 8.18	2. 7.75	3. 8.31	4. 7.88	5. 8.44	6. 9.00	7. 8.56	8. 9.11	9.
31	10.10.46	....	0. 8.61	....	2. 8.74	....	4. 8.86	5. 9.42	....	7. 9.54	....	9.

Dans les années bissextiles on ajoutera c°986 à tous les nombres de la Table dans les derniers mois de l'année ; c'est-à-dire à commencer du premier mars.

TABLE II.

heures.		Réduction pour toutes les années du siècle.							
1	0°04	1801	—0°24	1802	—0°48	1803	—0°72	1804	—0°96
2	0.08	5	0.21	6	0.45	7	0.69	8	0.93
3	0.12	9	0.18	10	0.42	11	0.66	12	0.90
4	0.16	13	0.15	14	0.39	15	0.63	16	0.87
5	0.21	17	0.12	18	0.36	19	0.60	20	0.84
6	0.25	21	0 09	22	0.33	23	0.57	24	0.81
7	0.29	25	0.06	26	0.30	27	0.54	28	0.78
8	0.33	29	0.03	30	0.27	31	0.51	32	0.75
9	0.37	33	—0.00	34	0.24	35	0.48	36	0.72
10	0.41	37	+0.03	38	0.21	39	0.45	40	0.69
11	0.45	41	0.06	42	0.18	43	0.42	44	0.66
12	0.49	45	0.09	46	0.15	47	0.39	48	0.63
13	0.53	49	0.12	50	0.12	51	0.36	52	0.60
14	0.57	53	0.15	54	0.09	55	0.33	56	0.57
15	0.62	1857	0.18	1858	0.06	1859	0.30	1860	0.54
16	0.66	61	0.21	62	—0.03	63	0.27	64	0.51
17	0.70	65	0.24	66	0.00	67	0.24	68	0.48
18	0.74	69	0.27	70	+0.03	71	0.21	72	0.45
19	0.78	73	0.30	74	0.06	75	0.18	76	0.42
20	0.82	77	0.33	78	0.09	79	0.15	80	0.39
21	0.86	81	0.36	82	0.12	83	0.12	84	0.36
22	0.90	85	0.39	86	0.15	87	0.09	88	0.33
23	0.94	89	0.42	90	0.18	91	0.06	92	0.30
24	0.98	93	0.45	94	0.21	95	—0.03	96	0.29
		1897	+0.48	1898	+0.24	1899	0.00	1900	0.24

Dans l'usage de la Table suivante, il faut employer toutes les quantités qu'on y prend avec le
ne que leur donne la Table ; quand l'équation va en augmentant, la différence a le même signe
e l'équation ; quand elle va en diminuant, la différence et la partie proportionnelle, par consé-
ent, doivent avoir le signe contraire.
Si l'on calculait pour un tems antérieur, la variation séculaire et sa différence devraient prendre
signe contraire à celui que la Table leur donne.
Pour une année comprise entre 1700 et 1800, il suffirait d'ajouter 0°24 à tous les nombres de
Table I, et lire partout 1700 au lieu de 1800, dans la Table II.
Pour une année comprise entre 1900 et 2000, il faudrait retrancher 0°24 et lire 1900.

2.   27

TABLE III.

Équation du tems pour convertir le tems vrai en tems moyen pour 1811 *, avec la variation séculaire.*

Argument, longitude moyenne du Soleil.

	0^s				1^s				2^s			
Deg.	Equat.	Différ.	Variat. sécul.	Diff.	Equat.	Différ.	Variat. sécul.	Diff.	Equat.	Différ.	Variat. sécul.	Diff.
0	+6′59″3	−18″8	−3″04	+26	−1′31″0	−12″4	+4″46	+23	−3′41″9	+4″5	+10″59	+17
1	6.40.5	18.8	2.78	26	1.43.4	11.9	4.69	23	3.37.4	5.0	10.76	17
2	6.21.7	18.9	2.52	26	1.55.3	11.4	4.92	23	3.32.4	5.6	10.93	17
3	6. 2.8	18.9	2.26	26	2. 6.7	10.8	5.15	23	3.26.8	6.1	11.10	17
4	5.43.9	18.9	2.00	26	2.17.5	10.3	5.38	22	3.20.7	6.6	11.27	16
5	5.25.0	18.9	1.74	26	2.27.8	9.8	5.60	22	3.14.1	7.1	11.43	16
6	5. 6.1	18.8	1.48	26	2.37.6	9.2	5.82	22	3. 7.0	7.5	11.59	16
7	4.47.3	18.8	1.22	26	2.46.8	8.7	6.04	22	2.59.5	8.0	11.75	15
8	4.28.5	18.7	0.96	26	2.55.5	8.2	6.26	22	2.51.5	8.4	11.90	15
9	4. 9.8	18.6	0.70	26	3. 3.7	7.6	6.48	22	2.43.1	8.9	12.05	15
10	3.51.2	18.5	0.44	26	3.11.3	7.1	6.70	21	2.34.2	9.3	12.20	14
11	3.32.7	18.4	−0.18	26	3.18.4	6.5	6.91	21	2.24.9	9.7	12.34	14
12	3.14.3	18.2	+0.08	+25	3.24.9	5.9	7.12	21	2.15.2	10.0	12.48	14
13	2.56.1	18.0	0.33	25	3.30.8	5.3	7.33	21	2. 5.2	10.4	12.62	13
14	2.38.1	17.8	0.58	25	3.36.1	4.8	7.54	21	1.54.8	10.8	12.75	13
15	2.20.3	17.6	0.83	25	3.40.9	4.2	7.75	20	1.44.0	11.1	12.88	12
16	2. 2.7	17.4	1.08	25	3.45.1	3.6	7.95	20	1.32.9	11.4	13.00	12
17	1.45.3	17.2	1.33	25	3.48.7	3.0	8.15	20	1.21.5	11.6	13.12	12
18	1.28.1	16.9	1.58	25	3.51.7	2.4	8.35	20	1. 9.9	11.8	13.24	11
19	1.11.2	16.6	1.83	25	3.54.1	1.8	8.55	19	0.58.1	12.1	13.35	11
20	0.54.6	16.2	2.08	25	3.55.9	1.2	8.74	19	0.46.0	12.3	13.46	10
21	0.38.4	15.9	2.33	24	3.57.1	0.6	8.93	19	0.33.7	12.5	13.56	10
22	0.22.5	−15.5	2.57	24	3.57.7	−0.1	9.12	19	0.21.2	+12.7	13.66	10
23	+0. 7.0	15.2	2.81	24	3.57.8	+0.5	9.31	19	−0. 8.5	12.8	13.75	09
24	−0. 8.2	14.8	3.05	24	3.57.3		9.50	19	+0. 4.3	+13.0	13.84	09
25	0.23.0	14.4	3.29	24	3.56.2	1.1	9.69	19	0.17.3	13.0	13.92	09
26	0.37.4	14.0	3.53	24	3.54.5	1.7	9.88	18	0.30.3	13.1	14.00	09
27	0.51.4	13.6	3.77	23	3.52.2	2.5	10.06	18	0.43.4	13.1	14.07	09
28	1. 5.0	13.2	4.00	23	3.49.3	2.9	10.24	18	0.56.5	13.1	14.14	09
29	1.18.9	−12.8	4.23	+23	3.45.9	3.4	10.42	17	1. 9.6	+13.1	14.20	09
30	−1.31.0		+4.46		−3.41.9	+4.0	+10.59		+1.22.7		+14.26	+09

SUITE DE LA TABLE III. *Équation du Tems, etc.*

IIIs				IVs				Vs			
Equat.	Différ.	Variat. sécul.	Diff.	Equat.	Différ.	Variat. sécul.	Diff.	Equat.	Différ.	Variat. sécul.	Diff.
+1′22″7		+14″26		+6′ 0″1		+13″23		+2′47″1		+8″59	
	+13″1		+o5		+2″3		—12		—15″1		—17
1.35.8		14.31		6. 2.4		13.11		2.32.0		8.42	
	13.0		o4		1.7		12		15.6		17
1.48.8		14.35		6. 4.1		12.99		2.16.4		8.25	
	12.9		o4		1.1		13		16.0		17
2. 1.7		14.39		6. 5.2		12.86		2. 0.4		8.08	
	12.9		o3		+0.5		13		16.4		17
2.14.6		14.42		6. 5.7		12.73		1.44.0		7.91	
	12.8		o3		—0.2		13		16 8		17
2.27.4		14.45		6. 5.5		12.60		1.27.2		7.74	
	12.6		o2		0.7		14		17.2		17
2.40.0		14.47		6. 4.8		12.46		1.10.0		7.57	
	12.4		o2		1.3		14		17.6		17
2.52.4		14.49		6. 3.5		12.32		0.52.4		7.40	
	12.2		+o1		2.0		15		18.0		17
3. 4.6		14.50		6. 1.5		12.18		0.34.4		7.23	
	11.9		oo		2.6		15		18.3		17
3.16.5		14.50		5.58.9		12.03		+0.16 1		7.06	
	11.7		oo		3.2		15		18.6		17
3.28.2		14 50		5.55.7		11.88		—0. 2.5		6.89	
	11.4		—o1		3.8		15		19.0		17
3.39.6		14.49		5.51.9		11.73		0.21.5		6.72	
	11.1		o2		4.4		16		19.3		16
3.50.7		14.47		5.47.5		11.58		0.40.8		6.56	
	10.8		o2		5.1		16		19.5		16
4. 1.5		14.45		5.42.4		11.43		1. 0.3		6.40	
	10.5		o3		5.7		16		19.8		17
4.12.0		14.42		5.36.7		11.27		1.20.1		6.23	
	10.2		o3		6.3		16		20.0		17
4.22.2		14.39		5.30.4		11.11		1.40.1		6.06	
	9.8		o4		6.9		16		20.2		16
4.32.0		14.35		5.23.5		10.95		2. 0.3		5.90	
	9.4		o4		7.5		16		20.5		17
4.41.4		14.31		5.16.0		10.79		2.20.8		5.73	
	9.0		o5		8.1		16		20.7		16
4.50.4		14.26		5. 7.9		10.63		2.41.5		5.57	
	8.6		o6		8.7		17		20.8		17
4.59.0		14.20		4.59.2		10.46		3. 2.3		5.40	
	8.1		o6		9.3		17		20.9		16
5. 7.1		14.14		4.49.9		10.29		3.23.2		5.24	
	7.6		o7		9.8		17		21.1		17
5.14.7		14.07		4.40.1		10.12		3.44.3		5.07	
	7.1		o7		10.4		17		21.2		16
5.21.8		14.00		4.29.7		9.95		4. 5.5		4.91	
	6.6		o8		11.0		17		21.2		17
5.28.4		13.92		4.18.7		9.78		4.26.7		4.74	
	6.1		o8		11.5		17		21.3		17
5.34.5		13.84		4. 7.2		9.61		4.48.0		4.57	
	5.6		o9		12.1		17		21.4		16
5.40 1		13.75		3.55.1		9.44		5. 9.4		4.41	
	5.1		10		12.6		17		21.4		17
5.45.2		13.65		3.42.5		9.27		5.30.8		4.24	
	4.6		10		13.1		17		21.4		16
5.49.8		13.55		3.29.4		9.10		5.52.2		4.08	
	4.0		10		13.6		17		21.3		17
5.53.8		13.45		3.15.8		8.93		6.13.5		3.91	
	3.4		11		14.1		17		21.3		17
5.57.2		13.34		3. 1.7		8.76		6.34.8		3.74	
	+2.9		—11		—14.6		—17		—21.2		—17
+6. 0.1		+13.23		+2.47.1		+8.59		—6.56.0		+3.57	

SUITE DE LA TABLE III. *Equation du Tems, etc.*

Deg.	VIs				VIIs				VIIIs			
	Equation.	Différ.	Variat. sécul.	Diff.	Equation.	Différ.	Variat. sécul.	Diff.	Equation.	Différ.	Variat. sécul.	Diff.
0	—6′56″0		+3″57		—15′18″2		—2″31		—13′55″8		— 9″68	
		—21″1		—17		—8″9		—23		+15″8		—24
1	7.17.1		3.40		15.27.1		2.54		13.40.0		9.92	
		21.1		17		8.2		23		16.7		23
2	7.38.2		3.23		15.35.3		2.77		13.23.3		10.15	
		21.0		17		7.5		23		17.6		23
3	7.59.2		3. 6		15.42.8		3.00		13. 5.7		10.38	
		20.8		17		6.7		24		18.4		23
4	8.20.0		2.89		15.49.5		3.24		12.47.3		10.61	
		20.6		18		6.0		24		19.1		22
5	8.40.6		2.71		15.55.5		3.48		12.28.2		10.83	
		20.4		18		5.2		24		19.9		22
6	9. 1.0		2.53		16. 0.7		3.72		12. 8.3		11.05	
		20.2		18		4.4		24		20.6		22
7	9.21.2		2.35		16. 5.1		3.96		11.47.7		11.27	
		20.0		18		3.6		24		21.3		21
8	9.41.2		2.17		16. 8.7		4.20		11.26.4		11.48	
		19.7		18		2.9		25		22.0		21
9	10. 0.9		1.99		16.11.6		4.45		11. 4.4		11.69	
		19.4		18		2.1		25		22.7		20
10	10.20.3		1.81		16.13.7		4.70		10.41.7		11.89	
		19.1		18		1.3		25		23.3		20
11	10.39.4		1.63		16.15.0		4.95		10.18.4		12.09	
		18.8		19		—0.5		25		24.0		19
12	10.58.2		1.44		16.15.5		5.20		9.54.4		12.28	
		18.4		19		+0.5		25		24.6		19
13	11.16.6		1.25		16.15.0		5.45		9.29.8		12.47	
		18.1		19		1.3		25		25.2		18
14	11.34.7		1.06		16.13.7		5.70		9. 4.6		12.65	
		17.7		19		2.1		25		25.8		18
15	11.52.4		0.87		16.11.6		5.95		8.38.8		12.83	
		17.3		20		3.0		25		26.3		17
16	12. 9.7		0.67		16. 8.6		6.20		8.12.5		13.00	
		16.9		20		3.8		25		26.8		17
17	12.26.6		0.47		16. 4.8		6.45		7.45.7		13.17	
		16.4		20		4.7		26		27.2		16
18	12.43.0		0.27		16. 0.1		6.71		7.18.5		13.33	
		15.9		20		5.6		26		27.6		16
19	12.58.9		+0.07		15.54.5		6.97		6.50.9		13.49	
		15.5		—20		6.5		25		28.0		15
20	13.14.4		—0.13		15.48.0		7.22		6.22.9		13.64	
		15.0		—21		7.3		25		28.5		15
21	13.29.4		0.34		15.40.7		7.47		5.54.4		13.79	
		14.5		21		8.2		25		28.9		14
22	13.43.9		0.55		15.32.5		7.72		5.25.5		13.93	
		13.9		21		9.1		25		29.2		13
23	13.57.8		0.76		15.23.4		7.97		4.56.3		14.06	
		13.3		21		9.9		25		29.5		13
24	14.11.1		0.97		15.13.5		8.22		4.26.8		14.19	
		12.7		21		10.8		25		29.7		12
25	14.23.8		1.19		15. 2.7		8.47		3.57.1		14.31	
		12.1		22		11.7		25		29.9		12
26	14.35.9		1.41		14.51.0		8.72		3.27.2		14.43	
		11.5		22		12.6		24		30.1		11
27	14.47.4		1.63		14.38.4		8.96		2.57.1		14.54	
		10.9		22		13.4		24		30.2		10
28	14.58.3		1.85		14.25.0		9.20		2.26.9		14.64	
		10.3		22		14.2		24		30.3		9
29	15. 8.6		2.08		14.10.8		9.44		1.56.6		14.73	
		—9.6		—23		+15.0		—24		+30.4		—9
30	—15.18.2		—2.31		—13.55.8		—9.68		— 1.26.2		—14.82	

SUITE DE LA TABLE III. *Equation du Tems , etc.*

| IX^{s} | | | | X^{s} | | | | XI^{s} | | | |
Equation.	Différ.	Variat. sécul.	Diff.	Equation.	Différ.	Variat. sécul.	Diff.	Equation.	Différ.	Variat. sécul.	Diff.
1' 26" 2		—14" 82		+11' 34" 4		—14" 63		+14' 6" 1		—10" 13	
	+30" 5		—08		+17" 0		+09		—7" 1		+20
0.55.7		14.90		11.51.4		14.54		13.59.0		9.93	
	+30.4		08		16.2		10		7.7		21
0.25.3		14.98		12. 7.6		14.44		13.51.3		9.72	
	30.4		07		15.4		10		8.4		21
0. 5.1		15.05		12.23.0		14.34		13.42.9		9.51	
	+30.4		06		14.6		10		9.0		21
0.35.5		15.11		12.37.6		14.24		13.33.9		9 30	
	30.3		06		13.8		11		9.6		21
1. 5.8		15.17		12.51.4		14.13		13.24.3		9.09	
	30.1		05		12.9		11		10.2		22
1.35.9		.15.22		13. 4.3		14.02		13.14.1		8.87	
	29.9		04		12.1		12		10.8		22
2. 5.8		15.26		13.16.4		13.90		13. 3.3		8.65	
	29.7		04		11.2		12		11.4		22
2.35.5		15.30		13.27.6		13.78		12.51.9		8.43	
	29.5		03		10.4		13		12.0		23
3. 5.0		15.33		13.38.0		13.65		12.39.9		8.20	
	29.2		03		9.6		13		12.5		23
3.34.2		15.36		13.47.6		13.52		12.27.4		7.97	
	28.9		02		8.7		13		12.9		23
4. 3.1		15.38		13.56.3		13.39		12.14.5		7.74	
	28.5		01		7.9		14		13.4		23
4.31.6		15.39		14. 4.2		13.25		12. 1.1		7.51	
	28.1		—01		7.0		14		13.8		23
4 59.7		15.40		14.11.2		13.11		11.47.3		7.28	
	27.7		00		6.2		15		14.3		24
5.27.4		15.40		14.17 4		12.96		11.33.0		7.04	
	27.3		+01		5.3		15		14.7		24
5.54.7		15.39		14.22.7		12.81		11.14.3		6.80	
	26 9		01		4.5		15		15.2		24
6.21.6		15.38		14.27.2		12.66		11. 3.1		6.56	
	26.4		02		3.7		16		15.6		24
6.48.0		15.36		14.30.9		12.50		10.47.5		6.32	
	25.8		02		2.8		16		16.0		25
7.13.8		15.34		14.33.7		12.34		10.31.5		6.07	
	25.3		03		2.0		17		16.3		25
7.39.1		15.31		14.35.7		12.17		10.15.2		5.82	
	24.7		04		1.2		17		16.6		25
8. 3.8		15.27		14.36.9		12.00		9.58.6		5.57	
	24.1		04		+ 0.3		17		16.9		25
8.27.9		15.23		14.37.2		11.83		9.41.7		5.32	
	23.5		05		— 0.4		18		17.2		25
8.51.4		15.18		14.36.8		11.65		9.24.5		5.07	
	22.9		05		1.2		18		17.4		25
9.14.3		15.13		14.35.6		11.47		9. 7.1		4.82	
	22.2		05		2.0		18		17.7		25
9.36.5		15.08		14.33.6		11.29		8.49.4		4.57	
	21.5		06		2.8		18		17.9		25
9.58.0		15.02		14.30.8		11.11		8.31.5		4.32	
	20.8		07		3.5		19		18.1		25
0.18.8		14.95		14.27.3		10.92		8.13.4		4.07	
	20.1		07		4.2		19		18.3		25
0.38.9		14.88		14.23.1		10.73		7.55.1		3.82	
	19.3		08		4.9		20		18.5		25
0.58.2		14.80		14.18.2		10.53		7.36.6		3.56	
	18.5		08		5.7		20		18.6		25
1.16 7		14.72		14.12.5		10.33		7.18.0		3.30	
	+17.7		—09		— 6.4		—20		—18.7		25
1.34 4		—14.63		+14. 6.1		—10.13		+ 6.59.3		— 3.04	

TABLE IV.

	Équation du tems.	Perturbations.

Mars.

Année	
1805.0	0″1
5.5	0.2
6.0	0.1
6.5	0.2
7.0	0.0
7.5	0.3
1808.0	0.3
8.5	0.3
9.0	0.3
9.5	0.3
10.0	0.1
10.5	0.3
1811.0	0.1
11.5	0.2
12.0	0.2
12.5	0.0
13.0	0.2
13.5	0.1
1814.0	0.3
14.5	0.1
15.0	0.3
15.5	0.0
16.0	0.3
16.5	0.0
1817.0	0.3
17.5	0.1
18.0	0.3
18.5	0.1
19.0	0.2
19.5	0.2
1820.0	0.2
20.5	0.0
21.0	0.1
21.5	0.3
22.0	0.1
22.5	0.3

Période quinze ans.

Jupiter.

Année	
1800	0″6
1	0.5
2	0.5
3	0.3
4	0.2
5	0.4
1806	0.6
7	1.0
8	1.3
9	1.3
10	1.0
11	0.7
1812	0.6
13	0.5
14	0.5
15	0.4
16	0.3
17	0.4
1818	0.7
19	1.1
20	1.4
21	1.3
22	1.0
23	0.7
24	0.6

Période douze ans.

Vénus.

Année	Mois		Année	Mois	
1803	Janvier	0″9	1807	Janvier	0″8
1811	Mars	0.9	1815	Mars	0.6
1819	Mai	0.9	1823	Mai	0.5
1827	Juillet	0.8	1831	Juillet	0.5
1835	Septembre	0.7	1839	Septembre	0.4
1843	Novembre	0.8	1847	Novembre	0.4
1804	Janvier	0.9	1808	Janvier	0.4
1812	Mars	1.0	1816	Mars	0.4
1820	Mai	1.1	1824	Mai	0.3
1828	Juillet	1.2	1832	Juillet	0.4
1836	Septembre	1.3	1840	Septembre	0.5
1844	Novembre	1.3	1848	Novembre	0.5
1805	Janvier	1.4	1809	Janvier	0.6
1813	Mars	1.4	1817	Mars	0.7
1821	Mai	1.3	1825	Mai	0.7
1829	Juillet	1.3	1833	Juillet	0.8
1837	Septembre	1.3	1841	Septembre	0.9
1845	Novembre	1.3	1849	Novembre	0.8
1806	Janvier	1.3	1810	Janvier	0.9
1814	Mars	1.3	1818	Mars	0.9
1822	Mai	1.2	1826	Mai	1.0
1830	Juillet	1.1	1834	Juillet	1.0
1838	Septembre	1.0	1842	Septembre	1.0
1846	Novembre	0.9	1850	Novembre	0.9

Période huit ans.

Age de la ☾ — Lu[ne]

Age de la ☾	Lu
1	0″
2	0.
3	0.
4	0.
5	0.
6	0.
7	1.
8	1.
9	0.
10	0.
11	0.
12	0.
13	0.
14	0.
15	0.
16	0.
17	0.
18	0.
19	0.
20	0.
21	0.
22	0.
23	0.
24	0.
25	0.
26	0.
27	0.
28	0.
29	0.
30	0.

Période mois lunaire.

Constante —2″0

Pour Mars, si l'année pour laquelle on cherche n'est pas dans la Table, on ajoutera à l'année donnée, ou l'on en retranchera un multiple de 15.

Pour Jupiter, on ajoutera ou retranchera un multiple de 12.

Pour Vénus, un multiple de 8.

Par exemple, si l'on calcule pour l'an 1837, on cherchera pour Mars, 1837 — 15 = 1822; pour Jupiter, 1837 — 24 = 1813; pour Vénus, 1837 — 24 = 1813.

Les mois servent indistinctement pour les 6 années de la case voisine; ainsi juillet appartient à 1803, 1811, 1819, etc.

Retours au Méridien.

33. Les étoiles qui sont fixes, au moins sensiblement, et qui sont entraînées d'orient en occident par un mouvement commun, reviennent toujours au méridien à des intervalles égaux qu'on a divisés en 24^h sidérales ; ainsi les 24^h répondent à une révolution entière ou de $360°$.

34. Les planètes, outre ce mouvement commun d'orient en occident, ont un mouvement propre d'occident en orient; ainsi dans les 24^h sidérales, elles décrivent $360°$ dans un sens, et dans le sens opposé, un certain nombre de degrés ou de minutes que nous désignerons par m. Ainsi en 24^h sidérales, le mouvement d'orient en occident sera de $360° - m$, au lieu que pour les étoiles, il est de $360°$.

35. pour trouver le tems T qui doit s'écouler entre deux retours de la planète au méridien, nous ferons cette analogie

$$360° - m : 360° :: 24^h : T = \left(\frac{360°}{360° - m}\right) 24^h = \frac{24^h}{1 - \dfrac{m}{360°}} = \frac{24^h}{1 - \dfrac{m}{1296000''}}.$$

36. Pour trouver le tems t qui répond à un angle horaire quelconque P, nous aurons de même

$$t = \left(\frac{P}{360° - m}\right) 24^h.$$

Réciproquement on aura

$$360° - m = \frac{360° \cdot 24^h}{T} \quad \text{et} \quad m = 360° - \frac{360° \cdot 24^h}{T} = \frac{360°}{T} (T - 24^h).$$

En observant le soleil dans toutes les saisons de l'année, on a trouvé par un milieu, que l'intervalle entre deux passages au méridien est de $24^h 3' 56'',5554$, d'où l'on a conclu

$$m = \frac{360°}{24.3.56.5554} (3' 56'',5554) = 58' 58'',642 ;$$

c'est le mouvement du soleil moyen le long de l'équateur en 24^h sidérales ; ou, ce qui revient au même, $0^h 3' 55'',9093$ de tems sidéral, en supposant l'équateur divisé en 24 parties qu'on appelle heures, au lieu de le diviser en 360 parties qu'on appelle *degrés*.

57. L'intervalle entre deux passages du soleil moyen au méridien, constitue le jour moyen qui se divise en 24^h, mais ces 24^h équivalent à $24^h\,3'\,56'',5554$ de tems sidéral.

Pour réduire $24^h\,3'\,56'',5554$ de tems sidéral en heures de tems moyen, il faut en retrancher $3'\,56'',5554$.

Pour réduire 24^h de tems sidéral en heures de tems moyen, il faut en retrancher $3'\,55'',9093$; le reste $23^h\,56'\,4'',0907$ sera la valeur du jour sidéral.

Pour réduire une heure sidérale en tems moyen, la quantité à retrancher sera 24 fois moindre, ou de $9'',8271222$; pour une minute sidérale, de $0'',1608187$; pour $1''$, de $0'',00273932$, et ainsi à proportion. C'est ainsi qu'on a pu former la table pour réduire en intervalle de tems moyen, un intervalle quelconque donné en tems sidéral.

38. Ces principes trouvent à chaque instant leur application dans la pratique de l'astronomie. Supposons qu'on demande à quelle heure Antarès a passé au méridien de Paris, le 3 juin 1808 ; calculez pour cet instant l'ascension droite apparente de l'étoile, c'est-à-dire qu'à l'ascension droite tirée du catalogue, on ajoute le mouvement de précession (XVI. 92), l'aberration et la nutation dont nous traiterons dans deux chapitres séparés. Nous en avertissons d'avance, mais en négligeant ces deux dernières corrections, on ferait ce qu'on a été obligé de faire jusqu'en 1736.

39. Supposons que vous ayez ainsi trouvé... $\text{Æ} = 16^h\,17'\,43''\,18$
ce serait le passage en tems sidéral ; mais si votre horloge est réglée sur le tems moyen, calculez pour le 3 juin à midi moyen, la longitude moyenne du soleil (corrigée de la nutation en ascension droite) ; convertissez-la en tems sidéral, vous aurez à retrancher de l'ascension droite de l'étoile.. $\text{Æ}\odot = 4.44.59.25$

le reste sera l'angle horaire de l'étoile, à midi moyen, ou...................................... $11.32.43.93$

Mais c'est un angle sidéral ; l'étoile passait donc au méridien à $11^h\,32'\,43'',93$, tems sidéral, après le soleil moyen. Pour connaître la différence entre cet intervalle sidéral et le tems moyen correspondant, la table dont nous venons d'exposer la construction, donne à vue les corrections suivantes (Voy. *Tables du Soleil*, XIVe).

Pour

Angle horaire à midi moyen.............. $11^h 32' 43'' 93$

Pour 11^h...... — 1.48.12
$32'$...... — 5.24
$44''$...... — 12

Tems moyen entre le passage du soleil moyen et celui de l'étoile...................... 11.30.50.45

C'est aussi le tems moyen du passage de l'étoile.

Voulez-vous avoir le tems vrai ?

A l'ascension droite du soleil à midi...... 4.44.59.25

Ajoutez la somme des corrections......... 1.53.48

Vous aurez l'ascension droite moyenne ⊙ au passage de l'étoile...................... 4.46.52.73

ou....... $2^s 11° 43',18$

Avec cette ascension droite, vous trouverez dans la table l'équation du tems............. — 2.17. 6

Vous en changerez le signe, parce qu'il faut convertir le tems moyen en tems vrai; vous aurez donc l'équation du tems.................... + 2.17.60

Passage de l'étoile , tems moyen........... 11.30.50.45

Tems vrai........................'........ 11.33. 8.05

40. On peut trouver le passage en tems vrai d'une manière directe , au moyen de la Connaissance des Tems.

Calculez comme ci-dessus l'ascension droite apparente de l'étoile.. $16^h 17' 43'' 18$

Prenez dans la Connaissance des Tems la distance de l'équinoxe à midi vrai............................... 19.17.24.40

de la somme....................................... 35.35. 7.58

Retranchez 24^h quand cela est possible comme ici..... 24

vous aurez pour le passage approché................. 11.35. 7.58

La distance de l'équinoxe au soleil n'est rien autre chose que 24^h— asc. droite vraie ⊙ ; ajouter 24^h— Æ vraie , est la même chose que retrancher l'ascension droite elle-même.

Prenez dans la Connaissance des Tems la variation

2. 28

diurne de cette distance à l'équinoxe, vous trouverez pour
24^h solaires vraies.....................— 4′ 6″
                                         4.6
    Moitié...............2.3
    Variation pour 1^h... 10″.15‴ $=$10″,25

Du passage approché, retranchez pour 10^h........... 1′42″50
                                     1............ 10.25
                                   30′........ 5.12
                                    5′........ 0.85
Passage tems vrai........ 11.33. 8.86

Nous avons trouvé ci-dessus 0″.8 de moins ; mais c'est que nous avons
négligé la nutation dont la Connaissance des Tems a tenu compte pour
rapporter le passage à celui de l'équinoxe apparent.

41. On a rarement besoin de chercher le tems vrai ; mais toutes les fois
qu'on a observé un phénomène et qu'on a marqué le tems sidéral, on
convertit ce tems en tems moyen par le calcul ci-dessus. L'horloge sidérale
donne l'ascension droite de l'étoile qui est au méridien ; on n'a pas besoin
de s'inquiéter quelle est cette étoile, ou même s'il y a une étoile au
méridien. Ainsi supposons qu'on eût observé une éclipse d'étoile ou de
satellite à 16^h 17′ 43″,18 tems sidéral, le 3 juin 1808, on trouverait comme
ci-dessus le tems moyen 11^h 30′ 50″,45.

C'est ainsi qu'en usent aujourd'hui tous les astronomes, à l'exemple de
Maskelyne, premier auteur de la méthode.

42. Pour trouver le tems du passage d'une planète au méridien, et se
préparer à l'observation, il suffit de calculer son ascension droite et de
la convertir en tems sidéral. Mais pour calculer l'ascension droite pour
le passage, il faudrait connaître l'instant de ce passage à fort peu près.
Heureusement le mouvement diurne des planètes en ascension droite
est fort peu de chose. Ainsi l'ascension droite pour midi suffit pour
déterminer le passage au méridien avec une exactitude suffisante pour
l'observation. Ce problème serait donc assez inutile dans la pratique ;
mais par une ancienne habitude et par un reste d'égards pour les astronomes qui règlent encore leurs horloges sur le tems moyen, on continue d'annoncer dans les Éphémérides le passage des planètes au méridien en tems solaire ; nous allons donner les moyens d'en faire le

calcul ; il suppose qu'on ait l'ascension droite de la planète à midi, et la variation diurne de cette ascension droite.

43. En général, nommant m le mouvement propre de la planète en ascension droite pendant 24 heures sidérales, et supposant d'ailleurs ce mouvement uniforme pendant un jour, comme il l'est en effet pour toutes les planètes, excepté la Lune, nous pourrions déterminer l'intervalle des passages par l'équation $T = \dfrac{24^h}{1 - \dfrac{m}{360°}}$. Nous aurions de cette manière autant de jours planétaires différens qu'il y a de planètes. La longueur de ces jours serait donnée en tems sidéral, ce qui suffirait pour les observateurs qui règlent leur pendule sur les étoiles.

44. Pour commencer par le soleil lui-même, nous avons vu (4) que le jour solaire moyen, composé d'une révolution entière ou d'un mouvement réel de 360° autour du pôle, répond à $24^h 3' 56'',5554$ de tems sidéral, et qu'ainsi dans le tems que le soleil moyen emploie à décrire 360°, le mouvement de la sphère étoilée est de $360° 59' 8'',33$; ainsi les jours moyens sont aux jours sidéraux dans le rapport de $\dfrac{360° 59' 8'',33}{360°}$; mais un jour moyen se partage en 24 heures moyennes ; le rapport $\dfrac{360° 59' 8',33}{24^h}$ sera donc celui des degrés du mouvement sidéral au tems solaire moyen, et pour une heure solaire moyenne, ce nombre de degrés sera $15° 2' 27'',847$. C'est d'après ce rapport qu'on a construit les tables pour convertir en degrés les différences d'ascension observées à la pendule du tems moyen, et réciproquement pour convertir en tems moyen les degrés de mouvement sidéral.

Au lieu du mouvement moyen $59' 8'',33$, mettez S mouvement vrai du soleil en 24 heures vraies, vous aurez $\dfrac{360° + S}{360°}$ pour le rapport des heures solaires vraies aux heures sidérales, et $\dfrac{360° + S}{24^h}$ pour le rapport du mouvement sidéral aux heures solaires vraies.

45. Pour une planète quelconque, l'équation $T = \dfrac{24^h}{1 - \dfrac{m}{360°}}$ serait

suffisante si l'on connaissait m; mais on ne connaît le mouvement de la planète que par les Ephémérides qui ne donnent le lieu de la planète que pour midi vrai; par conséquent on ne connaît le mouvement que pour 24 heures solaires vraies. Soit m' ce mouvement,

$$m' : m :: 24^h \text{ solaires} : 24^h \text{ sidérales} :: 360° + S : 360°.$$

Ainsi $m' = \dfrac{m.360 + S}{360}$ et $m = \left(\dfrac{360°}{360° + S}\right) m'$; mettons cette valeur dans la formule, nous aurons

$$T = \cfrac{24^h}{1 - \dfrac{m'}{360°} \cdot \dfrac{360°}{360° + S}} = \cfrac{24^h}{1 - \dfrac{m'}{360° + S}} = \frac{24^h (360° + S)}{360° + S - m'};$$

$$\left(\frac{T}{360° + S}\right) = \frac{24^h}{360° + S - m'} \quad \text{ou} \quad \left(\frac{360° T}{360° + S}\right) = \frac{24^h . 360°}{360° + S - m'} = T';$$

T est en tems sidéral, $T' = \left(\dfrac{360° T}{360° + S}\right)$ sera en tems solaire vrai ; donc l'intervalle des passages en tems vrai où T' se trouvera par l'équation

$$T' = \frac{24^h . 360°}{360° + S - m'}; \quad nT' = \frac{24^h . n . 360°}{360° + S - m'}.$$

Soit $n\,360° = P$ angle horaire quelconque, le tems vrai correspondant à cet angle sera $t = nT' = \dfrac{24^h . P}{360° + S - m'}.$

$n.360°$ étant une fraction quelconque de la révolution vraie, nT' sera la fraction correspondante du jour vrai.

46. Telle est l'équation à laquelle M. Kæstner est parvenu par d'autres considérations. Ainsi P étant un angle horaire ou différence d'ascension droite quelconque, la formule donnera le tems vrai correspondant.

Supposez $m' = 0$, vous retrouverez la formule pour les étoiles ; supposez la planète rétrograde, m' changera de signe, et vous aurez $t = \dfrac{24^h . P}{360° + S + m'}$, le tems sera plus court, parce que le mouvement propre rapproche la planète du méridien aussi bien que le mouvement diurne.

Nous pouvons donner plusieurs formes à notre équation.

$$t = \frac{24^h.P}{360° + S - m'} = \frac{24^h.P}{360° - (m' - S)} = \frac{\left(\frac{24^h}{360°}\right)P}{1 - \left(\frac{m' - S}{360°}\right)} = \frac{\left(\frac{4}{60}\right)P}{1 - \left(\frac{m' - S}{360°}\right)}$$

$$= \frac{24^h\left(\frac{4}{60}\right)P}{24^h - \frac{4}{60}(m' - S)} = \left(\frac{4}{60}\right)P\left[1 + \left(\frac{4}{60} \cdot \frac{m' - S}{24^h}\right) + \left(\frac{4}{60} \cdot \frac{m' - S}{24^h}\right)^2 + \text{etc.}\right].$$

Ainsi pour trouver t nous convertirons P en tems à l'ordinaire, et nous aurons $\left(\frac{4}{60}\right)$ P pour première approximation ou premier terme de la série.

Nous multiplierons ce premier terme par $\frac{4}{60}\left(\frac{m' - S}{24^h}\right)$, et nous aurons le second terme, qui, joint au premier, nous donnera une valeur plus exacte. Remarquez que $(m' - S)$ doit être exprimé en degrés et parties décimales de degrés, comme le dénominateur 360°; s'il est en minutes, le dénominateur sera $360.60' = 21600'$; s'il est en secondes, le dénominateur sera $21600.60'' = 1296000''$; mais il est plus commode d'employer $\left(\frac{4}{60}\right)(m' - S)$.

Multipliez de nouveau le second terme par $\frac{4}{60}\left(\frac{m' - S}{24^h}\right)$, vous aurez le troisième qui, joint aux deux autres, vous donnera une valeur encore plus exacte, et ainsi de suite.

47. Cette forme de calcul était celle qu'employaient les astronomes avant Kæstner; nous dirons tout à l'heure par quels raisonnemens ils y avaient été conduits.

Nous avons encore.

$$t = \frac{\frac{24.P}{360° + S}}{1 - \left(\frac{m'}{360° + S}\right)} = \left(\frac{24.P}{360° + S}\right)\left[1 + \left(\frac{m'}{360 + S}\right) + \left(\frac{m'}{360 + S}\right)^2 + \text{etc.}\right];$$

mais le calcul en serait moins commode et un peu moins convergent dans le cas d'une planète directe.

48. Pour exemple de ces formules, cherchons le passage de Mercure au méridien, le 10 septembre 1785.

Le 10 septembre, à midi... $\text{R}.\odot = 11^h 16' 15''$
Le 11 .... $\odot = 11.19.49$
$$S = + \quad 3.36$$

Le 10 septembre, à midi... $\text{R}\,\text{☿} = 12^h 32' 16''$
Le 11 .... $\text{☿} = 12.32.06$
$$m' = - \quad 0.10$$
$$S = \quad 3.36$$
$$(m' - S) = - \quad 3.46$$

$$\text{R}\,\text{☿} = 12.32.16$$
$$\odot = 11.16.13$$
$$\left(\tfrac{4}{60}\right) P = (\text{R}\,\text{☿} - \text{R}.\odot) = 1.16.\ 3$$

$$24^h \ldots\ldots\ldots\ldots \quad 4.9365137$$
$$-(m' - S) = + \quad 3'\ 46''$$
$$\text{compl. log. } 24.\ 3.46 \ldots\ldots \quad 5.0623517$$
$$\log. \left(\tfrac{4}{60}\right) P \quad 1.16.\ 3 \ldots\ldots \quad 3.6592505$$
$$t = \ 1^h 15' 31'',1 \ldots\ldots \quad 3.6581159$$

Exemple pour une étoile.

$$\text{R lyre}, \ 1^{er} \text{ mai } 1787 \ldots\ldots \quad 18^h 29' 44''$$
$$\text{R}.\odot \text{ à midi} \ldots\ldots\ldots \quad 2.34.\ 1$$
$$\left(\tfrac{4}{60}\right) P \ldots\ldots\ldots\ldots \quad 15.55.43 \ldots \log \ldots\ldots \quad 4.7584804$$
$$24^h + \tfrac{4}{60} S = 24^h + 3' 47'' = 24.\ 3.47 \ldots \text{compl} \ldots\ldots \quad 5.0623367$$
$$24^h \ldots\ldots \log \ldots\ldots \quad 4.9365137$$
$$t = 15.53.11'',4 \ldots\ldots\ldots\ldots \quad 4.7573308$$

Ici $m' = 0$, et tout est exprimé en tems sidéral.

Exemple pour la lune, $\left(\tfrac{4}{60}\right) P = 13^h 34' 31'' = $ différence d'ascension droite entre la lune et le soleil à midi ,

$$\tfrac{4}{60}(m' - S) = 50' 35'', \ 24^h - \tfrac{4}{60}(m' - S) = 23^h 9' 25'' \ldots \text{C.log. } 5.0790162$$
$$24^h \ldots\ldots\ldots\ldots \quad 4.9365137$$
$$\left(\tfrac{4}{60}\right) P = \quad 13.34' 31'' \ldots\ldots \quad 4.6890512$$
$$t = \quad 14.\ 4.10'',2 \ldots\ldots \quad 4.7045811$$

On voit que le calcul n'emploie jamais que quatre logarithmes dont un est constant.

49. Appliquons à cet exemple la méthode des astronomes.

D'abord ils prennent la différence d'ascension droite entre la lune et le soleil à midi ; ils la multiplient par $(\frac{4}{60})$, ou bien aux $(\frac{4}{60})(\text{Æ. ℂ})$, ils ajoutent la distance de l'équinoxe au soleil ; ces quantités sont données par l'Ephéméride. Ainsi pour première approximation, ils ont $(\frac{4}{60})$ P $= 13^\mathrm{h}\,34'\,31'' = t$; ce serait le tems du passage de la lune au méridien, si la lune et le soleil n'avaient aucun mouvement ; mais leur mouvement relatif en 24 heures solaires vraies, pris dans l'Ephéméride, est $50'\,35''$ en tems sidéral $= (\frac{4}{60})\,(m'-S)$.

Ils disent

$$24^\mathrm{h} : (\tfrac{4}{60})\,\mathrm{P} :: (\tfrac{4}{60})\,(m'-S) : x = (\text{mouvement relatif dans l'intervalle})$$
$$= (\tfrac{4}{60})\,\mathrm{P}\,(\tfrac{4}{60})\,\frac{(m'-S)}{24^h}.$$

Ce sera le retard occasionné dans le passage au méridien. Ainsi la correction sera $(\frac{4}{60})\,\mathrm{P}\,(\frac{4}{60})\,\frac{(m'-S)}{24^h}$.

$$1^\text{re} \text{ approximat.... } 1^\text{er} \text{ terme } (\tfrac{4}{60})\,\mathrm{P} = 13^\mathrm{h}\,34'\,31'' \qquad \log\dots\; 4.6890512$$
$$(\tfrac{4}{60})\,(m'-S) = \qquad 50.35 \qquad \log\dots\; 3.4821587$$
$$24.\; 0\dots\dots\text{C.log}\dots\; 5.0634863$$
$$2^\text{e} \text{ terme}\dots\dots\qquad 28'\,36''7 \dots 6\dots\; 3.2346962$$

Seconde approximation... $t'' = 14.\;3.\;7.7$

Mais pendant ces $28'36''7$, il y aura un nouveau retard proportionnel à ces $28'\,36'',1$, et qui se calculera en multipliant cette première correction par $\frac{5c.35}{24^h}$, il en résultera un 3e terme $= 1.\;0.\;3\dots\;1.7803412$

$$\log.\;\frac{50'\,35''}{24}\dots\dots\; 8.5456450$$

et une 3e approximation...........t'''... $14.\;4.\;8.\;0$

qui produira un autre retard $= \dfrac{1'0''3\times 50'35''}{24^h}$

$$4^\text{e} \text{ terme}\dots\dots\qquad 2.12\dots\; 0.3259862$$

et une 4e approximation......... $14.\;4.10.12$

$$5^\text{e} \text{ terme}\dots\dots\qquad 0.074\dots\; 8.8716312$$
$$6^\text{e}\dots\dots\dots\qquad 0.002\dots\; 7.4172762$$

6e approximation.... $t = 14.\;4.10.106$

Notre formule développée donne

$$t = \left(\tfrac{4}{60}\right) P \left[1 + \left(\frac{4\,(m'-S)}{60.24^h}\right) + \left(\frac{4\,(m'-S)}{60.24^h}\right)^2 + \text{etc.} \right].$$

C'est précisément le procédé des Astronomes. Kæstner a sommé la série qu'ils calculaient de tout tems, mais on vient de voir avec quelle facilité toutes ces méthodes découlent de notre équation fondamentale.

On peut abréger le calcul en réduisant à une seule toutes les corrections successives. L'expression en sera $\dfrac{\left(\tfrac{4}{60}\right) P.\left(\tfrac{4}{60}\right)(m'-S)}{24^h - \tfrac{4}{60}(m'-S)}$; en voici le calcul.

$$
\begin{aligned}
\left(\tfrac{4}{60}\right) P &= 13^h\,34'\,51'' \ldots\ldots\ldots 4.6890512 \\
\tfrac{4}{60}(m'-S) &= 50.35 \ldots\ldots\ldots 3.4821587 \\
C.[24^h-(m'-S)] &= 23.\ 9.25 \ldots\ldots\ldots 5.0790162 \\
\text{Correction unique}\ldots\ldots &= 29'\,39''\,205 \ldots\ldots 3.2502261 \\
t &= 14.\ 4.10.205
\end{aligned}
$$

50. Le seul embarras de ces méthodes est dans la grandeur des nombres dont il faut chercher les logarithmes. Pour éviter cet inconvénient, j'ai donné dans les Ephémérides de Berlin, de 1790, des tables qui sont devenues inutiles depuis que Callet, dans ses Tables de Logarithmes, a mis les nombres sexagésimaux à côté des nombres décimaux.

La manière dont Callet a modifié le plan que je lui avais donné, lui a valu les critiques de plusieurs savans qui, n'ayant aucune occasion d'employer ces nombres, les regardent comme un hors-d'œuvre qui défigure sa seconde édition. Mais tant que le calcul sexagésimal ne sera pas entièrement banni de l'Astronomie, cette seconde édition sera toujours préférée par les astronomes.

51. Les Ephémérides ne se bornent pas à annoncer les passages au méridien qui n'intéressent que les astronomes; elles y joignent souvent les levers et les couchers, surtout ceux de la lune et du soleil qui intéressent plus particulièrement le public.

Les levers et les couchers se déduisent des passages au méridien et du calcul de l'arc semi-diurne $\left(90° + \arcsin = \dfrac{p-R}{\cos D \cos H} - \tang D \tang H\right)$:

Mais pour calculer cet angle, il faut connaître la déclinaison qui aura lieu à l'instant du phénomène, et on ne la connaît ordinairement que

pour

pour midi, cela suffit pour le soleil et pour toutes les planètes. Avec la déclinaison pour midi , on voit dans la table des arcs semi-diurnes, calculés sur la formule précédente et pour toutes les valeurs de D , quel doit être à fort peu près l'arc semi-diurne , et par conséquent le tems du lever et du coucher ; on entre de nouveau dans la table avec cette déclinaison plus approchée , et l'on y trouve un arc semi-diurne suffisamment exact pour connaître le lever et le coucher à une minute près, ce qui est bien suffisant.

52. Pour la lune , si l'on n'a pas de table d'arcs semi-diurnes, calculée spécialement pour cet astre , il faut encore multiplier l'arc trouvé par

$$\frac{24^h}{24^h - \frac{4}{60}(m'-S)}.$$

Supposons qu'on n'ait aucune de ces tables subsidiaires ; voici comme on pourra faire le calcul. Les arcs semi-diurnes ont pour valeur moyenne 6^h ou 90° ; cherchez la déclinaison pour 6 heures, avant ou après le passage , selon que vous voulez le lever ou le coucher ; calculez l'arc semi-diurne avec cette déclinaison approchée , vous aurez une valeur approchée de l'arc ; vous en conclurez une valeur moins inexacte de la déclinaison et de l'arc. Mais sans recommencer le calcul, vous pouvez en chercher la correction.

$$\cos P = - \operatorname{tang} D \operatorname{tang} H \text{ donne } + dP = \frac{dD \operatorname{tang} H}{\cos^2 D \sin P}.$$

$$dP = \frac{dD \operatorname{tang} H}{\cos^2 D (1 - \cos^2 P)^{\frac{1}{2}}} = \frac{dD \operatorname{tang} H}{\cos^2 D (1 - \operatorname{tang}^2 D \operatorname{tang}^2 H)^{\frac{1}{2}}}$$

$$= \frac{dD \operatorname{tang} H}{\cos^2 D}\left(1 + \tfrac{1}{2}\operatorname{tang}^2 D \operatorname{tang}^2 H + \tfrac{1}{2}\cdot\tfrac{1}{4}\operatorname{tang}^4 D \operatorname{tang}^4 H + \text{etc.}\right),$$

et dP en tems lunaire

$$= \frac{24^h}{24^h - \left(\frac{4}{60}\right)(m'-S)}\left(\frac{dD \operatorname{tang} H}{15 \cos^3 D} + \frac{dD \operatorname{tang}^3 H \operatorname{tang}^2 D}{30 \cos^2 D} + \text{etc.}\right).$$

Or D pour la lune , ne passe guère 28° ; $\frac{dD \operatorname{tang}^2 D}{30 \cos D}$ ne passe guère $\frac{2}{100}$; vous pouvez donc vous en tenir à la correction

$$\frac{24^h}{24^h - \frac{4}{60}(m'-S)} \cdot \frac{dD \operatorname{tang} H}{15 \cos^2 D} = \frac{0.06907\, dD \operatorname{tang} H}{\cos^2 D},$$

en supposant $\frac{4}{60}(m'-S) = 50'$, ce qui est à peu près la quantité moyenne.

Pour Paris ; vous aurez $\frac{0.079\,dD}{\cos^2 D}$. On peut faire de ce terme une petite table dépendante de dD et D, où la correction se prendrait à vue.

53. Il ne resterait plus qu'à tenir compte des effets de la réfraction et de la parallaxe qui retardent les levers et avancent les couchers de la lune, parce que la parallaxe est toujours plus grande que la réfraction.

Nous avons trouvé (XIII. 66) que l'effet de la réfraction sur les levers est $dP = \dfrac{R}{\cos D \cos H \sin P}$ — etc. Nous pouvons négliger les termes ultérieurs. L'effet de la réfraction combinée avec la parallaxe sera

$$dP = \frac{p - R}{\cos D \cos H \sin P};$$

et pour la lune,

$$\frac{24^h}{23^h.10'} \cdot \frac{p - R}{\cos D \cos H\,(1 - \tan^2 D\,\tan^2 H)^{\frac{1}{2}}}.$$

On peut faire de ce terme une petite table qui aura pour argumens p et D.
On peut faire une table de logarithmes $\dfrac{24^h}{24^h - \frac{4}{60}\,(m' - S)}$.

54. Calculons de cette manière l'exemple donné par Lalande (1026).

26 février 1765, passage au méridien $4^h 50'$; à midi D $= 23°\,35'$. B
27 . . . . 5.40   D' $= 26.29$

$$
\begin{array}{llr}
(\tfrac{4}{60})(m'-S) = & \overline{0.50'} & D' - D' = \overline{2.54} \\
 & Idem\ldots. & 2.54 \\
 & moitié\ldots. & 1.27 \\
\end{array}
$$

Mouvement horaire. . . . $\overline{7'\,15''}$
Mouvement pour 4^h. 29. 0
                30'. 3.37,5
                20'. 2.25.0

Mouvement en déclinaison pour. . . . . . $4^h 50'$. . . . . $\overline{35'\ 2}$
Déclinaison à midi. 23.35
Déclinaison au méridien. 24.10. 2
Mouvement pour 6^h 43.30

Déclinaison approchée pour le lever. . . . . $\overline{25.26.32}$
Déclinaison approchée pour le coucher. 24.53.32

Avec la déclinaison 25°, nous saurions sans calcul que l'arc semi-diurne est au moins de 8 heures, et nous aurions pu augmenter la déclinaison du coucher qui eût été de 25° 9'. Au reste .

$$
\begin{aligned}
-\text{ tang } D &= 24° 53' 30'' \ldots - 9.66653\\
\text{tang } H &= 48.50 \ldots\ldots + 0.05829\\
\cos P &= 122° 3' \qquad - 9.72482\\
(\tfrac{4}{60})\, P &= \quad 8^h\ 9'\ \ldots''
\end{aligned}
$$

Je vois par ce calcul facile que la déclinaison $= 25° 10'$

$$
\begin{aligned}
-\text{ tang } D &= 25° 10' \ldots\ldots - 9.67196\\
\text{tang } H &= 48.50 \ldots\ldots \quad 0.05829\\
\cos P &= 122° 30.10 \ldots \quad 9.73025\\
(\tfrac{4}{60})\, P &= 8^h\ 10'\ 0''.7 \ldots \quad 4.4684507\\
\log 24^h - \log 23^h\ 10' &\ldots \quad 0.0153476\\
\text{arc semi-diurne } 8^h\ 27'\ 45'' &\ldots \quad 4.4837983\\
\text{Passage} \ldots\ 4.50 &
\end{aligned}
$$

Coucher de la lune... 13.17.45 1ʳᵉ approximation.

N'ayant point la table de la correction $\dfrac{0.079\,dD}{\cos^2 D \sin P}$, j'ai préféré de calculer une seconde fois cos P. Mais pour qu'on puisse juger de l'exactitude de cette petite correction, nous allons la calculer.

$$
\begin{aligned}
&0.079 \ldots\ldots 8.89763\\
dD &= 15'\ 30'' \ldots\ldots 2.99563\\
C.\cos D &= 25°10'' \ldots\ldots 0.04332\\
&\qquad\qquad\qquad 0.04332\\
C.\sin P &= 121.15 \ldots\ldots 0.06808\\
\text{correction } dP &= \ldots\quad 1'\ 52'' \ldots 2.04798\\
(\tfrac{4}{60})\, P &= \ldots\ 8^h\ 8'\ 12'' \ldots 4.46675\\
\log 24^h - \log 23^h\ 10'. &\quad 0.01535\\
&8.25.46 \ldots 4.48210\\
\text{arc semi-diurne} \ldots &\ 8.27.38\\
\text{Passage} \ldots\ldots &\ 4.50.\ 0\\
\text{coucher} \ldots\ldots &\ 13.17.38 \quad \text{erreur} - 7''.
\end{aligned}
$$

Il reste à calculer l'effet de la parallaxe et de la réfraction qu'on pourrait aussi prendre dans une table.

$$
\begin{array}{lrr}
\text{Parallaxe....} & 54'\ 24'' & \\
\text{Réfraction....} & 32\ 54 & \\
p - R = & 21.50 & \\
(\tfrac{4}{60})(p-R) = & 1.26\ldots\ldots & 1.93450 \\
C.\cos D = & & 0.04223 \\
C.\cos H\ldots\ldots\ldots & & 0.18161 \\
C.\sin P = 122°\ 3' & \ldots\ldots & 0.07182 \\
\text{Parallaxe et réfraction} = - & 2'\ 50'' \ldots & 2.23016
\end{array}
$$

Retranchez ces 2′ 50″ du coucher approché 13ʰ 17′ 45″, il restera 13ʰ 14′ 55″.

Pour vérifier cette dernière approximation, cherchons l'arc semi-diurne en employant la déclinaison pour 13ʰ 14′ 55″, c'est-à-dire 8ʰ 24′ 55″ après le passage.

$$
\begin{array}{lr}
\text{Déclinaison au méridien...} & 24°\ 10'\ 2'' \\
\text{Mouvement pour } 8^h \ldots & 58.\ 0 \\
\text{pour } 0{,}4 = 24' \ldots & 2.54.0 \\
\text{pour } 55'' \ldots & 6.0 \\
D = & 25.11.\ 2
\end{array}
$$

$$
\begin{array}{lll}
-\ \text{tang } D = 25°\ 11'\ 2'' & -\ 9.6723019 & C.\cos D\ldots\ 0.0433770 \\
\text{tang } H = 48.50\ldots & 0.0582865 & C.\cos H\ldots\ 0.1816081 \\
-\ \ 0.537760 & -\ 9.7305884 & \sin 21'30''\ldots\ 7.7961617 \\
+\ \ 0.010499 & & +\quad 8.0211468 \\
-\ \ 0.527261\ldots\ 9.7222727 & & \cos P = 121°\ 50.27 \\
& & 8^h\ 7'\ 21''48
\end{array}
$$

$$
\begin{array}{lr}
\tfrac{4}{60}\,P = \quad 8^h\ 7'\ 21''\ 8\ldots & 4.4660041 \\
24'\ 23''\ 10\ldots & 0.0153476 \\
\text{Arc semi-diurne} = \quad 8^h\ 24'\ 53''\ 7\ldots & 4.4813517 \\
4.50 & \\
\text{Nouvelle approximation....} & 13.14.53.\ 7 \\
\text{précédente....} & 13.14.55.\ 0 \\
\text{différence....} & 1''{,}3
\end{array}
$$

Il serait bien superflu de pousser les approximations plus loin; ce serait même une peine illusoire; il faudrait tenir compte des inégalités du mouvement en déclinaison, et il n'y aurait d'autres moyens que de calculer la déclinaison d'heure en heure, ainsi que l'ascension droite, de calculer la distance de la lune au zénit, et d'interpoler pour trouver l'instant du lever et du coucher.

55. Le mouvement propre de la lune en ascension droite qui produit le retard du passage de la lune au méridien, produirait un retard égal dans l'heure du lever et celle du coucher, si la déclinaison restait la même. Mais elle varie continuellement et ses variations peuvent retarder le lever, si le mouvement se fait vers le pôle abaissé; elles l'avancent si le mouvement se fait vers le pôle élevé; c'est le contraire pour le coucher.

56. Ainsi les effets du mouvement en ascension droite, et du mouvement en déclinaison, peuvent conspirer ensemble pour retarder le lever; ils peuvent agir en sens contraire et se compenser en tout ou en partie. On a remarqué que la compensation était quelquefois assez exacte, et que la lune se levait deux jours de suite à la même heure. Voyons comment on pourrait soumettre ce phénomène au calcul.

57. Soit, fig. 31, L la lune à l'horizon oriental le premier jour, V la lune à l'horizon oriental le second jour, PS le cercle horaire du soleil aux instans de ces deux levers.

Par la supposition, l'angle horaire du soleil ou ZPS est une quantité constante

$$\left.\begin{array}{l} \text{LPS}=\text{Æ}\,\mathbb{C}-\text{Æ}\,\odot \\ \text{VPS}=\text{Æ}'\mathbb{C}-\text{Æ}'\odot \end{array}\right\} \text{LPV}=\text{VPS}-\text{LPS}=(\text{Æ}'\mathbb{C}-\text{Æ}\mathbb{C})-(\text{Æ}'\odot-\text{Æ}\odot)$$

$$=\text{mouv.}\,\mathbb{C}\,\text{en asc. dr.}-\text{mouv.}\,\odot\,\text{en asc. dr.}=d\text{Æ}$$

Le triangle LPZ donne

$$\cos \text{ZPL} = \cos \text{P} = \frac{(p-\text{R})}{\cos \text{H}\cos \text{D}} - \tan \text{H}\,\tan \text{D}$$

Le triangle ZPV donne

$$\cos ZPV = \cos P = \frac{p' - R}{\cos H \ \cos D'} - \operatorname{tang} H \operatorname{tang} D'$$

$$\cos P - \cos P' = 2 \sin \tfrac{1}{2}(P' - P) \sin \tfrac{1}{2}(P' + P)$$

$$= \frac{p - R}{\cos H \ \cos D} - \frac{p' - R}{\cos H \ \cos D'} - \operatorname{tang} H \operatorname{tang} D + \operatorname{tang} H \operatorname{tang} D'$$

$$= 2 \sin \tfrac{1}{2}(LPV) \sin \tfrac{1}{2}(P' + P) = \frac{(p - R)\cos D' - (p' - R)\cos D + \sin H \sin(D' - D)}{\cos D \ \cos D' \ \cos H},$$

$$2\sin \tfrac{1}{2} d.R = \frac{(p - R)\cos D' - (p' - R)\cos D + 2 \sin \tfrac{1}{2}(D' - D) \cos \tfrac{1}{2}(D' - D) \sin H}{\cos D \ \cos D' \ \cos H \ \sin \tfrac{1}{2}(P' + P)}$$

$$2\sin \tfrac{1}{2} dR = \frac{2\sin \tfrac{1}{2}(D' - D) \cos \tfrac{1}{2}(D' - D) \sin H + (p - R)(\cos D' - \cos D) - dp \cos D}{\cos D \ \cos D' \ \cos H \ \sin \tfrac{1}{2}(P' + P)}$$

$$= \frac{2\sin \tfrac{1}{2}(D' - D)\cos \tfrac{1}{2}(D' - D)\sin H - 2(p - R)\sin \tfrac{1}{2}(D' - D)\sin \tfrac{1}{2}(D' + D) - dp \cos D}{\cos D \ \cos D' \ \cos H \ \sin \tfrac{1}{2}(P' + P)}$$

$$\frac{2 \sin \tfrac{1}{2} d R}{2 \sin \tfrac{1}{2} dD} = \frac{\cos \tfrac{1}{2}(D' - D) \sin H}{\cos D \ \cos D' \ \cos H \ \sin \tfrac{1}{2}(P' + P)} - \frac{(p - R) \sin \tfrac{1}{2}(D' + D)}{\cos D \ \cos D' \ \cos H \ \sin \tfrac{1}{2}(P' + P)}$$
$$- \frac{dp}{2 \sin \tfrac{1}{2} dD \ \cos D' \ \cos H \ \sin \tfrac{1}{2}(P' + P)}$$

Supposons $\tfrac{1}{2}(D' + D) = 0$, $\sin \tfrac{1}{2}(P' + P)$ sera $\sin 90° = 1$; à fort peu près ; la formule deviendra $\dfrac{\sin \tfrac{1}{2} dR}{\sin \tfrac{1}{2} dD} = \operatorname{tang} H$ à fort peu près. Ce qui montre déjà que le phénomène ne peut avoir lieu qu'à de hautes latitudes, puisque dD est toujours moindre que dR.

58. En effet, soit, fig. 32, VAC l'équateur, VAN l'écliptique, ANB l'orbite de la lune, N sera le nœud. Soit B la lune, BC sera la déclinaison ; or $\operatorname{tang} BC = \operatorname{tang} A \sin AC$, ou

$$\operatorname{tang} D = \sin(VC - VA) \operatorname{tang} A$$

$$\frac{dD}{\cos^2 D} = \operatorname{tang} A\, d(VC - VA) \cos(VC - VA) = \operatorname{tang} A\, dR \cos(R - VA)$$

$$\frac{dD}{dR} = \operatorname{tang} A \cos^2 D \cos(R - VA).$$

L'angle A est toujours au-dessous de 29° ; $\operatorname{tang} A \cos^2 D \cos(R - VA)$ est donc une fraction au-dessous de 0,55 ; ainsi la latitude doit être de 60° environ pour que le phénomène soit possible quand la lune est dans l'équateur. Si elle est hors de l'équateur

$$\frac{\sin\frac{1}{2}d\text{Æ}}{\sin\frac{1}{2}d\text{D}} = \frac{\cot A}{\cos^2 D \cos(\text{Æ}-VA)} = \frac{\text{tang}H \cos\frac{1}{2}(D'-D)}{\cos D \cos D' \sin\frac{1}{2}(P+P')} - \text{etc.} \quad (58 \text{ et } 59;$$

$$\frac{\cos A \cos D' \sin\frac{1}{2}(P'+P)}{\cos^2 D \cos(\text{Æ}-VA)\cos\frac{1}{2}(D'-D)} = \text{tang } H - \text{etc.}$$

$$\text{tang } H > \frac{\cot A \sin\frac{1}{2}(P+P)}{\cos(\text{Æ}-VA)\cos(D'-D)}, \text{ ou } > \frac{\text{tang }61°\sin\frac{1}{2}(P'+P)}{\cos(\text{Æ}-VA)\cos\frac{1}{2}(D'-D')}.$$

Le dénominateur sera d'autant plus petit, que la lune sera plus loin de son nœud sur l'équateur : il est vrai que sin $\frac{1}{2}$ (P'+P) diminuera un peu l'effet de ce dénominateur, mais il en résultera toujours que K doit surpasser 61° ; il paraît donc fort douteux que le phénomène ait pu s'observer complètement en Angleterre, où on le désigne sous le nom d'*harvest moon* ou lune des moissons, probablement parce que la lune se levant deux jours de suite au coucher du soleil, aura paru vouloir favoriser les moissonneurs. On peut penser que la lune a pu se lever le premier jour au coucher même du soleil, et le lendemain dans le crépuscule.

59. Ferguson, dans son *Astronomy explained*, a fait un long chapitre sur l'*harvest moon* ; mais sa théorie n'est rien moins que rigoureuse, puisqu'il suppose, pour plus de facilité, que la lune se meut dans l'écliptique.

Cela posé, voici comment il raisonne : Supposez le soleil dans la Vierge ou dans la Balance, la pleine lune ne pourra arriver que dans les Poissons ou dans le Bélier. Si le soleil est exactement à l'un des points équinoxiaux, la pleine lune occupera l'autre, et se lèvera à l'horizon au même instant où le soleil arrivera à l'horizon occidental ; la pleine lune suppléera le soleil, et les moissonneurs pourront continuer leurs travaux. Quelques jours avant ou après, la lune se lèvera peu de momens avant ou après le coucher du soleil.

Si la pleine lune n'a pas lieu précisément dans le point équinoxial, les mêmes phénomènes auront lieu à peu près dans la pleine lune de septembre et dans la pleine lune d'octobre. La première de ces lunes s'appelle lune du *moissonneur*, et l'autre, lune du *chasseur*.

60. On voit que Ferguson suppose la déclinaison fort petite, ce qui se rapproche de ce que la formule indique ; mais il ne donne que des à-peu-près, et il termine son chapitre par une table où l'on voit les années dans lesquelles les lunes sont plus favorables aux moissonneurs, et celles où elles sont moins avantageuses.

CHAPITRE XXIV.

Construction des Tables du Soleil.

1. Quand on a observé un équinoxe, on sait à quel instant le soleil avait 0° 0′ 0″ de longitude vraie; et si l'on a observé quelque tems auparavant la position de l'apogée, en ajoutant à cette position la variation qu'elle aura subie pendant l'intervalle, à raison de 61″,9 par an, on aura l'apogée pour l'instant de l'équinoxe.

La longitude vraie, diminuée de celle de l'apogée, sera l'anomalie vraie; on cherchera l'équation du centre avec cette anomalie et l'excentricité, on aura l'anomalie moyenne, on y ajoutera le lieu de l'apogée, et l'on aura enfin la longitude moyenne du soleil pour l'instant de l'équinoxe; on en conclura, par les mouvemens moyens, à raison de 59′ 8″,33 pour un jour moyen, la longitude pour le 1ᵉʳ janvier de la même année; on ajoutera l'arc de 59′ 8″,33 à lui-même et à ses multiples, 365 ou 366 fois; on aura par de simples additions une table des mouvemens moyens pour tous les jours de l'année, distribuée en mois. On emploiera dans ces calculs le mouvement diurne avec plus de décimales. On dégagera aussi la longitude vraie de l'effet des perturbations.

2. La longitude du 1ᵉʳ janvier s'appelle l'*époque*, ἐποχή; ce mot signifie en général le lieu d'un astre dans le ciel. Pour dire que le soleil, par exemple, avait 10° de longitude, les Grecs disaient : ἐπέχει ὁ Ἥλιος τὰς τοῦ κριοῦ μοίρας ι. *Obtinet Sol Arietis partes decem.*

Le substantif d'ἐπέχω est ἐποχή.

Ptolémée donne ainsi l'*époque* de toutes les planètes pour le premier jour de la première année du règne de Nabonassar; c'est ce qu'on a appelé l'*époque de Nabonassar*, et les historiens, en dénaturant le sens de cette expression, lui ont fait signifier le premier jour de l'ère de Nabonassar.

3. A la table pour les mois on en ajoutera une des mouvemens, pour les heures, les minutes et les secondes; enfin on formera une table

table des *époques* pour les années, soit communes, c'est-à-dire de 365 jours, soit bissextiles, ou de 366 jours : tout cela pour la longitude et l'apogée, et même pour les divers argumens qui règlent les autres inégalités dont nous n'avons pas encore parlé.

4. Avec ces tables on aura, par de simples additions, la longitude moyenne, soit du soleil, soit de l'apogée, pour une époque quelconque.

On y joindra la table de l'équation du centre pour tous les degrés au moins d'anomalie moyenne, et une autre table des rayons vecteurs en nombres, et de leurs logarithmes avec leurs variations séculaires.

Des tables de perturbations de la longitude et du rayon vecteur, des tables des mouvemens horaires vrais (XX. 47, 48), des diamètres et des tems que ces diamètres emploient à passer au méridien ; des tables composées d'équation du tems par chaque degré de la longitude moyenne ou vraie du soleil ; enfin une table de l'obliquité de l'écliptique pour le commencement de chaque année, depuis la fondation de l'Astronomie.

Pour trouver le tems que le demi-diamètre du soleil emploie à traverser le fil méridien de la lunette, soit P l'angle horaire du centre du soleil, à l'instant où le premier bord est au méridien ; il est clair qu'en nommant D la déclinaison et δ le diamètre du soleil, vous aurez

$$\sin P = \frac{\sin \frac{1}{2}\delta}{\cos D}, \text{ ou, sans erreur sensible, } P = \frac{\frac{1}{2}\delta}{\cos D}.$$

Vous aurez de même pour le second bord $P' = \dfrac{\frac{1}{2}\delta}{\cos D'}$; et

$$2P'' = (P+P') = \frac{\frac{1}{2}\delta}{\cos D} + \frac{\frac{1}{2}\delta}{\cos D'} = \frac{\frac{1}{2}\delta(\cos D'+\cos D)}{\cos D \cos D'} = \frac{\delta\cos\frac{1}{2}(D'+D)\cos\frac{1}{2}(D'-D)}{\cos D \cos D'},$$

$$P'' = \frac{\frac{1}{2}\delta \cos\frac{1}{2}dD \cos(D+\frac{1}{2}dD)}{\cos(D''-\frac{1}{2}dD)\cos(D''+\frac{1}{2}dD)} = \frac{\frac{1}{2}\delta\cos D''\cos\frac{1}{2}dD}{\cos^2 D''\cos^2\frac{1}{2}dD - \sin^2 D''\sin^2\frac{1}{2}dD},$$

$$= \left(\frac{\frac{1}{2}\delta}{\cos D}\right)(1 + \tan^2\frac{1}{2}dD\,\tan^2 D'' + \text{etc.}) = \frac{\frac{1}{2}D}{\cos D''};$$

car on peut négliger $\frac{1}{2}\delta\tan^2\frac{1}{2}dD$ et autres termes semblables. On aura donc

$$P'' = \frac{\frac{1}{2}\delta}{(1-\sin^2 D'')^{\frac{1}{2}}} = \frac{\frac{1}{2}\delta}{(1-\sin^2\omega\sin^2\odot)^{\frac{1}{2}}}.$$

Soit d le demi-diamètre moyen ; $\frac{1}{2}\delta = \frac{\frac{1}{2}d}{V} = \frac{\frac{1}{2}\delta(1-e\cos(\odot-\pi))}{1-e^2}$ (XXI. 20) ;

$$P'' = \frac{\frac{1}{2}d(1-e\cos(\odot-\pi))}{(1-e^2)(1-\sin^2\omega\sin^2\odot)^{\frac{1}{2}}}.$$

Mettez pour π la longitude actuelle du périgée ; développez et réduisez, vous aurez

$$P'' = 1003'',56 - 16'',9875\sin\odot + 0'',35775\sin 3\odot + 2'',718\cos\odot$$
$$- 43'',203\cos 2\odot - 0'',50745\cos 3\odot + 1'',074\cos 4\odot.$$

Si le soleil était immobile comme une étoile, il suffirait de diviser cette expression par 15 pour la réduire en tems sidéral, et l'on aurait P'' en tems, ou

$$t = 66'',904 - 1'',1325\sin\odot + 0'',02385\sin 3\odot + 0'',1812\cos\odot$$
$$- 2'',8802\cos 2\odot - 0'',03385\cos 3\odot + 0'',0716\cos 4\odot.$$

Mais, à cause du mouvement propre du soleil, cette expression donne le passage en tems solaire vrai ; en effet, P'' est l'angle horaire du soleil vrai, et les angles horaires vrais se convertissent en tems vrai, en disant : les 360° de la révolution vraie sont aux 24 heures solaires de cette révolution, comme un angle horaire quelconque P'' est au tems t de cet angle. Ainsi $t = \frac{P''.24^h}{360°} = \frac{1}{15}P''$.

C'est par un raisonnement tout semblable que nous avons converti en tems moyen l'équation du tems qui est l'angle horaire du soleil moyen. L'équation du tems se trouve donc tout naturellement exprimée en tems moyen, quand on la divise par 15, et ce même diviseur nous donne en tems vrai la demi-durée du passage par le diamètre du soleil. Pour changer le tems vrai en tems moyen, il faudrait multiplier cette expression par le rapport $\frac{24 \text{ heures moyennes}}{24 \text{ heures vraies}}$; mais le jour vrai ne diffère du jour moyen que de 30″ au plus, c'est-à-dire de $\frac{1}{2880}$; la demi-durée est d'environ 64 à 70″ et $\frac{70''}{2880} = \frac{1''}{41} = 0'',024$. Les astronomes ont toujours négligé cette petite différence, qui est de 0″,008 pour chaque seconde dont le jour vrai diffère du jour moyen. Voyez la table de l'équation du tems, page 210.

La correction est plus forte quand on veut avoir la demi-durée en tems sidéral, on l'obtient en multipliant la série précédente par

$$\frac{360°.59'.8'',33}{360°} = 1 + \frac{3548'',33}{1296000} = 1.0027379 :$$

par là, nous aurons en tems sidéral

$$t' = 67'',0876 - 1'',1356 \sin\odot + 0'',02391 \sin 3\odot + 0'',1817 \cos\odot$$
$$- 2'',8881 \cos 2\odot - 0'',03392 \cos 3\odot + 0'',07179 \cos 4\odot.$$

5. Toutes les éphémérides donnent l'ascension droite vraie du soleil à midi vrai, ou la distance du soleil à l'équinoxe qui en est le complément à 24 heures. En 1795, suivant une idée de M. Fischer, les Éphémérides de Berlin donnèrent de plus l'ascension droite moyenne du soleil à midi moyen, ou, ce qui revient au même, le tems sidéral à midi moyen. La manière la plus directe de calculer ce tems sidéral, est de chercher pour midi moyen l'ascension droite moyenne du soleil, de la corriger de l'équation des points équinoxiaux en ascension droite, et de la multiplier par $\frac{4}{60}$; mais comme aucune Éphéméride jusqu'ici n'a suivi cet exemple, si ce n'est celle de Milan en 1804, nous donnerons ici le moyen de trouver le tems sidéral pour midi moyen, d'après une éphéméride quelconque.

L'équation en tems est toujours exprimée en tems moyen, il faut la convertir en tems sidéral ; on en change ensuite le signe, et on l'applique à l'ascension droite vraie du soleil à midi vrai. On a de cette manière le tems sidéral à midi moyen.

Or 24 heures de tems moyen valent 24^h 3' 56'',5554 de tems sidéral ; ainsi, pour convertir en tems sidéral un intervalle quelconque de tems moyen, il faut l'augmenter à raison de 5'.56'',5554 pour 24^h, ce qui fait 9'',856475 pour chaque heure, 0'',164279833 pour chaque minute, et 0'',00273790972 pour chaque seconde. On peut remarquer que cette dernière fraction est celle qui répond à $\frac{35'',4833}{1296000}$ déjà employée ci-dessus. On fait de ces quantités une table pour la conversion du tems moyen en tems sidéral.

Soit, par exemple, l'équation du tems

additive...	$+$ 14' 56'' 1 $=$ 14' 60167
Ajoutez pour 14'	2.998
0.6.....................	0.0986
0.001667.................	0.00027
Équat. en tems sidéral, changée de signe..	$-$ 14.58.49867
Tems sidéral à midi vrai	21^h37. 8.0
Tems sidéral à midi moyen.............	21.22.29.50135.

Ce tems sidéral, soustrait de celui d'un phénomène observé, donne un intervalle de tems sidéral que l'on convertit en intervalle de tems moyen avec le secours de la table dont nous avons expliqué la construction, (XXIII.37) et l'on a le tems moyen de l'observation.

Exemple. On a fait une observation quand l'horloge

sidérale marquait	7^h 8′ 38″ 0
Tems sidéral à midi moyen précédent............	21.22.29.5
Intervalle en tems sidéral.......................	9.46. 8.5
Réduction en tems moyen pour 9^h................	— 1.28.46
(Tables solaires XIV.) 46′	— 7.54
8″...............	— 0.02
Tems moyen de l'observation	9.44.32.48

On peut arriver au même résultat, sans avoir le tems sidéral à midi moyen qu'on ne trouve pas ordinairement dans l'éphéméride. Ainsi

dans notre exemple, au tems sidéral de l'observation...	7^h 8′ 38″ 0
j'ajoute la distance du soleil à l'équinoxe......	2.22.52. 0
Intervalle depuis midi vrai en tems sidéral........	9.31.30. 0
Réduction au tems moyen pour 9^h................	— 1.28.46
31′...............	— 5.08
30″...........	— 0.08
Tems moyen écoulé depuis midi vrai..............	9.29.56.38
Tems moyen à midi vrai.........................	0.14.36. 1
Tems moyen de l'observation.....................	9.44.32.48

Ce procédé est presque aussi court, et il porte avec lui sa démonstration.

6. On ajoute quelquefois des tables de l'écliptique, où l'on trouve pour chaque degré, et même chaque minute de la longitude du soleil, l'ascension droite en tems et en degrés, la déclinaison et l'angle de l'écliptique avec le cercle de déclinaison; à chacune de ces quantités on joint la variation pour 10″ ou 100″ de diminution dans l'obliquité de l'écliptique. Ces tables ont pour argument la longitude du soleil ou du point de l'écliptique. La première est celle de l'ascension droite , ou, ce qui est plus commode , celle de la réduction de l'écliptique à l'équateur, qui s'obtient par la série

$$\text{Æ} = \odot - \frac{\tan^2 \tfrac{1}{2}\,\omega \sin 2\odot}{\sin 1''} + \frac{\tan^4 \tfrac{1}{2}\,\omega \sin 4\odot}{\sin 2''} - \frac{\tan^6 \tfrac{1}{2} \sin 6\odot}{\sin 3''} + \text{etc.}$$

On réduirait l'équateur à l'écliptique par la série

$$\odot = \textrm{Æ} + \frac{\textrm{tang}^2 \tfrac{1}{2}\omega \sin 2\textrm{Æ}}{\sin 1''} + \frac{\textrm{tang}^4 \tfrac{1}{2}\omega \sin 4\textrm{Æ}}{\sin 2''} + \frac{\textrm{tang}^6 \tfrac{1}{2}\omega \sin 6\textrm{Æ}}{\sin 3''} + \textrm{etc.}$$

Pour exprimer ces quantités en tems, on les diviserait par 15.

La même table sert aux deux réductions. En effet, pour rendre les formules identiques, il suffit de supposer $-\sin 2\odot = +\sin 2\textrm{Æ}$, ce qui donne $2\odot = 180° + 2\textrm{Æ}$, ou $\odot = 90° + \textrm{Æ}$; d'où l'on conclut

$$2\odot = 180° + 2\textrm{Æ}, \quad 4\odot = 360° + 4\textrm{Æ}, \quad 6\odot = 540° + 6\textrm{Æ}, \quad \textrm{etc.}$$

Tous les termes impairs changent de signe, les termes pairs conservent leur signe; ainsi pour trouver la réduction de l'équateur à l'écliptique par une table qui donne la réduction de l'écliptique à l'équateur, ou réciproquement, il suffit d'ajouter 90° à l'argument donné, quand il n'est pas l'argument véritable.

7. La seconde table est celle de la déclinaison des points de l'écliptique. La formule est $\sin D = \sin \omega \sin \odot$; mais on sait que

$$D = \sin D + \frac{\sin^3 D}{1.2.3} + \frac{3.\sin^5 D}{2.4.5} + \frac{3.5 \sin^7 D}{2.4.6.7} + \frac{3.5.7 \sin^9 D}{2.4.6.8.9} + \textrm{etc.}$$

Mettez pour $\sin D$ sa valeur $\sin \omega \sin \odot$, développez les puissances des $\sin \odot$ en sinus des multiples (X. 323), et vous aurez

$$D = \left(\sin \omega + \frac{3}{4}\cdot\frac{\sin^3\omega}{1.2.3} + \frac{10}{16}\cdot\frac{3\sin^5\omega}{2.4.5} + \frac{35}{64}\cdot\frac{3.5.\sin^7\omega}{2.4.6.7} + \frac{126}{256}\cdot\frac{3.5.7.\sin^9\omega}{2.4.6.8.9}\right)\frac{\sin \odot}{\sin 1''}$$
$$-\left(\frac{1}{4}\cdot\frac{\sin^3\omega}{2.3} + \frac{5}{16}\cdot\frac{5.\sin\omega^5}{2.4.5} + \frac{21}{64}\cdot\frac{3.5.\sin^7\omega}{2.4.6.7} + \frac{84}{256}\cdot\frac{3.5.7.\sin^9\omega}{2.4.6.8.9}\right)\frac{\sin 3\odot}{\sin 1''}$$
$$+\left(\frac{1}{16}\cdot\frac{3\sin^5\omega}{2.4.5} + \frac{7}{64}\cdot\frac{3.5.\sin^7\omega}{2.4.6.7} + \frac{36}{256}\cdot\frac{3.5.7.\sin^9\omega}{2.4.6.8.9}\right)\frac{\sin 5\odot}{\sin 1''}$$
$$-\left(\frac{1}{64}\cdot\frac{3.5.\sin^7\omega}{2.4.6.7} + \frac{9}{256}\cdot\frac{3.5.7.\sin^9\omega}{2.4.6.8.9}\right)\frac{\sin 7\odot}{\sin 1''}$$
$$+\left(\frac{1}{256}\cdot\frac{3.5.7.\sin^9\omega}{2.4.6.8.9}\right)\frac{\sin 9\odot}{\sin 1''} - \textrm{etc.}$$

Soit $\omega = 23° \, 28'$, la série devient

$$D = 83871''.72 \sin\odot - 596''.492 \sin 3\odot + 11''.429 \sin 5\odot$$
$$- 0''.265 \sin 7\odot + 0''.004 \sin 9\odot :$$

on voit qu'il suffit de quatre termes, et le premier est le seul qui exige quelqu'attention aux parties proportionnelles.

Pour les planètes dont l'inclinaison est le plus souvent fort au-dessous de 23°, pour avoir la latitude $= D$, il faut moins de termes, et la série converge plus rapidement; il en est de même pour la réduction.

8. La troisième table est celle de l'angle de l'écliptique avec le cercle de déclinaison, auquel on peut substituer l'angle de l'écliptique avec le parallèle ; ces angles étant toujours complémens l'un de l'autre. La formule pour l'angle avec le cercle de déclinaison

$$\cot M = \tang \omega \cos \odot = \tang A'' ;$$

alors $A'' = 90° - M$ sera l'angle du parallèle, ou, ce qui revient au même, l'angle de position. En général soit (fig. 33) S un astre quelconque, P le pôle de l'équateur, E celui de l'écliptique, A'' l'angle de position $= ESP$; nous aurons (X. 222),

$$A'' = \tang \tfrac{1}{2} C''(\cot \tfrac{1}{2} C' + \tang \tfrac{1}{2} C') \sin A + \tfrac{1}{2}\tang^2 \tfrac{1}{2} C''(\cot^2 \tfrac{1}{2} C' - \tang^2 \tfrac{1}{2} C') \sin 2A$$
$$+ \tfrac{1}{3} \tang^3 \tfrac{1}{2} C''(\cot^3 \tfrac{1}{2} C' + \tang^3 \tfrac{1}{2} C') \sin 3A + \text{etc.}$$
$$= \tang \tfrac{1}{2} \omega (\cot \tfrac{1}{2} \Delta + \tang \tfrac{1}{2} \Delta) \sin (90° - L)$$
$$+ \tfrac{1}{2} \tang^2 \tfrac{1}{2} \omega (\cot^2 \tfrac{1}{2} C' - \tang^2 \tfrac{1}{2} C') \sin 2 (90° - L)$$
$$+ \tfrac{1}{3} \tang^3 \tfrac{1}{2} \omega (\cot^3 \tfrac{1}{2} \Delta + \tang^3 \tfrac{1}{2} \Delta) \sin 3 (90° - L) ;$$

car on voit dans la figure que l'angle $A = 90° -$ longitude ; que $C'' = EP = \omega$, et que $C' = ES = \Delta$. Prolongez ES jusqu'au point $\odot$ de l'écliptique ; vous aurez $\Delta = 90°$; $\cot \tfrac{1}{2} \Delta = \tang \tfrac{1}{2} \Delta = \tang 45° = 1$, $L = \odot$, et par conséquent

$$A'' = 2 \tang \tfrac{1}{2} \omega \cos \odot - \tfrac{2}{3} \tang^3 \tfrac{1}{2} \omega \cos 3\odot + \tfrac{2}{5} \tang^5 \tfrac{1}{2} \omega \cos 5\odot$$
$$- \tfrac{2}{7} \tang^7 \tfrac{1}{2} \omega \cos 7\odot + \text{etc.}$$
$$= 23° 48' 1''.10 \cos \odot - 20' 32''.036 \cos 3\odot + 31''.8885 \cos 5\odot$$
$$- 0''.9826 \cos 7\odot + 0.033 \cos 9\odot + \text{etc.}$$

Cette formule élégante est due à M. de Lagrange.

L'angle de l'écliptique avec le méridien sera donc $M = 90° - A''$, ou

$$M = 90° - 23° 48' 1''.10 \cos \odot + 20' 32''.036 \cos 3\odot$$
$$- 31''.8885 \cos 5\odot + 0''.9826 \cos 7\odot - 0''.033 \cos 9\odot.$$

9. Pour une table des déclinaisons des points de l'écliptique, qui aurait pour argument l'ascension droite, la formule serait

$$\tang D = \tang \omega \sin R.$$

La formule de l'angle de position est

$$\tan A'' = \tan \omega \cos \odot.$$

On aura donc $D = A''$, quand on aura $\sin \mathcal{R} = \cos \odot = \sin(90° - \odot)$ et $\mathcal{R} = 90° - \odot$. La table de D sera donc la même que celle de A''; il suffira de substituer $\odot = 90° - \mathcal{R}$ à l'argument de la table, on y trouvera la déclinaison pour $\mathcal{R}$. Si la table donne M au lieu de A'', on aura la distance du point de l'écliptique au pôle de l'équateur.

10. Pour une table des angles M, ayant $\mathcal{R}$ pour argument, la formule est

$$\cos M = \sin A'' = \sin \omega \cos \mathcal{R} :$$

mais

$$\sin D = \sin \omega \sin \odot ;$$

donc en supposant $\sin \odot = \cos \mathcal{R}$ ou $\odot = 90° - \mathcal{R}$, on aura

$$D = A'' = 90° - M.$$

Ainsi une table suffira pour trouver les angles des différens points de l'écliptique par les arcs de l'équateur, ou la déclinaison par ceux de l'écliptique.

On pourrait se contenter de deux tables en tout, ainsi qu'a fait Mayer, qui n'a donné que la table des réductions et celle des déclinaisons; mais l'usage en serait moins commode et moins direct. On en fera donc trois auxquelles on donnera pour argument la longitude.

Pour les faire servir quand $\mathcal{R}$ sera l'argument connu, on prendra

$$\odot = \mathcal{R} + 90° \quad \text{ou} \quad \odot = \mathcal{R} - 90° ;$$

ce qui revient au même, car à 180° de distance, les réductions reviennent les mêmes.

Les déclinaisons reviennent aussi les mêmes, mais elles changent de signe et de dénomination; et pour avoir de suite les déclinaisons boréales des 180° de l'équateur, on prendra pour argument l'ascension diminuée de 90°, avec laquelle on entrera dans la table de l'angle de position.

Les angles reviennent aussi les mêmes pour les points éloignés de 180°; on diminuera de même l'ascension droite donnée de 90° pour entrer dans la table des déclinaisons, et l'on y trouvera de suite les angles de position comptés vers le nord dans toute l'étendue de l'équateur, mais comptés vers l'est dans le premier et le dernier quart de l'ascension droite, et vers l'ouest dans l'autre moitié.

11. On calculera ces tables de degré en degré de l'argument, par les séries données ci-dessus. On pourra les étendre aux minutes par une interpolation facile,

$$\tan^2\tfrac{1}{2}\omega \sin 2(\odot + d\odot) - \tan^2\tfrac{1}{2}\omega \sin 2\odot = \tan^2\tfrac{1}{2}\omega \sin d\odot \cos(2\odot + d\odot).$$

En faisant un calcul semblable sur chacun des termes de la série, et supposant $d\odot = 1'$, on aura pour l'interpolation

$$\Delta\,(\text{réduction}) = 5''.1765 \cos(2\odot + 1') - 0''.2233 \cos 2(2\odot + 1')$$
$$+ 0''.00963 \cos 3(\odot + 1');$$

on pourra même se contenter de

$$5''.1765 \cos 2\odot - 0''.2233 \cos 4\odot.$$

12. La formule de déclinaison différentiée de la même manière, donnera

$$\Delta.D = + 24''.391 \cos(\odot + 30'') - 0''.5205 \cos 2(\odot + 30''),$$
ou
$$+ 24''.391 \cos\odot - 0''.5205 \cos 2\odot.$$

13. La série de l'angle aura pour différence finie

$$\Delta.A'' = + 24''.9236 \sin(\odot + 30'') - 1''0741 \sin 3(\odot + 30'')$$
$$+ 0''.04638 \sin 5(\odot + 30'').$$

14. La variation de l'obliquité de l'écliptique, qui est d'environ 50'' par siècle, fait que ces tables auraient sans cesse besoin d'être renouvelées. On y ajoute la variation pour 10 ou 100'' de changement dans l'obliquité,

$$\tan^2\tfrac{1}{2}\omega' - \tan^2\tfrac{1}{2}\omega = (\tan\tfrac{1}{2}\omega' + \tan\tfrac{1}{2}\omega)(\tan\tfrac{1}{2}\omega' - \tan\tfrac{1}{2}\omega)$$
$$= \frac{\sin\tfrac{1}{2}(\omega'+\omega)}{\cos\tfrac{1}{2}\omega\cos\tfrac{1}{2}\omega'}\frac{\sin\tfrac{1}{2}(\omega'-\omega)}{\cos\tfrac{1}{2}\omega\cos\tfrac{1}{2}\omega'} = \frac{\sin\tfrac{1}{2}\Delta\omega\sin(\omega+\tfrac{1}{2}d\omega)}{\cos^2\tfrac{1}{2}\omega\cos^2\tfrac{1}{2}(\omega+d\omega)}$$
$$= \frac{\sin 50''\sin 23°.27'.10}{\cos^2 11°.44'\cos^2 11°.43'.35''} = \frac{2\sin 50''\sin 11.43.35\cos 11.43.35}{\cos^2 11.44.\cos^2 11.43.35}$$
$$= \frac{2\sin 50''\tan 11°.43'.35''}{\cos^2 11°.44'} = \frac{2\sin 50''\tan\tfrac{1}{2}(\omega - d\omega)}{\cos^2\tfrac{1}{2}\omega}$$
$$= 2\sin\tfrac{1}{2}d\omega\tan\tfrac{1}{2}(\omega - d\omega) + 2\sin\tfrac{1}{2}d\omega\tan\tfrac{1}{2}(\omega - d\omega)\tan^2\tfrac{1}{2}\omega$$

$$\mathrm{tang}^4\tfrac{1}{2}\omega' - \mathrm{tang}^4\tfrac{1}{2}\omega = (\mathrm{tang}^2\tfrac{1}{2}\omega' + \mathrm{tang}^2\tfrac{1}{2}\omega)(\mathrm{tang}^2\tfrac{1}{2}\omega' - \mathrm{tang}^2\tfrac{1}{2}\omega)$$

$$= (\mathrm{tang}^2\tfrac{1}{2}\omega' + \mathrm{tang}^2\tfrac{1}{2}\omega).\frac{2\sin\tfrac{1}{2}d\omega\,\mathrm{tang}\tfrac{1}{2}(\omega - d\omega)}{\cos^2\tfrac{1}{2}\omega}$$

$$= \frac{4\sin\tfrac{1}{2}d\omega\,\mathrm{tang}^3\tfrac{1}{2}(\omega - d\omega)}{\cos^2\tfrac{1}{2}\omega}.$$

Ainsi le changement de la réduction, pour une diminution de 100″ dans l'obliquité, sera

$$21''.651\sin 2\odot - 1''.8656\sin 4\odot :$$

c'est à peu près la variation pour deux cents ans.

15. $\mathrm{Tang}\,\tfrac{1}{2}\omega' - \mathrm{tang}\,\tfrac{1}{2}\omega = \dfrac{\sin\tfrac{1}{2}(\omega' - \omega)}{\cos\tfrac{1}{2}\omega\cos\tfrac{1}{2}\omega'} = \dfrac{\sin\tfrac{1}{2}d\omega}{\cos\tfrac{1}{2}\omega\cos\tfrac{1}{2}(\omega - d\omega)}.$

Il est de plus aisé de voir que l'on a $\tfrac{2}{3}(\mathrm{tang}^3\tfrac{1}{2}\omega' - \mathrm{tang}^3\tfrac{1}{2}\omega)$

$$= \tfrac{2}{3}(\mathrm{tang}\,\tfrac{1}{2}\omega' - \mathrm{tang}\,\tfrac{1}{2}\omega)(\mathrm{tang}^2\tfrac{1}{2}\omega' + \mathrm{tang}^2\tfrac{1}{2}\omega + \mathrm{tang}\,\tfrac{1}{2}\omega\,\mathrm{tang}\,\tfrac{1}{2}\omega')$$

$$= \frac{3.2\sin\tfrac{1}{2}(\omega' - \omega)\,\mathrm{tang}^2\tfrac{1}{2}(\omega - \tfrac{1}{2}d\omega)}{3\cos\tfrac{1}{2}\omega\cos\tfrac{1}{2}\omega'} = \frac{2\sin 50''\,\mathrm{tang}^2\tfrac{1}{2}(d\omega)}{\cos^2\tfrac{1}{2}(\omega - \tfrac{1}{2}d\omega)} :$$

la variation de l'angle sera donc

$$\frac{2\sin\tfrac{1}{2}d\omega\cos\odot}{\cos\tfrac{1}{2}\omega\cos\tfrac{1}{2}(\omega - d\omega)} - \frac{3\sin\tfrac{1}{2}d\omega\,\mathrm{tang}^2\tfrac{1}{2}(\omega - \tfrac{1}{2}d\omega)\cos 3\odot}{\cos^2\tfrac{1}{2}(\omega - \tfrac{1}{2}d\omega)} + \frac{2\sin\tfrac{1}{2}d\omega\,\mathrm{tang}^4\tfrac{1}{2}\omega\cos 5\odot}{\cos^2\tfrac{1}{2}\omega}$$

$$104''.3087\cos\odot - 4''4938\cos 3\odot + 0''.1892\cos 5\odot - \text{etc.}$$

16. La série qui exprime D donne pour la variation d'obliquité

$$- d\omega\cos\omega\left(1 + \tfrac{3}{8}\sin^2\omega + \tfrac{75}{64}\sin^4\omega + \tfrac{175}{1024}\sin^6\omega\right)\sin\odot,$$

$$+ d\omega\cos\omega\left(\tfrac{1}{8}\sin^2\omega + \tfrac{15}{128}\sin^4\omega + \tfrac{105}{1024}\sin^6\omega\right)\sin 3\odot,$$

$$- d\omega\cos\omega\left(\tfrac{3}{128}\sin^4\omega + \tfrac{35}{1024}\sin^6\omega\right)\sin 5\odot$$

$$+ d\omega\cos\omega\left(\tfrac{5}{1024}\sin^6\omega\right)\sin 7\odot.$$

J'ai mis, pour abréger, ω au lieu de $(\omega - \tfrac{1}{2}d\omega)$: on aura ainsi

$$- 97''.80\sin\odot + 2''.13\sin 3\odot - 0''.066\sin 5\odot + 0''.005\sin 7\odot.$$

17. On ajoute encore une table de la différence des méridiens entre tous les lieux remarquables ; cette différence est exprimée en degrés et en tems : par là, on sait quelle est la constante qu'il faut ajouter aux époques, quand on veut faire servir les tables pour un méridien autre

que celui pour lequel elles sont calculées. Ainsi , supposons qu'on veuille faire servir nos tables du soleil qui sont calculées, pour le méridien de Paris , au méridien de Greenwich , qui est de 9′ 21″ de tems à l'occident de Paris. On dira : puisque Greenwich est à l'occident de Paris de 9′.21″, le soleil passe à son méridien 9′.21″ après avoir passé à celui de Paris.

Quand il est midi moyen à Greenwich , il est midi 9′.21″ à celui de Paris. Si je veux avoir la longitude moyenne du soleil pour midi de Greenwich, il faut chercher la longitude pour 0ʰ 9′21″ tems moyen à Paris : or en 9′ 21″ le soleil avance de 23″.1 ; ainsi un astronome de Greenwich, qui voudrait adapter à ses usages habituels les tables calculées pour Paris , ajouterait 23″.1 à toutes les longitudes moyennes du soleil.

Rigoureusement il faudrait faire une correction de même genre à la longitude du périgée ; mais le mouvement pour un jour étant à peine sensible, on peut négliger ce mouvement pour quelques minutes. On corrigerait ainsi toutes les quantités moyennes dont le mouvement peut être sensible dans l'intervalle de tems égal à la différence des méridiens.

18. On donne encore des tables de la correction du midi et du minuit conclu des hauteurs correspondantes. Nous avons vu (XIX.) les différentes formes qu'on peut donner à ces tables.

19. Une planète A , circulant autour du soleil , décrirait une ellipse , si elle n'éprouvait d'autre attraction que celle du soleil; mais s'il existe un autre corps qui puisse la déplacer d'une quantité AC (fig.34), la planète se trouvera hors de son orbite (*exorbitabit*, c'est de là qu'on a formé le mot *exorbitant*), elle sera en quelque point du cercle BCDEF. Supposons qu'elle soit en C , elle paraîtra déplacée de l'angle CSA , et l'on trouvera

$$\tan S = \frac{AC \sin A}{SA - AC \cos A} = \frac{\dfrac{AC}{SA} \sin A}{1 - \dfrac{AC}{SA} \cos A}$$

et

$$S = \left(\frac{AC}{SA}\right) \frac{\sin A}{\sin 1''} + \left(\frac{AC}{SA}\right)^2 \frac{\sin 2A}{\sin 2''} + \text{etc.}$$

La distance au soleil sera SC au lieu de SA et $SC = \dfrac{SA - AC \cos A}{\cos S}$, ou $SA\left(1 - \dfrac{AC}{SA} \cos A\right)$, car l'angle S est assez petit pour que son cosinus diffère très-peu de l'unité.

20. AC est proportionnel à la masse de la planète troublante : or on ne connaît pas les masses de toutes les planètes ; on n'a donc que l'angle A et les distances, c'est-à-dire, on ne connaît guère que la forme des équations de perturbation ; on est souvent encore obligé de déterminer les coefficiens par les observations.

Soit $\odot$ la longitude vraie du soleil, M la longitude moyenne,

$$\odot = \text{M} + \text{équation du centre} + \text{les différentes perturbations},$$
$$\odot = \text{M} + a \sin(\text{M}-\Psi) + \text{etc.} + \alpha \sin \text{A} + \beta \sin \text{B} + \gamma \sin \text{C} + \text{etc.}$$
$$d\odot = d\text{M} + da \sin(\text{M}-\Psi) + a \cos(\text{M}-\Psi) d(\text{M}-\Psi) + \alpha \sin \text{A} + \beta \sin \text{B}$$
$$+ \text{etc.}$$

L'observation, comparée au calcul, donne l'erreur $d\odot$ qui doit être égale à la somme des différentielles et des perturbations qui composent le second membre : toutes les différentielles ont un facteur tout connu ; il en est de même des perturbations.

On rassemblera autant d'observations qu'il y a d'inconnues, et l'élimination donnera la valeur des inconnues. Ainsi sept observations donraient sept inconnues ; mais si l'on prend 12 ou 1500 observations, on pourra réunir en une seule toutes les équations les plus propres à déterminer chacun des coefficiens, et l'on aura plus d'exactitude. C'est ainsi que j'ai déterminé les masses de la Lune, de Vénus et de Mars pour mes tables solaires. Il y a d'autres moyens pour connaître les masses de Jupiter, de Saturne, et généralement des planètes qui ont des satellites.

21. Remarquez que la planète, en vertu de la perturbation produite par une autre planète, décrira un épicycle dont le déférent sera l'orbite elliptique. En effet, la série (19) qui exprime la perturbation est la même que nous avons trouvée (XX. 23) ; mais l'épicycle nous donne aussi une correction AC cos A pour le rayon vecteur. Ainsi, pour trouver le coefficient AC, il suffit de multiplier par $\sin 1''$ le coefficient en secondes de l'inégalité trouvée par l'observation. J'ai trouvé que le coefficient de l'équation lunaire est $7''.5$, d'où résulte pour le rayon vecteur $7''.5 \sin 1'' = 0.00036361$, et ce terme est en effet dans mes tables ; mais cette manière de trouver l'équation du rayon vecteur n'en donnera quelquefois qu'une partie. Voyez pour l'expression complète l'exposition du Système du Monde de M. Laplace.

22. Un élément fort important des tables solaires, est l'obliquité de l'écliptique qui entre dans tous les calculs astronomiques. Nous avons déjà donné (XVII.15) les moyens de la déterminer à 1 ou 2″ près. Pour l'avoir avec toute l'exactitude que comporte l'état actuel de l'Astronomie, on l'observera avec soin vers les solstices au moyen du cercle répétiteur.

Le cas le plus simple serait celui où le solstice arriverait à midi ; alors il suffirait de prendre aux environs du méridien, dix ou douze distances du soleil au zénit avant le passage, et autant après. On en conclurait la distance zénitale qui aurait lieu à midi, par les formules que nous donnerons ci-après. La différence entre cette distance et la hauteur du pôle, dans l'une et l'autre saison, serait l'obliquité qui avait lieu ce jour-là ; car en une demi-heure que peuvent durer les observations, la longitude du soleil ne changerait guère que de $1'\frac{1}{4}$, et la déclinaison ne varierait pas de $0'',1$, elle serait constamment égale à l'obliquité même.

23. Mais même par ce moyen, on n'aurait encore que les observations d'un seul jour, et l'on aurait à craindre les variations inconnues des réfractions, jointes à l'erreur possible de l'observation. Pour diminuer autant que possible ces erreurs, on fait des observations pareilles les huit jours qui précèdent le solstice, et les huit jours qui le suivent. On a chaque jour la déclinaison qui avait lieu au passage par le méridien ; mais cette déclinaison est trop faible, elle a besoin d'une correction facile à calculer. Entre plusieurs manières on peut choisir la série suivante, comme la plus exacte et la plus sûre.

$$\sin D = \sin \omega \sin \odot = \sin \omega \cos u ,$$

en faisant

$$u = 90° - \odot \; ; \; \odot - 90°, \; 270° - \odot, \text{ ou enfin } \odot - 270°, \text{ suivant les cas.}$$

Soit $D = (\omega - x)$,

$$\frac{\sin (\omega - x)}{\sin \omega} = \frac{\sin \omega \cos x - \sin x \cos \omega}{\sin \omega} = \cos x - \sin x \cot \omega = \cos u ;$$

ou bien

$$1 - 2 \sin^2 \tfrac{1}{2} x - 2 \sin \tfrac{1}{2} x \cos \tfrac{1}{2} x \cot \omega = 1 - \frac{u^2}{2} + \frac{u^4}{2.3.4} - \frac{u^6}{2.3.4.5.6} + \text{etc.,}$$

et

$$2 \sin \tfrac{1}{2} x \cos \tfrac{1}{2} x + 2 \, \mathrm{tang}\, \omega \sin^2 \tfrac{1}{2} x = \mathrm{tang}\, \omega \left(\frac{u^2}{2} - \frac{u^4}{24} + \frac{u^6}{720} - \text{etc.} \right).$$

Comparant cette équation à celle que nous avons résolue (X. 226), nous aurons

$$a = \mathrm{tang}\, \omega \,, \quad b = \tfrac{1}{2} \, \mathrm{tang}\, \omega \left(\frac{u^2}{2} - \frac{u^4}{24} + \frac{u^6}{720} \right) = \mathrm{tang}\, \omega \sin^2 \tfrac{1}{2} u \,,$$

$$x = 2b - 2ab^2 + \tfrac{4}{3} b^3 + 4a^2 b^3 - (6a + 10a^3) b^4 + \text{etc.}$$
$$= 2 \, \mathrm{tang}\, \omega \sin^2 \tfrac{1}{2} u - 2 \, \mathrm{tang}^3 \omega \sin^4 \tfrac{1}{2} u + 4(\tfrac{1}{3} + \mathrm{tang}^2 \omega) \, \mathrm{tang}^3 \omega \sin^6 \tfrac{1}{2} u$$
$$- (6 \, \mathrm{tang}\, \omega + 10 \, \mathrm{tang}^3 \omega) \, \mathrm{tang}^4 \omega \sin^8 \tfrac{1}{2} u$$
$$+ (\tfrac{12}{5} + 24 \, \mathrm{tang}^2 \omega + 28 \, \mathrm{tang}^4 \omega) \, \mathrm{tang}^5 \omega \sin^{10} \tfrac{1}{2} u$$
$$= \mathrm{tang}\, \omega \left(\frac{u^2}{u} - \frac{u^4}{24} + \frac{u^6}{720} \right) - \tfrac{1}{2} \, \mathrm{tang}^3 \omega \left(\frac{u^4}{4} - \frac{u^6}{24} \right) + \tfrac{1}{16} \mathrm{tang}^3 \omega u^6 + \tfrac{1}{2} \mathrm{tang}^5 \omega \cdot u^6$$
$$= \tfrac{1}{2} \, \mathrm{tang}\, \omega \cdot u^2 - \tfrac{1}{24} \, \mathrm{tang}\, \omega \left(1 + 3 \, \mathrm{tang}^2 \omega \right) u^4$$
$$+ \tfrac{1}{720} \, \mathrm{tang}\, \omega \left(1 + 30 \, \mathrm{tang}^2 \omega + 45 \, \mathrm{tang}^4 \omega \right) u^6.$$

Dans cette formule, u et x sont exprimés en parties du rayon ; pour avoir x en secondes, il faudrait diviser tout le second membre par $\sin 1''$; ou bien il faudrait exprimer u en secondes, avec la précaution de multiplier u^n par $\sin^{n-1} 1''$. Mais supposons que nous voulions faire une table de x pour chaque dixaine de minutes, l'unité d'intervalle, au lieu d'être u, deviendra $10'.u = 600''.u$, et la formule sera

$$x = \frac{(600'')^2 \sin 1'' \, \mathrm{tang}\, \omega \cdot u^2}{2} - \frac{(600)^4 \sin^3 1'' \, \mathrm{tang}\, \omega}{24} \left(1 + 5 \, \mathrm{tang}^2 \omega \right) u^4$$
$$+ \frac{(600)^6 \sin^5 1'' \, \mathrm{tang}\, \omega}{720} \left(1 + 30 \, \mathrm{tang}^2 \omega + 45 \, \mathrm{tang}^4 \omega \right) u^6.$$

Supposons $\omega = 23° 28'$, nous aurons

$$x = 0''37884.19 \, u^2 - 0.00000.04181.662 \, u^4$$
$$+ 0''00000.00000.00621.7635 \, u^6 - \text{etc.},$$

série plus que suffisante pour les observations solsticiales jusqu'à $15°$ de distance du solstice ; le troisième terme est à peine de $\tfrac{1}{3}$ de seconde. Ainsi elle donnerait avec autant de facilité que de précision, les déclinaisons des points de l'écliptique depuis $75°$ jusqu'à $90°$. Rien n'empêcherait d'ailleurs d'ajouter les u^8, les u^{10} et jusqu'aux u^{14} par notre formule (X. 226).

Par cette disposition, u devient un nombre abstrait dont l'unité vaut

10′ de degré, et pour la construction de la table, il suffira de prendre pour u successivement tous les nombres naturels 1, 2, 3, 4, etc.

Pour tenir compte de la variation de l'écliptique, il suffira de prendre les différences, soit finies, soit infinitésimales de la série; mais il suffira d'en différentier le premier terme qui donnera

$$dx = \frac{\frac{1}{2}(600)^2 \sin 1'' u^2 \sin d\omega}{\cos^2 \omega} = \frac{x \cot \omega \sin d\omega}{\cos^2 \omega} = \frac{x \sin d\omega}{\sin \omega \cos \omega} = \frac{x \sin 1'' d\omega}{\sin \omega \cos \omega}$$
$$= \frac{x \sin 2'' d\omega}{\sin 2\omega} = 0''079577\, x,$$

en supposant $d\omega = 100''$, et x exprimé en minutes.

Les termes de la table de dix en dix minutes de distance au solstice, auraient d'abord pour seconde différence à peu près constante, le double du premier coefficient, ou $0''757608 38$, et le premier terme de la table sera $0''3788419$. Cette remarque donnerait déjà par de simples additions, les deux premiers degrés de la table; et l'on pourrait calculer le reste de degrés en degrés par la formule, et remplir les lacunes par interpolation, en conservant la même différence seconde. La colonne de variation pour $100''$ de diminution, se calculerait par la formule $0.00796\,x$. Les logarithmes constans pour la table seraient 9.5784580 pour le premier terme, 5.6213489 pour le second, et $-20 + 7.7936252$ pour le troisième.

C'est ainsi que j'ai calculé la Table (V) qu'on trouvera à la fin de ce Chapitre.

On aura donc ainsi chaque jour, avec la plus grande facilité et avec une précision bien supérieure à celle des meilleures observations, ce qu'il faut ajouter à la déclinaison observée à midi, pour en conclure l'obliquité. Les Ephémérides donnent la longitude, l'ascension droite et la déclinaison du soleil avec une précision plus que suffisante pour calculer une correction toujours fort petite.

24. Il nous reste à déterminer celles qu'exigent les distances zénitales observées un peu avant ou après le passage au méridien.

Le triangle ZPS donne

$$\cos ZS = \cos PZ \cos PS + \sin PZ \sin PS \cos P$$
$$\cos N = \sin H \sin D + \cos H \cos D \cos P$$
$$= \cos(H-D) - 2\sin^2\tfrac{1}{2}P \cos H \cos D$$
$$= \cos M - 2\cos H \cos D \sin^2\tfrac{1}{2}P$$
$$2\sin\tfrac{1}{2}(N-M)\sin\tfrac{1}{2}(N+M) = 2\cos H \cos D \sin^2\tfrac{1}{2}P\,;$$

$M = H - D$ est la distance méridienne au zénit ; ainsi $N - M = x$ est la correction que nous cherchons ; il en résulte $N = M + x$ et

$$2 \sin \tfrac{1}{2} x \, \sin \tfrac{1}{2} (M + M + x) = 2 \sin \tfrac{1}{2} x \, \sin (M + \tfrac{1}{2} x)$$
$$= 2 \sin \tfrac{1}{2} x \cos \tfrac{1}{2} x \sin M + 2 \sin^2 \tfrac{1}{2} x \cos M = 2 \cos H \cos D \sin^2 \tfrac{1}{2} P ,$$

et

$$2 \sin \tfrac{1}{2} x \cos \tfrac{1}{2} x + 2 \sin^2 \tfrac{1}{2} x \cot M = 2 \left(\frac{\cos H \cos D}{\sin M} \right) \sin^2 \tfrac{1}{2} P = 2 p \sin^2 \tfrac{1}{2} P .$$

Nous aurions pu éliminer $M = (N - x)$, et nous aurions eu

$$2 \sin \tfrac{1}{2} x \cos \tfrac{1}{2} x - 2 \sin^2 \tfrac{1}{2} x \cot N = 2 \left(\frac{\cos H \cos D}{\sin N} \right) \sin^2 \tfrac{1}{2} P .$$

Nous aurions pu nous arrêter à

$$2 \sin \tfrac{1}{2} x = \frac{2 \cos H \cos D \sin^2 \tfrac{1}{2} P}{\sin \tfrac{1}{2} (N + M)}$$

$$\text{ou} \quad x = \frac{2 \cos H \cos D \sin^2 \tfrac{1}{2} P}{\sin \tfrac{1}{2} (N + M) \sin 1''} .$$

Cette dernière formule serait même préférable si l'on n'avait qu'une seule réduction à calculer ; on ferait d'abord $x' = \dfrac{2 \cos H \cos D \sin^2 \tfrac{1}{2} P}{\sin M \sin 1''} = 2 p \sin^2 \tfrac{1}{2} P$, puis $x = \dfrac{2 \cos H \cos D \sin^2 \tfrac{1}{2} P}{\sin 1'' \sin (M + \tfrac{1}{2} x')}$, et dans ce second calcul, on n'aurait que peu de chose à changer au log de $\sin M$ pour le transformer en celui de $\sin (M + \tfrac{1}{2} x')$.

La seconde équation suppose N connu, et l'on ne connaît que la somme des N observés dans un même jour ; ainsi j'ai préféré la formule qui dépend de M, que l'on connaît toujours à quelques secondes près.

25. Si nous comparons cette formule à celle que nous avons donnée (X. 226), nous aurons

$$x = 2 b - 2 b^2 a + 4 (\tfrac{1}{3} + a^2) b^3 - \text{etc.}, \quad a = \cot M, \quad b = p \sin^2 \tfrac{1}{2} P ,$$

et partant,

$$x \sin 1'' = 2 p \sin^2 \tfrac{1}{2} P - 2 p^2 \cot M \sin^4 \tfrac{1}{2} P + 4 (\tfrac{1}{3} + \cot^2 M) p^3 \sin^3 \tfrac{1}{2} P - \text{etc.}$$

Ce dernier terme est presque toujours insensible, le second est même fort petit.

26. Quand on se propose de faire une longue suite d'observations d'une même étoile, par exemple, pour en conclure la hauteur du pôle, on n'a rien de mieux à faire que de construire sur cette formule une table où l'on prend à vue la correction dont on peut réunir tous les termes en un seul, parce qu'ils n'ont tous qu'une même variable, qui est l'angle polaire P. C'est le parti que j'ai pris dans la mesure de la méridienne, et j'ai donné les moyens d'abréger autant que possible le calcul de ces tables (voyez *Base de Système métrique*, tome II, page 241). Ces tables peuvent servir pendant une année entière, et même davantage, parce que les variations de la déclinaison sont fort petites. En effet, en différentiant la formule par rapport à D, j'ai prouvé (*ibid.*, page 202) que l'erreur $dx = \dfrac{d\mathrm{D} \sin x \cos \mathrm{H}}{\cos \mathrm{D} \sin (\mathrm{H} - \mathrm{D})}$.

L'effet de l'erreur qu'on peut commettre sur la latitude a pour expression $dx = \dfrac{- d\mathrm{H} \sin x \cos \mathrm{D}}{\cos \mathrm{H} \sin (\mathrm{H} - \mathrm{D})}$.

L'erreur provenant de l'angle horaire a pour valeur $dx = d\mathrm{P} \sin x \cot\frac{1}{2}\mathrm{P}$.

Les P sont de signe différent avant et après le passage au méridien ; ainsi quand on a un nombre égal d'observations avant et après le passage, et qu'elles sont sensiblement à la même distance du méridien, les erreurs de la pendule se compensent presque parfaitement.

27. Si c'est une planète qu'on observe, les variations de la déclinaison rendent impossible la construction d'une table particulière. Il faut autant de tables qu'il y a de variables dans la formule, c'est-à-dire deux pour chaque terme, et la moitié de ces tables ne peut même servir que pour une latitude donnée.

On fait donc une table pour $\left(\dfrac{2 \sin^2 \frac{1}{2}\mathrm{P}}{\sin 1''}\right)$, une pour $\dfrac{2 \sin 4\frac{1}{2}\mathrm{P}}{\sin 1''}$, une enfin pour $\dfrac{4 \sin^6 \frac{1}{2}\mathrm{P}}{\sin 1''}$; mais cette dernière est inutile, même pour le soleil; elle ne servirait que pour la lune. Ces premières tables sont générales.

On fait une table de $p = \dfrac{\cos \mathrm{H} \cos \mathrm{D}}{\sin (\mathrm{H} - \mathrm{D})}$; une autre de $\left(\dfrac{\cos \mathrm{H} \cos \mathrm{D}}{\sin (\mathrm{H} - \mathrm{D})}\right)^2 \cot (\mathrm{H} - \mathrm{D})$, et si l'on veut une troisième de $\left[\frac{1}{3} + \cot^2 (\mathrm{H} - \mathrm{D})\right] \left(\dfrac{\cos \mathrm{H} \cos \mathrm{D}}{\sin (\mathrm{H} - \mathrm{D})}\right)^3$.

Toutes ces tables sont très-faciles à construire. Nous les donnerons à la la fin du chapitre, avec un exemple pour en montrer l'usage. Pour chacune des observations, on prend dans les trois premières tables les trois nombres a, a', a'' qui ne dépendent que de l'angle horaire; ensuite,

avec

avec la déclinaison de l'astre pour l'instant du passage au méridien , on prend dans les trois autres tables les trois facteurs f, f', f'', et la correction x est alors

$$x = Af + A'f' + A''f'',$$

A, A', A'' étant les sommes des nombres a, a', a'' pris dans les tables.

Nous parlerons plus loin du changement de déclinaison dans l'intervalle des observations.

28. Quand ces facteurs varient lentement, au lieu de les donner en nombres , on en donne les logarithmes, ce qui facilite le calcul de x. Quand ils varient rapidement, comme auprès du zénit, quand $(H—D)$ est un arc fort petit, on ne peut donner que les nombres, et même alors les tables perdent tous leurs avantages ; d'ailleurs on n'observe guère les étoiles près du zénit, et les planètes n'en approchent jamais assez pour qu'on ait besoin de recourir aux nombres. Ainsi pour le soleil, pendant toute l'année, je m'en suis toujours tenu à l'usage des logarithmes pour f et f'. C'est ainsi que j'ai calculé mes observations des équinoxes et des deux solstices pour mes tables du soleil.

29. Voilà tout ce que j'ai imaginé de mieux pour faciliter des calculs qui reviennent si fréquemment dans l'usage de l'astronomie depuis que les cercles répétiteurs se sont multipliés. J'avais essayé de transformer la série ; mais il m'avait semblé qu'il n'y avait qu'à perdre à ces changemens , que les tables devenaient plus longues à construire, sans abréger le calcul des observations. M. Carlini en a jugé autrement ; je vais exposer les changemens qu'il a faits à ma formule, pour qu'on puisse choisir ce qu'on jugera plus avantageux.

On a généralement

$$\sin A = A - \frac{A^3}{1.2.3} + \frac{A^5}{1.2.3.4.5} - \text{etc. (X. 317).}$$

On en conclut

$$\sin^2 A = A^2 - \frac{A^4}{3} + \frac{2A^6}{45}$$

$$\sin^4 A = A^4 - \frac{2A^6}{3}$$

$$\sin^6 A = A^6$$

Soit $A = \frac{1}{2} P$, ma formule devient

$$x = -2p\,A^2 + \frac{2p A^4}{3} - \frac{4p A^6}{45}$$
$$+ 2 \cot M . p^2 A^4 - \frac{4 \cot M\, p^2 A^6}{135}$$
$$- 4\left(\tfrac{1}{3} + \cot^2 M\right) p^3 A^6$$
$$x = -2p\,.A^2 + 2\left(\tfrac{1}{3}p + p^2\cot M\right) A^4 - 4\left(\frac{p}{45} + \frac{p^2\cot M}{135} + \frac{p^3}{3} + p^3\cot^2 M\right) A^6.$$

Soit $A = \frac{1}{2} P = \left(\dfrac{15 \sin 1''}{2}\right)^2 a = (7,5 \sin 1'')\, a$; mettons cette valeur pour A dans notre formule

$$x \sin 1'' = -2\left(\frac{15 \sin 1''}{2}\right)^2 p\,.a^2 + 2\left(\tfrac{1}{3}p + p^2\cot M\right)\left(\frac{15 \sin 1''}{2}\right)^4 a^4$$
$$- 4\left(\frac{p}{45} + \frac{p^2 \cot M}{135} + \frac{p^3}{3} + p^3\cot^2 M\right)\left(\frac{15 \sin 1''}{2}\right)^6 a^6,$$
$$x = -2(7,5)^2 \sin 1'' \, p\,.a^2 + 2(7,5)^4 \sin^3 1''\left(\tfrac{1}{3}p + p^2\cot M\right) a^4$$
$$- 4\left(\frac{p}{45} + \frac{p^2 \cos M}{135} + \frac{p^3}{3} + p^3\cot^2 M\right)(7,5)^6 \sin^5 1'' \, a^6$$
$$= -0.0005454155 p a^2 + 0.00000.00000.00721.10 q\,.a^4$$
$$- 0.00000.00000.00000.00000.19068 r\,.a^6.$$

Pour diminuer ce nombre de zéros, je divise a par 1000, et l'équation devient

$$x = -545.4155 p \left(\frac{a}{1000}\right)^2 + 0.72110 q \left(\frac{a}{1000}\right)^4 - 0.00190688 r \left(\frac{a}{1000}\right)^6;$$

ou n'aura donc qu'à faire des tables de log de $545.4155 p$, $0.72110 q$, $0.00190688 r$; il suffira d'ajouter à ces log ceux de

$$\Sigma\left(\frac{a}{1000}\right)^2, \quad \Sigma\left(\frac{a}{1000}\right)^4, \quad \Sigma\left(\frac{a}{1000}\right)^6,$$

et l'on aura la correction. L'embarras est d'avoir les a^2, a^4, a^6 en nombres pour chaque observation.

M. Carlini a préféré d'exprimer les angles horaires en minutes et décimales. Pour retrouver sa formule, il suffit de multiplier le premier facteur par $(60)^2$, le second par $(60)^4$ et le troisième par $(60)^6$. Nous aurons ainsi, a étant le nombre de minutes de l'angle horaire,

$$x = -196.34948\, p\left(\frac{aa}{100}\right) + 0.09345456\left(\tfrac{1}{3}p + p\cot M\right)\left(\frac{aa}{100}\right)^2$$

$$-0.00008.8967\left(\frac{p}{45} + \frac{p^2\cot M}{3} + \frac{p^3}{3} + p^3\cot^2 M\right)\left(\frac{aa}{100}\right)^3.$$

M. Carlini a omis dans le troisième coefficient, le terme $\frac{p^3}{3}$, qui à la vérité est toujours insensible, p^3 ne peut valoir que par le facteur $\cot^2 M$; dans le premier terme, il a mis $1.9634648\,p.a^2$.

30. Si nous comparons cette formule à la mienne, nous verrons d'abord que les coefficiens étant beaucoup moins simples, la construction des tables en sera d'autant plus longue, que ces coefficiens étant plus forts, la série sera un peu moins convergente.

Ma formule suppose les tables des termes $\frac{2\sin^2\frac{1}{2}P}{\sin 1''}$, $\frac{2\sin^4\frac{1}{2}P}{\sin 1''}$, $\frac{4\sin^6\frac{1}{2}P}{\sin 1''}$; mais ils sont faciles à calculer; les tables seront toujours moins étendues.

La formule de M. Carlini suppose des tables des carrés et des cubes; il existe en effet de ces tables pour les mille premiers nombres et même pour les dix mille, mais ces tables sont rares et bien plus volumineuses que celle de mes trois sinus; les recherches y sont plus longues. En appliquant les trois manières au même exemple, il m'a paru que la première formule avait tout l'avantage.

31. Les tables $\frac{2\sin\frac{1}{2}P}{\sin 1''}$, etc. sont générales et servent, quelle que soit la déclinaison et la hauteur du pôle. Les tables des carrés et des cubes ont le même avantage.

Les tables des facteurs

$$\left(\frac{\cos H\cos D}{\sin(H-D)}\right),\quad \left(\frac{\cos H\cos D}{\sin(H-D)}\right)^2\cot(H-D),\quad \left(\tfrac{1}{3}+\cot(H-D)\right)\left(\frac{\cos H\cos D}{\sin(H-D)}\right)^3$$

ou de leurs logarithmes, ne peuvent servir que pour une seule hauteur du pôle. Ainsi tout astronome possesseur d'un cercle multiplicateur, doit se faire une table pour son usage particulier. Quand ces tables cessent d'être commodes, c'est-à-dire près du zénit où l'on n'observe guère, il n'en coûte pas beaucoup pour calculer mes trois coefficiens qui se déduisent facilement les uns des autres et qui sont sensiblement constans pour un même jour d'observations.

Cette remarque est vraie pour toutes les planètes, et même pour le soleil vers les solstices ; mais vers les équinoxes où le changement en déclinaison est d'environ 1′ par heure ou de 1″ par minute, on ne peut guère supposer la déclinaison constante et telle qu'elle est à midi, excepté dans le cas où les observations sont en même nombre et à même distance angulaire de part et d'autre du méridien. Quand le nombre est inégal ou que les angles horaires sont trop différens, on doit y appliquer une correction dont il faut trouver la formule.

52. Nous avons calculé la réduction en supposant l'astre en **A** à la distance polaire PA = (H—D) (fig. 35) ; nous aurions dû calculer en le supposant à la distance PB = (H—D′) = (H—D+dD) ; il en résulte pour chacune de nos réductions, une erreur (26)

$$dx = \frac{d\mathrm{D}\,\sin x\,\cos \mathrm{H}}{\cos \mathrm{D}\,\sin(\mathrm{H-D})} = \frac{d\mathrm{D}\,\sin x}{\sin(\mathrm{H-D})}\,\frac{\sin \mathrm{PZ}}{\sin \mathrm{PA}} = \frac{d\mathrm{D}\,\sin x}{\sin(\mathrm{H-D})}\,\frac{\sin \mathrm{A}}{\sin \mathrm{P}}$$

$$= \frac{2d\mathrm{D}\,\cos \mathrm{H}\,\cos \mathrm{H}\,\cos \mathrm{D}\,\sin^2\frac{1}{2}\mathrm{P}}{\cos \mathrm{D}\,\sin(\mathrm{H-D})\,\sin(\mathrm{H-D})} = \frac{2d\mathrm{D}\,\cos^2\mathrm{H}\,\sin^2\frac{1}{2}\mathrm{P}}{\sin^2(\mathrm{H-D})} = \frac{2d\mathrm{D}\,\cos^2\mathrm{H}\,\sin^2\frac{1}{2}\mathrm{P}\,\cos^2\frac{1}{2}\mathrm{P}}{\sin^2(\mathrm{H-D})\,\cos^2\frac{1}{2}\mathrm{P}}$$

$$= \frac{\frac{1}{2}d\mathrm{D}\,\cos^2\mathrm{H}\,\sin^2\mathrm{P}}{\sin^2(\mathrm{H-D})\,\cos^2\frac{1}{2}\mathrm{P}} = \frac{1}{2}d\mathrm{D}\left(\frac{\cos \mathrm{H}\,\sin \mathrm{P}}{\sin(\mathrm{H-D})}\right)^2 = \frac{1}{2}d\mathrm{D}\,\sin^2\mathrm{A}$$

toujours insensible, parce que A est toujours fort petit ; x sera donc exact.

33. Mais la distance zénitale que nous avons supposée ZA, était véritablement ZB. Menons BC perpendiculaire sur le prolongement de ZA, AC sera sensiblement = ZB — ZA ; or AC = AB cos A = dD cos A = dD, sans erreur sensible.

La distance observée était ZB. Soit x la réduction, la distance méridienne sera

$$\mathrm{ZB} - x = \mathrm{ZA} + d\mathrm{D} - x = \mathrm{H} - \mathrm{D} + d\mathrm{D} - x ;$$

ainsi, outre la réduction x, chacune de nos distances observées a besoin d'une correction dD. Soit δ le mouvement de déclinaison vers le pôle boréal en une minute de tems, $a\delta$ sera le mouvement pour l'angle a, exprimé en minutes de tems ; ainsi δ devra être multiplié par la somme des angles horaires. Mais ces angles changent de signe au passage par le méridien ; d'où résulte pour correction moyenne $+\dfrac{(\mathrm{E}-\mathrm{O})\,\delta}{n}$, E étant la somme des angles horaires à l'est, et O la somme des angles à l'ouest ;

en supposant, comme dans la figure, que l'astre monte vers le pôle boréal, $(E - O)\delta$ sera la correction de la somme des distances observées, $+\dfrac{(E - O)\delta}{n}$ sera la correction moyenne pour la moyenne entre toutes les distances observées. Si O était plus grand que E, ou si l'astre s'approchait du pôle austral, la correction serait de signe contraire, à moins que ces deux changemens n'eussent lieu tout à la fois. n est, comme on voit, le nombre des observations.

La correction due à la variation de déclinaison sera donc

$$+\frac{\delta}{n}\,(E - O),$$

formule qui suppose que l'astre s'approche du pôle boréal, ce qui a lieu pour le soleil, depuis le solstice d'hiver jusqu'au solstice d'été. Pendant les six autres mois, la correction aurait le signe —.

Le jour du solstice il se pourrait que δ changeât de signe pendant le cours des observations; mais δ serait si peu de chose, qu'on pourrait se dispenser de la correction.

34. Quand on a corrigé de cette manière la distance zénitale du soleil par une observation faite vers l'équinoxe, on en conclut la déclinaison du soleil. Or

$$\sin D = \omega \sin \odot, \quad \text{d'où} \quad \sin \odot = \frac{\sin D}{\sin \omega}.$$

La déclinaison étant petite, on a la longitude vraie du soleil avec exactitude, quand même on commettrait une petite erreur sur l'obliquité. On compare cette longitude vraie à celle des tables; la différence est l'erreur des tables, c'est-à-dire l'erreur de la longitude moyenne. Mais pour éluder ou diminuer les erreurs de l'observation, on observe ainsi le soleil pendant les dix jours qui précèdent et qui suivent l'équinoxe; on a donc quinze ou vingt fois l'erreur des tables du soleil : on prend la moyenne; on a donc l'erreur de la longitude moyenne des tables, indépendante de l'erreur qu'on a pu commettre sur l'obliquité. En effet, différentions la formule, nous aurons

$$d\odot = -\frac{d\omega \sin D \cos \omega}{\sin^2 \omega \cos \odot} = -\frac{d\omega \cot \omega \sin \omega \sin \odot}{\sin \omega \cos \odot} = -\,d\omega \cot \omega \,\tang \odot.$$

Or $\sin D$ et $\tang \odot$ changent de signe au passage par l'équateur; ainsi les erreurs seront de signe contraire et se compenseront presqu'entièrement.

Mais un équinoxe ne suffit pas ; car soit N la distance zénitale observée, $N = H - D$, on en conclut $D = H - N$; donc $dD = d(H - N)$. Mais $\sin \odot = \frac{\sin D}{\sin \omega}$; donc

$$d\odot = \frac{dD \cos D}{\sin \omega \cos \odot} = \frac{d(H-N)\cos D}{\sin \omega \cos \odot} = \frac{dH \cos D}{\sin \omega \cos \odot}.$$

Ainsi les longitudes tirées de l'observation sont affectées de l'erreur dH ; mais cette erreur est divisée par $\cos \odot$. Or à l'équinoxe suivant, la longitude sera devenue $(180° + \odot)$, le cosinus et l'effet de l'erreur changeront de signe, et comme dH sera le même de part et d'autre, les deux erreurs se compenseront. La différence des deux erreurs sera $\frac{2dH \cos D}{\sin \omega}$ $= \frac{2dH}{\sin \omega}$ à fort peu près, ou $dH = \frac{1}{2} d\odot \sin \omega$.

35. Ayant ainsi comparé quatre équinoxes, deux d'automne et deux de printems, j'ai trouvé que les longitudes moyennes que j'avais établies par d'autres moyens, n'avaient pas besoin de correction qui allât à $1''$, et j'en conclus que ma latitude était connue aussi bien que je pusse le desirer, puisque dH était plus petit que $\frac{1}{2}'' \sin \omega$, ou $0'',2$.

Ce n'est pas tout encore ; les longitudes moyennes étant bien connues, les élémens elliptiques et les perturbations bien vérifiées d'ailleurs, les longitudes vraies sont également bonnes, ainsi que les ascensions droites, puisque l'obliquité est vérifiée.

Avec les ascensions droites du soleil, on peut vérifier les ascensions droites des étoiles auxquelles on a comparé le soleil vers les mêmes équinoxes ; et avec les ascensions droites de ces étoiles, on peut avoir celles de toutes les autres en les comparant chacune à leur tour avec les étoiles bien connues, à leurs passages au méridien.

36. Cette méthode est encore indépendante des réfractions. Les réfractions peuvent causer une erreur dN sur la distance au zénit. Cette erreur revient la même à l'équinoxe suivant ; comme l'erreur dH, elle est divisée par $\cos \odot$; elle change de signe, et il se produit une compensation : nouvelle raison pour réunir les équinoxes d'automne à ceux du printems.

C'est ainsi qu'en variant les procédés et les vérifiant les uns par les autres, nous avons pu, à force d'essais et de travail, amener les tables solaires et les réfractions à l'exactitude dont elles jouissent maintenant. Mais pour que cette précision des tables soit durable, il faut une connaissance exacte du mouvement moyen. Pour avoir ce mouvement, j'ai déterminé l'époque de la longitude moyenne en 1802 et en 1752, séparément. Pour cette seconde détermination, je me suis servi de sept cents observations de Bradley, que j'ai calculées avec soin. La comparaison des deux époques m'a donné le mouvement en 50 ans, d'où j'ai conclu celui de cent ans, tel qu'il est dans les tables.

37. Mais ce mouvement est un mouvement rapporté à l'équinoxe mobile; il renferme la précession des équinoxes. Si la précession est de 50″,1 par an, nous connaîtrons le mouvement sidéral du soleil; mais s'il existe encore une petite incertitude sur cet élément, la même incertitude aura lieu sur le mouvement sidéral du soleil et sur tous les mouvemens des planètes qu'on en déduirait par la loi de Képler; ou si l'on observait ces mouvemens, l'incertitude tomberait sur les grands axes des ellipses planétaires. Il est donc possible qu'il y ait une petite erreur sur le mouvement séculaire du soleil. Nos successeurs éclairciront ce point; en attendant, ce qui peut nous rassurer, c'est qu'ayant déterminé la précession par les étoiles observées à 40 ou 50 ans d'intervalle, j'ai trouvé la même correction pour la précession et pour le mouvement tropique du soleil. Le mouvement séculaire bien déterminé, on en conclut la durée moyenne de l'année; je dis moyenne, car les inégalités planétaires, le mouvement de l'apogée qui fait que l'équation du centre n'est jamais la même à deux équinoxes de suite, font que l'année vraie peut être un peu plus longue ou plus courte.

Différentes espèces d'années.

38. Pendant long-tems les astronomes ont déterminé la longueur de l'année par la comparaison des équinoxes. Mais pour avoir de cette manière la longueur de l'année moyenne, il faudrait que dans les équinoxes comparés, l'équation du centre et les équations planétaires fussent exactement les mêmes, ce qui est impossible, puisque l'excentricité est variable, que l'apogée change continuellement de place, et que les perturbations dépendent d'argumens qui n'ont pas une période annuelle.

On peut à la vérité tenir compte de toutes ces différences, et en corriger l'intervalle entre les deux observations. On trouve un exemple de ces calculs dans l'Astronomie de Lalande ; mais j'ai suivi une autre route qui conduit au même but avec plus de certitude et de facilité.

39. Par les équations de condition dont j'ai donné une idée (20), on détermine deux époques de longitude moyenne, les plus distantes que l'on peut. Supposons que l'intervalle soit de cent ans, la comparaison donne le mouvement pour cent ans, ou 36525 jours.

Au lieu de chercher séparément les deux époques, on peut introduire dans les équations de condition une indéterminée qui sera la correction du mouvement annuel ou séculaire à volonté.

Par la première de ces deux méthodes, j'ai trouvé qu'en 36525 jours le soleil décrit $1200^s.0^\circ.45'.45''$; par des calculs antérieurs, j'avais trouvé $1200^s.0^\circ.45'.54''$; La Caille, $1200^s.0^\circ.45'.55'',6$; Mayer, $1200^s.0^\circ.46'.25''$; Lalande, $1200^s.0^\circ.46'.0''$. Ces derniers mouvemens sont certainement trop forts ; celui que j'ai trouvé en dernier lieu pourrait être trop faible de quelques secondes, mais c'est celui qui m'a paru s'accorder mieux avec les observations de Bradley, celles de Maskelyne et les miennes ; ainsi je m'y tiens pour le présent, sans assurer qu'il n'ait pas besoin d'une légère correction. M. de Zach, dans ses dernières tables solaires, fait le mouvement séculaire de $3''$ plus fort que moi, et c'est presque la seule différence qui se trouve entre nos tables. Il n'a pas dit d'après quelles observations il s'était déterminé.

Pour déduire de ces mouvemens la longueur de l'année, je dis :

$$1200^s.0^\circ.45'.45'' : 1200^s :: 36525^j : 36525 - x,$$

$36525 - x$ sera le nombre de jours contenus dans cent années moyennes :

$$36525 - x = \frac{36525 \times 1200^s}{1200^s.0^\circ.45'.45''} ; \quad x = \frac{36525 \times 1200^s.0^\circ.45'.45'' - 36525 \times 1200^s}{1200^s.0^\circ.45'.45''}$$

$$= \frac{36525 \times 45'.45''}{1200^s.0^\circ.45'\,45''} = \frac{36525 \times 2745''}{129^s02745''} = \frac{36525 \times 549}{25920549} = \frac{36525 \times 61}{2880061}$$

$$= \frac{8912100}{11520244} = 0.773603406316.$$

Cent années moyennes valent donc $36524^j,226396593684$, et l'année sera de $365^j,242264$ à fort peu près, ou de $365^s.5^h.48'.51'',6$. Chaque
seconde

seconde de plus sur le mouvement séculaire diminuerait l'année de
0″2435 environ ; ainsi, d'après M. de Zach, l'année serait de 365ʲ.5ʰ
48.50″,9, presque ; suivant mes anciennes recherches, on n'aurait que
49″,4 ; suivant La Caille, 49″, et suivant Lalande, 47″,95.

40. Telle serait donc l'année qu'on devrait appeler équinoxiale, et
que par un ancien usage on nomme tropique, parce que les premiers
astronomes l'avaient conclue du retour du soleil au même tropique.

41. La fraction de jour est assez incommode ; quand elle était
moins connue, on l'avait estimée de 6ʰ en nombre rond. Hipparque
cependant en retranchait déjà un $\frac{1}{300}$ de jour, et la réduisait à 5ʰ.55′.12″ ;
ce qui n'empêcha pas que Jules-César, en réformant le calendrier, ne
la supposât de 6ʰ. Ainsi, dans le calendrier Julien, l'année était de
365 $\frac{1}{4}$; on faisait alternativement trois années de 365 jours, et une de
366 qu'on appelait bissextile (Voyez le chapitre du calendrier). Cette
année, la plus commode de toutes, avait pourtant un léger inconvénient ;
c'est que le jour de l'équinoxe devait répondre successivement à tous
les jours de l'année, en rétrogradant.

42. Pour corriger ce défaut et rendre l'équinoxe plus stable, on
supprime le jour intercalaire dans les années séculaires trois fois de
suite, et la quatrième seule compte 366 jours : par là 400 ans, au
lieu de valoir 146100 jours, n'en valent que 146097, ce qui suppose
une année de 365ʲ,2425, ou de 365ʲ.5ʰ.49′.12″, c'est-à-dire trop longue
de 20″ presque ; mais cette erreur ne peut déplacer l'équinoxe que d'un
jour en 4320 ans. On la réduirait presqu'à rien en supprimant une bissextile tous les 4000 ans. Cette année, qui s'appelle Grégorienne, est
adoptée aujourd'hui par toutes les nations civilisées de l'Europe, à l'exception de la Russie, qui a conservé l'année Julienne.

43. Nos tables sont calculées sur l'année Grégorienne, laquelle étant
de 365 jours dans les années communes et de 366 pour les années
bissextiles, fait que l'époque du soleil change tous les ans.

Hipparque fixait l'époque et le commencement du jour et de l'année
à minuit, c'est encore l'usage de presque tous les peuples de l'Europe.
Ptolémée imagina de commencer le jour à midi, et il a été imité par
tous les astronomes. Ainsi l'on distingue le jour astronomique, qui est
de 24 heures vraies depuis un midi jusqu'au midi suivant ; et le jour

civil, composé de deux fois douze heures comptées, les premières de minuit à midi, et les autres de midi à minuit.

Pour un observateur, il est un peu plus commode de compter de midi. Le passage du soleil au méridien est un phénomène qui sépare naturellement un jour d'avec le suivant; au lieu que rien n'indiquant minuit quand on a observé pendant une nuit entière à l'horloge sidérale, il faut un calcul pour la séparation des jours. C'est pour midi et non pour minuit que les Ephémérides doivent donner les calculs du soleil; c'est de midi que l'on compte les arcs semi-diurnes qui servent à déterminer les levers et les couchers des astres. Malgré ces motifs, le Bureau des Longitudes a pris un arrêté pour bannir de ses ouvrages le tems astronomique, et pour donner toutes ses annonces en tems civil, à la réserve que nous comptons 24 heures de suite; mais il n'est pas certain que le tems astronomique soit véritablement banni des observatoires de Paris.

44. Nos tables sont nécessairement assujéties au tems moyen; Lalande en conséquence avait proposé de bannir entièrement l'usage du tems vrai, que quelques astronomes appellent tems *apparent*. Il desirait que toutes les horloges publiques indiquassent le tems moyen, afin que les particuliers eussent plus de facilité à régler leurs horloges et leurs montres : mais pour ce changement qui rendrait inutiles tous les cadrans, il eût fallu charger le Bureau des longitudes de régler toutes les horloges publiques de Paris, ou placer dans chaque clocher une lunette méridienne avec une table de l'équation du tems, ou au moins tracer contre un mur voisin une méridienne du tems moyen. Ces méridiennes sont rares et difficiles à décrire avec exactitude; au bout de 100 ans, elles peuvent être en erreur d'un quart de minute. Le tems vrai est le seul qu'on puisse observer; il continuera sans doute toujours de régler les horloges publiques, et surtout celles des particuliers qui n'ont pas besoin de tant de précision. Le tems vrai, avec l'équation du tems, servira à tous ceux qui veulent régler exactement leurs pendules sur le tems moyen. L'astronome n'emploiera que le tems sidéral qu'il saura convertir en tems moyen ou vrai, selon les circonstances : chacune des trois méthodes a ses avantages et ses inconvéniens. Le midi moyen n'est pas le milieu du jour, les arcs semi-diurnes seraient l'un augmenté et l'autre diminué de l'équation du tems; le lever dn soleil, joint au coucher, fait constamment une somme de 12^h plus ou moins une mi-

nute ; la somme deviendrait 12ʰ, plus ou moins le double de l'équation du tems : en bannissant le tems vrai, on ne ferait que rendre l'équation du tems plus nécessaire. La réforme proposée avait donc beaucoup plus d'inconvéniens que d'avantages.

45. Sans le mouvement de l'apogée et les perturbations, l'année moyenne serait toujours de même longueur et égale à l'année vraie ; les perturbations, comme nous l'avons dit au chapitre du tems moyen, ont des périodes assez courtes ; mais le changement de l'équation du centre est une cause plus durable qui rendra long-tems l'année vraie plus courte que la moyenne ; la différence est aujourd'hui de 12″ environ ; par un milieu entre les quatre cents ans qui commencent à 1800, j'ai trouvé la différence de 15″,2. Ainsi, en négligeant les perturbations planétaires, l'année, pendant quatre siècles, ne serait que de 365ⁱ 5ʰ 48′ 37″. Voyez la Connaissance des Tems pour 1799 (an VII), page 318.

46. L'année tropique n'est pas la seule dont se servent les astronomes. La seconde loi de Képler, celle qui fait que les carrés des tems sont comme les cubes des distances, suppose la révolution entière du soleil, c'est-à-dire un cercle entier de 360°. L'arc parcouru par le soleil moyen, dans une année tropique, n'est que de 359° 59′ 9″,9, puisque la rétrogradation des points équinoxiaux est de 50″,1 ; l'année sidérale , qui ramène le soleil à la même étoile, est donc plus longue qne l'année tropique. Nommons S et T ces deux sortes d'années, nous aurons

$$360° - 50″,1 : 360° :: T : S = \frac{360°.T}{360° - 50″,1} = \frac{T}{1 - \frac{50″,1}{1296000}}$$

$$= T\left(1 + \left(\frac{501}{12960000}\right) + \left(\frac{501}{12960000}\right)^2 + \text{etc.}\right);$$

$$S - T = T\left(\frac{501}{12960000} + \left(\frac{501}{12960000}\right)^2 + \text{etc.}\right)$$

$$= \left(\frac{T.501}{12960000}\right)\left(1 + \frac{501}{12960000} + \text{etc.}\right)$$

$$= \frac{aT}{1 - aT} = T(a + a^2 + a^3 + \text{etc.}) = 20′ 19″,9;$$

$$T = 365.5.48\ 51\ ,6$$
$$S = 365.6.\ 9.11\ ,5.$$

L'année sidérale excède donc de 20′ 20″ l'année tropique moyenne, et de $9'$ $12''$ l'année julienne; elle sera $365^j,256384$; elle sert à calculer les révolutions des autres planètes par la loi de Képler.

47. Nous avons encore parlé d'une autre espèce d'année qu'on nomme *anomalistique*, parce qu'elle est une révolution entière de l'anomalie. Elle est encore plus longue que la révolution sidérale, puisque l'apogée ou le grand axe de l'ellipse terrestre a un mouvement propre de $11'',8$, selon l'ordre des signes, ensorte que pour rejoindre l'apogée, la terre doit décrire $360°$ $0'$ $11'',8$.

Soit $a = \dfrac{11'',8}{1296000} = \dfrac{118}{12960000}$, M l'année anomalistique.

$$\mathrm{M} - \mathrm{S} = \mathrm{M}\,(a + a^2 + a^3 + a^4 + \text{etc.}) = 0.003325 = 4'\;47'',53\,;$$

ainsi l'année anomalistique sera de $365^j,259709 = 365^j\;6^h\;13'\;58'',8$.

Nous pouvons la déduire directement de l'année tropique, en disant :

$$360° - 50'',1 : 360°\;0'\;11'',8 :: \mathrm{T} : \mathrm{M}\,;$$

d'où

$$\mathrm{M} - \mathrm{T} = \frac{61'',9 \cdot \mathrm{T}}{360° - 50'',1} = \frac{\mathrm{T}\cdot\left(\dfrac{619''}{12960000}\right)}{1 - \left(\dfrac{501}{12960000}\right)} = \frac{b\mathrm{T}}{1-a} = b\mathrm{T} + ab\mathrm{T} + a^2 b\mathrm{T} + \text{etc.}$$

$$= 25'\;7'',2\,;$$

et $\mathrm{M} = 365^j\;6^h\;13'\;58'',8$, comme ci-dessus.

L'année anomalistique est celle qu'il faut employer pour trouver le lieu de l'apogée par la méthode de La Caille (XXI. 245); c'est cette révolution que nous avons désignée par R ; ainsi, dans notre formule, $\frac{1}{2}\mathrm{R} = 182°\;15^h\;6'\;59'',4 = 182^j,62985$.

48. La terre compte encore diverses années synodiques, c'est-à-dire, qui la ramènent à une même longitude avec chacune des planètes qui circulent comme elle autour du soleil.

Soit M le mouvement de la terre en une année sidérale de $365^j,256384$, m le mouvement moyen de la planète dans le même tems; $\mathrm{M}-m$ sera le mouvement relatif de la terre à la planète; c'est en vertu de ce mouvement que la terre pourra rejoindre la planète, dont elle ne tardera pas à se séparer ensuite. Nous dirons :

$$\mathrm{M} - m : 360° :: \mathrm{A} : a = \frac{\mathrm{A}\cdot 360°}{\mathrm{M} - m} = \frac{\mathrm{A}}{1 - \dfrac{m}{360°}},$$

A étant l'année sidérale de la terre, et a son année synodique pour la planète m.

Mais, suivant la loi de Képler, $M : m :: r^{\frac{3}{2}} : 1$; donc $m = \dfrac{M}{r^{\frac{3}{2}}} = \dfrac{360^\circ}{r^{\frac{3}{2}}}$,

et $\dfrac{m}{360^\circ} = \dfrac{1}{r^{\frac{3}{2}}} = r^{-\frac{3}{2}}$; donc $a = \dfrac{A}{1 - r^{-\frac{3}{2}}} = \dfrac{365^j,256384}{1 - r^{-\frac{3}{2}}}$; r est, comme on

voit, le demi-grand axe de la planète, et $r = \left(\dfrac{a}{a - A}\right)^{\frac{2}{3}}$.

Si $1 - r^{-\frac{3}{2}}$ est une quantité négative, c'est-à-dire, si $1 > r$, ce qui a lieu pour Mercure et Vénus, le mouvement synodique sera négatif; ce sera à force de rester en arrière, que la terre se trouvera avec la planète, sur une ligne droite qui passera par le centre du soleil.

Si $r > 1$, la terre ira plus vîte que la planète et la rejoindra par cet excès de mouvement.

Si $1 - r^{-\frac{3}{2}}$ est une fraction, l'année synodique surpassera l'année sidérale A. Plus r sera grand, plus l'année synodique se rapprochera de l'année sidérale de la terre.

Mettez pour chaque planète la valeur de r dans la formule, vous aurez les quantités suivantes, que nous donnons ici d'avance.

Années synodiques des différentes planètes.

PLANÉTES.	r	a
☿	0.38710	$115^j,877$
♀	0.7233324	583.920
♂	1.5236927	779.936
⚳	2.6......	479.672
♃	5.202792	398.867
♄	9.5387705	378.090
♅	19.183305	369.656

Je n'ai donné qu'à peu près l'année synodique de Cérès, qui diffère peu de celles des trois autres petites planètes, dont les demi-axes ne sont pas irrévocablement déterminés. Les quatre années synodiques sont entre 470 et 490 jours.

TABLE I.

Réduction au méridien pour les observations faites au cercle multiplicateur,

1ère Partie a.   Argument angle horaire en tems.

Sec.	0′	1′	2′	3′	4′	5′	6′	7′	8′	9′	10′	11′	12′	13′	14′
0	0″00	1″96	7″85	17″67	31″41	49″00	70″68	96″20	125″65	159″02	196″32	237″54	282″68	331″74	384″73
1	0.00	2.03	7.99	17.87	31.68	49.41	71.07	96.66	126.17	159.61	196.97	238.26	283.46	332.59	385.64
2	0.00	2.10	8.12	18.07	31.94	49.74	71.47	97.12	126.70	160.20	197.63	238.98	284.25	333.44	386.56
3	0.00	2.16	8.25	18.27	32.21	50.07	71.86	97.58	127.23	160.79	198.29	239.70	285.04	334.30	387.48
4	0.01	2.23	8.39	18.47	32.47	50.40	72.26	98.04	127.75	161.30	198.95	240.42	285.83	335.15	388.40
5	0.01	2.30	8.52	18.67	32.74	50.74	72.66	98.54	128.28	161.98	199.61	241.15	286.62	336.01	389.32
6	0.02	2.38	8.66	18.87	33.01	51.07	73.06	98.97	128.81	162.58	200.26	241.87	287.41	336.86	390.24
7	0.03	2.45	8.80	19.07	33.27	51.40	73.46	99.41	129.34	163.17	200.93	242.61	288.20	337.72	391.16
8	0.03	2.52	8.94	19.28	33.53	51.74	73.86	99.90	129.87	163.77	201.59	243.33	288.99	338.58	392.09
9	0.04	2.60	9.08	19.48	33.81	52.07	74.20	100.37	130.41	164.37	202.25	244.06	289.79	339.44	393.01
10	0.05	2.67	9.22	19.69	34.09	52.41	74.66	100.84	130.94	164.97	202.92	244.79	290.58	340.30	393.94
11	0.07	2.75	9.36	19.90	34.36	52.75	75.07	101.31	131.48	165.57	203.58	245.52	291.38	341.16	394.86
12	0.08	2.83	9.50	20.11	34.64	53.09	75.47	101.78	132.01	166.17	204.25	246.25	292.18	342.02	395.79
13	0.09	2.91	9.65	20.32	34.91	53.43	75.88	102.25	132.55	166.77	204.92	246.99	292.98	342.89	396.72
14	0.11	2.99	9.79	20.53	35.19	53.77	76.29	102.72	133.09	167.37	205.59	247.72	293.78	343.75	397.65
15	0.12	3.07	9.94	20.74	35.49	54.12	76.70	103.20	133.63	167.98	206.26	248.46	294.58	344.62	398.58
16	0.14	3.15	10.09	20.95	35.74	54.46	77.10	103.67	134.17	168.58	206.93	249.19	295.38	345.49	399.52
17	0.16	3.23	10.24	21.17	36.02	54.81	77.51	104.15	134.71	169.19	207.60	249.93	296.18	346.36	400.46
18	0.18	3.32	10.39	21.38	36.30	55.15	77.92	104.63	135.25	169.80	208.27	250.67	296.99	347.23	401.39
19	0.20	3.40	10.54	21.60	36.59	55.50	78.34	105.10	135.79	170.41	208.95	251.41	297.79	348.10	402.32
20	0.22	3.49	10.69	21.82	36.87	55.85	78.75	105.58	136.34	171.02	209.62	252.15	298.60	348.97	403.26
21	0.24	3.58	10.84	22.03	37.15	56.20	79.17	106.06	136.88	171.63	210.30	252.89	299.40	349.84	404.20
22	0.26	3.67	11.00	22.25	37.44	56.55	79.58	106.55	137.43	172.24	210.98	253.63	300.21	350.71	405.14
23	0.29	3.76	11.15	22.48	37.72	56.90	80.00	107.03	137.98	172.86	211.66	254.38	301.02	351.59	406.08
24	0.31	3.85	11.31	22.70	38.01	57.25	80.42	107.51	138.53	173.47	212.34	255.12	301.83	352.46	407.02
25	0.34	3.94	11.47	22.92	38.31	57.61	80.84	108.00	139.08	174.09	213.02	255.87	302.65	353.34	407.96
26	0.37	4.03	11.63	23.14	38.59	57.96	81.26	108.48	139.63	174.70	213.70	256.62	303.46	354.22	408.90
27	0.40	4.13	11.79	23.37	38.88	58.32	81.68	108.97	140.18	175.32	214.38	257.37	304.27	355.10	409.85
28	0.43	4.22	11.95	23.60	39.17	58.68	82.10	109.46	140.74	175.94	215.07	258.12	305.09	355.98	410.79
29	0.46	4.32	12.11	23.82	39.47	59.03	82.53	109.95	141.29	176.56	215.75	258.87	305.90	356.86	411.74
30	0.49	4.42	12.27	24.05	39.76	59.39	82.95	110.44	141.85	177.18	216.44	259.62	306.72	357.74	412.69
31	0.52	4.52	12.44	24.28	40.05	59.76	83.38	110.93	142.40	177.80	217.12	260.37	307.54	358.63	413.64
32	0.56	4.62	12.60	24.51	40.35	60.15	83.81	111.42	142.96	178.42	217.81	261.12	308.36	359.51	414.59
33	0.59	4.72	12.77	24.74	40.65	60.48	84.23	111.91	143.52	179.05	218.50	261.88	309.18	360.40	415.54
34	0.63	4.82	12.94	24.98	40.95	60.84	84.66	112.41	144.08	179.68	219.19	262.64	310.00	361.28	416.49
35	0.67	4.92	13.10	25.21	41.25	61.21	85.09	112.90	144.64	180.30	219.89	263.39	310.82	362.17	417.44
36	0.71	5.03	13.27	25.45	41.55	61.57	85.52	113.40	145.20	180.93	220.58	264.15	311.65	363.06	418.40
37	0.75	5.13	13.44	25.68	41.85	61.94	85.96	113.90	145.77	181.56	221.27	264.91	312.47	363.95	419.35
38	0.79	5.24	13.62	25.92	42.15	62.31	86.39	114.40	146.33	182.19	221.97	265.67	313.30	364.84	420.31
39	0.83	5.35	13.79	26.16	42.45	62.68	86.82	114.90	146.90	182.82	222.66	266.43	314.12	365.74	421.27
40	0.87	5.45	13.96	26.40	42.76	63.05	87.26	115.40	147.46	183.45	223.36	267.20	314.95	366.63	422.23
41	0.92	5.56	14.14	26.64	43.06	63.42	87.70	115.90	148.03	184.09	224.06	267.96	315.78	367.52	423.19
42	0.96	5.67	14.31	26.88	43.37	63.79	88.13	116.40	148.60	184.72	224.76	268.72	316.61	368.42	424.15
43	1.01	5.79	14.49	27.12	43.68	64.16	88.57	116.91	149.17	185.35	225.46	269.49	317.44	369.32	425.11
44	1.06	5.90	14.67	27.37	43.99	64.54	89.01	117.41	149.74	185.99	226.16	270.26	318.27	370.21	426.07
45	1.10	6.01	14.85	27.61	44.30	64.91	89.46	117.92	150.31	186.63	226.86	271.03	319.11	371.11	427.04
46	1.15	6.13	15.03	27.86	44.61	65.29	89.90	118.43	150.88	187.27	227.57	271.79	319.94	372.01	428.00
47	1.20	6.24	15.21	28.10	44.92	65.67	90.34	118.94	151.46	187.91	228.27	272.57	320.78	372.91	428.97
48	1.26	6.36	15.39	28.35	45.24	66.05	90.79	119.45	152.03	188.55	228.98	273.34	321.62	373.81	429.93
49	1.31	6.48	15.58	28.60	45.55	66.43	91.23	119.96	152.61	189.19	229.69	274.11	322.45	374.72	430.90
50	1.36	6.60	15.76	28.85	45.87	66.81	91.68	120.47	153.19	189.83	230.40	274.88	323.29	375.62	431.87
51	1.42	6.72	15.95	29.10	46.18	67.19	92.13	120.98	153.77	190.47	231.11	275.66	324.13	376.53	432.84
52	1.48	6.84	16.14	29.36	46.50	67.58	92.57	121.50	154.35	191.12	231.81	276.43	324.97	377.43	433.82
53	1.53	6.96	16.32	29.61	46.82	67.96	93.02	122.01	154.93	191.76	232.53	277.21	325.82	378.34	434.79
54	1.59	7.09	16.51	29.86	47.14	68.35	93.47	122.53	155.51	192.41	233.24	277.99	326.66	379.25	435.76
55	1.65	7.21	16.70	30.12	47.46	68.73	93.95	123.05	156.09	193.06	233.95	278.77	327.50	380.16	436.74
56	1.71	7.34	16.89	30.38	47.79	69.12	94.38	123.57	156.68	193.71	234.67	279.55	328.35	381.07	437.71
57	1.77	7.47	17.08	30.64	48.11	69.51	94.83	124.09	157.26	194.36	235.38	280.33	329.20	381.98	438.69
58	1.83	7.59	17.28	30.89	48.43	69.90	95.29	124.61	157.85	195.02	236.10	281.11	330.04	382.90	439.67
59	1.90	7.72	17.48	31.15	48.76	70.29	95.75	125.13	158.43	195.67	236.82	281.89	330.89	383.81	440.65

TABLE II.

Angle horaire.	a'	Diff.	Angle horaire.	a'	Diff.
[illegible]	0″0000	+ 1	10′ 50″	0″1287	+ 81
[illegible]	0.0001	7	11. 0	0.1368	85
[illegible]	0.0008	16	10	0.1453	89
[illegible]	0 0024	35	20	0.1542	93
[illegible]	0.0059	8	30	0.1635	97
[illegible]	0.0067	9	40	0.1732	101
[illegible]	0.0076	10	50	0.1833	105
[illegible]	0.0086	10	12. 0	0.1938	109
[illegible]	0.0096	12	10	0.2047	114
[illegible]	0.0108	13	20	0.2161	120
[illegible]	0.0121	14	30	0.2281	124
[illegible]	0.0135	15	40	0.2405	129
[illegible]	0.0150	17	50	0.2534	134
[illegible]	0 0167	18	13. 0	0.2668	139
[illegible]	0.0185	19	10	0.2807	145
[illegible]	0.0204	20	20	0.2952	150
[illegible]	0.0224	22	30	0.3102	156
[illegible]	0.0246	24	40	0.3258	162
[illegible]	0.0270	26	50	0.3420	167
[illegible]	0.0296	27	14. 0	0.3588	174
[illegible]	0.0323	29	10	0.3762	180
[illegible]	0.0352	31	20	0.3942	187
[illegible]	0.0383	33	30	0.4128	193
[illegible]	0.0416	35	40	0.4321	200
[illegible]	0.0451	37	50	0.4521	207
[illegible]	0.0488	39	15. 0	0.4728	214
[illegible]	0.0527	42	10	0.4942	221
[illegible]	0.0569	44	20	0.5163	228
[illegible]	0.0613	47	30	0.5391	235
[illegible]	0.0660	49	40	0.5626	243
[illegible]	0.0709	52	50	0.5869	+ 251
[illegible]	0.0761	55	16. 0	0.6120	
[illegible]	0.0816	58			
[illegible]	0.0874	61			
[illegible]	0.0935	64			
[illegible]	0.0999	67			
[illegible]	0.1066	70			
[illegible]	0.1136	74			
[illegible]	0.1210	+ 77			
[illegible]	0.1287				

TABLE III.

Angle horaire	a''	Angle horaire	a''
6′ 0″	0″00000	13′ 0″	0″00043
7. 0	0.00001	10	0.00046
8. 0	0.00002	20	0.00050
8.20	0.00003	30	0.00054
8.40	0.00004	40	0.00058
9. 0	0.00005	50	0.00062
9.20	0.00006	14. 0	0.00067
9.40	0.00007	10	0.00072
9.50	0.00008	20	0.00077
10. 0	0.00009	30	0.00082
10	0.00010	40	0.00088
20	0.00011	50	0.00094
30	0.00012	15. 0	0.00101
40	0.00013	10	0.00108
50	0.00014	20	0.00116
11. 0	0.00016	30	0.00124
10	0.00017	40	0.00132
20	0.00019	50	0.00140
30	0.00021	16. 0	0.00149
40	0.00022		
50	0.00024		
12. 0	0.00027		
10	0.00029		
20	0.00031		
30	0.00034		
40	0.00037		
50	0.00040		
13. 0	0.00043		

TABLE de ce qu'il faut ajouter à l'argument de la Table IV, pour la faire servir à l'Observatoire impérial.

Argument déclinaison.

D	—	D	—
—90°	0′0	+ 0°	3′2
80	0.1	10	3.2
70	0.3	20	2.9
60	0.6	30	2.5
50	1.1	40	2.0
40	1.7	50	1.4
30	2.4	60	0.8
20	2.8	70	0.4
—10	3.1	80	0.2
0	3.2	90	0.0

Usage.

Soit la déclinaison de l'astre $D = -30° 0'$
Correction — 0. 2.4
Décl. corrig. —30. 2.4

Soit $D = 0° 0'$
Correct. — 5′2
$D' = - 0° 3'2$

Soit $D = +30° 0'0$
Correct. — 2′5
$D' = 29°57'5$

Soit $D = + 0° 1'5$
Correct. — 3′2
$D' = - 1'7$

Ainsi il faut diminuer les déclinaisons boréales et augmenter les déclinaisons australes, parce que la correction est toujours soustractive, quand la hauteur du pôle est moindre que celle de la Table. Si la déclinaison était boréale, mais moindre que la correction, l'excès de la correction sur la déclinaison donnée, serait une déclinaison australe. En général suivez la règle des signes; donnez le signe + aux déclinaisons boréales; le signe — aux déclinaisons australes.

TABLE IV.

Log. *f* pour la correction des distances au zénith, pour Paris.

Décl. A	Log. *f*	Differ.	Décl. A	Log. *f*	Differ.	Décl. A	Log. *f*	Diff.	Décl. A	Log. *f*	Diff
41° 0'	9.69592	+110	32° 0'	9.75212	+99	23° 0'	9.80430	+95	14° 0'	9.85571	+ 9
40.50	9.69702	110	31.50	9.75311	99	22.50	9.80525	95	13.50	9.85667	9
40	9.69812	110	40	9.75410	99	40	9.80620	95	40	9.85763	9
30	9.69922	109	30	9.75509	99	30	9.80715	95	30	9.85859	9
20	9.70031	109	20	9.75608	99	20	9.80810	95	20	9.85956	9
10	9.70140	109	10	9.75707	99	10	9.80905	95	10	9.86053	9
40. 0	9.70249	108	31. 0	9.75806	98	22. 0	9.81000	95	13. 0	9.86156	9
39.50	9.70357	108	30.50	9.75904	98	21.50	9.81095	95	12.50	9.86247	9
40	9.70465	108	40	9.76002	98	40	9.81190	95	40	9.86344	9
30	9.70573	108	30	9.76100	98	30	9.81285	95	30	9.86441	9
20	9.70681	107	20	9.76198	98	20	9.81380	95	20	9.86538	9
10	9.70788	107	10	9.76296	98	10	9.81475	95	10	9.86635	9
39. 0	9.70895	107	30. 0	9.76394	98	21. 0	9.81570	95	12. 0	9.86732	9
38.50	9.71002	107	29.50	9.76492	98	20.50	9.81665	95	11.50	9.86829	9
40	9.71109	106	40	9.76590	98	40	9.81760	95	40	9.86926	9
30	9.71215	106	30	9.76688	97	30	9.81855	95	30	9.87024	9
20	9.71321	106	20	9.76785	97	20	9.81950	94	20	9.87122	9
10	9.71427	106	10	9.76882	97	10	9.82044	94	10	9.87220	9
38. 0	9.71533	106	29. 0	9.76979	97	20. 0	9.82138	95	11. 0	9.87318	9
37.50	9.71639	105	28.50	9.77076	97	19.50	9.82233	95	10.50	9.87416	9
40	9.71744	105	40	9.77173	97	40	9.82328	95	40	9.87514	9
30	9.71849	105	30	9.77270	97	30	9.82423	95	30	9.87612	9
20	9.71954	105	20	9.77367	97	20	9.82518	95	20	9.87710	9
10	9.72059	104	10	9.77464	97	10	9.82613	95	10	9.87808	9
37. 0	9.72163	104	28. 0	9.77561	97	19. 0	9.82708	95	10. 0	9.87906	9
36.50	9.72267	104	27.50	9.77658	96	18.50	9.82803	95	9.50	9.88005	9
40	9.72371	104	40	9.77754	96	40	9.82898	95	40	9.88104	9
30	9.72475	104	30	9.77850	96	30	9.82993	95	30	9.88203	9
20	9.72579	104	20	9.77946	96	20	9.83088	95	20	9.88302	9
10	9.72683	103	10	9.78042	96	10	9.83183	95	10	9.88401	9
36. 0	9.72786	103	27. 0	9.78138	96	18. 0	9.83278	95	9. 0	9.88500	10
35.50	9.72889	103	26.50	9.78234	96	17.50	9.83373	95	8.50	9.88600	10
40	9.72992	103	40	9.78330	96	40	9.83468	95	40	9.88700	10
30	9.73095	102	30	9.78426	96	30	9.83563	95	30	9.88800	10
20	9.73197	102	20	9.78522	96	20	9.83658	95	20	9.88900	10
10	9.73299	102	10	9.78618	96	10	9.83753	95	10	9.89000	10
35. 0	9.73401	102	26. 0	9.78714	96	17. 0	9.83848	95	8. 0	9.89100	10
34.50	9.73503	102	25.50	9.78810	96	16.50	9.83943	95	7.50	9.89200	10
40	9.73605	102	40	9.78906	96	40	9.84038	95	40	9.89301	10
30	9.73707	101	30	9.79002	96	30	9.84133	95	30	9.89402	10
20	9.73808	101	20	9.79098	96	20	9.84228	95	20	9.89503	10
10	9.73909	101	10	9.79194	96	10	9.84323	96	10	9.89604	10
34. 0	9.74010	101	25. 0	9.79290	95	16. 0	9.84419	96	7. 0	9.89705	10
33.50	9.74111	101	24.50	9.79385	95	15.50	9.84515	96	6.50	9.89806	10
40	9.74212	101	40	9.79480	95	40	9.84611	96	40	9.89907	10
30	9.74313	101	30	9.79575	95	30	9.84707	96	30	9.90008	10
20	9.74414	100	20	9.79670	95	20	9.84803	96	20	9.90110	10
10	9.74514	100	10	9.79765	95	10	9.84899	96	10	9.90212	10
33. 0	9.74614	100	24. 0	9.79860	95	15. 0	9.84995	96	6. 0	9.90314	10
32.50	9.74714	100	23.50	9.79955	95	14.50	9.85091	96	5.50	9.90416	10
40	9.74814	100	40	9.80050	95	40	9.85187	96	40	9.90518	10
30	9.74914	100	30	9.80145	95	30	9.85283	96	30	9.90621	10
20	9.75014	99	20	9.80240	95	20	9.85379	96	20	9.90724	10
10	9.75113	+ 99	10	9.80335	+95	10	9.85475	+96	10	9.90827	+10
32. 0	9.75212		23. 0	9.80430		14. 0	9.85571		5. 0	9.90930	

TAB

SUITE DE LA TABLE IV.

Décl. $\frac{A}{B}$	Log f	Diff.	Décl. B	Log f	Diff.	Décl. B	Log f	Diff.	Décl. B	Log f	Diff.
5° 0'	9.90930	+103	4° 0'	9.96866	+118	13° 0'	0.03910	+146	22° 0'	0.13034	+199
4.50	9.91033	104	10	9.96984	119	10	0.04056	147	10	0.13233	201
40	9.91137	104	20	9.97103	119	20	0.04203	148	20	0.13434	202
30	9.91241	104	30	9.97222	119	30	0.04351	148	30	0.13635	203
20	9.91345	104	40	9.97341	120	40	0.04499	149	40	0.13839	205
10	9.91449	104	50	9.97461	120	50	0.04648	150	50	0.14044	206
4. 0	9.91553	105	5. 0	9.97581	121	14. 0	0.04798	150	23. 0	0.14250	208
3.50	9.91658	105	10	9.97702	121	10	0.04948	151	10	0.14458	209
40	9.91763	105	20	9.97823	121	20	0.05099	151	20	0.14667	211
30	9.91868	105	30	9.97944	122	30	0.05250	152	30	0.14878	212
20	9.91973	106	40	9.98066	122	40	0.05402	153	40	0.15090	214
10	9.92079	106	50	9.98188	123	50	0.05555	154	50	0.15304	216
3. 0	9.92185	106	6. 0	9.98311	123	15. 0	0.05709	155	24. 0	0.15520	217
2.50	9.92291	106	10	9.98434	124	10	0.05864	156	10	0.15737	219
40	9.92397	106	20	9.98558	124	20	0.06020	157	20	0.15956	221
30	9.92503	107	30	9.98682	124	30	0.06177	157	30	0.16177	222
20	9.92610	107	40	9.98806	125	40	0.06334	158	40	0.16399	224
10	9.92717	107	50	9.98931	125	50	0.06492	159	50	0.16623	226
2. 0	9.92824	107	7. 0	9.99056	126	16. 0	0.06651	160	25. 0	0.16849	228
1.50	9.92931	108	10	9.99182	126	10	0.06811	160	10	0.17077	229
40	9.93039	108	20	9.99308	127	20	0.06971	161	20	0.17306	231
30	9.93147	108	30	9.99435	127	30	0.07132	162	30	0.17537	233
20	9.93255	108	40	9.99562	127	40	0.07294	163	40	0.17770	235
10	9.93363	108	50	9.99689	128	50	0.07457	164	50	0.18005	237
1. 0	9.93471	109	8. 0	9.99817	129	17. 0	0.07621	165	26. 0	0.18242	239
0.50	9.93580	109	10	9.99946	129	10	0.07786	166	10	0.18481	241
40	9.93689	110	20	0.00075	130	20	0.07952	167	20	0.18722	243
30	9.93799	110	30	0.00205	130	30	0.08119	168	30	0.18965	245
20	9.93909	110	40	0.00335	131	40	0.08287	169	40	0.19210	247
10	9.94019	110	50	0.00466	131	50	0.08456	170	50	0.19457	250
A 0	9.94129	110	9. 0	0.00597	131	18. 0	0.08626	171	27. 0	0.19707	252
B 10	9.94239	111	10	0.00728	132	10	0.08797	172	10	0.19959	254
20	9.94350	111	20	0.00860	132	20	0.08969	173	20	0.20213	256
30	9.94461	111	30	0.00992	133	30	0.09142	173	30	0.20469	258
40	9.94572	112	40	0.01125	134	40	0.09316	174	40	0.20727	260
50	9.94684	112	50	0.01259	134	50	0.09491	175	50	0.20987	263
1. 0	9.94796	112	10. 0	0.01393	135	19. 0	0.09667	176	28. 0	0.21250	266
10	9.94908	113	10	0.01528	136	10	0.09844	177	10	0.21516	268
20	9.95021	113	20	0.01664	136	20	0.10022	178	20	0.21784	271
30	9.95134	113	30	0.01800	136	30	0.10201	179	30	0.22055	273
40	9.95247	113	40	0.01936	137	40	0.10372	181	40	0.22328	276
50	9.95360	114	50	0.02073	138	50	0.10564	182	50	0.22604	279
2. 0	9.95474	114	11. 0	0.02211	138	20. 0	0.10747	183	29. 0	0.22883	281
10	9.95588	115	10	0.02349	139	10	0.10931	184	10	0.23164	284
20	9.95703	115	20	0.02488	139	20	0.11116	185	20	0.23448	287
30	9.95818	115	30	0.02627	140	30	0.11302	186	30	0.23735	289
40	9.95933	115	40	0.02767	141	40	0.11489	187	40	0.24024	292
50	9.96048	116	50	0.02908	141	50	0.11678	189	50	0.24316	295
3. 0	9.96164	116	12. 0	0.03049	142	21. 0	0.11868	190	30. 0	0.24611	298
10	9.96280	117	10	0.03191	143	10	0.12059	191	10	0.24909	301
20	9.96397	117	20	0.03334	143	20	0.12251	192	20	0.25210	305
30	9.96514	117	30	0.03477	144	30	0.12445	194	30	0.25515	308
40	9.96631	117	40	0.03621	144	40	0.12640	195	40	0.25823	311
50	9.96748	+118	50	0.03765	+145	50	0.12836	196	50	0.26134	+315
4. 0	9.96866		13. 0	0.03910		22. 0	0.13034	+198	31. 0	0.26419	

SUITE DE LA TABLE IV.

Décl. B	Log f	Différ.	Décl. B	Log. f	Différ.	Décl. B	Log f au-dessus du pôle.	Différ.	Décl. B	Log f au-dessus du pôle.	Différ.
31° 0'	0.26149	+318	40° 0'	0.51476	+712	49° 0'	2.25055	......	58° 0'	0.34144	−981
10	0.26507	321	10	0.52188	727	10	1.90668	......	10	0.33163	968
20	0.27088	324	20	0.52915	743	20	1.71615	......	20	0.32195	956
30	0.27412	328	30	0.53658	760	30	1.58340	......	30	0.31239	944
40	0.27745	332	40	0.54418	778	40	1.48125	−8315	40	0.30295	933
50	0.28072	336	50	0.55196	797	50	1.39810	7021	50	0.29362	922
32. 0	0.28408	340	41. 0	0.55993	815	50. 0	1.32789	6082	59. 0	0.28440	912
10	0.28748	344	10	0.56808	834	10	1.26707	5368	10	0.27528	902
20	0.29092	348	20	0.57642	855	20	1.21339	4810	20	0.26626	892
30	0.29440	352	30	0.58497	877	30	1.16529	4359	30	0.25734	882
40	0.29792	356	40	0.59374	900	40	1.12170	3987	40	0.24852	873
50	0.30148	361	50	0.60274	924	50	1.08183	3677	50	0.23979	865
33. 0	0.30509	365	42. 0	0.61198	949	51. 0	1.04506	3414	60. 0	0.23114	856
10	0.30874	369	10	0.62147	975	10	1.01092	3187	10	0.22258	848
20	0.31243	373	20	0.63122	1003	20	0.97905	2990	20	0.21410	840
30	0.31616	378	30	0.64125	1033	30	0.94915	2816	30	0.20570	833
40	0.31994	383	40	0.65158	1064	40	0.92099	2665	40	0.19737	826
50	0.32377	388	50	0.66222	1097	50	0.89434	2529	50	0.18911	819
34. 0	0.32765	394	43. 0	0.67319	1131	52. 0	0.86905	2496	61. 0	0.18092	812
10	0.33159	399	10	0.68450	1167	10	0.84499	2296	10	0.17280	806
20	0.33558	404	20	0.69617	1205	20	0.82203	2198	20	0.16474	799
30	0.33962	410	30	0.70822	1246	30	0.80005	2108	30	0.15675	793
40	0.34372	415	40	0.72068	1290	40	0.77897	2025	40	0.14882	787
50	0.34787	421	50	0.73358	1341	50	0.75872	1949	50	0.14095	781
35. 0	0.35208	427	44. 0	0.74699	1393	53. 0	0.73923	1879	62. 0	0.13314	776
10	0.35635	433	10	0.76092	1442	10	0.72044	1815	10	0.12538	771
20	0.36068	439	20	0.77534	1500	20	0.70229	1756	20	0.11767	766
30	0.36507	445	30	0.79034	1565	30	0.68473	1701	30	0.11001	761
40	0.36952	451	40	0.80599	1632	40	0.66772	1650	40	0.10240	756
50	0.37403	458	50	0.82231	1706	50	0.65122	1602	50	0.09484	752
36. 0	0.37861	465	45. 0	0.83937	1787	54. 0	0.63520	1557	63. 0	0.08732	747
10	0.38326	472	10	0.85724	1875	10	0.61963	1515	10	0.07985	743
20	0.38798	479	20	0.87599	1971	20	0.60448	1475	20	0.07242	739
30	0.39277	487	30	0.89570	2078	30	0.58973	1438	30	0.06503	732
40	0.39764	495	40	0.91648	2195	40	0.57535	1403	40	0.05768	728
50	0.40259	502	50	0.93843	2326	50	0.56132	1370	50	0.05036	721
37. 0	0.40761	510	46. 0	0.96169	2473	55. 0	0.54762	1339	64. 0	0.04308	721
10	0.41271	518	10	0.98642	2639	10	0.53423	1310	10	0.03584	717
20	0.41789	527	20	1.01281	2828	20	0.52113	1283	20	0.02863	712
30	0.42316	536	30	1.04109	3044	30	0.50830	1257	30	0.02146	712
40	0.42852	545	40	1.07153	3294	40	0.49573	1232	40	0.01432	709
50	0.43397	555	50	1.10417	3589	50	0.48341	1208	50	0.00720	708
38. 0	0.43952	565	47. 0	1.14006	3937	56. 0	0.47133	1185	65. 0	0.00011	704
10	0.44517	575	10	1.17973	4359	10	0.45948	1163	10	9.99305	702
20	0.45092	585	20	1.22332	4878	20	0.44785	1142	20	9.98601	699
30	0.45677	596	30	1.27210	5544	30	0.43643	1123	30	9.97899	696
40	0.46273	607	40	1.32744	6387	40	0.42520	1105	40	9.97200	694
50	0.46880	618	50	1.39131	7553	50	0.41415	1087	50	9.96504	692
39. 0	0.47498	630	48. 0	1.46684	9191	57. 0	0.40328	1070	66. 0	9.95810	691
10	0.48128	643	10	1.55875	11777	10	0.39258	1053	10	9.95118	689
20	0.48771	656	20	1.67652	16338	20	0.38205	1037	20	9.94427	687
30	0.49427	669	30	1.83990	+26741	30	0.37168	1022	30	9.93738	685
40	0.50096	683	40	2.10731	......	40	0.36146	1008	40	9.93051	684
50	0.50779	+697	50	2.95097	......	50	0.35138	−994	50	9.92365	−684
40. 0	0.51476		49. 0	2.25055		58. 0	0.34144		67. 0	9.91681	

SUITE DE LA TABLE IV.

Décl. B	Log f au-dessus du pôle	Différ.	Décl. B	Log f au-dessus du pôle	Différ.	Décl. B	Log f au-dessus du pôle	Différ.	Décl. B	Log f au dessous du pôle	Différ.
67° 0'	9.91681		76° 0'	9.54271		85° 0'	8.98779		86° 0'	8.81118	
10	9.90999	— 682	10	9.53516	— 755	10	8.97138	— 1641	85.50	8.82765	+ 1647
20	9.90318	681	20	9.52756	760	20	8.95446	1692	40	8.84341	1576
30	9.89638	680	30	9.51991	765	30	8.93699	1717	30	8.85852	1511
40	9.88959	679	40	9.51221	770	40	8.91893	1806	20	8.87304	1452
50	9.88281	678	50	9.50446	775	50	8.90024	1869	10	8.88701	1397
68. 0	9.87604	677	77. 0	9.49666	780	86. 0	8.88087	1937	85. 0	8.90048	1347
10	9.86928	676	10	9.48880	786	10	8.86076	2011	84.50	8.91348	1300
20	9.86252	676	20	9.48088	792	20	8.83984	2092	40	8.92603	1255
30	9.85577	675	30	9.47290	798	30	8.81802	2182	30	8.93816	1213
40	9.84902	675	40	9.46486	804	40	8.79522	2280	20	8.94990	1174
50	9.84228	674	50	9.45675	811	50	8.77134	2388	10	8.96127	1137
69. 0	9.83555	673	78. 0	9.44857	818	87. 0	8.74926	2508	84. 0	8.97229	1103
10	9.82882	673	10	9.44032	825	10	8.71936	2640	83.50	8.98298	1069
20	9.82209	673	20	9.43200	832	20	8.69107	2789	40	8.99335	1037
30	9.81536	673	30	9.42361	839	30	8.66238	2938	30	9.00342	1007
40	9.80862	674	40	9.41514	847	40	8.63385	3153	20	9.01321	979
50	9.80188	674	50	9.40659	855	50	8.59741	3374	10	9.02274	953
70. 0	9.79514	674	79. 0	9.39796	863	88. 0	8.56079	3452	83. 0	9.03202	928
10	9.78840	674	10	9.38924	872	10	8.52149	3830	82.50	9.04106	904
20	9.78166	674	20	9.38043	881	20	8.47859	4200	40	9.04987	881
30	9.77491	675	30	9.37153	890	30	8.43129	4730	30	9.05846	859
40	9.76815	676	40	9.36253	900	40	8.37863	5266	20	9.06684	838
50	9.76139	676	50	9.35343	910	50	8.31912	5951	10	9.07502	818
71. 0	9.75462	677	80. 0	9.34423	920	89. 0	8.25069	6843	82. 0	9.08301	799
10	9.74784	678	10	9.33492	931	10	8.17002	8067	81.50	9.09082	781
20	9.74105	679	20	9.32550	942	20	8.07163	9839	40	9.09845	763
30	9.73425	680	30	9.31596	954	30	7.94522	12641	30	9.10591	746
40	9.72744	681	40	9.30630	966	40	7.76766	17756	20	9.11321	730
50	9.72062	682	50	9.29651	979	50	7.46518	— 30248	10	9.12035	714
72. 0	9.71378	684	81. 0	9.28659	992	90. 0	au-dessous du pôle	......	81. 0	9.12734	699
10	9.70693	685	10	9.27653	1006	89.50	7.46229	......	80.50	9.13419	685
20	9.70006	687	20	9.26633	1020	40	7.76187	+ 29958	40	9.14091	672
30	9.69318	688	30	9.25598	1035	30	7.93654	17767	30	9.14749	658
40	9.68628	690	40	9.24547	1051	20	8.06006	12352	20	9.15394	645
50	9.67936	692	50	9.23480	1067	10	8.15555	9549	10	9.16026	632
73. 0	9.67242	694	82. 0	9.22397	1083	89. 0	8.23333	7778	80. 0	9.16646	620
10	9.66545	697	10	9.21296	1101	88.50	8.29787	6454	79.50	9.17255	609
20	9.65846	699	20	9.20176	1120	40	8.35348	5661	40	9.17853	598
30	9.65145	701	30	9.19036	1140	30	8.40524	4756	30	9.18440	587
40	9.64442	703	40	9.17876	1160	20	8.44461	4437	20	9.19017	577
50	9.63737	705	50	9.16695	1181	10	8.48363	4192	10	9.19584	567
74. 0	9.63029	708	83. 0	9.15492	1203	88. 0	8.52606	3643	79. 0	9.20141	557
10	9.62318	711	10	9.14265	1227	87.50	8.55917	3341	78.50	9.20688	547
20	9.61604	714	20	9.13013	1252	40	8.59030	3083	40	9.21225	537
30	9.60887	717	30	9.11735	1278	30	8.61891	2861	30	9.21753	528
40	9.60167	720	40	9.10429	1306	20	8.64459	2668	20	9.22273	520
50	9.59444	723	50	9.09094	1335	10	8.67060	2501	10	9.22785	512
75. 0	9.58717	727	84. 0	9.07728	1366	87. 0	8.69400	2346	78. 0	9.23289	504
10	9.57986	731	10	9.06330	1398	86.50	8.71625	2216	77.50	9.23785	496
20	9.57251	735	20	9.04898	1432	40	8.73521	2066	40	9.24273	488
30	9.56512	739	30	9.03429	1469	30	8.75510	1939	30	9.24754	481
40	9.55769	743	40	9.01921	1508	20	8.77602	1892	20	9.25227	473
50	9.55022	747	50	9.00372	1549	10	8.79401	1799	10	9.25693	466
76. 0	9.54271	— 751	85. 0	8.98779	— 1593	86. 0	8.81118	+ 1717	77. 0	9.26152	+ 459

SUITE DE LA TABLE IV.

Décl. B	Log f au-dessous du pôle.	Differ.
77° 0'	9.26152	+453
76.50	9.26605	446
40	9.27051	440
30	9.27491	433
20	9.27924	427
10	9.28351	421
0	9.28772	416
75.50	9.29188	411
40	9.29599	405
30	9.30004	399
20	9.30403	394
10	9.30797	389
0	9.31186	384
74.50	9.31570	380
40	9.31950	375
30	9.32325	370
20	9.32695	366
10	9.33061	361
0	9.33422	356
73.50	9.33778	352
40	9.34130	348
30	9.34478	344
20	9.34822	341
10	9.35163	337
0	9.35500	333
72.50	9.35833	329
40	9.36162	326
30	9.36488	322
20	9.36810	318
10	9.37128	315
0	9.37443	312
71.50	9.37755	309
40	9.38064	305
30	9.38369	302
20	9.38671	299
10	9.38970	296
0	9.39266	293
70.50	9.39559	290
40	9.39849	287
30	9.40136	284
20	9.40420	281
10	9.40701	279
0	9.40980	276
69.50	9.41256	274
40	9.41530	271
30	9.41801	268
20	9.42069	266
10	9.42335	264
0	9.42599	261
68.50	9.42860	259
40	9.43119	257
30	9.43376	254
20	9.43630	252
10	9.43882	+250
68. 0	9.44132	

Décl. B	Log f au-dessous du pôle.	Differ.
68° 0'	9.44132	+248
67.50	9.44380	246
40	9.44626	244
30	9.44870	241
20	9.45111	239
10	9.45350	237
0	9.45587	235
66.50	9.45822	233
40	9.46055	231
30	9.46286	229
20	9.46515	228
10	9.46743	226
0	9.46969	225
65.50	9.47194	223
40	9.47417	221
30	9.47638	219
20	9.47857	217
10	9.48074	216
0	9.48290	214
64.50	9.48504	213
40	9.48717	211
30	9.48928	209
20	9.49137	208
10	9.49345	207
0	9.49552	205
63.50	9.49757	204
40	9.49961	202
30	9.50163	201
20	9.50364	199
10	9.50563	198
0	9.50761	197
62.50	9.50958	195
40	9.51153	194
30	9.51347	193
20	9.51540	191
10	9.51731	190
0	9.51921	189
61.50	9.52110	187
40	9.52297	186
30	9.52483	185
20	9.52668	184
10	9.52852	183
0	9.53035	182
60.50	9.53217	181
40	9.53398	180
30	9.53578	179
20	9.53757	177
10	9.53934	176
0	9.54110	175
59.50	9.54285	174
40	9.54459	173
30	9.54632	172
20	9.54804	171
10	9.54975	+170
59. 0	9.55145	

Décl. B	Log f au-dessous du pôle.	Differ.
59° 0'	9.55145	+169
58.50	9.55314	168
40	9.55482	167
30	9.55649	166
20	9.55815	165
10	9.55980	164
0	9.56144	163
57.50	9.56307	163
40	9.56470	162
30	9.56632	161
20	9.56793	160
10	9.56953	159
0	9.57112	158
56.50	9.57270	157
40	9.57427	156
30	9.57583	156
20	9.57739	155
10	9.57894	154
0	9.58048	154
55.50	9.58202	153
40	9.58355	152
30	9.58507	151
20	9.58658	150
10	9.58808	149
0	9.58957	149
54.50	9.59106	148
40	9.59254	148
30	9.59402	147
20	9.59549	146
10	9.59695	145
0	9.59840	145
53.50	9.59985	144
40	9.60129	143
30	9.60272	143
20	9.60415	142
10	9.60557	141
0	9.60698	141
52.50	9.60839	140
40	9.60979	140
30	9.61119	139
20	9.61258	138
10	9.61396	138
0	9.61534	137
51.50	9.61671	137
40	9.61808	137
30	9.61941	136
20	9.62079	135
10	9.62214	135
0	9.62348	134
50.50	9.62482	133
40	9.62615	133
30	9.62748	132
20	9.62880	132
10	9.63012	+131
50. 0	9.63143	

Décl. B	Log f au-dessous du pôle.	Diff.
50° 0'	9.63143	+
49.50	9.63274	
40	9.63414	
30	9.63533	
20	9.63662	
10	9.63791	
0	9.63919	
48.50	9.64047	
40	9.64174	
30	9.64301	
20	9.64427	
10	9.64553	
0	9.64678	
47.50	9.64803	
40	9.64927	
30	9.65051	
20	9.65175	
10	9.65298	
0	9.65421	
46.50	9.65543	
40	9.65665	
30	9.65787	
20	9.65908	
10	9.66029	
0	9.66149	
45.50	9.66269	
40	9.66388	
30	9.66507	
20	9.66626	
10	9.66744	
0	9.66862	
44.50	9.66980	
40	9.67097	
30	9.67214	
20	9.67331	
10	9.67447	
0	9.67563	
43.50	9.67678	
40	9.67793	
30	9.67908	
20	9.68023	
10	9.68137	
0	9.68251	
42.50	9.68364	
40	9.68477	
30	9.68590	
20	9.68703	
10	9.68815	
0	9.68927	
41.50	9.69039	
40	9.69150	
30	9.69261	
20	9.69372	
10	9.69482	
41. 0	9.69592	+

BLE V. RÉDUCTION AU SOLSTICE

Table des différences entre l'obliquité et la déclinaison.

Argument $u =$ distance au solstice sur l'écliptique.

$\omega - D$	Diff.	100″ variat. d'obl.	u	$\omega - D$	Diff.	100″ variat. d'obl.	u	$\omega - D$	Diff.	100″ variat. d'obl.
0° 0′ 0″00		0.00	6° 0′	0° 8′ 10″28		0.65	12° 0′	0°32′ 32″77		2″59
0.38	0″38	0.00	10	8.37.85	27″57	0.69	10	33.27.07	54″30	2.66
1.52	1.14	0.01	20	9. 6.17	28.32	0.73	20	34.22.10	55.03	2.73
3.41	1.89	0.01	30	9.35.24	29.07	0.77	30	35.17.86	55.76	2.80
6.06	2.65	0.02	40	10. 5.07	29.83	0.81	40	36.14.35	56.49	2.88
9.47	3.41	0.02	50	10.35.65	30.58	0.85	50	37.11.57	57.22	2.96
0. 0.13.64	4.17	0.02	7. 0	0.11. 6.98	31.33	0.89	13. 0	0.38. 9.52	57.95	3.04
18.56	4.92	0.03	10	11.39.06	32.08	0.93	10	39. 8.20	58.68	3.12
24.24	5.68	0.04	20	12.11.89	32.83	0.97	20	40. 7.61	59.41	3.20
30.68	6.44	0.04	30	12.45.46	33.57	1.01	30	41. 7.75	60.14	3.28
37.88	7.20	0.05	40	13.19.77	34.31	1.06	40	42. 8.62	60.87	3.36
45.83	7.95	0.06	50	13.54.83	35.06	1.11	50	43.10.21	61.59	3.44
0. 0.54.54	8.71	0.07	8. 0	0.14.30.64	35.81	1.16	14. 0	0.44.12.52	62.31	3.52
0. 1. 4.01	9.47	0.08	10	15. 7.20	36.56	1.21	10	45.15.55	63.03	3.60
1.14.24	10.23	0.09	20	15.44.50	37.30	1.26	20	46.19.30	63.75	3.68
1.25.22	10.98	0.10	30	16.22.55	38.05	1.31	30	47.23.77	64.47	3.77
1.36.96	11.74	0.12	40	17. 1.34	38.79	1.36	40	48.28.96	65.19	3.86
1.49.45	12.49	0.14	50	17.40.88	39.54	1.41	50	49.34.87	65.91	3.95
0. 2. 2.70	13.25	0.16	9. 0	0.18.21.16	40.28	1.46	15. 0	0.50.41.50	66.63	4.04
2.16.71	14.01	0.18	10	19. 2.18	41.02	1.51	10	51.48.85	67.35	4.13
2.31.47	14.76	0.20	20	19.43.95	41.77	1.56	20	52.56.92	68.07	4.22
2.46.99	15.52	0.22	30	20.26.46	42.51	1.62	30	54. 5.71	68.79	4.31
3. 3.26	16.27	0.24	40	21. 9.71	43.25	1.68	40	55.15.22	69.51	4.40
3.20.29	17.03	0.27	50	21.53.70	43.99	1.74	50	56.25.44	70.22	4.49
0. 3.38.07	17.78	0.29	10. 0	0.22.38.43	44.73	1.80	16. 0	0.57.36.37	70.93	4.59
3.56.61	18.54	0.31	10	23.23.90	45.47	1.86	10	58.48.02	71.65	4.68
4.15.91	19.30	0.33	20	24.10.11	46.21	1.92	20	1. 0. 0.38	72.36	4.78
4.35.96	20.05	0.36	30	24.57.06	46.95	1.98	30	1. 1.13.45	73.07	4.88
4.56.76	20.80	0.39	40	25.44.75	47.69	2.04	40	1. 2.27.23	73.78	4.97
5.18.31	21.55	0.42	50	26.33.18	48.43	2.11	50	1. 3.41.72	74.49	5.07
0. 5.40.62	22.31	0.45	11. 0	0.27.22.35	49.17	2.18	17. 0	1. 4.56.91	75.19	5.17
6. 3.68	23.06	0.48	10	28.12.25	49.90	2.24	10	1. 6.12.81	75.90	5.27
6.27.50	23.82	0.51	20	29. 2.89	50.64	2.31	20	1. 7.29.42	76.61	5.37
6.52.07	24.57	0.54	30	29.54.26	51.37	2.38	30	1. 8.46.74	77.32	5.47
7.17.39	25.32	0.57	40	30.46.36	52.10	2.45	40	1.10. 4.76	78.02	5.57
7.43.46	26.07	0.61	50	31.39.20	52.84	2.52	50	1.11.23.48	78.72	5.68
0. 8.10.28	26.82	0.65	12. 0	0.32.32.77	53.57	2.59	18. 0	1.12.42.97	79.49	5.79

Exemple de l'usage des Tables précédentes.

Parmi mes observations des équinoxes, j'en choisis une au hasard. La déclinaison calculée était, par mes tables solaires, $D = 5°.36'.24''$.

$$H = 48°.51'.38'',2; \quad H - D = M = 43°.15'14''; \quad \delta = +0''.93;$$

Angles hor. corrigés.	TABLE I. a	TABLE II. a'	TABLE III a''
$9'\ 42''5$	$185''03$	$0''083$	$0''00007$
$8.57.5$	157.55	0.060	5
$7.53.0$	122.01	36	1
$6.44.0$	89.01	19	
$5.\ 5.0$	50.74	6	
$4.\ 8.0$	33.54	2	
$3.13.0$	20.32	1	
$2.24.0$	11.31		
$1.\ 8.0$	2.52		
$0.\ 0.0$	0.00		
$3.43.0$	27.12	2	
$4.30.0$	39.76	4	
$5.23.0$	56.90	6	
$6.\ 4.0$	72.26	12	
$6.49.0$	91.23	20	0.00001
$7.43.0$	116.91	33	2
$8.42.0$	148.60	54	4
$9.37.5$	181.86	80	7
$10.21.5$	210.66	0.108	0.00011
$11.\ 5.0$	241.15	0.141	0.00016
Sommes.	$1848''48 = A$	$0''663 = A'$	$0''00054$

TABLE IV......$\log f$.

$$
\begin{aligned}
&\text{Déclin. } 8°30'.....9.97944 \\
&\text{pour.....} 6'.... \qquad 73.2 \\
&\text{pour } 24'' = 0',4 .. \qquad 4.9 \\
&\log f................9.98022 \\
&\log A = 1858''48 . 3.26916 \\
&\text{c. } \log n = 20....8.69897 \\
&\qquad 88'',790 ....1.94835 \\
&2\log f ....9.96044 \\
&\cot M.........0.02648 \\
&\log f'.........9.98692 \\
&\qquad A' = 0.663...9.82151 \\
&\text{c. } \log n = 20....8.69897 \\
&\qquad 0'',032 ....8.50740 \\
&1^{er}\ \text{terme}..... - 1'\ 28''790 \\
&2^e\ \text{terme}..... + \qquad 0.031 \\
&\qquad x = - 1'\ 28.759 \\
&\text{l.}(E\text{-}O) = -25'05. 1.39881 \\
&\qquad \delta = 0.93....9.96848 \\
&\qquad \text{c.}\,n = 20......8.69897 \\
&y = - 1''\ 165...0.06626
\end{aligned}
$$

Les angles horaires donnés par la pendule étaient en tems sidéral, et n'auraient eu besoin d'aucune correction, si j'eusse observé une étoile ; mais pour le soleil il fallait, pour les réduire en tems vrai, les diminuer à raison de $9'',83$ par heure, ou de $1''$ pour $6'$.

Avec les angles corrigés je cherche les nombres a dont je fais la somme 1858″,48 = A ; je cherche ensuite les nombres a' dans la table II, j'en fais la somme A′ = 0″,663. La table III donne les a'', qui sont insensibles quand les angles horaires ne passent pas 12′.

Avec la déclinaison 5°.30′ bor., je prends dans la table IV le log f ; j'y ajoute les parties proportionnelles pour 6′.24″ = 6′,4. Au log f, j'ajoute log A et le complément arithmétique du nombre des observations n = 20 : la somme de ces trois logarithmes est le log de 88″,790 premier terme de x. Ce terme est toujours de signe contraire à (H — D), et s'en retranche, excepté au-dessous du pôle.

Je double le log f, j'y ajoute celui de cot M = H — D : la somme est le logarithme f''. A ce log, je joins celui de A′ et le complément de n = 20 ; la somme est le log de + 0″,032 second terme de x, qui est toujours additif à la distance ; ainsi la valeur de x sera — 1′.28″,759.

Je fais la somme des angles à l'est.... = E = 49′ 15″
la somme des angles à l'ouest.. = O = 74.18

$$E — O = — 25. 3 = — 25′,05.$$

Au log (E — O) = — 25,05 ; j'ajoute log δ = + 0″,93 et le compl. de log n ; la somme est le log de y = — 1″,165 : y se trouve ici négatif, parce que δ et (E — O) étaient de signe différent.

La correction totale sera donc.............. x = — 1′ 28″ 759
y = — 1.165

— 1.29.924

La vingtième partie de l'arc parcouru par la lunette dans les 20 observations, était............ N = 43.15.56.4

Ainsi la distance méridienne était............ M = 43.14.26.476
Réfraction pour l'arc N..................... + 55.4
Parallaxe pour l'arc N..................... — 5.9

Distance méridienne corrigée...... H — D = M′ = 43.15.13.976
H = 48.51.38.2

Déclinaison qui résulte de l'observation....... D = 5.36.24.224
Déclinaison calculée par les tables.......... 5.36.24.0

Correction des tables..................... + 0.224

On a vu par le calcul des a, qu'aucune des distances partielles observées autour du méridien ne différait de la distance méridienne de

plus de $4'$. Or entre 43 et $44°$ de distance au zénit, la variation des
réfractions est assez petite pour être proportionnelle à la variation des
distances. Ainsi la réfraction, calculée pour la distance moyenne, sera
la moyenne entre toutes les réfractions qu'on aurait pu calculer pour
chaque distance en particulier. Il en est de même de la parallaxe, à
plus forte raison; il en est encore de même pour toutes les réfractions
jusqu'à $83°$ de distance au zénit : on se contentera donc toujours de
la réfraction pour la moyenne des distances, car on observera bien
rarement les étoiles à $83°$ de distance zénitale. Si pourtant le cas arrivait, on pourrait calculer la réfraction pour $(M+a)$, en donnant à
la correction a les 20 valeurs différentes qu'elle a dans la 2ᵉ colonne
de notre calcul, et l'on prendrait la moyenne entre toutes les réfractions
pour l'appliquer à M. On remarquera que $(M+a)$ serait une distance
vraie au zénit, et non une distance apparente.

La hauteur du pôle était $48°.41'.38'',2$ pour mon observatoire. J'avais
calculé ma table en conséquence ; mais pour la rendre utile à tous les
astronomes de Paris, j'ai considéré que $f = \dfrac{\cos H \cos D}{\sin (H-D)} = \dfrac{1}{\tang H - \tang D}$.
Si la latitude vient à changer, on pourra toujours faire à la déclinaison
un changement qui conserve à f sa valeur primitive. Soient Δ tang H
et Δ tang D les différences finies des deux tangentes

$$\Delta \, \tang H = \Delta \, \tang D = \frac{\sin \Delta H}{\cos H \cos (H+\Delta H)} = \frac{\sin \Delta D}{\cos D \cos (D+\Delta D)},$$

ou
$$\sin \Delta D = \frac{\sin \Delta H . \cos D \cos (D+\Delta D)}{\cos H \cos (H+\Delta H)}$$

et développant

$$\tang \Delta D = \frac{\tang \Delta H \, \sec^2 H \cos^2 D}{1 - \tang \Delta H \, \sec^2 H \sin (H-D) \cos (H+D)},$$

C'est ainsi que j'ai calculé la petite table de correction pour la table IV.
Tout astronome dont la latitude ne diffère de la mienne que de quelques
degrés, pourra calculer sur ma formule une petite table de réduction
semblable. Si j'eusse supposé $H = 45°$ la formule eût été

$$\tang \Delta D = \frac{2 \tang \Delta H \cos^2 D}{1 - 2 \tang \Delta H \cos^2 (45°+D)}.$$

CHAPITRE

CHAPITRE XXV.

De la Lune.

1. **A**PRÈS le Soleil, l'objet le plus intéressant pour nous est la Lune, et nous supposons que l'astronome qui s'est occupé constamment à observer les étoiles pour établir chaque jour la position du soleil, et découvrir les lois de son mouvement, aura de même eu l'attention de marquer chaque jour le lieu de la lune et les circonstances particulières de son mouvement et de ses apparences qui varient chaque jour.

Ces apparences diverses, ou ce qu'on appelle les phases de la lune, sont en effet les circonstances les plus frappantes, et dùrent attirer d'abord l'attention des premiers astronomes.

2. Le soleil nous offre en tout tems un disque rond et, parfaitement terminé; la lune au contraire n'est ronde sensiblement que pendant quelques heures; sa figure change avec rapidité, et dans l'espace de 29 à 30 jours qu'elle met à parcourir tout le ciel et se rejoindre au soleil, elle nous offre toutes les différences possibles, entre un disque tout à fait clair et presque entièrement obscur.

3. Cette révolution de douze à treize fois plus rapide que celle du soleil, a probablement fourni très-anciennement aux hommes l'idée de partager la durée du tems en mois, et peut-être en semaines ou périodes de sept jours, parce que tel était à peu près l'intervalle qui sépare les instans où la lune paraît ou tout à fait obscure ou à moitié lumineuse, puis pleine et ronde, ensuite réduite à moitié, pour disparaître de nouveau tout à fait au bout de quatre semaines. En grec les mots *lune*, μήνη, et *mois*, μὴν, μηνός ont une analogie marquée.

Les anciens se sont servi de ces phases pour régler le tems avant de chercher la cause de tous ces changemens. Cette cause, au reste, n'a pu échapper long-tems à un esprit observateur et réfléchi.

4. Pour suivre les phénomènes selon l'ordre le plus méthodique, quoique le moins naturel peut-être, prenons la lune un soir à l'instant où le soleil vient de disparaître, et où elle est même prête à descendre vers lui sous l'horizon. La lune ne présente alors aux yeux qu'un segment circulaire étroit (fig. 36) dont la circonférence extérieure est un demi-cercle et l'intérieure une demi-ellipse peu aplatie qui a pour grand axe le diamètre même du demi-cercle. La lune alors se couche peu de momens après le soleil, et l'on remarquera que ce segment lumineux est tourné vers le soleil, c'est-à-dire que la ligne droite qui en mesure la plus grande largeur, si on la prolongeait, irait aboutir au soleil; que la ligne qui joint les deux pointes est oblique à l'horizon, et les deux pointes elles-mêmes sont également éloignées du soleil. De jour en jour le croissant s'élargit sans que les pointes cessent d'être les extrémités d'un diamètre, la courbe intérieure devient une ellipse de plus en plus étroite; la lune se couche plus tard, et elle éclaire une partie plus considérable de la nuit; la ligne des cornes est toujours inclinée à l'horizon lorsque la lune se couche, et le petit diamètre du croissant est toujours dirigé vers le soleil.

5. Le septième jour, la lune paraît comme un demi-cercle, et elle est visible à peu près la moitié de la nuit. Les jours suivans, la partie lumineuse continue d'augmenter; la courbe elliptique intérieure a pris une position contraire, la demi-ellipse et le demi-cercle ayant toujours un diamètre commun, (fig. 37).

6. Du 14 au 15ᵉ jour, le disque de la lune est entièrement lumineux, de figure ronde; mais la lumière n'a pas une teinte uniforme, on y remarque des points plus lumineux et des espaces plus ternes, auxquels on a donné le nom de mers; dénomination impropre cependant, car au milieu de ces mers on remarque aisément, au moyen des lunettes, des trous ronds et profonds comme des puits, qui sont alors éclairés jusqu'au fond. On aperçoit dans tout le disque des parties plus saillantes, d'autres plus enfoncées; mais aucune ombre ne se projette alors au pied des parties éclairées sur les plus basses; et l'on fera bien de profiter de la circonstance où la lune est visible toute la nuit, pour se bien mettre dans la mémoire, ou fixer par un dessin les configurations et les formes des parties les plus remarquables. Voyez la Sélénographie d'Hévélius.

7. Dès le lendemain, le bord occidental de la lune commence à devenir

moins bien terminé et comme raboteux ; on y remarque des parties hautes
et éclairées, des parties basses et obscures. Bientôt cette partie occidentale s'obscurcit de plus en plus ; la ligne courbe qui termine la partie
éclairée, est une ellipse de plus en plus aplatie. Le 22ᵉ jour, la lune est
de nouveau dichotome ; tous les phénomènes se reproduisent en sens
inverse ; les montagnes de la lune jettent des ombres sensibles ; la partie
éclairée diminue peu à peu. Enfin, vers le 28ᵉ jour, la lune plus rapprochée du soleil, le précède de fort peu à l'horizon oriental, puis disparaît
entièrement pendant deux ou trois jours, après quoi elle reparaît à l'occident sous la forme d'un croissant très-mince et très-étroit.

8. Dans tout le cours de la révolution, la partie éclairée se trouve la
plus voisine du soleil, la partie obscure en est plus éloignée ; mais une
remarque importante, c'est que dans toutes les phases de la lune les
taches et autres points remarquables occupent toujours les mêmes places
sur le disque lunaire ; la lumière ou l'ombre les atteint dans le même
ordre. La partie obscure ne l'est pas assez complètement pour que, avec
un peu d'attention, on n'aperçoive presqu'en tout tems le disque tout
entier, sur lequel on distingue à leurs places ordinaires, les taches les
plus apparentes. Les puits que nous avons remarqués au milieu des mers,
quand ils sont dans la partie lumineuse, ne sont pas éclairés jusqu'au
fond comme au jour de la pleine lune, mais on voit distinctement l'ombre
du bord éclairé qui se projette sur le côté opposé.

9. De ces remarques, il suit évidemment que la lune n'est pas
lumineuse par elle-même, qu'elle ne brille que d'une lumière empruntée et réfléchie, et qu'elle tourne toujours vers nous la même face.
Ces remarques n'étaient pas difficiles à faire, et elles sont de toute
antiquité.

10. On en conclut assez facilement, quoique moins vite, que la lune
n'est pas un disque simple, mais un globe dont la partie éclairée n'est que
rarement tournée entièrement vers nous.

La courbe, elliptique en apparence, qui termine intérieurement la partie
éclairée, doit être en réalité celle d'un grand cercle du globe lunaire,
mais qui se présente obliquement à nos regards, ce qui lui donne la forme
aplatie que nous observons. Telles seraient en effet les phases d'un globe
que nous verrions pendant la nuit, éclairé successivement de face, et sous
une obliquité plus ou moins grande.

11. Mais si la lune est obscure par elle-même, quel est donc l'objet qui lui prête sa lumière ? Nous n'avons pas l'embarras du choix; on ne voit dans tout le ciel que le soleil qui brille d'un éclat assez vif pour lui donner toute la lumière qu'elle nous renvoie.

12. On se confirmera dans cette première idée, par les remarques suivantes. Quand la lune est pleine, elle passe au méridien supérieur à minuit, c'est-à-dire quand le soleil est au méridien inférieur. Le soleil et la lune sont donc alors éloignés de 180°; ils occupent les parties opposées presque diamétralement de la sphère céleste : je dis presque diamétralement opposées ; car si le soleil et la lune étaient dans le même diamètre de la sphère dont la terre occupe le centre, la terre devrait jeter son ombre sur la lune, ce qui nous indique en passant la cause des éclipses de la lune ; mais à l'ordinaire on verra que la hauteur de la lune au méridien, comparée à celle du soleil le jour d'après ou d'auparavant, prouve évidemment que les deux déclinaisons ne sont pas égales et de signe contraire, comme elles le seraient si les deux astres étaient diamétralement opposés, et comme elles le sont les jours où la lune est éclipsée.

13. Dans cette supposition, il est naturel que la lune nous paraisse presque entièrement éclairée, si c'est du soleil qu'elle emprunte sa lumière ; mais à mesure que l'arc de distance entre la lune et le soleil diminuera, les distances rectilignes de la terre au soleil et à la lune, et la distance également rectiligne entre le soleil et la lune, formeront un triangle de moins en moins obtus; la surface éclairée par le soleil ne se présentera plus à nous qu'obliquement ; celle que nous verrons directement sera oblique au soleil, et ne sera par conséquent éclairée qu'en partie.

14. Soit NABN′ (fig. 38) le globe de la lune, T la terre, TL la ligne menée du centre de la terre à celui de la lune, TN et TN′ les deux rayons tangens qui enferment la partie visible de dessus la terre, cette partie aura pour largeur l'arc NAN′.

Soit S le soleil, SL la ligne qui joint les centres du soleil et de la lune, OM et O′M′ les deux rayons tangens qui déterminent la partie éclairée; la largeur de la partie éclairée sera donc mesurée par l'arc MBM′, la partie NM sera obscure, le partie N′M′ sera éclairée, mais invisible.

Dans le triangle LTN′, l'angle LTN′ sera le demi-diamètre de la lune tel qu'il est vu de la terre. Ainsi $LTN' = \frac{1}{2}$ diamètre de la lune $= \frac{1}{2}\,☽$.

Le triangle LTM donne

$$\operatorname{tang} LTM = \frac{LM \sin TLM}{TL - LM \cos TLM} = \frac{\left(\frac{LM}{TL}\right)\sin TLM}{1 - \left(\frac{LM}{TL}\right)\cos TLM} = \frac{\sin \frac{1}{2}\,☽ \sin TLM}{1 - \sin \frac{1}{2}\,☽ \cos TLM},$$

et par conséquent

$$LTM = \sin\tfrac{1}{2}\,☽ \sin TLM + \tfrac{1}{2}\sin^2\tfrac{1}{2}\,☽ \sin 2\,TLM + \tfrac{1}{3}\sin^3\tfrac{1}{2}\,☽ \sin 3\,TLM + \text{etc.}$$

Menez Lbb' parallèlement à OM, vous aurez $Ob = LM$, $b'S = SO - LM = \rho - \rho' =$ rayon du globe solaire — rayon du globe lunaire; $MLb' = 90°$; $\sin b'LS = \frac{b'S}{LS} = \left(\frac{\varsigma - \varsigma'}{R}\right) = \sin \sigma$; en conséquence

$$TLM = SLM - SLT = SLb' + 90° - SLT$$
$$= 90° + \sigma - L = 90° - (L - \sigma);$$

donc

$$LTM = \sin\tfrac{1}{2}\,☽ \sin[90° - (L-\sigma)] + \tfrac{1}{2}\sin^2\tfrac{1}{2}\,☽ \sin 2[90° - (L-\sigma)] + \text{etc.}$$
$$= \sin\tfrac{1}{2}\,☽ \cos(L-\sigma) + \tfrac{1}{2}\sin^2\tfrac{1}{2}\,☽ \sin 2(L-\sigma) - \tfrac{1}{3}\sin^3\tfrac{1}{2}\,☽ \cos 3(L-\sigma),$$

et la largeur de la partie éclairée

$$MTN' = E = \tfrac{1}{2}\,☽ + \tfrac{1}{2}\,☽ \cos(L-\sigma) + \tfrac{1}{2}\,☽ \sin\tfrac{1}{2}\,☽ \sin 2(L-\sigma) - \text{etc.}$$
$$= \tfrac{1}{2}\,☽\left[1 + \cos(L-\sigma) + \tfrac{1}{2}\,☽ \sin\tfrac{1}{2}\,☽ \sin 2(L-\sigma) - \text{etc.}\right].$$

Je néglige les quantités du troisième ordre qui sont toujours insensibles, ou enfin

$$E = ☽ \cos^2\tfrac{1}{2}(L-\sigma) + \tfrac{1}{2}\,☽ \sin\tfrac{1}{2}\,☽ \sin 2(L-\sigma).$$

Ce dernier terme ne va jamais à $5''$; si vous le négligez, si vous négligez aussi le petit angle σ qui ne va qu'à $15'$ et ne produit presque aucun effet, vous aurez l'équation $E = ☽ \cos^2\tfrac{1}{2}L$ dont vous pouvez vous contenter, vu le peu de précision qu'on peut attendre dans la mesure de la partie éclairée.

Il est aisé de prouver que σ diffère peu du demi-diamètre du soleil vu de la terre. En effet, soit π la parallaxe horizontale du soleil, Π celle de la lune, et prenons pour unité le rayon du globe terrestre;

$$\rho = \text{TS} \, \sin \tfrac{1}{2} \odot = \frac{\sin \tfrac{1}{2} \odot}{\sin \pi},$$

$$\rho' = \text{TL} \, \sin \tfrac{1}{2} \, \mathbb{C} = \frac{\sin \tfrac{1}{2} \, \mathbb{C}}{\sin \Pi},$$

$$\sin \sigma = \frac{\sin \tfrac{1}{2} \odot \sin \Pi - \sin \tfrac{1}{2} \, \mathbb{C} \, \sin \pi}{\text{SL} \, \sin \Pi \, \sin \pi}.$$

Mais les valeurs extrèmes de SL sont

$$\text{ST} \pm \text{TL} = \frac{\sin \Pi \pm \sin \pi}{\sin \Pi \sin \pi}.$$

Donc les valeurs extrêmes de σ se trouvent en faisant

$$\sin \sigma = \frac{\sin \tfrac{1}{2} \odot \sin \Pi - \sin \tfrac{1}{2} \, \mathbb{C} \, \sin \pi}{\sin \Pi \pm \sin \pi} = \frac{\left(\sin \tfrac{1}{2} \odot - \sin \tfrac{1}{2} \, \mathbb{C} \, \frac{\sin \pi}{\sin \Pi} \right)}{1 \pm \frac{\sin \pi}{\sin \Pi}};$$

or $\frac{\sin \pi}{\sin \Pi} = \frac{1}{380}$ environ. Il est donc évident que σ diffère peu de $\tfrac{1}{2} \odot$.

15. Au reste, la formule entière ne serait exacte que dans le cas où la lune serait dans le plan de l'écliptique. Dans toute autre circonstance, la différence entre la latitude de la lune vue de la terre, et la latitude vue du soleil, fait que les arcs NAN', MBM' ne sont pas dans un même plan.

Nous avons aussi calculé pour le centre de la terre; à la surface, les apparences seront encore un peu différentes.

Supposez $\text{L} = 0$, $\cos \tfrac{1}{2} \text{L} = 1$, vous aurez $\text{E} = \mathcal{J}$; la lune sera en opposition avec le soleil et entièrement éclairée, ce qui s'accorde avec l'observation.

Supposez $\text{L} = 180°$, $\text{E} = \mathcal{J} \cos 90° = 0$, la lune sera en conjonction et toute obscure; c'est encore ce que donne l'observation. La lune et le soleil passent alors au méridien au même instant à fort peu près.

Dans les positions intermédiaires $\text{E} = \mathcal{J} \cos^2 \tfrac{1}{2} \text{L}$, ou $\cos^2 \tfrac{1}{2} \text{L} = \frac{\text{E}}{\mathcal{J}}$,

si l'on mesure E et $\mathcal{J}$, on connaîtra $\cos \tfrac{1}{2} \text{L} = \left(\frac{\text{E}}{\mathcal{J}} \right)^{\frac{1}{2}}$.

On aura donc l'angle à la lune, ou si l'on veut, l'angle $\tfrac{1}{2} (\text{L} - \sigma)$, et par conséquent L. On peut mesurer ou calculer l'angle LTS; on aura donc deux angles du triangle rectiligne LTS; on aura donc les distances

TS en parties de SL , et réciproquement; si l'on prend pour unité la distance du soleil à la terre, on aura SL en parties de TS.

16. Quand le plan qui est la limite commune de la lumière et de l'ombre , passe par notre œil , la terre est quelque part en E sur le prolongement de M'M (fig. 38), l'angle que forme sur ce plan la distance au soleil ES est lES $=$ lEL $+$ LES. Or

$$MLS = 90° + \sigma , \quad l\text{LM} = 90° - \sigma , \quad l\text{ML} = \sigma ; \quad LME = 180° - \sigma ,$$

$$LE : \sin LME :: LM : \sin MEL = \sin l\text{EL} = \frac{LM \sin LME}{LE} ,$$

$$\sin l\text{EL} = \sin \sigma' = \left(\frac{LM}{LE}\right) \sin \sigma = \sin \tfrac{1}{2} \, \mathrm{\delta} \sin \sigma .$$

Cet angle est la distance angulaire géocentrique entre le centre de la lune et la ligne droite qui sépare la lumière de l'ombre.

Ainsi la lune n'est pas véritablement dichotome comme on l'a supposé par approximation ; σ' peut varier depuis 4 jusqu'à 5″.

Le triangle lES donne

$$ES = \frac{E l}{\cos l\text{ES}} = \frac{EL \cos \sigma'}{\cos (LES + \sigma')}$$
$$= \frac{EL}{\cos LES \mp \tan \sigma' \sin LES}$$
$$= \frac{EL}{\cos LES} (1 \pm \tan \sigma' \tan LES + \text{etc.}).$$

C'est à peu près ainsi qu'Aristarque de Samos , premier auteur de cette méthode , trouva que la distance du soleil à la terre devait être de 18 à 20 fois aussi grande que la distance de la lune ; elle est dans la vérité 20 fois plus grande que ne la faisait Aristarque ; mais la méthode était ingénieuse , et lui aurait mieux réussi s'il n'était pas si difficile de bien saisir l'instant où la lumière est terminée par une ligne droite , surtout quand on n'a pas de lunette. D'ailleurs , pour calculer LES , il faudrait connaître la parallaxe , ou bien observer la lune au méridien , au zénit et rectiligne tout à la fois , ce qui est presque impossible.

17. Pour trouver cet instant , amenez les deux pointes de la lune en contact avec le fil de la lunette; si la limite de la lumière et de l'ombre se confond partout avec le fil , la lune sera dichotome. En suivant ainsi la lune pendant plusieurs heures , on pourra espérer que l'instant de la dichotomie sera déterminé d'une manière qui ne sera pas trop inexacte.

Aristarque faisait l'angle au soleil de $3°$; Longomontanus le réduisait à $2°30'$; Riccioli ne le trouvait que de $31'34''$; il n'est guère que de 8 à $9'$; car $\sin \text{ESL} = \dfrac{\text{EL}}{\text{ES}} = \dfrac{\sin \pi \cos \sigma'}{\sin \Pi} = \dfrac{\sin 9'' \cos 5''}{\sin 57'}$.

18. Nous avons une méthode beaucoup plus sûre dans la comparaison des parallaxes. Nous savons déjà que celle du soleil n'est guère que de $9''$, nous allons voir tout à l'heure que celle de la lune est d'environ $57'$, Les distances sont en raison inverse des parallaxes ; ainsi nous aurons

$$\frac{\text{dist. } \odot}{\text{dist. } \mathbb{C}} = \frac{57'}{9''} = \frac{3420''}{9} = 380 = 19 \times 20.$$

Le soleil est donc environ 380 fois plus loin de nous que la lune, et l'angle S d'environ $9'$. Mais quelque incertaine que fût la méthode d'Aristarque, elle suffisait pour montrer que la parallaxe de la lune était 18 à 20 fois celle du soleil. Les anciens faisaient celle-ci de $2'50''$; ils devaient en conclure pour la lune une parallaxe de 56 à $57'$; et c'est ce qu'ils firent à peu près.

Phases de la Terre.

19. Le triangle LTS (fig. 38) donne

$$\text{TS} : \sin \text{L} :: \text{TL} : \sin \text{S} = \frac{\text{TL} \sin \text{L}}{\text{TS}} = \frac{r}{\text{R}} \sin \text{L}.$$

Toutes choses égales d'ailleurs, S sera donc un *maximum* quand L sera de $90°$: or dans ce cas, nous avons vu que S est un angle fort petit ; nous aurions donc, à quelques minutes près, $\text{T} + \text{L} = 180°$; mais si $\cos^2 \frac{1}{2} \text{TLS}$ indique la partie éclairée de la lune visible de la terre, $\cos^2 \frac{1}{2} \text{LTS}$ indiquera la partie éclairée de la terre qui sera visible de la lune : or soit ⊕ le diamètre de la terre vu de la Lune, $⊕ \cos^2 \frac{1}{2} \text{LTS} = ⊕ \cos^2 \frac{1}{2} (180° - \text{TLS}) = ⊕ \cos^2 (90° - \frac{1}{2} \text{TLS}) = ⊕ \sin^2 \frac{1}{2} \text{TLS} = \frac{1}{2} ⊕ (1 - \cos \text{TLS})$; tandis que la partie de la lune qui est visible, est $= \frac{1}{2} \mathbb{C} (1 + \cos \text{TLS})$; ainsi la phase de la terre et la phase de la lune réunies, feront toujours deux fractions dont la somme sera l'unité. Si $\text{TLS} = 0$, la terre sera toute obscure, et la lune toute éclairée ; si $\text{TLS} = 180°$, la terre sera toute éclairée, la lune toute obscure ; si la lune est dichotome, la terre sera aussi dichotome ; si la lune est éclairée au quart, la terre le sera de trois quarts, et ainsi de suite.

20.

20. Ainsi quand le croissant de la lune est très-mince et très-délié, la terre est presque pleine, et doit éclairer la lune beaucoup plus fortement que la lune n'éclaire la terre, même quand la lune est pleine; car le diamètre de la terre étant $\frac{11}{3}$ de celui de la lune, les deux disques seront dans le rapport de $121 : 9 = 13{,}44 : 1$. Ainsi la lumière que reçoit la lune est, toute chose égale d'ailleurs, 15 fois celle qu'elle donne à la terre.

21. C'est cette lumière réfléchie par la terre et réfléchie de nouveau par la lune, qui nous fait apercevoir presqu'en tout tems la partie du disque de la lune qui n'est pas éclairée par le soleil. La partie éclairée correspond précisément à la partie obscure de la lune. Cette lumière réfléchie doublement, s'appelle *lumière cendrée*; les anciens qui lui donnèrent ce nom, la croyaient la lumière propre de la lune.

22. ABCD (fig. 39) est la largeur du fuseau que la lune voit éclairé, *dcba* le fuseau obscur de la lune que voit la terre : l'arc *dcba*=ABCD. En effet, l'angle S étant toujours de peu de minutes, les droites LS, TS menées au soleil, sont sensiblement parallèles; les lignes L*d* et TD qui terminent les parties réciproquement visibles, sont aussi parallèles; les lignes L*a*, TA, perpendiculaires aux rayons LS et T, sont encore parallèles; donc *ea* = EA = DF; *ea* est la largeur du fuseau de la lune qui seul est éclairé et visible de la terre; EA = DF est le fuseau obscur tourné vers la lune; *abcd* est donc égal à ABCD. Donc autant la lune a de parties obscures pour un habitant de la terre placé en B, autant la terre en a d'éclairées pour un habitant de la lune placé en *b*.

Première idée de l'excentricité.

Avant d'entreprendre la recherche de la parallaxe de la lune, on en peut faire une beaucoup plus facile et qui nous donnera une connaissance utile, celle de l'excentricité de l'orbite lunaire, si elle en a une.

23. On trouvera facilement par l'observation, que le diamètre de la lune varie depuis $29'\,30''$ jusqu'à $33'\,30''$ à peu près. Or, soit D le diamètre moyen, on aura le diamètre apogée $D' = \dfrac{D}{1+e} = 29'\,30''$ et le

diamètre périgée $D'' = \dfrac{D}{1-e} = 33'30''$; donc

$$\frac{D'}{D''} = \frac{1-e}{1+e} = \frac{29'30''}{33'30''},$$

d'où l'on tire

$$e = \frac{33'30'' - 29'30'}{33'30'' + 29'30''} = \frac{4'}{63'} = 0,0635.$$

Cette excentricité est beaucoup plus grande que celle du soleil, qui n'est que de 0,0168; elle nous annonce une équation du centre de 7° 16', au lieu que celle du soleil n'est que de 1° 55'. Ainsi nous devons nous attendre à trouver dans le mouvement de la lune, des inégalités considérables, quoique cette détermination de l'excentricité soit loin d'être bien sûre.

Il nous importe donc de connaître le lieu de l'apogée ; nous savons que le lieu de l'apogée tient le milieu entre deux lieux de la lune observée dans deux jours différens où le diamètre s'est trouvé de la même quantité.

24. Nous savons par le soleil que les apogées peuvent avoir un mouvement ; à la vérité, celui de l'apogée du soleil est fort lent, mais celui de l'apogée de la lune est très-rapide, puisque cet apogée fait le tour du ciel en neuf ans, ou $523^{j}\,8^{h}\,34'\,57''$ environ ; c'est ce dont on peut s'assurer en déterminant le lieu de l'apogée à différentes époques, par le moyen que nous venons d'indiquer, ou par d'autres dont nous avons parlé à l'article du soleil.

25. Nous avons surtout besoin de déterminer le mouvement moyen de la lune. Pour y parvenir, on peut observer chaque jour l'ascension droite et la déclinaison de la lune ; on en conclura la longitude et la latitude de la lune; mais ces lieux supposent la parallaxe.

26. Les anciens ont suivi un procédé qui ne supposait ni théorie, ni instrumens, et qui par là leur convenait beaucoup mieux. Nous avons dit que la lune passait quelquefois dans l'ombre de la terre et qu'elle perdait sa lumière. C'est ce qui arrive quand la lune est directement opposée au soleil; ils supposèrent que l'opposition avait lieu précisément au milieu de l'éclipse, et cela est vrai à quelques minutes près.

Supposons donc que l'on connaisse, par observation, les instans du

milieu de deux éclipses , et le nombre des mois lunaires ou des révolutions entières qui ont eu lieu dans l'intervalle, on aura une valeur
approchée du mois lunaire , en divisant le nombre des jours écoulés
par le nombre des oppositions ou pleines lunes qui auront eu lieu dans
l'intervalle ; le résultat sera d'autant plus exact qu'il y aura plus de révolutions entières.

27. On a trouvé de cette manière , que le mois lunaire synodique ,
ou l'intervalle moyen entre deux pleines lunes, est de 29^j 12^h 44' 3".

Ce mois s'appelle synodique ou de conjonction, il ramène le soleil
et la lune en deux lieux opposés ; c'est-à-dire distans de 180°.

Mais quand la lune s'est trouvée en opposition avec le soleil , elle ne
peut s'y retrouver ensuite que par l'excès de son mouvement sur celui
du soleil. Soit n le nombre de mois synodiques de l'intervalle ; la lune
aura donc fait n 360°, plus le mouvement du soleil pour le nombre de
jours écoulés dans l'intervalle. Or ce dernier mouvement est connu ; dé-
signons-le par mN , m étant le mouvement diurne du soleil et N le
nombre de jours ; la lune aura donc fait $n.360° + mN$, le mouvement
moyen dans un jour, sera

$$\frac{n.360° + mN}{N} = \frac{n}{N} 360° + m.$$

28. On connaît avec beaucoup de précision le mouvement vrai du
soleil ; mais pour que la formule $\frac{n}{N} 360° + m$ donne véritablement le
mouvement moyen diurne , il faudrait que les deux éclipses eussent été
observées soit à l'apogée, soit au périgée où l'équation du centre est
nulle , soit dans le même point de l'ellipse lunaire ; on choisira donc
des éclipses qui remplissent ces conditions; par exemple, deux éclipses
périgées, ou deux éclipses apogées; ou deux éclipses, dont l'une soit
périgée et l'autre apogée ; par ce moyen on éludera l'inégalité. On a
trouvé de cette manière que le moyen mouvement diurne de la lune
est de 13° 10' 35" ; celui de l'apogée est de 6' 41". Ptolémée trouvait
13° 10' 34" 58''' 33^{iv} 30^v 30^{vi} et 6' 41" 2''' 15^{iv} 38^v 31^{vi} par les méthodes
indiquées ci-dessus.

29. Avec ces connaissances préliminaires qu'on peut tirer immédiatement des observations sans le secours d'aucune théorie, on peut entreprendre des observations plus précises pour en déduire la parallaxe , et

par suite une connaissance plus approchée de l'excentricité , de l'apogée, et autres particularités du cours de la lune.

On observera donc le passage de la lune au méridien, on en déduira l'ascension droite de la lune par la comparaison avec une ou plusieurs étoiles bien connues. Au méridien , la parallaxe et la réfraction ne changent en rien l'ascension droite.

La réfraction diminue la distance au zénit , mais nous savons calculer la réfraction ; nous aurons la distance au zénit corrigée de la réfraction , mais elle restera affectée de la parallaxe.

3o. Pour reconnaître par l'observation les inégalités nombreuses de la lune , il faudrait avoir plusieurs lieux vrais de la lune ; mais l'observation ne donne que des lieux affectés de la parallaxe. La première chose à connaître serait donc cette parallaxe , au moyen de laquelle nous transformerions les lieux apparens en lieux vrais.

Nous avons donné différentes méthodes (XV) pour observer cette parallaxe ; elles suffisaient pour reconnaître que la parallaxe des étoiles est insensible ; elles suffisaient encore pour trouver à peu près la parallaxe du soleil qui est très-petite. Les mouvemens du soleil qui sont toujours uniformes dans l'espace d'un jour , nous donnaient encore une grande facilité. Il n'en est pas de même pour la lune dont les mouvemens sont très-inégaux, tant en ascension droite qu'en déclinaison , ou distance polaire. Le problème , sans devenir encore bien difficile, devient au moins assez compliqué.

3i. On ne peut, à cause de l'inclinaison des cornes de la lune , observer le plus souvent que l'un de ses bords ; et pour avoir la position du centre , il faut connaître le demi-diamètre ; mais ce diamètre reçoit une augmentation à mesure que la lune approche du zénit. Nous avons trouvé pour cette augmentation(XV.3g), une formule qui ne dépend que du demi-diamètre même et de la distance au zénit. Ainsi toutes les fois que l'on voudra déterminer la parallaxe , il faudra d'abord observer le demi-diamètre incliné ou la distance des cornes, ce sera le demi-diamètre apparent ; on déterminera l'angle que la ligne des cornes fait avec une ligne horizontale, et l'on calculera l'accourcissement produit par la réfraction ; avec la distance du centre de la lune au zénit, on calculera l'augmentation. Soit c la ligne des cornes, r l'accourcissement produit par la réfraction , a l'augmentation, on aura $\dfrac{c+r-a}{2} = \frac{1}{2}\,\mathrm{d}$

$\frac{1}{2}$ diamètre horizontal. Le demi-diamètre apparent $\frac{1}{2}(c+r)$ ajouté ou retranché de la distance au zénit, donnera la distance apparente du centre.

Pour calculer l'accourcissement r, il faut mesurer la hauteur perpendiculaire h de la partie éclairée et la ligne des cornes c. Alors $\frac{h}{c} =$ sin inclinaison ; l'inclinaison connue, on trouve l'accourcissement r dans la table.

32. Pour connaître la parallaxe, il faudra comparer cette distance apparente du centre au zénit à une distance vraie calculée ; la différence sera la parallaxe de hauteur $p = \varpi \sin (N+p)$, d'où $\varpi = \dfrac{p}{\sin (N+p)}$.

Mais pour calculer la distance vraie de la lune au zénit, il faut connaître et la distance vraie au pôle, et l'angle horaire vrai ; et c'est en cela que consiste la difficulté, parce que la distance au pôle change continuellement et inégalement, et que l'ascension droite d'où dépend l'angle horaire croît encore d'une manière plus rapide et plus inégale. Il faut donc commencer par reconnaître le changement de la distance au pôle.

Méthode pour trouver la parallaxe horizontale.

33. Soit N la distance apparente au zénit déjà corrigée de la réfraction ; ϖ la parallaxe horizontale qui nous est inconnue, N $-\varpi \sin$ N sera la distance vraie au zénit et la distance vraie au pôle $\Delta = $ N $-\varpi \sin$ N $+ (90°-H)$, H étant la hauteur du pôle.

Une seconde observation donnera de même

$$\Delta' = N' - \varpi' \sin N' + (90°-H),$$

d'où

$$(a)\ldots\ldots\ \Delta - \Delta' = N - N' - \varpi \sin N + \varpi' \sin N'.$$

La parallaxe horizontale est l'angle sous lequel la lune voit le rayon de la terre. Soit R la distance de la lune à la terre, r le rayon du globe lunaire, ρ le rayon du globe terrestre, D le demi-diamètre moyen, $\mathcal{d}$ le demi-diamètre actuel ; nous aurons $\varpi = \dfrac{\rho}{R}$, $\mathcal{d} = \dfrac{D}{R}$; donc $\dfrac{\varpi}{\mathcal{d}} = \dfrac{\rho}{D} =$ constante. Nous verrons que ce rapport est celui de $\dfrac{120'}{32'\,45''} = 3,6641$; donc la parallaxe d'un instant quelconque est au diamètre pour le même instant, comme la parallaxe horizontale d'un autre instant est au diamètre pour ce second instant, donc $\varpi : \delta :: \varpi' : \delta'$, ou $\varpi' = \frac{\delta'}{\delta}\,\varpi$, et en substituant cette valeur dans l'équation (a), on aura

$$\Delta - \Delta' = N - N' - \varpi \left(\sin N - \frac{\delta'}{\delta} \sin N' \right),$$

et en supposant $\frac{\delta'}{\delta} \sin N' = \sin N''$, on aura

$$\Delta - \Delta' = N - N' - 2\varpi \sin \tfrac{1}{2}(N - N'') \cos \tfrac{1}{2}(N + N'') ;$$

la variation diurne de la parallaxe peut aller à $39''$ vers les moyennes distances.

Nous pouvons choisir des circonstances où $N - N''$ soit un petit arc, et les distances N et N' fort petites, ce qui arrive tous les mois quand la déclinaison boréale de la lune est la plus grande; or, dans ce cas, $2\varpi \sin \tfrac{1}{2}(N - N'') \cos \tfrac{1}{2}(N + N'')$ est une quantité qu'on pourrait négliger dans une première approximation.

Mais nous savons déjà que ϖ est égal à 3 ou 400 fois la parallaxe du soleil $= 9'' \times 300$, ou $9 \times 400 = 45'$, ou $60'$; supposons par un milieu $\varpi = 53'$, l'erreur sera beaucoup moins considérable que si nous négligions tout à fait le terme $2\varpi \sin \tfrac{1}{2}(N - N'') \cos \tfrac{1}{2}(N + N'')$; nous aurons donc une valeur fort approchée de $\Delta - \Delta'$ ou du mouvement diurne de la lune vers le pôle. Avec ce mouvement, nous pourrons connaître la distance Δ'' pour un instant quelconque entre les deux observations au méridien.

34. L'intervalle entre les deux passages au méridien sera de $24^h 50'$ environ ; mettons en général $(24^h + x)$, x sera donné par l'observation.

Supposons qu'on observe la distance N''' de la lune 8 heures après le premier passage au méridien ; la distance polaire sera $\Delta - \dfrac{8^h(\Delta - \Delta')}{24^h + x}$ pour l'instant de l'observation, sauf la petite erreur sur $\varpi' \sin N'$ et sur $\dfrac{8(\varpi \sin N' - \varpi \sin N)}{24 + x}$; comparez cette distance calculée avec la distance observée N''' corrigée de la réfraction ; la différence sera la parallaxe de hauteur p qui sera connue à peu près. Or $p = \varpi'' \sin N'''$, donc $\varpi'' = \dfrac{p}{\sin N'''}$; nous aurons donc une valeur approchée de la parallaxe horizontale ϖ'' pour l'instant de l'observation.

'Avec cette valeur approchée, nous calculerons les deux parallaxes au méridien $\varpi \sin N$ et $\varpi' \sin N'$ que nous avons négligées d'abord, ou calculées approximativement. Ici l'erreur sera presque insensible, parce que $\sin N$ et $\sin N''$ sont de petites fractions; nous aurons donc $\Delta - \Delta'$ plus exactement, et recommençant le calcul, nous aurons une valeur plus approchée de ϖ. Si la différence entre les valeurs de ϖ est un peu sensible, nous recommencerons le calcul jusqu'à ce qu'enfin deux calculs consécutifs nous aient donné la même valeur pour ϖ.

35. Pour calculer la distance de la lune 8 heures après le passage au méridien, nous avons été obligés de calculer le triangle ZPL (fig. 40), dans lequel nous supposons connus les côtés PZ et PL avec l'angle ZPL; PZ est en effet bien connu, PL l'est à peu près : pour avoir P on dira $24^h + x : 360° :: 8^h : \mathrm{NPL} = \dfrac{360°.8^h}{24^h + x}$.

Mais cette valeur elle-même ne sera qu'approchée si le mouvement de la lune en ascension droite est inégal, et il l'est presque toujours. Pour y remédier, on observera quatre ou cinq passages consécutifs au méridien. Supposons que ces passages soient comme dans le tableau suivant, formé d'après des observations de M. Maskelyne.

1784	Dist. zén.	1er bord au mérid.	Δ'	Δ''	Δ'''	Δ^{iv}
31 janv.	24°48′13″5 bord inf.	4^{h}35′34″				
1er févr.	23.12.13.3 b. sup.	5.51.55	24^{h}56′ 1″			
2	23.33.43.2 b. sup.	6.27.28	24.55.53	—0′ 8″		
3	25.19. 0.9 b. sup.	7.22. 0	24.54.22	—1.21	—1′13″	+0′22″
4	28.19.27.0 b. sup.	8.14.20	24.52.20	—2.12	—0.51	

On voit combien les intervalles sont inégaux, et comme les différences croissent irrégulièrement. On voit donc que pour avoir l'angle horaire 8 heures après le second passage, par exemple, il ne suffirait pas de faire cette analogie, $24^h 55' 53'' : 360° :: 8^h : \mathrm{P} = \dfrac{8^h.360°}{24^h 55' 53''}$.

Cette analogie supposerait le mouvement uniforme. Pour avoir égard aux différences des divers ordres, voici comment on fera le calcul de l'angle horaire.

36. L'angle horaire d'un astre est mesuré par l'arc de l'équateur compris entre le point de l'équateur qui est au méridien, et le cercle de déclinaison de l'astre, ou l'ascension droite du milieu du ciel, moins l'ascension droite de l'astre.

Soit M le milieu du ciel, $\mathcal{R}$ l'ascension droite de la lune, 8 heures après le passage du premier février, P son angle horaire, $P = M - \mathcal{R}$.

À l'instant du passage, nous aurions ascension droite du milieu du ciel.... $= 5^h\,31'\,35'' = 82°\,52'\,45''.$

Huit heures sidérales plus tard, nous aurions........................... $M = 13^h\,31'\,35'' = 202°\,52'\,45''.$

Il reste donc à connaître $\mathcal{R}$ huit heures après le passage.

Or nous voyons que d'un jour à l'autre l'ascension droite de la lune croît de $0^h\,56'\,1''$, $0^h\,55'\,53''$, $0^h\,54'\,52''$, $0^h\,52'\,20''$, puisque son passage au méridien retarde successivement de ces quantités.

37. On tiendra compte des inégalités de ce mouvement par une formule d'interpolation qui se déduit du théorème de Taylor, et qui est d'une approximation suffisante.

Soit i l'intervalle pour lequel on calcule, ici $i = \dfrac{8^h}{24^h\,55'\,53''} = 0.32088$; vous aurez

$$\tfrac{1}{15}\mathcal{R} = 5^h\,31'\,35'' + i\Delta' + \frac{i\,(i-1)}{1.2}\,\Delta'' + \frac{i(i-1)\,(i-2)}{1.2.3}\,\Delta'''$$
$$+ \frac{i\,(i-1)\,(i-2)\,(i-3)}{1.2.3.4}\,\Delta^{\mathrm{iv}} + \text{etc.}$$

On voit que ces divers coefficiens sont ceux que fournit la doctrine des combinaisons. Voyez le mot *combinaison* dans l'Encyclopédie.

$$\frac{i-1}{2} = -0.33956;\ \left(\frac{i-2}{3}\right) = -0.59304;\ \left(\frac{i-3}{4}\right) = -0.66976;$$
$$\Delta' = +55'\,53'';\quad \Delta'' = -1'\,21'';\quad \Delta''' = -51'';\quad \Delta^{\mathrm{iv}} = +22''$$

et multipliant tout par 15, puisque la pendule suit le tems sidéral; il viendra

$\mathcal{R}$

$$
\begin{aligned}
\text{Æ} &= 82°\,52'\,45'' & &= 87°\,22'\,52''2 \\
&+\quad 4.28.58.6 & \text{M} &= 202.52.45 \\
&+\ldots\ldots2.12.4 \qquad \text{M} - \text{Æ} &= \overline{115°\,29'\,52''8} = \text{P.} \\
&-\ldots\ldots\ldots49.4 \\
&-\ldots\ldots\ldots14.4
\end{aligned}
$$

En supposant le mouvement uniforme, on aurait eu Æ plus faible et P plus fort de $1'\,8''\!,6$. Cet angle horaire n'est encore que celui du bord précédent de la lune ; nous en déduirons l'angle horaire du centre quand nous connaîtrons la distance polaire.

38. Le 31 janvier, la distance zénitale observée est $24°\,48'\,13''5$
J'ajoute pour la réfraction.......................... 27.0

On a observé le bord inférieur ; je retranche le
demi-diamètre augmenté.......................... 15. 4
$$\overline{24.33.36.5} = \text{N.}$$

A l'ordinaire, on cherche ce demi-diamètre par les tables, on en calcule l'augmentation (XV . 38) ; mais dans de premières recherches, quand on ne connaît ni la parallaxe ni le diamètre, il faut mesurer le diamètre et le corriger de l'effet de la réfraction sur les diamètres inclinés ; on aura ainsi le demi-diamètre apparent qu'il faudra retrancher de la distance zénitale du bord inférieur, pour avoir N distance zénitale apparente du centre de la lune.

Quand on a des tables de parallaxe horizontale, on calcule la parallaxe de hauteur pour le centre de la lune ; on la retranche de la distance N du centre. Ici, par exemple, avec la parallaxe horizontale $54'\,28''$, la série (XV. 12) donnerait $22'50''$ à retrancher de N, et l'on
aurait.................................. $24°\,10'\,47''$
on y ajouterait la distance polaire.......... 38.31.20
et l'on aurait la distance polaire Δ 62.42. 7

Par des calculs semblables, on aurait, pour les cinq observations, les quantités contenues dans le tableau suivant.

Quand on a des tables des parallaxes et des diamètres, on peut calculer les parallaxes pour le bord observé, retrancher cette parallaxe de la distance observée, et ensuite retrancher le demi-diamètre vrai. On se dispenserait de calculer l'augmentation.

Δ	Δ'	Δ''	Δ'''	Δ^{IV}
62° 42′ 7″				
61.37.22	—1° 4′ 45″	+1° 25′ 59″		
61.58.36	+0.21.14	+1.22.37	—3′ 22″	
63.42.27	+1.43.51	+1.14. 6	—8.31	—5′ 9″
66.40.24	+2.57.57			

la distance zénitale, 8 heures après le passage, sera

$$61°37'22'' + i\Delta' + \frac{i\,(i-1)}{1.2}\,\Delta'' + \frac{i\,(i-1)\,(i-2)}{1.2.3}\,\Delta''' + \text{etc.}$$

$\Delta' = +21'14''$; $\quad \Delta'' = +1°22'37''$; $\quad \Delta''' = -8'31''$ et $\quad \Delta^{\mathrm{IV}} = -5'9''$.

On prend les différences de tous les ordres en descendant par échelons, et l'on est obligé de supposer les Δ^{IV} constans, quand on n'a, comme ici, que cinq observations consécutives.

Les coefficiens fonctions de i sont les mêmes que pour l'angle horaire; on aura donc

$$\Delta = 61° 34' 25''.$$

39. Nous avons dit que le demi-diamètre apparent au méridien était de $15'4''$, et qu'on avait pu le mesurer; $15'4''$ à $61°34'25''$ du pôle soutendent un angle au pôle de $\dfrac{15'4''}{\sin 61°34'25''} = 17'8''$ qu'il faut retrancher de l'angle du premier bord; il restera $P = 115°12'45''$ angle horaire du centre.

Telle serait la distance vraie de la lune au pôle et l'angle horaire vrai, huit heures après le passage au méridien. Avec ces deux quantités et la distance du pôle au zénit $= 38°31'20''$, nous calculerions la distance vraie au zénit $= N$, et nous trouverions $N = 82°0'13''$; pour cette distance, la série (XV. 12) donnerait $p = 54'2,''97$ et $(N+p) = 82°54'16''$.

Cette distance apparente n'ayant point été observée, nous avons été obligés de la calculer; mais supposons qu'elle ait été observée, nous aurons $(N+p) — N = 82°54'16'' — 82°0'13'' = 54'3'' = p = \varpi . \sin(N+p)$ et $\varpi = \dfrac{54'3''}{\sin(N+p)} = \dfrac{54'3''}{\sin 82°54'16''} = 54'28''.$

40. Mais supposons que nous n'ayons aucune idée de la parallaxe, que nous ignorions même si elle existe ; en ce cas il faudrait d'abord la négliger, et après avoir ajouté la réfraction, ajouté ou retranché le demi-diamètre apparent comme ci-dessus, nous aurions les distances polaires Δ que présente le tableau suivant :

Δ	Δ'	Δ''	Δ'''	Δ^{IV}
63° 4′ 57″	— 1° 6′ 2″	+ 1° 27′ 28″	— 3′ 36″	— 5′ 1″
61.58.55	+ 0.21.26	+ 1.23.52	— 8.37	
62.20.21	+ 1.45.18	+ 1.15.15		
64. 5.39	+ 3. 0.33			
67. 6.12				

Toutes les distances polaires sont plus fortes de 21 à 26′ que dans le tableau précédent ; les Δ', Δ'', etc. sont à peu près les mêmes. Nous aurions

$$\Delta = 61° 58' 55'' + i\Delta' + \frac{i(i-1)}{2} \Delta'' + i\left(\frac{i-1}{2}\right)\left(\frac{i-1}{3}\right)\Delta''' + \text{etc.} = 61° 56' 19''.$$

Avec l'angle horaire 115° 12′ 45″, la distance du pôle au zénit $= 38° 31' 20''$, et avec cette distance polaire, nous trouverions N $\dots\dots = 82.18.14$

L'observation aurait donné $\qquad\qquad$ N $+ p \dots = 82.54.16$

D'où $\qquad\qquad p \dots = \overline{36. 2}$

Nous en conclurions $\varpi = \dfrac{36' 2''}{\sin 82° 54' 16''} = 36' 59''$ valeur trop faible d'environ $17\frac{1}{2}$; la parallaxe au méridien serait $56' 59'' \sin 23° 27' 55'' = 14' 35''$, $\Delta = 61° 56' 19'' - 14' 35'' = 61° 41' 44''$ trop forte de 7′ 19″, l'erreur est réduite au tiers.

Avec cette nouvelle distance nous aurions N $= 86° 6' 14''$, $p = 48' 5''$ p' ou la parallaxe au méridien, 19′ 17″ et $\Delta = 61° 57' 2''$ trop forte de 2′ 37″.

Avec cette troisième valeur, N $= 82° 2' 21''$, $p = 51' 55''$, $\varpi = 52' 17''$, $p' = 20' 49''$ et $\Delta = 61° 55' 30''$ trop forte de 1′ 5″.

Cette quatrième valeur donne N $= 82° 1' 6''$, $p = 53' 10''$, $\varpi = 53' 55''$, $p' = 21' 20''$ et $\Delta = 61° 54' 59''$ trop forte de 54″.

Cette cinquième valeur donne N $= 82° 0' 41''$, $p = 53' 55''$, $\Delta = 54' 0''$, $p' = 21' 30''$, $\Delta = 61° 54' 49''$ trop forte de 24″.

Cette sixième valeur donne N $= 82° 0' 50''$, $p = 53' 46''$, $\varpi = 54' 11''$, $p' = 21' 54''$, $\Delta = 61° 54' 45''$ trop forte de 20″ ; mais la parallaxe horizontale est à fort peu près exacte, une nouvelle approximation n'y apporterait aucun changement.

Avec cette valeur on conclurait l'augmentation au méridien (XV. 38); on la retrancherait du diamètre apparent observé, on en conclurait le rapport du demi-diamètre à la parallaxe pour avoir les autres jours la parallaxe par le diamètre observé. On recommencerait le calcul des distances au zénit et au pôle; on recommencerait l'interpolation pour avoir le véritable Δ, et une valeur plus précise encore de la parallaxe.

On arriverait au même but d'une manière plus courte par la formule suivante :

$$\varpi = \frac{(N+p) - N}{\sin(N+p) - \frac{\sin n}{\sin N}(\cos \delta \sin \Delta - \sin \delta \cos \Delta \cos P - \sin \tfrac{1}{2} \varpi \sin^2 n \cos N)},$$

N est la distance approximative, n la distance zénitale au méridien, $\delta = 90° - H$; on négligerait d'abord le terme $\sin \tfrac{1}{2} \sin^2 n \cos N$, sauf à en tenir compte ensuite; on aurait ainsi $\varpi = 54' \; 11'',5$.

41. Cet exemple était favorable en ce que les distances au zénit étaient presque les plus petites qu'il soit possible d'observer ; la parallaxe horizontale était aussi presque au *minimum*, les erreurs au méridien moins considérables, par conséquent.

On recommencerait des opérations toutes pareilles quand les diamètres et les parallaxes sont au *maximum*, et que les distances zénitales sont fort petites au méridien, et l'on aurait la plus grande parallaxe horizontale ainsi que la plus petite.

C'est ainsi que les anciens astronomes auraient pu trouver les parallaxes, s'ils eussent possédé de meilleurs instrumens. C'est ainsi que la connaissance de cet élément essentiel a été perfectionnée peu à peu. Aujourd'hui on le connaît trop bien pour qu'on ait besoin de recourir à la méthode que nous venons d'indiquer ; mais il était nécessaire de montrer comment on a pu trouver la parallaxe anciennement.

42. Nous avons parlé d'une autre méthode pour trouver la parallaxe, pratiquée par Lacaille au Cap de Bonne-Espérance, et par Lalande, à Berlin. Cette méthode est beaucoup meilleure ; car la précédente peut être incertaine de plusieurs secondes.

Soit C (fig. 41) le Cap, et Z son zénit; B Berlin, et Z' son zénit; L la lune. Un observateur au centre de la terre observerait ZKL, distance de la lune au zénit du Cap, et Z'KL au zénit de Berlin; la somme

ZKZ′ serait la différence des deux latitudes; mais les distances réellement observées seront

$$ZCL = ZKL + CLK,$$
$$Z'BL = Z'KL + BLK,$$

dont la somme donne

$$ZCL + Z'BL = (ZKL + Z'KL) + CLK + BLK$$
$$= ZKZ' + \varpi \sin ZCL + \varpi \sin Z'BL,$$

ou
$$N + N' = H + H' + \varpi (\sin N + \sin N'),$$

et par conséquent
$$\varpi = \frac{N + N' - (H + H')}{\sin N + \sin N'},$$

ou
$$\varpi = \frac{(N + N') - (H + H')}{\sin N + \sin N'} = \frac{(N + N') - (H + H')}{2 \sin \frac{1}{2}(N + N') \cos \frac{1}{2}(N - N')}.$$

On suppose les deux observations simultanées; c'est-à-dire que les deux observateurs sont sous le même méridien. On suppose encore qu'on a corrigé les deux distances de la réfraction.

43. Si les deux observations n'ont pas été faites au même instant, on calcule de combien la distance de la lune au pôle a dû changer dans l'intervalle : soit dN ce changement; au lieu de $(N + N')$, on emploie $(N + N' + dN)$; je suppose que la lune se rapproche du zénit du second observateur.

Nous donnerons ci-après une autre méthode pour trouver la parallaxe de la lune par des observations faites dans un seul lieu.

Au lieu de trouver la parallaxe horizontale par la parallaxe de hauteur, on peut la trouver par la parallaxe d'ascension droite. (Voyez le chapitre des parallaxes.)

44. La parallaxe ainsi connue à peu près, nous donnera par la suite les moyens de la corriger encore et d'approcher plus près de la vérité ; on peut se flatter qu'elle est aujourd'hui connue à une seconde près. La théorie et l'observation ne diffèrent pas en effet d'une seconde.

Le rapport $\frac{r}{D}$ est, comme nous avons vu (33), celui du rayon de la terre au rayon de la lune; la surface de la lune est donc à celle de la terre dans le rapport $\left(\frac{r}{D}\right)^2$, et les volumes dans le rapport de $\left(\frac{r}{D}\right)^3$. Ainsi le rayon de la lune étant environ 0.27293 de celui de la terre, ou $\frac{3}{11}$, la surface $\frac{9}{121} = \frac{1}{13,4}$, le volume $\frac{1}{49}$ environ ; le rapport des masses dépend ensuite des densités.

De l'inclinaison de l'orbite lunaire.

45. Nous pouvons maintenant trouver par observation, l'ascension droite et la déclinaison vraie de la lune, et par conséquent sa longitude et sa latitude vraie. Nous aurons son mouvement vrai entre chaque paire d'observations ; nous le comparerons au mouvement moyen pour en déduire les inégalités ; et d'abord nous en trouverons une fort remarquable qui n'a point lieu pour le soleil. Le soleil, en effet, est toujours dans l'écliptique ; il n'a point de latitude sensible. Il n'en est pas de même de la lune : le calcul nous prouvera qu'elle est presque toujours au-dessous ou au-dessus de l'écliptique, et que son orbite ne coupe ce cercle qu'en deux points qu'il s'agit de déterminer, et que cette orbite fait avec l'écliptique un angle d'environ 5° qu'il faut aussi connaître plus exactement.

46. Parmi nos observations, choisissons les deux plus voisines du passage par l'écliptique. Soit L et V (fig. 42) les deux lieux de la lune ; LA, VB ses deux latitudes observées, et AB le mouvement en longitude dans l'intervalle ; il faut trouver le point C et l'angle C. On a

$$\operatorname{tang} AL = \operatorname{tang} C \sin AC , \quad \operatorname{tang} VB = \operatorname{tang} C \sin CB ;$$

donc

$$\operatorname{tang} AL + \operatorname{tang} VB = \frac{\sin (AL+VB)}{\cos AL \cos VB} = 2\operatorname{tang} C \sin \tfrac{1}{2}(AC+BC)\cos \tfrac{1}{2}(AC-BC) ;$$

donc

$$\operatorname{tang} C = \frac{\sin (AL+BV)}{2\cos \tfrac{1}{2}(AC-BC) \cos AL \cos BV \sin \tfrac{1}{2}(AC+BC)}$$
$$= \frac{\sin (\lambda + \lambda')}{2\cos \lambda \cos \lambda' \sin \tfrac{1}{2} AB \cos \tfrac{1}{2}(AC - BC)} ;$$

ensuite

$$\frac{\operatorname{tang} AL}{\operatorname{tang} BV} = \frac{\sin AC}{\sin BC}, \quad \operatorname{tang} AL : \operatorname{tang} BV :: \sin AC : \sin BC ;$$

ou bien

$$\operatorname{tang} AL + \operatorname{tang} BV : \operatorname{tang} AL - \operatorname{tang} BV :: \sin AC + \sin BC : \sin AC - \sin BC,$$

ou

$$\sin (AL + BV) : \sin (AL - BV) :: \tang \tfrac{1}{2}(AC+BC) : \tang \tfrac{1}{2}(AC-BC),$$

ou

$$\sin (\lambda + \lambda') : \sin (\lambda - \lambda') :: \tang \tfrac{1}{2} AB : \tang \tfrac{1}{2} (AC - BC).$$

Nous connaissons les trois premiers termes, nous aurons donc
$\tfrac{1}{2}(AC-BC)$ et $AC=\tfrac{1}{2}AB+\tfrac{1}{2}(AC-BC)$, $BC=\tfrac{1}{2}AB-\tfrac{1}{2}(AC-BC)$;
nous connaîtrons donc AC et BC : nous aurons la longitude du point C;
alors $\tang C=\dfrac{\sin (\lambda + \lambda')}{2 \cos \lambda \cos \lambda' \sin\tfrac{1}{2} AB \cos\tfrac{1}{2} (AC - BC)}$, et le problème sera résolu complètement; mais il donnera le point C avec plus de précision
que l'angle C.

47. Le point C est ce qu'on appelle le nœud de la lune; les deux nœuds
s'appelaient encore anciennement tête et queue du dragon; ☊ désigne le
nœud ascendant, ☋ nœud descendant. Les Grecs les nommaient, l'un
anabibazon, et l'autre *catabibazon;* c'est-à-dire qui fait monter au-dessus
et descendre au-dessous, expressions plus justes, mal interprétées et
mal-à-propos confondues dans l'Encyclopédie.

Le mois suivant, recommençons ces observations, nous trouverons
pour le nœud ascendant C, une longitude moins avancée de près de
1° 28'; recommençons le mois d'après, nous aurons 2° 55', et ainsi de
suite : ensorte qu'en comparant des observations éloignées, ce mouvement rétrograde du nœud est de 19° 19' 43" par an, et que le nœud
fait le tour du ciel en 6798 jours.

Quand on aura déterminé la latitude BV, la longitude EV et la distance
C, on aura $\tang \text{inclinaison} = \dfrac{\tang EC}{\sin BC} = \tang \text{angle } C.$

48. L'angle C paraît aussi sujet à quelques inégalités, on le trouve de
1° à 5° 17', suivant les circonstances; on peut supposer 5° 8' par un milieu
dans ces premières recherches.

49. Le mouvement sur l'écliptique n'est donc pas le véritable mouvement de la lune; pour le connaître, il faut réduire chaque longitude
à l'orbite, en y ajoutant $\dfrac{\tang^2 \tfrac{1}{2} I \sin 2A}{\sin 1''} + \dfrac{\tang^4 \tfrac{1}{2} I \sin 4A}{\sin 2''} + \dfrac{\tang^6 \tfrac{1}{2} I \sin 6A}{\sin 3''},$

Cette équation dépend de la distance A au nœud , comptée sur l'écliptique, et de l'inclinaison $I = 5°8'$; elle est de même genre que la réduction de l'équateur à l'écliptique. L'inclinaison étant plus petite, la réduction est aussi plus faible , car on a

$$R = + 7'4'',13 \sin 2A + 0''4262 \sin 4A.$$

5o. C'est le mouvement sur l'orbite qui doit être comparé au mouvement moyen pour déterminer les inégalités , l'excentricité et le lieu de l'apogée.

Avant d'entreprendre cette recherche, donnons encore un moyen pour déterminer l'inclinaison et la parallaxe tout-à-la-fois.

51. On choisira le tems où le nœud de la lune est dans l'équateur même , ce qui arrive tous les dix-huit ans, et même tous les neuf ans , quoique d'une manière renversée. Soit donc EQ (fig. 43) l'équateur, ECQ l'écliptique, ELQ l'orbite de la lune, Z le zénit, $ZA = H$, $ZC = ZA - AC = H - \omega$, $ZL = ZA - AC - CL = H - \omega - I$.

La parallaxe abaissera la lune en l, de sorte que

$$Ll = \varpi \sin Zl = \varpi \sin N ;$$

donc Zl, ou

$$N = H - \omega - I + \varpi \sin N, \quad \text{ou bien} \quad I = H - \omega - N + \varpi \sin N.$$

Quinze jours après on aura, dans la partie australe de l'orbite (fig. 43);

$$Zl = H + \omega + I + \varpi' \sin N', \quad \text{ou} \quad I = N' - H - \omega - \varpi' \sin N'.$$

Retranchant la première équation de la seconde , nous aurons

$$N' + N - 2H - \varpi' \sin N' - \varpi \sin N = 0 ,$$

et puisque les parallaxes ϖ, ϖ' sont entre elles comme les diamètres observés, en supposant les diamètres δ et δ', on aura

$$\varpi' = \frac{\delta'}{\delta} \varpi ,$$

et en substituant dans l'équation précédente, on aura

$$0 = N' + N - 2H - \varpi \sin N - \frac{\varpi \delta'}{\delta} \sin N',$$

d'où

d'où l'on tire

$$\varpi = \frac{2H - N - N'}{\sin N - \frac{\delta'}{\delta} \sin N'}.$$

Les diamètres observés δ, δ' doivent être corrigés de la petite augmentation due à la distance au zénit, et cette augmentation sera plus grande pour la plus petite distance au zénit.

Ces parallaxes ainsi connues, nous aurons I par l'une ou l'autre des deux équations primitives, où tout sera connu alors.

52. Cette méthode fera donc connaître à la fois la parallaxe et l'inclinaison : elle suppose les nœuds dans l'équateur, ce qui n'aura pas lieu bien rigoureusement.

Ces parallaxes se réduiront à la parallaxe moyenne Π par l'analogie

$$\varpi : \delta :: \Pi : \text{demi-diamètre moyen}$$
$$\varpi' : \delta' :: \Pi : \text{demi-diamètre moyen}.$$

Le demi-diamètre moyen est la demi-somme des diamètres plus grand et plus petit, supposé pourtant que la lune n'ait d'autre inégalité que celle qui provient de l'excentricité.

53. Cette méthode serait donc la plus commode de toutes, si l'on pouvait observer la lune au méridien quand elle est à 90° de ses nœuds, et quand les deux nœuds sont aux points équinoxiaux ; mais ces circonstances très-difficiles à réunir dans l'une des deux observations, sont tout à fait impossibles à réunir dans les deux, parce que la demi-révolution n'est pas d'un nombre entier de retours au méridien, et que les nœuds changent continuellement de place. Il faut donc ajouter quelques considérations nouvelles au procédé qui vient d'être exposé, il deviendra plus compliqué, mais plus général ; il est susceptible d'une assez grande précision.

Ptolémée s'y était pourtant trompé sensiblement, puisqu'il trouvait la parallaxe moyenne $78',5$ au lieu de $57'$ que nous trouvons. Le Monnier réussit beaucoup mieux, puisqu'il trouva $57'2''$.

54. Soit comme ci-dessus, ΥA (fig. 44) l'équateur, ΥCΩ l'écliptique ; ΩL$\maltese$ l'orbite de la lune, Z le zénit, Z$u =$ N distance observée au zénit, P le pôle, et Plua le cercle de déclinaison de la lune ; car la lune étant

observée au méridien, les points P, Z, l, u, a seront dans un même cercle. La parallaxe de hauteur est

$$\varpi \sin Zu = \varpi \sin N = lu.$$

On a de plus

$$Zu = N = Za - al + \varpi \sin N = Za - ac - cl + \varpi \sin N = H - D - cl + \varpi \sin N,$$

en nommant D la déclinaison du point c de l'écliptique.

Nous connaissons ac par la formule tang ac ou tang $D =$ tang ω sin Υa $=$ tang ω sin $\mathcal{R}\mathbb{C}$; il restera encore à éliminer cl.

Nous connaissons $\Upsilon \Omega$ longitude du nœud, et Υc longitude du point de l'écliptique culminant avec la lune ; nous connaissons $\Omega cl = 180° - \Upsilon ca$ angle de l'écliptique avec le cercle de déclinaison.

Dans le triangle Ωcl, nous avons donc deux angles, car l'inclinaison est connue à fort peu près ; nous avons $\Omega c = \Upsilon c - \Omega \Upsilon$; nous pouvons donc calculer cl. Soit $cl = E$, notre équation deviendra donc

$$N = H - D - E + \varpi \sin N ;$$

cl ainsi calculé, différera peu de l'inclinaison, car

$$\tan g\, cl = \frac{\tan g\, I \sin \Omega c}{\sin c + \cos c \cos \Omega c \, \tan g\, I}.$$

L'erreur commise sur l'inclinaison se portera presque toute entière sur cl, mais nous allons voir qu'elle se détruira par une compensation nécessaire.

55. Une seconde observation faite sept ou huit jours après la première, donnera

$$N' = H + D' + E' + \varpi' \sin N',$$

et par conséquent

$$(N' + N) = 2H - (D - D') - (E - E') + \varpi \sin N + \varpi' \sin N',$$

$$(N + N') - 2H + (D - D') + (E - E') = \varpi \sin N + \varpi \frac{\delta'}{\delta} \sin N',$$

et en faisant $\frac{\delta'}{\delta} \sin N' = \sin N''$, on aura

$$\varpi = \frac{(N + N') - 2H + (D - D') + (E - E')}{\sin N + \sin N''} = \frac{\frac{1}{2}(N + N) + \frac{1}{2}(D - D') + \frac{1}{2}(E - E') - H}{\sin \frac{1}{2}(N + N'') \cos \frac{1}{2}(N - N'')}.$$

Si nous supposons l'inclinaison un peu trop grande, $cl = $ E sera aussi un peu trop grande; mais par la même raison, E' sera aussi un peu trop grande; $\frac{1}{2}$ (E — E') n'aura que la demi-différence de deux erreurs presque égales : nous aurons donc ϖ avec assez de précision : ϖ étant connu, nous connaîtrons aussi ϖ sin N de la première équation, et alors nous aurons $cl = $ H — N — D $+ \varpi$ sin N bien connu; car l'erreur de ϖ sera fort diminuée par la multiplication dans le terme ϖ sin N, N étant un arc peu considérable. Nous aurons donc une valeur très-approchée de cl; ensuite abaissons la perpendiculaire lp, nous aurons tang $cp = $ tang cl cos c, sin $lp = $ sin lc sin c, enfin tang I $= \frac{\text{tang } lp}{\text{sin } \Omega p}$. I sera l'inclinaison; si elle diffère un peu de l'inclinaison supposée, nous recommencerons tout le calcul, et nous aurons I plus exactement que la première fois, et ainsi de suite.

56. On pourra employer cette méthode tous les neuf ans, et on pourra trouver des valeurs différentes de quelques minutes pour cette inclinaison; on cherchera la loi de ces inégalités, nous y reviendrons après avoir examiné celles de la longitude.

57. Pour trouver ces dernières, nous pourrons d'abord tenter les méthodes qui nous ont réussi pour le soleil; cherchons donc à la fois l'excentricité et l'apogée.

Soient Z, Z', Z'' trois anomalies moyennes inconnues, $u - p, u, u + q$ les trois anomalies vraies correspondantes, également inconnues; on sait seulement que

$$Z = (u - p) + a \sin (u - p) + R ,$$
$$Z' = u + a \sin u + R'$$
$$Z'' = (u + q) + a \sin (u + q) + R'',$$

en désignant par R, R', R'' la somme des autres termes de la série qui, dans chacune de ces équations, complète la valeur de l'anomalie moyenne exprimée en fonction de l'anomalie vraie et de l'excentricité. Ces trois équations donnent d'abord

$$Z' - Z = p + a [\sin u - \sin (u - p)] + R' - R ,$$
$$Z'' - Z' = q + a [\sin (u + q) - \sin u] + R'' - R' ,$$

ou

$$(Z' - Z - p) - (R' - R) = 2a \sin \tfrac{1}{2} p \cos \tfrac{1}{2} p \cos u + 2a \sin^2 \tfrac{1}{2} p \sin u ,$$
$$(Z'' - Z' - q) - (R'' - R') = 2a \sin \tfrac{1}{2} q \cos \tfrac{1}{2} q \cos u - 2a \sin^2 \tfrac{1}{2} q \sin u ,$$

ou

$$(a)\dots\begin{cases}\dfrac{(Z'-Z-p)-(R'-R)}{\sin p}=a\cos u+a\,\tang\tfrac{1}{2}\,p\sin u\,;\\[1em]\dfrac{(Z''-Z'-q)-(R''-R)}{\sin q}=a\cos u-a\,\tang\tfrac{1}{2}\,q\sin u.\end{cases}$$

Supposons maintenant qu'aux trois anomalies moyennes Z, Z', Z'', correspondent les longitudes moyennes.............. M, M', M'', et les longitudes de l'apogée...................... π, π', π'', et qu'on ait de plus $\pi=\pi'-m$, $\pi''=\pi'+n$, on aura

$$Z = M - \pi = M - (\pi' - m),$$
$$Z' = M' - \pi'$$
$$Z''= M'' - \pi''= M'' - (\pi' + n),$$

donc

$$Z' - Z = M' - M - m, \quad Z'' - Z' = M'' - M' - n.$$

Soient pareillement V, V', V'' les longitudes vraies correspondantes aux anomalies vraies u, $u-p$, $u+q$, on aura

$$u=V'-\pi', \quad u-p=V-(\pi'-m), \quad u+q=V''-(\pi'+n),$$

et par conséquent,

$$p=V'-V-m\,;\quad q=V''-V'-n\,;$$

en substituant ces valeurs dans les équations (a), on aura

$$(b)\dots\begin{cases}\dfrac{(M'-M)-(V'-V)-(R'-R)}{\sin(V'-V-m)}=a\cos u+a\sin u\,\tang\tfrac{1}{2}(V'-V-n),\\[1em]\dfrac{(M''-M')-(V''-V')-(R''-R')}{\sin(V''-V'-n)}=a\cos u-a\sin u\,\tang\tfrac{1}{2}(V''-V'-n).\end{cases}$$

Nous connaissons $(M'-M)$, $(M''-M')$ mouvemens moyens en longitude dans les deux intervalles; $(V'-V)$, $(V''-V')$ sont les différences des longitudes observées; nous connaissons aussi m et n, mouvement de l'apogée dans les deux intervalles; nous pourrons calculer R, R', R'' par la connaissance approchée que nous avons de l'excentricité; nous n'avons donc que les deux inconnues $a\cos u$ et $a\sin u$; nous les déterminerons par l'élimination numérique; alors $\tang u=\dfrac{a\sin u}{a\cos u}$, et nous aurons enfin $a=\dfrac{a\cos u}{\cos u}=\dfrac{a\sin u}{\sin u}$.

58. Nous aurons ainsi le premier coefficient de l'équation du centre pour l'argument u ; nous en déduirons directement $e = \frac{1}{2} a$. Avec cette valeur, nous recommencerons le calcul de R, R', R'', et tous les calculs subséquens ; nous aurons u et a plus exactement, et après deux ou trois approximations semblables, nous aurons u et e aussi exactement que le comportent les observations ; deux approximations doivent suffire pour la lune.

59. On peut réduire à deux formules générales, la recherche de tang u et de a. En effet, désignons par A le premier membre de la première des équations (b), et par B le premier membre de la seconde, on aura

$$A = a \cos u + a \sin u \, \mathrm{tang}\, \tfrac{1}{2} p,$$
$$B = a \cos u - a \sin u \, \mathrm{tang}\, \tfrac{1}{2} q.$$

La différence donne

$$A - B = a \sin u (\mathrm{tang}\, \tfrac{1}{2} p + \mathrm{tang}\, \tfrac{1}{2} q) = a \sin u \, \frac{\sin \frac{1}{2}(p+q)}{\cos \frac{1}{2} p \, \cos \frac{1}{2} q},$$

ou

$$(c) \ldots\ldots a \sin u = \frac{(A - B) \cos \frac{1}{2} p \cos \frac{1}{2} q}{\sin \frac{1}{2}(p + q)}.$$

En multipliant la première par tang $\frac{1}{2} q$ et la seconde par tang $\frac{1}{2} p$, et en prenant la somme, on aura

$$A \, \mathrm{tang}\, \tfrac{1}{2} q + B \, \mathrm{tang}\, \tfrac{1}{2} p = a \cos u (\mathrm{tang}\, \tfrac{1}{2} q + \mathrm{tang}\, \tfrac{1}{2} p) = a \cos u \frac{\sin \frac{1}{2}(p + q)}{\cos \frac{1}{2} p \, \cos \frac{1}{2} q} ;$$

donc

$$(d) \qquad a \cos u = \frac{A \sin \frac{1}{2} q \cos \frac{1}{2} p + B \cos \frac{1}{2} p \cos \frac{1}{2} q}{\sin \frac{1}{2}(p + q)}.$$

En divisant l'équation (c) par l'équation (d), il viendra

$$\mathrm{tang}\, u = \frac{A - B}{A \, \mathrm{tang}\, \frac{1}{2} q + B \, \mathrm{tang}\, \frac{1}{2} p} ;$$

u étant connu, on aura

$$a = \frac{(A - B) \cos \frac{1}{2} p \cos \frac{1}{2} q}{\sin u \, \sin \frac{1}{2}(p + q)}.$$

60. Nous traiterons ainsi diverses observations de la lune prises trois à trois, et faites en différentes circonstances, et nous serons d'abord surpris de ne pas trouver toujours les mêmes valeurs pour e. Mais un peu de réflexion nous prouvera que ce peu d'accord doit tenir

aux perturbations qui peuvent être très-sensibles dans les mouvemens de la lune.

En effet la force attractive du soleil qui courbe à chaque instant la route de la terre pour lui faire décrire une ellipse, doit agir aussi sur la lune qui est à peu près à même distance du soleil que la terre. Ainsi les irrégularités mêmes de la lune nous fourniraient une preuve du pouvoir de l'attraction.

61. Nous n'avons pas encore décidé la question du mouvement ou du repos de la terre ; mais quoi qu'il en soit, nous concevons que le soleil, gros un million de fois au moins comme la terre, peut agir sur la lune.

La lune ne tourne pas autour du soleil, car elle a toujours une parallaxe beaucoup plus forte; elle passe tous les mois entre le soleil et la terre, on la voit alternativement en conjonction et en opposition.

62. La lune a fourni la preuve de la pesanteur universelle. C'est un fait que par l'effet de la pesanteur un corps élevé de $15^{pi},1037 = 2^{toi},5173$ au-dessus de la surface de la terre, y tombe en $1''$ de tems. Si tel est l'effet de la pesanteur à cette distance du centre de la terre, nous pouvons calculer quel serait cet effet dans la région de la lune ; car la pesanteur est en raison inverse du carré des distances.

La distance de la lune à la terre est de $\frac{1}{\sin 57'}$, puisque la parallaxe moyenne est de $57'$; donc la pesanteur à la distance de la lune doit

la faire tomber vers la terre en $1''$ de $\dfrac{2^{toi},5173}{\frac{1}{\sin^2 .57'}} = 2^{toi},5173 \sin^2 .57' = 0^{toi},000692.$

Voyons maintenant de combien la lune tombe effectivement à chaque seconde. Nous avons vu (XXI.8) que la chute d'une planète qui décrit un cercle $= r \tang\, du \tang \frac{1}{2} du = \frac{1}{2} r \tang^2 1'' (du)^2$; pour la lune, on a $r = \dfrac{3271200}{\sin 57'}$, $du = 32''\!,94 = 0''\!,5490$ en une seconde de tems, et par conséquent $\frac{1}{2} r \tang^2 .1'' (0,5490)^2 = 0^{toi},000699$, à très-peu près comme ci-dessus.

Donc la lune pèse sur la terre, et tombe sur elle à la manière des corps graves ; c'est ce raisonnement qui a conduit Newton à la grande découverte du principe de la gravitation universelle.

63. Si la terre agit aussi sensiblement sur la lune, le soleil, qui en est environ 400 fois plus loin, doit agir 160000 fois moins; mais il est un million de fois plus gros, et s'il avait même densité que la terre, son action serait $\frac{1000000}{160000}$ fois celle de la terre, ou 6 fois $\frac{1}{4}$ aussi forte. Comme il agit moins que la terre, nous en conclurons que sa densité est moindre, mais il reste toujours infiniment probable qu'il agit en effet.

S'il agit, son action doit varier suivant les différentes positions de la lune et de la terre relativement au soleil.

64. Quand ils sont tous les trois sur la même ligne, l'attraction du soleil ne peut changer que la distance et nullement la longitude : quand l'angle à la terre est à peu près droit, la lune et la terre sont à peu près à la même distance du soleil; il doit les attirer également tous deux; il accourcit également leurs distances, et ne doit pas changer l'angle à la terre entre le soleil et la lune.

65. Dans les positions intermédiaires, la lune et la terre sont inégalement éloignés du soleil; il doit changer inégalement les deux distances, et par conséquent l'angle à la terre : il en doit résulter une inégalité qui sera nulle vers 0°, 90°, 270° et 360° de distance angulaire entre la lune et le soleil; et l'on peut conjecturer très-vraisemblablement une équation qui dépendra principalement du sinus de la double distance. Cette équation sera donc presque nulle dans les syzygies et les quadratures, et la plus grande possible vers 45°, 135°, 225°, 315° de distance angulaire; elle a été trouvée par Tycho.

66. Pour éluder cette inégalité et trouver plus exactement l'excentricité, il convient donc d'observer la lune dans les syzygies; mais quand l'angle $=$ o, la lune est invisible, à moins qu'elle n'éclipse le soleil, et ces éclipses sont rares : nous n'avons pas dit encore comment on peut les calculer; il faut se borner pour le moment aux oppositions, et c'est ce qu'ont fait les anciens; ils ont à cet effet employé uniquement les éclipses de lune, qui leur fournissaient en outre l'avantage d'une observation passable faite sans instrument.

Les quadratures paraîtraient devoir être aussi favorables, et elles sont plus fréquentes, mais nous allons voir qu'elles ont un autre inconvénient.

67. Quand le soleil est apogée, il doit moins déranger la lune que

quand il est périgée; il doit en résulter une équation qui dépendra de l'anomalie moyenne du soleil. Cette équation, plus faible que la précédente, a été découverte par Kepler, par le calcul des observations de Tycho.

68. Quand la lune est apogée ou périgée, elle est plus loin ou plus près de la terre : sa distance au soleil doit varier; il en doit résulter des inégalités dépendantes de l'anomalie moyenne de la lune.

Le soleil en S (fig. 45) attire la terre; la distance à la lune devient tL, et l'angle LTS devient LtS ; il augmente de

$$\mathrm{TL}t = \left(\frac{\mathrm{T}t}{\mathrm{TL}}\right) \sin \mathrm{T} + \tfrac{1}{2}\left(\frac{\mathrm{T}t}{\mathrm{TL}}\right)^2 \sin 2\mathrm{T} + \text{etc.} = \frac{a}{r} \sin \mathrm{T} + \tfrac{1}{2}\left(\frac{a}{r}\right)^2 \sin 2\mathrm{T}.$$

Le soleil attire la lune de L en l, l'angle en t diminue de

$$\mathrm{L}tl = \left(\frac{\mathrm{L}l}{r}\right) \sin \mathrm{L} + \tfrac{1}{2}\left(\frac{\mathrm{L}l}{r}\right)^2 \sin 2\mathrm{L} = \left(\frac{b}{r}\right) \sin \mathrm{L} + \tfrac{1}{2}\left(\frac{b}{r}\right)^2 \sin 2\mathrm{L}.$$

Mais $\mathrm{L} = 180° - \mathrm{T}$ à $9'$ près ; donc l'effet total sur l'angle

$$= \left(\frac{a-b}{r}\right) \sin \mathrm{T} + \tfrac{1}{2}\left(\frac{a^2 + b^2}{r^2}\right) \sin 2\mathrm{T},$$

ou

$$- \left(\frac{b-a}{r}\right) \sin \mathrm{T} + \tfrac{1}{2}\left(\frac{b^2 + a^2}{r^2}\right) \sin 2\mathrm{T}, \text{ car } b > a.$$

a et b doivent être sensiblement égaux, donc le terme $\frac{b-a}{r}$ se réduit presque à rien : il n'en est pas de même du second terme; l'équation de perturbation doit donc être de la forme

$$- \left(\frac{a}{r}\right) \sin \mathrm{T} + \tfrac{1}{2}\left(\frac{b}{r}\right)^2 \sin \mathrm{T} + \text{etc.} :$$

mais $r = 1 + e \cos \mathrm{A}$; $\frac{1}{r} = 1 - e \cos \mathrm{A} + e^2 \cos^2 \mathrm{A}$, etc.; ainsi $\sin \mathrm{T}$ se trouvera multiplié par $e \cos \mathrm{A}$ et ses puissances.

T est l'angle vrai, si l'on veut employer l'angle moyen $= (\mathrm{T} -$ somme des perturbations). Le développement de toutes les inégalités rendra la série bien plus difficile à calculer; mais on en a la forme, on en déterminera les coefficiens par observation.

$$a(1 + e \cos \mathrm{A}) \sin \mathrm{T} = a \sin \mathrm{T} + ae \cos \mathrm{A} \sin \mathrm{T} = a \sin \mathrm{T} + \tfrac{1}{2} ae \sin (\mathrm{T} - \mathrm{A})$$
$$+ \tfrac{1}{2} ae \sin(\mathrm{T}+\mathrm{A}); \tfrac{1}{2}\left(\frac{b}{r}\right)^2 \sin 2\mathrm{T} = \frac{\tfrac{1}{2} b}{(1 + e \cos \mathrm{A})^2} \sin 2\mathrm{T} = \tfrac{1}{2} b(1 - 2e \cos \mathrm{A}) \sin 2\mathrm{T}$$
$$= \tfrac{1}{2} b \sin 2\mathrm{T} - \tfrac{1}{2} be \sin (2\mathrm{T} + \mathrm{A}) - \tfrac{1}{2} be \sin (2\mathrm{T} - \mathrm{A}) + \text{etc.}$$

69.

69. Nous aurons donc des termes dépendans de T, 2T, 3T, 4T, etc.
(variation),

$$(T + A), \; 2(T + A), \text{ etc.}, \; (T - A), \; 2(T - A), \text{ etc.}$$
$$(2T + A), \; (2T - A), \text{ etc.} \ldots \ldots \ldots \text{ (évection)}.$$

La distance de la terre au soleil est $m(1 + e\cos a)$, ce qui intro-
duira nécessairement des termes $(2T \pm a)$, ou l'équation annuelle.

70. L'orbite de la lune est inclinée d'un angle de 5° environ $= I$;
il y aura donc des termes $(T \pm I)$, $(T \pm \Omega)$, et en général toutes les
combinaisons des argumens T, A, a, I, Ω.

L'excentricité de la lune étant considérable, on a lieu de présumer
que les termes $(2T \pm A)$ seront les plus sensibles, aussi bien que $2T$.

71. Les inégalités principales de la lune doivent être

$$2e \sin A + b \sin 2T + c \sin(2T - A).$$

Dans les éclipses $2T = 0$, il ne reste que $2e \sin A - c \sin A = (2e - c) \sin A$.

Hipparque n'a donc pu trouver l'équation que de 5°, parce que dans
les éclipses, l'inégalité se réduit à $(2e - c) \sin A$.

Ptolémée observa les quadratures où $T = 90°$, $2T = 180°$, l'inégalité
devient $2e \sin A + c \sin(180° - A) = (2e + c) \sin A$.

Ptolémée trouva......   7° 40′ dans les quadratures,
et comme Hipparque....   5. 0 dans les syzygies,
                         ————————
                            2.40 différence,
                            1.20 demi-différence,
                         ————————
                           12.40 somme,
                            6.20 demi-somme.

Ainsi l'équation du centre est $(6°.20′) \sin A$, en négligeant le second
terme, qui effectivement est zéro quand $A = 90°$; car alors $2A = 180°$
et $\sin 180° = 0$.

72. L'évection est $(1°.20′) \sin(2T - A)$. Les anciens ne pouvaient
trouver rien autre chose en observant des syzygies et des quadratures.
Tycho observa les octans; alors $T = 45°$, $2T = 90°$; $b \sin 2T$ était
alors un *maximum* : Tycho trouva $b = 36′$ à peu près.

2.   39

73. Les inégalités de la lune produites par l'attraction du soleil, doivent avoir les argumens suivans : $2(\mathbb{C} - \odot)$; anomalie moyenne du soleil $= a$; anomalie moyenne de la lune $= A$. Ces effets combinés donneront des termes $a \sin 2(\mathbb{C} - \odot), b \sin a, c \sin A, d \sin 2(\mathbb{C} - \odot)\cos A$, $e \sin 2(\mathbb{C} - \odot) \cos A$.

Ces derniers développés donneront des argumens $\sin[2(\mathbb{C}-\odot)\pm A]$, $\sin[2(\mathbb{C} - \odot) \pm A]$, et bien d'autres ; mais comme l'excentricité de la lune est plus forte que celle de la terre, les termes $\sin[2(\mathbb{C}-\odot)\pm A]$ doivent être plus sensibles ; ainsi, dans les premières recherches, il faut éviter les observations dans lesquelles $\sin[2(\mathbb{C} - \odot \pm A]$ serait une quantité sensible.

74. Quoique ces raisonnemens paraissent purement hypothétiques, ils peuvent au moins guider l'astronome dans le choix des observations qu'il doit employer à ses recherches ; et l'on a depuis 60 ans une quantité si prodigieuse d'observations, qu'on ne peut manquer d'en trouver un nombre suffisant dans toutes les circonstances desirables.

Ces observations, suivant la manière dont on les combinera, nous feront éluder telle ou telle inégalité, si elle existe ; et par d'autres combinaisons, nous donnerons la valeur de ces inégalités.

75. Nous supposons seulement qu'on connaisse avec assez d'exactitude le mouvement moyen ; pour cela, on n'a qu'à choisir une pleine-lune dans l'apogée ou le périgée ; on aura $2(\mathbb{C} - \odot) = 0$, $A = 0$ ou $= 180°$, et par conséquent on évitera les inégalités dépendantes de A, de $2(\mathbb{C} - \odot)$ et $[2(\mathbb{C} - \odot) \pm A]$; ce sont les principales, et l'on pourra connaître passablement le moyen mouvement.

76. Si l'on compare des oppositions où $A = 90°$ et $270°$, l'équation du centre, ou du moins son premier terme sera augmenté ou diminué de l'équation dont l'argument sera $[2(\mathbb{C} - \odot) \pm A] = A = 90°$; on trouvera des valeurs différentes pour le premier terme, mais le milieu entre ces observations donnera le premier terme exact. Le second terme, qui dépendra de sinus $2A = \sin 180°$, s'évanouira ; le troisième terme est peu de chose : on pourra donc, en suivant cette route, démêler les principales inégalités ; après quoi l'on cherchera les autres.

77. Les anciens qui n'observaient guères que des éclipses, ne pou-

vaient trouver l'équation qui dépend de $\sin 2(\mathbb{C} - \odot)$, qui est toujours nulle ou à peu près dans ces phénomènes : voilà pourquoi elle a été inconnue jusqu'à Tycho, qui a observé la lune dans tous les points de son orbite, ce qui lui fit découvrir une inégalité dont le *maximum* répond à $D = 45°$, $2D = 90°$; ainsi $2D$ est l'argument de cette équation, qui est de $36'$.

Mais l'équation $a \sin(2\mathbb{C} - 2\odot - A)$ peut être très-sensible dans les quadratures, où cet argument peut être de $90°$: aussi cette équation, qui est considérable, n'a-t-elle pas échappé aux recherches de Ptolémée, qui s'attacha particulièrement à observer les quadratures.

78. C'est par des moyens à peu près semblables que les astronomes, sans avoir aucune idée de l'attraction, ont cependant découvert et fixé les quatre principales inégalités de la lune; les autres étaient trop petites. Il fallait connaître par la théorie la forme des argumens; mais il suffit d'avoir une idée vague des effets de l'attraction, pour savoir que tous les argumens doivent être des combinaisons différentes des argumens a, A, $(\mathbb{C} - \odot)$, $(\mathbb{C} - \Omega)$, $(\odot - \Omega)$, $(A \pm \Omega)$, $(a \pm \Omega)$; et dans le fait, il n'y en pas d'autres dans nos tables.

Pour déterminer le coefficient de chaque inégalité reconnue ou présumée, on aura les tems des *maxima* et l'intervalle qui les sépare.

79. Pour reconnaître des inégalités non encore employées dans les tables, calculez avec les équations connues, le lieu vrai de la lune dans une suite d'années; et si vous appercevez une erreur qui ait des retours réguliers, vous aurez le tems de la révolution : cherchez quel argument emploie ce tems à passer par les $36o°$ du cercle, vous aurez l'argument de l'inégalité, vous en aurez le *maximum* : l'équation sera connue.

80. Nous pouvons supposer l'apogée suffisamment connu par deux diamètres égaux observés de part et d'autre de l'apogée, ou par une observation apogée, comparée à une observation périgée, qui doit donner le mouvement vrai de $180°$, aussi bien que le mouvement moyen.

Cela posé, comparons par la méthode donnée ci-dessus pour la plus grande équation du soleil, deux pleines-lunes, ou deux oppositions dans lesquelles l'anomalie moyenne A soit de $90°$; nous en déduirons la plus grande équation du centre, ou du moins le premier terme que nous trouverons $297',15$, ou $4°.57'.3o''$ environ.

81. Supposons toujours $A = 90°$ et $2(\mathbb{C} - \odot) = 90°$, nous aurons $7°.58'.50''$: la différence sera $2°.40'$, la demi-somme sera $6°.18'.50''$: c'est à fort peu près le premier terme de l'équation du centre ; la demi-différence sera $1°.20'$: c'est à peu près la grande inégalité découverte par Ptolémée, et que les modernes ont appelée *évection*, d'après Boulliaud.

Ainsi les deux principales inégalités de la lune seront $16°.18' \sin A$ et $(1°.20') \sin [2(\mathbb{C} - \odot) - A]$.

Connaissant ainsi le premier terme de l'équation du centre, nous aurons $(6° 18') \sin 1'' = 2e - \frac{1}{4} e^3 + \frac{5}{2^5 \cdot 3} e^5 + \frac{107}{2^9 \cdot 3^2} e^7 +$ etc.

82. On connaîtra donc e, et l'on pourra calculer l'équation du centre entière. Prenez ensuite deux observations, où $(\mathbb{C} - \odot) = 45°$, ou $= 135°$ et $A = 90°$; l'équation du centre sera grande ; mais comme $2(\mathbb{C} - \odot) - A = 90° - 90° = 0$, ou $270° - 90° = 180°$, l'évection sera nulle ; mais l'équation qui dépend de $2(\mathbb{C} - \odot) = 90°$, ou $270°$ sera au *maximum* additif ou négatif ; l'inégalité du mouvement sera le double de l'équation que Tycho a nommée *variation*, et que vous trouverez de $56'$.

83. Il ne reste plus à trouver que l'équation annuelle ; on l'appelle ainsi, parce qu'elle dépend de l'anomalie moyenne du soleil : en choisissant les observations dans lesquelles cette équation est au *maximum*, c'est-à-dire dans lesquelles $a = 90°$ et $270°$, vous trouverez aisément cette équation, et vous pourrez vérifier en peu de tems, par des observations faites depuis 60 ans, les quatre équations que les astronomes n'ont trouvées que par un travail de plusieurs siècles.

84. Voulez-vous une méthode plus générale et cependant facile à comprendre : soit V la longitude vraie de la lune, M la longitude moyenne, A l'anomalie moyenne de la lune, a celle du soleil, $D = \mathbb{C} - \odot$

$$V = M + a\sin A + b\sin 2A + c\sin 3A + d\sin(2D - A) + e\sin 2D + f\sin a,$$
$$V' = M' + a\sin A' + b\sin 2A' + c\sin 3A' + d\sin(2D' - A') + e\sin 2D' + f\sin a';$$

d'où

$$V' - V = (M' - M) = a(\sin A' - \sin A) +$$ etc.

Vous aurez $(V' - V)$, $(M' - M)$ et tous les sinus qui entrent dans la formule. Vos indéterminées étant au nombre de six, choisissez sept observations qui vous fourniront sept équations qui se réduiront à six par la soustraction, et l'élimination vous donnera vos six indéterminées a, b, c, d, e, f. Ce que vous aurez fait pour six indéterminées, vous pourrez le faire pour 12, 18, 24, etc.; vous introduirez dans la formule toutes les combinaisons d'argumens qui vous paraîtront plus naturelles, et vous déterminerez autant d'inégalités que vous voudrez. Vous chercherez, par exemple, les équations $p\sin[2(\mathbb{C} - \odot) \pm a]$, $h\sin[2(\mathbb{C} - \odot) + A]$ qui existent en effet; vous donnerez plusieurs termes à la variation $e\sin(\mathbb{C} - \odot) + e'\sin2(\mathbb{C} - \odot) + e''\sin3(\mathbb{C} - \odot) + $ etc. Les autres termes sont insensibles.

Prenez deux ou trois mille observations, et calculez tous les sinus qui multiplient les constantes, vous formerez autant d'équations que vous aurez d'observations; réunissez en une seule somme toutes celles où les sinus A, par exemple, seront très-forts; vous donnerez le même signe à tous ces sinus, en changeant, s'il le faut, tous les signes d'une même équation; les autres sinus seront plus faibles et de signes différens. Dans l'équation résultante, a sera multiplié par un nombre considérable, et les autres coefficiens par des nombres beaucoup plus petits.

Faites-en autant pour b, c, d, etc., et ménagez-vous autant d'équations résultantes que vous aurez d'inconnues; l'élimination déterminera tous les coefficiens de la manière la plus avantageuse.

85. C'est par cette méthode que j'ai fait les Tables du Soleil, de Jupiter, de Saturne, d'Uranus et des satellites de Jupiter, et que M. Burg, depuis, a fait ses Tables de la Lune; c'est ainsi que j'ai déterminé les perturbations que la Lune, Mars et Vénus produisent dans le mouvement de la terre, et en même tems que j'ai trouvé les valeurs plus exactes des excentricités des apogées et des mouvemens moyens. C'est peut-être ainsi que Mayer a formé ses Tables de la Lune, mais il n'en a rien dit, et cette méthode, la seule qu'on doive suivre désormais, a été pour la première fois, que je sache, employée pour les Tables que je viens de citer.

La théorie peut bien déterminer quelques petites équations qui découlent des plus grandes; mais pour celles-ci, on ne les a jamais déterminées que par les observations.

86. Les inégalités de la latitude, beaucoup moins considérables que celles de la longitude, ne nuiront pas sensiblement à l'exactitude de ces premières recherches.

Le soleil et la terre sont toujours dans le plan de l'écliptique ; quand la lune est aussi dans ce plan, sa latitude est nulle, l'action du soleil sur la lune s'exerce toute dans ce plan, et les perturbations de la lune en latitude doivent être nulles ; le soleil ne peut qu'approcher ou éloigner la lune de la terre ; mais si la lune est hors du plan de l'écliptique, l'action du soleil tendra à l'en approcher, et par là à diminuer la latitude ; mais elle tendra aussi le plus souvent à rapprocher ou à éloigner la lune de la terre, ce qui pourra augmenter ou diminuer la latitude géocentrique de la lune.

87. Imaginons une perpendiculaire abaissée du centre de la lune sur l'écliptique ; l'action du soleil diminuera cette perpendiculaire, la latitude deviendra moindre, mais cette perpendiculaire se rapprochera du soleil en même tems que la lune ; en se rapprochant du soleil elle s'approchera de la terre dans la moitié de l'ellipse lunaire, elle s'en éloignera dans l'autre moitié ; la perpendiculaire un peu diminuée sera vue de plus près, ou de plus loin, et la latitude variera. Cette dernière variation sera plus sensible que la première, car elle dépend de la distance de la lune à la terre, distance qui est beaucoup plus petite que celle de la lune au soleil.

88. La hauteur de la lune au-dessus de l'écliptique est fonction du rayon vecteur, de la distance $(\mathbb{C} - \Omega)$ et de l'inclinaison I ; le rayon vecteur est de la forme $1 + a\cos A + b\cos 2A + \text{etc.}$ et $A = (\mathbb{C} - \Psi) = \mathbb{C} - \text{apogée.}$

La distance de la lune au soleil est fonction des deux rayons vecteurs de la lune et de la terre et de l'angle de la terre $(\mathbb{C} - \odot)$; ainsi les équations de la latitude seront composées de termes sinus ou cosinus $(\mathbb{C} - \Omega)$, sinus ou cosinus $(\mathbb{C} - \Psi)$, $(\odot - \varphi) = a$. Nous avons vu que l'attraction relative exercée par le soleil sur la lune et la terre, est nulle quand $(\mathbb{C} - \odot) = 0$ ou $180°$; que les perturbations doivent par conséquent dépendre des angles $2(\mathbb{C} - \odot)$; en décomposant les produits des sinus et cosinus en termes dépendans d'un seul arc, les termes complexes $p\sin 2(\mathbb{C} - \odot)\cos(\mathbb{C} - \Omega)$ deviendront

$$\tfrac{1}{2}p\sin[2(\mathbb{C} - \odot) \pm (\mathbb{C} - \Omega)] ;$$

comme nous avons vu ci-dessus pour la longitude, que les termes $p\sin 2(\mathbb{C} - \odot)\cos A$ devenaient $\tfrac{1}{2}p\sin[2(\mathbb{C} - \odot) \pm A]$; ainsi nous devons nous attendre à trouver dans la latitude des termes

$$+ p \sin[2(\mathbb{C}-\odot)\pm(\mathbb{C}-\mathcal{Ω})].$$

Les termes de la forme $q \sin 2(\mathbb{C}-\odot)\sin(\mathbb{C}-\Psi)$ deviennent $\frac{1}{2}q \cos[2(\mathbb{C}-\odot)\pm(\mathbb{C}-\Psi)]$; ces termes serviront pour les perturbations du rayon vecteur, et par suite pour les parallaxes; car la parallaxe varie avec la distance.

89. Ainsi, sans calculer analytiquement les inégalités de la latitude, on peut les chercher par l'observation.

Et comme pour la longitude nous avons eu pour équation principale le terme $m\sin[2(\mathbb{C}-\odot)-(\mathbb{C}-\Psi)]$, nous devons nous attendre à trouver un terme considérable de la forme $m \sin[2(\mathbb{C}-\odot)-(\mathbb{C}-\mathcal{Ω})]$; car l'inégalité principale en longitude $=a\sin(\mathbb{C}-\Psi)$, et le premier terme de la latitude $=\sin I (\mathbb{C}-\mathcal{Ω})$; il y a donc une analogie remarquable entre les deux premières équations de la longitude et de la latitude : il doit donc se trouver une analogie semblable entre les termes principaux des perturbations.

Remarquons que $a\sin(\mathbb{C}-\Psi)$ a son effet dans le plan de l'orbite de la lune, qui diffère peu du plan de l'écliptique, et que l'équation $\sin I \sin(\mathbb{C}-\mathcal{Ω})$ a lieu dans un plan perpendiculaire, ce qui appuie encore notre conjecture.

En effet, Tycho, sans aucune théorie, a reconnu, par les seules observations, que la latitude avait une inégalité $+8'.48''\sin[2(\mathbb{C}-\odot)-(\mathbb{C}-\mathcal{Ω})]$, c'est la plus forte de toutes; les autres qui ont été indiquées par la théorie et déterminées par observation, sont beaucoup plus faibles; car elles ne passent pas $25''$, $8''$, $16''$, $9''$, etc. M. Laplace en a déterminé une qui n'est que de $8''\sin \mathbb{C}$; les argumens de ces inégalités sont $(\mathbb{C}-\mathcal{Ω})-A$, $(\mathbb{C}-\mathcal{Ω})-2A$, $(\mathbb{C}-\mathcal{Ω})-3A$, $2(\mathbb{C}-\odot)-(\mathbb{C}-\mathcal{Ω})-A$, ou $2A$, $3A$, etc.

90. On demandera pourquoi l'équation de la longitude, qui dépend de $2(\mathbb{C}-\odot)-A$, est de $80'$, tandis que celle qui dépend de $2(\mathbb{C}-\odot)+A$ n'est guère que de $1'$; pourquoi l'inégalité qui dépend de $2(\mathbb{C}-\odot)-(\mathbb{C}-\mathcal{Ω})$ étant de près de $9'$, l'équation correspondante $2(\mathbb{C}-\odot)+(\mathbb{C}-\mathcal{Ω})$ est absolument insensible. On peut répondre que par le développement successif des termes qui contiennent des produits de sinus et de cosinus, ces termes dépendent de sommes ou de diffé-

rences d'angles ; on trouve différens termes à réunir en un seul ; si les coefficiens sont de même signe, le coefficient total devient considérable, tandis que lorsqu'ils sont de signes différens, la somme devient nécessairement beaucoup moindre, et le coefficient total se réduit à rien ou presque rien.

Ainsi le terme qui devrait dépendre de $\sin[2(\mathbb{C}-\odot)+(\mathbb{C}-\Omega)]$, qui est négligé dans les tables, est de $1''$, suivant la théorie de M. Laplace, c'est-à-dire $\frac{1}{248}$ du terme, où $(\mathbb{C}-\Omega)$ se trouve en moins.

De même pour la longitude, le terme dépendant de $\sin[2(\mathbb{C}-\odot)+A]$ n'est que de $58''$, tandis que l'évection est de $80',5$.

91. La parallaxe doit avoir autant d'équations que la longitude ; ces équations doivent dépendre des mêmes argumens, mais du cosinus au lieu du sinus ; tout comme l'équation du centre dépend du sinus de l'anomalie moyenne, et le rayon vecteur, du cosinus. Chaque équation peut être considérée comme une nouvelle équation du centre qui dépend d'une autre apside, et alors si l'équation de la longitude est $2a\sin A$, celle du rayon vecteur est $a\cos A$.

La parallaxe doit avoir une équation considérable qui dépend de $\cos[2(\mathbb{C}-\odot)-A]$; elle est en effet de $37''$; et une autre assez sensible qui dépend de $\cos 2(\mathbb{C}-\odot)$; elle est de $26''$, sans parler des termes dépendans du rayon vecteur elliptique, dont les premiers sont.... $+187''\cos A + 10''\cos 2A + 0'',6\cos 3A$; A est ici compté du périgée.

92. Le diamètre qui est en rapport constant avec la parallaxe, a et doit avoir des inégalités semblables.

Les mouvemens de l'apogée et du nœud ont aussi leurs inégalités ; elles ont été déterminées par M. Laplace.

93. Nous avons dit que l'on détermine les mouvemens moyens par des observations éloignées de 50 à 60 ans ; en employant cette méthode sur les observations de 1680 et 1750, puis sur celles de 1750 et 1800, on a trouvé des différences. Ces différences sont incomparablement plus grandes, quand on compare des observations modernes à celles de Ptolémée et d'Hipparque, on en conclut une accélération dans le mouvement moyen, accélération qui croît comme les carrés des intervalles, et cette équation a été introduite dans les tables, long-tems avant qu'on
en

en pût trouver la cause , quoique l'Académie des Sciences ait proposé ce sujet de prix aux géomètres. L'existence de cette équation empirique était confirmée par des observations d'Ebn Jounis, qui tiennent
à peu près le milieu entre celles des Grecs et les nôtres. On avait jeté
quelques doutes sur les observations arabes, on les croyait de simples
calculs; mais la traduction du fragment d'Ebn Jounis, par M. Caussin,
a prouvé que les observations sont authentiques.

94. M. Laplace a expliqué cette accélération par le principe de la
pesanteur universelle; elle provient du changement de l'excentricité de
l'orbite terrestre produite par les attractions planétaires. M. Lagrange
a confirmé cette explication, qui lui avait échappé d'abord, quoiqu'elle
pût se déduire de ses formules générales de perturbation. Cette équation est de $10'',18\, i^* + 0'',0185\, i^3$, i étant le nombre de siècles écoulés
depuis 1700.

De la même analyse, M. Laplace a conclu pour l'anomalie moyenne
une équation qui est égale à quatre fois celle de la longitude, et pour
le nœud, une équation pareille, qui est 0,73545 fois celle de la
longitude.

95. Ces équations n'auraient guère pu se manifester dans les observations, parce que quelques minutes de plus ou de moins dans l'anomalie moyenne ne changent assez sensiblement ni l'équation du centre,
ni la longitude; mais quand on les a trouvées *à priori*, on en démêle
aisément l'effet, qui, sans cette connaissance, resterait long-tems con-
fondu avec les inégalités encore inconnues de la lune.

96. On ne connaîtra probablement jamais toutes les inégalités de la
lune; il faudrait, pour les développer, une patience plus qu'humaine;
elles se trouvent par l'intégration des formules différentielles du mouvement; cette intégration se fait terme à terme; l'important est de
démêler dans le nombre infini de termes, ceux qui peuvent acquérir
par l'intégration des coefficiens sensibles.

M. Laplace a donné, pour reconnaître ces termes, une méthode
facile au moyen de laquelle il a singulièrement perfectionné les tables
modernes. Mais quand on a ainsi démêlé les termes qui peuvent mériter attention, on a recours aux observations pour déterminer les
coefficiens; et l'on ne tente ces recherches que quand on voit dans les

observations des inégalités qui ne peuvent s'expliquer par les coefficiens connus.

97. La théorie prouve la possibilité de ces équations, l'observation les constate d'une manière qui n'est pas à l'abri de tout soupçon, à moins que la période ne soit courte, auquel cas on multiplie à volonté les vérifications; mais si la période est longue, on peut quelquefois être incertain entre deux argumens différens qui satisferaient à peu près également aux phénomènes.

98. Voilà où nous en sommes encore pour le présent; les astronomes futurs leveront ces doutes, et en verront naître d'autres : c'est une mine qu'on n'épuisera jamais. Les calculs deviennent de plus en plus compliqués; mais avec une quarantaine d'équations, nous représentons les mouvemens de la lune, à 12 ou 15″ près, dans les cas les plus défavorables. Avant la théorie Newtonienne, on n'aurait pas osé répondre de 6′, quoiqu'on employât les cinq principales équations, dont deux avaient été bien déterminées par les anciens, et les trois autres par Tycho et Képler.

99. Pour trouver les mouvemens horaires de la longitude et de la la latitude, on remarquera que la formule de la latitude, aussi bien que celle de la longitude, est toute composée de termes tel que $a \sin A$; la différence exacte de ce terme est

$$a \cos A \sin \Delta A - 2a \sin^2 \tfrac{1}{2} \Delta A \sin A.$$

Si l'on met dans cette formule les valeurs de a, de $\sin \Delta A$ et $\sin^2 \tfrac{1}{2} \Delta A$; on aura la valeur exacte de chaque terme du mouvement horaire.

Pour l'heure qui suit, ΔA est positif; il serait négatif pour l'heure qui précède : mais $\sin^2 \tfrac{1}{2} \Delta A$ ne peut changer de signe. Les substitutions des valeurs telles que a, amènent des termes qui contiennent des produits de sinus; on les décompose en sinus de la somme et de la différence, chaque terme en produit deux; on réunit tous ceux qui dépendent des mêmes argumens. C'est ainsi que Clairaut, Mayer et Maskelyne avaient dressé des tables de ces mouvemens; ils avaient négligé les $\sin^2 \tfrac{1}{2} \Delta A$, et leurs tables n'étaient pas suffisamment exactes : j'ai introduit le premier ces petits termes dans les tables lunaires, il y a 25 ans. Voyez la Connaissance des Tems de 1791 et de l'an IX.

Mois lunaires.

100. Nous avons trouvé pour le soleil trois espèces de révolutions ou d'années (XXIV. 38), la révolution tropique qui ramène le soleil au même degré de longitude, la révolution sidérale qui le ramène au même point du ciel, ou à la même étoile, enfin la révolution anomalistique qui le ramène au même point de son ellipse.

Nous aurons pour la lune une révolution qui la ramènera, du moins par son mouvement moyen, à la même longitude comptée de l'équinoxe mobile ; une révolution sidérale qui la ramènera à la même longitude comptée d'un équinoxe fixe, ou à la même étoile ; une révolution anomalistique qui la ramènera au même point de son ellipse ; une révolution draconitique qui la ramènera au même nœud ; enfin une révolution synodique qui la ramènera en conjonction avec le soleil. La révolution synodique était la plus facile à déterminer, puisqu'on la déduisait de deux éclipses de lune observées à de longs intervalles. Soit n le nombre de révolutions synodiques qui avaient eu lieu dans l'intervalle, m le mouvement moyen du soleil dans le même intervalle,

$$n \cdot 360° + m : 360° :: N = \text{nombre de jours : durée du mois tropique}$$

$$= \frac{N \cdot 360°}{n \cdot 360° + m} = \frac{N}{n + \frac{m}{360°}} = \frac{\left(\frac{N}{n}\right)}{1 + \frac{m}{n \cdot 360°}}$$

$$= \frac{N}{n}\left\{ 1 - \frac{m}{n \cdot 360} + \left(\frac{m}{n \cdot 360°}\right)^2 - \text{etc.}\right\}$$

Cette méthode supposait la révolution synodique assez bien connue déjà pour savoir le nombre des mois écoulés entre les deux éclipses.

101. La révolution R en longitude, ou le mois lunaire ainsi déterminé, on en conclut la révolution sidérale R′ par l'analogie

$$(360° - p) : 360° :: R : R′ = \frac{360° R}{360° - p} = \frac{R}{1 - \frac{p}{360°}} \ ;$$

$$= R\left(1 + \frac{p}{360} + \frac{p^2}{360^2} + \text{etc.}\right),$$

d'où

$$R′ - R = R\left[\frac{p}{360} + \left(\frac{p}{360}\right)^2 + \text{etc.}\right].$$

p est le mouvement de précession pendant la révolution périodique qui est de $29^j\frac{1}{2}$.

102. Si nous nommons M le mouvement de l'apside en une révolution R en longitude, nous aurons le mouvement relatif.

$360° - $ M $: 360° ::$ révolution en longitude : révolution anomalistique $:: $ R $:$ R $+ dR :$ donc

$$R + dR = \frac{360°\,R}{360° - M} = \frac{R}{1 - \frac{M}{360°}} = R\left[1 + \frac{M}{360} + \left(\frac{M}{360}\right)^2 + \text{etc.} \right];$$

donc $\quad dR = R\left[\frac{M}{360°} + \left(\frac{M}{360°}\right)^2 + \left(\frac{M}{360°}\right)^3 + \text{etc.} \right].$

103. Soit M le mouvement du nœud qui est rétrograde, ou mettons —M à la place de $+$ M dans les formules précédentes, nous aurons la différence de la révolution en longitude à la révolution par rapport au nœud,

$$dR = -R\left[\frac{M}{360°} - \left(\frac{M}{360°}\right)^2 + \left(\frac{M}{360°}\right)^3 - \text{etc.} \right].$$

Ainsi toutes les révolutions différentes se déduisent avec facilité de la révolution synodique qui se présente la première à l'observateur.

104. A présent on n'observe réellement aucune de ces révolutions qui ne sont pas d'un usage bien fréquent en Astronomie ; on observe le mouvement moyen de la lune, en cherchant les erreurs des tables à des époques éloignées de cent ans, plus ou moins.

On a reconnu qu'en 100 années juliennes ou 36525 jours, le mouvement moyen est de $1336^r.10^s.7°.52'43'',5$; en réduisant les $10^s.7°.52'.43'',5$ fractions du cercle, on a

$$\frac{300}{360} + \frac{7}{360} + \frac{52}{360.60} + \frac{43,5}{360.60.60} = \frac{307.3600 + 52.60 + 43,5}{1000.6^4} = \frac{1108,3635}{6^4};$$

et en divisant successivement par 6 quatre fois, on trouve cette fraction $= 0^c.85521875$, et par conséquent le tems d'une seule révolution sera de

$$\frac{36525}{1336,85521875}\text{ jours} = \frac{7305}{26737,104375} = \frac{1461}{53,47420875} = \frac{5844}{213,897835} = \frac{11688}{427,79367};$$

et en divisant par 3 , il vient

$$\frac{3896}{142,59189} = \frac{1298,666..}{47,53263} = \frac{432,888..}{15,84421} = N.$$

Le diviseur étant ainsi réduit à sept chiffres seulement, de 12 qu'il contenait, on peut maintenant faire $N = \dfrac{432,888\ldots}{16 - 0,15579}$; et en divisant par 2^4 haut et bas, réduire en série dont on calculerait 4 différens termes par leurs logarithmes ; on aurait ainsi avec quatre termes seulement $27,321481834 = 27^{j}7^{h}.43'.4''.7.$ Il est encore plus exact dans de pareils cas, d'exécuter immédiatement la division d'une manière abrégée au moyen de l'addition. Pour pratiquer cette opération, je commence par faire deux tableaux ; l'un des multiples du diviseur jusqu'à 9 , et l'autre des complémens de ces multiples, et la division se réduit à des additions successives, comme on va voir dans cet exemple :

Multipl. du divis.		Complément.
1	1584421	98415579
2	3168842	96831158
3	4753263	95246737
4	6337684	93662316
5	7922105	92077895
6	9506526	90493474
7	11090947	988909053
8	12675368	987324652
9	14259789	985740211

```
              43288888.8888, etc.
      2...96831158
            1160468
      7..988909053
            00063141
      3... 95246737
            03419558
      2...96831158
            02507168
      1...98415579
            09227478
      5...92077895
            13053738
      8...987324632
            3783708
      2...96831158
            06148668
      3...95246737
            13954058
      8...987324632
            012786908
      8...987324632
            00011154088
     07...988909053
            00053141
     02.....96831158
```

Les chiffres du dividende se pro-longent à l'infini, et l'on en descend un après l'addition de chaque com-plément.

On place les différens complémens de manière que le 9 à gauche déborde d'un rang, et si le dernier chiffre du complément déborde d'un chiffre à droite, on met un zéro à gauche du quotient.

Ainsi la révolution tropique sera de $27^i.32158238807$
$$27^i.7^h.43'.4'',718329248.$$

105. Le mouvement de la lune en 36525 jours est $1336^c\,10^s\,7°\,51'\,43'',5$
Celui du soleil dans le même temps est de..... $100.\,0.0.45.45$
Le mouvement relatif en 36525 jours sera de... $1236.10.7.\ 6.58\,,5$

$$= 1236°.360° + 0307° + \frac{6°}{60} + \frac{58°,5}{60.60} = 6^a.12360° + 307°,1 + 0,01625$$
$$= 444960°,$$
$$307\,,1$$
$$0\,,01625$$
$$\overline{445267\,,11625\,;}$$

donc le temps que la lune emploie à décrire 360° par rapport au soleil, sera exprimé par la fraction $\dfrac{360.36525}{445267,11625}$ jours. En multipliant par 8 haut et bas, elle devient

$$\frac{105192,0}{3562,13693} = \frac{1051920000}{356213693} = 29^i.5305885391 = 29^i.12^h.44'.2'',84977814.$$

106. Pour trouver la révolution sidérale, on prendrait le mouvement séculaire de l'équinoxe $5010'' = 1°.23'.30''$, on le retrancherait du mouvement séculaire........................ $1336^c\,10^s\,7°\,52'\,43'',5$
$$1\ 23\ 30$$
on aurait le mouvement relatif............... $\overline{1336\ \ 10\ \ 6\ \ 29\ \ 13\,,5}$

en 36525 jours; ou en réduisant tout à l'unité du cercle, $\dfrac{1155039,469}{6^3.4}$ cercles seront parcourus en 36525 jours, et par conséquent un cercle sera parcouru en $\dfrac{36525.6^3.4}{1155039,469}$ jours $= \dfrac{31557600000}{1155039469}$.
Ainsi la révolution sidérale est de $27^i\ 7^h\ 43'\ 11''\ 50''',7545$.

107. On aurait de même la révolution anomalistique, en retranchant du mouvement séculaire de la lune, le mouvement de l'apogée en 100 ans... $27^i\ 13^h\ 18'\ 35''$
et la révolution par rapport aux nœuds, en ajoutant le mouvement rétrograde séculaire du nœud......................... $27^i\ 5^h\ 5'\ 36''$

108. Ainsi la lune ayant été observée dans son nœud, elle y reviendrait au bout de 27^j 5^h $5'$ $36''$, si elle n'avait pas d'inégalités.

Elle reviendrait à l'apogée en............... 27^j 13^h $18'$ $35''$
A la même longitude en.................... 27. 7.43. 4.46''',67
A la même étoile en....................... 27. 7.43.11.50,7
En opposition ou en conjonction avec le soleil en 29.12.44. 2.50,9
ou en parties décimales du jour.

La révolution par rapport au nœud se fait en..... 27^j,2122222
                par rapport à l'apogée, en.......... 27,5545704
                par rapport au point d'*Aries*, en..... 27,3215255
                par rapport à la même étoile, en.... 27,3215830
                par rapport au soleil, en.......... 29,5305885.

109. Si ces nombres étaient des entiers, en les multipliant les uns par les autres, on aurait une révolution composée qui serait un multiple de chaque révolution particulière.

En construisant des tables des multiples de toutes ces révolutions diverses, on verrait d'un coup-d'œil les nombres qui seraient communs à toutes les colonnes, et l'on y reconnaîtrait les périodes qui ramènent les conjonctions et les oppositions voisines des nœuds, et par conséquent les éclipses.

110. Les anciens s'occupèrent beaucoup de ces périodes composées pour éviter le calcul des éclipses qu'ils ne connaissaient pas bien, et pour régler leur calendrier luni-solaire.

La plus célèbre est le cycle de Méton, connu sous le nom de *nombre d'or* : il était composé de 6990 jours, dans lesquels la lune devait revenir 255.04 fois, c'est-à-dire, presque 255 fois à son nœud, 254 fois à la même longitude et à la même étoile, 251.8 fois à son apogée, et enfin 235 fois en opposition.

111. Calippe, en quadruplant cette période et retranchant un jour pour la rendre plus exacte, la fit de 27759 jours, au lieu de 27760, qui feraient quatre fois le cycle de Méton; alors on trouve 1020.13 retours au nœud; 1016.02 à l'écliptique; 1015.820 à l'étoile; 1007.42 à l'apogée, et 940.01 au soleil.

112. Hipparque corrigea encore cette période en la composant de 3760 mois lunaires, et ensuite de 126007½ jours. Cette période est singulièrement exacte; elle fait grand honneur à Hipparque.

113. Pour trouver ces périodes et beaucoup d'autres, il suffit, comme nous avons dit (109), de prolonger la table des multiples de chaque espèce de révolution ou de mois lunaire. Cette période d'Hipparque est d'environ 345 ans; elle était bonne pour régler le calendrier, mais pas assez pour ramener les éclipses dans le même ordre. Les anciens avaient observé qu'elles revenaient au bout d'une période plus courte, puisqu'elle n'était que de 18 ans et 10 jours, ou plus exactement, 6585^j 7^h 42′ 30″,71 = 6585$_j$,32115, et pendant cet intervalle, la lune revient au nœud.. 242,01 fois

à la même longitude...... 241,03

à la même étoile......... 240,99

à l'apogée................ 238,99

à la syzygie.............. 223,00.

114. On voit en effet que la longitude, la latitude, l'anomalie devaient se retrouver à peu près les mêmes; ainsi toutes les inégalités étaient aussi les mêmes; les éclipses devaient donc se reproduire avec les mêmes circonstances; l'anomalie même du soleil devait être à peu près la même: car 10 jours ne faisaient au plus que 10° dans l'anomalie, ce qui ne change pas considérablement l'équation du centre.

Mais la période étant de 6585^{j}⅓ à peu près, il pourrait arriver que telle éclipse visible à l'une des périodes, devînt invisible à la période suivante, puisqu'elle pouvait arriver la nuit au lieu du jour, et réciproquement.

Pour trouver cette période si remarquable, il suffisait donc d'additionner de 223 à 242 fois les cinq espèces de révolution que nous avons considérées; mais ce sont les éclipses elles-mêmes et leur retour constant qui ont fait remarquer la période; et comme ces éclipses revenaient les mêmes dans les mêmes points du zodiaque, on en a conclu que la période était à-la-fois multiple des révolutions de l'anomalie et du nœud. Nous avons aujourd'hui d'autres moyens pour les bien connaître, et dans l'état actuel des choses, si elles n'étaient pas trouvées, il ne faudrait que quelques heures de calcul pour les reconnaître.

115.

115. Au moyen de cette période, quand on avait observé une éclipse de soleil, et surtout de lune, on était en état d'en prédire une à peu près semblable pour 6585⅓ jours plus tard. Cependant pour les éclipses de soleil, la parallaxe pouvait occasionner quelque différence, à cause des 8^h qui sont au-dessus des 6585 jours. Il est en conséquence presque certain que c'est d'après cette période que Thalès fit en Ionie la première annonce d'une éclipse de soleil devenue célèbre par cela même, et qui est rapportée par Hérodote comme la cause qui fit jeter les armes aux troupes des Mèdes et des Lydiens, qui étaient occupés à se battre, lorsque le jour se changea subitement en une obscurité profonde, ce qui obligea les deux rois à faire une paix qu'ils consolidèrent par un mariage. Les chronologistes ne sont pas bien d'accord sur l'éclipse qui a fait tant de bruit. Hérodote en indique l'année d'une manière si vague, que l'on doute si elle a eu lieu l'an 581, 585, 597 ou 607 avant J.-C.

116. Aujourd'hui ces périodes ne sont plus guère que curieuses pour l'histoire de la science; nous avons des moyens plus sûrs pour annoncer les éclipses. Dans les Éphémérides on calcule pour chaque jour le lieu du soleil et de la lune, on en déduit les syzygies et ce qu'on appelle les *quartiers de la lune*; quand on a déterminé l'instant de la nouvelle lune, on voit de combien la lune est éloignée de son nœud ; quand cette distance est petite, on est sûr qu'il y aura éclipse de soleil si la lune est nouvelle, et de lune si elle est pleine; si la distance est médiocre, on est obligé de faire un calcul plus soigné; si elle passe certaines limites, il est sûr qu'il n'y aura pas d'éclipse. Mais même indépendamment des Éphémérides, les astronomes ont donné des moyens directs pour arriver à une connaissance approximative des syzygies écliptiques.

117. Ils employaient ce qu'on appelle *épactes astronomiques*, qui n'étaient autre chose que la distance angulaire de la lune au soleil, à la fin de chaque année; en y ajoutant continuellement le mouvement moyen du soleil en 29^j 12^h $44'$ $3''$, on avait le lieu de la lune à l'instant de la conjonction; on comparait ce lieu à celui du nœud, et l'on jugeait de la possibilité de l'éclipse pour tous les mois de l'année.

118. Au lieu de ces épactes angulaires, ils se servaient encore d'épactes en tems qui donnaient pour le commencement de chaque année l'intervalle qui devait s'écouler jusqu'à la première syzygie, et la distance au nœud; à ces nombres ou épactes on ajoutait la révolution synodique de la lune

et le mouvement du nœud; le résultat de l'addition indiquait si la syzygie devait être écliptique. J'ai fait moi-même de ces tables, mais j'y ai renoncé, parce que les tables actuelles du soleil fournissent des moyens aussi sûrs et plus généraux, ainsi que je l'ai expliqué dans la Préface de mes Tables solaires.

119. Sans entrer dans ce détail, il me suffira de dire que mes Tables du soleil donnent en fraction du cercle, pour le commencement de l'année, la distance angulaire de la lune au soleil, l'anomalie moyenne de la lune et le lieu du nœud.

Pour que l'éclipse ait lieu, il faut que la distance de la lune au soleil soit 1000 ou 500, et que la distance du soleil au nœud soit environ de 1000 ou 500. Ces distances étant données pour le 1ᵉʳ janvier, on voit tout de suite combien elles diffèrent de 1000 ou 500; on cherche donc dans les tables des mois, à quel jour de l'année répondent les mouvemens qui compléteront les nombres que les tables donnent pour le premier janvier, ensorte que le calcul a toute la généralité et la simplicité possibles. On aurait pu employer au même usage les Tables de Mayer et de La Caille, quoiqu'avec un peu moins d'avantage, mais personne ne s'en était avisé.

120. Quand la distance au nœud est telle que cette distance diminuée de la somme des inégalités de la lune, donne cependant une latitude plus grande que la somme des plus grandes parallaxes et des plus grands demi-diamètres; alors il est certain qu'il ne peut y avoir d'éclipse de soleil.

Si au contraire la distance au nœud est si petite, que même en l'augmentant de la somme des inégalités la latitude est encore si petite, que malgré les changemens qu'y peut produire la parallaxe, elle reste toujours moindre que la somme des demi-diamètres les plus petits; alors il est sûr qu'il y a éclipse. Entre ces deux extrémités qu'on appelle limites écliptiques l'éclipse est possible, mais douteuse; il faut un calcul plus exact de la conjonction.

Pour les éclipses de lune, les limites sont moins étendues. Ainsi, j'ai trouvé qu'il y a sûrement éclipse de soleil, quand la distance moyenne au nœud est au-dessous de 15° 33′, et que l'éclipse est impossible quand cette distance est de 19° 44′. Pour la lune, les limites sont 7° 47′, et 15° 21′.

CHAPITRE XXVI.

DES ÉCLIPSES.

Notions préliminaires.

1. N ous pouvons donc supposer qu'on est en état de calculer d'avance les jours où la lune pourra éclipser le soleil, ou bien la terre éclipser la lune; il nous reste à donner les moyens de trouver les momens précis du commencement et de la fin de l'éclipse, ensuite la partie soit du soleil, soit de la lune, qui perdra momentanément sa lumière, et déterminer toutes les circonstances de ces phénomènes, dont le calcul est aujourd'hui l'une des choses les plus aisées de l'Astronomie, mais qui autrefois était bien plus difficile et n'a pas encore cessé de paraître au public ce qu'il y a de plus merveilleux et de plus intéressant dans la science des astres.

2. Nous commencerons par les éclipses de lune, qui sont beaucoup plus faciles et plus courtes à calculer, et qui d'ailleurs sont plus fréquentes, surtout pour un pays donné: en effet, quand la lune passe dans l'ombre de la terre, elle perd réellement la lumière qu'elle empruntait du soleil, et comme elle devient réellement obscure, elle le devient au même instant pour tous les lieux qui voient la lune au-dessus de l'horizon; il n'en est pas de même pour le soleil; cet astre ne perd pas réellement sa lumière, il est seulement caché pour l'observateur, qui voit le soleil et la lune en ligne droite sur le même rayon visuel. Or si un lieu voit lever le soleil éclipsé, le lieu qui est à l'autre bout du globe et qui voit coucher le soleil, voit le soleil tout entier, parce que la lune n'est pas encore arrivée entre lui et le soleil; il peut ne pas se douter de l'éclipse qui a lieu ailleurs. En outre, ceux qui ont le soleil à des hauteurs plus ou moins grandes sur l'horizon, voient commencer l'éclipse plus tôt ou plus tard, selon que la parallaxe rapproche les deux astres ou les éloigne l'un de l'autre.

3. La lune est un corps opaque qui passe entre la terre et le soleil, mais bien plus près de la terre; elle fait pour nous à peu près ce que font tous les nuages qui cachent le soleil au spectateur, sur le Pont-Neuf par exemple, quand le Louvre paraît fortement éclairé; la lune, beaucoup plus petite que la terre et surtout que le soleil, jette sur la terre une ombre qui n'y fait qu'une tache à peu près ronde et qui se promène successivement et avec une assez grande vitesse sur différentes parties de l'hémisphère éclairé.

4. La lune, la terre et le soleil sont trois corps sensiblement sphériques; quand leurs centres se trouvent sur une même ligne droite dont le soleil occupe l'une des extrémités, la terre et la lune doivent projeter derrière elles une ombre conique. Ce cône est assez alongé pour que l'ombre de la terre couvre en entier la lune; si la lune se trouve plus éloignée du soleil que la terre, ce qui arrive dans la pleine lune, et pour que l'ombre de la lune couvre une partie de la terre, si la lune est entre le soleil et la terre, ce qui a lieu à la nouvelle lune.

5. La première chose est donc de déterminer les dimensions de ce cône d'ombre dans l'un et dans l'autre cas, ce qui n'est pas difficile, et c'est par là que nous commencerons le calcul des éclipses.

6. Soit SO (fig. 46) le rayon du globe solaire, TE celui du globe terrestre, L le centre de la lune à l'instant de l'opposition, les trois centres seront dans une même droite STLC. Soit OENC le rayon solaire tangent au globe du soleil en O, et au globe de la terre en E; SO, TE seront perpendiculaires à OC. SC sera l'axe du cône d'ombre de la terre; car supposons que les rayons SO, TE fassent simultanément une révolution autour de l'axe ST, ils entraîneront dans cette révolution la tangente OEC, qui décrira la surface d'un cône.

7. LN sera le demi-diamètre de la section du cône d'ombre dans la région de la lune; soit Lu un petit arc de l'orbite lunaire LuK, et u le point par où le centre de la lune entrera dans le cône d'ombre.

Soit $\mathrm{1}=\mathrm{TE}$ rayon de la terre, π, la parallaxe horizontale du soleil, ϖ la parallaxe de la lune, nous aurons

$$\mathrm{TS} = \frac{1}{\sin \pi}, \qquad \mathrm{TL} = \frac{1}{\sin \varpi}, \qquad \mathrm{TC} = \frac{1}{\sin C},$$

et par conséquent,

$$LC = \frac{1}{\sin C} - \frac{1}{\sin \varpi} = \frac{\sin \varpi - \sin C}{\sin \varpi \sin C} = \frac{2 \sin \frac{1}{2}(\varpi - C) \cos \frac{1}{2}(\varpi + C)}{\sin \varpi \sin C}.$$

Soit δ le demi-diamètre du soleil, vu du centre de la terre, $SO = TS \sin \delta$ $= \frac{\sin \delta}{\sin \pi}$. Or $SO : TE :: SC : TC = \frac{SC}{SO} = \frac{ST + TC}{SO}$, ou

$$\frac{1}{\sin C} = \frac{\frac{1}{\sin \pi} + \frac{1}{\sin C}}{\left(\frac{\sin \delta}{\sin \pi}\right)} = \frac{1 + \frac{\sin \pi}{\sin C}}{\sin \delta} ; \quad \frac{\sin \delta}{\sin C} = 1 + \frac{\sin \pi}{\sin C}, \text{ et } \sin \delta = \sin C + \sin \pi ;$$

d'où enfin

$$\sin C = \sin \delta - \sin \pi = 2 \sin \tfrac{1}{2}(\delta - \pi) \cos \tfrac{1}{2}(\delta + \pi).$$

8. L'angle $LTu = TuE - C = \varpi - C = \varpi - \text{arc sin} = (\sin \delta - \sin \pi)$. On se permet ordinairement de faire $LTu = \varpi - \delta + \pi$; en effet δ ne passe guère $15'$ et π ne va guère à $9''$; l'erreur n'est pas de $0'',1$.

9. *Ainsi la somme des deux parallaxes horizontales, diminuée du demi-diamètre du soleil, sera la distance angulaire de la lune à l'axe du cône d'ombre, à l'instant où le centre de la lune entrera dans ce cône.*

Avec le rayon $TL' = Tn'$ décrivez l'arc $L'n'K'$, qui sera un petit arc de l'orbite lunaire, vous aurez $L'Tn' = Tn'C + C = \varpi + C = \varpi$ $+ \text{arc sin} = (\sin \delta - \sin \pi)$, et sans erreur sensible $L'Tn' = \varpi - \pi + \delta$.

10. *Ainsi la différence des parallaxes horizontales, augmentée du demi-diamètre du soleil, est la distance angulaire à l'axe du cône lumineux compris entre la terre et le soleil, à l'instant où le centre de la lune entre dans ce cône.*

$$LC = TC - TL = \frac{1}{\sin C} - \frac{1}{\sin \varpi} = \frac{1}{\sin \delta - \sin \pi} - \frac{1}{\sin \varpi} = \frac{\sin \varpi - \sin \delta + \sin \pi}{\sin \varpi (\sin \delta - \sin \pi)},$$

quantité toujours positive : ainsi le cône s'étend toujours bien au-delà de la région de la lune.

$$SC = ST + TC = \frac{1}{\sin \pi} + \frac{1}{\sin \delta - \sin \pi} = \frac{\sin \delta - \sin \pi + \sin \pi}{\sin \pi (\sin \delta - \sin \pi)} = \frac{\sin \delta}{\sin \pi (\sin \delta - \sin \pi)}$$

$$= \frac{1}{\sin \pi} \left(\frac{1}{1 - \frac{\sin \pi}{\sin \delta}} \right) = \frac{1}{\sin \pi} \left(1 + \frac{\sin \pi}{\sin \delta} + \frac{\sin^2 \pi}{\sin^2 \delta} + \text{etc.} \right)$$

$$= \frac{1}{\sin \pi} + \frac{1}{\sin \delta} + \frac{\sin \pi}{\sin^2 \delta} + \text{etc.}$$

Il est à remarquer que $\frac{\sin \pi}{\sin \delta}$ est une constante $= \frac{\sin 8'',7}{\sin 107'',0} = 0.0090209$; et qu'ainsi $SC = \frac{1.009103}{\sin \pi}$ et $TC = \frac{0.009103}{\sin \pi}$.

11. Pour déterminer les dimensions du cône d'ombre que doit projeter la lune, soit (fig. 46) SO le demi-diamètre du soleil, L'V celui de la lune, nous avons (7) $SO = \frac{\sin \delta}{\sin \pi}$, nous aurons de même $L'V = \frac{\sin d}{\sin \varpi}$.

Mais $L'S = ST - TL' = \frac{1}{\sin \pi} - \frac{1}{\sin \varpi}$, et $SO' : L'V :: SK : KL'$; d'où $SO' - L'V : SO' :: SK - KL' : SK :: L'S : SK$,

$$\frac{\sin \delta}{\sin \pi} - \frac{\sin d}{\sin \varpi} : \frac{\sin \delta}{\sin \pi} :: \frac{1}{\sin \pi} - \frac{1}{\sin \varpi} : SK.$$

$$SK = \frac{\dfrac{\sin \delta}{\sin \pi}\left(\dfrac{\sin \pi - \sin \varpi}{\sin \pi \sin \varpi}\right)}{\left(\dfrac{\sin \delta \sin \varpi - \sin d \sin \pi}{\sin \pi \sin \varpi}\right)} = \frac{\dfrac{\sin \delta}{\sin \pi}(\sin \pi - \sin \alpha)}{\sin \delta \sin \alpha - \sin d \sin \pi} = \frac{\dfrac{1}{\sin \pi}(\sin \varpi - \sin \pi)}{\sin \varpi - \dfrac{\sin d}{\sin \delta}\sin \pi},$$

$$SK = \frac{\dfrac{1}{\sin \pi}(\sin \varpi - \sin \pi)}{\sin \varpi - (1+\omega)\sin \pi} = \frac{1}{\sin \pi}\left(\frac{\sin \varpi - \sin \pi}{\sin \varpi - \sin \pi - \omega \sin \pi}\right) = \frac{1}{\sin \pi}\left(\frac{1}{1-\left(\dfrac{\omega \sin \pi}{\sin \varpi - \sin \pi}\right)}\right)$$

$$= \frac{1}{\sin \pi}\left(1 + \frac{\omega \sin \pi}{\sin \varpi - \sin \pi} + (\quad)^2 + (\quad)^3 + \text{etc.}\right),$$

$$SK = \frac{1}{\sin \pi}\left(\frac{1 - \dfrac{\sin \pi}{\sin \varpi}}{1 - \dfrac{\sin \pi}{\sin \varpi} \cdot \dfrac{\sin d}{\sin \delta}}\right) = \frac{1}{\sin \pi}\left(\frac{1 - \dfrac{\sin \pi}{\sin \varpi}}{1 - \dfrac{\sin d}{\sin \varpi} \cdot \dfrac{\sin \pi}{\sin \delta}}\right) = \frac{\dfrac{1}{\sin \pi}\left(1 - \dfrac{\sin \pi}{\sin \varpi}\right)}{1 - \text{prod. const.}}$$

$$= \frac{\dfrac{1}{\sin \pi}\left(1 - \dfrac{\sin \pi}{\sin \varpi}\right)}{1 - 0.00246197} = \frac{1}{\sin \pi}(1.00248274)\left(1 - \frac{\sin \pi}{\sin \varpi}\right).$$

$$= \frac{1}{\sin \pi}\left(1 + 0.00248274 - \frac{\sin \pi}{\sin \varpi} - \frac{0.00248274 \sin \pi}{\sin \varpi}\right)$$

$$= \frac{1}{\sin \pi} - \frac{1}{\sin \varpi} + 0.00248274\left(\frac{\sin \varpi - \sin \pi}{\sin \varpi \sin \pi}\right)$$

$$= ST - TL' + 0.00248274\left(\frac{1}{\sin \pi} - \frac{1}{\sin \varpi}\right),$$

$$TL' - ST + SK = 0.00248274\left(\frac{1}{\sin \pi} - \frac{1}{\sin \varpi}\right)$$

$$TL' - (ST - SK) = TL' - TK = KL' = 0.00248274\left(\frac{\sin \varpi - \sin \pi}{\sin \varpi \sin \pi}\right)$$

$$KL' = \frac{0.00496548 \sin \tfrac{1}{2}(\varpi - \pi)\cos \tfrac{1}{2}(\varpi - \pi)}{\sin \varpi \sin \pi}.$$

Or on voit par l'observation des diamètres, qu'il peut arriver trois cas différens. Le demi-diamètre d de la lune peut surpasser δ demi-diamètre du soleil, et dans ce cas ω est une quantité positive, et alors $SK > \frac{1}{\sin \pi}$ ou $> ST$; le sommet de ce cône d'ombre est donc plus éloigné du soleil que le centre de la terre; la partie de la terre, qui est directement tournée vers le soleil sera dans l'ombre, et l'éclipse sera totale pour cette partie de la terre.

12. Si $d = \delta$, $\omega = 0$, le sommet du cône sera au centre même de la terre, en supposant toujours la lune sans latitude pour ce moment, l'éclipse sera encore totale pour une portion de la terre, d'autant plus que d est le demi-diamètre $\mathbb{C}$ vu du centre, et qu'à la surface il est plus grand.

Enfin d peut être plus petit que δ, auquel cas ω serait une quantité négative.

$$SK = \frac{1}{\sin \pi} \left(1 - \frac{\omega \sin \pi}{2\sin \frac{1}{2}(\varpi - \pi)\cos \frac{1}{2}(\varpi - \pi)} \right), \text{ en négligeant les puissances ultérieures,}$$

$$= \frac{1}{\sin \pi} - \frac{\omega}{2\sin \frac{1}{2}(\varpi - \pi)\cos \frac{1}{2}(\varpi + \pi)}.$$

Soit $\omega = 2\sin \frac{1}{2}(\varpi - \pi)\cos \frac{1}{2}(\varpi + \pi)$, on aura $SK = \frac{1}{\sin \pi} - 1$; le sommet de l'ombre sera au point a de la surface de la terre, qui a le soleil à son zénit, l'éclipse sera totale pour ce point, mais avec peu de demeure dans l'ombre, c'est-à-dire que l'éclipse ne durera que peu d'instans, parce que le demi-diamètre apparent $\mathbb{C}$ ne surpassera le demi-diamètre $\odot$ que de 15 à 18″.

Si $\omega > 2\sin \frac{1}{2}(\varpi - \pi) \cos \frac{1}{2}(\varpi + \pi)$, $SK < \frac{1}{\sin \pi} - 1$, l'ombre n'atteindra pas la terre, l'éclipse ne sera pas totale, et quand le centre sera sur le centre du soleil, on verra tout autour du disque obscur de la lune une couronne lumineuse qui sera l'excédant du disque solaire sur le disque apparent de la lune.

Éclipses de Lune.

13. Soit NF (fig. 47) l'écliptique, O le point opposé au soleil et dont la longitude est de $(\odot + 180°)$; la position de ce point sera connue en tout tems: le point O sera dans l'axe du cône d'ombre.

Soit $OB = OD = \Pi + \pi - \delta$, OB sera le demi-diamètre de l'ombre désignée par LN (fig. 47), ou plus exactement par la demi-corde *lu*.

14. Soit à présent NAV l'orbite de la lune, inclinée de 5° environ à l'écliptique, OA sera la latitude de la lune à l'instant de l'opposition ; nous supposerons ce point O immobile ; il a dans la réalité un mouvement de $2'\ 27''$ par heure, terme moyen ; le mouvement de la lune sur l'écliptique est de $32'\frac{1}{2}$: or $32'\frac{1}{2} - 2'\frac{1}{2} = 50'$ environ ; c'est ce qu'on appelle *mouvement relatif en longitude*.

15. Pendant que la lune ira de N en A, la latitude, qui en N est zéro, sera devenue OA en A ; donc NO : OA :: mouv. relatif en longit. : mouv. relatif en latit., et en désignant ces deux mouvemens relatifs par dL, $d\lambda$, on aura $\frac{OA}{NO} = \frac{d\lambda}{dL} =$ tang N $=$ tangente de l'inclinaison de l'orbite relative.

Si NO est le mouvement relatif sur l'écliptique, NA sera le mouvement sur l'orbite relative, et $NA = \frac{NO}{\cos N}$; si NC est le mouvement pour un tems plus court, le mouvement sur l'orbite relative sera $NL = \frac{NC}{\cos N}$.

16. Ainsi, pour avoir le mouvement sur l'orbite relative, il faudra diviser le mouvement relatif en longitude par le cosinus de l'inclinaison de l'orbite relative ; cette inclinaison est plus grande que celle de l'orbite vraie de la lune. En effet, soit NO (fig. 48) l'écliptique et P le pôle de ce cercle, N le nœud de la lune, O le lieu opposé au soleil.

La lune, en une heure, avance de $NA = 52'\frac{1}{2}$; donc NO ou l'angle NPO diminue de $32'\frac{1}{2}$; mais le point O s'avance dans le même tems de $OO' = 2'\frac{1}{2}$; donc le même angle diminue de $32'\frac{1}{2}$ par le mouvement de la lune, et augmente de $2'\frac{1}{2}$ par le mouvement du soleil ; ainsi il augmente de $50'$ par le mouvement relatif ; donc la lune gagne par heure $50'$ sur le soleil ; donc si nous supposons le soleil immobile, le mouvement de la lune, par rapport au point O, sera de $50'$ seulement.

Soit $Nn = 2'\frac{1}{2} = OO'$, $nA = 50'$; nA sera donc le mouvement relatif sur l'écliptique ; en allant de N en B sur l'orbite vraie, la lune gagne AB en latitude au-dessus du point O ; car $PO = PN = PA$; donc le mouvement en latitude n'est pas changé.

17. Voyons ce qui résulte de ce que le mouvement en longitude est diminué, tandis que le mouvement de la latitude reste le même. La lune, en une heure, avance de $32'\frac{1}{2}$ de N en A, et sa latitude, qui était nulle en N, est devenue AB; NA et AB sont les mouvemens horaires vrais de la lune. Si le point O était resté immobile, la distance de la lune au soleil serait OB (fig. 49); mais le point O s'est avancé en O'; la distance devient donc O'B; menez OB' égale et parallèle à O'B; si vous transportez O' en O, pour avoir la même distance de la lune au soleil, il faudra transporter la lune de B en B'; menez BB' pour achever le parallélogramme et abaissez la perpendiculaire B'A'=BA; car BB' est parallèle à O'OA; par la même raison, A'A=BB'=OO'=$2'\frac{1}{2}$; mais NA=$32'\frac{1}{2}$ donne NA'=$30'$; donc NA' est le mouvement relatif en longitude; B'A' est la latitude actuelle ou le mouvement horaire en latitude: tout s'est donc passé de la même manière que si nous avions calculé séparément les mouvemens de la lune et du soleil.

18. C'est comme si la lune avait été de N en B', le point O restant invariable; l'orbite relative est sensiblement rectiligne pendant quelques heures, car les mouvemens horaires étant sensiblement uniformes, le raisonnement que nous avons fait pour une heure, nous aurions pu le faire pour une fraction quelconque d'heure. Ainsi, en supposant, par exemple, $Na = \frac{1}{2}NA$, on aura $ab = \frac{1}{2}A'B'$, et Na et ab seront les mouvemens relatifs en longitude et en latitude pendant une demi-heure; il en serait de même pour $\frac{1}{3}$ d'heure, $\frac{1}{4}$, $\frac{1}{5}$, etc.

19. L'orbite relative étant NB', l'inclinaison relative sera l'angle B'NO, et l'on aura $\tan B'NO = \dfrac{B'A'}{NA} = \dfrac{\text{mouvement relatif en latitude}}{\text{mouvement relatif en longitude}}$.

Les raisonnemens que nous avons faits en partant du nœud seraient également vrais une heure après ou avant le passage de la lune par son nœud.

En effet (fig. 50), PA = mouvement horaire vrai en longitude, la latitude PC est devenue AB; Bb est le mouvement en latitude, en supposant Cb parallèle à PA; la distance OC sera devenue OB; mais O a passé en O'; la distance est donc O'B. Soit BB' = OO', B'A' = BA, OB'=O'B, AA'=OO'; Ca=PA' est le mouvement relatif en longitude; Ba le mouvement vrai ou relatif en latitude; l'orbite relative est CB', et l'on a $\tan B'Ca = \dfrac{B'a}{Ca} = \dfrac{AB}{PA'}$, comme ci-dessus.

20. Tous ces mouvemens sont des mouvemens vrais vus du centre de la terre; la parallaxe n'y fait rien; pour déterminer si la lune passe dans le cône d'ombre, il faut déterminer sa position par rapport à l'axe de ce cône, et par conséquent par rapport au centre de la terre. Ainsi point de parallaxe pour les éclipses de lune, et c'est ce qui fait la simplicité du calcul.

La parallaxe ne change pas le lieu réel de la lune, elle change seulement le lieu du ciel où va aboutir la ligne menée de l'œil de l'observateur à la lune. Cette ligne a un point constant, qui est la lune; mais l'autre extrémité change avec l'œil de l'observateur; la ligne change de direction et va aboutir à un autre point du ciel : voilà tout le changement. Quand on dit que la parallaxe change le lieu de la lune, il faut s'entendre; ce n'est pas son lieu physique et réel qu'elle change, mais seulement le point du ciel auquel on la rapporte et qu'elle paraît couvrir. C'est par son lieu réel que la lune entre dans le cône d'ombre et s'éclipse. Nous rapportons à un autre lieu du ciel la partie éclipsée de la lune, mais cela ne change rien à la figure éclipsée de la lune. C'est donc par les lieux vrais et sans s'inquiéter de la parallaxe, qu'il faut calculer l'éclipse de ☾ . Les réfractions n'y changent rien non plus. La réfraction ne s'opère que dans notre atmosphère, elle n'influe en rien sur le lieu pour lequel la lune est dans l'ombre, elle ne change rien à l'éclipse, qui se passe hors de notre atmosphère, et à une grande distance.

21. Les réfractions seulement expliquent un fait qu'on a observé quelquefois. Supposons une éclipse centrale, lorsque la lune, aussi bien que le soleil, sont à 90° du zénit et à 180° l'un de l'autre, la réfraction élevera la lune, ainsi que le soleil, de 33′ environ; les deux astres seront visibles tous deux, et leur centre aura 33′ de hauteur. La réfraction change les longitudes apparentes des deux astres; ils ne paraissent pas à 180° de distance l'un de l'autre, mais leur distance est réellement de 180° sur l'écliptique; ils sont en opposition, et la ligne qui joint leurs centres passe par le centre de la terre. Il en est de même de la parallaxe, qui peut changer la différence apparente de longitude, mais ne change rien à l'éclipse qui dépend de la longitude réelle.

22. La première chose est de déterminer le tems de l'opposition : on connaît ce tems à peu près par l'argument A de nos Tables solaires,

mais c'est une syzygie moyenne. J'ai donné, dans l'endroit cité, un moyen d'en déduire, à une heure ou deux près, la syzygie vraie; mais dans tous les cas, quand on a l'heure de la conjonction moyenne, on calcule pour cet instant le lieu vrai de la lune et du soleil, en n'employant que les principales inégalités et le mouvement horaire vrai des deux astres, en négligeant de même les petites équations.

23. Supposons qu'on ait ainsi quelques degrés de différence entre le lieu de la lune et celui du soleil, ou du lieu opposé au soleil, on dira : le mouvement horaire relatif est à une heure comme la différence de longitude des deux astres est au tems écoulé depuis la syzygie, ou qui doit s'écouler jusqu'à la syzygie.

On a ainsi, à quelques minutes près, le lieu et le tems de la syzygie; c'est alors que commence le calcul véritable, tout ce qui précède n'étant que préparatoire.

24. Alors vous calculerez le lieu du soleil et le lieu de la lune avec soin et pour deux momens éloignés l'un de l'autre de 1^h ou 2^h, ou bien, vous calculerez les lieux vrais pour l'instant de la syzygie à peu près connue, et les mouvemens horaires tant en longitude qu'en latitude.

Soit $d\mathbb{C} - d\odot$ le mouvement relatif en longitude, $d\lambda$ le mouvement vrai en latitude, nous aurons l'inclinaison I de l'orbite relative par la formule $\tan I = \dfrac{d\lambda}{d\mathbb{C} - d\odot}$, et le mouvement horaire composé sur l'orbite relative sera $= \dfrac{d\mathbb{C} - d\odot}{\cos I}$.

On fera ensuite $d\mathbb{C} - d\odot : 1^h = 3600'' ::$ différence de longit. $(\mathbb{C} - \odot)$: intervalle de tems depuis la syzygie $= \dfrac{3600''(\mathbb{C} - \odot)}{d\mathbb{C} - d\odot}$.

1^h : intervalle de tems depuis la syzygie :: mouv. horaire en latitude : changem. de latit. depuis la syzygie $= \dfrac{(\mathbb{C} - \odot)d\lambda}{d\mathbb{C} - d\odot} = (\mathbb{C} - \odot)\tan I$.

1^h : intervalle de tems depuis la syzygie :: mouv. hor. en longitude : changem. de la longit. depuis la syzygie $= \dfrac{(\mathbb{C} - \odot)d\odot}{d\mathbb{C} - d\odot}$.

Alors le lieu du soleil augmenté ou diminué de cette dernière quantité, donne le lieu de la syzygie, dont au reste on n'a pas grand besoin.

25. Soit L la latitude en conjonction; abaissez une perpendiculaire Om (fig. 47) sur l'orbite relative. Vous aurez $Om = L \cos I$, cette valeur sera celle de la plus courte distance des centres.

$Am = L\sin I$, Am sera la distance entre le cercle de la latitude OA, et le point qu'occupera la lune sur l'orbite relative au milieu de l'éclipse. $\dfrac{d\mathbb{C}-d\odot}{\cos I} : Am :: 1^{\mathrm{h}} :$ tems nécessaire pour décrire $Am =$ différence entre le tems de la conjonction et celui du milieu de l'éclipse, que je désigne par D. On aura donc

$$D = \frac{Am \cdot 3600''}{\dfrac{d\mathbb{C}-d\odot}{\cos I}} = \frac{L\sin I\, 3600''\cos I}{d\mathbb{C}-d\odot} = \frac{3600''\, L \cdot \sin I \cos I}{d\mathbb{C}-d\odot};$$

on aura donc ainsi le tems du milieu de l'éclipse.

Il faut chercher le commencement et la fin.

26. Le commencement aura lieu quand la lune sera en L sur l'orbite relative, de manière que le disque lunaire, dont le rayon est LE, soit tangent en E au disque de l'ombre dont le rayon est OE; alors la distance des centres sera $OE + EL = \varpi + \pi - \delta + d$, d étant le demi-diamètre de la lune.

Le triangle rectangle OML donne $\overline{Lm}^{2} = \overline{LO}^{2} - \overline{OM}^{2} = (LO + OM)(LO - OM) = (\varpi + \pi - \delta + d + L\cos I)(\varpi + \pi - \delta + d - L\cos I)$.

On peut encore faire $\dfrac{Om}{OL} = \sin u = \dfrac{L\cos I}{\varpi + \pi - \delta + d'}$, d'où l'on tire $Lm = LO\cos u = (\varpi + \pi - \delta + d)\cos u$, Lm étant connu, on aura le tems de Lm, où la demi-durée $= \dfrac{3600''\, Lm}{\dfrac{d\mathbb{C}-d\odot}{\cos I}} = \dfrac{3600''(\varpi + \pi + \delta' - d)\cos I \cos u}{d\mathbb{C} - d\odot}.$

Ce tems, retranché du milieu de l'éclipse, donnera le commencement, ajouté au milieu de l'éclipse, il donnera la fin.

27. A mesure que la lune avancera de L en m, la distance au centre O diminuera; quand elle aura passé le point m, la distance augmentera jusqu'en V, où l'éclipse finit : la distance au centre O ne peut diminuer sans qu'une partie de la lune entre dans l'ombre : la diminution indique la partie éclipsée : ainsi

$$\text{partie éclipsée} = LO - \textit{distance actuelle des centres}$$
$$= \varpi + \pi + \delta - d - \text{distance act. des centres.}$$

Si la partie éclipsée est le disque entier de la lune, on aura

$$2d = \varpi + \pi + d - \delta - \textit{dist. des centres},$$

et alors

$$\text{dist. des centres} = (\Pi + \pi) - (\delta + d).$$

On fera donc

$$\sin u' = \frac{Om}{OL} \ (\text{fig. 51}) = \frac{L\cos I}{(\varpi + \pi) - (\delta - d)}, \quad Lm = [(\varpi + \pi) - (\delta + d)]\cos u',$$

et

$$\textit{demi-durée de l'éclipse totale} = \frac{3600'' Lm\cos I}{d\mathbb{C} - d\odot} = \frac{[(\varpi + \pi) - (\delta + d)]\cos u\cos I . 3600''}{d\mathbb{C} - d\odot}.$$

Je suppose par tout qu'on ait augmenté $\varpi + \pi - \delta$ de $\frac{1}{60}$, ou dans tel autre rapport, pour tenir compte de l'atmosphère de la terre (35).

28. Cette dernière durée, retranchée du tems du milieu, donnera l'instant de l'immersion totale dans l'ombre, et ajoutée au tems du milieu, elle donnera l'instant où la lune commence à sortir de l'ombre.

29. La quantité de la plus grande éclipse sera au point m de la plus courte distance des centres; elle aura pour expression.........𝟏.. $\varpi + \pi + d - \delta - L\cos I$.

L'usage est d'exprimer cette quantité en *doigts*, c'est-à-dire en douzièmes du diamètre lunaire; alors

$$\textit{quantité de l'éclipse en doigts} = \frac{2d}{12}(\varpi + \pi + d - \delta - L\cos I).$$

Si l'on veut savoir dans quelle circonstance l'éclipse est au-dessus ou au-dessous de 12 doigts, ou de $2d$, on fera

$$2d = \Pi + \pi + d - \delta - L\cos I,$$

ce qui donne $L = \frac{(\varpi + \pi) - (\delta + d)}{\cos I}$, donc

Si $L > \frac{(\varpi + \pi) - (\delta + d)}{\cos I}$, l'éclipse ne sera que partielle, et elle aura lieu dans la partie $\begin{Bmatrix} \text{australe} \\ \text{boréale} \end{Bmatrix}$ de la lune, si la latitude est $\begin{Bmatrix} \text{boréale} \\ \text{australe,} \end{Bmatrix}$.

Si $L < \frac{(\varpi + \pi) - (\delta + d)}{\cos I}$, l'éclipse sera totale avec demeure plus ou moins grande dans l'ombre, et alors la quantité surpasse 12 doigts, ce qui signifie seulement que si la lune était plus grande de quelques doigts qu'elle n'est réellement, elle serait encore totalement éclipsée. Or $\varpi + \pi = 53'$ au moins, $\delta + \delta = 33'$ au plus : ainsi.......... $\frac{(\varpi + \pi) - (\delta + d)}{\cos I} = \frac{20'}{\cos I}$ au moins.

30. Quand l'éclipse est partielle, ou quand elle n'est encore que partielle, on voit l'ombre terminée en arc de cercle (fig. 53), ce qui signifie que la terre est sensiblement ronde; mais comme l'arc ab est toujours une partie médiocre du cercle, on ne peut juger bien surement si la figure de l'ombre est circulaire ou elliptique, et si la terre est rigoureusement ronde; car le demi-diamètre de l'ombre est de $45'$ plus ou moins, le demi-diamètre de la lune est de $15'$, c'est-à-dire $\frac{1}{3}$ du premier; ainsi l'arc ab sera tout au plus $\frac{1}{9}$ de la circonférence de l'ombre.

31. En désignant par e la partie éclipsée, on a $e = \varpi + \pi + d - \delta - \mathrm{L}\cos\mathrm{I}$, d'où l'on tire $\varpi = e - \pi - d + \delta + \mathrm{L}\cos\mathrm{I}$. Ainsi, quand on a mesuré l'éclipse e, quand elle est au *maximum*, on peut en conclure la parallaxe; mais ce moyen n'a pas bien réussi à Ptolémée, non plus que le suivant.

Soit la demi-durée de l'éclipse $= \mathrm{D} = \dfrac{(e + \pi + d - \delta)\cos u \cos \mathrm{I}\, 3600''}{d\mathbb{C} - d\odot}$,

on aura

$$\varpi = \frac{\mathrm{D}(d\mathbb{C} - d\odot)}{3600''\cos\mathrm{I}\cos u} - (\pi + d - \delta),$$

Si la latitude est nulle en opposition, la lune traverse l'ombre par le centre et on aura $u = 0$, et par conséquent

$$\varpi = \frac{\mathrm{D}(d\mathbb{C} - d\odot)}{3600''\cos\mathrm{I}} - (d - \delta + \pi) = \frac{\mathrm{D}(d\mathbb{C} - d\odot)}{3600''\cos\mathrm{I}} - (d - \delta + \tfrac{1}{19}\varpi)$$

$$\left(\text{en supposant } \pi = \frac{\varpi}{19}\right) \quad \left(\tfrac{20}{19}\right)\varpi = \frac{\mathrm{D}(d\mathbb{C} - d\odot)}{3600''\cos\mathrm{I}} - (d - \delta).$$

Alors il faut supposer δ, d bien connus, aussi bien que la parallaxe π, et c'est ce qu'on ne peut dire des anciens. Ils supposaient π de $3'$ à peu près; ils devaient trouver la parallaxe ϖ trop faible de $3'$ environ: ils ne connaissaient parfaitement ni les diamètres, ni les mouvemens $d\mathbb{C}$, $d\odot$, $d\lambda$, ni par conséquent $\cos\mathrm{I}$; ils ne savaient pas mesurer e bien exactement; ils ont d'abord fait la parallaxe trop faible, Ptolémée la fit ensuite trop forte et surtout trop variable.

32. Les calculs des formules précédentes sont faciles; on les abrège en déterminant les logarithmes de $\dfrac{3600''\cos\mathrm{I}}{d\mathbb{C} - d\odot}$ et de $\dfrac{d\mathbb{C} - d\odot}{3600''\cos\mathrm{I}}$, qui est le complément arithmétique du premier. Le premier sert à réduire les arcs en tems, le second à réduire les tems en arcs.

On peut se dispenser de réduire les mouvemens à l'orbite, et de calculer la différence en tems entre la conjonction et le milieu de l'éclipse. Déterminez l'angle u comme ci-dessus, abaissez les perpendiculaires LC pour le commencement et VF pour la fin (fig. 47).

$$CO = LO \cos LCO = (\varpi + \pi - \delta + d) \sin(I + 90° - u)$$
$$= (\varpi + \pi - \delta + d) \cos(u - I).$$

CO en tems $= \dfrac{3600''.CO}{(d\mathbb{C} - d\odot)}$. Retranchez cette quantité de l'instant de la conjonction, vous aurez le commencement de l'éclipse.

$$OF = OV \cos VOF = OV \sin VOB = (\varpi + \pi - \delta + d)\sin(90° - u - I)$$
$$= (\varpi + \pi - \delta + d) \cos(u + I) ;$$

tems entre la conjonction et la fin $= \left(\dfrac{3600''}{d\mathbb{C} - d\odot}\right)(\varpi + \pi - \delta + d)\cos(u + I),$

$$CO - OF = \left(\frac{3600''}{d\mathbb{C} - d\odot}\right) 2 (\varpi + \pi - \delta + d) \sin u \sin I$$
$$= \left(\frac{3600''}{d\mathbb{C} - d\odot}\right) \cdot 2(\varpi + \pi - \delta + d) \frac{\sin I . L\cos I}{(\varpi + \pi - \delta + d)}$$
$$= \frac{2.3600''\sin I . L\cos I}{(d\mathbb{C} - d\odot)} = \frac{3600'' . L\sin 2I}{(d\mathbb{C} - d\odot)}.$$

33. Aujourd'hui qu'on connait bien les parallaxes et les diamètres, et qu'on doit calculer très-exactement le rayon de l'ombre $= \varpi + \pi - \delta$, on trouve cependant les durées observées plus grandes qu'elles ne sont par le calcul, ce qu'on attribue à l'atmosphère de la terre, qui fait autour de notre globe une enveloppe trop épaisse pour laisser passer la lumière en quantité suffisante, et produit l'effet d'une augmentation dans le rayon de la terre, et par conséquent dans le rayon de l'ombre.

La règle pour calculer cette augmentation est fort incertaine.

Mayer ajoutait $\frac{1}{60}$ au demi-diamètre de l'ombre; on s'en tient ordinairement à cette règle, sans y donner trop de confiance, mais on n'en connaît pas de meilleure : de plus, les observations de ces éclipses ne sont pas susceptibles d'une grande précision, parce qu'il est fort difficile de distinguer l'instant où l'ombre pure se fait remarquer sur le disque de la lune, où elle est toujours entourée d'une pénombre dont la limite est fort difficile à saisir. Il n'est pas rare de voir des observateurs différer de $2'$ et même de $3'$ sur le commencement ou la fin d'une éclipse : mais quand l'éclipse est commencée et qu'on voit une partie sensible de l'ombre, on distingue un peu mieux l'ombre pure à sa courbure régulière.

34. On note avec soin les instans où l'ombre arrive au premier et au second bord d'une tache, et l'on s'accorde alors communément à $\frac{1}{4}$ ou $\frac{1}{3}$ de minute. On compare ensuite les observations d'une même tache, faites en différens lieux, pour en conclure la différence des longitudes par la différence des heures que l'on compte dans ces lieux : si la différence est de 6^h, on en conclut que les méridiens font entre eux un angle de $6.15° = 90°$, et ainsi des autres, à raison de $15°$ par heure. Car si la terre est un globe, comme on peut le conjecturer par la figure constamment circulaire de l'ombre, on peut partager ce globe en fuseaux de différentes largeurs, par les grands cercles menés d'un pôle à l'autre : la terre tournant sur elle-même en 24^h, présente successivement tous ces grands cercles au soleil.

S'il y a 6^h de différence dans le tems où l'on voit l'éclipse commencer, on en conclut que les méridiens font un angle de 6^h ou de $90°$; car l'heure est mesurée par l'angle horaire entre le méridien tourné vers le soleil et le méridien de l'observateur; la différence des tems est la différence des angles horaires au même moment. Si, tandis qu'un observateur compte douze heures et voit le soleil au méridien, un autre ne compte que neuf heures du matin, il est encore à trois heures du méridien et l'angle MPA (fig. 54) $= 45°$; si un autre ne compte que six heures du matin, l'angle MPB $= 90°$; donc APB $= 45°$. Ou bien, si l'on aime mieux que le soleil tourne, l'observateur qui voit le soleil à la distance ZS du zénit, en conclut, je suppose, ZPS $= 45°$; mais un autre observateur qui aura son zénit en Z' verra le soleil dans le plan du cercle PZ'S, et par conséquent au méridien, il comptera 3^h de plus que l'autre; il sera plus oriental de 3^h ou de $45°$.

35. Les anciens n'avaient que les éclipses de lune pour estimer les différences de longitude ; $4'$ d'erreur sur le tems de l'éclipse faisaient $1°$ d'erreur sur la longitude ; et comme chacun des deux observateurs, placés sous différens méridiens et observant la même phase d'une éclipse, pouvait très-bien se tromper de $4'$, l'un en plus et l'autre en moins, la différence de leurs méridiens ne pouvait être sûre qu'à $2°$ près, et ils ont en effet commis des erreurs de cette force.

36.

36. La lune perdant réellement sa lumière, la perd au même instant physique pour tous les observateurs répartis en divers lieux de l'hémisphère qui voit alors la lune. Pour marquer sur le globe l'hémisphère qui voit la lune à chaque instant de l'éclipse, voici un moyen bien simple.

Supposons qu'on voie à Paris le milieu de l'éclipse à 9^h du soir, on dira : le soleil, à 9^h du soir, est à 3^h du méridien inférieur, ou à $45°$ de ce méridien, ou à $135°$ du méridien supérieur du côté de l'occident. La lune, diamétralement opposée au soleil, est à $45°$ du méridien supérieur du côté de l'orient ; l'observateur qui voit la lune au méridien est donc de $45°$ plus oriental que Paris.

Sur ce méridien, qui est dès-lors connu, le lieu dont la latitude géographique est égale à la déclinaison de la lune, voit cet astre au zénit. De ce point, comme pôle, décrivez un grand cercle sur un globe terrestre ; ce cercle enfermera tous les pays qui voient la lune à l'instant du milieu de l'éclipse. Une opération toute pareille détermine tous les pays qui verront toute autre phase donnée.

Il ne faut faire cette opération que pour le commencement et pour la fin de l'éclipse, et la partie qui sera commune aux deux grands cercles ainsi tracés renfermera tous les pays qui verront l'éclipse pendant toute sa durée ; les pays renfermés dans les fuseaux extérieurs, qui n'appartiennent qu'à l'un ou l'autre des hémisphères du commencement ou de la fin, ne verront qu'une partie plus ou moins grande de la durée de l'éclipse. A ces hémisphères vous pouvez ajouter une zône de $\frac{1}{4}$ degré pour la réfraction, et retrancher $1°$ pour la parallaxe.

Ainsi ayant déterminé par le calcul le lieu qui voit la lune au zénit, pour un moment quelconque ; on marquera ce lieu sur un globe terrestre, et en tournant le globe on placera ce lieu sous le méridien ; on élevera ensuite le pôle d'une quantité égale à la déclinaison de la lune ; alors l'horizon du globe séparera l'hémisphère qui voit la lune, d'avec celui par lequel la lune est cachée pour le moment.

L'inspection de la figure 46 suffit pour se rendre raison de cette pratique, qui n'est rigoureusement vraie qu'en supposant nulle la parallaxe de la lune. Il est aisé de voir, en effet, qu'un point quelconque d'un astre qui a une parallaxe sensible, ne peut être vu simultanément que des points compris dans la calotte sphérique bordée par les tangentes menées du même point de l'astre au globe terrestre, et cette calotte est égale à un hémisphère diminué d'une bande dont la largeur est égale à la parallaxe de l'astre.

2.   43

37. J'ai supposé la parallaxe constante et les mouvemens horaires uniformes ; le peu de précision des observations autorise ces suppositions ; au reste, on peut calculer le commencement de l'éclipse, avec la parallaxe et le mouvement qui conviennent à ce commencement, et la fin avec une autre parallaxe et un autre mouvement.

38. Pour prédire les circonstances d'une éclipse de lune à une minute près, il suffit d'une opération graphique qui abrège considérablement le travail.

Je suppose qu'ayant calculé par les tables, pour un jour et une heure déterminée, les lieux de la lune et du soleil, vous avez trouvé qu'à 6^h 57′ la conjonction était passée, et que le centre de la lune était éloigné de 8′ du centre du soleil.

Vous avez la latitude et la variation horaire, qui vous donne la latitude une heure avant et une heure après ; vous aurez aussi les mouvemens horaires en longitude, les demi-diamètres et les parallaxes. Cela posé.

Soit (fig. 52) la droite AX qui représente l'écliptique ; divisez cette ligne en parties égales, par des perpendiculaires qui représenteront autant de cercles de la latitude ; prenez chacun de ces intervalles pour le mouvement relatif en une heure, et divisez-les en 60 parties égales qui représentent le mouvement relatif en une minute. Divisez les perpendiculaires aussi en parties égales aux premières, et cette figure, une fois divisée, vous servira pour toutes les éclipses.

Vous avez, je suppose, le mouvement horaire relatif en longitude = 32′, prenez de A en B le point marqué 32′ ; menez la perpendiculaire BD = 60′, et la droite indéfinie ADH, les abscisses A*c*, A*a*, *cd* représenteront les minutes de degrés, et les ordonnées parallèles *cf*, *ab*, *cd*, les minutes de tems.

Vous avez trouvé l'opposition passée de 8′ de degrés ; prenez A*e*=8′, et menez *ef* parallèle à BD, *ef* porté à la gauche de la perpendiculaire de 6^h 57′, marquera en O le lieu et l'instant de l'opposition. O, trouvé de cette manière, sera le centre de l'ombre.

39. Prenez A*a* = latitude à 5^h 57′ et A*c* = latitude à 6^h 57′, et menez les parallèles *ab*, *cd* ; les lignes *ab*, *cd* seront les latitudes à porter sur la figure. Portez donc ces latitudes sur les perpendiculaires de 5^h 57′ et de 6^h 57′ : par les points *b* et *d*, menez l'orbite relative LV.

Prenez sur l'échelle AB une ligne AG $= \varpi + \pi - \delta$, et menez GH parallèle à BD ; GH sera le rayon de l'ombre. Avec ce rayon $=$ GH $=$ OG $=$ OK, décrivez le cercle GMK qui sera le cercle de l'ombre.

Prenez sur l'échelle AB une ligne AG$' = \varpi + \pi - \delta + d$, et menez la parallèle G'H', vous aurez le rayon G'H' $=$ OF avec lequel vous marquerez les points C et F du commencement et de la fin de l'éclipse.

Prenez sur l'échelle AB une ligne $= \varpi + \pi - \delta - d$, et menez une parallèle à BD, vous aurez le rayon $=$ OI $=$ OE avec lequel vous marquerez le point I, qui sera celui de l'immersion totale, et le point E, qui sera celui où la lune commence à sortir de l'ombre.

Des points C, I, m, E, F, abaissez des perpendiculaires sur l'écliptique, elles y marqueront les instans de l'entrée, de l'immersion, du milieu, de l'émersion et de la fin.

Sans tracer réellement ces perpendiculaires, il suffira d'en chercher les pieds, en promenant une équerre le long de la ligne AX.

40. La différence des rayons OC, OG sera le demi-diamètre de la lune : portez CG sur le prolongement de Om, et marquez ainsi le point m'. Le reste m'M du rayon OM sera ce qu'il faut ajouter au diamètre de la lune pour avoir la quantité de l'éclipse $= 2$CG$+ mm'$.

Si mM était moindre que $=$ CG, le point m' tomberait hors du cercle GMK, l'éclipse ne serait que partielle ; il s'en faudrait de Mm' qu'elle ne fût totale.

A la réserve de l'écliptique et des perpendiculaires tracées d'heure en heure, qui seront marquées à l'encre, le reste ne sera marqué qu'au crayon, et s'effacera ensuite, pour que la même figure serve pour une autre éclipse.

Au lieu de l'échelle BAD, qui sert à convertir les arcs en tems, il serait encore plus commode d'avoir une table où l'on prendrait à vue les valeurs en tems de tous les arcs dont nous avons parlé. La formule de cette table est $\left(\frac{x}{60'}\right)(d\,\mathbb{C} - d\odot)$.

Au moyen de cette construction, vous pourrez déterminer pour chaque instant de la durée la plus grande largeur de la partie lumineuse de la lune et celle de la partie éclipsée. Cette dernière s'exprime en douzièmes du diamètre de la lune : on aura donc, en nommant E la quantité de l'éclipse et D la distance des centres,

$$E = \left(\frac{2d}{12}\right)(\varpi + \pi - \delta + d - D) = \frac{d}{6}(\varpi + \pi - \delta + d - D).$$

41. Les Grecs avaient une autre manière ; ils mesuraient la partie éclipsée, par la surface et non par la flèche ; le calcul était plus long et cette connaissance était absolument inutile. Cette manière est aujourd'hui abandonnée ; voici pourtant les formules nécessaires pour le calcul.

Étant donnés les rayons inégaux TA , EA (fig. 55) de deux cercles, et la distance ET de leurs centres, trouver le segment commun AZGDA.

Le secteur $\text{ATGZA} = \frac{1}{2}\overline{\text{AT}}^2 \text{arc.AZG}$. La surface du triangle

$$\text{ATG} = \tfrac{1}{2}\text{AG.KT} = \text{AK.KT} = \overline{\text{AT}}^2 \sin\text{AZ}\cos\text{AZ} = \tfrac{1}{2}\overline{\text{AT}}^2 \sin 2\text{AZ};$$

donc $\overline{\text{AT}}^2 (\text{AZ} - \tfrac{1}{2}\sin 2\text{AZ}) = $ segment AZGKA ; de même

$$\overline{\text{AE}}^2 (\text{AD} - \tfrac{1}{2}\sin 2\text{AD}) = \text{ segment ADGKA },$$

donc la surface de la partie commune aux deux cercles, ou

$$\text{AZGDA} = \overline{\text{AT}}^2 (\text{AZ} - \tfrac{1}{2}\sin 2\text{AZ}) + \overline{\text{AE}}^2 (\text{AD} - \tfrac{1}{2}\sin 2\text{AD}).$$

On connaît AT, AE, TE, on connaît donc les angles T, E. Faisons, pour abréger, $\text{AT} = \text{R}$, $\text{AE} = r$, les angles $\text{ATZ} = \text{T}$, $\text{AED} = \text{E}$, $\text{TE} = d$: en substituant ces valeurs dans la formule précédente, on aura

$$\text{AZGDA} = \text{R}^2(\text{T} - \tfrac{1}{2}\sin 2\text{T}) + r^2 (\text{E} - \tfrac{1}{2}\sin 2\text{E});$$

mais le cercle $\text{ABG} = r^2\text{C}$ (C étant la demi-circonférence du cercle dont le rayon $= 1$) ; donc

$$\frac{\text{AZGDA}}{\text{ABGDA}} = \frac{\text{R}^2}{r^2\text{C}}\left(\text{T} - \tfrac{1}{2}\sin 2\text{T}\right) + \frac{r^2}{r^2\text{C}}(\text{E} - \tfrac{1}{2}\sin 2\text{E})$$

$$= \frac{1}{\text{C}}\left[(\text{E} - \tfrac{1}{2}\sin 2\text{E}) + \frac{\text{R}^2}{r^2}(\text{T} - \tfrac{1}{2}\sin 2\text{T})\right],$$

$$= \frac{12\,\text{doigts}}{\text{C}}\left[(\text{E} - \tfrac{1}{2}\sin 2\text{E}) + \frac{\text{R}^2}{r^2}(\text{T} - \tfrac{1}{2}\sin 2\text{T})\right]$$

$$\text{Sin}^2\tfrac{1}{2}\text{E} = \frac{\left(\frac{\text{R}+r+d}{2} - d\right)\left(\frac{\text{R}+r+d}{2} - r\right)}{rd}, \quad \sin^2\tfrac{1}{2}\text{T} = \frac{\left(\frac{\text{R}+r+d}{2} - d\right)\left(\frac{\text{R}+r+d}{2} - \text{R}\right)}{\text{R}d}.$$

Trois formules résolvent le problème ; elles m'ont servi à vérifier la table de la quantité éclipsée que Ptolémée avait calculée par une autre méthode beaucoup plus longue et un peu moins exacte.

Eclipses de Soleil.

42. Pour les éclipses de lune, nous avons considéré la section circulaire du cône d'ombre qui s'étend de la terre au-delà de la région de la lune. Pour les éclipses de soleil, nous allons considérer le cône tronqué lumineux qui a sa grande base au soleil, et la base du tronc à la terre. La lune ou son disque est aussi la base d'un autre cône formé par l'ombre qu'elle projette. Ce cône mobile pénètre dans le cône lumineux et intercepte les rayons solaires à une partie de la terre. Nous avons vu que la pointe de ce cône n'arrive pas toujours jusqu'à la terre, alors l'éclipse solaire ne peut être que partielle. Nous avons donné la formule qui sert à reconnaître et distinguer cette circonstance. Plus souvent le cône d'ombre atteint la terre et forme à la surface une tache plus ou moins large et mobile, qui renferme tous les pays qui voient pour le moment le soleil entièrement éclipsé. Les pays voisins de ce cône ne voient qu'une partie plus ou moins considérable du disque solaire; ceux qui en sont plus éloignés voient le soleil tout entier.

43. Nous avons vu que le rayon de la section du cône lumineux dans la région de la lune soutendroit, pour un œil au centre de la terre, un angle $= \varpi - \pi + \delta$, et qu'à l'instant où le bord de la lune commence à se trouver en contact avec le bord du soleil, l'angle géocentrique entre le centre du soleil et celui de la lune a pour expression $(\varpi - \pi) + (\delta + d)$, au lieu que pour le commencement et la fin des éclipses de lune, nous avions $(\varpi + \pi) + (d - \delta)$, en effet.

Soit V (fig. 46) le centre de la lune, Vn' son rayon, on aura $L'TV = \varpi - \pi + \delta + d$, c'est la distance du centre de la lune à l'axe du cône, quand le bord de la lune est à la surface du cône; mais à cet instant l'observateur, qui est en E à la surface de la terre, voit le bord de la lune et le bord du soleil par la même ligne EO; l'éclipse va commencer; ce point voit le soleil à l'horizon, car il a son zénit en z et l'angle TEO $= 90°$.

Un observateur placé en E' verra le centre du soleil en r et le bord du soleil en o; il n'y aura pas encore d'éclipse pour cet observateur.

Imaginez que E'S tourne autour de TS, cette ligne décrira une surface conique, et Lr décrira le cercle qui renferme tous les points de la terre qui voient le soleil à la même distance zénitale Z'E'S, tandis que le point a voit le soleil en L' au zénit: cela posé.

44. Soit décrit du centre O, avec le rayon $OB = \varpi - \pi + \delta$ (fig. 56), le cercle BED ; ce sera la section du cône lumineux perpendiculaire à l'axe ; O sera le point de l'axe ou de la ligne des centres de la terre et du soleil.

Soit NLV l'orbite de la lune, Om la plus courte distance des centres, L et V le centre la lune aux deux instans où son disque touche extérieurement le cône lumineux.

On a $LO = VO = \varpi - \pi + \delta + d$, les points L, V seront ceux où commencera et finira l'éclipse, c'est-à-dire, qu'aucun habitant de la terre ne verra d'éclipse, tant que la lune sera moins avancée que le point L, ou plus avancée que le point V.

OC et OF seront les différences de longitude entre le soleil et la lune, au premier et au dernier moment de l'éclipse. Nous verrons bientôt quels sont les lieux de la terre qui verront commencer et finir l'éclipse, ou qui verront le bord de la lune en contact extérieur avec celui du soleil.

45. Puisque $LO = \varpi - \pi + \delta + d = 53' + 60' = 113'$ au moins, si $Om = 0$; LV serait vu du centre de la terre sous un angle de $226' = 3°\ 46'$.

On devrait traiter ces triangles comme des triangles sphériques, ce qui alongerait un peu le calcul ; on pourrait encore projeter cette figure sur un plan tangent au point O ; alors $OL = OV$ seraient les tangentes de $(\varpi - \pi + \delta + d)$, ce qui ne changerait aucun des angles qui ont leurs centres en O, non plus que les angles sous lesquels sont vus OC et OF. Mais tant de scrupule est assez inutile ; si l'on considère ces triangles comme rectilignes, le calcul de la durée de l'éclipse de soleil sera le même que celui de l'éclipse de lune ; on pourra en représenter toutes circonstances par l'opération graphique qui nous a servi pour les éclipses de lune.

46. La distance LO ne peut diminuer sans qu'une partie du disque lunaire n'entre dans le cône lumineux et ne cache au moins une partie du soleil à quelques parties de la terre. Par exemple, quand la lune sera en n (fig. 56), la lune sera toute entière dans le cône, à la réserve du petit segment *abcd*, le grand segment *adcua* cachera une partie plus ou moins grande du soleil aux pays qui voient le centre du soleil correspondre aux différens points de la partie de ce segment,

enfermée dans le cercle intérieur *pqr*. En effet, imaginez de tous les points de l'hémisphère de la terre, des lignes menées au centre du soleil, ces lignes traverseront tous les points du cercle *pqr*; si le point *n* est dans ce cercle, il y a un point qui voit le centre du soleil en *n*; il y voit aussi le centre de la lune; l'éclipse pour lui sera centrale; elle sera totale si la lune, ce jour-là, a un diamètre plus grand que celui du soleil; elle sera annulaire si le diamètre augmenté de la lune est plus petit que celui du soleil. Je dis le diamètre augmenté, car le point de la terre qui voit le soleil en *n* est plus près de la lune que le centre de la terre.

47. Pour un autre pays quelconque, qui voit le centre du soleil en *i*, du point *i* avec un rayon égal au demi-diamètre du soleil, décrivez un cercle, ce sera le disque solaire; et si du point *n* avec le demi-diamètre augmenté de la lune, vous décrivez un autre cercle, ces deux cercles représenteront l'éclipse; la partie commune aux deux cercles sera la partie éclipsée du soleil, le reste sera la partie demeurée visible.

48. Le cercle *pqr* est ce qu'on appelle la *projection de la terre*, on peut le considérer, à chaque instant de l'éclipse, comme une carte géographique de l'hémisphère éclairé de la terre; mais cet hémisphère, et par conséquent la carte, varie à chaque instant.

Le point O est la projection du lieu qui voit à cet instant le soleil à son zénit, ce lieu a toujours la même distance au pôle que le soleil, et sa longitude est égale à l'angle horaire de Paris; on connaîtra donc ce lieu pour un instant quelconque.

$L'r$ (fig. 46) est la distance du lieu E' au centre de la projection; or

$$L'r = SL'\,\operatorname{tang} TSE' = (ST - TL')\,\operatorname{tang} \pi' = \left(\frac{1}{\sin \pi} - \frac{1}{\sin \varpi}\right)\operatorname{tang} \pi'$$

$$= \frac{(\sin \varpi - \sin \pi)}{\sin \pi \sin \varpi}\operatorname{tang} \pi',$$

π' est la parallaxe de hauteur du soleil au méridien, soit N la distance vraie au zénit de ce lieu,

$$\operatorname{tang} \pi' = \frac{\sin \pi \sin N}{1 - \sin \pi \cos N} = \frac{\sin \pi \sin (H-D)}{1 - \sin \pi \cos (H-D)},$$

$$L'r = \frac{(\sin \varpi - \sin \pi)}{\sin \pi \sin \varpi} \cdot \frac{\sin \pi \sin (H-D)}{1 - \sin \pi \cos (H-D)} = \frac{(\sin \varpi - \sin \pi)\sin (H-D)}{\sin \varpi \left[1 - \sin \pi \cos (H-D)\right]}.$$

Cette expression est sensiblement $= \frac{\varpi - \pi}{\varpi} \sin N$, ou $(\varpi - \pi) \sin N$ en parties de la distance de la lune à la terre, prise pour unité.

49. Lalande a dit que dans cette projection on supposait la parallaxe de la lune proportionnelle à la distance du soleil au zénit; il a cru que c'était une imperfection de la méthode; il semble qu'il n'y a nulle erreur. En effet, c'est la parallaxe du soleil qu'on suppose, comme il le dit, proportionnelle au sinus de la distance du $\odot$ au zénit; on a besoin de cette parallaxe pour savoir dans quel lieu le soleil paraît à un habitant de la terre; mais on n'a nul besoin de la parallaxe de la lune. Ce n'est pas son lieu apparent, c'est son lieu réel qui intercepte les rayons solaires; il ne peut, pour un observateur, intercepter que ceux qui se dirigent à cet observateur, que ceux qui sont sur la direction du lieu apparent du soleil. Nous ne voyons pas la lune, elle n'a pas de parallaxe, nous ne voyons que le rayon solaire qui rase le globe de la lune. Ce rayon fait avec la verticale un angle égal à la distance apparente de ce point lumineux à notre zénit.

Ce qui a trompé Lalande, c'est l'expression $(\varpi - \pi) =$ rayon de projection; il a cru que la parallaxe de la lune entrait dans le calcul, elle n'y entre que pour exprimer la distance de la lune à la terre; c'est $\frac{1}{\sin \varpi}$ qui a amené ϖ et $\sin \varpi = \frac{1}{\text{distance } \mathbb{C}}$; ou bien, si l'on veut que ϖ soit ici la parallaxe de la lune, c'est celle du bord qui est sur le soleil: le point de la lune et le point du soleil étant sur la même ligne, ont même distance au zénit; leurs parallaxes inégales dépendent au moins du même angle.

50. Soient O (fig. 57) le centre de la projection, LV l'orbite relative de la lune, OA le cercle de la latitude, OR le cercle de déclinaison.

Pour trouver l'angle AOP ou l'angle de position, faites tang AOP $=$ cos $\odot$ tang ω, et mettez OP à l'occident de A, c'est-à-dire, contre l'ordre des signes, et du côté d'où vient la lune, si cos $\odot$ est négatif, si au contraire il est positif comme dans notre exemple, vous placerez AOP du côté où va la lune, c'est-à-dire du côté de V.

Le cercle de déclinaison ROR′ est celui où se trouve le soleil à un instant quelconque. Le point O de la projection sera le point où le centre de la terre verra le centre du soleil; il sera la projection du lieu qui pour le moment verra le soleil au zénit. ROR′ est en même

tems

tems le méridien fixe auquel viennent passer successivement tous les méridiens de la terre ; on l'appelle *le méridien universel.*

51. Soit TS (fig. 58) l'axe du cône, S le centre du soleil, PT l'axe de la terre, Pup le méridien de la terre tourné pour le moment vers le soleil, S'LR le plan de projection dans la région de la lune, le point u de la terre verra le centre du soleil au zénit répondant au centre de la projection ; eTq sera l'équateur, qTu sera la déclinaison du soleil.

Le pôle P verra le soleil au point S' de la projection à la distance LS' de l'axe

$$\mathrm{LS'} = \mathrm{LS\,tang\,LSS'} = \left(\frac{1}{\sin\pi} - \frac{1}{\sin\varpi}\right)\mathrm{tang\,PST} = \left(\frac{\sin\varpi - \sin\pi}{\sin\varpi\sin\pi}\right)\left(\frac{\mathrm{TP}\sin\mathrm{PTS}}{\mathrm{TS} - \mathrm{TP}\cos\mathrm{PTS}}\right)$$

$$= \frac{(\sin\varpi - \sin\pi)}{\sin\varpi\sin\pi} \cdot \frac{\frac{\mathrm{TP}}{\mathrm{ST}}\sin\mathrm{PTS}}{1 - \frac{\mathrm{TP}}{\mathrm{ST}}\cos\mathrm{PTS}} = \frac{(\sin\varpi - \sin\pi)}{\sin\varpi\sin\pi} \cdot \frac{\sin\pi\sin\mathrm{PTS}}{1 - \sin\pi\cos\mathrm{PTS}}$$

$$= \frac{2\sin\frac{1}{2}(\varpi - \pi)\cos\frac{1}{2}(\varpi + \pi)}{\sin\varpi\sin\pi}\left[\sin\pi\sin(90° - \mathrm{D}) + \tfrac{1}{2}\sin^2\pi\sin2(90° - \mathrm{D})\right.$$
$$\left. + \tfrac{1}{3}\sin^3\pi\sin3(90° - \mathrm{D}) + \text{etc.}\right]$$
$$= \frac{2\sin\frac{1}{2}(\varpi - \pi)\cos\frac{1}{2}(\varpi + \pi)}{\sin\varpi}\left[\cos\mathrm{D} + \tfrac{1}{2}\sin\pi\sin2\mathrm{D} - \tfrac{1}{3}\sin^2\pi\cos3\mathrm{D} - \text{etc.}\right].$$

Le troisième terme est toujours insensible, le second même ne va jamais à $0'',1$: on peut donc supposer

$$\mathrm{LS'} = \frac{2\sin\frac{1}{2}(\varpi - \pi)\cos\frac{1}{2}(\varpi + \pi)\cos\mathrm{D}}{\sin\varpi} = \frac{(\pi - \varpi)\cos\mathrm{D}}{\sin\varpi}.$$

Pour connaître l'angle sous lequel LS' est vu du centre de la terre, il faut le diviser par $\mathrm{TL} = \frac{1}{\sin\varpi}$, cet angle sera donc $= \frac{\mathrm{LS'}}{\mathrm{TL}} = (\pi - \varpi)\cos\mathrm{D}$.

Ainsi pour placer le pôle P sur la projection (fig. 57), il faut prendre $\mathrm{OP} = (\varpi - \pi)\cos\mathrm{D} = \mathrm{OR}\cos\mathrm{D} = \mathrm{OR}\sin u\mathrm{P}$: cette ligne OP ou LS' (fig. 58) est aussi la projection de l'arc $u\mathrm{P}$ du méridien ; ainsi dans cette projection, tout arc qui comme $u\mathrm{P}$ a son origine au point u de la ligne des centres TS, a pour projection une droite $\mathrm{LS'} = \mathrm{OR}\sin u\mathrm{P}$.

Il suit de là que le rayon de l'équateur Tq aura pour projection une ligne $\mathrm{LR} = (\varpi - \pi)\sin u\mathrm{T}q = (\varpi - \pi)\sin\mathrm{D}$; et généralement toute ligne $\mathrm{T}e'$ ayant son origine au centre de la terre, aura pour projection $(\varpi - \pi)\sin u\mathrm{T}q$; mais si $\mathrm{T}e'$ est perpendiculaire à l'axe TS, on aura $\mathrm{T}e' = \sin u\mathrm{T}q = \sin uq$ sans erreur sensible, à cause du peu de convergence des lignes TS et e'S qui sont sensiblement parallèles, puisque l'angle TSe' ne va jamais à 9″. Donc en général :

52. *Toute ligne* a *parallèle au plan de projection aura pour projection une ligne qui lui sera sensiblement égale ; et si elle est inclinée d'un angle I au plan de projection, elle sera inclinée d'un angle de* $(90° - I)$ *à l'axe ; elle aura pour projection une ligne* $=$ a $sin\,(90° - I) =$ a *cosin inclinaison au plan de projection.*

53. Pour un instant quelconque, nous connaîtrons le point u de la terre (fig. 58), qui a sa projection en L ou en O (fig. 57) (48).

Nous connaîtrons de plus tous les points qui ont leur projection sur le méridien universel ROR′, car ils sont tous sur un même méridien terrestre ; ils ont tous la même longitude que le point O, et leurs distances au point O sur la projection, seront

$(\varpi - \pi)$ sin (latitude du lieu — latit. de O) $= (\varpi - \pi)$ sin(H — D) : s'ils sont au nord de O, (H — D) sera une quantité positive ; s'ils sont au sud, (H — D) sera une quantité négative ; si la latitude est australe, (H — D) deviendra (— H — D), ainsi la formule est générale.

54. Sur la projection (fig. 57) avec un rayon $= (\varpi - \pi)$ sin(H—D), décrivons un cercle tel que xax', ce cercle sera la projection du petit cercle du globe terrestre, dont le pôle est au point qui a sa projection en O ; la distance de ce cercle à son pôle sera (H — D) : tous les habitans de ce petit cercle verront en cet instant le soleil à une même distance zénitale (H — D). Nous connaissons déjà les lieux projetés en x et x' (53), nous pouvons connaître de même tous les autres. Supposons, par exemple, qu'il faille placer Paris sur la projection à 9^h du matin ; à neuf heures du matin, l'angle est de 3^h, ou de 45° à l'occident : donc le lieu O, qui est déjà au méridien, est à 45° à l'orient de Paris : la latitude de ce lieu est $=$ D ; ce lieu sera donc connu. La latitude de Paris est 48° 50′, (48° 50′ — D) sera la quantité dont x est au nord de O sur le même méridien : nous connaîtrons x.

Avec un compas, prenons sur le globe la distance de ce lieu à Paris ; elle sera égale à la distance xa' sur la projection ; car le cercle terrestre dont la projection est $xax'a'$, est parallèle au plan de projection ; toute corde prise dans ce cercle sera parallèle à la projection, elle aura pour projection une corde égale. Ainsi, avec votre ouverture de compas prise sur le globe, marquez le point a' sur la projection à la distance xa', a' sera le lieu de Paris. Je suppose, pour plus de facilité, que vous ayez fait le rayon de projection égal au rayon de votre globe, sans quoi il faudrait à chaque distance prise sur le globe, faire une règle de trois pour connaître la projection de cette distance.

55. Ainsi, par une opération graphique de la plus grande simplicité, vous pouvez, pour un instant quelconque, placer un point quelconque de la terre sur le plan de projection ; vous pouvez même éviter le petit calcul $(\varpi - \pi) \sin (H - D)$.

Soit $Mz = (H - D)$, (fig. 57) ; H est la latitude du point x ; menez la corde uz, faites $Mu = Mz$, sa moitié mu sera $(\varpi - \pi) \sin (H - D)$. Si nous avons une corde au lieu d'un arc à convertir en sinus, nous suivrons le même procédé : avec la corde donnée, nous marquerons les points u et z de part et d'autre d'un diamètre MOA, la moitié de la corde uz sera le sinus demandé.

56. Vous pourriez ainsi marquer le lieu de Paris sur la projection de 3o en 3o minutes, ce qui serait plus que suffisant ; vous marqueriez ces lieux par des points accompagnés de chiffres pour désigner l'heure à laquelle ils appartiennent ; mais pour ne rien faire de superflu, à mesure que vous placerez un de ces points, vous en chercherez la distance au point que le centre de la lune occupe alors sur son orbite relative. Je suppose que vous avez divisé cette orbite en heures et en minutes, ce qui peut se faire en promenant une équerre sur l'écliptique divisée, ainsi que nous l'avons expliqué pour les éclipses de lune, et de plus, que vous avez marqué sur un diamètre MOA la ligne $ML = \frac{1}{2} \odot = \delta$ et $LT = \frac{1}{2} \mathbb{C} = d$, ensorte que $MT = \delta + d$.

57. Cela posé, mettez une pointe de compas sur le point a' de Paris, à 9^h, et l'autre pointe sur l'orbite de la lune, au point de 9^h. Si la distance de ces deux points surpasse $MT = \delta + d$, il n'y pas d'éclipse pour le moment. Mais Paris, sur son orbite, va d'occident en orient, en se rapprochant du méridien universel ; la lune va de L en V vers ce même méridien, et elle va beaucoup plus vîte. Vous verrez que les deux lieux tendent à se rapprocher, et comme leur distance surpassait de fort peu la demi-somme $\delta + d$, vous chercherez le lieu de Paris une demi-heure plus tard, c'est-à-dire à 9^h 3o' ; vous en prendrez la distance au point 9^h 3o' de l'orbite, vous trouverez la distance plus petite que $(\delta + d)$, l'éclipse sera donc commencée ; vous ouvrirez le compas d'une quantité

$=\delta+d$, et mettant une des pointes sur 9^h $15'$ de l'orbite, vous verrez
si l'autre tombe sur 9^h $15'$ de la courbe de Paris; car l'arc de Paris en
30 minutes sera si petit, que vous pourrez à l'œil le diviser en demies,
en tiers et quarts, sans erreur sensible. Si les points 9^h $15'$ ne sont pas
à la distance requise, vous essaierez les deux points 9^h $20'$, puis 9^h $25'$, et
ainsi des autres : vous trouverez que 9^h $22'$ donne la distance $=\delta+d$,
vous en conclurez que l'éclipse commence à 9^h $22'$ du matin.

En effet, Paris voit le centre du soleil au point 9^h $22'$; il voit le centre
de la lune au point 9^h $22'$ de l'orbite : la distance de ces points est la
somme des demi-diamètres, donc les disques sont en contact.

58. Par le point O et le lieu 9^h $22'$ de Paris (fig. 60), menez le rayon
O 9^h $22'$, qui représentera le vertical du soleil : la droite O.9^h $22'=(\varpi-\pi)$
sin dist. ⊙ au zénit de Paris (48); joignez les deux points correspon-
dans de 9^h $22'$ par une droite qui sera la distance des centres. Soit σ
le lieu de Paris, l celui de la lune : le contact se fera au point c de la
ligne σl; l'angle Oσl aura pour mesure ca arc du disque solaire compris
entre le point de contact et le point a qui est dans le vertical au point
le plus bas, si Paris est au-dessus de l'orbite, comme il l'est à 9^h dans
la fig. 59. La connaissance de cet arc ca est presque indispensable
pour bien saisir l'instant où l'éclipse commence. On comprendra facilement la raison de cette pratique, quand nous aurons appliqué le calcul
à cette construction.

59. Après avoir trouvé le commencement de l'éclipse, il faut en trouver
la fin, le milieu et la plus grande phase. Placez Paris sur la projection, à
10^h, 11^h et 12^h, jusqu'à ce que vous ayez trouvé une distance des centres
plus grande que $\delta+d$, qui vous prouve que l'éclipse est finie : vous
trouverez que l'éclipse finit à. . . . . 12^h $0'$
Le commencement était à. 9.22

      Somme. 21.22
      Demi-somme et milieu. 10.41

Cherchez le point de Paris, à 10^h $41'$: autour de ce point, du rayon δ,
décrivez un cercle qui représentera le soleil. Autour du point 10^h $41'$
de l'orbite et du rayon $=d$, décrivez un cercle qui représentera la lune;
la partie commune des deux cercles sera la partie éclipsée du soleil. Ici
l'un des cercles est renfermé dans l'autre, l'éclipse serait totale, si le

cercle de la lune renfermait celui du soleil; elle sera annulaire, parce que le cercle du soleil renferme le cercle de la lune.

Pour tous les points de la durée, vous pourrez trouver de même la figure de l'éclipse, la distance et la situation des deux intersections qu'on appelle les cornes de l'éclipse.

60. Nous avons montré (XV. 36) que la lune paraît d'autant plus grande qu'elle est plus près du zénit; l'augmentation du demi-diamètre est environ de $15''$ sin dist. Z. La distance de Paris au centre de la projection est la distance du soleil au zénit; donc $(\varpi - \pi)$ ou $OR : O\sigma :: 15'' :$ augmentation du diamètre de la lune $= \dfrac{15'' \cdot O\sigma}{OR}$. Cette augmentation, qui ne passe jamais $\frac{1}{4}$ de minute, est donc environ $\frac{1}{60}$ du demi-diamètre; elle est insensible dans une opération graphique.

Ainsi quand vous aurez placé sur la projection l'orbite de la lune et la courbe d'un lieu donné, vous aurez sans calcul, avec la règle et le compas, toutes les phases de l'éclipse et la durée. Cette méthode, extrêmement simple, n'a été donnée par personne, que je sache. On peut y appliquer le calcul comme il suit :

61. Dans le triangle sphérique OPp à la surface de la terre (fig. 61), vous connaissez $OP = 90° - D$, $OPp =$ angle horaire de Paris, et $Pp = 90° - H =$ distance de Paris au pôle du globe ;

$$\mathrm{cot}POp = \frac{\mathrm{tang}H\cos D}{\sin P} - \sin D\,\mathrm{cot}P; \quad \sin POp : \sin Pp :: \sin OPp : \sin Op = \frac{\sin P\cos H}{\sin O}.$$

Ces deux formules serviront à placer Paris sur la projection, car vous aurez la distance de Paris au centre O de la projection $= (\varpi - \pi) \sin Op$; vous aurez l'angle POp que cette distance fait avec le méridien universel. En effet, nous avons vu (51) que tout arc Op qui a son origine au centre, est représenté par son sinus; le petit cercle ypz sur lequel se trouve Paris, est représenté sur la projection par un cercle égal; l'arc yp sur la projection sera égal à l'arc du globe qu'il représente, l'angle yOp sur la projection sera donc le même que sur le globe. Le triangle sphérique POp sur le globe se changera sur la projection en un triangle rectiligne; les deux arcs PO et Op se changeront en leurs sinus, et l'angle compris restera le même.

62. Il est aisé de voir que P est le pôle, Pp la distance de Paris au pôle, O est le point qui voit le soleil au zénit, la distance pO est l'arc

du globe terrestre qui joint les deux lieux : il est égal à l'arc céleste qui mesure la distance de leurs zénits ; il mesure donc la distance du soleil au zénit de Paris, il est égal à cette distance, mais il est renversé comme il le faut quand on fait mouvoir la terre autour du soleil immobile : c'est alors l'observateur et son zénit qui s'abaissent vers le soleil, au lieu que dans l'ancien système c'était le soleil qui montait vers le zénit. Mais le témoignage des yeux est toujours pour l'ancien système : nous croyons notre zénit plus élevé que le soleil ; et voilà pourquoi, (fig. 60), nous avons dit que le point a du disque solaire est plus bas que le centre qui nous paraît en σ sur la projection. Le zénit d'un lieu p sur la projection est toujours sur le prolongement de la ligne menée du centre O par le lieu p (fig. 61) ; ainsi (fig. 58) le zénit de l'équateur se trouverait en V sur le prolongement de LR, le zénit du point x se trouverait en x' sur le prolongement de LS', à la distance $Lx' = TL \tan ux$.

63. La même construction donnera l'éclipse pour tous les pays. Quand la lune sera en L (fig. 61), le lieu qui verra le centre du soleil en L aura l'éclipse centrale, et ce lieu verra le soleil à l'horizon oriental, la distance zénitale étant LO qui est la projection d'un arc de 90° du globe terrestre ; quand elle sera en V, un autre lieu verra l'éclipse centrale à l'horizon occidental, car ce lieu sera près de passer dans l'hémisphère obscur de la terre. Quand la lune sera en u, le lieu qui aura sa projection en u, verra l'éclipse centrale au méridien.

64. Ces trois points sont faciles à déterminer. Le point qui est en u a la même longitude que le point qui est alors en O, et Ou est le sinus de la différence de latitude.

Pour les points L, V, la projection nous donnerait les arcs et les angles qui serviraient à les trouver sur le globe ; mais nous allons traiter ce sujet plus méthodiquement et avec plus de précision par le calcul trigonométrique.

65. Le point O (fig. 59), qui occupe le centre de la projection, change à chaque instant par le mouvement de révolution de la terre autour de son axe. Cet axe est rarement parallèle au plan de projection ; il faudrait pour cela que la déclinaison fût nulle, et alors ce parallélisme ne durerait qu'un instant, car la déclinaison, nulle d'abord, augmenterait d'une minute par heure. Le défaut de parallélisme est donc égal à la déclinaison.

Si OA est le cercle de latitude en conjonction, OR sera la projection du diamètre du grand cercle qui passe par les deux pôles ; nous avons vu que tang AOR = tang ω cos $\odot$ (50).

OP = OR cos D nous donnera la projection du pôle ; Op = OR cos D nous donnera la projection de l'autre pôle. De ces deux pôles, l'un sera au-dessus de la projection, et ce sera le pôle qui aura même nom que la déclinaison, ce sera le pôle éclairé ; l'autre sera au-dessous ou derrière la projection, et par conséquent invisible.

66. Puisque l'axe est incliné sur la projection d'un angle D, les parallèles qui sont perpendiculaires à l'axe, y seront inclinés d'un angle $= (90° - D)$; et comme notre projection ne diffère pas de la projection orthographique, les parallèles y seront représentés par des ellipses, qui seront d'autant plus aplaties que la declinaison sera plus petite.

Soit MON (fig. 62) un plan parallèle à celui de la projection, OP le demi-axe de la terre, POM = D : abaissez la perpendiculaire PP′, P′ sera la projection orthographique du pôle, et OP′ = OP cos D , comme nous l'avons trouvé ci-dessus (51), en négligeant les termes insensibles.

Soit mu le demi-diamètre d'un parallèle quelconque, Ou sera le sinus de la latitude, sa projection sera Ob = sin H cos D ; mais b est la projection du centre u du parallèle : au moyen de cette valeur de Ob, nous trouverons sur la ligne OR (fig. 59) de la projection, le centre b du parallèle en question.

67. De m abaissez la perpendiculaire md ; la projection de mu sera

$$bd = ue = um\cos mue = um\sin D = \cos H\sin D = \tfrac{1}{2}[\sin(H+D) - \sin(H-D)] ;$$

ce sera le demi-petit axe de l'ellipse. Portons bd de part et d'autre de b sur la ligne RR′ (fig. 59), dd' sera le petit axe ; le demi-grand axe sera cos H. En effet, imaginons le diamètre perpendiculaire sur le milieu u de mn ; ce demi-diamètre sera parallèle au plan, il aura donc pour projection une ligne qui lui sera égale : pour la trouver graphiquement, soit Nu (fig. 59) = H, la perpendiculaire um sera cos H. Par le point b centre du parallèle, menez la perpendiculaire $bx = mu$, prolongez-la en x', xx' sera le grand axe de l'ellipse.

Ce grand axe, dans la projection, sera rapproché du centre O et n'atteindra plus la circonférence du cercle de projection.

68. Sur ces deux axes, décrivons l'ellipse $xd'x'$ (fig. 59), ce sera la partie diurne du parallèle de Paris ; les points $x''x'''$ communs au

cercle de projection et à l'ellipse, seront les points du lever et du coucher. Le reste de l'ellipse est derrière dans la partie invisible de la projection, en supposant que P soit le pôle éclairé ; ce serait le contraire si P était le pôle obscur. Ici le point d' représentera Paris au méridien.

69. Pour trouver les autres points que Paris occupe sur son ellipse pendant toute la journée, et pour diviser cette ellipse en heures et en minutes,

Soit (fig. 62) P le pôle, QE l'équateur, PM le méridien dirigé perpendiculairement vers le plan de projection OL, *mun* le parallèle de Paris.

A midi, Paris est en m au point le plus bas de son parallèle ; il sera au point le plus bas de l'ellipse qui est la projection de ce parallèle ; il sera donc au sommet du petit axe : l'abscisse sera nulle, et l'ordonnée sera $= \frac{1}{2}$ petit axe $= \cos H \sin D = b'd'$.

A une heure quelconque il sera dans un cercle horaire Pr : faisant avec le méridien l'angle mP$r = $ P, la distance au méridien augmentera avec cet angle P ; elle sera $mu \sin P = \cos mE \sin P = \cos H \sin P$, qui en effet devient o au méridien : cette distance sera égale et parallèle à l'abscisse comptée du centre de l'ellipse. La distance du point r au plan de 6^h passant par PO perpendiculairement au plan du méridien, sera donc $mu \cos P = ur$; et cette ligne, multipliée par le sinus de la déclinaison, sera l'ordonnée de elliptique $= b'r' = mu \sin D \cos P = \cos H \sin D \cos P$, en prenant pour unité le rayon OR de la projection.

On peut trouver cette valeur de l'ordonnée par l'équation de l'ellipse

$$y^2 = \frac{b^2}{a^2}(a^2 - x^2) = \left(\frac{\cos H \sin D}{\cos H}\right)^2 [\cos^2 H - \cos^2 H \sin^2 P]$$
$$= \sin^2 D \cos^2 H \cos^2 P,$$

et $\qquad\qquad y = \cos H \sin D \cos P$, comme ci-dessus.

(Excentricité de cette ellipse)^2

$$= a^2 - b^2 = \cos^2 H - \cos^2 H \sin^2 D = \cos^2 H \cos^2 D,$$

$$\text{excentricité} = \cos H \cos D,$$
$$\tfrac{1}{2}\text{ grand axe} = \cos H,$$
$$\tfrac{1}{2}\text{ petit axe} = \cos H \sin D,$$
$$\text{abscisse} = \cos H \sin P,$$
$$\text{ordonnée} = \cos H \sin D \cos P,$$

dist. du parallèle au centre de la projection $= \sin H \cos D.$

On

On voit que l'abscisse croît, et l'ordonnée décroît depuis midi jusqu'à 6ʰ; que l'abscisse et l'ordonnée ne dépendent que de deux constantes et de l'angle horaire ; on aura donc pour chaque instant le lieu de Paris sur son ellipse.

70. Il est encore un moyen bien simple de diviser l'ellipse en tems.

Soit, (fig. 63), ABD le parallèle de Paris, AD le diamètre de ce parallèle $= 2\cos H$.

Paris parcourt uniformément ce parallèle, sur lequel il fait $15°$ par heure. A midi il est au point B; une heure avant midi il sera en F, et $FB = 15°$. Ce parallèle, incliné au plan de la projection, se change en une ellipse afbD ; bC est le demi-petit axe, et bC $= \cos H \sin D$. L'ordonnée elliptique fE $=$ FE $\sin D = \cos H \cos P \sin D$ (69).

Il suffira donc de diminuer toutes les ordonnées du cercle AFBD, dans la raison du rayon au sinus de déclinaison, pour avoir les ordonnées de l'ellipse, qui par cette construction se trouvera divisée en heures. Et comme ces ellipses sont ordinairement fort aplaties, et d'autant plus que la déclinaison est plus petite, il suffit presque toujours d'en déterminer les points d'heure en heure, excepté vers les sommets du grand axe où la courbure peut être sensible ; mais vers le petit axe et dans la plus grande partie de la périphérie, l'arc d'une heure est sensiblement rectiligne.

Quoique cette méthode soit simple et ingénieuse, on a trouvé cependant qu'il était incommode de tracer et de diviser ainsi des ellipses; mais quand on en a tracé une dans une éclipse, on peut la faire servir à tous les lieux de la terre, quelle que soit leur latitude.

Le rayon de projection étant pris pour unité, nous aurons OR $= 1$, le rayon du parallèle sera $\cos H$; le rapport des axes $= \dfrac{\cos H \sin D}{\cos H} = \sin D$. Ce rapport est donc le même pour tous les parallèles; toutes les ellipses seront donc semblables, elles ne différeront que de grandeur; leur excentricité sera toujours $\cos H \cos D$, et la distance du centre de l'ellipse au centre de projection $= \sin H \cos D$.

Divisons par $\cos H$ toutes les expressions de l'article 69.

le rayon de la projection deviendra $\dfrac{1}{\cos H} = \sec H$,

le demi-grand axe . . . . $\dfrac{\cos H}{\cos H} = 1$,

le petit demi-petit axe sera . . . . $= \sin D$,

l'abscisse . . . . $= \sin P$,

l'ordonnée . . . . $= \sin D \cos P$,

la distance du centre du parallèle au centre de projection $= \tang H \cos D$.

Ainsi, au lieu de prendre pour unité le rayon de la projection, il n'y a qu'à prendre pour unité le rayon du parallèle; l'ellipse sera constante pour tous les pays, mais tout le reste changera dans le rapport de $1 : \sec. H$; les latitudes de la lune, la plus courte distance, toutes les parties de l'orbite relative augmenteront dans le même rapport, et changeront pour toutes les latitudes; mais on n'emploie guères ces constructions que pour un petit nombre de points principaux de la terre pour lesquels on veut annoncer les phases et la durée de l'éclipse; et d'ailleurs toutes ces quantités, qui acquièrent ainsi des valeurs différentes pour chaque pays, sont toutes des lignes droites faciles à tracer et à diviser.

71. C'est ainsi que La Caille, premier auteur de cette méthode, abrégeait le calcul des éclipses qu'il annonçait dans ses Éphémérides; Lalande, à son exemple, avait tracé des ellipses pour toutes les déclinaisons, de degré en degré jusqu'à 28, ce qui lui parut suffisant. En effet, d'un degré à l'autre, les ellipses sont peu différentes, et plus de précision serait inutile pour des annonces.

Si la déclinaison est nulle, l'ellipse se réduit à son grand axe, et les abscisses sont toujours $\cos H \sin P$.

Le petit axe prolongé est la ligne des pôles; sur cette ligne, à partir du centre de l'ellipse, il prenait une distance $= \cos D \tang H$, il avait le centre de la projection; sécante H étant le rayon de la projection, il supposait ce rayon $= (\varpi - \pi)$; sur cette échelle, il calculait la latitude en conjonction, l'orbite relative et les demi-diamètres.

72. Quant à celui de la lune, il n'avait pas remarqué qu'il était en raison constante avec le rayon de la projection. En effet, nous avons vu (XXV. 53) qu'il est en raison constante avec ϖ, soit donc $d = C\varpi$

$= C\varpi - C\pi + C\pi = C(\varpi - \pi) + C\pi$: or π est sensiblement constant ; donc $d = C(\Pi - \pi) + C'$; ainsi d est une fraction constante de $(\varpi - \pi) +$ une constante qui ne va qu'à $0'',04$.

73. La Caille avait encore imaginé de rendre son rayon constant, au moins pour Paris, quelle que fût la parallaxe.

En effet, toutes les parties de la projection sont exprimées en minutes, comme la parallaxe. Supposons la différence des parallaxes $(\varpi - \pi) = 60'$, toutes les parties de la projection seront des minutes, ou soixantièmes du rayon : dans ce cas, divisons le rayon en 60 parties, et il servira d'échelle pour y prendre toutes les quantités dont nous avons besoin.

Mais si la parallaxe relative $\varpi - \pi$ est de $54'$, les minutes seront des cinquante-quatrièmes du rayon ; en les prenant sur notre rayon, nous n'aurions que des soixantièmes, c'est-à-dire trop peu.

Soit n le nombre des minutes à prendre, nous aurons sur le rayon $\left(\frac{n}{60}\right)$ du rayon, au lieu de $\frac{n}{54} = \left(\frac{n}{60}\right)\frac{60}{54}$; il faudrait donc multiplier les parties du rayon par $\frac{60}{54} = \frac{60}{\varpi - \pi}$.

On peut éviter ces multiplications par une opération graphique, ou plutôt par une échelle, composée comme on va le voir.

Sur une base égale au rayon (fig. 64), construisons un triangle équilatéral, et divisons la base en 60 parties par des droites menées du sommet C ; prolongeons le côté CA en B, de sorte que $54:60::CA:CB$. Si la parallaxe est de $54'$ au lieu de 60, et que nous ayons $15'$ pour le demi-diamètre du soleil, au lieu de prendre ces $15'$ sur la ligne AF, qui suppose $\varpi - \pi = 60$, prenons-les sur le rayon $BG = \frac{60}{54}$ AF, nous aurons $\frac{15}{60}\,\frac{60}{54} = \frac{15}{54} = \frac{1}{2}$ diam. $\odot$ en partie semblables à la parallaxe.

Ce que nous avons dit pour la parallaxe de $54'$, nous pouvons le dire pour toutes les autres, et nous aurons entre 54 et $60'$ des lignes parallèles pour chaque parallaxe. Quand la parallaxe est la plus petite, ou $54'$, on prendra pour échelle la plus grande des parallèles, qui est marquée $54'$; à mesure que la parallaxe augmentera, nous prendrons une échelle plus petite, marquée d'un nombre plus fort.

Mais supposons que la parallaxe soit de $63'$ au lieu de $60'$: nous diminuerons AF ou CA, en faisant

$$\text{CA} : \text{CB}' :: 63' : 60', \quad \text{d'où} \quad \text{CB}' = \tfrac{60}{63}\,\text{CA}',$$

et B′G′ sera l'échelle pour la parallaxe $\varpi - \pi = 63'$.

74. Nous avons vu comment on peut déterminer pour un lieu donné toutes les circonstances d'une éclipse de soleil, et tous les lieux de la terre qui voient le soleil plus ou moins éclipsé en un instant quelconque.

Il nous reste à appliquer les calculs aux constructions graphiques que nous avons exposées.

Pour résoudre ce problème par les deux trigonométries, il nous suffira de rendre la sphéricité à la représentation de l'hémisphère terrestre que nous avons appris à dessiner sur un plan, ou, si l'on veut, et ce qui est plus juste, il faut considérer en lui-même l'hémisphère terrestre dont nous avons dessiné la figure sur un plan qui passe par le centre de la lune.

75. Que le cercle LHRV (fig. 65) soit celui de la projection, LV l'orbite relative de la lune, OA la latitude en conjonction, O*m* la plus courte distance, OPQ le cercle de déclinaison, ces parties nous serviront à connaître les arcs terrestres dont elles sont la projection.

OP est celle du demi-axe OQ $= (\varpi - \pi)$. Ainsi l'arc OP qui lui répond sur la terre, sera $(90° - \text{D})$, et par conséquent PQ sera la déclinaison du soleil, déclinaison qui, comme nous avons dit, est égale à la latitude terrestre du point O.

76. L'angle AOP est l'angle de position formé par le cercle de latitude OA et le cercle de déclinaison qui a la même projection que l'axe de la terre. Nous connaîtrons donc

$$\text{RQ} = \text{AOP} = \text{arc tang} = \text{tang}\ \omega \cos \text{long}\ \odot\ ;$$

HR $= m$OA $= \text{I} = $ inclinaison de l'orbite relative; O*m* est la plus courte distance des centres, O*m* $= \text{OA} \cos m\text{OA} = \lambda \cos \text{I}\ ;$

$$\frac{\text{O}m}{\text{OL}} = \frac{\lambda \cos \text{I}}{\varpi - \pi} = \cos \text{LH}\ ;$$

nous connaîtrons donc l'arc LH $=$ HV, et les arcs HR, RQ, QV.

77. La ligne L*m*AV, orbite de la lune, sera la projection d'un petit

cercle qui a pour pôle le point H : tout arc mené de H à ce petit cercle sera égal à $LH = HV$. Cette remarque est de La Hire.

Soit donc N un point quelconque de l'orbite lunaire, l'arc HN sur le globe terrestre sera $= HL = LOm = mOV$. La partie Nm de l'orbite sera la projection du rayon du petit cercle, ou du sinus LH ; elle sera

$$= \sin LH \cos LHN = mN , \quad \text{d'où} \quad \cos LHN = \frac{mN}{\sin LH} = \frac{mN}{mL} = \frac{\text{tems de } mN}{\text{demi-durée}}.$$

Nous connaissons pour un instant quelconque la longitude du lieu de la terre qui a sa projection en O ; cette longitude est égale à l'angle horaire de Paris. Quand Paris est au méridien, la longitude de ce lieu est celle de Paris ; elle est $= o$; OPQ représente le méridien ; la longitude du point Q est égale à celle du point O, augmentée de $180°$; car P est le pôle, et OP et PQ sont deux arcs dans le même plan ; PQ est la déclinaison du soleil ; $QH = QR + HR = p + I =$ angle de position $+$ inclinaison de l'orbite relative.

78. Le triangle sphérique rectangle QPH donne

$$\cos PH = \cos QH \cos QP = \cos (p + I) \cos D ;$$

$PH = 90°$ — latitude du lieu qui a sa projection en H.

HPQ est la différence de longitude entre les lieux qui ont pour projection les points H et Q ; HPO est la différence de longitude entre les points H et O.

Si l'on suppose, comme on le peut, la déclinaison constante pour la durée de l'éclipse, le triangle HPQ sera constant ; l'angle QHP se trouvera par la formule $\tan QHP = \frac{\tan PQ}{\sin HQ} = \frac{\tan D}{\sin (p+I)}$. Ce triangle nous sera d'un grand usage ; on pourrait le faire varier avec la déclinaison, sans autre inconvénient que d'alonger un peu le calcul.

Dans le triangle PHN, on a

$$\cos PN = \cos HN \cos HP + \sin HN \sin HP \cos NHP = a + b \cos NHP.$$

79. Déterminons maintenant sur le globe terrestre la ligne des simples contacts. Cette ligne renfermera sur le globe tous les lieux qui verront l'éclipse ; on ne peut la trouver commodément que par points.

Supposons que la lune soit arrivée à un point C (fig. 65) de son orbite, tel qu'en tirant la droite CO, on ait $CI = \delta + d =$ somme des demi-diamètres de la lune et du soleil ; on a $OI = \varpi - \pi$; donc $OC = \varpi - \pi + \delta + d$; donc le point de la terre qui aura sa projection en I, verra un simple contact, et il sera le premier ; car supposons la lune en B sur son orbite, la plus courte distance BM au cercle de projection sera plus grande que CI ; ainsi le lieu M de la terre sera celui qui verra la plus petite distance entre le centre de la lune et celui du soleil, et cette distance sera trop grande pour qu'il y ait même un contact des deux bords.

80. Dans le triangle CmO, nous aurons

$$\frac{Om}{OC} = \frac{\lambda \cos I}{\varpi - \pi + \delta + d} = \sin OCm = \cos COm = \cos HOI = \cos HI ;$$

nous connaîtrons donc HI, et par conséquent QI.

Imaginons sur la terre l'arc de grand cercle IP, on aura

$\cos PI = \cos PQ \cos IQ = \sin$ latit. du lieu qui a sa projection en I,

$\frac{\tang IQ}{\sin PQ} = \tang QPI = \tang$ différence de longitude entre le point I et le point Q ; le supplément $IPO =$ différence de longitude entre I et O : nous connaîtrons donc le point I, et nous le marquerons sur le globe ou sur une mappemonde.

Ce point est unique, car tout autre point que I est plus éloigné du centre de la lune.

Ce point est celui qui voit le premier un simple contact, et il le verra au lever du soleil ; car la terre tournant d'occident en orient sur son axe, le point I se lève sur l'horizon.

81. Un instant après, la lune étant avancée sur son orbite, se sera approchée du cercle de la projection LEHQV (fig. 66).

Prenez $CE = \delta + d$, et décrivez l'arc de cercle EF du rayon CE et du centre C. Tous les points qui auront leurs projections sur EZF, verront un contact ; mais de ces points, il n'y a que E et F qui soient à l'horizon.

Pour connaître ces deux points, menons les droites OE et OF ; les triangles COE, COF seront parfaitement égaux ; nous en connaîtrons les trois côtés ; nous aurons donc facilement COF ou COE son égal.

Soit u le point où la sécante CO coupe le cercle, nous connaissons mC, par le lieu de la lune à l'instant pour lequel nous calculons,

$$\frac{Cm}{Om} = \tang COm = \tang uOH = \tang Hu ;$$

nous connaissons uF $= u$OF $= u$E $= u$OE ; nous aurons donc Hu, et
par conséquent Qu, QE et QF.

82. Imaginons l'arc terrestre PE complément de la latitude du point
projeté en E , on aura
cos PE $=$ cos EQ cos PQ ;   tang EPQ $=$ tang QE sin PQ $= -$ tang EPO ;
nous aurons donc la longitude du point E, ainsi que sa latitude : nous
connaîtrons de même le point F, car QF $=$ Qu $+ u$F , comme nous
avions QE $=$ Qu $- u$E. Les deux calculs ont plusieurs quantités communes, on peut les faire marcher de front.

Ces deux points verront le contact au lever du soleil, le moment
de contact pour ces points précédera immédiatement celui de l'éclipse ;
car les points E et F, par la révolution diurne, s'élèvent en tournant
autour de l'axe OP ; ils vont donc à peu près dans le même sens que
la lune, qui s'avance de C en V : mais la lune va plus vite sur son
orbite que les points E et F dans leurs parallèles ; la lune se rapprochant d'eux, empiétera sur le soleil : l'éclipse commencera.

83. Parmi les points F (fig. 67) placés au-dessous de l'orbite et à
la circonférence de la projection, et qui voient un contact au lever,
il y en a un qui est remarquable, c'est celui où CF $= \delta + d$ est perpendiculaire à l'orbite ; celui-là verra un contact, et rien davantage.

Car, à côté du point C, soit à droite , soit à gauche sur l'orbite,
menez une oblique FC′, elle sera plus grande que FC ; donc quand
la lune était en C′ un instant avant d'arriver en C, le point en F ne
voyait rien.

Si la lune est en C′ un instant après celui où elle est en C, la lune
qui va plus vite que F, se sera éloigné de F, et le point F ne verra
plus de contact ; il y aura séparation entre les bords du soleil et de
la lune.

Ainsi le point F ne verra qu'un contact qui ne sera ni précédé , ni
suivi d'une éclipse ; ce contact sera pour le point F, le commencement
et la fin de l'éclipse.

Mais le point E qui se lève au même instant que F, verra un contact
suivi d'éclipse, parce que la lune s'avançant dans le même sens que E,
mais plus vite, la distance diminuera, et l'éclipse aura lieu.

Le point E verra donc le commencement au lever du soleil ; il appartiendra à la courbe de commencement au lever. Le point F appar-

tiendra au commencement et à la fin au lever; il appartiendra aussi à la courbe du milieu de l'éclipse au lever.

84. Ces points E, F se déterminent précisément comme ceux de l'article précédent : il n'y a pas la moindre différence. Suivons la lune à mesure qu'elle avance sur son orbite.

Supposons la lune en L (fig. 68) sur la circonférence de la projection. D'abord, le point qui aura sa projection en L, y verra le centre du soleil et celui de la lune; il verra l'éclipse centrale, mais nous y reviendrons.

Les points E, F verront un contact au lever; mais pour le point E, le contact annoncera le commencement de l'éclipse, parce que la lune avançant vers m, se rapproche aussi de E.

Mais en avançant vers m, elle s'éloigne de F; ainsi pour le point F, le contact sera la fin de l'éclipse, ou plutôt F ne verra pas d'éclipse, car il n'y en aura pas pour lui un instant après, et un instant auparavant il n'y en avait pas encore, puisqu'il était sous l'horizon, et ne voyait pas le soleil.

Ces points E et F se calculeront comme les précédens et avec plus de facilité, car nous connaissons déjà HL, et les triangles EOL, FOL, qui donnent LOE, sont isoscèles et plus aisés à calculer que des triangles scalènes.

85. Si la lune est en C (fig. 69) plus avancée que le point L, le point verra l'éclipse centrale. Nous y reviendrons.

Les points E, F verront un contact au lever, l'un de commencement et l'autre de fin.

Les triangles scalènes OCE, OCF seront obtusangles; du reste; aucune différence dans le calcul. Le tems donne mC, COm = COH, HE = HOC — COE; HF = HOC + COE; le calcul est le même.

Remarquons en passant que dans tous les triangles sphériques EPQ, FPQ, l'angle FPQ est plus grand que EPQ; la différence de longitude EPF s'ajoute à la longitude de E; la courbe de fin au lever est à l'orient de la courbe de commencement.

86. La lune avançant toujours sur son orbite, arrivera en un point C (fig. 70), où CE $= \delta + d$ sera perpendiculaire sur l'orbite, du moins en supposant CE $<$ Hm, ou $\delta + d < \varpi - \pi - \lambda \cos$ I, ce qui est très-possible.

Ce point se détermine comme tous les autres, mais il pourrait aussi se confondre avec tous les autres. Pour le distinguer, menons E*b* perpendiculaire à OH, ou, ce qui revient au même, parallèle à L*m*; nous aurons

$$Ob = Om + bm = \lambda \cos I + \delta + d, \quad \frac{Ob}{OH} = \cos HE = \frac{\lambda \cos I + \delta + d}{\varpi - \pi},$$

nous aurons E*b* $= (\varpi - \pi) \sin HE = m$C; mC en tems nous donnera l'instant où CE sera perpendiculaire. Le triangle PQE se calculera comme à l'ordinaire.

Ce point E sera le dernier et le plus boréal de la ligne de commencement au lever du soleil. Ce point sera aussi celui de fin au lever du soleil; car il est visible que la lune s'éloigne du point E, qui, comme voisin du pôle, n'aura qu'un mouvement assez lent; E sera quelquefois aussi le premier de la ligne de fin au lever du soleil.

87. Le point F se calculera à l'ordinaire. Supposons qu'il soit au-dessous de l'orbite, quelques instans après il sera sur l'orbite même en L; alors vous aurez (fig. 71) LC $= \delta + d$, mC $= m$L $- (\delta + d)$. Le point F et le point E, s'il a lieu encore, se calculeront à l'ordinaire et avec plus de facilité pour le premier; car nous connaissons QF $=$ QL.

Supposons que CE soit le prolongement de OC, nous aurons (fig. 71)

$$CO = OE - CE = (\varpi - \pi) - (\delta + d); \quad \frac{m\text{C}}{\text{OC}} = \sin CO m;$$

CE est la plus courte droite qu'on puisse mener de C à la circonférence; le point E sera unique : seul, il verra un contact; en un instant il verra le commencement, le milieu et la fin de l'éclipse au lever du soleil.

88. La courbe qui sera le lieu géométrique de tous les points de commencement et de fin au lever que nous avons déterminés sera une courbe rentrante, une espèce d'ovale. Le point le plus voisin du pôle sera celui où CE était perpendiculaire sur l'orbite; le point le plus méridional sera celui où CF était perpendiculaire au-dessous de l'orbite.

89. La courbe de fin sera plus orientale que celle de commencement. Ainsi ces lignes ne se croiseront pas; tant que CE $= \delta + d$ sera moindre que H*m*, ou $< \varpi - \pi - \lambda \cos I$.

2. 46

Mais si l'on avait $Hm = \varpi - \pi - \lambda \cos I = d + \delta$, le point qui verrait un simple contact de commencement, de milieu et de fin au lever du soleil, serait le point H lui-même; sa latitude est déterminée d'avance par le côté HP du triangle rectangle HPQ.

HPO (fig. 72) serait la différence de longitude entre ce lieu et celui qui est en O au milieu de l'éclipse générale, c'est-à-dire quand la lune est en m.

90. Si $Hm < CE$, ou $\varpi - \pi - \lambda \cos I < \delta + d$, (fig. 72) en quelque point que la lune se trouve sur son orbite; en menant OCx par ce point C, on aura un point x qui sera le point de la circonférence le plus voisin de la lune; et de ce point C, à droite et à gauche de x, on pourra toujours mener deux droites $CE = CF = \delta + d$, qui donneront des points de contact au lever, tant qu'ils seront sur l'arc QL, et au coucher, s'ils sont sur QX.

Avant d'examiner ce que devient la courbe dans ce cas, continuons de discuter notre première supposition, et ce qu'elle nous donnera jusqu'à la fin de l'éclipse.

91. Nous avons vu que passé le point C (fig. 73), où CE est perpendiculaire à l'orbite Lm, le point E qui avait toujours été en s'approchant du pôle, commence à s'en éloigner; parce que la ligne $C'E'$ est obligée de s'incliner vers L pour rencontrer la circonférence.

Prenez de l'autre côté de H, l'arc $HE' = HE$, vous aurez un nouveau point de contact au lever.

Ce point appartiendra à une nouvelle courbe qui n'aura rien de commun avec la première; car la distance PE' au pôle sera beaucoup plus petite que la distance de P à aucun des points de l'arc HL : menez $OC'F$ par le point C' qui ne donne qu'un contact $C'F < C'E$; donc F voit une éclipse; mais prenez $C'F' = C'E$, F' verra un contact, et ce point sera unique; car, de E' en F', tout voit une éclipse, et de F' en X on ne voit rien.

Ce point F', suivant les circonstances, peut tomber sur QL ou sur QX : dans le premier cas, le point appartient à une courbe de lever, dans l'autre à la courbe de coucher, mais toujours c'est un point de commencement.

92. Le calcul de cette autre courbe sera le même, à quelques signes près, que celui de la première courbe. Pour en trouver le dernier point, vous figurerez le rayon OCE (fig. 74), tel que $CE = \delta + d$, vous

aurez OC, mC, et par conséquent l'instant du phénomène et la lon-gitude du point O, $\frac{m\text{C}}{\text{OC}} = \sin$ HE, puis PE et QPE.

Ce point E sera unique et le dernier de tous; auparavant, comme en C', il y aura deux points de commencement qui seront tous deux au coucher, si E et F sont sur l'arc QF; le point E sera au lever s'il est sur QH, ce qui aura lieu si EOC $<$ QOC; mais s'il est sur l'arc QX, ce point est à l'orient du point O.

Cette courbe peut être comme la première, une ovale simple, ce qui aura lieu si CE $<$ Qp; c'est-à-dire le plus souvent, parce que Hm et Qp étant des lignes peu différentes, il est assez rare que CE $= \delta + d$ soit à la fois plus petite que Hm et plus grande que Qp.

Si CE est donc $<$ Qp, la seconde courbe sera une ovale simple comme la première; le calcul sera le même. Dans le fait, il n'y a jamais de différence dans les opérations numériques; il ne peut y en avoir que dans la figure de la courbe, et comme on la décrit par points, et qu'on place tous ces points successivement sur le globe par longitudes et latitudes, on voit la figure de la courbe quand elle est tracée, et l'on n'a jamais besoin de connaître la figure pour placer les points.

93. Examinons maintenant le cas plus rare où $\delta + d <$ Hm, et $>$ Qp, et pour le reconnaître, cherchons la valeur de la perpendiculaire Qp.

Soit u (fig. 74) l'intersection de l'axe et de l'orbite, $mu = m$O tang QH; cette équation donnera le tems de u,

$$\text{O}u = \frac{\text{O}m}{\cos \text{QH}}, \quad \text{Q}u = (\varpi - \pi) - \text{O}u = (\varpi - \pi) - \frac{\lambda \cos \text{I}}{\cos \text{QH}}$$

$$= (\varpi - \pi) - \frac{\lambda \cos \text{I}}{\sin \text{Q}up},$$

$$\text{Q}p = \text{Q}u \sin \text{Q}up = \left[(\varpi - \pi) - \frac{\lambda \cos \text{I}}{\sin \text{Q}up} \right] \sin \text{Q}up$$

$$= (\varpi - \pi) \sin \text{Q}up - \lambda \cos \text{I} = (\varpi - \pi) \cos \text{QH} - \lambda \cos \text{I}$$

$$= (\varpi - \pi) - 2(\varpi - \pi) \sin^2 \tfrac{1}{2} \text{QH} - \lambda \cos \text{I},$$

$$\text{H}m = (\varpi - \pi) \sin \text{vers. HL} = 2(\varpi - \pi) \sin^2 \tfrac{1}{2} \text{HL};$$

donc

$$\text{H}m - \text{Q}p = 2(\varpi - \pi) \sin^2 \tfrac{1}{2} \text{HL} - (\varpi - \pi) + 2(\varpi - \pi) \sin^2 \tfrac{1}{2} \text{HQ} + \lambda \cos \text{I}$$

$$= (\varpi - \pi)(1 - \cos \text{HL} - 1 + 1 - \cos \text{HQ}) + \lambda \cos \text{I}$$

$$= (\varpi - \pi) \left[1 - 2 \cos \tfrac{1}{2} (\text{HL} + \text{HQ}) \cos \tfrac{1}{2} (\text{HL} - \text{HQ}) \right] + \lambda \cos \text{I}$$

$$= (\varpi - \pi) + \lambda \cos \text{I} - 2(\varpi - \pi) \cos \tfrac{1}{2} \text{QL} \cos \tfrac{1}{2} \text{QV}.$$

Ces angles sont connus par les calculs préliminaires ; et il faut que $\delta + d$ soit entre les deux valeurs de Hm et de Qp.

Si $Qp < \delta + d$, prenez de part et d'autre du point p les obliques QC, et QC′ égales à $\delta + d$ (fig. 75). Quand la lune sera en C, il y aura un point Q qui verra le contact de commencement à minuit ; quand la lune sera en C, il y aura un point Q qui verra le contact de fin à minuit quand la lune sera en C′.

Ces deux points auront pour latitude $90° - PQ = 90° - D$; leur différence en longitude sera le tems employé par la lune à décrire l'arc CC′ de son orbite ; or $\frac{1}{2} CC′ = \sqrt{(\overline{QC}^2 - \overline{Qp}^2)} = \sqrt{[(QC + Qp)\,(QC - Qp)]}$. Le point qui verra finir l'éclipse en C′, arrivera au point Q plus tard, et sera plus occidental.

94. Supposons maintenant que la lune soit en p (fig. 76) ; le point Q voit une éclipse, puisque $Qp < \delta + d$: prenez pE oblique $= \delta + d$, le point E verra la fin de l'éclipse au lever.

Prenez pF $= \delta + d$, F verra le commencement au coucher, l'angle sphérique EPF sera la différence de longitude, F sera à l'occident de E, car E a passé au méridien PQ, et F n'y est pas encore arrivé.

La ligne de fin sera plus orientale que celle de commencement, mais en C′ (fig 75), la ligne de fin était plus occidentale : donc ces deux lignes ont dû se croiser dans l'intervalle, elles auront eu un point commun, d'où il résultera que cette courbe ne sera plus une simple ovale, mais une espèce de 8 de chiffre.

Ce point commun est celui qui, voyant commencer l'éclipse au coucher en E, quand la lune est en C, la voit finir quand il reparaît sur l'horizon en E′, la lune étant en C′ ; ensorte que son angle nocturne EPE′ est de même durée que l'arc CC′ parcouru par la lune. Si P était le pôle obscur, ce serait l'arc diurne qui serait egal à CC′ ; le lieu verrait le commencement de l'éclipse au lever, et la fin au coucher. La recherche de ce point offre un problème curieux, que Duséjour n'a résolu que d'une manière indirecte. M. de Monteiro, dans les Éphémérides de Coïmbre, en a donné une solution plus directe.

95. Dans tout ce que nous venons d'exposer, pour avoir les courbes de contact, nous avons supposé CE $= d + \delta$: si nous supposons CE $= d + \left(\frac{6 - n}{6}\right)$ doigts, nous trouverons de même les courbes qui verront n doigts d'éclipse au lever et au coucher.

Si $d < \math♃$, l'éclipse totale est impossible.

Si $d = \math♃$, l'éclipse totale sera instantanée.

Si d est presque égal à $\math♃$, l'éclipse centrale sera annulaire à l'horizon, totale et instantanée à une certaine hauteur, totale avec quelque durée plus près du méridien, à cause de l'augmentation de d.

96. Calculons maintenant l'éclipse centrale.

D'abord on voit que l'éclipse ne peut être centrale, à moins que l'on n'ait $Om < OH$, ou $\lambda \cos I < (\varpi - \pi)$. Soit C un point quelconque de l'orbite (fig. 78)

$$\frac{mC}{mL} = \cos LHC = \frac{mC}{(\varpi - \pi) \sin HL},$$

$$\operatorname{tang} PHQ = \frac{\operatorname{tang} PQ}{\sin HQ} = \frac{\operatorname{tang} D}{\sin (p + 1)},$$

$$CHP = CHO + OHP = 90° - LHC + 90° - PHQ = 180° - (LHC + PHQ);$$

or

$$\sin PC = \sin l = \cos HC \cos PH + \sin HC \sin PH \cos CHP$$
$$= \cos HL \cos PH - \sin HC \sin PH \cos (LHC + PHQ),$$

$$\operatorname{cotang} HPC = \frac{\operatorname{cotang} HL \sin HP}{\sin CHP} - \cos HP \operatorname{cotang} CHP$$

$$= \frac{a}{\sin (LHC + PHQ)} - b \operatorname{cotang} (LHC + PHQ),$$

$$\text{long. } C = \text{long. } H + HPC.$$

Ce sont les formules générales : si le point C se trouve en L, $LHC = 0$, ce qui simplifie ; mais alors le triangle QPL donne $\cos PL = \cos PQ \cos LQ$; $\operatorname{tang} LPQ = \frac{\operatorname{tang} QL}{\sin PQ}$. Si $mC = 0$, $LHC = 90°$.

97. Si mC se confond avec mA, LHC devient $90° + OHA$. Si mC couvre mB, la long. $=$ long. O ; $PB = 90° - D - \operatorname{arc} \sin = \left(\frac{OB}{\varpi - \pi}\right)$. Prolongez HP en F, $PF = HL - HP = 90° - $ lat. Ce sera la plus grande latitude, où l'on puisse voir l'éclipse centrale ; long. $F = $ long O $+ HPQ$, enfin, si C tombe en V, $QV = HL - HQ$, $\cos PV = \cos PQ \cos QV$, $\operatorname{tang} PVQ = \frac{\operatorname{tang} QV}{\sin PQ}$, ce point est aussi aisé à calculer que le point L.

L, C, m, A, B, F, V donnent 7 points, et cela suffira souvent.

98. Si le demi-diamètre lunaire est plus grand que le demi-diamètre

solaire, d'une quantité $d - \delta$, menez à l'orbite LV, fig. 79, deux parallèles ab et $a'b'$, telles que $mn = mn' = d' - \delta$, l'éclipse sera totale instantanément pour les points qui auront leur projection sur ab et $a'b'$, et totale avec demeure plus ou moins longue dans l'ombre entre les parallèles ab, $a'b'$. On a aussi

$$mn = Om - On = \cos HL - \cos Ha = 2 \sin \tfrac{1}{2}(Ha - HL) \sin \tfrac{1}{2}(Ha - HL),$$

$$\sin \tfrac{1}{2}(Ha - HL) = \sin \tfrac{1}{2} La = \frac{mn}{2 \sin \tfrac{1}{2}(Ha + HL)} = \frac{mn}{2 \sin HL}, \text{ à fort peu près.}$$

Les cordes ab, $a'b'$ seront les projections de deux petits cercles dont le pôle est H, le même que celui du petit cercle dont LV est la projection. Les longitudes et les latitudes des points tels que c et e, se calculeront comme celles des points de centralité, en substituant à

l'arc HL, l'arc Ha ou l'arc Ha', $\cos aHe = \dfrac{ne}{na} = \dfrac{\text{distance au milieu}}{\text{demi-durée sur } ab} \cdot$

Si $\delta > d$, l'éclipse sera annulaire et centrale sur LV, annulaire plus ou moins excentrique entre ab et $a'b'$; sur ab et $a'b'$, les disques sont tangens intérieurement.

99. Nous avons déjà dit que ce qu'il y a de plus intéressant à déterminer, c'est la ligne de centralité qui est une courbe simple et non fermée.

Ce qu'il y a de plus utile après cela, ce sont les courbes de contact au lever et au coucher du soleil; mais ces courbes ne suffisent pas pour renfermer tous les lieux qui verront l'éclipse; il faut les joindre par le haut et par le bas par des courbes qui donneront un simple contact; mais ce contact n'aura pas lieu à l'horizon, le soleil aura une certaine hauteur.

100. Menez AB (fig. 79) parallèle à l'orbite relative et à une distance $OO' = d + \delta$, les lieux qui verront le soleil sur AB, verront un simple contact.

Menez les parallèles Aa'', Bb'' perpendiculaires à l'orbite relative

$$OO' = d + \delta - Om = d + \delta - \lambda \cos I, \quad \frac{d + \delta - \lambda \cos I}{\varpi - \pi} = \sin x,$$

$$AH = 90° + x, \quad \cos PA = \cos PQ \cos QA, \quad \tang APQ = \frac{\tang QA}{\sin D},$$

le point A sera donc déterminé, car $AO = \sin HA = ma''$; on a donc le tems de a''.

Le point B se déterminera de même; la différence est que

$$QA = HA + QH \quad \text{et} \quad QB = AH - QH.$$

Pour le point h sur le prolongement de HP, on aura
$Ph = HH - HP = HB - HP$, $OPh = HPQ$, $O'h = O'B \cos PQH$.

Pour le point O' qui répond au milieu m dans le triangle HPO', on connaît PH, HO' et $PHO' = 90° - PHQ$; on aura donc la longitude et la latitude; il suffira ensuite de déterminer un point entre A et O'.

101. Dans le triangle PHE (fig. 79), par le tems de C, l'on a $mC = EO'$, $\cos AHE = \dfrac{EO'}{AO'} = \sin EHO'$, $PHE = EHO' + 90° - PHQ$; on a donc EHP, on aura donc PE et HPE par les formules de la centralité, long. $E = $ long. $H + HPE$.

Au reste, on aurait de même tout autre point entre A et O'; on ferait la même chose au-dessus de l'orbite, mais il faudrait pour cela que CE fût moindre que Hm, ce qui n'a pas toujours lieu. La ligne $A'B'$ sera donc ordinairement beaucoup plus courte que AB; elle peut se réduire à un point; elle peut n'avoir pas lieu.

102. Si $CE > Hm$, la courbe du contact n'éprouvant aucune interruption dans la partie supérieure; c'est alors que la courbe est unique et prend la forme d'un 8 de chiffre.

Nous avons vu que si $CE < Hm$ et $> Qp$, il y aurait d'un côté une ovale; et de l'autre une double ovale séparée de l'ovale simple.

Si $CE = Hm$, l'ovale simple et la double ovale se touchent. Tout détail ultérieur serait de pure curiosité.

103. Il faut aussi faire une remarque sur les courbes de contact qui ne sont ni au lever, ni au coucher, mais à une distance au zénit marquée par l'arc dont le sinus est OE : c'est que le contact a lieu véritablement en E quand la terre est au point C ; mais comme la route de la lune sur son orbite et la route du lieu projeté sur son ellipse sont presque toujours convergentes ou divergentes, il est possible que le point E voie une petite éclipse l'instant d'après, ou l'ait vue l'instant d'avant. La courbe des contacts n'est donc pas toujours celle de la plus petite phase de l'éclipse, mais peu importe : l'incertitude de la

parallaxe, des diamètres, des longitudes et latitudes terrestres, introduit dans ces calculs des incertitudes bien autres que cette petite négligence; et tout ce que Duséjour a écrit sur ce sujet, quoique fort juste, est resté sans application.

Au lieu de faire $CE = d + \delta$, on n'a qu'à faire $CE = d + \dfrac{6-n}{6}\,\delta$, on aura les lignes des phases de n doigts. Ces lignes ne sont que de curiosité; au reste le calcul est tout semblable.

Résumé des formules utiles.

104. $\text{Cos HL} = \dfrac{Om}{OL} = \dfrac{\lambda \cos I}{\Pi - \pi}$, $mL = (\Pi - \pi)\sin HL \ldots$ (fig .65),

$$\dfrac{mN}{mL} = \cos IHN = \sin mHN = \dfrac{\text{distance au milieu de l'éclipse}}{\tfrac{1}{2}\text{ durée centrale}},$$

$$\cos PH = \cos(p + I)\cos D\,;\ \text{tang}\,mHP = \dfrac{\sin(p+I)}{\text{tang D}},$$

$$\text{tang HPQ} = \dfrac{\text{tang}(p+I)}{\sin D},$$

$$\cos PN = \cos HL \cos HP + \sin HL \sin HP \cos(NHm + mHP),$$

$$\text{cotang HPN} = \dfrac{\text{cotang HL} \sin HP}{\sin NHP} + \cos HP \,\text{cotang}\,(NHm + mHP).$$

Quand on aura PN, on fera

$$\sin PN : \sin H :: \sin HL : \sin HPN = \dfrac{\sin HL \sin H}{\cos l}\,;$$

mais cette équation donne pour P deux valeurs, et si l'angle avoisine 90°, on peut être dans le doute; la formule précédente n'offre pas cette ambiguïté.

Ces formules suffisent pour calculer la ligne de centralité.

105. Longit. du point $H = $ long. point $Q + HPQ = 180° + $ long. $O + 180° - HPO = $ longit. $O - $ longit. HPO.

On connaît $O = $ angle hor. de Paris, ou du lieu du calcul en général; il suffit de calculer les points L, m, A, u, B, V et un point N,

$$PB = HL - HP\,;\ \text{long. } B = \text{long. } O + HPQ,\ \text{tems de } B = mL \cos PHQ.$$

Les points L et V se calculent par le triangle rectangle LPQ et VPQ; les points m, A, u, B, par les formules générales qui reçoivent quelques simplifications (101).

110.

106. Pour calculer la ligne des contacts, on fera bien de chercher d'avance pour tous les instans de la durée, depuis le point m du milieu et de 10 en 10′, ou de 20 en 20′, ou de 15 en 15′, le lieu de la lune sur son orbite, ou mC, la long. $O =$ angle hor. de Paris ; $Q = 180° + O$, et $H = 180° + O + p + I$; toutes ces longitudes augmentent de 15° par heure, ou de 1° en 4′.

Pour le premier point de contact $\cos COH = \dfrac{\lambda \cos I}{\varpi - \pi + \delta + d}$;

$$COH + I + p = QI ; \quad \sin \text{latit.} = \cos D \cos QI ; \quad \frac{\tang QI}{\sin D} = \tang(d\,\text{longit.}) ;$$

longit. $=$ long. $Q + (d\,\text{longitude})$.

Pour le dernier point de contact $QG = COH - (I + p)$;

$$\sin \text{latit.} = \cos D \cos QG, \quad \frac{\tang QG}{\sin D} = \tang(d\,\text{long.}), \quad \text{longit.} = \text{long. } Q -$$

$(d\,\text{longitude}) =$ angle de Paris $+ 180° - (d\,\text{longitude})$.

107. Pour un autre contact quelconque, $\dfrac{mC}{mO} = \tang HOu$ (fig. 67) ;

$$Qu = HOu + (I + p), \quad OC = \frac{Om}{\cos HOu}, \quad \text{ou} \quad OC = \frac{mC}{\sin HOu},$$

$$\sin^2 \tfrac{1}{2} EOu = \frac{\left[\dfrac{OC + OF + \delta + d}{2} - (\varpi - \pi) \right]\left[\dfrac{(OC + OF + \delta + d)}{2} - OC \right]}{OC\,(\varpi - \pi)}.$$

$$QE = Qu - EOu, \quad QF = Qu + EOu,$$

$$\sin \text{latit.} = \cos D \cos QE, \quad \frac{\tang QE}{\sin D} = \tang(d\,\text{long.}) ; \text{longit.} = Q + (d\,\text{longit.})$$

$$\sin \text{latit.} = \cos D \cos QF, \quad \frac{\sin QF}{\sin D} = \tang(d\,\text{long.}) ; \text{longit.} = Q + (d\,\text{longit.})$$

On a ainsi deux points pour le même moment; le second sera plus oriental que le premier. Des opérations semblables donneront les points suivans jusqu'en m.

108. Tant que l'angle mCE sera aigu, ces points seront de commencement au lever; il en est de même de mCF; mCF sera droit le premier, CF sera alors parallèle à mO (fig. 67).

Sur O ou son prolongement, prenez $mO' = \delta + d$; $OO' = \dfrac{\lambda \cos I - (\delta + d)}{\varpi - \pi}$ $= \cos HF$; si $\cos HF$ est négatif, HF sera obtus, $QF = HF + (I + p)$.

Vous trouverez la latitude et la longitude comme pour les autres points de commencement; le point F sera le dernier de commencement et le premier de fin au lever, il sera le plus éloigné du pôle P.

109. Si la lune est en L et sur la circonférence (fig. 68), les deux triangles sont isoscèles.

$$\sin\tfrac{1}{2}EOL = \sin\tfrac{1}{2}EOF = \tfrac{1}{2}\frac{(\delta + d)}{\varpi - \pi}, \quad HE = HL - EOE, \quad HF = HL + EOE,$$

$$QE = HE + (I + p), \quad QF = HF + (I + p),$$ les longitudes et les latitudes à l'ordinaire.

Pour le point où $mCE = 90°$ (fig. 70), $Ob = Om + \delta + d$;

$$\frac{\lambda\cos I + \delta + d}{\varpi - \pi} = \cos HE,$$ si $\cos HE > 1$, le point est imaginaire.

$QE = HE + (I + p)$; la longitude et la latitude comme pour les autres points; celui-là sera le plus voisin du pôle et le dernier de la ligne de commencement.

110. Si HE est imaginaire, pour chaque point C de l'orbite on aura toujours deux obliques qui iront aboutir à la circonférence, l'une sera de commencement et l'autre de fin au lever, du moins tant que ces points tomberont sur l'arc QHL.

111. Si HE est réel, la courbe au lever se fermera, et il y aura un espace dans lequel il n'y aura pas de contact au lever.

Portez alors de l'autre côté de OH la distance mC et la perpendiculaire $CE = \delta + d$, vous aurez un premier point de contact le plus voisin du pôle sur HQ, si $(\delta + d) > Qp$, c'est-à-dire si $\delta + d > (\varpi - \pi)\cos(I + p) - \lambda\cos I$; dans ce cas, la courbe nouvelle sera une double ovale ou 8 de chiffre.

Si $\delta + d$ est moindre que $(\varpi - \pi)\cos(I + p) - \lambda\cos I$, ou lui est égale, on aura (fig. 73) $HE' - HQ = HE' - (I + p) = QE'$; sin latit. $= \cos QE' \cos D$; $\tan QPE' = \dfrac{\tan QE'}{\sin D}$; longit. $= Q - QPE'$. Cherchez COF' par les trois côtés, $HF' = HOC' + C'OE'$, $QF' = HF' - (I + p)$, latit $= \cos QF' \cos D$, $\tan QPF' = \dfrac{\tan QF}{\sin D}$, longit. $= Q - QPF'$.

E' sera un point de commencement et de fin au coucher; chaque point C qui viendra ensuite donnera deux points à la courbe, qui sera une ovale simple.

Si CE>Qp, il y aura sur QH des points de fin au lever, et sur QF
des points de fin au coucher.

Quand CF sera perpendiculaire à l'orbite, on aura le point de contact le plus éloigné du pôle, et l'on terminera ensuite l'ovale de la fin,
en faisant pour les autres points C des calculs tout semblables à ceux
du commencement, à la réserve que l'arc HQ $=(I+p)$ se retranche
au lieu de s'ajouter. Nous supposons I et p des quantités positives; si
elles sont négatives, elles changeront de signe.

112. Les ovales décrits, il ne restera plus qu'à les joindre, par la
ligne des contacts, au-dessous et au-dessus de l'orbite.

Nous aurons déjà les points A et B (fig. 79); on y joindra le point h
et le point O′, un point E, et cela sera suffisant.

C'est ainsi que j'ai toujours calculé les courbes de contact, et en
comparant ces calculs aux autres méthodes, j'ai toujours reconnu que
j'avais l'avantage de la briéveté et de la simplicité. (Voyez la Connaissance des Tems de 1809.)

Méthode trigonométrique.

113. Après avoir exposé la manière dont je calcule la projection
orthographique des éclipses sujettes à parallaxe, j'en vais indiquer
une autre plus simple dans ses principes, susceptible de plus d'exactitude dans les résultats, qui paraîtrait devoir être la première dont on
ait dû s'aviser, et à laquelle personne, que je sache, n'a pourtant songé.
Elle ne suppose ni projection ni orbite relative, et n'emploie que la
parallaxe la plus simple, c'est-à-dire celle de hauteur. Plusieurs des
solutions qu'elle fournit sont à peu près identiques avec celles que j'ai
tirées de la projection; mais elles sont encore plus aisées à entendre
et à calculer.

114. Je suppose qu'on ait calculé, pour deux ou trois heures différentes, les lieux de la lune et du soleil, et qu'on en ait déduit leurs
ascensions droites de manière que la conjonction se trouve vers le milieu
de l'intervalle qu'embrassent ces calculs.

Soit, par exemple P (fig. 80) le pôle, PS la distance du soleil au
pôle, PL la distance polaire de la lune pour le même instant, LPS
la différence des ascensions droites; on en déduira la distance LS des
centres du soleil et de la lune et les angles PSL et PLS ou son supplément PLu.

115. Une heure après, que la distance du soleil au pôle soit PS, et la distance de la lune PN, on aura de même les angles PSN, PNS, ou le supplément PNx avec la distance SN des centres. Avec quatre triangles pareils tout au plus, on aura de quoi faire par interpolation une table des distances LS et SN des centres, ainsi que des angles PLS, PSL des distances vraies des centres avec les cercles de déclinaison du soleil et de la lune.

LN sera l'orbite relative, qui peut abréger quelques calculs, mais dont on n'a pas un besoin indispensable.

La table des distances et des angles étant ainsi préparées d'avance de 10 en 10' pour toute la durée de l'éclipse, on y prendra avec facilité et sûreté tout ce dont on aura besoin pour calculer les lignes des phases et les placer sur une carte, et pour calculer ensuite avec toute l'exactitude qu'on voudra, les circonstances de l'éclipse pour un lieu donné.

116. Le principe fondamental de cette méthode est de la plus grande simplicité.

Soit HR (fig. 81) l'horizon, HMPR le méridien de Paris, ou de tout autre lieu à volonté, nous supposerons Paris, P le pôle, S le lieu vrai du soleil, L le lieu vrai de la lune, LS la distance vraie des centres.

Soit La le demi-diamètre de la lune, Sb le demi-diamètre du soleil, la partie restante ab de la distance LS sera la distance des bords, telle qu'elle paraîtrait du centre de la terre. Pour qu'il y ait éclipse, ou simplement contact pour quelque point de la terre, il faut que la distance ab des bords vue du centre de la terre, ne surpasse pas la différence $\varpi - \pi$ des parallaxes horizontales de la lune et du soleil. En effet, prolongeons indéfiniment l'arc de grand cercle SL ; le lieu de la terre qui aurait son zénit sur cet arc à 90° de b, verrait les deux astres en contact.

En effet, la parallaxe abaisserait pour ce lieu le bord de la lune d'une quantité ϖ, et diminuerait d'autant la distance des centres ; la parallaxe abaisserait le soleil d'une quantité π qui augmenterait la distance des centres ; ainsi l'effet total sur la distance serait évidemment $(\varpi - \pi)$; mais, par l'hypothèse, $ab = (\varpi - \pi)$; donc l'intervalle entre les bords s'évanouirait, et les deux astres seraient en contact.

117. Or il n'est pas difficile de trouver ce lieu : pour cela, imaginons

l'arc PZ qui joint le pôle à ce zénit inconnu ; PZ sera le méridien de ce lieu , PM est le méridien de Paris , ZPM sera la différence des méridiens.

Mais le triangle SPZ nous offre l'angle PSZ connu par le calcul du triangle PLS , où nous avons les côtés PS , PL et l'angle LPS. Nous aurons de même PS $= 90° -$ déclin. $\odot = 90° - D$; nous avons

$$SZ = Sb + 90° = 90° + \tfrac{1}{2} \text{ diam. } \odot = 90° + \delta,$$

d'où

$$\begin{aligned}
\text{sin latitude cherchée} = \cos PZ &= \cos SP \cos SZ + \sin SP \sin SZ \cos S \\
&= \sin D \cos (90° + \delta) + \cos D \sin (90° + \delta) \cos S \\
&= \cos \delta \cos D \cos S - \sin \delta \sin D.
\end{aligned}$$

Alors on fera sin PZ : sin S :: sin ZS : sin ZPS $=$ somme des angles horaires, d'où sin différence de longitude $= \dfrac{\cos \delta \sin S}{\cos \text{latitude}}$: formule bien simple; mais on peut quelquefois être en doute si ZPS est un angle aigu ou obtus.

Notre théorème III nous donne

$$\cos c \cos a' = \text{cotang } c'' \sin c - \sin a' \text{ cotang } a'',$$

ou

$$\sin D \cos S = \text{cotang} (90° + \delta) \cos D - \sin S \text{ cotang } ZPS,$$

ou

$$\text{cotang } ZPS = - \frac{\text{tang } \delta \cos D}{\sin S} - \sin D \cot. S.$$

13 logarithmes donneront donc la latitude et la différence de longitude ; alors longit. cherchée $=$ longit. Paris $+$ ZPS $-$ MPS $=$ longit. Paris $-$ angle horaire Paris $+$ ZPS : la longitude serait occidentale.

En effet, le zénit de Paris n'est point encore arrivé au cercle de déclinaison PS du soleil, qui est le méridien universel; le zénit Z en est encore plus éloigné; donc le zénit Z est à l'occident de Paris.

118. Ce point, ainsi déterminé, sera le premier qui verra commencer l'éclipse; car, d'abord tout autre point qui aurait son zénit en tout autre point de l'arc LZ (fig. 71), aurait une parallaxe plus petite ; il resterait un intervalle entre les bords.

Ensuite, tout point qui aurait son zénit sur un autre arc Z'L oblique au premier arc LZ, ne pourrait pas avoir une parallaxe plus grande que $(\pi - \varpi)$, et sa parallaxe agirait d'une manière oblique qui perdrait quelque chose en se décomposant en deux effets partiels, l'un dans le sens de la distance LS, l'autre dans un sens perpendiculaire ou incliné sur cette distance.

119. En ajoutant ci-dessus la différence de longitude, nous avons supposé que le soleil n'avait pas encore passé au méridien de Paris.

Si l'heure du calcul était une heure du soir, la longitude serait à l'orient de Paris ; la longitude serait = longit. de Paris + angl. hor. de Paris — ZPS.

Dans tous les cas, le lieu qui verrait le premier contact aurait le soleil à l'horizon oriental ; il serait le premier pour qui l'éclipse commencerait.

Si l'on a construit d'avance une table de la distance vraie des centres, on trouvera par une règle de trois, l'instant où cette distance a dû être égale à $(\varpi - \pi)$, différence des parallaxes horizontales.

120. Quelques minutes plus tard, la distance des centres aura diminué ; pour amener le bord de la lune sur celui du soleil, il suffira d'une parallaxe moins grande.

Sur le prolongement de SL (fig. 81), soit aZ là distance au zénit qui donnera la parallaxe nécessaire pour anéantir la distance ab des bords ; nous aurons $ab = (\varpi - \pi) \sin bZ$, car bZ sera la distance apparente du bord de la lune au zénit.

De notre équation nous tirerons $\sin bZ = \dfrac{ab}{(\varpi - \pi)} = \dfrac{LS - \delta - d}{\varpi - \pi}$; nous aurons ensuite

$$\sin \text{latit.} = \cos PZ = \cos S \sin PS . \sin ZS + \cos PS \cos ZS$$
$$= \cos S \cos D \sin (bZ + \delta) + \sin D \cos (bZ + \delta) \dots (A)$$

$$= \cos S \cos D \sin bZ \cos \delta + \cos S \cos D \cos bZ \sin \delta$$
$$+ \sin D \cos bZ \cos \delta - \sin D \sin bZ \sin \delta ;$$

ou, en faisant $\cos \delta = 1$, on aura

$$\sin \text{latit.} = (\cos S \cos D - \sin \delta \sin D) \sin bZ$$
$$+ (\cos S \cos D + \sin D) \cos bZ.$$

On pourrait, pour $\sin bZ$ et $\cos bZ$, mettre leurs valeurs, mais il vaut mieux s'en tenir à l'équation (A).

On aurait

$$\text{cotang } ZPS = \frac{\text{cotang } SZ \cos D}{\sin S} - \sin D \text{ cotang } S$$
$$= \frac{\text{cotang } (bZ + \delta) \cos D}{\sin S} - \sin D \text{ cotang } S ;$$

on connaîtrait donc le point qui verrait le contact, mais il ne le verrait pas à l'horizon.

121. Le point qui aurait le contact au lever du soleil, ne serait guère plus difficile à déterminer. Il suffit de rendre oblique l'effet de la parallaxe.

Soit donc $LV = (\varpi - \pi)$, $VS = \delta + d$ (fig. 82), LS distance des centres : avec ces trois côtés, nous déterminerons l'angle VLS ; nous avons SLP, d'où

$$PLV = SLP - SLV \text{ et } PLZ' = 180° - PLV = 180° - (SLP - SLV)$$
$$= 180° + SLV - SLP = 180° + L' - L ;$$

$LP = 90° - D'$, $LZ = 90° - (\varpi - \pi)$, nous en conclurons P' et Z'PL, d'où $ZPS = ZPL + LPS$. Les formules sont semblables à celles que nous avons employées pour le triangle ZPS ; il n'y a de plus à calculer que le triangle LVS, à se servir de la déclinaison de la lune au lieu de celle du soleil, et de l'angle à la lune au lieu de l'angle au soleil.

122. Au lieu de prendre le cercle oblique LZ' qui éloigne le zénit du pôle, et porte le centre V et le point de contact à droite dans la figure, nous pouvons prendre le cercle LZ'' qui aurait porté le centre de la lune en V' ; nous aurions eu SLV' à ajouter à SLP, au lieu de l'en retrancher, comme nous avons fait ; nous aurions eu pour $V'LP = PLS - SLV'$, d'où $PLZ'' = 180° - V'LP = 180° - (L + L')$, nous aurions employé le supplément PLZ'' ; la distance PZ' du zénit au pôle aurait été plus petite que PZ', et par conséquent la seconde latitude plus grande que la première.

Z'' a aussi un angle horaire $Z''PS > Z'PS$; le point qui a son zénit en Z' est donc plus près du méridien, il est plus oriental.

Tout cela se rapporte à ce que nous donnait la projection ; le triangle SLV, qui a pour côté la distance vraie SL, la somme des demi-diamètres SV et la parallaxe $VL = (\varpi - \pi)$, est le même triangle que nous avons calculé dans la projection.

L'angle SLV' trouvé de la même manière, s'ajoutait et se retranchait d'un autre angle pour calculer la longitude et la latitude ; mais ensuite nous résolvions un triangle rectangle, au lieu qu'ici nous résolvons un triangle obliquangle LPZ ; mais dans le vrai notre triangle EHP (fig. 66) était obliquangle aussi ; nous ne l'avions rendu rectangle qu'en y ajoutant le triangle rectangle à peu près constant HPQ.

Le triangle LZP donne ici $\cos PZ = \sin H = \cos L \sin LZ \sin LP$
$+ \cos LZ \cos LP = \cos L \cos(\varpi - \pi) \cos D' + \sin(\varpi - \pi) \sin D$, au
lieu que nous avions simplement $\sin H = \cos x \cos D$; $\cos D'$ diffère
peu de $\cos D$, $\sin(\varpi - \pi) \sin D'$ est un petit terme, $\cos(\varpi - \pi)$ diffère peu de l'unité, et x doit différer peu de notre angle L ; mais malgré
ces petites différences, les deux méthodes conduiront au même but ;
nous n'aurions qu'à employer ZSP, il nous donnerait

$$\cos PZ = \sin l = \cos ZSP \sin ZS \sin PS + \cos ZS \cos PS = \cos ZSP \sin D;$$

c'est la formule de la projection, qui suppose le centre du soleil à l'horizon, au lieu que nous y mettons le point de contact.

123. A mesure que la lune approche de la conjonction, l'angle LPS
diminue, la distance LS diminue. Il peut arriver que la parallaxe horizontale, même oblique, abaisse trop la lune pour ne procurer qu'un
contact, et il faudra diminuer la distance au zénit.

Les lignes du contact à l'horizon recommencent de l'autre côté de PS
après la conjonction.

Tant qu'on aura $SL < (\varpi - \pi)$, il faudra que les parallaxes agissent
obliquement : dans ce cas, nous pourrons avoir un zénit Z qui verra
un simple contact au lever, et de l'autre côté de LS, un autre zénit Z'
qui verra un contact au lever.

Le calcul sera toujours le même pour Z', le contact sera celui de
la fin, pour Z ce sera celui du commencement de l'éclipse.

Quand SL sera $= \varpi - \pi + \delta + d$, il faudra la parallaxe toute entière
pour opérer un contact; il n'y aura plus qu'un seul point de contact,
ce sera le dernier de tous, celui de la fin de l'éclipse générale.

124. Quand la distance des centres sera $< \delta + d$, pour amener le
bord de la lune en contact, il y aura deux moyens, l'un de supposer
un zénit sur le prolongement de LS en dessous, ou un zénit sur le prolongement de SL en dessus; ce dernier donnerait un contact de fin.

Car, la lune continuant de s'avancer sur LV, s'écarterait de S plus
qu'un changement de parallaxe ne pourrait l'en rapprocher.

Le premier serait aussi un contact de fin, ou simple contact, si LS'
était perpendiculaire à l'orbite relative LV, car la parallaxe ne changeant pas sensiblement dans quelques minutes, le mouvement sur LV
entraînerait la lune parallèlement à la tangente au point du contact, et
opérerait une séparation.

La

La parallaxe de la hauteur suffirait toujours pour repousser la lune de dessus le soleil ; on pourra donc toujours supposer le zénit sur le prolongement de LS.

Le triangle LSV (fig. 82) donne $\overline{LV}^2 = \overline{LS}^2 + \overline{VS}^2 - 2LS.VS \cos S$, ou $(\varpi - \pi)^2 = D^2 + (\delta + d)^2 - 2D(\delta + d)\cos A$; D étant la distance des centres, A l'angle au soleil et $S = \delta + d$, on aura

$$(\varpi - \pi)^2 = D^2 + S^2 - 2S.D\cos A = D^2 + S^2 - 2D.S + 4S.D\sin^2\tfrac{1}{2}A$$
$$= (S - D)^2 + 4D.S\sin^2\tfrac{1}{2}A ; \quad \text{donc}$$

$$(\varpi - \pi) = (S - D)\left[1 + \frac{4D.S\sin^2\tfrac{1}{2}A}{(S-D)^2}\right]^{\frac{1}{2}}.$$

Faisons $\tang x = \dfrac{2\sin\tfrac{1}{2}A}{S-D}\sqrt{D.S}$, nous aurons

$$\varpi - \pi = (S - D)\left[1 + \tang^2 x\right]^{\frac{1}{2}} = \frac{S-D}{\cos x}.$$

Il faudra donc pour qu'un contact à l'horizon soit possible que $\dfrac{S-D}{\cos x}$ ne soit pas $> (\varpi - \pi)$; il ne faut pas non plus que l'angle $A = LSV$ soit trop petit.

$$\text{Cos } A = \frac{D^2 + S^2 - (\varpi - \pi)^2}{2DS}, \quad \text{donc } 1 + \cos A = \frac{(D+S)^2 - (\varpi - \pi)^2}{2DS}$$

$$\text{ou bien } \cos^2\tfrac{1}{2}A = \frac{(D+S+\pi-\pi)(D+S-\pi+\pi)}{2D.S},$$

125. Au lieu de supposer les trois côtés connus, je puis prendre la distance et la demi-somme des diamètres et l'angle formé par les deux lignes, l'on en conclurait le troisième côté et l'angle que ce côté, c'est-à-dire la parallaxe de hauteur, forme avec LP ; alors j'aurais PLZ, LZ et LP. Je pourrais supposer l'un de ces angles L ou V de 90°.

Nous avons donné les moyens de déterminer par points la courbe de contact, celle de centralité ne nous donnera pas plus de peine.

126. Pour que l'éclipse soit centrale, il faut que la parallaxe porte le centre de la lune sur celui du soleil, et que par conséquent la parallaxe soit égale à la distance vraie des centres. Il faut donc que $SL = (\varpi - \pi)\sin SZ$ (fig. 81), ou que $\sin SZ = \dfrac{\varpi - \pi}{SL}$, alors le triangle

2. 48

SPZ donne

$$\cos PZ = \cos S \sin PS \sin ZS + \cos PS \cos ZS ,$$
$$\sin \text{latitude} = \cos S \cos D \sin ZS + \sin D \cos ZS ,$$
$$\cot ZPS = \frac{\cos D \; \text{cotang} \; ZS}{\sin S} - \sin D \; \text{cotang} \; S.$$

Ces formules sont générales, et ne donnent jamais le moindre embarras.

Le centre de la lune étant sur le centre du soleil, si le diamètre de la lune est égal au diamètre du soleil, l'éclipse sera totale, mais pour un seul instant.

Si le demi-diamètre de la lune est plus grand que celui du soleil, il y aura demeure dans l'ombre, et il ne sera pas nécessaire que la parallaxe de hauteur soit si forte pour que la lune couvre le soleil entier; on pourra faire $\sin ZS = \dfrac{SL \mp (d - \delta)}{(- \pi)}$: du reste, le calcul sera le même.

Si le soleil au contraire est plus grand que la lune, $(d - \delta)$ sera une quantité négative, et l'équation $\sin ZS = \dfrac{SL \pm (\delta - d)}{\Pi - \pi}$ donnera les contacts intérieurs.

Si l'on veut, au lieu d'une éclipse centrale ou d'un contact intérieur, une éclipse de n doigts, on fera

$$SL - (\varpi - \pi) \sin ZS = (\delta + d) - \frac{n}{6} \delta = d + \left(\frac{6 - n}{6}\right)\delta;$$

$$SL = \left(d + \frac{6 - n}{6} \delta\right) = (\varpi - \pi) \sin ZS, \quad \text{ou} \quad \sin ZS = \frac{SL - \left(d + \frac{6 - n}{6} \delta\right)}{\varpi - \pi}.$$

On aura PZ, ZPS, comme ci-dessus, et l'éclipse sera telle qu'on voudra.

127. On voit que la parallaxe de hauteur, qui est toujours un petit angle, sert à trouver la distance au zénit qui est souvent très-grande : on ne peut donc espérer une exactitude bien grande dans la position du lieu qui verra la phase demandée, mais cet inconvénient tient à la nature du problème ; il est le même dans toutes les méthodes. Au contraire quand le lieu est donné, on calcule les parallaxes avec toute l'exactitude désirable, ainsi que les phases ; mais la recherche du lieu n'est que préparatoire pour connaître celui qui mérite un calcul.

128. On voit avec quelle facilité cette méthode indique tout ce qui est à faire pour la solution des différens problèmes ; elle suppose, il est vrai, comme la méthode des projections, que la terre est sphérique, et que la parallaxe horizontale est la même par toute la terre ; mais il est bien plus aisé de corriger cette erreur dans notre méthode que dans celle des projections. Déterminez d'abord ZS et PS dans l'hypothèse sphérique, vous aurez la latitude assez approchée pour connaître la parallaxe horizontale qu'il convient d'employer, et l'augmentation du demi-diamètre de la lune qui convient à la distance au zénit.

Avec ces élémens corrigés, vous recommencerez le calcul de la distance de la lune au zénit et celui de la latitude ; vous ajouterez à cette latitude l'angle de la verticale avec le rayon de la terre : quant au calcul de l'angle horaire du lieu que vous garderez pour le dernier, il n'éprouvera aucun changement.

129. L'orbite relative n'est pas indispensable dans cette méthode, puisque pour un instant donné on peut calculer la distance vraie des centres, et les angles que fait cette distance avec le cercle de déclinaison de la lune et celui du soleil, et qu'on peut, si l'on a beaucoup de calculs à faire, préparer d'avance une table où l'on prendra ces distances et les angles avec exactitude et facilité. Mais rien n'empêche de faire une figure de l'orbite apparente, et de l'employer, au lieu du triangle sphérique, à connaître les angles et les distances.

L'orbite apparente pourra guider dans les suppositions qu'on fera pour avoir les contacts ; on pourra faire que l'un des côtés du petit triangle rectiligne, entre les lieux vrais du soleil, de la lune et le lieu apparent de la lune, soit perpendiculaire à l'orbite apparente, et si ce côté perpendiculaire est la demi-somme des diamètres, on aura la ligne des contacts, qui est aussi celle des milieux, c'est-à-dire, la ligne des lieux qui ne voient qu'un contact pour plus grande phase.

130. A la vérité, il n'est pas très-rigoureux de dire que le contact, ainsi déterminé, ne soit pas quelquefois précédé ou suivi d'une petite éclipse ; mais peu importe, puisque le problème est inutile en soi, et qu'il a d'ailleurs bien d'autres incertitudes qui tiennent aux élémens lunaires, et surtout à la connaissance des positions géographiques ; qu'importe de connaître avec la dernière précision la longitude et la latitude géographiques du point qui verra la phase calculée, si l'on ne connaît pas quelle ville ou quel lieu de la terre a précisément la position donnée

par la solution rigoureuse. L'erreur tant reprochée aux astronomes par Duséjour, n'est ici d'aucune conséquence, et les méthodes pénibles qu'il nous a données pour éviter cette erreur, sont restées et resteront sans application réelle.

On n'a aucun intérêt d'aller se placer sur la ligne rigoureuse des contacts, car ou n'y aurait aucune observation à faire.

On n'a aucun intérêt à connaître dans quel lieu l'éclipse sera très-petite; on ne peut avoir besoin que de connaître les lieux où l'éclipse sera annulaire ou totale, et la méthode les donne avec exactitude.

131. La formation et la rupture de l'anneau peuvent fournir des résultats curieux pour la grandeur des diamètres, l'inflexion et l'irradiation. Mais quand on connaît les lieux où l'éclipse sera centrale, la difficulté est souvent de s'y transporter ; aussi le plus souvent arrive-t-il qu'on attend l'occasion, on en profite comme on peut, et jusqu'ici on n'en a encore tiré rien d'extrêmement important, ni même de très-sûr.

132. Nous aurions pu ci-dessus (121 et suiv.) donner plus de développement aux suppositions sur le lieu de la lune par rapport au cercle de déclinaison du soleil; à la conjonction, la distance des centres sera la différence SL de déclinaison (fig. 82) entre le soleil et la lune.

Pour réduire la distance SL à la somme des demi-diamètres, ce qui donnerait un contact, ou, pour réduire cette distance à rien, ce qui donnerait une éclipse centrale ; nous supposerons sur SP un zénit Z qui donnera la parallaxe requise $(\varpi - \pi) \sin LZ = SL$, ou $= SL - (\delta + d)$,

$$ \text{d'où } \sin LZ = \frac{SL}{\varpi - \pi}, \text{ ou } = \frac{SL - (\delta + d)}{\varpi - \pi}. $$

L'angle horaire serait nul, et le lieu aurait le contact, ou l'éclipse centrale au méridien; le zénit Z sera sur SP ou sur son prolongement par-delà P, ou sur le prolongement au-dessous de SP (fig. 83).

133. Après la conjonction, L est passé de l'autre côté de SP; on placera le zénit sur le prolongement de SL, du côté de L, ou du côté de S, selon la distance et la phase qu'on choisira.

Ce prolongement donnera toujours une phase, mais elle n'aura pas toujours lieu à l'horizon. Si on veut l'avoir à l'horizon, on inclinera sur SL la distance LZ de la lune au zénit; on retrouvera le triangle LSV dont les trois côtés $LS = \text{distance}$, $LV = (\varpi - \pi)$, $SV = (\delta + d)$ sont donnés ; on en déduira $SLV = OLZ$: on connaît PLO, on aura $PLZ = PLO - OLZ$; on calculera l'angle PZL et le côté PZ, comme ci-dessus (121 et suiv.).

134. On connaît l'angle horaire du lieu LPZ pour la lune ; on connaît LPS ; on connaît donc ZPS angle horaire du soleil dans le lieu : on connaît ce même angle, à Paris, par le tems du calcul ; on a donc la différence des méridiens, qui est la somme des angles horaires, si l'heure appartient au matin à Paris, et au soir dans le lieu ; ce serait la différence, s'il était matin dans les deux lieux, ou soir dans tous les deux.

Au lieu de prendre $LV = (\varpi - \pi)$, on peut laisser LV indéterminé d'abord, et choisir l'inclinaison OLZ sur SLO, on aurait par là SLV ; on aurait trois connues ; on en déduirait le reste du triangle : on pourrait choisir un des deux autres angles.

Si l'angle supposé donnait $SV > (\varpi - \pi)$, la supposition serait inadmissible. Si $LV = (\varpi - \pi)$, il faudra employer la parallaxe horizontale ; si $LV < (\varpi - \pi)$, on emploierait une parallaxe de hauteur.

135. On aura toujours un contact ; veut-on que ce contact soit en même tems la plus grande phase ou le milieu de l'éclipse, il faut recourir aux méthodes *de maximis et minimis*, ainsi que l'a fait Duséjour ; mais voici un moyen plus facile et suffisamment exact.

Pour avoir le point qui voit un simple contact pour plus grande phase, cherchez la parallaxe oblique qui amène la lune de L en V sur la ligne S*m* de plus courte distance (fig. 83) ; ensorte que VS soit $= \sigma = \frac{1}{2}$ somme des diamètres. Vous aurez pour l'instant un simple contact ; l'instant d'après la parallaxe, LV sera la même sensiblement ; mais la lune s'avançant de L vers *m* sur son orbite relative, le bord de la lune ne fera que glisser en *a* sur le bord du soleil, dont il se séparera aussitôt.

Or le triangle PSL vous donne SL distance vraie des centres. Vous avez $SV = \sigma$, l'angle $LSm = LSP - mSP = LSP - (I + p) = (S - I')$ $I' = I + p$ étant l'inclinaison de la plus courte distance avec le cercle déclinaison ;

$$\text{tang } I' = \frac{\text{mouvement relatif en déclinaison}}{\text{mouvement relatif en asc. dr. } \cos D} = 28° \, 44' \, 56'',$$

$$mL = Sm \text{ tang } LSm = dD \cos I' \text{ tang} (S - I');$$

$$\text{tang} \, mLV = \frac{mV}{mL} = \frac{Sm - \sigma}{dD \cos I' \text{ tang} (S - I')} = \frac{dD \cos I' - \sigma}{dD \cos I' \text{ tang} (S - I')} \cdots (1),$$

$$LV = \frac{mL}{\cos mL.V} = \frac{dD \cos I' \text{ tang} (S - I')}{\cos mL.V} \dots\dots\dots\dots\dots (2)$$

Prolongez VL en Z, zénit du lieu cherché, et menez l'arc PZ,

$$\mathrm{OLZ} = m\mathrm{LV}, \qquad m\mathrm{LS} = 90° - \mathrm{LS}m,$$

$$\mathrm{ZLP} = 180° - \mathrm{OLZ} - \mathrm{PL}m = 180° - m\mathrm{LV} - (\mathrm{PLS} - m\mathrm{LS})$$

$$= 180° - m\mathrm{LV} - \mathrm{PLS} + 90° - \mathrm{LS}m$$

$$= 270° - m\mathrm{LV} - \mathrm{PLS} - \mathrm{LSP} + \mathrm{PS}m$$

$$= 270° - \mathrm{S} - \mathrm{L} + \mathrm{I}' - m\mathrm{LV} \ldots\ldots\ldots(3)$$

Mais $\mathrm{LV} = (\varpi - \pi) \sin \mathrm{ZV}$, d'où

$$\sin \mathrm{ZV} = \frac{\mathrm{LV}}{(\varpi - \pi)} = \frac{d\mathrm{D} \cos \mathrm{I}' \tang (\mathrm{S} - \mathrm{I}')}{(\varpi - \pi) \cos m\mathrm{LV}} \ldots\ldots\ldots\ldots(4)$$

$$\cos \mathrm{PZ} = \cos \mathrm{ZLP} \sin \mathrm{PL} \sin \mathrm{ZL} + \cos \mathrm{PL} \cos \mathrm{ZL}; \; \mathrm{ZL} = (\mathrm{ZV} - \mathrm{LV}) \; (5)$$

$$\cot \mathrm{ZPL} = \frac{\sin \mathrm{PL} \cot \mathrm{ZL}}{\sin \mathrm{ZLP}} - \cos \mathrm{PL} \cot \mathrm{ZLP} \ldots\ldots\ldots\ldots(6)$$

$$\mathrm{ZPS} = \mathrm{ZPL} + \mathrm{LPS} = \text{angle horaire du lieu} \ldots\ldots\ldots(7)$$

Vous aurez donc la longitude et la latitude du lieu, et la solution ramenée à nos formules générales, ne dépend plus que de sept équations très-simples dont les quatre premières seulement sont propres à ce problème.

156. Si LV' ne surpasse pas $(\varpi - \pi)$, vous aurez un contact en b au bord austral, mais vous aurez alors

$$\tang m\mathrm{LV}' = \frac{\mathrm{S}m + \sigma}{\mathrm{S}m \tang (\mathrm{S} - \mathrm{I}')} = \frac{d\mathrm{D} \cos \mathrm{I}' + \sigma}{d\mathrm{D} \cos \mathrm{I}' \tang (\mathrm{S} - \mathrm{I}')} :$$

Vous aurez encore $\mathrm{OLZ} = m\mathrm{LV}'$

et $\qquad\qquad \mathrm{Z}'\mathrm{LP} = 270° - \mathrm{S} - \mathrm{L} + \mathrm{I}' - m\mathrm{LV}'.$

En général LV ne peut surpasser $(\varpi - \pi)$,

$$\overline{\mathrm{LV}}^2 = \overline{m\mathrm{L}}^2 + \overline{m\mathrm{V}}^2 = \overline{\mathrm{SL}}^2 - \overline{\mathrm{S}m}^2 + \overline{m\mathrm{V}}^2 = \mathrm{E}^2 - \varepsilon^2 + (\varepsilon - \sigma)^2$$

$$= \mathrm{E}^2 - \varepsilon^2 + \varepsilon^2 + \sigma^2 - 2\varepsilon\sigma = \mathrm{E}^2 + \sigma^2 - 2\varepsilon\sigma,$$

on aura donc à la limite

$$(\varpi - \pi)^2 = \mathrm{E}^2 + \sigma^2 - 2\varepsilon\sigma$$

$$(\varpi - \pi)^2 - \sigma^2 + 2\varepsilon\sigma = \mathrm{E}^2 = \overline{\mathrm{SL}}^2,$$

$$\overline{\mathrm{SL}}^2 = (\varpi - \pi + \sigma)(\varpi - \pi - \sigma) + 2\varepsilon\sigma :$$

c'est la limite que ne peut passer SL pour une plus grande phase donnée par σ, et qui sera un simple contact, si $\sigma = \frac{1}{2}$ somme des diamètres. Ce sera une phase quelconque, si l'on diminue σ du nombre de doigts qu'on voudra.

J'appelle E la distance vraie des centres, ε la plus courte distance vraie $= dD \cos I' = 39' \, 23''$, dans l'éclipse de 1764.

Pour la même phase à l'autre bord, on changera le signe de σ.

137. $mVL = 90° - mLV$ est l'angle que fait la parallaxe LV avec la perpendiculaire à l'orbite relative : c'est l'angle que Duséjour prend pour donnée. Nous pourrions faire de même, et nous aurions

$$mL = mV \tang mVL \quad \text{et} \quad VL = \frac{mV}{\cos mVL},$$

mL est la distance au milieu de l'éclipse qui donne tout le reste.

Pour le point m de l'orbite relative, il est évident que $mVL = 90°$, $mVL = 180°$, et la plus plus grande phase a lieu dans la perpendiculaire à l'orbite relative.

Pour un point L quelconque autre que m, mLV' sera aigu, mais assez grand, parce que mV' est considérable : Mais mLV sera petit ; il sera nul, si $Sm = \sigma$; il sera négatif, si $\sigma > \lambda \cos I$ ou Sm ; V serait alors sur le prolongement de Sm, au-dessus de l'orbite.

Après le milieu et avant la conjonction en ascension droite, c'est-à-dire sur l'arc mu, on aura $mL = Sm \tang(I' - S)$ (fig. 84),

$$ZLP = 270° + S + L - I' - mLV; \quad ZPS = ZPL - LPS;$$
le zénit Z sera à droite de PL si ZLP est positif, à gauche si $ZLP < 360°$.

Après la conjonction (fig. 85), $mL = Sm \tang(I' + S)$,

$$ZLP = 270° - S - L - I' - mLV,$$
$$ZPS = ZPL + LPS.$$

Une figure facile à construire guidera le calculateur ; on pourrait disposer les formules de manière à rendre la figure inutile, mais en voilà trop sur un problème de pure curiosité.

Vitesse de l'ombre sur la Terre.

138. Calculez le lieu qui voit l'éclipse centrale pour deux instans éloignés de $10'$ de tems : quand vous aurez leurs longitudes et leurs

latitudes, dans le triangle PLV (fig. 80), vous aurez

$$\cos LV = \cos P \cos H \cos H' + \sin H \sin H' = \cos(H - H') - 2\cos H \cos H' \sin^2 \tfrac{1}{2} P,$$

ou

$$1 - 2\sin^2 \tfrac{1}{2} LV = 1 - 2\sin^2 \tfrac{1}{2}(H - H') - 2\cos H \cos H' \sin^2 \tfrac{1}{2} P,$$

ou

$$\sin^2 \tfrac{1}{2} LV = \sin^2 \tfrac{1}{2}(H - H')\left[1 + \frac{\cos H \cos H' \sin^2 \tfrac{1}{2} P}{\sin^2 \tfrac{1}{2}(H - H')}\right];$$

et en supposant $\tang y = \dfrac{\sin \tfrac{1}{2} P \sqrt{\cos H \cos H'}}{\sin \tfrac{1}{2}(H - H')}$, on aura

$$\sin \tfrac{1}{2} LV = \frac{\sin \tfrac{1}{2}(H - H')}{\cos y},$$

LV sera la vîtesse de l'ombre en 10′ de tems.

Quant à la figure de l'ombre pour un moment donné, on ne pourrait la déterminer qu'en cherchant tous les lieux qui voient un simple contact à un instant donné de l'éclipse centrale, en amenant par des parallaxes obliques la lune en contact avec tous les points du disque solaire. Le calcul se ferait par les méthodes expliquées ci-dessus : il serait fort aisé, mais fort long et tout aussi inutile.

139. Cette méthode de calculer les circonstances de l'éclipse générale est la plus facile à entendre et à pratiquer, mais elle se compose encore de tant de calculs divers, qu'il ne sera pas inutile d'en offrir un exemple. Nous choisirons l'éclipse de 1764, déjà calculée par Lalande et Duséjour, pour qu'on puisse mieux comparer les méthodes et les résultats.

Élémens tirés des Tables.

Tems vrai à Paris.	Asc. dr. ☉=A.	Décl. ☉=D.	Asc. dr. ☾=A′.	Décl. ☾=D′.	$\varpi - \pi$	d
8ʰ matin.	11° 5′ 24″	4° 46′ 28″ B	9° 49′ 14″	4° 49′ 44″ B	54′ 2″5	14′47″5
9	7.40	47.26	10.15.34	5. 3.52	2,0	14.47,3
10	9.56	48.24	10.41.55	5.18. 0	1,5	14.47,2
11	12.13	49.22	11. 8.18	5.32. 8	1,0	14.47,1
0	14.29	50.20	11.34.40	5.46.16	0,5	14.46,9
1 soir.	16.46	51.18	12. 1. 4	6. 0.24	54.0,0	14.46,8

Ces élémens ne sont pas tous également conformes à nos nouvelles tables,

ables, mais la différence est de peu d'importance; il ne s'agit que de montrer la marche des calculs. Par une interpolation facile, on trouvera ces diverses quantités pour tous les instans de 10 en 10′, depuis 1^h du matin jusqu'à 13^h 20′.

On en déduira pour chaque instant $d\!R = (R' - R)$ et $(D' - D)$. Soient L et S les angles à la lune et au soleil dans le triangle sphérique PLS, l'angle P au pôle de l'équateur sera $P = d\!R$.

140. Les analogies de Néper donneront

$$\tan g \tfrac{1}{2}(L - S) = \frac{\sin \tfrac{1}{2}(D' - D) \, \cot \tfrac{1}{2} P}{\cos \tfrac{1}{2}(D' + D)} = \frac{\tfrac{1}{2}(D' - D)}{\tfrac{1}{2} P \cos \tfrac{1}{2}(D' + D)},$$

$$\tan g \tfrac{1}{2}(L + S) = \frac{\cos \tfrac{1}{2}(D' - D) \, \cot \tfrac{1}{2} P}{\sin \tfrac{1}{2}(D' + D)},$$

$$\sin LS = \frac{\cos D \sin d\!R}{\sin L} = \sin \text{ distance vraie des centres.}$$

On formera de cette manière le tableau suivant, n° 1.

On y remarquera que les angles S au soleil, obtus au commencement, vont toujours en diminuant jusqu'à la conjonction où $S = 0$, et qu'ensuite ayant changé de signe, ils vont en augmentant jusqu'à la fin.

Les angles L au centre de la lune, qui d'abord sont peu différens de 90°, vont en augmentant, jusqu'à la conjonction où $L = 180°$, et ensuite ils vont en diminuant jusqu'à la fin.

La parallaxe de la lune, ou plutôt la différence $p = (\varpi - \pi)$ des parallaxes horizontales, va toujours en diminuant.

La construction de ce tableau est facile, les calculs se vérifient les uns par les autres ; ils dispenseront de calculer l'orbite apparente, et ils abrégeront considérablement les opérations subséquentes.

141. Soit $\sigma = \delta + d = \tfrac{1}{2}$ somme des diamètres vrais de la lune et du soleil, E la distance vraie des centres.

$\sigma' = \tfrac{1}{2}$ diamètre $\odot + \tfrac{1}{2}$ diamètre $\mathbb{C}$ + augmentation à raison de la distance au zénit.

$$\operatorname{Sin} N = \left(\frac{E - \sigma'}{p} \right).$$

Vous calculez d'abord $\sin x = \left(\frac{E - \sigma}{p} \right)$, cette valeur approchée de la distance N au zénit, fait trouver l'augmentation du demi-diamètre, et l'on recommence le calcul de $\sin N$.

2.   49

Alors on a $ZS = N + \delta = N + 15' \, 57''$,
$$\sin H = \cos D \sin ZS \cos S + \sin D \cos ZS,$$
$$\cot ZPS = \frac{\cos D \cot ZS}{\sin S} - \sin D \cot S.$$

H est la hauteur du pôle du lieu qui verra un simple contact,

$\frac{60}{4}(12^h -$ heure du calcul$) =$ angle horaire de Paris $= P$,
$P - \frac{4}{60}(ZPS) =$ longitude orientale du lieu en tems,
$P - ZPS =$ longitude orientale du lieu en degrés.

Ces longitudes seront comptées du méridien de Paris. Avec ces formules, vous formerez le tableau n° 2, qui indique tous les lieux qui auront un simple contact dans le vertical ; tout l'effet de la parallaxe ira en diminution de la distance des centres.

142. Avant la conjonction, le contact sera celui du commencement de l'éclipse ; après la conjonction, il sera celui de la fin. Mais, en tout, ces pays n'auront qu'une éclipse fort petite ou nulle.

La latitude du lieu sera boréale ou australe, selon que $\sin H$ se trouvera positif ou négatif.

Après midi, $\frac{4}{60}(P) =$ heure du calcul, P change de signe,

$$- P - ZPS = \text{longitude},$$

et la longitude est occidentale.

Après la conjonction, c'est ZPS qui change de signe, comme $dÆ$.

143. Dans les calculs précédens, où nous voulions un simple contact, nous n'avons employé que la parallaxe qui suffisait : mais la parallaxe horizontale donnerait une éclipse $= p + \sigma - \delta$; nous aurions $Z'S = 90° + 15' \, 57'' - (p + \sigma)$, $Z'S$ différerait très-peu de $90°$, et le bord inférieur de la lune serait à $90°$ dist. zénit :

$$\sin H = \cos D \cos S \sin Z'S + \sin D \cos Z'S,$$
$$\cot Z'PS = \frac{\cos D \cot Z'S}{\sin S} - \sin D \cot S.$$

Cos D, cos S, sin D, sin S, sin D cot S sont les mêmes que dans les calculs précédens ; l'angle horaire est aussi le même, ainsi que la formule de longitude.

C'est ainsi que s'est formé le tableau n° 3, qui donne la quantité d'éclipse produite par la parallaxe horizontale du bord inférieur de la lune à l'horizon.

$E - p =$ distance apparente des centres; éclipse $= \sigma - (E - p) = \sigma + (p - E)$. Si $p > E$, $p - E =$ distance apparente des centres, éclipse $= \sigma - (p - E)$. Dans aucun cas, l'éclipse ne peut surpasser $2d$, si $\delta > d$; ou 2δ, si $d > \delta$.

144. Les points correspondans de ces deux tableaux, c'est-à-dire ceux qui se rapporteront à la même heure pour Paris, sont dans un même vertical, dans un même grand cercle du globe terrestre : avec ces deux points, il ne sera pas difficile de décrire l'arc de grand cercle qui les unit, et de connaître tous les pays qui, au même instant physique, ont l'éclipse de différente grandeur depuis le simple contact jusqu'à l'éclipse marquée dans la dernière colonne du second tableau.

145. Les lieux marqués dans le tableau n° 4, sont encore situés dans le même grand cercle. Ces lieux voient l'éclipse centrale. On voit qu'elle commence à 9^h $10'$, au même instant où l'éclipse commence à être australe dans le tableau n° 3; elle finit à 11^h $40'$, quand l'éclipse est à-la-fois boréale et australe, et va redevenir boréale dans le troisième tableau.

Pour calculer cette colonne, la formule sera pour la distance du $\odot$ au zénit, $\sin ZS = \dfrac{E}{p}$.

Le reste est de même que dans les calculs précédens; on y prend encore $\cos D$, $\cos S$, $\sin D$, $\dfrac{\cos D}{\sin S}$, et l'angle horaire de Paris.

Ces trois premiers tableaux donneraient déjà une idée suffisante des pays qui verront l'éclipse. Si l'on veut joindre la bordure à ce tableau, on calculera les lignes de simple contact à l'horizon que présentent les tableaux n° 5 et 6. On y emploie les formules des articles 121, 122 et 155.

146 Donnons un exemple numérique de tous ces calculs pour un même instant, et choisissons 10^h $40'$ tems de Paris.

Pour ce moment, le tableau n° 1 donne

$$
\begin{array}{lll}
D = 4° 49' \; 2'' & S = \;\; 17° 12' 13'' & E = 0° 40' 13'' \\
D' = 5.27.27 & L = 162.46.13 & p = 0.54. \; 1 \\
d\!\!\!\!R = 0.11.57 & & \sigma = 0.50 \; 44
\end{array}
$$

$$
\begin{aligned}
&\text{J'en conclus la distance des bords } E - \sigma = 0. \; 9.29 \\
&\text{augmentation du demi-diam. } \mathbb{C} \dots\dots a = \quad - 14 \\
&\hline
&\hphantom{\text{augmentation du demi-diam. }} E - \sigma' = \quad 9.15
\end{aligned}
$$

La distance vraie des bords E — σ prouve qu'il suffira d'une parallaxe de 9′ 29″ pour amener un contact. Or, par la table des parallaxes de hauteur qu'on trouve dans beaucoup de livres, et notamment dans les tables de Callet, je vois que quand la parallaxe horizontale est de 54′, c'est à 10° de distance au zénit que la parallaxe se réduit à 9′ ¼. Je vois dans les Tables astronomiques, que l'augmentation du demi-diamètre pour la parallaxe 54′ est de 14″ à 10° du zénit; ainsi la demi-somme σ des diamètres sera augmentée de 14″, E — σ sera diminuée d'autant, et nous aurons E — σ′ = 9′ 15″.

Si l'on n'a pas la table des parallaxes de hauteur, on calculera $\sin ZS = \frac{9′\ 29″}{p}$, qui donnera la valeur approchée suffisamment pour trouver l'augmentation

$$
\begin{aligned}
\log \mathrm{E} - \sigma' = &\quad 9′\ 15″ \ldots\ldots\ldots\ 2.74429 \\
\mathrm{C}.p = &\quad 54.\ 1 \ldots\ldots\ldots\ 6.48932 \\
\sin x = &\ 9°\ 51.37 \ldots\ldots\ldots\ 9.23361 \\
\delta = &\quad 15.57 \\
x + \delta = \mathrm{ZS} = &\ 10.\ 7.34
\end{aligned}
$$

On n'a pas besoin d'être scrupuleux sur les secondes de l'arc ZS.

$$
\begin{array}{llll}
\cos \mathrm{D}\ldots.\ 9.99846 & \sin \mathrm{D}\ldots.\ 8.92416 \\
\cos \mathrm{S}\ldots.\ 9.98012 & \cos \mathrm{ZS}\ldots.\ 9.99318 \\
\sin \mathrm{ZS}\ldots.\ 9.24506 & 0.08267 & 8.91734 \\
\quad\quad\quad 9.22364\ldots.\ 0.16736 \\
\sin \mathrm{H} = 14°\ 28′\ 45″\mathrm{B}\ldots.\ 0.25003 & 9.39799
\end{array}
$$

La latitude est donc 14° 28′ 45″ boréale :

$$
\begin{array}{llll}
\cos \mathrm{D}\ldots.\ 9.99846 & — \sin \mathrm{D} — 8.92416 \\
\mathrm{C}.\sin \mathrm{S}\ldots.\ 0.52905 & \cot \mathrm{S} + 0.50917 \\
\cot \mathrm{ZS}\ldots.\ 0.74812 — & 0.27123.. — 9.43333 \\
\quad\quad\quad 1.27563 + & 18.86800 \\
\cot \mathrm{ZPS} + 1.26941 + & 18.59068
\end{array}
$$

$$\mathrm{ZPS} = 3°\ 4′\ 42″$$

A 10ʰ 40′ l'angle de Paris est 1ʰ 20′ = 20

Longitude orientale = P — ZPS = 16.55.18.

Ainsi le lieu qui verra un simple contact à 10^h 40′ tems de Paris ,
est par 14° 28′ 45″ de latitude boréale, et 16° 55′ 18″ à l'orient de
Paris. Il verra le soleil à 10° 7′ 34″ de son zénit. Son angle horaire
sera 3° 4′ 42″ $= 0^h$ 12′ 18″ 48‴; il comptera 11^h 47′ 41″ 12‴ du matin.
Il sera sur la côte d'Afrique, non loin du Cap-Verd.

147. Cherchons pour le même instant le lieu qui verra le milieu de
l'éclipse, le bord de la lune paraissant à 90° du zénit :

$$E = 0° 40′ 13″$$
$$90° + \delta = 90.15.57$$
$$90° + E + \delta = 90.56.10$$
$$p + \sigma = 1.24.45$$

Distance ⊙ au zénit... $Z'S = 89.31.25$

cos D cos S....	9.97858	sin D.....	8.92416
sin Z′S....	9.99999	cos Z′S...	7.91983
0.95185	9.97857	0.00070....	6.84399
		0.95185	

$\sin H = 72° 16′ 50″ B$ 0.95255   9.97889

$\dfrac{\cos D}{\sin S}$........ 0.52751 $- \sin D \cot S = -$ 0.27123

cos Z′S....... 7.91985 $+$ 0.02801

0.02801   8.44736   cot ZPS $= -$ 0.24322

log cot ZPS — 9.38602

$$ZPS = 103° 40′ 14″$$
$$P = 20. 0. 0$$

Longitude occidentale $= P - ZPS =$ 83.40.14

La latitude du lieu sera donc... 72° 16′ 50″   boréale.
La longitude sera de.......... 83.40.14   à l'occident.
Son angle horaire sera de...... 6.54.40.56‴.
Il comptera.................. 3. 5.19. 4 du matin.

$$\sigma = 30′ 44″$$
$$p - E = 13.48$$

Quantité de l'éclipse.... $=$ 16.56 australe.

Il est aisé de voir que $\sigma + (p - E)$ serait une quantité beaucoup trop grande ; on prend donc $\sigma - (p - E)$ pour la quantité de l'éclipse.

Ce lieu est chez les Samoïèdes, non loin du Jénisea.

148. Menez un arc de grand cercle par les deux lieux, et vous verrez déjà que l'éclipse est visible sur les côtes occidentales de l'Afrique, de l'Europe et dans le nord de l'Asie, et qu'elle doit être centrale en quelque point de l'Europe.

Pour trouver ce point, il faut faire la parallaxe de hauteur $= E$;

$$
\begin{aligned}
E &= \quad 40'\ 13''\ldots.\ 3.58256 \\
C.p &= \quad 54.\ 1\ldots..\ 6.48932 \\
\sin Z_{\prime}S &= 48°\ 7'\ 7''\ldots.\ 9.87188
\end{aligned}
$$

$$
\begin{array}{llll}
\cos D \cos S\ldots & 9.97858 & \sin D\ldots.. & 8.92416 \\
\sin Z_{\prime}S\ldots & 9.87188 & \cos ZS\ldots & 9.82451 \\
0.70870 & 9.85046 & 0.05606_{\prime} & 8.74867 \\
& & 0.70870 &
\end{array}
$$

$$
\sin H = 49°\ 53'\ 10''B\ldots\ 0.76476\ldots 9.88353
$$
$$
\frac{\cos D}{\sin S}\ldots\ldots\ldots\ 0.52751 - \sin D \cot S = -0.27123
$$
$$
\cot Z_{\prime\prime\prime}S\ldots\ldots\ 9.95263 \qquad\qquad +3.02093
$$
$$
3.02093\ldots\ldots\ 0.48014\ \cot ZPS\ 0.43929\ldots 2.74970
$$
$$
\begin{aligned}
ZPS &= 19°59'\ 5'' \qquad 1^{h}\ 19'\ 56''\ 20''' \\
P &= 20 \qquad\qquad \text{heure du lieu.}
\end{aligned}
$$

Longit. orientale $= P - ZPS = \quad \overline{0.\ 0.55} \qquad 10.40.\ 3.40$

On voit que ce lieu est $1°\ 3'$ au nord de Paris. Il verra le centre du soleil et celui de la lune à $48°\ 7'$, du zénit : à cette distance l'augmentation du demi-diamètre est de $9''$; le demi-diamètre augmenté sera de $14'\ 56''$; celui du soleil $15'\ 37''$. On verra autour de la lune une couronne lumineuse de $61''$ de largeur.

Avec une parallaxe plus grande de $61''$, au lieu d'une éclipse centrale, on aurait un contact dans la partie inférieure et intérieure du disque solaire.

149. Nous pouvons supposer que l'augmentation du demi-diamètre de la lune sera la même ; en effet la distance au zénit ne changera que de $1°\ 36'$, et l'augmentation que d'un tiers de seconde.

Soit donc la parallaxe..... $39'\ 12''$ 3.37144
compl. $54.\ 1$ 6.48932

$\sin Z_{,,}S = 46°\ 30'\ 40''$ 9.86076

$\cos D \cos S$ .... 9.97858 $\sin D$ 8.92416
$\sin Z_{,,}S$ .... 9.86076 $\cos Z_{,,}S$ 9.83759

9.83934 0.05778 .... 8.76175
0.69078

$\sin H = 48°\ 28'\ 0''$ .... 0.74856 .... 9.87423

$\dfrac{\cos D}{\sin S}$ .... 0.52751 — $\sin D \cot S = -0.27123$

$\cot Z_{,,}S$ 9.97683
0.50434 .... $+\ 3.19403$

$\cot Z_{,,}PS = 18°\ 53'\ 15''\ 0.46580$ 2.92280
$P = 20$

longitude... $1\ \ 6.45.$ angle horaire $1^h\ 15'\ 33''.$

Ce lieu sera donc $1°\ 7'$ à l'est de Paris, et de $22'$ plus austral ; ce lieu comptera $10^h\ 44'\ 27''$ du matin.

150. Supposons à présent une parallaxe de $41'\ 14''$ ... 3.39340
6.48932

$\sin Z_{,,,}S = 49°\ 45'\ 26''$ ... 9.88272

$\cos D \cos S$ ... 9.97858 $\sin D$ 8.92416
$\sin Z_{,,,}S$ ... 9.88272 $\cos Z_{,,,}S$ 9.81025

9.86130 0.05425 ...... 8.73441
$0.-266:$

$\cos D \sin S = 51°\ 20'\ 20''$ ... 0.78086 9.89257

$\cos D : \sin S$ ... 0.52751
$\cot Z_{,,}S$ ... 9.92754 — $\sin p \cot S$ ..... $-\ 0.27123$

0.45505 .... $+\ 2.85133$

$+\ 2.58010$

$\cot ZPS$ ... 0.41164 $Z_{,,,}PS = 21°\ 11'\ 7''$
$P = 20$

Longitude occidentale .... $-\ 1.11.7.$

Jusqu'ici nous avons fait agir la parallaxe dans le sens de la distance des centres, et nous avons toujours pris le zénit dans un plan qui passait par ces deux centres, et toujours au nord du soleil et de la lune.

Cette distance dans l'éclipse de 1764 était toujours plus grande que la demi-somme des diamètres, et sans la parallaxe, il n'y avait pas d'éclipse, pas même de contact. Dans les éclipses où la plus courte distance serait moindre que la demi-somme des diamètres, il faudrait au contraire une parallaxe pour réduire l'éclipse à un simple contact; alors on placerait le zénit dans le prolongement de LS pour diminuer l'éclipse, ou dans le prolongement de SL pour l'augmenter.

151. Des calculs pareils, faits de 10 en 10′ pour toute la durée de l'éclipse, seraient plus que suffisans pour en reconnaître toutes les circonstances qui peuvent avoir quelque intérêt; et ces calculs seraient, sinon forts courts, au moins très-aisés.

152. Voulons-nous rendre la parallaxe oblique, il faut calculer le triangle LSV.

$$\begin{aligned}
&\text{Nous avons } SL = \delta = && 40'\,13''\ldots\text{compl}\ldots && 6.61744 \\
&\qquad\quad LV = p = && 54.\ 1\ldots\text{compl}\ldots && 6.48932 \\
&\qquad\quad VS = \sigma = && 30.44 && \log R\ldots\ 3.12581 \\
&\quad \delta + p + \sigma = && \overline{124.58} && \log R'\ldots\ 2.70586 \\
&\tfrac{1}{2}(\delta + p + \sigma) = && 62.29 && \sin^2 \tfrac{1}{2}L'.\ \overline{18.93843} \\
&\text{ôtez E, reste } R = && 22.16 && \sin \tfrac{1}{2}L'..\ \ 9.46921 \\
&\text{ôtez } p, \text{ reste } R' = && 8.28 && L' = \quad 17°\ 7'\,57'' \\
&&& VLS = L' = && 34.15.54 \\
&&& PLS = L = && \overline{162.46.13} \\
&&& L + L' = && 197.\ 2.\ 7 \\
&&& L - L' = && 128.30.19.
\end{aligned}$$

L'angle $L + L' > 180°$, nous montre que VL prolongé jusqu'à 90°, passera à l'orient de PL, et que PLZ sera de $17°\ 2'\ 7''$, $LZ = 90° - p = 89°\ 5'\ 59''$, $PL = 90° - D'$. Cherchons PZ et LPZ, les formules trigonométriques sont les mêmes que dans les exemples précédens; appliquées au triangle PLZ, elles deviennent

sin

$$\sin H = \sin p \, \sin D' + \cos p \, \cos D' \cos (L + L')$$

$$\cot ZPL = \frac{\tan p \, \cot D'}{\sin (L + L')} - \sin D' \cot (L + L'),$$

$$
\begin{array}{llll}
\sin p = & 54'\,1''\ldots. & 8.19624 & \qquad \cos p\ldots\ 9.99995 \\
\sin D' = & 5.27.25\ \ldots & 8.97817 & \qquad \cos D'\ldots\ 9.99803 \\
& 0.001494\ldots & 7.17441 & \qquad \cos (PLZ)\ldots\ 9.98051 \\
& 0.95158\ldots\ldots\ldots\ldots\ldots\ldots\ldots\ldots\ldots\ 9.97849 \\
& 0.95117\ldots\ldots & 9.97917 & \qquad H = 72^\circ\,23'\,45''\,B \\
\tan p\ldots\ 8.19629 & & & \qquad -\sin D'\ -\ 8.97817 \\
\cos D\ldots\ 9.99803 & & & \qquad \cot (L + L')\ldots\ 0.51370 \\
C\sin(L+L')\ 0.53319 & & & \qquad -\ 0.31036\ldots\ 9.49187 \\
8.72751\ldots\ldots\ldots\ldots\ldots\ +\ 0.05340\ldots \\
\cot ZPL = 104.24.40 & & & \qquad -\ 0.25696\ -\ 9.40987 \\
d\mathit{Æ} = -\ \ 11.57 \\
ZPS = 104.12.43 & & & \qquad \text{angle horaire}\ldots\ 6^h\,56'\,50''\,52''' \\
P = \ 20 & & & \qquad \text{heure du matin}..\ 3.\ 3.\ 9.\ 8
\end{array}
$$

Longitude orientale = 124.12.43.

Le centre de la lune sera à l'horizon, et celui du soleil n'en sera guères éloigné.

153. Prenons maintenant la parallaxe oblique de l'autre côté,

$$L - L' = 128^\circ\,30'\,19'' = PLV \quad \text{et} \quad PLZ = 51^\circ\,29'\,41'',$$

$$
\begin{array}{lll}
\sin p \, \sin D' = 0.00149 & \qquad \cos p \, \cos D' = 9.99798 \\
\qquad\qquad\quad 0.61970 & \qquad \cos (PLZ)\ldots\ 9.79420 \\
\sin H = 38^\circ\,24'\,10''\quad 0.62119\ldots.. \ 9.79326\ldots.\ 9.79218 \\
\tan p \, \cos D'\ldots\ 8.19432 & \qquad -\sin D'\ -\ 8.97817 \\
C.\,\sin PLZ\ldots\ 0.10649 & \qquad \cot (PLZ)\ldots\ 9.90069 \\
\qquad\qquad\quad 8.30081 & \qquad -\ 0.075659 \qquad 8.87886 \\
& \qquad +\ 0.019990 \\
\cot ZPL = d\mathit{Æ} = 93^\circ\,11'\,11''\ -\ 0.055669 \qquad 8.74561 \\
PLS = d\mathit{Æ} = \qquad 11.57 \\
ZPS = 93.23.\ 8 & \qquad \text{heure} = -\ 6^h\,13'\,52''\,52''' \\
P = 20 & \qquad\quad \text{ou} \qquad 5.46.27.28
\end{array}
$$

Longitude occident. = 73.23. 8.

154. Faisons des calculs semblables pour un instant choisi après la conjonction; prenons 11^h 40′, nous aurons

$$
\begin{array}{l|l|l}
D = 4°\,50'\ 0'' & S = \quad 13°\,12'\,12'' & E = 0°\,52'\,56'' \\
D' = 5.41.33 & L = 166.46.42 & p = 0.54.\ 1 \\
d.\mathcal{R} = 0.12.\ 9 & P = \quad 5.\ 0.\ 0 & \sigma = 0.30.44
\end{array}
$$

$$
\begin{aligned}
E - \sigma &= \overline{22.12} \\
\text{augment.} &= \underline{13} \\
E - \sigma' &= 21.59
\end{aligned}
$$

$$
\begin{aligned}
E - \sigma' &\ldots\ 3.12024 \\
C.p &\ldots\ \underline{6.48932} \\
\sin N\ldots\ 24°\ 0'\ 53'' &\quad 9.60956 \\
\text{☽}\ldots\ \quad 15.57 \\
ZS = &\ \overline{24.16.50}
\end{aligned}
$$

$$
\begin{array}{ll}
\cos D\ldots\ 9.99845 & \sin D\ldots\ 8.92561 \\
\cos S\ldots\ 9.98836 & \cos ZS\ldots\ 9.95978 \\
\sin ZS\ldots\ 9.61406 & 0.07680\ldots\ 8.88539 \\
\quad\quad\quad 9.60087 & \quad 0.39891 \\
\sin H = 28°\,24'\,20'' & 0.47571\ldots\ 9.67734
\end{array}
$$

$$
\begin{array}{ll}
\cos D\ldots\ 9.99845 & -\sin D - 8.92561 \\
c.\sin S\ldots\ 0.64129 & \cot S\ldots\ 0.62965 \\
\cot ZS\ldots\ 0.34572 & -0.35914 - 9.55526 \\
\quad\quad 0.98546 & +9.67075 \\
\cot ZPS = 6°\,7'\,47''\ldots\ 9.31161 & +0.96902 \\
P = 5
\end{array}
$$

Longitude occid. $= 11.7.47$ angle horaire... $0^h\,24'\,31''\,8'''$
               heure du matin.... $11.35.28.51$

Ainsi le lieu dont la longitude occidentale est 1° 7′ 47″, et la latitude 28° 24′ 20″B verra un simple contact dans le vertical, le centre du soleil étant à 24° 16′ 30″ de distance au zénit. L'heure du lieu sera 11^h 55′ 29″ du matin.

$$
\begin{aligned}
90° + E &= \quad 90°\,52'\,56'' \\
\tfrac{1}{2}\odot &= \quad\quad 15.57 \\
-(p + \sigma) &= -\ \ 1.24.45 \\
Z'S &= \quad\ 89.44.\ 8
\end{aligned}
$$

$$\cos D \cos S \ldots\; 9.98681 \qquad\qquad \sin D \ldots\; 8.92561$$
$$\sin Z'S \ldots\; 0.00000 \qquad\qquad \cos Z'S \ldots\; 7.66421$$
$$\overline{9.98681} \qquad\qquad 0.00039 \quad \overline{6.58982}$$
$$0.97009 \ldots$$
$$0.00039$$
$$\overline{0.97048 \ldots} \quad 0.98699 \ldots\; \sin H = 76^\circ\; 2'\; 50''.$$

$$\cos D \sin S \ldots\; 0.63974 \;-\; \sin D \cot S = \;-\; 0.35914$$
$$\cot Z'S \ldots\; 7.66421 \qquad\qquad\qquad\qquad 0.02014$$
$$\overline{8.30395} \qquad \cot Z'PS \qquad -\;\overline{0.33900}$$
$$\cot Z'PS = 108^\circ\; 43'\; 37'' \qquad\qquad -\; 9.53020$$
$$5 \qquad\qquad\qquad \mathbb{C} = 29.34$$
$$\text{Longitude orientale} = \overline{113.43.37} \qquad p - E = \overline{1.\; 5}$$
$$\text{éclipse} \ldots\; \overline{29.29.}$$
$$\text{angle horaire} \ldots\; 7^h\, 15'\, 54'', \quad \text{ou} \quad 4^h\, 44'\, 6'' \;\text{du matin.}$$

155. Pour l'éclipse centrale, log. E $\ldots\ldots\ldots\ldots\ldots$ 3.50188

$$\text{C.}p \ldots\; \overline{6.48932}$$
$$\sin Z_{/}S = 78^\circ\, 30'\, 20'' \qquad 9.99120$$

$$\cos D \cos S \ldots\; 9.98681 \qquad\qquad \sin D \ldots\; 8.92560$$
$$\sin Z_{/}S \ldots\; 9.99120 \qquad\qquad \cos Z_{/}S \ldots\; 9.29945$$
$$\overline{9.97801} \qquad 0.01679 \qquad \overline{8.22506}$$
$$0.95063$$
$$\sin H = 75^\circ\, 20'\, 14'' \qquad \overline{0.96742} \qquad\qquad 9.98562$$

$$\cos D \sin S \ldots\; 0.63974 \qquad -\; \sin D \cot S = \;-\; 0.35914$$
$$\cot Z_{/}S \ldots\; 9.30825 \qquad\qquad\qquad\qquad +\; 0.88714$$
$$\overline{9.94799} \qquad\qquad \cot Z_{/}PS \;+\; \overline{0.52800}$$

$$Z_{/}PS = 62^\circ\, 9'\, 57'' \qquad 9.72263$$
$$P = 5$$
$$\text{Longitude orientale} \ldots\; \overline{67.9.57} \quad \text{angle hor. } 4^h\, 8'\, 39''\, 48''\,\text{S.}$$

Le zénit de Paris n'a pas encore atteint le soleil fixe, le zénit du lieu l'a déjà passé ; la différence des longitudes est la somme des angles horaires. L'heure du lieu est une heure du soir.

L'éclipse sera donc centrale dans le lieu dont la longitude orientale sera 67° 10′, la latitude 75° 20′, et l'angle horaire 4^h 8′ 40″.

156. Rendons la parallaxe oblique,

$$\sigma + p + E = 2° 17′ 41″$$

$$\text{moitié} = 1. 8.50$$

$$
\begin{array}{lll}
E\ldots & 52.56 & \text{compl}\ldots 6.49812 \\
R = & \overline{15.54} & \log\ldots 2.97955 \\
p = & 54. 1 & \text{compl}\ldots 6.48932 \\
R' = & \overline{14.49} & \log\ldots 2.94890 \\
& & \overline{18.91589} \\
\tfrac{1}{2}L' = & 16° 40′ 52″ & 9.45795 \\
L' = & 33.21.44 & \\
L = & 166.46.42 & \\
L + L' = & \overline{200. 8.26} & \text{ou} \quad 20° 8′ 26″ \\
L - L' = & 133.24.58 & \text{ou} \quad 46.35. 2 ;
\end{array}
$$

sin p ... 8.19624   cos p ... 9.99995   tang p ... 8.19629 $-$ sin D′ $-$ 8.99646

sin D ... 8.99646   cos D′ ... 9.79785   sin D′ ... 9.99785 cot (L+L′) $-$ 0.43563

0.001558 ... 7.19270 cos(L+L′) 9.97260 C.sin(L+L′) 0.46303 $-$ 0.27045 $-$ 9.43209

9.93412   9.97040   8.65717 $+$ 0.04979

9.93568   9.97113   sin H = 69° 20′ 20″ cot ZPL = 102° 26′ 35″ $-$ 0.22066 $-$ 9.34372

$$
\begin{array}{ll}
d\!R = & 12. 9 \qquad \text{heure} \\
ZPS = & 102.14.26 \qquad 6^h 47′ 57″ 44''' \\
P = & 5 \\
\text{longitude occidentale} = & \overline{97.14.26}
\end{array}
$$

0.001558   cos D′ cos p 9.99780   tang p sin D 8.19414 $-$ sin D′ $-$ 8.99646

0.68382   cos (L−L′) 9.83714 C.sin(L−L′) 0.13484 cot(L−L′) $-$ 9.97598

0.685378 ... 9.83593 sin H   9.83494   8.33298 $-$ 0.093851 $-$ 8.97244

                                               $+$ 0.021527

H = 43° 15′ 55″B   cot ZPL = 94° 8′ 12″ $-$ 0.072324 $-$ 8.85928

$$
\begin{array}{ll}
d\!R = & 12. 9 \\
ZPS = & 94.20.21 \qquad \text{heure} \quad 6° 57′ 21″ 24 \\
P = & 5 \\
\text{longit. orientale} = & \overline{99.20.21}
\end{array}
$$

157. Donnons maintenant le type des calculs de la ligne des simples

contacts qui sont en même tems plus grande phase, par la méthode de
l'article 135, et choisissons 10^h 20′, parce que c'est le point où la lune
est plus voisine du zénit, celui où l'augmentation du diamètre de la
lune est la plus grande, et le point où il est le moins permis de négliger cette augmentation. Nous ferons d'abord le calcul, sans avoir
égard à l'augmentation.

A 10^h 20′ tems de Paris, l'angle horaire est de 25° à l'orient du méridien; pour l'île de Fer, l'angle horaire est 45° également à l'orient.

Pour ce moment, la différence d'ascension droite est 20′ 0″, dont la
lune est encore en arrière du soleil;

$$
\begin{aligned}
&\text{distance pol. lune, ou } PL = 84°\,37′\,18″ \qquad & d = 14.47 \\
&\text{l'angle au soleil, ou} \quad S = 50.21.\ 5 \qquad & \delta = 15.57 \\
&\qquad\qquad mSP = I' = 28.44.56 \qquad & \sigma = \overline{30.44} \\
&\qquad\qquad\quad S - I' = \overline{1.36.\ 9}
\end{aligned}
$$

S est encore plus fort que I'; la lune n'est point arrivée encore au
point m de plus courte distance ou du milieu de l'éclipse générale.

$$
\begin{aligned}
&\text{Plus courte distance} \quad Sm = \epsilon = 59′\,22″,7 \ldots\ldots\ 5.57342 \\
&\qquad\qquad\qquad\qquad\qquad \text{tang}\,(S - I') \ldots\ldots\ 8.59907 \ (1) \\
&\qquad\qquad\qquad\qquad\qquad\qquad\qquad mL \ldots\ldots\ 1.77249 \\
&\epsilon - \sigma = 0.59′\,25″ - 50′\,44″ = 8′\,59″ \ldots\ldots\ldots\ldots\ 2.71517 \\
&\qquad\qquad \text{tang}\,mLV = 83°\,25′\,21″ \ldots\ldots\ 0.94268 \ (2) \\[4pt]
&\qquad\qquad\qquad \text{compl. cos}\,mLV \ldots\ 0.94559 \ (3) \\
&\qquad\qquad\qquad\qquad\qquad\qquad mL \ldots\ldots\ 1.77249 \\
&\qquad\qquad LV = 0°\ 8′\,42″ \ldots\ldots\ 2.71808 \ (4) \\
&\qquad \text{comp.}\,(\varpi - \pi) = \quad 54.\ 1 \ldots\ldots\ 6.48952 \\
&\qquad\qquad \sin ZV = 9.16.59 \ldots\ldots\ 9.20740 \ (5) \\
&\quad ZV - LV = ZL = 9.\ 7.57
\end{aligned}
$$

158. Nous pourrions ici chercher l'augmentation du diamètre, et
recommencer le calcul de mLV, de LV, ZV et de ZL, ce qui ferait
cinq logarithmes de plus. La lune n'étant pas encore au milieu m, nous
sommes dans le cas de la figure 83.

Nous ferons ainsi le calcul de ZLP,

$$
\begin{aligned}
\text{S} &= 30.21.\,5 \\
\text{L} &= 149.37.\,7 \\
\hline
\text{S} + \text{L} &= 179.58.12 \\
m\text{LV} &= 83.29.24 \\
\hline
&263.27.36 \\
9^s + \text{I}' &= 298.44.56 \\
\hline
\text{ZLP} &= 35.17.20
\end{aligned}
$$

Il ne reste plus qu'à calculer le triangle ZLP ;

$$
\begin{array}{llll}
\cos \text{PL} \ldots & 8.97189 \ (6) & \sin \text{PL} \ldots & 9.99808 \ (7) \\
\cos \text{ZL} \ldots & 9.99446 \ (8) & \sin \text{ZL} \ldots & 9.20062 \ (9) \\
0.09254 & 8.96635 & \cos \text{ZLP} \ldots & 9.91182 \ (10) \\
0.12898 & \ldots\ldots & 0.12898 \ldots & 9.11052 \ (11) \\
(12 \ \text{et} \ 13) \quad 0.22152 & \ldots 9.34541 & \sin \text{lat.} & 12° 48' \ \text{boréale.}
\end{array}
$$

$$
\begin{array}{llll}
\sin \text{PL} \ldots 9.99808 & & - \cos \text{PL} \ - 8.97189 & \\
\cot \text{ZL} \ldots 0.79383 \ (14) & & \cot \text{ZLP} \ + 0.15010 \ (16) & \\
\text{C}.\sin \text{ZLP} \ 0.23829 \ (15) & - \ 0.1324 & 9.12199 \ (17) & \\
10.7201 \quad 1.03020 & & + \ 10.7201 & \\
& \cot \text{ZPL} \ldots + 10.5877 & 1.02488 \ (18 \ \text{et} \ 19) & \\
& \text{ZPL} = 5° 23' 40'' & & \\
& d\text{Æ} = 20.\,0 & & \\
& \text{ZPS} = 5.43.40 & &
\end{array}
$$

angle horaire à l'île de Fer $= 45$ $=$ angle de Paris $+ 20°$

longitude du lieu $= 39.16.20$ comptée de l'île de Fer.

angle horaire $= 0^h 22' 54'' 40'''$ avant midi,

ou $= 11.37.\,5$ du matin.

Ainsi 19 logarithmes déterminent la latitude, la longitude, l'angle horaire et la distance de la lune au zénit.

159. C'est ainsi que j'ai calculé la limite qui sépare les lieux où l'éclipse sera visible, d'avec ceux où elle sera nulle (table 7), en négligeant partout l'augmentation du diamètre et l'aplatissement de la terre dont il m'eût été facile de tenir compte.

Dans cet exemple l'augmentation du demi-diamètre était de 15″, dont il fallait diminuer $\varepsilon - \sigma$ qui devenait 8′ 24″; mLV devenait 83° 17′ 53″, et il diminuait de 11′ 28″; ZV se réduisait à 9° 0′ 30″, et ZL à 8° 52′ 7″. La distance zénitale était plus faible de 15′ 50″; la latitude diminue de 14′, et se réduit à 12° 54′; la longitude augmente de 8′, et devient 59° 24′ 20″; l'angle horaire augmente de 32″: tous ces changemens sont fort peu importans, et ce n'est guères la peine d'alonger le calcul. Cette méthode est donc plus que suffisante pour tracer sur une carte la limite de l'éclipse; et si l'on compare les quantités de ma table avec la carte de l'Astronomie de la Lande, qui a été tracée d'après les formules de Duséjour, on n'y trouvera que les légères différences qui tiennent à ce que nos élémens ne sont pas tout-à-fait ceux de Duséjour, et rien ne prouve que l'erreur, s'il y en a, m'appartienne.

160. La même méthode servirait à tracer la courbe des lieux qui verront une éclipse d'un nombre quelconque de doigts pour plus grande phase.

Veut-on, par exemple, l'éclipse de 6 doigts; le demi-diamètre du soleil est de 15′ 57″, dont il faudra augmenter $\varepsilon - \sigma$.

On aura, comme ci-dessus, log mL 1.77249
$$\log \varepsilon - \sigma = \quad 24′\ 36″ \ldots\ldots\ 3.16909$$
$$\tan mLV = 87°\ 42.\ 8 \qquad \overline{1.39660}$$

$$C.\cos mLV \ldots\ 1.39693$$
$$mL \ldots\ 1.77249$$
$$LV = 0°\ 24′\ 37″ \ldots\ldots\ 3.16942$$
$$C.(\varpi - \pi) \ldots\ldots\ 6.48932$$
$$\sin ZV = \underline{27.\ 6.50} \qquad \overline{9.65874}$$
$$ZL = 26.42.13$$

$$mLV \ldots\ 87.42.\ 8$$
$$S + L \ldots\ \underline{179.58.13}$$
$$S + L + mLV \ldots\ 269.40.21$$
$$9^s + I′ \ldots\ \underline{298.44.36}$$
$$ZLP \ldots\ 31.\ 4.15$$

$$
\begin{array}{llll}
\cos \text{PL} \ldots & 8.97189 & \sin \text{PL} \ldots & 9.99808 \\
\cos \text{ZL} \ldots & 9.95102 & \sin \text{ZL} \ldots & 9.65261 \\
0.087736 \ldots & \overline{8.92291} & \cos \text{ZLP} \ldots & 9.93274 \\
0.383200 & \ldots\ldots\ldots\ldots\ldots\ldots & \ldots\ldots\ldots & 9.58343 \\
\overline{0.470936} \ldots & 9.67296 & 28° 5' 43'' = & \text{latitude boréale}
\end{array}
$$

$$
\begin{array}{llll}
\sin \text{PL} \ldots & 9.99808 & - \cos \text{PL} & - 8.97189 \\
\cot \text{ZL} \ldots & 0.29841 & \cos \text{ZLP} \ldots & 0.22001 \\
\text{C.} \sin \text{ZLP} \ldots & 0.28727 & - 0.15556 & 9.19190 \\
 & \overline{0.58376} & + 3.83496 & \\
\cot \text{ZPL} \ldots & + \overline{3.67940} & \ldots 0.56578
\end{array}
$$

$$
\begin{array}{ll}
\text{ZPL} = & 15° 12' 17'' \\
 & \underline{20} \\
 & \overline{15.32.17} = \quad 1^{h} 2' 9'' 8''' \\
 & \underline{45} \qquad\qquad 10.57.51
\end{array}
$$

longitude orientale.... $\overline{29.27.43}$ comptée de l'île de Fer.

Dans ces derniers calculs je compte les longitudes du méridien de l'île de Fer, comme a fait Lalande sur sa carte.

161. Veut-on le contact intérieur des bords ou la limite de l'éclipse annulaire, il faut augmenter $\varepsilon = 39.23$ de $1' 14''$, excès du demi-diamètre du soleil sur celui de la lune, et faire $\varepsilon - \sigma = 40' 33''$.

$$
\begin{array}{llll}
\text{Nous aurions, comme ci-dessus,} & \log m\text{L} \ldots\ldots & 1.77249 \\
\varepsilon - \sigma = & 40' 33'' \ldots\ldots & 3.38614 \\
\text{tang } m\text{LV} = 88° 36' 20'' \ldots\ldots & 1.61365
\end{array}
$$

$$
\begin{array}{ll}
\text{C.} \cos m\text{LV} \ldots\ldots\ldots\ldots & 1.61376 \\
m\text{L} \ldots\ldots\ldots\ldots & 1.77249 \\
\text{LV} = \quad 24.34 \ldots\ldots & \overline{3.38625} \\
\text{C.} (\varpi - \pi) \ldots\ldots\ldots\ldots & 6.48932 \\
\sin \text{ZV} = \overline{48.40.\ 0} & 9.87557 \\
\text{ZL} = \overline{48.15.26}
\end{array}
$$

162. C'est ici qu'il convient d'avoir égard à l'augmentation du demi-diamètre qui sera de $11''$; ainsi $\varepsilon - \sigma$ se réduit à $40' 22''$:

log

$$\log mL \dots\dots\dots \quad 1.77249$$
$$\log(s-\pi) = \quad 40.22 \dots \quad \underline{3.38417}$$
$$\operatorname{tang} mLV = 88° 35' 57'' \dots \quad 1.61168$$

$$C.\cos mLV \dots \quad 1.61178$$
$$\log mL \dots \quad \underline{1.77249}$$
$$LV = \quad 40.23 \dots \quad 3.38427$$
$$C.\sin(\varpi-\pi) \dots \quad \underline{6.48932}$$
$$\sin ZV = \underline{48.21.45} \quad 9.87359$$
$$ZL = \overline{47.41.22}$$

$$mLV = \quad 88° 35' 57''$$
$$S + L = \quad \underline{179.58.13}$$
$$S + L + mLV = \overline{268.34.10}$$
$$9^s + I' = \quad \underline{298.44\ 56}$$
$$ZLP = \quad \overline{30.10.46}$$

$$\cos PL \dots \quad 8.97189 \qquad \sin PL \dots \quad 9.99808$$
$$\cos ZL \dots \quad \underline{9.82811} \qquad \sin ZL \dots \quad 9.80894$$
$$0.063096 \quad \overline{8.80000} \qquad \cos ZLP \dots \quad \underline{9.93674}$$
$$0.636443 \qquad\qquad\qquad\qquad 9.80376$$
$$\overline{0.699539} \qquad 9.84481 = \sin \text{lat. } 44° 23' 25'' \text{ boréal}$$

$$\sin PL \dots \quad 9.99808 \qquad - \cos PL - 8.97189$$
$$\cot ZL \dots \quad 9.95917 \qquad \cos ZLP \dots \quad 0.23542$$
$$C.\sin ZLP \dots \quad \underline{0.29868} - 0.16118 \qquad \overline{9.20731}$$
$$0.25593 \dots \quad 1.80273$$
$$\cot ZPL = 31° 20' 56'' \dots \quad \overline{1.64155} \dots\dots 0.21525$$
$$20.\ 0$$
$$ZPS = \overline{31.40.56} = 2^h\ 6'\ 43''\ 44'''$$
$$45 \qquad\qquad 9.53.16 \text{ matin.}$$
$$\text{longitude} \dots \overline{13.19.\ 4}$$

C'est le lieu qui verra le bord de la lune en contact intérieur avec le bord inférieur du soleil, car nous avons abaissé la lune de 1′ 10″ de plus que pour l'éclipse centrale. Pour avoir le contact supérieur, il faudrait l'abaisser de 39′ 23″ — 1′ 10″ = 38′ 13″, ou 38′ 2″, à cause de l'augmentation du diamètre; mLV serait moindre, et la latitude moindre, ainsi que la longitude. Nous n'entrerons pas dans de plus grands détails·

163. L'éclipse de 1764 était annulaire, et ne pouvait être totale, en quelque lieu que l'on supposât l'observateur. Pour s'en convaincre, il suffira de jeter les yeux sur la table suivante, dont voici les fondemens.

Nous avons trouvé ci-dessus (11),

$$SK = \frac{\dfrac{1}{\sin \pi} - \dfrac{1}{\sin \varpi}}{1 - \dfrac{\sin d}{\sin \delta} \cdot \dfrac{\sin \pi}{\sin \varpi}} \quad \text{et} \quad KL' = \frac{L'V'}{SO}.SK,$$

ou $KL' = SK.\dfrac{\sin d}{\sin \delta} \cdot \dfrac{\sin \pi}{\sin \varpi} = SK.\dfrac{\sin 16' \, 28''}{\sin 60' \, 20''} \cdot \dfrac{\sin 8'',6}{\sin 16'',0} = 0.00245107 \, SK,$

$$KL' = \frac{\left(\dfrac{1}{\sin \pi} - \dfrac{1}{\sin \varpi}\right)\dfrac{\sin d}{\sin \pi} \cdot \dfrac{\sin \pi}{\sin \delta}}{1 - \dfrac{\sin d}{\sin \pi} \cdot \dfrac{\sin \pi}{\sin \delta}} = \frac{\left(\dfrac{1}{\sin \varpi}\right)\left(\dfrac{\sin d}{\sin \delta}\right)\left(1 - \dfrac{\sin \pi}{\sin \varpi}\right)}{1 - \dfrac{\sin d \sin \pi}{\sin \varpi \sin \delta}},$$

d'où

$$LT' - KL' = \frac{1}{\sin \varpi} - \frac{\dfrac{1}{\sin \varpi}\left(\dfrac{\sin d}{\sin \delta}\right)\left(1 - \dfrac{\sin \pi}{\sin \varpi}\right)}{1 - \dfrac{\sin d}{\sin \varpi} \cdot \dfrac{1}{\sin \varpi}} = \frac{\dfrac{1}{\sin \varpi}\left(1 - \dfrac{\sin d}{\sin \delta}\right)}{1 - \dfrac{\sin d}{\sin \varpi} \cdot \dfrac{\sin \pi}{\sin \delta}}$$

$$= \frac{\dfrac{1}{\sin \pi}\left(1 - \dfrac{\sin d}{\sin \delta}\right)}{1 - 0.002445107} = \frac{1.0024511}{\sin \varpi} - \frac{0.2736102}{\sin \delta}.$$

Soit $TL' = KL'$, l'éclipse sera totale pour tous ceux qui la verront centrale. Cette supposition donne

$$\sin \varpi = \frac{1.0024511 \sin \delta}{0.2736102} = 3.663792 \sin \delta.$$

Soit $TL' - KL' = 1$, il n'y aura que le lieu qui verra l'éclipse centrale au zénit qui puisse la voir totale. Cette supposition donne

$$\sin \varpi' = \frac{1.0024511}{1 + 0.2736102 \, \text{coséc.} \, \delta}.$$

demi-diamètre $\odot$	π limite de l'éclipse annulaire.	ϖ' limite de l'éclipse totale.	$\varpi' - \varpi$	Si la parallaxe horizontale de la lune est au-dessous de la première limite, l'éclipse centrale sera décidément annulaire ; si la parallaxe est au-dessus de la seconde limite, l'éclipse sera décidément totale : entre ces deux limites, l'éclipse sera annulaire ou totale, selon que la distance zénitale sera plus grande ou plus petite.
15′ 45″	56′ 45″	57′ 42″	57″	
15.50	57. 3	58. 1	58	
15.55	57.21	58.19	58	
16. 0	57.39	58 37	58	
16. 5	57.57	58.56	59	
16.10	56.15	59.14	59	
16.15	58.32	59.32	60	
16.20	58.49	59.51	62	

ÉCLIPSE GÉNÉRALE. Table Ière.

Tems de Paris.	D.☉	D'.☽	dÆ=(Æ'−Æ)	S	L	E=LS	ϖ−π	sin(ϖ−π)
7^h 0'	4°45'30"	4°35'36"	—1°40'15	95°34'26"	84°16'24"	1°40'25"	54°3'0	8.1965039
10	4.45.40	4.37.57	1.36.14				54. 2.9	8.1964927
20	4.45.49	4.40.18	1.32.14				54. 2.8	8.1964815
30	4.45.59	4.42.40	1.28.13	92. 4.53	87.47.49	1.27.59	54. 2.7	8.1964704
40	4.46. 8	4.45. 1	1.24.13	90.41.33	89.11.27	1.23.56	54. 2.6	8.1964592
50	4.46.18	4.47.22	1.20.12	89.10.46	90.42.32	1.19.56	54. 2.5	8.1964481
8. 0	4.46.28	4.49.44	1.16.10	87.29.36	92.25.20	1.15 57	54. 2.5	8.1964370
10	4.46.38	4.52. 5	1.12. 8	85.36. 1	94.17.55	1.12. 5	54. 2.4	8.1964259
20	4.46.47	4.54.26	1. 8. 8	83.30.53	96.23.43	1. 8.19	54. 2.3	8.1964147
30	4.46.57	4.56.48	1. 4. 8	81.10.39	98.43.55	1. 4.39	54. 2:2	8.1964035
40	4.47. 6	4.59. 9	1. 0. 6	78.34.58	101.19.54	1. 1. 5	54. 2.1	8.1963924
50	4.47.16	5. 1.30	0.56. 6	75.40.17	104.14.49	0.57.40	54. 2.0	8.1963812
9. 0	4.47.26	5. 3.52	0.52. 6	73.23.41	107.31.53	0.54.27	54. 2.0	8.1963700
10	4.47.35	5. 6.13	0.48. 5	68.42.39	111.13.13	0.51.25	54. 1.9	8.1963589
20	4.47.45	5. 8.34	0.44. 4	64.34.54	115.21.22	0.48.36	54. 1.8	8.1963477
30	4.47.55	5.10.56	0.40. 4	59.59. 1	119.57.11	0.46. 5	54. 1.7	8.1963365
40	4.48. 4	5.13.17	0.36. 3	54.52.50	125. 4. 2	0.43.53	54. 1.6	8.1963253
50	4.46.14	5.15.38	0.32. 3	49.20.12	130.36.38	0.42. 4	54. 1.5	8.1963142
0. 0	4.48 24	5.18. 0	0.28. 1	43.17.39	136.39.55	0.40.41	54. 1.5	8.1963033
10	4.48.33	5.20.21	0.24. 0	36.55. 1	143. 2.53	0.39.47	54. 1.4	8.1962918
20	4.48.43	5.22.42	0.20. 0	30.21. 5	149.37. 7	0.39.24	54. 1.3	8.1962807
30	4.48.53	5.25. 4	0.15.59	23.43.27	156.15. 9	0.39.33	54. 1.2	8.1962695
40	4.49. 2	5.27.25	0.11.57	17.12.13	162.46.13	0.40.13	54. 1.1	8.1962585
50	4.49.12	5.29.46	0. 7.36	11. 0.57	168.58.21	0.41.19	54. 1.0	8.1962472
1. 0	4.49.22	5.32. 8	—0. 3.55	5.12.30	174.47. 8	0.42.57	54. 1.0	8.1962361
10	4.49.31	5.34.29	+0. 0. 6	0. 7.37	179.52.23	0.45. 0	54. 0.9	8.1962249
20	4.49.41	5.56.50	0. 4. 8	4.59. 4	175. 0.34	0.47.22	54. 0.8	8.1962138
30	4.49.51	5.39.12	0. 8. 8	9.19. 2	170.40.14	0.50. 0	54. 0.7	8.1962027
40	4.50. 0	5.41.33	0.12. 9	13.12.12	166.46.42	0.52.56	54. 0.6	8.1961915
50	4.50.10	5.43.54	0.16.10	16.40.53	163.17.37	0.56. 6	54. 0.5	8.1961804
2. 0	4.50.20	5.46.16	0.20.11	19.44.52	160.13.16	0.59.26	54. 0.5	8.1961692
10	4.50.29	5.48.37	0.24.12	22.29.41	157.28. 5	1. 2.53	54. 0.4	8.1961580
20	4.50.39	5.50.58	0.28.13	24.56.48	155. 0.34	1. 6.33	54. 0.3	8.1961468
30	4.50.49	5.53.20	0.32.15	27. 9.13	152.47.45	1.10.18	54. 0.0	8.1961356
40	4.50.58	5.55.41	0.36.16	29. 7.23	150.49.13	1.14. 7	54. 0.1	8.1961244
50	4.51. 8	5.58. 2	0.40.17	30.54.34	149. 1.38	1.18. 0	54. 0.0	8.1961132
3. 0	4.51.18	5. 0.24	0.44.18	32.30.45	147.25. 7	1.21.59	54. 0.0	8.1961020
10	4.51.27	6. 2.45	0.48.19	33.57.53	144.57.31	1.26. 0	53.59.9	8.1960908
20	4.51.37	6. 5. 6	0.52.21				53.59.8	8.1960796

ÉCLIPSE GÉNÉR[...]

n° 2. CONTACT DANS LE VERTICAL.				n° 3. MAXIMUM DANS LE VERT[...]		
Heures de Paris.	Longitude.	Latitude.	Heure du lieu.	Longitude.	Latitude.	Heure du lieu.
7.40	14°46′ occid.	0° 10′ B	$-5^h 10′$	25° 11′ occ.	0° 41′ A	$- 0^h 1′$
7.50	3.11 occ.	2.43	—4.23	27.23 occ.	0.50 B	— 6. 0
8. 0	2.59 orient.	4.42	—3.48	29.55 occ.	2.30 B	— 6. 0
8.10	6.40 or.	6.26 B	—3.23	32.49 occ.	4.23	— 6. 1
8.20	10.44	7.58	—2.57	35.33 occ.	6.28	— 6. 2
8.30	13.53	9.19	—2.36	37.10 occ.	8.48	— 6. 3
8.40	15.57	10.22	—2.16	40.50 occ.	11.23	— 6. 3
8.50	17.59	11.26	—1.58	43.22 occ.	14.16	— 6. 4
9. 0	20 11	11.58	—1.39	46.16 occ.	17.34	— 6. 5
9.10	21.11 or.	12.25 B	—1.25	49.30 occ.	22.14	— 6. 6
9.20	22. 9	12.44	—1.11	51.54 occ.	25.21	— 6. 8
9.30	22.52	12.50	—0.58	54.50 occ.	29.56	— 6. 9
9.40	24.13	12.45	—0.47	57.52 occ.	35. 1	— 6.11
9.50	23. 6	12.36	—0.38	61. 2 occ.	40.32	— 6.14
10. 0	22.33	12.29	—0.30	65. 1 occ.	46.33	— 6.20
10.10	21.34	12.30	—0.24	68.25 occ.	54.53	— 6.24
10.20	20.23	12.46	—0.19	72.12 occ.	59.23	— 6.29
10.30	18.37	13.25	—0.16	77. 8 occ.	65.55	— 6.39
10.40	16.53 or.	14.35 B	—0.12	83.40 occ.	72.17	— 6.55
10.50	15.16	15.55	—0. 9	93.48 occ.	78.10	— 7.35
11. 0	13.46	17.51	—0. 5	108.42 occ.	83.12	— 8.15
11.10	12.32	20.10	0. 0	169.35 or.	85.34	+11.54
11.20	11.40	22.43	+0. 7	141.47 or.	83.18	+ 8.47
11.30	11.10	25.27	+0.15	123. 7 or.	79.59	+ 7.22
11.40	11. 8	28.25	+0.25	113.44 or.	76. 3	+ 7.15
11.50	11.36	31.32	+0.36	107.30 or.	72.43	+ 6.59
12. 0	12.38	34.45	+0.51	102.47 or.	69.43	+ 6.51
0.10	14.19	38. 2 B	+1. 7	98.46 or.	67. 2	+ 6.45
0.20	16.57	41.31	+1.28	95.12 or.	64.38	+ 6.41
0.30	20.59	44.51	+1.54	91.45 or.	62. 8	+ 6 57
0.40	26.14	48.35	+2.25	88.27 or.	60.30	+ 6.34
0.50	34.35	52. 7	+3. 8	85.15 or.	58.46	+ 6.31
1. 0	49.20 or.	55.29 B	+4.17	82.10 or.	57.12	+ 6.29

Les longitudes sont comptées du méridien de Paris. Les heures négatives sont de[...]
mière partie de la Table donne le minimum, et la seconde partie donne le maxin[...]
vertical du soleil. Les lieux correspondans de ces trois parties sont tous les trois da[...]
grand abaissement de la lune dans le vertical du soleil. Si le centre de la lune est[...]
même grand cercle, ont tous une éclipse plus ou moins grande, à mesure qu'ils sont[...]
le grand axe de la figure de l'ombre; les lieux marqués dans la quatrième et la cinq[...]

IPSE CENTRALE.		n°5. CONTACT A L'HORIZON.			n°6. CONTACT A L'HORIZON.		
Latitude.	Heure du lieu.	Longitude.	Latitude.	Heure du lieu.	Longitude.	Latitude.	Heure du lieu.
		24°57' occ.	5°21' B	$-6^h\ 4'$	24ʰ56' occ.	6°50' A	$-\ 6^h\ 0'$
		29.12 occ.	15.13	—6. 7	26.44 occ.	13.39	— 5.59
		32.14 occ.	21.48	—6. 9	28.52 occ.	16.49	— 5.55
		35.10 occ.	26.57	—6.11	31. 9 occ.	18. 9	— 5 54
		38.10 occ.	32.14	—6.13	33. 3 occ.	19.20	— 5.52
		40.59 occ.	35.26	—6.14	36. 1 occ.	17.53	— 5.51
		44. 2 occ.	40. 6	—6.16	38.29 occ.	17.22	— 5.54
		47.27 occ.	46.37	—6.20	40.55 occ.	17.20	— 5.54
		50.34 occ.	50.18	—6.22	43.33 occ.	15.14	— 5.54
21°42' B	$-5^h 49'$	54. 1 occ.	54.55	—6.26	46.14 occ.	12.32	— 5.55
24.55	—1.14	57.42 occ.	59.27	—6.31	49. 1 occ.	8.51	— 5.56
27.58	—3.38	61.54 occ.	64.15	—6.38	51.51 occ.	4.34 A	— 5.57
30.58	—3.23	66.58 occ.	69.18	—6.48	54.46 occ.	0.41 B	— 5.59
33.55	—3.11	73.56 occ.	74.33	—7. 6	57.41 occ.	6. 8	— 6. 1
36.57	—2.41	86.19 occ.	80. 1	—7.45	60 15 occ.	12.20	— 6. 3
40. 2	—2.21	120.44 occ.	84.46	—9.53	63.47 occ.	18 53	— 6. 5
43.12	—1. 1	165. 4 or.	84.10	+9.20	67.14 occ.	25.31	— 6. 9
46.29	—1.41	135.38 or.	78.47	+7.35	70. 7 occ.	32. 9	— 6.10
49.53	—1.20	124.13 or.	72.24	+6.57	73.23 occ.	38.24	— 6.14
53.21	—0.52	117.36 or.	66. 2	+6.40	76.44 occ.	44.15	— 6.17
57. 8	—0.32	112.32 or.	60.17	+6.30	80.17 occ.	49.58	— 6.21
61.15	—0. 1	108.55 or.	54.57	+6.26	83.59 occ.	55.13	— 6.26
65.40	+0.42	105.27 or.	50.18	+6.22	87.57 occ.	60.10	— 6.32
70.24	+1.46	102.18 or.	46.24	+6.18	91.28 occ.	64.48	— 6.40
75.20 B	+4. 9	99.20 or.	43.16	+6.17	97.14 occ.	69. 2	— 6.49
		96.32 or.	40.45	+6.14	103.47 occ.	73.36	— 7. 5
		93.53 or.	39. 8	+6.13	112.55 occ.	77.49	— 7.31
		91.20 or.	38. 9	+6.12	127. 6 occ.	81.42	— 8.22
		88.55 or.	37.49	+6.12	161.44 occ.	84.40	—10.27
		86.33 or.	38·15	+6.12	143.46 or.	84.16	+10. 5
		84.11 or.	38.53	+6.12	114.46 or.	81. 2	+ 8. 9
		82.20 or.	41.51	+6.14	97.38 or.	75. 9	+ 7.21
		80.42 or.	46.15	+6.17	88.14 or.	67.50 B	+ 6.53

...tées de midi ; c'est ce qu'il faut retrancher de 12ʰ pour avoir le tems civil. La pre-
...al ; la troisième donne le lieu qui voit l'éclipse centrale ; la lune est toujours dans le
...e terrestre. Par maximum il ne faut pas entendre un maximum absolu, mais le plus
...eil, l'éclipse est boréale ; elle est australe dans le cas contraire. Les lieux situés sur le
...point qui voit l'éclipse centrale. La distance entre le premier et le deuxième lieu, est
...tance, donnent la largeur de l'ombre.

TABLE DE LA LIMITE AUSTRALE DE L'ÉCLIPSE,
ou lieux qui verront, pour plus grande phase, un contact du bord inférieur de la Lune et du bord supérieur du Soleil.

Heure de Paris.	Angle de la ligne des centres avec l'orbite relative.	Distance vraie du centre de la Lune au zénit.	Latitude du Lieu.	Longitude comptée de l'île de Fer.	Heure du lieu.	ε ∓ σ	Plus grande phase.
8ʰ30′ M	9° 35′ 30″	73° 1′ 55″	16° 28′ A	0° 50′ or.	7ʰ 13′ 20″ M	8′ 39″	Contact.
40	10.30.13	60.37.53	13.19	10.46	8. 3. 5	11.18	1 doigt.
50	11.36.25	52. 0.20	10.17	16.40	8.36.40	13.58	2
9. 0	12.58.10	44 51.52	7.26	21. 4	9. 4.28	16.37	3
10	14.41.19	39.43. 7	4.59	23.14	9.22.58	10.17	4
20	16.55.12	32.52.37	2. 4 A	27. 9	9.48.38	21.56	5
30	19.57.33	27.32.27	0.32 B	31. 5	10.14.20	24.36	6
40	24. 7.18	22.42.36	3. 1	31.44	10.26.58	27.15	7
50	30 19. 5	18.12.17	5.28	33.41	10.44.44	29.55	8
10. 0	40.15. 5	14. 7.20	7.55 B	35.34	11. 2.15	32.34	9
10	55.37. 9	11. 0.50	10.12	37. 7	11.18.30	35.14	10
20	83.29.21	9. 7.57	12.48	39.16	11.37. 5	37.53	11 doigts.
30	68.11. 9	9.46.40	15. 7	41. 1	11.54. 3 M	38.13	Contact.
40	47. 6. 0	12.25.50	17.30	42.58	0.11.30 S	39.23	Centralité.
50	52.29 8	16.25.43	19.51	45. 2	0.30. 6 S	40.33	Contact.
11. 0	26.45.28	20.30.56	22. 9	47.19	0.49.16	43.12	11 doigts.
10	21.43. 5	25.15. 8	24 32	49.52	1. 9.28	45.52	10 doigts.
20	18.12.31	30.22. 4	26.53	52.50	1.31.19	48.31	9 doigts.
30	15.38.55	35.52.49	29.12	56.18	1.55.12	51.11	8 doigts.
40	13.43.55	41.48.59	31.29	60.24	2.21.37	53.50	7 doigts.
50 M	12.12.35	48.32. 6	33.43	65.32	2.52. 9	56.27	6 imposs.
0. 0	10.59.56	56.18.50	35.50	72.24	3.29.37		
10 S	10. 0. 3	66.24.31	37.55 B	82.27	4.19.45		
20	9.10. 2	....	....	....	....		

La limite boréale est dans les courbes de contact ou de commencement et de fin à l'horizon, car dans la partie boréale du globe, le contact, pour plus grande phase, est impossible, la petite phase étant presque de sept doigts, ainsi que le prouvent les deux dernières colonnes de la Table, où l'on trouve la valeur de ε — σ qui servirait à calculer toutes les phases.

Eclipses du Soleil pour un lieu particulier.

Nous avons suffisamment détaillé les moyens les plus propres à déterminer en général, les lieux de la terre où une éclipse sera visible : on
connaît par là quels sont les lieux où l'éclipse méritera d'être observée.
Pour se préparer à l'observation, on fait ensuite pour le lieu qu'on a
choisi, un calcul plus exact par les méthodes que nous allons indiquer.

Méthode du Nonagésime.

164. Pour le tems qui précède le milieu d'environ une demi-heure,
on calcule le lieu du soleil, celui de la lune, les mouvemens horaires,
les demi-diamètres et la parallaxe ; on fait les mêmes calculs pour une
heure après : ou bien on calcule seulement pour l'heure du milieu ;
ensuite avec les mouvemens horaires, en ayant égard aux équations du
second ordre qui croissent comme les carrés des tems, on déduit les
longitudes et les latitudes pour l'heure qui précède et celle qui suit
le milieu. On interpole, si l'on veut, pour avoir les longitudes vraies
et les latitudes de 10 en 10', pendant deux, trois ou quatre heures,
suivant qu'on le juge convenable.

165. Les calculs de deux heures suffisent à la rigueur sans l'interpolation.

On fait autant de colonnes verticales qu'on a déterminé de lieux du
soleil et de la lune : en tête, on met le tems moyen, on le convertit
en degrés ; à ces degrés on ajoute l'ascension droite moyenne du soleil,
laquelle est égale à la longitude moyenne du soleil, comptée de l'équinoxe apparent ; la somme est l'ascension droite du milieu du ciel, qu'on
appellera M. Soit T le tems moyen compté depuis midi, on aura

$$M = \mathcal{R}\odot + T\,(15°).$$

166. Avec M on calcule pour chaque colonne la longitude du nonagésime que nous désignerons par N, et on se sert de la formule

$$\tan N = \cos\omega\,\tan M + \frac{\sin\omega\,\tan H}{\cos M}\,,\ H \text{ étant la hauteur du pôle;}$$

$$\sin\text{ haut. nonagésime} = \sin h = \frac{\cos M \cos H}{\cos N}\ (XV.25).$$

Dans la zone torride, h peut passer $90°$; alors on fait

$$\cos h = \cos \omega \sin \mathrm{H} - \sin \omega \cos \mathrm{H} \sin \mathrm{M},$$

expression qui n'est sujette à aucune ambiguité.

167. Si l'on nomme p la différence des parallaxes horizontales, Π la parallaxe de longitude, π celle de latitude, Δ la distance vraie de la lune au pôle; on a

$$\sin \Pi = \frac{\sin p \sin h \sin (\mathbb{C} - \mathrm{N} + \Pi)}{\sin \Delta},$$

d'où l'on tire

$$\tan \Pi = \frac{\left(\dfrac{\sin p \sin h}{\sin \Delta}\right) \sin (\mathbb{C} - \mathrm{N})}{1 - \dfrac{\sin \mathrm{P} \sin h}{\sin \Delta} \cos (\mathbb{C} - \mathrm{N})},$$

ou enfin

$$\Pi = \left(\frac{\sin p \sin h}{\sin \Delta}\right) \frac{\sin (\mathbb{C} - \mathrm{N})}{\sin 1''} + \left(\frac{\sin p \sin h}{\sin \Delta}\right)^2 \frac{\sin 2 (\mathbb{C} - \mathrm{N})}{\sin 2''}$$

$$+ \left(\frac{\sin p \sin h}{\sin \Delta}\right)^3 \frac{\sin 3 (\mathbb{C} - \mathrm{N})}{\sin 3''} + \text{etc.}$$

Cette parallaxe s'ajoute à la longitude vraie de la lune, pour avoir la longitude apparente ; on prend la différence de cette longitude à celle du soleil, pour avoir la longitude ou la distance apparente de la lune au soleil sur l'écliptique. Remarquez que $\sin \Pi$ devient négatif avec $\sin (\mathbb{C} - \mathrm{N})$.

168. On a ainsi dans chaque colonne la distance de la lune à la conjonction apparente sur l'écliptique ; on en peut conclure par une simple règle de trois, l'instant et le lieu de la conjonction sur l'écliptique ; on aura égard aux secondes différences, si les intervalles ne sont pas rapprochés, ou si les secondes différences surpassent $1''$.

169. Calculez ensuite l'angle subsidiaire x par la formule

$$\tan x = \tan h \cos (\mathbb{C} - \mathrm{N} + \tfrac{1}{2} \Pi) \sec. \tfrac{1}{2} \Pi;$$

alors

$$\pi = \left(\frac{\sin \mathrm{P} \cos h}{\cos x}\right) \frac{\sin (\Delta - x)}{\sin 1''} + \left(\frac{\sin \mathrm{P} \cos h}{\cos x}\right)^2 \frac{\sin 2 (\Delta - x)}{\sin 2''}$$

$$+ \left(\frac{\sin \mathrm{P} \cos h}{\cos x}\right)^3 \frac{\sin 3 (\Delta - x)}{\sin 3''} + \text{etc.}$$

Si

· Si vous avez calculé la parallaxe π avec l'angle subsidiaire $(\Delta - x)$, ce qui est le plus commode, vous aurez

$$\delta' - \delta = \delta \sin \pi \cot (\Delta - x) - \tfrac{1}{2} \delta \sin^2 \pi \ (\text{XV. } 39).$$

170. Ces calculs exécutés, ne voulez-vous que vous préparer à l'observation de l'éclipse ? Tracez une droite AG (fig. 86) qui représente l'écliptique ; placez-y arbitrairement le point S qui sera le centre du soleil ; de part et d'autre du point S, prenez SA, SB, SC, SE, SF, SG, différences apparentes de longitude entre la lune et le soleil ; perpendiculairement à l'écliptique, menez les cercles de latitude HA, IB, etc. ; marquez-y les latitudes apparentes, et menez une courbe par tous ces points, elle différera très-peu d'une ligne droite.

Du rayon SL, somme des demi-diamètres, marquez les points L et V du commencement et de la fin.

171. Cette construction donne le moyen de déterminer par une opération graphique une éclipse de soleil pour un lieu particulier, de la même manière qu'une éclipse de lune. On peut y trouver, à moins d'une minute près, les momens du commencement et de la fin, le milieu et la grandeur de l'éclipse. On peut aussi reconnaître la situation de la ligne des cornes par rapport à l'horizon, et particulièrement la position du point où la lune doit entamer le disque du soleil, connaissance indispensable pour bien saisir l'instant véritable du commencement, qu'on apperçoit presque toujours trop tard.

172. On a sur la figure le cercle de latitude Sa (fig. 86) ; en calculant l'angle de position, on peut placer le cercle de déclinaison SP qui se dirige au pôle du monde.

173. Connaissant l'heure où l'éclipse doit commencer, on peut calculer l'angle PSZ du vertical avec le cercle de déclinaison ; on connaît PSL, on en retranche PSZ, le reste ZSL $= ui$. On sait donc à quelle distance du point u le plus élevé du disque solaire on doit attendre la lune en i, et l'on dirige son attention sur ce point. Mais malgré cette précaution indispensable, il est bien difficile de répondre de $1''$ ou $2''$ de tems sur le commencement de l'éclipse.

174. On peut, il est vrai, commettre une erreur à peu près pareille

sur l'instant de la fin, mais on est mieux préparé ; on voit l'échancrure diminuer par degrés, et l'on est plus à portée d'estimer le moment où le disque a recouvré sa courbure parfaitement circulaire.

175. Si l'erreur était égale de part et d'autre, l'instant du milieu ne serait pas changé ; il en résulterait seulement qu'on ferait la durée trop courte de deux secondes, par exemple, en supposant qu'on eût vu le commencement trop tard de $1''$, et la fin trop tôt, de la même quantité ; mais le desir de ne pas marquer la fin trop tôt peut abuser l'observateur et le porter à la retarder de $1''$, ensorte qu'il n'est pas impossible que le commencement et la fin aient deux erreurs contraires, et que le milieu soit retardé de la demi-somme des deux erreurs.

176. Vers le milieu de l'éclipse on s'attache à mesurer la distance des deux cornes, soit avec le micromètre à fil, soit avec le micromètre objectif (VII. 52 et 73).

Immédiatement avant ou après l'éclipse, on mesure de la même manière le diamètre du soleil ; on a donc le rapport de la ligne des cornes au diamètre entier ; ce rapport est le même que celui de $\sin \frac{1}{2} ab$ au rayon la largeur de la partie éclipsée (fig. 87) sera

$$cd = 2Sa \sin^2 \tfrac{1}{2} aSL + 2La \sin^2 \tfrac{1}{2} aLS = 2\delta \sin^2 \tfrac{1}{2} aSL + 2d \sin^2 \tfrac{1}{2} aLS,$$

et la plus courte distance

$$SL = \delta \cos aSL + d \cos aLS = (\lambda - \pi) \cos I,$$

on aura donc

$$\lambda = \frac{\delta \cos aSL + d \cos aLS}{\cos I} + \pi ;$$

on connaît par le calcul la parallaxe π de latitude et l'inclinaison apparente I de l'orbite relative. La formule est

$$\tan I = \frac{\text{mouvement apparent en latitude}}{\text{mouvement apparent relatif en longitude}} ;$$

I sera toujours suffisamment bien connu ; d'ailleurs on n'emploie que le cosinus, qui varie peu, pour une erreur de quelques secondes sur I.

On aura donc la latitude en conjonction, et la correction des tables avec toute la précision de l'observation même; mais il faut avouer que l'observation n'est jamais de la dernière exactitude, quoiqu'on ait une ou deux minutes pour la faire et la répéter.

Les réfractions n'influent en rien sur les contacts. En effet, au moment du contact, la réfraction est la même pour les points de la lune et du soleil qui se touchent; avant le contact, la distance des bords peut être considérée comme un diamètre incliné d'une petite planète. Or nous avons vu que l'accourcissement du diamètre incliné ou d'une dis-

tance quelconque δ est $2\delta \, \mathrm{tang}^2 \tfrac{1}{2} \mathrm{I} \sin^2 a = \delta \cdot \dfrac{\left(\dfrac{dQ}{dN}\right) \sin^2 a}{1 - \tfrac{3}{2}\left(\dfrac{dQ}{dN}\right)}$, et par consé-

quent toujours une petite fraction de la distance δ. (XIII. 63.)

177. Avant l'invention des micromètres, pour observer les éclipses de soleil, on recevait l'image dans une lunette qui traversait le volet d'une chambre obscure; les rayons solaires qui sortaient de l'oculaire un peu divergens, formaient un cône lumineux dont l'axe était le prolongement de l'axe optique de la lunette; en plaçant un carton perpendiculairement à cet axe, on avait une image du soleil, sur laquelle on discernait les taches et la pointe des cornes pendant l'éclipse; on traçait sur le carton des cercles concentriques de diverses grandeurs, et en approchant ou en éloignant le carton, on parvenait à renfermer l'image solaire dans un cercle; il suffisait alors de marquer d'un trait chacune des cornes. Pour savoir comment on observait avant l'invention des lunettes, voyez Képler, *Paralipomena ad Vitellionem*; l'*Astronomicum Cæsareum* d'Apian, ou la Connaissance des Tems de 1812, page 342.

178. La méthode graphique qui vient d'être exposée est la meilleure de toutes pour se préparer à l'observation, parce qu'elle donne une image sensible des phénomènes; mais si l'on ne borne pas ses vues à l'observation, et qu'on veuille encore tirer des conséquences des observations faites en divers lieux, il faut continuer les calculs rigoureux et l'on peut se dispenser de l'opération graphique. Et d'abord, pour suppléer à la construction qui nous a donné, sur le disque solaire, le point du commencement de l'éclipse, cherchons pour un point quelconque S de l'écliptique, l'angle que fait ce cercle avec le vertical.

179. **Nous** avons trouvé (XVIII. 47) la formule

$$\frac{\cos M \sin \odot - \sin M \cos \odot \cos \omega - \cos \odot \sin \omega \, \tang H}{\cos \omega \, \tang H - \sin \omega \sin M} = \cot ZSA = \cot S \text{ (fig. 88)};$$

faisons ensuite $\tang x = \dfrac{l}{E} = \dfrac{\text{latitude au commencement de l'éclipse}}{\text{differ. apparente de long. au commencem.}}$; alors $ZSA - x$ sera l'angle de la distance des centres avec le vertical.

La distance ZS se trouverait (fig. 87) par la formule

$$\cot ZS = \tang SH = \cos S \, \tang SC = \cos S \, \tang (AC - AS)$$
$$= \cos S \, \tang (90° + N - \odot) = \cos S \cot (\odot - N)$$

$$\tang SZ = \left(\frac{1 + \tang \odot \, \tang N}{\tang \odot - \tang N}\right) = \frac{\cos S \left(1 + \cos \omega \, \tang M \tang \odot + \dfrac{\sin \omega \, \tang H \, \tang \odot}{\cos M}\right)}{\tang \odot - \cos \omega \, \tang M - \dfrac{\sin \omega \, \tang H}{\cos M}}$$

$$= \cos S \; \tang \odot \left(\frac{\cos M \cot \odot + \cos \omega \sin M + \sin \omega \, \tang H}{\cos M \, \tang \odot - \cos \omega \sin M - \sin \omega \, \tang H}\right),$$

ou (XVIII. 49)

$$\cos ZS = (\cos H \cos \omega \sin M + \sin H \sin \omega) \sin \odot + \cos H \cos M \cos \odot.$$

180. Au moyen des longitudes et des latitudes calculées pour cinq ou six instants, nous aurons l'orbite relative, dont la courbure sera presque insensible; dans tous les cas, la corde CF (fig. 89), avec les deux distances, formeront un triangle rectiligne; mais à cause de l'augmentation du diamètre de la lune, CS et FS ne seraient pas égaux. Du moins nous connaissons AB, le mouvement relatif pendant la demi-durée; nous connaissons l'excès de BF sur CA , et $\dfrac{bF}{AB} = \tang I$; enfin $CF = \dfrac{AB}{\cos I \cos AC}$; puis $CF : SF + SC :: SF - SC : MF - MC.$

181. Nous aurons les segmens de la base CF et les angles, la perpendiculaire SM; car, $\cos F = \dfrac{MF}{SF}$, $\cos C = \dfrac{MC}{SC}$, $SM = CS \sin C = SF \sin F$; $CSA = bCS = FCS - bCF = C - I$; $AS = CS \cos CSA$; nous pourrons, sans supposer l'inclinaison constante, trouver AS et SB, ou les différences apparentes de longitude du commencement et de la fin;

car $\overline{SC}^2 = \overline{SA}^2 + \overline{AC}^2 = (Sa + x)^2 + (ab - y)^2$; nous ne connaissons que Sa et ab, différence de longitude et latitude apparente ; nous avons donc deux inconnues, x et y; mais nous connaissons le rapport de x à y.

Soit donc $y = nx$, on aura

$$\overline{SC}^2 = \overline{Sa}^2 + \overline{ab}^2 + 2xSa - 2nxab + x^2 + n^2x^2,$$

ou

$$x^2(1 + n^2) + 2x(Sa - nab) = \overline{SC}^2 - \overline{Sa}^2 - \overline{ab}^2,$$

ou bien

$$x^2(1 + n^2) + 2x(e - nl) = d^2 - e^2 - l^2,$$

d'où l'on tire

$$x^2 + \frac{2(e - nl)}{1 + n^2} x = \frac{d^2 - e^2 - l^2}{1 + n^2},$$

et par conséquent

$$x = -\left(\frac{e - nl}{1 + n^2}\right) \pm \sqrt{\left[\frac{(e - nl)^2 + (1 + n^2)(d^2 - e^2 - l^2)}{(1 + n^2)^2}\right]}$$

$$= -\frac{e - nl}{1 + n^2} \pm \frac{\sqrt{[(n^2 + 1)d^2 - (ne + l)^2]}}{1 + n^2}.$$

Le signe $+$ aura lieu si $SC < SF$; le signe $-$, dans le cas contraire.

Il est aisé de voir que n est la tangente de l'inclinaison de l'orbite apparente, pour le moment de l'observation où $n = \tang I$; donc $1 + n^2 = \séc^2 I$; ainsi notre formule sera

$$x = -(e - l\,\tang I)\cos^2 I \pm \cos^2 I \sqrt{[\séc^2 I\, d^2 - (l + e\,\tang I)^2]}.$$

Supposons $\dfrac{l + e\,\tang I}{d\,\séc I} = \sin z$, ou $\dfrac{e\sin I + l\cos I}{d} = \sin z$, nous aurons

$$x = -(e - l\,\tang I)\cos^2 I \pm d\cos I\,\cos z.$$

Pour que la valeur de x soit réelle, il faut que $d > e\sin I + l\cos I$.

On n'aura jamais de doute sur le double signe. En tout cas, il serait aisé de voir si $e^2 + l^2$ est plus petit ou plus grand que d^2.

182. Le tems de x se trouvera parfaitement par le mouvement en longitude entre les deux calculs les plus voisins de C.

On ferait un calcul semblable pour la fin; car on a

$$\overline{SF}^2 = \overline{SB}^2 + \overline{BF}^2 = (SB' - x)^2 + (l - x\,\mathrm{tang}\,I)^2,$$

ou

$$d^2 = (e-x)^2 + (l-x\,\mathrm{tang}\,l)^2 = e^2 + l^2 - 2(e+l\,\mathrm{tang}\,l)x + (1+\mathrm{tang}\,I^2)x^2,$$

ou

$$\frac{x^2}{\cos^2 I} - 2(e + l\,\mathrm{tang}\,I)x = d^2 - e^2 - l^2,$$

ou

$$x^2 - 2(e + l\,\mathrm{tang}\,I)\cos^2 I\,x = \cos^2 I(d^2 - e^2 - l^2),$$

et par conséquent

$$x = (e + l\,\mathrm{tang}\,I)\cos^2 I \pm \cos^2 I \sqrt{[(e-l\,\mathrm{tang}\,I)^2 + (d^2 - e^2 - l^2)(1 + \mathrm{tang}^2 I)]}$$
$$= (e + l\,\mathrm{tang}\,I)\cos^2 I \pm \cos^2 I \sqrt{[d^2\,\mathrm{séc}^2\,I - (l - e\,\mathrm{tang}\,I)^2]},$$

et en faisant $\dfrac{l\cos I - e\sin I}{d} = \sin z$, on aura

$$x = + (e + l\,\mathrm{tang}\,I) \pm d\cos I \cos z.$$

183. Ce que nous avons fait par les longitudes et les latitudes, on peut le trouver de même par les ascensions droites et les déclinaisons aprentes. Les formules de parallaxes sont les mêmes, excepté qu'au lieu de la distance de la lune au nonagésime, il faut employer les distances au méridien ou les angles horaires; mais les formules de parallaxes sont souvent moins convergentes; parce que la déclinaison peut aller à 28°, au lieu que la latitude n'est guère que de 5°. Je préfère les longitudes et le nonagésime. Il est vrai que le calcul du nonagésime, à ne considérer que les formules, serait aussi long que celui de l'ascension droite et de la déclinaison; mais on n'a pas besoin de mettre beaucoup d'exactitude au nonagésime ni à la hauteur, qui ne sont que des angles subsidiaires sur lesquels on peut, sans le moindre inconvénient, se tromper de quelques secondes, au lieu qu'il faut avoir les ascensions droites et les déclinaisons exactes au dixième de seconde, ce qui rend les calculs beaucoup plus pénibles et plus sujets à erreur.

184. On peut trouver encore la même chose par les différences d'azimuts et des hauteurs; mais le calcul serait plus incommode, sans avoir peut-être la même précision. Cette méthode n'est point usitée. M. Lalande l'a simplifiée comme on va voir.

185. Il calcule d'abord la hauteur du soleil, ce qui suppose la déclinaison et l'ascension droite ; il calcule ensuite l'angle parallactique ZSP (fig. 90), ou l'angle du vertical avec le cercle de déclinaison ; l'angle de position entre le cercle de déclinaison SP et le cercle de latitude SE.

Si de ZPS on retranche l'angle PSA, il restera ASZ ; mais tous ces arcs et ces angles peuvent se combiner de bien des manières différentes. M. Lalande donne des règles détaillées pour trouver dans tous les cas LSZ. Ces règles sont longues à lire et embarrassantes à pratiquer ; il vaut mieux faire la figure à mesure que le calcul avance, et donner à chaque quantité son signe algébrique, mais alors même on a besoin d'une attention dont on est dispensé dans les autres méthodes.

186. Soit L (fig. 90) la lune, LA perpendiculaire sur le cercle de latitude SE ; $LA = (\odot - \mathbb{C})\sin\Delta$; $\odot$ et $\mathbb{C}$ désignant les longitudes apparentes sur l'écliptique, et Δ la distance au pôle de l'écliptique,

$$\text{tang}\,EA = \text{tang}\,\Delta\cos(\odot - \mathbb{C}) ; \quad \text{tang}\,LSA = \frac{\text{tang}\,LA}{\sin SA} ; \quad SL = \frac{\cos LSA}{SA} ;$$

$$\text{tang}\,SP = \cos\odot\,\text{tang}\,\omega ;$$

EP sera à l'orient de SE si $\cos\odot$ est positif.

Calculez ensuite ZSP, et vous aurez

$$ZLS = PSL - ZSP = LSA + ESP - ZSP ; \quad SC = SL\cos ZSL ;$$

$$LC = SL\sin ZSL ; \quad ZC = ZS - SC ;$$

avec ZC calculez la parallaxe CB, vous aurez ZB ; menez la perpendiculaire BV telle que $BV = \frac{LC\sin ZB}{\sin ZC}$, le point V sera dans le vertical ZLV,

$$ZB - ZS = SB ; \quad \overline{SB}^2 + \overline{VB}^2 = \overline{SV}^2.$$

On a donc la distance apparente.

187. Cette méthode suppose que la lune doit se trouver portée par la parallaxe de L en V bien précisément ; voyons quelle peut être l'erreur de cette supposition. D'abord il est certain que la lune sera dans le vertical ZV quelque part en un point V' ; cherchons ce point, ou l'arc ZV',

$$\tan ZB = \tan(ZC + CB) = \frac{\sin ZC}{\cos..C - \sin \varpi} \quad (XV.\ 11),$$

$$\tan ZV' = \frac{\sin ZL}{\cos ZL - \sin \varpi} \quad (XV.\ 11),$$

$$\tan ZV = \frac{\tan ZB}{\cos Z} \quad (X.\ 29) = \frac{\sin ZC}{\cos Z\,(\cos ZC - \sin \varpi)};$$

donc

$$\tan ZV' - \tan ZV = \frac{\sin ZL}{\cos ZL - \sin \varpi} - \frac{\sin ZC}{\cos Z\,(\cos ZC - \sin \varpi)},$$

$$\frac{\sin(ZV' - ZV)}{\cos ZV' \cos ZV} = \frac{\sin ZL \cos ZC \cos Z - \sin \varpi \sin ZL \cos Z - \sin ZC \cos ZL + \sin \varpi \sin ZC}{\cos Z\,(\cos ZC - \sin \varpi)(\cos ZL - \sin \varpi)}$$

$$= \frac{\sin \varpi \sin ZC - \sin \varpi \sin ZL \cos Z + \sin ZL \cos ZC \cos Z - \sin ZC \cos ZL}{\cos Z\,(\cos ZC - \sin \varpi)(\cos ZL - \sin \varpi)}$$

$$= \frac{\sin \varpi \sin ZC - \sin \varpi \sin ZL \tan ZC \cot ZL + \sin ZL \cos ZC \tan ZC \cot ZL - \sin ZC \cos ZL}{\cos Z\,(\cos ZC - \sin \varpi)(\cos ZL - \sin \varpi)}$$

$$= \frac{\sin \varpi \sin ZC - \sin \varpi \tan ZC \cos ZL + \sin ZC \cos ZL - \sin ZC \cos ZL}{\cos Z\,(\cos ZC - \sin \varpi)(\cos ZL - \sin \varpi)}$$

$$= \frac{\sin \varpi \sin ZC - \sin \varpi \tan ZC \cos ZL}{\cos Z\,(\cos ZC - \sin \varpi)(\cos ZL - \sin \varpi)}$$

$$= \frac{\sin \varpi \sin ZC - \sin \varpi \tan ZC \cos ZC \cos LC}{\cos Z\,(\cos ZC - \sin \varpi)(\cos ZL - \sin \varpi)}$$

$$= \frac{\sin \varpi \sin ZC - \sin \varpi \sin ZC \cos LC}{\cos Z\,(\cos ZC - \sin \varpi)(\cos ZC \cos LC - \sin \varpi)};$$

$$\sin(ZV' - ZV) = \frac{2\sin \varpi \sin^2 \tfrac{1}{2} LC \sin ZC \cos ZV' \cos ZV}{\cos Z\,(\cos ZC - \sin \varpi)(\cos ZC \cos LC - \sin \varpi)}$$

$$= \frac{2\sin \varpi \sin^2 \tfrac{1}{2} LC \sin ZC \cos^2 ZB \cos^2 BV}{\cos Z\,(\cos ZC - \sin \varpi)(\cos ZC \cos LC - \sin \varpi)}$$

$$= \frac{2\sin \varpi \sin^2 \tfrac{1}{2} LC \tan ZC \cos^2 ZB \cos^2 BV}{\cos Z \cos ZC}.$$

Tout est nécessairement positif dans cette expression ; ainsi ZV' est plus grand que ZV : Lalande plaçait donc la lune un peu trop haut dans le vertical ZV ; mais l'erreur était vraiment insensible, car en supposant $\varpi = 61'$ et $LC = 32'$, ce qui est le *maximum* ;

$$2\sin \varpi \sin^2 \tfrac{1}{2} LC \cos^2 BV = 0'',15855 ;$$

l'erreur sera moindre encore sur la distance apparente SV'.

188. Lalande n'avait pas exposé sa méthode d'une manière aussi rigoureuse ; mais c'est à cela que se réduisent ses opérations dans lesquelles il confondait ZC et ZL, ZB et ZV ; on voyait bien que l'erreur ne

ne devait pas être considérable, mais on n'avait aucun moyen de l'apprécier, et il n'en fallait pas davantage pour faire rejeter une méthode que son auteur cependant prisait beaucoup, et dont il a fait un long et heureux usage. L'objection véritable qu'on pouvait lui faire, c'est la multiplicité de petites attentions qu'elle exige, car d'ailleurs tous les calculs y sont de la plus grande facilité.

Si de V l'on abaisse une perpendiculaire sur le cercle de latitude, on en déduira facilement la différence apparente de longitude et de latitude, et enfin l'angle ZLV qui sera l'angle de la distance apparente avec le vertical du soleil.

189. Mais voici une méthode plus rigoureuse et toute nouvelle, qui n'exige pas ces attentions minutieuses, et qui emploie quatre logarithmes de moins. Je la fonde sur les parallaxes rapportées directement au centre du soleil, c'est-à-dire sur les parallaxes de distance.

Supposons que l'on connaisse la distance polaire SP du soleil, la distance vraie des centres SL avec l'angle PSL. Dans le triangle ZPS on calculera le segment $PQ = y$ par la formule

$$\tan y = \cos P \tan PZ = \cos P \cot H.$$

Soit $\Delta = PS$,

$$\tan PSZ = \tan a = \frac{\tan P \sin y}{\sin(\Delta - y)},$$

$$\cos ZS = \cos N = \frac{\sin PZ \cos(\Delta - y)}{\cos y} = \frac{\cos H \cos(\Delta - y)}{\cos y}$$

$$ZSL = PSL - a = S'.$$

Par ce moyen, nous aurons les trois données ZS, SL et ZSL que Lalande se procurait par d'autres considérations.

Soit LV la parallaxe de hauteur; LSV se calculera par la formule de parallaxe en ascension droite; il suffira d'y mettre SZ au lieu de PZ, et ZSL au lieu de ZPS (XV. 23), c'est-à-dire $\sin N$ au lieu de $\cos H$ et S' au lieu de P; nous aurons ainsi :

$$\tan LSV = \tan \Pi = \frac{\left(\dfrac{\sin \varpi \sin N}{\sin E}\right) \sin S'}{1 - \left(\dfrac{\sin \varpi \sin N}{\sin E}\right) \cos S'}, \quad E \text{ est la distance vraie SL.}$$

Alors $ZSV = ZSL + LSV = S' + \Pi = S''$, et nous pourrons cal-

2.

53

culer la distance apparente SV par la formule (XV. 15) qui deviendra

$$\cot SV = \cot(E+\pi) = \frac{\sin S''}{\sin S'}\left(\cot E - \frac{\sin\varpi\sin N}{\sin E}\right) = \frac{\sin S''}{\sin S'}(\cot E - \cot\omega)$$
$$= \frac{\sin S''}{\sin S'}\left(\frac{\sin(\omega - E)}{\sin E\,\sin\omega}\right),$$

Soit donc $\qquad \dfrac{\sin\varpi\sin N}{\sin E} = \cot\omega = \tang u,$

$$\cot(E+\pi) = \frac{\sin S''\sin(90° - u - E)}{\sin S'\sin E\cos u} = \frac{\sin S''\cos(u+E)}{\sin E\sin S'\cos u},$$

ou $\qquad \tang(E+\pi) = \dfrac{\sin E\sin S'\cos u}{\sin S''\cos(u+E)}.$

Cette méthode est la seule jusqu'ici qui donne directement la distance apparente par la simple trigonométrie. Elle a encore cet avantage, qu'elle fait connaître l'angle ZSV du vertical avec la distance des centres, et que $N = ZS$ suffit pour donner l'augmentation du demi-diamètre. Dans tous les cas, $[N - (E+\pi)\cos S'']$ serait assez exactement la distance apparente de la lune au zénit, et l'on aurait l'augmentation avec la plus grande exactitude.

190. On peut choisir entre toutes ces méthodes ; mais presque tous les astronomes, après de nombreux essais des méthodes connues, en sont revenus à la méthode du nonagésime, comme la plus uniforme et la plus simple ; ils diffèrent entre eux seulement par la manière de calculer le nonagésime et les parallaxes.

191. Pour le nonagésime, le choix des formules est presque indifférent : d'ailleurs on a fait pour Paris, Greenwich et divers observatoires, des tables qui donnent le nonagésime et sa hauteur avec toute l'exactitude suffisante, ce qui est encore un avantage particulier à cette méthode, et c'est la seule pour laquelle on puisse calculer des tables subsidiaires.

192. Quand la lune éclipse une étoile, ce qui arrive tous les mois, les calculs sont tous pareils, surtout dans la méthode du nonagésime ; mais alors la différence de longitude, comptée sur l'écliptique, doit se rapporter au parallèle de l'étoile, pour en déduire la distance des centres qui est l'hypoténuse d'un triangle, dont la différence des longitudes et la différence des latitudes sont les côtés. Le mouvement relatif est égal au mouvement absolu, parce que l'étoile est vraiment immobile ;

elle n'a d'ailleurs aucune parallaxe, et $(\varpi - \pi)$ se réduit à ϖ; la réduction au parallèle de l'étoile s'opère en multipliant le mouvement sur l'écliptique par le sinus de la distance polaire, ou le cosinus de la latitude, ou d'une manière encore plus exacte, en résolvant le triangle sphérique entre la lune, l'étoile et le pôle de l'écliptique.

193. Nous avons expliqué tous les calculs qui préparent à bien faire l'observation; nous avons même déjà donné le moyen de trouver l'erreur des tables en latitude, d'après la mesure de la plus grande quantité de l'éclipse. Voyons maintenant ce qu'on peut tirer de l'observation complète,

Soit E (fig. 91) le pôle de l'écliptique, S l'astre éclipsé, L et V les lieux apparens du centre de la lune. Nous savons que LS et VS sont les demi-sommes des diamètres apparens pour les instans des observations; que LEV est le mouvement relatif apparent dans l'intervalle, enfin EV et EL les distances polaires affectées de la parallaxe. Menons l'arc LV, nous aurons

$$\cos LV = \cos E \sin EL \sin EV + \cos EL \cos EV,$$

ou

$$\cos C = \cos E \sin \Delta \sin \Delta' + \cos \Delta \cos \Delta' = \cos(\Delta - \Delta') - 2\sin^2 \tfrac{1}{2}E \sin \Delta \sin \Delta',$$

d'où

$$dC = \frac{dE \sin E \sin \Delta \sin \Delta'}{\sin C} + \frac{d\Delta . 2\sin^2 \tfrac{1}{2}E \cos \Delta' \sin \Delta}{\sin C} + \frac{d\Delta' . 2\sin^2 \tfrac{1}{2}E \cos \Delta' \sin \Delta}{\sin C}$$
$$+ \frac{d(\Delta' - \Delta) \sin(\Delta' - \Delta)}{\sin C};$$

$$E = (\mathbb{C}' - \mathbb{C} + \odot' - \odot + \Pi' - \Pi);$$
$$dE = d\mathbb{C}' - d\mathbb{C} + d\odot' - d\odot + d\Pi' - d\Pi = a'd\varpi - ad\varpi = (a' - a)d\varpi;$$

car l'erreur des tables ne pouvant changer en quelques heures, il n'y aura d'erreur que celle de la parallaxe horizontale qui aura pour facteur la différence $(a' - a)$ de deux quantités bien connues, et souvent presque égales. Je fais $a = \frac{\Pi}{\varpi}$; $b = \frac{\pi}{\varpi}$; $a' = \frac{\Pi'}{\varpi}$; $b' = \frac{\pi'}{\varpi}$.

$d\Delta$ se compose de l'erreur de la distance polaire et de l'erreur $bd\varpi$ de la parallaxe; les deux termes suivans seront donc

$$\frac{(d\Delta + bd\varpi) . 2\sin^2 \tfrac{1}{2}E \cos \Delta \sin \Delta' + (d\Delta' + b'd\varpi) . 2\sin^2 \tfrac{1}{2}E \cos \Delta' \sin \Delta}{\sin C},$$

$d\Delta = d\Delta'$; ainsi nos deux termes deviendront

$$\frac{2d\Delta \sin^2 \tfrac{1}{2} E (\cos \Delta \sin \Delta' + \cos \Delta' \sin \Delta)}{\sin C} + \frac{2d\varpi \sin^2 \tfrac{1}{2} E (b \cos \Delta \sin \Delta' + b' \sin \Delta \cos \Delta')}{\sin C}$$

$$= \frac{2d\Delta \sin^2 \tfrac{1}{2} E \sin (\Delta' + \Delta)}{\sin C} + \frac{(b' + b) d\pi \sin^2 \tfrac{1}{2} E \sin (\Delta' + \Delta)}{\sin C},$$

enfin le dernier terme sera

$$\frac{(d\Delta' - d\Delta + b' d\varpi - b d\varpi) \sin (\Delta' - \Delta)}{\sin C} = \frac{(b' - b) d\varpi \sin (\Delta' - \Delta)}{\sin C},$$

et

$$dC = \frac{(a' - a) d\varpi \sin E \sin \Delta \sin \Delta'}{\sin C} + \frac{(2d\Delta + (b' + b') d\pi) \sin (\Delta' + \Delta)}{\sin C}$$
$$+ \frac{(b' - b) d\varpi \sin (\Delta' - \Delta)}{\sin C}.$$

194. $(a' - a) d\varpi$, $(b' - b) d\varpi$ sont insensibles; il n'y a que $2d\Delta + (b + b') d\varpi$ qui puisse être de quelque valeur dans les éclipses d'étoiles, parce que $\sin (\Delta' + \Delta)$ peut être beaucoup plus grande que $\sin C$; mais dans les éclipses de soleil, $\sin (\Delta' + \Delta)$ diffère peu de o. En tout cas, on en serait quitte pour recommencer le calcul, quand on aurait une valeur approchée de $d\Delta$. On aura donc $C = LV$ avec toute l'exactitude nécessaire; on aura les trois côtés du triangle LSV, les trois angles et la perpendiculaire, ou la plus courte distance $s = \lambda \cos I$, et la latitude en conjonction sera

$$\lambda = \frac{s}{\cos I} = \frac{\text{plus courte distance}}{\cos I}, \quad \text{et} \quad \tan I = \frac{d.\lambda}{d\mathbb{C} - d\odot}.$$

Nous connaîtrons la latitude apparente en conjonction; nous calculerons la parallaxe π, et $\lambda + \pi$ sera la latitude vraie; nous aurons l'erreur des tables en latitude, en supposant les diamètres bien connus.

Nous aurons les segmens mL, mV : or LV est à la durée de l'éclipse comme Lm est au tems de Lm :: mV : tems de mV. Nous aurons donc deux manières de conclure le tems de la conjonction apparente et le lieu apparent de la conjonction.

195. La parallaxe de longitude, calculée pour la conjonction apparente, donnera la distance à la conjonction vraie, en arc de l'écliptique : cet arc converti en tems, à raison du mouvement horaire vrai relatif en longitude, donnera la différence en tems entre la conjonction apparente et la conjonction vraie, et par conséquent le tems de cette dernière.

La distance à la conjonction vraie, tirée de l'observation comparée à la distance tirée des tables, donnera l'erreur des tables du soleil et de la lune en longitude; et si l'on suppose les tables du soleil exactes, on aura l'erreur des tables de la lune en longitude.

Ainsi nous pouvons corriger deux élémens essentiels des tables, même sans employer la quantité mesurée de la plus grande éclipse.

196. Nous pouvons trouver les corrections par une méthode plus générale.

A l'instant du commencement ou de la fin, nous sommes sûrs que la distance apparente des centres est égale à la demi-somme des diamètres apparens.

Calculons par les tables cette distance apparente, nous aurons $E^2 + l^2$ pour le carré de cette distance; E étant la différence apparente de longitude, et l la latitude apparente.

Soit σ la demi-somme des diamètres calculés, nous devrions trouver $E^2 + l^2 = \sigma^2$: mais par les erreurs des tables, nous aurons

$$E^2 + l^2 = \sigma^2 + m.$$

Quand nous aurons corrigé les tables et les demi-diamètres qu'elles donnent, nous aurons l'équation

$$E^2 + 2EdE + l^2 + 2ldl = \sigma^2 + 2\sigma d\sigma.$$

De cette équation, retranchons la précédente, il restera

$$2EdE + 2ldl - 2\sigma d\sigma + m = 0 :$$

Soient S et L les longitudes du soleil et de la lune,

$$E = (L - S + \Pi) = L - S + a\varpi ; \text{ donc } dE = dL - dS + ad\varpi ;$$
$$l = (\lambda - \pi) = \lambda - b\varpi ; \text{ donc } dl = d\lambda - bd\varpi ;$$

en conséquence notre équation sera

$$\left. \begin{array}{l} 2(L - S + \Pi)(dL - dS) + 2(L - S + \Pi)ad\varpi \\ + 2ld\lambda - 2lbd\varpi - 2\sigma d\sigma + m \end{array} \right\} = 0 \quad (A).$$

Nous avons supposé $(L + \varpi > S)$, ce qui aura lieu à la fin de l'éclipse: pour le commencement, $(L - S + \varpi)$ serait une quantité négative; mais on a généralement

$$\left. \begin{array}{l} 2(L - S + \Pi)(dL - dS) + 2(\lambda - \pi)d\lambda \\ + 2d\varpi[(L - S +)a - lb] - 2\sigma d\sigma + 2d\varpi + m \end{array} \right\} = 0.$$

Cette équation renferme six inconnues, mais on n'en peut déterminer que quatre, car dL et dS ont le même coefficient; il en est de même de $d\sigma = d(\frac{1}{2} \text{ diam. } \odot) + d(\frac{1}{2} \text{ diam. } \mathbb{C})$.

Ainsi, en prenant quatre observations faites dans des lieux dont la différence des méridiens est bien connue, on pourra calculer par les tables tous les coefficiens; on aura donc $(dL - dS)$ qu'on prendra pour dL, en supposant $dS = 0$, $d\lambda$ ou la correction de latitude calculée, $d\varpi$ ou la correction de la parallaxe horizontale, et enfin $d\sigma$ ou la correction de la demi-somme : en joignant à ces quatre équations une cinquième qui serait fournie par un simple commencement, ou une fin d'éclipse annulaire ou totale, on aurait $d\delta'$, δ' étant la demi-différence des diamètres; car lorsque le contact est intérieur, la distance des centres est la différence des demi-diamètres.

197. Géométriquement parlant, le problème est résolu ; voyons dans la pratique quelle précision on peut en attendre.

Pour connaître dL, il faudrait connaître dS. On pourrait observer le soleil au méridien, et déterminer dS; mais une observation isolée n'est pas plus sûre, et peut-être moins sûre que la longitude calculée sur les tables du soleil : il faudrait observer le soleil pendant quatre ou cinq jours de suite, et prendre la valeur moyenne de dS. Si c'est une belle étoile dont on a observé l'éclipse, l'erreur dS est peut-être un peu moindre, on la néglige.

$d\lambda$ peut s'obtenir à quelques secondes près. On peut le déterminer aussi par la mesure de la plus grande éclipse, et voir comment les valeurs s'accorderont.

La valeur de ϖ est mieux déterminée qu'elle ne saurait l'être par une éclipse, du moins quant à la constante qui en est le principal terme ; les perturbations de ϖ sont également connues, mais on n'est pas aussi sûr de l'équation de parallaxe qui dépend de l'aplatissement α. La formule est $\alpha \sin \varpi \sin^2 H$, dont l'erreur peut être $d\alpha \sin \varpi \sin^2 H$, ainsi que nous le verrons dans le chapitre de la figure de la terre. Or on a varié sur α qui est l'aplatissement, depuis $\frac{1}{230}$ jusqu'à $\frac{1}{330}$, $d\alpha = \frac{1}{230} - \frac{1}{330} = \frac{330 - 230}{33.2300} = \frac{1}{33.23} = \frac{1}{759}$; $d\alpha\varpi \sin H$ pourrait aller à près de $5'' \sin^2 H$, c'est-à-dire à 2 ou $5''$ dans la partie habitée de la terre. Il ne serait donc pas impossible qu'une éclipse bien observée ne diminuât un peu l'erreur, mais on ne peut guères l'espérer.

Quant à $d\sigma$ et $d\sigma'$ dont on déduirait la correction des demi-diamètres, je n'oserais m'en promettre une grande précision; quoi qu'il en soit, c'est par des moyens équivalens à la formule précédente, que l'on a cru reconnaître qu'il fallait diminuer de quelques secondes les diamètres du soleil et de la lune; soit qu'en effet les astronomes se soient trompés en mesurant directement le demi-diamètre, soit que quelque illusion optique constante se soit opposée à l'exactitude de leurs mesures; on a supposé que les diamètres des objets lumineux étaient amplifiés par l'impression vive que leur lumière produit sur l'organe de la vue, et qu'en conséquence si on pouvait voir la lune s'approcher du soleil, on jugerait le contact avant qu'il n'eût lieu; mais comme l'éclipse ne peut arriver que par l'interposition du corps opaque, entre l'objet lumineux et notre œil, l'échancrure du disque ne peut avoir lieu qu'au moment où la lune couvre réellement le bord du soleil; le vrai contact ne se fait qu'à l'instant où la distance des centres est égale à la demi-somme des diamètres réels, et non du diamètre de la lune plus le demi-diamètre amplifié du soleil. Dans cette supposition, les astronomes ont dû trouver le diamètre tel qu'ils l'ont en effet trouvé par les mesures directes; et cependant, pour le calcul des contacts ou du commencement de l'éclipse, il faut dépouiller le soleil de cette couronne lumineuse qui l'entoure, non pas en réalité, mais dans notre œil.

Duséjour a le premier fait cette remarque et diminué de $5''\frac{1}{2}$ les demi-diamètres des tables; Méchain et Lexell ont confirmé l'idée de Duséjour; plusieurs astronomes l'ont adoptée, mais d'autres en doutent : c'est un point qui n'est pas encore suffisamment éclairci.

198. Duséjour a trouvé qu'il fallait de plus supposer une inflexion de $2''$ produites par l'atmosphère de la lune; il en résulte qu'il faut encore en diminuer la demi-somme des diamètres. Il a été conduit à cette conclusion par l'observation des cornes faite par Short, et qu'il n'a pu concilier que de cette manière : j'ai peur que l'erreur prétendue des diamètres ne tienne à l'erreur de ces mesures; c'est encore un point assez incertain.

Le rayon du soleil SAB (fig. 92) entrant dans l'atmosphère de la lune, s'infléchit en s'approchant de la perpendiculaire LAV, et devient SAEF. En sortant de l'atmosphère mE, il s'infléchit, mais en s'éloignant de la perpendiculaire LN, et de EF il devient EG; nous voyons donc le soleil sur GES' qui fait avec le rayon primitif SAB l'angle $G a$B $=$ $S a$S'

$= a\mathrm{EA} + a\mathrm{AE} = 2a\mathrm{AE} = 2\mathrm{SAV} = 2r$; r est de $1''$ environ, suivant Duséjour ; le soleil serait donc déplacé de $2''$ pour un observateur placé en a dans la région de la lune ; pour un observateur sur la terre, le déplacement sera moindre.

Le triangle SaG donne

$$\mathrm{SG} : \sin a :: \mathrm{S}a : \sin \mathrm{G} = \frac{\sin a \,.\, \mathrm{S}a}{\mathrm{SG}} ,$$

ou
$$\mathrm{G} = \frac{2r\left(\dfrac{1}{\sin \pi} - \dfrac{1}{\sin \varpi}\right)}{\dfrac{1}{\sin \pi}} = 2r\left(\frac{\sin \pi}{\sin \pi} - \frac{\sin \pi}{\sin \varpi}\right) = 2r\left(1 - \frac{\sin \pi}{\sin \varpi}\right)$$

$$= 2r\left(\frac{\sin \varpi - \sin \pi}{\sin \varpi}\right) = \frac{4r \sin \frac{1}{2}(\varpi - \pi) \cos \frac{1}{2}(\varpi + \pi)}{\sin \varpi} ,$$

On voit que r ou la réfraction horizontale lunaire est bien peu de chose, et que l'atmosphère de la lune doit être presque nulle.

199. Quand on a calculé la conjonction vraie pour le centre de la terre, d'après les observations faites en différens pays, la différence des heures que l'on compte dans ces pays est la différence des longitudes terrestres ; c'est pour cela principalement qu'on se donne la peine de calculer avec soin les éclipses.

200. Le triangle ELS (fig. 91) donne

$$\cos \mathrm{LS} = \cos \mathrm{E} \sin \mathrm{EL} \sin \mathrm{ES} + \cos \mathrm{EL} \cos \mathrm{ES} ,$$

ou, pour plus de simplicité,

$$\cos \sigma = \cos \mathrm{E} \cos \lambda \cos \lambda' + \sin \lambda \sin \lambda' ;$$

et par conséquent

$$-d\sigma \,.\, \sin \sigma = -d\mathrm{E} \sin \mathrm{E} \cos \lambda \cos \lambda' - d\lambda \cos \mathrm{E} \sin \lambda \cos \lambda' + d\lambda \cos \lambda \sin \lambda' ,$$

en supposant bien connue la latitude de l'astre éclipsé : si c'est le soleil, on a $\lambda' = 0$, $\cos \lambda' = 1$; et en général,

$$d\sigma = \frac{d\mathrm{E} \sin \mathrm{E} \cos \lambda \cos \lambda' + d\lambda \,(\cos \mathrm{E} \sin \lambda \cos \lambda' - \cos \lambda \sin \lambda')}{\sin \sigma} ,$$

et
$$d\sigma = \frac{d\mathrm{E} \sin \mathrm{E} \cos \lambda + d\lambda \cos \mathrm{E} \sin \lambda}{\sin \sigma} \quad \text{pour le soleil.}$$

Si vous vous êtes trompé sur la longitude de la lune d'une quantité $d\mathrm{E}$,

c'estc'est-à-dire si la longitude des tables est trop forte de $d\mathrm{E}$, l'angle E, avant la conjonction, sera trop faible de $d\mathrm{E}$; après la conjonction, il sera trop fort d'autant, les deux angles véritables seront $= -(\mathrm{E} - d\mathrm{E})$, et $+(\mathrm{E} - d\mathrm{E})$; si la latitude des tables est trop forte, la latitude corrigée sera $(\lambda - d\lambda)$, et ces deux erreurs produiront $d\sigma$ sur la distance σ.

Si l'observation vous donne $(\sigma + d\sigma)$, au lieu de σ calculé, vous connaîtrez

$$d\sigma = (\sigma + d\sigma) - \sigma = \frac{d\mathrm{E}\,\sin \mathrm{E}\,\cos\lambda\,\cos\lambda' + d\lambda\,(\cos \mathrm{E}\,\sin\lambda\,\cos\lambda' - \cos\lambda\,\sin\lambda')}{\sin\sigma}$$
$$= \frac{d\mathrm{E}\,\sin \mathrm{E}\,\cos\lambda + d\lambda\,\sin(\lambda - \lambda')}{\sin\sigma}.$$

Tout sera connu dans le second membre, à la réserve de $d\mathrm{E}$, $d\lambda$.

L'émersion vous donnera une équation pareille qui renfermera les deux mêmes inconnues, et l'élimination vous en donnera la valeur.

Cette solution est au fond la même que celle de M. Cagnoli : en effet, du point L abaissez sur ES la perpendiculaire La, vous aurez

$$(\text{fig. } 91)\ \sin \mathrm{SL}a = \frac{\sin \mathrm{L}a}{\sin \mathrm{LS}} = \frac{\sin \mathrm{E}\,\sin \mathrm{EL}}{\sin \mathrm{LS}} = \frac{\sin \mathrm{E}\,\cos\lambda}{\sin\sigma} = \sin\varphi\,;$$
$$\sin \mathrm{S}a = \sin(\lambda - \lambda')\,;\ \ \sin \mathrm{SL}a = \cos \mathrm{LS}a = \cos\varphi = \frac{\sin \mathrm{SA}}{\sin \mathrm{SL}} = \frac{\sin(\lambda - \lambda')}{\sin\sigma}$$

et l'équation deviendra $d\sigma = d\mathrm{E}\,\cos\lambda'\,\sin\varphi + d\lambda\,\cos\varphi$, sans erreur sensible.

Mais ma formule, quoique moins simple en apparence, est plus courte à calculer : en effet, Cagnoli trouve φ par la formule

$$\tan\varphi = \frac{\mathrm{L}a}{\mathrm{S}a} = \frac{\mathrm{E}\,\cos\frac{1}{2}(\lambda + \lambda')}{\lambda - \lambda'},$$

ce qui exige déjà 4 logarithmes, $d\sigma$ en demande 7, total 11 ; la mienne, en supprimant les cosinus qui diffèrent peu de l'unité, n'en exige que 8, quand on se borne aux mêmes quantités que Cagnoli ; et sa formule est moins complète.

201. L'immersion donnera donc

$$\frac{d\mathrm{E}\,\sin \mathrm{E}\,\cos\lambda\,\cos\lambda'}{\sin\sigma'} + \frac{d\lambda\,(\cos \mathrm{E}\,\sin\lambda\,\cos\lambda' - \cos\lambda\,\sin\lambda')}{\sin\sigma'} = d\sigma'.$$

car les erreurs $d\mathrm{E}$, $d\lambda$ sont les mêmes pour le commencement et la fin, le reste est connu.

2.   54

Remarquez seulement que, pour le commencement, sin E sera ordinairement négatif, et qu'il sera positif pour l'émersion; et que le plus souvent on aura sin E positif après la conjonction, et négatif avant.

202. Quand vous aurez ainsi déterminé les erreurs des tables par une observation complète dans un lieu connu, vous pourrez déterminer la longitude géographique d'un lieu quelconque, où l'on aura fait une observation correspondante.

Alors si vous faites une supposition approchée pour la longitude du lieu, vous pourrez réduire l'heure de ce lieu en tems du méridien connu; vous pourrez calculer par les tables, la longitude, la latitude et la distance des centres pour ce lieu; mais si vous vous trompez dans cette supposition, ce qui est presque infaillible, si le tems réduit au méridien de Paris est trop fort, vous aurez une longitude trop forte de MdT, une latitude trop forte de mdT, M et m étant les mouvemens relatifs en longitude et en latitude pour une seconde de tems, et dT l'erreur sur le tems du lieu converti en tems de Paris, exprimée en secondes.

Une observation, soit de fin, soit de commencement, dans le lieu inconnu, vous donnera

$$d\sigma = \frac{M d T \sin E \cos \lambda \cos \lambda' + m d T (\cos E \sin \lambda \cos \lambda' - \cos \lambda \sin \lambda')}{\sin \sigma}$$

$$= \frac{d T}{\sin \sigma}[M \sin E \cos \lambda \cos \lambda' + m(\cos E \sin \lambda \cos \lambda' - \cos \lambda \sin \lambda')];$$

d'où vous déduirez la valeur de dT et la correction de la différence supposée des méridiens.

203. Il peut arriver que vous n'ayez pas d'observation complète de l'éclipse dans un lieu connu; mais l'immersion dans un lieu connu, et l'émersion dans un autre lieu également connu, alors vous aurez pour le premier lieu,

$$d\sigma = \frac{d E \sin E \cos \lambda \cos \lambda' + d\lambda (\cos E \sin \lambda \cos \lambda' - \cos \lambda \cos \lambda')}{\sin \sigma};$$

pour le second,

$$d\sigma' = \frac{d E \sin E' \cos \lambda \cos \lambda' + d\lambda (\cos E' \sin \lambda \cos \lambda' - \cos \lambda \sin \lambda')}{\sin \sigma'};$$

car dE et $d\lambda$ qui sont les deux erreurs des tables, seront les mêmes dans les deux lieux connus ; vous corrigerez donc les tables par ces deux observations.

Les tables étant ainsi corrigées, vous chercherez la correction de la longitude supposée pour un autre lieu, comme dans le problème précédent.

204. Il peut arriver que vous n'ayez qu'une observation, une immersion ou une émersion dans le lieu connu, et une observation complète dans le lieu inconnu, alors le lieu connu donnera

$$d\sigma = \frac{d\mathrm{E} \sin \mathrm{E} \cos \lambda \cos \lambda' + d\lambda\,(\cos \mathrm{E} \sin \lambda \cos \lambda' - \cos \lambda \sin \lambda')}{\sin \sigma} = ad\mathrm{E} + bd\lambda\,;$$

le lieu inconnu fournira de même

$$d\sigma' = a'd\mathrm{E}' + b'd\lambda' = a'\,(d\mathrm{E} + \mathrm{M}d\mathrm{T}) + b'\,(d\lambda + md\mathrm{T})$$
$$= a'd\mathrm{E} + b'd\lambda + (a'\mathrm{M} + b'm)\,d\mathrm{T},$$

et $\qquad d\sigma'' = a''d\mathrm{E} + b''d\lambda + (a''\mathrm{M} + b''m)\,d\mathrm{T}.$

Vous aurez donc trois équations linéaires qui ne renfermeront que les trois inconnues dE, $d\lambda$ et dT multipliées par des coefficiens tout connus. Ainsi dans tous les cas, trois observations donneront les deux corrections des tables, et la correction de la longitude estimée.

205. Avant qu'on eût pris l'habitude de différentier les équations du problème pour corriger les élémens du calcul, les astronomes faisaient l'équivalent de la manière suivante. Ils déterminaient les erreurs des tables par une observation complète, ainsi que nous avons dit en exposant la méthode de Lalande ; ensuite, pour trouver la différence des méridiens, ils calculaient l'éclipse observée dans le lieu inconnu, suivant deux hypothèses de longitude. Ils calculaient la distance des centres dans ces deux hypothèses ; la première leur donnait, par exemple, $\sigma = 24'$, la seconde, $\sigma = 36'$; mais la distance devant être $32'$, ils disaient alors : $12'$ de différence dans les résultats, sont à la différence des deux hypothèses, :: $8'$ qu'il faut ajouter à la première distance, sont à la correction de la première hypothèse :: $4'$ qu'il faut retrancher de la seconde distance, sont à la correction de la seconde hypothèse.

206. L'ancienne méthode paraîtrait cependant avoir l'avantage sur le calcul analytique, quand on n'a pas une connaissance déjà fort approchée de la différence des méridiens. Faute de cette connaissance on ne peut calculer exactement l'ascension droite du soleil, ni par conséquent l'ascension droite du milieu du ciel; l'erreur qu'on y commet en introduit une dans le nonagésime et sa hauteur, et par conséquent dans les parallaxes. Pour estimer cette erreur, reprenons la formule

$$\text{tang } N = \cos \omega \, \text{tang } M + \frac{\sin \omega \, \text{tang } H}{\cos M}$$

cette formule est la même que celle qui donnerait la longitude d'une étoile dont l'ascension droite serait M et la déclinaison H (XVII. 56). En effet la longitude du nonagésime est celle d'une étoile dont l'ascension droite serait M et la déclinaison H.

La formule

$$\cos h = \cos \omega \, \sin H - \sin \omega \, \cos H \, \sin M \qquad (\text{XV. } 27)$$

est celle qui donne la distance au pôle de l'écliptique pour l'étoile dont l'ascension droite est M et la déclinaison H, et $(90° - h)$ est en effet la latitude d'une étoile qui serait au zénit.

Pour trouver les différentielles de ces expressions, il faudrait imiter les calculs que nous avons faits pour les formules de précession, et ceux que nous serons obligés de faire par la suite pour trouver les changemens de longitude et de latitude pour tenir compte du déplacement de l'écliptique. Ce déplacement produit une variation $d\!R$ dans les ascensions droites, il n'affecte pas les déclinaisons, il produit dans les longitudes un changement $dL = d\!R \cos \omega - d\!R \sin \omega \sin L \, \text{tang} \lambda$, et un changement $d\!R \sin \omega \cos L$ dans la latitude. Ici nous avons de même à considérer l'effet d'un changement dans l'ascension droite d'un point dont la déclinaison est constante. Nous aurons donc pour la variation du nonagésime et de sa hauteur, les formules

$$dN = d\!R \cos \omega - d\!R \sin \omega \sin N \cot h,$$

et
$$dh = d\!R \sin \omega \cos N.$$

Ces formules serviraient à étendre par interpolation aux minutes une table du nonagésime et de sa hauteur calculée de degré en degré seulement; il faudrait pour plus d'exactitude faire

$$dN = d\!R \cos\omega - d\!R \sin\omega \sin(N + \tfrac{1}{2}dN) \cot(h + \tfrac{1}{2}dh),$$

et

$$dh = d\!R \sin\omega \cos(N + \tfrac{1}{2}dN);$$

ces formules portées dans les formules de parallaxe différentiées par rapport à N et h donneraient l'erreur des parallaxes. Elles compliqueraient singulièrement l'opération; mais il est aisé de voir que l'erreur des parallaxes sera insensible presque toujours. En effet, avant d'observer une éclipse de soleil ou d'étoile, pour déterminer sa longitude, le voyageur a presque immanquablement observé quelque éclipse de satellite qui lui a donné sa longitude à moins d'une minute près en tems; il ne peut se tromper de $3''$ sur l'ascension droite du soleil. L'erreur est encore moindre dans les calculs que l'on fait journellement pour vérifier les différences de longitude déjà connues à quelques secondes près. Le marin connaît toujours sa longitude à un demi degré près, ainsi nous pouvons négliger les erreurs provenant de dM.

207. Supposons encore que la latitude ne soit pas parfaitement connue dans le lieu dont on cherche la longitude, la formule $\tang N$ donne

$$\frac{dN}{\cos^2 N} = \frac{dH \sin\omega}{\cos M \cos^2 H} \quad \text{ou} \quad dN = \frac{dH \sin\omega \cos^2 N}{\cos^2 H \cos M}.$$

L'équation $\cos h$ donne

$$-dh \sin h = dH \cos\omega \cos H + dH \sin\omega \sin H \sin M$$

$$-dh = \frac{dH (\cos\omega \cos H + \sin\omega \sin H \sin M)}{\left(\dfrac{\cos M \cos H}{\cos N}\right) = \sin h}$$

$$= \frac{dH \cos N}{\cos M} (\cos\omega + \sin\omega \, \tang H \sin M).$$

$$\Pi = \frac{\varpi \sin h \cos(\mathbb{C} - N + \Pi)}{\sin \Delta},$$

donne

$$d\Pi = \frac{\varpi \cos h \, dh \cos(\mathbb{C} - N + \Pi)}{\sin \Delta} + \varpi \sin h \sin(\mathbb{C} - N + \Pi)dN;$$

et

$$d\Pi = - \frac{\sin\varpi \cos h \cos(\mathbb{C} - N + \Pi)}{\sin \Delta} \cdot \frac{dH \cos N}{\cos M}(\cos\omega + \sin\omega \, \tang H \sin M)$$

$$+ \sin\varpi \sin h \sin(\mathbb{C} - N + \Pi)\frac{dH \sin\omega \cos^2 N}{\cos H \cos M} = A\,dH.$$

La formule

$$\pi = \varpi \cos h \sin \Delta - \text{etc.} \qquad\qquad (\text{XV. } 28)$$

donne

$$d\pi = - dh \sin \varpi \sin h \sin \Delta - \text{etc.};$$

on peut négliger le reste

$$d\pi = + \frac{dH \cos N}{\cos M}(\cos \omega + \sin \omega \, \mathrm{tang}\, H \sin M) \sin \varpi \sin h \sin \Delta = B dH$$

nouvelles parties à introduire dans la valeur de dE et de $d\lambda$; mais ces corrections ne peuvent être que très- légères, puisque dH est partout multiplié par $\sin \varpi$, et que $60'' \sin \varpi$ ne vaut jamais $1''.1$; elles compliqueraient les calculs, et comme on peut les croire de l'ordre des erreurs inévitables dans les observations, on ne peut guère se flatter de prendre une peine utile en les déterminant. D'ailleurs, comme dH est inconnue, tout ce qu'on peut faire, est de calculer les coefficiens A et B des corrections $A dH$ et $B dH$, tenir compte de leur effet sur dT, et donner enfin dT accompagné d'un terme $a dH$, qui exprimera l'effet d'une erreur dH sur la différence des méridiens; on ne connaîtra que le coefficient a et l'effet ne sera connu qu'avec dH.

208. Au reste, on conçoit qu'en rassemblant une grande quantité d'observations en des lieux différens, ou pourra multiplier les équations de condition, assez pour éliminer autant d'inconnues qu'on voudra. Mais il ne faut pas porter si loin ses prétentions, on doit se borner à corriger les erreurs des tables et celles des différences de méridiens; on ne doit pas même s'attendre à beaucoup de précision sur ces points principaux. J'aurais, ce me semble, plus de confiance aux erreurs des tables déterminées par les passages au méridien, du moins pour la longitude, car la latitude dépend trop des réfractions, surtout quand elle est australe.

Ce n'est donc que du tems et des recherches multipliées qu'on peut attendre une bonne détermination des longitudes géographiques, et dans le fait, il importe assez peu pour le géographe et même pour l'astronome que l'on se trompe de quelques secondes sur les longitudes terrestres et sur les lieux de la lune dans le ciel. La navigation ne demande pas une précision plus grande, car il suffit toujours de connaître la position du vaisseau, à quelques minutes près, et nous verrons qu'une erreur de 1″ en degrés sur la longitude de la lune, produit 2″ environ sur le tems, et 30″ en degrés sur la longitude du vaisseau. Ainsi, une seconde d'erreur sur la longitude de la lune produit $\frac{1}{2}$ minute sur la longitude terrestre; 20″ produiraient 10′; mais on a de plus les erreurs des observations qui sont bien plus considérables eu mer.

209. Quand l'éclipse totale ou annulaire commence ou finit, les deux disques sont tangens intérieurement, si l'on nomme s la distance des centres, on aura $s = \frac{1}{2}\,\mathbb{C} - \frac{1}{2}\,\odot$.

La durée de l'éclipse observée en des lieux différens, donnant quatre équations, peut servir à corriger quatre élémens; l'élongation, la latitude, la différence des méridiens et la somme des demi-diamètres.

Pour trouver la différence des demi-diamètres, il faudrait observer de plus la demi-durée d'une éclipse centrale, annulaire ou totale.

La demi-durée de l'éclipse totale ou annulaire, si elle était en même tems centrale, donnerait un mouvement relatif apparent qui serait égal à la demi-différence des diamètres.

Si le diamètre de la lune surpasse de 2′ 20″ le diamètre du soleil, l'augmentation pourra porter cet excès à 2′ 56″, supposons trois minutes; ce serait le mouvement relatif pendant la durée de l'éclipse totale au zénit. La lune serait périgée, et le soleil apogée, le mouvement relatif serait le plus grand, et environ de 32′.25″; la durée de l'éclipse totale serait de $\frac{3.0}{32.25} = \frac{1}{11}$ environ d'heure, ou un peu plus de 5′.

Si le diamètre du soleil surpasse de 3′.40″ le diamètre de la lune, la lune sera apogée, le soleil périgée. Le mouvement horaire relatif sera 25′.12″, la durée de l'éclipse annulaire $\frac{3.40}{25.12}$ d'heure, ou $\frac{8}{75.36} = \frac{1}{9.4}$ un peu plus qu'un dixième d'heure ou 6′, ce sera la durée de l'éclipse annulaire à l'horizon, l'augmentation du diamètre la diminuerait encore.

Si l'éclipse annulaire n'est pas centrale on pourra du moins mesurer la plus grande et la plus petite largeur de l'anneau, c'est-à-dire les deux distances opposées des deux bords tant du soleil que de la lune. Soient $ab = a$ et $cd = b$ ces deux distances (fig. 92); à l'immersion en I le centre de la lune sera en L, il sera en V à l'émersion E; au milieu, il sera en n, ensorte que $n\mathrm{L} = n\mathrm{V} = \frac{1}{2}\,\mathrm{LV} = \frac{1}{2}\,m = \frac{1}{2}$ mouvement relatif

$$ab = \mathrm{S}b - \mathrm{S}a = \mathrm{S}b - an - \mathrm{S}n = \tfrac{1}{2}\odot - \tfrac{1}{2}\,\mathbb{C} - \varepsilon = s - \varepsilon = a;$$

d'où
$$\varepsilon = s - a$$

$$\tfrac{1}{4}m^2 = \overline{mL}^2 = \overline{LS}^2 - \overline{Sn}^2 = s^2 - \varepsilon^2 = s^2 - s^2 + 2as - a^2 ;$$

$$\tfrac{1}{4}m^2 + a^2 = 2as \quad \text{et} \quad s = \frac{m^2}{8a} + \tfrac{1}{2}a, \text{ on aura donc } s \text{ et } \varepsilon ;$$

$$cd = Sd - Sc = Sd - (nc - Sn) = Sd - nc + Sc$$
$$= \tfrac{1}{2}\odot - \tfrac{1}{2}\mathbb{C} + \varepsilon = s + \varepsilon = b ; \qquad \varepsilon = b - s ;$$

$$\tfrac{1}{4}m^2 = s^2 - \varepsilon^2 = s^2 - b^2 + 2bs - s^2 = 2bs - b^2$$

$$2bs = \tfrac{1}{4}m^2 + b^2 ; \qquad s = \frac{m^2}{8b} + \tfrac{1}{2}b, \text{ autre moyen d'avoir } s \text{ et } \varepsilon.$$

Si on a fait les deux mesures

$$a = s - \varepsilon,$$
$$b = s + \varepsilon ;$$

on en déduira

$$a + b = 2s, \qquad s = \tfrac{1}{2}(b + a) ;$$
$$b - a = 2\varepsilon, \qquad \varepsilon = \tfrac{1}{2}(b - a).$$

La durée de l'éclipse annulaire n'étant que de 6′ environ, on a pu supposer isocèle le triangle LSV, l'augmentation du demi-diamètre n'ayant pas changé dans cet intervalle. On aurait encore

$$2s = \frac{m^2}{8a} + \frac{m^2}{8b} + \tfrac{1}{2}(b + a) ;$$

$$s = \frac{m^2}{16a} + \frac{m^2}{16b} + \tfrac{1}{4}(b + a) = \tfrac{1}{2}(b + a) ;$$

d'où

$$\frac{m^2}{16a} + \frac{m^2}{16b} = \tfrac{1}{4}(b + a), \qquad m^2 b + m^2 a = 4ab(b + a) ;$$

et

$$m^2 = \frac{4ab\,(b + a)}{(b + a)} = 4ab \quad \text{et} \quad \tfrac{1}{2}m = \sqrt{ab}.$$

210. C'est ainsi qu'on pourrait trouver $d \tfrac{1}{2}(\mathbb{C} - \odot)$; mais il est plus sûr et plus facile de corriger le demi-diamètre de la lune par les éclipses d'étoiles, qui sont beaucoup plus fréquentes ; et de corriger ensuite le demi-diamètre du soleil par les éclipses de soleil.

211. La quantité de l'éclipse est en général

$$= \tfrac{1}{2}\odot + \tfrac{1}{2}\mathbb{C}' - \text{distance apparente des centres.}$$

Pour

Pour que l'éclipse soit totale, il faut que

$$\tfrac{1}{2}\odot + \tfrac{1}{2}\,\mathbb{C}' - d = \odot, \quad \text{ou} \quad d = \tfrac{1}{2}\,\mathbb{C}' - \tfrac{1}{2}\odot.$$

ou bien $d = \tfrac{1}{2}\,\mathbb{C} - \tfrac{1}{2}\odot + a$, a étant l'augmentation du demi-diamètre, qui peut aller à 17 ou 18″.

Si l'éclipse devient totale, mais sans demeure, et ne dure qu'un instant, c'est que les diamètres sont égaux, $\tfrac{1}{2}\odot = \tfrac{1}{2}\,\mathbb{C} + a$; cet instant sera celui de la plus courte distance des centres $= \lambda - \pi = $ latitude apparente $= 0$; donc $\lambda = \pi$; λ étant la latitude vraie à la conjonction apparente.

Vous savez calculer a; vous aurez $a = \tfrac{1}{2}(\odot - \mathbb{C})$, l'augmentation sera égale à la demi-différence des diamètres.

Vous connaîtrez donc la latitude vraie, car vous saurez calculer la parallaxe de latitude; mais la lune sera en conjonction, puisque l'éclipse sera centrale; vous aurez donc la latitude à l'instant où l'obscurité aura été totale.

212. Si le soleil reste quelques instans dans l'ombre, et qu'on ait exactement observé la durée de l'obscurité totale, on connaîtra par le tems de cette durée, le mouvement relatif apparent $= ab$ (fig. 93) $= 2an = 2bn = m$; je suppose que de plus on ait conclu de ce qui précède, c'est-à-dire des tables corrigées et du calcul des parallaxes, la plus courte distance ε des centres; à l'immersion, le centre de la lune était en a, à l'émersion, il était en b, on aura donc $\overline{Sa}^2 = \overline{na}^2 + \overline{Sn}^2$ ou $s^2 = \tfrac{1}{4}m^2 + \varepsilon^2$; on connaîtra donc $s = \tfrac{1}{2}\,\mathbb{C} - \tfrac{1}{2}\odot + a$; on peut encore faire

$$s^2 = \tfrac{1}{4}m^2\left(1 + \frac{\varepsilon^2}{\tfrac{1}{4}m^2}\right)^2 = \tfrac{1}{4}m^2(1 + \mathrm{tang}^2\varphi) = \frac{\tfrac{1}{4}m^2}{\cos^2\varphi},$$

et

$$s = \frac{\tfrac{1}{2}m}{\cos\varphi} = \frac{\varepsilon}{\sin\varphi};$$

mais on ne peut guère espérer de précision par ce moyen.

213. Il nous reste à donner des exemples du calcul d'une éclipse pour un lieu particulier, suivant les principales méthodes, afin qu'on puisse juger de leur précision et de leur accord; nous commencerons par celle du nonagésime.

Cherchons la distance apparente des centres pour Paris, à $9^h\,10'$; la distance à midi est $- 2^h\,50'$, dont le quart donne l'angle horaire

$$- 42°\,30'$$

Pour ce moment, l'ascension droite vraie du soleil est $+ \; 11.\;8.\;3″$ l'ascension droite du milieu du ciel sera........ $M = - \; \overline{31}.21.57.$

Pour le calcul du nonagésime et des parallaxes, on diminue la hauteur du pôle de l'angle de la verticale (XV. 43) ; ainsi nous aurons H = 48° 39′ 50″, au lieu de 48° 50′ 14″, et nous ferons les calculs que l'on voit dans le tableau ci-joint.

Colonne I

$$\begin{aligned}
\cos\omega &\quad 9.96249\\
\tan M &- 9.78503\\
\hline
&\quad 9.74752
\end{aligned}$$

$$\begin{aligned}
\tan N &= -\ 1°39′\ 5″\\
\mathbb{C} &= +\ 11.29.48\\
(\mathbb{C}-N) &= +\ 13.\ 8.53\\
2(\mathbb{C}-N) &= \quad 26.17.46\\
3(\mathbb{C}-N) &= \quad 39.26.39\\
\Delta &= \quad 89.24.\ 7
\end{aligned}$$

$\Delta =$ distance de la $\mathbb{C}$ au pôle de l'écliptique.

$$\begin{aligned}
a &= \quad 6′\,56″06\\
b &= \quad\quad 3,59\\
c &= \quad\quad\ .0,03\\
\hline
\pi &= \quad 6.59,68\\
\mathbb{C} &= 11°29.48,8\\
\hline
\mathbb{C}+\pi &= 11.36.48,48\\
\odot &= 12.\ 6.36,70\\
\hline
\odot-(\mathbb{C}+\pi) &= \quad 29.48,22 = dL
\end{aligned}$$

$$\begin{aligned}
\log dL &\ldots\ldots\ 3.25242\\
\log d\Delta &\ldots\ldots\ 2.72280\\
\hline
\tan u = 16°27′\,20″ \cdot\ &9.47038
\end{aligned}$$

$$\begin{aligned}
\text{C. } \cos u &\ldots\ldots\ 0.01816\\
\log dL &\ldots\ldots\ 3.25242\\
\hline
E' = 31′\ 4″,5 &\ldots\ldots\ 3.27058\\
\sigma' = 30\ 51\ 9 &\\
\hline
12,6\ &\text{dist. des bords.}
\end{aligned}$$

Colonne II

$$\begin{aligned}
\sin\omega \tan H &\ldots\ldots\ 9.65592\\
\text{C. } \cos M &\ldots\ldots\ 0.06861\\
\hline
+0.53031 &\ldots\ldots\ 9.72453\\
-0.55914 &\\
\hline
-0.02883 &\ldots \log 8.45984
\end{aligned}$$

$$\begin{aligned}
\sin\varpi &\ldots\ 8.19636\\
\sin h &\ldots\ 9.75143\\
\text{C. } \sin\Delta &\ldots\ 0.00002\\
\hline
\sin\varpi' &\ldots\ 7.94781\\
\sin(\mathbb{C}-N) &\ldots\ 9.35692\\
\text{C. } \sin 1″ &\ldots\ 5.31443\\
\hline
a &\ldots\ 2.61916
\end{aligned}$$

$$\begin{aligned}
2\log\sin\varpi' &\ldots\ 5.89562\\
\sin 2(\mathbb{C}-N) &\ldots\ 9.64641\\
\text{C. } \sin 2″ &\ldots\ 5.01340\\
\hline
b &\ldots\ 0.55543
\end{aligned}$$

$$\begin{aligned}
3\log\sin\varpi' &\ldots\ 3.84343\\
\sin 3(\mathbb{C}-N) &\ldots\ 9.80300\\
\text{C. } \sin 3″ &\ldots\ 4.83730\\
\hline
c &\ldots\ 8.48373
\end{aligned}$$

$$\begin{aligned}
\mathbb{C}-N &= 13.\ 8.53\\
\tfrac12\pi &= \quad\ 3.30\\
\hline
\mathbb{C}-N+\tfrac12\pi &= 13.12.23
\end{aligned}$$

$$\begin{aligned}
a' &= \quad 44′\,17″85\\
b' &= \quad\quad 23,30\\
c' &= \quad\quad\ 0,06\\
\hline
\pi &= \quad 44.41,21\\
\Delta &= 89°24.\ 7,0\\
\hline
\Delta+\pi &= 90.\ 8.48,21\\
\Delta-\odot &= 90.\ 0.\ 0,00 = \text{dist. } \odot \text{ au pôle de l'écliptique.}\\
\hline
d\Delta &= \quad 0.\ 8.48,21
\end{aligned}$$

Colonne III

$$\begin{aligned}
\cos H &\ldots\ 9.81986\\
\cos M &\ldots\ 9.93139\\
\text{C. } \cos N &\ldots\ 0.00018\\
\hline
\sin h &\ldots\ 6.75143\\
\cos h &\ldots\ 9.91679\\
\hline
\tan h &\ldots\ 9.83464\\
\cos(\mathbb{C}-N+\tfrac12\pi) &\ldots\ 9.98836\\
\text{C. } \cos\tfrac12\pi &\ldots\ 0.00000\\
\hline
\tan x = 33°38′\ 8″ &\quad 9.82300\\
\Delta = 89.24.\ 7 &\\
\hline
55.45.59 &= (\Delta-x)\\
111.31.58 &= 2(\Delta-x)\\
167.17.57 &= 3(\Delta-x)
\end{aligned}$$

$$\begin{aligned}
\text{C. } \cos x &\ldots\ 0.07958\\
\sin\varpi &\ldots\ 8.19636\\
\cos h &\ldots\ 9.91679\\
\hline
\sin\varpi'' &\ldots\ 8.19273\\
\sin(\Delta-x) &\ldots\ 9.91737\\
\text{C. } \sin 1″ &\ldots\ 5.31443\\
\hline
a' &\ldots\ 3.42453
\end{aligned}$$

$$\begin{aligned}
2\log\sin\varpi'' &\ldots\ 6.38546\\
\sin 2(\Delta-x) &\ldots\ 9.96858\\
\text{C. } \sin 2″ &\ldots\ 5.01340\\
\hline
b' &\ldots\ 1.36744
\end{aligned}$$

$$\begin{aligned}
3\log\sin\varpi'' &\ldots\ 4.57819\\
\sin 3(\Delta-x) &\ldots\ 9.34219\\
\text{C. } \sin 3″ &\ldots\ 4.\ 3730\\
\hline
c' &\ldots\ 8.75768
\end{aligned}$$

E′ est la distance apparente des centres ; la somme des demi-diamètres vrais est 3o′ 44″,2 : calculez l'augmentation

$$= \tfrac{1}{2}\,\mathbb{C}\,\sin\pi\cot(\Delta - x) - \tfrac{1}{4}\,\mathbb{C}\,\sin^2\pi = 7″,7,$$

vous verrez que la somme des demi-diamètres apparens sera 3o′ 51″,9, la distance apparente des bords 12″,6 ; l'éclipse est donc bien près de commencer. Si ces calculs sont un peu longs, ils sont de la plus grande facilité ; c'est ainsi que j'ai formé le tableau de la page 441.

214. Le calcul par les parallaxes d'ascension droite serait tout semblable, et l'on n'aurait à calculer ni le nonagésime, ni sa hauteur ; mais il faudrait avoir les ascensions droites et les distances polaires, avec la précision des dixièmes de secondes. J'ai fait les mêmes calculs par ces parallaxes, et j'ai trouvé partout, à quelques dixièmes de seconde près, les mêmes distances que par le nonagésime. Ces petites différences étaient peut-être dues à ce que les ascensions droites et les longitudes ne s'accordaient pas entre elles à 1 ou 2 dixièmes de seconde, et je n'ai pas examiné plus scrupuleusement les deux opérations.

215. J'ai voulu voir ensuite ce que me donneraient les parallaxes de distance calculées directement suivant la méthode exposée (183); et j'ai trouvé les mêmes résultats que par les deux méthodes précédentes. Voici le type du calcul : vous déterminez par les formules ordinaires de trigonométrie, $N = ZS =$ distance soleil au zénit, et l'angle $PSZ = a$ (fig. 90); vous retranchez l'un de l'autre pour avoir ZSL, angle que fait la distance vraie des centres avec le vertical du soleil. Ici, $ZSL = S′ = S - a$.

Soit LV la parallaxe de hauteur, $LSV = \Pi$ sera la parallaxe angulaire au centre du soleil, vous aurez

$$\tan\Pi = \frac{\left(\dfrac{\sin\pi\cos ZS}{\sin SL}\right)\sin S′}{1 - \left(\dfrac{\sin\pi\cos ZS}{\sin SL}\right)\cos S′} = \frac{\left(\dfrac{\sin\pi\cos N}{\sin E}\right)\sin S′}{1 - \left(\dfrac{\sin\pi\cos N}{\sin E}\right)\cos S′},$$

vous en conclurez $S″ = ZSV = S′ + \Pi$. Alors

$$\cot SV = \cot(E + \pi) = \frac{\sin S″}{\sin S′}\left(\cot E - \frac{\sin\pi\cos N}{\sin E}\right)$$

$$= \left[\tan(90° - E) - \tan u\right]\frac{\sin S″}{\sin S′}$$

$$= \frac{\sin S″}{\sin S′}\left(\frac{\sin(90° - E - u)}{\cos(90° - E)\cos u}\right) = \frac{\sin S″\cos(u + E)}{\sin S′\sin E\cos u},$$

$$\tang SV = \tang(E + \pi) = \frac{\sin E \cos u \sin S'}{\cos(u + E)\sin S''},$$

et même
$$(E + \pi) = \frac{E \cos u \sin S'}{\cos(u + E)\sin S''}.$$

Pour avoir l'augmentation des diamètres, on fera

$$d : d' :: \sin ZL : \sin ZV,$$

or
$$ZL = ZS - SL \cos ZSL = N - E \cos S',$$

et
$$ZV - ZS - SV \cos ZSV = N - E' \cos S'',$$

$$\frac{d'}{d} = \frac{\sin ZV}{\sin ZL} = \frac{\sin(N - E' \cos S'')}{\sin(N - E \cos S')} = \frac{\sin N - \sin E' \cos S'' \cos N}{\sin N - \sin E \cos S' \cos N}$$

$$= \frac{1 - \sin E' \cos S'' \cot N}{1 - \sin E \cos S' \cot N} = 1 - \sin E' \cos S'' \cot N + \sin E \cos S' \cot N$$

$$= 1 + \cot N (\sin E \cos S' - \sin E' \cos S''),$$

$$a = d' - d = d \cot N (\sin E \cos S' - \sin E' \cos S'').$$

216. Par des calculs tout pareils, j'ai cherché les distances de 10′ en
10′ pour toute la durée de l'éclipse, et j'ai trouvé partout l'accord le
plus satisfaisant avec ce que m'avaient donné les parallaxes de longitude
et d'ascension droite; ensorte que ces trois méthodes sont de la même
exactitude : celle-ci n'emploie que l'angle au soleil S et la distance
vraie des centres E. J'ai donné, table première, page 403, ces deux
quantités, que je suppose déterminées d'avance. Il faut que la distance E
soit calculée avec la précision des dixièmes de seconde ; mais pour les
arcs et les angles qui ne sont que subsidiaires, on peut se contenter
des secondes, ou même des dixaines de secondes, comme pour le
nonagésime et sa hauteur. Voyez ci-après (page 441) la table des
distances apparentes de 10 en 10′ pour toute la durée de l'éclipse.

Calcul direct de la distance apparente.

Tems $9^h 10'$ $P = 42°30'$ $\Delta = 90 - D = 85°52'25''$ $S = 68°42'39''$ $E = 51'25''$.

$$
\begin{array}{lll}
\text{Cot H}\ldots\ 9.94430 & \text{tang P}\ldots\ 9.96205 & \sin\text{H}\ldots\ 9.87555 \\
\cos\text{P}\ldots\ 9.86763 & \sin y\ldots\ 9.73570 & \text{C. } \cos y\ldots\ 0.07624 \\
\text{tang } y = 32°57'53''\ \ 9.81193 & \text{C. } \sin(\Delta - y)\ldots\ 0.10204 & \cos(\Delta - y)\ldots\ 9.78698 \\
\Delta = 85.12.25 & \qquad\qquad 9.79979 & \cos\text{N}\ldots\ 9.73877 \\
\Delta - y = 52.14.32 & \text{tang } a = 32°14'15'' & \sin\varpi\ldots\ 8.19636 \\
& S = 68.42.39 & \text{C. } \sin\text{E}\ldots\ 1.82519 \\
& S' = S - a = 36.28.24 & \text{tang } u = 29°56'8''\ldots\ 9.76032 \\
& N = 56.46.16 & E = \quad 51.25 \\
\sin\varpi : \sin\text{E}\ldots\ 0.02155 & & u + E = 30.47.33 \\
\sin\text{N}\ldots\ 9.92246 & & \\
\qquad 9.94401 \ldots\ldots\ 9.94401 & & \\
\cos S'\ldots\ 9.90533 & \sin S'\ldots\ 9.77411 & \\
-0.70687\ldots\ 9.84934 & \text{C. } \log b\ldots\ 0.53294 & \\
+1.0 & \text{tang } \Pi = 60°41'0''\ \ 0.25106 & \\
0.29313 = b & S' = 36.28.24 & \\
& S'' = S' + \Pi = 97.\ 9.24 & \\
\end{array}
$$

$$
\begin{array}{lll}
\tfrac{1}{2}\odot = 15'57''0 & \cos u\ldots\ 9.93781 & d = 14'47''2\ldots\ 2.94802 \\
\tfrac{1}{2}\mathbb{C} = 14.47,2 & \text{C. } \cos(u+E)\ldots\ 0.06599 & \cot\text{N}\ldots\ 9.81631 \\
a = \quad 7,7 & \sin S'\ldots\ 9.77411 & \qquad 2.76433 \\
\sigma' = 30.51,9 & \text{C. } \sin S''\ldots\ 0.00340 & \sin\text{E}\ldots\ 8.17481 \\
& E\ldots\ 3.48926 & \cos S'\ldots\ 9.90533 \\
& E' = 31'\ 4''5\ \ 3.27057 & +6'',99\ldots\ 0.84447 \\
& \sigma' = 30.51,9 & \\
\text{distance des bords} = 12,6 & & -\ 2.76433 \\
& & \sin\text{E}'\ldots\ 7.95613 \\
& & \cos S'' -\ 9.09546 \\
& & +0'',66 +\ 9.81592 \\
\end{array}
$$

217. On remarquera dans le tableau qui va suivre, que les E′ croissent avec assez de régularité, si ce n'est vers le milieu de l'éclipse.

En interpolant les L et les Δ pour les minutes et même les demi-minutes, et calculant les E′, d'après cette interpolation, j'ai trouvé que la plus courte distance vers $10^h 38'$ était de 24″. Or le demi-diamètre du soleil est de 6″,1 plus grand que le demi-diamètre augmenté de la lune, la lune devait paraître toute entière sur le soleil et laisser tout autour d'elle un anneau qui n'était pas de la même largeur partout.

Le demi-diamètre du soleil est...................... 15′.57″

Le demi-diamètre apparent de la lune était alors de...... 14 .56

Ainsi l'anneau se sera formé à l'instant où la distance des

centres aura été de................................ 1 . 1

c'est-à-dire à 10ʰ 35′ 6″, comme il est aisé de le voir, sans calcul à l'inspection du tableau. L'anneau se sera rompu quand la différence sera redevenue de 1′ 1″, c'est-à-dire vers 10ʰ 40′ 35″, comme on le voit encore par le tableau qui montre qu'à 10ʰ 40′ la distance étoit 50″.5 avec une augmentation de 18″ par minute; or il fallait que la distance augmentât de 10″.5. Nous dirons donc

$$18'' : 60'' :: 10''.5 : x = \frac{10.5 \times 60}{18} = \frac{10.5 \times 20}{6} = \frac{210}{6} = 35^{\bullet};$$

la durée de l'anneau sera donc (10ʰ 40′ 35″— 10ʰ 35′ 6″) = 5′ 29″.

Supposons que le diamètre tabulaire de la lune soit trop fort de 2″ la différence des demi-diamètres sera 63″ au lieu de 61″, l'anneau commencera et finira quand la distance apparente sera de 63″;

$$18'' : 60'' \quad \text{ou} \quad 3 : 10 :: 2'' : \frac{20}{3} = 6''.666;$$

et par conséquent la durée de l'éclipse annulaire sera augmentée de 13″. On voit donc comment la durée de l'éclipse annulaire peut servir à corriger la demi-différence des diamètres; mais il faudrait être sûr d'observer à moins de 1″ la formation et la rupture de l'anneau, ce qui est fort douteux; car dans la dernière éclipse totale du soleil observée à Philadelphie, les astronomes n'ont pas été d'accord, à quelques secondes près, sur l'instant où le soleil a été entièrement éclipsé, ni sur celui où il a commencé à reparaître; quoique ces phénomènes paraissent encore plus aisés à observer.

Notre tableau sert encore à déterminer le commencement et la fin de l'éclipse. En effet nous avons vu qu'à 9ʰ 10′ la distance des bords était encore de 12″.6, le tableau montre qu'elle diminuait de 3′ 39″ et 10, ou de 21″.9 par minute; nous dirons

$$21''.9 : 60'' \text{ ou } 7.3 : 20 :: 12.6 : x = \frac{252}{7.3} = 34''.5;$$

ainsi l'éclipse à dû commencer à 9ʰ 10′ 35″ environ.

Nous ferons un calcul semblable pour la fin à 12ʰ 10′... E′ = 3o.5₇
La demi-somme des diamètres apparens est............   3o.5₄
                                                         ─────
L'éclipse était finie puisque la distance des bords était de 3″...   3″

Cette distance augmente de 199″ en 10′, ou de 20″ par minute, ou de ⅓ de seconde de degré par seconde de tems, il faudra donc ôter 9″ de 12ʰ 10′, et nous aurons la fin à 12ʰ 9′ 51″, d'après les élémens que nous avons employés.

218. Il n'était pas nécessaire, comme on voit, de faire tant de calculs, il nous suffisait d'avoir les distances apparentes pour 9ʰ 10′, 9ʰ 20′ et 9ʰ 3o′; 11ʰ 5o′; 12ʰ o′; 12ʰ 10′.

Nous avons trouvé la fin à.................... 12ʰ 9′ 51″
        le commencement à................... 9.10.35
                                              ─────────
Donc le milieu à........................... 10.40.13
Nous avons trouvé environ.................. 10.38

On voit que les deux moitiés de l'éclipse sont presque égales : ainsi après avoir trouvé le commencement et la fin, nous aurions conclu le milieu vers 10ʰ 40′, et nous aurions cherché E′ pour 10ʰ 38′, 10ʰ 40′ et 10ʰ 42′. Nous aurions fait en tout 9 calculs de distance apparente au lieu de 31; mais nous avons voulu montrer jusqu'à quel point on pouvait compter sur la régularité des variations de la distance apparente.

A 9ʰ 10′, c'est-à-dire, quelques secondes avant le commencement, notre méthode nous a donné ZSV = S′ + Π = S″ = 97° 9′ 24″; ainsi c'était à 97° 9′ du point le plus élevé du soleil, ou 7° au-dessus du diamètre horizontal que nous devions diriger la vue pour bien saisir le commencement de l'éclipse. Dans toute autre méthode, il faut un calcul tout exprès pour déterminer ce point d'entrée; ce point était entre le méridien et le vertical du soleil, c'est-à-dire à la droite de l'observateur, ou à gauche dans la lunette.

219. Supposons qu'on ait observé une éclipse dans un lieu dont la longitude est inconnue. On connaît toujours cette longitude à peu près, c'est-à-dire assez bien pour calculer la déclinaison du soleil. D'ailleurs on pourrait observer cette déclinaison au méridien et prendre dans une éphéméride le mouvement diurne en déclinaison. On sait l'heure du commencement, avec cette heure, la hauteur du pôle et la déclinaison,

on aura la distance zénitale du soleil à l'instant où l'éclipse a commencé ou fini.

Aussitôt après l'observation du commencement, mesurez avec le micromètre la différence ab de hauteur entre le bord du soleil et le point E par où la lune est entrée sur le soleil (fig. 95), vous aurez

$$\frac{Sa}{SE} = \sin SEa = \cos ESa = \frac{\frac{1}{2}\odot - dh}{\frac{1}{2}\odot} = 1 - \frac{dh}{\frac{1}{2}\odot};$$

$$1 - \cos ESa = 2\sin^2 \tfrac{1}{2}ESa = \frac{dh}{\frac{1}{2}\odot};$$

$$\sin^2 \tfrac{1}{2}ESa = \frac{\frac{1}{2}dh}{\frac{1}{2}\odot} = \left(\frac{dh}{\odot}\right); \quad \sin \tfrac{1}{2}ESa = \left(\frac{dh}{\odot}\right)^{\frac{1}{2}};$$

menez la perpendiculaire Vd

$$Sd = SV \cos ESa = \left(\tfrac{1}{2}\odot + \tfrac{1}{2}d\right)\cos ESa = \sigma \cos ESa;$$
$$Zd = ZS + Sd = (N + \sigma \cos ESa);$$
$$Bd = \varpi \sin Zd;$$
$$ZB = Zd - Bd = Zd - \varpi \sin Zd;$$
$$\sin Zd : \sin ZB :: Vd : LB = \frac{Vd \sin ZB}{\sin Zd} = \frac{SV \sin ESa \sin ZB}{\sin Zd} = \frac{\sigma \sin ESa \sin ZB}{\sin Zd};$$
$$Bd - Sd = BS; \quad \frac{LB}{SB} = \tang LSB; \quad SL = E = \frac{SB}{\cos LSB};$$

Vous aurez donc SL = distance vraie des centres; vous chercherez à quelle heure d'un méridien connu cette distance vraie avait lieu, vous comparerez cette heure à celle de l'observation, vous connaîtrez la différence des méridiens, non pas très-bien, mais assez pour faire le calcul dans deux hypothèses peu différentes; d'où vous conclurez la véritable différence des méridiens.

220. Un tableau tel que le suivant, calculé pour un lieu connu où l'on aura observé une éclipse, pourra servir ensuite à trouver la correction des tables, et par suite la différence des méridiens pour tous les lieux où l'on aura observé la même éclipse.

Pour le commencement de l'éclipse recommencez le calcul, en supposant la longitude plus grande de $10''$, et conservant tout le reste, et voyez de combien le contact sera avancé; supposons que ce soit de dt'.

En laissant la longitude telle qu'elle était, recommencez le calcul de E', en augmentant la distance polaire de $10''$, vous aurez un changement de tems que je suppose de dt''. (Voyez page 442.)

Distance

Distance apparente des centres à Paris.

Tems vrai à Paris.	Diff. apparente longitude.	Différ. apparente latitude.	Distance apparente des centres E'.	Variation pour 1' de tems.	Demi-diamètres apparens	Eclipse.
9ʰ10' 0"	—29' 48"2	—8' 48"2	31' 4"5	—21"92	30'51"9	— 0' 12"6
20. 0	26 17.3	7.48.4	27 25.3	21.71	30.52.0	+ 3 26.7
30. 0	22.48.7	6.48.0	23.48.2	21.55	30.52.1	+ 7. 3.9
40. 0	19.22.4	5.45.8	20 12.7	21.34	52 2	10 39.5
50. 0	15.58.2	4.43.6	16.39.3	21.16	52.3	14 13.0
10. 0. 0	12.36.1	3 40.9	13. 7.7	21.01	52.4	17 44.7
10. 0	9.15.9	2.36.7	9.37.6	20.83	52.5	21.14.9
20. 0	5.57.4	1.32.9	6. 9.3	20.61	52 6	24.43.5
30. 0	2.40.7	0.28.8	2.43.2	20 5	52.7	28. 9.5
35. 0	1. 2.6	—0. 3.9	1. 2.7	19.4	52.7	29 50.0
36. 0	0 42.3	+0. 9.1	0.43.3	15.5	52.8	Eclipse.
37. 0	0.23.0	0.17.4	0.28.8	— 8.6	52.8	
37.30	0.13.4	0.20.6	0.24.5	— 0.2	52.8	
38. 0	— 0. 3.7	0.24.1	0.24.4	+ 7.2	52 9	Annulaire.
38.30	+ 0. 5.5	0.27.5	0 28.0	13.4	52.9	
39. 0	0.15.6	0.31.0	0.34.7	15.8	30.53.0	
40. 0	0.34.8	0.36.6	0.50.5	18.1	30.53.0	
41. 0	0.54.0	0.42.3	1. 8.6	19.6	53.0	29.44.4
42. 0	1.13.3	0.49.1	1.28.2	20.2	53.1	29.24.0
43. 0	1.33.5	0.54.9	1.48.4	20.6	53.1	29. 4.7
44. 0	1.53.7	1. 1.7	2. 9.0	20 4	53.2	28.44.2
45. 0	2.12.8	1. 8.4	2.29.4	20.2	53.2	28 23.8
10.50. 0	3.48.6	1.41.3	4.10.1	20 29	53.3	28.13.2
11. 0. 0	7. 1.3	2.46.3	7.33.0	20.26	53.4	23.23.4
10. 0	10.13.0	3.52.4	10.55.6	20.19	53 5	19.57.9
20. 0	13.23.7	4.58.9	14.17.5	20.07	53.6	16.33.1
30. 0	16 33.7	6. 3.6	17.38.2	20.04	53.7	13.15.5
40. 0	19 43.1	7. 9.3	20.58.6	19.99	53.8	9.55.3
50. 0	22.53.0	8.14.8	24.18.5	19 95	53 9	6 35.4
12. 0. 0	25. 0.7	9.19.8	27.38.0	19.91	30 53 9	3 15.0
10. 0	29. 8.7	10.25.9	30.57.2			— 0. 3.3

Laissant la longitude et la distance polaire telles qu'elles étaient, supposez la parallaxe de 10″ plus petite, vous aurez un troisième changement que je suppose dt''' pour le commencement.

Laissant tout le reste comme il était, changez σ de 10″ et vous aurez dt^{iv}.

Le changement total pour 1″ de changement dans chacun de nos quatre élémens sera

$$dT = \left(\frac{dt'}{10}\right) dL + \left(\frac{dt''}{10}\right) d\Delta + \left(\frac{dt'''}{10}\right) d\varpi + \left(\frac{dt^{iv}}{10}\right) d\sigma.$$

J'appelle T le tems du commencement de l'éclipse suivant le calcul, $T + dT$ sera le tems observé; $(T + dT) - T = dT$, sera donc connu; c'est l'excès de l'observation sur le calcul, ou la correction dont le calcul a besoin.

Vous ferez des calculs semblables, et vous aurez une équation de même forme pour la fin observée dans un lieu connu.

Ces deux équations serviraient à déterminer dL et $d\Delta$; mais si vous en calculez deux autres pour un commencement et une fin d'éclipse observées dans d'autres lieux connus, en réunissant les quatre équations, vous trouverez la valeur des quatre inconnues, et cette manière sera encore plus sûre et plus exacte que la différentiation.

221. Nous avons supposé, dans toute cette théorie, que nous apercevons la lune sur le soleil, à l'instant même où les bords des deux astres sont sur le même rayon visuel, c'est-à-dire que les rayons du soleil arrivent de la région de la lune à nos yeux, dans un intervalle de tems trop petit pour être sensible et mériter d'être calculé. Cependant rien n'est moins sûr ni moins probable que cette assertion, voyons quelle peut être cette erreur.

Un rayon est parti du bord S du soleil (fig. 95); le tems qu'il met à venir du soleil à la lune est d'abord assez indifférent pour notre objet; car le soleil, lançant continuellement des atòmes lumineux, la lune, arrivant en L selon AL, intercepte le flux continuel de ces corpuscules qui composent la ligne SL; nous continuerons donc de voir le soleil pendant tout le tems que les atòmes qui forment le rayon LT mettent à venir jusqu'à notre œil. Ainsi, supposons que la lumière emploie 1″ à venir de la lune, nous verrons le soleil une seconde encore après le commencement réel de l'éclipse; l'éclipse commencera une seconde trop tard pour nous; mais, par la même raison, elle finira 1″ trop tard, et la durée restera la même. Mais, pendant cette seconde, la lune avancera de o″,5 en longitude : la longitude de la lune, conclue de l'éclipse d'après la longitude du soleil, sera donc plus faible de o″5 que la longitude vraie ; et cette erreur affectera toutes les observations à peu près de la même manière, car la lune étant toujours à peu près à la même distance de la terre, nous la verrons toujours à peu près une seconde trop tard ; elle sera toujours o″,5 plus avancée en longitude qu'elle ne nous paraîtra ; et si le soleil avance de 20″ dans le tems que la lumière mettra à venir du soleil, le soleil nous paraîtra toujours moins avancé de 20″ qu'il ne l'est en effet. Nous verrons par la suite que tels sont à peu près les mouvemens de la lune et du soleil, pendant le tems que la lumière met à venir du soleil et de la lune à la terre ; mais ces deux erreurs étant constantes, sont de nul effet, et l'on peut ici les négliger.

Nous supposons encore la terre immobile : si c'était elle qui fût en mouvement, ce serait encore la même chose ; mais il en résulterait d'autres phénomènes dont nous parlerons par la suite, quand nous aurons trouvé d'autres raisons qui rendent plus invraisemblable l'immobilité de la terre. (Voyez, tome III, le chapitre de l'Aberration.)

CHAPITRE XXVII.

Des Planètes.

1. Les planètes sont des astres errans, c'est ce que signifie le mot Πλαιήτησ en grec. Les anciens en comptaient sept, en mettant dans le nombre le Soleil et la Lune; les modernes en ont découvert cinq autres :

Planètes anciennes.	*Planètes modernes.*
☿ Mercure.	♅ Uranus ou Herschel.
♀ Vénus.	⚳ Cérès ou Piazzi.
♁ La Terre.	⚴ Pallas ou Olbers. 1ère.
♂ Mars.	⚵ Junon ou Harding.
♃ Jupiter.	⚶ Vesta ou Olbers. 2ème.
♄ Saturne.	

Les premières ont été connues de tout tems; elles sont visibles à la vue simple, et il suffisait de les suivre quelques jours pour apercevoir leurs mouvemens. Les dernières, Uranus excepté peut-être, ne sont visibles que dans les lunettes, ou même les quatre dernières sont difficiles à apercevoir.

2. Pour reconnaître une planète et mesurer son mouvement apparent, il n'y a rien de difficile; il suffit de l'observer plusieurs jours au méridien et d'en déduire par le calcul la longitude et la latitude; pour déterminer les règles de ce mouvement il y faut plus de réflexion; mais on va voir que le problème n'est pas insoluble.

Nous commencerons par la plus belle de toutes les planètes, celle qu'on a dû remarquer la première; c'est aussi celle qui offre en tout genre moins de difficulté; c'est Vénus, nommée aussi φωσφόροσ, *Lucifer*, ἕσπερϖσ ou *Vesper*; ou enfin l'étoile du Berger.

3. On la voit, en certains mois de l'année, au coucher du soleil et

même auparavant; c'est alors qu'elle porte le nom de *ἕσπερος, astre du soir;* on la voit ensuite le matin un peu avant le lever du soleil; ce qui lui a fait donner le nom de *φωσφόρος* ou porte lumière; on n'a pas su toujours que l'étoile du soir fût la même que celle du matin.

4. Je suppose donc que vers la fin de juillet 1807, vous ayez remarqué le soir vers le couchant une belle étoile qui ait attiré votre attention; que vous ayez dirigé votre lunette sur cet astre, vous aurez remarqué un disque bien terminé; pour cela il convient d'en diminuer la lumière trop vive en couvrant en partie l'objectif de la lunette.

Ce disque vous aura paru sensiblement dichotome ou en demi-cercle, dont la partie convexe était tournée vers le soleil. Vous aurez suivi cet astre jusqu'à son coucher, qui sera arrivé $1^h\ 35'$ après celui du soleil.

Si vous avez observé avec une machine parallactique, vous aurez la déclinaison de l'astre, son angle horaire et la différence d'ascension droite.

5. A défaut de machine parallactique, il faudrait observer l'azimut à l'instant du coucher; car dans le triangle PZV (fig. 96) on aurait PZ, $ZV = 90°\ 33'$ et l'angle Z, on calculerait PV et P. On comparerait cet angle horaire à celui du soleil ZPS pour le même instant. A défaut de cercle azimutal pour trouver l'azimut, on peut mesurer avec le cercle répétiteur la distance angulaire du soleil couchant à un objet terrestre, comme un clocher, ou une girouette, on calcule l'azimut du soleil pour en conclure l'azimut de l'objet terrestre; la distance de Vénus à ce point vous fera connaître également l'azimut de Vénus à son coucher.

6. On aurait ainsi SPV différence d'ascension droite entre Vénus et le soleil, et la distance PV au pôle; il n'en faut pas davantage pour observer Vénus au méridien, le lendemain et les jours suivans.

Ainsi le 2 août vous aurez trouvé la latitude $0°\ 31'$ australe, la différence de longitude $45°\ 42'$ et le diamètre $24''$.

7. Soit donc T (fig. 97) la terre, S le soleil, V Vénus; dans le triangle STV, vous connaissez ST, et l'angle $T = 45°\ 42'$, la ligne TV fait un angle de $0°\ 31'$ au-dessous du plan de l'écliptique; la convexité *abc* est tournée vers le soleil, vous voyez déjà que Vénus n'est pas dans l'écliptique. Vous ignorez encore à quelle distance elle est de la terre et du soleil, vous pouvez seulement conjecturer, avec beaucoup de

vraisemblance, qu'elle est pour le moment à la même distance du soleil et de la terre, puisque l'angle T est d'environ 45° et que l'angle V pourrait être droit, comme il l'est pour la lune dichotome. Les jours suivans, l'observateur aurait vu la latitude augmenter ainsi que le diamètre ; la première circonstance pourrait faire soupçonner que la planète se rapproche de la terre ; mais la seconde ne laisse là-dessus aucun doute, l'angle STV diminue de jour en jour.

Le 7 octobre, la latitude était de 7° 55′, après quoi elle a été en diminuant quoique la planète se rapprochât toujours et que le diamètre fût plus de 5o″ ; mais ce diamètre augmentant dans un sens diminuait de largeur.

Vénus a un croissant très-sensible et toujours la convexité regarde le soleil ; l'angle STV n'est plus que de 12° 56′.

On peut observer Vénus quoique se rapprochant toujours du soleil ; elle passe enfin au méridien presqu'au même instant, alors sa longitude diminue tous les jours, elle est rétrograde. Le croissant va toujours diminuant et le jour de la conjonction la ligne des cornes, qui avait toujours été très-oblique à l'horizon, devient parallèle à l'écliptique ; mais pour que Vénus soit visible en conjonction, il faut que la latitude soit de 1° environ, la ligne des cornes est alors la plus grande.

Vers le 17 novembre, la latitude qui avait diminué constamment s'est réduite à zéro, le croissant était plus étroit encore et le diamètre de 52″ ; STV = 58° 8′.

La latitude en octobre et novembre a toujours été australe ; Vénus était donc alors au-dessous de l'écliptique, nous voilà donc sûrs que le plan dans lequel elle se meut (si c'est un plan) est incliné à l'écliptique.

8. A l'instant où Vénus était dans l'écliptique on la voyait de la terre sur un rayon TV (fig. 98) qui faisait un angle de 196° 2′ avec le premier point de l'écliptique ; le soleil se voyait sur un rayon ST qui faisait un angle de 59° avec TV. Si le plan de l'orbite de Vénus passait par la terre, la ligne TV serait l'intersection des plans, et Vénus devrait nous paraître sans latitude toutes les fois qu'elle aurait 196° de longitude ou 16° ; à 196° elle monterait au-dessus de l'écliptique, elle serait dans son nœud ascendant ; à 16° elle descendrait au-dessous et serait dans son nœud descendant.

Pour lever le doute, il faudrait attendre que Vénus fût à 16° de longitude ; mais nous n'aurons pas besoin d'attendre si long-tems.

Le 2 août, quand la latitude était — 31′ elle avait 6′ de mouvement par jour, ainsi Vénus avait été dans l'écliptique cinq jours auparavant, ou le 27 juillet.

Le 17 novembre, elle passe de nouveau par l'écliptique, l'intervalle est de 113 jours.

La latitude, les jours suivans, a toujours augmenté jusqu'à 3° 13′ 8″, elle a diminué ensuite : les deux latitudes les plus grandes sont inégales; ce qui fait déjà douter que le plan de l'orbite de Vénus passe par la terre.

Le diamètre diminue à mesure que STV' augmente. Du 28 au 30 décembre, Vénus est redevenue dichotome et son diamètre de 24″, comme la première fois; l'angle STV' est devenu de 43° 47′ environ.

Les jours suivans la latitude augmente, le diamètre diminue; Vénus continue donc de s'éloigner de la terre. Il résulte des phases et des diamètres observés, que l'orbite de Vénus nous tourne sa convexité, et par conséquent que la terre n'est pas le centre de ses mouvemens. A mesure que le diamètre diminue, il devient plus rond.

Vers le 8 mars 1808, la latitude redevient nulle, la longitude est de 10ˢ.1°, et non pas 6ˢ.16°; donc l'intersection des plans ne passe pas par la terre, le diamètre était alors de 14″.

9. Du 17 novembre 1807 au 8 mars 1808, c'est-à-dire d'un nœud à l'autre, il s'est écoulé 112 jours; donc si l'orbite est coupée en deux parties égales par le plan de l'écliptique, et que cette orbite ne soit pas considérablement excentrique, le tems de la révolution de Vénus doit être de 224 jours environ; mais par les observations du 2 août et du 17 novembre, nous avions trouvé 113 l'intervalle d'un nœud à l'autre.

Donc le retour au même nœud a lieu en 225 jours, c'est le tems de la révolution, à moins que le nœud n'ait un mouvement sensible.

En comparant ainsi plusieurs passages par le même nœud, on trouvera 224ʲ 16ʰ 42′ 27″.5

10. Le diamètre continue à diminuer et à s'arrondir, l'élongation diminue continuellement. Vénus s'était presque perdue dans les rayons solaires, ou du moins elle était difficile à distinguer, parce que son diamètre était réduit à 10″. La planète était alors toute ronde.

Elle repasse ensuite de l'autre côté du soleil, c'est-à-dire à l'orient; son disque en augmentant se rétrécit et la partie éclairée étant dans tous les tems tournée vers le soleil, on en conclura que Vénus n'a qu'une lumière empruntée du soleil, et le soleil paraîtra devoir être très-probablement le centre de ses mouvemens.

Il est sûr au moins que ce n'est pas la terre qui est le centre, car en comparant les diamètres aux élongations, on voit que la courbe décrite par Vénus tourne sa convexité à la terre et sa concavité au soleil.

11. Le diamètre dans la plus grande proximité est 60″; dans la plus grande distance il est d'environ 10″; les diamètres étant dans la raison inverse des distances, celles-ci sont donc entre elles :: 10 : 60.

Si Vénus tourne autour du soleil à la distance r on aura

$$10 : 60 :: 1 - r : 1 + r, \quad \text{ou} \quad 60 + 10 : 60 - 10 :: 2 : 2r :: 1 : r = \tfrac{50}{70}.$$

La distance de Vénus au soleil doit être de 0,72 environ de la distance moyenne du soleil à la terre.

12. Nous avons observé les plus grandes élongations de 45° 45′ et 45° 39′, ou 45° 42′ par un milieu : Vénus était à peu près dichotome ; quand elle est dichotome, l'angle à Vénus entre le soleil et la terre doit être de 90°, l'angle au soleil sera 44° 18′ environ ; ce qui donnera pour la distance du soleil à Vénus 0,72 environ : tout cela s'accorde déjà passablement.

Si la plus grande digression est de 45° 42′, nous aurons plus exactement $r = R \sin$ digression. Ainsi par plusieurs comparaisons de cette espèce, on a $r = 0,723$.

Si la terre et Vénus tournent autour du soleil, en vertu d'une force centrale résidant dans le soleil, on a, d'après la deuxième loi de Képler,

$$T^2 : t^2 :: R^3 : r^3, \quad \text{ou} \quad r^3 = \frac{R^3 t^2}{T^2} \quad \text{et} \quad r = \frac{R t^{\frac{2}{3}}}{T^{\frac{2}{3}}} = 0,72333.$$

Tout cela s'accorde trop bien pour laisser le moindre doute ; nous pourrons donc supposer avec beaucoup de vraisemblance, que Vénus décrit autour du soleil une courbe presque circulaire, dont la distance moyenne au soleil $= 0,72333$.

Ceci ajoute encore aux fortes présomptions déjà acquises du mouvement de la terre autour du soleil.

13. La plus grande distance de Vénus à la terre sera 1,7233 ; la plus petite

petite 0,2769 : si le diamètre de Vénus nous paraît de 24″ à la distance 0,7, il sera de 16,8 à la distance du soleil; le demi-diamètre sera donc de 8,4 environ.

Si la parallaxe du soleil est de 8″.7, ce sera aussi le demi-diamètre de la terre à la distance 1; le rayon du globe de Vénus est donc un peu moindre que celui de la terre; Vénus est donc presque aussi grosse que la terre.

Et si Vénus tourne autour du soleil pourquoi la terre ne tournerait-elle pas de même : ne décidons pourtant rien encore, mais comparons les deux hypothèses.

14. Vénus, en tournant autour du soleil, s'est trouvée sans latitude en V et V′ (fig. 99) sur la ligne des nœuds qui passe par le soleil. Vénus, le soleil et la terre étaient alors dans un même plan qui passe par le soleil, et qui est le plan de l'écliptique. On a

$$VST + TST' + T'SV' = 180°, \quad TST' = 180° - VST - V'ST'.$$

Nous connaissons les angles T, T', les côtés VS, ST, $V'S$, ST', et nous aurons

$$SV : ST :: \sin T : \sin V; \quad SV' : ST' :: \sin T' : \sin V';$$

nous connaîtrons ainsi

$$VST = 180° - T - V \quad et \quad T'SV' = 180° - T' - V';$$

nous pourrons calculer

$$TST' = 180° - 180° + T + V - 180° + T' + V'$$
$$= T + V + T' + V' - 180°;$$

TST', calculé par cette formule, se trouve en effet égal mouvement de la terre dans l'intervalle.

Ainsi l'on satisfait aux observations, en supposant que la terre et Vénus tournent autour du soleil, et que la ligne des nœuds est immobile et invariable au centre du soleil.

15. Supposons maintenant la terre immobile en T (fig. 99), nous serons forcés de donner au soleil un mouvement $STS' = TST'$; nous aurons, comme dans la première hypothèse, l'élongation observée; nous aurons

aussi la même quantité pour la distance TV' de Vénus à la terre, car les distances sont en raison inverse des diamètres observés 23 et 41 ; donc

$$TV : TV' :: 21 : 43, \quad \text{ou} \quad TV' = \left(\tfrac{21}{43}\right) TV ;$$

donc les triangles $T'V'S$ et $TV'S'$ des deux hypothèses sont égaux et semblables, car ils ont un angle égal, l'élongation, compris entre deux côtés égaux chacun à chacun, qui sont les distances de la terre au soleil et à Vénus ; ces trois quantités sont également indépendantes de toute hypothèse : donc le troisième côté sera égal dans les deux triangles ; donc $SV = S'V' = SV'$.

Donc les angles au soleil et à Vénus seront les mêmes dans les deux hypothèses ; donc la ligne des nœuds $V'S'$ fera le même angle avec le rayon vecteur de la terre ; donc nous trouverons les mêmes longitudes pour les nœuds.

Dans l'hypothèse de Copernic, la ligne des nœuds est immobile, et l'angle qu'elle fait avec le rayon vecteur de la terre, varie à chaque instant par le mouvement de la terre : dans le système qui fait mouvoir le soleil, l'angle du rayon avec la ligne des nœuds varie à chaque instant par le mouvement du soleil ; la ligne des nœuds est donc également invariable au centre du soleil, soit que cet astre soit en repos, soit qu'il se meuve autour de la terre ; elle est vraiment immobile dans le premier système, elle est toujours parallèle à elle-même dans le second. Il est visible que TS', TV', $V'S'$ sont parallèles à ST', $T'V'$ et SV'.

16. Nous connaissons la longitude de la terre vue du soleil $= 180° + \odot$; nous sommes en état de calculer l'angle $VST = 180° - TSV'$, nous saurons vers quels points du ciel se dirige la ligne des nœuds VSV', et nous trouverons que le nœud ascendant est en $2^s.15°$, et le nœud descendant en $8^s.15°$ environ.

J'ai trouvé $2^s.13°\,30'$ dans l'une des hypothèses, $2^s.16°\,30'$ dans l'autre : ces calculs s'accordent donc aussi bien qu'on peut l'espérer de données aussi peu précises que le sont des diamètres observés.

17. Il reste à déterminer l'inclinaison du plan de l'orbite de Vénus sur l'écliptique, ou l'angle que ce plan fait à l'intersection VSV' avec l'écliptique.

Le moyen le plus simple serait de déterminer le moment d'une conjonction inférieure dans laquelle Vénus aurait une latitude assez grande; cette circonstance donnera à la fois plus de précision au calcul et plus de facilité pour l'observation. Quand le diamètre de Vénus augmente et que l'élongation de Vénus diminue de jour en jour, observez-la continuellement au méridien.

En calculant tous les jours la longitude et la latitude d'après l'observation, vous remarquerez que la longitude est décroissante; que la planète au lieu d'avancer rétrograde; vous remarquerez en outre que le mouvement est très-uniforme.

Un jour elle passera au méridien très-peu de tems après le soleil, et le lendemain elle passera un peu avant. Le premier jour sa longitude était plus grande que celle du soleil, le lendemain elle était plus petite.

Vous trouverez par une simple règle de trois à quel moment elle avait même longitude exactement que le soleil; c'est le moment de la conjonction inférieure. Vous calculerez le lieu du soleil pour ce moment, vous y ajouterez 180°, ce sera la longitude de la terre vue du soleil; ce sera aussi la longitude de Vénus, puisque le soleil, Vénus et la terre se trouvent dans un même plan perpendiculaire à l'écliptique.

18. Vous calculerez de la même manière la latitude de Vénus vue de la terre pour l'instant de la conjonction : cela posé,

Soit (fig. 100) T la terre, S le soleil, V Vénus : menez VS et TVN, et abaissez la perpendiculaire VE sur l'écliptique. VTS sera la latitude observée ou la latitude géocentrique; VST la latitude vue du soleil, ou la latitude héliocentrique. le triangle STV donne

$$\mathrm{TS : SV :: \sin TVS : \sin T} = \left(\frac{\mathrm{SV}}{\mathrm{TS}}\right) \sin \mathrm{NVS},$$

$$\text{ou} \qquad \sin \mathrm{T} = \frac{v}{\mathrm{V}} \sin (\mathrm{T}+\mathrm{S}), \quad \text{ou} \quad \sin (\mathrm{T}+\mathrm{S}) = \left(\frac{\mathrm{V}}{v}\right) \sin \mathrm{T};$$

$$\text{d'où} \qquad \mathrm{S} = (\mathrm{T}+\mathrm{S}) - \mathrm{T};$$

vous aurez directement, v étant ici la distance accourcie,

$$\operatorname{tang} \mathrm{S} = \frac{\left(\dfrac{v}{\mathrm{V}}\right)\sin \mathrm{T}}{1 - \left(\dfrac{v}{\mathrm{V}}\right)\cos \mathrm{T}}.$$

L'angle TVS détermine le segment de Vénus, qui est éclairé et visible en conjonction; il a pour expression

$$2\delta \cos^2 \tfrac{1}{2}(TVS) = 2\delta \cos^2 \tfrac{1}{2}(180° - NVS)$$
$$= 2\delta \cos^2 (90° - \tfrac{1}{2} NVS) = 2\delta \sin^2 \tfrac{1}{2}(NVS) = 2\delta \sin^2 \tfrac{1}{2}(h+g);$$

δ étant le demi-diamètre, h et g les deux latitudes.

19. Soit u la longitude héliocentrique de Vénus $= \text{♀} = 180° + \odot$. Vous savez que le nœud ascendant est en $2^s\, 15°$; $u - \Omega =$ distance au nœud $= 180° + \odot - 2^s\, 15° = 3^s\, 15° + \odot$. Or dans toute orbite inclinée d'un angle I, on a

$$\text{tang latit} = \text{tang } VE\,(\text{fig } 101) = \sin EI \text{ tang } I,$$
$$= \text{tang } S\,(\text{fig. } 100) = \sin(u - \Omega) \text{ tang } I,$$

$u - \Omega$ est compté sur l'écliptique, et $\text{tang } I = \dfrac{\text{tang } S}{\sin(u - \Omega)}$. Ainsi l'inclinaison de Vénus sera de $3°23'$.

Si Vénus se trouvait en conjonction inférieure, et à 90° du nœud, on aurait tang latit. géoc $= \dfrac{\text{tang } 3°\,23'}{0,2767} = 12°\,30'$.

Si Vénus se trouvait en conjonction supérieure et à 90° du nœud, on aurait tang latit géoc $= \dfrac{\text{tang } 3°\,23'}{1,7233} = 1°\,58'$.

La latitude géocentrique serait donc de 12° en conjonction inférieure, et de 2° en conjonction supérieure.

20. Ainsi pour que Vénus fût toujours dans le zodiaque, il faudrait que le zodiaque eût 24° de largeur. Mais nous avons vu que la plus grande latitude australe n'a pas surpassé 7° 55'; que la plus grande latitude boréale ne passait pas 5° 13', la somme n'est que de 11° 8'. Il ne faudrait donc guère plus de 11° au zodiaque; mais en doublant la plus grande latitude, on a fait le zodiaque de 16° de largeur. Vénus est de toutes les planètes anciennement connues, celle dont la latitude est la plus grande. Les latitudes de 12° ne pourraient avoir lieu que si Vénus était à la fois en conjonction inférieure, et à 90° de ses nœuds, ce qui arrive bien rarement. D'ailleurs, quand on a fixé la largeur du zodiaque, on n'observait pas les conjonctions.

21. Cette méthode est facile et générale; on peut la pratiquer aux conjonctions inférieures où la latitude géocentrique passe 4°. En voici une autre qui a d'autres avantages.

Le nœud de Vénus est en 2^s $15°$. Déterminez le tems où la terre aura 2^s $15°$, ou 8^s $15°$ de longitude héliocentrique, ou le soleil 8^s $15°$ et 2^s $15°$ de longitude ; vous déterminerez ce moment par les calculs du lieu du soleil ; le jour où la terre aura cette longitude, observez Vénus, son élongation STE, et la latitude géocentrique VTE.

Si vous observez Vénus plusieurs jours de suite vers cette époque, vous verrez facilement par le changement diurne de l'élongation et de la latitude, quelle sera l'élongation et la latitude à l'instant où la terre se sera trouvée dans la ligne des nœuds ST ; alors vous aurez

$$\text{VE} = \text{TE tang VTE} = \text{SE tang VSE},$$

et par conséquent,

$$\text{tang VSE} = \frac{\text{TE}}{\text{SE}} \text{ tang VTE} \quad \text{ou} \quad \text{tang H} = \frac{\text{TE}}{\text{SE}} \text{ tang G} = \frac{\sin S}{\sin T} \text{ tang G.}$$

Mais l'angle S sera la distance de Vénus à son nœud, comptée sur l'écliptique ; donc

$$\text{tang H} = \text{tang I } \sin S = \frac{\sin S}{\sin T} \text{ tang G} ;$$

donc

$$\text{tang I} = \frac{\text{tang G}}{\sin T}, \quad \text{ou} \quad \text{tang inclinaison} = \frac{\text{tang latit. géocent.}}{\sin \text{élongation}}.$$

Vous pourrez pratiquer cette méthode deux fois par an, et le calcul est d'une grande simplicité.

22. Nous savons donc que la distance moyenne de Vénus au soleil, est de $0,72333$; que le tems de sa révolution est de 224^j 16^h $41'$; que son nœud est 2^s $15°$; que son inclinaison est de $3°$ $23'$ environ.

Nous sommes en état de vérifier si l'orbite est circulaire ou elliptique.

Le mouvement diurne étant $\frac{360°}{225^j 16^h 41'} = \frac{1°}{0,6241531}$, vous ferez une table de ces mouvemens pour tous les jours de l'année, et pour 1, 2, 3, 4, etc. années, enfin, pour les heures et les minutes.

Une conjonction inférieure vous donnera la longitude en conjonction.

Ayant la longitude E, vous aurez ΩE distance au nœud sur l'écliptique

$$\Omega V = \Omega E + \text{tang}^2 \tfrac{1}{2} I \sin 2\Omega E + \tfrac{1}{2} \text{tang}^4 \tfrac{1}{2} I \sin 4\Omega E + \tfrac{1}{3} \text{tang}^6 \tfrac{1}{2} I \sin 6\Omega E + \text{etc.}$$

Vous aurez donc

$$\text{☊}V = \text{☊}E + 180'',80 \sin 2\text{☊}E + 0''0792 \sin 4\text{☊}E + \text{etc.}$$

La longitude du point $\text{☊} = 2^s\,15°$; la longitude de V sera

$$2^s\,15° + \text{☊}V = 2^s\,15° + \text{☊}E + \tan^2 \tfrac{1}{2}I \sin 2\text{☊}E + \text{etc.}$$

23. Le point ☊ qui est commun à l'écliptique et à l'orbite de Vénus, est $2^s\,15°$ sur l'écliptique; nous l'appellerons aussi $2^s\,15°$ sur l'orbite de Vénus, et nous prendrons pour zéro, le point moins avancé que ☊ de $2^s\,15°$, ce qui est sans inconvénient, puisque sur un cercle on peut prendre un point quelconque pour point de départ; et nous trouvons cet avantage, que les calculs en seront plus simples, puisque le point ☊ sera toujours désigné par le même nombre, soit qu'on le considère comme appartenant à l'orbite de la terre, ou à celle de Vénus.

24. Que les planètes décrivent des orbites elliptiques ou non, les mouvemens angulaires autour du foyer ou du centre, ne peuvent se mesurer par les arcs elliptiques, mais par les arcs d'un cercle qui a son centre au foyer ou au centre des mouvemens, et qui est décrit d'un rayon arbitraire.

Nous saurons donc dans tout tems, trouver la longitude moyenne de Vénus sur son orbite, sa distance au nœud, sa latitude héliocentrique, sa longitude réduite à l'écliptique; mais pour en conclure le lieu de Vénus, vu de la terre, il faut des méthodes qui soient faciles, parce que ce problème est d'un usage continuel.

25. Nous avons pour un moment quelconque, la longitude de la terre vue du soleil $= \odot + 180°$; la longitude de Vénus sur son orbite et sur l'écliptique; or longitude Vénus $— 180° — \odot = TSV =$ angle au soleil $=$ commutation; nous connaissons TS et $SV = v \cos\lambda$, λ étant la latitude héliocentrique, V et v les deux rayons vecteurs

$$\tan T\,(\text{fig. }103) = \frac{MV}{TM} = \frac{SV \sin S}{ST - SM} = \frac{v\cos\lambda \sin S}{V - v\cos\lambda \cos MSV}$$

$$= \frac{v\cos\lambda \sin S}{V - v\cos\lambda \cos S} = \frac{\dfrac{v}{V}\cos\lambda \sin S}{1 - \dfrac{v\cos\lambda}{V}\cos S};$$

alors longitude géocentrique de Vénus $=$ long $\odot — T$.

Nous avons déjà vu (n° 20) que $\tan G = \frac{\sin T}{\sin S} \tan \lambda$; nous connaîtrons donc la latitude géocentrique G.

Nous pourrons donc en tout tems calculer le lieu héliocentrique de
Vénus dans son cercle, en conclure le lieu géocentrique, et le comparer aux lieux observés de Vénus, et par cette comparaison, reconnaître ou déterminer l'équation du centre.

26. Les formules que nous venons de donner ne sont pas tout-à-fait
celles dont on fait usage communément.

La trigonométric rectiligne donne, P étant l'angle à la planète,

$$\tan \tfrac{1}{2}(P-T) = \frac{\cot \tfrac{1}{2} S\,(V - v\cos\lambda)}{V + v\cos\lambda} = \cot \tfrac{1}{2} S\,\frac{1 - \frac{v}{V}\cos\lambda}{1 + \frac{v}{V}\cos\lambda}$$

$$= \cot \tfrac{1}{2} S\left(\frac{1 - \tan x}{1 + \tan x}\right) = \cot \tfrac{1}{2} S\,\frac{\tan 45° - \tan x}{\tan 45° + \tan x}$$

$$= \cot \tfrac{1}{2} S\,\frac{\sin(45°-x)}{\sin(45°+x)} = \cot \tfrac{1}{2} S\,\frac{\cos(45°+x)}{\sin(45°+x)}$$

$$= \cot \tfrac{1}{2} S \cot(45°+x).$$

On fait donc $\tan x = \frac{v\cos\lambda}{V}$, et l'on a

$\tan \tfrac{1}{2}(P-T) = \cot \tfrac{1}{2} S \cot(45°+x)$,
l'angle à Vénus $= 90° - \tfrac{1}{2} S + \tfrac{1}{2}(P-T)$, $T = 90° - \tfrac{1}{2} S - \tfrac{1}{2}(P-T)$;

long. géoc. $= \odot - 90° + \tfrac{1}{2} S + \tfrac{1}{2}(P-T) = \odot + \tfrac{1}{2} S - \left(90° - \frac{P-T}{2}\right)$.

Soit donc $\cot u = \cot \tfrac{1}{2} S \cot(45°+x)$, ou $\tan u = \tan \tfrac{1}{2} S \tan(45°+x)$
et long. géoc. $= \odot + \tfrac{1}{2} S - u$, ou bien

$$\tan T = \frac{\frac{v\cos\lambda}{V}\sin S}{1 - \frac{v\cos\lambda}{V}\cos S} = \frac{\tan\varphi}{1 - \tan\varphi \cot S}$$

$$= \frac{\sin\varphi\sin S}{\cos\varphi\sin S - \sin\varphi\cos S} = \frac{\sin\varphi\sin S}{\sin(S - \varphi)}.$$

L'angle auxiliaire φ sera toujours aigu; mais il sera négatif quand
$\tfrac{1}{2} S > 90°$, ou que $S > 180°$, alors $(S-\varphi)$ deviendra $(S+\varphi)$.

27. Pour la latitude, il n'y a rien à changer à la formule ci-dessus ;

$$\operatorname{tang} G = \frac{\operatorname{tang} \lambda \sin T}{\sin S};$$

Pour la distance TE de Vénus à la terre, dans le plan de l'écliptique ,

$$\sin T : \sin S :: SE : TE = \frac{SE \sin S}{\sin T} = \frac{\nu \cos \lambda \sin S}{\sin T} = \frac{\nu \cos \lambda \operatorname{tang} \lambda}{\operatorname{tang} G}$$

$$= \nu \sin \lambda \cot G = R \cos T + \nu \cos \lambda \cos P.$$

Pour la distance des centres,

$$TV = \frac{TE}{\cos G} = \frac{\nu \sin \lambda \cot G}{\cos G} = \frac{\nu \sin \lambda}{\sin G}.$$

28. La parallaxe d'une planète est l'angle sous lequel la planète voit le demi-diamètre de la terre. Cette parallaxe est en raison inverse de la distance à la distance moyenne du soleil à la terre ; le demi-diamètre de la terre est vu du soleil sous un angle de $8'',7$; la parallaxe horizontale de la planète sera donc

$$\frac{8''7}{TV} = \frac{8''7 \sin G}{\nu \sin \lambda} = \frac{8'',7 \sin G}{(\nu \cos \lambda)\operatorname{tang} \lambda}.$$

Le diamètre de Vénus à la distance moyenne du soleil est de $8'',2735$; le demi-diamètre à la distance actuelle de Vénus à la terre $= \dfrac{8'',2735}{TV}$; $\dfrac{\text{diamètre apparent}}{\text{parallaxe horizontale}} = \dfrac{8''2735}{8'',7}$; la partie éclairée et visible du disque $= \cos^2 \tfrac{1}{2} TVS = \cos^2 \tfrac{1}{2}$ (angle à la planète).

Ces formules serviront pour toutes les planètes, en mettant pour V et ν les valeurs particulières à ces planètes.

29. Tang $L = \dfrac{\operatorname{tang} \odot - \operatorname{tang} T}{1 + \operatorname{tang} \odot \operatorname{tang} T}$; en substituant à la place de tang T sa valeur $\dfrac{\nu \cos \lambda \cos S}{V - \nu \cos \lambda \cos S}$, on aura

$$\operatorname{tang} L = \frac{(V - \nu \cos \lambda \cos S)\operatorname{tang} \odot - \nu \cos \lambda \sin S}{(V - \nu \cos \lambda \cos S) + \nu \cos \lambda \sin S \operatorname{tang} \odot}$$

$$= \frac{V \sin \odot - \nu \cos \lambda \cos S \sin \odot - \nu \cos \lambda \sin S \cos \odot}{V \cos \odot - \nu \cos \lambda \cos S \cos \odot + \nu \cos \lambda \sin S \sin \odot} = \frac{V \sin \odot - \nu \cos \lambda \sin (\odot + S)}{V \cos \odot - \nu \cos \lambda \cos (\odot + S)}.$$

Mais

Mais soit P la longitude héliocentrique de la planète sur l'écliptique, $S = P - ☋ = P - ☉ - 180°$; donc $☉ + S = P - 180°$, et par conséquent,

$$\tan L = \frac{V \sin ☉ + v \cos \lambda \sin P}{V \cos ☉ + v \cos \lambda \cos P};$$

d'où

$$\frac{\sin L}{\cos L} = \frac{V \sin ☉ + v \cos \lambda \sin P}{V \cos ☉ + v \cos \lambda \cos P}$$

$$(V \cos ☉ + v \cos \lambda \cos P) \sin L = (V \sin ☉ + v \cos \lambda \sin P) \cos L$$

$$\frac{V \cos ☉ + v \cos \lambda \cos P}{\cos L} = \frac{v \sin ☉ + v \cos \lambda \sin P}{\sin L}.$$

On peut arriver à la même formule d'une autre manière (fig. 104).

Soit $S\Upsilon$ le rayon de l'écliptique mené du soleil au point équinoxial, ST le rayon vecteur de la terre, SV celui de Vénus réduit à l'écliptique. Vous aurez $ST = V$ et $SV = v \cos \lambda$, λ étant la latitude héliocentrique.

$$Sb = V \cos ☋ = - V \cos ☉, \quad Vc = v \cos \lambda \sin P,$$
$$bc = Ta = - V \cos ☉ - v \cos \lambda \cos P, \quad Tb = V \sin ☋ = - R \sin ☉,$$
$$Vc = v \cos \lambda \sin P, \quad Va = Vc - Tb = \cos \lambda \sin P + V \sin ☉.$$

Menez $aT\Upsilon'$ parallèle à $S\Upsilon$, $\Upsilon'TV$ sera la longitude géocentrique de Vénus, et vous aurez

$$\tan \Upsilon'TV = \tan (180° - VTa) = - \tan VTa = - \frac{Va}{aT} = - \frac{Va}{bc}$$
$$= + \frac{V \sin ☉ + v \cos \lambda \sin P}{V \cos ☉ + v \cos \lambda \cos P}.$$

Mais on a aussi TV distance de la terre à Vénus $= \dfrac{Ta}{\cos VTa} = \dfrac{bc}{\cos VTa}$

$$= \frac{Sb - Sc}{- \cos \text{longit.}} = \frac{V \cos ☋ - v \cos \lambda \cos P}{- \cos \text{longit.}}, \quad \text{et } \tan G = \frac{SV}{TV} \tan \lambda; \text{ donc}$$

$$\tan G = - \frac{r \cos \lambda \cos \text{longit.} \tan \lambda}{R \cos ☋ - r \cos \lambda \cos P} = \frac{r \sin \lambda \cos \text{longit.}}{R \cos ☉ + r \cos \lambda \cos P}.$$

On a encore

$$TV = \frac{Ta}{\cos T Va} = - \frac{Ta}{\cos L} = - \frac{bc}{\cos L} = - \frac{V \cos ☋ - v \cos \lambda \cos P}{\cos L}$$
$$= - \frac{V \cos ☉ - v \cos \lambda \cos P}{\cos L} = \frac{V \cos ☉ + v \cos \lambda \cos P}{\cos L}$$
$$= \frac{V \sin ☉ + v \cos \lambda \sin P}{\sin L},$$

$$\tan G = \frac{v \cos \lambda \tan \lambda}{TV} = \frac{v \cos \lambda \cos L}{V \cos ☉ + v \cos \lambda \cos P} = \frac{v \cos \lambda \tan I \sin (P - ☊)}{V \cos ☉ + V \cos \lambda \cos P}.$$

2.

Quand on connaît S et T, on a

$$\sin (S + T) : V :: \sin S : TV = \frac{V \sin S}{\sin (S + T)}$$

$$\sin T : \sin S :: v \cos \lambda : TV = \frac{v \cos \lambda \sin S}{\sin T} ;$$

$$\text{parallaxe horizontale} = \frac{8'',7}{TV} = \frac{8'',7 \sin(S+T)}{V \sin S} = \frac{8'',7 \sin T}{v \cos \lambda \sin S} ,$$

$$\text{diamètre actuel} = \frac{\delta}{TV} .$$

30. L'angle au soleil s'appelle *commutation*; ce terme de convention signifie à peu près la même chose que parallaxe.

L'angle à la terre s'appelle *élongation*.

L'angle à la planète *parallaxe annuelle* : c'est la différence des lieux de la planète, vue du soleil et de la terre; on l'appelle aussi *parallaxe du grand orbe*, et *prostaphérèse* de l'orbe.

Le triangle entre le soleil, la planète et la terre, est comme un point, en comparaison du grand cercle de la sphère étoilée.

La terre en T (fig. 105) voit la planète P en A ; le soleil la voit en B ; la différence est l'angle P, qui a pour mesure $\frac{1}{2}$ AB $+ \frac{1}{2}$ ab.

Si P était le centre du cercle, on aurait

$$P = AB = ab = \tfrac{1}{2} AB + \tfrac{1}{2} ab ;$$

mais entre AB et *ab*, la différence est insensible.

T est de même la différence des lieux de la terre, vue du soleil et de la planète, et l'on suppose T $= Ac = aC$; enfin S est la différence des lieux du soleil, vu de la terre et de la planète, et S $= BC = bc$.

Ces trois angles sont des parallaxes ; il n'y a que le lieu de l'observateur qui soit changé. Les six lieux A, B, C, *a, b, c* sont dans un même grand cercle de la sphère.

31. La formule $\tan L = \dfrac{V \sin \odot + v \cos \lambda \sin P}{V \cos \odot + v \cos \lambda \cos P}$, facile à retenir, donnerait toujours la longitude sans ambiguité. Cette formule peut s'écrire ainsi, en faisant $\tan u = \dfrac{v}{V} \dfrac{\cos \lambda}{\cos \odot} \sin P$,

$$\tan L = \frac{\tan \odot + \tan u}{1 + \tan u \cot P} = \frac{\sin (\odot + u)}{\cos \odot \cos u + \cos \odot \sin u \cot P}$$
$$= \frac{\sin (\odot + u) \sin P}{\cos \odot (\cos u \sin P + \sin u \cos P)} = \frac{\sin P \sin (\odot + u)}{\cos \odot \sin (P + u)} ;$$

elle n'exige que sept logarithmes.

Les formules $\dfrac{v\cos\lambda}{V} = \tang x$, $\tang y = \cot\frac12 S \cot(45°+x)$, n'en exigent que quatre.

Dans la formule $T = 90° - \frac12 S \pm y$, le signe supérieur sert pour une planète supérieure ; c'est-à-dire, quand $r > R$; le signe inférieur, quand $v < V$; c'est-à-dire que la planète est inférieure.

32. L'angle T, pour une planète inférieure, est toujours aigu, mais il peut être négatif ou positif : on l'applique suivant son signe, à la longitude du soleil ; le résultat est la longitude géocentrique. L'élongation est soustractive tant que $S < 180°$; si $S = 180°$, $T = 0$; si $S > 180°$, T est additif.

Cet angle T pour une planète supérieure, peut aller de 0 à 360°, et dans ce cas, il est toujours additif ; mais si on le fait toujours $< 180°$, il peut s'ajouter ou se soustraire suivant que $S \lessgtr 180°$.

La formule $\tang T = \dfrac{\dfrac{v\cos\lambda}{V}\sin S}{1 - \dfrac{v\cos\lambda}{V}\cos S}$, dans le cas de $\dfrac{v\cos\lambda}{V} = 1$, ou de $v\cos\lambda = V$, devient

$$\tang T = \frac{\sin S}{1-\cos S} = \frac{2\sin\frac12 S\cos\frac12 S}{2\sin^2\frac12 S} = \cot\frac12 S,$$
$$T = 90° - \frac12 S ;$$

donc $T < 90°$, à moins qu'on n'ait $\frac12 S = 0$.

T sera l'angle à la base d'un triangle isoscèle dont l'angle au sommet est S. Il sera donc toujours aigu ; ainsi les planètes qui ne s'éloignent jamais du soleil de 90°, circulent autour de lui à des distances moindres que la terre ; leur orbite est renfermée dans celle de la terre.

Au contraire, si la distance $v > V$, l'orbite de la planète enferme celle de la terre. La terre peut les voir à toutes les distances angulaires, depuis 0 jusqu'à 360°.

33. Ces angles d'élongation et de parallaxe annuelle étant d'un usage continuel, les astronomes ont fait tous leurs efforts pour les réduire en tables.

Mais la formule $\tang E = \dfrac{\dfrac{v\cos\lambda}{V}\sin S}{1 - \dfrac{v\cos\lambda}{V}\cos S}$ dépend des deux anomalies moyennes de la latitude et de la commutation ; ainsi tout est variable dans la formule. En négligeant cos λ et l'excentricité du Soleil, on n'avait plus de variable que l'anomalie moyenne de la planète et la commutation ; on a donc calculé des tables à deux argumens ; on les trouve dans quelques traités anciens d'astronomie, tel que celui de Wing, etc.

On peut faire le même usage de la parallaxe annuelle, qui est la différence entre les longitudes héliocentriques et géocentriques de la planète, et pour une planète supérieure, il y a de l'avantage, en ce que l'angle est plus petit que l'élongation, et croît moins rapidement.

Quand il est petit comme pour la planète Uranus, où il ne passe guère 4°, on fait

$$P = \left(\frac{V}{v}\cos\lambda\right)\frac{\sin S}{\sin 1''} + \left(\frac{V}{v}\cos\lambda\right)^2\frac{\sin 2S}{\sin 2''} + \text{etc.}$$

M. Lagrange avait donné une formule de P pour Jupiter et Saturne, sans rien négliger, en réduisant en série la formule

$$\frac{V}{v}\cos\lambda = \left(\frac{M + A\cos Z + B\cos 2Z + \text{etc.}}{m + a\cos z + b\cos 2z + \text{etc.}}\right)\left(1 + \text{tang}^2\lambda\right)^{-\frac{1}{2}}.$$

On formait onze ou douze argumens ; on prenait la parallaxe en douze parties, et l'on avait cette parallaxe à la précision d'une minute ou d'une demi-minute.

Ces tables ont paru dans les Éphémérides de Berlin ; on a trouvé les quatre logarithmes plus commodes et plus exacts.

54. Dans les calculs suivans on remarquera que pour avoir la longitude héliocentrique de la terre, il faut ajouter $6^s\ 0°\ 0'\ 20''$ au lieu du soleil par les tables. La raison de cette pratique sera démontrée au chapitre de l'aberration : elle est fondée sur ce que nous avons dit en finissant le chapitre XXVI, que le lieu apparent du soleil est toujours moins avancé de 20'' que le lieu réel : or c'est le lieu réel du soleil, qui est l'un des sommets du triangle, qui nous sert à calculer le lieu géocentrique de la planète ; c'est donc le lieu réel qu'il faut employer dans le calcul de l'élongation, de la paralllaxe annuelle et de la distance : c'est de ce lieu réel qu'il faut retrancher l'élongation pour avoir la longitude géocentrique. Les Tables donnent le lieu apparent du soleil.

Exemple du calcul d'un lieu géocentrique.

35. Longitude héliocentrique de Vénus $\qquad \female = 3^s\,15°30'\,0''$
Long. hélioc. de la terre $= \odot + 6^s + 20'' = 7.25.50$

$$\text{commutation} = S = 7.18.\ 0$$

$$
\begin{aligned}
&\log \text{ distance accourcie } \nu \cos \lambda \ldots\ldots && 9.85733 \\
&\text{C. } \log \text{ rayon vecteur } \saturn \text{ ou } \odot \ldots\ldots && 9.99549 \\
&\log\!\left(\tfrac{\nu \cos \lambda}{V}\right) = \text{tang } x = 35°20'50'' \ldots\ldots && 9.85082 \\
&\qquad\qquad\qquad\qquad\quad - \cos S + && 9.82551 \\
&\qquad\qquad \log + 0.4746o \ldots\ldots && 9.67635
\end{aligned}
$$

$$
\begin{aligned}
&\text{Compl. } \left(1 - \tfrac{\nu \cos \lambda}{V}\cos S\right) = 1.4746o \ldots\ldots && 9.85133 \\
&\qquad\qquad\qquad\qquad \log \sin S - && 9.87107 \\
&\qquad\qquad\qquad\qquad \left(\tfrac{\nu \cos \lambda}{V}\right) \ldots\ldots && 9.85082 \\
&\qquad\qquad \text{tang } T = -19°40'10'' - && 9.55322
\end{aligned}
$$

$$
\begin{aligned}
\odot &= 1.25.50.\ 0 \\
\Gamma = \odot - T &= 2.15.10.10 \\
\text{Élongation } T &= 19.40.10 \\
S' = 12^s - S &= 4.12.\ 0.\ 0 \\
\text{angle à Vénus} &= 0.28.19.50 \\
\text{Somme des trois angles} &= 6.\ 0.\ 0.\ 0
\end{aligned}
$$

En suivant exactement la règle des signes, cette formule donnera toujours, sans la moindre ambiguité, l'angle à la terre avec le signe convenable.

56. La formule peut encore s'écrire ainsi, en renversant le rapport

$$\text{tang } T = \frac{\sin S}{\dfrac{V}{\nu \cos \lambda} - \cos S}$$

$$
\begin{aligned}
&\log\!\left(\tfrac{V}{\nu \cos \lambda}\right) = && 1.40987 \ldots\ldots && 0.14918 \\
&\qquad - \cos S = && +0.66913 && \text{———} \\
&\text{compl.}\left(\tfrac{V}{\nu \cos \lambda} - \cos S\right) && 2.07900 && 9.68215 \\
&\qquad\qquad\qquad\qquad \sin S \ldots - && && 9.87107 \\
&\qquad\text{tang } T = - 19°40'10'' && && 9.55322
\end{aligned}
$$

37. On aurait de même pour l'angle à Vénus ou la parallaxe annuelle,

en faisant
$$\tan \Pi = \frac{\left(\dfrac{V}{v\cos\lambda}\right)\sin S}{\dfrac{V\cos S}{v\cos\lambda}-1} = \frac{\sin S}{\cos S - \dfrac{v\cos\lambda}{V}},$$

$$\log\left(\frac{v\cos\lambda}{V}\right) = -\ 0.70928\ldots\ 9.85082$$
$$\cos S = -\ 0.66913$$
$$\cos S - \left(\frac{v\cos\lambda}{V}\right) = -\ 1.37841\ -\ 9.86062$$
$$\sin S\ -\ 9.87107$$
$$\tan \Pi = 0^s\ 28^s\ 19'\ 50''\ +\ 9.93169$$
$$\female = 3.13.30.\ 0$$
$$\Gamma = 2.15.10.10 = \female - \Pi.$$

38. On peut faire encore

$$\left(\frac{v\cos\lambda}{V}\right)\ldots\ 9.85082$$
$$\sin S\ -\ 9.87107$$
$$\tan \omega = -\ 27°\ 47'\ 38''\qquad 9.72189$$
$$S = 7.18$$
$$S - \omega = 8.15.47.38$$

$$\sin \omega\ldots\ -\ 9.66866$$
$$\sin S\ldots\ -\ 9.87107$$
$$\text{C.}\sin(S-\omega)\ldots\ -\ 0.01350$$
$$\tan T = -\ 19°\ 40'\ 10''\ldots\ -\ 9.55323$$

39. Les astronomes font

$$\female = 3.13.30$$
$$\odot + 6^s = \varththrt = 7.25.30$$
$$S = 7.18.\ 0$$
$$S' = 12^s - S = 4.12.\ 0$$
$$\tfrac{1}{2}S' = 2.\ 6.\ 0.0$$

$$\log\left(\frac{v\cos\lambda}{V}\right) = \tan x = \tan 35°\ 20'\ 51''\ldots\ 9.85082$$
$$45$$
$$45° + x = 80.20.51$$

$$\cot(45° + x) = \qquad 80°\,20'\,51''\ldots\ 9.25065$$
$$\cot\tfrac{1}{2}S' = (\tang\,90° - \tfrac{1}{2}S') = \qquad 24.\ 0.\ 0.\ldots\ 9.64858$$
$$\tang\tfrac{1}{2}(\Pi - T) = \qquad 4.19.50 \qquad 8.87925$$
$$(90° - \tfrac{1}{2}S') \mp \tfrac{1}{2}(\Pi - T) = T = \qquad 19.40.10 \quad \Pi = \quad 28.19.50$$
$$\odot = \qquad 1.25.30 \qquad ♀ = 3.13.30$$
$$\Gamma = \odot + T = \qquad 2.15.10.10 \quad = 2.15.10.10 = ♀ - \Pi.$$

Voilà bien des manières de trouver la même chose ; ici T est additif, parce qu'on a employé $S' = 12^s - S$ pour avoir l'angle du triangle rectiligne.

40. Pour avoir la latitude géocentrique

$$C \sin S \ \doteq\ 0.12893$$
$$\sin T \ \doteq\ 9.52711$$
$$\tang\,\lambda = 1°37'10''\ldots\ 8.45136$$
$$\tang\,G = 0°44'\,1''\ldots\ 8.10740$$
$$\log\tang\,\lambda - \log\tang\,G\ldots\ 0.54536$$
$$\nu \cos \lambda \ldots\ 9.85735$$
$$\log\ \text{dist. accourcie}\ ♀\,.\,♁\ \ldots\ 0.20129$$

ou bien

$$\nu \cos \lambda \ldots\ 9.85735$$
$$\sin S \ldots\ 9.87107$$
$$C. \sin T \ldots\ 0.47289$$
$$\log\ \text{dist. accourcie}\ ♀\,.\,♁\ = .\ 0.20129$$
$$C. \cos G \ldots\ 0.00004$$
$$\log\ \text{dist des centres}\ ♀\,.\,♁\ \ldots\ 0.20133$$
$$\text{parall. m.}\ \odot\ \ldots 8''7\ \ldots\ 0.93952$$
$$\log\ \text{parall. horiz.} = 5'',47 \ldots\ 0.73819$$
$$\log\left(\tfrac{8.2735}{8.7}\right) \ldots\ 9.97799$$
$$\tfrac{1}{2}\ \text{diam.}\ ♀ = 5''2 \ldots\ 0.71618$$
$$\tfrac{1}{2}\ \text{diam.}\ ♀ = \text{parall. horiz.}\ ♀\ (1 - \tfrac{1}{20})$$
$$\cos^2\tfrac{1}{2}\Pi = 14.9.55 \ldots\ 9.97518$$
$$12\ \text{doigts} \ldots\ 1.07918$$
$$\text{partie éclairée} = 11,28\ \text{doigts}\ 1.05236.$$

Dans ces calculs de la latitude, de la distance, de la parallaxe et du diamètre, on n'a nul besoin de s'occuper des signes de $\sin S$ et $\sin T$, parce que ces signes sont toujours les mêmes; en effet, λ et G sont toujours de même signe, la distance est toujours positive; donc $\sin S$ et $\sin T$ ne peuvent être de signe contraire.

41. Tant que $v \cos \lambda < V$, c'est-à-dire quand la planète est inférieure, la formule $\dfrac{\left(\dfrac{v \cos \lambda}{V}\right) \sin S}{1 - \left(\dfrac{v \cos \lambda}{V}\right) \cos S}$ donne l'angle à la terre qui est le plus petit des deux angles inconnus, et qui est toujours moindre que de $90°$.

La formule $\tang \Pi = \dfrac{\sin S}{\cos S - \left(\dfrac{v \cos \lambda}{V}\right)}$ donne toujours l'angle à la planète qui est le plus grand des deux angles inconnus; cet angle sera aigu, tant que $\cos S > \dfrac{v \cos \lambda}{V}$.

Si $\cos S = \dfrac{v \cos \lambda}{V}$, $\tang \Pi = \dfrac{\sin S}{0} = \tang 90°$.

Si $\cos S < \dfrac{v \cos \lambda}{V}$, le dénominateur est négatif, le numérateur positif $\Pi > 90°$.

Si $\sin S$ devient négatif comme le dénominateur $\Pi > 180°$.

Si $\sin S$ étant négatif, $\cos S = \dfrac{v \cos \lambda}{V}$, $\Pi = 270°$, après quoi $\Pi > 270°$.

Ainsi Π peut avoir toutes les valeurs, depuis 0 jusqu'à $360°$.

Si $v \cos \lambda > V$, c'est-à-dire si la planète est supérieure, la formule $\tang T = \dfrac{\left(\dfrac{v \cos \lambda}{V}\right) \sin S}{1 - \left(\dfrac{v \cos \lambda}{V}\right) \cos S}$ de l'angle à la terre pourra donner T, depuis 0 jusqu'à $360°$.

Au contraire, $\tang \Pi = \dfrac{\left(\dfrac{V}{v \cos \lambda}\right) \sin S}{\dfrac{V \cos S}{v \cos \lambda} - 1}$ donnera toujours $\Pi < 90°$, si la planète est supérieure.

Ces formules sont générales.

42.

41. Nous savons donc calculer un lieu géocentrique de Vénus, d'après les lieux héliocentriques déterminés dans une orbite circulaire ; en les comparant aux observations, on y trouvera des différences de 1 à 2 ou 3°, d'où il suit que l'orbite doit être elliptique.

Pour déterminer ces inégalités de la manière la plus simple, nous choisirons trois conjonctions, soit inférieures, soit supérieures.

Les conjonctions inférieures reviennent au bout de 584 jours environ ; il en est de même des supérieures. D'une conjonction supérieure à une inférieure, ou réciproquement, il y a 292 jours.

Ainsi à chaque conjonction, la longitude de Vénus change comme celle de la terre, de 9^s $17°$ ou 2^s $13°$; on pourra donc trouver trois conjonctions dont deux seront vers les apsides, et l'autre vers la moyenne distance ; ou deux vers les moyennes distances, et une vers l'apside.

42. On voit déjà l'avantage des conjonctions ; c'est que le lieu héliocentrique et le lieu géocentrique ne diffèrent que de 180° ou de 0° ; on n'a donc pas de calcul à faire pour les connaître l'un par l'autre : on n'a point à craindre l'erreur produite par le rayon vecteur, quand il n'est pas suffisamment connu.

43. Pour abréger la recherche de l'excentricité et du lieu de l'apside, nous avons vu qu'il était à propos d'avoir au moins une idée approchée de ces quantités ; rien n'était plus facile pour le soleil et la lune ; nous avions le mouvement diurne et le diamètre apparent ; mais ici, comme nous ne sommes pas au centre de l'orbite, le problème se complique nécessairement.

Par la comparaison entre nos longitudes héliocentriques, nous aurons les mouvemens héliocentriques vrais $(V'-V)$ et $(V''-V')$, dans les deux intervalles des trois observations ; nous connaîtrons les mouvemens moyens $(M'-M)$, $(M''-M')$ par les tems écoulés. Or, soit φ la longitude du périhélie, V, V', V'' les trois longitudes vraies

$$V = M + 2e \sin(V - \varphi),$$
$$V' = M' + 2e \sin(V' - \varphi),$$
$$A = (V'-V) - (M'-M) = 2e\left[\sin(V'-\varphi) - \sin(V-\varphi)\right]$$
$$A = 4e \sin \tfrac{1}{2}(V'-\varphi-V+\varphi) \cos \tfrac{1}{2}(V'+V-2\varphi)$$
$$= 4e \sin \tfrac{1}{2}(V'-V) \cos\left(\frac{V'+V}{2} - \varphi\right).$$

Soit pareillement $B = (V'' - V') - (M'' - M')$, nous aurons

$$B = 4e \sin \tfrac{1}{2} (V'' - V') \cos \left(\frac{V' + V''}{2} - \varphi \right);$$

$$\frac{A}{B} = \frac{\sin \tfrac{1}{2} (V' - V)}{\sin \tfrac{1}{2} (V'' - V')} \cdot \frac{\cos \left(\dfrac{V' + V}{2} - \varphi \right)}{\cos \left(\dfrac{V'' + V'}{2} - \varphi \right)} = \frac{\sin \tfrac{1}{2} (V' - V)}{\sin \tfrac{1}{2} (V'' - V')} \cdot \frac{\cos (P - \varphi)}{\cos (Q - \varphi)},$$

$$R = \frac{A \sin \tfrac{1}{2} (V'' - V')}{B \sin \tfrac{1}{2} (V' - V)} = \frac{\cos P \cos \varphi + \sin P \sin \varphi}{\cos Q \cos \varphi + \sin Q \sin \varphi} = \frac{\cos P + \sin P \tang \varphi}{\cos Q + \sin Q \tang \varphi},$$

$$R \cos Q + R \sin Q \tang \varphi = \cos P + \sin P \tang \varphi,$$

$$R \cos Q - \cos P = \sin P \tang \varphi - R \sin Q \tang \varphi,$$

$$\tang \varphi = \frac{R \cos Q - \cos P}{\sin P - R \sin Q}$$

$$= \frac{\dfrac{A \sin \tfrac{1}{2} (V'' - V') \cos \tfrac{1}{2} (V'' + V')}{B \sin \tfrac{1}{2} (V' - V)} - \cos \tfrac{1}{2} (V' + V)}{\sin \tfrac{1}{2} (V' + V) - \dfrac{A}{B} \cdot \dfrac{\sin \tfrac{1}{2} (V'' - V') \cos \tfrac{1}{2} (V'' + V')}{\sin \tfrac{1}{2} (V' - V)}}$$

$$= \frac{A \sin \tfrac{1}{2} (V'' - V') \cos \tfrac{1}{2} (V'' + V') - B \sin \tfrac{1}{2} (V' - V) \cos \tfrac{1}{2} (V' + V)}{B \sin \tfrac{1}{2} (V' - V) \sin \tfrac{1}{2} (V' + V) - A \sin \tfrac{1}{2} (V'' - V') \sin \tfrac{1}{2} (V'' + V')}.$$

Vous connaîtrez donc la longitude du périhélie; vous aurez

$$e = \frac{\tfrac{1}{4} A \sin 1''}{\sin \tfrac{1}{2} (V' - V) \cos \left(\dfrac{V' + V}{2} - \varphi \right)} = \frac{\tfrac{1}{4} B \sin 1''}{\sin \tfrac{1}{2} (V'' - V') \cos \left(\dfrac{V'' + V'}{2} - \varphi \right)};$$

enfin

$$M = V - 2e \sin (V - \varphi), \quad M' = V' - 2e \sin (V' - \varphi),$$
$$\text{et} \quad M'' = V'' - 2e \sin (V'' - \varphi).$$

Ainsi vous connaîtrez les longitudes moyennes, le périhélie et l'excentricité; vous aurez négligé la différence de deux petits termes qui ne sauraient passer 8''; mais après une première approximation déjà assez exacte, vous pourrez calculer ces petits termes, les faire passer dans le premier membre, ce qui changera A en A', R en R', et vous évaluerez de nouveau les formules. Vous pouvez d'ailleurs suivre la méthode que nous avons appliquée ci-dessus à l'orbite de la lune.

44. Avec ces élémens approchés, vous calculerez toutes les conjonctions observées de Vénus. Vous comparerez la longitude observée O à la longitude calculée C , et vous ferez $O = C + dC$. Or , soit E l'époque de vos tables, m le mouvement moyen annuel, i le nombre d'années

écoulées , z l'anomalie moyenne ,

$$C = E + im + a \sin z ;$$

d'où

$$dC = dE + idm + da \sin z + a \cos z dz ;$$

donc

$$O - C = dE + idm + da \sin z + a \cos z dz.$$

Chaque observation vous donnera une équation pareille ; vous réunirez ces équations en autant de groupes que vous aurez d'inconnues, et vous éliminerez ; vous aurez ainsi la correction de tous les élémens de vos tables provisoires.

Nous n'avons différentié de la formule C que les termes dont les variations peuvent être sensibles ; nous avons supposé le reste suffisamment exact.

dE sera donc la correction de l'époque, dm celle du mouvement annuel, da la correction du premier terme de l'équation du centre

$$dz = dM - d\varphi = dE + idm - d\varphi \quad \text{ou} \quad d\varphi = dE + idm - dz.$$

Le mouvement étant connu, vous en conclurez le demi-grand axe de l'ellipse par la règle de Képler.

Mais tout cela ne sera encore qu'une approximation, si la planète éprouve des perturbations. Si la théorie les a calculées, vous les emploierez dans vos tables provisoires. Si elles ne sont pas connues, vous en chercherez la forme et les argumens en imitant ce que nous avons fait pour la lune, et vous déterminerez au moins les équations un peu sensibles.

45. Les anciens qui n'avaient pas ces moyens d'observations ni de calculs, employèrent les digressions de Vénus. On appelle *digression* la plus grande valeur de l'élongation T, quand l'angle A est droit, ou bien quand le rayon TA (fig. 106) est tangent à l'orbite de Vénus.

Si l'orbite de Vénus était circulaire, les digressions seraient toutes de la même grandeur, quand la terre serait elle-même revenue à une même distance au soleil ; mais elles varient à chaque fois, parce qu'elles arrivent successivement en divers points de l'orbite, et que la terre a de même changé de place sur la sienne.

En comparant ces digressions, on choisit la plus grande et la plus petite.

Soient m, n les deux digressions, v, v' les deux rayons vecteurs de Vénus, V, V' les rayons vecteurs de la terre, on aura

$$v = \mathrm{V} \sin m, \quad v' = \mathrm{V} \sin n,$$

et $v' - v$ sera à peu près la double excentricité.

Si la planète était réellement dans ses apsides, ce calcul serait fort juste, car on aurait observé réellement la plus grande et la plus petite digression; la perpendiculaire au sommet de l'ellipse est tangente; ainsi les angles A et P seront droits; en tout autre point, l'angle à la planète est oblique; nous avons vu en traitant du mouvement elliptique, que cet angle $= 90° - \dfrac{e \sin u}{1 - e \cos u}$, et que $\mathrm{SV} = \dfrac{(1-e^2)\cos\lambda}{1-e\cos u}$. Or

$$\mathrm{SP} : \sin \mathrm{T} :: \mathrm{ST} : \sin \mathrm{P},$$

donc

$$\frac{(1-e^2)\cos\lambda}{1-e\cos u} : \sin \mathrm{T} :: \mathrm{V} : \sin\left(90° - \frac{e\sin u}{1-\cos u}\right),$$

$$\begin{aligned}
\mathrm{V}\sin \mathrm{T} &= \frac{(1-e^2)\cos\lambda}{1-e\cos u}\cos\left(\frac{e\sin u}{1-e\cos u}\right) = \frac{(1-e^2)\cos\lambda}{1-e\cos u}\left(1 - \frac{\frac{1}{2}e^2\sin^2 u}{(1-e\cos u)^2}\right)\\
&= \frac{(1-e^2)\cos\lambda}{1-e\cos u} - \frac{\frac{1}{2}(1-e^2)e^2\sin^2 u\cos\lambda}{(1-e\cos u)^3}\\
&= \frac{(1-e^2)\cos\lambda}{1-e\cos u} - \frac{\frac{1}{2}e^2\sin^2 u}{(1-e^2)^2\cos^2\lambda}\times\frac{(1-e^2)^3\cos^5\lambda}{(1-e\cos u)^3}\\
&= v - \left(\frac{\frac{1}{2}e^2\sin^2 u}{(1-e^2)^2\cos^2\lambda}\right)v^3.
\end{aligned}$$

Mais l'angle u sera du moins fort petit, et $\left(\dfrac{\frac{1}{2}e^2\sin^2 u}{(1-e^2)^2\cos^2\lambda}\right)v^3$ une petite fraction au moins pour Vénus; pour Mercure elle serait plus forte à raison du coefficient, mais v^3 serait beaucoup moindre; dans tous les cas, $v = \mathrm{V}\sin \mathrm{T} - \left(\dfrac{2e^2\sin^2 u}{(1-e^2)\cos^2\lambda}\right)\mathrm{V}^3\sin^3 \mathrm{T}$, sans erreur sensible.

Passages de Vénus.

46. Nous avons prouvé que Vénus se retrouve en conjonction inférieure tous les 584 jours environ, c'est-à-dire au bout d'un an et 219 jours à peu près; mais pendant cet intervalle, la terre a fait une révolution entière, plus 216° environ. Ainsi à chaque révolution, la longitude héliocentrique de la terre et celle de Vénus sont augmentées de $7^s 6°$; au bout de cinq conjonctions, les longitudes seront augmentées

de 1080°= 3 × 360°, c'est-à-dire qu'elles sont redevenues les mêmes
que la première année. Cinq conjonctions arrivent dans l'intervalle de
5.584 jours ou 2920 jours qui font 8 ans de 365 jours : ainsi au bout
de 8 ans, les conjonctions reviennent au même jour et au même endroit
du ciel à fort peu près.

47. Supposons qu'une de ces conjonctions arrive précisément dans le
nœud, le centre de Vénus sera dans l'écliptique à l'instant de la conjonction, et par conséquent, sur le centre du soleil; Vénus formera une
éclipse annulaire de soleil.

Soit EC (fig. 107) l'écliptique, OR l'orbite de Vénus inclinée de 3°23' :
à l'instant de la conjonction, on verra au centre du soleil un point
noir, dont le diamètre sera d'une minute environ, très-difficile, par conséquent, à distinguer à la vue simple : la lumière du soleil ne sera donc
pas sensiblement diminuée ; il n'y aura donc pas d'éclipse proprement
dite, du moins suivant l'acception du mot qui signifie *défaillance;* mais
il y aura ce qu'on appelle *un passage*, c'est-à-dire que l'on verra pendant quelques heures Vénus sur le disque du soleil, y décrire par son
mouvement relatif un diamètre, si la conjonction arrive précisément dans
le nœud, et une corde d'autant plus petite, que la latitude sera plus
grande; on verrait ainsi Vénus sur le soleil, pendant 7 heures 52 minutes,
ou 54' si le passage était central, et d'autant moins de tems qu'elle
passerait plus loin du centre ; enfin il n'y aurait point de passage, ou
il n'y aurait au plus qu'un simple contact, si à l'instant de la plus courte
distance, les centres du soleil et de Vénus étaient éloignés de la somme
des demi-diamètres apparens.

48. Ces passages se calculeraient comme les éclipses de lune, par les
mouvemens relatifs; on déterminerait l'orbite apparente, la plus courte
distance, le tems du milieu et ceux des contacts, tant intérieur qu'extérieur ; mais tout cela serait pour le centre de la terre. La parallaxe
doit modifier les phénomènes; si la parallaxe du soleil est d'environ 9″,
celle de Vénus doit être de 30, et la parallaxe relative de 21″.

Le calcul d'un passage pour un lieu déterminé se calculera donc
comme une éclipse de soleil ; et pour connaître les lieux qui verront le
passage plus ou moins long, on peut employer les différentes méthodes
que nous avons employées pour les éclipses de soleil. Vénus remplace
ici la lune ; son diamètre est beaucoup moindre, sa parallaxe plus petite,

les mouvemens plus lents, et Vénus est rétrograde ; voilà toutes les diffé-rences : les formules et les méthodes restent les mêmes ; mais les paral-laxes étant moindres, on peut négliger beaucoup de termes dans les séries qui expriment les parallaxes.

49. Ces passages de Vénus si célèbres, ont été long-tems ignorés ; jamais on n'avait vu Vénus causer une éclipse partielle du soleil : quel-ques-uns en concluaient qu'elle passait au-dessus. Dans le système de Ptolémée, elle devait pourtant passer entre le soleil et nous ; mais comme on n'avait pas de lunette, on n'observait guère Vénus que vers les plus grandes digressions ; rien n'attirait l'attention sur un phénomène possible, à la vérité, mais que personne n'avait jamais observé. On n'a jamais vu de passage que dans les conjonctions inférieures ; donc Vénus passe derrière le soleil dans les conjonctions supérieures : on en observe dans les conjonctions inférieures ; donc alors Vénus est entre le soleil et la terre ; donc elle tourne autour du soleil, son orbite renfermant le soleil, ce que prouvent déjà fort bien les phases.

50. La différence de parallaxe n'étant que de $21''$, il faut que la lati-tude soit bien près de 15 à $16'$, pour que la parallaxe puisse repousser Vénus hors du disque du soleil, ou que la latitude excède de bien peu $16'$, pour que la parallaxe amène Vénus sur le bord du soleil ; ainsi quand un passage de Vénus arrive, il doit être visible pour presque tous ceux qui voient le soleil pendant la durée du passage ; ainsi on serait à cet égard dispensé de calculer les pays où l'observation pourra se faire.

La parallaxe peut rapprocher ou éloigner les centres de Vénus et du soleil ; elle peut changer la corde que Vénus paraît décrire ; elle peut rendre plus longue ou plus courte la durée du passage. La pa-rallaxe étant supposée connue, on peut en calculer l'effet sur la durée ; cet effet étant observé, on peut réciproquement déterminer la différence des parallaxes, qui est d'environ $21''$.

51. Le mouvement relatif étant assez lent, chaque seconde de paral-laxe produit $20''$ environ sur la durée ; on peut doubler cet effet en comparant des observations faites dans les deux hémisphères ; car si la parallaxe alonge un passage dans l'hémisphère boréal, elle l'accour-cira pour l'hémisphère austral. On se flattait de pouvoir observer, à 3 ou $4''$ près, l'entrée ou la sortie ; d'où il résultait que la parallaxe

serait connue, à $\frac{1}{10}$ de seconde près. Voilà ce qui a donné tant d'importance à ces observations ; ce qui a fait entreprendre tant de voyages, et donné lieu à un problème particulier, lequel consiste à déterminer les lieux les plus avantageusement placés pour y jouir de tout l'effet de la parallaxe en sens contraire.

On ne songea pas d'abord à cet avantage particulier des passages de Vénus, pour déterminer les parallaxes de Vénus, du soleil et de toutes les planètes ; car une seule de ces parallaxes étant connue, toutes les autres en découlent. Képler qui en fit la première prédiction, n'y voyait qu'un phénomène rare et jusqu'alors inaperçu : Halley fut le premier qui annonçant aux astronomes les passages qui devaient avoir lieu en 1761 et 1769, les avertit des conséquences qu'ils en pourraient tirer ; et il pria la postérité de se souvenir que c'était un Anglais qui avait eu cette idée ; il indiqua même quels lieux seraient plus favorables à l'observation ; mais une erreur de signe dans un calcul, fit que toute cette partie de son Mémoire, était à refaire ; on la refit en effet. Trébuchet, astronome d'Auxerre et élève de Delisle, apperçut l'erreur de Halley.

52. Nous avons vu que Vénus revenait au bout de huit ans en conjonction presqu'au même point du ciel : ainsi quand un passage a eu lieu, on peut en attendre un huit ans plus tard, et il a lieu en effet quelquefois, mais d'un passage à l'autre : la différence en latitude est de 20 à 24′ ; en 16 ans, elle croît de 40 à 48′ qui surpassent de beaucoup le diamètre du soleil ; on ne peut donc jamais attendre trois passages en 16 ans ; il s'écoule alors un intervalle de 105, ou 113, ou 121 ans ; c'est-à-dire (113 ± 8) ans. Mais ces périodes manquent souvent ; celle de 235 ans ramène beaucoup plus de passages ; celle de 243 est la meilleure de toutes.

Il y a aussi une période de 251 ans remarquée par Wargentin ; j'ai le premier remarqué celle de 121 ans qui lie les passages d'un nœud à ceux de l'autre ; j'ai soupçonné que la période de 1952 ans ramènerait tous les passages dans le même ordre ; mais les tables ne sont pas encore assez sûres pour qu'on réponde de ce qui peut arriver dans un intervalle aussi long. Le mouvement du nœud, la variation d'inclinaison ne sont pas assez précisément déterminés, pour qu'on ne se trompe pas sur quelques passages quand la durée est fort courte.

J'ai calculé par ces périodes tous les passages qui ont eu ou doivent avoir lieu depuis l'an 900 jusqu'en 2984, et j'en ai trouvé 35 en tout, même en y comprenant ceux qui sont douteux par la grande latitude de Vénus.

53. Pour qu'un passage ait lieu, il faut que la plus courte distance soit moindre que la somme des demi-diamètres; la plus courte distance $= G \cos l = G \cos 9° 5'$ ou $8'$ dans un nœud, $G \cos 8° 29'$ ou $30'$ dans l'autre; $G \cos l = \frac{1}{2} \odot + \frac{1}{2} ♀$ sera donc la limite des passages, ou $\left(\frac{v}{V - v'}\right) H \cos I = \frac{1}{2} \odot + \frac{1}{2} ♀$, d'où

$$H = \left(\frac{\frac{1}{2}\odot + \frac{1}{2}♀}{\cos I}\right)\left(\frac{V - v}{v'}\right) = (P - ☊) \sin 3° 23';$$

G et H sont les latitudes géocentriques et héliocentriques, ainsi $(P - ☊)$ ou la distance au nœud qui sert de limite

$$= \frac{\left[\frac{1}{2} \text{ somme des diamètres} + (\pi' - \pi)\right](V - v)}{v \cos \text{inclin. de l'orb. relat. } \sin \text{inclin. de l'orbite vraie}}.$$

Ces distances sont différentes pour les deux nœuds, c'est-à-dire pour les passages d'été et d'hiver.

Ainsi pour trouver les passages quand on a trouvé le premier, on ajoute 8 ans et le mouvement relatif de Vénus à la terre, et de Vénus au nœud pour l'intervalle. Si la distance au nœud est dans la limite, il y aura passage; si elle est hors de la limite, il n'y aura point de passage.

On ajoute ensuite 105 ans, ensuite 8 ans, ensuite 8 autres années, et les mouvemens, et ainsi de suite et le travail ne saurait être bien long.

On voit que la période de 243 ans, qui est la plus sûre, n'est que le double de celle de 121 ; celles de 231 et 251 sont celle de 243 diminuée ou augmentée de 8 ans. Ainsi tout se réduit véritablement aux périodes de 121 et de ± 8 ans; et c'est en traitant ainsi le problème plus méthodiquement, que j'ai aperçu des passages omis dans toutes les listes publiées avant la mienne.

On ne verra pas de passage d'ici à 1874 et 1882.

La rareté de ces phénomènes ajoute ainsi à leur importance réelle.

TABLE

Des passages de Vénus sur le Soleil pour deux mille ans.

Il y en a trente-cinq, en comptant les cinq qui sont douteux.

Années.	Tems moyen de la conjonction.		Longitude géocentrique.	Milieu du passage tems vrai.	Demi-durée pour le centre de Vénus.	Plus courte distance géocentrique.
	Vieux style,					
902	25 novembre.	21^{h}16′56″	8^s 9° 2′55″	20^{h}43′ 4″	....	18′14″ B*
910	22 novembre.	9.18.38	8. 6.33.47	9.42.59	3^{h}39′16″	6.15 A
1032	24 mai.	6.44.49	2. 8.37.45	6.42.20	3.51.29	3.16 B
1040	21 mai.	23.15.54	2. 6.29. 9	23.57. 8	....	16.16 B*
1145	25 novembre.	20. 0. 6	8.11. 1.30	19.28.50	....	17. 7 B*
1153	23 novembre.	8. 1.33	8. 8.32.21	8.28.22	3.31.56	7.22 A
1275	25 mai.	10.21.23	2.10.57. 7	10.13.26	3.42.52	5.18 A
1283	23 mai.	2.53.23	2. 8.48.30	3.29.16	1.41.58	14.14 B
1388	25 novembre.	18.42.48	8.13. 0. 3	18.13.29	0.41.52	16. 2 B
1396	23 novembre.	6.48.22	8.10.31.12	7.17.22	3.23.40	8.24 A
1518	25 mai.	13.56.10	2.13.16.22	13.42.39	3.29.48	7.21 A
1526	23 mai.	6.26. 1	2.11. 7.35	6.57. 5	2.28.57	12.16 B
	Nouveau style.					
1631	6 décembre.	17.28.49	8.14.58.50	17. 1.43	1.35. 5	14.56 B
1639	4 décembre.	6. 9.40	8.12.32.15	6.39.40	3.17. 0	9. 0 A
1761	5 juin.	17.44.34	2.15.36.31	17.30.10	3. 8. 0	9.30 A
1769	3 juin.	10. 7.54	2.13.27. 8	10.36.23	2.59.53	10.10 B
1874	8 décembre.	16.17.44	8.16.57.49	15.52.48	2. 4.41	13.51 B
1882	6 décembre.	4.25.44	8.14.29.14	4.59. 2	3. 1.43	10.29 A
2004	7 juin.	21. 0.44	2.17.54.23	20.35.19	2.44.50	11.19 A
2012	5 juin.	13.27. 0	2.15.45.22	13.46.46	3.30.45	8.20 B
2117	10 décembre.	15. 6.37	8.18.56.52	14.43.21	2.22.50	13. 0 B
2125	8 décembre.	3.18.40	8.16.28.33	3.53.51	2.48.20	11.28 A
2247	11 juin.	0.30.23	2.20.13.16	0. 0.34	2. 7.52	13.17 A
2255	8 juin.	16.53.56	2.18. 4. 1	17. 8.30	3.36. 2	6.23 B
2360	12 décembre.	13.59. 9	8.20.56. 9	13.38.52	2.42.47	11.49 B
2368	10 décembre.	2.10. 2	8.18.27.48	2.47.26	2.29.22	12.37 A
2490	12 juin.	3.58.35	2.22.31.58	3.23.19	1. 2.14	15.14 A*
2498	9 juin.	20.21. 2	2.20.22.37	20.30.19	3.46.24	4.29 B
2603	15 décembre.	12.54.16	8.22.55.36	12.35.15	2.56.47	10.50 B
2611	13 décembre.	1.11 12	8.20.27.38	1.49.51	2.15 20	13.20 A
2733	15 juin.	7.23.56	2.24.50.30	6.43.13	....	17. 9 B*
2741	12 juin.	23.43.59	2.22.40.58	23.47.59	3.53.23	2.35 B
2846	16 décembre.	11.53.15	8.24.55.22	11.35.55	3. 7.24	9.56 B
2864	14 décembre.	0.13.29	8.22.27.45	0.53.41	1 54.10	14.12 A
2984	14 juin.	3. 2.22	2.24.59. 1	3. 1.13	3.56 9	0.45 B

53. Nous dirons peu de chose de la manière de trouver les lieux où l'effet de la parallaxe doit être le plus fort ; on les trouve facilement par la méthode que j'ai donnée pour les éclipses de soleil et d'étoile.

Soit P (fig. 108) le pôle, Z le zénit de Paris, S le centre du soleil, V celui de Vénus, m le milieu du passage, Sm la plus courte distance.

Prolongez Sm indéfiniment des deux côtés ; tous les lieux qui auront leur zénit sur l'arc ux auront l'effet de la parallaxe dans le sens de la plus courte distance.

Supposons $Su = 90°$, la parallaxe abaissera m de $21''$: dans le triangle SPu vous aurez l'angle S et les côtés PS et Su ; donc

$$\cos Pu = \cos S \sin Su \sin PS + \cos Su \cos PS = \cos S \cos D = \sin H ;$$

$$\sin Pu : \sin S :: 1 : \sin SPu = \frac{\sin S}{\sin Pu} = \frac{\sin S}{\cos H}.$$

Vous aurez donc la latitude et la longitude du lieu qui verra la plus grande parallaxe et la plus grande augmentation de durée ; mais ce lieu verrait le milieu au lever ou au coucher du soleil.

54. Soit V (fig. 109) le commencement pour le centre de la terre, mV l'orbite relative, S le soleil. Prenez $Su = SV + 21''$ et menez la perpendiculaire Vx, $ux = 21''$, $uV = \frac{ux}{\cos u} = \frac{ux}{\cos V}$; et $\frac{ux}{\cos V} \frac{36co}{M}$ sera l'effet en tems sur l'entrée, ou le tems dont la parallaxe accélérera l'entrée de Vénus sur le soleil ; M est ici le mouvement horaire de Vénus sur son orbite relative.

Sur le prolongement de Su prenez $xZ = 90°$, le lieu qui aura son zénit en Z aura une parallaxe de $21''$ qui rapprochera les centres ; ce lieu sera celui qui le premier verra l'entrée.

Dans le triangle PSZ, vous connaissez SP, SZ et PSZ, vous en conclurez $PZ = 90°$ — latitude et SPZ angle horaire du lieu, prenez Vu' tel que $Su' = SV - 21''$, et sur le prolongement abaissez Vx' perpendiculaire, $u'x' = 21''$; $\frac{u'x'}{\cos V} = Vu'$; $\frac{u'x'}{\cos V} \frac{36co}{M}$ sera la quantité dont la parallaxe retardera l'entrée.

Sur le prolongement de u'S prenez $S'Z = 90°$, dans le triangle SPZ' vous connaîtrez SZ', SP, $PSZ' = 180°$ — PSu' ; vous déterminerez PZ' et SPZ' la latitude et différence des méridiens. Vous ferez des calculs semblables pour la fin.

uu' est un petit arc, vous aurez peu de calculs semblables à faire pour avoir tous les lieux qui verront l'entrée au lever plus ou moins avancée ou retardée.

55. Parmi tous les pays qui verront la conjonction au méridien, il en est deux qui verront la distance des centres la plus grande et la plus petite. Prenez sur le cercle de déclinaison de Vénus (fig. 101) $CZ = 90° = CZ'$; pour le zénit Z, la distance sera diminuée de $21''$, pour Z' elle sera augmentée de $21''$; tous ceux qui auront leur zénit sur ZZ' verront la distance plus ou moins grande; les deux extrêmes seront trop voisins des pôles, et seront de stations peu commodes. Prenez des zénits plus rapprochés et tels que l'arc semi-diurne $\cos P = \tang D \tang H$. soit d'environ 4^h; que DF et AB soient les arcs diurnes décrits par le zénit Z et Z'. Pour le zénit Z, la parallaxe repoussera Vénus sur les prolongemens de BV et de FE; pour le zénit Z', la parallaxe repoussera Vénus sur les prolongemens de AV et de FE : pour l'un, Vénus sera rapprochée du centre, et le passage alongé; pour l'autre, Vénus sera écartée du centre, et le passage accourci.

On pourrait sur des parallèles plus voisins des pôles choisir des lieux dont l'arc nocturne serait moindre que le tems du passage ; on y pourrait observer l'entrée un peu avant le coucher du soleil, et la sortie le lendemain, un peu après le lever du soleil.

56. Les lieux Z et Z' auront une grande différence sur la durée, et seront de bonnes stations. Les triangles PDV, PFE, P'AV, P'BE, où l'on aura deux côtés et l'angle compris, donneront la distance au zénit, la parallaxe et son effet sur l'entrée et la sortie : on connaîtra l'avantage du lieu dont le zénit est Z; si l'endroit n'est pas habitable, on prendra sur le même parallèle le lieu le plus voisin dont la longitude sera connue; il occupera sur FD deux autres points; les angles horaires seront différens. On aura aussi par un petit nombre d'essais, des lieux commodes et avantageux : il n'y a que cela de vraiment utile. (Voyez à la fin du chapitre les exemples de ces calculs.)

57. Il nous reste à calculer le passage pour un lieu déterminé et sans rien négliger qui puisse être sensible. J'ai donné à ce sujet un Mémoire fort étendu dans le Recueil de l'Institut, tom. III ; j'en vais placer ici l'extrait.

Pour le moment de la conjonction à peu près connu, calculez les longitudes héliocentriques de la terre et de Vénus, les distances V et v, la latitude de Vénus, les diamètres et les mouvemens horaires.

Soient m' et m les mouvemens de longitude héliocentrique, on aura $m' - m : 3600'' :: (\delta - \varphi)$: au tems qu'il faut ajouter à celui du calcul pour avoir le moment de la conjonction.

A la longitude de la terre ajoutez le mouvement de la terre pendant l'intervalle t, vous aurez la longitude héliocentrique des deux planètes en conjonction.

Soit l la latitude, φ' la longitude de Vénus au moment de la conjonction, on aura

$$\tan l = \tan I \sin(\varphi' - \Omega),$$

donc

$$\frac{dl}{\cos^2 l} = \tan I \cos(\varphi' - \Omega)(d\varphi - d\Omega),$$

ou bien

$$dl = m' \tan I \cos^2 l \cos(\varphi' - \Omega) = \text{mouvement horaire en latitude.}$$

Avec ces mouvemens on calculera d'heure en heure les angles de commutation et les latitudes héliocentriques pour toute la durée du passage ; c'est-à-dire pour $3^h\frac{1}{2}$ avant et après ; tous les mouvemens sont fort uniformes pour Vénus ; on les calculera en centièmes de seconde.

58. Soit V le rayon vecteur du soleil, ν la distance accourcie de Vénus, E l'élongation, on a (n° 24) $\tan E = \dfrac{\left(\frac{\nu}{V}\right)\sin S}{1 - \frac{\nu}{V}\cos S}.$

Les valeurs de E vous donneront les mouvemens géocentriques d'élongation, ou le mouvement relatif.

On a aussi (fig. 103), lat. géoc. $= G = \dfrac{SV.l}{TV} = \dfrac{\nu l \cos T}{TM} = \dfrac{l.\left(\frac{\nu}{V}\right)\cos E}{1 - \left(\frac{\nu}{V}\right)\cos S}.$

Les longitudes doivent être corrigées de l'aberration............ $= -20''(1 - e \cos \text{anom. } \odot) - \dfrac{(V - \nu)\,\text{mouv.}\,\varphi}{7.39}$; la correction de latitude est $-\dfrac{dG(V - \nu)}{7.39}$. (Voyez le chapitre de l'aberration, tome III.)

La parallaxe moyenne du soleil étant ϖ, celle de Vénus sera $\dfrac{\varpi}{V - \nu}$; celle du soleil $\dfrac{\varpi}{V}$, la parallaxe relative $= \dfrac{\varpi\nu}{V(V - \nu)} = \dfrac{\left(\frac{\varpi}{V}\right)\frac{\nu}{V}\cos S}{1 - \frac{\nu}{V}\cos S} = P.$

Le diamètre de Vénus $= \dfrac{\text{diamètre moyen} \cos G}{\text{dist. accourcie de la terre à Vénus}} = \dfrac{\Delta \cos G}{V - v}$;

cette quantité varie peu pendant la durée du passage.

59. Soit E l'élongation calculée pour le commencement, G la latitude pour le même instant, nous devrions avoir $E^2 + G^2 = \sigma^2$; si nous ne trouvons pas cette valeur, c'est que E et G ont besoin de correction ; alors $(E + x)^2 + (G + y)^2 = \sigma^2$,

$$E^2 + 2Ex + x^2 + G^2 + 2Gy + y^2 = \sigma^2 :$$

or $y = x \tang I$; donc

$$E^2 + 2Ex + x^2 + G^2 + 2G \tang I x + x^2 \tang^2 I = \sigma^2,$$
$$x^2 \sec^2 I + 2(E + G \tang I) x = \sigma^2 - E^2 - G^2.$$

En résolvant cette équation, nous aurions la valeur de x, et $\left(\dfrac{x \cdot 3600''}{M} \right)$ serait la correction du moment pour lequel on a calculé. M est ici la variation héliocentrique de l'élongation.

Cette manière de trouver le contact serait plus pénible que le calcul de l'orbite apparente ; nous n'en ferons donc aucun usage ; mais nous en tirerons des formules plus utiles.

La parallaxe changera E et G, et nous forcera de modifier x. Différentions la formule

$$x^2 \sec^2 I + 2Ex + 2G \tang I x = \sigma^2 - E^2 - G^2,$$

en regardant σ et I comme constans,

$$2x dx \sec^2 I + 2dEx + 2Edx + 2dG \tang I x + 2G \tang I dx = -2Ed.E - 2G dG,$$
$$dx(2x + 2x \tang^2 I + 2E + 2G \tang I),$$
$$= -2EdE - 2GdG - 2x dE - 2x \tang I \cdot dG,$$
$$dx[(E + x) + (G + x \tang I)] \tang I = -(E + x) dE - (G + x \tang I) dE,$$
$$dx(\varepsilon + \lambda \tang I) = -\varepsilon \Pi + \lambda \pi,$$
$$dx = -\frac{\varepsilon \Pi - \lambda \pi}{\varepsilon + \lambda \tang I} \quad \text{et} \quad dx \text{ en tems} = -\left(\frac{\varepsilon \Pi - \lambda \pi}{\varepsilon + \lambda \tang I} \right) \left(\frac{3600''}{M} \right) ;$$

car avant la conjonction, $\Pi = dE$ et $\pi = -dG$; mais avant la conjonction, une augmentation dx dans l'élongation retarde l'entrée ; donc si le tems de l'entrée est T pour le centre de la terre, $T + dT$, ou

$$T - \left(\frac{\varepsilon \Pi - \lambda \pi}{\varepsilon + \lambda \tang I} \right) \left(\frac{3600''}{M} \right) = \theta \text{ sera le contact pour la surface,}$$

et

$$T = \theta + \left(\frac{\varepsilon\Pi - \pi\lambda}{\varepsilon + \lambda\,\mathrm{tang}\,I}\right)\left(\frac{3600''}{M}\right) = \theta + \left(\frac{\Pi - \frac{\lambda}{\varepsilon}\pi}{1 + \frac{\lambda}{\varepsilon}\,\mathrm{tang}\,I}\right)\left(\frac{3600''}{M}\right)$$

$$= \theta + \left(\frac{\Pi - \mathrm{tang}\,u\,\pi}{1 + \mathrm{tang}\,u\,\mathrm{tang}\,I}\right)\left(\frac{3600''}{M}\right)$$

$$= \theta + \left(\frac{\Pi\cos u\cos I - x\sin u\cos I}{\cos u\cos I + \sin u\sin I}\right)\left(\frac{3600''}{M}\right)$$

$$= \theta + (\Pi\cos u - \pi\sin u)\left(\frac{3600''\cos I}{M\cos(u-I)}\right);$$

Nous supposons l'inclinaison I positive; car si elle était négative, comme dans le passage de 1769, on aurait $(u+I)$. Soit

$$a = \frac{3600''\cos I}{M\cos(u-I)}, \quad \Pi = bP; \quad \pi = cP,$$

nous aurons

$$T = \theta + ab\cos uP - ac\sin uP = \theta + (ab\cos u - ac\sin u)\,P,$$

et cette formule nous servira pour réduire au centre de la terre le tems θ de l'entrée observée à la surface.

Il est aisé de voir que $\varepsilon = (E + x)$ est l'élongation à l'instant du contact vu de la terre, $\lambda = G + x\,\mathrm{tang}\,I$ la latitude pour le même instant.

60. Soit maintenant E et G l'élongation et la latitude pour l'instant présumé du contact vu du centre de la terre, nous devrions trouver $E^2 + G^2 = \sigma^2$, sinon nous ferons $(E + x)^2 (G + x\,\mathrm{tang}\,I)^2 = \sigma^2$, et par conséquent

$$x^2\,\mathrm{séc}^2 I + 2E'x + 2G'\,\mathrm{tang}\,Ix = \sigma^2 - E'^2 - G'^2$$

et $\quad dx[(E'+x)+(G'+x\,\mathrm{tang}\,I)\,\mathrm{tang}\,I] = -(E'+x)dE' - (G'+\lambda\,\mathrm{tang}\,I)dG',$

$\quad\quad dx[(\varepsilon+\lambda'\,\mathrm{tang}\,I) \quad\quad\quad\quad = +(\varepsilon'\Pi'+\lambda'\pi)$

et $\quad dx = \frac{\varepsilon'\Pi' + \lambda'\pi'}{\varepsilon' + \lambda'\,\mathrm{tang}\,I}$; car après la conjonction, $dE' = -\Pi'$ et

$dG' = -\pi'$; augmenter l'élongation d'une quantité dx, c'est avancer le tems de la sortie, c'est diminuer ce tems; donc si T' est le tems pour le centre de la terre, et θ' le tems pour la surface,

$$T' - \left(\frac{\varepsilon'\Pi' + \lambda'\pi'}{\varepsilon' + \lambda'\,\mathrm{tang}\,I}\right)\left(\frac{3600''}{M}\right) = \theta',$$

d'où

$$T' = \theta' + \left(\frac{\varepsilon'\Pi' + \lambda'\pi}{\varepsilon' + \lambda'\tan I}\right)\left(\frac{3600''}{M}\right) = \theta' + \left(\frac{\Pi' + \frac{\lambda'}{\varepsilon'}\pi'}{1 + \frac{\lambda'}{\varepsilon'}\tan I}\right)\left(\frac{3600''}{M}\right)$$

$$= \theta' + \left(\frac{\Pi' + \pi'\tan u'}{1 + \tan u'\tan I}\right)\left(\frac{3600''}{M}\right)$$

$$= \theta' + \left(\frac{\Pi'\cos u'\cos I + \pi'\sin u\cos I}{\cos u'\cos I + \sin u'\sin I}\right)\left(\frac{3600''}{M}\right)$$

$$= \theta' + (\Pi'\cos u' + \pi'\sin u')\left(\frac{3600''\cos I}{M\cos(u'-I)}\right)$$

$$= \theta' + a'b'\cos u'.P + a'c'\sin u'.P :$$

or $\quad T = \theta + ab\cos u.P - ac\sin u.P ;$

on aura donc la durée centrale $T' - T$ par la formule

$$T' - T = \theta' - \theta + (a'b'\cos u' - ab\cos u)P + (a'c'\sin u' + ac\sin u)P ;$$
$$= \theta' - \theta + (a'b'\cos u' - ab\cos u + a'c'\sin u' - ac\sin u)P$$
$$= \text{durée observée} + \mu P = D + \mu P.$$

or la durée centrale doit être la même, quelles que soient les durées observées, desquelles on la conclut ; ainsi une autre observation doit donner de même

$$T' - T = D' + \mu'P ;$$

on aura donc $\qquad D + \mu P = D' + \mu'P ,$

et $\qquad \mu P - \mu'P = D' - D \quad$ et $\quad P = \dfrac{D' - D}{\mu - \mu'} :$

mais $P = \dfrac{\pi v\cos S}{V^2\left(1 - \frac{v}{V}\cos S\right)} ;$ donc $\varpi = \dfrac{P.V^2\left(1 - \frac{v}{V}\cos S\right)}{v\cos S}.$

Nous aurons donc la parallaxe moyenne du soleil. (Voyez les calculs.)

61. Si l'on voulait tenir compte de l'aplatissement de la terre, il faudrait multiplier b, c, b', c' par le rayon de la terre, à l'endroit de chaque observation, et calculer les parallaxes avec la hauteur (H — angle verticale), mais la parallaxe du soleil n'étant que de $9''$ et l'aplatissement $\frac{1}{300}$, l'erreur sur ϖ ne sera que de $0'',029$, quantité dont les

observations ne permettent pas de répondre : au reste, il en coûtera si peu, que ce n'est pas la peine de négliger une correction si facile.

Il ne reste donc qu'à calculer les parallaxes $\Pi = b.\mathrm{P}$, $\pi = c\mathrm{P}$. On peut y employer les méthodes ordinaires ; mais en éliminant le nonagésime, j'ai trouvé

$$\Pi = \mathrm{P}\left(\frac{\cos\mathrm{H}\sin♀\cos\mathrm{M} - \cos\omega\cos\mathrm{H}\cos♀\sin\mathrm{M} - \sin\omega\cos♀\sin\mathrm{H}}{\cos\mathrm{G}}\right);$$

$$\pi = \mathrm{P}(\cos\omega\sin\mathrm{H}\cos\mathrm{G} - \sin\omega\cos\mathrm{H}\cos\mathrm{G}\sin\mathrm{M} - \sin\mathrm{G}\cos\mathrm{H}\cos♀\cos\mathrm{M}$$
$$- \cos\omega\sin\mathrm{G}\cos\mathrm{H}\sin♀\sin\mathrm{M} - \sin\omega\sin\mathrm{G}\sin♀\sin\mathrm{H})$$
$$- \mathrm{tang}^2\tfrac{1}{2}\Pi\sin 2\mathrm{G} - \tfrac{1}{2}\mathrm{tang}^4\tfrac{1}{2}\Pi\sin 4\mathrm{G} - \tfrac{1}{3}\mathrm{tang}^6\tfrac{1}{2}\Pi\sin 6\mathrm{G} - \text{etc.}$$

on peut négliger $\cos\mathrm{G}$. Aucun des termes affectés de $\sin\mathrm{G}$ ne peut aller à $0'',021$; ainsi

$$b = \cos\mathrm{H}\sin♀\cos\mathrm{M} - \cos\omega\cos\mathrm{H}\cos♀\sin\mathrm{M} - \sin\omega\cos♀\sin\mathrm{H};$$
$$c = \cos\omega\sin\mathrm{H} - \sin\omega\cos\mathrm{H}\sin\mathrm{M}, \text{ et le calcul est très-court.}$$

62. Voulez-vous avoir le tems que le demi-diamètre emploie à entrer.

Soit b le demi-diamètre du soleil, c celui de Vénus, x la portion de l'orbite relative parcourue pendant l'entrée du demi-diamètre, A l'angle que forme la distance au centre avec cette orbite, vous aurez

$$(b+c)^2 = b^2 + x^2 + 2bx\cos\mathrm{A} = b^2 + 2bc - c^2,$$
$$x^2 + 2b\cos\mathrm{A}.x = (2bc + cc),$$
$$x^2 + 2b\cos\mathrm{A}\,x + b^2\cos^2\mathrm{A} = 2bc - c^2 + b^2\cos^2\mathrm{A},$$
$$x = -b\cos\mathrm{A} \pm b\cos\mathrm{A}\left(1 + \frac{2bc+cc}{b^2\cos^2\mathrm{A}}\right)^{\frac{1}{2}}$$
$$= -b\cos\mathrm{A} \pm b\cos\mathrm{A}\left(1 + \frac{2bc+cc}{2b^2\cos^2\mathrm{A}} - \frac{4b^2c^2 + 4bc^3 + c^4}{8b^4\cos^4\mathrm{A}} + \text{etc.}\right)$$
$$= \frac{bc+\frac{1}{2}cc}{b\cos\mathrm{A}} - \frac{\frac{1}{2}b^2c^2}{b^3\cos^3\mathrm{A}} + \text{etc.}$$
$$= \frac{c}{\cos\mathrm{A}} + \frac{\left(\frac{cc}{2b}\right)}{\cos\mathrm{A}} - \frac{\frac{c^2}{2b}}{\cos^3\mathrm{A}} = \frac{c}{\cos\mathrm{A}} + \frac{\frac{cc}{2b}\cos^2\mathrm{A} - \frac{cc}{2b}}{\cos^3\mathrm{A}} = \frac{\cos\mathrm{A}}{c} - \frac{ce}{2b}\frac{\sin^2\mathrm{A}}{\cos^3\mathrm{A}}$$
$$= \frac{c}{\cos\mathrm{A}} - \frac{cc}{2b}\frac{\mathrm{tang}^2\mathrm{A}}{\cos\mathrm{A}} = \frac{c}{\cos\mathrm{A}}\left(1 - \frac{c\,\mathrm{tang}^2\mathrm{A}}{2b}\right),$$

$$x \text{ en tems} = \left(\frac{3600''}{\text{mouv. hor.}}\right)\frac{c}{\cos\mathrm{A}}\left(1 - \frac{c.\mathrm{tang}^2\mathrm{A}}{2b}\right).$$

Vous

Vous aurez ainsi le tems entre le contact extérieur et l'entrée du centre de Vénus.

Par un calcul semblable, vous aurez le tems entre l'entrée du centre et le contact intérieur,

$$= \left(\frac{\text{mouv. hor.}}{3600''} \right) \frac{c}{\cos A} \left(1 \pm \frac{c \, \text{tang}^2 A}{2b} \right).$$

L'angle A est SCm pour le commencement, et SFm pour la fin (fig. 110).

Vous aurez le diamètre par le tems observé t, en faisant

$$2c = t \cos A \left(\frac{\text{mouv. hor.}}{3600''} \right);$$

car en réunissant les deux demi-durées, le terme du second ordre disparaît.

63. Au lieu de ce moyen direct pour trouver la parallaxe, les astronomes emploient les méthodes de fausse position. Ainsi M. de Lalande fait le raisonnement suivant : Les durées observées, dépouillées des effets de la parallaxe, donneraient la durée pour le centre de la terre ; et cette dernière durée, conclue des observations faites en différens lieux, doit toujours être la même.

Supposons donc une parallaxe, et calculons le passage pour le lieu de l'observation, nous aurons la durée apparente ; comparons-la à la durée pour le centre de la terre, nous aurons l'effet de la parallaxe.

Retranchons cet effet de la durée observée, nous aurons la durée pour le centre de la terre. Faisons, avec la même parallaxe, des calculs semblables pour le lieu de l'autre observation, nous aurons la durée pour le centre de la terre : si elle est la même que dans les premiers calculs, la supposition de la parallaxe sera bonne, sinon nous recommencerons avec une autre parallaxe.

Par la diminution ou l'augmentation des erreurs, nous conclurons, par une règle de trois, la supposition qui accordera les observations ; et nous recommencerons le calcul avec cette nouvelle parallaxe pour nous assurer si en effet elle est bonne.

Ce détour était prodigieusement long.

64. La parallaxe relative horizontale étant trouvée de cette manière, nous en conclurons la parallaxe moyenne du soleil. En effet, nous avons

trouvé ci-dessus $\varpi = \dfrac{\frac{\varpi}{V}(v\cos S)}{V - v\cos S}$; donc $\varpi = \dfrac{P.V(V - v\cos S)}{v\cos S}$. On a trouvé $\varpi = 8'',6$, ou $8'',8$; ainsi, prenant le rayon de la terre pour unité, la distance du soleil sera $\dfrac{\sin 8'',7}{1} = \dfrac{\sin 87''}{10} = 23709$ demi-diamètres terrestres $7755\,9000000$ toises $= 33972000$ lieues. Ces évaluations en lieues ou toises sont inutiles en Astronomie. C'est le rayon de la terre qui est notre unité pour les parallaxes, nous savons l'angle qu'il soutend à la distance moyenne du soleil : ce rayon est sin $8'',7$, si nous prenons la distance moyenne au soleil pour unité ; et cette unité servira pour estimer les distances des autres planètes au soleil par la loi de Képler.

En général, $\dfrac{\text{rayon de la terre}}{\text{distance de l'astre}} = \sin$ parall. horizontale.

En prenant pour unité la distance du soleil à la terre, on a parallaxe $\odot = \dfrac{8'',7}{1}$; la parallaxe de toute autre planète sera $\dfrac{8'',7}{\text{distance planète}}$; ainsi la parallaxe de Vénus sera $\dfrac{8'',7}{0,27677} = 31'',4439$, quand Vénus est en conjonction inférieure, dans les moyennes distances au soleil, et que la terre est aussi dans les moyennes distances.

Quand nous aurons la distance de toute autre planète, nous en conclurons la parallaxe.

65. Le rayon de la terre vu de Vénus soutend donc un angle de $31''$; celui de Vénus, vu de la terre, ne paraît pas de $30''$ tout-à-fait ; ces deux planètes diffèrent donc fort peu en grosseur.

La parallaxe et la distance du soleil sont les deux résultats les plus importans qu'on puisse tirer des passages de Vénus.

Mais on en peut encore conclure le lieu du nœud avec beaucoup d'exactitude.

On mesure pendant le passage la distance de Vénus au bord du soleil, ou mb (fig. 111) ; on en conclut mS, de là $SV = \dfrac{mS}{\cos\text{inclin. orb. app.}}$; SV est la latitude géocentrique apparente en conjonction ; on la corrige de l'effet de la parallaxe et de l'aberration, on a la latitude vraie ; on la change en latitude héliocentrique

$$\left(\dfrac{V-v}{v}\right) SV = H, \quad \text{tang}\,H = \text{tang}\,I\,\sin S\Omega, \quad \text{ou} \quad \sin S\Omega = \text{tang}\,H \cot I.$$

On aura donc fort exactement le nœud, si l'on connaît l'inclinaison.

66. Si le passage était presque central et que le nœud fût sur le
soleil même, on n'aurait pas besoin de l'inclinaison.

On mesurerait plusieurs fois, pendant le passage, les différences d'ascension droite et de déclinaison entre Vénus et le soleil; on en conclurait les différences de longitude et de latitude.

Soient Sa, Sd (fig. 112) les différences apparentes de longitude, on
les corrigerait de la parallaxe de longitude ; ab et cd les deux latitudes
apparentes, on les corrigerait de la parallaxe; on convertirait les élongations et les latitudes géocentriques en héliocentriques ; par les lieux
corrigés de Vénus, on mènerait la droite $c\Omega b$, Ω serait le lieu du
nœud

$$a\Omega : d\Omega :: ab : cd;$$

donc $\qquad d\Omega - a\Omega = (d\Omega + a\Omega)\left(\frac{cd - ab}{cd + ab}\right) = \frac{ad(cd - ab)}{cd + ab}.$

Connaissant la demi-somme et la demi-différence des deux distances,
on les aurait toutes deux, on en conclurait $S\Omega$, et par conséquent le
lieu du nœud; on aurait enfin $\frac{cd}{\Omega d} =$ tang inclinaison.

67. Nous avons vu comment on peut calculer les passages de Vénus,
comment on en peut déduire la parallaxe, le lieu du nœud, la latitude
héliocentrique, la longitude héliocentrique et même l'inclinaison, et
par conséquent corriger les tables en tous ces points. On peut aussi
mesurer le diamètre par le tems qu'il emploie à entrer sur le soleil ou
en sortir (48).

68. Il nous reste maintenant à expliquer comment on observe un passage de Vénus. D'abord on cherche, comme nous avons fait pour les
éclipses, à quel point du disque solaire doit se faire l'entrée; on se
dispose par là à bien saisir le premier moment; on remarque ensuite le
tems où le centre de Vénus est sur le bord du soleil, puis celui où
Vénus entre tout-à-fait. Cette dernière observation passe pour la plus
sûre à cause d'un phénomène assez extraordinaire qui se remarque alors.

Quand Vénus est tangente intérieurement à la couronne lumineuse
d'irradiation qui, suivant l'opinion commune, entoure le soleil, et qu'on
suppose de $2''$ de largeur, il y a déjà $55''$ du diamètre de Vénus sur
le soleil réel et $2''$ sur la couronne qui est interrompue; on juge que Vénus

n'est pas entrée tout-à-fait, parce que la courbure du disque noir de Vénus ne paraît pas uniforme.

Quand le bord de Vénus est au milieu de la couronne, l'apparence doit être à peu près la même.

Quand Vénus est en contact intérieur, son disque est rétréci par l'irradiation, de tous les côtés, excepté vers le point de contact, où il doit être alongé par un point noir qui fait interruption dans la couronne lumineuse.

Quand Vénus s'est écartée du bord, l'irradiation renaît de toute part, le point noir disparaît, et cette circonstance rend l'observation plus sûre.

Ce raisonnement a accrédité l'irradiation ; mais tous les observateurs n'ont pas remarqué ce point noir et il y a des astronomes qui doutent encore du fait. Je n'ai jamais vu ce point noir dans les passages de Mercure.

Les mêmes apparences doivent se reproduire au contact de sortie. Quand Vénus est tout-à-fait entrée sur le soleil, on mesure les différences de déclinaison, on en conclut celles de longitude et de latitude, d'où l'on déduit l'élongation et la latitude apparentes, qu'on dépouille ensuite de l'effet des parallaxes.

69. On observe aussi au quart de cercle les passages des bords de Vénus et du soleil au fil vertical et au fil horizontal ; on en déduit les différences d'azimut et de hauteur, d'où les différences d'ascension droite et de déclinaison, celles de longitude et de latitude.

On corrige d'abord les hauteurs de la parallaxe de hauteur plus commode à calculer : cependant ces observations sont plus pénibles à réduire. Toutes ces observations subsidiaires présentent plus de calculs avec moins de certitude, on n'en fait pas grand cas.

70. Quand on a réduit au centre de la terre, l'entrée et la sortie observées, on a la durée, la demi-durée et le milieu du passage ; on en conclut la conjonction, la latitude et le lieu de la conjonction ; on a donc l'erreur des tables en longitude et en latitude.

On a l'heure de la conjonction vraie pour le méridien du lieu. Deux observations faites en des lieux divers donnent la différence des méridiens, mais le mouvement de Vénus étant beaucoup plus lent, le résultat est moins sûr que celui d'une éclipse d'étoile ou de soleil.

Il est évident que si le diamètre du soleil est supposé trop grand, les passages calculés seront d'une trop longue durée; ils feront trouver une parallaxe trop grande; on attribuera à l'effet de la parallaxe cet excès de durée qui provient des diamètres.

Mais ce même effet aura lieu également pour le passage qui est accourci par la parallaxe; la différence des deux durées fera disparaître cette erreur dans la formule $P = \dfrac{D' - D}{\mu - \mu'}$; on aura donc la parallaxe juste malgré l'erreur des diamètres; mais quand on emploiera cette parallaxe à calculer le passage, on trouvera un passage trop long, parce que le diamètre est trop grand.

On verra de combien il faut diminuer ce diamètre pour représenter l'observation.

71. On a trouvé par des méthodes analogues, qu'il fallait ôter $3'',5$ aux diamètres des tables. Le diamètre de Vénus se connaît par le tems qu'il emploie à sortir du soleil, ou à y entrer; mais la sortie est plus aisée à observer.

Cette erreur des diamètres solaires s'est appelée *irradiation.*

Soit $d\frac{1}{2}\odot$ l'erreur du diamètre solaire $\dfrac{d\frac{1}{2}\odot \cdot 3600''}{M \cos A}$ sera l'erreur sur l'entrée ou la sortie; faisant e cette quantité, on aura $d\frac{1}{2}\odot = \dfrac{eM \cos A}{3600''}$.

Telles sont les conséquences les plus importantes que l'on peut tirer de tous ces passages.

72. En parlant des perturbations de la lune, nous avons fait voir (XXV. 68) que toutes les planètes, si elles éprouvent des attractions réciproques doivent avoir dans leur longitude une inégalité de la forme

$$a \sin S + b \sin 2S + c \sin 3S + \text{etc.}$$

Quand nous aurons bien déterminé les élémens de l'orbite, nous serons en état de chercher par observation les différens termes de cette série; mais il n'y a guère que le premier et le second qui soient sensibles; dans la théorie de la lune, c'était le second qui était le plus fort. Dans celle de Vénus les premiers sont

$$+ 5'' \sin S + 11'',7 \sin 2S - 7'',4 \sin 3S - 1'' \sin 4S.$$

Elle a encore une inégalité de $- 3'' \sin(♀ - ♃) + 0'',9 \sin 2(♀ - ♃)$; c'est la théorie qui les a déterminées toutes. (Voyez *Mécanique céleste.*)

Il y a encore quelques autres équations qui dépendent d'une théorie plus développée; toutes celles qui peuvent être utiles sont employées dans les tables de Vénus de M. Lindenau.

Calcul d'un passage de Vénus.

75. Nous choisirons le plus célèbre, celui de 1769; c'est aussi celui qui a été observé avec le plus de soin, et dont on a tiré les conséquences les plus sûres.

La conjonction vraie suivant les tables, arrivait à $10^h 15' 2''$, tems vrai à Paris.

La longitude héliocentrique était de $8^s 13° 27' 21''$; la latitude $4' 8''$, 1 boréale.

$$
\begin{aligned}
\text{mouv. hor. hélioc. de Vénus} &= 3' 58'' 14 \\
\text{de la terre} &= 2.23.50 \\
\text{mouv. hor. relatif} = m &= \overline{1.34.64} \qquad = - 94'',64 \\
\text{mouv. hor. en latitude} = d\lambda &= - 14'',20 \\
\log d\lambda = \qquad 14'' 20 &\qquad 1.1522883 \\
\log m = \qquad 94.64 &\qquad 1.9760747 \\
\text{tang } I = 8° 31' 59'' &\qquad 9.1762136 \\
\cos I \ldots\ldots\ldots &\qquad 9.9951657 \\
\sin I \ldots\ldots\ldots &\qquad 9.1713793
\end{aligned}
$$

I est l'inclinaison de l'orbite relative, elle est additive, parce que la longitude et la latitude sont décroissantes et que Vénus descend vers l'écliptique.

$$
\begin{aligned}
\log v = \text{ray. vect. } ♀ \ldots &\quad 9.8610503 \\
\log V = \text{ray. vect. } ♁ \ldots &\quad 0.0065302 \\
\tfrac{v}{V} = 0,7155525 \ldots &\quad 9.8545201 \\
\text{compl.} \left(1 - \tfrac{v}{V}\right) = 0.2846475 \ldots &\quad 0.5456926 \\
m \ldots\ldots - &\quad 1.9760947 \\
\text{mouv. hor. géoc.} = 237'',8414 \ldots &\quad 2.3763074 \\
\text{tang } I \ldots &\quad 9.1762136 \\
\text{mouv. hor. lat. géoc.} = - 35'',6863 - &\quad 1.5525210
\end{aligned}
$$

$$\frac{v}{V\left(1 - \frac{v}{V}\right)} \dots\dots\dots\dots\dots\dots\dots\ 0.4002127$$

$$
\begin{array}{rll}
\lambda = & 248''1 & 2.3946268 \\
G = & 623.5042 & 2.7948395 \\
& \cos I & 9.9951657 \\
Sm = & 616''6024 & 2.7900052 \\
& \text{tang } I & 9.1762136 \\
Vm = & 92''5171 & 1.9662188
\end{array}
$$

G est la latitude géocentrique en conjonction, Sm la plus courte distance, Vm la partie de l'orbite que Vénus doit parcourir après la conjonction pour arriver à la plus courte distance. Pour connaître le tems Vm, nous ferons le calcul suivant.

$$
\begin{array}{lr}
\text{mouv. hor. géoc.} & 2.3762874 \\
C. \cos I\dots\dots & 0.0048343 \\
\text{mouv. hor. sur l'orbite}\dots\dots & 2.3811217 \\
3600''\dots\dots & 3.5563025 \\
\text{log. pour réduire le tems en arc} & 8.8248192 \\
\text{log. pour réduire les arcs en tems} & 1.1751808 \\
Vm\dots\dots & 1.9662188 \\
\text{tems de } Vm = \quad \bullet\, 23'\ 4''\ 52 & 3.1413996 \\
\text{conjonction} = 10.15.2 & \\
\text{milieu}\dots\dots = 10.38.6.52 &
\end{array}
$$

La justesse des tems absolus est subordonnée à l'exactitude des tables ; mais elle ne fait rien pour la parallaxe qui ne dépendra que des tems relatifs.

74. Rigoureusement il aurait fallu corriger, le tems de la conjonction, la longitude et la latitude en conjonction des effets de l'aberration, dont nous n'avons pas encore parlé ; mais ces effets sont peu de chose, ils sont constans pour toute la durée du passage, dont ils retardent toutes les phases, en les négligeant nous ne risquons rien ; notre intention n'est pas de tirer toutes les conséquences possibles de ce passage, mais seulement de montrer la marche du calcul, en ce qu'il a de particulier.

$$
\begin{array}{rll}
\tfrac{1}{2}\text{diamètre } \odot & = & 943.7 \\
\tfrac{1}{2}\text{diamètre } \venus & = & 28.6 \\
\tfrac{1}{2}\text{somme} = \sigma & = & 972.3 \\
\tfrac{1}{2}\text{différence} = \sigma' & = & 915.1
\end{array}
$$

σ servira pour calculer les contacts extérieurs, σ' pour les contacts intérieurs qui sont les plus sûrs.

$$
\begin{aligned}
SC &= 972.3 \\
Sm &= 616.6 \\
\text{log. somme} &= 1588.9 \dots 3.2010966 \\
\text{log. différence} &= 355.7 \dots 2.5510839 \\
\text{log.}(\overline{SC}^2 - \overline{Sm}^2) &= \overline{mC}^2 \dots 5.7521805 \\
\text{moitié} &= \text{log. } mC \dots 2.8760902 \\
\text{log. du tems} &\dots 1.1751808 \\
\text{log. } \tfrac{1}{2} \text{ durée} &= 3^h\, 7'\, 33'' \dots 4.0512710 \\
\text{milieu} &= 10.38.\ 7 \\
\text{commencement} &= 7.30.34 \quad \text{ou} \quad 1^{er}\text{ contact extérieur} \\
\text{fin} &= 13.45.40 \quad \text{ou} \quad 2^{ème}\text{ contact extérieur} \\
\text{durée du passage} &= 6.15.\ 6
\end{aligned}
$$

Nous pourrions calculer de la même manière les contacts intérieurs en employant σ' au lieu de σ; mais nous allons faire le calcul d'une autre manière pour avoir des angles qui nous seront utiles par la suite.

75. Soit dans la même figure $SC = \sigma' = 915''{,}1$,

$$
\begin{aligned}
\sigma' &= 915''\,1 \dots 2.9614686 \\
Sm &= 616.6024 \dots 2.7900052 \\
\sin SCm &= 42°\,21'\ 42.1 \dots 9.8285366 \\[4pt]
\cot SCm &\dots 0.0400531 \\
Sm &\dots 1.7900052 \\
mC = mF &\dots 2.8300583 \\
\text{log. du tems} &\dots 1.1751808 \\
\tfrac{1}{2} \text{ durée intérieure} &= 2^h\, 48'\, 41''\, 4 \dots 4.0052391 \\
\text{milieu} &\dots 10.38.\ 7 \\
\text{entrée} &= 7.49.25.6 \quad \text{ou} \quad 1^{er}\text{ contact intérieur} \\
\text{sortie} &= 13.26.48.4 \quad \text{ou} \quad 2^{ème}\text{ contact intérieur} \\[4pt]
CSm &= 47°\,38'\,18'' = 90° - SCm \\
I = VSm &= 8.31.59 \\
VSC &= 39.\ 6.19 = SCI \\
u = CSI &= 50.53.41 = 90° - VSG
\end{aligned}
$$

$$CSm$$

$$\text{CS}m = m\text{SF} = 47°\,38'\,18''$$
$$\text{I} = 8.31.59$$
$$\text{VSF} = \overline{56.10.17} = \text{SFL}$$
$$u' = \text{FSL} = 33.49.43 = 90° - \text{VSF}$$

$$\text{SC} = \sigma' \ldots\ldots\ldots\ 2.9614686$$
$$\sin u \ldots\ldots\ldots\ldots\ 9.8898552$$
$$\text{G} = \quad \text{CI} = 710''\,11\ldots\ldots\ 2.8513238$$
$$\cot u \ldots\ldots\ldots\ldots\ 9.9100002$$
$$\text{E} = \quad \text{SI} = 577''\,20\ldots\ldots\ 2.7613240$$

CI est la latitude géocentrique, SI l'élongation à l'instant du contact intérieur, pour savoir le tems qui répond à cette élongation, nous dirons

$$\text{mouv. hor. relatif} : 3600'' :: \text{SI} : t$$
$$237'',8414 : 3600'' :: 577'',20 : t = \frac{577'',20.3600''}{237'',8414}$$

$$\log.\ 3600 \ldots\ldots\ldots\ 3.5563025$$
$$\text{C.}\ \ 237'',8414 \ldots\ 7.6237126$$
$$\log.\ \text{du tems sur l'écliptique} \ldots\ 1.1800151$$
$$\text{E} = \text{SI} = 577'',10 \ldots\ldots\ldots\ 2.7613240$$
$$\text{tems de SI} = \ 2^{\text{h}}\,25'\,36''\,5 \ldots\ldots\ 3.9413391$$
$$\text{conjonction} = 10.15.2$$
$$\text{entrée} = \overline{7.49.25.5} \quad 1^{\text{er}}\ \text{contact intérieur.}$$

$$\text{SF} = \sigma' \ldots\ldots\ldots\ldots\ 2.9614686$$
$$\sin u' \ldots\ldots\ldots\ldots\ldots\ 9.7456294$$
$$\text{E}' = \text{FL} = 509'',45 \ldots\ldots\ldots\ 2.7070980$$
$$\cot u' \ldots\ldots\ldots\ldots\ldots\ 0.1738183$$
$$\text{G}' = \text{SL} = 760'',18 \ldots\ldots\ldots\ 2.8809163$$
$$\log.\ \text{tems} \ldots\ldots\ldots\ldots\ldots\ 1.1800151$$
$$\text{tems de SL} = \ 3^{\text{h}}\,11'\,46''\,2 \ldots\ldots\ 4.0609314$$
$$10.15.\ 2$$
$$\text{sortie} \ldots\ldots\ldots\ \overline{13.26.48} \quad 2^{\text{ème}}\ \text{contact intérieur}$$
$$\text{entrée} \ldots\ldots\ldots\ \underline{7.49.26}$$
$$\text{durée intérieure.}. = \overline{5.37.22}$$
$$\text{durée extérieure.}. = 6.15.\ 6$$
$$\text{différence} = \overline{37.44}$$
$$\text{moitié} = 18.52$$

2.   62

, Cette demi-différence est le tems que le diamètre de Vénus supposé de $57'',2$, emploie à entrer sur le soleil ou à en sortir.

76. Nous pouvons trouver ce tems d'une manière assez exacte par le calcul suivant

$$
\begin{array}{lll}
\text{C. log. } \tfrac{1}{2}\odot = 943'',7\ldots. & 7.0251660 \\
\text{S}m = & 2.7900052 \\
\sin \text{A} = 40°\ 47'\ 51'' & \overline{9.8151712} \\
\text{C. cos A}\ldots\ldots\ldots\ldots & 0.1208906 \\
\text{diam. } \female = 57'',2\ldots. & 1.7575060 \\
\text{log. tems sur l'orbite}\ldots. & 1.1751808 \\
\text{tems} = 18'\ 51''\ 11.. & \overline{3.0534674} \\
\text{C.}\quad\quad 57.\ 2 & 8.2426040 \\
\quad\quad\quad 19.77 & \overline{1.2960714}
\end{array}
$$

Ainsi chaque seconde de diamètre emploie $19'',77$ ou près de $20''$ à entrer sur le soleil. Nous verrons plus loin que par un milieu entre toutes les observations, le tems du diamètre n'était guère que de $18'\ 11''$; nous dirons $18'\ 51'' : 18'\ 11'' :: 57'',2 =$ diam. supposé : diam. vrai.

$$
\begin{array}{ll}
\text{C, } 18'\ 51''\ 1\ldots. & 6.9465326 \\
18.11\ldots\ldots & 3.0378248 \\
57.2\ldots\ldots & 1.7573960 \\
55.176\ldots & \overline{1.7417534} \\
\quad — \quad 2.024 = & \text{correction du diamètre}
\end{array}
$$

Ce qui se voyait d'ailleurs sans calcul; car le tems observé était de $40''$ moindre que le tems calculé, le diamètre était donc trop fort de $\frac{40''}{20} = 2''$.

77. Jusqu'ici tous nos calculs sont pour le centre de la terre; si nous voulons calculer pour la surface, il faut déterminer la parallaxe.

Nous supposerons la parallaxe du soleil $= \dfrac{8'',7}{V}$.

$$
\begin{array}{ll}
8'',7\ldots\ldots & 0.9395192 \\
\text{C. V} & 9.9934698 \\
\text{parall. } \odot\ldots 8'',570 & \overline{0.9329890} \\
\text{C.}\left(1 - \dfrac{v}{V}\right)\ldots & 0.5456926 \\
\text{parall. } \female\ldots 30''108 & \overline{1.4786816} \\
\text{parall. relative} = \overline{21.538}
\end{array}
$$

$$P = \text{parall. } \female - \text{parall. } \odot = \frac{\left(\frac{8'',7}{V}\right)}{\left(1 - \frac{\nu}{V}\right)} - \frac{8'',7}{V} = \frac{\left(\frac{8'',7}{V}\right) - \left(\frac{8'',7}{V}\right) + \left(\frac{8'',7}{V}\right)\frac{\nu}{V}}{\left(1 - \frac{\nu}{V}\right)}$$

$$= \frac{\left(\frac{8'',7}{V}\right)\left(\frac{\nu}{V}\right)}{\left(1 - \frac{\nu}{V}\right)} = \frac{\varpi \left(\frac{\nu}{V}\right)}{V\left(1 - \frac{\nu}{V}\right)}$$

$$\frac{8'',7}{V} \dots\ 0.9329890$$

$$\frac{\nu}{V} \dots\ 9.8545201$$

$$C\left(1 - \frac{\nu}{V}\right) \dots\ 0.5456926$$

$$\overline{21'',5378 \dots\ 1.3332017}$$

et cette formule a cela de commode, qu'en la retournant elle donne

$$\varpi = \frac{P\left(1 - \frac{\nu}{V}\right)V}{\frac{\nu}{V}} = \frac{P\left(1 - \frac{\nu}{V}\right)V^2}{\nu} = P\left(1 - \frac{\nu}{V}\right)\frac{V^2}{\nu} = P\left(1 - \frac{\nu}{V}\right)\frac{\nu}{V}\cdot V$$

$$\log.\left(1 - \frac{\nu}{V}\right) \dots\ 9.4543074$$

$$\frac{V}{\nu} \dots\ 0.1454799$$

$$V \dots\ 0.0065302$$

$$0.40394 \dots \overline{\ 9.6065175}$$

Ainsi quand nous aurons trouvé P par observation, nous en conclurons la parallaxe moyenne du soleil $\varpi = 0.40394\,P$.

22″ de parallaxe feraient 440″ de tems ou 7′ 20″, l'effet de la parallaxe pour augmenter ou diminuer le passage, ne peut aller à 15′. La fin du passage pour le centre est à $15^h\ 45'$; le passage sera fini à $14^h = 210°$; Paris sera à 210° du méridien; l'île de Fer à 190° du méridien supérieur, ou à 170° du méridien inférieur.

Choix des Stations.

78. Nous allons d'abord exposer une méthode extrêmement simple qui n'exige aucun calcul et qui est préférable à toutes les autres.

Placez le globe terrestre de manière que le pôle soit élevé sur l'horizon d'une quantité égale à la déclinaison du soleil. Ici la déclinaison est de 22° ½ boréale, nous élèverons le pôle boréal de 22° ½ au-dessus du point nord de l'horizon.

Le commencement du passage ou le premier contact extérieur aura lieu quand Paris comptera 7ʰ 30′, c'est-à-dire, que le zénit de Paris aura passé par le cercle de déclinaison du soleil et qu'il fera avec ce cercle un angle de $\frac{7^h\,30'}{4} = \frac{450°}{4} = 112° \frac{1}{2}$. Ainsi le premier méridien du globe, celui qui passe par l'île de Fer, fera un angle de 92° ½ avec le cercle de déclinaison du soleil. Placez donc sous le méridien du globe le méridien 92° ½ occidental, qui traverse le Nouveau-Mexique.

Dans cet état, la partie du globe qui est au-dessus de l'horizon représente la partie éclairée de la terre; car nous avons placé au pôle de l'horizon le lieu qui voit le soleil au zénit. Ce lieu est vers l'entrée de la mer Vermeille, près de la pointe de la Californie. Dans cette position, placez l'aiguille sur 0ʰ.

La durée du passage est de 6ʰ ¼, ainsi en faisant tourner le globe de manière que l'aiguille fasse un mouvement de 6ʰ ¼ vous aurez la position du globe par rapport au soleil, pour l'instant du contact extérieur de la fin. Mais il faut que ce mouvement se fasse contre l'ordre des divisions du cadran, c'est-à-dire de 0ʰ à 5ʰ ¾ $= 12^h - 6^h \frac{1}{4}$, parce que la terre tourne vers l'orient de manière que les méridiens plus occidentaux arrivent successivement au méridien fixe.

Ramenez au méridien fixe le méridien 92° ½ du globe, vous verrez aussitôt que la pointe de la Californie a presque le soleil à son zénit, elle verra donc l'entrée presque tout comme si l'observateur était au centre de la terre : faites tourner le globe vers l'orient de 6ʰ ¼, vous verrez que la Californie est descendue vers l'horizon, et qu'elle ne l'a pas atteint; elle verra finir le passage, elle verra le passage entier; la parallaxe qui était nulle au commencement sera forte à la fin; mais la durée ne sera que médiocrement altérée. Chappe y a observé la durée de 6ʰ 14′ 3″, cette station était aisée à trouver.

Remettons sous le soleil le méridien 92° ½, nous verrons que le fort du prince de Galles dans la baie d'Hudson, vers 59° de latitude, aura un peu passé le méridien, qu'il y aura quelque parallaxe à l'entrée, et qu'en tournant le globe de 6ʰ ¼, le fort se trouve encore au-dessus de l'horizon, il verra donc le passage entier et la parallaxe en augmentera la durée; Dymond et Wales l'ont observé de $6^h\ 22'\ 20''$.

Plus au nord et sur les côtes de la baie de Baffin on aurait eu un passage plus alongé par la parallaxe; au Kamschatka on aurait vu le passage commencer le matin et finir vers le méridien.

Aux îles de Sandwich le passage commencé le matin, fini l'après-midi, aurait été très-peu affecté de la parallaxe.

L'Amérique méridionale voyait le commencement, mais non la fin.

Les Marquises-de-Mendoce, l'Archipel de Taïti, les îles des Amis devaient voir le passage diminué par la parallaxe; à Taïti, Green et Cook observèrent la durée de $6^h\ 6°\frac{1}{2}$.

Dans la zône glaciale, dans les parties pour lesquelles le soleil ne se couchait pas, c'est-à-dire, dans celles qui ont $67°\frac{1}{2}$ de latitude, on pouvait choisir le Nord-Cap, Wardhus, Kola, la Nouvelle - Zemble, les côtes des Samoïèdes, et de la Tartarie Russe.

A Wardhus le P. Hell observa la durée intérieure de $5^h\ 53'$, l'extérieure eût été de $6^h\frac{1}{2}$.

A des latitudes moins hautes, où le soleil disparaît quelques heures, on peut trouver des lieux qui, voyant l'entrée vers le coucher du soleil, peuvent voir la sortie le lendemain matin. Cajanebourg et quelques villes de la Suède sont dans ce cas. A Cajanebourg, Planmann a trouvé la durée telle à fort peu près que le P. Hell à Wardhus.

Stockholm, Copenhague, Londres, Paris, Madrid, Maroc voyaient l'entrée vers le coucher, mais ils ne pouvaient observer la sortie. Petersbourg ne pouvait voir l'entrée, mais seulement la sortie.

79. Voilà tout ce qu'il importait de connaître. Le calcul serait considérablement plus long et plus sujet à erreur, mais bien fait, il donnerait plus de précision.

On commencerait par chercher l'angle de position PSL (fig. 115) entre le cercle de déclinaison et le cercle de latitude, on aurait

$$\text{tang}\,PSL = \text{tang}\,\omega\,\cos \odot = \text{tang}\,23°\ 28'\ 1''\ \cos 73°\ 27'\ 30'' = \cos 7°\ 5'$$

à l'orient du cercle de latitude. On en conclurait $mSa = 15°\ 35'$; l'angle PaC de l'orbite relative avec le cercle de déclinaison serait de $74°\ 25'$

$ma = Sm\ \text{tang}\,mSa$, converti en tems serait de $42'\ 55''$, à retrancher du milieu m pour avoir le tems de a, $9^h\ 55'\ 12'' = 148°\ 48'$, faites

$SPA = 148°\ 48'$. PA sera le méridien de Paris, $APf = 20°$, $SPf = 128°\ 48'$ sera le méridien de l'île de Fer.

Resolvez le triangle PSC dans lequel vous connaissez PS, SC et PSC, vous aurez $SPC = 0°\ 8'\ 47''$ $PC = 67°\ 20'$; vous aurez $CPf = 120°$, le point C qui voit l'entrée au zénit est par 120° de longitude et $22°\frac{1}{2}$ de latitude nord.

Resolvez de même le triangle SPF dans lequel vous connaissez PS, SF et PSF, vous aurez $PF = 67°\ 25'$, $SPF = 14°\ 45'$; mais F est la fin du passage. L'angle horaire de Paris est $13^h\ 45'\ 40'' = \dfrac{325°\ 40'}{4} = 206°\ 25'$, $SPf = 186°\ 25'$, ou en prenant le supplément $FPf' = 173°\ 35'$; F qui voit la sortie au zénit est à $173°\frac{1}{2}$ à l'orient de l'île de Fer, et à $22°\frac{1}{2}$ de latitude nord.

Pour avoir le premier et le dernier point qui voient l'entrée, il faudrait prolonger SC en Z et en Z', faire SZ et $SZ' = 90°$, et calculer les triangles PSZ et PSZ'.

En diminuant SZ et SZ', on aurait des parallaxes moins fortes, celles de Z approcheraient moins Vénus du soleil, celles de Z' l'en éloigneraient moins.

On ferait des calculs analogues pour SF; mais ce serait du tems perdu.

Rigoureusement il faudrait augmenter SC de la différence des parallaxes et faire $CZ = 90°$, diminuer SC de cette différence des parallaxes et faire $CZ' = 90°$; mais on trouverait à peu près les mêmes choses. Quelques degrés de plus ou de moins sur la longitude et la latitude ne changeront que fort peu la durée. La seule chose qui ait quelque importance, c'est de savoir si le lieu est dans la partie éclairée ou obscure du globe terrestre.

80. Nous allons rassembler les observations les plus complètes et les plus importantes, et nous en déduirons la parallaxe.

ations et Observateurs.	Contacts.	Durées et tems du diam.
Wardhus.		
t. 70° 22′ 36″ B	9ʰ 34′ 5″	5ʰ 53′ 31″
ng. — 1ʰ 55′ 37″	15.27.36	18. 9
ell.	15.45.45	
Kola.	9.24.12	
t. 68° 52′ 28″ B	9.42. 2	17.50
ng. — 2ʰ 2′ 55″	15.35.20	5.53.18
	. . . .	
Cajanebourg.	. . . .	
t. 64° 13′ 30″ B	9.20.46	
ng. — 1ʰ 41′ 41″	. . . .	
anmann.	15.32.26	
Baie d'Hudson.	0.57. 1	18.24
t. 58° 47′ 30″ B	1.15.25	5.45.24
ng.	7. 0.49	18.32
ymond.	7.19.21	6.22.30
	0.57. 8	18.13
Ibid.	1.15.21	5.45.26
ales.	7. 0.47	18.15
	7.19. 2	6.21.54
Californie.	23.59.17	18.10
23° 3′ 42″ B	0.17.27	5.37.23
ng. 7ʰ 28′ 10″	5.54.50	18.30
appe.	6.13.20	6.14. 3
	23.59.14	
Ibid.	0.17.25	18.12
z.	5.54.44	5.37.19
	. . . .	
	23.59.18	
Ibid.	0.17.30	18.12
edina.	5.54.47	5.37.17
	. . . .	
Taïti.	21.25.40	18.15
17° 25′ 58″ A	21.43.55	5.30. 8
g. 19ʰ 7′ 22″	3.14. 3	18.11
een.	3.32.13	6. 6.32
	21.25.45	18.30
Ibid.	21.44.15	5.29.58
ok.	3.14.13	17.49
	3.32. 2	6. 6.17
	. . . .	
Ibid.	21.44. 2	
ander.	. . . .	
	3.32.13	
Orska.	5.18.25	
51° 12′ 0″	5.36.57	18.32
g. — 3ʰ 43′ 40″		

Stations et Observateurs.	Contacts.	Durées et tems du diam.
Orenbourg.	5ʰ 5′ 10″	18′ 27′
	5.23.37	
Potoi.	9.56.34	18.30
	10.15. 4	
Abo. Entrée.	8.42. 3	18.22
	9. 0.25	
Stockholm.	8.41.46	
	47	
	48	
Upsal.	8.40. 9	
	12	
	12	
	13	
Oxford. Hornsby.	7.24.13	
Klare.	28	
Sykes.	32	
Schukburg.	25	
Nitikin.	16	
Wiliamson.	11	
Horsley.	28	
Londres. Aubert.	7.29. 1	
Canton.	15	
Hirst.	18	
Kew. Bevis.	7.28.17	
	Derniers contacts.	
Pekin. Dolieres.	21.27. 0	
Collas.	21.26.54	
Petersbourg. Sortie.	15.25.43	17.57
	15.43.40	
Greenvich.		
Hight.	7.28.57	
Heist.	7.29.18	
Horsley.	7.28.28	
Dunn.	7.29.48	
Dollond.	7.29.20	
Maskelyne.	7.29.23	
Nairne.	7.29.20	
Paris.		
Cassini.	7.38.53	
Maraldi.	7.38.50	
Messier.	38.45	
Duséjour.	7.38.43	
Bory.	7.38.47	
Fouchy.	7.38.47½	
Bernoulli.	7.38.37	

Nous ne ferons pas usage de toutes ces observations, nous les avons rapportées pour qu'on puisse juger de la précision avec laquelle on peut se flatter de connaître la durée.

81. Le tems que Vénus employait à entrer ou sortir de tout son diamètre par un milieu entre tous les observateurs est de $18'\ 16''$; j'avais trouvé d'abord $18'\ 11''$ par un nombre un peu moins grand de comparaisons, et je me suis servi de cette dernière quantité pour réduire au contact intérieur le dernier contact extérieur observé à Cajanebourg.

82. Voyons maintenant comment on peut déduire de ces observations la parallaxe du soleil.

Soit E l'élongation et G la latitude géocentrique; σ la différence des demi-diamètres. La Trigonométrie sphérique donne à l'instant du contact.

$$\cos E \cos G = \cos \sigma \ \text{ou}\ (1 - 2\sin^2 \tfrac{1}{2}E)(1 - 2\sin^2 \tfrac{1}{2}G) = 1 - 2\sin^2 \tfrac{1}{2}\sigma$$

$$1 - 2\sin^2 \tfrac{1}{2}E - 2\sin^2 \tfrac{1}{2}G + 4\sin^2 \tfrac{1}{2}E \sin^2 \tfrac{1}{2}G = 1 - 2\sin^2 \tfrac{1}{2}\sigma$$

$$\sin^2 \tfrac{1}{2}E + \sin^2 \tfrac{1}{2}G + 2\sin^2 \tfrac{1}{2}E \sin^2 \tfrac{1}{2}G = \sin^2 \tfrac{1}{2}\sigma$$

$$\tfrac{1}{4}E^2 \sin^2 1'' + \tfrac{1}{4}G^2 \sin^2 1'' + \tfrac{2}{16}E^2 G^2 \sin^4 1'' = \tfrac{1}{4}\sigma^2 \sin^2 1''$$

$$E^2 + G^2 + \tfrac{1}{2}E^2 G^2 \sin^2 1'' = \sigma^2$$

$$E^2 + G^2 = \sigma^2 - \tfrac{1}{2}E^2 G^2 \sin^2 1''$$

$$(E^2 + G^2)^{\frac{1}{2}} = (\sigma^2 - \tfrac{1}{2}E^2 G^2 \sin^2 1'')^{\frac{1}{2}} = \sigma \left(1 - \frac{E^2 G^2 \sin^2 1''}{2\sigma^2}\right)^{\frac{1}{2}}$$

$$= \sigma - \frac{E^2 G^2 \sin^2 1''}{4\sigma}$$

$$= \sigma - 0'',00216.$$

83. Nous pouvons donc sans scrupule supposer $E^2 + G^2 = \sigma^2$ au contact vrai; mais la parallaxe changera E en $(E + \Pi)$, G en $(G + \pi)$ et sans un hasard très-singulier, nous n'aurons pas $(E + \Pi)^2 + (G + \pi)^2 = \sigma^2$; il faudra que l'élongation et la latitude éprouvent quelque modification pour rétablir l'égalité, nous aurons donc

$$(E + dE + \Pi)^2 + (G + dG + \pi)^2 = \sigma^2 = E^2 + G^2$$

$$E^2 + 2E(dE + \Pi) + (dE + \Pi)^2 + G^2 + 2G(dG + \pi) + (dG + \pi)^2 = E^2 + G^2$$

$$2E\,dE + 2E\Pi + \overline{dE}^2 + 2\Pi\,dE + \Pi^2 + 2E\,dG + 2G\pi + \overline{dG}^2 + 2dG\pi + \pi^2 = 0$$

$$\overline{dE}^2 + \overline{dG}^2 + 2dE(E + \Pi) + 2dG(G + \pi) = - 2E\Pi - 2G\pi - \Pi^2 - \pi^2;$$

mais

mais $dG = dE\ \tang I$; donc

$$\overline{dE}^2 + \overline{dE}^2 \tang^2 I + 2dE(E+\Pi) + 2dE \tang I(G+\pi) = -2E\Pi - 2G\pi - \Pi^2 - \pi^2$$

$$\overline{dE}^2 \sec^2 I + 2dE(E+\Pi+G\tang I + \pi \tang I) = -2E\Pi - 2G\pi - \Pi^2 - \pi^2$$

$$dE^2 + 2dE(E+\Pi+G\tang I + \pi\tang I)\cos^2 I = -(2E\Pi + 2G\pi + \Pi^2 + \pi^2)\cos^2 I.$$

Soit

$$a = (E + \Pi + G\ \tang I + \pi\ \tang I)\cos^2 I$$

et

$$b = (2E\Pi + G\pi + \Pi^2 + \pi^2)\cos^2 I.$$
$$dE^2 + 2adE = -b;$$
$$dE^2 + 2adE + a^2 = (a^2 - b);$$
$$(dE + a)^2 = a^2 - b;$$
$$dE + a = a\left(1 - \frac{b}{a^2}\right)^{\frac{1}{2}} = a - \frac{1}{2}\frac{ab}{a^2} - \frac{1}{2}\frac{1}{4}\frac{ab^2}{a^4}$$
$$dE = -\frac{b}{2a} - \frac{b}{2a}\cdot\left(\frac{b}{4a^2}\right), \text{ ce dernier terme est insensible.}$$

Ainsi nous ferons

$$dE = \frac{b}{2a} = -\frac{(2E\Pi + 2G\pi + \Pi^2 + \pi^2)\cos^2 I}{2\left[E+\Pi+(G+\pi)\tang I\right]\cos^2 I}$$

$$dE = -\frac{\left(\dfrac{E\Pi}{E+\Pi} + \dfrac{G\pi}{E+\Pi} + \dfrac{\Pi^2+\pi^2}{2(E+\Pi)}\right)}{1 + \left(\dfrac{G+\pi}{E+\Pi}\right)\tang I}. \quad \text{Soit } \tang u = \frac{G+\pi}{E+\Pi}$$

$$= -\frac{\dfrac{E\Pi}{E+\Pi} + \dfrac{G\pi}{E+\Pi} + \dfrac{\Pi^2+\pi^2}{2(E+\Pi)}}{1 + \tang u\ \tang I} = -\frac{\left(\dfrac{E+\Pi}{E\Pi} + \dfrac{G\pi}{E+\Pi} + \dfrac{\Pi^2+\pi^2}{2(E+\Pi)}\right)\cos u\ \cos I}{\cos u\ \cos I + \sin u\ \tang I}$$

$$= -\frac{\cos u \cos I}{\cos(u-I)}\left(\frac{E\Pi + G\pi + \frac{1}{2}(\Pi^2+\pi^2)}{E+\Pi}\right) = -\frac{\cos u \cos I[E\Pi + G\pi + \frac{1}{2}(\Pi^2+\pi^2)]}{(E+\Pi)\cos(u-I)}$$

On convertira en tems cette valeur de dE en la multipliant par $-\left(\dfrac{3600}{\mu}\right)$, parce qu'avant la conjonction, si l'élongation augmente, le tems diminue.

Soit donc T le tems de l'entrée pour le centre de la terre, θ le tems pour la surface.

$$T - \left(\frac{3600}{\mu}\right)dE = \theta,$$

et

$$T = \theta + \left(\frac{3600}{\mu}\right)dE = \theta - \frac{3600''\cos u \cos I (E\Pi + G\pi + \frac{1}{2}\Pi^2 + \frac{1}{2}\pi^2)}{\mu(E+\Pi)\cos(u-I)}.$$

84. Pour le contact de la fin nous ferons un calcul tout pareil; mais nous remarquerons que $dG' = - dE'$ tang I; ainsi nous ferons I négatif, nous remarquerons encore que Π' positif diminue l'élongation; ainsi nous aurons

$$dE' = - \frac{\cos u' \cos I}{(E' - \Pi')\cos u' + I}\left[E'\Pi' + G'\pi' + \tfrac{1}{2}(\Pi^2 + \pi^2)\right].$$

$$\theta' = T' + dE'\left(\frac{3600''}{\mu}\right) \quad \text{et} \quad T' = \theta' - dE'\left(\frac{3600''}{\mu}\right)$$

$$\text{sortie} \quad T' = \theta' - dE'\left(\frac{3600''}{\mu}\right) = \theta' + \frac{3600'' \cos u \cos I}{(E+\Pi)\mu\cos(u-I)}\left[E'\Pi' + G'\pi' \tfrac{1}{2}(\Pi'+\pi')\right]$$

$$\text{entrée} \quad T = \theta + dE\,\frac{3600''}{\mu} = \theta - \frac{3600'' \cos u \cos I}{(E+\Pi')\mu\cos(u-I)}\left[E\Pi + G\pi + \tfrac{1}{2}(\Pi^2 + \pi^2)\right]$$

Nous verrons plus loin si nous risquons quelque chose à négliger $\tfrac{1}{2}(\Pi^2 + \pi^2)$.

Soit $\Pi = mP$; $\pi = nP$; $\Pi' = m'P$; $\pi' = n'P$ nos formules seront

$$T = \theta - \frac{3600'' \cos u \cos I . P}{\mu \cos(u-I)}\left(Em + Gn + \tfrac{1}{2}m\Pi + \tfrac{1}{2}n\pi\right)$$

$$T = \theta' + \frac{3600'' \cos u' \cos I . P}{\mu \cos(u'+I)}\left(E'm' + G'n' + \tfrac{1}{2}m\Pi + \tfrac{1}{2}n\Pi\right).$$

Quand il ne serait pas permis de négliger Π^2 et π^2 les termes où ils entrent sont si petits que nous pouvons les avoir assez exactement d'après la valeur à peu près connue de la parallaxe.

85. Appliquons ces formules aux observations faites à Wardhus.

$$\text{angle de la verticale} \quad \begin{array}{l} H = 70^\circ\,21'\,36'' \\ \underline{\quad - \quad 7.16} \\ H = 70.14.20 \end{array} \quad\quad \log \rho = 9.99883$$

	Entrée.		Sortie.
tems vrai	9^h 34′ 5″	tems vrai	15^h 27′ 36″
ou.....	574.5	ou.....	927.36
en degrés...	143° 31	en degrés..	231° 54
Æ $\odot$	71. 55	Æ $\odot$	72. 12
M	215. 26	M′	314. 6

M ou l'ascension droite du milieu du ciel est toujours l'angle horaire vrai, depuis midi, converti en degrés, plus l'ascension droite vraie du soleil pour l'instant du calcul.

Calculons maintenant $m = \frac{n}{P}, \quad n = \frac{\pi}{P}$

	Entrée		Sortie
cos H	9.52869	cos H	9.52869
sin ♀	9.98180	sin ♀′	9.98142
cos M —	9.91105	cos M′ +	9.74868
—0.26396	9.42154	+0.18146	9.25879
— cos ω —	9.96251	— cos ω	9.96251
cos H	9.52869	cos H	9.52869
cos ♀	9.45263	cos ♀′	9.45695
sin M —	9.76364	sin M′ —	9.91806
+0.05094	8.70747	+0.07349	8.86621
— sin ω —	9.60012	— sin ω —	9.60012
sin H	9.97369	sin H	9.97369
cos ♀	9.45263	cos ♀′	9.45695
—0.10628 —	9.02644	—0.10723 —	9.05076
— cos ω —	9.96251		
sin H	9.97369		
—0.86338	9.93620	—0.86338	
sin ω	9.60012	sin ω	9.60012
cos H	9.52869	cos H	9.52869
sin M —	9.76324	sin M′ —	9.91806
—0.07798	8.89205	—0.11140	9.04687

$$1^{er} \text{ terme } -\ 0.26396 \qquad\qquad 1^{er} \text{ terme } +\ 0.18146$$
$$3^e\ \ldots\ldots\ -\ 0.10638 \qquad\qquad 2^e\ \ldots\ldots\qquad\quad 7349$$
$$\underline{\hspace{3cm}} \qquad\qquad\qquad \underline{\hspace{3cm}}$$
$$-\ 0.37034 \qquad\qquad\qquad\quad +\ 0.25495$$
$$2^e\ \ldots\ldots\ +\ 0.05094 \qquad\qquad 3^e\ \ldots\ldots\ -\ 0.10734$$
$$\log m\ -\ 0.31940 \qquad -\ 9.50433 \qquad +\ 0.14761 \qquad +\ 9.16915$$
$$\log p\ \ldots\ldots\quad 9.99883 \qquad\qquad\qquad\qquad\quad 9.99885$$
$$\log m\ -\ 9.50316 \qquad\qquad \log m'\ \ldots\quad 9.16798$$
$$P\quad 1.33330 \qquad\qquad\qquad\qquad P\quad 1.33330$$
$$\Pi = -\ 6''862 \qquad 0.83646 \qquad \Pi' = +\ 5''172 \qquad 0.50128$$

$$1^{er} \text{ terme } -\ 0.86338\ \ldots\ldots\ldots\ldots\ldots\ -\ 0.86338$$
$$2^e\ \ldots\ldots\ -\ 0.07798\ \ldots\ldots\ldots\ldots\ldots\ -\ 0.11140$$
$$-\ 0.94136 \qquad -\ 9.97376 \qquad -\ 0.97478 \qquad -\ 9.98691$$
$$\log p\ \ldots\ldots\quad 9.99883 \qquad\qquad \log p\ \ldots\ldots\quad 9.99883$$
$$\log n\ -\ 9.97259 \qquad\qquad \log n'\ -\ 9.98574$$
$$P\quad 1.33320 \qquad\qquad\qquad\qquad P\quad 1.33320$$
$$\pi = -\ 20''220 \qquad 1.30579 \qquad \pi' = -\ 20''849 \qquad 1.31894$$

$$E = 577''20 \qquad\qquad G = 710''11$$
$$\Pi = -\quad 6.86 \qquad\qquad \pi = -\quad 20.22$$
$$E + \Pi = 570.34 \qquad G + \pi = 689.89$$

$$\text{compl. } (E + \Pi)\ \ldots\ldots\ldots\quad 7.24387$$
$$(G + \pi)\ \ldots\ldots\ldots\quad 2.83878$$
$$\text{tang } u = 50°\ 25'\ 10\ \ldots\ldots\ldots\quad 0.08265$$
$$I = \quad 8.31.59$$
$$(u - I) = 41.53.11$$

$$\cos u\ \ldots\ldots\ldots\ldots\quad 9.80525$$
$$\cos I\ \ldots\ldots\ldots\ldots\quad 9.99517$$
$$C.\ \cos (u - I)\ \ldots\ldots\ldots\quad 0.12815$$
$$C.\ (E + \Pi)\ \ldots\ldots\ldots\quad 7.24387$$
$$\left(\frac{3600}{i''}\right)\ \ldots\ldots\ldots\quad 1.18002$$
$$\log B\ \ldots\ldots\ldots\ldots\quad 8.35146$$
$$m\ \ldots\ldots\ldots\ldots\quad -\ 9.50316$$
$$E\ \ldots\ldots\ldots\ldots\quad 2.76132$$
$$-\ 4.130\ \ldots\ldots\ldots\ldots\quad -\ 0.61594$$

On ne calcule Π et π, Π' et π' que pour tenir compte des petits termes qui dépendent des quarrés de ces quantités, et qui, dans notre exemple, ne vont pas à $0'',24$.

$$
\begin{aligned}
\log \mathrm{B} &\ldots\ldots\ldots\ldots\ldots & 8.35146 \\
n &\ldots\ldots\ldots\ldots\ldots & -9.97259 \\
\mathrm{G} &\ldots\ldots\ldots\ldots & 2.85132 \\
-14.975 &\ldots\ldots\ldots\ldots\ldots & -1.17537 \\
\tfrac{1}{2} &\ldots\ldots\ldots\ldots\ldots & 9.69897 \\
\log \mathrm{B} &\ldots\ldots\ldots\ldots & 8.35146 \\
m &\ldots\ldots\ldots\ldots\ldots & 9.50316 \\
\Pi &\ldots\ldots\ldots\ldots & 0.83646 \\
+0.024 &\ldots\ldots\ldots\ldots\ldots & 8.39005
\end{aligned}
$$

$$
\begin{aligned}
\log\left(\tfrac{\mathrm{B}}{2}\right) &\ldots\ldots\ldots\ldots & 8.05043 \\
n &\ldots\ldots\ldots\ldots\ldots & 9.97259 \\
\pi &\ldots\ldots\ldots\ldots & 1.50589 \\
+0.213 &\ldots\ldots\ldots\ldots & 9.32891
\end{aligned}
$$

$$
\begin{aligned}
1^{\text{er}} \text{ terme} &\quad - & 1''150 \\
2^{\text{ème}} &\quad - & 14.975 \\
&\quad - & 19.105 \\
3^{\text{ème}} &\quad + & 022 \\
4^{\text{ème}} &\quad + & 213 \\
&\quad - & 18.868
\end{aligned}
$$

Il faut changer le signe avant la conjonction (69) : ainsi

$$
\theta + 18''868\,\mathrm{P} = \mathrm{T},
$$

ou
$$
9^{\text{h}}\,34'\,5'' + 18.868\,\mathrm{P} = \mathrm{T}.
$$

Faisons un calcul semblable pour la sortie.

$$
\begin{aligned}
\mathrm{E}' &= 760''18 & \mathrm{G}' &= 509''45 \\
-\Pi' &= 3.17 & \pi' &= - 20.85 \\
\mathrm{E}' - \Pi' &= 757.01 & \mathrm{G}' + \pi' &= 488.60 \\
\end{aligned}
$$

$$
\begin{aligned}
\mathrm{C.}\,(\mathrm{E}' - \Pi') &\ldots\ldots & 7.12090 \\
\mathrm{G}' + \pi' &\ldots\ldots & 2.68895 \\
\tan u' = 32°\,50'\,23'' &\ldots\ldots & 9.80985 \\
\mathrm{I} = 8.31.59 & & \\
u' + \mathrm{I} = 41.22.22 & &
\end{aligned}
$$

$$
\begin{aligned}
&\cos u' \ldots\ldots\ldots && 9.924\overline{3}8 \\
&\cos \mathrm{I} \ldots\ldots\ldots && 9.995\mathrm{1}7 \\
&\mathrm{C.}\ \cos(u' + \mathrm{I}) \ldots\ldots\ldots && 0.1246\mathrm{g} \\
&\mathrm{C.}\ (\mathrm{E}' - \Pi') \ldots\ldots\ldots && 7.12090 \\
&\left(\tfrac{3600}{\mu}\right) \ldots\ldots\ldots && 1.18002 \\
&\log \mathrm{B}' \ldots\ldots\ldots && \overline{8.3451\mathrm{6}} \\
&- m' \ldots\ldots\ldots && -\ 9.16798 \\
&- \mathrm{E}' \ldots\ldots\ldots && 2.88092 \\
&- 2.478 \ldots\ldots\ldots && -\ \overline{0.39406} \\[1em]
&\log \mathrm{B}' \ldots\ldots\ldots && 8.3451\mathrm{6} \\
&n' \ldots\ldots\ldots && -\ 9.98574 \\
&\mathrm{G}' \ldots\ldots\ldots && 2.70710 \\
&- 10''915 \ldots\ldots\ldots && \overline{1.03800} \\
&13.393 .. \tfrac{1}{2} \ldots\ldots\ldots && 9.69897 \\
&\mathrm{B}' \ldots\ldots\ldots && 8.3451\mathrm{6} \\
&m' \ldots\ldots\ldots && 9.16798 \\
&\Pi' \ldots\ldots\ldots && 0.50128 \\
&+\ 0.005 \ldots\ldots\ldots && \overline{7.713\overline{3}9} \\[1em]
&\tfrac{1}{2}\mathrm{B}' \ldots\ldots\ldots && 8.0441\overline{3} \\
&n' \ldots\ldots\ldots && 9.98574 \\
&\pi' \ldots\ldots\ldots && 1.31904 \\
&+\ 0.223 \ldots\ldots\ldots && \overline{9.34891} \\
&-\ \overline{13.165}
\end{aligned}
$$

donc $\theta' - 13'', 165\,\mathrm{P} = \mathrm{T}'$,

$$
\begin{array}{ll}
\text{ou} & 15° 27' 36'' - 13''165\,\mathrm{P} = \mathrm{T}' \\
\text{or} & 9.34.\ 5\ + 18.868\,\mathrm{P} = \mathrm{T}\,; \\
\text{donc} & \overline{5.53.31\ - 32.033\,\mathrm{P} = \mathrm{T}' - \mathrm{T}}
\end{array}
$$

c'est la durée intérieure réduite au centre de la terre.

86. Quoique les calculs soient d'une grande facilité, qu'ils n'exigent aucune précision fatigante, il ne sera pas inutile de les vérifier de la manière suivante.

. Cherchons si pour l'instant ainsi corrigé la somme $(\mathrm{E} + d\mathrm{E} + \Pi)^2$

$+ (G + dG + \pi)^2 = \sigma^2$. Nous avons ajouté à l'entrée $18'',868\,P$, ou retranché de T $18'',868\,P$.

$$18''868\ldots\ 1.27573$$
$$P\ldots\ldots\ 1.33530$$

c'est-à-dire

$$6'\,46'',4\ldots\ 2.60903$$
$$\left(\frac{3600}{\mu}\right)\ldots\ 8.81998$$

l'élongation a augmenté de $dE = 26''85\ldots\ 1.42901$

$$E + \pi = 570.34 \qquad 9.17621 \ \ \text{tang}\,I$$

elle est devenue$\ldots\ldots\ 597.19$

$$dG = dE\ \text{tang}\,I = 4.03\ldots\ 0.60522$$
$$G + \pi = 689.89$$

la latitude apparente $= 693.92$

$$\text{log}\qquad 597.19\ldots\ 2.77611$$
$$693.92\ldots\ 2.84131$$

$$\text{tang}\,x = 49°\,17.15\ldots\ 0.06520$$

$$\text{C. cos}\,x\ldots\ldots\ldots\ 0.18555$$
$$597.19\ldots\ 2.77611$$

$$\sigma = 915.\ 5\ldots\ 2.96166$$
mais $\sigma = 915.\ 1$

différence $= \quad 0.\ 3$

Pour la sortie, nous avons retranché $13'',165\,P$ de θ', ou ajouté $13'',165\,P$ à T.

$$13''165\ldots\ 1.11942$$
$$P\ldots\ 1.33320$$

$$4'\,43'',6\ldots\ 2.45262$$
$$8.81998$$

l'élongation s'est augmentée de $\qquad 18.\ 87\ldots\ 1.27270$

$$E' - \pi' = 757.\ 01\ldots\ 9.17621$$

élongation $E'_{,} = 775.\ 88\ldots\ 0.44891$

la latitude est diminuée de$\ldots\ 2.811$

elle était$\ldots\ 488.\ 60$

elle est $G'_{,} = 485.\ 79$

$$
\begin{aligned}
\text{C. cos } x \ldots && 7182 \\
\log \text{E}' \ldots && 2.88972 \\
\text{G}' \ldots && 2.68645 \\
\hline
\text{tang } x \ldots && 9.79666 \\
\sigma = 915''4 \ldots && 2.96161 \\
\text{au lieu de} \quad 915.1 &&
\end{aligned}
$$

87. C'est ainsi que j'ai fait et vérifié le calcul de toutes les observations de la durée entière. J'en rapporterai ci-après les résultats ; mais il faut avertir que dans le cas où la latitude du lieu serait australe, comme à Taïti, il faut faire sin H négatif dans le calcul de nos formules, comme il faudrait faire G et G' négatifs si la latitude était australe. Si l'on manquait à ces attentions, on s'en apercevrait aisément à la somme des deux carrés qui ne serait plus égale au carré de σ.

J'ai donc trouvé pour toutes nos stations les quantités suivantes.

	$T'-T=$	Correct. pour 8″,6	Durée corrigée.
Ward'hus.........	5ʰ53′31″—32.033 P	—11′ 22″	5ʰ42′ 9″
Kola............	5.53.18 —32.631 P	—11.35	5.41.43
Cajanebourg......	5.53.29 —34.442 P	—12.13	5.41.16
Baie d'Hudson.....	5.45.24 —10.531 P	— 3.44	5.41.21 5ʰ41′59″
Californie........	5.37.23 +13.360 P	+ 4.44	5.42. 7
Taïti............	5.30. 8 +33.039 P	+11.44	5.41.52
Paris et Pétersbourg.	5.55. 1 —35.667 P	—12.40	5.42.21

88. A Paris on n'a observé que l'entrée ; à Petersbourg on n'a observé que la sortie. J'ai calculé pour ces deux stations les réductions au centre de la terre, comme pour les stations précédentes ; j'ai trouvé pour Paris

$$7^{h} 58' 48'' + 20'' 364\,P = T$$

pour Petersbourg, après avoir calculé la réduction pour le
tems vrai................ $15^{h} 25' 43''$ $-15.303\,P = T'$
j'ai retranché la différence
des méridiens........... $\underline{1.51.54}$
                       $13.33.49$ $13.33.49$
ensorte que l'équation est........... $5.55. 1 — 35.667\,P = T' — T.$

Il reste à déterminer la parallaxe P, en combinant deux à deux ces diverses équations.

$$\text{Prenant donc Wardhus} \dots \dots \quad 5°53'31'' - 32''o33P = T' - T$$
$$\text{Taïti} \dots \dots \dots \quad 5.3o.\ 8 + 53.o39P = T' - T$$
$$\overline{\qquad 23.23 - 65.o72P = o}$$

$$P = 23.\ 23 \dots \dots \quad 3.14706$$
$$\overline{65.o72 \dots \dots \quad 8.18661}$$
$$P = 21'',561 \dots \quad 1.33367$$
$$\text{log constant} \dots \dots \quad 9.6o632\ (63)$$
$$\varpi = 8'',7o94 \dots \quad o.95939$$

ce qui m'a donné le tableau suivant.

	ϖ	P
Taïti, Ward'hus....................	8.7o94	21. 561
Taïti, Kola......................	8.55o3	21. 166
Taïti, Cajanebourg................	8.3865	20. 762
Taïti, Baie d'Hudson	8.5o36	21. o66
Taïti, Paris et Pétersbourg........	8.778o	21. 750
Californie, Ward'hus.............	8.616o	21. 330
Californie, Kola................	8.588o	20. 765
Californie, Cajanebourg..........	8.163o	20. 208
Californie, Baie d'Hudson........	8.1521	20. 284
Californie, Paris et Pétersbourg...	8.7155	21. 576
Baie d'Hudson, Ward'hus........	9.126o	22. 592
Baie d'Hudson, Kola............	8.4589	20. 941
Baie d'Hudson, Cajanebourg......	8.175o	20. 233
Baie d'Hudson, Paris et Pétersbourg.	9.2491	22. 807

89. Il serait inutile de tenter d'autres combinaisons, les différences de durée seraient trop peu de chose, les erreurs des observations y seraient en trop grand rapport avec les différences mêmes, et quelques-unes donneraient une parallaxe négative. On voit que le plus grand effet de la parallaxe s'est manifesté dans le nord, à Paris et à Petersbourg, dans le sud à Taïti. Si l'on était parfaitement sûr de la différence des méridiens, il faudrait prendre deux lieux différens pour le commen-

cement et pour lesquels la parallaxe aurait agi directement et en sens contraire sur la distance des centres; on choisirait pour la sortie deux autres lieux satisfaisant aux mêmes conditions.

Le milieu entre les cinq résultats fournis par Taïti est de 8″58556 ou 8″59
Le milieu entre les cinq résultats de la Californie est de 8.40712 ou 8.41
Le milieu entre les quatre de la baie d'Hudson est de... 8.75175 ou 8.75
Le milieu entre tous serait....................... 8.56930 ou 8.57

La première conclusion, c'est que la parallaxe est assez bien connue pour tous les usages pratiques de l'Astronomie, et qu'elle est très-probablement renfermée entre les limites 8″,5 et 8″,7, nous la ferons 8″,6.

Si j'avais eu l'intention de discuter ce point qui a été débattu par tous les astronomes dans le tems, j'aurais employé un plus grand nombre d'observations partielles; mais j'en ai dit assez pour faire comprendre les méthodes. Lalande s'arrêtait à 8″,6; Lexell à 8″,63; Duséjour à 8″,8; mais il paraît avoir combiné nombre d'observations trop peu concluantes, telles que celles de 1761 où les effets de la parallaxe étaient beaucoup moins considérables.

On peut s'étonner que des opérations qui paraissent sûres à quelques secondes près, et qui par conséquent devraient donner la parallaxe au même centième de seconde, offrent cependant, comme celle de Cajanebourg, des écarts d'un tiers de seconde. Mais d'abord on peut répondre que l'observation de Cajanebourg a été contrariée par le mauvais tems qui a fait manquer deux des contacts; ensuite dans la plupart des stations le soleil était si voisin de l'horizon, que le bord éprouvait des ondulations continuelles qui ne permettaient pas de saisir avec sureté l'instant du contact. Est-il sûr d'ailleurs que tous les observateurs aient véritablement observé la même phase? Généralement on a porté son attention sur la formation du point noir, dont s'alongeait le disque obscur de Vénus, les autres se sont attachés à la disparition ou à la réapparition du filet lumineux du disque solaire. Telles sont probablement les causes des écarts que nous remarquons; il faudrait aussi chercher et corriger les petites erreurs du calcul.

90. Nous avons vu que les 57″,2 du diamètre supposé de Vénus répondaient à près de 19′ de tems, ainsi chaque seconde répond à 19″,77 de tems. Chaque seconde d'erreur que nous avons pu commettre sur la différence des demi-diamètres a donc altéré la durée calculée de

19″,77. Or si nous adoptons la parallaxe 8″,56 comme la plus probable, et $P = 21″,29$, nous aurons pour correction des durées les quantités qui forment la troisième colonne de notre premier tableau, la durée observée sera de $5^h 41′ 16″$ ou $5^h 42′ 21″$; le milieu entre toutes sera de $5^h 41′ 50″$; notre calcul préparatoire ne la fait que $5^h 37′ 22″$; la différence est de $4′ 28″ = 268″$ dont le vingtième serait $13″,4$ dont nous aurions fait la demi-différence trop grande, ce qui est impossible. Mais la demi-différence trop grande n'est pas la seule cause qui ait pu diminuer la durée calculée. Une latitude trop forte aurait rendu trop grande la plus courte distance et trop courte la corde décrite par Vénus.

La plus courte distance est $L\cos I$, l'erreur $= dL\cos I$; nous avons fait

$$\sin u = \frac{L\cos I}{\sigma}; \quad du\cos u = \frac{\sigma dL\cos I - d\sigma L\cos I}{\sigma^2};$$

$$du = \frac{\sigma dL\cos I - d\sigma L\cos I}{\sigma^2\cos u}; \quad \tfrac{1}{2}\text{durée} = \frac{L\cos I\,\tan u.3600″}{\mu\cos I} = \frac{L\tan u.3600″}{\mu},$$

$$d(\tfrac{1}{2}\text{durée}) = \frac{dL\tan u.3600″}{\mu} + \frac{L\,du.3600″}{\mu\cos^2 u};$$

$$d(\tfrac{1}{2}\text{durée}) = \frac{dL\tan u.3600}{\mu} + \frac{L\,3600}{\mu\cos^2 u}\left(\frac{\sigma dL\cos I - d\sigma.L\cos I}{\sigma^2\cos u}\right)$$

$$= \left(\frac{3600}{\mu}\right)\left(dL\tan u + \frac{L\sigma dL\cos I}{\cos^4 u.\sigma^2} - \frac{L^2 d\sigma\cos I}{\sigma^2\cos^4 u}\right)$$

$$d(\tfrac{1}{2}\text{durée})\left(\frac{\mu}{3600}\right) = dL\left(\frac{\sigma.\sin u\cos^3 u + L\cos I}{\sigma\cos^4 u}\right) - \frac{L^2 d\sigma\cos I}{\sigma^2\cos^4 u}$$

$$= \frac{dL}{\sigma\cos^4 u}(\sigma\sin u\cos^3 u + L\cos I) - d\sigma\left(\frac{L^2}{\sigma^2}\right)\frac{\cos I}{\cos^4 u}$$

$$8″,8738 = dL\left(\tan u + \frac{L}{\sigma}.\frac{\cos I}{\cos^4 u}\right) - d\sigma\frac{L^2}{\sigma^2}.\frac{\cos I}{\cos^4 u}$$

$$= dL(0.9119 + 2.2604) - d\sigma.1.540;$$

or par le tems de l'entrée du diamètre $d\sigma = + 2″,024$ pour ce qui concerne Vénus, $- d\sigma.154 = - 3.11$; $11.98 = dL.3.172 - 1.54\,d(\tfrac{1}{2}\odot)$.

Si l'on suppose $d\tfrac{1}{2}\odot = 0$, nous aurons $dL = \frac{11″.98}{3.172} = 4″$ environ dont nous avons fait L trop fort. dL sera $5″$ si l'irradiation $\tfrac{1}{2}d\odot = 2″$.

Nous avons fait $L = 623″,5$, nous aurons $L = 619$, la latitude héliocentrique $\lambda = L.\frac{V}{v}\left(1 - \frac{v}{V}\right) = 246″,3$ au lieu de $248″,1$ que nous avions supposé. L'inclinaison de l'orbite de Vénus est $3°.23′.55″$;.....

λ cot $3°\,23'55'' = 1°\,9'\,14''$ sera la distance au nœud au moment de la conjonction et nous aurons longitude $\Omega = \text{♄} + 1°\,9'\,14''$.

Ainsi pour avoir le nœud, il ne faut que trouver la longitude héliocentrique de la terre au moment de la conjonction. Mais par une observation complète, nous aurons le milieu du passage, en ajoutant la demi-durée corrigée à l'entrée corrigée de l'effet de la parallaxe. Nous savons que le milieu du passage suivait la conjonction de $25'\,4''$, nous aurons la conjonction, nous calculerons pour ce moment le lieu héliocentrique de la terre qui est celui de Vénus. Nous aurons le lieu héliocentrique de Vénus et l'erreur des tables en longitude, en supposant nulle l'erreur des tables du soleil. Ainsi nous aurons l'erreur des tables en longitude, en latitude, le diamètre de Vénus; sa parallaxe et celle du soleil, le rapport constant du diamètre de Vénus à sa parallaxe et la longitude du nœud. Tels sont les résultats qu'on peut tirer d'un passage de Vénus; mais le plus sûr et le plus important est la connaissance de la parallaxe.

Les erreurs constantes des tables produisent sensiblement les mêmes effets sur les tems de l'entrée et de la sortie.

MERCURE.

91. La planète Vénus nous a offert toutes les facilités par son grand éclat, par sa proximité, son grand diamètre, ses phases sensibles et le peu d'excentricité de son orbite. Mercure est beaucoup plus petit, plus loin de nous, plus près du soleil dont il s'écarte beaucoup moins, et son excentricité est très-grande. Mais cette planète a tant d'analogie d'ailleurs avec Vénus, que nos recherches pour cette planète seront même plus faciles : la route est tracée, nous n'avons qu'à appliquer à Mercure tous les raisonnemens que nous avons déjà faits pour Vénus; le plus grand embarras sera de trouver des observations en nombre suffisant.

Mercure est difficile à apercevoir dans nos climats septentrionaux. Copernic qui en a dressé des tables n'avait pu le voir; je ne l'ai aperçu à la vue simple que deux fois, l'une à Paris et l'autre à Narbonne. Cependant avec de bons yeux, on peut le découvrir assez aisément le matin un peu avant le lever du soleil, ou dans d'autres circonstances le soir un peu après le coucher.

92. Ainsi au mois de février 1809 on aurait vu Mercure le soir à

l'horizon pendant près d'une heure après le coucher du soleil; et en mesurant à la machine parallactique sa déclinaison et son angle horaire, on aurait pu le lendemain l'observer au méridien, ou si cela était trop difficile, on pouvait le suivre à la machine pendant plusieurs jours. On aurait vu que sa latitude australe allait décroissant, et que le 12 elle se réduisait à zéro; le 23 elle était devenue de 5° 32′ boréale. Le 4 mars elle était de 5° 42′; le 22 elle n'était plus au méridien que de 6′, et trois jours après de 32′ australe; ensorte qu'en trois jours elle avait changé de 38′, ou de 12′ 40″ par jour; ainsi le 22 au soir on aurait trouvé nulle la latitude de Mercure.

93. Du 12 février au 22 mars, il n'y a que 40 jours; ce serait la demi-révolution, si la planète n'était pas excentrique.

Le 22 mai, Mercure était revenu à son nœud ascendant, et la révolution entière paraîtrait de 90 jours. Le 18 juin, Mercure passera de nouveau par son nœud descendant; et si l'on compare ce passage par le nœud descendant à celui du 22 mars, on aura 88 jours pour la durée, qui dans le fait est de 87j 23ʰ 14′ 54″.

Les observations du 22 mars et du 18 juin sont faciles, parce que la planète était assez éloignée du soleil; elle passait, dans l'une, près d'une heure avant le soleil, et dans l'autre, 1ʰ 45′ après.

On voit déjà que la révolution est très-courte et l'orbite excentrique, l'inclinaison considérable.

94. En continuant d'observer les passages par les deux nœuds, et comparant les deux demi-révolutions, on se ferait une idée fort approchée de l'excentricité.

Le diamètre de Mercure est de 6″,5 : c'est ce que j'ai trouvé par les passages de Mercure sur le soleil. On juge donc que ses phases doivent être plus difficiles à bien distinguer, mais elles suivront la même marche que celles de Vénus; on en conclura tout naturellement que Mercure tourne de même autour du soleil à une distance moindre, à raison de la rapidité de son mouvement.

95. La loi de Képler nous donnera cette distance $= 0,38710$ à fort peu près. Parmi les digressions de Mercure, on choisira celles où les angles T à la terre (fig. 106) sont les plus différens; on en conclura les distances aphélie et périhélie; en supposant, ce qui sera vrai à fort

peu près, que la plus grande digression observée aura eu lieu dans l'aphélie même, et la plus petite dans le périhélie.

La différence de ces deux distances AS et PS sera la double excentricité : nous aurons eu même tems le lieu de l'aphélie et du périhélie; et nous verrons que AS et PS ne forment pas d'angle en S, et que cette ligne passe par le soleil.

96. Avec ces connaissances du mouvement moyen, de la distance moyenne, de l'excentricité et du lieu de l'aphélie, nous pourrons chercher le lieu du nœud par une observation où la latitude aura été nulle. Nous verrons que la ligne des nœuds passe aussi par le soleil, et quand nous connaîtrons le lieu du nœud, nous attendrons que le soleil occupe un de ces nœuds, c'est-à-dire, soit à même longitude; nous en conclurons l'inclinaison de l'orbite par la formule $\tang I = \dfrac{\tang \text{ lat. géoc.}}{\sin \text{ élongat.}} = \tang 7°$.

97. Nous perfectionnerons toutes ces connaissances approximatives par les moyens expliqués pour Vénus. Les passages en particulier donneront le lieu du nœud et une longitude héliocentrique.

Enfin, quand tous les élémens seront suffisamment perfectionnés par les méthodes particulières, nous les corrigerons tous, et tout à la fois par les équations de condition; et dans cette dernière révision, nous pourrons faire entrer toutes les observations faites depuis qu'on a des observations qui méritent d'être calculées; on y comprendra tous les passages.

98. Ces passages sont beaucoup plus fréquens que ceux de Vénus; ils n'ont pas le même intérêt; ils ne servent qu'à corriger la théorie de Mercure, en facilitant les observations des conjonctions inférieures. Pour les supérieures, elles sont presque impossibles à observer.

99. Les périodes qui ramènent des passages sont de 6, de 7, de 13, de 46 et 263 ans; au reste ces périodes sont inutiles depuis qu'on calcule en divers endroits de l'Europe des éphémérides célestes. La *Connaissance des Tems* donne, de trois en trois jours, les longitudes et les latitudes géocentriques de Mercure. En rédigeant ces tableaux, on aperçoit d'un coup d'œil, à chaque conjonction inférieure, quelle sera la latitude; si elle excède le demi-diamètre du soleil, il n'y a point de passage.

Ces calculs, qui ne sont jamais en erreur d'une minute, donneraient à celui qui se contenterait de saisir l'esprit des méthodes, des moyens sûrs et multipliés de déterminer tous les élémens de l'orbite. Ce serait même un excellent moyen de juger la précision de ces méthodes, puisqu'elles devront conduire à retrouver tous les élémens supposés dans les calculs de l'éphéméride.

100. C'est de nos jours seulement que la théorie de Mercure a été conduite par Lalande, à un assez haut degré de perfection ; cependant en 1786, ses tables étaient encore en erreur de $\frac{3}{4}$ d'heure sur les tems de la conjonction, de l'entrée et de la sortie. Par un concours singulier de circonstances, l'entrée se faisait pendant la nuit pour Paris : au lever du soleil il pleuvait ; tous les astronomes de Paris étaient à leurs lunettes ; mais fatigués d'attendre, ils quittèrent leur poste une demi-heure après le moment de la sortie calculée, ne conservant plus aucune espérance. Le soleil parut enfin. M. Messier, qui avait observé des taches les jours précédens, voulut les voir de nouveau ; il aperçut Mercure, et en observa la sortie.

101. J'étais resté à ma lunette par une autre raison, j'avais fait des recherches sur Mercure ; j'avais vu que pour le passage de 1786, les tables de Halley donnaient la sortie une heure et demie plus tard que celles de Lalande ; j'avais plus de confiance en ces dernières ; mais il n'était pas démontré que Halley eût tort décidément. Je voyais de plus que quelques passages anciens ne s'accordaient pas avec les tables de Lalande ; il y en avait un entre autres en 1651, observé par Wing, que Lalande avait rejeté comme douteux, parce qu'il ne s'accordait pas avec sa théorie ; il allait beaucoup mieux avec les tables de Halley, et il était dans les mêmes circonstances à peu près que celui de 1786. Je pris le parti d'attendre jusqu'après le moment indiqué par les tables de Halley, mais je n'eus pas besoin de tant de constance ; l'observation arriva plus tard de $\frac{3}{4}$ d'heure que suivant Lalande, mais $\frac{1}{4}$ d'heure plutôt que suivant Halley. Ces différences sur les tems tiennent à la lenteur du mouvement relatif.

Le Monnier et Pingré, Lalande et son neveu, Méchain, Cassini et ses trois adjoints, trompés par l'annonce, avaient tous manqué l'observation. Je leur montrai la mienne le soir même, ils ne voulaient presque pas y croire. Ce fut la première observation que j'eus l'occasion de porter à l'Académie des Sciences, et c'est de là que je date ma carrière d'astronome-observateur.

102. On ne peut se faire que deux hypothèses pour expliquer les mouvemens de Vénus et de Mercure ; la première, qu'elles tournent autour du soleil aussi bien que la terre : c'est la plus simple.

La seconde, que la terre étant immobile, le soleil tourne autour de la terre, emportant avec lui les orbites de Mercure et de Vénus ; supposition bien plus compliquée, mais qui n'implique pourtant aucune contradiction : car si la terre se meut autour du soleil, elle doit entraîner avec elle l'orbite de la lune qui entoure la terre, comme les orbites de Vénus et de Mercure entourent le soleil. Nous verrons plus loin que Jupiter a quatre lunes qui l'accompagnent partout, circulant autour de lui comme s'il était en repos ; que Saturne a sept lunes et un anneau qui est comme une lune qui ferait le tour du ciel, et qui est suspendu à quelques distances de la planète.

103. Les anciens Égyptiens avaient reconnu la nécessité de faire ainsi tourner Mercure et Vénus autour du soleil, que ces planètes acccompagnaient comme des satellites. Il est impossible, quand on considère l'ensemble des phénomènes, d'admettre qu'elles tournent autour de la terre : c'est par des suppositions forcées, des combinaisons de mouvement, au moins fort étranges, que Ptolémée les fait tourner autour de la terre ; et un astronome, qui chercherait avec tous les secours des instrumens modernes à se rendre raison des phénomènes, ne pourrait jamais arriver qu'au système de Copernic, qui fait tout tourner autour du soleil ; ou à celui de Tycho, qui fait tourner toutes les planètes autour du soleil, et le soleil, avec ce nombreux cortége, autour de la terre.

104. Le système de Ptolémée ne détermine même rien sur les distances planètes au soleil, et il s'y trompa, en supposant que Mercure était plus près de la terre que Vénus. Il tirait cette idée de la rapidité du mouvement ; il disait : La lune tourne autour de la terre en 27 jours, Mercure fait sa révolution en 88, Vénus en 225, le soleil en 365 ; il avait supposé les distances d'après ces mouvemens.

105. Il nous reste à considérer une circonstance du mouvement de Mercure et de Vénus. Il y a des tems où ces planètes ont plus d'éclat, et celui de Vénus est tellement remarquable quelquefois, qu'on la voit à l'œil simple en plein jour. Cette apparence extraordinaire attire les regards du public, et l'on croit qu'un astre nouveau est apparu.

Cherchons

Cherchons donc les circonstances où Vénus doit nous renvoyer le plus de lumière : ce n'est pas quand elle nous montre un disque parfaitement rond ; elle est alors trop loin de nous, et elle se trouve sur la même ligne que le soleil : ce n'est pas vers les conjonctions inférieures, son croissant est alors beaucoup trop délié, presque toute la partie éclairée est tournée vers le soleil ; c'est donc en un point intermédiaire ; mais quel est ce point ?

106. La partie éclairée a pour largeur $\delta \cos^2 \frac{1}{2} V$, V étant l'angle à Vénus, entre la terre et le soleil, et δ le diamètre : si nous prenons pour unité l'hémisphère éclairé, la partie visible a pour largeur 180° — V. Cet arc, qui mesure la largeur du fuseau par la projection orthographique, se réduit à

$$\tfrac{1}{2}\left[1 + \sin(90° - V)\right] = \tfrac{1}{2}(1 + \cos V) = \cos^2 \tfrac{1}{2} V.$$

Ainsi la surface projetée orthographiquement est $= \cos^2 \frac{1}{2} V$.

L'éclat de cette surface diminue en raison du carré de la distance ; à la distance $= 1$, il sera $\cos^2 \frac{1}{2} V$; à la distance y, il sera $\dfrac{\cos^2 \frac{1}{2} V}{y^2} = E$, en nommant E l'éclat de Vénus. Ainsi $Ey^2 = \cos^2 \frac{1}{2} V$, et par conséquent $y^2 dE + 2Ey\,dy = -2\cos\frac{1}{2}V\sin\frac{1}{2}V\,d\frac{1}{2}V = -\cos\frac{1}{2}V\sin\frac{1}{2}V\,dV$. A l'instant du *maximum*, $dE = 0$, et l'équation se réduit à

$$2Ey\,dy = -\cos\tfrac{1}{2}V\sin\tfrac{1}{2}V\,dV,\ \text{ou}\ \frac{2dy}{y} = -\frac{\cos\frac{1}{2}V\sin\frac{1}{2}V\,dV}{\cos^2\frac{1}{2}V} = -\tang\tfrac{1}{2}V\,dV.$$

Soient R et r les deux rayons vecteurs, T et V les angles opposés, $R\sin T = r\sin V$, d'où $R\cos T\,dT = r\cos V\,dV$, ce qui donne $\dfrac{dT}{dV} = \dfrac{r\cos V}{R\cos T}$; on a aussi $y = R\cos T + r\cos V$, et en différentiant, $dy = -r\sin T\,dT - R\sin V\,dV$, et par conséquent

$$\frac{dy}{dV} = -R\sin T\frac{dT}{dV} - r\sin V = -R\sin T\left(\frac{dT}{dV} + 1\right)$$

$$= -R\sin T\left(\frac{r\cos V}{R\cos T} + 1\right) = -\frac{R\sin T}{R\cos T}(r\cos V + R\cos T)$$

$$= -y\,\tang T ;$$

et comme nous avions précédemment $\dfrac{dy}{dV} = -\frac{1}{2}y\,\tang\frac{1}{2}V$; nous aurons donc aussi $2\tang T = \tang\frac{1}{2}V$. C'est l'équation de Halley.

2.   65

107. L'expression $\frac{dy}{dV} = -y \tang T$ prouve que dy est de signe contraire à $\tang T$, et que y diminue quand T est positif, et réciproquement.

Éliminons $\tang \frac{1}{2} V$ dans l'équation de Halley. On a

$$\sin V = \frac{R}{r} \sin T, \text{ ou } \frac{2 \tang \frac{1}{2} V}{1 + \tang^2 \frac{1}{2} V}, \text{ ou } \frac{4 \tang T}{1 + 4 \tang^2 T} = \frac{\dfrac{R}{r}}{(1 + \cotang^2 T)^{\frac{1}{2}}};$$

et par conséquent

$$\left(\frac{R}{r}\right)^2 = 16 \tang^2 T \frac{(1 + \cot^2 T)}{(1 + 4 \tang^2 T)^2} = \frac{16 \tang^2 T + 16}{(1 + 4 \tang^2 T)^2},$$

ou bien

$$\frac{R}{r} = \frac{4}{\cos T (1 + 4 \tang^2 T)} = \frac{4 \cos T}{\cos^2 T + 4 \sin^2 T} = \frac{4 \cos T}{4 - 3 \cos^2 T};$$

d'où l'on tire

$$\cos^3 T + \frac{4}{3} \frac{r}{R} \cos T = \frac{4}{3},$$

et par conséquent

$$\cos T = -\frac{2}{3} \frac{r}{R} \pm \sqrt{\left(\frac{4}{3} + \frac{4}{9} \frac{r^2}{R^2}\right)} = \frac{2}{3} \frac{r}{R} \left[-1 \pm \sqrt{\left(3 \left(\frac{R}{r}\right)^2 + 1\right)} \right].$$

Soit donc $\tang x = \left(\frac{R}{r}\right) \sqrt{3}$, on aura

$$\cos T = \frac{2}{3} \frac{r}{R} [-1 \pm \sec. x]; \text{ d'où l'on tire les deux valeurs}$$

$$\cos T = \frac{2}{3} \frac{r}{R} [-1 + \sec. x] = \frac{2}{3} \frac{r}{R} \tang x \tang \frac{1}{2} x = \sqrt{\frac{4}{3}} . \tang \frac{1}{2} x$$

$$\cos T' = -\frac{2}{3} \frac{r}{R} [+1 + \sec. x] = -\frac{2}{3} \frac{r}{R} \tang x \cot \frac{1}{2} x = \sqrt{\frac{4}{3}} . \cot \frac{1}{2} x.$$

La première de ces valeurs a été donnée par Cagnoli, mais la manière dont il la démontre me paraît moins naturelle et moins directe.

De ces deux valeurs de l'inconnue, il est évident que l'une est inadmissible, car des deux tangentes de $\frac{1}{2} x$ et de $(90° - \frac{1}{2} x)$, l'une est certainement plus grande que l'unité, et multipliant ensuite $\sqrt{\frac{4}{3}}$, elle donnera un cosinus plus grand que l'unité, ce qui est impossible. Or l'équation $\tang x = \frac{R}{r} \sqrt{3}$ est toujours une quantité positive, quel que soit le rapport entre les rayons vecteurs R et r, soit qu'il s'agisse d'une planète supérieure ou inférieure, ou même d'une comète, x est donc toujours un arc au-dessous de $90°$, $\tang \frac{1}{2} x$ moindre que l'unité, $\cot \frac{1}{2} x$ plus grande que l'unité; il faut donc rejeter la racine $\cos T' = \sqrt{\frac{4}{3}} \cot \frac{1}{2} x$, il n'y a de possible dans tous les cas que les deux équations

$$\tang x = \frac{R}{r} \sqrt{3}, \qquad \cos T = \sqrt{\frac{4}{3}} \tang \frac{1}{2} x.$$

108. Mais cette solution laisse encore un doute, $\cos T$ peut être également $\cos(-T)$. L'équation donne donc l'élongation T, sans dire si elle est orientale ou occidentale; toutes deux en effet sont également admissibles; mais à chacune de ces deux élongations répondent deux positions différentes de la planète, l'une est dans la partie inférieure de l'orbite, l'autre dans la partie supérieure.

Il faut donc déterminer de plus en quelle partie de l'orbite arrive le plus grand éclat; il est à croire que ce doit être dans la partie inférieure; car l'éclat de Vénus étant en raison inverse du carré de la distance, cet éclat sera beaucoup moindre à même élongation dans la partie supérieure. Il est d'ailleurs inutile de chercher la distance y par une formule particulière, puisque nous connaissons déjà deux cotés et un angle T, et que nous avons encore pour le second angle la formule $\tang \frac{1}{2} V = 2 \tang T$, et que l'angle S au soleil $= 180° - T - V$; ainsi

$$y = \frac{r \sin S}{\sin T} = \frac{R \sin S}{\sin V} = \frac{R \sin(T + V)}{\sin V}.$$

D'ailleurs l'équation $\tang \frac{1}{2} V = 2 \tang T$ ne laisserait aucun doute; si V est un angle obtus, Vénus sera dans la partie inférieure; s'il est aigu, Vénus sera dans la partie supérieure.

Cherchons cependant y, à l'exemple de Halley, nous avons

$$y = R \cos T + r \cos V = R \cos T + r \left(\frac{1 - \tang^2 \frac{1}{2} V}{1 + \tang^2 \frac{1}{2} V} \right)$$

$$= R \cos T + r \left(\frac{1 - 4 \tang^2 T}{1 + 4 \tang^2 T} \right) = R \cos T + r \left(\frac{\cos^2 T - 4 \sin^2 T}{\cos^2 T + 4 \sin^2 T} \right)$$

$$= R \cos T + r \left(\frac{5 \cos^2 T - 4}{-3 \cos^2 T + 4} \right) = R \cos T - r \left(\frac{4 - 5 \cos^2 T}{4 - 3 \cos^2 T} \right)$$

$$= R \cos T - r \left(\frac{1 - \frac{5}{4} \cos^2 T}{1 - \frac{3}{4} \cos^2 T} \right) = R \cos T - r \left(\frac{1 - \frac{5}{4} \cdot \frac{4}{3} \tang^2 \frac{1}{2} x}{1 - \frac{3}{4} \cdot \frac{4}{3} \tang^2 \frac{1}{2} x} \right)$$

$$= R \cos T - r \left(\frac{1 - \frac{5}{3} \tang^2 \frac{1}{2} x}{1 - \tang^2 \frac{1}{2} x} \right) = R \cos T - r \left(\frac{1 - \tang^2 \frac{1}{2} x - \frac{2}{3} \tang^2 \frac{1}{2} x}{1 - \tang^2 \frac{1}{2} x} \right)$$

$$= \mathrm{R}\cos\mathrm{T} - r\left(\frac{\frac{2}{3}\tan^2\frac{1}{2}x}{1-\tan^2\frac{1}{2}x}\right) = \mathrm{R}\cos\mathrm{T} - r\left(1-\frac{1}{3}\tan\frac{1}{2}x\cdot\frac{2\tan\frac{1}{2}x}{1-\tan^2\frac{1}{2}x}\right)$$

$$= \mathrm{R}\cos\mathrm{T} - r\left(1-\frac{1}{3}\tan x\tan\frac{1}{2}x\right) = \mathrm{R}\cos\mathrm{T} - r + \frac{1}{3}r\tan x\tan\frac{1}{2}x$$

$$= \mathrm{R}\cos\mathrm{T} - r + \frac{1}{3}r\frac{\mathrm{R}}{r}\sqrt{3}\tan\frac{1}{2}x = \mathrm{R}\cos\mathrm{T} - r + \frac{1}{3}\mathrm{R}\sqrt{3}\tan\frac{1}{2}x$$

$$= \mathrm{R}\cos\mathrm{T} + \mathrm{R}\sqrt{\tfrac{1}{3}}.\tan\frac{1}{2}x - r = \mathrm{R}\cos\mathrm{T} + \mathrm{R}\cot 60^\circ\tan\frac{1}{2}x - r$$

$$= \frac{\mathrm{R}\tan\frac{1}{2}x}{\sin 60^\circ} + \frac{\mathrm{R}\tan\frac{1}{2}x\cos 60^\circ}{\sin 60^\circ} - r = \mathrm{R}\tan\frac{1}{2}x\left(\frac{1+\cos 60^\circ}{\sin 60^\circ}\right) - r$$

$$= \mathrm{R}\tan\frac{1}{2}x\left(\frac{2\cos^2 30^\circ}{2\sin 30^\circ\cos 30^\circ}\right) - r = \mathrm{R}\tan 60^\circ\tan\frac{1}{2}x - r.$$

Ainsi la solution se réduit aux formules

$$\tan x = \frac{\mathrm{R}}{r}\tan 60^\circ, \qquad \cos\mathrm{T} = \frac{\tan\frac{1}{2}x}{\sin 60^\circ}, \qquad \tan\frac{1}{2}\mathrm{V} = 2\tan\mathrm{T},$$

$$y = \mathrm{R}\tan\frac{1}{2}x.\tan 60^\circ - r = r\tan x\tan\frac{1}{2}x - r.$$

Halley faisait

$$y = (3\mathrm{R}^2 + r^2)^{\frac{1}{2}} - 2r = r\left(3\frac{\mathrm{R}^2}{r^2} + 1\right)^{\frac{1}{2}} = r(\tan^2 x + 1)^{\frac{1}{2}} - 2r,$$

$$= r(\sec x - 1 - 1) = r\tan x\tan\frac{1}{2}x - r.$$

Ainsi la formule de Halley et la mienne sont identiques : la mienne est plus facile et plus appropriée à l'usage des logarithmes.

Je m'arrête donc aux formules

$$\tan x = \left(\frac{\mathrm{R}}{r}\right)\tan 60^\circ, \qquad y = r\tan x\tan\frac{1}{2}x - r,$$

$$\cos\mathrm{T} = \frac{\tan\frac{1}{2}x}{\sin 60^\circ}; \qquad \tan\frac{1}{2}\mathrm{V} = 2\tan\mathrm{T} = \frac{\tan\mathrm{T}}{\cos 60^\circ}.$$

Des onze logarithmes qu'elles exigent, trois sont constans et se prennent à la même ouverture des tables, ce sont le sinus, le cosinus et la tangente de l'arc 60°

On trouvera ainsi pour Vénus, en faisant $\mathrm{R} = 1$, et $r = 0.7233153$, $x = 67^\circ 20' 3''$, $\frac{1}{2}x = 33^\circ 40' 1'',5$, $\mathrm{T} = 39^\circ 43' 26''$, $\mathrm{V} = 117^\circ 55' 22''$, $\mathrm{S} = 22^\circ 21' 12''$, $y = 0,4304$, $\cos^2\frac{1}{2}\mathrm{V} = 0.26568$, $\frac{\cos^2\frac{1}{2}\mathrm{V}}{y^2} = 1.435$.

Il est donc bien évident que le phénomène a lieu dans la partie inférieure.

109. Par ces formules appliquées à Mercure, en supposant $r = 0,3871$, on trouve

$$x = 77° 24' 6'', \qquad \mathrm{T} = 22° 18' 50'', \qquad \mathrm{S} = 78° 35' 34'',$$

$$y = 1,0575, \qquad \mathrm{V} = 78.45.36, \qquad \frac{\cos^2 \frac{1}{2}\mathrm{V}}{y^2} = 0.5831.$$

V est un angle aigu, Mercure est dans la partie supérieure de son orbite.

Ces formules ne réussissent pas aussi bien pour Mercure que pour Vénus; cela pourrait venir de ce que dans la différentiation d'où l'on a tiré les formules, on a supposé les rayons vecteurs constans, ce qui n'avait pas grand inconvénient pour Vénus qui est fort peu excentrique; il n'en est pas de même pour Mercure dont l'excentricité est considérable.

J'avais encore soupçonné que la différence pouvait s'attribuer aux aspérités et aux irrégularités des surfaces des deux planètes; et Lalande avait adopté cette explication dans la troisième édition de son Astronomie, mais j'accorderais encore plus de confiance à l'explication précédente. Au reste, il n'est pas bien démontré que la solution soit bien sûre même pour Vénus.

110. Le phénomène pour Vénus est arrivé en 1716 et en 1750, l'intervalle est de 34 ans; mais en 8 ans, Vénus et la terre reviennent exactement à la même position, et le phénomène devrait reparaître tous les 8 ans. 34 ans font quatre périodes et $\frac{1}{4}$; le phénomène a eu lieu en 1794; nous avons de 1750 à 1794, 44 ans ou cinq périodes et demie.

Les deux valeurs de T donnent pour Vénus, le phénomène deux fois en 140 jours; je ne vois pas qu'on l'observe aussi souvent.

On pourrait enfin élever quelques doutes sur l'équation fondamentale que nous avons différentiée à l'exemple de Halley.

Si ce phénomène ne durait pas plusieurs jours, on pourrait croire que la rotation de la planète sur elle-même peut y influer; mais la rotation étant de 24^h, cette rotation n'explique rien. L'état de l'atmosphère a sans doute une très-grande influence.

Pour les planètes supérieures, il n'est pas besoin de formules; quand elles sont en opposition, elles sont pleinement éclairées et dans leur plus grande proximité à la terre; elles doivent être dans leur plus grand éclat, surtout si elles sont périhélies et la terre aphélie.

111. Terminons cet article de Mercure par la table des passages sur le soleil, que j'ai calculée pour trois siècles.

PASSAGES DE MERCURE SUR LE SOLEIL,

calculés pour trois siècles, par les Tables de Lalande.

Années.	Conjonction. Tems moyen.		Longitude géocentrique.	Milieu, tems vrai.	Demi-durée.	Plus courte distance.
1605	1 novembre.	$7^h 46' 13''$	$7^s 9° 28' 34''$	$8^h 23' 28''$	$1^h 20' 14''$	14′ 5″ A
1615	2 mai.	21.48.50	1.12.25.35	22.13. 8	3.27.54	7.37 B
1618	4 novembre	1.39.15	7.12. 5. 6	2. 4. 9	2.33.25	5.42 A
1628	5 mai.	5.56.42	1.15.30.47	5.33.25	3. 9.34	9.41 A
1631	6 novembre.	19.36.20	7.14.41.35	19.44. 0	2.41.20	2.40 B
1644	8 novembre.	13.13.10	7.17.17.36	13.13.51	1.58.27	10.48 B
1651	2 novembre.	14.31.30	7.10.36.30	13.11.17	1.45.25	12.20 A
1661	3 mai.	4.48.38	1.13.33.27	5. 1.44	3.48. 0	4.26 B
1664	4 novembre.	6.26.48	7.13. 7.51	6.48.58	2.38.44	4. 2 B
1674	6 mai.	12.50.25	1.16.38. 5	12.17.45	2.15.12	13. 4 A
1677	7 novembre.	0.18. 7	7.15 45.57	0.36.47	2.36.20	4.15 B
1690	9 novembre.	18. 6. 0	7.18 20.46	18. 6.10	1.48. 5	12.12 B
1697	2 novembre.	17.42. 0	7.11.33.50	18.11.18	1.58.13	10.37 A
1707	5 mai.	11.28.19	1.14.40. 0	11.34.36	3.57. 8	0.58 B
1710	6 novembre.	11.19.24	7.14.10.50	11.38.59	2.42.18	2.20 A
1723	9 novembre.	5.16. 0	7.16.47.20	5.20 30	2.29.20	6. 0 B
1736	10 novembre.	22.59.23	7.19.23.38	22.55.10	1.21.14	13.58 B
1740	2 novembre.	10.36.37	1.12.43.49	12.14. 0	1.30. 0	14 44 B
1743	4 novembre.	22.26. 8	7.12.37.32	22.55.30	2.15.55	9. 5 A
1753	5 mai.	18.29.50	7.15.48. 0	18.27. 0	3.53.22	2.23 A
1756	6 novembre.	16.17.28	7.15.13.41	16.36.19	2.42.37	1. 2 B
1769	9 novembre.	10. 7. 7	7 17.50.49	10.11. 4	2.23.46	7.29 B
1776	2 novembre.	9.10. 7	7.11. 3.36	9.49.53	0.36.42	15.43 A
1782	12 novembre.	3.48.43	7.20.26.41	3.41.10	0.37 22	15.43 B
1786	3 mai.	17.11.49	1.13.49.45	16.44.20	2 44.10	11.21 B
1789	5 novembre.	3. 9.50	7.13.40.48	3.37. 0	2.26. 9	7.22 A
1799	7 mai.	1.13.50	1.16.54.11	1. 2.21	3.42.22	5.31 A
1802	8 novembre.	20.57. 2	7.16.16.27	21.11.30	2.43.19	1. 0 B
1815	11 novembre.	14.44.19	7.18.52.42	14.46.18	2.13.52	9.14 B
1822	4 novembre.	14. 2.34	7.12. 6.53	14.39.34	1 21.37	14. 0 A
1832	5 mai.	0. 0.43	1.14.56.45	0.27.21	3.28. 2	8.16 B
1835	7 novembre.	7.57.15	7.14.43. 8	8.21.42	2.33.53	5.37 A
1845	8 mai.	8. 3.39	1.18. 1.49	7.42.18	3.22.33	8.58 A
1848	9 novembre.	8. 1.47	7.17.19.19	1.59. 3	2.41.33	2.36 B
1861	11 novembre.	19.29.54	7.19.54.44	19.29.34	2. 0.23	10.52 B
1868	4 novembre.	18.53. 6	7.13. 9.42	19.27.41	1.45.21	12.20 A
1878	6 mai.	6.47.51	1.16. 5.50	7. 4.34	3.53.31	4.39 B
1881	7 novembre.	12.46.59	7.15.46.57	13. 8.53	2.39. 9	3.57 A
1891	9 mai.	14.54.18	1.19. 9. 1	14.23.53	2.34.20	12.21 B
1894	10 novembre.	6.36.26	7.18.22. 9	6.45.49	2.37.36	4.20 B

MARS.

112. Nous avons vu que les orbites de Mercure et de Vénus embrassaient le soleil qui occupe un foyer commun de leurs orbites ; que ce foyer est aussi celui de l'ellipse, que très-vraisemblablement la terre décrit en un an autour du soleil. La planète que nous allons considérer, décrit une courbe qui n'est pas, comme les deux précédentes, renfermée dans l'ellipse terrestre ; c'est au contraire cette ellipse qui est renfermée dans les courbes de toutes les planètes principales qui nous restent à passer en revue.

La planète qui vient après la terre, suivant l'ordre des distances, est celle de Mars. Mars n'a point un diamètre aussi grand que celui de Vénus ; il n'est guères que de $9''$: sa lumière est moins éclatante ; elle est d'une couleur tirant sur le rouge, et qui le fait aisément reconnaître ; enfin il n'a pas de phases bien sensibles, ce qui est déjà un indice que sa distance au soleil doit être considérable.

113. En effet, l'expression de la partie éclairée étant $2\delta\cos^2\frac{1}{2}P$, P étant l'angle à la planète ; si cet angle est petit, $\cos^2\frac{1}{2}P$ différera peu du rayon ; ainsi la partie éclairée, visible de la terre, sera presque égale au disque entier. L'angle à la terre est au *maximum*, quand il a son sinus $= \frac{R}{R'}$; cet angle sera donc d'autant plus grand, que R le sera en comparaison de R' : or jamais Mars ne nous montre moins que les $\frac{4}{5}$ de son disque ; ainsi $\cos^2\frac{1}{2}P$ est au moins $0,8$, et $\sin^2\frac{1}{2}P = 1 - \cos^2\frac{1}{2}P$; donc $\sin\frac{1}{2}P = \sqrt{0,2} = \sin 26° 34'$. Ainsi P est toujours au moins de $53°$, et $\frac{R}{R'} = \sin 53°$, et $R' = \frac{R}{\sin 53°} = 1,25$. Nous verrons que la distance de Mars est véritablement plus grande. Malgré les différences, nous pouvons diriger nos recherches sur le même plan, et observer les latitudes.

114. Ainsi le 23 juillet 1807, on aura vu Mars dans son nœud descendant ; la latitude australe aura été croissante jusqu'au 16 décembre. Si nous prenions l'intervalle qui est de 143 jours pour le quart de la révolution, nous la conclurions de 580 jours ; mais ce résultat serait plus que suspect.

Le 21 mai, Mars était dans son nœud ascendant ; l'intervalle d'un nœud à l'autre était de 302^j qui donneraient 602^j pour la révolution entière.

Le 7 mars 1809, la latitude boréale était de 2° 49′ ; le 8 juin elle était nulle, Mars était revenu à son nœud descendant.

Du 21 juillet 1807 au 8 juin 1809, il y a 687 jours ; par plusieurs comparaisons de cette espèce, on trouvera 686^j 22^h 18′ 19″.

Et par la loi de Képler, la distance moyenne doit être de 1,52369, si Mars tourne autour du soleil : or c'est au moins ce que nous pouvons supposer de plus raisonnable pour faciliter nos recherches.

115. Dans cette hypothèse, l'angle à Mars entre le soleil et la terre peut aller à 41° 1′, dont le sinus $\frac{R}{R'} = \frac{1}{1,52369}$. La moitié de cet angle est 20° 30′ 30″ ; ainsi Mars nous montre toujours au moins 0,877 de la largeur de son disque ; la partie obscure n'est donc que 0,123 de sa largeur, ce qui n'est pas $\frac{1}{8}$: nous ne devons donc observer que des phases presque rondes.

Soient (fig. 114) A l'aphélie et P le périhélie de Mars, S le soleil ou le foyer de l'ellipse, ☊S☋ la ligne des nœuds. Les secteurs ☊P☋ et ☊A☋ seront entre eux comme $\frac{302}{385}$: la différence est 83, la demie 41. La révolution de 687 jours ne donne que 31′ 27″ de mouvement par jour ; en 20 jours, Mars décrit 10° 28′ 55″ ; son équation doit donc être au moins de 10°$\frac{1}{2}$; elle est de 10° 41′.

116. On voit avec quelle facilité la simple observation du passage par les nœuds fait trouver des valeurs assez approchées de la révolution, de la distance, du mouvement moyen, de l'équation. On entrevoit même ici que la ligne des nœuds doit faire un angle presque droit avec celle des apsides ; et l'on voit assez clairement que Mars doit être aphélie quand il est vers la limite boréale de latitude, et périhélie quand il est vers la limite australe.

117. Cette manière si facile d'ébaucher l'orbite d'une planète n'est nulle part indiquée par Lalande, et je ne l'ai vue dans aucun auteur, ce qui vient probablement de ce que nous avons reçu des anciens ces premières ébauches de toutes les planètes, et qu'on n'est pas remonté à la recherche des moyens dont ils auraient pu se servir ; celui-là n'est pas non plus indiqué par Ptolémée.

118.

118. Nous pouvons remarquer une différence très-sensible entre l'orbite de Mars et celle de Vénus et de Mercure.

Mercure ne s'éloignait jamais du soleil que de 17 à 28° ; Vénus, de 43 à 47° ; Mars, dont l'orbite enveloppe la terre, peut avoir toutes les élongations imaginables, depuis 0 jusqu'à 360°.

La terre étant en T (fig. 115), Mars peut être en M à 180° du soleil ; il peut paraître en m sur la même ligne que le soleil ; alors, à la vérité, il sera invisible, mais il sera vu en p ou en n à quelque distance de la conjonction supérieure. Son diamètre en M sera très-brillant et plus grand qu'en aucune autre circonstance ; en p ou en n, il sera très-petit ; et comme les diamètres sont en raison inverse des distances, on pourrait, par la mesure de ces diamètres, trouver le rapport des distances, si le diamètre n'était pas si petit.

119. Si la distance SM = 1,52, la distance ST étant = 1, la distance TM sera 0,52, et la distance Tm = 2,52, Tn sera 2,50 environ. L'observation des diamètres prouverait seule que l'orbite de Mars embrasse le soleil ; ainsi nous resterons persuadés que Mercure est à 0,387 du soleil, Vénus à 0,723, la terre à 1,0, et Mars à 1,52.

Toutes ces planètes observent la loi de Képler : cet arrangement porte tous les caractères de la vérité, simplicité, uniformité, liaison.

Ainsi, comme les phénomènes s'expliquent également dans l'hypothèse de Copernic et dans celle de Tycho, nous suivrons plus ordinairement la première dans toutes nos recherches, jusqu'à ce que nous ayons trouvé quelque raison plus déterminante.

120. On appelle planète inférieure et planète supérieure l'une par rapport à l'autre, celle dont l'orbite est renfermée par l'orbite de l'autre, ou la renferme. Ainsi Mercure est inférieur pour Vénus, la terre et les autres planètes ; Vénus est supérieure pour Mercure, inférieure pour la terre et toutes les autres planètes ; la terre est supérieure pour Mercure et Vénus inférieure pour le reste ; Mars est supérieur pour Mercure, Vénus et la terre, et inférieure pour toutes les planètes qui peuvent se trouver plus éloignées du soleil.

121. Mercure dans ses conjonctions inférieures, étant éloigné du soleil de 0,387 et de la terre de 0,613, sa parallaxe doit donc être plus grande que celle du soleil dans la raison de 10 à 6 ; la parallaxe rela-

tive étant 10 — 6 = 4, plus faible d'un tiers que la parallaxe du soleil : peu propre, par conséquent, à déterminer cette parallaxe.

Vénus dans ses conjonctions inférieures est à 0,72 du soleil et 0,28 de la terre; la parallaxe doit être à celle du soleil dans la raison de 100 à 28, ou de 25,7; la différence de parallaxe est à la parallaxe absolue :: 72 : 28 :: 18 : 7 très-favorable pour déterminer la parallaxe du soleil.

122. Mars dans ses oppositions est à 152 de distance du soleil et 0,52 de la terre ; alors la parallaxe est à celle du soleil :: 152 : 52; la dif-férence est comme 100, ainsi la parallaxe relative dans les oppositions de Mars est à peu près égale à la parallaxe du soleil.

Les oppositions de Mars sont donc, après les passages de Vénus, les observations les plus favorables pour déterminer la parallaxe du soleil; en effet, par ces observations, Cassini, et depuis La Caille avaient trouvé que la parallaxe du soleil devait être de 9 à 10″.

123. On appelle opposition d'une planète supérieure l'instant où la longitude géocentrique diffère de 180° de la longitude du soleil.

Les oppositions ne peuvent avoir lieu que pour les planètes dont l'orbite embrasse celle de la terre; les planètes inférieures ont des con-jonctions inférieures et supérieures.

Les planètes supérieures ont des conjonctions supérieures qu'on appelle simplement conjonctions et des oppositions.

Les anciens ne se servaient pas de ce mot opposition; ils disaient que Mars était acronyque, c'est-à-dire qu'il se levait et se couchait aux extrémités de la nuit. En effet, comme il est alors à 180° du soleil, il passe au méridien à minuit, et il se lève à peu près à l'heure où le soleil se couche, et se couche à l'heure où le soleil se lève. Cela même aurait lieu exactement si le soleil et la planète se mouvaient dans l'équa-teur; s'il y a quelque différence, elle tient uniquement à la déclinaison.

124. Les conjonctions des planètes supérieures ne peuvent s'observer, et il est difficile de les conclure avec exactitude, on est trop long-tems sans les voir; mais leurs oppositions s'observent avec la plus grande faci-lité, puisqu'elles arrivent quand elles passent au méridien très-près de minuit.

Les oppositions auraient lieu quand elles passent à minuit, si les deux astres étaient dans l'équateur; la différence ne peut venir que de la réduction de l'écliptique à l'équateur; la plus grande différence a lieu à 45° des équinoxes; elle est nulle si l'opposition se fait dans les points équinoxiaux ou solsticiaux, parce qu'alors la réduction est nulle.

125. Les oppositions donnent immédiatement des longitudes géocentriques; le lieu de la planète dans l'écliptique est le même, vu du soleil ou de la terre; c'est ce qui rend ces observations préférables à toutes les autres; car dans les autres positions, pour réduire une longitude géocentrique à une longitude héliocentrique, on a besoin de connaître parfaitement les rayons vecteurs de la terre et de la planète.

126. Toutes les formules données pour convertir un lieu héliocentrique en géocentrique, ou réciproquement, servent également pour les planètes supérieures; toute la différence est que pour une planète inférieure $r < R$, et pour les supérieures r ou $R' > R$. Ces formules donnent en général les angles à deux planètes qui circulent autour du soleil aux distances R et r ou V et v. Supposez en outre l'angle S au soleil, vous en conclurez le plus petit des deux angles, qui sera l'élongation de la planète inférieure vue de la supérieure. Le grand angle sera l'élongation de la planète supérieure vue de la planète inférieure.

Un observateur placé sur la terre attribue au soleil le mouvement de la terre; un observateur placé dans Mercure attribuerait au soleil le mouvement de Mercure, et ainsi des autres. Pour tous ces observateurs la longitude apparente du soleil est 180° + le lieu vrai de la planète. Tous ces observateurs rapporteraient les mouvemens des autres planètes au plan de leur propre orbite; dans tous les cas, l'angle au soleil est toujours la différence héliocentrique de longitude entre l'observateur et la planète dont il calcule le lieu apparent. La longitude planéticentrique de la terre = 180° + longitude géocentrique de la planète, la latitude de la terre = — la latitude géocentrique de la planète.

Si Vénus est au-dessus de l'orbite de la terre, la terre sera au-dessous de l'orbite de Vénus, et réciproquement; les latitudes sont égales, mais changent de signe et de dénomination, la latitude boréale pour l'une est australe pour l'autre.

127. Nous avons vu que les planètes de Mercure et de Vénus, directes le plus souvent, étaient rétrogrades dans leurs conjonctions inférieures; la terre allant de T en E et Vénus de V en c (fig. 116), mais

plus lentement, Vénus doit paraître aller en sens contraire du soleil qui paraît aller de S en O ; il en est de même de Mercure.

Soit V la terre et T Mars en opposition ; longitude de Mars $=$ $\odot + 180°$. Soit Ve le mouvement diurne de la terre, TE celui de Mars. Le lendemain de l'opposition, la terre verra Mars sur le rayon $'eEm$; la longitude de Mars sera $\odot' + Sem = \odot + d\odot + 180° - pem = \odot + 180° + eSV - pem = \odot + 180° - (pem - eSV)$. La longitude de Mars sera diminuée et Mars aura rétrogradé, si $pem > eSV$; or c'est ce qui est évident, car $\sin pem : \sin eSV :: Sm : me$; $Sm > me$; donc $\sin pem > \sin eSV$; donc $pem < eSV$.

128. Entre le mouvement direct et rétrograde, on conçoit un moment où le mouvement a dû être nul, c'est ce qu'on appelle *station*. Dans le système de Copernic, les stations sont une conséquence mathématique des divers mouvemens ; elles n'offrent ni difficulté, ni intérêt : personne ne s'en occupe aujourd'hui ; elles faisaient un des points les plus difficiles et des plus importans pour ceux des anciens astronomes qui voulaient que la terre fût le centre de tous les mouvemens planétaires. Nous y reviendrons quand nous connaîtrons toutes les planètes.

129. Nous n'avons encore rien dit de la manière de déterminer les nœuds, ni les apsides, ni l'inclinaison de Mars ; mais il n'y a à cet égard aucune différence entre les planètes ; ainsi nous suivrons tous les mêmes procédés que pour Mercure et Vénus.

Les mêmes méthodes serviront à rectifier tous les élémens de l'orbite, quand on les aura passablement déterminés, l'un après l'autre, par les méthodes particulières que nous avons données.

Cette remarque s'applique également à toutes les planètes sans exception.

JUPITER.

130. Après Mars, en suivant l'ordre des planètes anciennement connues, vient Jupiter la plus importante de tout le système solaire, et par sa masse, et par l'utilité que nous retirons de ses quatre lunes. Sa période est beaucoup plus longue, mais cette planète est si belle qu'elle a été observée plus qu'aucune autre, et le nombre des bonnes observations compensera la lenteur du mouvement.

Nous suivrons toujours la même marche en observant d'abord tous les passages par les nœuds.

Vers le 13 octobre, ou en 1794^{ans} 286^j, Jupiter était dans son nœud descendant.

Le 18 mai 1800................. 1800   138 il était dans le nœud ascendant.

Ainsi la demi-révolut. est d'environ — 5   218 = 2043^j.

Et la révolution entière de.................... 4086

Passage de ♃ au nœud ascendant 1806^{ans} 239^j
au nœud descendant 1794   286

On a donc la révolution entière de....... 11   318 = 4332^j environ.

La différence entre les deux moitiés est de 248 jours; le $\frac{1}{4}$ est 62 jours; or en 62 jours Jupiter décrit 5° 4′, telle est et doit être pour le moins l'équation du centre; elle est en effet de 5° 53′.

On voit en outre que Jupiter au tems de sa plus grande équation doit être près de son nœud; et en effet le nœud et l'aphélie diffèrent à très-peu près de 3^s 2°.

La révolution donne pour la distance moyenne 5,2028 environ; on perfectionnera ces élémens par les méthodes plusieurs fois indiquées; on cherchera l'inclinaison par les conjonctions à grande latitude, et par les passages du soleil par le nœud, on la trouvera de 1° 19′.

131. Ces méthodes pouvaient suffire jusqu'à un certain point pour Mercure et même pour Mars, dont les perturbations ne sont pas sensibles; mais il n'en est pas de même de Jupiter, dont aucune orbite purement elliptique ne peut représenter le cours à dix minutes près.

On peut jusqu'à un certain point trouver les perturbations par les observations, ainsi que nous l'avons pratiqué pour la lune.

Nous avons vu à cette occasion, que si la pesanteur est universelle, comme plus d'une raison nous porte à le croire, chaque planète P est troublée par chacune des autres planètes P′, d'une manière qui produit une équation de la forme

$$a \sin(P - P') + b \sin 2(P - P') + c \sin 3(P - P') + \text{etc.}$$

Chaque planète aura donc autant d'inégalités de ce genre, qu'il y aura autour d'elle de planètes assez voisines pour la déranger d'une manière sensible; mais les planètes qui sont au-dessous de Jupiter sont trop petites et trop éloignées pour expliquer les inégalités qui affectent Jupiter. Nous sommes obligés de différer cette recherche jusqu'à ce que nous connaissions tout le système planétaire.

152. Il nous reste cependant à dire que le diamètre de Jupiter est de 37″ dans les moyennes distances, il serait de 3′ 17″ s'il était vu à la distance où nous voyons le soleil; que son disque est ordinairement traversé de deux bandes, quelquefois de trois et davantage; que ces bandes ont une position constante, qu'elles ressemblent à de longs nuages; que le diamètre parallèle à l'écliptique est au diamètre dans le sens de la latitude :: 15 : 14 à peu près, ensorte que Jupiter dans les lunettes, paraît un globe sensiblement aplati.

Ses phases sont encore moins sensibles que celles de Mars. Jupiter, comme Mars, peut être observé à toutes les distances angulaires du soleil; il est planète supérieure pour toutes celles dont nous avons déjà parlé.

153. Sa parallaxe annuelle, ou l'angle à Jupiter entre la terre et le soleil est de près de 12°; car pour les distances moyennes $\frac{1}{5.2028} = \sin 11°$. Il ne voit donc jamais la terre à plus de 11 ou 12° du soleil; pour un habitant de Jupiter les digressions de la terre ne sont que de 11 à 12°; celles de Mars de 17° 2′; celles de Vénus de 8°; celles de Mercure de 4° 16′. Ainsi un habitant de Jupiter ignore probablement l'existence de Mercure qui doit toujours être plongé dans les rayons du soleil et qui à une distance cinq fois plus grande que Mercure n'est de la terre dans son plus grand éclat, doit être bien difficile à voir.

154. Il se pourrait donc que quelqu'autre planète inférieure à Mercure nous échappât par une raison semblable, nous n'aurions pour l'apercevoir que les passages sur le soleil, mais ces passages pourraient n'être pas saisis; cependant on a tant observé les taches du soleil, que si quelque petite planète eût passé sur le disque, il est probable qu'elle eût été observée. Jupiter doit voir le soleil sous un angle de 5 à 6° au plus.

SATURNE.

135. Saturne qui vient après Jupiter dans l'ordre des distances, est une planète très-visible; son diamètre est considérable, d'une lumière beaucoup plus terne que celle de Jupiter; son disque est entouré d'un anneau dont nous parlerons dans un article particulier; le diamètre est de 18″ et l'anneau de 42″ à la moyenne distance; à la distance du soleil à la terre, il serait de 2′ 57″ et l'anneau de 6′ 48″. Je place ici ces notices pour ne pas y revenir; car on ne peut faire ces réductions sans connaître les distances.

136. Le mouvement de Saturne est extrêmement lent; il était dans son nœud ascendant le 18 juillet 1769, ou en.... $1769^{ans}\ 193^j$
Il était revenu au même nœud le 20 décem. 1798.. $1798\quad 355$

et à cause des 7 bissextiles la révolution est de... $\quad 29\quad 169^j = 10754^j.$

Dans le fait elle est de 10749 jours environ, mais nous n'avons pris qu'à peu près le passage par le nœud.

Si l'on comparait les intervalles d'un nœud à l'autre, l'on n'y trouverait presque pas de différence, ce qui prouve que la ligne des apsides et celle des nœuds coïncident à peu près. Ainsi nous manquons du moyen qui nous a donné sans calcul l'équation de Jupiter et celle de Mars, pour lesquels la ligne des nœuds coupait le grand axe à angles droits; nous aurons du moins la distance $= 9,54972$.

137. Il ne nous reste donc pour déterminer l'excentricité et le lieu de l'aphélie que la méthode exposée ci-dessus (n° 45), qui détermine à la fois l'excentricité et le lieu de l'aphélie par trois observations placées, l'une vers les apsides, et les deux autres vers les moyennes distances.

Or, ici nous savons que les apsides coïncident avec les nœuds, les moyennes distances en sont à 90°. Ainsi, en prenant une observation dans le nœud et deux vers les limites boréale et australe, nous pourrons déterminer nos inconnues avec précision, et nous trouverons encore cet avantage, que dans le nœud et la limite, la réduction à l'écliptique est nulle, et que nous pourrons nous passer de l'inclinaison.

138. Mais il sera difficile de trouver des oppositions de Saturne exac-

tement dans le nœud et exactement à la limite, nous prendrons les oppositions les plus voisines; la latitude sera grande dans les moyennes distances, et la réduction assez petite pour se négliger dans une première approximation.

Avec l'aphélie et l'excentricité à peu près connue, nous chercherons la latitude héliocentrique par l'observation vers les limites, et nous en conclurons l'inclinaison.

Avec l'inclinaison suffisamment connue, nous chercherons le lieu du nœud par les deux oppositions dans lesquelles les latitudes étaient petites, ainsi nous rectifierons les élémens les uns après les autres, et puis tous ensemble par les méthodes connues.

139. Cette méthode si générale est la plus simple qui se puisse imaginer. Par des méthodes plus analytiques on arriverait à des formules très-compliquées et qui ne deviendraient maniables qu'autant qu'on y négligerait des quantités beaucoup plus fortes que celles qui sont omises dans nos méthodes : il est donc inutile de chercher d'autres moyens, et même aujourd'hui ces moyens sont presque superflus.

140. L'équation de Saturne est de 6° 23′; son inclinaison de 2° 30′; la distance 9,54972 trouvée par les passages au même nœud, prouve que Saturne est dix fois plus loin du soleil que la terre; qu'il doit voir le diamètre du soleil de 5′ $\frac{1}{2}$ environ; que pour un habitant de Saturne les plus grandes digressions, sont comme il suit :

$$
\begin{array}{lr}
\text{☿} \ldots\ldots & 2° 19′ \\
\text{♀} \ldots\ldots & 4.21 \\
\text{♄} \ldots\ldots & 6.\ 1 \\
\text{♂} \ldots\ldots & 9.11 \\
\text{♃} \ldots\ldots & 33.\ 3
\end{array}
$$

Ainsi un habitant de Saturne ne doit guère connaître que Mars et Jupiter, encore comme Mars est petit, paraîtrait-il difficile à deviner?

141. Nous avons donc jusqu'ici six planètes en comptant la terre, qui circulent autour du soleil dans des ellipses plus ou moins excentriques, à des distances plus ou moins grandes, ces distances moyennes sont

Dist.

Dist. moyennes.	Différences.	Tems des révol. syd.	Différences.
☿... 0.3871		88	
	0.3362		137
♀... 0.7233		225	
	0.2767		140
♁... 1.0000		365	
	0.5237		322
♂... 1.5237		687	
	3.6791		3643
♃... 5.2028		4330	
	4.3360		6429
♄... 9.5388		10759	

On ne voit pas de loi bien apparente dans les différences premières de ces distances; on voit surtout de Mars à Jupiter un saut brusque qui avait fait soupçonner à Képler qu'il pourrait bien y avoir une petite planète entre Mars et Jupiter. On s'est beaucoup occupé de cette idée qui paraissait pourtant un peu chimérique, et qui nonobstant a été vérifiée de nos jours.

142. A présent que nous avons sous les yeux les distances des planètes, nous pouvons nous demander ce qu'il y a de plus naturel, de faire circuler la terre autour du soleil comme Jupiter et Saturne qui sont beaucoup plus gros, ou de faire avec Tycho, circuler le soleil avec toutes les planètes autour de la terre qui se trouve fort près de lui? la réponse n'est pas difficile.

143. Nous avons dit que Jupiter a des inégalités non-elliptiques; Saturne en a de plus fortes. Les erreurs des tables de Halley allaient à 22'. Lalande trouva qu'il n'était pas possible de les corriger dans un point, sans les voir reparaître dans un autre. Désespérant de faire des tables qui fussent également bonnes en tout tems, il abandonna les anciennes observations pour avoir des tables plus conformes au ciel pour le moment où il calculait; Mallet de Genève n'avait pas été plus heureux. Jeaurat, avec une excentricité variable, avait échoué dans ses recherches sur Jupiter; des équations séculaires, telles que celles qui étaient empiriquement adoptées pour la lune, étaient même insuffisantes. Euler et Mayer avaient essayé de déterminer théoriquement les inégalités, mais sans succès. Deux fois l'Académie des Sciences proposa cette

2.

question aux recherches des géomètres. Euler et Lagrange remportèrent les prix pour les belles méthodes analytiques qu'ils envoyèrent à l'Académie; mais la question était intacte et pour le coup désespérée. On voyait clairement que les inégalités ne pouvaient provenir que des attractions réciproques de ces planètes; *mais les calculs déduits des masses des distances et des mouvemens des deux planètes deviennent si longs qu'on perd patience*, nous dit Lambert; ces raisons l'engagèrent à déterminer par les observations les coefficiens de ces inégalités singulières. Les argumens qu'il leur donna sont des combinaisons du genre de celles dont nous avons parlé à l'occasion de la lune; en effet ses équations pour **Saturne** sont

$$- 1',6 \ \sin[(♃-♄)-(♄-\text{aphél.})] - 7',0 \sin 2[(♃-♄)-(♄-\text{aphél.}]$$
$$+ 6',3 \ \sin[2(♃-♄)-(♃-\text{aphél})]-28',0 \sin 2[2(♃-♄)-(♃-\text{aphé})] \ (\text{évection})$$
$$- 19',7 \ \sin[(♃-\text{aphél.})-(♃-♄)] - 0',7 \sin(♄-\text{aphél.})-0,5 \sin(♃-♄) \ (\text{var.})$$
$$+ 0',5 \ \sin[(♃-♄)+(♄-\text{aphél.})]$$

Ses équations pour Jupiter sont

$$- 1',25 \sin(♃-♄)-3',0 \sin 2(♃-♄) \ (\text{variation}) - 1' \sin(♃-\text{aphél.})$$
$$- 1', 8 \sin[2(♃-♄)-(♃-\text{aphélie})] \ \text{évection}+0',5 \sin[(♃-♄)+(♄-\text{aphél.})]$$
$$+ 1', 3 \sin[2(♃-♄)-(♄-\text{aphélie})] \ \text{évection.}$$

Ensorte que l'auteur donne à Saturne une évection, une variation, une équation annuelle, ou anomalistique; à Jupiter deux évections, une équation anomalistique.

Il n'a donc fait que transporter à Jupiter et Saturne ce que l'observation avait donné pour la lune; car il ajoute aussi à chacune des deux théories une équation séculaire proportionnelle au carré des tems.

144. Ces corrections empiriques représentaient à moins de 2' presque toutes les oppositions observées jusqu'alors. Une erreur allait à 3', et une seule à 4'. On pourrait en rejeter la plus grande partie sur les observations mêmes; mais Lambert annonçait que son équation séculaire ne suffirait pas toujours, qu'il y entrevoyait des variations périodiques, *dont il faudrait* une longue suite d'années pour découvrir la loi.

145. M. Laplace traita le problème analytiquement et avec plus de profondeur. Dans la recherche des inégalités, on n'avait employé que les premières puissances des excentricités; il poussa le développement

jusqu'aux quatrièmes puissances ; ainsi outre l'équation que j'appelle *variation*, et qui dépend de $(♃ — ♄)$, il fait usage des argumens…

$(2♄—♃)$, $(♄—2♃)$, $(4♄—3♃)$, $(3♃—5♄)$, $(3♄—♃)$, $(4♃—5♄)$, $(2♃—4♄)$;

mais ce qu'il y eut de plus remarquable et qui démontra le soupçon de Lambert, il trouva une équation $(5♄ — 2♃)$ qui peut ajouter $20'\,49'',5$ au mouvement de Jupiter, et retrancher $48'\,44''$ du mouvement de Saturne, et qui lui sert à expliquer de la manière la plus heureuse cette accélération qu'on avait remarquée dans les mouvemens de Jupiter et le retardement qui était encore plus frappant dans le mouvement de Saturne. La période de cette équation est de 918 ans ; par un hasard singulier, elle était nulle au tems de Tycho ; elle était au contraire à son *maximum* vers la fin du dix-huitième siècle : de là venaient les différences de mouvement moyen entre les astronomes qui avaient employé des intervalles différens pour le déterminer.

146. Avec ces nouvelles équations, la plus forte erreur était de $1'\,54''$ pour Saturne. Je fis remarquer à M. Laplace que les observations de Tycho et d'Hévélius n'étaient pas sûres à 2 et 3' près ; que celles de Flamstéed même pouvaient avoir des erreurs d'une minute, parce qu'on ignorait de son tems l'aberration et la nutation ; j'offris de recommencer suivant les méthodes modernes, le calcul de toutes les oppositions observées depuis Tycho jusqu'à nous. Je formai pour chacune d'elles une équation de condition, d'où je tirai les élémens sur lesquels sont construites mes tables de Jupiter et de Saturne. Je vis que les oppositions de Tycho et d'Hévélius ne pouvaient que nuire à l'exactitude des résultats. Je fus même tenté d'abandonner celles de Flamstéed et de Halley, et de me borner à celles qui ont été observées par La Caille, Bradley et Maskelyne ; mais par ce retranchement, le nombre de mes équations était trop diminué. Je fis cependant l'élimination de deux manières ; et comme les deux systèmes d'élémens différaient assez peu, je m'en tins au résultat moyen dont les erreurs ne passaient guères une demi-minute dans les observations un peu douteuses, et n'offraient aucune erreur avérée qui passât $\frac{1}{3}$ de minute. J'avais disposé mon travail pour qu'on pût le reprendre, en supprimant les oppositions antérieures à 1750, et en y ajoutant celles qu'on aurait observées depuis 1787 ; c'est ce qu'a fait M. Bouvard. M. Laplace a ajouté quelques petites équations ; il a fait quelques petits changemens à la masse de Saturne, et les erreurs

des dernières tables ne passent pas $\frac{1}{4}$ de minute : c'est à peu près tout
ce qu'on peut espérer; car il est difficile de répondre de quelques secondes
dans les meilleures observations. Les erreurs en quadrature ne sont pas
plus fortes que dans les oppositions ; ainsi l'excentricité , la distance
moyenne et les perturbations paraissent aujourd'hui connues avec toute
l'exactitude qu'on peut desirer.

URANUS.

147. Les planètes dont nous venons de parler, étaient les seules que
l'on connût; on était bien loin de soupçonner qu'il en existât d'autres,
lorsqu'en 1781 , M. Herschel, en faisant une revue attentive de tout le
ciel étoilé, aperçut aux pieds des Gémeaux un petit astre d'une lumière
pareille à celle de Jupiter , quoique beaucoup plus faible : la force de
son télescope lui permit de distinguer un petit disque bien arrondi :
ayant observé le nouvel astre plusieurs jours de suite , il s'apperçut qu'il
avait changé de place parmi les petites étoiles dont il le voyait environné.

Il fit part de sa découverte à M. Maskelyne, en l'annonçant comme
celle d'une petite comète sans nébulosité et sans queue; il ne lui vint
pas même à l'esprit que ce pouvait être une planète.

M. Maskelyne communiqua la nouvelle à M. Messier, et les astronomes de Paris s'occupèrent à observer l'astre et à chercher son orbite
parabolique, car on le regardait comme une comète extraordinaire.

Mais la même parabole ne pouvait long-tems satisfaire aux observations. Le président Saron imagina de supposer l'orbite circulaire, et
il trouva que le rayon du cercle devait être au moins de douze fois
la distance moyenne du soleil à la terre : on fut successivement obligé
d'alonger encore ce rayon; enfin on calcula une ellipse par la méthode
que M. Laplace venait de faire imprimer pour les comètes. Filxmillner
et Caluso déterminèrent des ellipses un peu différentes , mais le grand
axe était de 19 à 20 fois la distance du soleil à la terre.

148. Le nouvel astre fut donc reconnu comme une planète supérieure
dont la distance au soleil était le double environ de celle de Saturne. Le
système solaire était donc prodigieusement agrandi. La nouvelle planète
fut nommée *Uranus* et *Herschel*; son diamètre n'était pas de 4"; vu à la
distance du soleil , il ne serait que de 74".

Celui de Mercure, de 6",6; celui de Vénus, 16,5; de la Terre, 17"4;
Mars, 16",5 ; Jupiter, 3' 6",8 ; Saturne, 2' 57",7 ; l'anneau, 6' 41".

On voit donc que les grosseurs ne sont nullement en rapport avec les distances, et que tous ces diamètres réunis sont bien de valoir celui du soleil, qui est de 3i' 54″; que toutes les masses réunies sont peu de chose en comparaison du soleil, et que le soleil peut seul être le centre du système, si les mouvemens célestes sont le résultat d'une impulsion primitive et d'une force centrale sans cesse agissante.

149. La nouvelle planète paraît dans nos lunettes, comme une étoile de cinquième grandeur, un peu plus faible cependant; car l'ayant comparée durant plusieurs mois à deux étoiles de cet ordre dont elle était voisine, quand Uranus vint à passer au méridien dans le crépuscule, je la perdis de vue plusieurs jours avant les deux étoiles.

Il est donc peu étonnant que les anciens n'eussent pas remarqué une planète si faible et dont le mouvement était si lent. Car, en vertu de la loi de Képler, la révolution doit être de 84 ans, ce qui s'accorde avec toutes les observations.

Les anciens avaient cependant placé dans leurs catalogues des étoiles beaucoup plus petites; mais il paraissait peu vraisemblable qu'elle n'eût été observée par aucun des astronomes qui ont construit, depuis l'invention des lunettes, de nouveaux catalogues où ils ont inséré des étoiles de neuvième et de dixième grandeur.

150. M. Bode de Berlin entreprit de chercher dans le ciel toutes les étoiles qui avaient dû se trouver sur la route d'Uranus; il ne trouva plus la 33ᵉ étoile du Taureau, que Flamstéed n'avait observée qu'une seule fois. En calculant le lieu d'Uranus pour le jour de l'observation, d'après les tables de Nouet, il trouva la différence assez petite entre la planète et l'étoile, pour en assurer l'identité : encouragé par cette remarque heureuse, il fit le même travail sur le catalogue de Mayer, et il trouva qu'il y manquait une étoile, qui pouvait encore être la planète.

151. Enfin M. Lemonnier, en revoyant des observations qu'il avait faites en 1765, trouva trois observations de la planète : elle était alors en opposition; son mouvement géocentrique était rétrograde et le plus grand possible; la circonstance était la plus favorable qu'on pût souhaiter; mais on était si loin de supposer qu'il pût exister une planète inconnue, que Lemonnier ne fit aucune attention à cette étoile, qu'il avait observée par occasion entre le passage de la lune et celui d'une

étoile bien connue, à laquelle il la comparait. Faute d'avoir fait un rapprochement bien simple, il manqua une découverte importante. Il aurait suffi de comparer les passages observés à un et deux jours de distance. La déclinaison n'ayant pas changé, Lemonnier aurait dû croire d'abord qu'il s'était trompé de quelques secondes sur le passage ; il eût fait une observation de plus pour corriger son erreur ; il aurait reconnu le mouvement rétrograde de la planète.

152. L'Académie des Sciences proposa la Théorie de la nouvelle planète pour le sujet du prix de 1790. On n'avait guères alors que huit ans d'observation, ce qui ne fait pas le dixième de la révolution.

En m'occupant de ce sujet, je sentis tout d'abord que la planète devait éprouver de la part de Saturne et de Jupiter, des perturbations qui devaient altérer sensiblement l'orbite elliptique. Mais la valeur précise des perturbations dépendait des élémens elliptiques, et surtout du demi-grand axe ; on n'était pas bien sûr de cet élément.

Je calculai donc, par la méthode que M. Laplace venait de donner pour Jupiter et Saturne, toutes les perturbations dans deux hypothèses un peu différentes pour les deux valeurs extrêmes que nous pouvions supposer au grand axe, et les perturbations différaient assez peu pour que par des parties proportionnelles, on pût trouver les équations qui conviendraient à toute valeur intermédiaire qu'on serait conduit à donner à l'axe. Je fis la même chose pour deux hypothèses d'excentricité.

Les observations de Flamstéed en 1690, de Mayer en 1756, et de Lemonnier en 1765, par leur éloignement devenaient extrêmement précieuses ; mais rien ne nous assurait bien positivement que ces astronomes eussent en effet observé la planète.

Je pris donc le parti de déterminer l'orbite par les observations faites depuis 1781, et qui ne laissaient aucun doute. Avec cette orbite, je calculai les lieux de la planète pour les observations de 1690, 1756 et 1765, je ne trouvai que de légères différences.

153. J'avais retrouvé dans l'Histoire Céleste de Flamstéed, l'observation même, et je l'avais réduite avec le plus grand soin. Il était très-important de faire un travail semblable sur celle de Mayer, qui s'accordait moins bien avec mes Élémens.

Pour lever ce doute, il importait de savoir à combien de fils Mayer avait observé le passage de la planète, à quelles étoiles il l'avait comparée ; quelles étaient enfin toutes les circonstances qui pouvaient nous mettre en état de recommencer les calculs, et nous montrer à quel point nous devons compter sur l'exactitude d'une observation qui pourrait nuire à la théorie de la planète, si par hasard elle se trouvait défectueuse autant qu'elle lui sera utile, si nous pouvons la regarder comme certaine. Aucun de ces détails nécessaires n'avait été publié ; M. de Lalande m'offrit de les demander à M. Lichtenberg, dépositaire des manuscrits de Mayer. La réponse, datée du 16 août 1789, ne nous parvint qu'un mois après : elle était accompagnée d'un tableau qui renferme tout ce que je desirais, et dont voici une copie exacte.

154. *Extrait des Observations astronomiques de M. Tobie Mayer, faites à Gottingue, le 25 septembre 1756.*

Tems de l'horloge au passage de l'étoile par le plan du quart de cercle mural.

DISTANCES AU ZÉNIT.

Division de 96.   Division de 90.

Nota. Cet extrait n'est pas tiré du registre original de Mayer, mais d'un second registre dans lequel cet astronome reportait ses observations dans un meilleur ordre : les passages y sont réduits au fil du milieu.

	Division de 96.	Division de 90.		grandeurs.
1er fil. 12ʰ 4′ 28″9 ⎫				
2e 12. 4.59,0 ⎬ ⊙ limb. préc. Bor. 55°13′ 5″0½		52°20′ 33″8		
3e 12. 5.28,8 ⎭				
3e 12. 7.37,5 ⎫				
4e 12. 8. 7,5 ⎬ ⊙ limb. suiv. Aust. 56. 6. 7,0₂		52.52.38,6		
5e 12. 8.37,5 ⎭				
12. 6,33,2 Cent. ⊙. Diam. 2′8″5.				
Barom..... 27.10¾				
Therm. ... + 15½				
21.15. 9,8 β ≈	62. 0. 1,5	58. 7.49,8	+ 0,4	3
21.21.12,4 ξ ≈	64. 7. 6,0	60.25.55,7	+ 0,5	5
21.47. 9,0 ο ≈	58. 7.10,7	54.49.27,7	+ 0,4	5
22. 0.24,1 θ ≈	64. 8. 4,4	60.29. 5,5	+ 0,5	4
22. 6.31,0 γ ≈	57.11. 7,5	54. 6.34,2	+ 0,4	3
22.21.34,1 x ≈	60.12. 6,8½	56.58.41,9	+ 0,8	5
1er fil. 22.38.27,3 ⎫				
2e 22.39. 2,5 ⎪				
3e 22.40.37,6 ⎬ Fomalhaut.......	87.12.15,5	82.19.20,6	+ 3,9	1
4e 22.41.12,6 ⎪				
5e 22.41.47,7 ⎭				
22.58. 8,1 φ ≈	62.12. 8,3½	58.51.31,3	+ 0,9	5
23. 8.28,7 (Planète).........	61. 5.15,0	57.32. 7,5	+ 0,8	—
23.15.23,0 8 magnitud.......	60.11. 6,5½	56.55. 6,7	+ 0,8	8
23.30.24,8 *Rubicunda*.......	52.10. 9,6½	49.22.16,6	+ 0,6	7

155. Il paraît par les observations du soleil et de Fomalhaut, que les fils de la lunette étaient assez également espacés pour que l'on pût prendre le milieu entre les cinq. L'intervalle du 3ᵉ au 5ᵉ, réduit à l'équateur, se trouve de 1′ 0″,0 par le soleil, et de 1′ 0″,12 par Fomalhaut. Je suppose 1′ 0″,1 par un milieu ; cela fait 1′ 0″,4 pour 6° 2′ de déclinaison. Le passage de la planète, suivant la lettre de M. Lichtenberg, n'a été observé qu'au cinquième fil, à 23ʰ 9′ 29″ ; donc le passage réduit au fil du milieu, sera 23ʰ 8′ 28″,6. Dans le tableau précédent, qui offre les réductions toutes faites par Mayer lui-même, on trouve 23ʰ 8′ 28″,7, et nous devons nous y tenir, car Mayer devait mieux connaître l'intervalle de ses fils.

Dans la même lettre, il est dit que Mayer n'observait aux cinq fils que le soleil, les planètes et les étoiles de première grandeur ; pour les autres étoiles, il se contentait d'un seul fil, et ce n'était pas toujours celui du milieu.

Il est heureux que l'artiste anglais Bird ait mis un aussi grand nombre de fils dans les quarts de cercle : sans cela, nous aurions été probablement privés d'une observation bien curieuse. Mais il est bien à regretter que Mayer n'ait pas apperçu la planète aux premiers fils, ou qu'il n'ait pas en cette occasion dérogé à sa coutume de n'observer qu'à un seul ; son observation aurait été d'un tout autre poids.

En effet, nous allons remarquer plusieurs fautes dans le petit nombre d'observations que renferme le tableau précédent, et rien ne prouve la bonté d'un passage unique, observé peut-être à la hâte, peut-être même à travers les nuages ; car il est probable que Mayer n'a pas très-bien vu son étoile, puisqu'il n'en a pas marqué la grandeur, quoiqu'il ait pris ce soin pour toutes les autres et même pour Fomalhaut.

156. La pendule était réglée sur les fixes. J'ai calculé, d'après le catalogue de Mayer, les ascensions droites apparentes en tems, de toutes les étoiles observées, et j'ai trouvé pour la correction des tems de la pendule, les quantités suivantes :

Déclinaison.

Déclinaison.

Par β ≈.....+	3′ 35″ 1‴6	6° 37′ 28″A		
ξ ≈.....+	3.39.14,4	8.55.42 A		
o ≈.....	3.35.12,5	3.18.55 A	Déclinaison de	
θ ≈.....	3.35.29,2	8.58.53 A	la planète	
γ ≈.....	3.35. 4,0	2.55.29 B		
x ≈.....	3.35.31,6	5.28.16 A	6° 1′ 43″2 A	
Fomalhaut	3.32.26,8	30.54.12 A	— 1.8	
φ ≈.....	3.35.47,0	7.21.11 A	6.1.41,4	
971ᵉ Mayer	3.35.24,4	5.24.41 A		
19°)(...	3.35.34,0	2. 8.31 B		

Il paraît qu'il y a erreur de 4″ de tems sur le passage ξ ≈, et de 3″ sur celui de Fomalhaut; mais cette dernière erreur peut s'attribuer à la déviation du limbe, car Fomalhaut est de 20 à 50° plus australe que les autres étoiles. Il est sûr au moins qu'il y a erreur de 1′ sur chacun des deux premiers fils de Fomalhaut; il faut lire 59′ au premier et 40 au second. Il serait bien fâcheux qu'il se fût glissé une erreur pareille dans l'observation de la planète : il n'y a pourtant pas d'apparence, puisque mes tables représentent très-bien cette observation, et que mes premiers élémens, qui ne sont point fondés sur l'observation de 1756, ne s'en écartent que d'environ 4′, qui font environ 16″ de tems. Mais on pourrait craindre une erreur de 10 à 20″, et c'est ce qui m'a fait rechercher les éclaircissemens que nous avons obtenus de M. Lichtenberg. Nous ne pouvons plus en espérer d'autres; il faut avouer qu'ils ne sont guères propres à nous rassurer, et ce ne sera qu'après une longue suite d'observations, peut-être après une révolution entière, que l'on pourra prononcer définitivement sur ce doute.

157. Si l'on prend le milieu entre les dix étoiles (en corrigeant toutes fois les fautes indiquées), la correction des tems de la pendule sera + 3′ 35″ 22‴,5 : si l'on n'emploie que les trois étoiles voisines du parallèle, on aura 3′ 35″ 19‴,0. Je suppose 3′ 35″ 20‴, et j'ai 11ˢ 18° 1′ 0″,5 pour ascension droite de la planète, c'est-à-dire 5″ de moins que par le catalogue de Mayer.

Les distances au zénit sont données d'abord en partie de la division de 96. Je croyais, à l'inspection du tableau, que la colonne suivante était tirée directement de l'observation, et que les petites équations qui suivent étaient les différences entre les doubles observations de distances. Mais ayant réduit les nombres 96 en degrés, j'ai trouvé tout jusqu'aux dixièmes de seconde, comme dans la colonne de 90, et il paraît que cette colonne n'est qu'une traduction de la première.

La correction des distances au zénit est par

$$
\begin{aligned}
\beta \approx &\quad +\ 1''4 \\
\xi \approx &\quad +\ 1{,}2 \\
o &\quad -\ 2{,}9 \\
\theta &\quad -\ 1{,}0 \\
\gamma &\quad -\ 5{,}0 \\
x &\quad -\ 2{,}0 \\
\text{Fomalhaut} &\quad -\ 3{,}4 \\
\varphi \approx &\quad -\ 2{,}0 \\
971^{\text{e}} &\quad -\ 3{,}3 \\
19\ \chi &\quad -\ 0{,}9 \\
\hline
\text{milieu} &\quad -\ 1{,}8
\end{aligned}
$$

d'où j'ai conclu la déclinaison apparente de la planète 6° 1′ 41″,4 ; on trouve une seconde de plus dans le catalogue de Mayer. Cette différence aussi bien que celle de l'ascension droite étant très-légère, je m'en tiens aux nombres tirés du catalogue, et employés dans mon Mémoire.

158. On peut remarquer une erreur de 1′ dans la déclinaison de $\overline{x} \approx$, telle qu'on la trouve dans les Œuvres posthumes de Mayer, et dans la Connaissance des Tems de 1778 : au lieu de 4° 27′ 36″,8, lisez 4° 28′ 36″,8. Par cette correction que nous indique la distance au zénit, la déclinaison de Mayer s'accordera avec celles de La Caille et de Bradley. Cette remarque m'a échappé, ainsi qu'à M. Koch, dans nos calculs des longitudes et latitudes des étoiles de Mayer, portés dans la Connaissance des Tems de 1788, et dans les Éphémérides de Berlin pour 1791. La longitude exacte pour 1756 est 11ˢ 6° 1′ 18″, et la latitude 4° 7′ 34″B.

La dernière des étoiles du tableau ci-dessus est la 19ᵉ χ. Mayer lui donne l'épithète de *rubicunda*. Je l'ai observée plusieurs fois tout exprès, sans y remarquer rien de bien particulier.

159. M. Lemonnier voulut bien me donner aussi l'extrait de son registre, et je fus certain que les observations anciennes appartenaient

incontestablement à la planète ; je les employai donc pour mieux déterminer la révolution et le lieu du nœud, sur lesquels les observations modernes laissaient encore quelques doutes.

160. L'inclinaison est la plus petite de tout le système solaire. La discussion complète des observations laissait un doute de 10″, c'est-à-dire, qu'avec une inclinaison de 46′ 10″, ou de 46′ 20″, je représentais également bien toutes les observations. Je calculai donc ma table de latitude héliocentrique dans l'hypothèse de 46′ 10″, en ajoutant la correction pour 10″ de plus dans l'inclinaison. Les observations postérieures prouvèrent en effet que l'inclinaison différait peu de 46′ 20″.

Ces tables remportèrent le prix proposé, et la totalité des observations que j'avais pu me procurer était représentée, à moins de 8″ près, dans les cas les plus défavorables ; c'est-à-dire à peu près avec la précision des observations mêmes. Je continuai d'observer assidument la planète tous les jours où elle se montra, et toutes mes observations furent satisfaites avec le même accord. Depuis 20 ans que ces tables sont écrites et publiées, je ne vois pas que les erreurs soient devenues plus fortes : je me proposais cependant de reprendre ce travail, mais je n'espère plus en avoir le loisir.

M. Oriani publia vers le même tems, dans les Éphémérides de Milan, des tables qui, pour la partie des perturbations, sont précisément les mêmes : nous avions tous deux employé les formules de M. Laplace. Il n'avait employé principalement que des observations faites à Milan ; je m'étais servi surtout de celles de Greenwich et d'Oxford, auxquelles j'avais un peu plus de confiance, et qui d'ailleurs étaient publiques. L'ellipse de M. Oriani ne s'est pas trouvée aussi précise, et ses tables calculées dans une double hypothèse, étaient par là moins commodes.

161. On sent bien que la planète ayant une révolution de 84 ans, dont huit seulement avaient fourni des observations un peu sûres et suffisamment nombreuses, nous n'avions pu nous servir du retour au même nœud pour déterminer la révolution et la distance, et qu'ainsi il nous fallait des méthodes particulières.

Nous avions la méthode analytique de M. Laplace ; mais elle n'avait pas encore acquis la faveur générale ; les calculs préparatoires sont très-pénibles. Les astronomes qui ont tant de calculs à faire, sont un peu excusables de chercher des méthodes plus expéditives : en voici, pour la première ébauche d'une orbite, une qui est extrêmement simple, et qui suffit surtout pour Uranus, dont l'inclinaison ne produit aucun effet sensible sur les longitudes. La réduction est de $-9'',34 \sin 2$ arg. latit.

162. L'observation d'une planète inconnue ne fournit pas assez de données pour transformer un lieu géocentrique en une position héliocentrique.

Soit T la terre, S le soleil, P la planète, R et R' les rayons vecteurs. On connaît R et l'angle T, ce qui ne suffit pas; on est réduit à faire des suppositions. On peut donner des valeurs arbitraires aux angles S et P, à la distance SP de la planète au soleil, ou enfin à TP distance à la terre.

Si l'on suppose d'abord l'orbite circulaire, ce qui est indispensable le premier jour, on fera mieux de choisir R' ou SP.

Si l'angle T est obtus, ce qui arrivera le plus souvent, car on ne découvre guères une planète nouvelle qu'à nuit close; il sera prouvé par là que SP $>$ 1, ou que la planète est supérieure.

Dans la formule $\sin P = \dfrac{R \sin T}{SP} = \dfrac{R}{R'} \sin T.$

Supposez   R' $=$ 1,5, 2,0, 2,5, 3,0, 3,5, 4,0, 4,5, etc. ;

vous aurez dans toutes ces hypothèses la valeur de P parallaxe annuelle : or longit. hélioc. Planète $=$ longit. géoc. $+$ P. Vous aurez donc autant de longitudes héliocentriques que vous aurez de suppositions différentes pour R'; vous n'aurez aucune raison de préférence pour aucune de ces longitudes.

Le lendemain vous faites des calculs semblables dans les mêmes hypothèses, vous aurez dans chacune une nouvelle longitude héliocentrique, et par conséquent le mouvement héliocentrique pour chacune des suppositions.

Soit $d\Pi$ le mouvement héliocentrique de la planète, $d\odot$ le mouvement diurne du soleil, nous aurons exactement

$$d\Pi = \frac{ab\,dz}{R'^2} = \frac{ab}{R'^2} \cdot \frac{d\odot}{a^{\frac{3}{2}}} = \frac{a^2 \cos \varepsilon}{a^{\frac{1}{2}}} \cdot \frac{d\odot}{R'^2} = \frac{a^{\frac{1}{2}} \cos \varepsilon}{R'^2} d\odot \quad \text{et} \quad \frac{R'^2}{a^{\frac{1}{2}} \cos \varepsilon} = \frac{d\odot}{d\Pi},$$

et approximativement $R'^{\frac{3}{2}} = \dfrac{d\odot}{d\Pi},$ ou $R' = \left(\dfrac{d\odot}{d\Pi}\right)^{\frac{2}{3}}.$

Cette équation bien simple vous fera connaître celle de vos hypothèses qui approche le plus du mouvement observé, et celle des distances qui donne un mouvement plus approchant de la loi de Képler. Vous saurez en peu de jours et presque sans calcul, la valeur approchée de la distance inconnue ; vous n'aurez plus besoin de calculer que dans deux hypothèses voisines, parce que l'erreur sera renfermée dans des limites assez étroites.

163. Le mouvement géocentrique à l'opposition sera plus sensible, et vous donnera des moyens moins inexacts de reconnaître la distance ; le tems des stations, la durée et l'arc de rétrogradation vous donneront de nouvelles lumières : si le mouvement est lent, les oppositions reviendront plus souvent, et quatre oppositions vous donneront l'orbite. Il ne fallait donc pas quatre ans pour avoir une orbite passable pour Uranus. Si le mouvement est un peu rapide, les oppositions reviendront un peu plus tard ; mais en quatre ans vous aurez un bien plus grand arc ; à mesure que la planète avancera, vous perfectionnerez vos hypothèses qui seront toujours un peu plus exactes qu'il ne sera nécessaire pour faire à la fin de chaque année, une Éphéméride du cours de la planète pour la commodité des observateurs, et vous serez bientôt en état de calculer les perturbations, sans lesquelles on ne peut compter bien sûrement sur l'ellipse trouvée, surtout si la nouvelle planète est peu éloignée de Jupiter et de Saturne, qui sont les seules planètes de notre système qui puissent produire des inégalités un peu sensibles dans la marche des autres planètes.

164. Les tables de Nouet, Filxmillner et Caluso étaient purement elliptiques ; l'Académie des Sciences proposa pour le prix de 1790, la théorie la plus complète que le petit arc parcouru par Uranus permit d'espérer. Je m'occupai aussitôt de ce sujet.

Les oppositions observées étaient encore en trop petit nombre pour que je pusse m'en contenter ; heureusement l'angle à la planète était fort petit, et il devenait facile de tenir compte de l'erreur qui pouvait provenir du rayon vecteur dans le lieu héliocentrique déduit de l'observation. Au reste, la méthode dont je me suis servi pourrait s'appliquer à une planète moins éloignée de la terre.

165. Soit H la longitude héliocentrique, O la longitude observée, dégagée de l'aberration et de la nutation, T l'élongation, V le rayon

vecteur de la terre, v la distance accourcie de la planète. Nous aurons $H = G + P$ et $dH = dP$; nous supposons nulles les erreurs de l'observation : or $v \sin P = V \sin T$. Le second membre est bien connu ; ainsi $dv \sin P + v \cos P dP = o$ et $dP = -\dfrac{dv \sin P}{v \cos P} = -\left(\dfrac{dv}{v}\right) \tang P$.

Soit de plus C la longitude calculée, $C + dC$ la longitude vraie ; nous aurons

$$C + dC = O + P - \left(\frac{dv}{v}\right) \tang P ,$$

$$dC = (O + P) - C - \left(\frac{dv}{v}\right) \tang P ,$$

et
$$C - (O + P) + \left(\frac{dv}{v}\right) \tang P + dC = o .$$

Or $v = a(1 + e \cos z)$, z étant l'anomalie moyenne comptée de l'aphélie, comme on faisait alors.

$$dv = da(1 + e \cos z) + ade \cos z - ae \sin z dz$$
$$= \left(\frac{v}{a}\right) da + a \cos z de - ae \sin z dz .$$

Mais soit M le mouvement annuel de la planète, m celui du soleil nous aurons

$$Ma^{\frac{3}{2}} = m , \qquad dMa^{\frac{3}{2}} + \tfrac{3}{2} Ma^{\frac{1}{2}} da = o ,$$

$$da = -\frac{dM . a^{\frac{3}{2}}}{\frac{3}{2} Ma^{\frac{1}{2}}} = -\frac{2dMa}{3M} , \qquad \frac{da}{a} = -\frac{2dM}{3M} ,$$

$$dv = -\frac{2dM}{M} . v + a \cos z de - ae \sin z dz ,$$

$$\frac{dv}{v} = -\frac{2dM}{3M} + \left(\frac{a \cos z}{v}\right) de - \left(\frac{ae \sin z}{v}\right) dz ,$$

et
$$\left(\frac{dv}{v}\right) \tang P = -\left(\frac{2 \tang P}{3M}\right) dM + \left(\frac{a \cos z \ \tang P}{v}\right) de - \left(\frac{ae \sin z \ \tang P}{v}\right) ,$$

et l'équation de condition

$$o = C - (O + P) - \left(\frac{2 \tang P}{3M}\right) dM + \left(\frac{a \cos z \ \tang P}{v}\right) de$$
$$- \left(\frac{ae \sin z \ \tang P}{v}\right) dz + dC :$$

or
$$C = E + iM - 2e \sin z + 1,25 \, e^2 \sin 2z ;$$

E est l'époque de la longitude moyenne dans les tables provisoires, M le mouvement annuel, i l'intervalle écoulé depuis l'époque ; nous nous bornons à deux termes de la série de l'équation du centre : ils suffisent pour Uranus ; nous donnerons plus loin une méthode plus générale : donc

$$dC = dE + i\,dM - 2\sin z\,de + 2{,}5\,e\sin 2z\,de - 2e\cos z\,dz$$

et

$$o = C - (O + P) - \left(\frac{2\tang P}{3M}\right)dM + \left(\frac{a\cos z\ \tang P}{\nu}\right)de$$
$$- \left(\frac{ae\sin z\ \tang P}{\nu}\right)dz + dE + i\,dM$$
$$- (2\sin z - 2{,}5\,e\sin 2z)\,de - 2e\cos z\,dz :$$

mais
$$z = E + iM - \text{aphélie} = E + iM - A$$
et
$$dz = dE - dA + i\,dM ;$$

les termes multipliés par dz deviennent

$$- \left(\frac{ae\sin z\ \tang P}{\nu} + 2e\cos z\right)(dE - dA + i\,dM),$$

ou

$$- \left(\frac{ae\sin z\ \tang P}{\nu} + 2e\cos z\right)(dE - dA) - \left(\frac{aie\sin z\ \tang P}{\nu} + 2ie\cos z\right)dM$$

et
$$o = C - (O + P) + dE + i\,dM - \left(\frac{2\tang P}{3M}\right)dM$$
$$- \left(\frac{aie\sin z\ \tang P}{\nu} + 2ie\cos z\right)dM$$
$$+ \left(\frac{a\cos z\ \tang P}{\nu} - 2\sin z + 2{,}5\,e\sin 2z\right)de$$
$$- \left(\frac{ae\sin z\ \tang P}{\nu} + 2e\cos z\right)(dE - dA),$$

$$o = C - (O + P) + dE + \left(i - \frac{2\tang P}{3M} - \frac{aie\sin z\ \tang P}{\nu} - 2ie\cos z\right)dM$$
$$+ \left(\frac{a\cos z\ \tang P}{\nu} - 2\sin z + 2{,}5\,e\sin 2z\right)de$$
$$- \left(\frac{ae\sin z\ \tang P}{\nu} + 2e\cos z\right)(dE - dA),$$

équation qui n'a plus que quatre inconnues dE, dM, de et dA, qui est la correction pour l'époque de l'aphélie dans les tables provisoires.

Quand on aura trouvé par l'élimination l'inconnue $(d\mathrm{E} - d\mathrm{A})$ et $d\mathrm{E}$, on en conclura $d\mathrm{A} = d\mathrm{E} - (d\mathrm{E} - d\mathrm{A})$.

Nos z étaient comptés de l'aphélie; pour les compter du périhélie, on changerait les signes de $\sin z$ et $\cos z$, mais non celui de $\sin 2z$; car $\sin 2(180° + \mathrm{A}) = \sin(360° + 2\mathrm{A}) = \sin 2\mathrm{A}$.

166. Pour une planète plus excentrique, soit la formule de l'équation du centre

$$\mathrm{Q} = a \sin z + b \sin 2z + c \sin 3z + \text{etc.},$$

vous en tirez par la différentiation deux séries de cette forme

$$\frac{d\mathrm{Q}}{de} = a' \sin z + b' \sin 2z + c' \sin 3z + \text{etc.} = \mathrm{Q}',$$

$$\frac{d\mathrm{Q}}{dz} = a'' \cos z + b'' \cos 2z + c'' \cos 3z + \text{etc.} = \mathrm{Q}'',$$

d'où
$$d\mathrm{Q} = \mathrm{Q}'de + \mathrm{Q}''dz.$$

Soit
$$\frac{v}{a}\left(1 + a \cos z + b \cos 2z + c \cos 3z + \text{etc.}\right),$$

vous en tirez de même par la différentiation les deux formules

$$\frac{dv}{ade} = a' \sin z + b' \cos 2z + c' \cos 3z + \text{etc.} = q',$$

$$\frac{v}{adz} = a'' \sin z + b'' \sin 2z + c'' \sin 3z + \text{etc.} = q'',$$

d'où
$$dv = aq'de + aq''dz.$$

A votre table provisoire pour l'équation du centre, vous ajouterez deux colonnes qui vous donneront pour chaque degré d'anomalie les quantités Q' et Q'' que vous substituerez dans l'équation de condition aux quantités $(2\sin z - 2{,}5e \sin 2z)$ et $2e \cos z$.

A la table provisoire du rayon vecteur, vous ajouterez de même deux colonnes qui vous donneront aq', aq'' pour chaque degré d'anomalie, et vous substituerez aussi ces deux quantités aux facteurs $a \cos z$, $ae \sin z$ de l'équation de condition, qui deviendra

$$o = \mathrm{C} - (\mathrm{O} + \mathrm{P}) + d\mathrm{E} + \left(i - \frac{2 \tang \mathrm{P}}{3\mathrm{M}} + \frac{aiq''}{v} + i\mathrm{Q}''\right)d\mathrm{M}$$

$$+ \left(\frac{aq' \tang \mathrm{P}}{v} + \mathrm{Q}'\right)de + \left(\frac{aq'' \tang \mathrm{P}}{v} + \mathrm{Q}''\right)(d\mathrm{E} - d\mathrm{A}).$$

167.

167. Soit maintenant g la latitude géocentrique observée, λ la latitude héliocentrique ; nous aurons

$$\operatorname{tang}\lambda = \frac{\operatorname{tang} g \sin(\mathrm{T}+\mathrm{P})}{\sin \mathrm{T}} = \operatorname{tang}(c+dc) = \frac{\operatorname{tang} c + \operatorname{tang} dc}{1 - \operatorname{tang} dc \operatorname{tang} c}$$

$$= \operatorname{tang} c + \operatorname{tang} dc + \operatorname{tang} dc \operatorname{tang}^2 c = \operatorname{tang} c + \frac{\operatorname{tang} dc}{\cos^2 c},$$

c étant la latitude héliocentrique calculée : or

$$\operatorname{tang} c = \operatorname{tang}\mathrm{I}\sin(\mathrm{C}-\Omega), \quad \frac{dc}{\cos^2 c} = \frac{d\mathrm{I}\sin(\mathrm{C}-\Omega)}{\cos^2\mathrm{I}}$$

$$+ \operatorname{tang}\mathrm{I}\cos(\mathrm{C}-\Omega)\,d(\mathrm{C}-\Omega)$$

$$\operatorname{tang}\lambda - \operatorname{tang} c = \frac{\sin(\lambda-c)}{\cos\lambda\cos c} = \frac{\operatorname{tang} dc}{\cos^2 c} = \frac{\operatorname{tang}1''.dc}{\cos^2 c}$$

$$= \frac{\operatorname{tang}1''}{\cos^2 c}\left(\frac{d\mathrm{I}\sin(\mathrm{C}-\Omega)}{\cos^2\mathrm{I}} + \operatorname{tang}\mathrm{I}\cos(\mathrm{C}-\Omega)(d\mathrm{C}-d\Omega)\right),$$

$$\lambda - c = \frac{\operatorname{tang}1''\cos\lambda}{\cos c}\left(\frac{d\mathrm{I}\sin(\mathrm{C}-\Omega)}{\cos^2\mathrm{I}} + \operatorname{tang}\mathrm{I}\cos(\mathrm{C}-\Omega)\,d(\mathrm{C}-\Omega)\right)$$

et comme $\cos\lambda = \cos c$,

$$o = c - \lambda + \left(\frac{\sin(\mathrm{C}-\Omega)}{\cos^2\mathrm{I}}\right)d\mathrm{I} + \operatorname{tang}\mathrm{I}\cos(\mathrm{C}-\Omega)\,d(\mathrm{C}-\Omega).$$

Telle est l'équation de condition pour corriger l'inclinaison et le nœud. Quand on a trouvé par l'élimination la valeur de $(d\mathrm{C}-d\Omega)$, on en conclut $d\Omega = d\mathrm{C} - (d\mathrm{C}-d\Omega)$; car on connaît $d\mathrm{C}$ correction des tables en longitude. J'avais ainsi 90 équations pour la longitude et 67 pour la latitude : mes tables ainsi corrigées, il ne s'est trouvé parmi les observations modernes que deux erreurs de 8″; aucune de 7, une de 6″, 9 de 5″, 15 de 4″, 8 de 3″, 18 de 2″, 16 de 1″, et 7 où elle était o. L'erreur était o en 1756, de 4″ en 1690, de 27″ et 21″ en 1769. Je n'ai pu mieux représenter ces deux dernières sans porter des erreurs plus grandes dans les autres parties de l'orbite, et principalement en 1756.

Les latitudes étaient représentées avec la même précision, mais une inclinaison plus forte de 10″ y satisfaisait à peu près aussi bien, seulement les erreurs négatives n'étaient pas en même nombre que les erreurs positives. En m'arrêtant à 46′ 16″, j'avertis que cette inclinaison n'était pas très-sûre, et qu'il faudrait l'augmenter probablement.

168. Pour vérifier mes tables, je suivis assidument la planète pendant

près de deux ans ; je n'avais pour l'observer qu'une lunette méridienne et une machine parallactique qui ne pouvait me donner les déclinaisons avec la même précision que les ascensions droites. Pour calculer les longitudes et les comparer à celles des tables, voici le moyen que j'employais.

Soit $\mathcal{R}$ l'ascension droite observée, λ la latitude géocentrique calculée ; D l'angle de l'écliptique avec le méridien ; $\cos \omega \, \mathrm{tang}\, \mathcal{R} = \cot x$, x sera la longitude du point où le cercle de déclinaison coupe l'écliptique ; $\mathrm{tang}\, \omega \cos x = \cot \mathrm{D}$; faites $\sin y = \mathrm{tang}\, \lambda \cot \mathrm{D} = \mathrm{tang}\, \lambda \, \mathrm{tang}\, \omega \cos x$, et vous aurez $x + y = $ longitude observée (XVII. 38) ; il suffit dans ces formules d'avoir égard aux signes de $\mathrm{tang}\, \lambda$, $\mathrm{tang}\, \mathcal{R}$, $\cos x$ et $\sin y$,

$$dy = \frac{d\lambda \cot \mathrm{D} \cos y}{\cos^2 \lambda} = \frac{d\lambda \, \mathrm{tang}\, \omega \cos x \cos y}{\cos^2 \lambda} = 0.434 \, d\lambda \cos x \cos y,$$

quantité nécessairement fort petite. De cette manière, en moins d'un an et demi, j'obtins 92 longitudes qui s'accordaient avec mes tables, aussi bien que celles qui m'avaient servi pour mes équations de condition.

169. Diverses observations de MM. Cassini, Lefrançais et Zach, faites en 1791 et 1792, me donnèrent environ $12''$ à ajouter aux latitudes héliocentriques et $14''$ environ à l'inclinaison $46' \, 10''$, qui serait par conséquent de $46' \, 24''$; on pourrait même supposer $46' \, 25''$.

170. L'angle à la planète est toujours fort petit,

$$\mathrm{tang}\, \mathrm{P} = \frac{\left(\dfrac{\mathrm{V}}{v}\right) \sin \mathrm{S}}{1 - \left(\dfrac{\mathrm{V}}{v}\right) \sin \mathrm{S}},$$

d'où
$$\mathrm{P} = \left(\frac{\mathrm{V}}{v}\right) \frac{\sin \mathrm{S}}{\sin 1''} + \left(\frac{\mathrm{V}}{v}\right)^2 \frac{\sin 2\mathrm{S}}{\sin 2''} + \left(\frac{\mathrm{V}}{v}\right)^3 \frac{\sin 3\mathrm{S}}{\sin 3''} + \text{etc.},$$

ce qui dans les distances moyennes fait

$$\mathrm{P} = 2° \, 59' \, 12'',3 \sin \mathrm{S} + 4' \, 40'',25 \sin 2\mathrm{S} + 9'',73 \sin 3\mathrm{S} + 0'',038 \sin 4\mathrm{S}.$$

Cette série serait très-commode, si le rapport $\left(\dfrac{\mathrm{V}}{v}\right)$ était constant ; mais comme il varie lentement, rien n'empêche de faire pour diverses valeurs de $\left(\dfrac{V}{v}\right)$, une table à deux entrées dont l'usage serait encore assez simple ; alors on aurait la longitude géocentrique $G = H - P$, sans calcul trigonométrique.

CÉRÈS, PALLAS, JUNON et VESTA.

171. Nous ne ferons qu'un seul article pour ces quatre planètes qui ont entre elles tant de ressemblance, qui ont été découvertes en si peu de tems, qui ont exigé les mêmes méthodes de calcul, et qui sont trop nouvelles encore pour que leurs orbites puissent être censées parfaitement connues.

La grande distance et le peu d'éclat d'Uranus devait faire penser que s'il existait quelque planète inconnue, elle devait être encore plus éloignée et moins brillante ; qu'elle serait plus difficile à découvrir, et ne nous serait probablement que d'une utilité fort médiocre. Cependant le désir de compléter le tableau de notre système solaire, l'espoir qu'une planète de plus pourrait étendre la sphère de nos idées, la difficulté même, étaient des motifs suffisans pour rendre les astronomes attentifs à ne point laisser échapper un hasard semblable à celui dont Lemonnier avait si peu profité. Aussi pendant les deux ans que j'ai consacrés à la révision de tous les catalogues connus pour en rectifier les ascensions droites, jamais je n'ai aperçu une étoile inconnue, fût-elle de 9ᵉ ou de 10ᵉ grandeur, sans en répéter l'observation plusieurs jours de suite, afin de voir si par hasard elle ne serait pas une planète, et mes registres sont pleins d'observations semblables. Cette méthode, qui me paraissait la seule à suivre dans une recherche dont le succès est si douteux, n'a rien produit, peut-être parce que je l'ai interrompue trop tôt ; les travaux de la méridienne et d'autres occupations m'en ont détourné pour toujours. Cependant la découverte d'Herschel avait rappelé aux astronomes une idée de Képler, qui avait soupçonné l'existence d'une planète entre Mars et Jupiter. M. de Zach se proposa de la chercher : il avait formé une association de 24 astronomes qui s'étaient partagé le ciel, divisé en autant de zônes qu'ils se promettaient d'explorer avec soin. J'ignore quels ont été les travaux de cette société ; mais deux ans s'étaient à peine écoulés, que M. Piazzi, par un hasard heureux, trouva ce qui aurait pu coûter bien des années de travaux pénibles. Occupé de la confection d'un grand catalogue où il voulait placer toutes les étoiles connues, il cherchait une étoile que Wollaston avait placée dans sa collection, sous le nom de 87ᵉ de Mayer, quoiqu'elle ne soit réellement pas dans le catalogue de cet astronome. Il paraît que par une faute de calcul ou de copie, Wollaston l'avait changée de zône : quoi qu'il en soit, M. Piazzi ne pouvant la trouver à la place indiquée, s'attacha à déterminer les petites étoiles qu'il y voyait. Le premier janvier 1801, il observa une étoile qui, le lendemain, lui parut avoir changé de place; il réitéra l'observation le 3, et il s'assura que l'étoile avait un mouvement diurne et rétrograde de quatre minutes en ascension droite, et de trois et demie en déclinaison vers le pôle boréal. Il en suivit la marche jusqu'au 23 janvier, et le 24, il écrivit à MM. Bode et Oriani, leur donnant les positions que l'étoile avait le premier et le 23, ajoutant seulement que dans l'intervalle du 11 au 13, le mouvement était devenu direct de rétrograde qu'il était auparavant. Les lettres n'arrivèrent que deux mois après, et lorsque la planète était déjà perdue dans les rayons du soleil. Ces renseignemens furent transmis à MM. de Zach et Olbers, qui songèrent aux moyens de retrouver la planète au mois de septembre, quand elle se dégagerait des rayons du soleil. Les observations communiquées étaient insuffisantes pour calculer une orbite, et les premières tentatives furent inutiles. M. Piazzi, dans l'intervalle, avait communiqué la totalité de ses observations. M. Olbers calcula une orbite circulaire, M. Burckhardt une ellipse; enfin M. Gauss détermina quatre ellipses peu différentes; et qui, à quelques secondes près, satisfaisaient à toutes les observations. Il composa même une éphéméride de la planète, à qui M. Piazzi venait d'imposer le nom de Cérès. Avec ce secours, M. de Zach crut revoir la planète le 7 décembre, mais les mauvais tems l'empêchèrent de s'en assurer le reste du mois. Ce ne fut que le 31 décembre qu'il put observer Cérès de manière à n'avoir plus de doute, et le lendemain M. Olbers l'apperçut de son côté, un an juste après la première observation de M. Piazzi. La planète est extrêmement petite, et c'est ce qui en rendait la recherche si difficile. MM. Herschel et Schroeter essayèrent d'en mesurer le diamètre. M. Schroeter le croyait d'environ 2″; M. Herschel le réduisait à 0″,5. La nébulosité qui environne la planète fait qu'il est presque impossible de distinguer le véritable disque.

172. Nous donnerons plus loin la méthode que M. Gauss avait imaginée pour calculer l'orbite d'une planète entièrement inconnue, d'après la première apparition, et sur un arc de peu de degrés. Une circons-

tance abrégeait un peu les premières recherches, et fournissait une connaissance approchée du rayon vecteur. La planète avait été stationnaire le 12 janvier, et son élongation était alors, suivant M. Piazzi, de 4^s $2° 37' 48'' = T$, ce qui prouvait déjà une planète supérieure.

Or, suivant un théorème de Keil, que nous démontrerons dans le chapitre des stations et des rétrogradations, en supposant l'orbite cirlaire, et a le rayon du cercle, on a pour l'instant de la station,

$$\operatorname{tang} T = \frac{a}{(1+a)^{\frac{1}{2}}}, \quad \text{ou} \quad \operatorname{tang}^2 T = \frac{a^2}{1+a},$$

$$\operatorname{tang}^2 T + a \operatorname{tang}^2 T = a^2, \quad a^2 - a \operatorname{tang}^2 T = \operatorname{tang}^2 T,$$

$$a^2 - \operatorname{tang}^2 T + \tfrac{1}{4} \operatorname{tang}^4 T = \operatorname{tang}^2 T + \tfrac{1}{4} \operatorname{tang}^4 T = \operatorname{tang}^2 T (1 + 0,25 \operatorname{tang}^2 T),$$

$$a = + \tfrac{1}{2} \operatorname{tang}^2 T \pm \operatorname{tang} T (1 + 0,25 \operatorname{tang}^2 T)^{\frac{1}{2}},$$

$$
\begin{array}{rl}
0,25 \ldots\ldots\ldots\ldots & 9.3979400 \\
2\log \operatorname{tang} T \ldots\ldots & 0.3873552 \\
\hline
\tfrac{1}{4} \operatorname{tang}^2 T = 0.60995\ldots & 9.7852952 \\
\end{array}
$$

$$
\begin{array}{rl}
 & \overset{1}{\overline{}} \\
\log (1 + \tfrac{1}{4} \operatorname{tang}^2 T) = \overline{1.60995} & \quad 0.2068125 \\
 & \overline{} \\
\text{moitié} \ldots\ldots\ldots\ldots & 0.1034062 \\
\operatorname{tang} T \ldots & 0.1936776 \\
\hline
\pm 1.9819 & \quad 0.2970838 \\
\tfrac{1}{2} \operatorname{tang}^2 T \ldots \quad 1.2199 & \\
\hline
a = 5.2018 & \\
\end{array}
$$

L'autre racine ferait a négatif, ce qui est impossible.

Le rayon de la planète était donc 3,2 à fort peu près, ce qui s'éloigne peu de 2,8 qui devait être la distance moyenne de la planète de Képler, d'après les idées de Lambert, de M. Bode et de M. Wurm. Voici quels étaient les motifs de ces auteurs: en prenant 10 pour la distance moyenne de la terre au soleil, ils trouvaient une loi remarquable dans les différences premières des autres rayons vecteurs en nombres ronds, tels qu'ils sont dans le tableau suivant :

$$
\begin{array}{llll}
\text{Mercure} & 4 &=& 4 \\
\text{Vénus} & 7 &=& 4 + 3.2^{0} \\
\text{Terre} & 10 &=& 4 + 3.2^{1} \\
\text{Mars} & 16 &=& 4 + 3.2^{2} \\
\text{Cérès} & 28 &=& 4 + 3.2^{3} \\
\text{Jupiter} & 52 &=& 4 + 3.2^{4} \\
\text{Saturne} & 100 &=& 4 + 3.2^{5} \\
\text{Uranus} & 196 &=& 4 + 3.2^{6} \\
\cdots & 388 &=& 4 + 3.2^{7} \\
\cdots & 772 &=& 4 + 3.2^{8} \\
\cdots & 1540 &=& 4 + 3.2^{9} \\
\cdots & 3076 &=& 4 + 3.2^{10}
\end{array}
$$

On voit en effet que la distance est $4 + 3.2^{n-2}$, à commencer de Vénus, si l'on suppose que n indique le rang de la planète. On prolongerait à volonté cette liste, en doublant toujours à commencer de la terre, et retranchant 4, ou en faisant $a' = 2(a - 2)$.

Cette loi, qui n'est pas même très-rigoureusement exacte, est purement empirique, et l'on ne peut même soupçonner quel en serait le fondement.

173. Quoi qu'il en soit, la nouvelle planète dont la découverte était dûe à un hasard très-extraordinaire, par un hasard non moins singulier remplissait la lacune soupçonnée par Képler. La loi qui l'avait fait chercher, nous laissait peu d'espoir qu'on pût désormais augmenter le nombre des planètes connues ; car la plus voisine devait avoir 38,8 fois la distance de la terre au soleil, ce qui donnerait une révolution de 243 ans, un mouvement de $\frac{2}{3}$ de degré seulement par année, et probablement un diamètre fort petit, une lumière sombre et peu remarquable.

174. M. Olbers, pour retrouver plus facilement Cérès, avait fait une étude particulière des configurations de toutes les petites étoiles qui se trouvaient sur sa route géocentrique ; il recueillit bientôt un fruit inattendu d'une étude si pénible. En continuant d'observer les constellations qu'il avait tant de fois examinées, il apperçut le 28 mars 1802, une étoile de septième grandeur, qui formait un triangle équilatéral avec les étoiles 20 et 191 de la Vierge, suivant le catalogue de Bode ; il était bien sûr de n'avoir pas encore vu d'étoile à cette place ; il soupçonna que c'était une de ces étoiles changeantes, telle que o de la Baleine, et

qu'elle était alors dans son plus grand éclat. Il l'examina pendant deux heures; il remarqua que l'ascension droite allait toujours en diminuant, et qu'au contraire la déclinaison boréale allait en augmentant, à peu près comme avait fait à sa première apparition Cérès, qu'il avait retrouvée presque dans le même endroit; il vit, dès le même jour, que l'astre ne pouvait être qu'une planète, et le lendemain il s'assura que l'ascension droite avait diminué de 10′, tandis que la déclinaison avait augmenté de 20. Il communiqua sa découverte aux astronomes; et sur les observations d'un mois, M. Gauss, par ses méthodes particulières, détermina une ellipse dont l'excentricité était 0,24764 , c'est-à-dire beaucoup plus forte que celle d'aucune planète connue; l'inclinaison de 34° 39′, et plus forte que les inclinaisons réunies de toutes les autres planètes; la distance moyenne 2,770552 presque la même qu'il avait trouvée pour Cérès. Ces trois circonstances font de Pallas, assez peu importante d'ailleurs, une des planètes les plus singulières de notre système. Lambert ne demandait qu'une planète entre Mars et Jupiter, et l'on en avait trouvé deux. La seconde forçait d'élargir considérablement le zodiaque ; mais la largeur du zodiaque était une chose établie arbitrairement et pour les latitudes extrêmes de Vénus; il était tout simple qu'une planète à plus grande inclinaison, opérât un changement fort indifférent en lui-même; mais ce qui était tout-à-fait nouveau, c'était deux planètes qui circulaient à la même distance autour du soleil, et qui de plus paraissaient avoir un nœud commun.

175. Voici les élémens de Cérès, XIII⁰ édition par M. Gauss, pour le méridien de Gottingue.

	Long. moy.	Périhélie.		
1801	77° 18′ 36″ 5	145° 26′ 0″ 1	Moyen mouv. tropique diurne	770″9230
2	155.28.23,4	28. 1,4	Excentricité 1806............	0,0765028
3	233.38.10,3	30. 2,6	Diminution annuelle........	0,0000583
4	312. 0.48,1	32. 4,2	Log. $\frac{1}{2}$ grand axe $= 2$.767245	0,4420486
5	30.10.35,0	34. 5,4	☊ 1806.................	80° 53′ 41,3
6	108.20.21,9	36. 6,6	Mouvement annuel.........	1,48
7	186.30. 8,8	38. 7,9	Inclinaison (1806)..........	10.37.31,2
8	264.52.46,5	40. 9,5	Diminution annuelle........	0,44
9	343. 2.33,4	42.10,7		

Pour de plus grands détails, voyez le Journal de Gotha.

Derniers élémens de Pallas, par M. Gauss. Mém. de Gottingue.

Longitude moyenne, 1803, méridien de Gottingue............ 221° 34′ 53″ 64

Mouv. moyen trop. diurne...... 770″9265   Périhélie..... 121. 8. 8.54

Log demi-grand axe........... 0.442071   Nœud....:.. 172.28.12.43

Demi-grand axe.............. 2.768261   Inclinaison... 24.37.28 35

Excentricité................ 0.2447424 $=$ sinus.......... 14. 9.59.79

On voit qu'on pourrait, sans beaucoup d'inconvéniens, supposer les deux demi-grands axes parfaitement égaux, de 2,767753 par un milieu. Les mouvemens moyens seraient égaux.

Soit NN′ l'écliptique, N le nœud de Cérès, N′ celui de Pallas, NN′ $= 91°$ 36′ 41″; car pour réduire à 1806 le nœud de Pallas, j'y ajoute 2′ 30″. N $= 10°$ 37′ 31″,2, N′ $= 145°$ 23′ 10″,6,

$$\cos N'' = \sin N \sin N' \cos NN' - \cos N \cos N';$$

on aura

$$N'' = 36°\ 17'\ 55''\ \text{inclinaison mutuelle des deux orbites.}$$

$$\sin NN'' = \frac{\sin NN''\ \sin N''}{\sin N} = 106.25.53$$

$$N\quad 80.53.41$$

longit. du nœud N″...... $\overline{187.19.34}$

tang NN″ — 0.5303084   sin NN″...... 9.9818908

cos N $+$ 9.9924889   sin N...... 9.2657278

tang NN‴ — 0.5227973   sin N″N‴ $=$ 10° 11′ 12″ — 9.2476186

$$NN''' = 106°\ 42'\ 8''606$$
$$N\ =\ 80.33.41$$
longit N‴ $= \overline{187.35.49.6}$

On aura la longitude du nœud N″ sur l'écliptique, en faisant

$$\text{tang } NN''' = \text{tang } NN''\cos N = \text{tang } 106°\ 42'\ 8''$$
$$\text{longit } N''' = \text{long. } N + 106°\ 42'\ 8'' = 187°\ 35'\ 50''.$$

La latitude se trouvera en faisant sin N″N‴ $=$ sin N sin NN″ $=$ 10° 11′ 12″; ainsi ce point sera peu éloigné de δ de la Vierge. Le nœud opposé sera à 7° 35′ 50″ avec une latitude australe de 10° 11′ 12″, c'est-à-dire un peu au nord de la ligne qui passe par θ et ι de la Baleine.

155.

176. Ces détails vont nous servir à exposer une idée de M. Olbers. Pour satisfaire aux vues de Képler et de Lambert, il fallait une planète à 2,8 de distance moyenne au soleil ; il s'en trouve deux, mais elles sont imperceptibles. M. Olbers a pensé que la planète primitive s'était brisée en éclats, que l'un des fragmens était la planète Cérès, et un autre la planète Pallas ; qu'il pouvait y en avoir plusieurs autres qui circuleraient à la même distance du soleil ; que les excentricités et les inclinaisons pouvaient être différentes, mais que les orbites se couperaient toutes au même point ; qu'elles auraient des nœuds communs, où elles passeraient toutes nécessairement à chaque révolution, et qu'ainsi les nœuds seraient les centres d'une zône étroite, où l'on pourrait chercher les autres fragmens avec plus d'espoir que dans une zône plus large qui embrasserait les différentes orbites vers leurs limites australes ou boréales. D'après cette idée, il suffirait d'examiner avec soin et chaque mois, les deux parties opposées du ciel dont nous venons de fixer la position.

Cette conjecture a été presque démontrée par ce qui nous reste à dire. M. Lagrange en a fait le sujet d'un Mémoire qui a paru dans la Connaissance des Tems de 1814, p. 211. Il y détermine la force d'explosion nécessaire pour briser une planète de manière qu'un de ses morceaux puisse devenir une comète. On y voit qu'un fragment ainsi détaché de la terre serait devenu comète directe, si la vitesse produite avait été 121 fois celle d'un boulet de canon ; et comète rétrograde, si la vitesse eût été 156 fois celle du boulet. Pour des planètes autres que la terre, on aurait $\dfrac{121 \text{ ou } 156}{\sqrt{\text{distance moyenne}}}$; la vitesse serait moindre pour les planètes supérieures. Une vitesse moindre ferait que le fragment pourrait décrire une ellipse ; ainsi, pour les quatre petites planètes, les vitesses dues à l'explosion seraient moindres que de 20 fois la vitesse du boulet.

177. Ces deux planètes sont singulièrement petites, ce qui fait que quelques astronomes voulaient leur refuser le nom de planète, et M. Herschel a proposé de les désigner par le nom d'*astéroïdes* ; mais ces planètes ne sont pas plus petites en comparaison de Mercure, que Mercure ne l'est en comparaison de Jupiter. Il en est de cette objection comme de celle de la largeur qu'on peut donner au zodiaque ; elle n'a nulle importance, et l'on s'accorde à désigner Cérès, Pallas et les deux autres dont nous allons parler, par le nom générique de *planète*.

Le peu d'éclat de ces deux planètes fait qu'elles sont difficiles à reconnaitre, quand on a été quelque tems sans les voir; on risque d'observer à leur place quelqu'une des étoiles télescopiques qui sont en si grand nombre dans toutes les parties du ciel. Pour éviter cet inconvénient, M. Harding conçut le projet de donner un zodiaque complet de la zône que peuvent parcourir les petites planètes, et d'y marquer toutes les petites étoiles télescopiques avec lesquelles on pourrait les confondre. Il a paru trois livraisons de ces cartes. En les vérifiant avec soin, et les comparant avec le ciel, M. Harding, le 2 septembre 1804, détermina la position d'une étoile de huitième grandeur, eu la comparant aux étoiles 93 et 98 des Poissons (catalogue de Bode). Ces étoiles sont situées fort près de l'équateur, au-dessus de la queue de la Baleine, c'est-à-dire à fort peu de distance de l'un des nœuds, et dans cette espèce de défilé, où l'on est sûr, d'après M. Olbers, de saisir les planètes à leur passage. Le 4 septembre, l'étoile n'était plus à la même place; elle était devenue un peu plus australe et plus occidentale; le 5, nouveau changement. Du 5 au 6, M. Harding, avec un micromètre circulaire, détermina un mouvement de 7′ 30″ rétrograde en ascension droite, un mouvement de 12′ 42″ en déclinaison australe, l'intervalle des observations étant de 24ʰ 14′ 12″. M. Olbers vérifia ce mouvement le 7 et le 8 du même mois. La planète paraissait alors de huitième à neuvième grandeur, sans nébulosité, et d'une couleur blanche; peu de jours après, et sur un arc de quatre degrés héliocentriques, M. Gauss calcula des élémens; mais ces élémens éprouvèrent, comme on s'y devait attendre, des changemens assez considérables. Cette planète a reçu le nom de *Junon*. En voici les derniers élémens, par M. Gauss, suivant le Journal de Gotha, pour 1811.

1811. Méridien de Gottingue, longitude moyenne de Junon..... 177° 48′ 2″8

Mouvement tropique diurne... 813″,2486	Périhélie........	83.14.32.4
Log demi-grand axe......... 0.4265711	Nœud	171. 9.13.5
Demi-grand axe............. 2.670369	Inclinaison.......	13. 4.27.0
Excentricité................ 0.2543634 , ou sinus..........		14.44. 9.1

On voit que la distance est encore la même à fort peu de chose près. En calculant par les formules précédentes la longitude et la latitude du point d'intersection des orbites de Junon et de Cérès, on trouve 209° 27′ 19″; sur l'orbite de Cérès, 209° 57′ 1″; sur l'écliptique, latitude 8° 17′ 18″. L'intersection n'est donc pas la même que celle de Pallas, il s'en faut de 22° en longitude et de 1° 54′ en latitude.

178. Encouragé de nouveau par la découverte de M. Harding à suivre son plan de recherche, M. Olbers, le 29 mars 1807, aperçut une étoile de cinq à sixième grandeur dans l'aile boréale de la Vierge; il était bien sûr qu'elle n'y était pas auparavant; il ne douta nullement que ce ne fût une nouvelle planète. Il s'en remit à M. Gauss du soin de donner un nom à la planète; M. Gauss la nomma *Vesta*, et lui choisit pour symbole un autel sur lequel brûle le feu sacré. M. Gauss en calcula les élémens qui subirent à l'ordinaire des améliorations successives. Voici les plus nouveaux qui sont encore purement elliptiques, car il n'a pas encore été question de calculer les perturbations.

1811, à Gottingue. Longit.... 204° 46′ 45″   Mouv. diurne trop... 976,8265

Périhélie...... 250.19.36   Inclinaison.......... 7° 7′ 51″

☊....... 103.10.41   Excentricité 0.1838258

½ grand axe 2,363198.... log. 0.3735001,

Par les mêmes formules, on trouve pour la longitude du nœud commun 227° 9′ 27″, et pour la latitude 9° 25′ 30″; le milieu entre les trois résultats est 208° 54′, latit 9° 17′B : ces nœuds sont toujours dans la Vierge et la Baleine.

179. Il nous reste à parler des diamètres des quatre petites planètes; la mesure en est très-difficile, car ils sont d'une petitesse qui échappe aux micromètres ordinaires.

Avec un télescope de 7 pieds fait par M. Herschel, M. Harding ne trouve pas à Cérès un noyau aussi vif qu'aux petites étoiles dont elle est entourée; il croit à Cérès une espèce de nébulosité. Avec un télescope de 13 pieds de M. Schroëter, il trouva Cérès à peu près double du premier satellite de Jupiter : or M. Schroëter a trouvé que le diamètre de ce satellite est de 1″,4, d'où M. Harding conclut que Cérès ne peut avoir moins de 2″, ni plus de 3″ de diamètre; et il ne croit pas qu'on puisse s'écarter beaucoup de la vérité, en supposant 2″,5

Par des mesures directes, M. Schroëter trouve 1″,83 pour le noyau, et 2″,514 pour le diamètre entier, y compris la nébulosité. Par un milieu entre un grand nombre de mesures, il trouve la nébulosité de

6″,382 , et le noyau 5″,482 pour la distance moyenne de la terre au soleil.

Par des mesures semblables, il trouve pour Pallas 6″,514 et 4″,504.

Junon n'a que 3″,057 de diamètre ; elle n'a point d'atmosphère sensible. Ces mesures ont précédé la découverte de Vesta.

M. Herschel n'a trouvé que des fractions de seconde (voyez l'ouvrage de M. Schroëter, intitulé : *Lilienthalische Beobachtung, der neu entdeckten Planeten*. Gottingue, 1805) ; vous y trouverez aussi une traduction du Mémoire que M. Herschel a publié dans les Transactions philosophiques de 1802.

180. Quand on a découvert une planète, on peut, comme on l'a vu (148), trouver à peu près la valeur assez approchée des rayons vecteurs pour calculer quelques jours à l'avance la marche de la planète, pour la reconnaître et l'observer si elle est très-petite : à mesure que les observations se multiplient, on corrige ses premières suppositions, et quand elle se perd dans les rayons du soleil, on est assez avancé dans la théorie pour savoir à très-peu près, quel jour et dans quel endroit du ciel elle redeviendra visible. On se trouvait, il est vrai, dans un cas plus embarrassant pour Cérès, mais c'était par un concours de circonstances extraordinaires. M. Piazzi seul avait observé la planète ; il n'en avait communiqué que deux positions, en y joignant le tems de la station. Une maladie l'avait empêché de tirer parti lui-même de celles qu'il n'avait pas communiquées, parce qu'il n'avait pas eu le tems de les réduire. La planète était difficile à reconnaître, à cause de son peu de lumière ; on n'avait pas assez de données pour calculer son orbite, c'est ce qui a retardé de quelques mois l'instant où l'on a pu la retrouver. Mais dès que M. Piazzi put réduire ses observations, il les communiqua aux astronomes ; M. Gauss calcula l'orbite, et la planète fut retrouvée. On n'eut pas la même incertitude pour les trois autres, parce que les astronomes se communiquaient leurs observations à mesure qu'elles étaient faites ; M. Gauss et M. Burckhardt, en peu de jours donnèrent des orbites approximatives qu'ils corrigeaient successivement. M. Burckhardt n'a point encore publié ses méthodes ; nous allons donner une idée de celles de M. Gauss, d'après son ouvrage du mouvement des planètes dans des sections coniques. Mais auparavant montrons comment sur les premières observations de Cérès, on aurait pu déterminer à fort peu près sa distance au soleil.

181. Dans l'observation du premier janvier 1801, la première de toutes, à 8ʰ 43′ 18″ tems moyen à Palerme, on avait

T =	1ˢ 23° 22′ 58″3			G =	3° 6′ 37″A
⊙ =	9.11. 1.30,9			log V...	9.9926158
T =	4.12.21.27,4			sin T...	9.8686182
				R sin T...	9.8612340
C. sin T...	0.1313818			C. 2,5 = v...	9.6020600
tang G...	8.7351034	sin C =	16° 53′ 40″ + 42″		9.4632940
$\frac{\text{tang G}}{\text{tang V}}$...	8.8664852	T =	132.21.27		3065
sin S...	9.70864	S =	30.44.53 — 42		9.4636005
λ = 2° 9′ 11″....	8.57513	♁ =	101. 1.31		sin C
sin S corrigé....	9.7084960	⚳ =	70.16.38 + 42		
λ = 2.9. 8 ...	8.5749816				

L'élongation prouve une planète supérieure, donc $v > 1$; la planète est fort petite, donc $v > 2$ très-probablement; je suppose successivement $v = 2{,}5$, $= 3{,}0$, $= 3{,}5$, etc.; cos λ est très-peu différent du rayon, car $\lambda < 3°$. Soit C l'angle à Cérès, $\sin C = \frac{V \sin T}{v \cos \lambda}$; et d'abord $\sin C = \frac{V \sin T}{v} = 16° 53' 40''$. Cet angle, joint à T et à la commutation S, doit faire 180°; donc S = 30° 44′ 53″. Je retranche cet angle de l'angle à la terre 101° 1′ 31″, il reste 70° 16′ 38″ pour la longitude héliocentrique; j'ajoute log sin S à $\log \frac{\text{tang G}}{\sin T}$, j'ai log tang λ = tang 2° 9′ 11″. La latitude approchée λ = 2° 9′ 11″ me donne 0.0003065 à ajouter à log sin C. C augmente de 42″, S diminue d'autant; P augmente 42″, et λ diminue de 3″ et devient 2° 9′ 8″A,

Je fais des calculs pareils, dans la supposition de $v = 3$, 3,5 et 4,0.

Voyez dans les tableaux suivans le résultat de ces calculs dans différentes hypothèses, pour les observations des deux premiers jours. Rien n'empêcherait d'augmenter le nombre des suppositions différentes.

v	Longit. hélioc.	Latit. hélioc.
2.5	$2^s 10° 17' 20''$	2. 9. 8 A
3.0	2. 7.24.33	2.19.53 A
3.5	2. 5.22.26	2.27. 4 A
4.0	2. 3.51.28	2.32.37 A
2.5	2.10.31.44	2. 6.53 A
3.0	2. 7.35.47	2.17.17 A
3.5	2. 5.31.31	2.24.26 A

v	Mouvem. observé.	Calculé.	
2.5	$14' 24''$	$14' 56''$	$+32''$
3.0	11.14	11.22	8
3.5	9. 5	9. 1	— 4

Ces calculs ne coûtent rien, on les fait avec plaisir le matin qui suit la découverte.

Le 2 janvier, à $8^h 39' 5''$, c'est-à-dire, après un intervalle de $23^h 35' 47''$, on aurait $\Gamma = 1^s 2° 19' 44'',6$, $G = 3° 2' 13''$, $T = 4^s 1° 17' 14'',8$. Par des calculs semblables, j'en déduis le mouvement héliocentrique dans mes différentes hypothèses ; je calcule $\dfrac{2548'' t}{v^{\frac{3}{2}}}$, qui me donne $32''$ de trop dans celle de 3,0, et $4''$ de moins dans celle de 3,5 ; j'en conclus que 2,5 et 3,0 sont trop faibles, et 3,5 trop fort ; par une simple règle de trois, je trouve que 3,35 ira beaucoup mieux. Ainsi, dès le second jour j'ai déjà une idée assez exacte de la distance.

Nous avons trouvé ci-dessus, par le tems de la station, 3,2.

182. On voit que quelques secondes de plus ou de moins nous font donner la préférence à l'une de nos hypothèses, mais ce petit nombre de secondes ne passe pas l'erreur possible des observations. Ainsi rien n'est moins sûr que le premier résultat. On fera des calculs semblables le lendemain et quelques jours après : à mesure que l'arc sera plus grand, le résultat sera moins incertain. Prenons la dernière observation de M. Piazzi. Le 11 février, à $6^h 21' 57''$ de tems moyen, on avait $\Gamma = 1^s 26° 26' 40''$, $G = 0° 36' 5$, $\odot = 10^s 22° 35' 41$, $\log V\ 9.9945889$,

$T = 3^s\, 3^\circ\, 5o'\, 5g''$. Par des calculs tout pareils dans nos trois hypothèses les plus vraisemblables, j'obtiens les quantités suivantes :

v	Longitude.	Latitude.	Mouvem. hélioc.
2.5	$2^s\,19^\circ\,3g'\,33''$	$0^\circ\,32'\,29''$	$9^\circ\,22'\,13''$
3.0	2.15.37.11	0.33.34	8.12.48
3.5	2.12.47.5o	0.34.13	7.25.24

L'intervalle est de $4o^j\, 21^h\, 38'\, 57''$ pendant lesquels le mouvement moyen du soleil est de $4o^\circ\, 18'\, 28'',5 = 4o^\circ\, 18',475 = 6o\,(4o'\, 18'',475)$. Le mouvement héliocentrique, réduit à l'écliptique, sera donc $\dfrac{6o\,(4o.18.475)}{v^{\frac{3}{2}}\cos\lambda\cos\lambda'}$, λ et λ' étant les latitudes des deux jours.

L'hypothèse de 2,5 donnerait par cette formule un mouvement de . . . . $10^\circ\, 12'\, 14''$

Mais dans cette hypothèse, le mouvement que donne l'observation est de. . . . . $9.22.13$

Ce mouvement trop faible de. . . . . $0.5o.\,1$
nous dit qu'il faut augmenter le rayon vecteur 2,5.

L'hypothèse de 3,0 donne par la même formule. . . . $7^\circ\,45'\,5o''$

Le mouvement calculé, d'après l'observation, est de. . $8.12.48$

Le mouvement calculé est de. 26.58
Il faut donc diminuer le rayon vecteur $v = 3,o$.

L'hypothèse de 3,5 à plus forte raison est à rejeter; elle donnerait un mouvement héliocentrique plus fort de $75'\,41''$ que le mouvement tiré de la règle de Képler.

De 2,5 à 3,0, l'erreur varie de $76'\,5g''$ ° nous dirons

$$76'\,5g'' : 0,5 :: 26'\,58'' : \frac{0,5 \times 26.58}{76'\,5g''} = \frac{13'\,2g''}{76'\,5g''} = 0,175$$

qu'il faut retrancher de 3,o ; ainsi le rayon de cercle serait 2,825, mais les changemens d'erreurs ne sont pas bien exactement proportionnels au changement de distance ; ainsi nous ne pouvons pas regarder ce résultat comme assez exact. Calculons les deux observations dans l'hypothèse 2,8 ; elle nous donnera un mouvement de $8^\circ\, 57'\, 3''$ trop fort de 0' 25", puisque la règle de Képler ne donne que 8° 36' 40". On voit qu'il suffirait de réduire le rayon à 2,797 environ pour tout accorder.

Les latitudes héliocentriques sont 2° 16' 25" et 0° 55' 9", l'intervalle en longitude de 8° 37'.

183. Cherchons maintenant le nœud et l'inclinaison; on voit d'abord par les latitudes australes décroissantes, que la planète est près de passer par son nœud ascendant.

Soit CE = 2° 16' 25", première latitude; AD = 0° 55' 9", seconde latitude, AC = 8° 37' arc de l'écliptique; nous aurons (XVII. 15) (fig. 117)

$$\text{tang } AN = \frac{\sin AC \; \text{tang } AD \; \cot CE}{1 - \cos AC \; \text{tang } AD \; \cot CE}$$

et

$$\text{tang } AND = \frac{\text{tang } AD}{\sin AN} = \frac{\text{tang } CE}{\sin NC},$$

ce qui donne   AN =   2° 44' 51"

Longitude du point A = 2.17. 5. 2

longitude ☊ = 2.19.47.53

pour 5 ans =   4 10

☊ en 1806...... 2.19.51 43

Si nous comparons ces calculs grossiers, tirés de deux seules observations, avec les élémens de M. Gauss, nous aurons pour la distance moyenne 2,797 au lieu de 2.767245 pour le lieu du nœud 2^s19°51'43", en 1806, au lieu de 2^s20° 53'41"; c'est-à-dire, 1° d'erreur; l'inclinaison 11°23'0" au lieu de 10°37'41"; trop forte 46' 19".

M. Piazzi lui-même, par la totalité de ses observations, avait trouvé dans le cercle, $v = 2.6862$, ☊ = 80°45'48", I = 10°51'12". Mais remarquons que ses observations ont été imprimées avec quelques variantes, et que voulant simplement donner un exemple de la facilité de ces calculs, je n'ai pas cherché quelle était la leçon préférable, et que j'ai supposé les deux observations telles que je les ai trouvées d'abord.

184. Il en résulte que par des calculs extrêmement simples, on aurait pu déterminer une orbite circulaire qui aurait donné pendant une année entière, les lieux géocentriques de la planète, à quelques minutes près, pour la déclinaison, et c'est là l'essentiel; car avec

la

la déclinaison, on dirige la lunette à la hauteur convenable pour que la planète en traverse le champ. Un degré sur l'ascension droite ne fera que 4' sur le tems du passage. Ainsi quand la planète, trois mois après, serait sortie des rayons du soleil, on en serait quitte pour observer à la déclinaison donnée, toutes les petites étoiles qui, pendant un quart d'heure, traverseraient la lunette, tant au-dessus qu'au-dessous du fil équatorial; et si l'on avait eu quelque doute entre plusieurs étoiles, en répétant l'observation le lendemain, on eût distingué la planète des étoiles voisines.

Mais si ces méthodes faciles sont suffisantes pour la pratique, il n'est pas moins vrai que c'est toujours un problème fort intéressant que celui qui a pour objet de déterminer exactement l'orbite elliptique d'une planète absolument inconnue, d'après un arc de 8 à 10° qu'elle aura parcouru les premiers jours de son apparition. Voyons donc la méthode de M. Gauss.

185. Nous prendrons l'exemple calculé par lui-même, page 167 de la Théorie des Mouvemens planétaires. Voici le titre entier de cet ouvrage : *Theoria Motus Corporum cælestium in sectionibus conicis solem ambientium, auctore Carolo-Friderico Gauss. Hamburgi*, 1809.

Les momens des trois observations sont, en tems moyen de Greenwich,

$$\text{octobre 1804} \ldots \quad T = 5.458644$$
$$T' = 17.421885$$

		log.
$T'' = 27.595077$		
$t = T' - T = 11.963241$		1.0778489
$t'' = T'' - T' = 9.971192$		0.9987471
$t' = T'' - T = 21.934433$		1.3411265

Lieux héliocentriques de la terre.	Log. rayon vecteur de la terre.	Long. géocentrique de la planète.	Latit. géocentr. de la planète.
$l = 12° 8' 27'' 78$	V...9.9996826	$a = 354° 44' 51'' 60$	$\beta = -4° 59' 51$
$l' = 24.19.49.05$	V'...9.9980979	$a' = 352.34.22.12$	$\beta' = -6.21.55$
$l'' = 34.16. 9.65$	V''...9.9969678	$a'' = 351.44 30.00$	$\beta'' = -7.17.51$
$l' - l = 11.51.21$		$l - a = 17.43.56$	
$l'' - l' = 9.56.21$		$l' - a' = 31.45.27$	
$l'' - l = 21.47.42$		$l'' - a'' = 42.41.40$	

186. Les quantités l et V renferment de légères corrections faites aux quantités vraies, et qui ont pour motif des détails de calculs dans lesquels nous ne croyons pas devoir entrer ici, pour diriger notre attention uniquement sur le fond de la méthode. Ainsi nous supposerons les l et les V comme donnés directement par les tables, les a et les β comme déduits directement de l'observation.

Cela posé, soient ΩE l'écliptique (fig. 118), A, A′, A″ les points auxquels répondait la terre dans les trois observations. Ces points nous sont donnés par les longitudes l, l' et l''.

B, B′, B″ les trois lieux géocentriques de la planète hors de l'écliptique ; les arcs perpendiculaires Ba, B′a', B″a'' seront les latitudes géocentriques observées ; elles sont australes, mais la figure les suppose boréales : elle suppose encore que les longitudes a, a', a'' de la planète sont croissantes et plus grandes que les longitudes de la terre : elles sont décroissantes et moindres dans notre exemple, mais nous avons donné la figure en supposant tout positif.

187. Menez les trois arcs obliques AB, A′B′, A″B″ qui joignent les lieux héliocentriques de la terre et les lieux géocentriques de la planète. Ces trois arcs seront différemment inclinés sur l'écliptique, sur laquelle ils formeront les angles BA$a = \gamma$, B′A′$a' = \gamma'$, B″A″$a'' = \gamma''$. Pour trouver ces angles, nous aurons les trois formules

$$\text{tang }\gamma = \frac{\text{tang B}a}{\sin \text{A}a} = \frac{\text{tang }\beta}{\sin(l-a)}, \quad \text{tang }\gamma' = \frac{\text{tang }\beta'}{\sin(l'-a')}, \quad \text{tang }\gamma'' = \frac{\text{tang }\beta''}{\sin(l''-a'')}.$$

Nous aurons les trois arcs obliques AB par les formules

$$\text{tang AB} = \frac{\text{tang A}a}{\cos \gamma} = \frac{\text{tang }(l-a)}{\cos \gamma}, \quad \text{tang A′B′} = \frac{\text{tang }(l'-a')}{\cos \gamma'},$$

$$\text{tang A″B″} = \frac{\text{tang }(l''-a'')}{\cos \gamma''}.$$

En voici le calcul :

$$
\begin{aligned}
\text{C} \sin(l-a) &\ldots\ldots\ 0.5163146 \\
\text{tang }\beta &\ldots\ldots\ 8.9412480 - \\
\hline
\text{tang }\gamma = - 16° 0' 8'' &\ldots\ldots\ 9.4575626 \\
\text{C} \sin(l'-a') &\ldots\ldots\ 0.2787458 \\
\text{tang }\beta' &\ldots\ldots\ 9.0474865 - \\
\hline
\text{tang }\gamma' = - 11° 58' 0'' &\ldots\ldots\ 9.3262323
\end{aligned}
$$

$$\text{C} \sin (l' - a'') \ldots \; 0.1687304$$
$$\tan \beta'' \ldots \; 9.1073921$$
$$\tan \gamma'' = -10°41'40'' \ldots \; 9.2761225$$

A mesure qu'on détermine ces angles et les suivans, il est utile d'en faire un tableau pour les trouver plus facilement au besoin.

188. Les angles sont négatifs comme les latitudes; ces angles seront donc au-dessous de l'écliptique.

$$\text{C} \cos \gamma \ldots \; 0.0171632$$
$$\tan (l - a) \ldots \; 9.5048248$$
$$\tan \text{AB} = 18° 23' 59'' \ldots \; 9.5219880$$
$$\text{C} \cos \gamma' \ldots \; 0.0095420$$
$$\tan (l' - a') \ldots \; 9.7916905$$
$$\tan \text{A}'\text{B}' = 32° 19' 26'' \ldots \; 9.8012325$$
$$\text{C} \cos \gamma'' \ldots \; 0.0076096$$
$$\tan (l'' - a'') \ldots \; 9.9650106$$
$$\tan \text{A}''\text{B}'' = 43° 11' 42'' \ldots \; 9.9726202$$

En plaçant sur une figure les points A, A', A'' et B, B', B'' sans beaucoup de peine, on connaîtra la position respective des angles et des côtés, on verra que ces arcs obliques AB se dirigent contre l'ordre des signes, parce que la planète est rétrograde et la terre directe.

189. A ces premiers calculs, nous ajouterons les suivans dont nous aurons besoin plus tard.

$$\log \text{V} \ldots \; 9.9996826$$
$$\sin \text{AB} \ldots \; 9.4991982$$
$$\log \text{V} \sin \text{AB} \ldots \; 9.4988808$$
$$\log \text{V}' \ldots \; 9.9980979$$
$$\sin \text{A}'\text{B}' \ldots \; 9.7281107$$
$$\log \text{V}' \sin \text{A}'\text{B}' \ldots \; 9.7262086$$
$$\log \text{V}'' \ldots \; 9.9969678$$
$$\sin \text{A}''\text{B}'' \ldots \; 9.8353630$$
$$\log \text{V}'' \sin \text{A}''\text{B}'' \ldots \; 9.8323308$$

190. Prolongeons indéfiniment nos trois hypoténuses : elles iront nécessairement se couper en trois points ; AB et AB′ se couperont en D″ ; A′B′ et A″B″ en D ; AB et A″B″ en D′ ; elles y formeront trois angles que nous désignerons par D, D′ et D″ (fig. 118), en remarquant que B et B′ donnent D″, B′ et B″ donnent D, enfin B et B″ donnent D′, ensorte que les trois lettres D ont toujours un nombre d'accens tel, qu'il y aura toujours trois accens répartis entre A, B et D.

Cherchons ces trois angles, ainsi que les arcs AD″, AD′, A′D″, A′D, A″D′, AD dont les différences seront les trois côtés D″D′, D″D et D′D du triangle aux trois intersections. Nous avons le choix des formules ; mais puisqu'il s'agit de déterminer les trois inconnues de chacun de nos triangles, nous donnerons la préférence aux analogies de Néper.

191. Dans le triangle AA′D″, nous avons le côté AA′ $= (l' - l)$, les angles sur la base γ et $180° - \gamma'$.

$$
\begin{array}{ll}
180° - \gamma = 163.59.52 & l' - l = 11°\,51'\,21'' \\
\gamma' = \underline{11.58.0} & \tfrac{1}{2}(l - l) = 5.55.40,5
\end{array}
$$

$$
\begin{array}{ll}
\text{somme} = 175.57.52 \\
\text{différence} = \underline{152.152}
\end{array}
$$

On prend le supplément du plus grand des deux angles γ.

$$
\begin{array}{l}
\tfrac{1}{2}\,\text{somme} = 87.58.56 = S \\
\tfrac{1}{2}\,\text{différence} = 76.0.56 = d
\end{array}
$$

$$
\begin{array}{llll}
\tan \tfrac{1}{2}(l' - l) \dots & 9.0163358 \dots\dots\dots\dots\dots\dots\dots\dots & & 9.0163358 \\
C \sin S \dots & 0.0002694 & C \cos S \dots & 1.4533391 \\
\sin d \dots & \underline{9.9869395} & \cos d \dots & \underline{9.3832020} \\
\tan 5°45'25 \dots & 9.0035447 & \tan 55°\,28'\,32'' \dots\dots\dots & 9.8528769 \\
& & 5.45.25 & \\
\text{côté opposé au grand angle, } A'D'' = & \overline{41.13.57} \dots & A'D'' = & 41.13.57 \\
\text{au petit angle, } AD'' = & 29.43.7 & A'B' = & 52.19.25 \\
AB = & \underline{18.23.59} & B'D'' = & \underline{8.54.52} \\
BD'' = & \overline{11.19.8} & &
\end{array}
$$

$$
\begin{array}{llll}
\sin (l' - l) \dots & 9.3127087 \dots\dots\dots\dots\dots\dots\dots\dots & & 9.3127087 \\
\sin \gamma \dots & 9.4403968 & \sin \gamma \dots & 9.3166885 \\
C \sin A'D'' \dots & \underline{0.1810580} & C \sin AD'' \dots & \underline{0.5047454} \\
D'' = 4°55'45 \dots & 8.9341455 \dots\dots\dots\dots\dots\dots\dots & & 8.9341426 \\
\multicolumn{2}{l}{\sin D'' \text{ par un milieu} \dots 8.9341451} & &
\end{array}
$$

Un seul de ces calculs suffirait pour D'', mais dans ces longues opérations, il est bon de vérifier les résultats autant qu'on peut, pour ne pas laisser accumuler les erreurs. Il est bon en même tems de faire à mesure, le tableau général de tous les côtés ci-dessus, et de tous les arcs que fait connaître le calcul.

192. Nous aurons de même pour le second triangle,

$$180° - \gamma' = 168° \ 2' \ 0'' \qquad (l'' - l') = 9.56.20.6$$
$$\gamma'' = 10.41.40 \qquad \tfrac{1}{2}(l'' - l') = 4.58.10.3$$

$$\text{somme} = 178.43.40$$
$$\text{différence} = 157.20.20$$

$$S = 89.21.50$$
$$d = 78.40.10$$

$$\text{tang} \ \tfrac{1}{2} (l''-l')\ldots \ 8.9392834 \ldots\ldots\ldots\ldots\ldots \ 8.9392834$$
$$C \sin S \ldots \ 0.0000268 \qquad\qquad C \cos S \ldots \ 1.9545986$$
$$\sin d \ldots \ 9.9914520 \qquad\qquad \cos d \ldots \ 9.2932942$$

$$\text{tang} \ 4°52'24'',5 \ldots \ 8.9307622 \qquad \text{tang} \ 56° 58' 53'' 5 \ldots\ldots \ 0.1871762$$
$$4.52.24.5$$

$$\text{côté opp. au grand angle} = A''D = 61.51.18.0 \ldots \quad A''D = 61.51.18$$
$$\text{au petit angle} = A'D = 52. \ 6.29.0 \qquad A''B'' = 43.11.42$$
$$A'B' = 32.19.25 \qquad B''D = 18.39.36$$
$$B'B' = 10.17. \ 4$$

$$\sin (l''-l')\ldots \ 9.2370422 \ldots\ldots\ldots\ldots\ldots \ 9.2370422$$
$$\sin\gamma' \ldots \ 9.3166885 \qquad\qquad \sin \gamma'' \ldots \ 9.2685109$$
$$C \sin A''D \ldots \ 0.0546513 \qquad\qquad D \sin A''D \ldots \ 0.1028292$$

$$\sin D = 2°19'34'' \quad 8.6083820 \ldots\ldots\ldots\ldots\ldots \ 8.6083823$$
$$\sin D \text{ par un milieu} \ldots \ 8.6083821$$

193. Pour le troisième triangle,

$$100^\circ - \gamma = 163.59.52 \qquad\qquad l'' - l = 21^\circ 47' 42''$$
$$\gamma'' = 10.41.40 \qquad\qquad \tfrac{1}{2}(l'' - l) = 10.53.51$$

$$2S = 174.41.32$$
$$2d = 153.18.12$$

$$S = 87.20.46$$
$$d = 76.39.\ 6$$

$$\tan \tfrac{1}{2}(l'' - l)\ldots\ 9.2844857 \ldots\ldots\ldots\ldots\ldots\ldots\ldots\ 9.2844857$$
$$C \sin S\ldots\ 0.0004662 \qquad\qquad C \cos S\ldots\ 1.3344952$$
$$\sin d\ldots\ 9.9881059 \qquad\qquad \cos d\ldots\ 9.3633686$$

$$\tan 10^\circ 37' 15'' 8 \ldots\ 9.2730578 \qquad \tan 43^\circ 49' 46'' \ldots\ldots\ 9.9823495$$
$$10.37.16$$

$$\text{côté opposé au grand angle} = A''D' = 54.27.\ 2 \ldots\ A''D' = 54.27.\ 2$$
$$\text{au petit angle} = AD' = 33.12.30 \qquad A''B'' = 43.11.42$$

$$AB = 18.23.59 \qquad B''D' = 11.15.20$$

$$BD' = 14.48.31$$

$$\sin (l'' - l)\ldots\ 9.5697095 \ldots\ldots\ldots\ldots\ldots\ldots\ 9.5697095$$
$$\sin \gamma\ldots\ 9.4403968 \qquad\qquad \sin \gamma''\ldots\ 9.2685109$$
$$C \sin A''D'\ldots\ 0.0895815 \qquad\qquad C \sin AD'\ldots\ 0.2614692$$

$$\sin D' = 7^\circ 13' 38'' \ldots\ 9.0996878 \ldots\ldots\ldots\ldots\ldots\ 9.0996896$$
$$\sin D' \text{ par un milieu} \ldots\ 9.0996887$$

$$AD' = 33^\circ 12' 30'' \qquad A'D = 52^\circ\ 6'\ 29$$
$$AD'' = 29.43.\ 7 \qquad A'D'' = 41.13.57$$

$$D''D' = 3.29.23 \qquad D''D = 10.52.32$$

$$A''D = 61.51.18 \qquad D = 2.19.34$$
$$A''D' = 54.27.\ 2 \qquad D' = 7.13.38$$

$$D'D = 7.24.16 \qquad D'' = 4.55.45$$

194. Les trois côtés de notre triangle d'intersection sont fort petits ;
et cela se conçoit; les trois angles sont fort petits aussi , et cela doit
être d'après la grande obliquité des trois angles qui ont toujours un

angle fort obtus; mais de ces trois angles il y en a un qui n'est pas dans le triangle d'intersection, car la somme des trois angles doit surpasser 180°. Il y a donc un de ces angles D qui est extérieur au triangle, et il doit être moindre que la somme des angles intérieurs; ils sont tous plus petits que la somme des deux autres. L'angle extérieur a donc son supplément dans le triangle, et cet angle obtus doit être opposé au plus grand côté; c'est-à-dire à D″D; c'est donc D′ qui est extérieur.

Nous aurons donc

$$
\begin{array}{lll}
\text{D} = & 2°\,19'\,34''\ \text{opposé à } \text{D}''\text{D}' = & 3.29.33 \\
\text{D}' = & 172.46.22\ \ \text{opposé à } \text{D}''\text{D} = & 10.52.52 \\
\text{D}'' = & 4.55.45\ \ \text{opposé à } \text{D}'\text{D} = & 7.24.16 \\
\hline
\end{array}
$$

Somme = 180. 1.41

Ce petit triangle nous est fort inutile, mais ses côtés et ses angles nous serviront. On voit par la figure que D′ est en effet extérieur au triangle, mais il est bon de le trouver par des considérations plus générales.

M. Gauss a fait tout ce calcul préparatoire par des formules toutes différentes et moins connues; mais les analogies de Néper ont le double avantage d'être dans la mémoire de tous les calculateurs, et d'être plus expéditives.

195. Le point A est le lieu héliocentrique de la terre, B le lieu géocentrique de la planète; l'arc de grand cercle AB qui les joint, prolongé indéfiniment, doit passer par le lieu héliocentrique de la planète; car le plan qui passe par le soleil, la terre et la planète, est nécessairement celui d'un grand cercle de la sphère céleste. Je dis de plus, le lieu héliocentrique de la planète est sur l'arc AB même, entre A et B, quelque part en C; car la planète est supérieure et presque en opposition. Donc elle est plus voisine de la terre que du soleil; donc la latitude géocentrique est plus grande que la latitude héliocentrique, et ces deux latitudes sont de même dénomination; donc la latitude héliocentrique est australe et moindre que Ba; donc C est sur l'arc AB. Il en est de même des deux autres points; l'orbite de la planète est d'ailleurs un plan : ainsi menons un arc de grand cercle C″C′C♌ entre l'écliptique et les points BB′B″, et ce cercle pourra représenter l'orbite inconnue; car nous pouvons faire sur les points C″ et C′, les

mêmes raisonnemens que pour C , du moins dans notre exemple. L'orbite C″C′C ira couper l'écliptique en un point qui sera l'un des nœuds, et il y formera un angle I qui sera l'inclinaison.

Cette construction ingénieuse et la remarque sur laquelle elle est fondée, est due à Lambert qui en a fait usage dans ses recherches sur les comètes. M. Olbers s'en est également servi dans sa méthode nouvelle sur les comètes ; enfin, M. Gauss en a tiré un parti très-avantageux dans le problème qui nous occupe.

196. Si les trois lieux héliocentriques C″C′C sont dans un grand cercle, il n'en sera pas de même pour les trois lieux géocentriques B″B′B, ou du moins ce serait un grand hasard.

Soit *abcd* (fig. 119) l'orbite de la terre, ABC celle de la planète, AC l'intersection des deux orbites ; cette ligne, qui est celle des nœuds, passe par le soleil. Soient t, t', t'' les trois lieux de la terre, P, P′, P″ les trois lieux de la planète ; il est évident que la terre ne sera dans le plan de l'orbite ASCB, qu'aux points *a* et *c* de la ligne des nœuds. En parcourant l'arc *adc*, elle s'enfoncera plus ou moins au-dessous du plan ; les rayons visuels tP, t'P′, t''P″ inclinés à l'écliptique, traverseront le plan ASCB, et la planète paraîtra élevée au-dessus de ce plan ; c'est ce que nous avons indiqué fig. 118, en plaçant l'orbite héliocentrique C″C′CN au-dessous des lieux géocentriques B, B′ B″. Du centre du soleil ou de la sphère, imaginons des arcs de grand cercle BB′, BB″, B′B″, ces trois arcs formeront un triangle sphérique. Pour qu'ils ne fissent qu'un seul arc, il faudrait que la somme des angles DB′B″ + D″B′B fût = 180° : si elle est plus grande, le point B′ sera au-dessus de l'arc B″B ; si elle est moindre, le point B′ sera au-dessous. On ne voit qu'un moyen simple pour que la somme soit de 180°, c'est que les latitudes soient nulles, que l'orbite se confonde avec l'écliptique ; alors les parallaxes CB, C′B″, C″B″, au lieu d'être obliques, seraient couchées sur l'écliptique, et ne changeraient que les longitudes. Nous avons supposé la terre et la planète du même côté de la ligne des nœuds A*a*S*c*C et les latitudes géocentriques plus grandes que les latitudes héliocentriques ; la convexité de l'arc $t t' t''$ portera B′ (fig. 118) au-dessus de B″B : si la terre était de l'autre côté de A*a*S*c*C, la concavité de l'arc θθ′θ″ produirait un effet contraire, et B′ serait au-dessous de B″B. Ainsi la position du point B′ peut donner quelque lumière sur la position respective des deux planètes.

197.

197. Pour trouver la position du point B' par rapport au cercle B″B, nous avons le choix entre plusieurs formules. M. Olbers en a donné dans sa Théorie des Comètes ; M. Gauss en donne une différente, et je vais enfin résoudre le même problème d'une autre manière.

Dans l'arc A'C'b'B'D″D, nous connaissons les parties A'B', B'D″, B'D, par ce qui précède ; le triangle B″D'B donne par le théorème sphérique III,

$$\cot B'' = \frac{\cot BD' \sin B''D'}{\sin D'} - \cos B''D' \cot D'.$$

Le triangle B″Db', par le même théorème, donne

$$\cot Db' = \cot B''D \cos D + \frac{\sin D \cot B''}{\sin B''D}$$

$$= \cot B''D \cos D + \frac{\sin D}{\sin B''D} \cdot \frac{\cot BD' \sin B''D'}{\sin D'} - \frac{\sin D}{\sin B''D} \cos B''D' \cot D'$$

$$= \cot B''D \cos D + \frac{\sin D}{\sin D'} \cdot \frac{\sin B''D'}{\sin B''D} \cot BD' - \frac{\sin D}{\sin D'} \cdot \frac{\cos B''D'}{\sin B''D} \cos D'$$

$$= \cot B''D \cos D + \frac{\sin D \sin B''D'}{\sin D' \sin B''D} (\cot BD' - \cot B''D' \cos D')$$

<table>
<tr><td>cot B″D . . . . .</td><td>0.4714646</td><td>sin D . . . .</td><td>8.6085821</td></tr>
<tr><td>cos D . . . . .</td><td>9.9996420</td><td>C sin D' . . . .</td><td>0.9003111</td></tr>
<tr><td>+ 2.958739 . . . . .</td><td>0.4711066</td><td>sin B″D' . . . .</td><td>9.2904474</td></tr>
<tr><td>+ 0.744457</td><td></td><td>C sin B″D . . . .</td><td>0.4949157</td></tr>
<tr><td>+ 3.703196</td><td></td><td>(m) . . . . .</td><td>9.2940563</td></tr>
<tr><td>— 0.981090</td><td></td><td>cot BD' . . . .</td><td>0.5777843</td></tr>
<tr><td>2.722106 = cot Db'</td><td></td><td>+ 0.744457 . . . .</td><td>9.8718406</td></tr>
</table>

log cot Db' 0.4349051

$$\begin{aligned}
&- (m) - 9.2940563\\
&\cot B''D' . . . . \quad 0.7011182\\
&\cos D' . . . . \quad 9.9965357
\end{aligned}$$

<table>
<tr><td></td><td></td><td>— 0.981090</td><td>9.9917102</td></tr>
<tr><td>Db' =</td><td>20° 10' 17″,2</td><td>B'D″ =</td><td>8.54.32</td></tr>
<tr><td>DB' =</td><td>19.47. 4</td><td>σ = Bb' =</td><td>23.13.2</td></tr>
<tr><td>B'b' =</td><td>0.23.13,2</td><td>D″b' =</td><td>9.17.45.2</td></tr>
</table>

2.

La formule de M. Gauss est

$$\text{tang } A'b' = \frac{\text{tang } \beta'' \sin (a''-l') - \text{tang } \beta'' \sin (a-l')}{\cos \gamma' \, (\text{tang } \beta \cos (a''-l') - \text{tang } \beta'' \cos (a-l') + \sin \gamma \sin (a-a'')}$$

Quoique modifiée par des quantités subsidiaires, elle est encore plus compliquée et plus difficile à évaluer ; au reste, elle donne la même précision ; car M. Gauss trouve $\sigma = 0° 23' 13'' 12$. En général, quand les formules particulières ne sont pas plus simples et plus expéditives, j'aime mieux ramener le calcul aux formules usuelles.

198. Nous voyons donc que Db' est plus grand que DB', et que le point B' est au-dessus du grand cercle B''b'BN. La terre est donc entre le soleil et la planète : la distance de la planète au soleil est plus grande que celle de la terre au soleil.

199. Les arcs CB, C'B', C''B'' mesurent les angles au centre de la planète entre le soleil et la terre. En effet, la ligne menée de la terre à la planète, rencontre la voûte étoilée au point B ; la ligne menée du centre du soleil à la planète, aboutit au point C ; l'arc BC est donc la mesure de cet angle pour le centre de la planète qui se croit le centre de l'univers. Cet angle n'est pourtant pas tout à fait celui que nous appellons parallaxe annuelle, car la parallaxe annuelle est au lieu de la planète réduit à l'écliptique, au lieu que cet angle est dans un plan AB incliné de $16° 0' 8''$ à l'écliptique.

Par la même raison, l'arc AC est l'angle au soleil entre la planète et la terre, mais cet angle n'est pas tout à fait la commutation, puisqu'il est dans le plan incliné.

L'arc AB est la somme des angles à la planète et au soleil ; il est donc l'angle extérieur au triangle, toujours dans le même plan incliné ; ce n'est donc pas non plus bien exactement l'élongation ou son supplément, c'est l'angle à la terre entre le lieu de la planète hors de l'écliptique, et le lieu qui a pour longitude sur l'écliptique un arc $= 180° + \odot$.

200. Nous connaissons les arcs AB, mais nous ne connaissons ni AC ni BC. Mais soient V, V', V les trois rayons vecteurs de la terre, v, v', v'' les trois rayons vecteurs de la planète, ρ, ρ', ρ'' les trois distances entre les centres de la planète et de la terre ; nous aurons les

équations suivantes, fournies par le triangle rectiligne ;

$$\frac{\text{sin angle à la terre.}}{\text{rayon vecteur planète.}} = \frac{\text{sin angle au soleil.}}{\text{distance planète à la terre.}} = \frac{\text{sin angle à la planète.}}{\text{rayon vecteur terre.}},$$

ou

$$\frac{\sin AB}{v} = \frac{\sin AC}{\varsigma} = \frac{\sin BC}{V};$$

$$\frac{\sin A'B'}{v'} = \frac{\sin A'C'}{\varsigma'} = \frac{\sin B'C}{V'},$$

$$\frac{\sin A''B''}{v''} = \frac{\sin A''C''}{\varsigma''} = \frac{\sin B''C''}{V''}.$$

201. Le point N est l'intersection du cercle B''B qui passe par les les lieux extrêmes de la planète et l'orbite inconnue de la planète. Or

$$0 = \sin NC \sin C'C'' + \sin NC'' \sin CC' - \sin NC' \sin CC'' \quad (X.\ 199),$$

et

$$\sin NC = \frac{\sin BC \sin B}{\sin N}, \quad \sin NC'' = \frac{\sin B''C'' \sin B''}{\sin N}, \quad \sin NC' = \frac{\sin b' C' \sin b'}{\sin N};$$

donc en substituant et supprimant le diviseur commun sin N,

$$0 = \sin BC \sin B \sin CC'' + \sin B''C'' \sin B'' \sin CC' - \sin b'C' \sin b' \sin CC'',$$

$$0 = \frac{\sin BC \sin B}{\sin B''C'' \sin B''} \sin C'C'' + \sin CC' - \frac{\sin b'C' \sin b'}{\sin B''C'' \sin B''} \sin CC''.$$

Mais les rayons vecteurs v, v', v pris deux à deux avec les cordes elliptiques, forment trois triangles dont les doubles surfaces n, n', n'' ont pour expressions

$$vv' \sin CC' = n'', \quad v'v'' \sin C'C'' = n, \quad vv'' \sin CC'' = n',$$

ou

$$\sin CC' = \frac{n''}{vv'}, \qquad \sin C'C'' = \frac{n}{v'v''}, \qquad \sin CC'' = \frac{n'}{vv''}:$$

[Nous observons pour les accens des n la même règle que pour ceux des D].

Au lieu des angles inconnus $\frac{B}{B''}$, $\frac{b'}{B''}$, substituez les côtés opposés

$$0 = \frac{n}{v'v''} \cdot \frac{\sin BC}{\sin B''C''} \cdot \frac{\sin B''D'}{\sin BD'} + \frac{n''}{vv'} - \frac{n'}{vv''} \cdot \frac{\sin b'C'}{\sin B''C''} \cdot \frac{\sin B''D}{\sin b'D}.$$

D'ailleurs

$$v \sin BC = V \sin AB, \quad v' \sin B'C' = V' \sin A'B', \quad v'' \sin B''C'' = V'' \sin A''B'',$$
$$v' \sin b'C' = v' \sin (B'C' - \sigma) = v' \sin (z' - \sigma),$$

en faisant $B'C' = z'$.

Donc après avoir tout multiplié par $\dfrac{vv'}{n}$, ce qui donne

$$0 = \frac{v}{v''} \cdot \frac{\sin BC}{\sin B''C''} \cdot \frac{\sin B''D'}{\sin BD'} + \frac{n''}{n} - \frac{n'}{n} \cdot \frac{v'}{v''} \cdot \frac{\sin b'C'}{\sin B''C''} \cdot \frac{\sin B''D}{\sin b'D},$$

on aura

$$0 = \frac{V \sin AB}{V'' \sin A''B''} \cdot \frac{\sin B''D'}{\sin BD'} + \frac{n''}{n} - \frac{n'}{n} \cdot \frac{v' \sin (z' - \sigma)}{V'' \sin A''B''} \cdot \frac{\sin B''D}{\sin b'D}.$$

Mais

$$v' = \frac{V' \sin A'B'}{\sin B'C} = \frac{V' \sin A'B'}{\sin z'} \quad (179)$$

$$0 = \frac{V \sin AB}{V'' \sin A''B''} \cdot \frac{\sin B''D'}{\sin BD'} + \frac{n''}{n} - \frac{n'}{n} \cdot \frac{V' \sin A'B'}{\sin z'} \cdot \frac{\sin (z' - \sigma)}{V'' \sin A''B''} \cdot \frac{\sin B''D}{\sin Db'},$$

$$\cdot = \frac{V \sin AB}{V'' \sin A''B''} \cdot \frac{\sin B''D'}{\sin BD'} + \frac{n''}{n} - \frac{n'}{n} \cdot \frac{V' \sin A'B'}{V'' \sin A''B''} \cdot \frac{\sin B''D}{\sin Db'} \cdot \frac{\sin (z' - \sigma)}{\sin z'},$$

$$0 = a + P - b \left(\frac{n'}{n}\right) \frac{\sin (z' - \sigma)}{\sin z'} \dots\dots\dots\dots\dots\dots \text{(A)}.$$

En faisant pour abréger, $P = \dfrac{n''}{n}$, quantité encore inconnue ;

$$a = \frac{V \sin AB}{V'' \sin A''B''} \cdot \frac{\sin B''D'}{\sin BD'},$$

quantité toute connue,

$$b = \frac{V' \sin A'B'}{V'' \sin A''B''} \cdot \frac{\sin B''D}{\sin Db'},$$

quantité également connue , ou transposant dans l'équation (A),

$$b \sin (z' - \sigma) = \frac{n}{n'} (P + a) \sin z', \quad \left(\frac{b}{P + a}\right) \sin (z' - \sigma) = \frac{n}{n'} \sin z' \dots\dots \text{(K)};$$

d'où

$$\frac{n'}{n} = \left(\frac{P + a}{b}\right) \frac{\sin z'}{\sin (z' - \sigma)},$$

et

$$\frac{v'n'}{n} = \left(\frac{P + a}{b}\right) \frac{v' \sin z'}{\sin (z' - \sigma)} = \left(\frac{P + a}{b}\right) \frac{V' \sin A'B'}{\sin (z' - \sigma)}.$$

Cette dernière équation nous donnera $\dfrac{v'n'}{n}$ quand nous connaîtrons z'.

202. n, n', n'' sont les doubles surfaces des triangles inscrits dans les trois secteurs elliptiques. Soient ny, $n'y'$, $n''y''$ les trois secteurs; y, y', y'' seront des nombres qui surpasseront peu l'unité, surtout y et y''; car pour y', la différence est beaucoup plus sensible. Soient

$$\theta = ct, \quad \theta'' = ct'', \quad \theta' = ct', \quad c = 3548'',1676 \sin 1'' \ (\mathbf{XXI}.89),$$

t, t', t'' sont les tems écoulés entre les observations prises deux à deux et $t' = t'' + t$. Mais

$$n' = n'' + n - \text{double surface du triangle des trois cordes} = n'' + n - x,$$

et

$$x = \frac{4vv'v'' \sin \tfrac{1}{2} CC' \sin \tfrac{1}{2} C'C'' \sin \tfrac{1}{2} CC''}{p} \quad (\mathbf{XXI}.\ 210)$$

$$= \frac{4 . vvv'v'v''v'' \sin \tfrac{1}{2} CC' \cos \tfrac{1}{2} CC' \sin \tfrac{1}{2} C'C'' \cos \tfrac{1}{2} C'C'' \sin \tfrac{1}{2} CC'' \cos \tfrac{1}{2} CC'}{p . vv'v'' \cos \tfrac{1}{2} CC' \cos \tfrac{1}{2} C'C'' \cos \tfrac{1}{2} CC''}$$

$$= \frac{4 . \tfrac{1}{2} vv' \sin CC' . \tfrac{1}{2} v'v'' \sin C'C'' . \tfrac{1}{2} vv'' \sin CC''}{p . vv'v'' \cos \tfrac{1}{2} CC' \cos \tfrac{1}{2} C'C'' \cos \tfrac{1}{2} CC''}$$

$$= \frac{4 . \tfrac{1}{2} n . \tfrac{1}{2} n'' . \tfrac{1}{2} n'}{pvv'v'' \cos \tfrac{1}{2} CC' \cos \tfrac{1}{2} C'C'' \cos \tfrac{1}{2} CC''} = \frac{nn''n'}{2p . vv'v'' \cos \tfrac{1}{2} CC' \cos \tfrac{1}{2} C'C'' \cos \tfrac{1}{2} CC''};$$

Les trois cosinus diffèrent peu du rayon; en les supprimant, nous diminuons peu les valeurs de x; au lieu de $vv'v''$, nous pouvons, sans erreur sensible, mettre v'^3, car v' étant le rayon intermédiaire, sera plus grand que l'un des deux rayons extrèmes, et plus petit que l'autre. Nous pouvons donc, par approximation, faire

$$x = \frac{nn''n'}{2pv'^3}.$$

Or nous avons $(\mathbf{XXI}.\ 93)$

$$ny = ct\sqrt{p} = \theta\sqrt{p} \quad \text{et} \quad n''y'' = \theta''\sqrt{p}, \quad n'y' = \theta'\sqrt{p};$$

donc

$$p = \sqrt{p}\sqrt{p} = \frac{nn''yy''}{\theta\theta''};$$

donc

$$x = \frac{n.n''n'\theta\theta''}{2v'^3.nn''yy''} = \frac{n'\theta\theta''}{2v'^3.yy''} = \frac{n'\theta\theta''}{2v'^3} \text{ à fort peu près.}$$

Portons ces valeurs dans l'équation (K), p. 572,

$$\frac{n}{n'} = \frac{n}{n'' + n - x} = \frac{1}{\dfrac{n''}{n} + 1 - \dfrac{x}{n}} = \frac{1}{P + 1 - \dfrac{x}{n}}$$

$$= \frac{\left(\dfrac{1}{P+1}\right)}{1 - \dfrac{x}{n(P+1)}} = \left(\frac{1}{P+1}\right)\left(1 + \frac{x}{n(P+1)}\right),$$

et partant,

$$\left(\frac{b}{P+a}\right)\sin(z'-\sigma) = \left(\frac{1}{P+1}\right)\left(1 + \frac{x}{n(P+1)}\right)\sin z',$$

et

$$b\left(\frac{P+1}{P+a}\right)\sin(z'-\sigma) = \left(1 + \frac{x}{n(P+1)}\right)\sin z' = \sin z' + \frac{x \sin z'}{n(P+1)},$$

$$b\left(\frac{P+1}{P+a}\right)\sin(z'-\sigma) - \sin z' = \frac{n'.\theta\theta'' \sin z'}{n.2v'^3(P+1)} = \frac{\theta\theta'' \sin z'}{2v'^3(P+1)} \cdot \frac{n'}{n}$$

Mettons pour $\dfrac{n'}{n}$ sa valeur ci-dessus.

$$= \frac{\theta\theta'' \sin z'}{2v'^3(P+1)}\left(P + 1 - \frac{x}{n}\right) = \frac{\theta\theta'' \sin z'\left(P + 1 - \dfrac{x}{n}\right)}{2v'^3(P+1)}$$

$$= \frac{\theta\theta'' \sin z' (P+1)}{2v'^3(P+1)} - \frac{\theta\theta'' \sin z' \dfrac{x}{n}}{2v'^3(P+1)}$$

$$= \frac{\theta\theta'' \sin z'}{2v'^3} - \frac{\theta\theta'' \sin z' n'\theta\theta''}{2v'^3(P+1)n.2v'^3}$$

$$= \frac{\theta\theta'' \sin z'}{2\left(\dfrac{V'^3 \sin^3 A'B'}{\sin^2 z'}\right)} - \frac{(\theta\theta'')^2 \sin z'}{4v'^6(P+1)} \cdot \frac{n'}{n}.$$

On pourrait de nouveau substituer la valeur de $\dfrac{n'}{n}$, et former une série convergente, mais le terme $\dfrac{(\theta\theta'')^2 \sin^7 z'}{4(P+1)(V' \sin A'B')^3}$ est déjà insensible ; ainsi

$$b\left(\frac{P+1}{P+a}\right)\sin(z'-\sigma) - \sin z' = \frac{\theta\theta'' \sin^4 z'}{2V'^3 \sin^3 A'B'}.$$

203. Telle est l'équation à laquelle M. Gauss est parvenu par des moyens qu'il n'a fait qu'indiquer et qui méritaient plus de développemens ; la manière dont nous y arrivons, a encore cet avantage, qu'elle

laisse les moyens d'estimer ce que nous négligeons. Nous n'avons plus d'inconnue que z' et P ; mais

$$P = \frac{n''}{n} = \frac{\theta'' \sqrt{p}}{y''} \cdot \frac{y}{\theta \sqrt{p}} = \frac{\theta''}{\theta} \cdot \frac{y}{y''} = \frac{\theta''}{\theta} = \frac{t''}{t},$$

sans erreur sensible ; donc P peut être censé connu ; il ne reste donc plus d'inconnue que z'. On pourra donc facilement résoudre cette équation par tâtonnement ; mais pour plus de facilité j'écris, au lieu de

$$\frac{\theta\theta'' \sin^4 z'}{2 V'^3 \sin^3 A'B'} = b \left(\frac{P+1}{P+a}\right) \sin (z' - \sigma) - \sin z',$$

$$M = N \sin (z' - \sigma) - \sin z' = N \sin z' \cos \sigma - N \cos z' \sin \sigma - \sin z'$$
$$= (N \cos \sigma - 1) - \sin \sigma . N \cos z'$$
$$= N \sin \sigma \left[\left(\frac{N \cos \sigma - 1}{N \sin \sigma}\right) \sin z' - \cos z'\right]$$
$$= N \sin \sigma \left[\left(\cot \sigma - \frac{1}{N \sin \sigma}\right) \sin z' - \cos z'\right]$$
$$= N \sin \sigma \left[\left(\cot \sigma - \frac{P+a}{b(P+1)\sin \sigma}\right) \sin z' - \cos z'\right]$$
$$= N \sin \sigma \left[(\cot \omega' \sin z' - \cos z')\right]$$
$$= N \sin \sigma \left(\frac{\cos \omega' \sin z' - \sin \omega' \cos z'}{\sin \omega'}\right. = \frac{N \sin \sigma}{\sin \omega'} \sin (z' - \omega')$$

ou

$$\frac{M \sin \omega}{N \sin \sigma} = \sin (z' - \omega')$$

$$\frac{\theta\theta'' \sin \omega' \sin^4 z'}{2 V'^3 \sin^3 A'B' . b \left(\frac{P+1}{P+a}\right) \sin \sigma} = \sin (z' - \omega')$$

$$\frac{(P+a) \theta\theta'' \sin \omega' \sin^4 z'}{(P+1) b . 2 V'^3 \sin^3 A'B' \sin \sigma} = \sin (z' - \omega),$$

et

$$Q' \sin^4 z' = \sin (z - \omega'),$$

qui se réduit à faire

$$\cot \omega' = \cot \sigma - \frac{(P+a)}{b(P+1)\sin \sigma} = \cot \sigma - \cot u = \frac{\sin (u - \sigma)}{\sin u \sin \sigma},$$

$$Q' = \frac{(P+a) \theta\theta'' \sin \omega'}{2 (P+1) b \sin \sigma . V'^3 \sin^3 A'B'};$$

après quoi je n'ai plus qu'à trouver pour $\sin z'$ une valeur qui satisfasse à l'équation de condition $Q' \sin^4 z' = \sin (z' - \omega')$.

204. M. Gauss, par d'autres moyens, arrive aux formules

$$\operatorname{tang}\omega = \frac{\operatorname{tang}\sigma}{\left(\dfrac{b}{\cos\sigma}\right)\left(\dfrac{P+1}{P+a}\right)-1}, \qquad Q = \frac{\theta\theta''\sin\omega\sin^5 z'}{2V'^3\sin^3 A'B'\sin\sigma},$$

et
$$Q\sin^4 z' = \sin(z'-\sigma-\omega).$$

205. Calculons nos coefficiens connus.

$$b = \frac{V'\sin A'B'}{V''\sin A''B''}\cdot\frac{\sin B''D}{\sin b'D}$$

$$
\begin{aligned}
V'\sin A'B'\ldots &\quad 9.7262086\\
C.V''\sin A''B''\ldots &\quad 0.1676698\\
\sin B''D\ldots &\quad 9.5050843\\
C\sin b'D\ldots &\quad 0.4623927\\
\hline
\log b\ldots &\quad 9.8613554
\end{aligned}
$$

$$a = \frac{V\sin AB}{V''\sin A''B''}\cdot\frac{\sin B''D'}{\sin BD'}$$

$$
\begin{aligned}
V\sin AB\ldots &\quad 9.4988808\\
C.V''\sin A''B''\ldots &\quad 0.1676698\\
\sin B''D'\ldots &\quad 9.2904474\\
C.\sin BD\ldots &\quad 0.5924523\\
\hline
\log a = 0.3543646 &\quad 9.5494503
\end{aligned}
$$

$$P = \frac{t}{t''} = 11.963241\ldots\ldots\ldots \log t\ldots\ 1.0778489$$
$$9.971172\ldots\ldots\ldots\ldots t''\ldots\ 9.0012529$$
$$\log P = 1.199776 \qquad 0.0791018$$
$$a = 0.354365$$
$$P+a = 1.554141 \qquad P+1 = 2.199776$$

$$
\begin{aligned}
\log t'' &\quad 1.0778489\\
\log t &\quad 0.9987471\\
\log \text{const. } c^2 &\quad 6.4711628\\
\hline
\log \theta\theta''\ldots &\quad 8.5477588\\
(P+a)\ldots &\quad 0.1914902\\
C.(P+1)\ldots &\quad 9.6576214\\
C.2\ldots &\quad 9.6989700\\
C.V'^3\sin^3 A'B'\ldots &\quad 0.8213744\\
C.b\ldots &\quad 0.1386446\\
C.\sin\sigma\ldots &\quad 2.1704149\\
\hline
\frac{Q'}{\sin\omega'}\ldots &\quad 1.2262743
\end{aligned}
$$

$\left(\dfrac{P}{P}\right.$

$$\left(\frac{P+a}{P+1}\right)\ldots \quad 9.8491116$$

$$\text{C. } b \sin \sigma \ldots \quad 2.3090595$$

$$\log \cot u = 143.9366\ldots \quad 2.1581711$$

$$\log \tang u \ldots \quad 7.8418289$$

$$\text{C. } \sin 1'' \ldots \quad 5.3144251$$

$$u = 0°23'53'',026 \quad 3.1562540$$

$$\sigma = 0.23.13,200$$

$$u - \sigma = \qquad 39,826 \quad 1.6001667$$

$$\text{comp. } u \ldots \quad 6.8437460$$

$$\text{C} \sin \sigma \quad 2.1704149$$

$$\cot \omega' = 13°39'36'',5 \quad 0.6143276$$

$$\frac{Q'}{\sin \omega'} \ldots \quad 1.2262743$$

$$\sin \omega' \quad 9.3752103$$

$$Q' = 3.994704 \quad .0.6014846$$

206. L'équation à résoudre est donc

$$3.994704 \sin^4 z' = \sin(z' - 13°39'36'',5).$$

Mais on voit que malheureusement elle n'est pas susceptible d'une grande précision ; l'angle ω' de $13°39'36'',5$ est conclu d'un arc de $39''826$, différence de $23'53'',026$ à $23'13'',2 = \sigma$. Or σ renferme toute l'erreur de l'arc A'B' et des calculs précédens. Il est donc très-probablement en erreur de plusieurs secondes ; nous ne sommes donc nullement sûrs de $u - \sigma$, encore moins que de σ ; on peut dire cependant que u doit avoir probablement une erreur très-peu différente de celle de σ ; admettons la compensation, les P, les a, les V, les AB ont tous leur erreur ; le facteur Q' et l'angle ω' sont donc fort incertains. Telle est la nature du problème.

Essayons de calculer ω' purement en nombres, sans l'angle auxiliaire u,

$$\cot\omega' = \cot\sigma - \frac{P+a}{b\,(P+1)\sin\sigma} = \cot\sigma - 143.9366$$
$$\cot\sigma = + 148.0488$$
$$\cot\omega' = + \overline{4.1122}$$
$$\cot\omega' = 13°\ 40'\ 4'',1 \qquad 0.6140742$$

Ainsi voilà un angle différent de $28''$ du précédent; je crois ce dernier calcul plus sûr, mais il en résultera que l'usage des angles subsidiaires n'est pas toujours ce qu'il y a de mieux pour la précision.

M. Gauss, par sa formule, trouve
$$\omega = 13.16.51.89$$
$$\sigma = 23.13.12$$
$$\omega' = \overline{13°\ 40'\ 5''01}$$

En conséquence, adoptons $\omega' = 13°\ 40'\ 4''$ trouvé par le calcul purement numérique,

$$\sin\omega' \dots\ 9.3734494$$
$$\frac{Q'}{\sin\omega} \dots\ 1.2262743$$
$$Q' = 3.978539 \quad \overline{0.5997237} \qquad \text{M. Gauss. } 0.5997582$$

et l'équation

$$3.978539\,\sin^4 z' = \sin(z' - \omega')$$
$$= \sin(z' - 13°\ 40'\ 4'',1).$$

207. En négligeant x, nous aurions eu

$$b\left(\frac{P+1}{P+a}\right)\sin(z'-\sigma) - \sin z' = 0,$$
$$b\left(\frac{P+1}{P+a}\right)\sin z'\cos\sigma - b\left(\frac{P+1}{P+a}\right)\sin\sigma\cos z' = \sin z',$$
$$b\left(\frac{P+1}{P+a}\right)\cos\sigma - b\left(\frac{P+1}{P+a}\right)\sin\sigma\cot z' = 1,$$
$$\cos\sigma - \sin\sigma\cot z' = \frac{1}{b}\left(\frac{P+a}{P+1}\right),$$
$$\cot\sigma - \cot z' = \left(\frac{P+a}{P+1}\right)\frac{1}{b\sin\sigma},$$
$$\cot z' = \cot\sigma - \frac{(P+1)\,b\sin\sigma}{(P+a)} = \cot\omega':$$

ω' est donc une valeur déjà approximative de z'.

Mais le premier membre $3.978539 \sin^4 z'$ est nécessairement positif ;
donc $\sin(z' - \omega')$ est positif ; donc $z' > \omega'$ et d'assez peu de chose,
car l'angle à la terre est de $204°20'$ ou $24° 20'$, donc $z' > 13° 40'$ et
$< 24°$, mais beaucoup plus voisin de $13° 40'$, car le terme x est fort
petit ; nous commencerons donc par supposer $z' = 14°$.

M. Gauss n'emploie aucune de ces remarques, et il trouve quatre
valeurs possibles

$$14° 35'\ \ 5$$
$$32.\ \ 2.28$$
$$137.27.39$$
$$192.\ \ 4.13 :$$

il rejette les deux dernières par des considérations analytiques, il admet
la possibilité des deux autres ; mais dans le fait, il n'y a que la première
qui soit admissible.

208.
$$Q'\ldots\ 0.5997237$$
$$\sin^4 14°\ldots\ 7.5347008$$
$$0° 46' 51''\ldots\ 8.1344245$$
$$\omega' = 13.40.\ \ 4$$
$$z' = 14.26.55$$
supposition $z' = 14$
$$\text{erreur } + \ \ \ 26.55$$

$$Q'\ldots\ 0.5997237$$
$$\sin^4 15°\ldots\ 7.6519848$$
$$1° 1' 18''\ \ \ 8.2517085$$
$$\omega' = 13.40.\ \ 4$$
$$z' = 14.41.22$$
z' supposé $= 15$
$$\text{erreur } - \ \ 18.38$$

L'erreur a changé de signe : la véritable valeur est entre 14 et $15°$, et à

$$14° + \frac{26'.56''}{26'.56''+18'.38''} = 14° + \frac{26.9}{45.5} = 14° + \frac{53.8}{91} = 14°,6 = 14° 36',$$

$$
\begin{aligned}
Q' \dots &\quad 0.5997237 \\
\sin^4.14°36' \dots\dots &\quad 7.6060804 \\
\cline{2-2}
0.55.13'' &\quad 8.2058041 \\
\omega' = 13.40.\ 4 & \\
\cline{1-1}
14.35.17 & \\
14.36 &
\end{aligned}
$$

erreur...   — 43   14° 36' est donc trop fort.

$$
\begin{aligned}
Q' \dots &\quad 0.5997237 \\
\sin^4.14°35' \dots\dots &\quad 7.6041392 \\
\cline{2-2}
0.54.59'' &\quad 8.2038629 \\
13.40.\ 4 & \\
\cline{1-1}
z' = 14.35.\ 3 & \\
14.35.\ 0 &
\end{aligned}
$$

erreur...   + 5 ;

ainsi 14° 35' est trop faible de $\frac{3}{46} = \frac{1}{15}$ de minute ou de 4''; nous ferons donc $z' = 14°\ 35'\ 4''$. M. Gauss trouve 14° 35' 4'',9.

209. A présent $\qquad v' = \dfrac{V' \sin A'B'}{\sin z'}$,

$$
\begin{aligned}
V' \sin A'B' \dots &\quad 9.7262086 \\
C.\sin z' = 14°\ 35'\ 4'' &\quad 0.5989328 \\
\cline{2-2}
v' = 2.11418 &\quad 0.3251414 \\
\end{aligned}
$$

M. Gauss.... 2.11414.

210. Il reste à déterminer v et v'', z et z'', c'est-à-dire les deux autres rayons vecteurs et les deux autres angles à la planète.

Nous avons

$$
\begin{aligned}
z' = B'C' &= 14°\ 55'\ 4'' & A'B' &= 32°\ 19'\ 25'' \\
\sigma = B'b &= \quad 25.13 & B'C' &= 14.35.\ 4 \\
\cline{1-3}\cline{4-6}
z' - \sigma &= 14.11.51 & A'C' &= 17.44.21
\end{aligned}
$$

A'C' est l'angle au soleil,

$$
\begin{array}{ll}
B'C' = 14° 35' 4'' & B'C' = 14° 35' 4'' \\
B'D = 19.47. 4 & B'D'' = 8.54.32 \\
\overline{C'D = 34.22. 8} & \overline{C'D'' = 23.29.36}
\end{array}
$$

211. Dans le triangle $CC''D'$, nous ne connaissons que l'angle D'; le côté opposé CC'' est le mouvement total de la planète dans son orbite.

Le côté $CD' = BC + BD' = z + BD'$, z est inconnu, BD' est connu, et $BD' = 14° 48' 31''$.

Le côté $C''D' = B''C'' + B'D' = z'' + B'D'$, z'' est une autre inconnue, $B'D'$ est connu $= 11° 15' 20''$. Ainsi, quand nous aurons déterminé CD' et $C''D'$, nous connaîtrons z et z''.

212. Dans le triangle $CC'D''$ nous avons, outre l'angle D'', le côté $C'D'' = z' + B'D'' = 23° 19' 36''$.

Le côté $\qquad CD'' = BC + BD'' = z + BD'' = z + 11° 19' 8''$;
le côté CC' est le mouvement de la planète dans le premier intervalle.

213. Dans le triangle $C'C''D$, nous avons, outre l'angle D, le côté $C'D = 34° 22' 8''$.

Le côté $C'C''$ est le mouvement de la planète dans le second intervalle de tems.

$$C''D = B''C'' + B''D = z'' + 18° 39' 56''.$$

214. Ces trois triangles nous offrent plusieurs combinaisons pour déterminer au moins les relations de nos inconnues z et z''.

Le triangle $C'DC''$ donne

$$\sin C'C'' \sin C'' = \sin D \sin C'D = \sin D \sin (z' + B'D),$$

Le triangle $CD'C'' \ldots \sin CC'' \sin C'' = \sin D' \sin CD',$

d'où
$$\frac{\sin C'C''}{\sin CC''} = \frac{\sin D}{\sin D'} \cdot \frac{\sin (z' + B'D)}{\sin CD'} :$$

mais (201)
$$\sin C'C'' = \frac{n}{v'v''}, \qquad \sin CC'' = \frac{n'}{vv''} ;$$

donc
$$\frac{n}{v'v''} \cdot \frac{vv''}{n'} = \frac{v}{v'} \cdot \frac{n}{n'} = \frac{\sin D}{\sin D'} \cdot \frac{\sin (z' + B'D)}{\sin CD'}$$

et
$$v = \frac{v'n'}{n} \frac{\sin D}{\sin D'} \cdot \frac{\sin (z' + B'D)}{\sin CD'} \ldots \ldots (1)$$

215. Le triangle $CC'D''$ donne

$$\sin CC' \sin C = \sin D'' \sin C'D'' = \sin D'' \sin (z' + B'D'')$$
$$= \sin D'' \sin 23° \ 29' \ 36''.$$

Le triangle $CC''D'$..... $\sin CC'' \sin C = \sin D' \sin C''D'$,

d'où
$$\frac{\sin CC'}{\sin CC''} = \frac{\sin D''}{\sin D'} \ \frac{\sin 23°29'36''}{\sin C''D'} = \frac{\sin D''}{\sin D'} \ \frac{\sin (z' + B'D'')}{\sin (z'' + B'D')} :$$

mais (201) $\qquad \sin CC' = \dfrac{n''}{\nu\nu'}, \qquad \sin CC'' = \dfrac{n'}{\nu\nu''} ;$

donc
$$\frac{n''}{\nu\nu'} \cdot \frac{\nu\nu''}{n'} = \frac{\nu''}{\nu} \cdot \frac{n''}{n'} = \frac{\sin D''}{\sin D'} \cdot \frac{\sin (z' + z'B'')}{\sin (z'' + B'D')}$$

et
$$\nu'' = \frac{n''}{\nu'\nu} \cdot \frac{\sin D''}{\sin D'} \cdot \frac{\sin (z' + B'D'')}{\sin (z'' + B'D') = C''D'} \cdots \cdots (2).$$

216. Le triangle $CC'D$ donne

$$\sin CC' \sin C' = \sin D'' \sin CD'' = \sin D'' \sin (z + BD'').$$

Le triangle $CC''D'$ donne

$$\sin C'C'' \sin C' = \sin D \sin C''D = \sin D \ \sin (z'' + B''D),$$

d'où
$$\frac{\sin CC'}{\sin C'C''} = \frac{\sin D'' \sin (z + BD'')}{\sin D \sin (z + B''D'') = C''D} :$$

mais (201) $\qquad \sin CC' = \dfrac{n''}{\nu\nu'}, \qquad \sin C'C'' = \dfrac{n}{\nu'\nu''} ;$

donc
$$\frac{n''}{\nu\nu'} \cdot \frac{\nu'\nu''}{n} = \frac{n''}{n} \cdot \frac{\nu''}{\nu} = \frac{\sin D'' \sin (z + BD'')}{\sin B \sin (z'' + B''D) = C''D}$$

et
$$\nu'' = \frac{n\nu}{n''} \cdot \frac{\sin D''}{\sin D} = \frac{\sin (z + BD'')}{\sin (z'' + B''D) = C''D} \cdots \cdots (3).$$

217. Nous avons combiné le triangle total $CC''D'$ avec chacun des deux triangles partiels et les deux triangles partiels entre eux ; aux trois équations que nous ont fourni ces combinaisons , joignons les équations

$$V \sin AB = \nu \sin BC = \nu \sin (CD' - BD')\ldots\ldots (4)$$
$$V'' \sin A''B'' = \nu'' \sin B''C'' = \nu'' \sin (C''D' - B'D')\ldots\ldots (5)$$

L'équation (4) $\qquad \nu \sin (CD' - BD) = V \sin AB,$

et $\qquad$ (1) $\qquad \nu \sin CD' = \dfrac{\nu'n'}{n} \cdot \dfrac{\sin D}{\sin D'} \sin (z' + B'D)$

donnent
$$\frac{\sin(\mathrm{CD}' - \mathrm{BD}')}{\sin \mathrm{CD}'} = \cos \mathrm{BD}' - \sin \mathrm{BD}' \cot \mathrm{CD}'$$
$$= \frac{n}{v'n'} \cdot \mathrm{V} \sin \mathrm{AB} \frac{\sin \mathrm{D}'}{\sin \mathrm{D} \sin(z' + \mathrm{B}'\mathrm{D})}$$
$$\cot \mathrm{BD}' - \cot \mathrm{CD}' = \frac{n}{v'n'} \cdot \frac{\mathrm{V} \sin \mathrm{AB}}{\sin \mathrm{BD}'} \cdot \frac{\sin \mathrm{D}'}{\sin \mathrm{D} \sin(z' + \mathrm{B}'\mathrm{D})} :$$

mais (202) $\dfrac{n}{n'} = \left(\dfrac{1}{\mathrm{P}+1}\right)\left(1 + \dfrac{x}{n(\mathrm{P}+1)}\right) = \left(\dfrac{b}{\mathrm{P}+a}\right)\dfrac{\sin(z'-\sigma)}{\sin z'}$,

$$\frac{n}{n'v'} = \left(\frac{b}{\mathrm{P}+a}\right)\frac{\sin(z'-\sigma)}{\sin z' \cdot \dfrac{\mathrm{V}'\sin \mathrm{A}'\mathrm{B}'}{\sin z'}} = \left(\frac{b}{\mathrm{P}+a}\right)\frac{\sin(z'-\sigma)}{\mathrm{V}'\sin \mathrm{A}'\mathrm{B}'},$$

$$\cot \mathrm{BD}' - \cot \mathrm{CD}' = \left(\frac{b}{\mathrm{P}+a}\right) \cdot \frac{\sin(z'-\sigma)}{\mathrm{V}'\sin \mathrm{A}'\mathrm{B}'} \cdot \frac{\mathrm{V} \sin \mathrm{AB}}{\sin \mathrm{BD}'} \cdot \frac{\sin \mathrm{D}'}{\sin \mathrm{D} \sin(z' + \mathrm{B}'\mathrm{D})},$$

$$\cot \mathrm{CD}' = \cot \mathrm{BD}' - \left(\frac{b}{\mathrm{P}+a}\right) \cdot \frac{\mathrm{V}\sin \mathrm{AB}}{\mathrm{V}'\sin \mathrm{A}'\mathrm{B}'} \cdot \frac{\sin \mathrm{D}'}{\sin \mathrm{D}} \cdot \frac{\sin(z'-\sigma)}{\sin(z' + \mathrm{B}'\mathrm{D}) \sin \mathrm{BD}'}$$

$$z' + \mathrm{BD}' = \mathrm{C}'\mathrm{D},$$

$$= \cot \mathrm{BD}' - \frac{\mathrm{V} \sin \mathrm{AB}}{\left(\dfrac{\mathrm{P}+a}{b}\right)\dfrac{\mathrm{V}'\sin \mathrm{A}'\mathrm{B}'}{\sin(z'-\sigma)} \cdot \dfrac{\sin \mathrm{D}}{\sin \mathrm{D}'} \cdot \sin \mathrm{C}'\mathrm{D} \sin \mathrm{BD}'},$$

$$= \cot \mathrm{BD}' - \frac{\mathrm{V} \sin \mathrm{AB}}{\left(\dfrac{n'v'}{n}\right)\dfrac{\sin \mathrm{D}}{\sin \mathrm{D}'} \sin \mathrm{C}'\mathrm{D} . \sin \mathrm{BD}'},$$

$$= \cot \mathrm{BD}' - \frac{\mathrm{V} \sin \mathrm{AB}}{\mathrm{N} \sin \mathrm{BD}'},$$

$$
\begin{aligned}
\log (\mathrm{P}+a) &\ldots\ 0.1914902 \\
\mathrm{C}.\log b &\ldots\ 0.1386446 \\
\mathrm{V}'\sin \mathrm{A}'\mathrm{B} &\ldots\ 9.7262086 \\
\mathrm{C}. \sin(z'-\sigma) = 14°\ 11'\ 51'' &\ldots\ \underline{0.6103643} \\
\log\left(\frac{n'v'}{n}\right) &\ldots\ 0.6667077 \\
\sin \mathrm{D} &\ldots\ 8.6085823 \\
\sin \mathrm{D}' &\ldots\ 0.9003104 \\
\sin \mathrm{C}'\mathrm{D} = 34°\ 22'\ 8'' &\ldots\ \underline{9.7516784} \\
\log \mathrm{N} &\ldots\ 9.9270788 \\
\sin \mathrm{BD}' = 14.48.31 &\ldots\ \underline{9.4075457} \\
\mathrm{N} \sin \mathrm{BD}' &\ldots\ 9.5346245 \\
\mathrm{V} \sin \mathrm{AB} &\ldots\ \underline{9.4988808} \\
\text{ôtez} \ldots\ldots\ 1.45968 &\ldots\ 0.1642563 \\
\text{de}\ \cot \mathrm{BD}' = 3.78255 & \\
\cot \mathrm{CD}' = \underline{2.52287} &\ldots\ 0.3660349
\end{aligned}
$$

$$\text{C. } \sin CD' = 23°\,17'\,31''\ldots\ 0.4029453$$
$$\log N\ldots\ 9.9270788$$
$$\log \nu = 2.13808\ldots\ 0.3300241$$
$$CD' = 23°\,17'\,31''$$
$$BD' = 14.48.31$$
$$BC = 8.29.\ 0$$
$$V\sin AB\ldots\ 9.4988808$$
$$C\sin BC\ldots\ 0.8311441$$
$$\log \nu\ldots\ 0.3300249$$
$$\text{M. Gauss, d'abord}\ldots\ 0.3300178$$
$$\text{puis}\ldots\ 0.3307676$$
$$\text{et}\ldots\ 0.3307640$$
$$BC = 8°\,29'\,0''$$
$$AB = 18.23.59$$
$$AC = 9.54.59 = \text{angle au soleil.}$$

218. Pour déterminer ν'' et $C''D'$, nous aurons

$$(5)\qquad \nu''\sin(C''D' - B''D') = V''\sin A''B'',$$

$$(2)\qquad \nu''\sin C''D' = \frac{\nu' n'}{n''}\frac{\sin D''}{\sin D'}\sin C'D''$$

$$\frac{\sin(C''D' - B''D')}{\sin C''D'} = \frac{V''\sin A''B''}{\dfrac{\nu' n'}{n''}\dfrac{\sin D''}{\sin D'}\sin C'D''},$$

$$\cos B''D' - \sin B''D'\cot C''D' = \frac{V''\sin A''B''}{\dfrac{\nu' n'.n}{n.n''}\dfrac{\sin D''}{\sin D'}\sin C'D''},$$

$$\cot B''D' - \cot C''D' = \frac{V\sin A''B''}{\dfrac{n'\nu'}{n.P}\cdot\dfrac{\sin D''}{\sin D'}\sin C'D''\sin B''D'},$$

$$\cot C''D' = \cot B''D' - \frac{V''\sin A''B''}{\dfrac{n'\nu'}{n.P}\cdot\dfrac{\sin D''}{\sin D'}\sin C'D''\sin B''D'},$$

$$= \cot B''D' - \frac{V''\sin A''B''}{N'\sin B''D'},$$

C.

$$\text{C. log P} \ldots \quad 9.9208982$$
$$\left(\frac{v'n'}{n}\right) \ldots \quad 0.6667077$$
$$\log\left(\frac{v'n'}{n''}\right) \ldots \quad 0.5876059$$
$$\sin D'' \ldots \quad 8.9341435$$
$$\text{C. } \sin D' \ldots \quad 0.9003128$$
$$\sin C'D'' = 23° \, 29' \, 36'' \ldots \quad 9.6005834$$
$$\log N' \ldots \quad 0.0226456$$
$$\sin B''D' = 11.15.20 \ldots \quad 9.2904474$$
$$N' \sin B''D' \ldots \quad 9.3130930$$
$$V'' \sin A''B'' \ldots \quad 9.8323308$$
$$\text{ôtez } 3.30550 \ldots \quad 0.5192378$$
$$\text{de } \cot B'D' \quad 5.02479$$
$$\cot C''D' \quad 1.71929 \qquad 0.2353492$$
$$\sin C''D' = 30° \, 11' \, 21'' \qquad 0.2986247$$
$$N' \ldots \quad 0.0226456$$
$$v = 2.09541 \qquad 0.3212703$$

M. Gauss a trouvé, d'abord..... 0.3212819

puis.... 0.3222280

et.... 0.3222239

$$C''D' = 30° \, 11' \, 2''$$
$$B''D' = 11.15.20$$
$$B''C'' = 18.55.42$$
$$A''B'' = 43.11.42$$
$$A''C'' = 24.16. \, 0 = \text{angle au soleil.}$$

On pourrait trouver $v'' = \dfrac{V'' \sin A''B''}{\sin B''C''}$: il y aurait moins de sûreté, mais on aurait le même résultat.

219. Il reste à trouver les arcs CC', C'C'' et CC'' parcourus par la planète, ce qui peut se faire de plusieurs manières; car ces arcs sont les troisièmes côtés de triangles dans lesquels nous connaissons deux côtés et l'angle compris. Mais ces arcs étant fort petits, le cosinus ne serait pas assez sûr; je préfère les analogies de Néper, pour calculer

2. 74

le triangle en entier :

$$
\begin{array}{ll}
\mathrm{CD}' = 23°\ 17'\ 31'' & \mathrm{D}' = 7°\ 13'\ 38 \\
\mathrm{C}''\mathrm{D}' = 30.11.\ 2 & \tfrac{1}{2}\mathrm{D}' = 3.36.39 \\
\hline
2\mathrm{S} = 53.28.33 \\
2d = \ \ 6.53.31 \\
\hline
\mathrm{S} = 26.44.16,5 \\
d = \ \ 3.26.45,5
\end{array}
$$

$$
\begin{array}{lll}
\cot \tfrac{1}{2}\mathrm{D}' \ldots\ 1.1996048 \ldots\ldots\ldots\ldots\ldots\ldots\ldots\ 1.1996048 \\
\mathrm{C.\ sin\ S} \ldots\ 0.3468743 & \mathrm{C.\ cos\ S} \ldots\ 0.0491126 \\
\sin d \ldots\ 8.7789273 & \cos d \ldots\ 9.9992141 \\
\hline
\quad\ \ 0.3254064 & 86°\ 45'\ 58'' & 1.2479315 \\
& 64.41.58 \\
\cline{2-2}
\end{array}
$$

angle opposé au grand côté $\mathrm{C} = 151.27.56$
au petit côté $\mathrm{C}'' = 22.\ 4.\ 0$

$$
\begin{array}{lll}
\sin \mathrm{D}' \ldots\ 9.0996887 \ldots\ldots\ldots\ldots\ldots\ldots\ 9.0996887 \\
\sin \mathrm{CD}' \ldots\ 9.5970547 & \sin \mathrm{C}''\mathrm{D}' \ldots\ 9.7013758 \\
\mathrm{C.\ sin\ C} \ldots\ 0.4251760 & \mathrm{C.\ sin\ C}'' \ldots\ 0.3208566 \\
\hline
\mathrm{CC}'' = 7°36'32''\ \ 9.1219154 \ldots\ldots\ 7°\ 36'\ 32'' \ldots\ 9.1219276
\end{array}
$$

Ces deux valeurs doivent s'accorder ; les données peuvent n'être pas exactes, mais la conséquence doit être la même, parce qu'elle est tirée du même triangle :

$$
\begin{array}{llll}
\mathrm{C.\ sin\ C}'' \ldots\ 0.4251760 & \sin \mathrm{D}' \ldots\ 0.3208566 \\
\sin \mathrm{D} \ldots\ 8.6083820 & \sin \mathrm{D}'' \ldots\ 8.9341435 \\
\sin \mathrm{C}'\mathrm{D} \ldots\ 9.7516785 & \sin \mathrm{C}'\mathrm{D}'' \ldots\ 9.6005834 \\
\hline
\sin \mathrm{C}'\mathrm{C}'' = 3°\ 29'\ 47''\ \ 8.7852365 & \sin \mathrm{CC}' = 4°\ 6'\ 44''\ \ 8.8555835 \\
& \mathrm{C}'\mathrm{C}'' = 3.29.47 \\
& \mathrm{CC}'' = 7.36.31
\end{array}
$$

M. Gauss trouve
$$
\begin{array}{l}
\mathrm{CC}' = 4°\ 6'\ 43''28 \\
\mathrm{C}'\mathrm{C}'' = 3.29.46,03 \\
\mathrm{CC}'' = 7.36.29,32
\end{array}
$$

220. Nous nous accordons aussi bien qu'on peut le desirer après tant de calculs faits tous par des méthodes différentes ; mais tout cela n'est encore qu'une première approximation.

En effet, $P = \dfrac{n''}{n} = \dfrac{vv' \sin CC'}{v'v'' \sin C'C''} = \dfrac{v}{v''} \cdot \dfrac{\sin CC'}{\sin C'C''}$, et nous avons fait
$P = \dfrac{t''}{t}$,

$$
\begin{aligned}
\log v &\ldots\ 0.3300245 \\
C. \log v'' &\ldots\ 9.6787250 \\
\sin CC' &\ldots\ 8.8555835 \\
C.\ \sin C'C'' &\ldots\ 1.2147635 \\
\hline
\log P &\ldots\ 0.0790965
\end{aligned}
$$

Nous avons supposé $\quad \log P \ldots\ 0.0791018$

$$\text{différence} \ldots\ 0.0000053$$

elle est de bien peu d'importance.

$$
\begin{aligned}
P &= 1.199765 \\
a &= 0.354365 \\
\hline
P + a &= 1.554130 \\
P + 1 &= 2.199765
\end{aligned}
$$

$$
\frac{\sin(z' - \sigma)}{\sin z'} = \left(\frac{P+a}{b}\right)\frac{n}{n'} = \left(\frac{P+a}{b}\right) \cdot \frac{v'v'' \sin C'C''}{vv'' \sin CC''} = \left(\frac{P+a}{b}\right)\frac{v'}{v} \frac{\sin C'C'}{\sin CC''}
$$

$$
\begin{aligned}
\log v' &\ldots\ 0.3251414 \\
C.\ v &\ldots\ 9.6699755 \\
\sin C'C'' &\ldots\ 8.7852365 \\
C.\ \sin CC'' &\ldots\ 0.8780800 \\
\hline
\log \tfrac{n}{n'} &\ldots\ 9.6584334 \\
C. \log b &\ldots\ 0.1386446 \\
(P+a) &\ldots\ 0.1914874 \\
\hline
0.9740145 &\ldots\ 9.9885654
\end{aligned}
$$

$$\cos\sigma - \sin\sigma \cot z' = 0.9740145$$

$$\cot\sigma - \cot z' = \frac{0.9740145}{\sin\sigma} \quad \text{et} \quad \cos z' = \cot\sigma - \frac{0.9740145}{\sin \sigma}$$

$$
\begin{aligned}
&\qquad\qquad\qquad 9.9885654 \\
C.\ \sin\sigma &\ldots\ 2.1704149 \\
\hline
144.2050 \qquad & 2.1589803 \\
148.0488 \qquad & \\
\hline
\cot z' = 14°\,54'\,58'' \ldots\ \ 3.8438 \qquad & 0.5847608
\end{aligned}
$$

$$z' = 14° 34' 58''$$
ci-dessus $\quad z' = 14.54. 4$

$$\text{C. sin } z' \dots 0.5989814$$
$$V' \sin A'B' \dots 9.7262086$$
$$\log v' = 2.114413 \dots 0.3251900$$
ci-dessus $= 2.11418$

$B'C' = 14° 34' 58''$			$B'C' = 14° 34' 58''$
$B'D' = 34.22. 8$			$A'B' = 32.19.25$
$B'D = 48.57. 6$			$A'C' = 17.44.27$

221. Nous aurons donc

$z' = 14° 34' 58''$		$A'B' = 32° 19' 25''$
$\sigma = \quad 23.13$		$B'C' = 14.34.58$
$z' - \sigma = 14.11.45$		$A'C' = 17.44.27$
$B'C' = 14.34.58$		$B'C' = 14.34.58$
$B'D = 19.47. 4$		$B'D'' = \quad 8.54.32$
$C'D = 34.22. 2$		$C'D'' = 23.29.30$

$$\log\left(\frac{n'}{n}\right) \text{ci-dessus} \dots 0.3415666$$
$$\log v' \dots 0.3251920$$
$$\log\left(\frac{v'n'}{n}\right) \dots 0.6667586$$
$$\frac{\sin D}{\sin D'} \dots 9.5086927$$
$$\sin C'D \dots 9.7516600$$
$$\log N \dots 0.9271113$$
$$\sin BD' \dots 9.4075457$$
$$N \sin BD' \dots 9.3346570$$
$$V \sin AB \dots 9.4988808$$
ôtez $\dots 1.459566 \qquad 0.2642238$
de $\cot BD' \dots 3.78255$
$\cot CD' \dots 2.322984 \dots 0.3660460$

$$\text{C. } \sin CD' = 23° 17' 27'' .. \quad 0.4029649$$
$$\log N ... \quad 9.9271113$$
$$\log \nu = 2.138337 \qquad 0.3300762$$
$$\text{ci-dessus} ... \quad 2.14186$$

222.

$$\text{C. } \log P ... \quad 9.9209035$$
$$\left(\frac{\nu' n'}{n}\right) ... \quad 0.6667586$$
$$\left(\frac{\sin D''}{\sin D'}\right) ... \quad 9.8344563$$
$$\sin C'D'' ... \quad 9.6005544$$
$$\log N' ... \quad 0.0226728$$
$$\sin B''D' ... \quad 9.2904474$$
$$N' \sin B''D' ... \quad 9.3131202$$
$$V'' \sin A''B'' ... \quad 9.8323308$$
$$\text{ôtez} ... 3.30530 \qquad 0.5192106$$
$$\text{de } \cot B''D' ... \quad 5.02479$$
$$\cot C''D' ... \quad 1.71949 \qquad 0.2353997$$

$$\text{C. } \sin C''D' = 30° 10' 51'' .. \quad 0.2986717$$
$$N' ... \quad 0.0227697$$
$$\log \nu'' = 2.09624 \qquad 0.3214414$$
$$\text{ci-dessus } \nu'' = 2.09541$$

CD'	$= 23° 17' 27''$	$BC =$	$8° 28' 56''$
BD'	$= 14.48.31$	$AB =$	$18.23.59$
BC	$= 8.25.56$	$AC =$	$9.55. 3$

$$C''D' = 30° 10' 51''$$
$$B''D' = 11.15.20$$
$$B''C'' = 18.55.31$$
$$A''B'' = 43.11.42$$
$$A''C'' = 24.16.11$$

CD'	$= 23.17.27$	$\tfrac{1}{2}D' = 3° 36' 49''$
$C''D'$	$= 30.10.51$	
$2S$	$= 53.28.18$	
$2d$	$= 6.53.24$	
S	$= 26.44. 9$	
d	$= 3.26.42$	

$$\begin{array}{llll}
\cot\tfrac{1}{2}D' \ldots & 1.1996048 & \ldots\ldots\ldots\ldots & 1.1996048 \\
C.\sin S \ldots & 0.3469056 & C.\cos S \ldots & 0.0491046 \\
\sin d \ldots & 8.7788049 & \cos d \ldots & 9.9992145 \\
\text{tang } 64°\,41'\,41'',5 & 0.3253153 & \text{tang } 86°\,45'\,58'' & 1.2479239 \\
 & & 64.41.41,5 & \\
C = & 151.27.49,5 & & \\
C'' = & 22.\ 4.16,5 & &
\end{array}$$

$$\begin{array}{llll}
\sin D' \ldots & 9.0996887 & \ldots\ldots\ldots\ldots & 9.0996887 \\
\sin CD' \ldots & 9.5970351 & \sin C''D' \ldots & 9.7013283 \\
C.\sin C'' \ldots & 0.4250895 & C.\sin C \ldots & 0.5207927 \\
\sin CC'' = 7°\,36'\,25'' & 9.1218133 & CC'' = 7°\,36'\,27'' & 9.1218097 \\
C.\sin C'' \ldots & 0.4250895 & C.\sin C \ldots & 0.3207927 \\
\sin D \ldots & 8.6083820 & \sin D'' \ldots & 8.9341435 \\
\sin C'D \ldots & 9.7516600 & \sin C'D'' \ldots & 9.6005544 \\
C'C''\ 3°\,29'\,44'' & 8.7851315 & CC' = 4°\,6'\,41'' & 8.8554906 \\
 & & C'C'' = 3.29.44 & \\
 & & CC'' = 7.36.25 &
\end{array}$$

Aucun des changemens n'a d'importance ; ils ne sortent pas des bornes des erreurs plus que probables de l'observation ; nous pouvions presque aussi bien nous en tenir aux premières valeurs.

225. Les équations ρ nous donnent ensuite

$$\rho = \frac{V \sin AC}{\sin BC}, \qquad \rho' = \frac{V' \sin AC'}{\sin B'C'}, \qquad \rho'' = \frac{V'' \sin A''C''}{\sin B''C''},$$

$$\begin{array}{llllll}
V \ldots & 9.9996826 & V' \ldots & 9.9980979 & V'' \ldots & 9.9969678 \\
\sin AC \ldots & 9.2361087 & \sin A'C' \ldots & 9.4838895 & \sin A''C'' \ldots & 9.6138764 \\
C.\sin BC \ldots & 0.8312005 & C.\sin B'C' \ldots & 0.5989814 & C.\sin B''C'' \ldots & 0.4890065 \\
\zeta \ldots & 0.0669918 & \zeta' \ldots & 0.0809688 & \zeta'' \ldots & 0.0998507 \\
8'\,13'',20 \ldots & 2.6930231 & \ldots\ldots\ldots & 2.6930231 & \ldots\ldots\ldots & 2.6930231 \\
9'\,35'',46 \ldots & 2.7600149 & 9'\,54'',28 \ldots & 2.7739919 & 10'\,20'',69 \ldots & 2.7928738 \\
C.\ 86400 \ldots & 5.0634863 & & 5.0634863 & & 5.0634863 \\
c^{j},0066604 \ldots & 7.8235012 & c^{j},0068783 \ldots & 7.8374782 & c^{j},0071839 \ldots & 7.8563301
\end{array}$$

La lumière employait à venir de la planète à la terre

$$9'\,33'',46\,;\qquad 9'\,54'',28,\qquad 10'\,20'',69.$$

On peut retrancher des tems des observations les fractions de jour,

$$0^{\mathrm{j}}.0066604\ldots\quad 0^{\mathrm{j}}.0068783\ldots\quad 0.0071839.$$

La planète va s'éloignant de la terre.

224. $\sin \mathrm{AC}\ldots$ 9.2361087 $\tan \mathrm{AC}\ldots$ 9.2426475

   $\sin \gamma\ldots$ 9.4403968 $\cos \gamma\ldots$ 9.9828368

$\sin \lambda = 2°\,43'\,17''$ 8.6765055 $\tan \mathrm{A}a =$ 9° 32′ 25″ 9.2254843

         $\mathrm{A} = 12.28.28$ 130

         $\mathrm{L} = \overline{2.56.\ 3}$ $\overline{605}$

Il est évident que $\mathrm{C}x = \lambda$ est la latitude héliocentrique de la planète, $\mathrm{A}x$ la différence de longitude héliocentrique entre la terre et la planète ; que la planète est moins avancée que la terre ; que la longitude héliocentrique de la planète sur l'écliptique est $2°\,56'\,3''$:

  $\sin \mathrm{A}'\mathrm{C}'\ldots$ 9.4838895 $\tan \mathrm{A}'\mathrm{C}'\ldots$ 9.5050498

  $\sin \gamma'\ldots$ 9.3166885 $\cos \gamma'\ldots$ 9.9904580

$\sin \lambda' = 3°\,37'\,21''$ 8.8005780 $\tan \mathrm{A}'a' =$ 17° 22′ 43″ 9.4955078

         24.19.49   4821

       $\mathrm{L}' = \overline{6.57.\ 6}$ $\overline{257}$

  $\sin \mathrm{A}''\mathrm{C}''\ldots$ 9.6138764 $\tan \mathrm{A}''\mathrm{C}''\ldots$ 9.6540622

  $\sin \gamma''\ldots$ 9.2685109 $\cos \gamma''\ldots$ 9.9923904

$\sin \lambda'' = 4°\,22'\,28''$ 8.8823873 $\tan \mathrm{A}''a'' =$ 23° 53′ 44″ 9.6464526

       $\mathrm{L}'' = 34.16.10$ 265

       $\mathrm{L}'' = \overline{10.22.26}$ $\overline{263}$

   $\lambda'' = 4°\,22'\,28$ $\mathrm{L} = 2.56.\ 3$

   $\lambda = 2.43.16$ $\mathrm{L}'' - \mathrm{L} = \overline{7.26.23}$

 $\lambda'' + \lambda = \overline{7.5.44}$ $\tfrac{1}{2}(\mathrm{L}'' - \mathrm{L}) = 3.43.11.5$

 $\lambda'' - \lambda = 1.39.12$ $(\mathrm{L}'' + \mathrm{L}) = 13.18.29$

       $\tfrac{1}{2}(\mathrm{L}'' + \mathrm{L}) = 6.39.14.5$

$$C. \sin(\lambda'' - \lambda) \ldots\ldots\ldots\ldots\ldots\ldots\ 1.5398225$$
$$\sin(\lambda'' + \lambda) \ldots\ldots\ldots\ldots\ldots\ldots\ 9.0917531$$
$$\operatorname{tang} \tfrac{1}{2}(L'' + \lambda) \ldots\ldots\ldots\ldots\ldots\ 8.8130149$$
$$\operatorname{tang}\left(\frac{L'' + L}{2} - \mho\right) = \quad 15^\bullet 33' \ 15'' \quad \overline{9.4445905}$$
$$\tfrac{1}{2}(L'' + L) = \quad \underline{6.39.14}$$
$$\mho = \overline{351. \ 5.59} = 11^s 21^\bullet \ 5' \ 59''$$
$$\Omega = \ldots\ldots\ldots\ldots\ 5.21. \ 5.59$$
$$L'' = \quad \underline{10.22.26}$$
$$L'' - \mho = \overline{0.19.16.27}$$

$$\operatorname{tang} \lambda'' \ldots\ 8.8836452$$
$$C. \sin(L'' - \mho) \ldots\ 0.4813692$$
$$\operatorname{tang} I = 13^\circ 2' 52 \ldots\ \overline{9.3650144}$$
$$\sin(L' - \mho) \ldots\ 9.4364052$$
$$\operatorname{tang} \lambda' = 3^\circ 37' 20'' \ldots\ \overline{8.8014196}$$
$$\operatorname{tang} I \ldots\ 9.3650144$$
$$\sin(L - \mho) \ldots\ 9.3119328$$
$$\operatorname{tang} \lambda = 2^\circ 49' 16'' \ldots\ \overline{8.6769472}$$

Ainsi, nous avons une inclinaison et un nœud qui satisfont à nos trois latitudes héliocentriques.

$$360^\circ - \mho = \quad 8^\circ 54' \ 1''$$
$$L = \quad \underline{2.56. \ 3}$$
$$L - \mho = \overline{11.50. \ 4}$$
$$L' = \quad \underline{6.57. \ 6}$$
$$L' - \mho = \overline{15.51. \ 7}$$
$$L'' \quad \underline{10.22.26}$$
$$L'' - \mho = \overline{19.16.27.}$$

225. Nous avons trois longitudes héliocentriques sur l'écliptique, trois rayons vecteurs, trois latitudes, l'inclinaison et le nœud ; nous pouvons réduire les trois longitudes à l'orbite ; alors nous aurons tout ce qu'il faut pour déterminer les élémens elliptiques, l'excentricité, l'aphélie,

le

le grand axe, le petit axe , le paramètre, le mouvement moyen et
l'équation du centre.

$$\text{La réduction à l'orbite} = \frac{\tan^2 \tfrac{1}{2}\mathrm{I}\sin 2(\mathrm{L}-\Omega)}{\sin 1''} + \frac{\tan^4 \tfrac{1}{2}\mathrm{I}\sin 4(\mathrm{L}-\Omega)}{\sin 2''} + \text{etc.}$$

$$\mathrm{I} = 13^\circ\ 2'\ 52'', \qquad \tfrac{1}{2}\mathrm{I} = 6^\circ 31'\ 26''$$

$$
\begin{aligned}
\text{tang } 6.31.20\ldots &\quad 9.0581545 \\
6.31.30\ldots &\quad 9.0583411 \\
2\ldots &\quad 373 \\
\hline
\text{tang}^2 \tfrac{1}{2}\mathrm{I}\ldots &\quad 8.1165329 \\
&\quad 5.3144251 \\
\hline
44'\ 57'',4\ldots &\quad 3.4309580 \\
\tfrac{1}{2}(35'',276)\ldots &\quad 1.5474909 \\
\tfrac{1}{3}(0'',46)\ldots &\quad 9.6640238
\end{aligned}
$$

La réduction sera

$$+\ 44'\ 57'',4 \sin 2(\mathrm{L}-\Omega) + 17'',638 \sin 4(\mathrm{L}-\Omega) + 0'',15 \sin 6(\mathrm{L}-\Omega);$$

on peut se contenter des deux premiers termes ,

$$
\begin{aligned}
\mathrm{L}-\Omega &= 6^s\ 11^\circ 50'\ 4'' + 3.43095 & 17''638\ldots &\quad 1.24645 \\
2(\mathrm{L}-\Omega) &= 0.23.40.8 \quad 9.60363 & 4(\mathrm{L}-\Omega)=47^\circ 20'\ 16'' &\quad 9.85650 \\
&\quad\ +\ 18.2'',9 \quad 3.03458 & 12'',7\ldots\ldots &\quad 1.10295 \\
&\qquad\quad 12'',7 \\
&\quad\ +\ 18.15'',6 \quad \mathrm{L}-\Omega=6.11.50.\ 4 \\
\mathrm{L} &= 2.56.\ 3 \qquad\qquad 18.16 \\
\mathrm{C} &= 3^\circ 14'\ 19'',0 \qquad 6.12.\ 8.20
\end{aligned}
$$

$$
\begin{aligned}
\mathrm{L}'-\Omega &= 6.15.51.\ 7 \quad 3.43095 & &\quad 1.24645 \\
2(\mathrm{L}'-\Omega) &= 31.42.14 \quad 9.72060 & 4(\mathrm{L}'-\Omega)=63.24.28\ldots &\quad 9.95144 \\
&\quad\ 23'\ 37'',6 \quad 3.15155 & 15'',8\ldots &\quad 1.19789
\end{aligned}
$$

2.

$$
\begin{aligned}
1^{er}\ \text{terme}\ldots\quad & 23'\ 37'',6 \\
2^{e}\ldots\ldots\ldots\quad & 15\ ,8 \\
\hline
\text{réduction}\ldots\quad & 23.53\ ,4 \\
\hline
L'\ldots\ \ & 6.57.\ 6 \\
\hline
C'\ldots\ \ & 7.20.59\ ,4 \\
& 3.14.19 \\
\hline
CC'\ldots\ \ & 4.\ 6.40.
\end{aligned}
$$

Nous avons trouvé directement 4· 6′ 41″.

$$
\begin{aligned}
(L''- \Omega)\ldots\ldots\ & 6.19.16.27 \quad 3.43095 \qquad\qquad\qquad 1.24645 \\
2(L''-\Omega)\ldots\ldots\ & 38.32.54 \quad \underline{9.79461}\quad 4(L''-\Omega)77.5.48\ \ \underline{9.98889} \\
& 28.\ 1.\ 0 \quad 3.22556 \qquad\qquad\qquad 17''\ 1.23534 \\[2pt]
& \underline{17} \\
& +\ 28.18.\ 0 \\
L'' =\ & 10.22.26 \\
\hline
C'' =\ & 10.50.44 \\
C =\ & 3.14.19 \\
\hline
CC'' =\ & 7.56.25.
\end{aligned}
$$

Nous avons trouvé directement 7° 36′ 25″; cherchons le périhélie par les formules des articles (XXI. 212 et 214).

$$
\begin{aligned}
\text{Log}\ v' =\ & 2.114413 \ldots\ldots\ 0.3251900 \\
C.\ \log. v'' =\ & 2.096240 \ldots\ldots\ 9.6785586 \\
(v''- v) = -\ & 0.042097 \ldots\ldots -\ 8\ 6242511 \\
C.\ (v'- v) = -\ & 0.023924 \ldots\ldots -\ 1.6211662 \\
\sin \tfrac{1}{2}(C'- C) =\ & 2°\ 3'\ 20'' \ldots\ldots\ 8.5547134 \\
C.\ \sin \tfrac{1}{2}(C''- C) =\ & 3\ 48\ 12.5 \ldots\ldots\ 1.1782614 \\
\sin \tfrac{1}{2}(C'+C) =\ & 5.17.39 \ldots\ldots\ 8.9650568 \\
C.\ \cos \tfrac{1}{2}(C''+C) =\ & 7.\ 2.31.5 \ldots\ldots\ 0\ 0032886 \\
\log m =\ & 0.092249 \ldots\ldots\ 8\ 9504861 \\
\cot \tfrac{1}{2}(C'+C) =\ & 5.17.39 \ldots\ldots\ 1.0356866 \\
\log n =\ & 0.962881 \ldots\ldots\ 9.9835727 \\
1- n =\ & 0.037119 = \text{dénominateur.}
\end{aligned}
$$

Nombre.

$$\text{Tang}\,\tfrac{1}{2}\,(C''+C) = \quad 7°\,2'\,51'',5\ \ldots\ldots\ 0.1255502$$

$$\text{ôtez-en}\ n = 0.0892249$$

$$\text{numérateur} = 0.0343053$$

$$\text{log numérateur}\qquad 8.5355612$$

$$\text{log dénominateur}\qquad 8.5695963$$

$$\text{tang}\,\Pi = 42°\,44'\,59''\qquad 9.9657649.$$

Nous verrons plus loin que cette valeur est trop faible de beaucoup ; mais les petites erreurs des rayons vecteurs et des différences de longitudes peuvent avoir des effets sensibles sur le numérateur et surtout sur le dénominateur, qui est un petit nombre. Nous aurons encore

$$
\begin{array}{llll}
\log\,(v''-v') & -\ 8.2594266 & -\ (v'-v) & +\ 8.3788338\\
\text{C.}\ (v''-v) & -\ 1.3757489 & \text{C.}\ (v''-v) & -\ 1.3757489\\
v & \ldots\ 0.3300762 & v'' & \ldots\ 0.5214414\\
\text{C.}\ v' & \ldots\ 9.6748100 & \text{C.}\ v' & \ldots\ 9.674810\\
\cot\tfrac{1}{2}(C''-C') & \ldots\ 1.5154672 & \cot\tfrac{1}{2}(C'-C) & \ldots\ 1.4450070\\
+\ 14.30635\ + & 1.1555289 & -\ 15.69789 & 1.1958411\\
& & +\ 14.30635 &
\end{array}
$$

$$\cot\left(\frac{C''+C}{2}-\Pi\right) = -\ 35°\,42'\,1''\quad -\ 1.39154\qquad 0.1435269$$

$$\left(\frac{C''+C}{2}\right) = \quad 7\,.\,2.32$$

$$\Pi = \quad 42.44.33$$

$$\text{Par l'autre form.}\ \Pi = \quad 42.44.59$$

$$\text{Milieu}\ldots\ \Pi = \quad 42.44.56.$$

Cet accord pourrait nous donner un peu plus de confiance, d'autant plus que les nombres qui nous ont fourni cette dernière valeur de la longitude du périhélie sont plus considérables, et que les deux termes étant de signe différent $(v''-v)$, $(C''-C')$, $(C'-C)$ ont pu se compenser ; mais nous verrons tout à l'heure une raison qui peut la rendre suspecte.

226. Maintenant pour trouver le paramètre, nous avons trois moyens différens que nous allons tous employer. Il faut pour cela

$$\left(\frac{C'+C}{2}-\Pi\right) = -37°\ 26'\ 57'', \qquad \left(\frac{C''+C}{2}-\Pi\right) = -35°\ 42'\ 5'',$$

$$\left(\frac{C''+C'}{2}-\Pi\right) = -33°\ 38'\ 45'', \qquad C-\Pi = -39°\ 30'\ 17'',$$

$$C-\Pi = -35°\ 23'\ 37'', \qquad (C''-\Pi) = -31°\ 53'\ 52'';$$

$$
\begin{array}{ll}
2\ldots\ldots & 0.3010300 \\
C.\,(v'-v) - & 1.6211662 \\
v\ldots\ldots & 0.3300762 \\
v'\ldots\ldots & 0.3251900 \\
\sin\tfrac{1}{2}(C'-C)\ldots & 8.5547134 \\
\sin\left(\dfrac{C'+C}{2}-\Pi\right) - & 9.7839446 \\[4pt]
\hline
\dfrac{p}{\sin \varepsilon}\ldots & 0.9161204
\end{array}
\qquad
\begin{array}{ll}
\dfrac{p}{\sin \varepsilon}\ldots\ldots & 0.9161207 \\
\cos(C-\Pi)\ldots\ldots & 9.8873767 \\
\hline
0.0935957\ldots & 8.9712560 \\
\dfrac{1}{v} = 0.4676531\ldots & 9.6699238 \\
\hline
\dfrac{1}{p} = 0.3740574\ldots & 9.5729383 \\
p = 2.673385\ldots & 0.4270617
\end{array}
$$

$$
\begin{array}{ll}
& 0.3010300 \\
C.\,(v''-v) - & 1.3757489 \\
v\ldots\ldots & 0.3300762 \\
v''\ldots\ldots & 0.3214414 \\
\sin\tfrac{1}{2}(C''-C)\ldots & 8.8217386 \\
\sin\left(\dfrac{C''+C}{2}-\Pi\right) - & 9.7660861 \\[4pt]
\hline
\dfrac{p}{\sin \varepsilon}\ldots\ldots & 0.9161212
\end{array}
\qquad
\begin{array}{ll}
& 0.9161207 \\
\cos(C'-\Pi)\ldots & 9.9112601 \\
\hline
0.0988870\ldots & 8.9951394 \\
\dfrac{1}{v'} = 0.4729443\ldots & 9.6748100 \\
\hline
\dfrac{1}{p} = 0.3740573\ldots & 9.5729381 \\
p = 2.673387\ldots & 0.4270619
\end{array}
$$

$$
\begin{array}{ll}
& 0.3010300 \\
C.\,(v''-v') - & 1.7405734 \\
v'\ldots\ldots & 0.3251900 \\
v''\ldots\ldots & 0.3214414 \\
\sin\tfrac{1}{2}(C''-C')\ldots & 8.4843307 \\
\sin\left(\dfrac{C''+C'}{2}-\Pi\right) - & 9.7435550 \\[4pt]
\hline
\dfrac{p}{\sin \varepsilon} + & 0.9161205 \\[4pt]
\text{ci-dessus} \begin{cases} \ldots\ldots & 1204 \\ \ldots\ldots & 1212 \end{cases} \\[4pt]
\hline
\text{milieu}\ldots\dfrac{p}{\sin \varepsilon}\ldots & 0.9161207
\end{array}
\qquad
\begin{array}{ll}
& 0.9161207 \\
\cos(C''-\Pi)\ldots & 9.9289037 \\
\hline
0.1029851\ldots & 9.0127830 \\
\dfrac{1}{v''} = 0.4770442\ldots & 9.6785586 \\
\hline
\dfrac{1}{p} = 0.3740591\ldots & 9.5729402 \\
p = 2.673375\ldots & 0.4270598 \\
& 0.4270619 \\
& 0.4270617 \\
\hline
p = 2.673380\ldots & 0.4270611.
\end{array}
$$

Tous les calculs s'accordent aussi bien qu'on puisse le desirer, cependant p est trop fort.

$$\text{Log } p \ldots\ 0.4270606 \ldots\ldots\ldots\ldots\ldots\ 0.4270606$$

$$\text{C. log } \tfrac{p}{\sin \epsilon} \ldots\ 9.0838793 \qquad \text{C. cos}^2 \epsilon \ldots\ 0.0482576$$

$$\sin \epsilon = 18° 55' 22'' \ldots\ 9.5109399 \quad a = 2.987574 \quad 0.4753182$$
$$\tfrac{1}{2}\epsilon = 9.27.41.$$

Avec cette valeur de ϵ, si nous calculons les anomalies excentriques et moyennes par les formules

$$\tan \tfrac{1}{2}x = \tan(45° + \tfrac{1}{2}\epsilon)\tan \tfrac{1}{2}u, \qquad z = x - \tfrac{\sin z}{\sin 1''}\sin x,$$

nous aurons

$$
\begin{array}{ll}
z = 10^s 21° 22' 22'',3\,, & z'-z = 4° 9' 5'',1\,, \\
z' = 10.25.41.26\ ,4\,, & z''-z = 3.30.53\ ,6\,, \\
z'' = 10.29.12.20\ ,0\,, & z''-z = 7.39.58\ ,7.
\end{array}
$$

Les rayons vecteurs $a - a\sin\epsilon\cos x = v = 2.4095426\,,$
$$v' = 2.3411700\,,$$
$$v'' = 2.2876925\,,$$

et puis les intervalles $T'-T = \dfrac{(z'-z)a^{\frac{3}{2}}}{3548.1676}$ $\begin{array}{l} T' - T = 21.25595\,, \\ T'' - T' = 17.99682\,, \\ T'' - T = 39.25278\,, \end{array}$

et les intervalles seront presque doubles de ce qu'ils doivent être.

Si nous déterminons p directement par la formule de M. Gauss,

$$p = \frac{4vv'v''\sin\tfrac{1}{2}(C'-C)\sin\tfrac{1}{2}(C''-C')\sin\tfrac{1}{2}(C''-C)}{vv'\sin(C'-C)+v'v''\sin(C''-C')-vv''\sin(C''-C)};$$

$v \ldots$	0.3300762	$\text{C}\,(n+n'-n')\ldots$	2.9875424
$v' \ldots$	0.3251900	$4 \ldots$	0.6020600
$\sin(C'-C)\ldots$	8.8554639	$v \ldots$	0.3300762
$0.2441381 \ldots$	9.5107301	$v' \ldots$	0.3251900
		$v'' \ldots$	0.3214414
$v' \ldots$	0.3251900	$\sin\tfrac{1}{2}(C'-C)\ldots$	8.5547134
$v'' \ldots$	0.3214414	$\sin\tfrac{1}{2}(C''-C')\ldots$	8.4843307
$\sin(C''-C')\ldots$	8.7851586	$\sin\tfrac{1}{2}(C''-C)\ldots$	8.8217386
$0.2702650 \ldots$	9.4517900	$p = 2.6734554 \ldots$	0.4270727
0.3241381			
0.5944031			

Voyez pour le troisième terme la page suivante, colonne première.

$$
\begin{aligned}
v &\ldots\; 0.3300762 \qquad p = 2.6734554\\
v'' &\ldots\; 0.3214414\\
\sin(C''-C) &\ldots\; 9.1218110\\[2pt]
0.5933740 &\ldots\; 9.7733286\\
0.5944031 &= \text{somme des deux premiers termes.}\\[2pt]
0.0010291 &= n + n'' - n'.
\end{aligned}
$$

227. Tous nos calculs s'accordent, et cependant les résultats sont impossibles; c'est que les formules qui nous ont parfaitement réussi, quand nous les avons appliqués à des rayons vecteurs et à des angles exacts, peuvent mener bien loin de la vérité, quand les données ont quelqu'inexactitude, et c'est pour mettre cette remarque dans tout son jour que j'ai fait tous ces calculs.

228. Il est donc essentiel, avant tout, de satisfaire aux intervalles observés ; chacun de ces intervalles, avec les deux rayons vecteurs et l'angle qui y répondent, nous donnera des élémens plus approchés, et l'accord plus ou moins grand des trois systèmes d'élémens qui en naîtront nous indiquera les corrections à faire. Suivons donc les préceptes de M. Gauss (XXI. 240).

$$
\begin{aligned}
v' &\ldots\ldots\; 0.3251900\\
v &\ldots\ldots\; 0.3300762\\[2pt]
vv' &\ldots\ldots\; 0.6552662\\[4pt]
\left(\tfrac{v'}{v}\right) &\ldots\ldots\; 9.9951138\\[6pt]
\tan(45^\circ + \omega') = 44^\circ 55' 10'' = \left(\tfrac{v'}{v}\right)^{\frac14} &\ldots\ldots\; 9.9987784.5\\
\omega' = -\; 0.\;4.50.\\[6pt]
\tan^2 2\omega' = &\ldots\ldots\ldots\ldots\ldots\ldots\; 4.8980080\\
C.\cos\tfrac12(C'-C) = C.\cos\tfrac12(u'-u) &\ldots\ldots\; 0.0002796\\[2pt]
1^{\text{er}} \text{ terme}\ldots\; 0.00000\ 79123 &\ldots\ldots\; 4.8982876\\
C.\cos\tfrac12(u'-u) &\ldots\ldots\; 0.0002796\\
\sin^2\tfrac14(u'-u) &\ldots\ldots\; 6.5075066\\[2pt]
2^{\text{e}} \text{ terme}\ldots\; 0.0\ 052\ 19484 &\ldots\ldots\; 6.5077862\\[2pt]
l = 0.00032\ 08607\\
\tfrac{5}{6} = 0.83333\ 33333\\[2pt]
\tfrac{5}{6} + l = 0.83366\ 31940.
\end{aligned}
$$

Une seconde d'erreur sur ω' produirait o.oo14962, mais n'affecterait que la huitième décimale de $\frac{5}{6}+l$.

$$3548''.1576 \sin 1''\ldots\ldots\ 8.2355790$$
$$T'-T\ldots\ldots\ 1.0778489$$

$$(et \sin 1'')\ldots\ldots\ 9.3134279$$

$$\text{double}\ldots\ldots\ 8.6268558$$
$$C.\ \log 8\ldots\ldots\ 9.0969100$$
$$C.\ \cos^3 \tfrac{1}{2}(u'-u)\ldots\ldots\ 0.0008388$$
$$C.\ vv'\ldots\ldots\ 9.3447538$$
$$C.\ (v'v)^{\frac{1}{2}}\ldots\ldots\ 9\ 6725.69$$

$$m^2\ldots\ldots\ 6.7417053$$
$$C.\ (\tfrac{5}{6}+l)\ldots\ldots\ 0.0790093$$

$$h = 0.0006.617874\ldots\ldots\ 6.8207146$$

$$\log y^2\ (\text{XXI. Table I.})\ldots\ldots\ 0.0006376$$
$$m^2\ldots\ldots\ 6.7417053$$

$$\frac{m^2}{y^2} = 0.00055089\ldots\ldots\ 6.7410677$$
$$l = 0\cdot 00032986$$

$$\sin^2 \tfrac{1}{2}(x'-x) = 0.00022103\quad \text{valeur approchée}$$
$$\text{Table II.}\ \xi = 0.0000002$$
$$\tfrac{5}{6}+l = 0.8336632$$

$$C.\ (\tfrac{5}{6}+l+\xi) = 0.8336634.$$

h ne change pas par l'addition de ξ, ainsi nous aurons

$$0.00022103 = \sin^2 \tfrac{1}{4}(x'-x).$$
$$\operatorname{Sin}^2 \tfrac{1}{4}(x'-x)\ldots\ldots\ 6.3444512$$
$$\sin \tfrac{1}{4}(x'-x) = 0°51'\ 6'',7\ldots\ldots\ 8.1722256$$
$$\tfrac{1}{2}(x'-x) = 1.42.13,4$$
$$x'-x = 3.24.26,8$$

$$
\begin{aligned}
\text{C. } \sin^2 \tfrac{1}{2}(x'-x) &\ldots\ldots & 3.0535758 \\
\text{C. } 4 &\ldots\ldots & 9.3979400 \\
(ct \sin 1'')^2 &\ldots\ldots & 8.6268558 \\
\text{C. } y^2 &\ldots\ldots & 9.9993624 \\
\text{C. } (vv') &\ldots\ldots & 9.3447338 \\
\text{C. } \cos^2 \tfrac{1}{2}(u'-u) &\ldots\ldots & 0.0005592 \\
\hline
a = 2.648665 &\ldots\ldots & 0.4230270
\end{aligned}
$$

$$
\begin{aligned}
(vv')^{\frac{1}{2}} &\ldots\ldots & 0.3276331 \\
\sin \tfrac{1}{2}(u'-u) &\ldots\ldots & 8.5547134 \\
\text{C. } \sin \tfrac{1}{2}(x'-x) &\ldots\ldots & 1.5267879 \\
\hline
b = 2.565278 &\ldots\ldots & 0.4091344 \\
a = 2.648665 &
\end{aligned}
$$

$$
\begin{aligned}
a - b = 0.083387 &\ldots\ldots & 8.9210983 \\
a + b = 5.213943 &\ldots\ldots & 0.7171663 \\
\hline
\tan^2 \tfrac{1}{2}\varepsilon &\ldots\ldots\ldots & 8.2039320 \\
\tan \tfrac{1}{2}\varepsilon = 7^\circ 12' 25'' &\ldots\ldots & 9.1019660
\end{aligned}
$$

$$
\begin{aligned}
\cos \varepsilon = 14.24.50 &\ldots\ldots & 9.9861099 \\
a &\ldots\ldots & 0.4230270 \\
\hline
b &\ldots\ldots & 0.4091369 \\
p = 2.484545 &\ldots\ldots & 0.3952468.
\end{aligned}
$$

Voilà des valeurs beaucoup plus approchées, et trouvées par un calcul bien facile.

229. Cherchons maintenant $\tfrac{1}{2}(u'+u)$ par la formule de M. Gauss;

$$
\tan \tfrac{1}{2}(u'+u) = \frac{\left(\dfrac{v'-v}{v'+v}\right) \tan \tfrac{1}{2}(u'-u)}{\dfrac{2(vv')^{\frac{1}{2}}}{v'+v} \cdot \dfrac{\cos \tfrac{1}{2}(x'-x)}{\cos \tfrac{1}{2}(u'-u)} - 1}.
$$

$$
\begin{aligned}
2 &\ldots\ldots\ldots & 0.3010300 \\
\text{C.}(v'+v) = 4.25275 &\ldots\ldots & 9.3713301 \\
(vv')^{\frac{1}{2}} &\ldots\ldots & 0.3276331 \\
\cos \tfrac{1}{2}(x'-x) &\ldots\ldots & 9.9998080 \\
\text{C.} \cos \tfrac{1}{2}(u'-u) &\ldots\ldots & 0.0002796 \\
\hline
1.0001806 &\ldots\ldots & 0.0000808
\end{aligned}
$$

C.

$$\text{C. } 0.0001816\ldots\ldots 3.7432823$$
$$\text{C.}\,(v'+v)\ldots 9.3713301$$
$$(v'-v)\; -\; 8.3788338$$
$$\operatorname{tang}\tfrac{1}{2}(u'-u)\ldots 8.5549930$$

$$\operatorname{tang}\tfrac{1}{2}(u'+u)=10^{s}\,11^{\circ}\,48'\,41''\; -\; 0.0484392$$
$$\tfrac{1}{2}(u'-u)=\qquad 2.\;3.20$$

$$u'=10.13.52.\;1$$
$$u=10.\;9.45.21$$
$$\text{C}=\;\;0.\;3.14.19$$

$$\Pi=\;\;1.23.28.58$$

$$v=\frac{bb}{a+a\sin\varepsilon\cos u}=\frac{\left(\dfrac{bb}{a}\right)=p}{1+\sin\varepsilon\cos u}\,,\qquad v'=\frac{\left(\dfrac{bb}{a}\right)=p}{1+\sin\varepsilon\cos u'}\,,$$

$$v=\frac{a(1-e^{2})}{1+e\cos u}=\frac{a\cos\varepsilon^{2}}{1+\sin\varepsilon\cos u}=\frac{p}{1+\sin\varepsilon\cos u}\,;$$

$\sin\varepsilon\ldots$ 9.3961556		$\sin\varepsilon\ldots$ 9.3961556	
$\cos u\ldots$ 9.8058522		$\cos u'\ldots$ 9.8407245	
0.159224$\ldots$ 9.2020078		0.172536 9.2368801	
C. 1.159224 9.9358326		C. 1.172536 9.9308738	
$p\ldots$ 0.3952352		$p\ldots$ 0.3952352	
$v=$ 2.145225 0.3310678		$v'=$ 2.118890 0.3261090	
$v=$ 2.138334 trouvé ci-dessus		$v'=$ 2.114413 ci-dessus	
0.004891		0.004477	

Ces deux rayons vecteurs sont un peu trop forts, ainsi nos élémens
ne sont pas encore assez exacts. Il faut avouer, d'ailleurs, que $\tfrac{1}{2}(u'+u)$,
trouvé par une expression dont le dénominateur était 0.0001806, ne
doit pas nous inspirer une grande confiance pour les anomalies, ni
pour le lieu du périgée. Or ce dénominateur, de sa nature, sera toujours un nombre fort petit, quand les $\tfrac{1}{2}(x'-x)$ et $\tfrac{1}{2}(u'-u)$ seront
de petits angles peu différens, comme ici.

2.

230. Cherchons les élémens, par les dernières observations.

$$\nu'' \ldots 0.5214414 \qquad \tfrac{1}{2}(u''-u') = 1°\,44'\,52''5$$
$$\nu' \ldots 0.5251900 \qquad \tfrac{1}{4}(u''-u') = 0.52.26.25$$
$$\nu''\nu' \ldots 0.6466314$$
$$(\nu''\nu')^{\frac{1}{2}} \ldots 0.5233157$$
$$(\nu''\nu')^{\frac{3}{2}} \ldots 0.9699471$$
$$\left(\tfrac{\nu''}{\nu'}\right) \ldots 9.9962514$$

$$\left(\tfrac{\nu''}{\nu'}\right)^{\frac{1}{4}} = \tang(45°+\omega') \ldots 9.9990628.5$$

$$44°\,56'\,17''5$$
$$\omega' = - \qquad 3.42,5$$

$$\tang^2 2\omega' = \quad 0°\,7'\,25'' \ldots 4.6678712$$
$$\mathrm{C.}\cos\tfrac{1}{2}(u''-u') \ldots 0.0002021$$
$$0.00000.46566.5 \qquad 4.6680733$$

$$\mathrm{C.}\cos\tfrac{1}{2}(u''-u') \ldots 0.0002021$$
$$\sin^2\tfrac{1}{4}(u''-u') \ldots 6.3667024$$
$$0.00023.2758 \qquad 6.3669045$$

$$0.00023.74146.5 = l$$
$$0.83333.33333.3 = \tfrac{5}{6}$$

$$0.83357.0748 \quad = l + \tfrac{5}{6}$$

$$c\sin 1'' \ldots 8.2355790$$
$$T'' - T' \ldots 0.9987472$$
$$ct\sin 1'' \ldots 9.2343262$$

$$(ct\sin 1'')^2 \ldots 8.4686524$$
$$c.8 \ldots 9.0969100$$
$$c.\cos^3\tfrac{1}{2}(u''-u') \ldots 0.0006063$$
$$c.(\nu''\nu')^{\frac{3}{2}} \ldots 9.0300529$$
$$m^2 \ldots 6.5962216$$
$$c.(l+\tfrac{5}{6}) \ldots 0.0790575$$
$$h = 0.0004734552 \qquad 6.6752791$$

$$y^2 \ldots\; 0.0004566$$
$$m^2 \ldots\; 6.5962216$$
$$\frac{m^2}{y^2} = 0.00039423 7 \qquad \overline{6.5957650}$$
$$l = \frac{237415}{0.00015682 2} = \sin^2 \tfrac{1}{4}(x'' - x)$$

$$\sin^2 \tfrac{1}{4}(x'' - x') \ldots\; 6.1954069$$
$$\sin \tfrac{1}{4}(x'' - x') = 0°\,43'\,3''1 \qquad 8.0977034$$
$$\tfrac{1}{2}(x'' - x') = 1.26.6,2$$
$$C. \sin^2 \tfrac{1}{2}(x'' - x') \ldots\; 3.2025986$$
$$C.4 \ldots\; 9.3979400$$
$$(ct \sin 1'')^2 \ldots\; 8.4686524$$
$$C. y^2 \ldots\; 9.9995434$$
$$C. (v''v') \ldots\; 9.3535686$$
$$C. \cos^2 \tfrac{1}{2}(u'' - u') \ldots\; \overline{0.0003042}$$
$$a = 2.645495 \ldots\; \overline{0.4225072}$$

$$(v''v')^{\frac{1}{2}} \ldots\; 0.3235157$$
$$\sin \tfrac{1}{2}(u'' - u') \ldots\; 8.4843307$$
$$C. \sin \tfrac{1}{2}(x'' - x') \ldots\; 1.6012993$$
$$b = 2.564163 \qquad \overline{0.4089457}$$
$$a = 2.645495$$
$$a - b = \overline{0.081332} \ldots\; 8.9102615$$
$$a + b = 5.209658 \ldots\; \overline{0.7168095}$$
$$\mathrm{tang}\,\tfrac{1}{2}\varepsilon \ldots\ldots\ldots\ldots\ldots\ldots\; \overline{8.1954522}$$
$$\mathrm{tang}\,\tfrac{1}{2}\varepsilon = 7°\,7'\,19''3 \qquad 9.0967261$$

$$\cos\varepsilon = 14.14.58,6 \qquad 9.9864323$$
$$a \ldots\; \overline{0.4225070}$$
$$b \ldots\; \overline{0.4089393}$$
$$p = 2.485289 \qquad 0.3953716$$

$$2 \ldots\ldots\ldots\; 0.3010300$$
$$C. (v' + v'') = 4.210653 \ldots\; 9.3756505$$
$$(v' + v'')^{\frac{1}{2}} \ldots\ldots\ldots\ldots\ldots\; 0.3235157$$
$$C. \cos \tfrac{1}{2}(u'' - u') \ldots\ldots\; 0.0002021$$
$$\cos \tfrac{1}{2}(x'' - x') \ldots\ldots\; \underline{9.9998638}$$
$$1.0001430 \ldots\ldots\; 0.0000621$$

$$
\begin{aligned}
\text{C. } 0.0001430\ldots\ldots\ldots\;& 3.8446640 \\
\text{C. } (v' + v'')\ldots\;& 9.3756505 \\
(v'' - v')\;& -\ 8.2594266 \\
\text{tang}\tfrac{1}{2}(u'' - u')\ldots\;& 8.4845328
\end{aligned}
$$

$$
\begin{aligned}
\text{tang }\tfrac{1}{2}(u'' + u') =\ -\ 1^s\,12°\,38'\,45''\ &-\ 9.9642739 \\
\text{ou}\ldots =\quad 10.17.21.15 & \\
\tfrac{1}{2}(u'' - u') =\quad 0.\ 1.44.53 & \\[2pt]
u'' =\quad 10.19.\ 6.\ 8 & \\
u' =\quad 10.15.36.22 & \\
u'' =\quad 10.19.\ 6.\ 8 & \\
C'' =\quad 0.10.54.42 & \\[2pt]
\Pi =\quad 1.21.48.34 & \\
\text{ci-dessus}\ldots\ \Pi =\quad 1.23.28.58 &
\end{aligned}
$$

Ces résultats s'accordent moins mal qu'il n'était à craindre.

Milieu............ 1.22.38.46

$$
\begin{array}{llll}
\sin \varepsilon\ldots\ 9.3910283\ldots\ldots\ldots\ldots\ldots\ldots\ldots & 9.3910283 \\
\cos u''\ldots\ 9.8784522 & \cos u'\ldots\ 9.8540310 \\[2pt]
0.185986 \quad 9.2694805 & 0.1758164 \quad 9.2450593 \\[2pt]
1.185986 \quad 9.9259154 & 1.1758164 \quad 9.9293304 \\
\quad 0.3953716 & \quad 0.3953716 \\[2pt]
v'' = 2.09597 \quad 0.3212870 & v' = 2.112040 \quad 0.3247020 \\
v'' = 2.09624 & v' = 2.114413 \\[2pt]
-\ 0.00077 \quad \text{différence}\ldots\ldots & -\ 0.002373.
\end{array}
$$

231. Les différences sont moindres que par la première combinaison partielle; nous devons attendre mieux des deux observations extrêmes.

$$
\begin{aligned}
v''\ldots\ldots\;& 0.3214414 \\
v\ldots\ldots\;& 0.3300762 \\[2pt]
(v''v)\ldots\;& 0.6515176 \\
(v''v)^{\frac{1}{2}}\ldots\;& 0.3257588 \\
(v''v)^{\frac{3}{2}}\ldots\;& 0.9772764 \\
\left(\frac{v''}{v}\right)\ldots\;& 9.9913652
\end{aligned}
$$

$$\left(\tfrac{\iota''}{\nu}\right)^{\frac{1}{4}} = \operatorname{tang}\,(45° + \omega') = 44° \, 51' \, 27'' \dots \quad 9.9978413$$

$$\omega' = - \quad 8.33$$

$$\operatorname{tang}^2 2\omega' = \quad 0.17.\,6 \qquad 5.3934516$$

$$\text{C. } \cos \tfrac{1}{2}(u'' - u) \dots \dots \dots \quad 0.0009576$$

$$0.00002.4796 \dots \dots \quad 5.3944092$$

$$\text{C. } \cos \tfrac{1}{2}(u'' - u) \dots \quad 0.0009576$$

$$\sin^2 \tfrac{1}{4}(u'' - u) \dots \quad 7.0418956$$

$$0.00110.3706 \qquad 7.0428532$$

$$0.00112.85036 = l$$

$$0.83333.33333 = \tfrac{5}{6}$$

$$0.83446.18369 = \tfrac{5}{6} + l$$

$$\text{C. } \sin 1'' \dots \quad 8.2355790$$

$$T'' - T \dots \quad 1.3411264$$

$$9.5767054$$

$$(ct \sin 1'')^2 \dots \quad 9.1534108$$

$$\text{C. } 8 \dots \quad 9.0969106$$

$$\text{C. } \cos^3 \tfrac{1}{2}(u'' - u) \dots \quad 0.0028728$$

$$\text{C. } (v''v)^{\frac{3}{2}} \dots \quad 9.0227236$$

$$m^2 \dots \dots \quad 7.2759172$$

$$\text{C. } (\tfrac{5}{6} + l) \dots \quad 0.0785935$$

$$h = 0.00226.2096 \qquad 7.3545107$$

$$y^2 \dots \dots \quad 0.0021744$$

$$m^2 \dots \dots \quad 7.2759172$$

$$0.001878205 \qquad 7.2737428$$

$$0.001128504$$

$$0.000749701 = \sin^2 \tfrac{1}{4}(x'' - x)$$

$$\sin^2 \tfrac{1}{4}(x'' - x) \dots \dots \dots \dots \quad 6.8748876$$

$$\sin \tfrac{1}{4}(x'' - x) = 1° \, 34' \, 8''4 \qquad 8.4374438$$

$$\tfrac{1}{4}\sin(x'' - x) = 3.\,8.16,8$$

$$\text{C. } \sin^2 \tfrac{1}{2}(x''-x) \ldots \ldots \quad 2.5233740$$
$$(ct \sin 1'')^2 \ldots \ldots \quad 9.1534108$$
$$\text{C. } 4 \ldots \ldots \quad 9.3979400$$
$$\text{C. } r^2 \ldots \ldots \quad 9.0978256$$
$$\text{C. } (v''v) \ldots \ldots \quad 9.5484824$$
$$\text{C. } \cos^2 \tfrac{1}{2}(u''-u) \ldots \ldots \quad 0.0019152$$

$$a = 2.648183 \ldots \ldots \quad 0.4229480$$

$$(v''v)^{\frac{1}{2}} \ldots \ldots \quad 0.3257588$$
$$\sin \tfrac{1}{2}(u''-u) \ldots \ldots \quad 8.8217386$$
$$\text{C. } \sin \tfrac{1}{2}(x''-x) \ldots \ldots \quad 1.2616870$$

$$b = 2.565574 \qquad 0.4091844$$
$$a = 2.648183$$

$$a - b = 0.082609 \ldots \ldots \quad 8.9170274$$
$$a + b = 5.213757 \ldots \ldots \quad 0.7171508$$

$$\tan^2 \tfrac{1}{2}\varepsilon \ldots \ldots \ldots \ldots \quad 8.1998766$$
$$\tan \tfrac{1}{2}\varepsilon = \quad 7° \, 10' \, 28'' \ldots \quad 9.0999383$$
$$\varepsilon = 14.20.56 \ldots$$

$$\cos \varepsilon \ldots \ldots \quad 9.9862362$$
$$a \ldots \ldots \quad 0.4229480$$

$$b \ldots \ldots \quad 0.4091842$$
$$p = 2.485537 \ldots \ldots \quad 0.3954204$$
$$p = 2.485289$$
$$p = 2.484478$$
$$\log r' \ldots \ldots \quad 0.0010872$$

$$2 \ldots \ldots \quad 0.3010300$$
$$(v''v)^{\frac{1}{2}} \ldots \ldots \quad 0.3257588$$
$$\text{C. } (v''+v) = 4.234577 \qquad 9.5731900$$
$$\text{C. } \cos \tfrac{1}{2}(u''-u) \ldots \ldots \quad 0.0009576$$
$$\cos \tfrac{1}{2}(x''-x) \ldots \ldots \quad 9.9993483$$

$$1.0006558 \ldots \ldots \quad 0.0002847$$

$$
\begin{aligned}
\mathrm{C}.\ & 0.0006538\ \dots\ 3.1845551 \\
\mathrm{C}.(v''+v)\ & \dots\ 9.3751900 \\
(v''-v)\ & -\ 8.6242511 \\
\tang\tfrac{1}{2}(u''-u)\ & \dots\ 8.8226962
\end{aligned}
$$

$$
\begin{array}{lll}
\tang\tfrac{1}{2}(u''+u) = -\ & 1^s\,15°\,18'\,34'' & 0.0046924 \\
\tfrac{1}{2}(u''+u) = & 10.14.41.26 & \\
\tfrac{1}{2}(u''-u) = & 3.48.12 & C' = \qquad 7°\,20'\,59'' \\
u'' = & 10.18.29.58 & +\Pi = \qquad 1^s\,22.21,\ 5 \\
u = & 10.10.53.14 & C'-\Pi = -\ 1.15.\ 0.\ 6 \\
C = & 3.14.19 & C'-\Pi = +\ 10^s\,14°\,59'\,54'' = u' \\
\Pi = & 1.22.21.\ 5 & \\
 & & 494 \\
\Pi = & 1.21.48.54 & \sin\varepsilon\ \dots\ 9.5940971 \\
\Pi = & 1.23.28.58 & 9.5941465 \\
\text{milieu des deux} = & 1.22.38.46 & \\
\text{intervalle total} = & 1.22.21,\ 5 &
\end{array}
$$

$\sin\varepsilon$...	9.5941455	$\cos u'$...	9.5941455		9.5941455
$\cos u$...	9.8159576	$\cos u'$...	9.8494723	$\cos u''$...	9.8744152
0.16222...	9.2101031	0.175234	9.2436178	0.185593	9.2685607
1.16222...	9.9347116	1.175234	9.9298856	1.185593	9.9260643
p...	0.3954214		0.3954214		0.5954214
$v = 2.138617$	0.3301330	$v' = 2.114985$	0.3253070	$v'' = 2.096436$	2.3214817
$v = 2.138337$	....	$v' = 2.114413$	....	$v'' = 2.095240$	
0.000280	différences.......	0.000572	....	0.000196	

232. Voilà des vérifications qui prouvent que les élémens sont déjà fort approchés. Pour les rendre encore plus exacts, nous pouvons revenir sur nos pas et tenir compte des quantités négligées. Ainsi (181)

$$
\mathrm{P} = \frac{n''}{n} = \frac{vv'\sin(C'-C)}{v'v''\sin(C''-C')} = \frac{ct\sin 1''\, y''}{(ct''\sin 1'')y} = \frac{tv''}{t'y} = \frac{(T'-T)v''}{(T''-T')y},
$$

$$\log(T'-T)\ldots \; 1.0778489 \qquad P = 1.199530$$
$$\text{C.}\log(T''-T)\ldots \; 9.0012529 \qquad a = 0.354365$$

Nous avons fait $\log P \ldots \ldots \; 0.0791018 \qquad P+a = 1.553895$

Il fallait ajouter $\log y'' \ldots \; 0.0002283$

et le complément de $\log y \ldots \; 9.9996812$

$\log P$ plus exact $\ldots \ldots \; 0.0790113$

$$\frac{n}{n'} = \frac{v''v\sin(C''-C')}{v''v\sin(C''-C)} = \left(\frac{T''-T'}{y''}\right)\left(\frac{y'}{T''-T}\right) = \frac{T''-T'}{T''-T}\cdot\frac{y'}{y''} =$$

$$T''-T'\ldots\ldots \; 0.9987471$$
$$\text{C.}(T''-T)\ldots\ldots \; 8.6588735$$
$$y'\ldots\ldots \; 0.0010872$$
$$\text{C.}y''\ldots\ldots \; 9.9997717$$
$$\log\left(\frac{n}{n'}\right)\ldots\ldots \; 9.6584795$$

$$\frac{\sin(z'-\sigma)}{\sin z'} = \frac{n}{n'}\cdot\frac{(P+a)}{b},$$

$$\cos\sigma - \sin\sigma\cot z' = \frac{n}{n'}\left(\frac{P+a}{b}\right), \qquad \cot\sigma - \cos z' = \frac{n}{n'}\left(\frac{P+a}{b\sin\sigma}\right),$$

$$\cot z' = \cot\sigma - \frac{n}{n'}\left(\frac{P+a}{b\sin\sigma}\right),$$

$$0.5415204 \qquad \log\left(\frac{n}{n'}\right)\ldots \; 9.6584795$$
$$(P+a)\ldots \; 0.1914217$$
$$\text{C.}\sin\sigma\ldots \; 2.3090595$$

$$144.1985 \qquad 2.1589607$$
$$\cot\sigma\ldots \; 148.0488$$

$$\cot z'\ldots \; 3.8503 \qquad 0.8854946$$
$$z' = 14° \, 33' \, 33''$$
$$\sigma = 23.13$$

$$z'-\sigma = 14.10.20$$

V.

$$
\begin{aligned}
V' \sin A'B \ldots & \quad 9.7262086 \\
C. \sin z' \ldots & \quad 0.5996699 \\
v' = 2.11777 \ldots & \quad 0.3258785 \\
\tfrac{n'}{n} \ldots\ldots & \quad 0.3415205 \\
\hline
\tfrac{n'v'}{n} \ldots\ldots & \quad 0.6673990
\end{aligned}
\qquad
\begin{aligned}
B'C' &= 14^\circ\ 33'\ 33'' \\
B'D &= 19.47.\ 4 \\
C'D &= \overline{34.20.37} \\[1ex]
B'C' &= 14.33.33 \\
B'D'' &= 8.54.32 \\
C'D'' &= \overline{23.28.\ 5} \\
A'B' &= 32.19.25 \\
B'C' &= 14.33.33 \\
A'C' &= \overline{17.45.52}
\end{aligned}
$$

En suivant une marche un peu différente, et qui me paraît moins simple, M. Gauss trouve $z' = 14^\circ\ 33'\ 19''$.

Avec cette nouvelle valeur de z', nous recommencerons le calcul des articles 221 ; nous en déduirons de nouvelles valeurs un peu différentes pour v, v', v'', C, C', C'', Π, ε, a, b, p, y, y', y'', avec lesquelles nous recommencerons encore à calculer z' et tout le reste, jusqu'à ce que nous trouvions les mêmes élémens par deux hypothèses consécutives.

233.

$$
\frac{n'v'}{n} \ldots \ 0.6673990 \ \ldots\ldots\ldots\ldots\ldots\ldots\ldots
\qquad
\begin{aligned}
C. \log P \ldots\ldots & \quad 9.9209887 \\
& \quad 0.6673990 \\
\hline
& \quad 0.5883877
\end{aligned}
$$

$$
\begin{aligned}
\frac{\sin D}{\sin D'} \ldots & \quad 9.5086927 \\
\sin C'D \ldots & \quad 9.7513984 \\
\log N \ldots & \quad 9.9274901 \\
\sin BD' \ldots & \quad 9.4075457 \\
N \sin BD' \ldots & \quad 9.3350358 \\
V \sin AB \ldots & \quad 9.4988808 \\
1.458294 & \quad 0.1638450 \\
3.782555 & \\
\cot CD'\ \overline{2.324261} & \quad 0.3662849 \\
C. \sin CD' = 30^\circ\ 16'\ 43'' & \quad 0.4031802 \\
\log N \ldots & \quad 9.9274901 \\
\log v = 2.141265 & \quad \overline{0.3306703}
\end{aligned}
\qquad
\begin{aligned}
\frac{\sin D''}{\sin D'} \ldots & \quad 9.8344563 \\
\sin C'D'' \ldots & \quad 9.6001424 \\
\log N' \ldots & \quad 0.0229864 \\
\sin B''D' \ldots & \quad 9.2904474 \\
N' \sin B''D' \ldots & \quad 9.5134538 \\
V'' \sin A''B'' \ldots & \quad 9.8323508 \\
3.302912 & \quad \overline{0.5188970} \\
5.02479 & \\
\cot C''D' = \overline{1.72188} & \quad 0.2360386 \\
C. \sin C''D' = 30^\circ\ 8'\ 46 & \quad 0.2991174 \\
\log N' \ldots & \quad 0.0229864 \\
\log v'' = -\ 2.09944 & \quad \overline{0.3221038}
\end{aligned}
$$

$$
\begin{aligned}
v' &= 2.11777 \\
v &= 2.14126 \\
\hline
v' - v &= -\ 0.02349 \\
v'' - v' &= -\ 0.01833 \qquad v'' + v = 1.2473 \\
v'' - v &= -\ 0.04182
\end{aligned}
$$

2.

$$
\begin{aligned}
CD' &= 23°\ 16'\ 43'' \\
BD' &= 14.48.31 \\
\hline
BC &= 8.28.12 \\
AB &= 18.23.59 \\
\hline
AC &= 9.55.47 \\
\\
C''D' &= 30.\ 8.46 \\
B''D' &= 11.15.20 \\
\hline
B''C'' &= 18.53.26 \\
\\
A''B'' &= 43.11.42 \\
\hline
A''C'' &= 24.18.16 \\
\\
CD' &= 23.16.43 \\
C''D' &= 30.\ 8.46 \\
\hline
2S &= 53.25.29 \\
2d &= 6.52.\ 3 \\
\hline
S &= 26.42.44,5 \\
d &= 3.26.\ 1,5 \\
\hline
\tfrac{1}{2}D' &= 3.36.49
\end{aligned}
$$

$\cot \tfrac{1}{2} D'$......	1.1996048		1.1996048
C. sin S......	0.3472590	C. cos S....	0.0490150
sin d.......	8.7773860	cos d....	9.9992196
	0.3242498	86° 45' 55''..	1.2478394
		64.38.26	
		C = 151.24.21	
		C''= 22.\ 7.29	
		173.31.50	

sin D'.....	9.0996887	....	9.0996887
sin CD'....	9.5968198	sin C''D'....	9.7008826
C. sin C''.....	0.4240920	C. sin C.....	0.3200251
sin (C''—C) = 7° 35' 9''	9.1206005	....	9.1205964

$$\begin{aligned}
\text{C. sin C}''\ldots &\ 0.4240920 & \text{C sin C}\ldots\therefore\ &\ 0.5200251 \\
\text{sin D}''\ldots &\ 8.6083820 & \text{sin D}''\ldots\ &\ 8.9341435 \\
\text{sin C'D}\ldots &\ 9.7513984 & \text{sin C'D}''\ldots\ &\ 9.6001424
\end{aligned}$$

$$\begin{aligned}
(\text{C}''-\text{C}') = 5°\ 29'\ 8''\quad &8.7838724 & \text{C}'-\text{C} = 4°\ 6'\ 1''\quad &8.8543110 \\
& & \text{C}''-\text{C}' = 3\,.\,29\,.\,8 \\
& & \text{C}''-\text{C} = 7\,.\,35\,.\,9
\end{aligned}$$

Il est inutile, pour le moment, de chercher les ρ, le nœud et l'inclinaison, il faut chercher les γ, et voir s'ils diffèrent assez des précédens pour recommencer encore le calcul ; commençons par les deux observations extrêmes.

234.

$$\begin{aligned}
v''\ldots &\ 0.3221038 \\
v\ldots &\ 0.3306704 \\
(v''v)\ldots &\ 0.6527742 \\
(v''v)^{\frac{1}{2}}\ldots &\ 0.3263871 \\
(vv'')^{\frac{3}{2}}\ldots &\ 0.9791613 \\
\left(\frac{v''}{v}\right)\ldots &\ 9.9914334
\end{aligned}$$

$$\begin{aligned}
\tan(45° + \omega') = 44°\ 51'\ 31''4 \qquad &9.9978583.5 \\
\omega' = -\ \ 8.28,6 \\
2\omega' = \quad 16.57,2
\end{aligned}$$

$$\begin{aligned}
\tan^2.2\omega' \ldots\ldots\ldots\ldots\ldots\ &\ 5.3859694 \\
\cos\tfrac{1}{2}(u''-u)\ &\ 0.0009524 \\
\hline
0.000002.4373 \qquad\qquad &\ 5.3869218
\end{aligned}$$

$$\begin{aligned}
&\ 0.0009524 \\
\sin^2\tfrac{1}{4}(u''-u)\ &\ 7.0394828 \\
\hline
0.00109.7577 \qquad\qquad &\ 7.0404352 \\
\hline
0.00112.1950
\end{aligned}$$

$$\tfrac{1}{2}(u'' - u) = 3° \, 47' \, 34'' 5$$
$$\tfrac{1}{4}(u'' - u) = 1.53.47,25$$
$$l = 0.00112.195$$
$$\tfrac{5}{6} = 0.83333.333$$
$$\tfrac{5}{6} + l = 0.83445.528$$

$$(ct \sin 1'')^2 \ldots \ldots \quad 9.1534108$$
$$\text{C. } 8 \ldots \ldots \quad 9.0969100$$
$$\text{C. } \cos^3 \tfrac{1}{2}(u'' - u) \ldots \quad 0.0028572$$
$$\text{C. } (v''v)^{\frac{3}{2}} \ldots \quad 9.0208387$$
$$m^2 \ldots \ldots \quad 7.2740167$$
$$\text{C. } (\tfrac{5}{6} + l) \ldots \quad 0.0785970$$
$$h = 0.002252235 \qquad 7.3526137$$

$$y^2 \ldots \quad 0.0021650$$
$$m^2 \ldots \quad 7.2740167$$
$$\frac{m^2}{y^2} \ldots \quad 7.2718517$$

$$0.00187.004$$
$$00112.195$$
$$\sin^2 \tfrac{1}{2}(x'' - x) \ldots \quad 0.00074.81$$

$$\sin^2 \tfrac{1}{4}(x'' - x) \ldots \ldots \ldots \quad 6.8739597$$
$$\sin \tfrac{1}{4}(x'' - x) = 1° \, 34' \, 2'' 5 \qquad 8.4369798.5$$
$$\sin \tfrac{1}{2}(x'' - x) = 3.\ 8.5,0 \qquad 8.7378597$$
$$\sin^2 \tfrac{1}{2}(x'' - x) \ldots \ldots \ldots \quad 7.4757194$$
$$\text{C. } \sin^2 \tfrac{1}{2}(x'' - x) \ldots \ldots \ldots \quad 2.5242806$$
$$(ct \sin 1'')^2 \ldots \ldots \ldots \quad 9.1534108$$
$$\text{C. } 4 \ldots \ldots \quad 9.3979400$$
$$\text{C. } y^2 \ldots \ldots \quad 9.9978350$$
$$\text{C. } (v''v) \ldots \quad 9.3472258$$
$$\text{C. } \cos^2 \tfrac{1}{2}(u'' - u) \ldots \quad 0.0019048$$
$$a = 2.646044 \ldots \ldots \quad 0.4225970$$

$$(vv'')^{\frac{1}{2}}\ldots\ldots\ 0.3263871$$
$$\sin\tfrac{1}{2}(u''-u)\ldots\ldots\ 8.8205334$$
$$\text{C.}\sin\tfrac{1}{2}(x''-x)\ldots\ldots\ 1.2621403$$

$$b = 2.564843 \qquad 0.4090608$$
$$a = 2.646044$$

$$a - b = 0.081201\ldots\ldots\ 8.9095614$$
$$a + b = 5.210887\ldots\ldots\ 9.2830879$$

$$\text{tang}^2\tfrac{1}{2}\varepsilon\ldots\ldots\ldots\ 8.1926493$$
$$\text{tang}\tfrac{1}{2}\varepsilon = 7°\ 6'\ 56''6\ldots\ldots\ 9.0963246$$
$$\varepsilon = 14.13.53,2$$

$$\cos\varepsilon = 14°\ 13'\ 53''2 \qquad 9.9864629$$
$$a\ldots\ldots\ldots\ 0.4225970$$

$$b\ldots\ldots\ldots\ 0.4090599$$
$$p = 2.486124 \qquad 0.3955228$$

$$2\ldots\ldots\ 0.3010300$$
$$(vv'')^{\frac{1}{2}}\ldots\ldots\ 0.3263871$$
$$4.2407 \qquad \text{C}(v''+v)\ldots\ldots\ 9.3725624$$
$$\text{C.}\cos\tfrac{1}{2}(u''-u)\ldots\ldots\ 0.0009524$$
$$\cos\tfrac{1}{2}(x''-x)\ldots\ldots\ 9.9993497$$
$$1.0006485\ldots\ldots\ 0.0002816$$

$$\text{C.}\ 0.0006485\ldots\ldots\ 3.1880900$$
$$\text{C.}(v''+v)\ldots\ldots\ 9.3725624$$
$$0.04182 \qquad (v''-v)\ldots\ldots\ 8.6213840$$
$$\text{tang}\tfrac{1}{2}(u''-u)\ldots\ldots\ 8.8214858$$
$$\text{tang}\tfrac{1}{2}(u''+u) = -1^s 15°\ 13'\ 55''5 - 0.0035222$$
$$\tfrac{1}{2}(u''+u) = 10.14.46.\ 4,5$$
$$\tfrac{1}{2}(u''-u) = 0.\ 3.47.34,5$$

$$u'' = 10.18.33.39 \qquad u'' = 10.18.33.39$$
$$u = 10.10.58.30 \qquad u''-u' = 3.29.\ 8$$
$$u''-u = 7.35.\ 9 \qquad u' = 10.15.\ 4.31$$

$$\begin{aligned}
&\sin \epsilon \ldots \ldots \ldots && 9.3906515 && e = 0.2458394 \\
&\cos u \ldots \ldots \ldots && 9.8167248 \\
&0.1612042 && 9.2073763 \\
&C.\; 1.1612042 && 9.9350773 \\
&\qquad\qquad p \ldots \ldots && 0.3955228 \\
&\nu = 2.1409185 && 0.3306001 \\
&\nu = 2.141265 \\[4pt]
&\overline{\quad\; -\; 0.0003465}
\end{aligned}$$

$$\begin{aligned}
&\sin \epsilon \ldots \ldots && 9.3906515 \\
&\cos u' \ldots \ldots && 9.8500548 \\
&0.174063 && 9.2407063 \\
&1.174063 && 9.9303085 \\
&\qquad\qquad p \ldots \ldots && 0.3955228 \\
&\nu' = 2.11754 && 0.3258313 \\
&\nu' = 2.11777 \\[4pt]
&\overline{\quad\; -\; 0.00023}
\end{aligned}$$

$$\begin{aligned}
&\sin \epsilon \ldots \ldots && 9.3906515 \\
&\cos u'' \ldots \ldots && 9.8748636 \\
&0.184296 && 9.2655151 \\
&1.184296 && 9.9265398 \\
&\qquad\qquad p \ldots \ldots && 0.3955228 \\
&\nu'' = 2.09924 && 0.3220626 \\
& 2.09944 \\[4pt]
&\overline{\quad\; -\; 0.00020.}
\end{aligned}$$

Les erreurs sont diminuées et changées de signe ; on pourrait tenter une approximation nouvelle, après quoi l'on déterminerait le nœud, l'inclinaison, les longitudes absolues dans l'orbite, comme ci-dessus. Mais cette ellipse est plus que suffisante pour suivre la planète jusqu'à ce qu'on ait plusieurs oppositions, et c'est tout ce dont on a besoin. Nos différences d'anomalie et de longitude étant à fort peu près les inêmes que dans l'hypothèse précédente, la longitude du périhélie ne différera pas beaucoup plus, et nous nous en tiendrons à ces calculs.

Cette méthode peut servir à rectifier des orbites à peu près connues et qui fournissent les valeurs approchées des n et des γ.

Tableau du système solaire.

235. Nous avons rassemblé dans le tableau suivant le résultat de nos recherches sur les planètes. On y trouve :

La révolution sidérale en jours et fractions décimales de jour, c'est le tems que la planète emploie à revenir à la même étoile, ou à faire les 360° de son orbite.

Le mouvement de la planète sur l'écliptique mobile en 100 années juliennes ou 36525 jours. Nous avons dit à l'article des tables du soleil, comment on détermine ce mouvement.

Les demi-grands axes des orbites ont été conclus du mouvement en un tems donné, par la loi de Képler, ou mieux par la formule ;

$$\text{mouvement moyen de la planète} = \frac{\text{mouv. moyen de la terre } \sqrt{\mu}}{a^{\frac{3}{2}}} ;$$

μ étant la somme des masses du soleil et de la planète, ou

$$\mu = M + m = M \left(1 + \frac{m}{M} \right) :$$

mais la fraction $\frac{m}{M}$ étant fort petite et assez incertaine, on se permet souvent de la négliger.

On prend pour unité la masse du soleil ; ainsi $\mu = 1 + m$.

On a généralement mouvement moyen $z = x - e \sin x$. Soit

$$x = 360°, \quad z = 360° - e \sin 360° = 360° = 2\pi ;$$

$$\text{la révolution sidérale} = \frac{2\pi a^{\frac{3}{2}}}{\sqrt{\mu}} = \frac{2\pi a^{\frac{3}{2}}}{M^{\frac{1}{2}} \left(1 + \frac{m}{M} \right)^{\frac{1}{2}}} = \frac{2\pi a^{\frac{3}{2}}}{M^{\frac{1}{2}}} \left(1 - \frac{1}{2} \frac{m}{M} \right).$$

Négligez le petit terme, vous aurez pour deux planètes différentes

$$T : T' :: \frac{2\pi a^{\frac{3}{2}}}{M^{\frac{1}{2}}} : \frac{2\pi a'^{\frac{3}{2}}}{M^{\frac{1}{2}}} :: a^{\frac{3}{2}} : a'^{\frac{3}{2}},$$

c'est-à-dire la loi de Képler, laquelle n'est, comme on voit, qu'une approximation.

236. Cette loi s'appplique de même aux différens satellites qui tournent autour d'une même planète : soit t le tems de la révolution sidérale d'un de ces satellites, a'' sa distance moyenne à la planète, m' la masse de la planète qui remplace ici celle du soleil,

On aura
$$t = \frac{2\pi a''^{\frac{3}{2}}}{m'^{\frac{1}{2}}}, \quad \text{et} \quad m'^{\frac{1}{2}} = \frac{2\pi a''^{\frac{3}{2}}}{t}.$$

Mais pour le soleil on a $M^{\frac{1}{2}} = \dfrac{2\pi a'^{\frac{3}{2}}}{T'}$, d'où

$$\left(\frac{m'}{M}\right)^{\frac{1}{2}} = \frac{2\pi a''^{\frac{3}{2}}}{t} \frac{T'}{2\pi a'^{\frac{3}{2}}} = \frac{T'}{t} \cdot \frac{a''^{\frac{3}{2}}}{a'^{\frac{3}{2}}}$$

et
$$\frac{m'}{M} = \left(\frac{a''}{a'}\right)^3 \cdot \left(\frac{T'}{t}\right)^2, \text{ ou } m' = \left(\frac{a''}{a'}\right)^3 \left(\frac{T'}{t}\right)^2,$$

en prenant la masse du soleil pour unité.

C'est ainsi qu'on a pu déterminer les masses des planètes qui ont des satellites ; on tâche d'estimer les masses des autres planètes par les perturbations qu'elles produisent dans les mouvemens de la terre ou d'une autre planète (XXIV. 20).

237. Les demi-axes conjugués ont été calculés par la formule

$$b = a\left(1 - e^2\right)^{\frac{1}{2}}.$$

Les excentricités sont données de deux manières, en parties de l'unité, et en parties du demi-grand axe. Soit e' cette seconde valeur $e = \dfrac{e'}{a}$:

On y a joint les deux logarithmes qui servent à calculer l'anomalie excentrique par l'anomalie vraie, et l'anomalie moyenne par l'anomalie excentrique. (XXI. 21 et 23.)

Après cela viennent les époques de la longitude moyenne, du périhélie et du nœud ascendant, et l'inclinaison de l'orbite pour le premier janvier 1801 à minuit tems civil, c'est-à-dire à minuit qui sépare le 31 décembre 1800, et le premier janvier 1801.

Les perturbations produisent des variations lentes dans toutes ces quantités ; on a donné ces variations pour 100 années juliennes.

Le

Le log pour le mouvement horaire a été calculé par la formule $a^2(1+e)^{\frac{1}{2}}(1-e)^{\frac{1}{2}}.d\odot$. Il en faut retrancher 2 log rayon vecteur pour avoir le log du mouvement d'anomalie vraie.

On a ensuite en lieues moyennes de 2000^T ou de 3898^m, les distances moyennes, aphélies et périhélies, ainsi que les excentricités et les distances moyennes, apogées et périgées, c'est-à-dire les trois distances des mêmes planètes à la terre.

La plus grande distance de la planète à la terre se compose des distances aphélies de la planète et de la terre.

La plus courte distance à la terre est la différence entre la distance périhélie de la terre et la distance aphélie de la planète inférieure; et la différence entre la distance périhélie de la planète supérieure et la distance aphélie de la terre.

La distance moyenne, qui est la demi-somme de la plus grande et de la plus petite, est égale à la moyenne distance de la terre, si la planète est inférieure; si elle est supérieure, c'est la distance moyenne de la planète au soleil.

Ces évaluations en lieues sont parfaitement inutiles à l'astronome; Lalande les avait exprimées en lieues de 2283^T. J'ai préféré les lieues de 2000^T, ou lieues communes auprès de Paris, parce qu'elles donnent une idée plus nette. Il avait aussi donné d'une manière moins précise les plus grandes et les plus petites distances à la terre, et pour les calculer, il avait supposé toutes les orbites circulaires. On verra dans notre table, qu'il est impossible que Vénus s'approche de la terre plus qu'à dix millions de lieues, Mars plus qu'à $14\frac{1}{3}$, Mercure plus qu'à $20\frac{1}{4}$. Pour les autres planètes, leurs plus courtes distances sont 154, 313 et 678 millions de lieues.

La table donne enfin les diamètres de toutes les planètes tels, qu'on les observerait du centre du soleil à la distance moyenne de la terre, ces mêmes diamètres y sont en lieues; on en a conclu la grandeur et le volume par rapport à la terre.

Les masses sont données d'après les dernières déterminations de M. Laplace, en parties de la masse du soleil. On les obtient en parties de la massse de la terre, en multipliant toutes ces masses par 329,630; car la masse de la terre est $\frac{1}{329,630}$ de celle du soleil : toutes ces masses réunies ne font pas un huit-millième de celle du soleil.

2.   78

On ajoute ordinairement à ces tableaux la chute des graves à la surface de chaque planète. Pour la trouver, soit $15^{pi},1037 = 4^{m},9063$, la chute à la surface de la terre en $1''$ de tems ; multipliez ce nombre par la masse de la planète, et divisez le produit par le carré de la grandeur de la planète, vous aurez la chute. Ainsi, pour le soleil,

$$
\begin{array}{rl}
15.1037\ldots\ldots & 1.1790833 \\
\text{masse}\ldots\ 329630\ldots\ldots & 5.5180267 \\
\text{C. grandeur} = 111.74\ldots\ldots & 7.9517913 \\
 & 7.9517913 \\
398^{pi},74\ldots\ldots & 2.6006926 \\
\text{log const. pour changer les pieds en mèt.} & 9.5116687 \\
129^{m},53\ldots\ldots & 2.1123613
\end{array}
$$

La chute sera de $398^{pi},74$, ou de $129^{m},53$ par seconde.

Le calcul serait le même pour une planète quelconque; il n'y aurait à changer que sa masse et la grandeur en parties de celles de la terre.

On dispute sur la parallaxe des étoiles. Maskelyne, d'après les observations de La Caille, trouvait à Sirius une parallaxe de $4'',5$, dont il attribua depuis une partie aux erreurs inévitables des observations. On a cru de même voir à la Lyre et à quelques autres étoiles, des parallaxes de 3 à $5''$. Voici une petite table des distances en lieues, suivant la parallaxe que l'on voudra supposer à l'étoile.

Parallaxe.	Distance en lieues.
$1''$	8.091.561 millions.
2	4.045.780
3	2.697.187
4	2.022.890
5	1.618.312

Tableau général du système planétaire.

Planètes.	Révolutions sidérales.	Mouvement en 100 années juliennes.	Demi-grands axes.	Demi-axes conjugués.
☿	87ʲ 9692580	415ᶜ 2ˢ14° 4′ 20″	0.3870981	0.3788787
♀	224.7008240	162.6.19.13. 0	0.7233323	0.7233133
⊕	365.2563835	100.0. 0.45.45	1.0000000	0.9996289
♂	686.9795186	53.2. 1.42.10	1.5236935	1.5170707
♃	4332.5963076	8.5. 6.17.33	5.2027911	5.1967510
♄	10758.9688400	3.4.23.31.36	9.5387705	9.5237100
♅	30688.7123872	1.2. 9.51.20	19.1833050	19.1623040

Planètes.	Excentricités en parties de l'unité.	Excentricités en parties du grand axe.	Log. constant $\left(\frac{1+e}{1-e}\right)^{\frac{1}{2}}$ pour l'anom. exc.	Log. excentricité en secondes.
☿	0.20551494	0.07955444	0.0925438	4.6272686
♀	0.00685298	0.00495598	0.0029762	3.1305057
⊕	0.01677976	0.01677976	0.0072381	3.5292151
♂	0.09313400	0.14190767	0.0405451	4.8355553
♃	0.04817840	0.25056215	0.0202599	3.8972775
♄	0.05616830	0.53577652	0.0244193	4.0559164
♅	0.04667030	0.89529060	0.0202830	3.9834657

Planètes.	Longitude moyenne 1801, 1ᵉʳ janvier, tems civil.	Longit. périhélie.	Longitude du nœud ascendant.	Inclinaison.
☿	5ˢ13° 56′ 27″	2ˢ14° 21′ 47″	1ˢ15° 57′ 31″	7° 0′ 0″
♀	0.10.44.35	4. 8.37. 1	2.14.52.40	3.23.35
⊕	3.10. 9.13	3. 9.30. 5	....	....
♂	2. 4. 7. 2	11. 2.24.24	1.18. 1.28	1.51. 0
♃	3.12.12.36	0.11. 8.35	3. 8.25.54	1.18.53
♄	4.15.20.52	2.29. 8.59	3.21.55.47	2.29.38
♅	5.27.47.18	11.17.21.42	2.12.51.14	0.45.25

Planètes.	Variat. séculaire de l'excentricité.	Mouvement sidéral sécul. du périhélie.	Mouvement sidéral sécul. du nœud.	Variat. sécul. Inclinaison.	Log. pour les mouv. horaires.
☿	+0.00000.3867	+ 643″56	— 782″27	+ 18″1828	1.9543524
♀	—0.00006.2711	— 267.60	— 1869.80	— 4.5522	2.0924713
⊕	+0.00004.1632	+ 1177.81	....	....	2.1697318
♂	+0.00009 0176	+ 1582.43	— 2528.44	— 0.1523	2.2593847
♃	+0.00015.9350	+ 663.86	— 1577.57	— 22.6087	2.5274264
♄	—0.00031.2402	+ 1945.07	— 2266.46	— 15.5131	2.6588727
♅	—0.00002.5072	+ 238.62	— 3597.95	+ 3.1331	2.8108005

Planètes.	Dist. moy. au soleil, lieues de 2000ᵗ	Plus grande distance au soleil.	Plus courte distance au soleil.	Excentricité.
☿	15.185.465	18.306.305	12.064.624	3.120.841
♀	28.375.600	28.570.058	28.181.142	194.458
⊕	39.229.000	39.887.261	38.570.739	658.261
♂	59.772.960	65.339.856	59.206.064	5.566.896
♃	204.100.280	213.933.505	194.267.055	9.833.225
♄	374.196.340	395.214.317	353.178.363	21.017.977
♅	752.540.172	787.661.512	717.418.832	35.121.340

Planètes.	Dist. moyenne à la terre.	Plus grande distance à la terre.	Plus petite distance à la terre.	Diamètres en lieues.
☿	39.229.000	58.193.567	20.264.433	1255
♀	39.229.000	68.457.327	10.000.671	3138
⊕	. . . .	. . . .	. . . .	3271
♂	59.772.960	105.227.117	14.318.803	1693
♃	204.100.280	253.820.766	154.379.794	35527
♄	374.196.340	435.101.578	313.291.102	32655
♅	752.540.172	826.875.829	678.204.515	14169
☽	98 650	107.106	91 433	893

Planètes.	Diamètres à la distance moyen. ☉.	Grandeur par rapport à la terre.	Volume par rapport à la terre.	Masses par rapport à la terre.
☿	6"6	0.3838	0.0565	0.1627
♀	16,5	0.9593	0.8828	0.9243
⊕	17,2	1.0000	1.0000	1.0000
♂	8,9	0.5174	0.1386	0.1294
♃	186,8	10.8600	1280.9	308.94
♄	171,7	9.9825	974.78	93.271
♅	74,5	4.3314	81.26	1.690
☉	32' 2,0	111.74	1395324.40	329630.0
☽	4.7	0.2730	0.20351	0.0146

Pour les inégalités périodiques voyez la *Mécanique céleste* de M. le comte Laplace, tome III.

FIN DU DEUXIÈME VOLUME.

TABLE DES CHAPITRES.

des projections. Courbes de commencement et de fin. Méthode nouvelle et purement trigonométrique. Exemple détaillé. Éclipses pour un lieu particulier. Diverses méthodes. Méthode graphique. Trouver par une éclipse de soleil ou d'étoile la correction des Tables et la différence des méridiens. De l'éclipse totale et annulaire.

FIN DE LA TABLE.

ERRATA.

Page 1, chap. **XX**, ajoutez le titre : *du soleil et de sa principale inégalité.*

2, ligne 12, **ED**, *lisez* **CD**.

5, lignes 8 et 9, 91° et 87°, *lisez* 89° et 89°. Ces fautes n'affectent ni l'addition, ni les raisonnemens.

16, art. 3, ligne 2, $\frac{1}{2}(1+e)$, *lisez* $\frac{1}{2}(1+e)^{\frac{1}{2}}$.

20, art. 14, ligne 1, arcs, *lisez* aires.

27, ligne dernière, $\left(\frac{1-e}{1+e}\right)$, *lisez* $\left(\frac{1-e}{1+e}\right)^{\frac{1}{2}}$.

32, ligne 3 en remont., on ajoute d'abord, *lisez* on ajoute d'abord *celui de.*

37, ligne 5, $\frac{2}{3}\tan^2\frac{1}{2}$, *lisez* $\frac{2}{3}\tan^2\frac{1}{2}\,\varepsilon$.

38, ligne 6 en remont., $\frac{1}{2}\sin^2\varepsilon\cos u$, *lisez* $\frac{1}{2}\sin^2\varepsilon\cos 2u$.

39, ligne 2 en remont., $3B$, *lisez* $2B$.

52, formule **E**, 2^e ligne, $\frac{677}{2.3^3.5}e^{10}$, *lisez* $\frac{677}{2^9\,3^5\,5}e^{10}$.

53, ligne 18, $4b\sin^2\frac{1}{2}\Delta z$, *lisez* $4b\sin^2\frac{2}{3}\Delta z$.

54, art. 70, ligne, $1-e\cos x$, *lisez* $1+e\cos x$.

78, ligne 4, $2\sin^2\frac{1}{2}(x'-x)$, *lisez* $\sin^2\frac{1}{2}(x'-x)$.

95, ligne 7 en remont., $\log(V''-V')$, *lisez* $\log(V'-V)$.

106, ligne 2 en remont., $\cos\frac{1}{2}(x''-x)$, *lisez* $\cos\frac{1}{2}(x'-x)$.

139, ligne 5 de la première colonne, $\sin(L'-L)$, *lisez* $\sin\frac{1}{2}(L'-L)$.

Ibid. ligne 6 de la seconde colonne, $\sin\frac{1}{2}\left(\frac{L''+L}{2}-\Pi\right)$, *lisez* $\sin\left(\frac{L'+L'}{2}-\Pi\right)$.

159, art. 244, dernière ligne, (**XXIII**), *lisez* (**XXIV**).

172, ligne 2, **NCM**, *lisez* **NTM**, *deux fois.*

185, art. 14, ligne 2, mettez la virgule après *suppositions.*

216, lignes 10 et 11, *lisez* 9.8295516; 0.16382590271 et 0.0027504517.

231, ligne 7, **K**, *lisez* **H**.

252, ligne 2 en remont., $+\frac{(E-O)\delta}{n}$, *lisez* $-\frac{(E-O)\delta}{n}$.

253, ligne 9, $+\frac{\delta}{n}(E-O)$, *lisez* $-\left(\frac{\delta}{n}\right)(E-O)$.

298, art. 55, sept ou huit, *lisez* 14 ou 15.

305, art. 71, $2c\sin A$, *lisez* $2e\sin A$.

333, ligne 15, $\frac{2d}{12}$, *lisez* $\frac{12}{2d}=\frac{6}{d}$; Π, *lisez* ϖ.

339, ligne dernière, $\frac{2d}{12}$ et $\frac{d}{6}$, *lisez* $\frac{12}{2d}$ et $\frac{6}{d}$.

352, ligne 21, ordonnée de elliptique, *effacez* de.

405, éclipse centrale, heure du lieu, $5^h\,49'$, $5^h\,14'$, *lisez* $4^h\,53'$, $4^h\,14''$. $1^h\,1'$, *lisez* $2^h\,1'$.

408, ligne 15, la longitude, *lisez* l'élongation.

481, titre, *lisez* **XXVII**.

533, ligne 17, beaucoup plus petites, *lisez* encore plus petites.

545, ligne 10, $\lambda-c=\frac{\tan 1''\cos\lambda}{\cos\mathbb{C}}$, *effacez* tang $1''$.

576, ligne 16, t', *lisez* C. t''.